中国安全生产基本数据手册

罗　云　主编

煤 炭 工 业 出 版 社
·北　京·

图书在版编目（CIP）数据

中国安全生产基本数据手册/罗云主编．—北京：煤炭工业出版社，2009.8

ISBN 978-7-5020-3360-6

Ⅰ．中… Ⅱ．罗… Ⅲ．安全生产-中国-手册 Ⅳ．X93-62

中国版本图书馆 CIP 数据核字（2008）第 141095 号

煤炭工业出版社　出版
（北京市朝阳区芍药居 35 号　100029）
网址：www.cciph.com.cn
煤炭工业出版社印刷厂　印刷
新华书店北京发行所　发行
*
开本 889mm×1194mm 1/16　　印张 52 1/4
字数 1456 千字　　印数 1—1,000
2009 年 8 月第 1 版　　2009 年 8 月第 1 次印刷
社内编号 6165　　定价 238.00 元

主要参编单位　中国职业安全健康协会

中国石油安全技术标准化委员会

中国地质大学（北京）

华南理工大学

北方交通大学

中国公安大学

首都经贸大学

中国劳动关系学院

天津民航学院

民航安全学院

中石油大庆油田

中石化胜利油田

中石化燕山石化

首都机场集团

建设部中建一局

重庆电力

中国船级社

前　言

安全生产是国家社会经济发展的重要基础，是以人为本的重要内涵，是科学发展的必然要求，事关人民群众切身利益和家庭幸福，也是生产经营单位生产和效益的基础保障。随着我国安全生产科学技术的进步，安全生产工作定量化的要求日益提高。无论是政府的安全生产决策和安全生产监管，还是安全生产学术科研、科技开发和安全教育机构的科学研究、学历教育，亦或是企业的安全工程技术设计和安全科学管理检查，都离不开科学、全面、系统的安全基础数据。《中国安全生产基本数据手册》的编辑出版，是为满足安全生产发展的需要，对推进安全生产工作科学化、普及化有着重要的现实意义。

把我国安全生产的监管、科研、教育和技术提高到更加科学、合理、高效和精确的层次及水平，已成为现今安全生产工作现代化的标志和要求。因此，我国各级政府安全监管部门进行安全生产监察和综合监管，各产业部门从事安全生产的行业管理和咨询服务，高等院校进行安全工程专业的人才培养，科研学术部门进行安全生产的科学研究和技术开发，厂矿企业生产技术部门和安全专业机构进行生产的工程设计和职业安全健康管理体系运行，社会中介机构进行安全生产法律咨询和科技服务等，都需要依靠权威的、科学的、规范的和专业的安全生产基本数据支持。

安全生产工作涉及诸多学科和专业门类，安全生产科学是一个交叉的科学领域。在实际的工作中，我们的安全监管、监察人员，安全工程师和技术人员，职业安全健康科研和管理人员，以及工矿商贸领域生产经营单位的负责人和各部门管理者，都需要了解和掌握多方面的安全生产基本信息和数据。而目前这样的基本数据都分散于大量的书籍、规程和技术标准之中，使得实际工作中的查询、学习、使用极为不便。

安全科学技术发展进步的标志之一，就是专业的定量化程度。在学术界和科学研究层面，安全科学技术的定量化已有一定的发展基础，但是在安全生产的应用层面，这种发展刚刚开始。为了推动在应用层面的安全生产工作定量化和科学化，为安全工程的设计、评价和审查，为安全监管的检查、监测和监督，我们编写了安全生产领域大型工具书——《中国安全生产基本数据手册》。

《中国安全生产基本数据手册》由众多专家和学者，历时数年，查阅选编了数千种专业著作、规范和技术标准，把大量安全生产重要和基本数据编辑起来，是一本高效、方便的工具书。同时，这也是一项开拓性、独特性的安全信息开发工作。能对我国安全文化建设和推进安全生产科技进步有所作为，一直是编者的目标和努力方向。

本手册的编撰原则追求：

对象专业性——以从事政府安全监管人员和企业安全工程师及技术人员为主要读者对象；

内容基础性——以基础稳定的数据为编撰内容；

来源标准性——以国家和行业规范标准为资料来源；

应用普适性——以综合学科体系为主，具有行业普遍适应性。

编写的思路是：从理论到应用，从通俗到专深，从法规到标准，从政府到企业，从综合到特殊。

本手册具有如下特点：

实用性——本手册的内容面向政府安全监管、企业安全生产实际，内容丰富，可以满足各层次、各行业从事安全生产工程设计、技术施工、现场监管的各类专业人员的需求；

先进性——本手册收集各层次、各类型的最新法规和标准，数据内容来源国家最新的法律、法规和标准，手册数据准确、可靠、先进；

操作性——本手册共四级标题，以学科专业为主线，列举了多种高危险行业，同时配有学科专业目录，可使读者更加方便快捷查询到所需要的数据。

本手册包含6篇、40余个科别、1000多个表格。主要篇目是：安全基础理论篇、安全管理篇、安全技术篇、职业健康篇、行业安全篇、公共安全篇。本手册除了编委会提及的相关人员参与大量的工作外，1997年商业出版社出版的《工业安全卫生基本数据手册》和2003年化学工业出版社出版的《注册安全工程师手册》两本大型工具书为本书的编撰提供了部分数据资源，为本书编撰提供了支持。

《中国安全生产基本数据手册》汇编了安全生产领域的重要、常用、稳定、规范、标准的数据，以表格形式表达，精炼、专业、科学而丰富。编者期望和相信这本工具书对广大的安全生产工作者和相关专业的技术人员有所裨益。

由于受到实践经验和知识水平的限制，书中难免有疏漏和错误。同时，由于安全生产领域广泛性和专业的精深性，再加上作为一本工具书有容量的控制，因此，在编撰本手册的过程中，我们时常涉及数据收编的取舍问题，这就导致手册在数据内容的“精、准、实”方面会有所欠缺。为此，我们期望读者在使用过程中对发现的问题给予指出，多提出宝贵建议，以便再版时改进。在此，编者表达诚挚谢意。

编　者

2009年6月于北京

目　　次

第1篇　安全基础理论篇

第2篇　安全管理篇

第3篇 安全技术篇

第4篇 职业健康篇

第5篇　行业安全篇

第6篇 公共安全篇

第1篇　安全基础理论篇

本篇编写人员　罗　云　刘　超　李　平　樊运晓
裴晶晶　宫运华　解增武　刘卫红
鲁华章　樊锡英　徐德蜀　李永霞
廖亚立

1　安全科学基础

1.1　安全科学技术学科分类及代码[1]

代　码	学科名称
620	安全科学技术
620.10	安全科学技术基础科学
620.1010	灾害物理学
620.1020	灾害化学
620.1030	灾害学
620.1040	灾害毒理学
620.1099	安全科学技术基础学科其他学科
620.20	安全学
620.2010	安全系统学
620.2020	安全心理学
620.2030	安全模拟与安全仿真学
620.2040	安全人机学 安全法学（见820.3080）
620.2050	安全经济学
620.2060	安全管理学
620.2070	安全教育学
620.2099	安全学其他学科
620.30	安全工程
620.3010	消防工程
620.3020	爆破安全工程
620.3030	安全设备工程
620.3040	安全电气工程
620.3050	部门安全工程（各部门安全工程有关学科）
620.3099	安全工程其他学科
620.40	职业卫生工程
620.4010	防尘工程
620.4020	防毒工程 通风与空调工程（见560.5520）
620.4030	生产噪声与振动控制辐射防护技术（见490.75）
620.4040	个体防护
620.4099	职业卫生工程其他学科
620.50	安全管理工程
620.5010	安全信息工程
620.5020	风险评价与失效分析
620.5030	工业灾害控制
620.5040	安全检测与监护技术
620.5099	安全管理其他学科
620.99	安全科学技术其他学科

1.2 高等院校安全工程专业课程设置情况统计表[2]

编 号	课 程 名 称	平 均 学 时 数
1	安全系统工程	60
2	安全人机工程	50
3	安全行为科学（心理学）	40
4	可靠性工程	30
5	计算机在安全工程中的应用	40
6	安全经济学	32
7	安全原理	40
8	安全科学导论	30
9	安全管理学	80
10	安全监察学	32
11	事故预测学	32
12	安全工程学	180
13	安全技术	110
14	防火防爆	60
15	火灾防治技术	50
16	矿井灭火	70
17	爆炸物理学	70
18	灾害防治与控制	32
19	瓦斯防治技术	60
20	锅炉压力容器安全	60
21	电器安全	70
22	机械安全	50
23	焊接安全	60
24	起重安全	70
25	加工安全	100
26	工业卫生	100
27	卫生工程	50
28	通风防尘	70
29	通风与空调	70

（续表）

编　号	课　程　名　称	平均学时数
30	工业防尘技术	60
31	工业噪声防治技术	60
32	工业防毒技术	80
33	安全卫生装置设计	50
34	环境保护工程	70
35	环境保护	40
36	工业卫生与环保	50
37	安全仪表测试	60
38	劳动卫生与职业病学	60
39	安全经济学	40
40	失效分析	80
41	煤矿灾害对策	40
42	锅炉压力容器原理	100
43	工会劳动保护管理	50
44	劳动保护	40

1.3 安全科学技术学科体系框架图[2]

1.4 安全生产控制考核指标体系[3]

控制考核指标名称	具体指标	备注
总体控制指标	各类事故死亡人数	
绝对控制指标	煤矿事故死亡人数	工矿商贸死亡人数
	金属与非金属矿事故死亡人数	
	建筑施工事故死亡人数（房屋建筑及市政工程死亡人数）	
	危险化学品事故死亡人数	
	烟花爆竹事故死亡人数	
	特种设备事故死亡人数	
	火灾事故死亡人数	
	道路交通事故死亡人数	
	水上交通事故死亡人数	
	铁路交通事故死亡人数	
	渔业船舶事故死亡人数	
	农业机械事故死亡人数	
相对控制指标	亿元GDP事故死亡率	
	工矿商贸从业人员10万人死亡率	
	道路交通万年死亡率	
	煤矿百万吨死亡率	
	10万人口火灾死亡率	
	水上交通百万吨吞吐量死亡率	
	铁路交通百万机车总行走公里死亡率	
	特种设备万台死亡率	
较大、重大事故起数控制指标	较大事故起数	
	重大以上事故起数（煤矿重大事故起数）	

1.5 小康社会安全指标体系[4]

指标体系	单位	说明
社会稳定		
社会救助体系完善指数		困难群体得到救助的比例
城镇失业率	%	失业人口比例
失业保险金覆盖率	%	享受到失业保险金的比例
社会保障覆盖面	%	享受到社会保障人口的比例
社会治安		
每万人口刑事案件立案率	件/万人	每万人口刑事案件立案件数
每万人口治安案件查处率	人/万人	每万人口刑事案件查处数

（续表）

指标体系	单位	说明
万人犯罪率	人次/万人	每万人口犯罪的比例
每万人口警察数	人/万人	每万人口拥有警察的数目
居民安全感指数		居民对社会治安的感知情况
公共场所安全		
火灾10万人死亡率	人/10万人	城市10万人火灾死亡人数
火灾经济损失率	元/亿元	地区亿元GDP火灾损失率
公共场所安全监控率	%	公共场所视频监控率
公共安全事件应急达标率	%	突发事件应急标准支持与覆盖面
公共卫生		
公共卫生投入指数		政府投入比重和人均投入强度等
万人病床配置率	张/万人	城市万人病床配置数量
医疗保险投保率	%	居民医疗保险的投保比例
公共卫生疾病就诊率		传染病患者及时就医的比例
公共卫生预防指数		疾病预防水平
交通安全		
万车死亡率	人/万车	万台机动车事故死亡人数
道路视频监控率	%	主要道路视频监控比例
事故救援率	%	事故救援比例
事故应急反应时间	min	呼救反应时间
生产安全		
10万人死亡率	人/10万人	年10万人死亡人数
亿元GDP死亡率	人/亿元	年亿元生产总值死亡人数
百万吨煤死亡率	人/Mt	年生产百万吨死亡人数
百万工时（日）伤害频率	日/百万日	年百万日（时）损失工日数
职业病发病率	人/万人	年万人新增职业病人数
食品安全		
食品卫生合格指数		各种食品卫生合格率
食物中毒率	人/10万人	10万人中毒人次
减灾防灾		
防灾工程完好率	%	防灾工程达到防灾减灾效果比例
灾害预报准确率	%	灾害准确预报的比例
受灾人口比例	%	10万人受灾人次
灾害经济损失率	元/亿元	自然灾害损失占社会总资产
人口安全		
人口自然增长率	%	一定时期内人口的自然增长数
人口地区分布指数		人口地区分布平衡水平
性别比例		男女性别比例
年龄分布指数		各年龄段人口比例
环境安全		
空气质量优良率	%	空气质量为优良的比例
水资源安全指数		水资源达标率
生态安全指数		生态系统不被破坏自然发展的比例
能源安全		
人均能源水平		人均电力、油品、燃气标准
能源储备指数	%	储备量占消耗水平比例

（续表）

指标体系	单位	说明
宏观综合		
城市安全综合指数		城市指标体系权重综合指数
Y—指数—同比指数		指标纵向同比系数
X—指数—综合指数		指标横向对比系数
危害当量指数		事件危害性综合度量指数
贡献率指数		安全科技、管理贡献评价

1.6 安全科学理论与方法的发展阶段分层表[2]

发展阶段	理论标志	方法模式	策略特征	对策特征
低级阶段	事故理论	经验型	凭经验	感性，生理本能
初级阶段	危险理论	制度型	用法制	责任制，规范化标准化
中级阶段	风险理论	系统型	靠科学	理性，系统化科学化
高级阶段	安全原理	本质型	兴文化	文化力，人本原则

1.7 人类安全哲学发展进程[5]

阶段	时代	技术特征	认识论	方法论
Ⅰ	工业革命前	农牧业及手工业	听天由命	无能为力
Ⅱ	17世纪至19世纪初	蒸汽机时代	局部安全	亡羊补牢，事后型
Ⅲ	19世纪初至20世纪50年代	电气化时代	系统安全	综合对策及系统工程
Ⅳ	20世纪50年代以来	宇航技术与核能	安全系统	本质安全化，预防型

参考文献

[1] 国家技术监督局中国标准化与信息分类编码研究所、西安交通大学、中国社会科学院文献情报中心等．GB/T 13745—1992 学科分类与代码［S］．北京：中国标准出版社，1993.

[2] 罗云，徐德蜀，等．注册安全工程师手册．北京：化学工业出版社，2004.

[3]《国务院安全生产委员会关于下达2008年全国安全生产控制考核指标的通知》（安委〔2008〕1号）.

[4] 罗云，裴晶晶．城市小康社会安全指标体系设计．中国安防产品信息，2004（6）.

[5] 罗云，樊运晓，等．风险分析与安全评价．北京：化学工业出版社，2006.

2 安全系统学

2.1 职业安全健康管理体系 OHSMS 要素表[1]

一级要素		二级要素
3.1	一般要求	—
3.2	职业安全卫生方针	—
3.3	计划	3.3.1 危害辨识、危险评价和危险控制计划
		3.3.2 法律及法规要求
		3.3.3 目标
		3.3.4 职业安全卫生管理方案
3.4	实施与运行	3.4.1 机构和职责
		3.4.2 培训、意识和能力
		3.4.3 协商与交流
		3.4.4 文件
		3.4.5 文件和资料控制
		3.4.6 运行控制
		3.4.7 应急预案与响应
3.5	检查与纠正措施	3.5.1 绩效测量和监测
		3.5.2 事故、事件、不符合、纠正与预防措施
		3.5.3 记录和记录管理
		3.5.4 审核
3.6	管理评审	

2.2 OHSMS 与 ISO 9000 和 ISO 14000 的关系对比表[1]

OHSMS	ISO 14001：1996	ISO 9001：1994
3.1 一般要求	4.0 总要求	4.2.1 总要求
3.2 职业安全卫生方针	4.1 环境方针	4.1.1 质量方针
3.3 计划 3.3.1 危害辨识、危险评价和危险控制计划 3.3.2 法律及法规要求 3.3.3 目标	4.2 计划 4.2.1 环境因素 4.2.2 法律和其他要求 4.2.3 目标和指标	

（续表）

OHSMS	ISO 14001：1996	ISO 9001：1994
3.3.4 职业安全卫生管理方案	4.2.4 环境管理议案	4.2.3 质量计划
3.4 实施与运行	4.3 实施和运行	
3.4.1 机构和职责	4.3.1 组织结构和职责	4.1.2 组织
3.4.2 培训、意识和能力	4.3.2 培训、意识和能力	4.1.8 培训
3.4.3 协商与交流	4.3.3 信息交流	—
3.4.4 文件	4.3.4 环境管理体系文件	4.2.1 总则
3.4.5 文件和资料控制	4.3.5 文件控制	4.5 文件和资料控制
3.4.6 运行控制	4.3.6 运行控制	4.2.2 质量体系程序 4.3 3）合同评审 4.4 设计控制 4.6 采购 4.7 顾客提供产品的控制 4.9 过程控制 4.15 搬运、贮存、包装、防护和交付服务 4.19 服务 4.8 产品标识和可追溯性
3.4.7 应急预案与响应	4.3.7 应急准备与响应	—
3.5 检查与纠正措施	4.4 检查和纠正措施	
3.5.1 绩效测量和监测	4.4.1 监督和测量	4.10 检验和试验
—	—	4.12 检验和试验状态
—	—	4.20 统计技术
—	—	4.11 检验/测量和试验设备的控制
3.5.2 事故、事件、不符合、纠正与预防措施	4.4.2 不符合和纠正措施	4.13 不合格品的控制
3.5.3 记录和记录管理	4.4.3 记录	4.14 纠正和预防措施
3.5.4 审核	4.4.4 环境管理体系审核	4.16 质量记录的控制 4.17 内部质量审核
3.6 管理评审	4.5 管理评审	4.1.3 管理评审

2.3 石油天然气工业健康、安全与环境（HSE）管理体系要素表[1]

序 号	一 级 要 素	二 级 要 素
1	领导和承诺	—
2	方针和战略目标	—
3	组织机构、资源和文件	（1）组织结构和职责 （2）管理代表 （3）资源 （4）能力 （5）承包方 （6）信息交流 （7）文件及其控制

（续表）

序号	一级要素	二级要素
4	评价和风险管理	(1) 危害和影响的确定 (2) 建立判别准则 (3) 评价 (4) 建立说明危害和影响的文件 (5) 具体目标和表现准则 (6) 风险削减措施
5	规划（策划）	(1) 总则 (2) 设施的完整性 (3) 程序和工作指南 (4) 变更管理 (5) 应急反应计划
6	实施和监测	(1) 活动和任务 (2) 监测 (3) 记录 (4) 不符合及纠正措施 (5) 事故报告 (6) 事故调查处理
7	审核和评审	(1) 审核 (2) 评审

2.4 系统安全大纲编制要点[2]

1.0 总则	1.1 序言 1.2 范围和目的 1.3 适用和施行 1.4 适用文件	5.0 系统安全文件	5.1 根据系统安全提出做准备的报告书的数量、格式和规定 5.2 为采用系统安全所要受理的报告书的数量、格式和规定 5.3 潜在危险性报告书的格式 5.4 灾害调查程序 5.5 安全通报 5.6 安全数据资料 5.7 与合同协作单位和承包单位之间普及安全资料的程序 5.8 诊治报告
2.0 安全组织职责和权限	2.1 与整个组织的关系 2.2 组织机构 2.3 职责和权限 2.4 有关部门 2.5 合同协作单位的组织机构、职责和权限 2.6 承包单位的组织机构、职责和权限 2.7 系统安全负责单位的组织机构、职责和权限	6.0 安全计划的管理	6.1 管理活动的进行与结束过程 6.2 承包单位安全监察的程序和规定 6.3 本单位安全监察的程序和规定
3.0 系统安全标准	3.1 定义 3.2 危险性的等级 3.3 系统安全的最佳顺序 3.4 合同特殊条件 3.5 分析技术的规定	7.0 安全训练	7.1 职工参加危险活动的资格，包括医疗 7.2 对制造、检查、维修、质量管理作业者、系统运行人员、使用者的训练和批准计划 7.3 紧急状态训练
4.0 应当完成的系统安全业务	4.1 定性分析 4.2 定量分析 4.3 使用分析 4.4 参加计划审查 4.5 参加设计审查 4.6 合同单位的监察活动	8.0 设备和救援性能	8.1 处理和贮藏有潜在危险的材料的技术条件和程序 8.2 供给和运输有潜在危险的材料的技术条件和程序 8.3 正常和紧急状态下，处理、贮藏、供给和运输的程序

2.5 实现系统安全的措施[2]

事故预防

项目	举例和说明
消除危险	使用不可燃性材料、将机器的棱角磨圆等
控制危险指标	
a. 本质安全	双层绝缘工具、低电压回路等
b. 被控制指标的检查和控制	安全阀、泄压阀等
c. 连续监测和自动控制	监测温度、压力、大气中的危险有害物质
拒之以外，关之以内互锁装置	
a. 隔离	对燃料、氧化剂禁止烟火等
b. 拒之以外和关之以内	运动机械的离合器等
c. 互锁装置	电气设备的控制盘、接地等
自动防止故障的设计	
a. 故障时工作可靠，但性能下降	故障时使能量最小（停止）
b. 自动寻找故障	故障时，直至采取对策前保持安全状态
c. 可控制故障	故障时，直到采取修正措施前，可安全地保持性能
故障的最小化	
a. 监测	监测温度、振动、压力等
b. 警告	使人知道危险的视觉、听觉警告和警报
c. 安全系数和安全余量	适用于强度和应力的变化、难以估计的过渡过程现象，以及材料的老化
d. 降低故障率	
·减少额定值	降低额定功率等
·定期更换	为了维持一定的故障率，在磨损周期内更换
·选择	除去不合格品
·冗余性	冗余性(并联、串联备用等)的研究
中止和恢复	
a. 标准程序的恢复	在故障、差错和其他不良状态未变成灾害之前的措施
b. 整个运动停止	在没有损害的情况下，具有修正状态的时间间隔
c. 仅仅停止不良设备	
·自动	在各种操作不损害人员（有时也包括设备）的情况下可停止运行
·手动	对整体运行不发生影响时或有冗余性准备时的情况

使受害程度最小化或控制受灾程度

项目	举例和说明
距离	
a. 距离	爆炸安全距离等
b. 能量吸收	缓冲空间（冲击安全）、汽车的缓冲器等
c. 转移	爆炸物与居住间的隔墙等
d. 封闭	
·危险	森林火灾的防火带
·控制	汽车比赛场地的防护栅等
·人员	安全地带等
·材料	水箱、贮存器等
·重要设备	特殊用途电动机的密封
个人防护用品	
a. 用于预计到的危险作业	用于罐、槽内作业的呼吸保护器等
b. 用于调查和调整作业	在不了解险情的场所，需要广泛范围的防护用品
c. 紧急用	要求穿着容易、可靠性高、对广泛范围危险都有效果的防护用品
允许小的损失	锅炉的熔栓，压力容器的防爆膜等
避难和生存	
a. 避难临界警报	装测到不能恢复时的警报装置
b. 缓冲空间的设计	避难时的冲击安全
c. 避难和生存设备	根据FMEA和FTA做详细研究，并要经过最恶劣条件的试验
d. 避难和生存方法	适当的操作、维护和更新等方法
救助	
a. 方法	
b. 设备	

2.6 安全生产三十六计[3]

事前之策	第一套 预防策 （预防措施）	第一计　主动计：居安思危　先发制人 第二计　全策计：众志成城　群策群力 第三计　教育计：教育为本　因材施教 第四计　统系计：统筹兼顾　配套成龙 第五计　本质计：磐石之安　拨本塞源 第六计　主次计：缓急轻重　深厉浅揭
	第二套 防范策 （防范措施）	第七计　预备计：有备无患　厉兵秣马 第八计　先觉计：一叶知秋　鉴影度形 第九计　精防计：防微杜渐　未雨绸缪 第十计　泛防计：全力以赴　遍布耳目 第十一计　连锁计：狡兔三窟　巧设连环 第十二计　速应计：一触即发　枕戈待旦
事中之策	第三套 控制策 （控制措施）	第十三计　全控计：化险为夷　不择手段 第十四计　自控计：因地制宜　坚壁清野 第十五计　转嫁计：嫁祸于人　以邻为壑 第十六计　巧控计：丸泥封关　相机行事 第十七计　借势计：因势利导　请君入瓮 第十八计　诱弱计：诱敌深入　以毒攻毒
	第四套 抢救策 （抢救措施）	第十九计　速救计：十万火急　速战速决 第二十计　救心计：轻车简从　舍车保帅 第二十一计　制源计：知彼知己　釜底抽薪 第二十二计　散救计：并行不悖　各个击破 第二十三计　移迴计：急流勇退　金蝉脱壳 第二十四计　借利计：趁水和泥　化害为利
事后之策	第五套 处理策 （处理措施）	第二十五计　巧查计：追本穷源　顺藤摸瓜 第二十六计　揭露计：归真反璞　去伪存真 第二十七计　透析计：一清二白　擘肌分理 第二十八计　适处计：去来就本　相机行事 第二十九计　备案计：温故知新　有闻必录 第三十计　必惩计：不依不饶　小惩大诫
	第六套 整改策 （整改措施）	第三十一计　鉴借计：以往鉴来　对症下药 第三十二计　除患计：消除余患　曲突徙薪 第三十三计　补弊计：亡羊补牢　补偏救弊 第三十四计　更新计：弃旧布新　改弦更张 第三十五计　创新计：计深虑远　另辟新蹊 第三十六计　精益计：长治久安　精益求精

参考文献

[1] 罗云．职业安全卫生管理体系——目标、理论、模式、实施．北京：中国社会出版社，2000.
[2] 冯肇瑞，等．安全系统工程．北京：冶金工业出版社，1993.
[3] 罗云，等．重大伤亡事故分析与对策．武汉：中国地质大学出版社，1992.

3 安全人机系统

3.1 人机系统基本数据

3.1.1 人体主要尺寸（男）[1]

mm

年龄分组 百分位数 测量项目	18~60岁							18~25岁						
	1	5	10	50	90	95	99	1	5	10	50	90	95	99
4.1.1 身高	1543	1583	1604	1678	1754	1775	1814	1554	1591	1611	1686	1764	1789	1830
4.1.2 体重/kg	44	48	50	59	71	75	83	43	47	50	57	66	70	78
4.1.3 上臂长	279	289	294	313	333	338	349	279	289	294	313	333	339	350
4.1.4 前臂长	206	216	220	237	253	258	268	207	216	221	237	254	259	269
4.1.5 大腿长	413	428	436	465	496	505	523	415	432	440	469	500	509	532
4.1.6 小腿长	324	338	344	369	396	403	419	327	340	346	372	399	407	421

年龄分组 百分位数 测量项目	26~35岁							36~60岁						
	1	5	10	50	90	95	99	1	5	10	50	90	95	99
4.1.1 身高	1545	1588	1608	1683	1755	1776	1815	1533	1576	1596	1667	1739	1761	1798
4.1.2 体重/kg	45	48	50	59	70	74	80	45	49	51	61	74	78	85
4.1.3 上臂长	280	289	294	314	333	339	349	278	289	294	313	331	337	348
4.1.4 前臂长	205	216	221	237	253	258	268	206	215	220	235	252	257	267
4.1.5 大腿长	414	427	436	466	495	505	521	411	425	434	462	492	501	518
4.1.6 小腿长	324	338	345	370	397	403	420	322	336	343	367	393	400	416

3.1.2 人体主要尺寸（女）[1]

mm

年龄分组 百分位数 测量项目	18~55岁							18~25岁						
	1	5	10	50	90	95	99	1	5	10	50	90	95	99
4.1.1 身高	1449	1484	1503	1570	1640	1659	1697	1457	1494	1512	1580	1647	1667	1709
4.1.2 体重/kg	39	42	44	52	63	66	74	38	40	42	49	57	60	66
4.1.3 上臂长	252	262	267	284	303	308	319	253	263	268	286	304	309	319
4.1.4 前臂长	185	193	198	213	229	234	242	187	194	198	214	229	235	243
4.1.5 大腿长	387	402	410	438	467	476	494	391	406	414	441	470	480	496
4.1.6 小腿长	300	313	319	344	370	376	390	301	314	322	346	371	379	395

（续表）

测量项目 \ 年龄分组	26～35岁							36～55岁						
百分位数	1	5	10	50	90	95	99	1	5	10	50	90	95	99
4.1.1 身高	1449	1486	1504	1572	1642	1661	1698	1445	1477	1494	1560	1627	1646	1683
4.1.2 体重/kg	39	42	44	51	62	65	72	40	44	46	55	66	70	76
4.1.3 上臂长	253	263	267	285	304	309	320	251	260	265	282	301	306	317
4.1.4 前臂长	184	194	198	214	229	234	243	185	192	197	213	229	233	241
4.1.5 大腿长	385	403	411	438	467	475	493	384	399	407	434	463	472	489
4.1.6 小腿长	299	312	319	344	370	376	389	300	311	318	341	367	373	388

3.1.3 立姿人体尺寸（男）[1]

mm

测量项目 \ 年龄分组	18～60岁							18～25岁						
百分位数	1	5	10	50	90	95	99	1	5	10	50	90	95	99
4.2.1 眼高	1436	1474	1495	1568	1643	1664	1705	1444	1482	1502	1576	1653	1678	1714
4.2.2 肩高	1244	1281	1299	1367	1435	1455	1494	1245	1285	1300	1372	1442	1464	1507
4.2.3 肘高	925	954	968	1024	1079	1096	1128	929	957	973	1028	1088	1102	1140
4.2.4 手功能高	656	680	693	741	787	801	828	659	683	696	745	792	808	831
4.2.5 会阴高	701	728	741	790	840	856	887	707	734	749	796	848	846	895
4.2.6 胫骨点高	394	409	417	444	472	481	498	397	411	419	446	475	485	500

测量项目 \ 年龄分组	26～35岁							36～60岁						
百分位数	1	5	10	50	90	95	99	1	5	10	50	90	95	99
4.2.1 眼高	1437	1478	1497	1572	1645	1667	1705	1429	1465	1488	1558	1629	1651	1689
4.2.2 肩高	1244	1283	1303	1369	1438	1456	1496	1241	1278	1295	1360	1426	1445	1482
4.2.3 肘高	925	956	971	1026	1081	1097	1128	921	950	963	1019	1072	1087	1119
4.2.4 手功能高	658	683	695	742	789	802	828	651	676	689	736	782	795	818
4.2.5 会阴高	703	728	742	792	841	857	886	700	724	736	784	832	846	875
4.2.6 胫骨点高	394	409	417	444	473	481	498	392	407	415	441	469	478	493

3.1.4 立姿人体尺寸（女）[1]

mm

测量项目 \ 年龄分组 / 百分位数	18~55岁							18~25岁						
	1	5	10	50	90	95	99	1	5	10	50	90	95	99
4.2.1 眼高	1337	1371	1388	1454	1522	1541	1579	1341	1380	1396	1463	1529	1549	1588
4.2.2 肩高	1166	1195	1211	1271	1333	1350	1385	1172	1199	1216	1276	1336	1353	1393
4.2.3 肘高	873	899	913	960	1009	1023	1050	877	904	916	965	1013	1027	1060
4.2.4 手功能高	630	650	662	704	746	757	778	633	653	665	707	749	760	784
4.2.5 会阴高	648	673	686	732	779	792	819	653	680	694	738	785	797	827
4.2.6 胫骨点高	363	377	384	410	437	444	459	366	379	387	412	439	446	463
测量项目 \ 年龄分组 / 百分位数	**26~35岁**							**36~55岁**						
	1	5	10	50	90	95	99	1	5	10	50	90	95	99
4.2.1 眼高	1335	1371	1389	1455	1524	1544	1581	1333	1365	1380	1443	1510	1530	1561
4.2.2 肩高	1166	1196	1212	1273	1335	1352	1385	1163	1191	1205	1265	1325	1343	1376
4.2.3 肘高	873	900	913	961	1010	1025	1048	871	895	908	956	1004	1018	1042
4.2.4 手功能高	628	649	662	704	746	757	778	628	646	660	700	742	753	775
4.2.5 会阴高	647	672	686	732	780	793	819	646	668	681	726	771	784	810
4.2.6 胫骨点高	362	376	384	410	438	445	460	363	375	382	407	433	441	456

3.1.5 坐姿人体尺寸（男）[1]

mm

测量项目 \ 年龄分组 / 百分位数	18~60岁							18~25岁						
	1	5	10	50	90	95	99	1	5	10	50	90	95	99
4.3.1 坐高	836	858	870	908	947	958	979	841	863	873	910	951	963	984
4.3.2 坐姿颈椎点高	599	615	624	657	691	701	719	596	613	622	655	691	702	718
4.3.3 坐姿眼高	729	749	761	798	836	847	868	732	753	763	801	840	851	868
4.3.4 坐姿肩高	539	557	566	598	631	641	659	538	557	565	597	631	641	658
4.3.5 坐姿肘高	214	228	235	263	291	298	312	215	227	234	261	289	297	311
4.3.6 坐姿大腿厚	103	112	116	130	146	151	160	106	114	117	130	144	149	156
4.3.7 坐姿膝高	441	456	464	493	523	532	549	443	459	468	497	527	535	554
4.3.8 小腿加足高	372	383	389	413	439	448	463	375	386	393	417	444	454	468
4.3.9 坐深	407	421	429	457	486	494	510	407	423	429	457	486	494	511

（续表）

测量项目 ＼ 年龄分组 / 百分位数	18~60 岁							18~25 岁						
	1	5	10	50	90	95	99	1	5	10	50	90	95	99
4.3.10 臀膝距	499	515	524	554	585	595	613	500	516	525	554	585	594	615
4.3.11 坐姿下肢长	892	921	937	992	1046	1063	1096	893	925	939	992	1050	1068	1100

测量项目 ＼ 年龄分组 / 百分位数	26~35 岁							36~60 岁						
	1	5	10	50	90	95	99	1	5	10	50	90	95	99
4.3.1 坐高	839	862	874	911	948	959	983	832	853	865	904	941	952	973
4.3.2 坐姿颈椎点高	600	617	626	659	692	702	722	599	615	625	658	691	700	719
4.3.3 坐姿眼高	733	753	764	801	837	849	873	724	743	756	795	832	841	864
4.3.4 坐姿肩高	539	559	569	600	633	642	660	538	556	564	597	630	639	657
4.3.5 坐姿肘高	217	230	237	264	291	299	313	210	226	234	263	292	299	313
4.3.6 坐姿大腿厚	102	111	115	130	147	152	160	102	110	115	131	148	152	162
4.3.7 坐姿膝高	441	456	464	494	523	531	553	439	455	462	490	518	527	543
4.3.8 小腿加足高	373	384	391	415	441	448	462	370	380	386	409	435	442	458
4.3.9 坐深	405	421	429	458	486	493	510	407	420	428	457	486	494	511
4.3.10 臀膝距	497	514	523	554	586	595	611	500	515	524	554	585	596	613
4.3.11 坐姿下肢长	889	919	934	991	1045	1064	1095	892	922	938	992	1045	1060	1095

3.1.6 坐姿人体尺寸（女）[1]

mm

测量项目 ＼ 年龄分组 / 百分位数	18~55 岁							18~25 岁						
	1	5	10	50	90	95	99	1	5	10	50	90	95	99
4.3.1 坐高	789	809	819	855	891	901	920	793	811	822	858	894	903	924
4.3.2 坐姿颈椎点高	563	579	587	617	648	657	675	565	581	589	618	649	658	677
4.3.3 坐姿眼高	678	695	704	739	773	783	803	680	636	707	741	774	785	806
4.3.4 坐姿肩高	504	518	526	556	585	594	609	503	517	526	555	584	593	608
4.3.5 坐姿肘高	201	215	223	251	277	284	299	200	214	222	249	275	283	299
4.3.6 坐姿大腿厚	107	113	117	130	146	151	160	107	113	116	129	143	148	156
4.3.7 坐姿膝高	410	424	431	458	485	493	507	412	428	435	461	487	494	512
4.3.8 小腿加足高	331	342	350	382	399	405	417	336	346	355	384	402	408	420
4.3.9 坐深	388	401	408	433	461	469	485	389	401	409	433	460	468	485
4.3.10 臀膝距	481	495	502	529	561	570	587	480	495	501	529	560	568	586
4.3.11 坐姿下肢长	826	851	865	912	960	975	1005	825	854	867	914	963	978	1008

（续表）

测量项目 \ 百分位数 \ 年龄分组	26~35 岁							36~55 岁						
	1	5	10	50	90	95	99	1	5	10	50	90	95	99
4.3.1　坐高	792	810	820	857	893	904	921	786	805	816	851	886	896	915
4.3.2　坐姿颈椎点高	563	579	588	618	650	658	677	561	576	584	616	647	655	672
4.3.3　坐姿眼高	679	696	705	740	775	786	806	674	692	701	735	769	778	796
4.3.4　坐姿肩高	506	520	528	556	587	596	610	504	518	525	555	584	592	608
4.3.5　坐姿肘高	204	217	225	251	277	284	298	201	215	223	251	279	287	300
4.3.6　坐姿大腿厚	107	113	116	130	145	150	160	108	114	118	133	149	154	164
4.3.7　坐姿膝高	409	423	431	458	486	493	508	409	422	429	455	483	490	503
4.3.8　小腿加足高	334	345	353	383	399	405	417	327	338	344	379	396	401	412
4.3.9　坐深	390	403	409	434	463	470	485	386	400	406	432	461	468	487
4.3.10　臀膝距	481	494	501	529	561	570	590	482	496	502	529	562	572	588
4.3.11　坐姿下肢长	826	850	865	912	960	976	1004	826	848	862	909	957	972	996

3.1.7　人体水平尺寸（男）[1]

mm

测量项目 \ 百分位数 \ 年龄分组	18~60 岁							18~25 岁						
	1	5	10	50	90	95	99	1	5	10	50	90	95	99
4.4.1　胸宽	242	253	259	280	307	315	331	239	250	256	275	298	306	320
4.4.2　胸厚	176	186	191	212	237	245	261	170	181	186	204	223	230	241
4.4.3　肩宽	330	344	351	375	397	403	415	331	344	351	375	398	404	417
4.4.4　最大肩宽	383	398	405	431	460	469	486	380	395	403	427	454	463	482
4.4.5　臀宽	273	282	288	306	327	334	346	271	280	285	302	322	327	339
4.4.6　坐姿臀宽	284	295	300	321	347	355	369	281	292	297	316	338	345	360
4.4.7　坐姿两肘间宽	353	371	381	422	473	489	518	348	364	374	410	454	467	495
4.4.8　胸围	762	791	806	867	944	970	1018	746	778	792	845	908	925	970
4.4.9　腰围	620	650	665	735	859	895	960	610	634	650	702	771	796	857
4.4.10　臀围	780	805	820	875	948	970	1009	770	800	814	860	915	936	974

测量项目 \ 百分位数 \ 年龄分组	26~35 岁							36~60 岁						
	1	5	10	50	90	95	99	1	5	10	50	90	95	99
4.4.1　胸宽	244	254	260	281	305	313	327	243	254	261	285	313	321	336
4.4.2　胸厚	177	187	192	212	233	241	254	181	192	198	219	245	253	266
4.4.3　肩宽	331	346	352	376	398	404	415	328	343	350	373	395	401	415

（续表）

测量项目 \ 年龄分组/百分位数	26～35岁							36～60岁						
	1	5	10	50	90	95	99	1	5	10	50	90	95	99
4.4.4 最大肩宽	386	399	406	432	460	469	486	383	398	406	433	464	473	489
4.4.5 臀宽	272	282	287	305	326	332	344	275	285	291	311	332	338	349
4.4.6 坐姿臀宽	283	295	300	320	344	351	365	289	299	304	327	354	361	375
4.4.7 坐姿两肘间宽	353	372	381	421	470	485	513	359	378	389	435	485	499	527
4.4.8 胸围	772	799	812	869	939	958	1008	775	803	820	885	967	990	1035
4.4.9 腰围	625	652	669	734	832	865	921	640	670	690	782	900	932	986
4.4.10 臀围	780	805	820	874	941	962	1000	785	811	830	895	966	985	1023

3.1.8 人体水平尺寸（女）[1]

mm

测量项目 \ 年龄分组/百分位数	18～55岁							18～25岁						
	1	5	10	50	90	95	99	1	5	10	50	90	95	99
4.4.1 胸宽	219	233	239	260	289	299	319	214	228	234	253	274	282	296
4.4.2 胸厚	159	170	176	199	230	239	260	155	166	171	191	215	222	237
4.4.3 肩宽	304	320	328	351	371	377	387	302	319	328	351	370	376	386
4.4.4 最大肩宽	347	363	371	397	428	438	458	342	359	367	391	415	424	439
4.4.5 臀宽	275	290	296	317	340	346	360	270	286	292	311	331	338	349
4.4.6 坐姿臀宽	295	310	318	344	374	382	400	289	306	313	336	360	368	382
4.4.7 坐姿两肘间宽	326	348	360	404	460	478	509	320	338	348	384	426	439	465
4.4.8 胸围	717	745	760	825	919	949	1005	710	735	750	802	865	885	930
4.4.9 腰围	622	659	680	772	904	950	1025	608	636	654	724	803	832	892
4.4.10 臀围	795	824	840	900	975	1000	1044	790	815	830	881	940	959	994

测量项目 \ 年龄分组/百分位数	26～35岁							36～55岁						
	1	5	10	50	90	95	99	1	5	10	50	90	95	99
4.4.1 胸宽	221	234	240	260	287	295	313	225	238	245	269	301	309	327
4.4.2 胸厚	160	171	177	198	227	236	253	166	177	183	208	240	251	268
4.4.3 肩宽	304	320	328	350	372	378	387	305	323	329	350	372	378	390
4.4.4 最大肩宽	347	363	371	396	426	435	455	356	368	376	405	439	449	468
4.4.5 臀宽	277	290	296	317	339	345	358	282	296	301	323	345	352	366
4.4.6 坐姿臀宽	295	311	318	345	372	381	398	302	317	325	353	382	390	411
4.4.7 坐姿两肘间宽	331	352	362	404	453	469	500	344	367	379	427	481	496	526
4.4.8 胸围	718	747	762	823	907	934	988	724	760	780	859	955	986	1036
4.4.9 腰围	636	672	691	775	882	921	993	661	704	728	836	962	998	1060
4.4.10 臀围	792	824	838	900	970	992	1030	812	843	858	926	1001	1021	1064

3.1.9 与作业有关的工作岗位尺寸[2]

mm

类别	举 例	坐姿工作岗位相对高度 H_1				立姿工作岗位相对高度 H_2			
		P_5		P_{95}		P_5		P_{95}	
		女（W）	男（M）	女（W）	男（M）	女（W）	男（M）	女（W）	男（M）
Ⅰ	调整作业 检验工作 精密元件装配	400	450	500	550	1050	1150	1200	1300
Ⅱ	分检作业 包装作业 体力消耗大的 重大工件组装	250		350		850	950	1000	1050
Ⅲ	布线作业 体力消耗小的 小零件组装	300	350	400	450	950	1050	1100	1200

注：表中 P_5，P_{95} 分别代表第5和第95百分位数。

3.1.10 大腿空间高度 Z 和小腿空间高度 U 的最小限值[2]

mm

尺寸符号	P_5		P_{95}	
	女 性	男 性	女 性	男 性
Z	135	135	175	175
U	375	415	435	480

注：表中 P_5，P_{95} 分别代表第5和第95百分位数。

3.1.11 扳钮开关的作用力数据[3]

扳钮长度/mm	作用力/N	扳钮长度/mm	作用力/N
>10~15	3~2	>30~35	5.0~4.2
>15~20	3.3~2.5	>35~40	5.7~5.0
>20~25	3.5~2.8	>40~50	6.2~5.0
>25~30	4.0~3.3		

3.1.12 脚控操纵器的作用力数据[3]

操 纵 方 式	作用力/N	
	最 小	最 大
停歇时脚放在操纵器上	45	90
停歇时脚不放在操纵器上	18	90
仅踝关节运动		45
整个腿部运动	45	750

3.1.13 按钮式和按键式开关的作用力数据[3]

操纵方式	作用力/N	操纵方式	作用力/N
食指按动按钮	1~8	手掌按动按钮	10~50
大拇指按动按钮	8~35	按动按键	2.5~16

3.1.14 旋钮的操作力矩数据[3]

操纵方式	旋钮直径/mm	力矩/(N·m)	
		最小	最大
捏握和连续调节	10~100	0.02	0.5
指握和断续调节	35~75	0.2	0.7

3.1.15 常用机床占用面积表[9]

序号	机床名称	型号及规格	占用面积/m²
1	普通车床	C620 型，C620－1 型 CA6140 型 (中心距 750~2000mm)	18~25
2	普通车床	C630 型，中心距 2800mm	30
3	普通车床	C6136 型，中心距 650mm	17
4	普通车床	C616 型，中心距 750mm	16
5	摇臂钻床	Z35 型，最大钻孔直径 50mm	30
6	圆柱立式钻床	Z5040 型，最大钻孔直径 40mm	20
7	圆柱立式钻床	Z525B 型，最大钻孔直径 25mm	14
8	立式钻床	H5－3 型，孔径 25mm	8
9	牛头刨床	B665 型，刨削长度 650mm	25
10	万能升降台铣床	X62W 型	16
11	万能工具磨床		12
12	龙门刨床	BQ208 型	40
13	砂轮机	M3025，M3035，M3040	5

3.1.16 踏板适宜用力表[9]

踏板型式	适宜用力/N	踏板型式	适宜用力/N
休息时足踏板的承受力	18~32	离合器和机械制动器	~136
悬挂脚蹬（汽车加速器）	45~68	方向舵	726~1814
功率制动器	~68	可允许的足蹬最大值	2268

3.1.17 生产车间工作面上的最低照度值[13]

识别对象的最小尺寸 d/mm	视觉工作分类		亮度对比	最低照度/lx	
	等	级		混合照明	一般照明
$d<0.15$	Ⅰ	甲 乙	小 大	1500 1000	— —
$0.15<d<0.3$	Ⅱ	甲 乙	小 大	750 500	200 150
$0.3<d<0.6$	Ⅲ	甲 乙	小 大	500 300	150 100
$0.6<d<1.0$	Ⅳ	甲 乙	小 大	300 200	100 75
$1<d<2$	Ⅴ	—	—	150	50
$2<d<5$	Ⅵ	—	—	—	30
$d>5$	Ⅶ	—	—	—	20
一般观察生产过程	Ⅷ	—	—	—	10
大件贮存	Ⅸ	—	—	—	5
有自行发光材料的车间	Ⅹ	—	—	—	30

注：1. 一般照明的最低照度一般是指距墙1m（小面积房间为0.5m）、距地为0.8m的假定工作面上的最低照度。
2. 混合照明的最低照度是指实际工作面上的最低照度。
3. 一般照明是指单独使用的一般照明。

3.1.18 设备、用具与身高比例[9]

编号	活动形式及用具高度 H	H/L 与身高比例	编号	活动形式及用具高度 H	H/L 与身高比例
1	举手可达到的高度	4/3	6	桌下空间	1/3
2	可随意取放物品的搁板高度	7/6	7	工作椅高度	3/13
3	直立姿势工作面高度	6/11	8	人体重心高度	5/9
4	坐高	6/11	9	发挥最大拉力高度	3/5
5	办公桌高度	7/17	10	手提物的长度	3/8

3.1.19 各种听觉报警显示的性质与特点[13]

报警显示类型	音响强度	频率	引起注意的效果	不为噪声屏蔽的能力	特 点
低音雾笛	很高	很低	好	在低频噪声环境中不好，在高频噪声环境中好	—
号角	高	低到高	好	好	可设计成定向、旋转发声
笛	高	低到高	断断续续好	频率适当时好	可用反射器作定向发声

（续表）

报警显示类型	音响强度	频率	引起注意的效果	不为噪声屏蔽的能力	特　点
汽笛	高	低到高	音调忽高忽低好	频率忽高忽低很好	和号角并用作定向发声
铃	中等	中等到高	好	低频噪声好	可安装手动开关以确保报警作用持续到操作者采取措施
蜂鸣器	从低等到中等	低到中等	好	频谱与噪声背景适当时好	可安装手动开关以确保报警作用持续到操作者采取措施
钟和锣	从低等到中等	低到中等	同样好	频谱与噪声背景合适时好	—
振荡	从低到高	中等到高	断断续续好	如频率适当好	可由闭路系统操纵

3.2 作业环境与人体疲劳

3.2.1 高温作业允许持续接触热时间限值[4]

min

工作地点温度/℃	轻劳动	中等劳动	重劳动
30～32	80	70	60
>32～34	70	60	50
>34～36	60	50	40
>36～38	50	40	30
>38～40	40	30	20
>40～42	30	20	15
>42～44	20	10	10

3.2.2 高温作业分级[5]

接触高温作业时间/min	WBGT指数/℃									
	25～26	27～28	29～30	31～32	33～34	35～36	37～38	39～40	41～42	≥43
≤120	Ⅰ	Ⅰ	Ⅰ	Ⅰ	Ⅱ	Ⅱ	Ⅱ	Ⅲ	Ⅲ	Ⅲ
121～240	Ⅰ	Ⅰ	Ⅱ	Ⅱ	Ⅲ	Ⅲ	Ⅳ	Ⅳ	—	—
241～360	Ⅱ	Ⅱ	Ⅲ	Ⅲ	Ⅳ	Ⅳ	—	—	—	—
≥361	Ⅲ	Ⅲ	Ⅳ	Ⅳ	—	—	—	—	—	—

3.2.3 体力劳动强度分级表[6]

体力劳动强度级别	体力劳动强度指数	体力劳动强度级别	体力劳动强度指数
Ⅰ	≤15	Ⅲ	>20～25
Ⅱ	>15～20	Ⅳ	>25

3.2.4 体力搬运质量限值[7]

性别	搬运类别	单位	搬运方式		
			搬	扛	推或拉
男	单次质量	kg	15	50	300
	全日质量	t	18	20	30
	全日搬运质量和相应步行距离乘积	t·m	90	300	3000
女	单次质量	kg	10	20	200
	全日质量	t	8	10	16
	全日搬运质量和相应步行距离乘积	t·m	40	150	1600

注：本表适用于成年人体力搬、扛、推或拉方式的劳动，不适用于高原地区、山地、泥泞路面及坡度大于10°的道路。

3.2.5 各种不同区域作业和活动的照度范围[8]

照度范围/lx	区域、作业和活动的类型	照度范围/lx	区域、作业和活动的类型
3~5~10	室外交通区	300~500~750	中等视觉要求的作业
10~15~20	室外工作区	500~750~1000	相当费力的视觉要求的作业
15~20~30	室内交通区、一般观察、巡视	750~1000~1500	很困难的视觉要求的作业
30~50~75	粗作业	1000~1500~2000	特殊视觉要求的作业
100~150~200	一般作业	>2000	非常精密的视觉要求的作业
200~300~500	一定视觉要求的作业		

3.2.6 人在不同劳动状态下的呼吸状况[10]

运动功量级/W	相当工作状态	呼吸量/($L\cdot min^{-1}$)	吸气频率/(次$\cdot min^{-1}$)	吸气深度/($mL\cdot$次$^{-1}$)
运动前	静止状态	8.636	17.760	486
50	中等劳动	26.720	22.840	1169
100	重度劳动	40.479	24.292	1666
150	高重度劳动	54.250	26.615	2038
200		84.000	38.000	2210

3.2.7 人在不同劳动强度情况下所需氧气量[10]

工作状态	所需要的氧气量/($L\cdot min^{-1}$)	所放出的二氧化碳量/($L\cdot min^{-1}$)
静止状态	0.3	0.27
中等劳动	1.2	1.1
重度劳动	1.75	1.52
高重度劳动	2.7	2.43

3.2.8 我国正常人的基础代谢率[11]

kcal/($h\cdot m^2$)

年龄	11~15	16~17	18~19	20~30	31~40	41~50	51以上
男	46.7	46.2	39.7	37.7	37.9	36.8	35.6
女	41.2	43.4	36.8	35.0	35.1	34.0	33.1

3.2.9 气温对人体温度的影响[11]

气温，湿球温度/℃	体温升高/℃	气温，湿球温度/℃	体温升高/℃
到29	0.11~0.66	32.2~34.5	0.66~1.55
29.5~31.7	0.33~0.77	34.5以上	1.44~1.90

3.2.10 高温作业者体温分布[12]

口腔温度/℃	高温作业组/%	对照组/%	口腔温度/℃	高温作业组/%	对照组/%
<37	9	81	38~38.4	12	0
37~37.4	39	15	38.5~40	6	0
37.5~37.9	34	4			

3.2.11 高温作业者心率分布[12]

心率/(次·min^{-1})	高温作业组/%	对照组/%	心率/(次·min^{-1})	高温作业组/%	对照组/%
<71	3	73	101~110	19	1
71~80	8	7	111~120	21	0
81~90	11	6	121~130	12	0
91~100	23	13	>130	3	0

3.2.12 工效与温度、湿度、风速的关系[11]

相对湿度/%	风速/($m \cdot s^{-1}$)	温度/℃	升高1℃工效下降/%
80	2	718	5
100	2	27	10
80	2	30	12

3.2.13 各种感觉的适应刺激和识别特征[9]

感觉类型	感觉器官	适应刺激	刺激来源	识别外界的特征	作用
视觉	眼睛	光	外部	色彩、明暗、位置、运动形状等	鉴别
听觉	耳	声音	外部	声强、声调、韵律、方向等	报警、联络
嗅觉	鼻腔内的嗅觉细胞	挥发的和飞散的物质	外部	辣气、香气、臭气等	报警
味觉	舌	以唾液溶解的物质	接触时表面	甜、酸、苦、辣、咸等	报警
皮肤感觉	皮肤及皮下组织	物理和化学物质对皮肤的作用	直接和间接接触	触觉、痛觉、温度、压力等	报警
深部感觉	肌体神经和关节	物质对肌体作用	外部和内部	撞击、重力、姿势等	调整
平衡感觉	耳内部器官神经	运动刺激和位置变化	内部和外部	回转运动、直线运动、摆动等	调整

3.2.14 感觉通道的特性比较[9]

比较项目 \ 特性 \ 感觉通道	视觉	听觉	嗅觉	触觉	味觉			
					咸	甜	酸	苦
感知时间/s	0.188~0.206	0.115~0.182	0.200~0.370	0.117~0.201	0.308	0.446	0.536	1.082
刺激种类	光刺激	声刺激	挥发性和飞散性物质	压、触、冷、热	物质刺激			
刺激情况	瞬间的	瞬间的	要一定时间	瞬间的	稍需时间			
知觉范围	有局限性	无局限性	受风向影响	无局限性	无局限性			
知觉难易	容易	最容易	容易	稍困难	困难			
恢复原来状态的难易	容易	容易	不容易	不很容易	不容易			
实用性	大	大	很小	不大	很小			

3.2.15 运动器官与感知时间[9]

反应的运动器官	感知时间/ms	反应的运动器官	感知时间/ms
右手	147	右脚	174
左手	144	左脚	179

3.2.16 各种感觉的刺激强度范围[9]

感觉	刺激强度的范围	
	最小识别阈值	最大识别阈值
视觉	$2.2\sim5.7\times10^{-17}$J	约$10^9\times$阈值强度
听觉	1×10^{-16}J/cm^2	约$10^{14}\times$阈值强度
机械振动（振幅）	0.00025mm	
嗅觉	2×10^{-7}mg/cm^3	
味觉	4×10^{-7}（硫酸试剂摩尔浓度）	
角加速度	0.12°/s^2	加速时$5\sim8\times9.8$m/s^2 减速时$3\sim4.5\times9.8$m/s^2
直线加速度	减速时0.08×9.8m/s^2	身体脊椎方向动作力的限制与角加速度有关

3.2.17 视距与字符高度表[9]

眼到文字的距离/m	数字高度/mm	眼到文字的距离/m	数字高度/mm
0.5以下	2.3	1.8~3.6	17.3
0.5~0.9	4.3	3.6~6.0	28.7
0.9~1.8	8.6		

3.2.18 视距与仪表刻度线长度表[9]

视距/m	刻度线长度/mm		
	长刻度线	中刻度线	短刻度线
0.5以下	5.5	4.1	2.3
0.5~0.9	10.0	7.1	4.3
0.9~1.8	20.0	14.0	8.6
1.8~3.6	40.0	28.0	17.0
3.6~6.0	67.0	48.0	29.0

3.2.19 人的感官对各种感光道的反应时间[13]

感光道	反应时间/ms	感光道	反应时间/ms
触觉	117~182	温觉	180~240
听觉	120~182	嗅觉	210~390
视觉	150~225	痛觉	400~1000
冷觉	150~225	味觉	308~1082

3.2.20 人对复合刺激的反应时间[13]

刺激	反应时间/ms	刺激	反应时间/ms
光	176	光和声音	142
电击	143	声音和电击	131
声音	142	光、声音和电击	127
光和电击	142		

3.2.21 全身垂直振动对工作能力的影响[9]

项目	振动频率/Hz	峰—峰振幅/英寸（实验所用的数据）	峰—峰振幅/mm（实验所用的数据）
视力下降	38	0.001	0.0254
	20	0.015，0.35	0.381，8.89
	15	0.07~0.12	1.778~3.048
	25	0.035，0.055	0.889，1.397
	35	0.03~0.05	0.762，1.27
	1~24	0.24~5.88	6.096，149.35
	2.5~3.5	—	—
	1.5~5.5	0.15（G）~0.35（G）	3.81（G）~8.89
	40	0.065	1.651
	70	0.03	0.762
	10~70	—	—
	15，30，40~70（影响最大）	—	—

（续表）

项目	振动频率/Hz	峰—峰振幅/英寸（实验所用的数据）	峰—峰振幅/mm（实验所用的数据）
视力下降	2.5～3.5 1～20 1～3	0.5 约为垂直可耐限的一半 —	12.7 约为垂直可耐限的一半 —
深度视觉变差	2.5～3.5	0.5	12.7
读数字效率下降（包括读数字）错误率增多 速度减慢等	0～23 5 37 5～27 7～37	0.05，0.1 0.2 0.0006 0.006～0.200 0.006～0.098	1.27，2.54 5.08 0.01524 0.1524～5.080 0.1524～2.4892
“0”计数效率变差	2.4～9.5	0.125～0.5（G）	3.175～12.7（G）
阅读工作效率下降	10 40	0.185，0.2 0.15	4.699，5.08 3.81
视觉工作效率变差	1～10	0.05，2.1	1.27，53.34
眼的代偿运动变差	1.4～3.4	25	635
眼睑运动困难	6～8	0.144～0.272	3.6576～6.9088
追踪操纵工作效率下降	1～50 15 2.5～3.5	0.05～0.18 1.5（G） 0.5	1.27～4.572 3.81（G） 12.7
追踪操纵工作效率下降	30 2.5，3.5	1.54（G） <0.25	39.116（G） <6.35

3.2.22 不同温度环境的主诉症状和生理反应[9]

温度/℃	后果	主诉可耐时间	主诉症状	生理反应
120 灼热	烧伤	1s～1min	痛	极限负荷
95 灼热	虚脱	1min～1h	头晕	—
50	疲惫	1h～1d	疲惫	血管舒张和出汗
21	舒适	无限	无	—
-7	疲惫	1d～1h	冷的感觉	寒颤
+5（水中）	冻僵	1h～1min	冻僵	寒颤
-55（在金属外壳内）	昏迷	1min～1s	痛	极限负荷

3.2.23 全身低温和高温可耐限度与水气分压（湿度）和气速的关系[9]

温度条件	干球温度/℃	环境条件		主诉可耐时间/min
		水汽分压/Pa	气速（风速）/（m·min^{-1}）	
低温	-4.0	15.7	<27	>120
	-4.0	15.7	134	40
	-1.1	20.5	134	80
	-1.1	20.5	268	60
	4.4	30.4	<27	>120
	4.4	30.4	134	>120
	4.4	30.4	268	80
	15.6	64.7	<27	>120
	15.6	64.7	134	>120
	15.6	64.7	268	>120

（续表）

温度条件	干球温度/℃	环境条件		主诉可耐时间/min
		水汽分压/Pa	气速（风速）/（$m \cdot min^{-1}$）	
高温	37.8	396.2	81	>120
	37.8	477.6	81	60
	43.3	192.2	81	>120
	43.3	481.5	81	60
	42.8	623.7	81	20
	48.3	439.3	81	65

3.2.24 全身横向（前后）及其他振动对工作能力的影响[9]

项目	振动频率/Hz	峰—峰振幅/英寸（实验所用的数据）	峰—峰振幅/mm（实验所用的数据）
视力变差	20～140	—	
追踪操纵工作效率下降	1.5～5.5 2～12	0.15～0.35（G） 0.06～0.25	3.81～8.89（G） 1.524～6.35
手部动作反应时间延长	2.5～3.5	1～3G	25.4～76.2G
视觉选择反应时间延长（30min振动之后）	1.5～5.5	0.15～0.35（G）	3.81～8.89（G）
视觉读数工作效率下降	1.5～5.5	1～3（G）	25.4～76.2G
身体左右（侧向）振动条件下（非前后振动）追踪操纵工作效率下降	2～12	0.05～0.25	1.27～6.35
（人体与仪表一起垂直振动条件下） 视力下降 追踪操纵效率下降	1～3 2～12	<4.5 0.06～0.25	<114.3 1.524～6.35

注：本表取自许多材料，故彼此未必完全吻合。

3.2.25 不同高温条件下的热惊厥出现率[9]

温度（干球温度/湿球温度）/℃	气速/（$km \cdot h^{-1}$）	平均可耐时间/min	在可耐时间上的惊厥出现率/%
41.1/36.7	4.8	173	20
40.6/37.8	4.8	96	30
40.6/38.3	4.8	71	30
46.1/37.8	4.8	67	30
41.7/40.6	4.8	49	50
54.4/38.9	4.8	46	50
54.4/38.9	4.8	37	60
54.4/40.6	1.6	29	9
46.1/43.9	4.8	27	89

注：可耐时间指的是被试者达到肛温39.3℃或心率180次/min所经过（暴露）的时间。

3.2.26 在高温高湿条件下劳动的矿井救护人员的最大可耐时间[9]

min

水汽饱和温度或湿球温度/℃	作堆积沙袋劳动的未习服的救护人员①	在矿井中进行救护工作的已习服的救护人员②
29	44	—
32	32	60
35	24	42
38	19	29
40	—	20

① 36名救护人员，各带一个17kg重的供氧装备，并进行模拟高温救护工作下所得材料。这些人除因过热主诉不可耐而中止者外，一般均工作至肛温38.9℃。

② 109名已习服于高温的矿工，每人携带一个重17kg的供氧装备，在矿井救火工作时所得的材料。

3.2.27 达到虚脱的全身热暴露时间[9]

温度（干球温度/湿球温度）/℃	出现热虚脱的平均暴露时间/min	5%人出现热虚脱的平均暴露时间/min
37.5/33.9	87	53
38.0/35.3	54	33
40.0/36.7	44	30
45.0/41.0	26	18
53.0/48.3	12	9
43.0/35.0	55	35
50.0/37.0	31	21
53.0/40.0	20	16
56.0/43.0	15	11
63.0/47.0	10	6

注：被试者均为未习服人，高温期内作1.2MJ/h的劳动，直至虚脱为止。

3.2.28 浸于低温水中的主诉可耐时间[9]

水温/℃	可耐时间/min	水温/℃	可耐时间/min
4.5	15	15.5	60
10	30		

3.2.29 不同深部体温的临界症状[9]

深部体温/℃	临界症状①	备注
>34.45	轻度和中度症状	
34	健亡	
32.22	肢体麻木	裸体浸于6℃水中
30~32	心脏功能失调	
30	定向能力丧失，但有痛觉	
30~31.11	意识丧失50%人死亡	裸体浸于-1.1~+6.6℃水中
27	随意运动能力、瞳孔反射皮肤和肌腱反射丧失	
23.88~26	大部分人死亡	裸体浸于-1.1~+6.6℃水中
18	100%人死亡	

① 在此温度上刚刚出现的症状。

3.2.30 不同低温条件的主诉感受[9]

风速/($km\cdot h^{-1}$)	凉	冷	冷　痛	迅速冻伤
3.2	13℃	-6.7℃	-23℃	-46℃
8	16℃	2.8℃	-12℃	-32℃
16	18℃	4.5℃	-6.7℃	-23℃
48	21℃	10℃	0℃	-12℃

注：当局部皮肤温度降至10℃时，手感到痛；当足部皮肤温度降至13℃时，足部感到痛。

参 考 文 献

[1] 中国标准化与信息分类编码所 . GB/T 10000—1988 中国成年人人体尺寸 [S]. 北京：中国标准出版社，1989.

[2] 中国标准化与信息分类编码研究所、浙江省劳动保护科学研究所 . GB/T 14776—1993 人类工效学 工作岗位尺寸设计原则及其数值 [S]. 北京：中国标准出版社，1993.

[3] 机电工业部机械标准化研究所 . GB/T 14775—1993 操纵器一般人类工效学要求 [S]. 北京：中国标准出版社，1993.

[4] 北京市劳动卫生职业病防治研究所物理因素研究所、铁道部南京铁道医学院劳动卫生教研室. GB 935—1989 高温作业允许持续接触热时间限值 [S]. 北京：中国标准出版社，1989.

[5] 中国预防医学科学劳动卫生与职业病研究所 . GB/T 4200—1997 高温作业分级 [S]. 北京：中国标准出版社，1997.

[6] 中国预防医学科学院劳动卫生与职业病研究所 . GB 3869—1997 体力劳动强度分级 [S]. 北京：中国标准出版社，1997.

[7] 中国预防医学科学院劳动卫生与职业病研究所 . GB 12330—1990 体力搬运重量限值 [S]. 北京：中国标准出版社，1990.

[8] 中国建筑科学研究院建筑物理研究所 . GB/T 13379—1992 视觉工效学原则 室内工作系统照明 [S]. 北京：中国标准出版社，1992.

[9] 孙桂林，臧吉昌 . 安全工程手册 . 北京：中国铁道出版社，1989.

[10]《劳动保护用品知识》编写组 . 劳动保护用品知识 . 北京：劳动出版社，1982.

[11] 谷玉兰 . 劳动保护科学技术 . 劳动保护科学技术杂志，1985.

[12] 肖爱民 . 工业安全与防尘 . 工业安全与防尘杂志，1990.

[13] 李德仁 . 安全管理简明教程 . 北京：中国地质大学出版社，1990.

4 风险分析与安全评价

4.1 生产过程危险和有害因素分类与代码表[1]

代 码	危险和有害因素	说 明
1	物理性危险和有害因素	
105	设备、设施缺陷	
10505	强度不够	
10510	刚度不够	
10515	稳定性差	指抗倾覆、抗位移能力不够。包括重心过高、底座不稳定、支撑不正确等
10520	密封不良	指密封件、密封介质、设备辅件、加工精度、装配工艺等缺陷以及磨损、变形、气蚀等造成的密封不良
10525	应力集中	
10530	外形缺陷	指设备、设施表面的尖角利棱和不应有的凹凸部分等
10535	外露运动件	指人员易触及的运动件
10540	操纵器缺陷	指结构、尺寸、形状、位置、操纵力不合理及操纵器失灵、损坏等
10545	制动器缺陷	指结构不合理，装置损坏、失灵等
10550	控制器缺陷	
10599	设备、设施其他缺陷	
110	防护缺陷	
11005	无防护	
11010	防护装置、设施缺陷	指防护装置、设施本身安全性、可靠性差，包括防护装置、设施、防护用品损坏、失效、失灵等
11015	防护不当	指防护装置、设施和防护用品不符合要求、使用不当。不包括防护距离不够
11020	支撑不当	包括矿井、建筑施工支护不符合要求
11025	防护距离不够	指设备布置，机械、电气、防火、防爆等安全距离不够和卫生防护距离不够等
11099	其他防护缺陷	
115	电危害	
11505	带电部位裸露	指人员易触及的裸露带电部位
11510	漏电	包括杂散电流

（续表）

代 码	危险和有害因素	说 明
11515	雷电	
11520	静电	
11525	电火花	
11599	其他电危害	
120	噪声	
12005	机械性噪声	
12010	电磁性噪声	
12015	流体动力性噪声	
12099	其他噪声	
125	振动危害	
12505	机械性振动	
12510	电磁性振动	
12515	流体动力性振动	
12599	其他振动危害	
130	电磁辐射	
13005	电离辐射	包括x射线、γ射线、α粒子、β粒子、中子、质子、高能电子束等
13010	非电离辐射	包括紫外线、激光、射频辐射、超高压电场
135	运动物危害	
13505	抛射物	指固体飞甩
13510	飞溅物	指液体飞溅
13515	坠落物	
13520	反弹物	
13525	土、岩滑动	
13530	料堆（垛）滑动	
13535	气流卷动	
13540	冲击地压	指井巷（采场）周围的岩体（如煤体）在外载作用下产生的变形能，当力学平衡状态受到破坏时，瞬间释放，将岩体急剧、猛烈抛出造成严重破坏的一种井下动力现象
13599	其他运动物危害	
140	明火	
145	高温物质	指能造成灼伤的高温物质
14505	高温气体	
14510	高温液体	
14515	高温固体	

（续表）

代　码	危险和有害因素	说　　明
14599	其他高温物质	
150	低温物质	指能造成冻伤的低温物质
15005	低温气体	
15010	低温液体	
15015	低温固体	
15099	其他低温物质	
155	粉尘与气溶胶	不包括爆炸性、有毒性粉尘与气溶胶
160	作业环境不良	
16005	作业区环境不良	指地面滑、场地狭窄、地面高低不平、场地杂乱、航道狭窄、暗礁、险滩等
16010	基础下沉	
16015	安全过道缺陷	指无安全通道，安全通道狭窄、不畅等
16020	采光照明不良	指照度不足、烟尘弥漫、无天然光或天然光过强等
16025	有害光照	指眩光、频闪效应等
16030	缺氧	
16035	通风不良	指自然通风差或气流过大、无强制通风、风量不足、换气量不够等
16040	空气质量不良	指空气污染或含氧量不足等
16045	给、排水不良	
16050	涌水	
16055	强迫体位	指生产设备、设施的设计或作业位置不符合人类工效学要求而易引起作业人员疲劳、劳损或事故的一种作业姿势
16060	气温过高	
16065	气温过低	包括高原严寒
16070	气压过高	包括气压急剧变化
16075	气压过低	包括气压急剧变化
16080	高温高湿	包括高热辐射
16085	自然灾害	指冰雹、洪水、暴风雨雪、大雾等
16099	其他作业环境不良	
165	信号缺陷	
16505	无信号设施	指应设信号设施处无信号，如无紧急撤离信号等
16510	信号选用不当	
16515	信号位置不当	
16520	信号不清	指信号量不足，如响度、亮度、对比度、信号维持时间不够等
16525	信号显示不准	包括信号显示错误、显示滞后或超前等
16599	其他信号缺陷	

（续表）

代　码	危险和有害因素	说　　明
170	标志缺陷	
17005	无标志	指应设标志而无标志
17010	标志不清晰	
17015	标志不规范	
17020	标志选用不当	
17025	标志位置缺陷	
17099	其他标志缺陷	
199	其他物理性危险和有害因素	
2	化学性危险和有害因素	
205	易燃易爆性物质	含遇湿易燃性物质
20505	易燃易爆性气体	
20510	易燃易爆性液体	
20515	易燃易爆性固体	
20520	易燃易爆性粉尘与气溶胶	
20599	其他易燃易爆性物质	
210	自燃性物质	
215	有毒物质	包括刺激性、窒息性、致敏性、致畸性、致癌性、溶血性、麻醉性等物质
21505	有毒气体	
21510	有毒液体	
21515	有毒固体	
21520	有毒性粉尘与气溶胶	
21599	其他有毒物质	
220	腐蚀性物质	
22005	腐蚀性气体	
22010	腐蚀性液体	
22015	腐蚀性固体	
22099	其他腐蚀性物质	
299	其他化学性危险和有害因素	
3	生物性危险和有害因素	
305	致病微生物	
30505	细菌	指炭疽杆菌、布氏杆菌等
30510	病毒	指森林脑炎病毒等
30599	其他致病微生物	

（续表）

代码	危险和有害因素	说明
310	传染病媒介物	
315	致害动物	
320	致害植物	
399	其他生物性危险和有害因素	
4	心理、生理性危险和有害因素	
405	负荷超限	指易引起疲劳、劳损、伤害等的负荷超限
40505	体力负荷超限	
40510	听力负荷超限	
40515	视力负荷超限	
40599	其他负荷超限	
410	健康状况异常	指伤、病期
415	从事禁忌作业	包括女工经期、孕期从事禁忌作业
420	心理异常	
42005	情绪异常	
42010	冒险心理	
42015	过度紧张	
42099	其他心理异常	
425	辨识功能缺陷	
42505	感知延迟	
42510	辨识错误	
42599	其他辨识功能缺陷	
499	其他心理、生理性危险和有害因素	
5	行为性危险和有害因素	
505	指挥错误	
50505	指挥失误	
50510	违章指挥	
50599	其他指挥错误	
510	操作错误	
51005	误操作	
51010	违章作业	
51099	其他操作错误	
515	监护失误	
520	其他错误	
599	其他行为性危险和有害因素	
6	其他危险和有害因素	

4.2 生产场所重大危险源临界量标准[2]

4.2.1 爆炸性物质名称及临界量

序号	物质名称	临界量/t	
		生产场所	贮存区
1	雷（酸）汞	0.1	1
2	硝化丙三醇	0.1	1
3	二硝基重氮酚	0.1	1
4	二乙二醇二硝酸酯	0.1	1
5	脒基亚硝氨基脒基四氮烯	0.1	1
6	迭氮（化）钡	0.1	1
7	迭氮（化）铅	0.1	1
8	三硝基间苯二酚铅	0.1	1
9	六硝基二苯胺	5	50
10	2,4,6-三硝基苯酚	5	50
11	2,4,6-三硝基苯甲硝胺	5	50
12	2,4,6-三硝基苯胺	5	50
13	三硝基苯甲醚	5	50
14	2,4,6-三硝基苯甲酸	5	50
15	二硝基（苯）酚	5	50
16	环三次甲基三硝胺	5	50
17	2,4,6-三硝基甲苯	5	50
18	季戊四醇四硝酸酯	5	50
19	硝化纤维素	10	100
20	硝酸铵	25	250
21	1,3,5-三硝基苯	5	50
22	2,4,6-三硝基氯（化）苯	5	50
23	2,4,6-三硝基间苯二酚	5	50
24	环四次甲基四硝胺	5	50
25	六硝基-1,2-二苯乙烯	5	50
26	硝酸乙酯	5	50

4.2.2 易燃物质名称及临界量

序号	类别	物质名称	临界量/t	
			生产场所	贮存区
1	闪点<28℃的液体	乙烷	2	20
2		正戊烷	2	20
3		石脑油	2	20
4		环戊烷	2	20

（续表）

序号	类别	物质名称	临界量/t	
			生产场所	贮存区
5	闪点＜28℃的液体	甲醇	2	20
6		乙醇	2	20
7		乙醚	2	20
8		甲酸甲酯	2	20
9		甲酸乙酯	2	20
10		乙酸甲酯	2	20
11		汽油	2	20
12		丙酮	2	20
13		丙烯	2	20
14	28℃≤闪点＜60℃的液体	煤油	10	100
15		松节油	10	100
16		2－丁烯－1－醇	10	100
17		3－甲基－1－丁醇	10	100
18		二（正）丁醚	10	100
19		乙酸正丁酯	10	100
20		硝酸正戊酯	10	100
21		2,4－戊二酮	10	100
22		环己胺	10	100
23		乙酸	10	100
24		樟脑油	10	100
25		甲酸	10	100
26	爆炸下限≤10%气体	乙炔	1	10
27		氢	1	10
28		甲烷	1	10
29		乙烯	1	10
30		1,3－丁二烯	1	10
31		环氧乙烷	1	10
32		一氧化碳和氢气混合物	1	10
33		石油气	1	10
34		天然气	1	10

4.2.3 活性化学物质名称及临界量

序号	物质名称	临界量/t	
		生产场所	贮存区
1	氯酸钾	2	20
2	氯酸钠	2	20
3	过氧化钾	2	20

（续表）

序号	物 质 名 称	临 界 量/t	
		生产场所	贮存区
4	过氧化钠	2	20
5	过氧化乙酸叔丁酯（浓度≥70%）	1	10
6	过氧化异丁酸叔丁酯（浓度≥80%）	1	10
7	过氧化顺式丁烯二酸叔丁酯（浓度≥80%）	1	10
8	过氧化异丙基碳酸叔丁酯（浓度≥80%）	1	10
9	过氧化二碳酸二苯甲酯（盐度≥90%）	1	10
10	2,2－双－（过氧化叔丁基）丁烷（浓度≥70%）	1	10
11	1,1－双－（过氧化叔丁基）环己烷（浓度≥80%）	1	10
12	过氧化二碳酸二仲丁酯（浓度≥80%）	1	10
13	2,2－过氧化二氢丙烷(浓度≥30%）	1	10
14	过氧化二碳酸二正丙酯（浓度≥80%）	1	10
15	3,3,6,6,9,9－六甲基－1,2,4,5－四氧环壬烷	1	10
16	过氧化甲乙酮（浓度≥60%）	1	10
17	过氧化异丁基甲基甲酮（浓度≥60%）	1	10
18	过乙酸（浓度≥60%）	1	10
19	过氧化（二）异丁酰（浓度≥50%）	1	10
20	过氧化二碳酸二乙酯（浓度≥30%）	1	10
21	过氧化新戊酸叔丁酯（浓度≥77%）	1	10

4.2.4 有毒物质名称及临界量

序号	物 质 名 称	临 界 量/t	
		生产场所	贮存区
1	氨	40	100
2	氯	10	25
3	碳酰氯	0.3	0.75
4	一氧化碳	2	5
5	二氧化硫	40	100
6	三氧化硫	30	75
7	硫化氢	2	5
8	羰基硫	2	5
9	氟化氢	2	5
10	氯化氢	20	50
11	砷化氢	0.4	1

（续表）

序号	物质名称	临界量/t	
		生产场所	贮存区
12	锑化氢	0.4	1
13	磷化氢	0.4	1
14	硒化氢	0.4	1
15	六氟化硒	0.4	1
16	六氟化碲	0.4	1
17	氰化氢	8	20
18	氯化氰	8	20
19	乙撑亚胺	8	20
20	二硫化碳	40	100
21	氮氧化物	20	50
22	氟	8	20
23	二氟化氧	0.4	1
24	三氟化氯	8	20
25	三氟化硼	8	20
26	三氯化磷	8	20
27	氧氯化磷	8	20
28	二氯化硫	0.4	1
29	溴	40	100
30	硫酸（二）甲酯	20	50
31	氯甲酸甲酯	8	20
32	八氟异丁烯	0.3	0.75
33	氯乙烯	20	50
34	2-氯-1,3-丁二烯	20	50
35	三氯乙烯	20	50
36	六氟丙烯	20	50
37	3-氯丙烯	20	50
38	甲苯-2,4-二异氰酸酯	40	100
39	异氰酸甲酯	0.3	0.75
40	丙烯腈	40	100
41	乙腈	40	100
42	丙酮氰醇	40	100
43	2-丙烯-1-醇	40	100
44	丙烯醛	40	100

（续表）

序号	物质名称	临界量/t	
		生产场所	贮存区
45	3－氨基丙烯	40	100
46	苯	20	50
47	甲基苯	40	100
48	二甲苯	40	100
49	甲醛	20	50
50	烷基铅类	20	50
51	羰基镍	0.4	1
52	乙硼烷	0.4	1
53	戊硼烷	0.4	1
54	3－氯－1,2－环氧丙烷	20	50
55	四氯化碳	20	50
56	氯甲烷	20	50
57	溴甲烷	20	50
58	氯甲基甲醚	20	50
59	一甲胺	20	50
60	二甲胺	20	50
61	N,N－二甲基甲酰胺	20	50

注：单元内存在的危险物质为多品种时，则按下式计算。若满足下面公式，则定为重大危险源：

$$\frac{q_1}{Q_1}+\frac{q_2}{Q_2}+\cdots+\frac{q_n}{Q_n}\geqslant 1$$

式中　q_1，q_2，…，q_n—每种危险物质实际存在量，t；

Q_1，Q_2，…，Q_n—与各危险物质相对应的生产场所或贮存区的临界量，t。

4.3　贮罐区（贮罐）重大危险源临界量表[2]

类别	物质特性	临界量	典型物质举例
易燃液体	闪点＜28℃	20t	汽油、丙烯、石脑油等
	28℃≤闪点＜60℃	100t	煤油、松节油、丁醚等
可燃气体	爆炸下限＜10%	10t	乙炔、氢、液化石油气等
	爆炸下限≥10%	20t	氨气等
毒性物质*	剧毒品	1kg	氰化钠（溶液）、碳酰氯等
	有毒品	100kg	三氟化砷、丙烯醛等
	有害品	20t	苯酚、苯肼等

*毒性物质分级见表4.4。

4.4 毒性物质分级表[3]

分 级	经口半数致死量 LD50/（mg·kg⁻¹）	经皮接触 24h 半数致死量 LD50/（mg·kg⁻¹）	吸入 1h 半数致死浓度 LC50/（mg·L⁻¹）
剧毒品	LD50≤5	LD50≤40	LC50≤0.5
有毒品	5＜LD50≤50	40＜LD50≤200	0.5＜LC50≤2
有害品	（固体）50＜LD50≤500 （液体）50＜LD50≤2000	200＜LD50≤1000	2＜LC50≤10

4.5 库区(库)重大危险源临界量表[2]

类 别	物质特性	临界量	典型物质举例
民用爆破器材	起爆器材*	1t	雷管、导爆管等
	工业炸药	50t	铵梯炸药、乳化炸药等
	爆炸危险原材料	250t	硝酸铵等
烟火剂、烟花爆竹		5t	黑火药、烟火药、爆竹、烟花等
易燃液体	闪点＜28℃	20t	汽油、丙烯、石脑油等
	28℃≤闪点＜60℃	100t	煤油、松节油、丁醚等
可燃气体	爆炸下限＜10%	10t	乙炔、氢、液化石油气等
	爆炸下限≥10%	20t	氨气等
毒性物质	剧毒品	1kg	氰化钾、乙撑亚胺、碳酰氯等
	有毒品	100kg	三氟化砷、丙烯醛等
	有害品	20t	苯酚、苯肼等

* 起爆器材的药量，应按其产品中各类装填药的总量计算。

4.6 生产场所重大危险源临界量表[2]

类 别	物质特性	临界量	典型物质举例
民用爆破器材	起爆器材*	0.1t	雷管、导爆管等
	工业炸药	5t	铵梯炸药、乳化炸药等
	爆炸危险原材料	25t	硝酸铵等
烟火剂、烟花爆竹		0.5t	黑火药、烟火药、爆竹、烟花等
易燃液体	闪点＜28℃	2t	汽油、丙烯、石脑油等
	28℃≤闪点＜60℃	10t	煤油、松节油、丁醚等
可燃气体	爆炸下限＜10%	1t	乙炔、氢、液化石油气等
	爆炸下限≥10%	2t	氨气等
毒性物质	剧毒品	100g	氰化钾、乙撑亚胺、碳酰氯等
	有毒品	10kg	三氟化砷、丙烯醛等
	有害品	2t	苯酚、苯肼等

* 起爆器材的药量，应按其产品中各类装填药的总量计算。

4.7 物质的毒性指数表[3]

毒性指标	危害程度			
	极度危害	高度危害	中度危害	轻度危害
吸入 LC50	< 100	100 ~ < 2000	2000 ~ < 20000	20000 ~ 200000
经皮 LD50			100 ~ < 25	500 ~ 2500
经口 LD50				25 ~ 500
毒性指数	30	16	8	3

注：LD50（lethal dose - 50）为半数致死量；LC50（lethal concentration to 50%）为半数致死浓度。

4.8 OECD 用于重大危险源辨识的重点控制危害物质[3]

物质名称	限量	物质名称	限量
1. 易燃、易爆或易氧化物质			
易燃气体（包括液化气）	200t	极易燃液体	50000t
环氧乙烷	50t	氯酸钠	250t
硝酸铵	2500t		
2. 毒物			
氨气	500t	氯气	25t
氰化物	20t	氟化氢	50t
甲基异氰酸盐	150kg	二氧化硫	250t
丙烯腈	200t	光气	750kg
甲基溴化物	200t	四乙铅	50t
乙拌磷	100kg	硝苯硫磷脂	100kg
杀鼠灵	100kg	涕天威	100kg

4.9 原因树中的逻辑关系[4]

	链式	分离	结合
意义	一个前导事件(Y)只有一个直接起因(X)	两个或几个前导事件(Y_1, Y_2)有一个共同的直接起因(X)	一个前导事件(Y)有几个直接起因(X_1, X_2)
图示例	$X \rightarrow Y$ 对单独一个操作者，工作方法困难 → 前臂放在机器下面	需要协作者 $X \rightarrow Y_1$, $X \rightarrow Y_2$ 单独工作 → 工作方法困难	无协作者 $X_1, X_2 \rightarrow Y$ 工作任务紧急 → 单独工作
特点	对 Y 的发生，X 是必要且充分的	对 Y_1，Y_2 的发生，X 是必要的	对 Y 的发生，X_1，X_2 都是必要的，但任何一个都不充分，两者结合才是充分的

4.10 故障树分析符号表[5]

符号图形	说明
	矩形符号：表示顶上事件或中间事件。将事件扼要记入矩形框内。必须注意，顶上事件一定要清楚、明了，不要太笼统
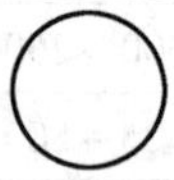	圆形符号：表示基本（原因）事件。它可以是人的差错，也可以是机械故障、环境因素等。它表示最基本的事件，不能继续往下分析了。将事件扼要记入符号内
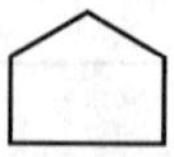	屋形符号：表示系统正常状态下发生的正常事件（例如“机床运转”等）。将事件扼要记入符号内
	菱形符号：表示省略事件，即没有必要再分析下去的事件。将事件扼要记入符号内
	与门：表示在下面的输入事件 B_1，B_2 同时发生的情况下，输出事件 A 才发生。在有若干输入事件时，也是如此
	或门：表示下面的输入事件 B_1 或 B_2 中，任何一个事件发生都可以使事件 A 发生。在有若干输入事件时，也是如此
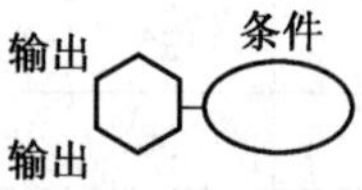	条件门：它是逻辑上的一种修正符号，即当输入事件满足发生条件时，才产生输出事件；相反，如果不满足，则不发生输出事件，其具体条件写在椭圆形符号内
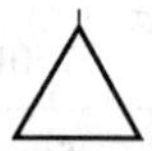	转出符号：表示向其他部分转出。△内记入向何处转出的标记
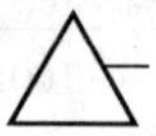	转入符号：表示由其他部分转入。△内记入由何处转入的标记

4.11 各风险评价方法比较表[5]

评价方法	评价目标	定性定量	方法特点	适用范围	应用条件	优缺点
安全检查表（SCL）	危险有害因素分析，安全等级	定性半定量	按事先编制的有标准要求的检查表逐项检查，按规定赋分标准赋分评定安全等级	各类系统的设计、验收、运行、管理、事故调查	有事先编制的各类检查表，有赋分、评级标准	简便、易于掌握，编制检查表难度及工作量大
预先危险性分析（PHA）	危险有害因素分析，危险性等级	定性	讨论分析系统存在的危险、有害因素、触发条件、事故类型，评定危险性等级	各类系统设计、施工、生产、维修前的概略分析和评价	分析评价人员熟悉系统，有丰富的知识和实践经验	简便易行，受分析评价人员主观因素影响

（续表）

评价方法	评价目标	定性定量	方法特点	适用范围	应用条件	优缺点
故障类型和影响分析（FMEA）	故障（事故）原因影响等级	定性	列表分析系统（单元、元件）故障类型、故障原因、故障影响，评定影响程度等级	机械电气系统、局部工艺过程，事故分析	分析评价人员，熟悉系统，有丰富的知识和实践经验，有根据分析要求编制的表格	较复杂、详尽，受分析评价人员主观因素影响
事件树（ETA）	事故原因，触发条件，事故概率	定性定量	归纳法，由初始事件判断系统事故原因及条件，由事件概率计算系统事故概率	各类局部工艺	熟悉系统、元素间的因果关系，有各事件发生概率	简便易行，受分析评价人员主观因素影响
故障树（FTA）	事故原因，事故概率	定性定量	演绎法，由事故和基本事件逻辑推断事故原因，由基本事件概率计算事故概率	宇航、核电、工艺设备等复杂系统事故分析	熟练掌握方法和事故、基本事件间的联系，有基本事件概率	复杂、精确、工作量大，故障树编制有误容易失真
LEC 法	危险性等级	定性半定量	按规定对系统的事故发生可能性、人员暴露情况、危险程序赋分，计算后评定危险性等级	各类生产作业条件	赋分人员熟悉系统，对安全生产有丰富知识和实践经验	简便实用，受分析评价人员主观因素影响
道化学指数法	火灾爆炸危险性等级，事故损失	定量	根据物质、工艺危险性计算火灾爆炸指数，判定采取措施前后的系统整体危险性，由影响范围、单元破坏系数计算系统整体经济、停产损失	生产、储存、处理燃、爆、化学活泼性、有毒物质的工艺过程及其他有关工艺系统	熟练掌握方法，熟悉系统，有丰富知识和良好的判断能力，须有各类企业、装置经济损失目标值	大量使用图表，简洁明了，参数取值宽，因人而异，只能对系统整体宏观评价
蒙德法	火灾、爆炸、毒物及系统整体危险性等级	定量	由物质、工艺、毒性、布置危险计算采取措施前后的火灾、爆炸、毒性和整体危险性指数，评定各类危险性等级	生产、储存、处理燃、爆、化学活泼性、有毒物质的工艺过程及其他有关工艺系统	熟练掌握方法，熟悉系统，有丰富知识和良好的判断能力	大量使用图表，简洁明了，参数取值宽，因人而异，只能对系统整体宏观评价

（续表）

评价方法	评价目标	定性定量	方法特点	适用范围	应用条件	优缺点
六阶段法	危险性等级	定性定量	检查表法定性评价，基准局法定量评价，采取措施，用类比资料复评，1级危险性装置用ETA、FTA等方法再评价	化工厂和有关装置	熟悉系统，掌握有关方法，具有相关知识和经验，有类比资料	综合应用几种方法反复评价，准确性高，工作量大
危险性与可操作性研究	偏离及其原因、后果对系统的影响	定性	通过讨论分析系统可能出现的偏离、偏离原因、偏离后果及对整个系统的影响	化工系统，热力、水力系统的安全分析	分析评价人员熟悉系统，有丰富的知识和实践经验	简便易行，受分析评价人员主观因素影响
MES法	危险性等级	定性半定量	按规定对系统的控制措施、人员暴露情况、事故后果赋分，计算后评定危险性等级	各类生产作业条件	赋分人员熟悉系统，对安全生产有丰富知识和实践经验	简便实用，受分析评价人员主观因素影响
MLS法	危险性等级	定性半定量	除考虑了危险源固有危险外，还综合考虑了监测与控制措施，综合计算后评定危险性等级	各类生产作业条件	评价人员熟悉系统，对安全生产有丰富知识和实践经验	简便实用，受分析评价人员主观因素影响
易燃、易爆、有毒重大危险源评价法	危险性等级	定性半定量	从物质危险性、工艺危险性入手，分析重大事故发生的原因、条件，评价事故的影响范围和损失，并提出预防、控制措施	储运、加工、生产大量易燃、易爆、有毒物质工艺系统	熟悉系统，掌握有关方法，具有相关知识和经验，需要有关数据	较为准确，但是计算量较大

4.12 安全检查表表格范例[3]

________安全检查表

检查人：________ 时间：________

序 号	检查内容	标准和要求	检查结果	检查人建议	处理结果

4.13 预先危险性分析[3]

4.13.1 预先危险性分析法

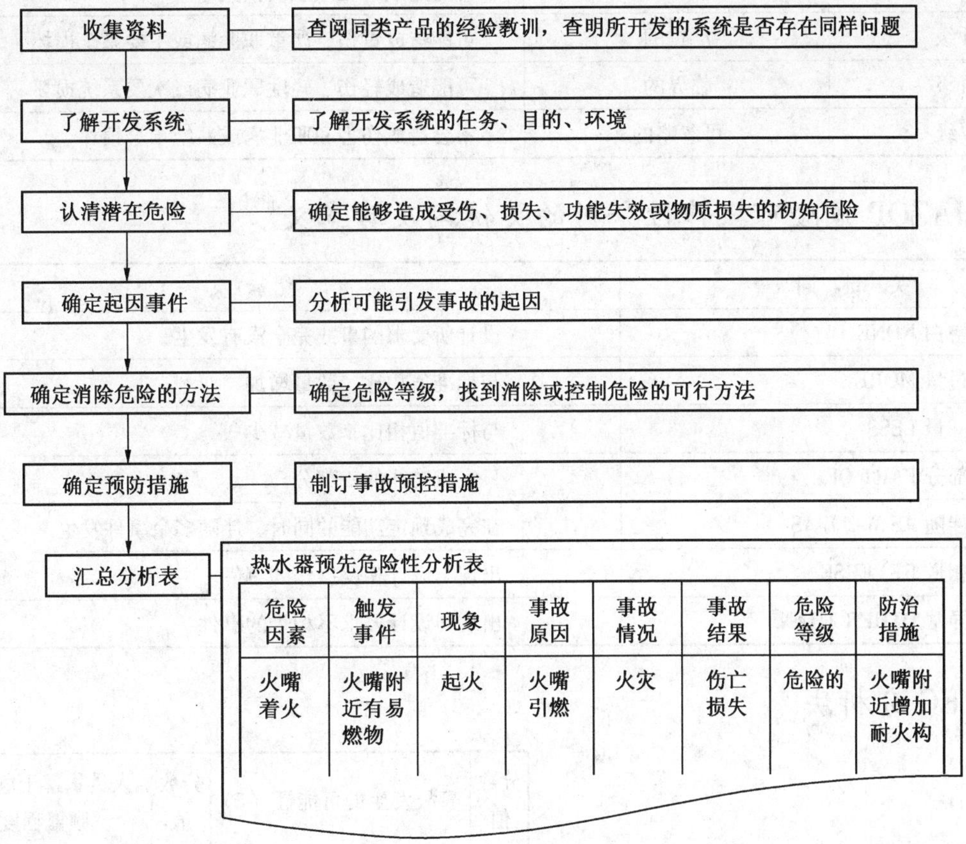

4.13.2 危险性分级表

分级	说　　明
1 级	安全的
2 级	临界的，处于事故的边缘状态，暂时还不会造成人员伤亡或系统损坏，应予以排除或采取控制措施
3 级	危险状态，会造成人员伤亡或系统破坏，要立即采取措施
4 级	破坏性的，会造成灾难事故，必须予以排除

4.14 故障模式及影响分析[3]

4.14.1 故障模式及影响分析

系统名称（1）　　　　部　　门（4）
图　　号（2）　　　　制 表 人（5）
页　　面（3）　　　　审 查 人
　　　　　　　　　　完成日期

（6）项目	（7）功能	（8）故障类型	（9）发生时机	（10）故障原因	（11）检测方法	（12）故障影响			（13）现有安全装置	（14）等级	（15）措施	（16）备注
						子系统	系统	人员				

4.14.2 故障分级表

等　级	等级说明	事故后果说明
Ⅰ级	致命的	可能造成死亡或系统损失
Ⅱ级	严重的	可能造成重伤、严重职业病或主要系统损坏
Ⅲ级	临界的	可能造成轻伤、轻度职业病或次要系统损坏
Ⅳ级	可忽略的	不会造成伤害和职业病或系统不会损坏

4.15 HAZOP 危险可操作性分析的关键词及其意义[3]

关键词	意义
空白 NONE	设计所要求的事故完全没有发生
过量 MORE	与标准值相比，数量增加
减量 LESS	与标准值相比，数量减少
部分 PART OF	只完成功能的一部分
伴随 AS WELL AS	在完成预定功能的同时，伴随多余事件发生
相逆 REVERSE	出现与设计相反操作的事件
异常 OTHER THAN	出现与设计要求不相干的事件

4.16 LEC 分析法[3]

分数值	事故发生的可能性（L）	分数值	人员暴露于危险环境的频繁程度（E）
10	安全可以预料到	10	连续暴露
6	相当可能	6	每天工作时间暴露
3	可能，但不经常	3	每周一次，或偶然暴露
1	可能性小，完全意外	2	每月一次暴露
0.5	很不可能，可以设想	1	每年几次暴露
0.2	极不可能	0.5	非常罕见的暴露
0.1	实际不可能		

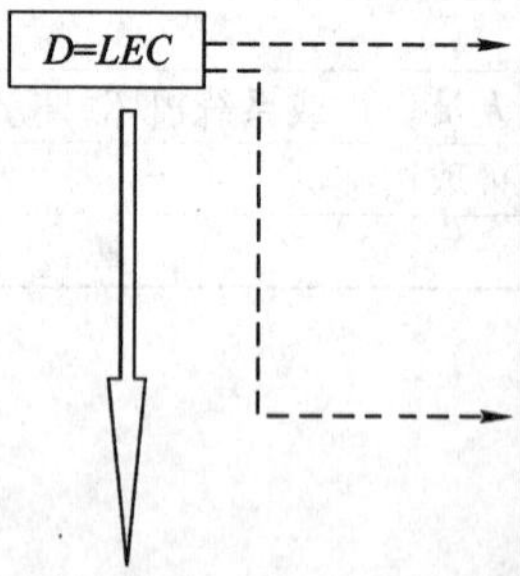

分数值	事故严重度/万元	发生事故可能造成的后果（C）
100	>500	大灾难，许多人死亡，或造成重大财产损失
40	100	灾难，数人死亡，或造成很大财产损失
15	30	非常严重，1 人死亡，或造成一定的财产损失
7	20	严重，重伤，或较小的财产损失
3	10	重大，致残，或很小的财产损失
1	1	引人注目，不利于基本的安全卫生要求

LEC 法危险性分级依据

危险源级别	*D* 值	危险程度
一级	>320	极其危险，不能继续作业
二级	160~320	高度危险，需要立即整改
三级	70~160	显著危险，需要整改
四级	20~70	一般危险，需要注意
五级	<20	稍有危险，可以接受

4.17　危险度评价法[3]

4.17.1　危险度取值表

项　目	分　值			
	A（10分）	B（5分）	C（2分）	D（0分）
物质（系指单元中危险、有害程度最大之物质）	1. 甲类可燃气体 2. 甲A类物质及液态烃类 3. 甲类固体 4. 极度危害介质	1. 乙类可燃气体 2. 甲B、乙A类可燃液体 3. 乙类固体 4. 高度危害介质	1. 乙B、丙A、丙B类可燃液体 2. 丙类固体 3. 中、轻度危害介质	不属左述之A，B，C项之物质
容量	1. 气体1000m³以上 2. 液体100m³以上	1. 气体100～500m³ 2. 液体10～50m³	1. 气体100～500m³ 2. 液体10～50m³	1. 气体<100m³ 2. 液体<10m³
温度	1000℃以上使用，其操作温度在燃点以上	1. 1000℃以上使用其操作温度在燃点以下 2. 在250～1000℃使用，其操作温度在燃点以上	1. 在250～1000℃使用，其操作温度在燃点以下 2. 在低于250℃时使用，操作温度在燃点以上	在低于250℃时使用，操作温度在燃点以下
压力	100MPa	20～100MPa	1～20MPa	1MPa以下
操作	1. 临界放热和特别剧烈的放热反应操作 2. 在爆炸极限范围或其附近的操作	1. 中等放热反应（如烷基、酯化、加成、氧化、聚合、缩合等反应）操作 2. 系统进入空气或不纯物质，可能发生的危险、操作 3. 使用粉状或雾状物质，有可能发生粉尘爆炸的操作 4. 单批式操作	1. 轻微防热反应（如加氢、水合、异构化、烷基化、磺化、中和等反应）操作 2. 在精制过程中伴有化学反应 3. 单批式操作，但开始使用机械等手段进行操作 4. 有一定危险的操作	无危险的操作

4.17.2　危险度分级图

$$\begin{Bmatrix}\text{物质}\\0\sim10\end{Bmatrix}+\begin{Bmatrix}\text{容量}\\0\sim10\end{Bmatrix}+\begin{Bmatrix}\text{温度}\\0\sim10\end{Bmatrix}+\begin{Bmatrix}\text{压力}\\0\sim10\end{Bmatrix}+\begin{Bmatrix}\text{操作}\\0\sim10\end{Bmatrix}=\begin{Bmatrix}16\text{点以上}\\11\sim15\text{点}\\1\sim10\text{点}\end{Bmatrix}$$

4.18　评点法[5]

评点数求法：　$C_S=\sqrt[i]{C_1C_2\cdots C_i}$

注：式中 C_S 指总点数，$0<C_S<10$；C_i 指因素系数，$0<C_i<10$，评点因素和点数 C_i 见表4.18.1。

4.18.1 评点因素和点数

评点因素	点数 C_i
故障影响大小 对系统造成影响的范围 故障发生率的频率 防止故障的难易 是否新设计的工艺	$0 < C_S < 10$ $1 < i < 10$

另一种求点数的方法见表4.18.2，可根据评点因素求出点数，然后叠加，求出总点数 C_S。

4.18.2 评点参考表

评点因素	内容	点数
故障影响大小	造成生命损失	5.0
	造成相当程度损失	3.0
	元件功能损失	1.0
	无功能损失	0.5
对系统影响程度	对系统造成两处以上的重大影响	2.0
	对系统造成一处以上的重大影响	1.0
	对系统无过大影响	0.5
发生频率	容易发生	1.5
	能够发生	1.0
	不大发生	0.7
防止故障难易程度	不能防止	1.3
	能够防止	1.0
	易于防止	0.7
是否新设计的工艺	内容相当新的设计	1.2
	内容和过去相类似的设计	1.0
	内容和过去同样的设计	0.8

以上两种方法求出的总点数 C_S，均可按表4.18.3评选故障等级。

4.18.3 评点数与故障等级

故障等级	评点数 C_S	内容	应采取的措施
Ⅰ 致命	7~10	完不成任务，人员伤亡	变更设计
Ⅱ 重大	4~7	大部分任务完不成	重新讨论设计或变更设计
Ⅲ 轻微	2~4	一部分任务完不成	不必变更设计
Ⅳ 小	<2	无影响	无

参考文献

[1] 辽宁省劳动保护科学研究所、中国标准化与信息分类编码研究所、广东省劳动保护科学研究所. GB/T 13861—1992 生产过程危险和有害因素分类与代码 [S]. 北京：中国标准出版社，1993.

[2] 国家经贸委安全科学技术研究中心、中国石油化工股份有限公司青岛安全工程研究院. GB 18218—2000 重大危险源辨识 [S]. 北京：中国标准出版社，2001.

[3] 罗云，徐德蜀，等. 注册安全工程师手册. 北京：化学工业出版社，2004.

[4] 罗云，吕海燕，白福利. 事故分析预测与事故管理. 北京：化学工业出版社，2006.

[5] 樊运晓，等. 风险分析与安全评价. 北京：化学工业出版社，2006.

5 安全行为科学

5.1 人为事故的基本规律[1]

异常行为系列原因		内在联系	外延现象
产生异常行为内因	表态始发致因	生理缺陷	耳聋、眼花、各种疾病、反应迟钝、性格孤僻等
		安技素质差	缺乏安全思想和安全知识，技术水平低，无应变能力等
		品德不良	意志衰退、目无法纪、自私自利、道德败坏等
	动态续发致因	违背生产规律	有章不循、执章不严、不服管理、冒险蛮干等
		身体疲劳	精神不振、神志恍惚、力不从心、打盹睡觉等
		需求改变	急于求成、图懒省事、心不在焉、侥幸心理等
产生异常行为外因	外侵导发致因	家庭社会影响	情绪反常、思想散乱、烦恼忧虑、苦闷冲动等
		环境影响	高温、严寒、噪声、异光、异物、风雨雪等
		异常突然侵入	心慌意乱，惊慌失措、恐惧失措、恐惧胆怯、措手不及等
	管理延发致因	信息不准	指令错误、警报错误
		设备缺陷	技术性能差、超载运行、无安技设备、非标准等
		异常失控	管理混乱、无章可循、违章不纠

5.2 生产作业中导致人为失误的可能情况表现[1]

项 目	项 目
有缺陷工艺过程	违反人的习惯（如靠左手边行走）
不合适、无效或时效的仪表	超灵敏控制
指示缺乏	脑力过于疲劳
与次序不符	失误过于频繁
不合适的标签	不好的工具
错误的反馈	倾斜的屋顶
改变/实施不一致	额外的不必要的警惕性
失效的设备	后备控制系统演习不足
通信匮乏，联络沟通不够	缺乏实际限制（如酸碱浓度）
布置不合理	办公经费不足（如对操作工有帮助的记录带、标志等缺乏）

5.3　行为抽样随机时间表[2]

最小区间=5

9:40	10:40	9:40	1:45	7:00	11:00	9:30	7:20
5:15	8:35	3:15	11:50	1:55	12:35	6:40	9:10
10:00	7:30	7:30	4:05	9:10	3:35	7:40	5:30
11:25	8:30	5:15	8:50	12:40	5:10	8:20	11:20
10:15	7:50	3:40	8:45	3:55	3:20	4:30	12:35
12:10	2:40	10:30	9:20	5:05	8:05	7:15	6:10
11:25	9:20	2:05	8:35	6:40	8:30	8:45	6:20
2:50	9:35	12:10	2:50	6:55	12:50	2:30	10:35
6:00	2:30	7:15	6:10	11:45	9:10	11:35	11:30
8:35	10:05	7:30	4:15	12:40	1:10	9:30	10:10
7:15	11:00	12:50	11:20	10:00	5:25	9:00	1:30
5:40	10:55	1:05	7:40	6:10	8:10	3:00	12:30
9:30	4:00	2:20	6:55	6:50	2:45	12:15	4:50
2:10	9:30	5:20	11:05	8:20	5:15	10:45	5:50
2:30	5:35	5:05	3:20	8:45	2:45	7:05	2:00
7:00	4:35	8:20	2:45	4:15	9:30	12:40	10:25
2:15	12:05	12:10	2:25	7:45	1:45	9:05	3:25
3:05	2:30	3:35	1:30	12:15	6:40	9:10	11:15
5:55	5:50	3:00	1:55	6:50	6:50	8:20	3:35
2:25	7:40	3:50	11:10	1:50	12:55	12:50	5:10

5.4　气质类型分类与特征表[3]

巴氏气质类型	特征				希氏气质类型	特征
	强度	平衡性	灵活性	安全性		
兴奋型	强	不平衡		弱	胆汁质型	精力充沛，情绪发生快而强，语言动作快而难以自制，内心外露，果断，直率，热情，易怒，易冲动，反应快
活泼型	强	平衡	灵活	较强	多血质型	活泼，好动，富于生气，情绪发生快而多变，表情丰富，思维、语言、动作敏捷，乐观，亲切，浮躁，轻率，喜欢交往，内心外露注意力转移
安静型	强	平衡	不灵活	强	黏液质型	沉着，冷静，情绪发生满而弱，思维语言动作迟缓，内心较少外露，坚韧，执着，淡漠，稳重，沉默寡言，注意力稳定难以转移
抑制型	弱	不平衡		较强	抑郁质型	情绪体验深刻，孤僻，行动迟缓而不强烈，有很强的感受性与耐受性，善于观察细节，胆小，忸怩，富于自我体验

5.5 行为期望理论模型的人的安全行为分析表[3]

表 现	目 标 效 价	期望概率	行为心理	结 果
违规行为	+方便、省时、获利	大：确定	主动	正×大
	-责任追究、处罚	小：不确定	不一定	负×小
	-事故、伤害	小：不确定	不一定	负×小
遵章守纪	-麻烦、增加体力	大：确定	不愿意	负×大
	+奖励	小：可能	不一定	正×小
	+安全、不伤害	小：可能	不一定	正×小

5.6 安全行为激励双因素理论要素表[3]

因素功能	手 段 与 方 法	备 注
保健因素	规范化管理，标准化管理，监督制度，检查制度，奖罚制度，物质刺激	基础管理手段
激励因素	分权与竞争机制，目标责任制，事业和理想，观念、意识和态度强化，企业文化等	科学管理、文化建设手段

5.7 大脑的意识水平[3]

状态等级	意 识 状 态	注 意 的 作 用	生 理 状 态	可靠性
0	无意识，失神	0	睡眠，脑病发作	0
Ⅰ	正常以下，恍惚	迟钝	疲劳、单调、困意、醉酒	<0.9
Ⅱ	正常、轻松	被动	安静起居、休息、常规作业	2~5个9
Ⅲ	正常、明快	主动、前方注意范围广阔	积极活动	6个9以上
Ⅳ	超正常、激动	判断停顿、凝集一点	紧急防卫反应、慌张、恐惧	<0.9

5.8 疲劳部位与职业及工作特点的关系表[3]

部 位	职 业、作 业 及 环 境
头部	写作、谈话、讲课、听课等用脑程度强的工作；环境充斥 CO，CO_2，换气不良
眼部	监视作业，计算机作业，显微镜作业，透视、校正、焊接；在低照度条件下作业
颈部	上下观察作业
耳部	听诊作业，铆接等噪声大的作业
肩部	搬运，肩及上肢作业
腕部	手连续动作的作业；钳工、打字、手工研磨等手工作业
肘部	小臂连续性的作业
胸部	吹气以及胸部支撑性作业
腹部	摩托车、三轮车驾驶，腹部牵引及推挡作业
腰部	反复前屈、举重向上的作业
臀部	座位不适、座位时间长
背部	前屈及蹲下作业
手指部	打字、包装、写字、敲击、剪纸等长时间用手指的作业
膝部	蹲下过久的作业
大腿部	蹲下及重体力劳动
下腿部	站立作业及下肢劳动
手掌部	锤工、石工等用力握紧的作业
足部	站立作业，步行作业

参考文献

[1] 罗云，吕海燕，白福利．事故分析预测与事故管理．北京：化学工业出版社，2006.
[2] W. E. 塔兰茨．安全测定．北京：劳动出版社，1982.
[3] 邵辉，王凯全．安全心理学．北京：化学工业出版社，2004.

6 安全经济学

6.1 安全经济学内容四层次结构[1]

学科层次	学科理论与方法特征	主要学科内容
工程技术	安全经济技术的方法与手段	安全经济政策与决策、安全经济标准、安全经济统计、安全经济分配、损失计算技术、安全投资优化技术、安全成本核算、安全经济管理
技术科学	安全经济学的应用基础理论	安全经济原理、安全经济预测理论、安全经济分析理论、安全经济评价理论、安全价值工程、非价值量的价值化技术
基础科学	安全经济学的基础科学	宏观经济学、微观经济学、数量经济学、系统科学、数学科学
哲学	安全经济观、认识论和方法论	安全经济观、安全经济认识论、安全经济方法论

6.2 高危行业企业安全生产费用提取标准[2]

高危行业类别	生产费用提取标准		
矿山企业	石油	原油	每吨7元
	天然气	原气	每千立方米5元
	金属矿山	露天矿山	每吨4元
		井下矿山	每吨8元
		核工业矿山	每吨22元
	非金属矿山	露天矿山	每吨（立方米）1元
		井下矿山	每吨（立方米）2元
		小型露天采石场，即年采剥总量 50×10^4t 以下，且最大开采高度不超过50m，产品用于建筑、铺路的山坡型露天采石场	每吨0.5元
建筑施工企业	房屋建筑工程、矿山工程		2.0%
	电力工程、水利水电工程、铁路工程		1.5%
	市政公用工程、冶炼工程、机电安装工程、化工石油工程、港口与航道工程、公路工程、通信工程		1.0%
危险品生产企业	全年实际销售收入在1000万元（含）以下的		按照4%提取
	全年实际销售收入在1000万元至10000万元（含）的部分		按照2%提取
	全年实际销售收入在10000万元至100000万元（含）的部分		按照0.5%提取
	全年实际销售收入在100000万元以上的部分		按照0.2%提取
道路交通运输企业	客运业务		按照0.5%提取
	普通货运业务		按照1%提取
	危险品等特殊货运业务		按照1.5%提取

6.3 煤矿生产安全费用提取标准[8]

煤矿规模	煤矿类型	生产安全费用提取标准
大中型煤矿	高瓦斯矿井	每吨3~8元
	煤与瓦斯突出矿井	
	自然发火严重的矿井	
	涌水量大的矿井	
	低瓦斯矿井	每吨2~5元
	露天矿	每吨2~3元
小型煤矿	高瓦斯矿井	每吨10元
	煤与瓦斯突出矿井	
	自然发火严重的矿井	
	涌水量大的矿井	
	低瓦斯矿井	每吨6元

6.4 煤矿企业风险抵押金的存储标准表[3]

生产能力	存储标准/万元
3×10^4t以下（含3×10^4t）	60~100
3×10^4t以上至9×10^4t（含9×10^4t）	150~200
9×10^4t以上至15×10^4t（含15×10^4t）	250~300
15×10^4t以上	以300万元为基数，每增加10×10^4t增加50万元

6.5 企业规模与风险抵押金存储金额对应表[4]

企业规模	风险抵押金存储金额	备注
小型企业	不低于人民币30万元（不含30万元）	风险抵押金存储原则上不超过500万元
中型企业	不低于人民币100万元（不含100万元）	
大型企业	不低于人民币150万元（不含150万元）	
特大型企业	不低于人民币200万元（不含200万元）	

6.6 风险抵押金使用范围表[3]

类别	使用方面
使用范围	为处理本企业生产安全事故而直接发生的抢险、救灾费用支出
	为处理本企业生产安全事故善后事宜而直接发生的费用支出
使用范围扩大	企业负责人在生产安全事故发生后逃逸的
	企业在生产安全事故发生后，未在规定时间内主动承担责任，支付抢险、救灾及善后处理费用的

6.7 伤亡事故损失工作日数换算表[5]

级别	一级	二级	三级	四级	五级	六级	七级	八级	九级	十级
损失工作日数	4500	3600	3000	2500	2000	1500	1000	500	300	100

6.8 伤亡事故损失工作日数计算值[5]

级 别	一级	二级	三级	四级	五级	六级	七级	八级	九级	十级
损失工作日数	4500	3600	3000	2500	2000	1500	1000	500	300	100

6.9 国外事故间直损失倍比系数表[6]

国家/研究者	基 准 年	事故直间损失倍比系数	说 明
美国 Heinrich	1941	4	保险公司 5000 个案例
法国 Bouyeur	1949	4	1948 年法国数据
法国 Jacques	20 世纪 60 年代	4	法国化学工业
法国 Legras	1962	2.5	从产品售价、成本研究得出
Bird 和 Loftus	1976	50	
法国 Letoublon	1979	1.6	针对伤害事故
Sheiff	20 世纪 80 年代	10	
挪威 Elka	1980	5.7	起重机械事故
Leopold 和 leonard	1987	间接损失微不足道	将很多间接损失重新定义为直接损失
法国 Bernard	1988	3 2	保险费用按赔偿额 保险费用按分摊额
Hinze 和 Appelgate	1991	2.06	建筑行业过百家公司，考虑法律诉讼引起的损失
方东平等	2000	轻伤：0.4 ~ 0.5 死亡：3 左右	建筑行业 12 家企业发生的 29 起伤亡事故
英国 HSE（OU）	1993	8 ~ 36	因行业而异

6.10 部分国家人均 GDP 与亿元 GDP 死亡率统计数据及排序表[6]

国 家	人均 GDP（$）	亿元 GDP 死亡率	回归模型
乌克兰	626	3.51	0.92
中国	803	1.09	0.91
俄罗斯	1264	1.37	0.87
罗马尼亚	1569	1.12	0.84
泰国	1993	0.53	0.80
墨西哥	4797	0.18	0.61
阿根廷	7668	0.40	0.46
西班牙	14912	0.19	0.22
意大利	20317	0.09	0.13
澳大利亚	20563	0.07	0.13
加拿大	20613	0.12	0.12
法国	24010	0.06	0.09
英国	24244	0.01	0.09
德国	25507	0.07	0.08
奥地利	25733	0.07	0.07
丹麦	32834	0.04	0.04
美国	34096	0.06	0.03
日本	34426	0.05	0.03

注：各国人均 GDP 数据为国际相关组织 2001 年公布的数据；各国 10 万人死亡率数据为 ILO 公布的 1999 年至 2000 年各国的数据。

6.11 工伤截肢或完全失去机能部位损失工作日换算表[7]

手					
	拇指	食指	中指	无名指	小指
远端指骨	300	100	75	60	50
中间指骨	—	200	150	120	105
近端指骨	600	400	300	240	200
掌骨	900	600	500	450	400
腕部截肢	300				
脚					
	拇趾	二趾	中趾	无名趾	小趾
远端趾骨	150	35	35	35	35
中间趾骨	—	75	75	75	75
近端趾骨	300	150	150	150	150
跖骨（包括舟骨、距骨）	600	350	350	350	350
踝部	2400				
上肢					
肘部以上任一部位（包括肩关节）					4500
腕以上任一部位，且在肘关节或低于肘关节					3600
下肢					
膝关节以上任一部位（包括髋关节）					4500
踝部以上，且在膝关节或低于膝关节					3000

6.12 工伤骨折损失工作日换算表[7]

骨折部位	损失工作日	骨折部位	损失工作日
掌、指骨	60	胸骨	105
挠骨下端	80	跖、趾	70
尺、桡骨干	90	胫、腓	90
肱骨髁上	60	股骨干	105
肱骨干	80	股粗隆间	100
科颈	70	股骨颈	160
锁骨	70		

6.13 工伤功能损伤损失工作日换算表[7]

功能损伤部位	损失工作日
1. 包被重要器官的单纯性骨损伤（头颅骨、胸骨、脊椎骨）	105
2. 包被重要器官的复杂性骨损伤，内部器官轻度受损，骨损伤治愈后未遗有功能障碍者	600
3. 包被重要器官的复杂性骨损伤，伴有内部器官损伤；骨损伤治愈后遗有轻度功能障碍者	900
4. 接触有害气体或毒物，急性中毒症状消失后，不遗有临床症状及后遗症者	200
5. 重度失血，经抢救后，未遗有造血功能及障碍者	200

（续表）

功能损伤部位	损失工作日
6. 包被重要器官的复杂性骨折包被器官受损，骨损伤治愈后伴有严重的功能障碍者：	
a 脑神经损伤导致癫痫者	5000
b 脑神经损伤导致痴呆者	3000
c 脑挫裂伤、颅内严重血肿、脑干损伤造成无法医治的低能	5000
d 脑外伤致使运动系统严重障碍或失语，且不易恢复者	4000
e 脊柱骨损伤，脊髓离断形成截瘫者	6000
f 脊柱骨损伤，脊髓半离断，影响饮食起居者	6000
g 脊柱骨损伤合并脊髓伤，有功能障碍不影响饮食起居者	4000
h 单纯脊柱骨损伤，包括残留慢性腰背痛者	1000
i 脊柱损伤，遗有脊髓压迫症双下肢功能障碍，二便失禁者	4000
j 脊柱韧带损伤，局部血行障碍影响脊柱活动者	1500
k 胸部骨损伤，伤及心脏，引起明显的节律不正者	4000
l 胸部骨损伤，伤及心脏，遗有代偿功能失调者	4000
m 胸部损伤，胸廓成形术后，明显影响一侧呼吸功能者	2000
n 一侧肺功能丧失者	4000
o 一侧肺并有另侧一个肺叶术后伤残者	5000
p 骨盆骨损伤累及神经，导致下肢运动障碍者	4000
q 骨盆不稳定骨折，并遗留有尿道狭窄和尿路感染	3000
7. 腰、背部软组织严重损伤，脊柱活动明显受限者	2000
8. 四肢软组织损伤治愈后，遗有周围神经损伤，感觉运动机能障碍，影响工作及生活者	1500
9. 四肢软组织损伤治愈后，遗有周围神经损伤，运动机能障碍，但生活能自理者	2000
10. 四肢软组织损伤，治愈后由于疤瘢弯缩，严重影响运动功能，但生活能自理者	2000
11. 手肌腱受损，伸屈功能严重影响障碍，影响工作，生活者	1400
12. 脚肌腱受损，引起机能障碍；不能自由行走者	1400
13. 眼睑断裂导致眼闭合不全	200
14. 眼睑损失导致泪小管、泪腺损伤，导致泪溢，影响工作者	200
15. 双目失明	6000
16. 一目失明，但另一目视力正常	1800
17. 两目视力均有障碍，不易恢复者	1800
18. 一目失明，另一目视物不清，或双目视物不清者（仅能见眼前2m以内的物体，且短期内不易恢复者）	3000
19. 两眼角膜受损，并有眼底出血或溷浊，视力高度障碍者（仅能见1m内之物体）且根本不能恢复者	4000
20. 眼球突出不能复位，引起视力障碍者	700
21. 眼肌麻痹，造成斜视、复视者	600
22. 一耳丧失听力，另一耳听觉正常者	600
23. 听力有重大障碍者	300
24. 两耳听力丧失	3000
25. 鼻损伤，嗅觉功能严重丧失	1000

（续表）

功能损伤部位	损失工作日
26. 鼻脱落者	1300
27. 口腔受损，致使牙齿脱落大部，不能安装假牙，致使咀嚼发生困难者	1800
28. 口腔严重受损，咀嚼机能全废	3000
29. 喉损伤，引起喉狭窄，影响发音及呼吸者	1000
30. 语言障碍，说话不清	300
31. 语言全废	3000
32. 伤及腹膜，并有单独性的腹腔出血及腹膜炎症者	1000
33. 由于损伤进行胃次全切除，或肠管切除 1/3 以上者	3000
34. 由于损伤进行胃全切，或食道全切，腔肠代替食道，或肠管切除 1/3 以上者	6000
35. 一叶肝脏切除者	3000
36. 一侧肾脏切除者	3000
37. 生殖器官损伤，失去生殖机能者	1800
38. 伤及神经、膀胱及直肠，遗有大便、小便失禁、漏尿、漏屎等	2000
39. 关节结构损伤，关节活动受限，影响运动功能者	1400
40. 伤筋伤骨，动作受限，其功能损伤严重者	200
41. 接触高浓度有害气体，急性中毒症状消失后，遗有脑实质病变临床症状者	400
42. 各种急性中毒严重损伤呼吸道、食道黏膜，遗有功能障碍者	2000
43. 国家规定的工业毒物轻度中毒患者	150
44. 国家规定的工业毒物中等度中毒患者	700
45. 国家规定的工业毒物重度中毒患者	2000

参考文献

[1] 罗云．安全经济学．北京：化学工业出版社，2004.
[2] 中国财政部，国家安全生产监督管理总局．高危行业企业安全生产费用财务管理暂行办法．财企［2006］478号．
[3] 财政部，国家安全生产监督管理总局．煤矿企业安全生产风险抵押金管理暂行办法．
[4] 财政部，国家安全生产监督管理总局，中国人民银行．企业安全生产风险抵押金管理暂行办法．
[5] 罗云，徐德蜀，等．注册安全工程师手册．北京：化学工业出版社，2004.
[6] 罗云，吕海燕，白福利．事故分析预测与事故管理．北京：化学工业出版社，2006.
[7] 黑龙江省劳动保护科学技术研究所．GB 6441—1986 企业职工伤亡事故分类［S］．北京：中国标准出版社，1986.
[8] 财政部，国家发展改革委员会，国家煤矿安全监察局．煤炭生产安全费用提取和使用方法．财建［2004］119号．

7 事故分析与预防

7.1 生产安全事故分级表[1]

分 级	死亡人数	重伤（包括急性工业中毒）人数	直接经济损失
特别重大事故	30 人以上	100 人以上	1 亿元以上
重大事故	10 人以上 30 人以下	50 人以上 100 人以下	5000 万元以上 1 亿元以下
较大事故	3 人以上 10 人以下	10 人以上 50 人以下	1000 万元以上 5000 万元以下
一般事故	3 人以下	10 人以下	1000 万元以下

7.2 工伤事故分类与代码[2]

代 码	分 类	代 码	分 类	代 码	分 类
01	物体打击	08	火灾	015	瓦斯爆炸
02	车辆伤害	09	高处坠落	016	锅炉爆炸
03	机械伤害	010	坍塌	017	容器爆炸
04	起重伤害	011	冒顶片帮	018	其他爆炸
05	触电	012	透水	019	中毒和窒息
06	淹溺	013	爆破	020	其他伤害
07	灼烫	014	火药爆炸		

7.3 工伤事故受伤部位分类[2]

分 类 号	受伤部位名称	分 类 号	受伤部位名称
1. 01	颅脑	1. 12. 3	肘部
1. 01. 1	脑	1. 12. 4	前臂
1. 01. 2	颅骨	1. 13	腕及手
1. 01. 3	头皮	1. 13. 1	腕
1. 02	面颌部	1. 13. 2	掌
1. 03	眼部	1. 13. 3	指
1. 04	鼻	1. 14	下肢
1. 05	耳	1. 14. 1	髋部
1. 06	口	1. 14. 2	股骨
1. 07	颈部	1. 14. 3	膝部
1. 08	胸部	1. 14. 4	小腿
1. 09	腹部	1. 15	踝及脚
1. 10	腰部	1. 15. 1	踝部
1. 11	脊柱	1. 15. 2	跟部
1. 12	上肢	1. 15. 3	部（距骨、舟骨、骨）
1. 12. 1	肩胛部	1. 15. 4	趾
1. 12. 2	上臂		

7.4 工伤事故受伤性质分类[2]

分类号	受伤性质	分类号	受伤性质
2.01	电伤	2.10	切断伤
2.02	挫伤、轧伤、压伤	2.11	冻伤
2.03	倒塌压埋伤	2.12	烧伤
2.04	辐射损伤	2.13	烫伤
2.05	割伤、擦伤、刺伤	2.14	中暑
2.06	骨折	2.15	冲击
2.07	化学性灼伤	2.16	生物致伤
2.08	撕脱伤	2.17	多伤害
2.09	扭伤	2.18	中毒

7.5 工伤事故起因物分类[2]

分类号	起因物名称	分类号	起因物名称
3.01	锅炉	3.15	煤
3.02	压力容器	3.16	石油制品
3.03	电气设备	3.17	水
3.04	起重机械	3.18	可燃性气体
3.05	泵、发动机	3.19	金属矿物
3.06	企业车辆	3.20	非金属矿物
3.07	船舶	3.21	粉尘
3.08	动力传送机构	3.22	梯
3.09	放射性物质及设备	3.23	木材
3.10	非动力手工具	3.24	工作面（人站立面）
3.11	电动手工具	3.25	环境
3.12	其他机械	3.26	动物
3.13	建筑物及构筑物	3.27	其他
3.14	化学品		

7.6 工伤事故致害物分类[2]

分类号	致害物名称	分类号	致害物名称
4.01	煤、石油产品	4.02	木材
4.01.1	煤	4.02.1	树
4.01.2	焦炭	4.02.2	原木
4.01.3	沥青	4.02.3	锯材
4.01.4	其他	4.02.4	其他

（续表）

分类号	致害物名称	分类号	致害物名称
4.03	水	4.13.11	芳香烃化合物
4.04	放射性物质	4.13.12	砷化物
4.05	电气设备	4.13.13	硫化物
4.05.1	母线	4.13.14	二氧化碳
4.05.2	配电箱	4.13.15	一氧化碳
4.05.3	电气保护装置	4.13.16	含氰物
4.05.4	电阻箱	4.13.17	卤化物
4.05.5	蓄电池	4.13.18	金属化合物
4.05.6	照明设备	4.13.19	其他
4.05.7	其他	4.14	机械
4.06	梯	4.14.1	搅拌机
4.07	空气	4.14.2	送料装置
4.08	工作面（人站立面）	4.14.3	农业机械
4.09	矿石	4.14.4	林业机械
4.10	黏土、砂、石	4.14.5	铁路工程机械
4.11	锅炉、压力容器	4.14.6	铸造机械
4.11.1	锅炉	4.14.7	锻造机械
4.11.2	压力容器	4.14.8	焊接机械
4.11.3	压力管道	4.14.9	粉碎机械
4.11.4	安全阀	4.14.10	金属切削机床
4.11.5	其他	4.14.11	公路建筑机械
4.12	大气压力	4.14.12	矿山机械
4.12.1	高压（指潜水作业）	4.14.13	冲压机
4.12.2	低压（指空气稀薄的高原地区）	4.14.14	印刷机械
4.13	化学品	4.14.15	压辊机
4.13.1	酸	4.14.16	筛选、分离机
4.13.2	碱	4.14.17	纺织机械
4.13.3	氢	4.14.18	木工刨床
4.13.4	氨	4.14.19	木工锯机
4.13.5	液氧	4.14.20	其他木工机械
4.13.6	氯气	4.14.21	皮带传送机
4.13.7	酒精	4.14.22	其他
4.13.8	乙炔	4.15	金属件
4.13.9	火药	4.15.1	钢丝绳
4.13.10	炸药	4.15.2	铸件

（续表）

分类号	致害物名称	分类号	致害物名称
4.15.3	铁屑	4.16.9	履带式起重机
4.15.4	齿轮	4.16.10	叉车
4.15.5	飞轮	4.16.11	电动葫芦
4.15.6	螺栓	4.16.12	绞车
4.15.7	销	4.16.13	卷扬机
4.15.8	丝杠、光杠	4.16.14	桅杆式起重机
4.15.9	绞轮	4.16.15	壁上起重机
4.15.10	轴	4.16.16	铁路起重机
4.15.11	其他	4.16.17	千斤顶
4.16	起重机械	4.16.18	其他
4.16.1	塔式起重机	4.17	噪声
4.16.2	龙门式起重机	4.18	蒸气
4.16.3	梁式起重机	4.19	手工具（非动力）
4.16.4	门座式起重机	4.20	电动手工具
4.16.5	浮游式起重机	4.21	动物
4.16.6	甲板式起重机	4.22	企业车辆
4.16.7	桥式起重机	4.23	船舶
4.16.8	缆索式起重机		

7.7 工伤事故伤害方式分类[2]

分类号	伤害方式	分类号	伤害方式
5.01	碰撞	5.08	火灾
5.01.1	人撞固定物体	5.09	辐射
5.01.2	运动物体撞人	5.10	爆炸
5.01.3	互撞	5.11	中毒
5.02	撞击	5.11.1	吸入有毒气体
5.02.1	落下物	5.11.2	皮肤吸收有毒物质
5.02.2	飞来物	5.11.3	经口
5.03	坠落	5.12	触电
5.03.1	由高处坠落平地	5.13	接触
5.03.2	由平地坠入井、坑洞	5.13.1	高低温环境
5.04	跌倒	5.13.2	高低温物体
5.05	坍塌	5.14	掩埋
5.06	淹溺	5.15	倾覆
5.07	灼烫		

7.8 工伤事故不安全状态分类[2]

分类号	不安全状态
6.01	防护、保险、信号等装置缺乏或有缺陷
6.01.1	无防护
6.01.1.1	无防护罩
6.01.1.2	无安全保险装置
6.01.1.3	无报警装置
6.01.1.4	无安全标志
6.01.1.5	无护栏或护栏损坏
6.01.1.6	（电气）未接地
6.01.1.7	绝缘不良
6.01.1.8	局部通风机无消音系统、噪声大
6.01.1.9	危房内作业
6.01.1.10	未安装防止“跑车”的挡车器或挡车栏
6.01.1.11	其他
6.01.2	防护不当
6.01.2.1	防护罩未在适当位置
6.01.2.2	防护装置调整不当
6.01.2.3	坑道掘进、隧道开凿支撑不当
6.01.2.4	防爆装置不当
6.01.2.5	采伐、集材作业安全距离不够
6.01.2.6	爆破作业隐蔽所有缺陷
6.01.2.7	电气装置带电部分裸露
6.01.2.8	其他
6.02	设备、设施、工具、附件有缺陷
6.02.1	设计不当，结构不合安全要求
6.02.1.1	通道门遮挡视线
6.02.1.2	制动装置有缺欠
6.02.1.3	安全间距不够
6.02.1.4	拦车网有缺欠
6.02.1.5	工件有锋利毛刺、毛边
6.02.1.6	设施上有锋利倒梭
6.02.1.7	其他
6.02.2	强度不够
6.02.2.1	机械强度不够

（续表）

分类号	不安全状态
6.02.2.2	绝缘强度不够
6.02.2.3	起吊重物的绳索不合安全要求
6.02.2.4	其他
6.02.3	设备在非正常状态下运行
6.02.3.1	设备带“病”运转
6.02.3.2	超负荷运转
6.02.3.3	其他
6.02.4	维修、调整不良
6.02.4.1	设备失修
6.02.4.2	地面不平
6.02.4.3	保养不当、设备失灵
6.02.4.4	其他
6.03	个人防护用品用具——防护服、手套、护目镜及面罩、呼吸器官护具、听力护具、安全带、安全帽、安全鞋等缺少或有缺陷
6.03.1	无个人防护用品、用具
6.03.2	所用的防护用品、用具不符合安全要求
6.04	生产（施工）场地环境不良
6.04.1	照明光线不良
6.04.1.1	照度不足
6.04.1.2	作业场地烟雾尘弥漫视物不清
6.04.1.3	光线过强
6.04.2	通风不良
6.04.2.1	无通风
6.04.2.2	通风系统效率低
6.04.2.3	风流短路
6.04.2.4	停电停风时爆破作业
6.04.2.5	瓦斯排放未达到安全浓度爆破作业
6.04.2.6	瓦斯超限
6.04.2.7	其他
6.04.3	作业场所狭窄
6.04.4	作业场地杂乱
6.04.4.1	工具、制品、材料堆放不安全
6.04.4.2	采伐时，未开“安全道”
6.04.4.3	迎门树、坐殿树、搭挂树未作处理
6.04.4.4	其他

（续表）

分类号	不安全状态
6.04.5	交通线路的配置不安全
6.04.6	操作工序设计或配置不安全
6.04.7	地面滑
6.04.7.1	地面有油或其他液体
6.04.7.2	冰雪覆盖
6.04.7.3	地面有其他易滑物
6.04.8	贮存方法不安全
6.04.9	环境温度、湿度不当

7.9 工伤事故不安全行为分类[2]

分类号	不安全行为
7.01	操作错误，忽视安全，忽视警告
7.01.1	未经许可开动、关停、移动机器
7.01.2	开动、关停机器时未给信号
7.01.3	开关未锁紧，造成意外转动、通电或泄漏等
7.01.4	忘记关闭设备
7.01.5	忽视警告标志、警告信号
7.01.6	操作错误（指按钮、阀门、扳手、把柄等的操作）
7.01.7	奔跑作业
7.01.8	供料或送料速度过快
7.01.9	机械超速运转
7.01.10	违章驾驶机动车
7.01.11	酒后作业
7.01.12	客货混载
7.01.13	冲压机作业时，手伸进冲压模
7.01.14	工件紧固不牢
7.01.15	用压缩空气吹铁屑
7.01.16	其他
7.02	造成安全装置失效
7.02.1	拆除了安全装置
7.02.2	安全装置堵塞，失掉了作用
7.02.3	调整的错误造成安全装置失效
7.02.4	其他
7.03	使用不安全设备

（续表）

分类号	不安全行为
7.03.1	临时使用不牢固的设施
7.03.2	使用无安全装置的设备
7.03.3	其他
7.04	手代替工具操作
7.04.1	用手代替手动工具
7.04.2	用手清除切屑
7.04.3	不用夹具固定、用手拿工件进行机加工
7.05	物体（指成品、半成品、材料、工具、切屑和生产用品等）存放不当
7.06	冒险进入危险场所
7.06.1	冒险进入涵洞
7.06.2	接近漏料处（无安全设施）
7.06.3	采伐、集材、运材、装车时，未离危险区
7.06.4	未经安全监察人员允许进入油罐或井中
7.06.5	未“敲帮问顶”开始作业
7.06.6	冒进信号
7.06.7	调车场超速上下车
7.06.8	易燃易爆场合明火
7.06.9	私自搭乘矿车
7.06.10	在绞车道行走
7.06.11	未及时瞭望
7.08	攀、坐不安全位置（如平台护栏、汽车挡板、吊车吊钩）
7.09	在起吊物下作业、停留
7.10	机器运转时加油、修理、检查、调整、焊接、清扫等工作
7.11	有分散注意力行为
7.12	在必须使用个人防护用品用具的作业或场合中，忽视其使用
7.12.1	未戴护目镜或面罩
7.12.2	未戴防护手套
7.12.3	未穿安全鞋
7.12.4	未戴安全帽
7.12.5	未佩戴呼吸护具
7.12.6	未佩戴安全带
7.12.7	未戴工作帽
7.12.8	其他
7.13	不安全装束
7.13.1	在有旋转零部件的设备旁作业穿过肥大服装
7.13.2	操纵带有旋转零部件的设备时戴手套
7.13.3	其他
7.14	对易燃、易爆等危险物品处理错误

7.10 能量类型与伤害[3]

能量类型	产生的伤害	事故类型
机械能	刺伤、割伤、撕裂、挤压皮肤和肌肉、骨折、内部器官损伤	物体打击、车辆伤害、机械伤害、起重伤害、高处坠落、坍塌、冒顶片帮、爆破、火药爆炸、瓦斯爆炸、锅炉爆炸、压力容器爆炸
热能	皮肤发炎、烧伤、烧焦、焚化、伤及全身	灼烫、火灾
电能	干扰神经-肌肉功能、电伤	触电
化学能	化学性皮炎、化学性烧伤、致癌、致遗传突变、致畸胎、急性中毒、窒息	中毒和窒息、火灾

7.11 英国工厂的FAFR值[4]

工业类型	FAFR值	工业类型	FAFR值
制衣和制鞋业	0.15	煤矿	40
汽车工业	1.3	铁路	45
化工	3.5	建筑	67
全英工业	4	飞机乘务员	250
钢铁	8	职业拳击手	7000
农业	10	赛车	50000
捕鱼	35		

7.12 非工业活动的FAFR值[4]

类型	FAFR值	类型	FAFR值
家中	3	飞机	240
乘下列交通工具旅行:		轻骑	260
公共汽车	3	低座摩托车	310
火车	5	摩托车	660
小汽车	57	橡皮艇	1000
自行车	96	登山运动	4000

7.13 自然死亡的FAFR值[4]

疾病	FAFR值	死亡/(人·年)(每年8760h)
死亡合计(男、女)	133	9.8×10^{-3}
心脏病(男、女)	61	5.3×10^{-3}
恶性肿瘤合计(男)	23	2.0×10^{-3}
呼吸系统疾病(男)	22	1.9×10^{-3}
肺癌(男)	10	0.8×10^{-3}
胃癌(男)	4	0.35×10^{-3}
男人在事故中的死亡	9	

7.14 自愿和非自愿承担的风险死亡率[4]

类　型	死亡率（死亡/人·年）	类　型	死亡率（死亡/人·年）
自愿承担风险		飞机失事（英）	0.2×10^{-7}
足球	4×10^{-5}	压力容器爆炸（英）	0.5×10^{-7}
爬山	4×10^{-5}	闪电雷击（英）	1×10^{-7}
驾车	17×10^{-5}	堤坝决口（荷）	1×10^{-7}
吸烟（20支/日）	500×10^{-5}	核电站泄漏（1km内）（英）	1×10^{-7}
非自愿承担风险		火灾（英）	150×10^{-7}
陨石	6×10^{-11}	白血病	800×10^{-7}
石油及化学品运输（英）	0.2×10^{-7}		

7.15 美国各类行业死亡率安全指标[5]（每年以接触2000h计）

行业类型	FAFR值	死亡/人·年
全美国工业系统	7.1	1.4×10^{-4}
商业	3.2	0.6×10^{-4}
制造业	4.5	0.9×10^{-4}
服务业	4.3	0.86×10^{-4}
机关	5.7	1.14×10^{-4}
运输及公用事业	16	3.6×10^{-4}
农业	27	5.4×10^{-4}
建筑业	28	5.6×10^{-4}
采矿、采石业	31	6.2×10^{-4}

7.16 NSC社会容许行业死亡率[5]

行　业	容许死亡率/(人数·h^{-1})	行　业	容许死亡率/(人数·h^{-1})
全美国工业系统	7.1×10^{-8}	运输、公用事业	1.6×10^{-7}
商业	3.2×10^{-8}	农业	2.7×10^{-7}
制造业	4.5×10^{-8}	建筑业	2.8×10^{-7}
服务业	4.3×10^{-8}	矿山、采石场	3.1×10^{-7}
政府	5.7×10^{-8}		

7.17 部分发达国家和发展中国家工伤事故死亡人数、死亡率统计对比表[6]

发达国家	死亡人数	每10万人死亡率	工伤事故指数	发展中国家	死亡人数	每10万人死亡率	工伤事故指数
美国	6023	4	47	中国	12587	8.1	95.3
日本	1992	3.3*	38	俄罗斯	4260	14.4	169
德国	1293	3.42	40.2	巴西	3605	18.5	218
意大利	1012	8*	94.1	韩国	1412	19	224
加拿大	833	6.7	78.8	乌克兰	1321	9.2	108
法国	717	4.5	52.97	墨西哥	1128	9	106
澳大利亚	245	4	47	阿根廷	1069	21.6	254
英国	173	0.7	8.2	马来西亚	912	10.6	124.7
奥地利	131	4.9	57.6	泰国	610	11.5	135.4
丹麦	69	3	35.3	波兰	523	5.5*	64.7

注：1. 数据来源于ILO公报。表中加*号的是1998年数据，其他的是1999年数据。

2. 工伤事故指数是用10万人死亡率为分析基数，以所有国家的统计平均数为100。

7.18　几种致因理论对调查和预防的指导意义[6]

致因理论	对调查的指导	对预防的指导
单因素理论	目的是鉴定单个因素或主要因素，调查只需很少时间	对危害因素加以简单的预防措施（个体防护，需要注意危险机械的防护）
违章论	侧重检查责任者，检查违章和错误，很少涉及产生失误的条件	预防措施通常是按规章的要求提醒
线性理论（Demino 模型）	鉴定“危险条件”和“危险行动”的时间接序性，经常使用检查表，调查结果很大程度上取决于调查者的经验，预防的成分弱	结论通常与危险行动有关
多因素理论	收集资料（环境、当事人、媒介等）费时费力，着重于每个事故的偶然特性，在收集事实方面没有相应的标准，需要复杂的统计处理	对各个案例的判断分析作用不大，而更适用于统计（趋向、表、图等）

7.19　各种事故预测方法的对比[6]

方　法	时间范围	适用情况	应做工作
直观预测法	短、中、长期	对缺乏历史统计资料或趋势面临转折的事件进行预测	需要大量的调查研究工作
一元线性回归预测法	短、中期	自变量和因变量两个之间存在线性关系	收集两个变量的历史数据
非线性回归预测法	短、中期	因变量与自变量之间存在某种非线性关系	收集所有变量的历史数据，并用几个非线性模型试算
趋势外推法	中期到长期	当因变量用时间表示时	只需要因变量的历史资料，要对各种可能趋势曲线进行试算
时间序列分解法	短期	适用于一次性的短期预测或在使用其他方法前消除季节变动因素	只需要序列的历史数据
移动平均法	短期	不带季节变动的反复预测	只需要因变量的历史资料，但要确定最佳的权系数
指数平滑法	短期	具有或不具有季节变动的反复预测	只需要因变量的历史资料，是一些反复预测中最简易的方法
博克斯-詹金斯法	短期	适用任何序列的发展型态的高级预测方法	计算过程复杂必须借助计算机
灰色预测法	短、中期	适用于时序的发展呈指数型趋势	收集现象的历史数据

参 考 文 献

[1] 生产安全事故报告和调查处理条例．中华人民共和国国务院令第493号．

[2] 企业职工伤亡事故分类标准（GB 6441—86）．

[3] 罗云，樊运晓，等．风险分析与安全评价．北京：化学工业出版社，2006.

[4] 罗云，徐德蜀，等．注册安全工程师手册．北京：化学工业出版社，2004.

[5] 肖爱民等编，事故管理．北京，冶金工业出版社，1991.

[6] 罗云，吕海燕，白福利．事故分析预测与事故管理．北京：化学工业出版社，2006.

第2篇　安全管理篇

本篇编写人员　罗　云　高亚青　樊运晓
李　平　李　鑫　白玉兰
崔国璋　解增武　刘卫红

8 安全法规与标准

8.1 职业安全卫生标准体系[1]

- 通用标准
  - 职业安全卫生名词术语
  - 职业安全卫生标准编写规定
  - 安全人机工程标准
  - 安全标志
  - 防护设施
- 基础标准
  - 考核标准
  - 分类分级标准
  - 系统安全工程标准
  - 事故统计分析标准
  - 职业病统计分析标准
  - 检测技术导则
  - 安全卫生工程评价
- 安全工程标准
  - 机械安全
  - 电气安全
  - 爆炸防护
  - 储运安全
  - 爆破安全
  - 焊接与切割安全
  - 燃气安全
  - 建筑安全
  - 生产工艺安全
- 卫生工程标准
  - 防尘标准
  - 防毒标准
  - 噪声与振动
  - 作业场所温度异常防护标准
  - 作业场所压力异常防护标准
  - 电磁辐射防护标准
  - 射线防护标准
  - 生物危害防护标准
- 个体防护用品标准
  - 个体防护用品基础标准
  - 头部防护用品标准
  - 呼吸护具标准
  - 手足及其他防护用品标准
  - 防护服标准

8.2 我国职业健康安全国家标准目录汇编[2]

一、综合	
GB 935—1989	高温作业允许持续接触热时间限值
GB/T 934—1989	高温作业环境气象条件测定方法
GB 1251.1—1989	工作场所的险情信号、险情听觉信号
GB 2893—2001	安全色
GB 2894—1996	安全标志
GB 6527.1—1986	安全色卡
GB/T 3608—1993	高处作业分级
GB 3869—1997	体力劳动强度分级
GB/T 4200—1997	高温作业分级
GB 4387—1994	工业企业厂内铁路、道路运输安全规程
GB 5083—1999	生产设备安全卫生设计总则
GB 6389—1997	工业企业铁路道口安全标准
GB/T 6441—1986	企业职工伤亡事故分类
GB/T 6721—1986	企业职工伤亡事故经济损失统计标准
GB 7231—2003	工业管道的基本识别色、识别符号和安全标志
GB/T 12331—1990	有毒作业分级
GB 12801—1991	生产过程安全卫生要求总则
GB 13733—1992	有毒作业场所空气采样规范
GB/T 13861—1992	生产过程危险和有害因素分类与代码

（续表）

GB/T 14439—1993	冷水作业分级
GB/T 14440—1993	低温作业分级
GB 14778—1993	安全色光通用规则
GB/T 15236—1994	职业安全卫生术语
GB/T 15499—1995	事故伤害损失工作日标准
GB 16179—1996	安全标志使用导则
GB/T 16180—2006	劳动能力鉴定、职工工伤与职业病致残等级
GB 18667—2002	道路交通事故受伤人员伤残评定
GB/T 28001—2001	职业健康安全管理体系规范
HG/T 23004—1992	化工企业气体防护站工作和装备标准
HG 23011—1999	厂区动火作业安全规程
HG 23012—1999	厂区设备内作业安全规程
HG 23013—1999	厂区盲板抽堵作业安全规程
HG 23014—1999	厂区高处作业安全规程
HG 23015—1999	厂区吊装作业安全规程
HG 23016—1999	厂区断路作业安全规程
HG 23017—1999	厂区动土作业安全规程
HG 23018—1999	厂区设备检修作业安全规程
SY/T 6653—2006	基于风险的检查（RBI）推荐作法
GB 18352. 3—2005	安全验收评价导则
AQ 8002—2007	安全预评价导则
AQ 8001—2007	安全评价通则
GB 8958—2006	缺氧危险作业安全规程
AQ/T 9002—2006	生产经营单位安全生产事故应急预案编制导则
GB 20426—2006	煤炭工业污染物排放标准
QJ 3165—2003	事故应急预案编制与管理
GB/T 28002—2002	职业健康安全管理体系指南
GB 18667—2002	道路交通事故受伤人员伤残评定
GB/T 18841—2002	职业安全卫生标准编写规则
GBZ 2—2002	工作场所有害因素职业接触限值
GB/T 28001—2001	职业健康安全管理体系规范
GB 18083—2000	以噪声污染为主的工业企业卫生防护距离标准
GB 5083—1999	生产设备安全卫生设计总则
GB/T 17061—1997	作业场所空气采样仪器的技术规范
GB/T 17244—1998	热环境根据 WBGT 指数（湿球黑球温度）对作业

（续表）

GB/T 16854.1—1997	职业病诊断标准的起草与表述规则
GB 16203—1996	作业场所工频电场卫生标准
GB 4674—1984	磨削机械安全规程
GB 5083—1999	生产设备安全卫生设计总则
GB 5817—1986	生产性粉尘作业危害程度分级
GB 6722—2003	爆破安全规程
GB 8958—2006	缺氧危险作业安全规程
GB 8959—2007	铸造防尘技术规程
GB 11341—1989	悬挂输送机安全规程
GB 11652—1989	烟花爆竹劳动安全技术规程
GB 12142—2007	便携式金属梯安全要求
GB 12358—1990	作业环境气体检测报警仪通用技术要求氯气安全规程
GB 12434—1990	耐火材料企业防尘规程
GB 12475—2006	农药储运、销售和使用的防毒规程
GB 12710—1991	焦化厂安全规程
GB 12801—1991	生产过程安全卫生要求总则
GB 13011—1991	锌－锰干电池生产防尘毒技术规程
GB 13348—1992	液体石油产品静电安全规程
GB 13486—2000	便携式热催化甲烷检测报警仪
GB 13548—1992	光气及光气化产品生产装置安全评价通则
GB 13733—1992	有毒作业场所空气采样规范
GB 13746—1992	铅作业安全生产规程
GB 13887—1992	冷冲压安全规程
GB/T 14442—1993	毛皮生产安全卫生规程
GB 14544—1993	氯乙烯安全技术规程
GB 14778—1993	安全色光通用规则
GB/T 15236—1994	职业安全卫生术语
GB/T 15499—1995	事故伤害损失工作日标准
GB 15599—1995	石油与石油设施雷电安全规范
GB 15600—1995	碳素生产安全卫生规程
GB 15606—1995	木工车间安全生产通则
GB 16179—1996	安全标志使用导则
GB 16912—1997	氧气及相关气体安全技术规程
GB 17681—1999	易燃易爆罐区安全监控预警系统验收技术要求
GB 17957—2005	凿岩机械与气动工具安全要求

（续表）

GB 18151—2000	激光防护屏
GB 18152—2000	选矿安全规程
GB 18217—2000	激光安全标志
GB 18218—2000	重大危险源辨识
二、电气机械设备安全	
GB 3836. 11—1991	爆炸性环境用防爆电气设备最大试验安全间隙测定方法
GB 3836. 12—1991	爆炸性环境用防爆电气设备气体或蒸汽混合物按照其最大试验安全间隙和最小点燃电流的分级
GB 3836. 13—1997	爆炸性气体环境用电气设备第13部分：爆炸性气体环境用电气设备的检修
GB 3836. 1—2000	爆炸性气体环境用电气设备第1部分：通用要求
GB 3836. 14—2000	爆炸性气体环境用电气设备第14部分：危险场所分类
GB 3836. 15—2000	爆炸性气体环境用电气设备第15部分：危险场所电气安装（煤矿除外）
GB 3883. 1—2005	手持式电动工具的安全第1部分：通用要求
GB/T 3787—2006	手持式电动工具的管理、使用、检查和维修安全技术规程
GB 4053. 1—1993	固定式钢直梯安全技术条件
GB 4053. 2—1993	固定式钢斜梯安全技术条件
GB 4053. 3—1993	固定式工业防护栏杆安全技术条件
GB 4053. 4—1983	固定式工业钢平台
GB/T 4942. 1—2006	旋转电机整体结构的防护等级（IP代码）分级
GB 5144—2006	塔式起重机安全规程
GB/T 6067—1985	起重机械安全规程
GB 7000. 10—1999	固定式通用灯具安全要求
GB 7000. 11—1999	可移式通用灯具安全要求
GB 7000. 12—1999	嵌入式灯具安全要求
GB 7000. 13—1999	手提灯安全要求
GB 7000. 14—2000	通风式灯具安全要求
GB 7059. 1—2007	便携式木梯安全要求
GB 7059. 2—2007	便携式木梯安全要求
GB 7059. 3—1986	移动式轻金属折梯安全标准
GB 7258—2004	机动车运行安全技术条件
GB/T 8196—2003	机械安全防护装置固定式和活动式防护装置设计与制造一般要求
GB 10055—2007	施工升降机安全规则
GB 10827—1999	机动工业车辆安全规范
GB 12265. 1—1997	机械安全防止上肢触及危险区的安全距离
GB 12265. 2—2000	机械安全防止下肢触及危险区的安全距离
GB 12265. 3—1997	机械安全避免人体各部位挤压的最小间距

（续表）

GB 12476.1—2000	可燃性粉尘环境用电气设备第1部分：用外壳和限制表面温度保护的电气设备的技术要求
GB/T 13869—2008	用电安全导则
GB 13955—2005	剩余电流动作保护装置安装和运行
GB 14050—1993	系统接地的型式及安全技术要求
GB 14784—1993	带式输送机安全规范
三、危险化学品生产、储运和使用	
GB 190—1990	危险货物包装标志
GB/T 3723—1999	工业用化学产品采样安全通则
GB 3796—2006	农药包装通则
GB/T 3863—1995	工业用氧
GB 4838—2000	农药乳油包装
GB 4962—1985	氢气使用安全技术规程
GB/T 6026—1998	工业丙酮
GB 6222—2005	工业企业煤气安全规程
GB 6819—2004	溶解乙炔
GB 6944—2005	危险货物分类和品名编号
GB/T 7694—1987	危险货物命名原则
GB 11174—1997	液化石油气
GB 11984—1989	氯气安全规程
GB 12268—2005	危险货物品名表
GB 12475—2006	农药贮运、销售和使用的防毒规程
GB 13548—1992	光气及光气化产品生产装置安全评价通则
GB 13690—1992	常用危险化学品的分类及标志
GB 14371—2005	危险货物运输爆炸品认可、分项程序及配装要求
GB/T 14372—2005	危险货物运输爆炸品认可、分项试验方法和判据
GB 14544—1993	氯乙烯安全技术规程
GB 15258—1999	化学品安全标签编写规定
GB 15603—1995	常用化学危险品贮存通则
GB 16483—2000	化学品安全技术说明书编写规定
GB 17914—1999	易燃易爆性商品储藏养护技术条件
GB 17915—1999	腐蚀性商品储藏养护技术条件
GB 17916—1999	毒害性商品储藏养护技术条件
GB/T 20285—2006	材料产烟毒性危险分级
GBZ/T 160.1—2004	工作场所空气有毒物质测定锑及其化合物
GB 18053—2000	工业废渣中氰化物卫生标准

（续表）

GB 18069—2000	硫化碱厂卫生防护距离标准
GB 18072—2000	塑料厂卫生防护距离标准
GB 18070—2000	油漆厂卫生防护距离标准
GB 18071—2000	氯碱厂（电解法制碱）卫生防护距离标准
GB 18073—2000	碳素厂卫生防护距离标准
GB 18076—2000	石灰厂卫生防护距离标准
GB 4397—1998	手提式1211灭火器
四、锅炉、压力容器等特种设备	
GB 567—1999	爆破片与爆破片装置
GB 5842—2006	液化石油气钢瓶
GB 7144—1999	气瓶颜色标志
GB 8334—1999	液化石油气钢瓶定期检验与评定
GB 8337—1996	气瓶用易熔合金塞
GB/T 9251—1997	气瓶水压试验方法
GB 11638—2003	溶解乙炔气瓶
GB 12135—1999	气瓶定期检验站技术条件
GB/T 12137—2002	气瓶气密性试验方法
GB/T 12353—1999	拱形金属爆破片装置分类与安装尺寸
GB 13004—1999	钢质无缝气瓶定期检验与评定
GB 13075—1999	钢质焊接气瓶定期检验与评定
GB 13077—2004	铝合金无缝气瓶定期检验与评定
GB 13439—1992	液氯瓶阀
GB 13591—1992	溶解乙炔充装规定
GB 14193—1993	液化气体气瓶充装规定
GB 14194—2006	永久气体气瓶充装规定
GB 16804—1997	气瓶警示标签
GB 17264—1998	永久气体气瓶充装站安全技术条件
GB 17265—1998	液化气体气瓶充装站安全技术条件
GB 17266—1998	溶解乙炔气瓶充装站安全技术条件
GB 17267—1998	液化石油气充装站安全技术条件
GB/T 19624—2004	在用含缺陷压力容器安全评定
五、防火防爆	
GB 4655—2003	橡胶工业静电安全规程
GB/T 4718—2006	火灾报警设备专业术语
GB 6950—2001	轻质油品安全静止电导率
GB 12158—2006	防止静电事故通用导则

（续表）

GB 13348—1992	液体石油产品静电安全规程
GB 13495—1992	消防安全标志
GB/T 14288—1993	可燃气体与易燃液体蒸汽最小静电点火能测定方法
GB 15577—2007	粉尘防爆安全规程
GB 15599—1995	石油与石油设施雷电安全规范
GB 15630—1995	消防安全标志设置要求
GB 17591—2006	阻燃织物
GB 17681—1999	易燃易爆罐区安全监控预警系统验收技术要求
GB/T 17919—1999	粉尘爆炸危险场所用收尘器防爆导则
GB 50140—2005	建筑灭火器配置设计规范
GB 50183—2004	石油天然气工程设计防火规范
GB 50351—2005	储罐区防火堤设计规范
SH 3063—1999	石油化工企业可燃气体和有毒气体检测报警设计规范
六、劳动保护措施及设施	
GB 2626—2006	呼吸防护用品自吸过滤式防颗粒物呼吸器
GB 2890—1995	过滤式防毒面具通用技术条件
GB 4385—1995	防静电鞋、导电鞋技术要求
GB 6568. 1—2000	带电作业用屏蔽服装
GB 8965—1998	阻燃防护服
GB 9448—1999	焊接与切割安全
GB 12011—2000	电绝缘鞋通用技术条件
GB/T 12624—2006	劳动防护手套通用技术条件
GB 14866—2006	个人用眼护具技术要求
GB 15701—1995	焊接防护服
GB 16556—2007	自给式空气呼吸器
GB/T 18664—2002	呼吸防护用品的选择、使用与维护
GB/T 20097—2006	防护服一般要求
GB 20265—2006	耐化学品的工业用模压塑料靴
GB 20266—2006	耐化学品的工业用橡胶靴
AQ 6104—2007	防 X 线手套
AQ 6102—2007	耐酸（碱）手套
AQ 6101—2007	橡胶耐油手套
AQ 6103—2007	焊工防护手套
GB/T 12624—2006	劳动防护手套通用技术条件
GBZ 158—2003	工作场所职业病危害警示标志
GB 17956—2000	防尘服

（续表）

GB 16909—1997	密目式安全立网
GB 5725—1997	安全网
GB/T 6223—1997	自吸过滤式防微粒口罩
GB 16756—1997	耐油防护鞋通用技术条件
GB 16757—1997	X射线防护服

8.3　《中华人民共和国安全生产法》法律责任规定内容[3]

法律条款	法律责任类型	违法主体	违法内容	法律责任
77条	行政或刑事责任	安全监管工作人员	违法批准或验收；不取缔或不依法处理违法生产经营活动；不查处违法行为；不撤销已不具备安全生产条件的生产经营活动	降级或者撤职的行政处分；构成犯罪的，追究刑事责任
78条	行政责任	安全生产监督管理部门	要求被审查、验收的单位购买其指定的安全设备、器材或产品；审查、验收中收取费用	责令改正，责令退还收取费用；情节严重的依法对责任人给予行政处分
79条	行政或刑事，连带民事责任	中介机构及其责任人	承担安全评价、认证、检测、检验工作中出具虚假证明	没收违法所得；罚款（2~5倍或5千~2万元）；罚主管和直接责任人5千~5万元；连带赔偿责任；撤销其相应资格；构成犯罪追究刑事责任
80条	行政或刑事责任	单位决策机构、负责人、私营投资人	不依本法保证安全生产所必须的资金投入，致使生产经营单位不具备安全生产条件；导致发生生产安全事故	责令限期改正；责令停产停业整顿；撤职负责人，罚投资人2万~20万元（私营）；构成犯罪的，追究刑事责任
81条	行政或刑事责任	生产经营单位主要负责人	未履行本法规定的安全生产管理职责；导致发生生产安全事故	责令限期改正；责令停产停业整顿；撤职处分或罚款2万~20万元；从业限制；构成犯罪追究刑事责任
82条	行政责任	生产经营单位	未设立安全生产管理机构或配备安管人员；主要负责人和安管人员未经考核合格；未对从业人员进行安全教育培训；特种作业人员未取得资格证书就从事操作	责令限期改正，责令停产停业整顿；并处罚款2万元以下
83条	行政或刑事责任	生产经营单位及其责任人	建设项目无安全设施设计或安全设施设计未经有关部门审查同意；施工单位未按批准安全设施设计施工；未经竣工验收或验收不合格就投入使用；场所无明显安全警示；安全设备安装使用、检测、改造和报废不合标准或未经常性维护保养与检验；劳动防护用品不合标准；使用不合标准的特种设备；使用明令淘汰和禁用的工艺、设备	责令限期改正，责令停建或停产停业整顿；并处罚款5万元以下；构成犯罪追究责任人刑事责任
84条	行政或刑事责任	生产经营单位	未经依法批准，擅自生产、经营、储存危险物品；造成严重后果	责令停止，关闭；没收违法所得，并罚款（1~5倍或2万~10万元）；构成犯罪追究刑事责任

（续表）

法律条款	法律责任类型	违法主体	违 法 内 容	法 律 责 任
85条	行政或刑事责任	生产经营单位	未建危险物专门安全管理制度，未采取安全措施，未接受监督管理；未制定应急预案；危险作业无专人监护；造成严重后果	责令停止、停产停业整顿并罚款2万~10万元；构成犯罪追究刑事责任
86条	行政、连带民事责任	生产经营单位	将项目、场所、设备发包或出租给不具安全条件或资质的单位或个人；未签专门安全生产管理协议、合同导致事故发生	责令停止、停产停业整顿；没收违法所得；罚款（1~5倍或1万~5万元）
87条	行政责任	生产经营单位	两个以上单位在同一区域进行有威胁对方的作业，未签安全生产管理协议或指定专人协调	责令停止，责令停产停业整顿
88条	行政或刑事责任	生产经营单位	存在“三合一”问题或安全距离不符合要求；紧急疏散、标志不合要求或通道封闭、堵塞；造成严重后果	责令停止，责令停产停业整顿；构成犯罪追究刑事责任
89条	行政责任	单位主要负责人、私营投资人	签订“生死合同或协议”问题	罚款2万~10万元
90条	行政或刑事责任	从业人员	不服从管理，违反安全生产规章制度或操作规程；造成重大事故	批评教育，行政处分；构成犯罪追究刑事责任
91条	行政或刑事责任	单位主要负责人	事故后不立即组织抢救或事故调查处理时擅离职守或逃匿；隐瞒不报、谎报或拖延不报	降职、撤职处分；逃匿者处15日以下拘留；构成犯罪追究刑事责任
92条	行政或刑事责任	政府、安全监管部门责任人	对事故隐瞒不报、谎报或拖延不报	行政处分；构成犯罪追究刑事责任
93条	行政责任	生产经营单位	安全生产条件不合规定标准	停业整顿；关闭；吊销有关证照
95条	民事责任	生产经营单位	发生生产安全事故造成人员伤亡、他人财产损失	民事赔偿；法院强制执行

8.4 《中华人民共和国刑法》中的安全事故罪[3]

条款	罪名	犯罪主体	犯罪的主观	犯罪的客观	处 罚
131	航空重大飞行事故罪	特殊主体、航空人员，包括空勤人员和地勤人员	过失或自信过大	违反规章制度行为	发生重大事故，造成后果严重的处以3年以下有期徒刑或拘役；造成飞机坠毁或人员伤亡的，处3~7年有期徒刑
132	铁路运营安全事故罪	铁路职工，包括从事运输、管理、建设、维修工作人员	过失或自信过大	违反规章制度行为	后果严重的处3年以下有期徒刑或拘役；后果特别严重的，处3~7年有期徒刑
133	交通运输重大事故罪	从事交通运输人员（含非正式从事人员）	过失或自信过大	违反交通运输管理法规行为	致人重伤、死亡或者使公私财产损失重大的，处3年以下有期徒刑或拘役；肇事后逃逸或有其他特别恶劣情节的，处3~7年有期徒刑；逃逸致人死亡的处7年以上有期徒刑

（续表）

条款	罪名	犯罪主体	犯罪的主观	犯罪的客观	处罚
134	工矿企业重大伤亡事故罪	工厂、矿山、林场、建筑企业或者其他企业、事业单位的职工	过失或自信过大	在生产作业中违反有关安全管理的规定，或者强令他人违章冒险作业行为	发生重大伤亡事故或者造成其他严重后果的，处3年以下有期徒刑或拘役；情节特别恶劣的，处3～7年有期徒刑；强令他人违章冒险作业，因而发生重大伤亡事故或者造成其他严重后果的，处5年以下有期徒刑或者拘役；情节特别恶劣的，处5年以上有期徒刑
135	工矿企业重大伤亡事故罪	工厂、矿山、林场、建筑企业或者其他企业、事业单位	过失或自信过大	安全生产设施或者安全生产条件不符合国家规定	发生重大伤亡事故或造成严重后果的，对直接负责的主管人员和其他直接责任人员处3年以下有期徒刑或拘役；情节特别恶劣的，处3～7年有期徒刑；举办大型群众性活动违反安全管理规定，因而发生重大伤亡事故或者造成其他严重后果的，对直接负责的主管人员和其他直接责任人员，处3年以下有期徒刑或者拘役；情节特别恶劣的，处3～7年有期徒刑
136	危险品重大事故罪	一般主体，包括单位和个人	过失、疏忽大意或自信过大	违反爆炸性、易燃性、放射性、毒害性、腐蚀性物品的管理规定行为	发生重大事故，后果严重的处3年以下有期徒刑或拘役；后果特别严重的处3～7年有期徒刑
137	建筑工程事故罪	建设单位、设计单位、施工单位、工程监理单位	过失、疏忽大意或自信过大	违反国家规定，降低工程质量标准行为	造成重大事故的，对直接责任人处5年以下有期徒刑或拘役，并处罚金；后果特别严重的，处5～10年有期徒刑并罚金
138	学校设施事故罪	特殊主体，对学校设施负有采取安全措施和及时报告的直接负责人	过失、疏忽大意或自信过大	不采取措施或者不及时报告行为	发生重大伤亡事故的，对直接责任人处3年以下有期徒刑或拘役；后果特别严重的，处3～7年有期徒刑
139	消防事故罪	特殊主体，国家机关、企业、事业内与防火直接有关的主管领导、防火安全保卫人员及其他人员	过失、因疏忽而没预见或虽预见但轻信能避免	违反消防管理法规，拒绝执行整改措施行为	后果严重的，对直接责任人处3年有期徒刑或拘役；后果特别严重的，处3～7年有期徒刑；在安全事故发生后，负有报告职责的人员不报或者谎报事故情况，贻误事故抢救，情节严重的处3年以下有期徒刑或者拘役；情节特别严重的，处3～7年有期徒刑
397	渎职罪	国家机关工作人员	过失或带故意	滥用职权或者玩忽职守行为	致使公共财产、国家和人民利益受到重大损失的，处3年以下有期徒刑或拘役；情节特别严重的处3～7年有期徒刑

8.5 违反《中华人民共和国行政处罚法》应负的法律责任[3]

条款	法律责任	处理办法
55	违法实施行政处罚行为的法律责任	由上级行政机关或者有关部门责令改正，可以对直接负责的主管人员和其他直接责任人员依法给予行政处分
56	行政处罚不使用或使用非法单据罚款的法律责任	当事人有权拒绝处罚，并有权予以检举。上级行政机关或者有关部门对使用的非法单据予以收缴销毁，对直接负责的主管人员和其他直接责任人员依法给予行政处分
57	行政机关违法自行收缴罚款，财政部门违法返还罚款或拍卖款项行为的法律责任	由上级行政机关或者有关部门责令改正，对直接负责的主管人员和其他直接责任人员依法给予行政处分
58	非法处理罚款、没收的违法所得或者财物以及利用职务便利，牟取非法个人利益行为的法律责任	由财政部门或者有关部门予以追缴，对直接负责的主管人员和其他直接责任人员依法给予行政处分；情节严重构成犯罪的，依法追究刑事责任。执法人员利用职务上的便利，索取或者收受他人财物、收缴罚款据为已有，构成犯罪的，依法追究刑事责任；情节轻微不构成犯罪的，依法给予行政处分
59	行政机关使用或损毁扣押的财物行为的法律责任	对当事人造成损失的，应当依法予以赔偿，对直接负责的主管人员和其他直接责任人员依法给予行政处分
60	行政机关违法实施检查措施或执行措施行为的法律责任	给公民人身或者财产造成损害、给法人或者其他组织造成损失的，应当依法予以赔偿，对直接负责的主管人员和其他直接责任人员依法给予行政处分；情节严重构成犯罪的，依法追究刑事责任
61	行政机关为违法牟取本单位私利，以罚代刑，包庇纵容违法行为应追究的法律责任	由上级行政机关或者有关部门责令纠正；拒不纠正的，对直接负责的主管人员给予行政处分；徇私舞弊、包庇纵容违法行为的，比照《中华人民共和国刑法》第一百八十八条的规定追究刑事责任
62	行政机关玩忽职守，因不作为造成损害的法律责任	对直接负责的主管人员和其他直接责任人员依法给予行政处分；情节严重构成犯罪的，依法追究刑事责任

8.6 各级负责安全生产监督管理部门实施建筑工程安全生产的监督管理范围[3]

条款	监管部门	监管范围
39	国务院负责安全生产监督管理的部门	对全国建设工程安全生产工作实施综合监督管理
39	县级以上地方人民政府负责安全生产监督管理的部门	对本行政区域内建设工程安全生产工作实施综合监督管理
40	国务院建设行政主管部门	对全国的建设工程安全生产实施监督管理
40	国务院铁路、交通、水利等有关部门	负责有关专业建设工程安全生产的监督管理
40	县级以上地方人民政府建设行政主管部门	对本行政区域内的建设工程安全生产实施监督管理
40	县级以上地方人民政府交通、水利等有关部门	负责本行政区域内的专业建设工程安全生产的监督管理

8.7 违反《中华人民共和国职业病防治法》应负的法律责任[3]

条款	违法主体	违法行为	处理方法
62	建设单位	（一）未按照规定进行职业病危害预评价或者未提交职业病危害预评价报告，或者职业病危害预评价报告未经卫生行政部门审核同意，擅自开工的；（二）建设项目的职业病防护设施未按照规定与主体工程同时投入生产和使用的；（三）职业病危害严重的建设项目，其职业病防护设施设计不符合国家职业卫生标准和卫生要求施工的；（四）未按照规定对职业病防护设施进行职业病危害控制效果评价、未经卫生行政部门验收或者验收不合格，擅自投入使用的	由卫生行政部门给予警告，责令限期改正；逾期不改正的，处10万元以上50万元以下的罚款；情节严重的，责令停止产生职业病危害的作业或者提请有关人民政府按照国务院规定的权限责令停建、关闭
63	用人单位	（一）工作场所职业病危害因素检测、评价结果没有存档、上报、公布的；（二）未采取本法第十九条规定的职业病防治管理措施的；（三）未按照规定公布有关职业病防治的规章制度、操作规程、职业病危害事故应急救援措施的；（四）未按照规定组织劳动者进行职业卫生培训或者未对劳动者个人职业病防护采取指导、督促措施的；（五）国内首次使用或者首次进口与职业病危害有关的化学材料，未按照规定报送毒性鉴定资料以及经有关部门登记注册或者批准进口的文件的	卫生行政部门给予警告，责令限期改正；逾期不改正的，处2万元以下的罚款
64	用人单位	（一）未按照规定及时、如实向卫生行政部门申报产生职业病危害的项目的；（二）未实施由专人负责的职业病危害因素日常监测或者监测系统不能正常监测的；（三）订立或者变更劳动合同时，未告知劳动者职业病危害真实情况的；（四）未按照规定组织职业健康检查、建立职业健康监护档案或者未将检查结果如实告知劳动者的	由卫生行政部门责令限期改正，给予警告，可以并处2万元以上5万元以下的罚款
65	用人单位	（一）工作场所职业病危害因素的强度或者浓度超过国家职业卫生标准的；（二）未提供职业病防护设施和个人使用的职业病防护用品，或者提供的职业病防护设施和个人使用的职业病防护用品不符合国家职业卫生标准和卫生要求的；（三）对职业病防护设备、应急救援设施和个人使用的职业病防护用品未按照规定进行维护、检修、检测或者不能保持正常运行、使用状态的；（四）未按照规定对工作场所职业病危害因素进行检测、评价的；（五）工作场所职业病危害因素经治理仍然达不到国家职业卫生标准和卫生要求时，未停止存在职业病危害因素的作业的；（六）未按照规定安排职业病病人、疑似职业病病人进行诊治的；（七）发生或者可能发生急性职业病危害事故时，未立即采取应急救援和控制措施或者未按照规定及时报告的；（八）未按照规定在产生严重职业病危害的作业岗位醒目位置设置警示标志和中文警示说明的；（九）拒绝卫生行政部门监督检查的	由卫生行政部门给予警告，责令限期改正，逾期不改正的，处5万元以上20万元以下的罚款；情节严重的，责令停止产生职业病危害的作业，或者提请有关人民政府按照国务院规定的权限责令关闭

（续表）

条款	违法主体	违法行为	处理方法
66	向用人单位提供可能产生职业病危害的设备、材料的单位	未按照规定提供中文说明书或者设置警示标志和中文警示说明	由卫生行政部门责令限期改正，给予警告，并处5万元以上20万元以下的罚款
67	用人单位和医疗卫生机构	未按照规定报告职业病、疑似职业病	由卫生行政部门责令限期改正，给予警告，可以并处1万元以下的罚款；弄虚作假的，并处2万元以上5万元以下的罚款；对直接负责的主管人员和其他直接责任人员，可以依法给予降级或者撤职的处分
68	用人单位	（一）隐瞒技术、工艺、材料所产生的职业病危害而采用的；（二）隐瞒本单位职业卫生真实情况的；（三）可能发生急性职业损伤的有毒、有害工作场所、放射工作场所或者放射性同位素的运输、储存不符合本法第二十三条规定的；（四）使用国家明令禁止使用的可能产生职业病危害的设备或者材料的；（五）将产生职业病危害的作业转移给没有职业病防护条件的单位和个人，或者没有职业病防护条件的单位和个人接受产生职业病危害的作业的；（六）擅自拆除、停止使用职业病防护设备或者应急救援设施的；（七）安排未经职业健康检查的劳动者、有职业禁忌的劳动者、未成年工或者孕期、哺乳期女职工从事接触职业病危害的作业或者禁忌作业的；（八）违章指挥和强令劳动者进行没有职业病防护措施的作业的	由卫生行政部门责令限期治理，并处5万元以上30万元以下的罚款；情节严重的，责令停止产生职业病危害的作业，或者提请有关人民政府按照国务院规定的权限责令关闭
69		生产、经营或者进口国家明令禁止使用的可能产生职业病危害的设备或者材料的	依照有关法律、行政法规的规定给予处罚
70	用人单位	违反本法规定，已经对劳动者生命健康造成严重损害	由卫生行政部门责令停止产生职业病危害的作业，或者提请有关人民政府按照国务院规定的权限责令关闭，并处10万元以上30万元以下的罚款
71	用人单位	违反本法规定，造成重大职业病危害事故或者其他严重后果，构成犯罪	对直接负责的主管人员和其他直接责任人员，依法追究刑事责任
72		未取得职业卫生技术服务资质认证擅自从事职业卫生技术服务的，或者医疗卫生机构未经批准擅自从事职业健康检查、职业病诊断	由卫生行政部门责令立即停止违法行为，没收违法所得；违法所得5千元以上的，并处违法所得2倍以上10倍以下的罚款；没有违法所得或者违法所得不足5千元的，并处5千元以上5万元以下的罚款；情节严重的，对直接负责的主管人员和其他直接责任人员，依法给予降级、撤职或者开除的处分

（续表）

条款	违法主体	违法行为	处理方法
73	从事职业卫生技术服务的机构和承担职业健康检查、职业病诊断的医疗卫生机构	（一）超出资质认证或者批准范围从事职业卫生技术服务或者职业健康检查、职业病诊断的；（二）不按照本法规定履行法定职责的；（三）出具虚假证明文件的	由卫生行政部门责令立即停止违法行为，给予警告，没收违法所得；违法所得5千元以上的，并处违法所得2倍以上5倍以下的罚款；没有违法所得或者违法所得不足5千元的，并处5千元以上2万元以下的罚款；情节严重的，由原认证或者批准机关取消其相应的资格；对直接负责的主管人员和其他直接责任人员，依法给予降级、撤职或者开除的处分；构成犯罪的，依法追究刑事责任
74	职业病诊断鉴定委员会组成人员	收受职业病诊断争议当事人的财物或者其他好处	给予警告，没收收受的财物，可以并处3千元以上5万元以下的罚款，取消其担任职业病诊断鉴定委员会组成人员的资格，并从省、自治区、直辖市人民政府卫生行政部门设立的专家库中予以除名
75	卫生行政部门	不按照规定报告职业病和职业病危害事故	由上一级卫生行政部门责令改正，通报批评，给予警告；虚报、瞒报的，对单位负责人、直接负责的主管人员和其他直接责任人员依法给予降级、撤职或者开除的行政处分
76	卫生行政部门及其职业卫生监督执法人员	（一）对不符合法定条件的，发给建设项目有关证明文件、资质证明文件或者予以批准；（二）对已经取得有关证明文件的，不履行监督检查职责；（三）发现用人单位存在职业病危害的，可能造成职业病危害事故，不及时依法采取控制措施；（四）其他违反本法的行为，导致职业病危害事故发生，构成犯罪	依法追究刑事责任；尚不构成犯罪的，对单位负责人、直接负责的主管人员和其他直接责任人员依法给予降级、撤职或者开除的行政处分

8.8　违反《建设工程安全生产管理条例》应负的法律责任[3]

条款	违法主体	违法行为	处罚办法
53	县级以上人民政府建设行政主管部门或者其他有关行政管理部门的工作人员	（一）对不具备安全生产条件的施工单位颁发资质证书；（二）对没有安全施工措施的建设工程颁发施工许可证；（三）发现违法行为不予查处；（四）不依法履行监督管理职责的其他行为	给予降级或者撤职的行政处分；构成犯罪的，依照刑法有关规定追究刑事责任
54	建设单位	未提供建设工程安全生产作业环境及安全施工措施所需费用	责令限期改正；逾期未改正的，责令该建设工程停止施工
		未将保证安全施工的措施或者拆除工程的有关资料报送有关部门备案	责令限期改正，给予警告

（续表）

条款	违法主体	违法行为	处罚办法
55	建设单位	（一）对勘察、设计、施工、工程监理等单位提出不符合安全生产法律、法规和强制性标准规定的要求的；（二）要求施工单位压缩合同约定的工期的；（三）将拆除工程发包给不具有相应资质等级的施工单位的	责令限期改正，处20万元以上50万元以下的罚款；造成重大安全事故，构成犯罪的，对直接责任人员，依照刑法有关规定追究刑事责任；造成损失的，依法承担赔偿责任
56	勘察单位、设计单位	（一）未按照法律、法规和工程建设强制性标准进行勘察、设计的；（二）采用新结构、新材料、新工艺的建设工程和特殊结构的建设工程，设计单位未在设计中提出保障施工作业人员安全和预防生产安全事故的措施建议的	责令限期改正，处10万元以上30万元以下的罚款；情节严重的，责令停业整顿，降低资质等级，直至吊销资质证书；造成重大安全事故，构成犯罪的，对直接责任人员，依照刑法有关规定追究刑事责任；造成损失的，依法承担赔偿责任
57	工程监理单位	（一）未对施工组织设计中的安全技术措施或者专项施工方案进行审查的；（二）发现安全事故隐患未及时要求施工单位整改或者暂时停止施工的；（三）施工单位拒不整改或者不停止施工，未及时向有关主管部门报告的；（四）未依照法律、法规和工程建设强制性标准实施监理的	责令限期改正；逾期未改正的，责令停业整顿，并处10万元以上30万元以下的罚款；情节严重的，降低资质等级，直至吊销资质证书；造成重大安全事故，构成犯罪的，对直接责任人员，依照刑法有关规定追究刑事责任；造成损失的，依法承担赔偿责任
58	注册执业人员	未执行法律、法规和工程建设强制性标准	责令停止执业3个月以上1年以下；情节严重的，吊销执业资格证书，5年内不予注册；造成重大安全事故的，终身不予注册；构成犯罪的，依照刑法有关规定追究刑事责任
59	为建设工程提供机械设备和配件的单位	未按照安全施工的要求配备齐全有效的保险、限位等安全设施和装置	责令限期改正，处合同价款1倍以上3倍以下的罚款；造成损失的，依法承担赔偿责任
60	出租单位	出租未经安全性能检测或者经检测不合格的机械设备和施工机具及配件	责令停业整顿，并处5万元以上10万元以下的罚款；造成损失的，依法承担赔偿责任
61	施工起重机械和整体提升脚手架、模板等自升式架设设施安装、拆卸单位	（一）未编制拆装方案、制定安全施工措施的；（二）未由专业技术人员现场监督的；（三）未出具自检合格证明或者出具虚假证明的；（四）未向施工单位进行安全使用说明，办理移交手续的	责令限期改正，处5万元以上10万元以下的罚款；情节严重的，责令停业整顿，降低资质等级，直至吊销资质证书；造成损失的，依法承担赔偿责任
61	施工起重机械和整体提升脚手架、模板等自升式架设设施安装、拆卸单位	对上栏条款规定的第（一）项、第（三）项行为，经有关部门或者单位职工提出后，对事故隐患仍不采取措施，因而发生重大伤亡事故或者造成其他严重后果	构成犯罪的，对直接责任人员，依照《中华人民共和国刑法》的有关规定追究刑事责任

（续表）

条款	违法主体	违法行为	处罚办法
62	施工单位	（一）未设立安全生产管理机构、配备专职安全生产管理人员或者分部分项工程施工时无专职安全生产管理人员现场监督的；（二）施工单位的主要负责人、项目负责人、专职安全生产管理人员、作业人员或者特种作业人员，未经安全教育培训或者经考核不合格即从事相关工作的；（三）未在施工现场的危险部位设置明显的安全警示标志，或者未按照国家有关规定在施工现场设置消防通道、消防水源、配备消防设施和灭火器材的；（四）未向作业人员提供安全防护用具和安全防护服装的；（五）未按照规定在施工起重机械和整体提升脚手架、模板等自升式架设设施验收合格后登记的；（六）使用国家明令淘汰、禁止使用的危及施工安全的工艺、设备、材料的	责令限期改正；逾期未改正的，责令停业整顿，依照《中华人民共和国安全生产法》的有关规定处以罚款；造成重大安全事故，构成犯罪的，对直接责任人员，依照《中华人民共和国刑法》的有关规定追究刑事责任
63	施工单位	挪用列入建设工程概算的安全生产作业环境及安全施工措施所需费用的	责令限期改正，处挪用费用20%以上50%以下的罚款；造成损失的，依法承担赔偿责任
64	施工单位	（一）施工前未对有关安全施工的技术要求作出详细说明的；（二）未根据不同施工阶段和周围环境及季节、气候的变化，在施工现场采取相应的安全施工措施，或者在城市市区内的建设工程的施工现场未实行封闭围挡的；（三）在尚未竣工的建筑物内设置员工集体宿舍的；（四）施工现场临时搭建的建筑物不符合安全使用要求的；（五）未对因建设工程施工可能造成损害的毗邻建筑物、构筑物和地下管线等采取专项防护措施的	责令限期改正；逾期未改正的，责令停业整顿，并处5万元以上10万元以下的罚款；造成重大安全事故，构成犯罪的，对直接责任人员，依照《中华人民共和国刑法》的有关规定追究刑事责任；施工单位有前款规定第（四）项、第（五）项行为，造成损失的，依法承担赔偿责任
65	施工单位	（一）安全防护用具、机械设备、施工机具及配件在进入施工现场前未经查验或者查验不合格即投入使用的；（二）使用未经验收或者验收不合格的施工起重机械和整体提升脚手架、模板等自升式架设设施的；（三）委托不具有相应资质的单位承担施工现场安装、拆卸施工起重机械和整体提升脚手架、模板等自升式架设设施的；（四）在施工组织设计中未编制安全技术措施、施工现场临时用电方案或者专项施工方案的	责令限期改正；逾期未改正的，责令停业整顿，并处10万元以上30万元以下的罚款；情节严重的，降低资质等级，直至吊销资质证书；造成重大安全事故，构成犯罪的，对直接责任人员，依照《中华人民共和国刑法》的有关规定追究刑事责任；造成损失的，依法承担赔偿责任；尚不够刑事处罚的，处2万元以上20万元以下的罚款或者按照管理权限给予撤职处分；自刑罚执行完毕或者受处分之日起，5年内不得担任任何施工单位的主要负责人、项目负责人
66	施工单位的主要负责人、项目负责人	未履行安全生产管理职责	责令限期改正，逾期未改正的，责令施工单位停业整顿；造成重大安全事故、重大伤亡事故或者其他严重后果，构成犯罪的，依照《中华人民共和国刑法》的有关规定追究刑事责任

（续表）

条款	违法主体	违 法 行 为	处 罚 办 法
66	施工单位作业人员	不服管理、违反规章制度和操作规程冒险作业造成重大伤亡事故或者其他严重后果	构成犯罪的，依照《中华人民共和国刑法》的有关规定追究刑事责任
67	施工单位	取得资质证书后，降低安全生产条件	责令限期改正；经整改仍未达到与其资质等级相适应的安全生产条件的，责令停业整顿，降低其资质等级直至吊销资质证书

9 安全监察

9.1 职业安全与健康监督管理体系主要组成[4]

3个保障体系	主要内容
安全监察	监察体制
	法规与标准
	检测认证
技术支持	教育培训
	科学技术
	应急救援
工伤保险	预防
	补偿
	康复

9.2 安全生产监督检查行政执法文书概览[5]

实施步骤	主要内容	备注
现场检查记录	被检查单位、检查场所、检查时间、检查情况	
整改指令书	存在问题及整改时间	三联复写，分别交被检查单位，安全监察员，安全生产监督管理部门
强制措施决定书	针对存在问题所作整改决定	
整改情况复查意见书	针对整改决定所作复查意见	双联复写，第一联交被复查单位，第二联存档
行政（当场）处罚决定书	主要违法事实、处罚依据及决定、履行方式和期限	三联复写，第一二联留存备案，第三联交被处罚单位
立案审批表	案件基本情况、处理意见、审批意见	三联复写，第一二联备案，第三联交办案安全生产监督员
调查询问笔录	调查时间、地点、被询问人具体情况	
勘验检查笔录	勘验时间、地点、勘验人、当事人、被邀请人、记录人情况、勘验情况及结果	
抽样取证凭证	抽样序号、证据物品名称、规格、数量	三联复写，第一联交抽样单位，第二三联备案
鉴定意见书	鉴定内容、目的、鉴定人情况、鉴定意见	二联复写，一份鉴定单位留存，一份交委托鉴定单位

（续表）

实施步骤	主要内容	备注
证据登记保存清单	抽样序号、证据物品名称、规格、数量	双联复写式，第一联存档，第二联安全生产监察员保存
案件调查报告	当事人基本情况、案件调查经过结论及处理意见、所付证据材料清单、审核审批意见	三联复写式，第一联交安全生产监察员，第二三联存档
案件移送书	案件详细情况、案件材料总数	双联复写，第一联交案件移送单位，第二联存档
行政处罚意见告知书	详细违规情况	双联复写，第一联交安全生产监督管理部门留存，第二联送被处罚单位(个人)
行政处罚听证会笔录	听证时间、地点、听证人情况及听证笔录	
听证会报告书	听证会基本情况摘要、所付证据材料清单	双联复写，存档
行政处罚决定书	违规情况、处罚办法及通知	双联复写，第一联交被处罚单位(个人)，第二联交银联，第三联留存归档备查
行政处罚送达回执	送达文书、时间、地点	被送达人不在时由其单位或成年家属代收；发生拒收情况时，其他人员在场，记明情况，留下送达文书即位送达
听证会通知书	听证会时间、地点	双联复写，第一联交申请听证单位，第二联组织听证的安全生产监督管理部门留存
强制执行申请书	申请人、被申请人情况及强制执行内容	
结案审批表	案情、处理结果、执行情况、审核审批意见	双联复写，安全生产监督管理部门存档
案卷（首页）	案由、处理结果	

10 安全文化

10.1 安全生产教育培训的对象和内容[3]

对象	基本要求	培训内容	培训时间（学时）	
			危险单位	其他单位
1. 生产经营单位主要负责人	（1）危险物品的生产、经营、储存单位、矿山、建筑施工单位主要负责人必须进行安全资格培训，经安全生产监督管理部门或法律法规规定的有关主管部门考核合格并取得安全资格证书后方可任职 （2）其他单位主要负责人必须按照国家有关规定进行安全生产培训 （3）所有单位主要负责人每年应进行安全生产再培训	（1）国家有关安全生产的方针、政策、法律和法规及有关行业的规章、规程、规范和标准 （2）安全生产管理的基本知识、方法与安全生产技术，有关行业安全生产管理专业知识 （3）重大事故防范、应急救援措施及调查处理方法，重大危险源管理与应急救援预案编制原则 （4）国内外先进的安全生产管理经验 （5）典型事故案例分析	≥48 每年再培训≥16	≥24 每年再培训≥8
2. 安全生产管理人员	（1）危险物品的生产、经营、储存单位、矿山、建筑施工单位安全生产管理人员必须进行安全资格培训，经安全生产监督管理部门或法律法规规定的有关主管部门考核合格并取得安全资格证书后方可任职 （2）其他单位安全生产管理人员必须按照国家有关规定进行安全生产培训 （3）所有单位安全生产管理人员每年应进行安全生产再培训	（1）国家有关安全生产的方针、政策、法律和法规及有关行业的规章、规程、规范和标准 （2）安全生产管理知识、安全生产技术，劳动卫生知识和安全文化知识，有关行业安全生产管理专业知识 （3）工伤保险的政策、法律、法规 （4）伤亡事故和职业病统计、报告及调查处理方法 （5）事故现场勘验技术以及应急处理措施 （6）重大危险源管理与应急救援预案编制 （7）国内外先进的安全生产管理经验 （8）典型事故案例分析 再培训的主要内容是新知识、新技术和新本领，包括：①有关安全生产的法律、法规、规章、规程、标准和政策；②安全生产的新技术、新知识；③安全生产管理经验；④典型事故案例	≥48 每年再培训≥16	≥24 每年再培训≥8

（续表）

对象	基 本 要 求	培 训 内 容	培训时间（学时）	
			危险单位	其他单位
3. 新从业人员	进行厂、车间、班组三级安全生产教育培训	（1）厂级培训：安全生产基本知识，本单位安全生产规章制度、劳动纪律，作业场所和工作岗位存在的危险因素、防范措施及事故应急措施，事故案例等 （2）车间级培训：本车间安全生产状况和规章制度，作业场所和工作岗位存在的危险因素、防范措施及事故应急措施，事故案例等 （3）班组级培训：岗位安全操作规程，生产设备、安全装置、劳动防护用品的正确使用方法，事故案例等	≥48	≥24

10.2 安全文化与安全管理的对比分析表[11]

比 较 项 目	安 全 文 化	企 业 安 全 管 理
涉及的主要对象	全员、全民、全社会、全人类	劳动者、员工、生产经营人员、雇员、企业
范围与环境	生产、生活、生存领域（包括自然、人为的生产环境和非生产环境）	生产、劳动、生产经营活动环境（生活领域）
时间及空间概念	人活动的全部时空领域（全天候、全方位、安全舒适、无危害的时空）	企业的生产经营活动全过程、从事生产经营活动的所有地方，都要符合安全卫生的要求
追求安全与健康的程度	全体人的身心安全与健康（包括安全、舒适、健康、长寿等）	劳动（生产）过程中员工不伤不死，不得职业病
采用方法	传播、宣传、科普、教育、倡导、立法、投入、开放、公益性、自律、持续提高	行政、法律、经济、科技、教育等手段
对人影响的侧重点	对人的安全意识、思维方法、人生观、价值观、道德规范等，从精神文化、智力智能层次方面提高	安全技能、安全生产物质环境、技改更新等，偏重于安全生产的硬件和软件的结合
对人影响的深度	突出对人的爱，以人为本，开放、终身的、公开的教育，用安全文化培养、激发、塑造、熏陶，使安全深入人心，在灵魂深处发生质的变化，达到安全自律，自然养成善待人生，珍惜生命、我要安全的品格	强制、被动、约束性的管理方法使人压抑，很难从根本上改变“要我安全”的心理状态，在物质上、在精神上难以改变被迫服从，临时应付的局面，对职工的影响只能是应急式、暂时的
从经济投入考虑	由于坚持长期不懈的全民安全教育，每年花费不多，但要细水长流的投入，社会效益明显	我国企业安全生产要靠管理提高水平，必须保证相当的投入，技改、劣汰，依赖先进科技和先进设备，花费颇多

10.3 安全文化指标体系[11]

一级指标	二级指标	三级指标
A 安全观念文化	A.1 安全意识及理念	A.1.1 员工安全价值观
		A.1.2 管理层安全科学观念
		A.1.3 决策层安全系统思想
		A.1.4 企业安全发展观及目标认识与明确
	A.2 安全态度与情感	A.2.1 管理层安全承诺
		A.2.2 执行层安全态度
		A.2.3 决策层对安全生产的重视程度
		A.2.4 管理层对生命安全健康情感
		A.2.5 员工对安全生产的荣誉感与责任感
	A.3 安全知识与素质	A.3.1 决策层安全生产法规政策知识水平
		A.3.2 管理层安全法规标准知识水平
		A.3.3 生产管理人员安全管理知识水平
		A.3.4 安全专管人员专业知识及素质
		A.3.5 员工安全生产规章制度掌握程度
		A.3.6 执行层安全生产知识水平
B 安全行为文化	B.1 安全信息沟通与交流	B.1.1 管理层安全信息交流
		B.1.2 执行层作业安全沟通
		B.1.3 企业内部安全信息交流
		B.1.4 企业外部安全信息交流与沟通
		B.1.5 员工安全建议方式及通道
	B.2 安全培训与学习	B.2.1 企业学习型组织的建设
		B.2.2 决策层安全培训考试成绩
		B.2.3 管理层安全培训考试成绩
		B.2.4 执行层安全培训考试成绩
		B.2.5 各种安全培训效果
		B.2.6 员工安全培训形式的多样化程度
		B.2.7 对国家安全政策法规标准的跟踪及更新
		B.2.8 激励员工进行安全生产创新的程度
	B.3 安全活动组织	B.3.1 企业安全活动的频度
		B.3.2 员工参与安全活动的积极性
		B.3.3 各类安全活动的效果
		B.3.4 安全生产先进典型引领作用
		B.3.5 员工安全生产满意度
		B.3.6 管理层安全生产满意度

（续表）

一级指标	二 级 指 标	三 级 指 标
B 安全行为文化	B.4 安全能力表现	B.4.1 决策层履行安全职责的状况
		B.4.2 管理层履行安全职责的状况
		B.4.3 安全专管人员安全职责履行状况
		B.4.4 企业安全科技与管理创新能力表现
		B.4.5 企业突发事件及紧急情况处置能力表现
		B.4.6 现场员工劳动防护用品配备与使用状况
		B.4.7 现场员工事故预防及隐患发现能力
C 安全管理文化	C.1 安全生产基础管理	C.1.1 安全生产规章制度与操作规程的制定与执行
		C.1.2 安全生产责任制建立及效果
		C.1.3 安全生产检查制度建立与实施
		C.1.4 安全生产监督机构设立与作用发挥
		C.1.5 安全专职人员配备率
		C.1.6 事故应急救援预案完善程度
		C.1.7 工伤保险参保率与认定率
		C.1.8 临时工安全管理制度建立与执行
	C.2 安全生产系统管理	C.2.1 职业安全健康管理体系建立
		C.2.2 职业安全健康管理体系持续改进效果
		C.2.3 合作单位安全管理制度的建立
		C.2.4 消防管理制度建立与效能
		C.2.5 交通管理制度建立与效能
		C.2.6 特种设备安全管理制度建立与效能
		C.2.7 危险化学品安全管理制度建立与效能
	C.3 安全科学管理	C.3.1 危险源与隐患管理制度与效能
		C.3.2 安全生产现状评价工作实施与效果
		C.3.3 安全风险预警制度的建立与实施
		C.3.4 现代企业安全管理发展与创新
		C.3.5 安全管理全员参与的程度
		C.3.6 安全管理家庭参与的程度
D 安全文化建设	D.1 安全文化建设组织实施	D.1.1 安全文化建设规划的制定与落实
		D.1.2 安全文化活动的多样性与生动性
		D.1.3 全员安全文化活动的参与度
		D.1.4 安全文化建设活动的质量与效果
		D.1.5 安全文化建设活动的组织能力

（续表）

一级指标	二级指标	三级指标
D 安全文化建设	D.2 安全文化推进	D.2.1 安全文化测评制度的建立
		D.2.2 安全文化的创新性
		D.2.3 安全文化建设奖励机制与效果
		D.2.4 安全生产先进性表现
	D.3 安全环境文化建设	D.3.1 厂区安全文化氛围
		D.3.2 车间安全文化氛围
		D.3.3 安全生产信息平台建设与作用

10.4 安全文化科学的体系内容[11]

安全文化理论	安全文化的基础理论学科	安全文化的应用理论学科	安全文化的应用技术学科
安全文化学基础 安全文化的研究理论 安全文化的建设理论 ……	安全观念文化范畴： 安全哲学 安全科学原理 安全史学 …… 安全行为文化范畴： 安全行为科学 安全系统学 ……	安全行为文化范畴： 安全文学 安全艺术 …… 安全管理文化范畴： 安全管理学 安全法学 安全经济学 …… 安全物态文化范畴： 安全人机学 安全系统工程 ……	安全行为文化范畴： 安全教育 安全宣传 …… 安全管理文化范畴： 安全管理工程 安全监督 …… 安全物态文化范畴 安全工程技术 卫生工程技术 ……

11 事 故 管 理

11.1 事故快报的时限[10]

类 型	人数/(人·次$^{-1}$)	时 限	上 报 机 构
死亡（遇险）	≥10	6h 内	逐级报告至国家安全生产监督管理总局调度统计机构
死亡（遇险）	3~9	12h 内	逐级报告至国家安全生产监督管理总局调度统计机构
死亡	1~2	24h 内	逐级报告至省（区、市）安全监管部门调度统计机构
煤矿死亡	1~2	24h 内	逐级报告至国家安全生产监督管理总局调度统计机构

11.2 事故快报的方式[10]

事故类型	报 送 方 式	备 注
死亡（遇险）<10 人/次	使用国家安全生产监督管理总局统一的网络传输软件	不具备网络传输条件的可使用传真
死亡（遇险）≥10 人/次	使用网络传输软件和电话同时报告	不具备网络传输条件的使用传真和电话同时报告

11.3 事故统计月报[10]

报告部门	各类工矿商贸企业伤亡事故由安全生产监督管理部门负责
	煤矿企业伤亡事故由煤矿安全监察机构负责
报告时限	每月 10 日前逐级报告至国家安全生产监督管理总局调度统计机构
报告内容	按照《生产安全事故统计报表制度的规定》
报告方式	使用伤亡事故统计软件通过专用网络报送伤亡事故统计卡片，不具备的单位可用公共网络报送

11.4 事故统计地点报告[11]

事 故 类 型	统计地点报告	备 注
工矿商贸企业事故、火灾事故、道路交通事故、铁路事故、农业机械、水上交通事故	按事故发生地进行统计	船舶在境外和公海海域发生事故按户籍港进行统计
民航飞行事故	按飞行器注册地进行统计	
渔业船舶事故	按渔船户籍港进行统计	

11.5 事故死亡和失踪报告[10]

事故类型	时限	报告类型	备注
道路交通、火灾、水上交通事故	7天内死亡或失踪超过7天	按死亡事故报告统计	如果来不及在当月统计的，应在下月补报
其他事故	30天内死亡或失踪超过30天	按死亡事故报告统计	

11.6 道路交通事故统计方法[10]

轻微事故	一般事故	重大事故	特大事故
轻伤1~2人；或财产损失机动车事故不足1000元，非机动车事故不足200元	重伤1~2人，或轻伤3人以上，或财产损失不足3万元	死亡1~2人，或重伤3人以上10人以下，或财产损失3万元以上不足6万元	死亡3人以上，或重伤11人以上，或死亡1人，同时重伤8人，或死亡2人同时重伤5人以上，或财产损失6万元以上

11.7 水上交通事故统计方法[10]

船舶吨位	重大事故	大事故	一般事故	小事故
3000总吨以上或主机功率3000kW以上的船舶	死亡3人以上或直接经济损失500万元以上	死亡1~2人或直接经济损失5000万元以下300万元以上	人员有重伤或直接经济损失300万元以下50万元以上	没有达到一般事故等级以上的事故
500总吨以上3000总吨以下或主机功率1500kW以上3000kW以下的船舶	死亡3人以上或直接经济损失300万元以上	死亡3人以上或直接经济损失300万元以上	人员有重伤或直接经济损失50万元以下20万元以上	没有达到一般事故等级以上的事故
500总吨以下或主机功率1500kW以上的船舶	死亡3人以上或直接经济损失50万元以上	死亡1~2人或直接经济损失50万元以下20万元以上	人员有重伤或直接经济损失20万元以下10万元以上	没有达到一般事故等级以上的事故

11.8 民航飞行事故统计方法[10]

特别重大飞行事故	重大飞行事故	一般飞行事故
人员死亡：人数在40人及以上；航空器失踪：机上人员在40人及以上	人员死亡：人数在39人及以下；航空器严重损坏或迫降在无法运出的地方（最大起飞质量2250kg及以下的航空器除外） 航空器失踪：机上人员在39人及以上	人员重伤：人数在39人及以下 最大起飞质量2250kg（含）以下的航空器严重损坏或迫降在无法运出的地方；最大起飞质量2250~50000kg（含）的航空器一般破坏，其修复费用超过事故当事同型或同类可比新航空器价格的10%（含）的；最大起飞质量50000kg以上的航空器一般损坏，其修复费用超过事故当事同型或同类可比新航空器价格的5%（含）的

11.9 火灾事故统计方法[10]

特大火灾	重大火灾	一般火灾
死亡10人以上（含10人，下同）；重伤20人以上；死亡重伤20人以上；受灾50户以上；直接财产损失100万元以上	死亡3人以上；重伤10人以上；死亡重伤10人以上；受灾30户以上；直接财产损失30万元以上	不具有前列两项情形的燃烧事故

11.10 农业机械事故统计方法[10]

轻伤事故	重伤事故	一般伤亡事故	重大伤亡事故	特大伤亡事故	特别重大伤亡事故
没有重伤或死亡	人肢体残废，毁人容貌，丧失听觉视觉，丧失其他器官功能或其他对人体健康有重大伤害的损伤而没有死亡	死亡1～2人/次	死亡3～9人/次	死亡10～29人/次	死亡30人/次以上

11.11 渔业船舶事故统计方法[10]

小事故	一般事故	重大事故	特大事故	特别重大事故
船员有伤残，但无人员死亡与失踪，或海上事故直接经济损失达1万～10万元，内陆水域事故直接经济损失达0.1万～10万元	一次性死亡或失踪1～2人，或直接经济损失10万元及以上	一次性死亡或失踪3～9人，或直接经济损失100万元及以上	一次性死亡或失踪10～29人，或直接经济损失1000万元及以上	一次性死亡或失踪30人及以上

11.12 事故处理工作流程[9]

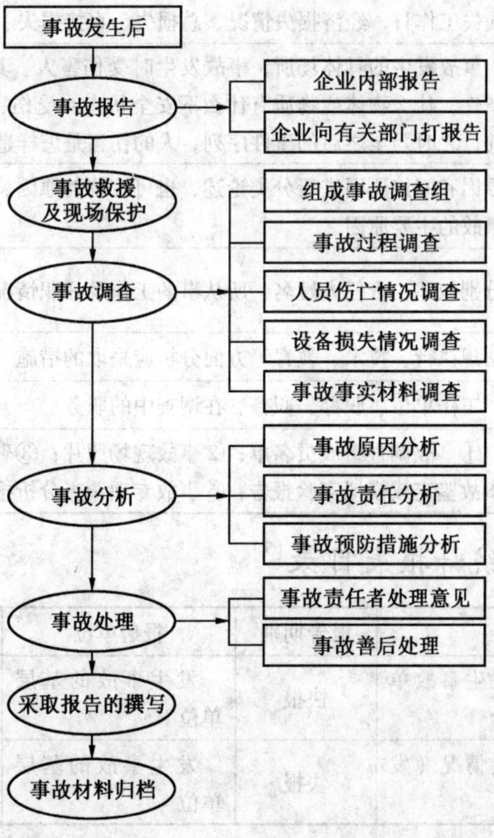

11.13 《中华人民共和国安全生产法》生产安全事故报告程序与要求[9]

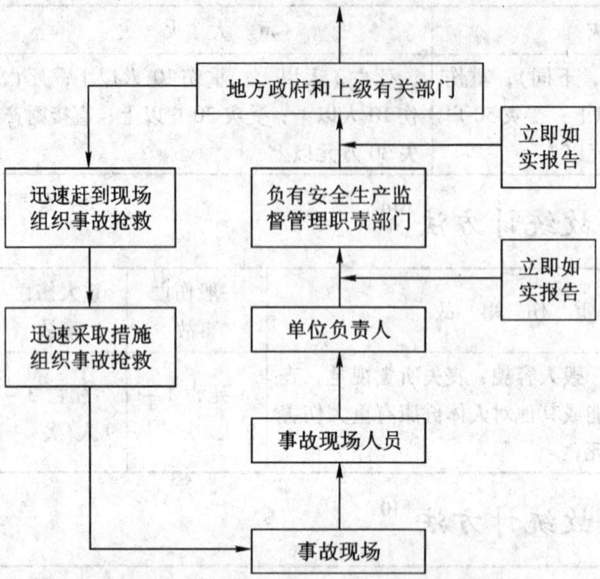

11.14 生产安全事故综合调查报告书的内容要求[9]

内容项目	详细内容要求
生产经营单位概况	主要包括：生产经营单位名称，隶属关系，所属行业，所在地区，省（自治区）、地区（市）、县（区）、现有职工人数，占地面积，经济类型；主要生产特点等
事故伤亡及经济损失情况	主要包括：事故发生时间，事故类别及严重程度，伤亡情况，死亡人数，重伤人数，轻伤人数，停工或损失工作日，经济损失情况，总损失、直接损失、间接损失等
事故发生过程	主要包括：事故发生的具体场所，事故发生时受伤害人、其他人正进行的工作任务或活动，当时的环境条件，什么物体或物质有什么不安全状态，受伤害人或其他人有什么不安全行为，事故发生之前、之时乃至之后的事件序列，人的伤害是怎样造成的以及其他必要的说明
事故发生原因	可按直接原因和间接原因进行分类论述，也可按物的原因、人的原因和管理的原因进行分类论述，确认事故的主要原因
事故责任及处理意见	按责任人分别叙述：责任人姓名、所从事的工作及任职情况、主要应负的责任、处理建议
事故预防措施	从管理、法规执行、技术、教育等方面分析应采取的措施
事故调查组成员	成员姓名、工作单位、职称、职务、在调查中的职务
附件	主要包括：①事故调查组成员名单；②事故现场照片；③事故伤亡者名单；④事故经济损失估算表；⑤事故鉴定或模拟实验报告；⑥事故专项调查分析报告等

11.15 生产安全事故统计报表目录[7]

表号	表名	报告期别	报送单位	报送时间	受表单位
工矿 A1 表	伤亡事故情况（发生事故单位）	快报	发生事故的基层单位	发生后即报	各级安全生产监督管理部门、煤矿安全监察机构
工矿 A2 表	伤亡事故伤亡人员情况（发生事故单位）	快报	发生事故的基层单位	发生后即报	

（续表）

表　号	表　　名	报告期别	报送单位	报送时间	受表单位
工矿 B1 表	伤亡事故情况（按登记注册类型）	月、年报	各级安全生产监督管理部门、煤矿安全监察机构	每月 10 日前	上级安全生产监督管理部门、煤矿安全监察机构
工矿 B2 表	伤亡事故情况（按行业）	月、年报	同上	每月 10 日前	
工矿 B3 表	伤亡事故情况（按事故类别）	月、年报	同上	每月 10 日前	
工矿 B4 表	伤亡事故情况（按事故原因）	月、年报	同上	每月 10 日前	
工矿 B5 表	伤亡事故情况（按地区）	月、年报	同上	每月 10 日前	
工矿 B6 表	伤亡事故情况（按时间）	月、年报	同上	每月 10 日前	
煤矿 C1 表	煤矿伤亡事故情况（一）	月、年报	煤矿安全监察机构、有关安全生产监督管理部门	每月 10 日前	
煤矿 C2 表	煤矿伤亡事故情况（二）	月、年报	同上	每月 10 日前	
煤矿 C3 表	煤矿伤亡事故情况（三）	月、年报	同上	每月 10 日前	
煤矿 C4 表	煤矿从业人员和产量情况	季报	各级煤矿安全监察机构、有关安全生产监督管理部门	每季后 10 日前	
行业 D1 -1 表	火灾事故情况	月、年报	公安消防部门	每月 10 日前	同级安全生产监督管理部门
行业 D1 -2 表	生产性火灾事故情况	月、年报	公安消防部门	每月 10 日前	
行业 D2 -1 表	道路交通事故情况	月、年报	公安道路交通管理部门	每月 10 日前	
行业 D2 -2 表	生产性道路交通事故情况	月、年报	公安道路交通管理部门	每月 10 日前	
行业 D3 表	水上交通事故情况	月、年报	交通部门	每月 10 日前	
行业 D4 表	铁路交通事故情况	月、年报	铁道部门	每月 10 日前	
行业 D5 表	民航飞行事故情况	月、年报	民航部门	每月 10 日前	
行业 D6 表	农业机械事故情况	月、年报	农业部门	每月 10 日前	
行业 D7 表	渔业船舶事故情况	月、年报	农业部门	每月 10 日前	
行业 D8 表	房屋建筑与市政工程事故情况	月、年报	建设部门	每月 10 日前	
行业 D9 表	特种设备事故情况	月、年报	质监部门	每月 10 日前	
综合 E1 -1 表	各类事故综合情况	月、年报	各级安全生产监督管理部门	每月 10 日前	上级安全生产监督管理部门
综合 E1 -2 表	各类生产性事故综合情况	月、年报	同上	每月 10 日前	
地区 E2 表	地区综合事故情况	季报	同上	每季后 10 日前	

11.16 伤亡事故调查程序[9]

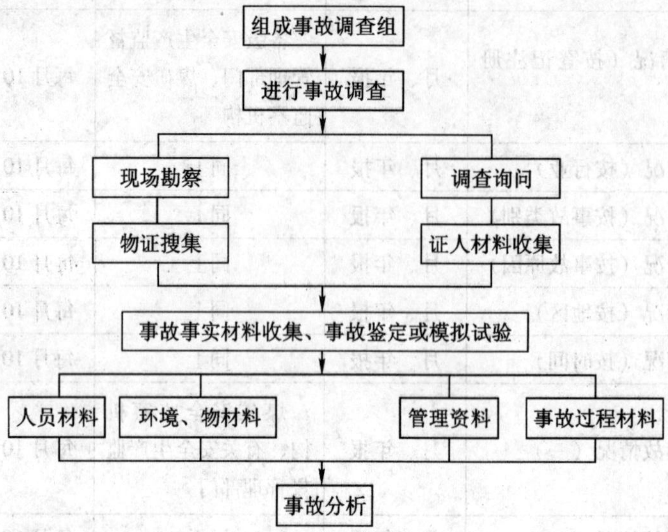

12 事 故 应 急

12.1 应急预案编制工作程序[8]

具体步骤	主要内容	备注
成立应急预案编制小组	明确编制任务，职责分工和工作计划	要针对企业可能发生的事故类型和应急责任
危险分析和应急能力评估	危险识别、脆弱性分析和风险分析	借鉴同行业事故教训，全面分析危险因素，客观评价企业应急能力
编制应急预案	根据危险分析和应急能力评估结果编制	针对性强，要紧密结合企业工作实际
评审与发布	内部评审和外部评审	评审完善后，由主要负责人签署发布，并按规定报有关部门备案
预案实施	进一步明确责任分工	加强宣传、教育、培训，定期组织演练

12.2 应急预案的组成体系[8]

项目	具体组成	主要内容	备注
总则	编制目的	目的、作用和必要性	
	编制依据		依据法律法规、有关行业管理规定和技术规范
	适用范围	适用范围、启动条件、申请条件及批准权限	
	预案体系	具体指出预案的名称	主要划分为综合预案、专项预案、现场预案3个层次
	工作原则		简明扼要，明确具体
生产经营单位概况	生产经营单位概况	企业危险源、周边交通、重要设施、目标、场所等	简述地址、经济性质、从业人数、隶属关系、主要产品、产量等
	危险分析	危险因素，脆弱性，风险分析，风险及隐患治理	
组织机构及职责	应急组织体系		
	应急职能部门的职责		
	应急救援指挥机构及成员构成		应详细说明总指挥，副总指挥，还要说明指挥机构下属相关应急救援单位的构成情况
	现场指挥机构及职责		各项职责应当明确，相互衔接，避免疏漏或重叠，分类分条

（续表）

	具体组成	主要内容	备注
预防预警	危险源监控		依据《关于规范重大危险源监督与管理工作的通知》
	预警行动	重点是建立本单位重大危险源信息监测方法与程序，进行分级	应明确预警方法方式、渠道及监督检查措施，信息交流与通报，预警信息发布程序
	信息报告与沟通	接警与通知、信息上报、公众信息交流	
应急响应	应急分级		
	基本应急程序	指挥与控制、资源调度程序、医疗救护程序、应急人员的安全防护程序、事态监测与评估程序	应急救援队伍、应急物资、应急装备等资源，现场救护程序包括医疗机构联络、现场急救、伤员运送、治疗等安排
	专项应急处置方案	应充分考虑：本单位特定危险的特点、对应急组织机构的具体阐述、专项方案应与基本应急程序有机衔接起来、可根据实际情况制定多个专项处置方案	
	应急结束		明确应急终止的条件
后期处置			污染物收集、清理与处理、设施重建、生产恢复等程序
保障措施	通信与信息保障		明确所有部门分级联系方式，并提供备用方案和通信录
	应急队伍保障	列出各类应急响应的人力资源以及应急能力保持方案	
	应急装备保障		明确需要使用的应急设备类型、数量、性能和存放位置、备用措施等
	经费保障		明确经费来源、使用范围、数量和监督管理措施
	其他保障	其他相关保障措施	如交通运输保障等
培训与演习	培训	上岗前培训、常规性培训	应说明培训计划及方式
	演习		应明确演习频数、范围、内容、组织等
应急预案的管理	预案的备案		
	预案的维护及更新	计划和要求	
	制定与解释部门		注定相应联系人和电话
	预案实施或生效时间		
附件	有关应急部门、机构和人员的联系方式		
	关键应急救援装备的名称	可能用到的关键装备和器材的名称、型号、获取方式	

（续表）

	具体组成	主要内容	备注
附件	各种规范化格式文本	预案启动、应急结束、新闻发布及各种通报的格式	
	关键的路线、标志和图纸	警报系统分布及覆盖范围，重要防护目标一览表、分布图，疏散路线、重要地点等的标志，相关平面布置图纸、救援力量的分布图纸等	
	相关应急预案名录		相关的或相衔接的
	有关协议或备忘录		

12.3 综合性应急计划的重要部分[9]

重要部分	描述
基本计划、执行与总结	提供对紧急情况管理总的看法，包括组织、责任、应急行动级别、通告和装备；简要描述潜在的紧急情况、设想和可信事故以及其他计划、维修、分配等，包括总结报告
预防程序	描述所采取的行动以确认潜在的紧急情况和减缓其影响的措施，并含有安全计划或其他文件可能涉及的一些程序
准备程序	应急情况准备中需采取的所有行动，包括培训、演习、设备的获取、相互帮助、制定协议及公众关系等，每年进行一次检查和测试
一般应急行动程序	是应用到任何紧急情况的功能性程序，包括警报、通信、疏散、警戒、相互帮助、公众信息、报告的要求和程序，它们提供适当的人员和组织所采取行动的细节、使用的设备以及设备操作
应急队伍程序	紧急情况应急行动队伍的程序
特定危害程序	指在特殊危险紧急情况下所采取的特殊行动的程序，如可信事故（火灾、爆炸、化学品泄漏等）和自然灾害
恢复程序	紧急情况发生后所采取的必要行动，包括事故的调查、对工作人员的支持、社区的协调以及恢复操作

12.4 重大事故应急预案核心要素[9]

重大事故应急预案分级核心要素

1. 方针与原则	2. 应急策划	3. 应急准备	4. 应急响应	5. 现场恢复	6. 预案管理与评审改进
	2.1 危险分析 2.2 资源分析 2.3 法律法规要求	3.1 机构与职责 3.2 应急资源 3.3 教育、训练和演习 3.4 互助协议	4.1 接警与通知 4.2 指挥与控制 4.3 警报和紧急公告 4.4 通信 4.5 事态监测与评估 4.6 警戒与治安 4.7 人群疏散与安置 4.8 医疗与卫生 4.9 公共关系 4.10 应急人员安全 4.11 消防与抢险（包括泄漏物的控制）		

12.5 应急指挥标准操作程序[9]

阶 段	SOPS 的 主 要 内 容
应急准备阶段	明确应急指挥人员的安排和各自的职责
	组织编制、更新应急指挥标准操作程序
	应急指挥场所的确定及必要时的替换地点和场所
	指挥部需要配置的应急设备、资料
	落实应急指挥场所、设备的维护和管理职责
	……
初始应急响应	接到警报后及时到位进行应急部署和指挥
	确定受影响的区域
	派遣合适的人员到现场
	保持与现场人员的通信联络并评估紧急情况的程度
	根据评估结果进行紧急情况分类
	决定是否向企业外部救援部门通报
	决定是否启动适当的应急小组
初始应急响应	提供对应急小组人员采取防护性行动的指导
	明确事故现场人员是否都有相应的职责
	指挥保卫人员对入口进行警戒
	确保与外部的应急人员的联系
	确保对设备管理人员的通报
	如果最初的分类是现场或全体应急，那么按照应急扩大的步骤进行
	决定是否启动全体应急组织
	继续对紧急状况进行评估，进行适当的重分类
	批准新闻发布
	一旦紧急情况结束，执行结束程序
	其他
扩大应急阶段	是否对企业外部进行通报
	确保全体应急组织的启动
	持续评估紧急状况并确保： 1. 对设备、人员的防护性行动是否充分 2. 提供对公众防护性行动的建议 3. 向企业外部简要通报紧急情况的形势及变化的情况 4. 向全体人员简要通报紧急情况的形势及变化的情况 5. 及时准备和批准新闻发布 6. 支持应急行动的必要资源是否充分并是可获得的 7. 与外部救援组织的协调 8. 保留对所采取行为的记录 9. 其他

（续表）

阶　段	SOPS 的 主 要 内 容
恢复阶段	根据事故评估状况，发布应急结束指令
	继续进行重新进入和恢复程序或结束程序
	及时准备和批准新闻发布
	更新有关程序及厂外机构的应急合作协议等
	其他

12.6 公共信息发布标准操作程序[9]

阶　段	SOPS 的 主 要 内 容
应急准备阶段	信息收集途径
	公共信息发布程序
	工作地点
	基本的装备
	其他
应急响应	接到指令后及时到位
	及时与指挥人员联络、沟通
	通过不同途径获取现场信息
	发布的任何信息都经过相应授权人员的审核、批示
	保证发布的信息真实
	必要时开新闻发布会
	及时解答各种提问和质疑
	其他
恢复阶段	根据指挥的指令继续对外发布有关信息
	其他

12.7 应急结束与恢复标准操作程序[9]

阶　段	SOPS 的 主 要 内 容
恢复阶段	确认是否接到应急结束指令
	应急人员撤离现场的程序
	人员进入现场的程序、注意事项
	现场的连续监测
	对事故现场可能出现的危害进行简单评估（结合监测结果）
	对场地、设施、建（构）筑物等进行清洁、处理、恢复等
	对污染物的特殊处置
	损坏物品、设备的临时存放
	优先更换或修理、重购的设施清单
	公用工程的恢复
	正常生产的恢复
	应急预案更新、纠正
	其他

12.8 消防标准操作程序[9]

阶段	SOPS的主要内容
应急准备阶段	消防器材的配备、维护
	消防物资供应的保障（如消防水）
	化学品物化特性资料
	各种现场的总平面布置图、罐区图等资料
	消防器材、物资分布图
	其他
应急响应	接到警报后明确事故类型
	及时到达现场
	现场初步评估后确定消防方案
	是否请求外援
	火势是否会引起应急扩大
	消防人员安全的保障
	消防设施、物资的后续供应
	与指挥中心、现场指挥人员的联系
	其他
恢复阶段	应急结束后的撤离、交接
	协助现场的清理、恢复
	消防器材、设施的清点、清理、维护
	其他

12.9 事故处理与善后工作标准操作程序[9]

阶段	SOPS的主要内容
应急准备阶段	事故处理程序、善后工作程序
	其他
恢复阶段	根据事故情况组建事故调查组
	调查事故原因、事故责任、事故损失等
	与工伤保险部门联系
	死亡人员的善后处理
	受伤人员的安抚、看望等
	其他

12.10 人群疏散、安置标准操作程序[9]

阶 段	SOPS 的 主 要 内 容
应急准备阶段	人员疏散的警报方式或紧急公告
	对周边人口分布情况及现场内人员数量的掌握
	必要的疏散路线指示（包括疏散路线图）
	确保疏散道路的通畅
	疏散集合地点的设置
	确定安置场所
	考虑必要的疏散工具
	其他
应急响应	疏散指令的传达、通知
	确定疏散区域
	确定疏散可利用时间和疏散所需时间
	评估疏散人数
	确定疏散距离、路线
	疏散人数清点
	是否为特殊团体（老人、学生等）提供疏散帮助
	疏散工作人员的指引
	疏散场所的设置（提供必要的生活设施）
	疏散人员的安置、安抚，必要的医疗服务
	其他
恢复阶段	疏散人员的回迁
	恢复阶段的必要救助
	其他

13 工伤保险

13.1 工伤保险认定情形分类表[12]

分类	范畴	备注
认定工伤	（一）在工作时间和工作场所内，因工作原因受到事故伤害的 （二）工作时间前后在工作场所内，从事与工作有关的预备性或者收尾性工作受到事故伤害的 （三）在工作时间和工作场所内，因履行工作职责受到暴力等意外伤害的 （四）患职业病的 （五）因工外出期间，由于工作原因受到伤害或者发生事故下落不明的 （六）在上下班途中，受到机动车事故伤害的 （七）法律、行政法规规定应当认定为工伤的其他情形	
视同工伤	（一）在工作时间和工作岗位突发疾病死亡或者在48h之内经抢救无效死亡的 （二）在抢险救灾等维护国家利益、公共利益活动中受到伤害的 （三）职工原在军队服役，因战、因公负伤致残，已取得革命伤残军人证，到用人单位后旧伤复发的	
不认定工伤	（一）因犯罪或者违反治安管理伤亡的 （二）醉酒导致伤亡的 （三）自残或者自杀的	

13.2 工伤保险基金支付伤残待遇标准[12]

级别	按月支付本人津贴标准/%	一次性伤残补助金	备注
一级	90	24个月的本人工资	
二级	85	22个月的本人工资	
三级	80	20个月的本人工资	
四级	75	18个月的本人工资	
五级	70	16个月	
六级	60	14个月	
七级		12个月	
八级		10个月	
九级		8个月	
十级		6个月	

参 考 文 献

[1] 罗云．工业安全卫生基本数据手册 [M]．北京：中国商业出版社，1995.
[2] 黄毅．安全生产标准汇编 [M]．北京：煤炭工业出版社，2007.
[3] 安全生产科学院．安全生产法规汇编 [M]．北京：化学工业出版社，2005.
[4] 金磊，徐德蜀，罗云．现代安全管理 [M]．北京：气象出版社，1995.
[5] 国家安全生产监督管理局政策法规司．安全生产行政执法文书，2006.
[6] 徐德蜀，等．中国安全文化建设——研究与探索 [M]．成都：四川科学技术出版社，1994.
[7] 国家安全生产监督管理总局．关于印发《生产安全事故统计报表制度》的通知（安监总统计 [2006] 26 号)，2006.
[8] 国家安全生产监督管理总局．生产经营单位生产安全事故应急预案编制导则，2006.
[9] 刘茂，吴宗之．应急救援概论 [M]．北京：化学工业出版社，2004.
[10] 教材编委会．安全生产管理知识 [M]．北京：中国大百科全书出版社，2006.
[11] 罗云．企业安全文化建设 [M]．北京：煤炭工业出版社，2007.
[12] 中华人民共和国工伤保险条例（国务院 375 号令)，2006.

第3篇　安全技术篇

本篇编写人员　张国顺　李　鑫　姚继军　解增武
刘卫红　黄　敏　陈元高　黄盛仁
张德全　岳仁田　刘　超　冀永进
杨延昭　梁　苗　尹小贝　王　聪

14 电 气 安 全

14.1 电气安全相关背景数据

14.1.1 国际电工委员会（IEC）标准及各国安全电压值

V

IEC 标准及有关国规定	状 况 1	状 况 2	状 况 3
IEC	50	25	*
中国	50	24	
奥地利	65		
美国	50	25	
英国	55（IJ），40（住宅）	24	
德国	65	24	
捷克	50	20	
日本	50	25	2.5
瑞士	50	36	
瑞典	50	25	
芬兰	65		
丹麦	65		
比利时	35		

* 标准未作规定，但编制说明提出，例如“不超过12V”。

表14.1.1为交流电流的安全电压，IEC规定直流（无纹波）的安全电压为：在状况1，不大于120V；在状况2，不大于60V。安全电压包括接地系统的相对地或极对地电压，或不接地和非有效接地的相间及极间电压。状况1为干燥或湿润的区域、干燥的皮肤、高电阻的地面，状况2为潮湿的区域、潮湿的皮肤、低电阻的地面，状况3为浸入水中的情况。

14.1.2 我国安全电压选用[2]

安全电压（交流有效值）/V		选 用 举 例
额 定 值	空载上限值	
42	50	在有触电危险的场所使用的手提式电动工具等
36	43	在矿井、多导电粉尘等场所使用的行灯
24	29	在金属容器内、隧道内、矿井内等工作地点狭窄、行动不便以及周围有大面积接地导体的环境中，供某些有人体可能偶然触及的带电体的设备选用
12	15	
6	8	

14.1.3 几种常见导电材料的电阻率和平均温度系数[1]

材料名称	电阻率/（$\Omega \cdot mm^2 \cdot m^{-1}$）	平均温度系数
银	0.016	0.004
铜	0.0175	0.004
铝	0.029	0.004
钨	0.056	0.0046
钢	0.13～0.25	0.006
铁	0.13～0.3	0.006
黄铜	0.07～0.08	0.002
青铜	0.021～0.4	0.004
锰铜	0.42	0.000006
康铜	0.4～0.51	0.000005
镍铬	1.1	0.00015
铁铬铝	1.4	0.00005

14.1.4 电线电缆用塑料的主要电气性能[6]

种类		体积电阻率/（$\Omega \cdot cm$）	相对介电常数			击穿强度/（$kV \cdot mm^{-1}$）
			50Hz	10^3Hz	10^6Hz	
聚氯乙烯	绝缘级	10^{13}～10^{14}	5.0～6.0	4.5～5.8	3.5～4.5	>20
	护层级	10^9～10^{10}	—	—	—	16～18
聚乙烯	低密度	$>10^{16}$	2.3	2.3	2.3	18～28
	中密度	$>10^{16}$	2.3	2.3	2.3	20～28
	高密度	$>10^{16}$	2.35	2.35	2.35	18～20
	交联	$>10^{16}$	2.3	2.3	2.3	18～28
聚丙烯		$>10^{16}$	2.2	2.2	2.2	30～35
聚塑料	F-4	$>10^{17}$	2.0	2.0	2.0	>19
	F-46	$>10^{17}$	2.1	2.1	2.1	20～24
	F-40	$>10^{16}$	2.6	2.6	2.6	16～20
	PFA	$>10^{17}$	2.1	2.1	2.1	—
	F-2	$>10^{14}$	8.4	7.7	6.4	10～50
	F-3	$>10^{17}$	2.3～2.8	2.3～2.8	2.3～2.8	>20
氯化聚醚		$>10^{15}$	3.0	3.0	3.0	>16

14.1.5 各种橡胶的主要电气性能[6]

种 类	体积电阻率/(Ω·cm)	击穿强度(瞬时)/(kV·mm⁻¹)	相对介电常数/10³Hz
天然橡胶	$10^{15}\sim10^{16}$	>20	2.3~3.0
丁苯橡胶	10^{15}	>20	2.9
三元乙丙橡胶	$10^{15}\sim10^{16}$	30~40	3.0~3.5
丁基橡胶	$10^{16}\sim10^{17}$	25~30	2.1~2.4
氮丁橡胶	$10^{10}\sim10^{11}$	10~20	7.5~9.0
丁腈橡胶	10^{10}	15~20	13.0
氮磺化聚乙烯	10^{14}	15~20	7.0~10
氮化聚乙烯	$10^{12}\sim10^{13}$	15~20	7.0~10
硅橡胶	$10^{11}\sim10^{13}$	20~30	3.0~3.5
氟硅橡胶	$10^{13}\sim10^{14}$	>15	6.9~7.4
氟橡胶	$10^{12}\sim10^{13}$	20~25	—

注：氟硅橡胶的相对介电常数是频率为100Hz时的相对介电常数。

14.1.6 热固性塑料的主要电气性能[6]

种 类	表面电阻率/Ω	体积电阻率/(Ω·cm)	击穿强度/(kV·mm⁻¹)	相对介电常数/10⁶Hz
酚醛塑料4010	$10^{11}\sim10^{13}$	$10^{10}\sim10^{13}$	10~15	—
酚醛塑料4013	$10^{12}\sim10^{13}$	$10^{11}\sim10^{13}$	13~16	—
二甲苯改性酚醛塑料	$>10^{12}$	$>10^{11}$	>13	—
丁腈橡胶改性酚醛塑料4511	$10^{12}\sim10^{13}$	$10^{11}\sim10^{13}$	13~15	—
聚酰胺改性酚醛塑料35-1	$>10^{14}$	$>10^{14}$	>16	3~5
酚醛玻璃纤维塑料4330	$10^{12}\sim10^{14}$	$10^{12}\sim10^{14}$	13~19	6~8
无氨酚醛塑料17-1	$10^{13}\sim10^{15}$	$10^{12}\sim10^{14}$	13~15	—
高频酚醛塑料14-5	$10^{13}\sim10^{14}$	$10^{12}\sim10^{13}$	12~16	3~6
脲醛塑料212	$10^{10}\sim10^{14}$	$10^{11}\sim10^{14}$	>10	—
三聚氰胺甲醛玻璃纤维塑料34	$10^{11}\sim10^{14}$	$10^{11}\sim10^{14}$	10~12	—
三聚氰胺甲醛石棉塑料4220	$10^{11}\sim10^{14}$	$10^{10}\sim10^{13}$	10~14	—
聚酯料团L-200	$10^{12}\sim10^{15}$	$10^{12}\sim10^{14}$	8~12	—
邻苯二甲酸二丙烯酯塑料D200	$10^{12}\sim10^{15}$	$10^{12}\sim10^{15}$	>12	<5
有机硅石棉塑料4250	$10^{10}\sim10^{13}$	$10^{11}\sim10^{14}$	3~10	—
聚酰亚胺塑料	$>10^{16}$	$>10^{14}$	>14	—

14.1.7 热塑性塑料的主要电气性能[6]

种 类		表面电阻率/Ω	体积电阻率/(Ω·cm)	击穿强度/(kV·mm⁻¹)	相对介电常数
聚苯乙烯	纯 料	—	$10^{16}\sim10^{17}$	20~28	2.4~2.7
	玻璃纤维增强	—	$>10^{16}$	14~17	2.7~3.4
改性聚苯乙烯	203A	$>2.0\times10^{15}$	$>10^{15}$	29	—
	204	1.4×10^{13}	$>10^{10}$	25	3.12
	AS	$>10^{12}$	$>10^{16}$	22	—

（续表）

种类		表面电阻率/Ω	体积电阻率/（Ω·cm）	击穿强度/（$kV \cdot mm^{-1}$）	相对介电常数
苯乙烯－丁二烯－丙烯腈共聚物	高抗冲击型	$>10^{15}$	$>10^{16}$	13～18	2.4～5.0
	中抗冲击型	$>10^{15}$	$>10^{16}$	14～16	2.4～5.0
	耐热型	$>10^{15}$	$>10^{16}$	14～16	2.7～3.5
聚甲基丙烯酸甲酯		$>10^{15}$	5.0×10^{16}	18～22	3.0～3.7
聚酰胺（尼龙）1010	纯料	$>10^{14}$	$>10^{14}$	15～24	2.5～3.6
	玻璃纤维增强	$>10^{15}$	$10^{11}\sim10^{15}$	18～29	3.5～4.6
聚碳酸酯	纯料	$>10^{15}$	$>10^{16}$	17～22	3.0
	玻璃纤维增强	—	$>10^{16}$	19～29	3.2～3.5
聚砜		$>10^{16}$	$>10^{16}$	16～20	2.9～3.1
聚甲醛	共聚	$>10^{14}$	$>10^{14}$	19	3.8
	均聚	$>10^{14}$	$>10^{14}$	18	3.7
聚苯醚	纯料	$10^{15}\sim10^{17}$	$10^{16}\sim10^{17}$	16～21	2.58
	改性	—	$>10^{17}$	—	2.64

14.1.8 合成油的主要电气性能[6]

种类		电阻率/（Ω·cm）		相对介电常数		击穿强度/（$kV \cdot cm^{-1}$）
		常态	100℃	常态	125℃	
十二烷基苯		—	—	—	—	240
硅油	甲基硅油	$>10^{14}$	—	>2.6	—	150～180
	苯甲基硅油	$>10^{14}$	—	2.6～2.8	—	>180
	乙基硅油	$>2.5\times10^{13}$	$>1.0\times10^{13}$	2.35～2.65	—	150～180
聚异丁烯（电容器用）		10^{17}	10^{14}（125℃）	2.15～2.3	2.0～2.1	—
三氯联苯		—	3×10^{12}	5.6	5.0（89℃）	59.3（60℃）

14.1.9 矿物油的主要电气性能[6]

种类		电阻率/（Ω·cm）		相对介电常数		击穿强度/（$kV \cdot cm^{-1}$）
		20℃	100℃	20℃，50Hz	10^3Hz	
变压器油	10号	—	—	—	—	160～180
	25号	—	—	—	—	180～210
电容器油		$10^{14}\sim10^{15}$	$>10^{13}$	2.1～2.3	2.1～2.3	200～230
电缆油	低压	—	—	—	—	140～160
	高压	—	—	—	—	<200

14.1.10 各种安全标志的使用方法及式样[7]

类别	文字内容	使用方法及悬挂处所	外形尺寸/(mm×mm)	标志颜色	文字颜色
禁止类	禁止合闸、有人工作	悬挂在可能送电到工作地点的油开关或刀闸的传动机械或操作把手上	200×100 或 80×50	白底	红
	禁止合闸、有人在路线上工作	悬挂在可能送电到工作地点的油开关的传动机械或操作把手上及刀闸上，标志牌的数目与线路上工作班数相同	200×100 或 80×50	红底	白
	禁止攀登、高压危险	悬挂在工作人员上攀的带电导体的框架上，运行中变压器的梯子上	250×200	白底 红边	黑
警告类	切勿触及、生命危险	悬挂在架空线路和杆塔离地面2.5～3m处，杆距100m以上每根挂一块，100m以下每一根挂一块	210×280	白底	黑
	高压、生命危险	悬挂在变电所外、油开关前、变压器室前及开关柜前和以上各处的内部墙上	280×210	白底 红边	黑
	止步、高压危险	悬挂在各工作地点附近高压带电设备前或遮栏上，亦可挂在临时活动遮栏上	280×210	白底 红边	黑
	站住、生命危险	悬挂在各工作地点附近的低压带电设备前或遮栏上，亦可挂在临时遮栏上	280×280	白底 红边	黑
准许类	从此上下	悬挂在工作人员上下的铁架梯子上，表示已做好一切安全措施允许工作人员攀登	250×250	绿底中有 ϕ210mm 的白圈	黑字写在白圈中
	在此工作	悬挂在已做好安全措施允许工作人员在设备上工作的地点	250×250	绿底中有 ϕ210mm 的白圈	黑字写在白圈中
提醒类	已接地	悬挂在已接好地线的刀闸操作把手上	240×130	绿底	黑

14.1.11 模拟母线涂色的规定[7]

电压/kV		颜色	电压/kV		颜色
直流		褐	直流		褐
交流	0.22	深灰	交流	35	鲜黄
	0.38	黄褐		60	橙黄
	3	深绿		110	朱红
	6	深蓝		154	天蓝
	10	绛红		220	紫
	13.8~18	浅绿		330 500	白

14.2 人身触电安全防护

14.2.1 各种频率的死亡率[3]

频率/Hz	10	25	50	60	80	100	120	200	500	1000
死亡率/%	21	70	95	91	43	34	31	22	14	11

14.2.2 不同电流对人体的影响[3]

电流/mA	对人体的影响	
	交流电（50Hz）	直流电
0.6~1.5	感觉手指麻刺	无感觉
2~3	手指强烈麻刺、颤抖	无感觉
5~7	手部痉挛	热感
8~10	手部剧痛，勉强可以摆脱电源	热感增多
20~25	手迅速麻痹，不能自立，呼吸困难	手部轻微痉挛
50~80	呼吸麻痹，心室开始颤动	手部痉挛呼吸困难
90~100	呼吸麻痹，心室经3s及以上颤动即发生麻痹停止跳动	呼吸麻痹

14.2.3 人体中最常见的几种电流途径图示及特性[8]

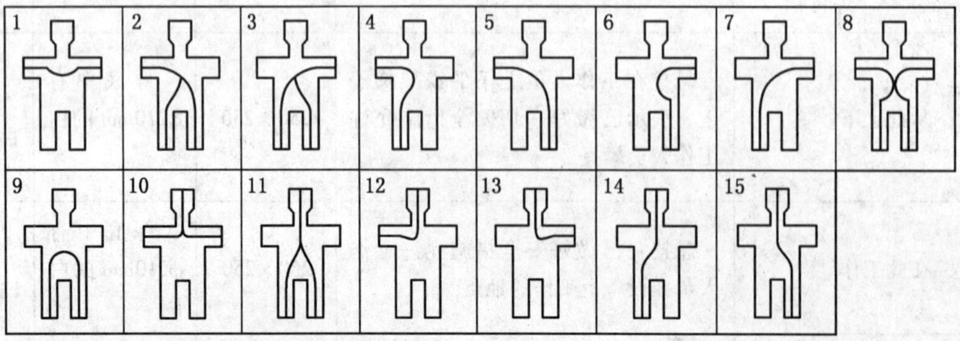

1—手—手；2—右手—双脚；3—左手—双脚；4—右手—右脚；5—右手—左脚；6—左手—左脚；
7—左手—右脚；8—双手—双脚；9—脚—脚；10—头—双手；11—头—双脚；12—头—右手；
13—头—左手；14—头—右脚；15—头—左脚

14.2.4 不同条件下的人体电阻[3]

接触电压/V	人体电阻/Ω			
	皮肤干燥①	皮肤潮湿②	皮肤湿润③	皮肤浸入水中④
10	7000	3500	1200	600
25	5000	2500	1000	500
50	4000	2000	875	440
100	3000	1500	770	375
250	1500	1000	650	325

① 干燥场所的皮肤，电流途径为单手至双脚。
② 潮湿场所的皮肤，电流途径为单手至双脚。
③ 有水蒸气，特别潮湿场所的皮肤，电流途径为双手至双脚。
④ 游泳池或浴池中的情况，基本为体内电阻。

14.2.5 有电击感时的人体电阻[4]

接触面			干燥/Ω		潮湿/Ω		
通电途径			手—手	两手—两足	手—手	两手—两足	右手—两足
大人	最小		6600	1550	930	610	820*
	最大		18000	13500	4720	1260	1950
	平均		11300	4800	1940	870	1220
小孩	最小		3800	1810	1680	860	1270
	最大	白种人	50400	12950	11860	2420	3300
		其他人	24800	5500	5200	4200	5700
	平均		26500	6050	2866	1440	2040

*对大人的试验电流为直流5mA，年龄18～58岁，被试验者男、女各20人；对小孩的试验电流为直流1mA，年龄在3～15岁，被试验男孩25人，女孩22人。

14.2.6 人体电阻的条件[4]

符号	级别	特性
BB1	普通	皮肤完全干燥无汗
BB2	低	皮肤潮湿
BB3	很低	皮肤湿润，水淋淋的
BB4	特低	皮肤浸在水里

14.2.7 自动切断电源保护的最大持续时间和预期接触电压[4]

最大持续时间/s	流经人体电流/mA	预期接触电压（交流）/V 皮肤状况			
		BB1	BB2	BB3	BB4
>5	25	80	50	25	12
5	25	80	50	25	12
1	43	115	75	40	20
0.5	56	130	90	50	27
0.2	77	170	110	65	37
0.1	120	230	150	90	55
0.05	210	320	220	145	82
0.03	300	400	280	190	110

14.2.8　工作人员工作中正常活动范围与带电设备的安全距离[2]

设备电压/kV	≤10	10~35	44	60~110	154	220	330	500
人与带电部分的距离/m	0.35	0.60	0.90	1.5	2.00	3.00	4.00	5.00

14.2.9　设备不停电时的安全距离[2]

电压等级/kV	安全距离/m	电压等级/kV	安全距离/m	电压等级/kV	安全距离/m
10及以下	0.70	60~110	1.50	330	4.00
20~35	1.00	154	2.00	500	5.00
44	1.20	220	3.00		

14.2.10　人体遮栏和绝缘板与带电导体间的最小安全距离[10]

电压等级/kV	安全距离/m		
	无遮栏	有遮栏	有绝缘板
1及以下	0.10		可接触导体
10	0.70	0.35	可接触导体
35	1.00	0.60	
110	1.50	1.50	
20	3.00	3.00	

14.2.11　人身与带电导体间的安全距离[4]

电压等级/kV	安全距离/m	电压等级/kV	安全距离/m
10以下	0.40	154	1.40
35（20~44）	0.60	220	1.80（1.60）
60	0.70	330	2.60
110	1.00		

14.2.12　喷嘴与带电体的安全距离[4]

电压等级/kV	大型水冲/m	小型水冲/m
10及以下		0.4
20~41		0.5
60	2.0	0.6
110	3.0	0.7
154	3.0	0.8
220	4.0	1.0

14.2.13　小型水冲洗操作杆的绝缘有效长度[4]

电压等级/kV	绝缘有效长度/m	电压等级/kV	绝缘有效长度/m
60以下	1.5	154~220	2.5
110	2.0	330	3.5

14.2.14 支、拉、吊杆的最短有效绝缘长度

额定电压/kV	最短有效绝缘长度/m	固定部分长度/m		支杆活动部分长度/m
		支 杆	拉（吊）杆	
10	0.40	0.60	0.20	0.50
35	0.60	0.60	0.20	0.60
66	0.70	0.70	0.20	0.60
110	1.00	0.70	0.20	0.60
220	1.80	0.80	0.20	0.60
330	2.80	0.80	0.20	0.60
500	3.70	0.80	0.20	0.60
750	4.70	0.80	0.20	0.60
±500	3.20	0.80	0.20	0.60

14.2.15 绝缘操作杆各部分长度要求

额定电压/kV	最短有效绝缘长度/m	端部金属接头长度/m	手持部分长度/m
10	0.70	≤0.10	≥0.60
35	0.90	≤0.10	≥0.60
66	1.00	≤0.10	≥0.60
110	1.30	≤0.10	≥0.70
220	2.10	≤0.10	≥0.90
330	3.10	≤0.10	≥1.00
500	4.00	≤0.10	≥1.00
750	5.00	≤0.10	≥1.00
±500	3.50	≤0.10	≥1.00

14.2.16 托瓶架的最短有效绝缘长度

额定电压/kV	110	220	330	500	750	±500
最短有效绝缘长度/m	1.00	1.80	2.80	3.70	4.70	3.20

14.2.17 绝缘杆和绝缘夹钳的最小长度[1]

电 压/kV		户内设备用		户外设备及架空线用	
		绝缘部分	握手部分	绝缘部分	握手部分
10kV 及以下	绝缘杆	0.7	0.3	1.1	0.4
	绝缘夹钳	0.45	0.15	0.75	0.2
35kV 及以下	绝缘杆	1.1	0.4	1.4	0.6
	绝缘夹钳	0.75	0.2	1.2	0.2

14.2.18 绝缘棒的最小长度[3]

m

额定电压/kV	户 内 使 用		户 外 使 用	
	绝缘部分长度	握手部分长度	绝缘部分长度	握手部分长度
10 及以下	0.70	0.30	1.10	0.40
35 及以下	1.10	0.40	1.40	0.60

14.2.19 绝缘安全工器具试验项目、周期和要求[3]

<table>
<tr><th>序号</th><th>器具</th><th>项　目</th><th>周期/a</th><th colspan="4">要　求</th><th>说　明</th></tr>
<tr><td rowspan="10">1</td><td rowspan="10">电容型验电器</td><td>启动电压试验</td><td>1</td><td colspan="4">启动电压值不高于额定电压的 40%，不低于额定电压的 15%</td><td>试验时接触电极应与试验电极相接触</td></tr>
<tr><td rowspan="9">工频耐压试验</td><td rowspan="9">1</td><td rowspan="2">额定电压/kV</td><td rowspan="2">试验长度/m</td><td colspan="2">工频耐压/kV</td><td rowspan="9"></td></tr>
<tr><td>1min</td><td>5min</td></tr>
<tr><td>10</td><td>0.7</td><td>45</td><td>—</td></tr>
<tr><td>35</td><td>0.9</td><td>95</td><td>—</td></tr>
<tr><td>63</td><td>1.0</td><td>175</td><td>—</td></tr>
<tr><td>110</td><td>1.3</td><td>220</td><td>—</td></tr>
<tr><td>220</td><td>2.1</td><td>440</td><td>—</td></tr>
<tr><td>330</td><td>3.2</td><td>—</td><td>380</td></tr>
<tr><td>500</td><td>4.1</td><td>—</td><td>580</td></tr>
<tr><td rowspan="10">2</td><td rowspan="10">携带型短路接地线</td><td>成组直流电阻试验</td><td>≤5</td><td colspan="4">在各接线鼻之间测量直流电阻，对于 25，35，50，70，95，120mm² 的各种截面，平均每米的电阻值应分别小于 0.79，0.56，0.40，0.28，0.21，0.16mΩ</td><td>同一批次抽测，不少于 2 条，接线鼻与软导线压接的应作该试验</td></tr>
<tr><td rowspan="9">操作棒的工频耐压试验</td><td rowspan="9">4</td><td rowspan="2">额定电压/kV</td><td rowspan="2">试验长度/m</td><td colspan="2">工频耐压/kV</td><td rowspan="9">试验电压加在护环与紧固头之间</td></tr>
<tr><td>1min</td><td>5min</td></tr>
<tr><td>10</td><td>—</td><td>45</td><td>—</td></tr>
<tr><td>35</td><td>—</td><td>95</td><td>—</td></tr>
<tr><td>63</td><td>—</td><td>175</td><td>—</td></tr>
<tr><td>110</td><td>—</td><td>220</td><td>—</td></tr>
<tr><td>220</td><td>—</td><td>440</td><td>—</td></tr>
<tr><td>330</td><td>—</td><td>—</td><td>380</td></tr>
<tr><td>500</td><td>—</td><td>—</td><td>580</td></tr>
<tr><td>3</td><td>个人保安线</td><td>成组直流电阻试验</td><td>≤5</td><td colspan="4">在各接线鼻之间测量直流电阻，对于 10，16，25mm² 各种截面，平均每米的电阻值应小于 1.98，1.24，0.79mΩ</td><td>同一批次抽测，不少于两条</td></tr>
<tr><td rowspan="9">4</td><td rowspan="9">绝缘杆</td><td rowspan="9">工频耐压试验</td><td rowspan="9">1</td><td rowspan="2">额定电压/kV</td><td rowspan="2">试验长度/m</td><td colspan="2">工频耐压/kV</td><td rowspan="9"></td></tr>
<tr><td>1min</td><td>5min</td></tr>
<tr><td>10</td><td>0.7</td><td>45</td><td>—</td></tr>
<tr><td>35</td><td>0.9</td><td>95</td><td>—</td></tr>
<tr><td>63</td><td>1.0</td><td>175</td><td>—</td></tr>
<tr><td>110</td><td>1.3</td><td>220</td><td>—</td></tr>
<tr><td>220</td><td>2.1</td><td>440</td><td>—</td></tr>
<tr><td>330</td><td>3.2</td><td>—</td><td>380</td></tr>
<tr><td>500</td><td>4.1</td><td>—</td><td>580</td></tr>
</table>

（续表）

序号	器具	项目	周期/a	要求				说明
5	核相器	连接导线绝缘强度试验	必要时	额定电压/kV	工频耐压/kV	持续时间/min		浸在电阻率小于100Ω·m水中
				10	8	5		
				35	28	5		
		绝缘部分工频耐压试验	1	额定电压/kV	试验长度/m	工频耐压/kV	持续时间/min	
				10	0.7	45	1	
				35	0.9	95	1	
		电阻管泄漏电流试验	0.5	额定电压/kV	工频耐压/kV	持续时间/min	泄漏电流/mA	
				10	10	1	≤2	
				35	35	1	≤2	
		动作电压试验	1	最低动作电压应达0.25倍额定电压				
6	绝缘罩	工频耐压试验	1	额定电压/kV	工频耐压/kV	时间/min		
				6～10	30	1		
				35	80	1		
7	绝缘隔板	表面工频耐压试验	1	额定电压/kV	工频耐压/kV	持续时间/min		电极间距离300mm
				6～35	60	1		
		工频耐压试验	1	额定电压/kV	工频耐压/kV	持续时间/min		
				6～10	30	1		
				35	80	1		
8	绝缘胶垫	工频耐压试验	1	电压等级	工频耐压/kV	持续时间/min		使用于带电设备区域
				高压	15	1		
				低压	3.5	1		
9	绝缘靴	工频耐压试验	0.5	工频耐压/kV	持续时间/min	泄漏电流/mA		
				25	1	≤10		
10	绝缘手套	工频耐压试验	0.5	电压等级	工频耐压/kV	持续时间/min	泄漏电流/mA	
				高压	8	1	≤9	
				低压	2.5	1	≤2.5	
11	导电鞋	直流电阻试验	穿用不超过200h	电阻值小于100kΩ				

注：接地线如用于各电源侧和有可能倒送电的各侧均已停电、接地的线路时，其操作棒预防性试验的工频耐压可只作10kV级，且试验周期可延长到不超过5年一次。

14.2.20 登高工器具试验标准[3]

<table>
<tr><th>序号</th><th>名称</th><th>项目</th><th>周期</th><th colspan="3">要求</th><th>说明</th></tr>
<tr><td rowspan="5">1</td><td rowspan="5">安全带</td><td rowspan="5">静负荷试验</td><td rowspan="5">1a</td><td>种类</td><td>试验静拉力/N</td><td>载荷时间/min</td><td rowspan="5">牛皮带试验周期为半年</td></tr>
<tr><td>围杆带</td><td>2205</td><td>5</td></tr>
<tr><td>围杆绳</td><td>2205</td><td>5</td></tr>
<tr><td>护腰带</td><td>1470</td><td>5</td></tr>
<tr><td>安全绳</td><td>2205</td><td>5</td></tr>
<tr><td rowspan="2">2</td><td rowspan="2">安全帽</td><td>冲击性能试验</td><td>按规定期限</td><td colspan="3">受冲击力小于4900N</td><td rowspan="2">使用寿命：从制造之日起，塑料帽≤2.5a，玻璃钢帽≤3.5a</td></tr>
<tr><td>耐穿刺性能试验</td><td>按规定期限</td><td colspan="3">钢锥不接触头模表面</td></tr>
<tr><td>3</td><td>脚扣</td><td>静负荷试验</td><td>1a</td><td colspan="3">施加1176N静压力，持续时间5min</td><td></td></tr>
<tr><td>4</td><td>升降板</td><td>静负荷试验</td><td>0.5a</td><td colspan="3">施加2205N静压力，持续时间5min</td><td></td></tr>
<tr><td>5</td><td>竹（木）梯</td><td>静负荷试验</td><td>0.5a</td><td colspan="3">施加1765N静压力，持续时间5min</td><td></td></tr>
</table>

14.2.21 屏蔽服装的电阻要求

屏蔽服装部位名称	电阻值/Ω	屏蔽服装部位名称	电阻值/Ω
上衣	≤15	手套	≤15
裤子	≤15	鞋	≤500
袜子	≤15	整套屏蔽服装	≤20

14.2.22 钢接地体和接地线的最小规格[3]

<table>
<tr><th rowspan="2" colspan="2">种类规格</th><th colspan="2">地上</th><th rowspan="2">地下</th></tr>
<tr><th>室内</th><th>室外</th></tr>
<tr><td colspan="2">圆钢直径/mm</td><td>5</td><td>6</td><td>8
(10)</td></tr>
<tr><td rowspan="2">扁钢</td><td>截面/mm²</td><td>24</td><td>48</td><td>48</td></tr>
<tr><td>厚度/mm</td><td>3</td><td>4</td><td>4
(6)</td></tr>
<tr><td colspan="2">角钢厚度/mm</td><td>2</td><td>2.5</td><td>4
(6)</td></tr>
<tr><td colspan="2">钢管管壁厚度/mm</td><td>2.5</td><td>2.5</td><td>3.5
(4.5)</td></tr>
</table>

注：1. 表中括号内的数值系指直流电力网中经常流过电流的接地线和接地体的最小规格。

2. 电力线路杆塔的接地体引出线的截面不应小于50mm²，引出线应热镀锌。

14.2.23 低压电气设备地面上外露的接地线的最小截面[3]

mm²

名 称	铜	铝	钢
明敷的裸导体	4	6	12
绝缘导体	1.5	2.5	
电缆的接地芯或与相线包在同一保护外壳内的多芯导线的接地芯	1	1.5	

14.2.24 工作或保护接地、工作或保护接零的异同[7]

项 目		工作接地	保护接地	工作接零	保护接零
举例		变压器，低压 380V 侧中性点接大地	用电设备外壳，接大地	220V 的用电设备的电源线中接零线	用电设备外壳，接供电的零干线
相同点		都是接大地，均起保护作用。工作接地也是零干线接地		都是零线，全接零干线。在设备不出现碰壳等故障时，是一样的	
不同点	作用	是保证电网运行工作的安全措施。没有它万一高压 10kV 与 380V 某相碰壳，低压侧会出现 5.8kV 高电位，损坏绝缘。有了它只升高 10V 左右	平时不起作用。发生相线碰壳或线路短路时，可防止触电。没有它，人触电为 220V；有了它，人触电为安全电压 36V 以下（中性点不接地）。对中性点接地也降为 110V 左右	时刻使用，提供供电通路。没有它设备不能工作	平时不起作用。只有发生相线碰壳或线路短路时，起烧毁保险丝作用。避免设备外壳长期带电。不能保证人的触电安全，必须重复接地
	设备正常时	线上有电流、电压，不安全，比工作接零危害小，但也有触电危险	不起作用。线上无电流、无电压，安全	线上有电流、电压，不安全，有触电危险	不起作用。线上无电流、无电压，安全
	设备碰壳时	线上有电流、电压，不安全，比工作接零危害小，但也有触电危险	起作用。降低设备外壳的触电电压	线上有电流、电压，不安全，有触电危险	起作用。电流很大，切断供电保险
	中性点接地	线上有电流、电压，不安全，比工作接零危害小，但也有触电危险	单纯采用保护接地不能保证安全，因为外壳触电电压为 110V 左右。必须与保护接零同时使用才安全	线上有电流、电压，不安全，有触电危险	必须采用保护接零。但此种情况最怕零线断路，必须采用重复接地 禁令：同一电网供电绝不允许一部分采用保护接零，另一部分采用保护接地
	中性点不接地	无此线	只允许采用保护接地。对 ~220V 用电设备如果碰壳，触电电压在安全电压以内	线上有电流、电压，不安全，有触电危险	禁令：绝对不允许采用保护接零
	施工维护	单独使用，只保证电网运行安全。出故障是危害整个保护接零系统，十分危险 定期检查接地电阻并记录	禁令：只能并联，不许串联。不能装开关、保险丝 定期检查接地电阻并记录	可以串、并联。可以装开关、保险丝。可以用铝线、皮线、电灯线。出故障不影响其他	禁令：只能并联，不许串联、整个线上任何点不允许装开关、保险丝。不允许用铝线、皮线、电灯线。只能用裸铜线或铁丝等焊接或搭接。需经常检查，出故障株连整个系统

14.3 常用电气设备、设施及电动工具安全

14.3.1 IP代码的组成及含义[13]

组　成	数字或字母	对设备防护的含义	对人员防护的含义
代码字母	IP	—	—
第一位特征数字		防止固体异物进入	防止接近危险部件
	0	无防护	无防护
	1	≥ϕ50mm	手背
	2	≥ϕ12.5mm	手指
	3	≥ϕ2.5mm	工具
	4	≥ϕ1.0mm	金属线
	5	防尘	金属线
	6	尘密	金属线
第二位特征数字		防止进水造成有害影响	
	0	无防护	
	1	垂直滴水	
	2	15°滴水	
	3	淋水	
	4	溅水	
	5	喷水	
	6	猛烈喷水	
	7	短时间浸水	
	8	连续浸水	
附加字母（可选择）		—	防止接近危险部件
	A		手背
	B		手指
	C		工具
	D		金属线
补充字母（可选择）		专门补充的信息	—
	H	高压设备	
	M	作防水试验时试样运行	
	S	作防水试验时试样静止	
	W	气候条件	

14.3.2 第一位特征数字所代表的对接近危险部件的防护等级[13]

第一位特征数字	防护等级	
	简要说明	含　义
0	无防护	—
1	防止手背接近危险部件	直径50mm球形试具应与危险部件有足够的间隙

（续表）

第一位特征数字	防护等级	
	简要说明	含义
2	防止手指接近危险部件	直径12mm、长80mm的铰接试指应与危险部件有足够的间隙
3	防止工具接近危险部件	直径2.5mm的试具不得进入壳内
4	防止金属线接近危险部件	直径1.0mm的试具不得进入壳内
5	防止金属线接近危险部件	直径1.0mm的试具不得进入壳内
6	防止金属线接近危险部件	直径1.0mm的试具不得进入壳内

注：对于第一位特征数字为3，4，5和6的情况，如果试具与壳内危险部件保持足够的间隙，则认为试验合格。

14.3.3 第二位特征数字所代表的对接近危险部件的防护等级[13]

第二位特征数字	防护等级	
	简要说明	含义
0	无防护	—
1	防止垂直方向滴水	垂直方向滴水应无有害影响

14.3.4 电动机各部位的最大允许温度[1]

℃

部位	绝缘级别				
	A	E	B	F	H
定子绕组	55	65	70	85	105
转子绕组	55	65	70	85	105
定子铁芯	60	75	80	100	125
滑环	60	70	80	90	100
滑动轴承	40	40	40	40	40
滚动轴承	55	55	55	55	55

14.3.5 电动机绝缘电阻允许值[5]

额定电压/V	6000			<500			≤42		
绕组温度/℃	20	45	75	20	45	75	20	45	75
交流电动机定子绕组/MΩ	25	15	6	3	1.5	0.5	0.15	0.1	0.05
绕线式转子绕组和滑环/MΩ	—	—	—	3	1.5	0.5	0.15	0.1	0.05
直流电动机电枢绕组和换向器/MΩ	—	—	—	3	1.5	0.5	0.15	0.1	0.05

14.3.6 异步电动机故障分析和处理[5]

故障现象	原因分析	处理方法
不能启动或转速下降	1. 电源电压过低 2. 熔断器熔断一相或其他连接处断开一相 3. 定子绕组断路 4. 绕线式转子内部或外部断路或接触不良 5. 笼型转子断条或脱焊 6. 定子三角形接线的误接成星形接线 7. 负载过大或机械卡住	1. 检查电源 2. 用兆欧表和万用表检查有无断路或接触不良 3. 用兆欧表和万用表检查有无断路或接触不良 4. 用兆欧表和万用表检查有无断路或接触不良 5. 将电动机接到15%～30%额定电压的三相电源上并测量三相电流，如电流随转子位置变化，说明有断条或脱焊 6. 检查接线并改正 7. 检查负载及机械部分
启动时响声大，且三相电流相差大	定子绕组首、末端接反	用低压单相交流电源、指示灯、电压表等器材确定绕组的首、末端，重新接线
三相电流不平衡	1. 电源电压不平衡 2. 定子绕组短路 3. 定子绕组匝数错误 4. 定子绕组部分线圈接线错误	1. 检查电源 2. 检查有无局部过热 3. 测量绕组电阻 4. 检查接线并改正
过热	1. 过载 2. 电源电压太高 3. 定子铁芯短路 4. 定、转子相碰（扫膛） 5. 通风散热障碍 6. 环境温度过高 7. 定子绕组短路或接地 8. 接触不良 9. 缺相运行 10. 线圈接线错误 11. 受潮 12. 启动过于频繁	1. 减载或更换电动机 2. 检查并设法限制电压波动 3. 检查铁芯 4. 检查铁芯、轴、轴承、端盖等 5. 检查风扇、通风道等 6. 加强冷却或更换电动机 7. 检查绕组直流电阻、绝缘电阻等 8. 检查各接点 9. 检查电源及定子绕组连续性 10. 对照图纸检查并改正 11. 烘干 12. 按规定频率启动
电刷冒火、滑环过热或烧坏	1. 电刷牌号不对 2. 电刷压力过小或大 3. 电刷与滑环接触不严密 4. 滑环不平、不圆或不清洁	1. 更换电刷 2. 调整电刷压力：一般电动机为17.7～24.5kPa，牵引和超重电动机为24.5～39.2kPa 3. 研磨电刷 4. 修理滑环
内部冒烟、起火	1. 电刷下方火花太大 2. 内部过热	1. 调整、修理电刷和滑环 2. 消除过热原因
振动和响声大	1. 地基不平，安装不好 2. 轴承缺陷或装配不良 3. 转动部分不平衡 4. 轴承或转子变形 5. 定子或转子绕组局部短路 6. 定子铁芯压装不紧 7. 设计定、转子槽数配合不妥	1. 检查地基及安装 2. 检查轴承 3. 必要时作静平衡及动平衡试验 4. 检查转子并找正 5. 拆开电动机，用仪表检测 6. 检查铁芯并重新压紧 7. 允许运行

14.3.7 三相异步电动机的温度和温升限度表（周围环境温度 +40℃）[10]

℃

电动机的部位	A级绝缘				E级绝缘				B级绝缘				F级绝缘				H级绝缘			
	最高容许温度		最大容许温度		最高容许温度		最大容许温度		最高容许温度		最大容许温度		最高容许温度		最大容许温度		最高容许温度		最大容许温度	
	温度计法	电阻法	温度计法	电阻法	温度计法	电阻法	温度计法	电阻法	温度计法	电阻法	温度计法	电阻法	温度计法	电阻法	温度计法	电阻法	温度计法	电阻法	温度计法	电阻法
定子线圈	95	100	55	60	105	115	65	75	110	120	70	80	125	140	85	100	145	165	105	125
转子线圈 绕线式	95	100	55	60	105	115	65	75	110	120	70	80	125	140	85	100	145	165	105	125
转子线圈 鼠笼式	95	100	55		105	115	65			120	70	80	125	140	85	100	145	165	105	125
定子铁芯	100	100	50	60	105	115	75	75	110	120	70	80	125	140	85	100	145	165	105	125
滑　环	100	100	60	60	105	115	75	75	110	120	70	80	125	140	85	100	145	165	105	125
滑动轴承	80	100	40	60	80	115	40	75	80	100	40	80	80	140	45	100	80	115	40	125
滚动轴承	95	100	55	60	95	115	55	75	95	120	55	80	95	140	55	100	95	165	55	125

14.3.8 电动机绝缘交流耐压试验的周期及标准[4]

试验项目		试验周期/a	电动机额定电压/kV						备　注
			0.4及以下	0.5	2	3	6	10	
定子耐压/kV		1	1	1	3	4.5	9	15	
转子耐压/kV	绕线式	1	不可逆：0.75（$2u_k+1000$） 可逆：0.75（$4u_k+1000$）						u_k 为转子静止、定子加额定电压、转子开路电压
	同步电动机	1	7.5倍额定励磁电压						不低于1.2kV 不高于出厂试验75%

14.3.9 并联电容器工频交流耐压试验标准[3]

额定电压/kV	<1	1	3	6	10	15	20	35
出厂试验电压/kV	2.5	5	18	25	35	44	55	85
交接试验电压/kV	2.1	4.2	15	21	30	38	47	72

14.3.10 熔断器保护特性[5]

型号	额定电流/A	相当于下列电流倍数的熔断时间/s						
		2	3	4	5	6	8	10
RM（380V）	5	1200	12	5	2.5	1.5	0.7	0.4
	100	80	15	6	3	1.5	0.6	0.4
	600	400	50	15	9	6	2	1.2
RM QS（220V）	5	600	7	2	0.8	0.5	0.25	0.15
	100	35	2.5	1	0.5	0.3	0.15	0.09
	600	240	20	6	3	2	1	0.5

（续表）

型号	额定电流/A	相当于下列电流倍数的熔断时间/s						
		2	3	4	5	6	8	10
RT0	5	10	0.4	1.12	0.05	0.035	0.018	0.012
	100	720	35	8	2.5	1.3	0.6	0.3
	1000	900	84	18	6	2.5	0.9	0.5
RL1	5	180	8	1	0.2	0.09	0.04	0.02
	20	60	0.7	0.25	0.12	0.07	0.04	0.02
	100		15	2.5	0.9	0.4	0.2	0.12
RC1	10	300	10	3.5	1.5	1.0	0.6	0.35
	30	2000	35	5	3	2	0.8	0.6
	200	90	25	10	5	3	2	1.2

14.3.11 油浸电力变压器允许过载时间[5]

min

过负载量/%	过载前上层油温/℃						
	18	24	30	36	42	48	54
5	350	325	290	240	180	90	10
10	230	205	170	130	85	10	—
15	170	145	110	80	35	—	—
20	125	100	75	45	—	—	—
25	95	75	50	25	—	—	—
30	70	50	30	—	—	—	—
35	55	35	15	—	—	—	—
40	40	25	—	—	—	—	—
45	25	10	—	—	—	—	—
50	15	—	—	—	—	—	—

14.3.12 油浸变压器在事故情况下允许过负荷倍数和时间[3]

过负荷倍数		1.3	1.45	1.60	1.75	2.0	2.4	3.0
允许时间/min	户内	60		15	8	4	2	0.8
	户外	120	80	45	20	10	3	1.5

14.3.13 干式变压器在事故情况下允许过负荷倍数和时间[3]

过负荷倍数	1.1	1.2	1.3	1.5	1.6
允许时间/min	75	60	45	18	5

14.3.14 高压配电室通道最小宽度[3]

布置方式	维护通道/m	操作通道/m	
		固定式	手车式
单列布置	0.8	1.5	单车长+1.2
双列布置	0.8	2.0	双车长+0.9

14.3.15 低压配电室通道最小宽度[3]

布置方式	屏前操作通道/m	屏后操作通道/m	屏后维护通道/m
单列布置	1.5	1.2	1.0
双列布置	2.0	1.2	1.0

14.3.16 屋内配电装置的最小电气间距[3]

mm

额定电压/kV	3	6	10	35	110J*	110
带电部分至接地部分间 A_1	75	100	125	300	850	950
不同相的导体间 A_2	75	100	125	300	900	1000
带电部分至遮栏 B_1	825	850	875	1050	1600	1700
带电部分至网状遮栏 B_2	175	200	225	400	950	1050
带电部分至无孔遮栏 B_3	105	130	155	330	880	980
无遮栏裸导体至地（楼）板 C	2500	2500	2500	2600	3150	3250
需要不同时停电检修的无遮栏裸导体间水平净距 D	1875	1900	1925	2100	2650	2750
架空出线套管至地面 E	4000	4000	4000	4000	5000	5000

* 中性点直接接地系统。

14.3.17 屋外配电装置的最小电气间距[3]

mm

额定电压/kV	3～10	35	110J*	110	220J*	330J*
带电部分至接地部分间 A_1	200	400	900	1000	1800	2600
不同相的导体间 A_2	200	400	1000	1100	2000	2800
带电部分至栅栏 B_1	950	1150	1650	1750	2550	3350
带电部分至网状遮栏 B_2	300	500	1000	1100	1900	2700
无遮栏裸导体至地面 C	2700	2900	3400	3500	4300	5100
需要不同时停电检修的无遮栏裸导体间水平净距 D	2200	2400	2900	3000	3800	4600

*中性点直接接地系统。

14.3.18 电力变压器的继电保护装置[3]

<table>
<tr><th rowspan="2">变压器容量/(kV·A)</th><th colspan="7">保护装置名称</th><th rowspan="2">备注</th></tr>
<tr><th>过电流保护</th><th>电流速断保护</th><th>纵联差动保护</th><th>瓦斯保护</th><th>单相接地保护</th><th>过负荷保护</th><th>温度信号</th></tr>
<tr><td>400~750</td><td rowspan="2">一次侧采用断路器时装设</td><td rowspan="2">一次侧采用断路器且过电流保护时延大于0.5s时装设</td><td rowspan="2">—</td><td>车间内变压器装设</td><td>低压侧为干线制的Y，yn12接线变压器装设</td><td rowspan="5">并列运行的变压器装设
作为其他备用电源的变压器根据过负荷的可能性装设</td><td>—</td><td>一般采用GL型继电器作过电流及电流速断保护</td></tr>
<tr><td>800</td><td rowspan="4">装设</td><td rowspan="2">—</td><td rowspan="4">装设</td><td rowspan="2">≥5330kV·A的单相变压器宜装设远距离测温装置</td></tr>
<tr><td>1000~1800</td><td rowspan="3">装设</td><td rowspan="2">过电流保护时延大于0.5s装设</td><td>—</td></tr>
<tr><td>2000~6300</td><td>当电流速断保护不能满足灵敏度要求时装设</td><td rowspan="2">—</td><td rowspan="2">≥8000kV·A的变压器宜装设远距离测温装置</td></tr>
<tr><td>6000~8000</td><td>单独运行的变压器或负荷不太重要的变压器装设</td><td>并列运行的变压器或重要变压器或当电流速断保护不能满足灵敏度要求时装设</td></tr>
</table>

14.3.19 安全隔离变压器的绝缘电阻值[4]

被测部位	绝缘电阻/MΩ	被测部分	绝缘电阻/MΩ
带电部件与壳体之间： 采用基本绝缘的 采用加强绝缘的	 2 7	各分开的输出绕组之间	2
输入绕组与输出绕组之间	5	Ⅱ类安全隔离变压器： 带电部件与仅由基本绝缘隔离的金属部件之间 壳体与仅由基本绝缘隔离的金属部件之间	 2 5
各分开的输入绕组之间	2	与内部连接的金属箔与绝缘壳体外表面上的金属箔之间	2

注：用500V直流电压测量。

14.3.20 室内外配电装置的最小安全净距[4]

cm

项目		额定电压/kV						
		1~3	6	10	15	20	35	60
带电部分至接地部分	室内	7.5	10	12.5	15	18	30	55
	室外	20	20	20	30	30	40	65

（续表） cm

项目		额定电压/kV						
		1～3	6	10	15	20	35	60
不同相的带电部分之间	室内	7.5	10	12.5	15	18	30	55
	室外	20	20	20	30	30	40	65
带电部分至无孔遮栏	室内	10.5	13	15.5	18	21	33	58
带电部分至网状遮栏	室内	17.5	20	22.5	25	28	40	65
	室外	30	30	30	40	40	50	70
带电部分至栅栏	室内	82.5	85	87.5	90	93	105	130
	室外	95	95	95	105	105	115	135
无遮栏裸导体至地（楼）面	室内	237.5	240	242.5	245	248	260	285
	室外	270	270	270	280	280	290	310
不同时停电检修的无遮栏裸导体间的水平净距	室内	187.5	190	192.5	195	198	210	235
	室外	220	220	220	230	230	240	260

14.3.21 主变压器、配电装置与冷却塔、喷水池间最小距离[4]

装置的位置	最小距离/m	
	对冷却塔	对喷水池
主变压器、配电装置设在冬季主导风向的上侧	25	30
主变压器、配电装置设在冬季主导风向的下侧	40	50

14.3.22 配电盘盘面设备间距[10]

相邻设备名称	上下间距/mm	左右间距/mm
仪表与仪表		60
仪表与线孔	80	
开关与仪表		60
开关与开关		60
开关与线孔	30	
线孔与线孔	40	
互感器与仪表	80	50
插入式保险与其他设备		30
指示灯、保险盒及其他设备之间	30	30
设备与箱壁	50	50
线孔与箱壁	30	30

14.3.23　配电盘闸箱内熔丝的熔量[10]

回路种类	不应超过负荷电流数
照明回路	1.5倍
动力回路	2.5倍

14.3.24　照明灯具距地面最低悬挂高度的规定[3]

光源种类	灯具型式	光源功率/W	最低悬挂高度/m
白炽灯	有反射罩	≤60 100～150 200～300 ≥500	2.0 2.5 3.5 4.0
	有乳白玻璃反射罩	≤100 150～200 300～500	2.0 2.5 3.0
卤钨灯	有反射罩	≤500 1000～2000	6.0 7.0
荧光灯	无反射罩	<40 >40	2.0 3.0
	有反射罩	≥40	2.0
荧光高压汞灯	有反射罩	≤125 250 ≥400	3.5 5.0 6.5
高压汞灯	有反射罩	≤125 250 ≥400	4.0 5.5 6.5
金属卤化物灯	搪瓷反射罩 铝抛光反射罩	400 1000	6.0 14.0
高压钠灯	搪瓷反射罩 铝抛光反射罩	250 400	6.0 7.0

注：1. 表中规定的灯具最低悬挂高度在下列情况可降低0.5m，但不应低于2m；①一般照明的照度低于30lx时；②房间长度不超过灯具悬挂高度的2倍；③人员短暂停留的房间。

2. 当有紫外线防护措施时，悬挂高度可适当降低。

14.3.25 灯具导线线芯最小允许截面[3]

序号	安装场所及用途		线芯最小截面/mm^2		
			铜芯敷线	铜 线	铝 线
1	照明灯头线	民用建筑室内	0.4	0.5	1.5
		工业建筑室内	0.5	0.8	2.5
		室 外	1.0	1.0	2.5
2	移动式用电设备	生活用	0.2	—	—
		生产用	1.0	—	—

14.3.26 用于灯具的普通材料的最大温度[4]

材 料	最 大 温 度/℃
(供给灯具内、外的)导线的绝缘:	
用有机硅浸渍的玻璃纤维	200 绝缘受压处,如夹紧或弯曲处,减少15℃
聚四氟乙烯(PTFE)	250
硅橡胶(不受压)	200
硅橡胶(仅受压应力)	170
普通聚氯乙烯(PVC)	90 绝缘受压处,如夹紧或弯曲处,减少15℃
耐热聚氯乙烯(PVC)	105
乙烯基醋酸酯(EVA)	140
热塑性塑料:	
丙烯腈—丁二烯-苯乙烯共聚物(塑料)(ABS)	95
醋酸—丁酸纤维素(CAB)	95
聚甲基丙烯酸甲酯	90
聚苯乙烯	75
聚丙烯	100
聚碳酸酯	130
聚氯乙烯(PVC)(不用于电气绝缘)	100
聚酰胺(尼龙)	120
热固性塑料:	
矿物增强苯酚甲醛树脂(PF)	165
纤维素增强苯酚甲醛树脂(PF)	140
尿醛树脂(UF)	90
三聚氰胺	100
玻璃增强聚酯	130
其他材料:	
树脂黏结—纸/织物	125
硅酮橡胶(不用于电气绝缘)	230
不用于电气绝缘的橡胶	70

14.3.27 灯具各部分工作温度限值[4]

部件		最大温度/℃
线圈（镇流器、变压器）： —如不标有 t_w		170
用纸隔开的和不用纸隔开的线圈： —如标有 t_w		
t_w	90	170
	95	177
	100	185
	105	193
	110	200
	115	208
	120	216
	125	223
	130	230
电容器外壳： —如不标有 t_c —如标有 t_c		 60 t_c+10
安装表面： 普通可燃表面（钨丝灯灯具） 不包括接入变压器的灯具 普通可燃表面（标有▽F符号的灯具） 不可燃表面（不标有▽F符号的灯具）		 175 130 不测量
轨道（用于轨道安装灯具）		按轨道制造厂所述

14.3.28 灯具带电部件和邻近的金属部件之间的爬电距离和间隙[4]

mm

项目	0类和Ⅰ类灯具				Ⅱ类灯具			Ⅲ类灯具
工作电压（不超过）/V	24	250	500	1000	24	250	500	
不同极性的带电部件之间	2	3	4	6	2	3	4	2
带电部件和易触及金属部件，也在带电部件和外部绝缘部件的易触及表面（假如是绝缘材料，这可能是灯具的外表面）之间漏电距离	2	4	5	6	2	8	10	2
间隙	2	3	5	6	2	8	10	2
在由于Ⅱ类灯具中的功能性绝缘的破坏而可能变为带电的部件，与易触及的金属部件之间	—	—	—	—	2	4	5	—

（续表） mm

项 目	0类和Ⅰ类灯具				Ⅱ类灯具			Ⅲ类灯具
软线或软缆的外表面与易触及金属之间；此易触及金属通过绝缘材料制成的塞绳结头、电缆支座或线夹予以固定	—	—	—	—	—	4	5	—
在去掉开关附近的绝缘衬垫（如有的话）后，安装在灯具内的开关带电部件和邻近金属部件之间	—	2	—	—	—	4	—	—
在带电部件与其他金属部件之间，在这些部件（或带电、或不带电金属部件）与支承表面（天花板、墙桌等等）之间没有以下：								
1）电缆绝缘小于2.5mm	2	6	8	10	2	8	10	2
2）穿过厚度不小于2.5mm的密封物的插入金属	—	4	6	8	—	6	8	—

14.3.29 电源各级与灯具的金属外壳之间的泄漏电流限值[4]

灯具类别		漏电流
所有0类和Ⅱ类灯具		0.5mA
可移式的Ⅰ类灯具		1.0mA
固定式的Ⅰ类灯具	额定输入≤1kV·A	1.0mA
	额定输入>1kV·A	每1kV·A为1.0mA，但最大值为5.0mA

14.3.30 灯具的最小绝缘电阻值[4]

被测部位	绝缘电阻/MΩ	
	Ⅱ类灯具	非Ⅱ类灯具
不同极性的带电部件之间	2	2
带电部件与壳体之间	4	2
易触及的金属部件与绝缘衬里的金属箔之间	4	2
Ⅱ类灯具的基本绝缘	2	—
Ⅱ类灯具的附加绝缘	2	—
衬套	2	2
导线固定架的绝缘	4	2

14.3.31 各类自动开关的保护特性及用途[9]

<table>
<tr><th>分类名称</th><th>电流种类及范围</th><th colspan="3">保护特性</th><th>主要用途</th></tr>
<tr><td rowspan="8">配电用
自动开关</td><td rowspan="4">交流
200～5000A</td><td rowspan="2">选择型</td><td>二段保护</td><td>瞬时、短延时</td><td rowspan="2">电源总开关和负载近端
支路开关</td></tr>
<tr><td>三段保护</td><td>瞬时、短延时、长延时</td></tr>
<tr><td rowspan="2">非选择型</td><td>限流型</td><td rowspan="2">瞬时、长延时</td><td rowspan="2">支路近端开关和支路末端开关</td></tr>
<tr><td>一般型</td></tr>
<tr><td rowspan="4">直流
600～6000A</td><td rowspan="2">快速型</td><td>正向</td><td></td><td rowspan="2">保护硅整流设备</td></tr>
<tr><td>双向</td><td></td></tr>
<tr><td rowspan="2">一般型</td><td></td><td>瞬动</td><td rowspan="2">保护一般直流设备</td></tr>
<tr><td></td><td>长延时</td></tr>
</table>

（续表）

分类名称	电流种类及范围	保护特性		主要用途
电动机保护用自动开关	交流 60～600A	直接启动	过流脱扣器瞬动倍数 8～15I_n	保护鼠笼式电动机
		间接启动	过流脱扣器瞬动倍数 3～8I_n	保护鼠笼式和绕线式电动机
		限流式	过流脱扣器瞬动倍数 12I_n	可装于变压器近端
照明用自动开关	交流 5～50A	过载长延时 短路瞬时（单极）		照明电路开关、信号二次回路
特殊用途自动开关	交流、直流	瞬动		灭磁开关、闭合开关
剩余电流动作保护器	交流 20～250A	动作电流≤30mA 最大分断时间 0.04～0.25s		人身触电防护及防止漏电引起火灾

14.3.32 各类漏电保护装置适用范围[4]

类型			适用范围	备注
电压型			适用于接地或不接地系统设备的漏电保护。可单独使用，也可与保护接地、保护接零同时使用	装置的动作电压不应超过安全电压
零序电流型	有电流互感器型	电磁脱扣型	适用于接地或不接地系统设备或线路的漏电保护	有高灵敏度（小于30mA）、中灵敏度（30～1000mA）和低灵敏度（大于1000mA） 动作时间有快速（小于0.01s）、定时（0.1～2s）和反时限
		灵敏继电器型		
		晶体管放大型		
	无电流互感器型		只适用于不接地系统线路漏电保护	
泄漏电流型			只适用于不接地系统线路漏电保护	

14.3.33 电磁启动器故障分析和处理[5]

故障种类	故障原因	处理方法
触头过热	1. 触头压力不够 2. 触头表面氧化或有杂质 3. 触头容量不够 4. 螺丝松动	1. 更换或修复触头，保持触头初压力和终压力合格 2. 经常检查、清扫，有氧化膜时用细锉打光，注意不破坏镀层 3. 更换大容量的触头 4. 检查各部螺丝并予拧紧
触头烧成突出的小点	1. 触头分断时，电弧在触头之间燃烧（消弧系统不好） 2. 合闸时触头有跳动现象 3. 电动机启动电流太大 4. 操作线圈电压不足	1. 全面检查消弧系统，防止电弧燃烧时间太长 2. 检查触头初压力是否合格 3. 按电动机容量合理选用启动设备 4. 检查操作电压和线圈电压

（续表）

故障种类	故 障 原 因	处 理 方 法
触头磨损	1. 合闸电流大，电弧温度过高，触头金属逐渐氧化 2. 触头电流过大，长时间发热烧损 3. 操作电压不足，合闸时发生跳动 4. 触头容量太小和频繁启动	1. 完善消弧系统，防止触头氧化，检查触头初压力 2. 使触头保持在正常负荷和允许温度下运行 3. 保持操作电压为恒定值 4. 更换触头，以适应启动电流
衔铁噪声大	1. 衔铁和铁芯端面接触不良 2. 短路环断裂 3. 操作电压不足 4. 衔铁螺丝松动	1. 检查接触面是否有污垢、杂质，并清扫干净 2. 更换短路环 3. 使用符合操作线圈额定电压的电源 4. 检查有无松动，并予拧紧
线圈过热	1. 电压过高 2. 线圈绝缘损坏或匝间短路 3. 衔铁吸合不上 4. 衔铁吸合不好，操作过于频繁 5. 控制回路接点脱焊	1. 检查操作电压 2. 检查发热部位，修复或更换线圈 3. 检查线圈连接部位有无断路，按钮有无卡阻 4. 检查有无机械卡阻或杂物阻塞，降低操作频率 5. 更换接点
铁芯过热	1. 电压过高 2. 铁芯片间短路	1. 检查操作电压 2. 更换铁芯
灭弧罩受潮	雨淋或其他原因造成	烘干
灭弧罩炭化	分断时电流过大或频繁操作	刮去炭质，保持表面光洁，并吹刷干净
灭弧罩损坏	1. 机械损伤 2. 灭弧室温度过高	1. 更换 2. 更换
磁吹线圈匝间短路	冲击或碰撞造成	检查有无短接；如有，将其分开并加以调整

14.3.34 手持电动工具的最小绝缘电阻值[14]

测 量 部 位	绝缘电阻/MΩ
Ⅰ类工具带电零件与外壳之间	2
Ⅱ类工具带电零件与外壳之间	7
Ⅲ类工具带电零件与外壳之间	1

注：绝缘电阻用500V兆欧表测量。

14.3.35 铝绝缘导线连接长度[10]

单股铝导线		多股铝导线	
导线截面/mm^2	连接长度/mm	导线截面/mm^2	连接长度/mm
2.5	20	16	60
4	25	25	70
6	30	35	80
10	40	50	90
		70	100
		95	120

14.3.36　Ⅱ类电气设备最高表面温度[4]

温度组别	最高表面温度/℃	温度组别	最高表面温度/℃
T1	450	T4	135
T2	300	T5	100
T3	200	T6	85

14.3.37　Ⅲ类电气设备最高表面温度[4]

温度组别	电气设备表面或零部件			
	无过负荷可能的设备		有过负荷可能的设备	
	最高温度/℃	极限温升/℃	最高温度/℃	极限温升/℃
T11	215	175	190	150
T12	160	120	140	100
T13	110	70	100	60

注：极限温升是指环境温度为40℃时的温升。有过负荷可能的设备是指电动机和动力变压器。

14.3.38　用电设备的间距[4]

分　类	距　离/m
车间的低压配电盘底口离地面的高度： 暗装的 明装的	 1.4 1.2
电度表板底边离地面的高度	1.8
扳把开关离地面的高度	1.4
拉线开关离地面的高度	3
电源插座离地面的高度： 暗装的 明装的	 0.2～0.3 1.3～1.5
吊灯与地面的垂直距离： 室内干燥场所 室内危险场所和较潮湿场所 室外	 1.8 2.5 3

14.3.39　电气试验标准[4]

电压等级/kV	试验电压	电压等级/kV	试验电压
10及以下	不少于44kV	220	3倍相电压
20～154	4倍相电压	330	2.75倍相电压

14.3.40 各种电气设备和绝缘物的绝缘电阻试验周期及标准[9]

设备名称	规格/kV	试验周期/a	绝缘电阻（不小于）/MΩ	
			20℃	30℃
电动机	2	1	100	50
	3		140	70
	6		300	150
变压器	0.5 以下	1	40	20
	2		300	150
	3		300	150
	6		400	200
	10		450	225
	35		600	300
	66		1000	500
	110		1000	600
	220		1000	600
电压互感器	2	1～2	300	
	3		300	
	6		400	
	10		450	
	35		600	
	66		1000	
	110		1000	
	220		1000	
油开关、电流互感器	2	1	500	
	3		500	
	6		500	
	10		500	
	35		1000	
	66		1000	
	110		2500	
	220		2500	
母线、瓷套管、隔离开关、支持绝缘子	2	1～2	300	
	3		300	
	6		500	
	10		500	
	35		1000	
	66		1000	
	110		2500	
	220		2500	
电力电缆	2	1	500～1000	
	3		500～1000	
	6		1000	
	10		1000	

14.3.41　各种电气设备和绝缘物的耐压试验周期及标准[9]

设备名称	规格/kV	试验周期/a 直流	试验周期/a 交流	直流耐压值/kV	交流耐压值/kV 旧品	交流耐压值/kV 换线	交流耐压值/kV 新品
电动机	2	1	1	5	4	4	5
	3			7.5	5	5	7
	6			15	10	10	13
变压器	0.5以下	1	新品大修		2	2	2
	2			5	7	8	10
	3			5	10	15	18
	6			10	16	21	25
	10			10	22	30	35
	35			20	64	72	85
	66			40	94	120	140
	110			40		170	200
	220			40		340	400
电力电缆	2	1		10			
	3			15			
	6			30			
	10			50			
油开关、电流互感器	2	1~2	1~2		8	8	
	3				22	22	24
	6				28	28	32
	10				38	38	42
	35		新品大修	40	85	85	95
	66			40	140	140	155
	110				225	225	250
	220				425	425	470
电压互感器	2		1~2		7	8	10
	3				15	22	24
	6				21	28	32
	10				30	38	42
	35				72	85	95
	66				120	125	140
	110					180	200
	220					360	400
母线、瓷套管、隔离开关、支持绝缘子	2		1~2		15	15	
	3				22	22	24
	6				28	28	32
	10				38	38	42
	35				85	85	95
	66				140	140	155
	110				225	225	250
	220				425	425	170

14.3.42 电气设备绝缘交流耐压试验的周期与标准[4]

额定电压/kV			0.5以下	3	6	10	35	66	110	220
电力变压器		周期/a	1	1	1	1	1	1	1	1
		电压标准/kV	4	15	21	30	72	120	170	340
电压互感器		周期/a		1~2	1~2	1~2	1~2	1~2	1~2	1~2
		电压标准/kV		22	28	38	85	125	180	360
断路器电流互感器		周期/a		1~2	1~2	1~2	1~2	1~2	1~2	1~2
		电压标准/kV		22	28	38	85	140	225	425
隔离开关干式电抗器		周期/a		1~2	1~2	1~2	1~2	1~2	1~2	1~2
		电压标准/kV		24	32	42	95	155	250	470
支柱绝缘子和套管	纯瓷充油	周期/a		1~2	1~2	1~2	1~2	1~2	1~2	1~2
		电压标准/kV		25	32	42	100	165	265	490
	固体有机绝缘	周期/a		1~2	1~2	1~2	1~2	1~2	1~2	1~2
		电压标准/kV		22	28	38	90	150	240	440
干式变压器		周期/a	1	1	1	1				
		电压标准/kV	2	8.5	13	20				

14.4 电气线路安全

14.4.1 架空线路与建筑物的最小距离[1]

线路电压/kV	1以下	10	35
最大松弛时的垂直距离/m	2.5	3.0	4.0
最大风时偏斜水平距离/m	1.0	1.5	3.0

14.4.2 导线与地面或水面的最小距离[5]

m

线路经过地区	线路电压/kV		
	<1	1~10	35
居民区	6	6.5	7
非居民区	5	5.5	6
不能通航或浮运的河、湖（冬季水面）	5	5	—
不能通航或浮运的河、湖（50年一遇的洪水水面）	3	3	—
交通困难地区	4	4.5	5
步行可以达到的山坡	3	4.5	5
步行不能达到的山坡、峭壁或岩石	1	1.5	3

14.4.3 导线与山坡、峭壁、岩石之间最小距离[3]

m

线路经过地区	线路电压/kV	
	1以下	1~10
步行可以达到的山坡	3.0	4.5
步行不能达到的山坡、峭壁和岩石	1.0	1.5

14.4.4 导线与街道、行道树之间的最小距离[3]

最大弛度时的垂直距离/m		最大风时偏斜水平距离/m	
1kV 以下	1～10kV	1kV 以下	1～10kV
1.0	1.5	1.0	2.0

14.4.5 架空线路与工业设施的最小距离[5]

m

项目					线路电压/kV		
					≤1	10	35
铁路	标准轨距	垂直距离	至钢轨顶面		7.5	7.5	7.5
			至承力索接触线		3.0	3.0	3.0
		水平距离	电杆外缘至轨道中心	交叉	5.0		
				平行	杆高加3.0		
	窄轨	垂直距离	至钢轨顶面		6.0	6.0	7.5
			至承力索接触线		3.0	3.0	3.0
		水平距离	电杆外缘至轨道中心	交叉	5.0		
				平行	杆高加3.0		
道路	垂直距离				6.0	7.0	7.0
	水平距离（电杆至道路边缘）				0.5	0.5	0.5
通航河流	垂直距离	至50年一遇的洪水位			6.0	6.0	6.0
		至最高航行水位的最高桅顶			1.0	1.5	2.0
	水平距离	边导线至河岸上缘			最高杆（塔）高		
弱电线路	垂直距离				6.0	7.0	7.0
	水平距离（两线路边导线间）				0.5	0.5	0.5
电力线路	≤1kV	垂直距离			1.0	2.0	3.0
		水平距离（两线路边导线间）			2.5	2.5	5.0
	10kV	垂直距离			2.0	2.0	3.0
		水平距离（两线路边导线间）			2.5	2.5	5.0
	35kV	垂直距离			3.0	2.0	3.0
		水平距离（两线路边导线间）			5.0	5.0	5.0
特殊管道	垂直距离	电力线路在上方			1.5	3.0	3.0
		电力线路在下方			1.5	—	—
	水平距离（边导线至管道）				1.5	2.0	4.0

14.4.6 线路导线之间的最小距离[1]

m

线路电压/kV	挡距/m								
	40及以下	50	60	70	80	90	100	110	120
10	0.6	0.65	0.75	0.75	0.85	0.9	1.0	1.05	1.15
低压	0.3	0.4	0.45	0.5	—	—	—	—	—

14.4.7　同杆线路横担之间的最小距离[5]

m

项　目	直 线 杆	分支杆和转角杆
10kV 与 10kV	0.8	0.45/0.6*
10kV 与低压	1.2	1.0
低压与低压	0.6	0.3
10kV 与通信电缆	2.5	—
低压与通信电缆	1.5	—

*单回线路采用 0.6m；双回线路距上面的横担采用 0.45m，距下面的横担采用 0.6m。

14.4.8　建（构）筑物、设备与电力线的安全距离[1]

电压/kV	建(构)筑物与电力线的距离/m	电压/kV	建(构)筑物与电力线的距离/m
0.4	1	110	4
10	1.5	220	5
35	3		

14.4.9　架空线路挡距[3]

m

地　区	电　　压	
	高　压	低　压
城　区	40～50	30～45
居民区	35～50	30～40
郊　区	50～100	40～60

14.4.10　户外架空线路最小允许截面[1]

导线种类	铝及铝合金		铜		铁	
	单股	多股	单股	多股	单股	多股
最小允许截面/mm^2	不许使用	16	10	10	3.5	10

14.4.11　裸导线的线间和至建筑物表面的最小距离[4]

固定点间距/m	最小允许距离/mm	固定点间距/m	最小允许距离/mm
2 以下	50	4～6	150
2～4	100	6	200

14.4.12　接户线对地最小距离[4]

接 户 线 类 型		最小距离/m
高压接户线		4
低压接户线	一般	2.5
	跨越通车街道	6
	跨越通车困难街道、人行道	3.5
	跨越胡同（里、弄、巷）	3

14.4.13 绝缘电线至地面的最小距离[3]

布线方式	最小距离/m	布线方式	最小距离/m
电线水平敷设时：室内	2.5	电线垂直敷设时：室内	1.8
室外	2.7	室外	2.7

14.4.14 高温或腐蚀性场所绝缘电线间最小净距[3]

导线固定点间距 L/m	最小净距/mm	导线固定点间距 L/m	最小净距/mm
$L\leqslant 2$	75	$4<L\leqslant 6$	150
$2<L\leqslant 4$	100	$6<L\leqslant 10$	200

14.4.15 绝缘电线至建筑物的最小间距[3]

布线方式	最小间距/mm
水平敷设时的垂直间距：	
距阳台、平台、屋顶	2500
距下方窗户	300
距上方窗户	800
垂直敷设时至阳台、窗户的水平间距	750
电线至墙壁、构架的间距（挑檐下除外）	50

14.4.16 配线与管道间最小距离[4]

mm

管道名称		配线方式		
		穿管配线	绝缘导线明配线	裸导线配线
蒸汽管	平行	1000（500）	1000（500）	1500
	交叉	300	300	1500
暖、热水管	平行	300（200）	300（200）	1500
	交叉	100	100	1500
通风、上下水、压缩空气管	平行	100	200	1500
	交叉	50	100	1500

注：1. 表中带有括号者为在管道下边的数据。

2. 在达不到表中距离时，应采取下列措施：①蒸汽管当管外包隔热层后，其上下净距可减至200mm；交叉距离须考虑便于维修，但管线周围温度应经常在35℃以下；②暖、热水管包隔离层；③在裸导线处加装保护网。

3. 裸导线应敷设在管道的上侧。

14.4.17 户内低压线路与工业管道和工艺设备的最小距离[5]

mm

布线方式		穿金属管导线	电缆	明设绝缘导线	裸导线	起重机滑触线	配电设备
煤气管	平行	100	500	1000	1000	1500	1500
	交叉	100	300	300	500	500	—
乙炔管	平行	100	1000	1000	2000	3000	3000
	交叉	100	500	500	500	500	—
氧气管	平行	100	500	500	1000	1500	1500
	交叉	100	300	300	500	500	—
蒸汽管	平行	1000（500）	1000（500）	1000（500）	1000	1000	500
	交叉	300	300	300	500	500	—
暖热水管	平行	300（200）	500	300（200）	1000	1000	100
	交叉	100	100	100	500	500	—
通风管	平行	—	200	200	1000	1000	100
	交叉	—	100	100	500	500	—
上下水管	平行	—	200	200	1000	1000	100
	交叉	—	100	100	500	500	—
压缩空气管	平行	—	200	200	1000	1000	100
	交叉	—	100	100	500	500	—
工艺设备	平行	—	—	—	1500	1500	100
	交叉	—	—	—	1500	1500	—

14.4.18 电线管与其他管线的最小间距[1]

接近方式	距离/m		接近方式	距离/m	
	平行	交叉		平行	交叉
电线管与弱电流电线管、铁管	0.15	0.15	电线管与蒸汽管（在下面）	0.50	0.30
电线管与煤气管	0.10	0.10	电线管与蒸汽管（在上面）	1.00	0.30
电线管与乙炔管	0.10	0.10	电线管与暖水管（在下面）	0.20	0.10
电线管与氧气管	0.10	0.10	电线管与暖水管（在上面）	0.03	0.10

注：在不能满足表中所列距离时，应采取如下措施。①电线管与蒸汽管不能保持表中距离时，可在蒸汽管和电线管外包以绝热层，平行净距可减到0.2m，交叉处只需考虑施工维护方便；②电线管与暖水管同侧敷设时，可在暖水管外包绝热层；③电线管与暖水管同侧敷设时，宜敷设在暖水管的上面。

14.4.19 低压接户线的线间距离[4]

架设方式	挡距/m	线间距离/cm	架设方式	挡距/m	线间距离/cm
自电杆上引下	25及以下	15	沿墙敷设	6及以下	10
	25以上	20		6以上	15

14.4.20 户内、外明线装置的最小截面和距离[1]

装置场所	装置方法	绝缘导线最小截面/mm²		敷设距离					
				绝缘导线截面/mm²		前后支持物间的最大距离/m	线间最小距离/mm	与地面最小距离/m	
		铜芯	铝芯	铜芯	铝芯			水平敷设	垂直敷设
户内		0.5	1.5	0.5及以上	1.6及以上	0.5底钉间 0.3盖钉间		0.15	0.15
		0.5	1.5	0.5及以上	1.5及以上	0.2		0.15	0.15
		0.5	1.5	0.5及以上	1.5及以上	0.2		2.0	1.3
		1.0	1.5	1.0～2.5		0.6		2.0	1.3
				4.0～10.0		0.8			
		1.0	2.5	1.0～2.5		1.5	35	2.0	1.3
				4.0～10.0		2.0	50		
				16.0～25.0		2.5	50		
		2.5	4.0	—	4.0	6.0	100	2.0	1.3
				2.5及以上	6.0及以上	10.0	150		
户外		1.0	2.5			0.2		2.0	1.3
	瓷柱装在墙铁板上	1.5	2.5			4.0	100	2.5	
	瓷瓶 装在墙铁板上	2.5	6.0	2.5及以上	6.0及以上	10.0	150		
	瓷瓶 装在电杆横担上	2.5	6.0	2.5	6.0	10.0	200		
				4.0及以上	10.0及以上	25.0			

14.4.21 电缆之间，电缆与管道、道路、建筑物之间平行和交叉的最小允许净距[4]

序号	项目		最小允许净距/m		备注
			平行	交叉	
1	电力电缆间、电力电缆与控制电缆间	10kV及以下	0.10	0.50	1. 序号1，3项当电缆穿管或用隔板隔开时，平行净距可降低为0.1m 2. 在交叉点前后1m范围内，如电缆穿入管中或用隔板隔开，交叉净距可降为0.25m
		10kV以上	0.25	0.50	
2	控制电缆间		—	0.50	
3	不同使用部门的电缆间		0.50	0.50	
4	热管道（管沟）及热力设备		2.00	0.50	1. 考虑检修时不伤及电缆，在交叉点1m内，尚应采取保护措施 2. 交叉净距不能符合规定时，应将电缆穿入管中，其净距可减为0.25m 3. 对序号4应采取隔热措施，使电缆周围土墙的温度不超过10℃
5	油管道（管沟）		1.00	0.50	
6	可燃气体及易燃液体管道（管沟）		1.00	0.50	
7	其他管道（管沟）		0.50	0.50	
8	铁路路轨		3.00	1.00	
9	电气化铁路路轨	交流	3.00	1.00	
		直流	10.00	1.00	不能满足要求时，应采取防蚀措施
10	公路		1.50	1.00	特殊情况，平行净距可酌减，但必须要有措施
11	城市街道路面		1.00	0.70	
12	电杆基础（边线）		1.00	—	
13	建筑物基础（边线）		0.60	—	
14	排水沟		1.00	0.50	

14.4.22 直埋电缆与工艺设备的最小距离[5]

m

敷设条件	平行敷设	交叉敷设
与电杆或建筑物地下基础之间，控制电缆与控制电缆之间	0.6	—
10kV 以下的电力电缆之间或与控制电缆之间	0.1	0.5
10～35kV 的电力电缆之间或与其他电缆之间	0.25	0.5
不同部门的电缆（包括通信电缆）之间	0.5	0.5
与热力管沟之间	2.0	0.5
与可燃气体、可燃液体管道之间	1.0	0.5
与水管、压缩空气管道之间	0.5	0.5
与道路之间	1.5	1.0
与普通铁路路轨之间	3.0	1.0
与直流电气化铁路路轨之间	10.0	—

14.4.23 电缆支架间或固定点间的最大间距[3]

m

敷设方式	塑料护套、铝包、铅包钢带铠装		钢丝铠装
	电力电缆	控制电缆	
水平敷设	1.00	0.80	3.00
垂直敷设	1.50	1.00	6.00

14.4.24 电缆各支持点间的距离[3]

m

电缆种类		支架上敷设*		钢索上悬吊敷设	
		水平	垂直	水平	垂直
电力电缆	充油电缆	1.5	2.0	—	—
	橡塑及其他油纸电缆	1.0	2.0	0.75	1.5
控制电缆		0.8	1.0	0.6	0.75

*包括沿墙壁、构架、楼板等非支架固定。

14.4.25 支架层间垂直距离和通道宽度的最小净距[3]

m

敷设条件		电缆隧道（净高 1.90m）	电缆沟	
			沟深 0.60m 以下	沟深 0.60m 及以上
通道宽度	两侧设支架	1.00	0.30	0.50
	一侧设支架	0.90	0.30	0.45
支架层间垂直距离	电力电缆	0.20	0.15	0.15
	控制电缆	0.12	0.10	0.10

14.4.26　架空电缆与地面的最小净距[3]

m

线路通过地区	线路电压	
	高压	低压
居民区	6.00	5.50
非居民区	5.00	4.50
交通困难地区	4.00	3.50

14.5　静电安全防护

14.5.1　静电放电的主要类型、特点及引燃性[15]

放电类型	发生条件	放电特点及引燃性
电晕放电	当电极相距较远，在物体表面的尖端或突出部位电场较强处轻易发生	有时有声光，气体介质在物体尖端附近局部电离，不形成放电通道。感应电晕单次脉冲放电能量小于20μJ，有源电晕单次脉冲放电能量则较此大若干倍，其引燃能力甚小
刷形放电	在带电电位较高的静电非导体与导体间较易发生	有声光，放电通道在静电非导体表面附近形成许多分叉，在单位空间内释放的能量较小，一般每次放电能量不超过4mJ。引燃能力中等
火花放电	主要发生在相距较近的带电金属导体间	有声光，放电通道一般不形成分岔，电极上有明显放电集中点，释放能量比较集中，引燃能力很强
传播型刷形放电	仅发生在具有高速起电的场合，此时静电非导体厚度小于8mm，表面电荷密度大于$2.7\times10^{-4}C/m^2$。例如，气流输送设备中，静电非导体背面衬有接地导体时	有声光，放电时将静电非导体上一定范围内所带的大量电荷释放，放电能量大，引燃能力很强

14.5.2　人体带电电位与静电电击程度的关系[15]

人体电位/kV	电击程度	备注
1.0	完全无感觉	
2.0	手指外侧有感觉，但不疼	发出微弱的放电声
2.5	有针触的感觉，有哆嗦感，但不疼	
3.0	有被针刺的感觉，微疼	
4.0	有被针深刺的感觉，手指微疼	见到放电的微光
5.0	从手掌到前腕感到疼	指尖延伸出微光
6.0	手指感到剧疼，后腕感到沉重	
7.0	手指和手掌感到剧疼，稍有麻木感觉	
8.0	从手掌到前腕有麻木的感觉	
9.0	手腕感到剧疼，手感到麻木沉重	
10.0	整个手感到疼，有电流过的感觉	
11.0	手指剧麻，整个手感到被强烈电击	
12.0	整个手感到被强烈地打击	

注：人体的静电容量约为100pF。

14.5.3 典型静电序列[4]

第一种	第二种	第三种	第四种	第五种
玻璃	乙基赛璐珞酪朊	羊毛	羊毛	玻璃
头发		尼龙	尼龙	头发
尼龙	帕司派克司	粘胶纤维	绸	尼龙丝
羊毛	塔夫诺尔	木棉	粘胶纤维	尼龙聚合物
人造纤维（嫘萦）	硬橡胶	绸	人的皮肤	羊毛
绸	醋酸赛璐珞	醋酸盐	玻璃纤维	绸
醋酸人造丝	玻璃	丙烯酸树脂	木棉	粘胶纤维
奥纶（聚丙烯腈短纤维）棉混纺	金属	聚乙烯醇	玻璃	木棉
纸浆和滤纸	聚苯乙烯	达可纶（聚酯纤维）	达可纶（聚酯纤维）	纸
黑橡胶	聚乙烯	奥纶（聚丙烯腈短纤维）	铬	麻
涤纶（三菱）	聚四氟乙烯	达奈尔（40%丙烯腈，60%氯乙烯合成纤维）	奥纶（聚丙烯腈短纤维）	钢
维纶（聚乙烯醇缩甲醛纤维）	硝酸赛璐珞		聚乙烯	硬橡胶
沙纶		尼龙6		醋酸人造丝
达可纶（聚酯纤维）		聚乙烯		合成橡胶
涤纶（ICC）		聚四氟乙烯		奥纶（聚丙烯腈短纤维）
电石				沙纶
聚乙烯				聚乙烯
可耐可纶				
赛璐珞				
玻璃纸（赛璐珞）				
聚氯乙烯				
聚四氟乙烯				

注：1. 各序列中两种物质摩擦时，位于上面的物质带正电，位于下面的物质带负电。

2. 第一种序列是北川彻三在1958年提出的；第二种序列是罗斯和沃德在1957年提出的；第三种序列是咯希和蒙哥马利在1955年提出的；第四种序列是巴卢在1954年提出的；第五种序列是莱米克在1949年提出的。

14.5.4 穿棉织内衣和其他织物的衣服时，在不同情况下的静电电压[4]

材料	静电电压/V		
	穿上时	穿后5min	脱下时
棉织品	0	0	-500
涤棉织品			+100
羊毛织品	+100	+10	-4500~+4800
合成纤维织品	-100~200	-100~300	0~+40

14.5.5 穿合成纤维内衣和其他各种织物时，在不同情况下的静电电压[4]

材 料	静 电 电 压/V		
	穿上时	穿后5min	脱下时
棉织品	+10 ~ +30	+20 ~ +30	+60 ~ +1500
涤棉织品	0 ~ +10	-30 ~ -5	600
羊毛织品	+50 ~ +300	+80 ~ +150	

注：试验条件温度均为20℃，空气相对湿度为65%。由此表可见，在易燃、易爆的场合，工作人员均不应穿合成纤维服装。

14.5.6 静电危害的安全界限[15]

环 境 条 件	最大表面积/cm^2
Ⅰ类、Ⅱ类A及B组爆炸性气体	100
Ⅱ类A及B组爆炸性气体、外露静电非导体周边具有接地导体作边界	400
Ⅱ类C组爆炸性气体	20
Ⅱ类C组爆炸性气体、外露静电非导体周边具有接地导体作边界	100

14.5.7 危险场所和防爆型静电消除器的选择[6]

危 险 场 所		防 爆 结 构		
		静电消除电极	高压电线	高压电源
气体、蒸气危险场所	0级	内压防爆结构	特殊高压电线	
	1级	内压防爆结构	特殊高压电线	耐压防爆结构
	2级	内压防爆结构 防爆特殊型结构	特殊高压电线	耐压防爆结构
粉尘危险场所		粉尘防爆特殊结构	特殊高压电线	粉尘防爆结构

注：将高压电源设装于非危险场所时，可以用非防爆的高压电源。

14.5.8 不同场所对地面泄漏电阻的要求[4]

工 作 环 境	泄漏电阻	场 所 举 例
可能产生爆炸、火灾的危险场所	$10^8 \Omega$ 以下	手术室，可燃气体和溶剂贮藏室及其加工工序
可能产生静电过电的场所	$10^{10} \Omega$ 以下	粉体装袋，纸张卷取工序
可能产生生产故障的场所	$10^{11} \Omega$ 以下	计算机室，半导体加工场所

14.5.9 总泄漏电阻与带电状态的关系[4]

泄漏电阻/Ω	带电状态	泄漏电阻/Ω	带电状态
10^6以下	不带电	$10^{10} \sim 10^{12}$	带电量大
$10^6 \sim 10^8$	几乎不带电	10^{12}以上	大量带电
$10^8 \sim 10^{10}$	带电		

14.5.10 防静电添加剂的分类[4]

按照化合物分类	按照用途分类	按照使用方法分类
阳或阴离子传导性的化合物	合成树脂用	混合用
	纤维制品用	涂敷用
电子传导性的化合物	液体用	浸渍用
	纸用	喷涂用
	橡胶用	

14.5.11 烃类液体取样、检尺或测温前所需静置时间[11]

min

液体电导率/(S·m^{-1})	液体容积/m^3			
	<10	10~<50	50~<5000	>5000
$>10^{-8}$	1	1	1	2
10^{-12}~10^{-8}	2	3	20	30
10^{-14}~10^{-12}	4	5	60	120
$<10^{-14}$	10	15	120	240

注：若容器内设有专用量槽，则按液体容积<10m^{3}取值。

14.6 防雷保护

14.6.1 各类建筑物防直击雷要求[5]

类别	基本要求
第一类建筑物	1. 装设独立避雷针、架空避雷线或避雷网。避雷网的网格尺寸不应大于5m×5m或6m×4m，其支柱或端部至少应设一条引下线 2. 当装设独立接闪器有困难时，可沿屋角、屋脊、屋檐和檐角等易受雷击部位敷设避雷针、避雷线、避雷网等附设接闪器。这时，建筑物应装设均压环，环间垂直距离不应大于12m，并采用围绕建筑物的环形接地体。每一引下线的冲击接地电阻不应大于10Ω 3. 对于排放爆炸危险气体、蒸气或粉尘的放散管、呼吸阀、排风管等，如无管帽，接闪点及接闪器的保护范围外边线应在管口上方半径5m的半球之外；如有管帽，接闪点及接闪器的保护范围外边线应在表14.6.10所限定的距离之外 4. 对于无燃爆危险的排放管，管帽或管口在接闪器保护范围内即可 5. 当建筑物高度超过35m时，应采取侧击雷防护措施：自30m起，每6m沿建筑物四周装设水平均压带，并与引下线连接；30m及其以上的金属门窗、栏杆等构件与防雷装置连接
第二类建筑物	1. 沿建筑物屋角、屋脊、屋檐和檐角等易受雷击部位装设避雷针、避雷网或避雷带等接闪器，避雷网或避雷带的网格尺寸不应大于10m×10m或12m×8m 2. 无燃爆危险的金属放散管、呼吸阀、排风管、烟囱等可不另装接闪器，但必须与屋面防雷装置相连，其接地装置可以与电气设备的接地装置共用。每一引下线的冲击接地电阻不应大于10Ω 3. 对于排放爆炸危险气体、蒸气或粉尘的放散管、呼吸阀、排风管等，应按一级防雷建筑物考虑 4. 当建筑物高度超过45m时，应将45m及其以上的建筑物钢构架、混凝土钢筋、金属门窗或栏杆等构件与防雷装置连接，作侧击雷防护
第三类建筑物	1. 沿建筑物屋角、屋脊、屋檐和檐角等易受雷击部位装设避雷针、避雷网或避雷带等接闪器，避雷网或避雷带的网格尺寸不应大于20m×20m或24m×16m 2. 屋面上的金属放散管、呼吸阀、排风管、烟囱等可不另装接闪器，但必须与屋面防雷装置相连，其接地装置可以与电气设备的接地装置共用。每一引下线的冲击接地电阻一般不应大于30Ω，对于重要的建筑物则不得超过10Ω 3. 当建筑物高度超过60m时，应将60m及其以上的建筑物钢构架、混凝土钢筋、金属门窗或栏杆等构件与防雷装置连接，作侧击雷防护

注：对于易燃品储罐，避雷针与呼吸阀的水平距离不应小于3m（储量5000m^{3}以上者为5m），避雷针针尖高出呼吸阀不应小于3m（储量5000m^{3}以上者为5m），避雷针保护范围高出呼吸阀顶部不应小于2m。

14.6.2 建筑物防雷电侵入波的要求[5]

类别	供电线路	架空管道
第一类防雷建筑物	1. 全长采用直埋电缆，入户处电缆金属外皮、钢管与防雷电感应接地装置相连 2. 采用长度 $l \geqslant \sqrt{\rho} \geqslant 15m$（$\rho$ 为土壤电阻率，$\Omega \cdot m$）金属铠装电缆或护套电缆穿钢管直接埋地引入，入户处电缆金属外皮、钢管与防雷电感应接地装置相连，电缆与架空线连接处装设阀型避雷器，避雷器、电缆金属外皮、钢管、绝缘子铁脚、金具等一起接地，冲击接地电阻不应大于10Ω	1. 架空金属管道进、出建筑物处与防雷电感应接地装置相连，距离建筑物100m内的管道每25m左右接地一次，冲击接地电阻不应大于20Ω 2. 地下金属管道进、出建筑物处与防雷电感应接地装置相连
第二类防雷建筑物	1. 全长采用直埋电缆或架空金属线槽内电缆，入户处电缆金属外皮、金属线槽接地；对于有爆炸危险的建筑物应与防雷电感应接地装置相连 2. 采用架空线转一段电缆供电，要求与第一类防雷建筑物相同；对于无爆炸危险的建筑物，埋地电缆的长度应≥15m即可 3. 年平均雷暴日30d/a以下的地区，采用架空线直接引入，入户处应装设阀型避雷器或2~3mm的空气间隙，并与绝缘子铁脚、金具一起与防雷接地装置连接，冲击接地电阻不应大于5Ω；邻近入户处的三基电杆的绝缘子铁脚、金具接地，最近一处的冲击接地电阻不应大于10Ω，其余两处的不应大于20Ω；对于无爆炸危险的建筑物，这种供电方式不受雷暴日的限制，而且只需邻近入户处的两基电杆的绝缘子铁脚、金具接地，每处冲击接地电阻不应大于30Ω即可	1. 架空金属管道进、出建筑物处与防雷电感应接地装置相连，距离建筑物25m接地一次，接地电阻不应大于10Ω 2. 对于无爆炸危险的建筑物，允许金属管道进、出建筑物处直接接地，冲击接地电阻不应大于10Ω即可
第三类防雷建筑物	1. 采用电缆供电者，电缆进、出线端电缆金属外皮、钢管等与电气设备接地装置相连 2. 采用架空线转电缆供电者，要求与第二类防雷建筑物相同，但冲击接地电阻不应大于30Ω 3. 采用架空线供电者，进、出线处避雷器与绝缘子铁脚、金具一起与电气设备的接地装置连接；多回路进、出线时，可在母线或总配电箱处装设一组避雷器	架空金属管道进、出建筑物处接地，冲击接地电阻不应大于30Ω

14.6.3 接闪器常用材料的最小尺寸[5]

类别	规格	圆钢或钢管		扁钢	
		圆钢直径/mm	钢管直径/mm	截面/mm^2	厚度/mm
避雷针	针长1m以下	12	20	—	—
	针长1~2m	16	25	—	—
	针在烟囱上方	20	—	—	—
避雷网和避雷带	网格6m×6m~10m×10m	8	—	48	4
	网格在烟囱上方	12	—	100	4

14.6.4 阀式避雷器至 3~10kV 主变压器的最大电气距离[16]

雷季经常运行的进线路数	1	2	3	≥4
最大电气距离/m	15	20	25	30

14.6.5 避雷器至 35kV 变压器的最大电气距离[6]

进线回路数	1	2	3	4 及以上
电气距离/m	25	35	40	45

14.6.6 避雷设施引下线之间的距离[6]

建筑物和构筑物类别	工业第一类	工业第二类	工业第三类	民用第一类	民用第二类
最大距离/m	18	24	30	24	—

14.6.7 保护间隙的主间隙最小距离[10]

额定电压/kV	3	6	10	20	35	60	110	
							中性点直接接地系统	中性点非直接接地系统
间隙距离/m	8	15	25	100	210	400	700	750

14.6.8 保护间隙的辅助间隙最大距离[10]

额定电压/kV	3	6	10	20	35
辅助间隙距离/mm	5	10	10	15	20

14.6.9 接闪器布置[17]

建筑物防雷类别	滚球半径 h_r/m	避雷网网格尺寸/（m×m）
第一类防雷建筑物	30	≤5×5 或≤6×4
第二类防雷建筑物	45	≤10×10 或≤12×8
第三类防雷建筑物	60	≤20×20 或≤24×16

注：1. 布置接闪器时，可单独或任意组合采用滚球法、避雷网。

2. 滚球法是以 h_r 为半径的一个球体，沿需要防直击雷的部位滚动，当球体只触及接闪器（包括被利用作为接闪器的金属物），或只触及接闪器和地面（包括与大地接触并能承受雷击的金属物），而不触及需要保护的部位时，则该部分就得到接闪器的保护。

14.6.10 排气式避雷器外间隙的距离[16]

系统标称电压/kV	3	6	10	20	35
最小距离/mm	8	10	15	60	100
最大距离/mm	—	—	—	150~200	250~300

14.6.11 有避雷线线路的耐雷水平[16]

标 称 电 压/kV		35	66	110	220	330	500
耐雷水平/kA	一般线路	20~30	30~60	40~75	75~110	100~150	125~175
	大跨越挡中央和发电厂、变电所进线保护段	30	60	75	110	150	175

14.6.12 防止反击要求的大跨越挡导线与避雷线间的距离[16]

系统标称电压/kV	35	66	110	220	330	500
距离/m	3.0	6.0	7.5	11.0	15.0	17.5

14.6.13 普通阀式避雷器至主变压器间的最大电气距离[16]

m

系统标称电压/kV	进线长度/km	进线路数			
		1	2	3	≥4
35	1	25	40	50	55
	1.5	40	55	65	75
	2	50	75	90	105
66	1	45	65	80	90
	1.5	60	85	105	115
	2	80	105	130	145
110	1	45	70	80	90
	1.5	70	95	115	130
	2	100	135	160	180
220	2	105	165	195	220

注：1. 全线有避雷线进线长度取2km，进线长度在1～2km间时的距离按补插法确定。
2. 35kV也适用于有串联间隙金属氧化物避雷器的情况。

14.6.14 金属氧化物避雷器至主变压器间的最大电气距离[16]

m

系统标称电压/kV	进线长度/km	进线路数			
		1	2	3	≥4
110	1	55	85	105	115
	1.5	90	120	145	165
	2	125	170	205	230
220	2	125（90）	195（140）	235（170）	265（190）

注：1. 本表也适用于电站碳化硅磁吹避雷器（FM）的情况。
2. 表中括号内距离对应的雷电冲击全波耐受电压为850kV。
3. 标准绝缘水平指35，66，110及220kV变压器、电压互感器；标准雷电冲击全波耐受电压分别为200，325，480及950kV。
4. 110kV及220kV金属氧化物避雷器在标称放电电流下的残压分别为260kV及520kV。

14.6.15 按烟囱的高度选择避雷针的根数[10]

烟囱尺寸										
烟囱尺寸	内径/m	1	1	1.5	1.5	2	2	2.5	2.5	3
	高度/m	15～30	31～50	15～45	46～80	15～30	31～100	15～30	31～100	15～100
避雷针根数		1	2	2	3	2	3	2	3	3
避雷针长度/m		1.5	1.5	1.5	1.5	1.5	1.5	1.5	1.5	1.5

14.6.16 防雷水平接地体形状系数[6]

形状			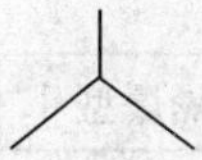	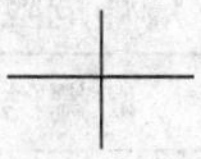
*K*值	0	0.378	0.867	2.14
形状	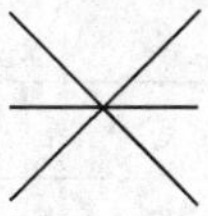	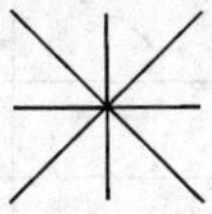		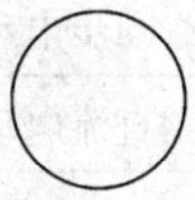
*K*值	5.27	8.81	1.68	0.48

14.6.17 防雷接地装置所用材料最小尺寸[6]

圆钢直径/mm	扁钢		角钢厚度/mm	钢管壁厚/mm
	截面/mm^2	厚度/mm		
10	100	4	4	3.5

14.7 防爆电气安全

14.7.1 新型防爆电器类型及标志[12]

	标志			标志	
类型	煤矿用（Ⅰ）	工厂用（Ⅱ）	类型	煤矿用（Ⅰ）	工厂用（Ⅱ）
增安型	eⅠ	eⅡ	充油型	oⅠ	oⅡ
隔爆型	dⅠ	dⅡ	充砂型	qⅠ	qⅡ
本质安全型	iaⅠ，ibⅠ	iaⅡ，ibⅡ	无火花型	nⅠ	nⅡ
正压型	pⅠ	pⅡ	防爆特殊型	sⅠ	sⅡ

14.7.2 粉尘防爆电气设备标志[1]

标志	标志意义	适用范围
DIP DPT$_{11}$	密封型防尘外壳，T_{11}温度组别	适用于工厂中存有T_{11}组可燃性非导电粉尘场所
DIP DPT$_{13}$	尘密型防尘外壳，T_{13}温度组别	适用于工厂中具有T_{11}组及以下的爆炸粉尘及可燃粉尘场所

注：1. DIP——防粉尘点燃代号。

2. 从粉尘引燃的危险程度看，$T_{13} > T_{12} > T_{11}$，所以T_{13}组及以下包括T_{13}，T_{12}，T_{11}组的爆炸危险粉尘及可燃粉尘。

14.7.3 粉尘防爆电气设备选型[1]

粉尘种类	10区	11区
爆炸性粉尘	DT	DT
可燃性导电粉尘	DT	DT
可燃性非导电粉尘	DT	DT

14.7.4　旋转电机防爆结构的选型[3]

爆炸危险区域	1　区			2　区			
防爆结构	隔爆型 d	正压型 p	增安型 e	隔爆型 d	正压型 p	增安型 e	无火花型 n
鼠笼型感应电动机	○	○	△	○	○	○	○
绕线型感应电动机	△	△		○	○	○	×
同步电动机	○	○	×	○	○	○	
直流电动机	△	△		○	○		
电磁滑差离合器（无电刷）	○	△	×	○	○	○	△

注：1. 表中符号：○为适用；△为慎用；×为不适用（下同）。

2. 绕线型感应电动机及同步电动机采用增安型时，其主体是增安型防爆结构，发生电火花的部分是隔爆或正压型防爆结构。

3. 无火花型电动机在通风不良及户内具有比空气重的易燃物质区域内慎用。

14.7.5　电气设备防护结构的选型[3]

<table>
<tr><th colspan="2" rowspan="2">电 气 设 备</th><th colspan="3">火 灾 危 险 区 域</th></tr>
<tr><th>21 区</th><th>22 区</th><th>23 区</th></tr>
<tr><td rowspan="2">电机</td><td>固定安装</td><td>IP44</td><td rowspan="2">IP54</td><td>IP21</td></tr>
<tr><td>移动式、携带式</td><td>IP54</td><td>IP54</td></tr>
<tr><td rowspan="2">电器和仪表</td><td>固定安装</td><td>充油型、IP54、IP44</td><td rowspan="2">IP54</td><td>IP44</td></tr>
<tr><td>移动式、携带式</td><td>IP54</td><td>IP44</td></tr>
<tr><td rowspan="2">照明灯具</td><td>固定安装</td><td>IP2X</td><td rowspan="4">IP5X</td><td rowspan="4">IP2X</td></tr>
<tr><td>移动式、携带式</td><td rowspan="3">IP5X</td></tr>
<tr><td colspan="2">配电装置</td></tr>
<tr><td colspan="2">接线盒</td></tr>
</table>

注：1. 在火灾危险环境 21 区内固定安装的正常运行时有滑环等火花部件的电机，不宜采用 IP44 型结构。

2. 在火灾危险环境 23 区内固定安装的正常运行时有滑环等火花部件的电机，不应采用 IP21 型结构，而应采用 IP44 型。

3. 在火灾危险环境 21 区内固定安装的正常运行时有火花部件的电器和仪表，不宜采用 IP44 型。

4. 移动式和携带式照明灯具的玻璃罩，应有金属网保护。

5. 表中防护等级的标志应符合现行国家标准《外壳防护等级的分类》的规定。

14.7.6　低压变压器类防爆结构的选型[3]

电 气 设 备	爆 炸 危 险 区 域						
	1 区			2 区			
	隔爆型 d	正压型 p	增安型 e	隔爆型 d	正压型 p	增安型 e	充油型 o
变压器（包括启动用）	△	△	×	○	○	○	○
电抗线圈（包括启动用）	△	△	×	○	○	○	○
仪表用互感器	△		×	○		○	○

14.7.7 低压开关和控制器类防爆结构的选型[3]

电气设备	爆炸危险区域										
	0区	1区					2区				
	本质安全型 ia	本质安全型 ia，ib	隔爆型 d	正压型 p	充油型 o	增安型 e	本质安全型 ia，ib	隔爆型 d	正压型 p	充油型 o	增安型 e
刀开关、断路器			○					○			
熔断器			△					○			
控制开关及按钮	○	○	○		○		○	○		○	
电抗启动器和启动补偿器			△				○				○
启动用金属电阻器			△	△		×		○	○		○
电磁阀用电磁铁			○			×		○			○
电磁摩擦制动器			△			×		○			△
操作箱、柱			○	○				○	○		
控制盘			△	△				○	○		
配电盘			△					○			

注：1. 电抗启动器和启动补偿器采用增安型时，是指将隔爆结构的启动运转开关操作部件与增安型防爆结构的电抗线圈或单绕组变压器组成一体的结构。
2. 电磁摩擦制动器采用隔爆型时，是指将制动片、滚筒等机械部分也装入隔爆壳体内的结构。
3. 在2区内电气设备采用隔爆型时，是指除隔爆型外，也包括主要有火花部分为隔爆结构而其外壳为增安型的混合结构。

14.7.8 灯具类防爆结构的选型[3]

电 气 设 备	爆 炸 危 险 区 域			
	1 区		2 区	
	隔 爆 型 d	增 安 型 e	隔 爆 型 d	增 安 型 e
固定式灯	○	×	○	○
移动式灯	△		○	
携带式电池灯	○		○	
指示灯类	○	×	○	○
镇流器	○	△	○	○

14.7.9 信号、报警装置等电气设备防爆结构的选型[3]

电气设备	爆炸危险区域								
	0区	1 区				2 区			
	本质安全型 ia	本质安全型 ia，ib	隔爆型 d	正压型 p	增安型 e	本质安全型 ia，ib	隔爆型 d	正压型 p	增安型 e
信号、报警装置	○	○	○	○	×	○	○	○	○
插接装置			○				○		
接线箱（盒）			○		△		○		○
电气测量表计			○	○	×		○	○	○

14.7.10 爆炸危险场所电气线路选型[1]

配线方式		爆炸危险区域				
		0	1	2	10	11
本质安全型电气设备的配线工程		○	○	○	○	○
低压镀锌钢管配线工程		×	○	○	×	○
电缆工程	低压电缆	×	○	○	×	○
	高压电缆	×	△	○	×	○

注：○表示适用，△表示尽量避免，×表示不适用。

14.7.11 防爆型电气设备的性能与标志[4]

类型	类型部件情况	适用的爆炸性混合物	标志
隔爆型	1. 无其他类型部件 2. 无其他类型部件	甲烷 乙烷	B_1a B_2a
防爆充油型	1. 有隔爆安全型部件 2. 有防爆安全型部件 3. 无其他类型部件	乙烷 乙烷 二硫化碳	CB_3b CAc COe
防爆安全型	1. 有隔爆型部件 2. 有防爆通风充气型部件 3. 有防爆充油型部件 4. 无其他类型部件	甲苯 二硫化碳 二硫化碳 乙醚	AB_2a AFe ACe AOd
防爆通风充气型	1. 有隔爆型部件 2. 有防爆安全型部件 3. 有隔爆和防爆型部件 4. 有隔爆型部件 5. 无其他类型部件	乙烷 丁烷 己烷 氢 氢	FB_2a FAb FB_2Ae FB_4a FOa

14.7.12 电气设备最高允许表面温度[3]

℃

引燃温度组别	无过负荷的设备	有过负荷的设备
T11	215	195
T12	160	145
T13	120	110

14.7.13 爆炸危险区域内电气设备的极限温度和温升[2]

爆炸性混合物的自燃点/℃	隔爆型、正压型、增安型、外壳表面及能与爆炸性混合物直接接触的零部件		充油型和非防爆充油型的油面	
	极限温度/℃	极限温升/℃	极限温度/℃	极限温升/℃
450 以上	360	320	100	60
300 ~ 450	240	200	100	60
200 ~ 300	160	120	100	60
135 ~ 200	110	70	100	60
135 以下	80	40	80	40

14.7.14 按爆炸危险场所选择电气设备[4]

危险场所等级		有可燃气体、易燃液体场所			有可燃粉尘、纤维的场所	
		正常情况下能达到爆炸浓度的场所（Q－1级）	事故或检修时达到爆炸浓度场所（Q－2级）	事故或检修时不易在整个区域达到爆炸浓度场所（Q－2级）	正常情况下能达到爆炸浓度场所（G－1级）	事故或检修时能达到爆炸浓度场所（G－2级）
电动机		隔爆型 防爆通风充气型	任意一种防爆型	封闭式	任意一级隔爆型、防爆通风充气型	封闭式
电器和仪表	固定安装	防爆型 防爆充油型 防爆通风充气型 防爆安全型	任意一种防爆类型	防尘型 防水型	任意一级隔爆型、防爆通风充气型	防尘型
	移动式	防爆型 防爆通风充气型 防爆安全型	除防爆充油型外任意一种防爆类型	除防爆充油型外任意一种防爆型、防水型、密封型	任意一级隔爆型、防爆通风充气型	防尘型
	带式	隔爆型 防爆安全型	除防爆充油型外任意一种防爆类型	除防爆充油型外任意一种防爆型、防水型、密封型	任意一级隔爆型	防尘型
照明灯具	固定安装式或移动式	隔爆型 防爆通风充气型	任意一种防爆类型	防尘型	任意一级隔爆型	防尘型
	携带式	隔爆型	隔爆型	隔爆安全型	任意一级隔爆型	防尘型
变压器		隔爆型 防爆通风充气型	任意一种防爆型	防尘型	任意一级隔爆型	防尘型
通信电器		隔爆型 防爆充油型 防爆通风充气型 防爆安全型	任意一种防爆型	密封型	任意一种隔爆型、防爆充油型、防爆通风充气型	防尘型
配电装置		隔爆型 防爆通风充气型	任意一种防爆型	密封型	任意一种隔爆型、防爆通风充气型	防尘型

注：1. 正常情况，是指连续或经常存在爆炸性混合物的地点。例如贮存易燃液体的贮罐或工艺设备内的上部空间。这个空间是不宜设置电气设备的，但为了测量、保护或控制的要求，可装设防爆安全型电气设备。
2. 事故排风用电动机，应选用任意一种防爆类型的电气设备。
3. 电动机正常运行时有火花的部件（如滑环），应置于防爆通风充气型或封闭式的罩子内。
4. 正常运行时不发生火花的部件和按工作条件发热不会超过80℃的电器和仪表，可选用防尘型。
5. 用于事故排风机的电动机的控制设备（如按钮），应选用任意一种防爆类型的电气设备。
6. 照明灯具的玻璃罩应有金属网保护。

14.7.15 按火灾危险场所等级选用电气设备[4]

设 备 种 类		可燃液体（H－1级）	悬浮状、堆积状可燃粉尘或可燃纤维（H－2级）	固体状可燃物质（H－3级）
电机	固定安装	防溅式	封闭式	防漏式
	移动式和携带式	封闭式	封闭式	封闭式
电器和仪表	固定安装	防水型、防尘型、充油型、保护型	防尘型	开启型
	移动式和携带式	防水型、防尘型	防尘型	保护型

（续表）

设 备 种 类		可燃液体（H－1级）	悬浮状、堆积状可燃粉尘或可燃纤维（H－2级）	固体状可燃物质（H－3级）
照明灯具	固定安装	保护型	防尘型	开启型
	移动式和携带式	防尘型	防尘型	保护型
配电装置		防尘型	防尘型	保护型
接线盒		防尘型	防尘型	保护型

注：1. 电机正常运行时，会发生火花的部件（如滑环）应装在全封闭的罩子内。
2. 正常运行时有火花的部件（如滑环），电机最低应选用防溅式。
3. 正常运行时有火花的设备，不宜采用保护型。
4. 照明灯具的玻璃应用金属网保护。
5. 在可燃纤维火灾危险场所，固定安装时，允许采用普通荧光灯。

参 考 文 献

[1] 鹿继续，罗顶端，朱兆华，等．电工安全技术［M］．北京：化学工业出版社，2005.
[2] 张庆河．电气与静电安全［M］．北京：中国石化出版社，2005.
[3] 陆荣华，电气安全手册［M］．北京：中国电力出版社，2005.
[4] 罗云．工业安全卫生基本数据手册［M］．北京：中国商业出版社，1995.
[5] 杨有启，钮英建．电气安全工程［M］．北京：首都经贸大学出版社，2000.
[6] 杨有启．静电安全技术［M］．北京：化学工业出版社，1983.
[7] 马昌金，严振华．工业生产安全技术概要与实用数据手册［M］．北京：电子工业出版社，1994.
[8] 孙桂林，臧吉昌．安全工程手册［M］．北京：中国铁道出版社，1989.
[9] 稽敬文．安全技术手册［M］．北京：水利电力出版社，1989.
[10] 绳慧君．安全技术与劳动保护问答1500例［M］．北京：经济日报出版社，1993.
[11]《劳动安全国家标准选编》选编组．劳动安全国家标准汇编（二）［M］．北京：中国标准出版社，1994.
[12] 王晶禹，王宝国，张树通．危险化学品储存［M］．北京：化学工业出版社，2005.
[13] 郭汀，李世林，郭仲璠，等．GB 4208—1993 外壳防护等级（IP代码）［S］．国家技术监督局，1993.
[14] 王扬顺，宋吉明，陆勤，等．GB/T 3787—2006 手持式电动工具的管理、使用、检查和维修安全技术规程［S］．北京：中国标准出版社，2006.
[15] 赵留根，肖义庆，臧兰兰，等．GB 12158—2006 防止静电事故通用导则［S］．中华人民共和国国家质量监督检验检疫总局，中国国家标准化管理委员会，2006.
[16] 杜澍春，陈维江．DL/T 620—1997 交流电气装置的过电压保护和绝缘配合［S］．中华人民共和国电力工业部，1997.
[17] 林维勇．GB 50057—1994 建筑物防雷设计规范［S］．中华人民共和国建设部，1994.

15 机 械 安 全

15.1 机械加工一般安全要求

15.1.1 机械加工车间通道宽度[1]

通道要求	最大宽度/mm	通道要求	最大宽度/mm
行人通道	≥1000	电瓶车对开	3000
电瓶车单向行驶	1800	叉车或汽车开进	3500

15.1.2 平稳转动的操纵力推荐值[1]

N

操纵方式	操纵器型式			
	按钮	操纵杆	手轮驾驶盘	踏板
用手指	5	10	10	—
用手掌	10	—	—	—
用手掌和手臂	—	60（150）	40（150）	—
用双手	—	90（200）	60（250）	—
用脚	—	—	—	120（200）

15.1.3 平稳转动操纵的最大用力[1]

转动部位与特征	最大用力/N	转动部位与特征	最大用力/N
用手转动	10	用手最快转动	9~23
用手和前臂转动	23~40	精确安装时的转动	23~25
用手和全臂转动	80~100		

15.1.4 视距与显示数字高度[1]

视距（眼到文字的距离）/m	数字高度/mm	视距（眼到文字的距离）/m	数字高度/mm
0.5以下	2.3~5.6	1.8~3.6	17.3~39.9
0.5~0.9	4.3~10.2	3.6~6.0	28.7~66.8
0.9~1.8	8.6~17.3		

15.1.5 机床噪声允许标准[1]

机床类型	容许标准/dB	机床类型	容许标准/dB
高精度机床	<75	精密机床和普通机床	<85

15.2 冲压机械安全

15.2.1 操纵按钮与压力机危险区的最小距离[1]（用于刚性离合器的压力机）

mm

行程次数/(r·min⁻¹)	刚性离合器接合次数				行程次数/(r·min⁻¹)	刚性离合器接合次数			
	1	2	3	4		1	2	3	4
50	288	192	160	114	120	120	80	67	60
55	262	175	146	131	125	116	77	64	58
60	240	160	134	120	130	111	74	62	56
65	222	148	124	111	135	107	72	60	54
70	206	138	115	103	140	103	69	58	52
75	192	128	107	96	145	100	67	56	50
80	180	120	100	90	150	96	64	54	48
85	170	113	95	85	155	93	62	52	47
90	160	107	89	80	160	90	60	50	45
95	152	102	85	76	165	88	59	49	44
100	144	96	80	72	170	85	57	48	43
105	138	92	77	69	175	83	55	46	42
110	131	88	73	66	180	80	54	45	40
115	126	84	70	63					

15.2.2 冲压机工作台面与防护罩的最大开口空隙尺寸[1]

防护罩开口点到危险工作点的距离/mm	最大间隙/mm	防护罩开口点到危险工作点的距离/mm	最大间隙/mm
13～38	3	189～316	32
38～63	9	316～392	38
63～88	13	392～443	47
88～139	16	443～800	54
139～164	19	大于800	153
164～189	22		

15.2.3 冲压设备的安全防护装置[1]

装置名称		优点	缺点	用途	使用情况
机械式防护装置	推手式防护装置	结构简单、安全可靠	易打痛人手	适用于630kN以下，行程次数大于60次小型开式压机	对作业干扰影响较大，应用比较有限
	摆杆护手装置（扳手保护装置）	结构简单、安全可靠	易打痛人手	用于1600kN左右，行程次数30次左右压机	
	拉手式安全装置	结构简单、安全可靠、调整方便	手臂活动范围小，较落后的初级方法	用于行程大于40mm、冲程次数小于120次压机操作，较为危险时采用	
双手按钮式保护装置		结构简单、安全可靠	不适合小型零件冲压加工	用于不能使用安全工具、手工操作较大坯件时，用于各种压机	

（续表）

装置名称		优点	缺点	用途	使用情况
光电式保护装置		使用方便	发射和接收器调整困难	通用性能	适用范围广泛
电容式保护装置		结构简单、方便、耐用	调整复杂、可靠性差		少采用
接触式保护装置	常闭式	结构简单、成本低、方便	触杆调整不当易伤手，电路易出故障		一般
	常开式				

15.2.4 冲压作业手用安全工具[1]

分类		特点	适用范围
弹性夹钳		体积小，质量轻，适用性强，操作简单灵活，劳动强度小	质量在0.5kg以下的各种形状的薄料加工零件
专用夹钳（卡钳）		体积小，质量轻，适用性强，操作简单灵活，劳动强度小	质量在0.5kg以下的各种形状的冲压制件
磁性吸盘	永磁吸盘	磁力可调，电磁吸盘所使用的电压为<36V的安全电压	薄片型平整钢质冲制零件
	电磁吸盘		
真空吸盘		设备简单，操作方便	钢质、铜质、铝质及胶木制成的片状平整冲制零件
气动夹钳		空气作动力，经济	形状复杂的大型覆盖件

注：手用安全工具常用在小型开式压机上；手工具采用轻金属和非金属材料制造。

15.2.5 模具安全防护[1]

种类		型式	用途	作用
模具防护罩（板）		固定防护板 固定防护栅栏 折叠式防护罩 锥形弹簧防护罩	用于凹模 用于凸模	达到实现安全区操作
模具进出料装置	手工送料	固定导板送料装置 滑板送料装置	用于漏模出件模具	能将操作者的双手隔离在冲模危险区外
	机械送料	活动模 杠杆送料	用于凹模 用于厚度大于1.5mm的平整坯件	
	机械出料	滑板式 气动推杆式 弹（簧）击（出）式	结构简单，动作准确方便、安全，使用广泛	

15.2.6 压力机安全保护装置的选择[1]

类型	安装位置和要求	适用性	
		优点	缺点
冲模安全罩	安装在下模座或退料板的固定位置上	体积小，能有效地保证安全作业	给冲模的安装、调试及工件的进出带来困难
固定式安全罩	安装在压力机立柱或工作台上	对冲模的安装、调试很方便	须按不同的冲模结构和尺寸配置，增加了安全罩的品种和数量
可调试安全罩	安装在压力机立柱或工作台上	一台压力机不需多套安全罩，减少了安全罩的品种和数量	调整费时、费事，不能按不同冲模调整到很正确的位置，更换冲模也较困难
连锁式安全罩	安装在压力机立柱或工作台上或模座上；与压力机离合器控制系统连锁；除“寸动”运转规范外，滑块在运动时安全罩不能被打开	更换和调试冲模很方便；不需按不同的冲模结构和尺寸配置	增加了铰接及可动部件，造价较高

15.2.7 压力机安全保护控制装置的选择[1]

压力机类型		刚性离合器压力机		摩擦离合器压力机		液压机
行程次数/（次·min^{-1}）		≤120	>120	≤120	>120	
装置类型	可移式隔栏	√	×	√	×	√
	传感式安全控制装置	×	×	√	√	√
	双手式安全装置	×	√	√	√	√
	拉手式安全控制装置	√	×	√	×	√
	限制式安全控制装置	√	×	√	×	√

注：√表示可以选用；×表示不可以选用。

15.2.8 冲压车间光照度[3]

工作面和工作点	照度/lx	工作面和工作点	照度/lx
剪切机的工作台面，水平照度	500	压力机控制按钮，垂直照度	300
压力机上的下模，水平照度	500	压力机启动踏板，水平照度	150
压力机上的上模，垂直照度	500	车间内部仓库的地面上照度	100

15.2.9 冲压车间通道宽度[3]

通道名称	代号	宽度/m
车间主通道	L	3.5~6
压力机生产线之间的通道：		
大型压力机①	L_1	≥4
中型压力机②	L_2	≥3
小型压力机③	L_3	≥2.5
从通道边界到厂房构件的距离	L_4	≥0.2
从通道边界到设备的距离	L_5	≥0.4
工部（工段）之间的通道		2.5~4
车间过道		≥2

① 大型压力机系指大于等于8000kN单点、大于等于6300kN双点压力机。

② 中型压力机系指1600~6300kN单点、1600~4000kN双点压力机。

③ 小型压力机系指小于等于1000kN压力机。

15.2.10 大型压力机的排列间距[3]

压力机排列	间距/m			
	L	L_1	L_2	L_3
横向排列	5	10	5.5	4
纵向排列	5	12	1.0	1.5

15.2.11 中型压力机的排列间距[3]

压力机排列	间距/m				
	L	L_1	L_2	L_3	L_4
横向排列3排	3.5	3		5.5	3
纵向排列3排	3.5	3		1	1.3
横向排列4排	4	3	3.5	5.5	2.5

15.2.12 小型压力机的排列间距[3]

压力机类型	压力/kN	间距/m			
		L	L_1	L_2	L_3
有自动进给料（条料）的开式单点压力机	≤400 500～2500	1.5	4 4.5	2.8 1.2	0.5
没有自动进给料（条料）的单点压力机	≤400 500～2500	2	2～2.5 3	0.4 0.5	1.2

15.2.13 防护罩或防护隔栏的安装位置[7]

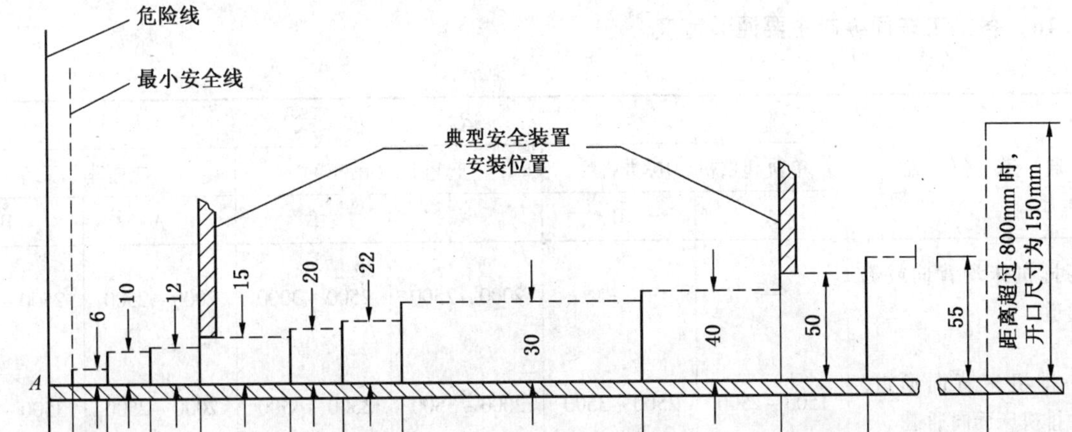

15.2.14 车间兼职安全检查人员配备规定[5]

车间规模		应配备的兼职安全检查员人数
分类	指标	
压力机操作人数	≤50	1
	>50~100	2
	>100~200	3
	>200~300	4
	>300	5
压力机数量/台	≤20	1
	>20~50	2
	>50~100	3
	>100	4
冲模数/套	≤200	1
	>200	2

15.2.15 机床间的最小距离及机床至墙壁和柱之间的最小距离[3]

mm

最小距离	机床轮廓尺寸（长×宽）/（mm×mm）			
	≤1800×800	≤4000×2000	≤8000×4000	≤16000×6000
a	700	900	1400	1800
b	700	800	1200	1400
c	1300	1500	1800	—
d	2000	2500	2800	—
e	1300	1500	—	—
f	700	800	900	—
g	1300	1500	1800	—

15.2.16 各加工车间纵向主要通道宽度[3]

mm

通道位置	运输方式					
	单轨起重机、电动葫芦		起重机（吊车）		电瓶车、叉车	
	A	B	A	B	A	B
两排机床均背向或侧向通道	—	—	2000~2500	2500~3000	2000~2500	2500~3000
一排机床背向通道，另一排机床面向通道	1500~2500	2500~3500	2000~3500	3300~4500	2000~2500	3500~4000
两排机床均面向通道	1500~2500	3200~4000	2000~3500	4000~5500	2000~2500	4000~4500

注：通道的具体尺寸应根据经常搬运工件的尺寸确定，工件尺寸越大，通道应越宽。

15.3 切削机械安全

15.3.1 普通砂轮最大工作线速度[1]

砂轮	线速度/（m·s⁻¹）			砂轮	线速度/（m·s⁻¹）		
	陶瓷	树脂	橡胶		陶瓷	树脂	橡胶
平行砂轮	35	40	35	杯形砂轮	30	35	
双斜边砂轮	35	5		碟形1号砂轮	30	35	
单斜边砂轮	35	35		碟形2号砂轮	30		
单面凹砂轮	35			碟形3号砂轮	30		
单面凹带锥砂轮	35						
双面凹砂轮	35			磨量规砂轮	30	30	
双面凹带锥砂轮	35			柔软抛光砂轮			25
薄片砂轮	35	50	50	丝锥抛光砂轮			20
碗形砂轮	30	35		板牙抛光砂轮			20

注：其中粒度为36号及更粗，而硬度为R_3及更软的砂轮，最大工作线速度应低于表中规定的20%。在磨削工作中，砂轮的安全圆周速度已给定，根据砂轮的直径，可求出砂轮的转速（r/min）：

$$n=\frac{60\times1000\times v}{\pi\times D}$$

15.3.2 磨具的最高工作速度[2]

序号	磨具类别	形状代号	最高工作速度/（m·s⁻¹）				
			陶瓷结合剂	树脂结合剂	橡胶结合剂	菱苦土结合剂	增强树脂结合剂
1	平形砂轮	1	35	40	35	—	—
2	丝锥板牙抛光砂轮	1	—	—	20	—	—
3	石墨抛光砂轮	1	—	30	—	—	—
4	镜面磨砂轮	1	—	25	—	—	—
5	柔性抛光砂轮	1	—	—	23	—	—
6	磨螺纹砂轮	1	50	50	—	—	—
7	重负荷修磨砂轮	1	—	50~80	—	—	—
8	筒形砂轮	2	25	30	—	—	—
9	单斜边砂轮	3	35	40	—	—	—
10	双斜边砂轮	4	35	40	—	—	—
11	单面凹砂轮	5	35	40	35	—	—
12	杯形砂轮	6	30	35	—	—	—
13	双面凹一号砂轮	7	35	40	35	—	—
14	双面凹二号砂轮	8	30	30	—	—	—
15	碗形砂轮	11	30	35	—	—	—
16	碟形砂轮	12a，12b	30	35	—	—	—
17	单面凹带锥砂轮	23	35	40	—	—	—
18	双面凹带锥砂轮	26	35	40	—	—	—

（续表）

序号	磨具类别	形状代号	最高工作速度/（m·s⁻¹）				
			陶瓷结合剂	树脂结合剂	橡胶结合剂	菱苦土结合剂	增强树脂结合剂
19	钹形砂轮	27	—	—	—	—	60~80
20	砂瓦	31	30	30	—	—	—
21	螺栓紧固平形砂轮	36	—	35	—	—	—
22	单面凸砂轮	38	35	—	—	—	—
23	薄片砂轮	41	35	50	50	—	60~80
24	磨转子槽砂轮	41	35	35	—	—	—
25	碾米砂轮	JM1-7	20	20	—	—	—
26	菱苦土砂轮	1,2,2a,2b,2c,2d,6,6a	—	—	—	20~30	—
27	蜗杆砂轮	PMC	35~40	—	—	—	—
28	高速砂轮	—	50~60	50~60	—	—	—
29	磨头	52 53	25	25	—	—	—
30	棕刚玉粒度为F30及更粗，且硬度等级为M及更硬的砂轮	—	35，40，50	35，40，50	—	—	—
31	深切缓进给磨砂轮	1，5，11，12b	35	—	—	—	—

注：特殊最高工作速度的磨具，应按用户要求制造，但必须有醒目标志。

15.3.3 砂轮磨损的极限尺寸[1]

砂轮安装型式	磨损极限尺寸/mm
粘在直径为 d 的芯轴上	$d+2$
用螺钉头直径 D_0 的螺钉安装	D_0+2
用直径为 D_3 砂轮卡盘安装	D_3+10

15.3.4 工、零件装夹防护[1]

夹具种类	安全使用要求
机械夹具中装夹	应有换向时防松脱装置、工作时防倒转保险装置
电磁夹具	应有突然停电时，防脱落保险装置
气动液压夹具	必须安有连锁装置
高速旋转夹具	旋转部位不可有突起边缘

15.3.5 切削防护[1]

方法	有危险利屑	要求
控制切屑形状	带状、块状、尖角形	改变切屑为小段、卷状、管状
控制切屑流向		排向预定的贮屑装置内
碎屑预防	碎屑温度可达600~700℃，易飞溅、烫伤、割伤	安设防护罩
切屑清理		要有完善的工具，如刷子、铁钩

15.3.6 平刨机安全装置[1]

种 类	结构特点	作 用
自调式、自动式防护片	防护片能随木料厚度变化自动调节高度	防止操作者手与刨刀刃接触
可调式防护罩	工作前根据木料厚度调节防护罩高度	防止人手与刨刀轴接触
自调隔离式防护装置	防护罩机构能随木料厚度变化而升降，代替人手压料	有较广泛的适应性
光电控制防护装置	利用光源、光电管控制机械传动实现保护	不受工作量大小影响；光电装置需防振

15.3.7 木锯机安全装置[1]

种 类	特 点	作 用
圆盘锯防护罩	装有防反击刀架把木料连续分离	防止反击和打出伤人
带锯机锯条活动防护罩	使锯条不外露	防止锯条伤人

15.3.8 通用防护罩主要尺寸[1]

mm

砂轮直径	新砂轮周边与罩壳的最大空隙	罩壳内腔最大宽度	可调活动挡板长度
<305	38.1	1.5 倍砂轮厚度	89
305~406	38.1	2 倍砂轮厚度	127
432~610	38.1	2 倍砂轮厚度	152.4
>610	38.1	2 倍砂轮厚度	178

15.3.9 主轴平面磨削用砂轮防护罩（环带形）最大外露量[1]

砂轮厚度 H/mm	允许砂轮最大外露量 C/mm	砂轮厚度 H/mm	允许砂轮最大外露量 C/mm
~13	6	>50~75	25
>13~25	12	>75~100	35
>25~50	20	>100	50

15.3.10 砂轮防护罩的材料和最小厚度[1]

mm

砂轮工作最大线速度/(m·s^{-1})	砂轮厚度	防护罩材料	砂轮直径									
			330~406		432~508		533~610		635~762		787~1219	
			A	B	A	B	A	B	A	B	A	B
55.5	50.8	铸铁	12.7	9.5	15.8	12.7	22	19	25.4	19	31.7	25.4
	101		12.7	9.5	19	15.8	25.4	15.8	28.5	19	34.9	25.4
	152		15.8	12.7	25.4	15.8	28.5	19	31.7	22	38.1	28.5
	203		22	19	25.4	19	28.5	19	31.7	22	38.1	38.5
	254		22	19	25.4	19	28.5	19	31.7	22	38.1	38.5
	406		28.5	25.4	31.7	25.4	33.3	25.4	36.5	27	44.4	34.9
	508				34.9	28.5	34.9	28.5	38.1	34.9	50.8	41.2

（续表） mm

砂轮工作最大线速度/（m·s^{-1}）	砂轮厚度	防护罩材料	砂轮直径									
			330～406		432～508		533～610		635～762		787～1219	
			A	B	A	B	A	B	A	B	A	B
45.6	50.8	可锻铸铁	12.7	9.5	15.8	12.7	19	15.8	22	19	25.4	22
	101		12.7	9.5	15.8	12.7	19	15.8	22	19	28.5	22
	152		15.8	12.7	19	15.8	22	15.8	25.4	19	31.7	22
	203		15.8	12.7	19	15.8	22	15.8	25.4	19	31.7	22
	254		15.8	12.7	19	15.8	22	15.8	25.4	19	31.7	22
	406		20.6	17.5	20.6	17.5	25.4	19	28.5	22	34.9	25.4
	508				22	19	25.4	19	28.5	22	38.1	28.5

15.3.11 切割砂轮防护罩的最小厚度[1]

mm

砂轮最大线速度/（m·s^{-1}）	砂轮最大厚度	罩壳材料	砂轮直径									
			305～406		432～508		532～610		635～762		787～914	
			A	B	A	B	A	B	A	B	A	B
72	12.7	结构钢	3.1	3.1	3.1	3.1	4.7	3.1	4.7	3.1	6.5	4.7

15.3.12 砂轮防护罩最大开口角度[1]

砂轮防护罩形状	最大开口角度
外圆和无心磨削用的砂轮防护罩：圆形或方形	不超过180°，在砂轮主轴中心线水平面以上部分不超过65°
台式和落地式砂轮机用的砂轮防护罩：圆形或方形	不超过90°，在砂轮主轴中心线水平面以上部分不超过65°
卧轴平面磨削用砂轮防护罩：圆形或方形	不超过180°，开口端部不准高于砂轮主轴中心线水平面以下部分15°处
悬挂式、切割用或直向手提式砂轮机的轮防护罩：圆形或方形	不超过180°，在任何时候必须将砂轮的上半部罩住
顶部磨削用砂轮防护罩：圆形或方形	不超过60°

注：砂轮中心部位半径不应小于砂轮卡盘半径。

15.3.13 操纵手柄与相邻零部件之间的最小净宽距[15]

操纵力/N	≤150	>150
最小净宽距/mm	≥25	≥50

15.3.14 脚踏板和相邻零部件之间的最小净宽距[15]

踏板位置	踏板前方	踏板两侧
最小净宽距/mm	≥100	≥50

15.3.15 防护屏高度、危险点高度和最小安全距离关系[14]

mm

危险点高度	屏高							
	2400	2200	2000	1800	1600	1400	1200	1000
2400	100	100	100	150	150	150	150	200
2300		200	300	350	400	450	450	500
2200		250	350	450	550	600	600	650
2100		200	350	550	650	700	750	800
2000			350	600	750	750	900	950
1900			250	600	800	850	950	1100
1800				600	850	900	1000	1200
1700				550	850	900	1100	1300
1600				500	850	900	1100	1300
1500				300	800	900	1100	1300
1400				100	800	900	1100	1350
1300					700	900	1100	1350
1200					600	900	1100	1400
1100					500	900	1100	1400
1000					500	900	1000	1400
900						700	950	1400
800						600	900	1350
700						500	800	1300
600						200	650	1250
500							500	1200
400								1100
300								1000
200								750
100								500

15.4 铸造、锻造及热处理安全

15.4.1 铸造危害的类别[1]

危害类别	易发生危害的工序或场合	危害类别	易发生危害的工序或场合
火灾	熔炼、焊接与气割	烫冻伤	熔炼、浇注、热处理
爆炸	熔炼、浇注与气割	噪声	机械设备、风动工具、风机
工业中毒	熔炼、精铸	振动	产生振动的设备和部位
空气污染	熔炼、物料输送、砂处理、清理	喷溅伤	高压设备、清砂
水质污染	水爆清砂、水力清砂	砸碰伤	物料运输和破碎
眼障碍	熔炼、浇注、热处理	坍塌	仓库、造型砂箱
放射线	含有放射性合金的熔炼和使用、放射探伤	触电	电接触
热辐射	熔炼、浇注、热处理	静电放电	静电感应设备、雷击

15.4.2 铸造车间通道尺寸[1]

类　别	通道宽度/m	类　别	通道宽度/m
非机动车	1.5	手工造型人行道	0.8~1.5
叉车、电瓶车	2.0	机器造型人行道	1.5~2.0
汽车	3.5		

15.4.3 锻造车间通道尺寸[1]

类别	通道宽度/m	类别	通道宽度/m
走人通道	1.5	3t以上汽车、电力装运机通道	5
3t以下汽车、电力装运机通道	3~4	铁路线	5

15.4.4 热加工伤害的类别和易发生事故的工序或场合[1]

伤害类	易发生的工序或场合
烫冻伤	熔炼、变质处理、浇注、热锻、热处理、冷处理
喷溅伤	高压造型、抛砂造型、射芯制芯、水力与水爆清砂、抛（喷）丸清理、液压机、砂轮、焊接、热处理
砸碰伤	物料运输、破碎、堆放坍塌
冲刺剪伤	锻造、冲压
火灾	熔炼、热处理、热锻、焊接与气割
爆炸	熔炼、浇注、热处理、气割
工业中毒	熔炼、精密铸造、热处理、石灰石砂造型、变质处理、浇注、焊接
空气污染	熔炼、物料运送、砂处理、清理、热处理、焊接
水质污染	水爆清砂、水力清砂、热处理、化学处理液
眼障碍	熔炼、变质处理、浇注、焊接、锻造、热处理
放射线	含有放射性合金的熔炼、处理
热辐射	熔炼、浇注、热锻、热处理
噪声	机械设备、风动工具、鼓风机及通风机
振动	产生振动的设备和部分（锻锤、清砂机等）
触电	电机、电器、导线、高频淬火
静电放电	静电感应设备、雷击

15.4.5 可控气氛热处理炉可能发生的事故与安全措施[1]

炉子技术参数偏离标准的情况	违反正常工作规范可能引起的危险事故	在不可能恢复正常工作时采取的安全措施	信号系统传感器和连锁装置
炉温降到750℃以下	由于在炉内形成煤气—空气混合物可能发生爆炸	燃烧掉可控气氛，若不可能，则通不可燃的气体	在控制和测试炉温的仪表内增加接触器
炉中可控气氛压力低于安全值	由于在炉内形成煤气—空气混合物可能发生爆炸	借助于自动化系统向炉内通不可燃气体	在炉内设压力下降报警器
可控气氛流量减少	由于降低炉内压力和吸入空气，可能引起爆炸	借助于自动化系统向炉内通不可燃气体	在流量计二次仪表中增加接触器，在玻璃转子流量计的导管上设置光电继电器等
在管路中或发生事故处，不可燃气体压力下降低于允许值	可能发生爆炸	在不可燃气体恢复正常压力前，装卸载机构连锁，不能开动	在管路中或发生事故处压力下降，报警器有反应
在不可燃可控气氛中可燃气体的浓度增加，超过允许值	可能发生爆炸	在可控气氛恢复正常成分之前，装卸载机构连锁，不能开动	设爆炸浓度报警器或在自动气体分析仪的二次仪表中增加接触器
处在操作人员观察范围之外，点火喷嘴熄灭或电点火器烧坏	由于可燃气体在通风系统或室内聚集，可能产生爆炸	在点火恢复正常工作前，装卸载机构连锁，不能开动	设火焰报警器或热敏元件（双、金属片、热电偶等）、电点火器的电路切断报警器

15.4.6 锻造生产常见危险因素的来源及危害程度[4]

类别	来源	危害程度
易燃物质	加热炉燃料：天然气、发生炉煤气、柴油	气体燃料泄出后遇明火即燃烧，闪点低的油易燃烧
易爆物质	1. 气体燃料 2. 高压气瓶，储气罐	气体燃料在空气中的浓度达到一定值时遇明火即爆炸 气瓶、储气罐遇明火或环境温度过高时易爆炸
高压电	1. 中频加热设备 2. 一般工业用电	电击、电伤害，可能致命
炽热物体	1. 加热炉、热处理炉 2. 热锻件 3. 锻造用工具、模具	灼伤肌肤
坠落物体、迸出物	1. 锻造时设备上销钉、楔块的脱落，夹钳、工具击飞 2. 锻造时锻件迸出砧座 3. 锻件吊运时突然坠落 4. 维修时起吊零部件突然坠落 5. 机械传送装置的突发事故造成运输物品的坠落 6. 砂轮碎裂飞出物 7. 锤头及滑块非正常下落 8. 起吊设备钢丝绳断裂，电机坠落 9. 锻压设备上螺母脱落	易造成人员伤亡和机械损坏
腐蚀性液体	锻件酸洗作业	灼伤人体肌肤，其气体严重损坏人体呼吸系统
高压液体、高压气体	液压机油缸、管道，阀门、高压气瓶、储气罐、蓄势器	泄漏的高压液体、高压气体触及人体，易造成人身伤亡

15.4.7 锻造生产常见的有害因素的来源及有害程度[4]

类别	来源	有害程度
热辐射	1. 加热炉、热处理炉 2. 炽热锻件 3. 热的工模具	易造成人体疲劳、中暑、衰竭、灼伤皮肤
振动	1. 锻锤、螺旋压力机锤击时 2. 机械压力机工作时 3. 各类风机、清理滚筒运转时 4. 高压气体、高压液体管路及泵房 5. 压缩机工作时 6. 电机运转时 7. 钢材、毛坯、锻件装卸时	生理上造成人体神经系统功能障碍，损伤内脏；心理上产生疲劳、慌乱、工作效率降低；造成厂房和设备基础倾斜和不均匀沉降；影响设备精度准确度
噪声	1. 空气锤、蒸汽－空气锤的进气（汽）、排气（汽），锻锤气(汽)垫破损漏气(汽) 2. 机械压力机运转 3. 工业炉的各类燃烧器 4. 各类气动元器件 5. 各类泵、压缩机、风机 6. 喷（抛）丸机、滚筒 7. 各类电机、电焊机 8. 钢材、毛坯、锻件装卸时 9. 砂轮机	高强度噪声伤害人的听力，造成人的神经系统紊乱，引起心血管疾病，使人心情急躁、易怒，工作效率降低

(续表)

类别	来源	有害程度
粉尘	1. 燃煤加热炉煤燃烧 2. 锻模润滑剂粉尘 3. 喷（抛）丸粉尘 4. 砂轮磨削粉尘、切料粉尘 5. 生产场所激扬的灰尘	长期接触损害人体呼吸系统、皮肤、耳朵；加速机械磨损
有害气体	1. 煤燃烧后生成的烟尘 2. 燃料燃烧生成的 CO，SO_2，NO_x等 3. 清洗煤气中的苯、酚 4. 酸洗作业中挥发物 5. 模具润滑剂挥发物 6. 锻件热处理时的油雾蒸气 7. 变质失效的锯床切削液挥发物	引起人的慢性疾病；腐蚀厂房和设备
光辐射	1. 燃料燃烧时产生的强光 2. 电焊弧光 3. 检验中的荧光	损坏人体视觉系统
高频电磁辐射	1. 高频焊接设备 2. 高频加热炉 3. 电火花加工	引起头晕、乏力、记忆减退、失眠、多梦和女性月经紊乱

15.4.8 车间地面荷重要求[4]

序号	车间组成	地面荷重/kPa		
		自由锻车间	模锻车间	水压机车间
1	金属材料存放区	50	50~100	50~100
2	钢锭存放区	50~70	100~150	150~200
3	锻造工具存放区	30	30~100	50~100
4	露天库	70~100	150~200	200~350
5	耐火材料存放区	30	30~50	30~50
6	车间内非存放区	30	50	30~50
7	炉子跨非存放区	30	20~30	30~50
8	锻件检验区、车间库房	30	50~100	100~150
9	水泵站水磨石地面	—	30	30
10	车间通道	30	30	30

15.4.9 敷设各种管道的安全距离[4]

m

管道名称	绝缘电线电缆	裸体母线	吊车滑触裸线	乙炔管道	氧气管道	煤气管道	压缩空气管道	乙炔氧气用点	蒸汽管道	热水管道	水管	电气启动装置
乙炔	1.0	2.0	3.0	—	0.5	0.25~0.5	0.25	0.25	0.25	0.25	0.25	3~5
氧气	0.5	1.0	1.5	0.5	—	0.05~0.5	0.25	0.25	0.25	0.25	0.25	1.5
压缩空气	0.2	0.2	0.2	0.2	0.2	0.2	—	0.2	0.2	0.2	0.2	0.2

（续表） m

管道名称	绝缘电线电缆	裸体母线	吊车滑触裸线	乙炔管道	氧气管道	煤气管道	压缩空气管道	乙炔氧气用点	蒸汽管道	热水管道	水管	电气启动装置
煤气	1.0	2.0	3.0	0.5	0.5	—	0.25	0.5	0.25	0.25	0.25	3~5
乙炔氧气用点	1.5	2.0	3.0	0.2	0.2	0.2	0.2	—	0.2	0.2	0.2	3
蒸汽	0.5~1	0.5~1	0.3	0.2	0.2	0.2	0.2	0.2	—	0.2	0.2	0.5
热水	0.5~1	0.5~1	0.2	0.2	0.2	0.2	0.2	0.2	0.2	—	0.2	0.2
水	0.2	0.2	0.2	0.2	0.2	0.2	0.2	0.2	0.2	0.2	—	0.2
乙炔水封闸保护箱	1.0	2.0	3.0	—	0.5	0.2	0.2	0.15	0.2	0.2	0.2	3

15.4.10 车间内工作地点的夏季空气温度规定[4]

当地夏季通风室外计算温度/℃	≤22	23	24	25	26	27	28	29~32	≥33
允许温差/℃	10	9	8	7	6	5	4	3	2
工作地点温度/℃	≤32	32						32~35	35

15.4.11 锻造作业场所工作地点噪声标准[4]

每个工作日接触噪声时间/h	8	4	2	1	$\frac{1}{2}$	$\frac{1}{4}$	$\frac{1}{8}$	$\frac{1}{16}$
新建、扩建、改建企业允许噪声级/dB（A）	85	88	91	94	97	100	103	106
现有企业允许噪声级/dB（A）	90	93	96	99	102	105	108	111
最高允许瞬时噪声级/dB（A）	115							

15.4.12 机组内设备之间推荐距离及其毗邻机组设备推荐距离[4]

设备名称		机组内设备推荐距离/m	相邻机组设备推荐距离/m
水压机机组	8000~25000kN	15~30 18~34（热处理炉）	24~36
	3500~5000kN	12 9~12（热处理炉）	12~18
空气锤机组	0.075~0.4t	2~2.5	2.5~3.5
	0.50~1.0t	2.5~5	3.5~5
蒸—空自由锻锤 1~5t		5~7	3~4
蒸—空模锻锤 1~16t		2.4~4 5~10（切边机）	2~4
摩擦压力机组 400~25000kN		2~3.5（无制坯） 6~9（有制坯）	2~4.5 2.5~4.5
平锻机机组 800~31500kN		0.7~2	1.5~4
热模锻压力机机组 6300~80000kN		1~2 1.5~3（切边机）	3~4.5

注：1. 除注明外，均为主机与加热炉之间的距离。

2. 不含30000/31500kN以上的水压机。

3. 不含100000kN以上的热模锻压力机。

15.4.13 工作场地空气中有害物质最高允许浓度[4]

有害物质	最高允许浓度/($mg \cdot m^{-3}$)	有害物质	最高允许浓度/($mg \cdot m^{-3}$)
一氧化碳（CO）	30	氰化氢*（HCN）	0.3
二氧化碳（CO_2）	10	挥发性酸	5
二氧化硫（SO_2）	15	粉尘	10
二氧化氮（NO_2）	5	烟尘	10（气体、液体燃料）
硫化氢（H_2S）	5		

*即氢氰酸。

15.4.14 废水中有害物质最高允许浓度[4]

有害物质或项目名称	最高允许浓度/（$mg \cdot L^{-1}$）	有害物质或项目名称	最高允许浓度/（$mg \cdot L^{-1}$）
pH值*	6.0~9.0	挥发性酸	0.5
油类	10	铜及其他化合物	1（按Cu计）
悬浮物	150	锌及其他化合物	1（按Zn计）
硫化物	1	铅及其他化合物	1（按Pb计）

*无量值单位。

15.5 其他机械安全

15.5.1 机械传动安全装置[1]

种类	结构	特点及要求
齿轮传动	齿轮防护罩	
皮带轮传动	网式防护罩 板式防护罩 联锁式防护罩	不遮光线、方便操作 用于灰尘多的地点 当防护罩打开时 工作电机不能启动
联轴器传动	固定式防护罩	离地面2m以下的都必须有防护罩

15.5.2 螺杆用蜗杆机械安全防护[1]

机械种类	防护设备	机械种类	防护设备
食物搅拌机械 绞肉机 螺杆输送机	连锁式防护罩 防护罩	干料混合粉碎机 绞辗机械	格栅防护罩

15.5.3 链条、齿条、凸轮、运输带防护[1]

种类	防护设备	种类	防护设备
链条与链轮	密封式防护罩	凸轮	密封式防护罩
齿条齿轮	密封式防护罩	运输带	密封式防护罩

15.5.4 木工机床操作者周围的粉尘浓度限值[1]

机床类别	粉尘度限值/（$mg \cdot m^{-3}$）
木工辅机 木工磨光机 木工锯机、开榫机 带有锯机的多用机床	≤10
其余木工机床	≤2

15.5.5 木工机床的噪声最大声压级限值[1]

机 床 类 型	最大声压级限值/dB（A）
三面、四面木工刨床	≤90
木工宽带磨光机	
锯片直径大于等于400mm的木工开榫机	
制材用木工带锯机	
多锯片木工圆锯机	
最大刨削宽度大于630mm的单面木工压刨床	
最大刨削宽度大于630mm的木工平刨床	
最大刨削宽度大于630mm的二面木工压刨床	
最大刨削宽度大于400～630mm的单面木工压刨床	≤85
最大刨削宽度大于400～630mm的木工平刨床	
最大刨削宽度小于等于630mm的二面木工刨床	
锯片直径大于630mm的单锯片木工圆锯机	
锯片直径小于400mm的木工开榫机	
最大刨削宽度大于等于315mm的木工多用机床	
木工辅机	≤78
其余木工机床	≤83

15.5.6 木工机床防护装置开口量与开口至危险点之间距离[1]

mm

防护装置开口量 A	6	10	12	15	20	22	30	40	50	55	150
开口至危险点的最小距离 B	0	40	65	90	140	165	190	320	400	450	800

15.5.7 木工机床隔离防护装置至危险点之间距离 D[1]

mm

危险点（危险区）高度 H_2	防 护 装 置 高 度 H_1							
	2400	2200	2000	1800	1600	1400	1200	1000或1000以下
2600	100	100	100	100	100	100	100	100
2400	—	100	100	150	150	200	200	200
2200	—	850	350	400	500	500	600	600
2000	—	—	350	500	600	700	900	1100
1800	—	—	—	600	900	900	1000	1100
1600	—	—	—	500	900	900	1000	1100
1400	—	—	—	100	800	900	1000	1300
1200	—	—	—	—	500	900	1000	1400
1000	—	—	—	—	300	900	1000	1400
800	—	—	—	—	—	600	900	1300
600	—	—	—	—	—	—	500	1200
400	—	—	—	—	—	—	300	1200
200	—	—	—	—	—	—	200	1100

15.5.8 木工机床操作手柄离地面的高度[1]

使用情况/(次·班$^{-1}$)	操纵手柄、手轮离地高度/m	使用情况/(次·班$^{-1}$)	操纵手柄、手轮离地高度/m
>25	0.5~1.6	≤5	≤2
>5~25	0.3~1.8		

15.5.9 木工机床工作台面离地高度（台式机床除外）[1]

机床名称	工作台面离地高度/mm
木工平刨床①	≤800
单锯片手动进给木工圆锯机②	≤850
单轴木工铣床	
木工多用机床③	
细木工带锯机	≤900

① 在后工作台面上测量。

② 工作台高度可调时，按最小高度计算。

③ 在平刨工作台上测量。

15.5.10 通过规则开口触及的安全距离（3~14岁）[8]

mm

身体部位	图示	开口	安全距离S_r		
			槽形	方形	圆形
指尖	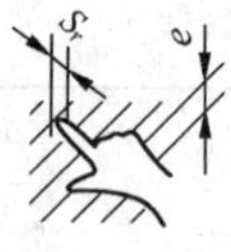	e≤4	≥2	≥2	≥2
		4<e≤6	≥20	≥10	≥10
指至指关节或手	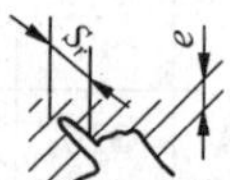	6<e≤8	≥40	≥30	≥20
		8<e≤10	≥80	≥60	≥60
		10<e≤12	≥100	≥80	≥80
		12<e≤20	≥900*	≥120	≥120
臂至肩关节	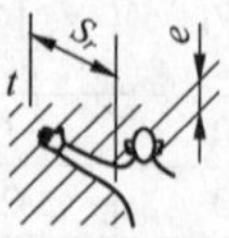	20<e≤30	≥900	≥550	≥120
		30<e≤100	≥900	≥900	≥900

*如果槽形开口长度≤40mm，大拇指将受到阻滞，安全距离可减小到120mm。

15.5.11 通过规则开口触及的安全距离（14岁及14岁以上）[8]

mm

身体部位	图示	开口	安全距离S_r		
			槽形	方形	圆形
指尖		e≤4	≥2	≥2	≥2
		4<e≤6	≥10	≥5	≥5

（续表） mm

身体部位	图 示	开 口	安 全 距 离 S_r		
			槽形	方形	圆形
指至指关节或手	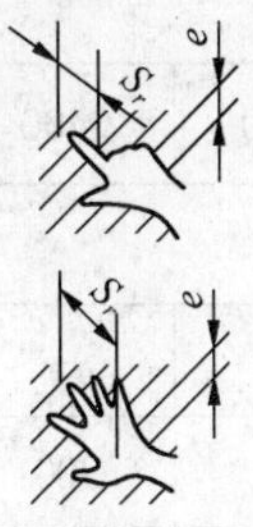	$6<e\leqslant8$	≥20	≥15	≥5
		$8<e\leqslant10$	≥80	≥25	≥20
		$10<e\leqslant12$	≥100	≥80	≥80
		$12<e\leqslant20$	≥120	≥120	≥120
		$20<e\leqslant30$	≥850*	≥120	≥120
臂至肩关节	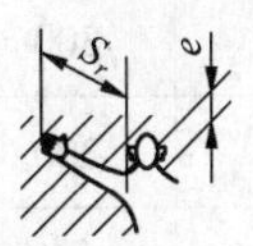	$30<e\leqslant40$	≥850	≥200	≥120
		$40<e\leqslant120$	≥850	≥850	≥850

* 如果槽形开口长度≤65mm，大拇指将受到阻滞，安全距离可减小到200mm。

15.5.12 防护结构高度与限制下肢进入的距离[9]

mm

防护结构高度 h	距 离 S		
	第一种情况	第二种情况	第三种情况
$h\leqslant200$	≥340	≥665	≥290
$200<h\leqslant400$	≥550	≥765	≥615
$400<h\leqslant600$	≥850	≥950	≥800
$600<h\leqslant800$	≥950	≥950	≥900
$800<h\leqslant1000$	≥1125	≥1195	≥1015

15.5.13 防止上肢低风险越过防护结构可及的安全距离[11]

mm

危险区高度 a	防护结构高度 b①								
	1000	1200	1400	1600	1800	2000	2200	2400	2500
	距危险区的水平距离 c								
2500②	—	—	—	—	—	—	—	—	—
2400	100	100	100	100	100	100	100	100	—
2200	600	600	500	500	400	350	250	—	—
2000	1100	900	700	600	500	350	—	—	—
1800	1100	1000	900	900	600	—	—	—	—
1600	1300	1000	900	900	500	—	—	—	—
1400	1300	1000	900	800	100	—	—	—	—
1200	1400	1000	900	500	—	—	—	—	—
1000	1400	1000	900	300	—	—	—	—	—
800	1300	900	600	—	—	—	—	—	—
600	1200	500	—	—	—	—	—	—	—
400	1200	300	—	—	—	—	—	—	—
200	1100	200	—	—	—	—	—	—	—
0	1100	200	—	—	—	—	—	—	—

① 防护结构高度小于1000mm的不包括在内，因其不能有效地限制身体运动。

② 危险区高度在2500mm以上的：如果危险区有低风险，那么危险区的高度应为2500mm或更高；如果危险区有高风险，则危险区的高度应为2700mm或更高，或是采用其他安全措施。

15.5.14 防止上肢高风险越过防护结构可及安全距离[11]

mm

危险区高度 a	防护结构高度 b①									
	1000	1200	1400③	1600	1800	2000	2200	2400	2500	2700
	距危险区的水平距离 c									
2700②	—	—	—	—	—	—	—	—	—	—
2600	900	800	700	600	600	500	400	300	100	—
2400	1100	1000	900	800	700	600	400	300	100	—
2200	1300	1200	1000	900	800	600	400	300	—	—
2000	1400	1300	1100	900	800	600	400	—	—	—
1800	1500	1400	1100	900	800	600	—	—	—	—
1600	1500	1400	1100	900	800	500	—	—	—	—
1400	1500	1400	1100	900	800	—	—	—	—	—
1200	1500	1400	1100	900	700	—	—	—	—	—
1000	1500	1400	1000	800	—	—	—	—	—	—
800	1500	1300	900	600	—	—	—	—	—	—
600	1400	1300	800	—	—	—	—	—	—	—
400	1400	1200	400	—	—	—	—	—	—	—
200	1200	900	—	—	—	—	—	—	—	—
0	1100	500	—	—	—	—	—	—	—	—

① 防护结构高度低于1000mm的不包括在内，因其不能有效地限制身体运动。

② 危险区高度在2700mm以上的：如果危险区有低风险，那么危险区的高度应为2500mm或更高；如果危险区有高风险，则危险区的高度应为2700mm或更高，或是采用其他安全措施。

③ 防护结构低于1400mm的，如果没有另外安全措施，不应采用。

15.5.15 上肢弧形可及安全距离数值[8]

mm

运动限制	安全距离 S_r	图示
只在肩部和腋窝运动受限制	≥850	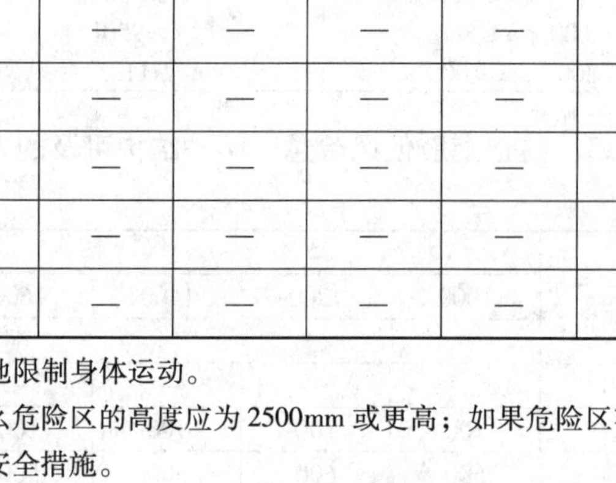

（续表） mm

运 动 限 制	安全距离 S_r	图 示
臂被支承至肘部	≥550	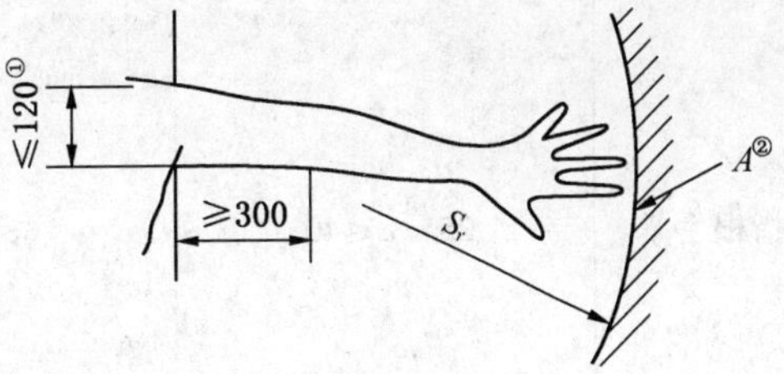
臂被支承至腕部	≥230	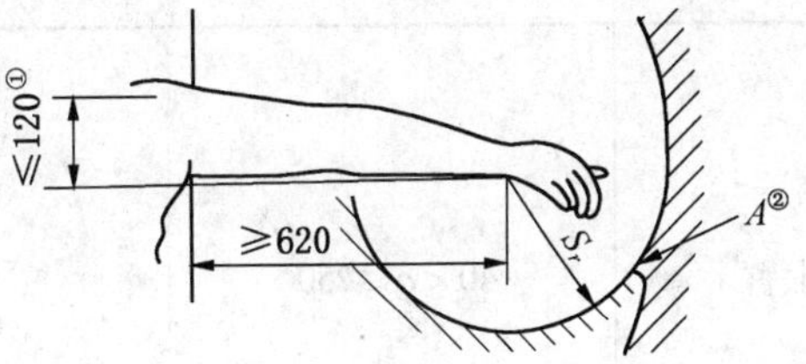
臂和手被支承至指关节	≥130	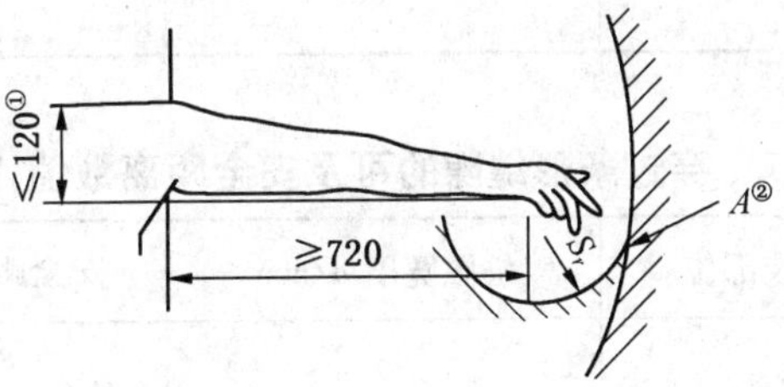

① 圆形开口的直径或方形开口的边长，或槽形开口的宽度。

② A 为臂的运动范围。

15.5.16 穿越方形孔隙可及安全距离数值[1]

上肢部位	方形孔边长 a/mm	安全距离 S_d/mm	图 示
指尖	$4<a\leq8$	>15	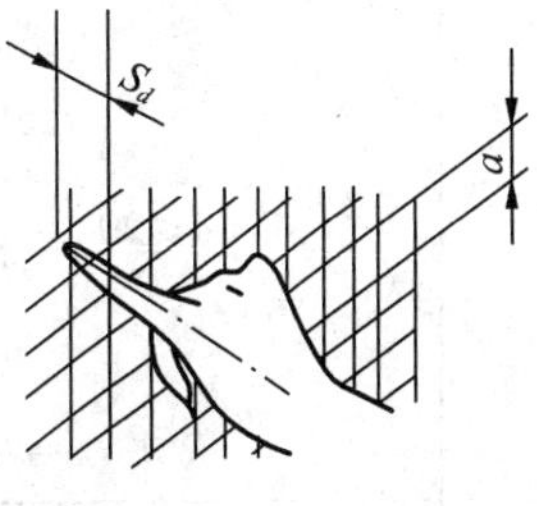
掌指关节	$8<a\leq25$	>120	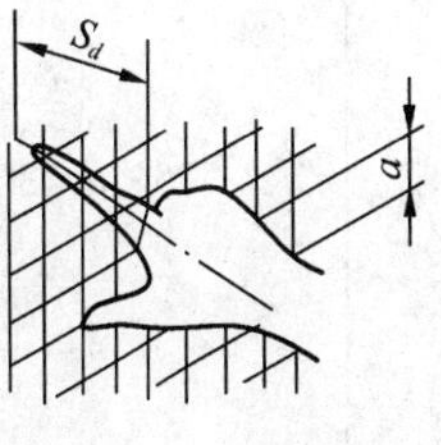

（续表）

上肢部位	方形孔边长 a/mm	安全距离 S_d/mm	图　示
至拇指根手掌	$25 < a \leqslant 40$	>195	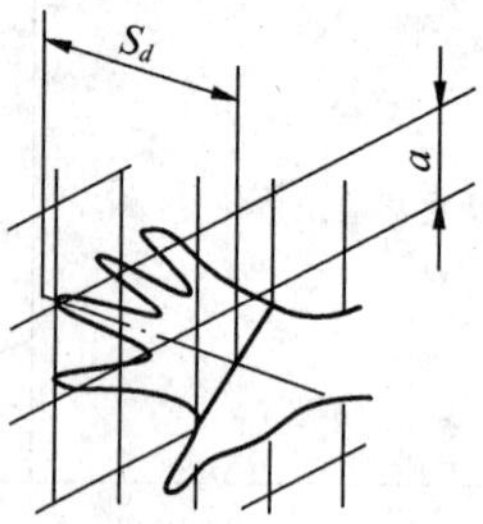
上臂	$40 < a \leqslant 250$	>820	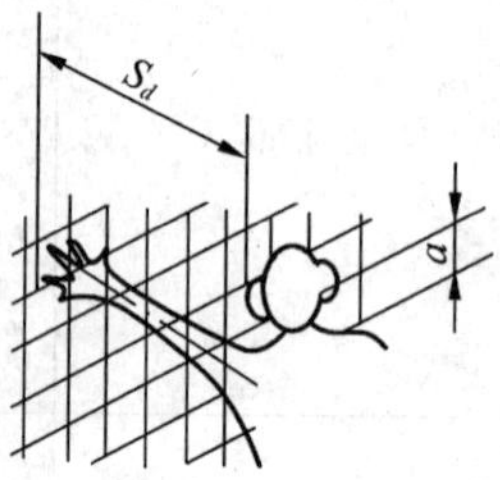

15.5.17　穿过条形缝隙的可及安全距离数值[1]

上肢部位	缝隙宽度 a/mm	安全距离 S_d/mm	图　示
指尖	$4 < a \leqslant 8$	>15	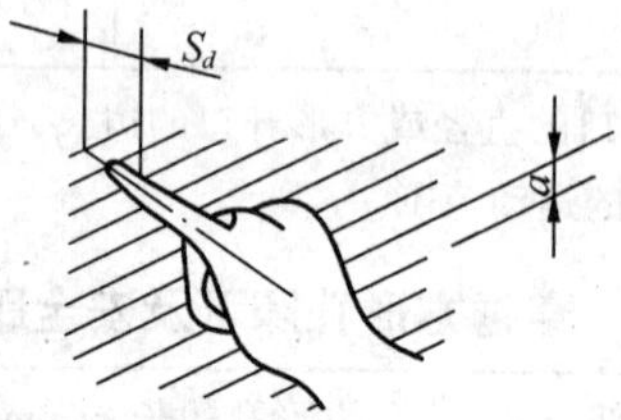
掌指关节	$8 < a \leqslant 20$	>120	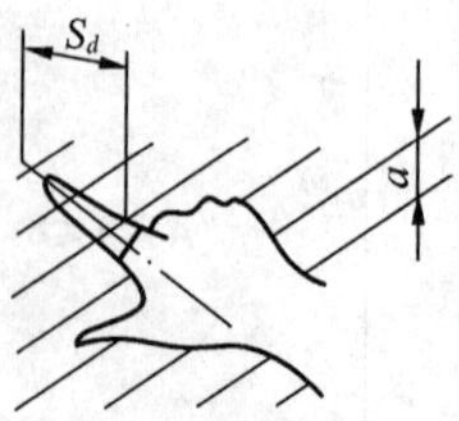
至拇指根手掌	$25 < a \leqslant 30$	>195	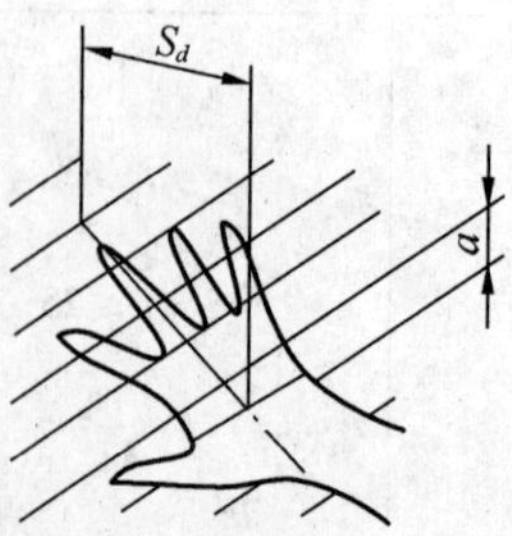

（续表）

上肢部位	缝隙宽度 a/mm	安全距离 S_d/mm	图 示
上臂	$30 < a \leqslant 135$	>820	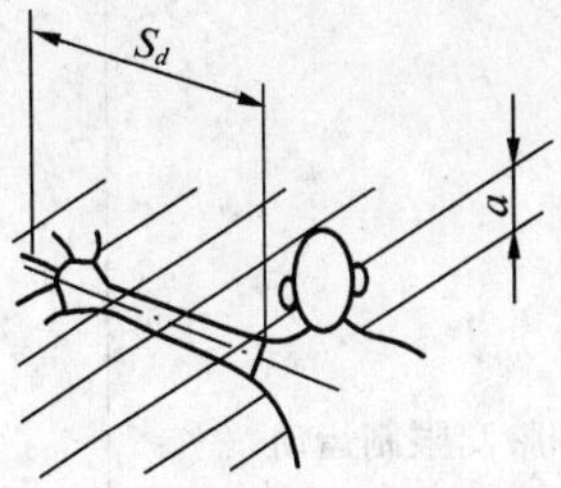

15.5.18 避免挤压伤害安全距离值[6]

身 体 部 位	最小间距 a/mm	图 示
身体	500	
头部	300	
腿	250	
脚	120	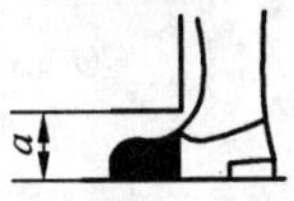
脚趾	50	
臂	120	
手腕拳	100	
手指	25	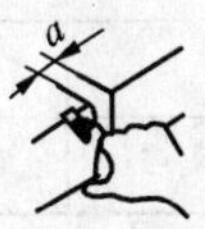

15.5.19 多重防护结构安全距离[12]

运动限制	安全距离 S_r/mm	图示
在肩部和腋窝限制运动 两个分离的防护结构，一个允许，腕部运动，另一个允许肘部运动	$S_{r_1}\geqslant 230$ $S_{r_2}\geqslant 550$ $S_{r_3}\geqslant 850$	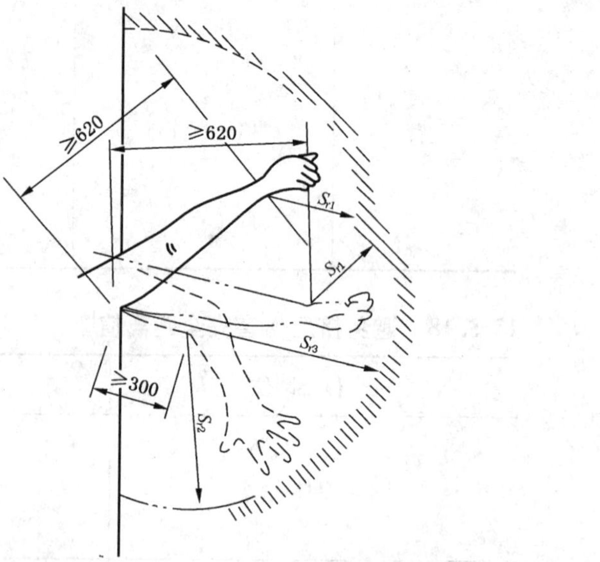
在肩部和腋窝限制运动 一个分离的防护结构，允许由手指到指关节运动	$S_{r_3}\geqslant 850$ $S_{r_4}\geqslant 130$	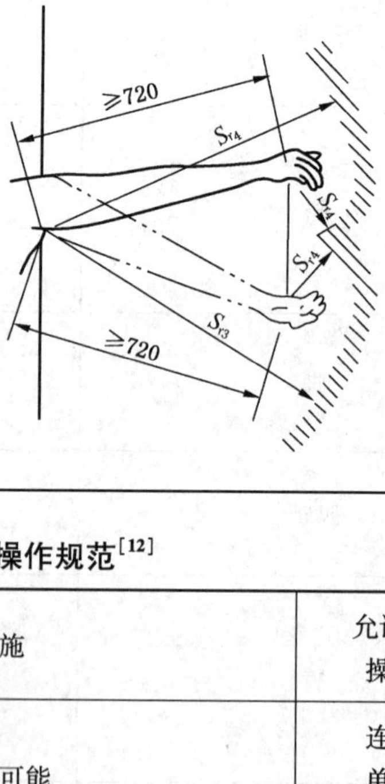

15.5.20 冲模涂色、相应的含义和防护措施以及允许的行程操作规范[12]

涂色标志	相应含义和防护措施	允许的行程操作规范
绿色	安全状态 有防护装置或双手无进入操作危险区的可能	连续行程 单次行程
蓝色	指令，必须采用手工具	单次行程 连续行程
黄色和绿色	注意，有防护装置	单次行程 连续行程
黄色	警告，有防护装置	单次行程
红色	危险，无防护装置且不能使用手工具	禁止使用

15.5.21 栅栏间距、网眼直径与安全距离的关系[12]

栅栏间距网眼及孔的最大尺寸/mm	<6.5	<12.5	<20.0	<32.0	<47.0	<150
安全距离/mm	≥35	≥92	≥135	≥175	≥460	≥785

15.5.22 人体危区及安全距离的确定[12]

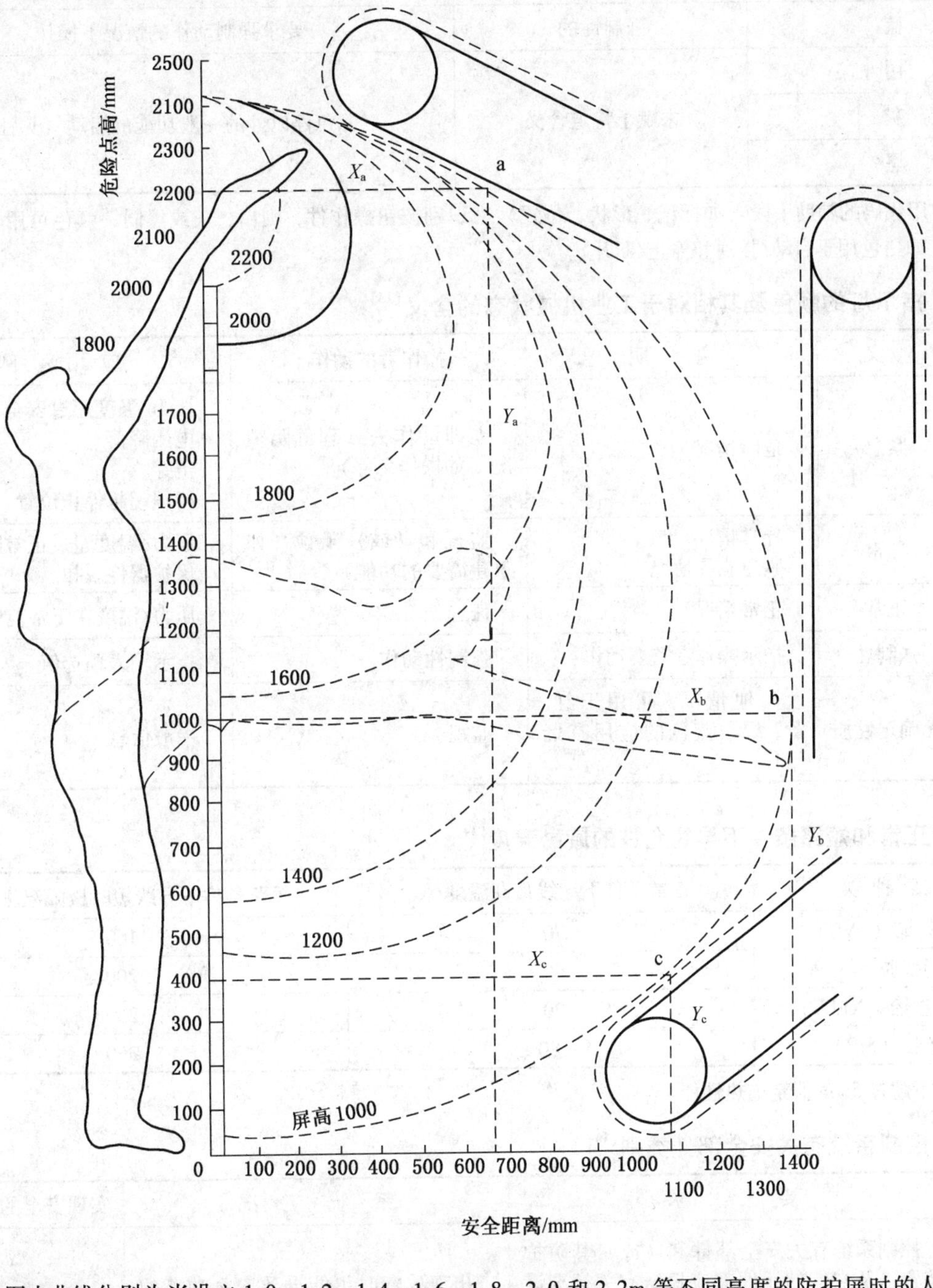

图中曲线分别为当设立1.0，1.2，1.4，1.6，1.8，2.0和2.2m等不同高度的防护屏时的人体危区。

a，b，c分别为3个不同危险物体所形成的危险区域的危险点。

Y_a，Y_b，Y_c 分别为3个危险点高度。

X_a，X_b，X_c 分别为3个危险区域所应具备的最小安全距离。

15.5.23 按钮操作件的颜色代码及其含义[13]

颜色	含义	说明
红	紧急	危险或紧急情况时操作
黄	异常	异常情况时操作
绿	安全	安全情况或为正常情况作准备时操作
蓝	强制性的	要求强制动作的情况下操作
白	未赋予特定含义	除急停以外的一般功能的启动（见注）
灰		
黑		

注：如果使用代码的辅助手段（如标记、形状、位置）来识别按钮操作件，则白、灰或黑同一颜色可用于各种不同功能（如白色用于启动/接通和停止/断开）。

15.5.24 指示灯的颜色及其相对于工业机械状态的含义[13]

颜色	含义	说明	操作者的动作	应用示例
红	紧急	危险情况	立即动作去处理危险情况（如操作急停）	压力/温度超过安全极限 电压降落 击穿 行程超越停止位置
黄	异常	异常情况 紧急临界情况	监视和（或）干预（如重建需要的功能）	压力/温度超过正常限值 保护器件脱扣
绿	正常	正常情况	任选	压力/温度在正常范围内
蓝	强制性	指示操作者需要动作	强制性动作	指示输入预选值
白	无确定性质	其他情况，可用于红、黄、绿、蓝色的应用有疑问时	监视	一般信息

15.5.25 正常和短路条件下导线允许的最高温度[14]

绝缘种类	正常条件下导线最高温度/℃	短路条件下导线短时极限温度*/℃
聚氯乙烯（PVC）	70	160
橡胶	60	200
交联聚乙烯（XLPE）	90	250
硅橡胶（SiR）	180	350

*短路时间不超过5s的假定绝热性能。

15.5.26 控制系统有关安全部件类别[10]

类别	要求	系统工况	实现安全的主要原则
B	控制系统有关安全部件和（或）其防护装置以及它们的元件都应根据有关标准设计、选择、装配和组合，以使其能承受预期的影响	出现故障时可能导致安全功能的丧失	通过选用元件
1	应采用B类的要求 使用经过验证的安全元件和安全原则	像上述的B类那样，但安全功能具有更高的与安全相关的可靠性	

（续表）

类别	要　　求	系 统 工 况	实现安全的主要原则
2	应采用B类的要求和经过验证的安全原则应通过机器控制系统以适当的时间间隔检查安全功能 注：适当的时间间隔取决于机器的类型和应用场合	1. 两次检查期间出现故障会导致安全功能丧失 2. 安全功能丧失通过检查判明	通过结构设计
3	应采用B类的要求和使用经过验证的安全原则 控制系统应设计得： 1. 控制中的单项故障应不导致安全功能丧失 2. 只要合理可行，查明单项故障	1. 出现单项故障时安全功能始终执行 2. 有些（但不是全部）故障将被查明 3. 未查明的故障积累可能导致安全功能丧失	
4	应采用B类的要求和使用经过验证的安全原则 控制系统应设计得： 1. 控制中的单项故障不应导致安全功能丧失 2. 在下一个有关安全功能指令发出时或发出之前查明单项故障。如果不可能查明，那么，故障的积累不应导致安全功能丧失	1. 故障出现时安全功能始终执行 2. 故障要及时查明，以防止安全功能丧失	

注：风险评价应指明由故障引起的总体或部分安全功能丧失是否可接受。

参 考 文 献

[1] 罗云. 工业安全卫生基本数据手册［M］. 北京：中国商业出版社，1995.

[2] 陈文平，司秀英，张长伍. GB 2494—2003 普通磨具 安全规则［S］. 国家质量监督检验检疫总局，2003.

[3] 祁立彬. GB/T 8176—1997 冲压车间安全生产通则［S］. 国家技术监督局，1997.

[4] 陈戴柱，练武，奚亮澄，等. GB 13318—2003 锻造生产安全与环保通则［S］. 国家质量监督检验检疫总局，2003.

[5] 李蔚苹，胡浩，刘艳芳，等. JB 6030—2001 工程机械 通用安全技术条件［S］.. 中国机械工业联合会，2001.

[6] 张铭续，黄鸿康，马贤志，等. GB 12265. 3—1997 机械安全 避免人体各部位挤压的最小间距［S］. 国家技术监督局，1997.

[7] 石俊伟，肖建民，李勤，等. GB/T 18831—2002 机械安全 带防护装置的联锁装置设计和选择原则［S］. 国家质量监督检验检疫总局，2002.

[8] 张铭续，马贤志，李勤，等. GB 12265. 1—1997 机械安全 防止上肢触及危险区的安全距离［S］. 国家技术监督局，1997.

[9] 张铭续，马贤志，李勤，等. GB 12265. 2—2000 机械安全 防止下肢触及危险区的安全距离［S］. 国家技术监督局，2000.

[10] 石俊伟，陈建民，宁燕，等. GB/T 16855. 1—2005 机械安全 控制系统有关安全部件［S］. 国家质量监督检验检疫总局，中国国家标准化管理委员会，2005.

[11] 马贤智，李勤，张尔正，等. GB/T 17454.1—1998 机械安全 压敏防护装置 [S]. 国家质量技术监督局，1998.

[12] 陈建民，宁燕，聂北刚，等. GB/T 19876—2005 机械安全 与人体部位接近速度相关防护设施的定位 [S]. 国家质量监督检验检疫总局，中国国家标准化管理委员会，2005.

[13] 黄麟，黎兴华. GB 18209.1—2000 机械安全 指示、标志和操作 [S]. 国家质量技术监督局，2000.

[14] 陈建国，阚武，黄麟，等. GB/T 19436.1—2004 机械电气安全 电敏防护装置 [S]. 国家质量监督检验检疫总局，中国国家标准化管理委员会，2004.

[15] 马贤智，胡天锡，王行贤，等. JB 7741—95 金属切削加工安全要求 [S]. 中华人民共和国机械工业部，1995.

16 防 火 防 爆

16.1 物质的燃烧爆炸特性

16.1.1 爆炸物品名称[1]

序号	名 称	英文句词	备 注
一、	炸药		
(一)	硝基化合物类炸药		
1	硝基胍	Nitroguanidine, NQ	
2	硝基脲	Nitrourea	
3	二硝基苯	Dinitrobenzene, DNB	
4	二硝基萘	Dinitronaphthalene	
5	二硝基甲苯	Dinitroluene, DNT	
6	三硝基苯	Trinitrobenzene, TNB	
7	三硝基甲苯（梯恩梯）	Trinitrotoluene, TNT	
8	三硝基苯酚（苦味酸）	Picric acid	
9	三硝基苯甲醚	Trintroanisole	
10	三硝基二甲苯（克西里尔）	Trintroxylene, TNX	
11	1－羟基－2，4，6－三－N 硝－基三氮杂环已烷（662 炸药）		
12	其他硝其化合物类炸药		
(二)	硝基胺类炸药		
1	三硝基苯甲硝胺（特屈儿）	Tetryl, CE	
2	四硝基苯胺	Tetranitroaniline, TNA	
3	六硝基二苯胺（海西尔）	Hexyl, HNDP	
4	环三亚甲基三硝胺（黑索今，硝宇）	Hexogen, RDX	
5	环四亚甲基四硝胺（奥克托今）	Octogen, HMN	
6	其他硝基胺类炸药		
(三)	硝酸酯类炸药		
1	硝化甘油（丙三醇三硝酸酯）	Nitroglycerine, NG	
2	二硝化乙二醇（乙二醇二硝酸酯）	Ethyleneglycol dinirate EGDN	
3	季戊四醇四硝酸酯（泰安，喷特儿）	Pentaerythrol tetranirate PETN	
4	硝化纤维素（含氮量在 12.5% 以上的）	Nitrocellulose, NC	
5	其他硝酸酯类炸药		
(四)	硝甘油类和二硝化乙二醇类混合炸药		
1	胶质炸药（代那买特）	Dynamites	

（续表）

序号	名　　称	英文句词	备注
2	光面爆破专用炸药	Smooth blating explosives	
3	当量型煤矿炸药		
4	离子交换型煤矿炸药		
5	其他		
（五）	硝酸铵类混合炸药		
1	铵梯炸药	Ammonium nitrate explosives	
2	浆状炸药	Slurries explosives	
3	水胶炸药	Water，GEL explosives	
4	乳化炸药（乳胶炸药）	Emulsision explosives	
5	铵沥蜡炸药		
6	铵松蜡炸药		
7	铵油炸药	Ammoium Nitrate fuel oil ANFO	
8	其他（如铵煤、铵木、铵磺、铵邻、铵萘、铵胍炸药等）		
（六）	氯酸盐类和过氯酸盐类混合炸药		
（七）	高能混合炸药		
1	太乳炸药		
2	塑性炸药	Plastic explosives	
3	橡皮炸药	Rubber explosives	
4	黑梯起爆药柱（块、包）		
5	石油射孔弹	Perforation of oil wells shell	
6	震源药柱		
7	矿山排漏弹		
8	其他高能混合炸药		
（八）	岩石、混凝土爆破剂		
二、	雷管		
1	火雷管	(Blasting cap)，Plaill detonator	
2	瞬发电雷管	instaneous electric detonator	
3	秒延期电雷管	Delay detonator	
4	毫秒延期电雷管	Millisecond delay detonator	
5	其他专用雷管		
三、	继爆管		
四、	导火索	Safety fuse	
五、	导爆索	Detonating cord	
六、	非电导爆系统		
1	非电导爆管		
2	各种非电雷管		
七、	起爆药		

（续表）

序号	名　　称	英文句词	备　注
1	雷汞	Mercury fulminate	
2	雷银	Silver fulminate	
3	叠氮化铅	Lead azide	
4	三硝基间苯二酚铅（斯蒂芬酸铅）	Lead styphnate	
5	二硝基重氮酚	Diazodinitrophenol，DDNP	
6	脒基亚硝胺脒基四氮烯（基特拉辛，泽四氮烯）	TetRAzeNe	
7	共晶氮化铅		
八、	岩石、混凝土爆破剂		
九、	黑色火药、烟火剂、民用信号弹和烟花爆竹		
十、	其他公安部认为需要管理的爆炸物品		

16.1.2 爆炸性混合物按传爆能力分级[2]

级　别	试验最大不传爆间隙 δ/mm	级　别	试验最大不传爆间隙 δ/mm
1	$1.0<\delta$	3	$0.4<\delta\leqslant0.6$
2	$0.6<\delta\leqslant1.0$	4	$\delta\leqslant0.4$

16.1.3 爆炸性混合物按自燃温度分组[2]

组别	爆炸性混合物的自燃温度 T/℃	组　别	爆炸性混合物的自燃温度 T/℃
a	$450<T$	d	$135<T\leqslant200$
b	$300<T\leqslant450$	e	$100<T\leqslant135$
c	$200<T\leqslant300$		

16.1.4 爆炸性混合物按传爆能力及自燃温度分级分组举例[2]

级别	组　　别				
	a	b	c	d	e
1	甲烷、氨、醋酸	丁醇、醋酸酐	环己烷		
2	乙烷、丙烷、丙酮、苯乙烯、氯乙烯、苯、氯苯、甲醇、甲苯、一氧化碳、醋酸乙酯	丁烷、乙醇、丙烯、醋酸丁酯、醋酸戊酯	戊烷、己烷、庚烷、辛烷、癸烷、硫化氢、汽油	乙醚、乙醛	
3	市用煤气	环氧乙烷、环氧丙烷、丁二烯、1，4－二氧基己烷、乙烯	异戊二烯		
4	水煤气、氢	乙炔			二硫化碳

16.1.5 爆炸气体混合物的分类、分级及分组举例[2]

类和级	最大试验安全间隙 MESG/m	最小点燃电流比 MICR	引燃温度（℃）与组别					
			T1	T2	T3	T4	T5	T6
			$T>450$	$450\geqslant T>300$	$300\geqslant T>200$	$200\geqslant T>135$	$135\geqslant T>100$	$100\geqslant T>85$
Ⅰ	1.14	1.0	甲烷					
ⅡA	0.9<MESG<1.14	0.8<MICR<1.0	乙烷、丙烷、丙酮、苯乙烯、氨苯、甲苯、苯、氨、甲烷、一氧化碳、乙酸乙酯、乙酸、丙烯腈	丁烷、乙醇、丙烯、丁醇、乙酸、丁酯、乙酸戊酯、乙酸酐	戊烷、己烷、庚烷、癸烷、辛烷、汽油、硫化氢、环己烷	乙醚、乙醛		亚硫酸乙酯
ⅡB	0.5<MESG≤0.9	0.45<MICR≤0.8	二甲醚、民用煤气、环丙烷、焦炉煤气	环氧乙烷、环氧丙烷、丁二烯、乙烯	异戊二烯			
ⅡC	≤0.5	≤0.45	水煤气、氢	乙炔			二硫化碳	硝酸乙酯

注：最小点燃电流比（MICR）条件为各种气体和蒸气按照它们最易点燃电流值与实验室的甲烷最小电流之比。

16.1.6 爆炸性粉尘的分级、分组标准和典型粉尘示例[1]

组别			T11	T12	T13
引燃温度 t/℃			$t>270$	$220\geqslant t>200$	$200\geqslant t>140$
粉尘物质及其类级	ⅢA	非导电性易燃纤维	木棉纤维、烟草纤维、纸纤维、亚硫酸盐纤维素、人造毛短纤维、亚麻纤维	木质纤维	
	ⅢA	非导电性爆炸性粉尘	小麦、玉米、砂糖、橡胶、染料、聚乙烯、苯酚树脂	可可、米糖	
	ⅢB	导电性爆炸性粉尘	镁、铝、铝青铜、锌、钛、焦炭、炭黑	铝（含油）、铁、煤	
		火药、炸药粉尘		黑火药、梯恩梯	硝化棉、吸收药、黑索今、特屈儿、泰安

16.1.7 爆炸和火灾危险区域类别及区域等级[2]

按爆炸性混合物出现的频率程度和持续时间划分		
爆炸性气体环境危险区域	0区	连续出现或长期出现爆炸性气体混合物的环境
	1区	在正常运行时，可能出现爆炸性气体混合物的环境
	2区	在正常运行时，不可能出现爆炸性气体混合物的环境，即使出现也仅是短时存在的爆炸性气体混合物的环境

（续表）

按爆炸性混合物出现的频率程度和持续时间划分		
爆炸性粉尘环境危险区域	10 区	连续出现或长期出现爆炸性粉尘的环境
	11 区	有时会将积留下的粉尘扬起而偶然出现爆炸性粉尘混合物的环境
按火灾事故发生的可能性和后果、危险程度及物质状态划分		
火灾危险区域	21 区	具有闪点高于环境温度的可燃液体，在数量和配置上能引起火灾危险的环境
	22 区	具有悬浮状、堆积状爆炸性或可燃性粉尘，虽不可能形成爆炸性混合物，但在数量和配置上能引起火灾危险的环境
	23 区	具有固体状可燃物质，在数量和配置上能引起火灾危险的环境

16.1.8 爆炸性混合物按最小引爆电流分级[1]

级别	最小引爆电流/mA	爆炸性混合物名称
Ⅰ	120 以上	甲烷、乙烷、丙烷、汽油、环己烷、异己烷、甲醇、乙醇、乙醛、丙酮、醋酸、醋酸甲酯、丙烯酸甲酯、苯、一氧化碳、氨
Ⅱ	70～120	乙烯、丁二烯、丙烯腈、二甲醚、二丁基醚、环丙烷
Ⅲ	70 及以下	氢、乙炔、二硫化碳、市用煤气、水煤气、焦炉煤气、氧化乙烯

16.1.9 可燃性气体、蒸气的级别、组别[1]

序号	物质名称	分子式	组别
	ⅡA 级		
	一、烃类		
	1. 链烷类		
1	甲烷	CH_4	T1
2	乙烷	C_2H_6	T1
3	丙烷	C_3H_8	T1
4	丁烷	C_4H_{10}	T2
5	戊烷	C_5H_{12}	T3
6	己烷	C_6H_{14}	T3
7	庚烷	C_7H_{16}	T3
8	辛烷	C_8H_{18}	T3
9	壬烷	C_9H_{20}	T3
10	癸烷	$C_{10}H_{22}$	T3
11	环丁烷	$CH_2(CH_2)_2CH_2$	—
12	环戊烷	$CH_2(CH_2)_3CH_2$	T2
13	环己烷	$CH_2(CH_2)_4CH_2$	T3
14	环庚烷	$CH_2(CH_2)_5CH_2$	—
15	甲基环丁烷	$CH_3CH(CH_2)_2CH_2$	—

（续表）

序号	物质名称	分子式	组别
16	甲基环戊烷	$CH_3CH(CH_2)_3CH_3$	T2
17	甲基环己烷	$CH_3CH(CH_2)_4CH_2$	T3
18	乙基环丁烷	$C_2H_5CH(CH_2)_2CH_2$	T3
19	乙基环戊烷	$C_2H_5CH(CH_2)_3CH_2$	T3
20	乙基环己烷	$C_2H_5CH(CH_2)_4CH_2$	T3
21	萘烷	$CH_2(CH_2)_3CHCH(CH_2)_3CH_2$	
	1-2 链烯类		
22	丙烯	$CH_3CH=CH_2$	T2
	1-3 芳烃类		
23	苯乙烯	$C_6H_5CH=CH_2$	T1
24	甲基苯乙烯	$C_6H_5C(CH_3)=CH_2$	T1
	1-4 苯类		
25	苯	C_6H_6	T1
26	甲苯	$C_6H_5CH_3$	T1
27	二甲苯	$C_6H_4(CH_3)_2$	T1
28	乙苯	$C_6H_5C_2H_5$	T2
29	三甲苯	$C_6H_3(CH_3)_3$	T1
30	萘	$C_{10}H_8$	T1
31	异丙基苯	$C_6H_5CH(CH_3)_2$	T2
32	甲基异丙基苯	$(CH_3)_2CHC_6H_4CH_3$	T2
	1-5 烃混合气		
33	甲烷(工业用)		T1
34	松节油		T3
35	石脑油		T3
36	煤焦油石脑油		T3
37	石油(包括汽油)		T3
38	洗涤汽		T3
39	燃料油		T3
40	煤油		T3
41	柴油		T3
42	动力苯		T1
	二、含氧化合物		
	2. 氧化物(包括醚)		
43	一氧化碳	CO	T1
44	丙醚	$(C_3H_7)_2O$	—
	醇类和酚类		
45	甲醇	CH_3OH	T2
46	乙醇	C_2H_5OH	T2
47	丙醇	C_3H_7OH	T2

（续表）

序号	物质名称	分子式	组别
48	丁醇	C_4H_9OH	T2
49	戊醇	$C_5H_{11}OH$	T3
50	己醇	$C_6H_{13}OH$	T3
51	庚醇	$C_7H_{15}OH$	—
52	辛醇	$C_8H_{17}OH$	—
53	壬醇	$C_9H_{19}CH$	—
54	环己醇	$\underbrace{CH_2(CH_2)_4}CHOH$	T3
55	甲基环己醇	$CH_3\underbrace{CH(CH_2)_4}CHOH$	T3
56	苯酚	C_6H_5OH	T1
57	甲酚	$CH_3C_6H_4OH$	T1
58	双丙酮醇	$(CH_3)_2C(OH)CH_2COCH_3$	T1
	醛类		
59	乙醛	CH_3CHO	T4
60	聚乙醛	$(CH_3CHO)_n$	—
	酮类		
61	丙酮	$(CH_3)_2CO$	T1
62	2-丁酮（丁基甲基甲酮）	$C_3H_5COCH_3$	T1
63	2-戊酮（丙基甲基甲酮）	$C_3H_7COCH_3$	T1
64	2-己酮（丁基甲基甲酮）	$C_4H_9COCH_3$	T1
65	戊基甲基甲酮	$C_5H_{11}COCH_3$	—
66	戊间二酮（乙酰丙酮）	$CH_3COCH_2COCH_3$	T2
67	环己酮	$CH_2(CH_2)_4CO$	T2
	酯类		
68	甲酸甲酯	$HCOOCH_3$	T2
69	甲酸乙酯	$HCOOC_2H_5$	T2
70	乙酸甲酯	CH_3COOCH_3	T1
71	乙酸乙酯	$CH_3COOC_2H_5$	T2
72	乙酸丙酯	$CH_3COOC_3H_7$	T2
73	乙酸丁酯	$CH_3COOC_4H_9$	T2
74	乙酸戊酯	$CH_3COOC_5H_{11}$	T2
75	甲基丙烯酸甲酯	$CH_2{=}C(CH_3)COOCH_3$	T2
76	甲基丙烯酸乙酯	$CH_2{=}C(CH_3)COOC_2H_5$	—
77	乙酸乙烯酯	$CH_3COOCH{=}CH_2$	T2
78	乙酰基乙酸乙酯	$CH_3COCH_2COOC_2H_5$	T2

（续表）

序号	物质名称	分子式	组别
	酸类		
79	乙酸	CH_3COOH	T1
	三、含卤化合物		
	无氧化合物		
80	氯代甲烷（甲基氯）	CH_3Cl	T1
81	氯乙烷	C_2H_5Cl	T1
82	溴乙烷	C_2H_5Br	T1
83	氯丙烷	C_3H_7Cl	T1
84	氯丁烷	C_4H_9Cl	T3
85	溴丁烷	C_4H_9Br	T3
86	二氯乙烷	$C_2H_9Cl_2$	T2
87	二氯丙烷	$C_3H_6Cl_2$	T1
88	氯苯	C_6H_5Cl	T1
89	苄基氯	$C_6H_5CH_2Cl$	T1
90	二氯苯	$C_6H_4Cl_2$	T1
91	烯丙基氯	$CH_2:CHCH_2Cl$	T2
92	二氯乙烯	$CHCl:CHCl$	T1
93	氯乙烯	$CH_2:CHCl$	T2
94	三氟甲烯	$C_6H_5CF_3$	T1
95	二氯甲烷（甲叉二氯）	CH_2Cl_2	T1
	含氧化合物		
96	乙酰氯	CH_3COCl	T3
97	氯乙醇	CH_2ClCH_2OH	T2
	四、含硫化合物		
98	乙硫醇 （Athanthiol）	C_2H_5SH	T3
99	丙硫醇－1	C_3H_7SH	—
100	噻吩	$CH:CH\cdot CH:CHS$	T2
101	四氢噻吩	$CCH_2:(CH_2)_2:CH_2S$	T3
	五、含氮化合物		
102	氨	NH_3	T1
103	乙腈	CH_3CN	T1
104	亚硝酸乙酯	CH_3CH_2ONO	T6
105	硝基甲烷	CH_3NO_2	T2
106	硝基乙烷	C_2H_5NO	T2

（续表）

序号	物 质 名 称	分 子 式	组 别
	胺类		
107	甲胺	CH_3NH_2	T2
108	二甲胺	$(CH_3)_2NH$	T2
109	三甲胺	$(CH_3)_3N$	T4
110	二乙胺	$(C_2H_5)_2NH$	T2
111	三乙胺	$(C_2H_5)_3N$	T1
112	正丙胺	$C_3H_7NH_2$	T2
113	正丁胺	$C_4H_9NH_2$	T2
114	环已胺	$CH_2(CH_2)_4CHNH_2$	T3
115	2－乙醇胺	$NH_2CH_2CH_2OH$	—
116	2－二乙胺基乙醇	$(C_2H_5)_2NCH_2CH_2OH$	—
117	二氨基乙烷	$NH_2CH_2CH_2NH_2$	T2
118	苯胺	$C_6H_5NH_2$	T1
119	NN－二甲基苯胺	$C_6H_5N(CH_3)_2$	T2
120	苯胺基丙烷	$C_6H_5CH_2CH(NH_2)CH_3$	—
121	甲苯胺	$CH_3C_6H_4NH_2$	T1
122	吡啶	C_5H_5N	T1
	ⅡB级		
	一、烃类		
123	丙炔（甲基乙炔）	$CH_3C{\equiv}CH$	T1
124	乙烯	C_2H_4	T2
125	环丙烷	$CH_2CH_2CH_2$	T1
126	丁二烯[1,3]	$CH_2{=}CH{-}CH{=}CH_2$	T2
	二、含氮化合物		
127	丙烯腈	$CH_2{=}CHCN$	T1
128	异丙基硝酸盐	$(CH_3)_2CHONO_2$	—
129	氰化氢	HCN	T1
	三、含氧化合物		
130	二甲醚	$(CH_3)_2O$	T3
131	乙基甲基醚	$CH_3OC_2H_5$	T4
132	二乙醚	$(C_2H_5)_2O$	T4
133	二丁醚	$(C_4H_9)_2O$	T4
134	环氧乙烷	CH_2CH_2O	T2
135	1,2－环氧丙烷	CH_3CHCH_2O	T2
136	1,3－二噁戊烷	$CH_2CH_2OCH_2O$	—
137	1,4－二噁烷	$CH_2CH_2OCH_2CH_2O$	T2

（续表）

序号	物质名称	分子式	组别
138	1,3,5-三噁烷	$CH_2OCH_2OCH_2O$	T2
139	羟基醋酸丁酯	$HOCH_2COOC_4H_9$	—
140	四氢糠醇	$CH_2CH_2CH_2OCHCH_2OH$	T3
141	丙烯酸甲酯	$CH_2=CHCOOCH_3$	T2
142	丙烯酸乙酯	$CH_2=CHCOOC_2H_5$	T2
143	呋喃	$CH=CHCH=CHO$	T2
144	丁烯醛	$CH_3CH=CHCHO$	T3
145	丙烯醛	$CH=CHCHO$	T3
146	四氢呋喃	$CH_2(CH_2)_2CH_2O$	T3
	四、混合气		
147	焦炉煤气		T1
	五、含卤化合物		
148	四氟乙烯	C_2F_4	T4
149	1-氯-2,3-环氧丙烷（表氯醇）	OCH_2CHCH_2Cl	T2
150	硫化氢	H_2S	T3
	ⅡC级		
151	氢	H_2	T1
152	乙炔	C_2H_2	T2
153	二硫化碳	CS_2	T5
154	硝酸乙酯	$C_2H_5ONO_2$	T6
155	水煤气		T1

16.1.10 液体根据闪点分类分级[1]

种类	级别	闪点/℃	举例
易燃液体	Ⅰ	$t \leqslant 28$	汽油、甲醇、乙醇、乙醚、苯、甲苯、丙酮、二硫化碳等
	Ⅱ	$28 < t \leqslant 45$	煤油、丁醇等
可燃液体	Ⅲ	$45 < t \leqslant 120$	戊醇、柴油、重油等
	Ⅳ	$t > 120$	植物油、矿物油、甘油等

16.1.11 能形成爆炸混合物的物质[1]

序号	能形成爆炸混合物的物质
1	氯酸盐、硝酸盐与磷、硫、镁、锌等粉末易燃固体以及脂类等有机物
2	过氯酸或其盐类与乙醇等有机物
3	过氯酸盐或氯酸盐与硫酸
4	过氧化物与镁、锌、铝等粉末
5	过氧化二苯甲酰与氯仿等有机物
6	过氧化氢与丙酮

（续表）

序号	能形成爆炸混合物的物质
7	过氧化氯与二氧化硫
8	次氯酸钙与有机物
9	氢与氟、臭氧、氧、氧化亚氮、氯
10	氢与氯、碘
11	氯与氮，乙炔与氯，乙炔与2倍容积的氯，甲烷与氯（加上阳光）等
12	水滴入硫酸酐中
13	三乙基铝、钾、钠、碳化铀、氯磺酸遇水
14	氯酸盐与硫化物
15	硝酸钾与醋酸钠
16	氰化钾与硝酸盐，氯酸盐、氯、高氯酸盐（共热时）
17	硝酸盐与氯化亚锡
18	液态空气、液态氧与有机物
19	重铬酸铵与有机物
20	联苯胺与漂白粉（135℃时）
21	乙磷与溴、氯、硝酸
22	松脂与碘、醚、氯化氮及氟化氮
23	氟化氨与松节油、橡胶、油脂、磷、氨、硒
24	环龙二烯与硫酸、硝酸
25	虫胶（40%）与乙醇（60%）（140℃时）
26	乙炔与铜、银、汞盐
27	二氧化氮与很多有机物的蒸气
28	硝酸铵、硝酸钾、硝酸钠与有机物
29	高氯酸钾与可燃物
30	黄磷与氧化剂
31	氯酸钾与可燃有机物
32	硝酸与二氧化硫、松节油、乙醇及其他物质
33	氯酸钠与硫酸、硝酸
34	氯与氢（见光时）

16.1.12 易燃液体和可燃液体的闪点[1]

名　称	闪点/℃	名　称	闪点/℃	名　称	闪点/℃	名　称	闪点/℃
一硝基二甲苯	35	乙腈	5.5	乙二醇	100	二氯丙烯	15
乙醚	-45	乙醇	14	二硫化碳	-45	二氯乙烷	21
乙基氯	-43	乙苯	15	二乙烯醚	-30	二甲苯	25
乙烯醚	-30	乙基吗啡林	32	二乙胺	-26	二甲基吡啶	29
乙基溴	-25	乙二胺	33.9	二甲醇缩甲醛	-18	二异丁胺	29.4
乙胺	-18	乙酰乙酸乙酯	35	二氯甲烷	-14	二甲氨基乙醇	31
乙烯基氯	-17.8	醋酸	38	二甲二氯硅烷	-9	二乙基乙二酸酯	44
乙醛	-17	乙酰丙酮	40	二异丙胺	-6.6		
乙烯正丁醚	-10	乙撑氰醇	55	二甲胺	-6.2	二乙基乙烯二胺	46
乙烯异丁醚	-10	乙基丁醇	58	二甲基呋喃	7		
乙硫醇	<0	乙二醇丁醚	73	二丙胺	7.2	二聚戊烯	46
乙基正丁醚	1.1	乙醇胺	85	二氯乙烯	14	二丙酮	49

16.1.13 可燃性固体的燃点、熔点和闪点[1]

物质名称	熔点/℃	燃点/℃	闪点/℃
萘	80.2	86	80
二氯苯	53		67
聚甲醛	62		45
甲基萘	35.1		101
苊	96		108
樟脑	174~179	70	65.5
松香	55	216	
硫磺	113	255	
红磷		160	
三硫化磷	172.5	92	
五硫化磷	276	300	
重氮氨	98	150	
基苯			
聚乙烯	120	400	
聚丙烯	160	270	
聚苯乙烯	100	400	
硝酸纤维		180	
醋酸纤维	260	320	
粘胶纤维		235	
锦纶-6	220	395	
锦纶-66	250~265	415	
涤纶	255~260	390~115	
二亚硝基			
间苯二酚		260	
有机玻璃	80	158~195	
石蜡	38~62		

16.1.14 爆炸性混合气体的爆炸延滞时间[1]

序号	可燃物质	与空气的混合比(容积)/%		最适宜混合比时爆炸延滞时间,t/s
		爆炸范围	最适宜的混合比*	
1	乙醛	4.1~55	11	0.05
2	丙酮	3.0~11	6	0.07
3	乙炔	2.5~81	13	0.017
4	丙烯腈	3.0~17	8	0.04
5	苯	1.4~7.1	4	0.06
6	丁烷	1.9~8.5	5	0.057
7	丁醇	1.4~11.2	6	0.062
8	丁内酯	3~12	8	0.041
9	环己烷	1.3~8	3	0.05
10	乙醚	1.9~48	5	0.05

（续表）

序号	可燃物质	与空气的混合比（容积）/%		最适宜混合比时爆炸延滞时间，t/s
		爆炸范围	最适宜的混合比*	
11	乙烷	3～12.5	7	0.043
12	乙醇	4.3～19	12	0.061
13	乙烯	3.1～32	8	0.081
14	二氯乙烷	6.2～16	10	0.18
15	己烷	1.2～7.5	2.5	0.06
16	氢	4～75	35	0.01
17	异丙醇	2～12	6	0.07
18	异丙醚	1.4～21	3	0.06
19	甲醇	7.3～36	25	0.06
20	氯乙烷	18～25	20	0.46
21	石蜡油、轻汽油	0.8～5	2.5	0.06
22	丙烷	2.2～9.5	5	0.057
23	二氯丙烷	3.4～14.5	6	0.17
24	甲苯	1.4～6.7	4	0.1

* 混合气体中可燃组分稍多于化学计算量时，燃烧最快最激烈，这样的浓度称为最适宜混合比。

16.1.15 爆炸性气体和蒸气的特性[4]

物质名称	引燃温度组别	引燃温度/℃	闪点/℃	爆炸下限（体积分数）/%	爆炸上限（体积分数）/%	蒸气相对密度（空气=1）
			Ⅰ			
甲烷	T1	537	气体	5.0	15.0	0.55
			ⅡA			
丙烯腈	T1	481	0	2.8	28.0	1.83
乙醛	T4	140	－37.8	4.0	57.0	1.52
乙腈	T1	524	5.6	4.4	16.0	1.42
丙酮	T1	537	－19.0	2.5	13.0	2.00
氨	T1	630	气体	15.0	28.0	0.59

16.1.16 爆炸性悬浮粉尘的点燃危险性[1]

物品名称	爆炸下限浓度/（$g \cdot m^{-3}$）	最小点燃能量/mJ
麻	40	30
己二酸	35	60
乙酰纤维素	35	15
铝	25	10
硫磺	35	15

（续表）

物品名称	爆炸下限浓度/(g·m^{-3})	最小点燃能量/mJ
铀	60	45
乙基纤维素	25	10
环氧树脂	20	15
树木（枞树）	35	20
可可树	75	10
橡胶（合成硬质）	30	30
橡胶（天然硬质）	25	50
小麦粉	50	50
小麦淀粉	25	20
大米（种皮）	45	40
软木粉	35	35
糖	35	30
对酞酸二甲酯	30	20
马铃薯淀粉	45	20
锆	40	5
煤	35	30
肥皂	45	60
紫胶	20	10
纤维素	45	35
钛	45	10
玉米	45	40
玉米糊精	40	40
玉米淀粉	40	20
钍	75	5
甘油三硬脂酸铝	15	15
尼龙	30	20
肉桂皮	60	30
仲甲醛	40	20
苯酚甲醛	25	15
六次甲基四胺、乌洛托品	15	10
季戊四醇	30	10
聚丙烯酰胺	40	30
聚丙烯腈	25	20
聚氨基甲酸乙酯泡沫	25	15
聚乙烯	20	10
聚氧化乙烯	30	30
聚乙二醇对苯二甲酸酯	40	35
聚碳酸酯	25	25
聚苯乙烯	15	15
聚丙烯	20	25
聚甲基丙烯酸甲酯	30	20
镁	20	40
邻苯二甲酸酐	15	15
棉花	50	25
木质素	40	20

16.1.17 爆炸性气体的点燃危险性（和氧混合）[7]

物质名称	爆炸极限体积/%		最小点燃能量/mJ
	下　限	上　限	
乙炔	2.8	100	0.0002
乙烷	3.0	66	0.0019
乙烯	3.0	80	0.0009
二乙醚	2.0	82	0.0012
氢	4.0	94	0.0012
丙烷	2.3	55	0.0021
甲烷	5.1	61	0.0027

16.1.18 部分可燃物质最高允许含氧量[1]

%

可燃物质	用二氧化碳	用　氮	可燃物质	用二氧化碳	用　氮
甲烷	11.5	9.5	氢	5	4
乙烷	10.5	9	一氧化碳	5	4.5
丙烷、丁烷	11.5	9.5	丙酮	12.5	11
汽油	11	9	苯	11	9
乙烯	9	8	煤粉	12～15	—
丙烯	11	9	麦粉	11	—
乙醚	10.5	—	硫黄粉	9	—
甲醇	11	8	铝粉	2.5	7
乙醇	10.5	8.5	锌粉	8	8
丁二醇	10.5	8.5			

16.1.19 典型气体的爆炸危险度[1]

名　称	爆炸危险度	名　称	爆炸危险度
氮	0.87	汽油	5.00
甲烷	1.83	辛烷	5.32
乙烷	3.17	氢	17.78
丁烷	3.67	乙炔	31.00
一氧化碳	4.92	二硫化碳	59.00

16.1.20 可燃混合物用惰性气体稀释后不发生爆炸时氧的最高含量（20℃及133.325kPa条件下）[1]

可燃物质	氧的最大安全浓度/%	
	CO_2 作稀释剂	N_2 作稀释剂
甲烷	14.6	12.1
乙烷	13.4	11.0
丙烷	14.3	11.4
丁烷	14.5	12.1
戊烷	14.4	12.1
己烷	14.5	11.9
汽油	14.4	11.6
乙烯	11.7	10.6
丙烯	14.1	11.5

（续表）

可燃物质	氧的最大安全浓度/%	
	CO_2 作稀释剂	N_2 作稀释剂
丁二烯	13.9	10.4
氢	5.9	5.0
一氧化碳	5.9	5.6
丙酮	15	13.5
苯	13	11.2
煤粉	16	
麦粉	12	
硬橡胶粉	13	
硫	11	

16.1.21 某些可燃物质加入惰性气体后允许最高含氧量[1]

可燃物质	加入 CO_2 后最高允许含氧量（体积分数）/%	加入 N_2 后最高允许含氧量（体积分数）/%
甲烷	11.5	9.5
乙烷	10.5	9
乙烯	9	8
汽油	11	9
丙酮	12.5	11
氢	5	4
乙醚	10.5	—

16.1.22 各种煤气的爆炸范围[1]

类别	爆炸范围/%	
	下限	上限
高炉煤气	30.84	89.49
焦炉煤气	4.72	37.59
转炉煤气	18.22	83.22
发生炉煤气	14.64	76.83
天然气	4.96	15.7

16.1.23 易燃易爆粉尘和易燃纤维特性[1]

粉尘种类	粉尘名称	引燃温度组别	高温表面沉积粉尘5mm厚的引燃温度/℃	云状粉尘的引燃温度/℃	爆炸下限浓度标准/（$g\cdot m^{-3}$）	粉尘平均粒径/μm	危险性种类
火药	一号硝化棉	T13	154			100目	爆
	吸收药（片状药）	T13	154			片状	爆
	吸收药（小粒药）	T13	150			小粒	爆
	2/1 樟单药	T13	148				爆
	2/1 药粉	T13	146			100目	爆
	双基小粒药	T13	140				爆
	片状双基药	T13	164				爆
	黑火药	T12	230			100目	爆

（续表）

粉尘种类	粉 尘 名 称	引燃温度组别	高温表面沉积粉尘5mm厚的引燃温度/℃	云状粉尘的引燃温度/℃	爆炸下限浓度标准/(g·m^{-3})	粉尘平均粒径/μm	危险性种类
炸药	TNT	T12	220				爆
	奥克托今	T12	220				爆
	2号硝铵煤矿炸药	T12	218				爆
	2号硝铵岩石炸药	T13	198				爆
	8321炸药	T13	198				爆
	黑索今（钝感品）	T13	194				爆
炸药金属	黑索今	T13	159				爆
	特屈儿	T13	158				爆
	泰安	T13	157				爆
	泰安（钝感品）	T13	158				爆
	铝（表面处理）	T11	320	590	37～50	10～15	爆
	铝（含油）	T12	230	400	37～50	10～20	爆
	铁粉	T12	242	430	153～240	100～150	易导
	镁	T11	340	470	44～59	5～10	爆
	红磷	T11	305	360	48～64	30～50	易
	钛	T11	290	375	—	—	爆
	锌	T11	430	530	212～284	10～15	易导
	钙硅铝合金	T11	290	465			易导
	8%钙－30%硅－55%铝	T11	>450	640			易导
	硅铁合金（45%硅）	T11	445	555		<90	易导
	锆石	T11	305	360	92～123	5～10	易导
化学药品	硬脂酸锌	T11	熔融	315		8～15	易
	萘	T11	熔融	575	28～38	8～100	易
	蒽	T11	熔融升华	505	29～39	40～50	易
	己二酸	T11	熔融	580	65～90		易
	苯二（甲）酸	T11	熔融	650	60～83	80～100	易
	无水苯二（甲）酸（粗制品）	T11	熔融	605	52～71		易
	苯二（甲）酸腈	T11	熔融	>700	37～50		易
	无水马来酸（粗制品）	T11	熔融	500	82～113		易
	硫黄	T12	熔融	235		30～50	易
	乙酸钠酯	T11	熔融	520	51～70	5～8	易
	结晶紫	T11	熔融	475	46～70	15～30	易

（续表）

粉尘种类	粉尘名称	引燃温度组别	高温表面沉积粉尘5mm厚的引燃温度/℃	云状粉尘的引燃温度/℃	爆炸下限浓度标准/($g \cdot m^{-3}$)	粉尘平均粒径/μm	危险性种类
化学药品	四硝基卡唑	T11	熔融	395	92~129		易
	二硝基甲酚	T11	熔融	340		40~60	易
	阿斯匹林	T11	熔融	405	31~41	60	易
	肥皂粉	T11	熔融	575		80~100	易
	青色染料	T11	350	465		300~500	易
	萘酚染料	T11	395	415	133~184		易
合成树脂	聚乙烯	T11	熔融	410	26~35	30~50	易
	聚丙烯	T11	熔融	430	25~35		易
	聚苯乙烯	T11	熔融	475	27~37	40~60	易
	苯乙烯70%，丁二烯30%，粉状聚合物	T11	熔融	420	27~37		易
	聚乙烯醇	T11	熔融	450	42~55	5~10	易
	聚丙烯酯	T11	熔融、碳化	505	35~55	5~7	易
	聚氨酯	T11	熔融	425	46~63	50~100	易
	聚乙烯四酞	T11	熔融	480	52~71	<200	易
	聚乙烯氮戊环酮	T11	熔融	465	42~58	10~15	易
	聚氯乙烯	T11	熔融、碳化	595	63~86	4~5	易
	氯乙烯（70%）苯	T11	熔融、碳化	520	44~60	30~40	易
	酚醛树脂（酚醛清漆）	T11	熔融、碳化	520	36~49	10~20	易
	磷苯二甲酸（粗）	T11	熔融	650		80~100	易
	磷苯二甲酸酐（粗）	T11	熔融	605		500~1000	易
	顺丁烯二（酸）酐	T11	熔融	500		500~1000	易
橡胶、天然树脂	钠丁间酮酸酯	T11	熔融	520		5~8	
	聚丙烯腈	T11	碳化	505		5~7	
	聚氯酯	T11	熔融	425		50~100	
	有机玻璃粉	T11	熔融、碳化	485			易
	骨胶（虫胶）	T11	沸腾	475		20~50	易
	硬质橡胶	T11	沸腾	360	36~49	20~30	易
	软质橡胶	T11	沸腾	425		80~100	易
	天然树脂	T11	熔融	370	38~52	20~30	易
	古巴树脂	T11	熔融	330	30~41	20~50	易
	松香	T11	熔融	325		50~80	易
	货贝胶W	T11	结壳	475		20~50	易
	壳胶	T11	结壳	590		500~600	易

（续表）

粉尘种类	粉尘名称	引燃温度组别	高温表面沉积粉尘5mm厚的引燃温度/℃	云状粉尘的引燃温度/℃	爆炸下限浓度标准/（g·m^{-3}）	粉尘平均粒径/μm	危险性种类
沥青、蜡类	硬蜡	T11	熔融	400	26~36	30~50	易
	绕组沥青	T11	熔融	620		50~80	
	硬沥青	T11	熔融	620		50~150	易
	煤焦油沥青	T11	熔融	580			易
	软沥青（EP54）	T11	熔融	620		50~80	易
农产品	裸麦粉（未处理）	T11	325	415	67~93	30~50	易
	裸麦谷物粉（未处理）	T11	305	430		50~100	易
	裸麦筛落品（粉碎品）	T11	305	415		30~40	易
	小麦粉	T11	碳化	410		20~40	易
	小麦谷物粉	T11	290	420		15~30	易
	小麦筛落粉（粉碎品）	T11	290	410		3~5	易
	乌麦、大麦谷物粉	T11	270	440		50~150	易
	筛米粉	T11	270	410		50~100	易
	玉米淀粉	T11	碳化	430		20~30	易
	马铃薯淀粉	T11	碳化	430		60~80	易
	布丁粉	T11	碳化	395		10~20	易
	糊精粉	T11	碳化	400	71~99	20~30	易
	砂糖粉	T11	熔融	360	77~99	20~40	易
	砂糖粉（含奶类）	T11	熔融	450	83~100	20~30	易
	黑麦谷粉	T11	305	430		50~100	易
	黑麦面粉	T11	325	415		30~50	易
	黑麦滤过的粉末（磨碎）	T11	305	415		30~40	易
	豆麻饼子和磨坊粉末	T11	285	470			易
	米滤过的粉末	T11	270	420		50~100	易
纤维、鱼粉	可可子粉（脱脂品）	T112	245	460		30~40	易
	咖啡粉（精制品）	T11	收缩	600		40~80	易
	啤酒麦芽粉	T11	285	405		100~150	易
	紫苜蓿	T11	280	480		200~500	易
	亚麻粕粉	T11	285	470			易
	菜种渣粉	T11	碳化	465		400~600	易
	鱼粉	T11	碳化	485		80~100	易
	烟草纤维	T11	290	485		50~100	易

（续表）

粉尘种类	粉尘名称	引燃温度组别	高温表面沉积粉尘5mm厚的引燃温度/℃	云状粉尘的引燃温度/℃	爆炸下限浓度标准/($g \cdot m^{-3}$)	粉尘平均粒径/μm	危险性种类
纤维、鱼粉	木棉纤维	T11	385				易
	人造短纤维	T11	305				易
	亚硫酸盐纤维素粉	T11	380				易
	木质纤维	T11	250	445		40~80	易
	纸纤维	T11	360				易
	椰子粉	T11	280	450		100~200	易
	软木粉	T11	325	460	44~59	30~40	易
	针叶树（松）粉	T11	325	440		70~150	易
	硬木（丁钠橡胶）粉	T11	315	420		70~100	易
燃料	泥煤粉	T11	260	450		60~90	导
	褐煤粉（褐煤）	T11	260		49~68	2~3	导
	褐煤粉（火车焦用）	T11	230	485		3~5	导
燃料	有烟煤粉	T11	235	595	41~57	5~10	导
	瓦斯煤粉	T11	225	580	35~48	5~10	导
	焦炭用煤粉	T11	280	610	33~45	5~10	导
	贫煤粉	T11	285	680	34~45	5~7	导
	无烟煤粉	T11	>430	>600		100~150	导
	木炭粉	T11	340	595	39~52	1~2	易导
	泥煤焦炭粉	T11	360	615	40~54	1~2	易导
	褐煤焦炭粉	T11	235			4~5	易导
	煤焦炭粉	T11	430	>750	37~50	4~5	易导
	焰粉	T11	235	595		5~10	
	石墨	T11	不着火	>750		15~25	
	炭黑	T11	535	>690		10~20	

16.1.24 几种气体混合物的爆轰范围[3]

混合气体		爆轰范围/%		混合气体		爆轰范围/%	
可燃气体	空气或氧气	下限	上限	可燃气体	空气或氧气	下限	上限
氢气	空气	18.3	59.0	乙炔	空气	4.1	50.0
氢气	氧气	15.0	50.0	乙炔	氧气	3.5	92.0
一氧化碳	氧气	38.0	90.0	乙醚	空气	2.8	4.5
丙烷	氧气	3.2	37.0	乙醚	氧气	2.6	24.0
氨	氧气	25.4	75.0				

16.1.25　几种可燃气体在空气和纯氧中的爆炸范围[1]

可燃气体	助燃气体	爆炸范围(体积分数)/%		可燃气体	助燃气体	爆炸范围(体积分数)/%	
		下限	上限			下限	上限
氢	空气	18.3	59.0	乙炔	氧	3.5	92.0
氢	氧	15.0	90.0	丙烷	氧	3.2	39.0
一氧化碳	氧	38.0	90.0	乙醚	空气	2.8	45
氨	氧	25.4	76.0	乙醚	氧	2.6	74.0
乙炔	空气	4.2	50.0				

16.1.26　可燃气体和可燃液体蒸气在空气中的爆炸极限[1]

类 别	名 称	分 子 式	爆 炸 极 限/%	
			下 限	上 限
无机化合物	一氧化碳	CO	12.5	74.0
	硼乙烷	B_2H_6	0.9	98
	戊硼烷	B_5H_9	0.42	—
	氧硫化碳	COS	12	29
	硫化碳	CS_2	1.3	44
	氢	H_2	4.0	75
	氰化氢	HCN	6	41
	硫化氢	H_2S	4.3	45
	氨	NH_3	16	25
有机化合物	甲烷	CH_4	5.0	15.0
	溴甲烷	CH_3Br	—	16
	氯甲烷	CH_3Cl	8.1	17.4

16.1.27　液化气－氧气混合气的燃爆范围[1]

序 号	液化气在混合气中占的体积百分数/%	燃 爆 情 况
1	3.2	爆声微弱
2	6.0	有爆声
3	6.7	有爆声
4	12.9	有爆声
5	19.1	爆声较响
6	33.1	爆声响
7	36.2	爆声响
8	43	爆声响
9	51.5	爆声，强烈发光
10	64	爆声，强烈发光

16.1.28 一些有机蒸气与空气混合的爆炸极限范围[1]

有机蒸气	爆炸极限浓度范围			
	按容积/%		按质量/（g·m⁻³）	
	下限	上限	下限	上限
异酯酸戊酯	2.2	10	119	541
丙酮	2	13	48.3	314
汽油	1.2	7	—	—
苯	1.4	9.5	45.5	309
正丁醇	3.7	10.2	114	314
二氯乙烷	6.2	15.9	256	656
氯乙烯	4	22	104	573
二氯乙烯	9.7	12.8	392	517
二甲苯	1.1	6.4	48.6	283
醋酸甲酯	3.15	15.6	97.1	481
甲醇	5.5	37	73.4	493
二硫化碳	1.0	50	31.7	1580
甲苯	1.3	7	49.8	268
醋酸乙酯	2.2	11.4	80.6	418
乙醇	3.3	19	63.2	364
乙醚	1.85	40	57	1232
甲乙酮	1.8	11.5	54	345
环己酮	3.2	9	131	368
丙烯腈	3	17	66.3	375
甲醛	7	73	87.5	913
乙醛	4	57	73.3	1045
吡啶	1.8	12.4	59.3	408
环氧乙烷	3.6	78	66	1430
环氧丙烷	2.5	38.5	60.4	930
氰化氢	6	40	67.5	450
硫化氢	4.3	45.5	60.9	645
氨	15.5	27	109.8	191

16.1.29 白炽灯泡烤燃可燃物时间和温度关系[1]

灯泡功率/W	可燃物	烤燃时间/min	起火温度/℃	放置形式
100	稻草	2	360	卧式埋入
100	纸张	8	330~360	卧式埋入
100	棉絮	13	360~367	垂直紧贴
200	稻草	1	360	卧式埋入
200	纸张	12	330	垂直紧贴
200	棉絮	5	367	垂直紧贴
200	松木箱	57	398	垂直紧贴

16.1.30 空气冲击波安全系数[1]

安全等级	可能破坏的程度	安全系数	
		无土堤	有土堤
1	安全无破坏	50~150	10~40
2	偶然破坏玻璃窗	10~30	5~9
3	玻璃窗完全破坏，门及窗框局部破坏，墙内有破裂	5~8	2~4
4	破坏内隔墙、窗框、门板房及板棚等	2~4	1.1~1.9
5	破坏不坚固的砖石及木结构建筑物，颠覆铁路车辆、破坏输电线	1.5~2	0.5~1
6	穿透坚固的砖墙、完全破坏城市建筑及工业构筑物	1.4	

16.1.31 108种物质的燃烧爆炸参数[1]

序号	名称	爆炸危险度	最大爆炸压力/10^5Pa	爆炸下限/%	爆炸上限/%	蒸气相对密度（空气为1）	闪点/℃	自燃点/℃
1	氢	17.9	7.4	4.0	75.6	0.07	气态	560
2	一氧化碳	4.9	7.3	12.57	4.0	0.97	气态	605
3	二硫化碳	59.0	7.8	1.0	60.0	2.64	<-20	102
4	硫化氢	9.9	5.0	4.3	45.5	1.19	气态	270
5	呋喃	5.2	—	2.3	14.3	2.35	<-20	390
6	噻吩	7.3	—	1.5	12.5	2.90	-9	395
7	吡啶	5.2	—	1.7	10.6	2.73	17	550
8	尼古丁	4.7	—	0.7	4.0	5.60	—	240
9	萘	5.5	—	0.9	5.9	4.42	80	540
10	顺萘	6.0	—	0.7	4.9	4.77	61	260
11	四乙基铅	—	—	1.6	—	11.10	80	—
12	城市煤气	6.5	7.0	4.0	30.0	0.50	气态	560
13	标准汽油	5.4	8.5	1.1	7.0	3.20	<-20	260
14	照明煤油	12.3	8.0	0.6	8.0	—	≥40	220
15	喷气机燃料	10.7	8.0	0.6	7.0	5.00	<0	220
16	柴油	9.8	7.5	0.6	5.0	7.00	—	—
17	甲烷	2.0	7.2	5.0	15.0	0.55	气态	595
18	乙烷	3.2	—	3.0	12.5	1.04	气态	515
19	丙烷	3.5	8.6	2.1	9.5	1.56	气态	470
20	丁烷	4.7	8.6	1.5	8.5	2.05	气态	365
21	戊烷	4.6	8.7	1.4	7.8	2.49	<-20	285
22	己烷	4.8	8.7	1.2	6.9	2.79	<-20	240
23	庚烷	2.1	8.6	1.1	6.7	3.46	-4	215
24	辛烷	5.0	—	0.8	6.5	3.94	12	210
25	壬烷	7.0	—	0.7	5.6	4.43	31	205
26	癸烷	6.7	7.5	0.7	5.4	4.90	46	205
27	硝基甲烷	7.9	—	7.1	63.0	2.11	36	415
28	氯甲烷	1.6	—	7.1	18.5	1.78	气态	625
29	二氯甲烷	0.7	5.0	13.0	22.0	2.93	—	605

（续表）

序号	名　称	爆炸危险度	最大爆炸压力/10^5Pa	爆炸下限/%	爆炸上限/%	蒸气相对密度（空气为1）	闪点/℃	自燃点/℃
30	氯乙烷	3.1	—	3.6	14.8	2.22	气态	510
31	二氯乙烷	1.6	—	6.2	16.0	3.42	13	440
32	正氯丁烷	4.5	8.8	1.8	10.1	3.20	-12	245
33	甲基戊烷	4.8	—	1.2	7.0	2.97	< -20	300
34	二乙基戊烷	7.1	—	0.7	5.7	4.43	—	290
35	环丙烷	3.3	—	2.4	10.4	1.45	气态	495
36	环丁烷	—	—	1.8	—	1.93	气态	—
37	环已烷	5.9	8.6	1.2	8.3	2.90	-18	260
38	环氧乙烷	37.5	9.9	2.6	100.0	1.52	气态	440
39	乙烯	9.6	8.9	2.7	28.5	0.97	气态	425
40	丙烯	4.9	8.6	2.0	11.7	1.49	气态	455
41	丁烯	4.8	—	1.6	9.3	1.94	气态	440
42	戊烯	5.2	—	1.4	8.7	2.42	< -20	290
43	丁二烯	8.1	7.0	1.1	10.0	1.87	气态	415
44	苯乙烯	4.5	6.6	1.1	6.1	3.59	32	490
45	氯丙烯	2.6	—	4.5	16.0	2.63	< -20	—
46	顺式二丁烯	4.7	—	1.7	9.7	1.94	气态	—
47	乙炔	53.7	103	1.5	82.0	0.90	气态	335
48	丙炔	—	—	1.7	—	1.38	气态	—
49	丁炔	—	—	1.4	—	1.86	< -20	—
50	苯	57	9.0	1.2	8.0	2.70	-11	555
51	甲苯	4.8	6.8	1.2	7.0	3.18	6	535
52	乙苯	6.8	—	1.0	7.8	3.66	15	430
53	丙苯	6.5	—	0.8	6.0	4.15	39	450
54	丁苯	6.3	—	0.8	5.8	4.62	—	410
55	二甲苯	5.4	7.8	1.1	7.0	3.66	25	525
56	三甲苯	5.4	—	1.1	7.0	4.15	50	485
57	三联苯	3.9	—	0.7	3.4	5.31	113	570
58	甲醇	7.0	7.4	5.5	44.0	1.10	11	455
59	乙醇	3.3	7.5	3.5	15.0	1.59	12	425
60	丙醇	5.4	—	2.1	13.5	2.07	15	405
61	丁醇	6.1	7.5	1.4	10.0	2.55	29	340
62	异戊醇	5.7	—	1.2	8.0	3.04	-30	—
63	乙二醇	15.6	—	3.2	53.0	2.14	111	410
64	氯乙醇	2.2	—	5.0	16.0	2.78	55	425
65	甲基丁醇	4.5	—	1.2	8.0	3.04	34	3
66	甲醛	9.4	—	7.0	73.0	1.03	气态	—
67	乙醛	13.3	7.3	4.0	57.0	1.52	< -20	140
68	丙醛	8.1	—	2.3	21.0	2.00	< -20	—
69	丁醛	7.9	6.6	1.4	12.5	2.48	< -5	230

（续表）

序号	名　称	爆炸危险度	最大爆炸压力/10^5Pa	爆炸下限/%	爆炸上限/%	蒸气相对密度（空气为1）	闪点/℃	自燃点/℃
70	苯甲醛	—	—	1.4	—	3.66	64	190
71	丁烯醛	6.4	—	2.1	15.5	2.41	13	230
72	糠醛	8.2	—	2.1	19.3	3.31	60	315
73	甲酸甲酯	3.0	—	5.0	20.0	2.07	< −20	450
74	甲酸乙酯	4.0	—	2.7	13.5	2.55	20	440
75	甲酸丁酯	3.7	—	1.7	8.0	3.52	18	320
76	甲酸异戊酯	4.9	—	1.7	10.0	4.01	22	320
77	乙酸甲酯	4.2	8.8	3.1	16.0	2.56	−10	475
78	乙酸乙酯	4.5	8.7	2.1	11.5	3.04	4	460
79	乙酸丙酯	3.7	—	1.7	8.0	3.52	−10	—
80	乙酸丁酯	5.3	7.7	1.2	7.5	4.01	25	370
81	乙酸异戊酯	9.0	—	1.0	10.0	4.49	25	380
82	丙酸甲酯	4.4	—	2.4	13.0	3.30	−2	465
83	异丁烯酸甲酯	5.0	7.7	2.1	12.5	3.45	10	430
84	硝酸乙酯	—	>10.5	3.8	—	3.14	10	—
85	二甲醚	5.2	—	3.0	18.6	1.59	气态	240
86	甲乙醚	4.1	8.5	2.0	10.1	2.07	气态	190
87	乙醚	20.0	9.2	1.7	36.0	2.55	< −20	170
88	二乙烯醚	14.9	—	1.7	27.0	2.41	< −20	360
89	二异丙醚	20.0	8.5	1.0	21.0	3.53	< −20	405
90	二正丁基醚	8.4	—	0.9	8.5	4.48	25	175
91	丙酮	4.2	5.5	2.5	13.0	2.00	< −20	540
92	丁酮	4.3	8.5	1.8	9.5	2.48	−1	505
93	环己酮	4.2	—	1.3	9.4	3.38	43	430
94	氯	43	—	6.0	32.0	1.80	气态	—
95	氰氢酸	7.6	9.4	5.4	46.6	0.93	< −20	535
96	乙腈	—	—	3.0	—	1.42	2	525
97	丙腈	—	—	3.1	—	1.90	2	—
98	丙烯腈	9.0	—	2.8	28.0	1.94	< −20	—
99	氨	0.9	6.0	15.0	28.0	0.59	气态	630
100	甲胺	3.1	—	5.0	2.07	1.07	气态	475
101	二甲胺	4.1	—	2.8	14.4	1.55	气态	400
102	三甲胺	4.8	—	2.0	11.6	2.04	气态	190
103	乙胺	3.0	—	3.5	14.0	1.55	气态	—
104	二乙胺	4.9	—	1.7	10.1	2.53	< −20	310
105	丙胺	4.2	—	2.0	10.4	2.04	< −20	320
106	二甲基联胺	7.3	—	2.4	20.0	2.07	−18	240
107	乙酸	3.3	54	4.0	17.0	2.07	40	485
108	樟脑	6.5	—	0.6	4.5	5.24	66	250

16.1.32 常用猛炸药的性能

项目	炸药				
	黑索今	泰恩	特屈儿	梯恩梯	苦味酸
外观	白色结晶状或粉末，加有钝化剂为红色	白色结晶，加有钝化剂为玫瑰色	淡黄色结晶	淡黄色针状结晶，见光变褐色	淡黄色的结晶
密度/（$g\cdot cm^{-3}$）	易压缩，压装密度1.66	易压缩，压装密度1.6	易压缩，压装密度1.65	易压缩，压装密度1.6，铸装密度1.55	易压缩，压装密度1.63，铸装密度1.59
熔点	203℃，熔化时分解，不能铸装	142℃，熔化时分解，不能铸装	128.5℃，熔化时分解不能铸装	80.85℃，熔化时不分解可铸装	121.5℃，熔化时不分解可铸装
吸湿性	不吸湿	不吸湿	不吸湿	不吸湿	很小
化学安定性	良好	良好	良好	良好	良好
溶解性	不溶于水，难溶于酒精、乙醚、苯，易溶于丙酮中	不溶于水、难溶于酒精、乙醚、苯，易溶于丙酮中	不溶于水，难溶于酒精、乙醚、丙酮中。在硝酸中也易溶解	不溶于水，能溶于有机溶剂（酒精、乙醚、苯、丙酮等）及酸中	能溶于水，成黄色染料，能溶于有机溶剂（酒精、乙醚、苯、丙酮等）及酸中
与金属作用	不起作用	不起作用	不起作用	不起作用	与金属作用（锡除外）生成敏感物
与酸碱作用	与浓硫酸或碱作用可分解	与酸碱作用可分解	与酸碱作用可分解	中性：与碱作用生成敏感物	酸性：与碱中和
毒性	有毒	有毒	有毒	有毒	有毒
爆炸变化	空气中燃烧很猛，没有烟，并发出光亮火焰，量大或密封时可爆炸	空气中燃烧很猛，没有烟并发出光亮火焰，量大或密封时可爆炸	在空气中燃烧较猛烈，烟更少，量大或密封时可爆炸	在空气中燃烧生成大量黑烟，但不爆炸。密封时燃烧转变成爆轰	空气中燃烧有少量烟但只燃烧不爆炸，量大或密封时可爆炸
摩擦感度（发火率）/%	76±8	92	16	4~6	
冲击感度（发火率）/%	70~80	100	50~60	4~8	24~30
枪弹贯穿	100%爆炸	100%爆炸	约爆炸70%	不炸	约爆炸50%
起爆药极限量/g 雷汞		0.17	0.29	0.36	0.3
起爆药极限量/g 叠氮化铅		0.01	0.025	0.09	0.025
爆速/（$m\cdot s^{-1}$）	8741（$\rho=1.796g/cm$）	8600（$\rho=1.77g/cm$）	7700（$\rho=1.7g/cm$）	700（$\rho=1.595g/cm$）	7300

（续表）

项 目	炸药				
	黑索今	泰 恩	特屈儿	梯恩梯	苦味酸
爆温/℃	($\rho = 1.796g/cm$) 3127	3627	3097	2927	3540
爆热/ ($4.1868kJ \cdot kg^{-1}$)	1300	1400	1090	1000	1030
比容/kg^{-1}	900	800	740	685	690
作功能力 （铅柱扩孔体积）/mL	480	455～500	340	305	330
猛度 （铅柱压缩量）/mm	24	24	19～22	13	16
用 途	传爆药；装雷管；与其他钝感的炸药混合应用；钝化后可作小口径炮弹装药	传爆药；装雷管；导爆索芯药；钝化后作小口径炮弹装药；与其他钝化的炸药混合应用	传爆药；雷管装药；混合爆炸成分；小口径炮弹装药	弹体装药：炮弹、迫击炮弹、火箭弹、炸弹、鱼雷及手榴弹等；爆破药（工兵爆破及工业爆破）；混合炸药成分	因本身有较大的缺点，中国用来制造起爆药。

16.1.33 几种常用起爆药的安全性能及生产中的安全技术要求[1]

名 称		雷 汞	叠氮化铅		三硝基间苯二酚铅		四氮烯	二硝基重氮酚
			结晶	糊精	结晶	沥青钝化		
分子式		$Hg(ONC)_2$	$Pb(N_3)_2$		$C_6H(ON_2)_3O_2Pb \cdot H_2O$		$C_2H_8ON_{10}$	$C_6H_2(NO_2)_2ON_2$
发火点/℃	延期1min	155～165	320～330		265		134～142	155
	延期5s	170～180	308～310	345	275		154～160	170～173
冲击感度①	上限/cm	9.5	33	24	36	37	6	大于40
	下限/cm	3.5	10	10.5	11.5	26.5	3	17.5
摩擦感度（发火%）②		100	70（大结晶） 90（小结晶）	100	70	40	70	25
火焰感度（全发火最大高度）③/cm		20	8		54	49	15	17

（续表）

名称	雷汞	叠氮化铅		三硝基间苯二酚铅		四氮烯	二硝基重氮酚
		结晶	糊精	结晶	沥青钝化		
静电感（静电发火最小能量）/J	2.5×10^{-2}	7×10^{-3}		9×10^{-4}（结晶品）		1×10^{-2}	1.2×10^{-1}
水中爆炸性	含水30%拒爆	较易		较易			难爆
与酸、碱作用	稀酸分解缓慢，与浓酸作用爆炸，与碱作用分解	遇酸易分解放出有毒的氮氢酸气，遇碱分解		遇稀酸难分解，与硝酸作用较快，与碱分解		分解	在冷无机酸中安定，在热浓酸与碱中分解
与金属作用	湿态与镁、铝作用激烈，与铜生成对摩擦敏感的雷酸铜，干品与镁、铝、锌、铅、锡作用慢，与镍无作用	干品与金属无作用，湿态与铜作用并生成敏感的氮化铜；与铅、镍无作用		不起作用		不起作用	腐蚀性小，在潮湿状态下与铜、铝、锌、铅作用
常用销毁方法	硫代硫酸钠溶液或硫化钠溶液加热处理	亚硝酸钠和硝酸处理后加硫酸		用硫酸处理后沉淀，澄清液用活性炭吸附后排放		沸水煮1h以上	用0.5%氢氧化钠或稀硫化钠溶液处理
生产中的安全技术要点	（1）防止撞击、摩擦、明火；（2）勿与浓硫酸作用；（3）勿与镁、铅或镁铝合金接触；（4）防汞中毒	（1）化合、销爆、装盒要戴好防毒、防尘口罩；（2）忌用铜或铜合金器具、零件；（3）避免与酸或酸性气体接触；（4）湿品处理也要间接操作；（5）与硝酸铅和氮化钠两种溶液接触的工具要分开使用，不能簇在一起或交换作用		（1）洗涤、装盒、筛选装药中注意消除静电；（2）防止摩擦、撞击；（3）处理产品要间接操作；（4）接触两种主要原料溶液的工具、设备，要严格分开存放		（1）避免撞击、摩擦；（2）间接处理产品；（3）贮存温度不宜过高	（1）避免撞击、摩擦、火花；（2）装盒、装药注意防粉尘

① 用双柱导轨落锤仪测定，压药压力40.0MPa，药量0.02g，温度28～31℃，湿度65%以下，锤重400g，击针平头$\phi1.5\text{mm}\pm0.1\text{mm}$，锥角30°±30′。

② 药量0.01g，压力0.6MPa，摆角80°，温度27～30℃，相对湿度65%以下。

③ 药0.03g，以40.0MPa压力压入猎枪火帽壳，用ϕ5mm、高6mm、中心孔ϕ1mm的黑药柱点燃。

16.1.34 某些可燃物质的TNT当量[1]

分子式	名称	低燃烧热/（$J\cdot kg^{-1}$）	TNT当量系数（e/e_{TNT}）
CH_4	甲烷	50.00	11.95
C_2H_6	乙烷	47.40	11.31
C_3H_8	丙烷	46.40	11.07
C_4H_{10}	正丁烷	45.30	11.93
C_4H_{10}	异丁烷	45.80	10.90
C_6H_6	萘	40.60	9.69
C_6H_{12}	环己烷	43.80	10.47
C_2H_4	乙烯	47.20	11.26
C_3H_6	丙烯	45.30	10.94
H_2	氢	120.00	28.65

16.1.35 冲击波峰值超压与动物伤亡等级的关系[1]

伤亡等级	等级名称	伤 亡 情 况	对比距离 $\overline{R}=R/\sqrt[3]{W}$	冲击波峰值超压 $\Delta p/10^5$Pa
一	无伤	无损伤	>12	<0.10
二	轻伤	1/4 肺气肿，散在性气肿，或2~3个脏器点状出血	7~12	0.25~0.10
三	中伤	1/3 肺气肿，1~3个脏器片状出血；或1个脏器大片出血	4.5~7	0.45~0.25
四	重伤	1/2 肺气肿，3个以上脏器片状出血（0.5cm² 左右），或2个脏器大片出血（1cm² 以上）	3.7~4.5	0.75~0.45
五	死亡	当场死亡，或伤害严重无法抢救	<3.7	>0.75

16.1.36 建筑物的破坏等级与冲击波峰值超压的关系[1]

破坏等级	等级名称	破 坏 情 况	对比距离 $\overline{R}=R/\sqrt[3]{W}$		冲击波峰值超压 $\Delta p/10^5$Pa
			试验值	事故分析值	
一	基本无破坏	玻璃偶尔开裂或震落	>30	>50	<0.02
二	玻璃破坏	玻璃部分或全部破坏	12~30	17~50	0.02~0.12
三	轻度破坏	玻璃破碎，门窗部分破坏，砖墙出现小于5mm的裂缝和稍有倾斜，瓦屋面局部掀起	6~12	7~17	0.12~0.35
四	中等破坏	门窗大部分破坏，砖墙有较大裂缝（5~50mm）和倾斜（10~100mm），钢筋混凝土屋盖裂缝，瓦屋面掀起，大部分破坏	4.5~6	5~7	0.35~0.53
五	严重破坏	门窗摧毁，砖墙严重开裂（50mm以上）和较大倾斜，甚至部分倒塌，钢筋混凝土屋盖严重开裂，瓦屋面塌下	3.5~4.5	3.5~5	0.53~0.76
六	房倒屋塌	砖墙倒塌，钢筋混凝土屋盖塌下	<3.5	<3.5	>0.76

16.2 灭火器材与方法

16.2.1 常用灭火器材性能及用途[4]

序号	名称	内装药物	主要用途	装用情况	使用方法	灭 火 原 理		备 注
1	二氧化碳灭火器	压缩的液态二氧化碳	电器、仪器、油类、酸类	金属钠、钾、镁粉、铝粉、铝锰合金的火灾	对着火源打开开关	稀释、隔离、窒息、冷却	压缩液态二氧化碳从灭火器喷出时，成干冰，吸热气化成二氧化碳覆盖在燃烧物表面，起稀释、隔离空气与可燃气的作用，当二氧化碳浓度为30%~35%时，燃烧停上	能使人窒息（含量达10%可使人死亡）
2	四氯化碳灭火器	加压的四氯化碳液体	电器	电石、乙炔的火灾，钾、钠、镁、铝粉失火	人站在上风方向打开开关，将液体喷出	窒息	四氯化碳受高温蒸发成气体，因其比空气重，覆盖在燃烧物表面，隔绝空气，当空气中含量达10%时，火焰就能窒息	不燃烧，不导电；由于四氯化碳为有毒物质，并在高温时有剧毒的光气放出，故现在已不再使用

（续表）

序号	名称	内装药物	主要用途	装用情况	使用方法	灭火原理		备注
3	1211灭火器	二氟一氯一溴甲烷并充填压缩空气（钢瓶容器）	高压电器、油类、化工原料的初起火灾，有机溶剂、文物档案		拔下铅封及横销，用力压下后把	中止燃烧连锁反应、冷却、窒息	它与燃烧物接触后，受热产生溴离子，并立即与燃烧中产生的氢游离基化合，使燃烧连锁反应迅速中止，将火扑灭，同时它还有冷却和窒息作用	其效率比二氧化碳灭火器高4倍，毒性低，对金属腐蚀性小；久储不变质，绝缘性能好
4	干粉灭火器	硫酸钠等盐类或矿物干粉，并备有压缩空气（或二氧化碳）钢瓶	电器、乙炔、电石	旋转电焊机火灾	提出圆环，干粉即可喷出	隔离、稀释	粉末盖在燃烧物上，起隔离阻燃作用，同时干粉受热分解出不燃气体，稀释燃烧区域中的氧含量	
5	泡沫灭火器	碳酸氢钠发泡剂混合液体＋硫酸铝溶液	油类、苯等易燃液体	丙酮、甲醇、酒精及带电体、亲水化学物品、乙炔、电石	将筒身颠倒	隔离	$6NaHCO_3+Al_2(SO_4)_3\cdot 18H_2O=3Na_2SO_4+2Al(OH)_3+18H_2O+6CO_2\uparrow$ 二氧化碳在一定压力下成为泡沫，将泡沫喷出，射距可达8m，时间约1min	

16.2.2　常用易燃、易爆物品的主要性质及适用的灭火剂[6]

类别	物品名称	相对密度	凝固点/℃	沸点/℃	闪点/℃	自燃点/℃	爆炸极限（体积分数）/%	最小引燃能量/mJ	灭火剂	备注
易燃气体	甲烷	0.55	-182.5	-161.5		538	5.3～15.0	0.28	雾状水、泡沫、二氧化碳	与空气或氯气生成燃烧及爆炸混合物
	乙烷	1.04	-183.3	-88.5		472	3.0～16.0	0.25	雾状水、泡沫、二氧化碳	与空气或氯气生成燃烧及爆炸混合物
	丙烷	2.01	-187.6	-42.1		450	2.1～9.5	0.26	雾状水、泡沫、二氧化碳	与空气混合能形成爆炸混合物
	丁烷	2.07	-135.0	-0.5		450	1.9～8.5	0.38	雾状水、泡沫、二氧化碳	与空气混合能形成爆炸混合物
	乙炔	0.91	-82.0	-83.3		305	2.1～80.0	0.02	雾状水、泡沫、二氧化碳	与空气混合能形成爆炸混合物。与Cu，Ag和Hg等化合物生成爆炸性化合物

（续表）

类别	物品名称	相对密度	凝固点/℃	沸点/℃	闪点/℃	自燃点/℃	爆炸极限（体积分数）/%	最小引燃能量/mJ	灭火剂	备注
易燃气体	氢	0.07	-259.0	-252.0		400	4.1～74.1	0.02	二氧化碳、干粉、石棉毯	与氟、氯混合能发生剧烈的化学反应。与氧混合生成氢氧爆炸气，氢气燃烧时火焰无色温度极高
	硫化氢	1.19	-85.5	-60.2		260	4.0～46.0		雾状水、泡沫、二氧化碳	有毒。与空气混合能形成爆炸混合物
	氨	0.59	-78.0	-33.5		651	15.7～27.4	0.77	雾状水、泡沫、二氧化碳	有毒。与氯、磷化合时，可能发生爆炸
Ⅰ级易燃液体	汽油	0.70～0.78		40～200	-43	255～390	1.4～7.6	0.15	泡沫、二氧化碳、干粉、砂土	容器避免日光曝晒，加有四乙基铅作为抗爆剂的汽油具有毒性
	二硫化碳	1.26	-111	46.5	-30	90	1.0～60.0	0.015	干粉、砂土、二氧化碳	有毒。避免光照，不宜用四氯化碳灭火
	乙醚	0.71	-116	34.6	-45	160	1.9～36.0	0.49	二氧化碳、泡沫、干粉、砂土	醚类能生成爆炸性过氧化物，与过氯酸、氯作用，发生爆炸
	丙酮	0.80	-94	56.5	-10	465	2.5～13.0	1.15	泡沫、二氧化碳、干粉、砂土	有毒。蒸气能与空气形成爆炸性混合物
	苯	0.88	5.5	80.1	-11	560	1.2～8.2	0.55	泡沫、二氧化碳、干粉、砂土	有毒。与氧化剂能发生强烈反应
	甲苯	0.87	-94.5	110.0	4	535	1.2～7.0	2.50	泡沫、二氧化碳、干粉、砂土	有毒。与氧化剂能发生强烈反应
	甲醇	0.79	-95.8	64.8	11	385	5.5～44.0	0.19	泡沫、二氧化碳、干粉、砂土	有毒。与氧化剂能发生强烈反应

（续表）

类别	物品名称	相对密度	凝固点/℃	沸点/℃	闪点/℃	自燃点/℃	爆炸极限(体积分数)/%	最小引燃能量/mJ	灭火剂	备注
Ⅱ级易燃液体	煤油	0.77～0.86		175.0～325.0	43～72	235～240	0.7～5.0		泡沫、二氧化碳、干粉、砂土	
Ⅱ级易燃液体	丁醇	0.81	-89	117.5	35	340	1.4～11.2		泡沫、二氧化碳、干粉、砂土	蒸气能与空气形成爆炸混合物
Ⅲ级易燃液体	柴油	0.80～0.90		280～370	50～100	227～250	0.6～6.5		泡沫、二氧化碳、干粉、砂土	
Ⅳ级易燃液体	甘油	1.26	18.2	290	177	370			泡沫、二氧化碳、干粉、砂土	禁止与强氧化剂放在一起
Ⅳ级易燃液体	桐油	0.93			239	410			泡沫、雾状水、砂土	桐油浸过的纤维物能自燃
Ⅳ级易燃液体	润滑油	<1.0			140	248			泡沫、二氧化碳	
助燃气体	氯	3.21	-101	-34.5						剧毒。氯与氢能生成一种遇阳光即起爆炸的混合物
遇水自燃物质	金属钾	0.86	64.0	774					砂土、干粉（严禁用水、泡沫）	浸于密闭的矿物油的容器中，防止受潮、阳光直射
遇水自燃物质	金属钠	0.97	97.8	892					砂土、干粉（严禁用水、泡沫）	浸于密闭的矿物油的容器中，防止阳光直射
遇水自燃物质	电石（碳化钙）	2.22	2300						二氧化碳、干粉、氮气	储于密闭铁桶内，禁止在库房内开盖
遇空气自燃物质	磷化氢	1.20	-132.5	-87.5		37.7			砂土、二氧化碳、泡沫	与空气中氧化后能自燃，极毒。禁忌水
易燃固体	镁	1.74	651	1100					砂土、干粉、石墨粉（禁用水、二氧化碳、四氯化碳）	高毒。能在二氧化碳气体中燃烧，储于密封金属桶内。粉尘有爆炸性
易燃固体	邻二硝基苯	1.31	-9.3	220	106				干粉、雾状水、泡沫、二氧化碳	有毒、有爆炸和易燃性

（续表）

类别	物品名称	相对密度	凝固点/℃	沸点/℃	闪点/℃	自燃点/℃	爆炸极限（体积分数）/%	最小引燃能量/mJ	灭火剂	备 注
助燃氧化剂	硝酸钾	2.11	334						雾状水、砂土，高热熔融状态切勿用水	与有机物还原剂、易燃物（如硫、磷等）接触或混合时有引起燃烧爆炸的危险性
	硫酸	1.83	10.5	330					砂土、石灰、苏打（禁用水）	与易燃物（如苯）和有机物接触会发生剧烈反应。具有强腐蚀性
	硝酸	1.50	-42	78					雾状水、砂土、二氧化碳	蒸气有毒。与易燃物（如苯）和有机物接触会发生剧烈反应。具有强腐蚀性

16.2.3 易燃、易爆物品的性质及适用的灭火剂[1]

类别	物品名称	相对密度	熔点/℃	沸点/℃	闪点/℃	自燃点/℃	爆炸极限（体积分数）/%	灭火剂	备 注
第一级易燃液体	石油醚	0.5		40~70	-50	246	1.4~6.0	泡沫、二氧化碳、干粉	
	汽油	0.67~0.71		50~150	-58~+10	4.5~5.30	1.0~6.0（-36~+7℃）	泡沫、二氧化碳、四氯化碳、干粉、砂	加有四乙铅作为抗爆剂的汽油具有毒性，装汽油的容器应防暴晒
	二硫化碳	1.26		46	-45	112	1.25~50	喷雾水、泡沫、砂、二氧化碳	不宜用四氯化碳灭火
	乙醚	0.73		35	45	180	1.85~36.5（-45~+13℃）	二氧化碳、泡沫、干粉	醚类能生产爆炸性过氧化物，乙醚与过氯酸或氯作用，发生爆炸
	丙酮	0.79		56	-20	570	2.9~13.0	泡沫、二氧化碳、干粉	
	氰氢酸	0.69	-14	26	-17.5	538	5.6~40	二氧化碳、四氯化碳、干粉	有剧毒
	苯	0.88		78~80	-14	580	1.5~9.5（-14~+12℃）	泡沫、二氧化碳、四氯化碳、干粉	
	丙烯腈	0.80		77.3~77.4	0	488	3.0~17	泡沫、二氧化碳、干粉	
	甲苯	0.86	-94.5	110	+1	552	1.2~7.0（+1~30℃）	二氧化碳、干粉	
	甲醇	0.79		64	7	475	6~36.5（+7~40℃）	泡沫、二氧化碳、干粉	

（续表）

类别	物品名称	相对密度	熔点/℃	沸点/℃	闪点/℃	自燃点/℃	爆炸极限（体积分数）/%	灭火剂	备注
第一级易燃液体	吡啶	0.98	-42	115	20	573	1.8～12.4	二氧化碳、四氯化碳、干粉	
	氯苯	1.1		130	25	550	2.2～10（+25～58℃）	泡沫、二氧化碳、干粉	
	喷漆							二氧化碳、四氯化碳、干粉	易燃
	四氢呋喃	0.88		66	-15		2～11.8	泡沫、二氧化碳、干粉	
第二级易燃液体	煤油	0.86			27～45	380～425	1.4～7.5（27～86℃）	泡沫	混有少量汽油的煤油，火灾危险性更大
	松节油	0.86		152	32	235	0.8～62（32～53℃）	泡沫、二氧化碳、干粉	纤维物质浸松节油后能低温自燃，松节油遇硝酸能自燃
	松香油水	0.79		140～200	33		1.4～6.0	泡沫、二氧化碳	
	丁醇	0.81		117	35	503	3.7～10.2（35～52℃）	泡沫、二氧化碳	
	冰醋酸	1.05	17	118	40	599	4.7～6.8	泡沫、二氧化碳、干粉、喷雾水	热的醋酸与铬酸、硝酸、过氧化钠作用时能发生燃烧
第三级可燃液体	氯乙醇	1.2		125	55	410	4.9～15.9	喷雾水、泡沫、二氧化碳、干粉	
	樟脑油	0.89	100	204	55			喷雾水、泡沫、二氧化碳、干粉	
	柴油	0.8～0.87			60～110		1.5～4.5	喷雾水、泡沫、二氧化碳、干粉	
	苯胺	1.02	-6	184	71	620		泡沫、二氧化碳、干粉、喷雾水	
第四级可燃液体	甘油	1.26		288	160	390		喷雾水、泡沫	
	桐油	0.93			239			喷雾水、泡沫、砂	桐油浸过的纤维物能自燃
	亚麻仁油	0.93		315	300	350		喷雾水、泡沫、砂	浸过亚麻仁油的纤维物能自燃

（续表）

类别	物品名称	相对密度	熔点/℃	沸点/℃	闪点/℃	自燃点/℃	爆炸极限（体积分数）/%	灭火剂	备　注
易燃气体	甲烷	0.55	-182.5	-161.5			5.0~15.0	制止气体逸出，水、二氧化碳	与空气或氯气生成爆炸混合物
	乙烷	1.03	-172	-88			3.22~12.45	制止气体逸出，水、二氧化碳	
	丙烷	1.52	-190	-44			2.12~9.35	制止气体逸出，水、二氧化碳	丙、丁烷经压缩后成液体使用
	乙炔	0.90	-83			480	2.5~80.0	制止气体逸出，二氧化碳、干粉	7%~11%爆炸猛烈，加压达2个大气压（1个大气压=101.325kPa）及加热至450℃以上能起聚合作用而爆炸
	氢	0.07		-252		570	4.0~75.0	制止气体逸出，二氧化碳、干粉	与氯混合在日光下能爆炸，与氟混合立即爆炸，与氧混合生成氢氧爆炸气
	硫化氢	1.17	-83	-62		260	4.3~45.5	制止气体逸出，水、二氧化碳、干粉	
	氨	0.59	-78	-35~-33		780	15.5~27.0	制止气体逸出，水	与氯、碘化合时，可能发生爆炸
	一氧化碳	0.96	-199	-191.3			12.5~74.2	制止气体逸出，水、二氧化碳、氮气	
助气燃体	氯	1.56	-102	-35					
遇水自燃的物质	金属钾	0.86	63	762				砂、干粉（严禁用水）	应保存在盛有矿物油的容器中
	金属钠	0.97	97	877				砂、干粉（严禁用水）	应保存在盛有矿物油的容器中
	电石（碳化钙）							二氧化碳、氮气、干粉	与水作用放出乙炔、电石细末受潮易发热能使乙炔自燃，应储于密闭铁桶内防止雨水浸入
	三氯化磷							砂、干粉	无色发烟液体，遇水猛烈分解生成氯化氢发火或爆炸

（续表）

类别	物品名称	相对密度	熔点/℃	沸点/℃	闪点/℃	自燃点/℃	爆炸极限（体积分数）/%	灭火剂	备注
遇空气自燃的物质	白磷（黄磷）	1.83	44	287		34～45		砂、二氧化碳、水	有毒，应储藏在水中，遇氧化剂发生爆炸或燃烧
	磷化氢	1.185	-133.5	-85				砂、干粉、二氧化碳	与空气中氧化合时能自燃，极毒
易燃固体	亚硝基酚		126					水	干燥状态及遇酸碱作用能自燃
	赛璐珞	1.3～1.5				150～180	4～9	水、二氧化碳	无空气时能分解燃烧，100℃分解
	镁	1.74	650	1100				砂、干粉、石墨粉（禁用水、二氧化碳、四氯化碳）	能在二氧化碳气体中燃烧，储于紧闭金属桶内
	赤磷	2.14				200～250		水、喷雾水、泡沫	与铁器摩擦，与氧化剂接触有爆炸危险
	樟脑	0.86	179	209	65.5	375	0.6～3.5	泡沫、二氧化碳	
	二硝基苯		91					干粉、喷雾水、泡沫、二氧化碳	有毒，有爆炸和易燃性
能形成爆炸混合物的氧化剂	氯酸钾	2.33	357					喷雾水	撞击、摩擦有起火爆炸危险
	过氧化氢	1.45						喷雾水	浓度27.5%以上具有强氧化性，受热能引起猛烈分解，用过氧化氢浸透过的纸张织物易自燃
	硝酸钾	2.09	339					喷雾水、砂（高热熔融状态切勿用水）	加热至400℃以上放出氧，与有机物生成爆炸性混合物
第二级能助燃氧化剂	硫酸	1.84	10.46	210～338				砂土、石灰	
	硝酸	1.52	-41.3	86				水（不得用加压雾状水）	

注：干粉的组成为碳酸氢钠90%，滑石粉5%，云母3%，硬脂酸镁2%。消防用水应按TJ 116—1974《建筑设计防水规定》执行。

16.2.4 灭火器的选择和数量[1]

场　　所	类型选择	设置数量/（个·m^{-2}）
油浸电力变压器室、油开关、高压电容器、调压器室、发电机房、电信楼、广播楼	1211灭火器 二氧化碳灭火器 四氧化碳灭火器	1/50
甲、乙类火灾危险性的生产厂房	1211灭火器 泡沫灭火器 干粉灭火器	1/50
甲、乙类火灾危险性的库房	1211灭火器 泡沫灭火器 干粉灭火器	1/80
丙类火灾危险性的生产厂房	泡沫灭火器 干粉灭火器 清水灭火器 酸碱灭火器	1/80
丙类火灾危险性的库房	泡沫灭火器 酸碱灭火器 清水灭火器	1/100
甲、乙类火灾危险性露天生产装置区	1211灭火器 干粉灭火器 泡沫灭火器	$\frac{1}{100} \sim \frac{1}{150}$
丙类火灾危险生产装置区	泡沫灭火器 酸碱灭火器 清水灭火器	$\frac{1}{150} \sim \frac{1}{200}$
易燃和可燃液体装卸栈台	泡沫灭火器 干粉灭火器 1211灭火器	按栈台长度每10~15m设1个
液化石油气、可燃气体罐区	干粉灭火器 1211灭火器	按储罐数量计算，每罐设两个
旅馆、办公楼、教学楼、医院	泡沫灭火器 清水灭火器 酸碱灭火器 1211灭火器	$\frac{1}{50} \sim \frac{1}{100}$
百货楼、展览楼、图书楼、邮政楼、财贸金融楼	1211灭火器 干粉灭火器 泡沫灭火器 清水灭火器	$\frac{1}{50} \sim \frac{1}{80}$
科研楼	根据性质，参考以上各项确定	根据性质，参考上述各项确定

注：1. 油浸电力变压器室、油开关等也可用干粉灭火器。
2. 表内灭火器数量系指手提式灭火器（即10L泡沫灭火器、8kg干粉灭火器、5kg二氧化碳灭火器、4kg1211灭火器）的数量。

16.2.5　各种灭火器适用的火灾种类[3]

灭火器类型		A类火灾	B类火灾		C类火灾
			油品火灾	水溶性液体火灾	
水型	清水	适用	不适用		不适用
	酸碱				
干粉型	磷酸铵盐	适用	适用		适用
	碳酸氢钠	不适用			
化学泡沫		适用	适用	不适用	不适用
卤代烷型	1211	适用	适用		适用
	1301				
二氧化碳		不适用	适用		适用

16.2.6　小型灭火机设置的种类、数量[5]

场　所	设置数量/（个·m^{-2}）	备　注
甲、乙类露天生产装置	1/150～1/100	1. 装置占地面积大于1000m^2时选用小值，小于1000m^2时选用大值 2. 不足一个单位面积，但超过其50%时，可按一个单位面积计算 3. 灭火机最小设置数量为2个
丙类露天生产装置	1/200～1/150	
甲、乙类生产建筑物	1/50	
丙类生产建筑物	1/80	
甲、乙类仓库	1/80	
丙类仓库	1/100	
易燃和可燃液体装卸栈台	按栈台长度每10～15m设置1个	可设置干粉灭火机
易燃、可燃气体罐区	按储罐数量每罐设置2个	可设置干粉灭火机

16.2.7　各种推车式灭火器的灭火剂代号和特定的灭火剂特征代号

分　类	灭火剂代号	代号含义	特定的灭火剂特征代号	特征代号含义
推车式水基型灭火器	S	清水或带添加剂的水，但不具有发泡倍数和25%析液时间要求	AR （不具有此性能不写）	具有扑灭水溶性液体燃料火灾的能力
	P	泡沫灭火剂，具有发泡倍数和25%析液时间要求。包括：P，FP，S，AR，AFFF和FFFP等灭火剂	AR （不具有此性能不写）	具有扑灭水溶性液体燃料火灾的能力
推车式干粉灭火器	F	干粉灭火剂。包括：BC型和ABC型干粉灭火剂	ABC （BC型干粉灭火剂不写）	具有扑灭A类火灾的能力
推车式二氧化碳灭火器	T	二氧化碳灭火剂	—	
推车式洁净气体灭火器	J	洁净气体灭火剂。包括：卤代烷烃类气体灭火剂、惰性气体灭火剂和混合气体灭火剂等	—	

16.2.8 各种手提式灭火器的灭火剂代号和特定的灭火剂特征代号

分类	灭火剂代号	灭火剂代号含义	特定的灭火剂特征代号	特征代号含义
水基型灭火器	S	清水或带添加剂的水，但不具有发泡倍数和25%析液时间要求	AR（不具有此性能不写）	具有扑灭水溶性液体燃料火灾的能力
	P	泡沫灭火剂，具有发泡倍数和25%析液时间要求。包括：P，FP，S，AR，AFFF和FFFP等灭火剂	AR（不具有此性能不写）	具有扑灭水溶性液体燃料火灾的能力
干粉灭火器	F	干粉灭火剂。包括：BC型和ABC型干粉灭火剂	ABC（BC型干粉灭火剂不写）	具有扑灭A类火灾的能力
二氧化碳灭火器	T	二氧化碳灭火剂	—	
洁净气体灭火器	J	洁净气体灭火剂。包括：卤代烷烃类气体灭火剂、惰性气体灭火剂和混合气体灭火剂等	—	

16.2.9 城镇、居住区室外消防用水量

人数/万人	同一时间内的火灾次数/次	一次灭火用水量/（$L \cdot s^{-1}$）
≤1.0	1	10
≤2.5	1	15
≤5.0	2	25
≤10.0	2	35
≤20.0	2	45
≤30.0	2	55
≤40.0	2	65
≤50.0	3	75
≤60.0	3	85
≤70.0	3	90
≤80.0	3	95
≤100.0	3	100

注：城镇的室外消防用水量应包括居住区、工厂、仓库（含堆场、储罐）和民用建筑的室外消火栓用水量。当工厂、仓库和民用建筑的室外消火栓用水量按建筑物的室外消火栓用水量表计算，其值与按本表计算不一致时，应取其较大值。

16.2.10 建筑物的室外消火栓用水量

L/s

耐火等级	建筑物名称及类别		建筑物体积/m^3					
			≤1500	1501～3000	3001～5000	5001～20000	20001～50000	>50000
一、二级	厂房	甲、乙	10	15	20	25	30	35
		丙	10	15	20	25	30	40
		丁、戊	10	10	10	15	15	20
	库房	甲、乙	15	15	25	25	—	—
		丙	15	15	25	25	35	45
		丁、戊	10	10	10	15	15	20
	民用建筑		10	15	15	20	25	30

（续表）　L/s

耐火等级	建筑物名称及类别		建筑物体积/m^3					
			≤1500	1501～3000	3001～5000	5001～20000	20001～50000	>50000
三级	厂房或库房	乙、丙	15	20	30	40	45	—
		丁、戊	10	10	15	20	25	35
	民用建筑		10	15	20	25	30	—
四级	丁、戊类厂房或库房		10	15	20	25	—	—
	民用建筑		10	15	20	25	—	—

16.2.11　露天装置消防用水量[1]

L/s

名　称	中型装置	大型装置
石油化工厂	60～100	100～150
炼油厂	60～80	80～120
合成氨、氨加工，氯碱等装置	40～60	60～80

16.2.12　室内消火栓用水量

建筑物名称	高度、层数、体积或座位数	消火栓用水量/（$L \cdot s^{-1}$）	同时使用水枪数量/支	每支水枪最小流量/（$L \cdot s^{-1}$）	每根竖管最小流量/（$L \cdot s^{-1}$）
厂房	高度≤24m、体积≤10000m^3	5	2	2.5	5
	高度≤24m、体积>10000m^3	10	2	5	10
	高度24～50m	25	5	5	15
	高度>50m	30	6	5	15
科研楼、试验楼	高度≤24m、体积≤10000m^3	10	2	5	10
	高度≤24m、体积>10000m^3	15	3	5	10
库房	高度≤24m、体积≤5000m^3	5	1	5	5
	高度≤24m、体积>5000m^3	10	2	5	10
	高度24～50m	30	6	5	15
	高度>50m	40	8	5	15
车站、码头、机场建筑物和展览馆等	5001～25000m^3	10	2	5	10
	25001～50000m^3	15	3	5	10
	>50000m^3	20	4	5	15
商店、病房楼、教学楼等	5001～10000m^3	5	2	2.5	5
	10001～25000m^3	10	2	5	10
	>25000m^3	15	3	5	10
剧院、电影院、俱乐部、礼堂、体育馆等	801～1200个	10	2	5	10
	1201～5000个	15	3	5	10
	5001～10000个	20	4	5	15
	>10000个	30	6	5	15
住宅	7～9层	5	2	2.5	5
其他建筑	≥6层或体积≥10000m^3	15	3	5	10
国家级文物保护单位的重点砖木、木结构的古建筑	体积≤10000m^3	20	4	5	10
	体积>10000m^3	25	5	5	15

16.2.13 油罐单位面积所需干粉量[3]

油罐液面积/m^2	由罐壁侧向喷射/($kg \cdot m^{-2}$)	由罐上方喷射/($kg \cdot m^{-2}$)	油罐液面积/m^2	由罐壁侧向喷射/($kg \cdot m^{-2}$)	由罐上方喷射/($kg \cdot m^{-2}$)
6	3.33	5.66	20~30	5.27	8.66
6~10	3.80	6.40	30~40	6.62	9.25
10~20	4.60	7.80			

16.2.14 泡沫（或混合液）供给强度及泡沫产生器保护半径[1]

产生器性能		供给强度不小于		保护半径不大于/m
泡沫/($L \cdot s^{-1}$)	混合液/($L \cdot min^{-1}$)	泡沫/($L \cdot s^{-1} \cdot m^{-2}$)	混合液/($L \cdot s^{-1} \cdot m^{-2}$)	
25	250	1.25	12.5	7
50	500	1.25	12.5	14
100	1000	1.5	15.0	24

注：1. 泡沫产生器的工作压力应为500kPa。
2. 保护半径系指产生器沿罐壁保护总长的一半。

16.2.15 厂房、库房二氧化碳灭火剂用量[1]

被保护场所	二氧化碳用量/($kg \cdot m^{-3}$)	二氧化碳浓度/%
汽车库、停车站汽车修理间、变电室、发电机室	0.73~1.14	34~47
通信机器室、电子计算机室	1.14	47

16.2.16 不同容积厂房、库房二氧化碳灭火剂用量[1]

厂房、库房容积/m^3	二氧化碳用量/($kg \cdot m^{-2}$)	最低需用量/kg
<50	1.0	20
50~150	0.9	50
150~1500	0.8	135
>1500	0.75	1200

16.2.17 按面积计算二氧化碳灭火剂用量[1]

计算面积	二氧化碳用量/($kg \cdot m^{-2}$)
液体面积（浸泡槽）	25
涂装表面	17
可燃气体出口（通风管）	20

16.3 防火防爆综合管理与措施

16.3.1 禁止一起储存的物品[1]

组别	物品名称	不准一起储存的物品种类	备注
1	爆炸物品： 苦味酸，梯恩梯，火棉，硝化甘油，硝酸铵炸药，雷汞等	不准与任何其他种类的物品共储，必须单独隔离储存	起爆药如雷管等与炸药必须隔离储存
2	易燃液体： 汽油，苯，二硫化碳，丙酮，乙醚，甲苯，酒精（醇类），硝基漆，煤油	不准与其他种类物品共同储存	如数量甚少，允许与固体易燃物品隔开后储存
3	易燃气体： 乙炔，氢，氯化甲烷，硫化氢，氨等	除惰性不燃气体外，不准和其他种类的物品共储	
	惰性气体： 氮，二氧化碳，二氧化硫，氟里昂等	除易燃气体、助燃气体、氧化剂和有毒物品外，不准和其他种类物品共储	
	助燃气体： 氧，氟，氯等	除惰性不燃气体和有毒物品外，不准和其他物品共储	氯兼有毒害性
4	遇水或空气能自燃的物品： 钾，钠，电石，磷化钙，锌粉，铝粉，黄磷等	不准与其他种类的物品共储	钾、钠须浸入石油中，黄磷浸入水中，均单独储存
5	易燃固体： 赛璐珞，影片，赤磷，萘，樟脑，硫黄，火柴等	不准与其他种类的物品共储	赛璐珞、影片、火柴，均须单独隔离储存
6	氧化剂： 能形成爆炸混合物的物品： 氯酸钾、氯酸钠，硝酸钾，硝酸钠，硝酸钡，次氯酸钙，亚硝酸钠，过氧化钡，过氧化钠，过氧化氢（30%）等	除惰性气体外，不准和其他种类的物品共储	过氧化物遇水有发热爆炸危险，应单独储存。过氧化氢应储存在阴凉处所
	能引起燃烧的物品： 溴，硝酸，铬酸，高锰酸钾，重铬酸钾	不准和其他种类的物品共储	与氧化剂亦应隔离
7	有毒物品： 光气，五氧化二钾，氰化钾，氰化钠等	除惰性气体外，不准和其他种类的物品共储	

16.3.2 建筑物的耐火等级[1]

h

构件名称	耐火等级			
	一级	二级	三级	四级
承重墙和楼梯间的墙	非燃烧体 3.00	非燃烧体 2.50	非燃烧体 2.50	难燃烧体 0.50
支承多层的柱	非燃烧体 3.00	非燃烧体 2.50	难燃烧体 2.50	难燃烧体 0.50
支承单层的柱	非燃烧体 2.50	非燃烧体 2.00	非燃烧体 2.00	燃烧体
梁	非燃烧体 2.00	非燃烧体 1.50	非燃烧体 1.00	难燃烧体 0.50
楼板	非燃烧体 1.50	非燃烧体 1.00	非燃烧体 0.50	难燃烧体 0.25
吊顶（包括吊顶隔栅）	非燃烧体 0.25	难燃烧体 0.25	难燃烧体 0.15	燃烧体
屋顶的承重构件	非燃烧体 1.50	燃烧体 0.50	非燃烧体	燃烧体
疏散楼梯	非燃烧体 1.50	非燃烧体 1.00	非燃烧体 1.00	燃烧体
框架填充墙	非燃烧体 1.00	非燃烧体 0.50	非燃烧体 0.50	难燃烧体 0.25
隔墙	非燃烧体 1.00	非燃烧体 0.50	难燃烧体 0.50	难燃烧体 0.25
防火墙	非燃烧体 4.00	非燃烧体 4.00	非燃烧体 4.00	非燃烧体 4.00

注：以下木柱承重且以非燃烧材料作为墙体的建筑物，其耐火等级应按四级考虑。

16.3.3 生产的火灾危险性分类[2]

生产类别	火灾危险性特征
甲	使用或产生下列物质的生产： 1. 闪点＜28℃的易燃液体 2. 爆炸下限＜10%的可燃气体 3. 常温下能自行分解或在空气中氧化即能导致迅速自燃或爆炸的物质 4. 常温下受到水或空气中水蒸气的作用，能产生可燃气体并引起燃烧或爆炸的物质 5. 遇酸、受热、撞击、摩擦、催化以及遇有机物或硫黄等易燃的无机物，极易引起燃烧或爆炸的强氧化剂 6. 受撞击、摩擦或氧化剂、有机物接触时能引起燃烧或爆炸的物质 7. 在密闭设备内操作温度等于或超过物质的自燃点
乙	使用或产生下列物质的生产： 1. 28℃＜闪点＜60℃的液体 2. 爆炸下限≥10%的气体 3. 不属于甲类的氧化剂 4. 不属于甲类的化学易燃危险固体 5. 助燃气体 6. 能与空气形成爆炸性混合物的浮游状态的粉尘、纤维、闪点≥60℃的液体雾滴
丙	使用或产生下列物质的生产： 1. 闪点≥60℃的液体 2. 可燃固体
丁	具有下列情况的生产： 1. 对非燃烧物质进行加工，并在高热或熔化状态下经常产生强辐射热、火花或火焰的生产 2. 利用气体、液体、固体作为燃料或将气体、液体进行燃烧作其他用的各种生产 3. 常温下使用或加工难燃烧物质的生产
戊	常温下使用或加工非燃烧物质的生产

注：1. 在生产过程中，如使用或产生易燃、可燃物质量较少，不足以构成爆炸或火灾危险时，可以按实际情况确定其火灾危险性类别。

2. 一座厂房内或防火分区内存有不同性质生产时，其分类应按火灾危险性较大的部分确定，但火灾危险性大的部分占本层或本防火分区面积的比例小于5%（丁、戊类生产厂房的油漆工段小于10%），且发生事故时不足以蔓延到其他部位，或采取防火设施能防止火灾蔓延时可按火灾危险性较小的部分确定。

3. 生产的火灾危险性分类举例见 GBJ 16《建筑设计防火规范》附录。

16.3.4 厂房的防火间距[1]

m

耐火等级	一、二级	三级	四级
一、二级	10	12	14
三级	12	14	16
四级	14	16	18

注：1. 防火间距应按相邻建筑物外墙的最近距离计算，如外墙有凸出的燃烧构件，则应从其凸出部分外缘算起（以后有关条文均同此规定）。

2. 甲类厂房之间及其与其他厂房之间的防火间距，应按本表增加2m；戊类厂房之间的防火间距，可按本表减少2m。

3. 高层厂房之间及其与其他厂房之间的防火间距，应按本表增加3m。

4. 两座厂房相邻较高一面的外墙为防火墙时，其防火间距不限，但甲类厂房之间不应小于4m。

5. 两座一、二级耐火等级厂房，当相邻较低一面外墙为防火墙且较低一座厂房的屋盖耐火极限不低于1h时，其防火间距可适当减少，但甲、乙类厂房不应小于6m，丙、丁、戊类厂房不应小于4m。

6. 两座一、二级耐火等级厂房，当相邻较高一面外墙的门窗等开口部位设有防火门窗或防火卷帘和水幕时，其防火间距可适当减少，但甲、乙类厂房不应小于6m，丙、丁、戊类厂房不应小于4m。

7. 两座丙、丁、戊类厂房相邻两面的外墙均为非燃烧体，如无外露的燃烧体屋檐，当每面外墙上的门窗洞口面积之和各不超过该外墙面积的5%，且门窗洞口不正对开设时，其防火间距可按本表减少25%。

8. 耐火等级低于四级的原有厂房，其防火间距可按四级确定。

16.3.5 厂房的耐火等级、层数和占地面积[1]

生产类别	耐火等级	最多允层数许	防火分区最大允许占地面积/m²			
			单层厂房	多层厂房	高层厂房	厂房的地下室和半地下室
甲	一级 二级	除生产必须采用多层者外，宜采用单层	4000 300	3000 2000	— —	— —
乙	一级 二级	不限 6	5000 4000	4000 3000	2000 1500	— —
丙	一级 二级 三级	不限 不限 2	不限 8000 3000	6000 4000 2000	3000 2000 —	500 500 —
丁	一、二级 三级 四级	不限 3 1	不限 4000 1000	不限 2000 —	4000 — —	1000 — —
戊	一、二级 三级 四级	不限 3 1	不限 5000 1500	不限 3000 —	6000 — —	1000 — —

注：1. 防火分区间应用防火墙分隔。一、二级耐火等级的单层厂房（甲类厂房除外）如面积超过本表规定，设置防火墙有困难时，可用防火水幕带或防火卷帘加水幕分隔。

2. 一级耐火等级的多层及二级耐火等级的单层、多层纺织厂房（麻纺厂除外）可按本表的规定增加50%，但上述的厂房原棉开包、清花车间均应设防火墙分隔。

3. 一、二级耐火等级的单层、多层造纸生产联合厂房，其防火分区最大允许占地面积可按本表的规定增加1.5倍。

4. 甲、乙、丙类厂房装有自动灭火设备时，防火分区最大允许占地面积可按本表的规定增加一位；丁、戊类厂房装设自动灭火设备时，其占地面积不限。局部设备时，增加面积可按该局部面积的一倍计算。

5. 一、二级耐火等级的谷物筒仓工作塔，且每层人数不超过2个时，最多允许层数可不受本表限制。

6. 邮政楼的邮件处理中心可按丙类厂房确定。

16.3.6 汽车加油机、地下油罐与建筑物、铁路、道路的防火间距[1]

名称			防火间距/m
民用建筑：明火或散发火花的地点			25
独立的加油机管理室距地下油罐			5
靠地下油罐一面墙上无门窗的独立加油机管理室距地下油罐			不限
独立的加油机管理室距加油机			不限
其他建筑本规范另规定较大间距者除外	耐火等级	一、二级	10
		三级	12
		四级	14
厂外铁路线（中心线）			30
厂内铁路线（中心线）			20
道路（路边）			5

注：1. 汽车加油机的油罐采用地下卧式油罐并宜直接埋设。甲类液体总储量不应超过 $60m^3$，单罐容量不超过 $20m^3$，当总储量超过时，其与建筑物的防火间距应按表 16.3.14 的规定执行。

2. 储罐上应设有直径不小于 38mm 并带有阻火器的放散管，其高度距地面不应小于 4m，且高出管理室屋面不小于 50cm。

3. 汽车加油机、地下油罐与民用建筑之间如设有高度不低于 2.2m 的非燃烧体实体围墙隔开，其防火间距可适当减少。

16.3.7 厂房安全疏散距离[1]

m

生产类别	耐火等级	单层厂房	多层厂房	高层厂房	厂房的地下室，半地下室
甲	一、二级	30	25	—	—
乙	一、二级	75	50	30	—
丙	一、二级	80	60	40	30
	三级	60	40	—	—
丁	一、二级	不限	不限	50	45
	三级	60	50	—	—
	四级	50	—	—	—
戊	一、二级	不限	不限	75	60
	三级	100	75	—	—
	四级	60	—	—	—

16.3.8 厂房疏散楼梯、走道和门的宽度指标

厂房层数	一、二层	三层	≥四层
宽度指标/（m·百人$^{-1}$）	0.60	0.80	1.00

注：1. 当使用人数少于 50 人时，楼梯、走道和门的最小宽度，可适当减少；但门的最小宽度，不应小于 0.8m。

2. 本条规定的宽度均指净宽度。

16.3.9 储存物品的火灾危险性分类[3]

储存物品类别	火灾危险性特征
甲	1. 闪点＜28℃的液体 2. 爆炸下限＜10%的气体，以及受到水或空气中水蒸气的作用，能产生爆炸下限＜10%气体的固体物质 3. 常温下能自行分解或在空气中氧化即能导致迅速自燃或爆炸的物质 4. 常温下受到水或空气中水蒸气的作用能产生可燃气体并引起燃烧或爆炸的物质 5. 遇酸、受热、撞击、摩擦以及遇有机物或硫黄等易燃的无机物，极易引起燃烧或爆炸的强氧化剂 6. 受撞击、摩擦或与氧化剂、有机物接触时能引起燃烧或爆炸的物质
乙	1. 28℃≤闪点＜60℃的液体 2. 爆炸下限≥10%的气体 3. 不属于甲类的氧化剂 4. 不属于甲类的化学易燃危险固体 5. 助燃气体 6. 常温下与空气接触能缓慢氧化，积热不散引起自燃的物品
丙	1. 闪点≥60℃的液体 2. 可燃固体
丁	难燃烧物品
戊	非燃烧物品

注：难燃烧物品、非燃烧物品的可燃包装质量超过物品本身质量的1/4时，其火灾危险性应为丙类。

16.3.10 库房的耐火等级、层数和建筑面积

储存物品类别		耐火等级	最多允许层数	最大允许建筑面积/m^2						
				单层库房		多层库房		高层库房		库房、地下室、半地下室
				每座库房	防火墙间	每座库房	防火墙间	每座库房	防火墙间	防火墙间
甲	3，4项	一级	1	180	60	—	—	—	—	—
	1，2，5，6项	一、二级	1	750	250	—	—	—	—	—
乙	1，3，4项	一、二级	3	2000	500	900	300	—	—	—
		三级	1	500	250	—	—	—	—	—
	2，5，6项	一、二、	5	2800	700	1500	500	—	—	—
		三级	1	900	300	—	—	—	—	—
丙	1项	一、二级	5	4000	1000	2800	700	—	—	150
		三级	1	1200	400	—	—	—	—	—
	2项	一、二级	不限	6000	1500	4800	1200	4000	1000	300
		三级	3	2100	700	1200	400	—	—	—
丁		一、二级	不限	不限	不限	不限	1500	4800	1200	500
		三级	3	3000	1000	1500	500	—	—	—
		四级	1	2100	700	—	—	—	—	—
戊		一、二级	不限	不限	不限	不限	2000	6000	1500	1000
		三级	3	3000	1000	2100	700	—	—	—
		四级	1	2100	700	—	—	—	—	—

注：1. 高层库房、高架仓库和筒仓的耐火等级不应低于二级；二级耐火等级的筒仓可采用钢板仓。储存特殊贵重物品的库房，其耐火等级宜为一级。

2. 独立建造的硝酸铵库房、电石库房、聚乙烯库房、尿素库房、配煤库房以及车站、码头、机场内的中转仓库，其建筑面积可按本表的规定增加1.00倍，但耐火等级不应低于二级。

3. 装有自动灭火设备的库房，其建筑面积可按本表及注2的规定增加1.00倍。

4. 石油库内桶装油品库房面积可按现行的国家标准《石油库设计规范》执行。

5. 煤均化库防火分区最大允许建筑面积可为12000m^2，但耐火等级不应低于二级。

6. 本条有关条文中规定的“占地面积”均指建筑面积。

16.3.11 乙、丙、丁、戊类物品库房之间的防火间距

防火间距/m		耐火等级		
		一、二级	三级	四级
耐火等级	一、二级	10	12	14
	三级	12	14	16
	四级	14	16	18

注：1. 两座库房相邻较高一面外墙为防火墙，且总建筑面积不超过表 16.3.11 第一座库房的面积规定时，其防火间距不限。

2. 高层库房之间以及高层库房与其他建筑之间的防火间距应按本表增加 3.00m。

3. 单层、多层戊类库房之间的防火间距可按本表减少 2.00m。

16.3.12 甲类物品库房与建筑物的防火间距

储存物品类别		甲类			
		3，4 项		1，2，5，6 项	
储量/t		≤5	>5	≤10	>10
民用建筑、明火或散发火花地点/m		30	40	25	30
其他建筑（按耐火等级分类）/m	一、二级	15	20	12	15
	三级	20	25	15	20
	四级	25	30	20	25

注：1. 甲类物品库房之间的防火间距不应小于 20m，但本表第 3，4 项物品储量不超过 2t，第 1，2，5，6 项物品储量不超过 5t 时，可减少 12m。

2. 甲类库房与重要的公共建筑的防火间距不应小于 50m。

16.3.13 储罐、堆场与建筑物的防火间距

m

名称	一个罐区或堆场的总储量/m^3	耐火等级		
		一、二级	三级	四级
甲、乙类液体	1～50	12	15	20
	51～200	15	20	25
	201～1000	20	25	30
	1001～5000	25	30	40
丙类液体	5～250	12	15	20
	251～1000	15	20	25
	1001～5000	20	25	30
	50001～25000	25	30	40

注：1. 防火间距应从建筑物最近的储罐外壁、堆垛外缘算起。但储罐防火堤外侧基脚线至建筑物的距离不小于 10m。

2. 甲、乙、丙类液体的固定顶储罐区、半露天堆场和乙、丙类液体堆场与甲类厂（库）房以及民用建筑的防火间距，应按本表的规定增加 25%。但甲、乙类液体储罐区、半露天堆场和乙、丙类液体堆场与上述建筑物的防火间距不应小于 25m，与明火或散发火花地点的防火间距，应按本表四级建筑的规定增加 25%。

3. 浮顶储罐或闪点大于 120℃的液体储罐与建筑物的防火间距，可按本表的规定减少 25%。

4. 一个单位如有几个储罐区时，储罐区之间的防火间距不应小于本表相应储量储罐与四级建筑的较大值。

5. 石油库的储罐与建筑物、构筑物的防火间距可按《石油库设计规范》的有关规定执行。

16.3.14 甲、乙、丙类液体储罐之间的防火间距

m

液体类别	单罐容量/m^3	固定顶罐			浮顶储罐	卧式储罐
		地上式	半地下式	地下式		
甲、乙类	≤1000	0.75D	0.5D	0.4D	0.4D	不小于0.8
	>1000	0.6D				
丙类	不论容量大小	0.4D	不限	不限	—	

注：1. D为相邻立式储罐中较大罐的直径（m）；矩形储罐的直径为长边与短边之和的一半。

2. 不同液体、不同形式储罐之间的防火间距，应采用本表规定的较大值。

3. 两排卧罐间的防火间距不应小于3m。

4. 设有充氮保护设备的液体储罐之间的防火间距，可按浮顶储罐的间距确定。

5. 单罐容量不超过1000m^3的甲、乙类液体的地上式固定储罐之间的防火间距，如采用固定冷却消防方式时，其防火间距可不小于0.6D。

6. 同时装有液下喷射泡沫灭火设备、固定冷却水设备和扑救防火堤内液体火灾的泡沫灭火设备时，储罐之间的间距可适当减少，但地上储罐不宜小于0.4D。

7. 闪点超过120℃的液体，且储罐容量大于1000m^3时，其储罐之间的防火间距可为5m；小于1000m^3时，其储罐之间的防火间距可为2m。

16.3.15 易燃液体储罐成组布置的最大储量[3]

液体的火灾危险性类别	单罐最大储量/m^3	一组最大储量/m^3
甲、乙类	200	1000
丙类	500	3000

注：1. 储罐组之间的距离，应按储罐的型式和总储量相同的标准单罐确定。

2. 石油库内油罐成组布置的要求，可按现行国家标准《石油库设计规范》的有关规定执行。

16.3.16 气瓶仓库的最大储存量[1]

名称	仓库与灌装间在同一建筑物内的储量/瓶或桶	单独仓库的储量/瓶或桶	
		总储量	每一防火墙隔间储量
液化石油气瓶（按15L/瓶计）		360	
压缩气瓶及液氨、液氯瓶（按40L/瓶计）	500	3000	500
氧气瓶（按40L/瓶计）	2400	7200	2400
闪点<28℃，沸点>38℃的易燃液体桶（按200kg/桶计）	900	2700	900

注：环氧丙烷、碳五组分、乙醚等单独桶装仓库的总储量，不宜超过20t。本表摘自《炼油化工企业设计防火规定》YHS 01－1978石油工篇。

16.3.17 易燃液体储罐与泵房、装卸鹤管的防火间距[3]

m

储罐类别		泵房	铁路装卸鹤管	汽车装卸鹤管
甲、乙类液体	拱顶	15	20	15
	罐浮	15	15	15
丙类液体		10	12	10

注：1. 总储量不超过1000m³的甲、乙类液体储罐和总储量不超过5000m³的丙类液体储罐的防火间距，可按本表规定减少25%。石油库区内的油罐与泵房、装卸鹤管防火间距，可按本表规定减少25%。石油库区内的油罐与泵房、装卸鹤管防火间距，可按现行国家标准《石油库设计规范》执行。

2. 泵房、装卸鹤管与储罐防火堤外侧基脚线的距离不应小于5m。

3. 厂内铁路线与装卸鹤管的防火间距，对于甲、乙类液体不应小于20m，对于丙类液体不应小于10m。

4. 泵房与鹤管的距离不应小于8m。

16.3.18 易燃液体装卸鹤管与建筑物的防火间距[3]

鹤管	不同建筑物耐火等级的防火间距/m		
	一、二级	三级	四级
甲、乙类液体装卸鹤管	14	16	18
丙类液体装卸鹤管	10	12	14

注：零位罐与所属铁路作业线的距离不应小于6m。

16.3.19 液化石油气储罐或罐区与建筑物、堆场的防火间距

m

总容积/m³			≤10	11~30	31~200	201~1000	1001~2500	2501~5000
单罐容积/m³				≤10	≤50	≤100	≤400	≤1000
名称	明火或散发火花地点		35	40	50	60	70	80
	民用建筑，甲、乙类液体储罐，甲类物品库房，易燃材料堆场		30	35	45	55	65	75
	丙类液体储罐，可燃气体储罐		25	30	35	45	55	65
	助燃气体储罐，可燃材料堆场		20	25	30	40	50	60
其他建筑	耐火等级	一、二级	12	18	20	25	30	40
		三级	15	20	25	30	40	50
		四级	20	25	30	40	50	60

注：1. 容积超过1000m³的液化石油气单罐或总储量超过5000m³的罐区，与明火或散发火花地点和民用建筑的防火间距不应小于120m，与其他建筑的防火间距应按本表的规定增加25%。

2. 防火间距应按本表总容积或单罐容积较大者确定。

16.3.20　露天、半露天堆场与建筑物的防火间距

m

名称		一个堆场的总储量	耐火等级		
			一、二级	三级	四级
粮食	筒仓、土圆仓	500~10000t	10	15	20
		10001~20000t	15	20	25
		20001~40000t	20	25	30
	席茓囤	10~5000t	15	20	25
		5001~20000t	20	25	30
棉、麻、毛、化纤、百货		10~500t	10	15	20
		501~1000t	15	20	25
		1001~5000t	20	25	30
稻草、麦秸、芦苇等易燃烧材料		10~5000t	15	20	25
		5001~10000t	20	25	30
		10001~20000t	25	30	40
木材等可燃材料		50~1000m³	10	15	20
		1001~10000m³	15	20	25
		10001~25000m³	20	25	30
煤和焦炭		100~5000t	6	8	10
		>5000t	8	10	12

注：1. 一个堆场的总储量如超过本表的规定，宜分设堆场。堆场之间的防火间距，不应小于较大堆场与四级建筑的间距。

2. 不同性质物品堆场之间的防火间距，不应小于本表相应储量堆场与四级建筑间距的较大值。

3. 易燃材料露天、半露天堆场与甲类生产厂房、甲类物品库房以及民用建筑的防火间距，应按本表的规定增加25%，且不应小于25m。

4. 易燃材料露天、半露天堆场与明火或散发火花地点的防火间距，应按本表四级建筑的规定增加25%。

5. 易燃、可燃材料堆场与甲、乙、丙类液体储罐的防火间距，不应小于本表中相应储量堆场与四级建筑间距的较大值。

16.3.21　水槽式可燃气体储罐或罐区与建筑物、堆场的防火间距[1]

m

名称			总容积/m³		
			≤500	501~10000	>10000
明火或散发火花的地点，民用建筑，易燃、可燃液体储罐和易燃材料堆场，甲类物品库房			25	30	40
其他建筑	耐火等级	一、二级	12	15	20
		三级	15	20	25
		四级	20	25	30

注：1. 固定容积的可燃气体储罐，与建筑物、堆场的防火间距，应按其水容量和工作压力的乘积，按本表的规定执行。

2. 容积不超过20m³的可燃气体储罐与所属厂房的防火间距不限。

16.3.22 水槽式氧气储罐与建筑物、堆场的防火间距[1]

m

名称			总容积/m^3	
			≤1000	>1000
民用建筑，易燃、可燃液体储罐，易燃材料堆场			25	25
其他建筑	耐火等级	一、二级	10	12
		三级	12	14
		四级	14	16

注：1. 固定容积的氧气储罐，与建筑物、堆场的防火间距，应按其水容量和工作压力的乘积，按本表的规定执行。
2. 容积不超过20m^3的氧气储罐与所属厂房的防火间距不限。

16.3.23 气体爆炸危险场所区域等级[1]

区域等级	特征
0级区域（简称0区）	在正常情况下，爆炸性气体混合物连续地、短时间频繁地出现或长时间存在的场所
1级区域（简称1区）	在正常情况下，爆炸性气体混合物有可能出现的场所
2级区域（简称2区）	在正常情况下，爆炸性气体混合物不能出现，仅在不正常情况下偶尔短时间出现的场所

16.3.24 粉尘爆炸危险场所区域等级[1]

区域等级	特征
10级区域	在正常情况下，爆炸性粉尘或纤维与空气的混合物可能连续地、短时间频繁地出现或长时间存在的场所
11级区域	在正常情况下，爆炸性粉尘或纤维与空气的混合物不能出现，仅在不正常情况下偶尔短时间出现的场所

16.3.25 与爆炸危险区域相邻场所等级划分[1]

危险区域等级		用有门的墙隔开的相邻场所等级		附注
		一道有门隔墙	两道有门隔墙（通过走廊或套间）	
气体	0区	—	1区	两道隔墙门框之间的净距离不应小于2m
	1区	2区	非危险场所	
	2区	非危险场所		
粉尘	10区	—	11区	
	11区	非危险场所	非危险场所	

16.3.26 爆炸危险场所等级分类[1]

		A	B	C
物质		1. 闪点≤28℃的液体 2. 爆炸下限＜10%的气体 3. 常温下受到水或空气中蒸汽的作用，能产生可燃气体并引起爆炸的物质	1. 28℃＜闪点＜60℃的液体 2. 爆炸下限≥10%的气体	闪点≥60℃的液体
工艺条件	温度	在1000℃以上使用，其使用温度在燃点以上	1. 在1000℃以上使用，但使用温度未达燃点 2. 在250～1000℃中使用，使用温度在燃点以上 3. 在碳钢或其他金属转变温度下的低温使用	1. 在250～1000℃中使用，但使用温度未达燃点 2. 未满250℃，但使用温度在燃点以上
	压力	操作压力在100MPa以上	1. 操作压力在10～100MPa 2. 操作压力低于500mmHg绝对压力	1. 操作压力在2.5～10MPa 2. 操作压力在10mmHg绝对压力以下
	化学反应	1. 在爆炸极限附近进行反应 2. 用纯氧直接进行氧化反应 3. 剧烈放热的硝化反应	1. 升温速度＞400℃/min 2. 中等放热反应的卤化、烷基化、酯化、加成氧化、聚合、缩合等 3. 间隙式反应作业 4. 系统等进入空气可能发生危险反应的作业	1. 升温速度4～400℃/min 2. 一般放热反应的磺化、异构化、中和等
数量	生产装置	气体500m³以上 液体50m³以上	气体100～500m³以上 液体10～50m³以上	气体10～100m³以上 液体5～10m³以上
	储存装卸	气体10000m³以上 液体1000m³以上	气体1000～10000m³以上 液体100～1000m³以上	气体100～1000m³以上 液体10～100m³以上

注：1mmHg = 133.322Pa。

16.3.27 地面库单一库房各类爆破器材的最大允许容量[8]

序号	爆破器材名称	单一库房最大允许容量/t
1	硝化甘油炸药	2
2	黑索今	50
3	泰安	50
4	梯恩梯	150
5	黑梯药柱、起爆药柱	50
6	硝铵类炸药	200
7	射孔弹	3
8	爆炸筒	15
9	导爆索	30
10	黑火药、无烟火药	10
11	导火索、点火索、点火筒	40
12	雷管、继爆管、高压油井雷管、导爆管起爆系统	10
13	硝酸铵、硝酸钠	500

注：雷管、导爆索、导火索、点火筒、继爆管及专用爆破器具按其装药量计算存药量。

16.3.28 爆破器材的允许共存范围[1]

爆破器材名称	黑索今	梯恩梯	硝铵类炸药	胶质炸药	水胶炸药	浆状炸药	乳化炸药	苦味酸	黑火药	二硝基重氮酚	导爆索	电雷管	火雷管	导火索	非电导爆系统
黑索今	+	+	+	−	+	+	−	+	−	−	+	−	−	+	−
梯恩梯	+	+	+	−	+	+	−	+	−	−	+	−	−	+	−
硝铵类炸药	+	+	+	−	+	+	−	−	−	−	+	−	−	+	−
胶质炸药	−	−	−	+	−	−	−	−	−	−	−	−	−	−	−
水胶炸药	+	+	+	−	+	+	−	−	−	−	+	−	−	+	−
浆状炸药	+	+	+	−	+	+	−	−	−	−	+	−	−	+	−
乳化炸药	−	−	−	−	−	−	+	−	−	−	−	−	−	−	−
苦味酸	+	+	−	−	−	−	−	+	−	−	+	−	−	+	−
黑火药	−	−	−	−	−	−	−	−	+	−	−	−	−	+	−
二硝基重氮酚	−	−	−	−	−	−	−	−	−	+	−	−	−	−	−
导爆索	+	+	+	−	+	+	−	+	−	−	+	−	−	+	−
电雷管	−	−	−	−	−	−	−	−	−	−	−	+	+	−	−
火雷管	−	−	−	−	−	−	−	−	−	−	−	+	+	−	+
导火索	+	+	+	−	+	+	−	+	+	−	+	−	−	+	−
非电导爆系统	−	−	−	−	−	−	−	−	−	−	−	−	+	−	+

注：1. "+"号表示爆破器材名称类内横行的某种爆破器材与竖列的某种爆破器材二者间可同库存放；"−"号则表示不可同库存放。

2. 当库房内存放两种以上爆破器材时，其中任何两种爆破器材均应能满足同库存放的要求。

3. 硝铵类炸药包括硝铵炸药、铵油炸药、铵松蜡炸药、铵沥蜡炸药、多孔粒状铵油炸药、铵梯黑炸药。

16.3.29 水下爆破对人员的水中冲击波安全距离[1]

m

装药及人员状况		炸药量/kg		
		≤50	>50 ≤200	>200 ≤1000
水中裸露装药	游泳	900	1400	2000
	潜水	1200	1800	2600
钻孔或药室装药	游泳	500	700	1100
	潜水	600	900	1400

16.3.30 水下爆破对施工船舶的水中冲击波安全距离[1]

m

装药及船舶状况		炸 药 量 /kg		
		≤50	>50 ≤200	>200 ≤1000
水中裸露装药	木船	200	300	500
	铁船	100	150	250
钻孔或药室装药	木船	100	150	250
	铁船	70	100	150

16.3.31　爆破（抛掷爆破除外）时个别飞散物对人员的安全距离[1]

爆破类型和方法	个别飞石的最小安全距离
一、露天土岩爆破①	
1. 破碎大块岩矿	
裸露药包爆破法②	400
浅眼爆破法	300
2. 浅眼爆破	200（复杂地质条件下或未形成台阶工作面时不小于300）
3. 浅眼药壶爆破	300
4. 蛇穴爆破	300
5. 深孔爆破	按设计，但不小于200
6. 深孔药壶爆破	按设计，但不小于300
7. 浅眼眼底扩壶	50
8. 深孔孔底扩壶	50
9. 硐室爆破	按设计，但不小于300
二、爆破树墩	200
三、森林救火时，堆筑土壤防护带	50
四、爆破拆除沼泽地的路堤	100
五、河底疏浚爆破③	
1. 水面无冰时，用裸露药包或浅眼、深孔爆破	
水深小于1.5m	与地面爆破相同
水深大于6m	不考虑飞石对地面或水面以上人员的影响
水深1.5～6m	由设计确定
2. 水面覆冰	200
3. 水底硐室爆破	由设计确定
六、破冰工程	
1. 爆破薄冰凌	50
2. 爆破覆冰	100
3. 爆破阻塞的流水	200
4. 爆破厚度大于2m的冰层或爆破阻塞流水一次用药量超过300kg	300
七、爆破金属物	
1. 在露天爆破场	1500
2. 在装甲爆破坑中	150

（续表）

爆破类型和方法	个别飞石的最小安全距离
3. 在厂区内空场上	由设计确定
4. 爆破热凝结构	按设计，但不小于30
5. 爆破成型与加工	由设计确定
八、拆除基础、炸倒房屋和构筑物；在建筑物附近进行开挖控制爆破	由设计确定
九、地震勘探爆破	
1. 浅井或地表爆破	按设计，但不小于100
2. 在深孔中爆破	按设计，但不小于30
十、用爆破器扩大钻井④	按设计，但不小于50

① 沿山坡爆破时，下坡方向的飞石安全距离应增大50%。

② 同时起爆或毫秒延期起爆的裸露爆破装药量（包括同时使用的导爆索装药量），不应超过20kg。

③ 为防止船舶、木筏驶进危险区应在上下游最小安全距离以外，设封锁线和信号。

④ 当爆破器置于钻井内深度大于50m时，最小安全距离可缩小至20m。

16.3.32 隧道式硐库至住宅区或村庄边缘的最小外部距离[1]

m

与硐口轴线交角 α	存药量/t					
	≤100 ≥50	<50 ≥30	<30 ≥20	<20 ≥10	<10 ≥5	<5
0°<α≤50°	1500	1250	1100	1000	850	750
50°<α≤70°	800	650	550	500	450	350
70°<α≤90°	450	400	350	300	250	250
90°<α≤180°	300	250	200	150	120	100

16.3.33 地面爆破器材库或药堆至住宅区或村庄边缘的最小外部距离[1]

存药量/t	≤200 ≥150	<150 ≥100	<100 ≥50	<50 ≥30	<30 ≥20	<20 ≥10	<10 ≥5	<5
最小外部距离/m	1000	900	800	700	600	500	400	300

注：表中距离适用于平坦地形，当遇到下列几种特定地形时，其数值可适当增减：

（1）当危险建筑物紧靠20～30m高的山脚下布置，山的坡度为10°～25°时，危险建筑物与山背后建筑物之间的距离，与平坦地形相比，可适当减小10%～30%。

（2）当危险建筑物紧靠30～80m高的山脚下布置，山的坡度为25°～35°时，危险建筑物与山背后建筑物之间的距离，与平坦地形相比，可适当减小30%～50%。

（3）在一个山沟中，一侧山高为30～60m，坡度10°～25°，另一侧山高30～80m，坡度25°～30°，沟宽100m左右，沟内两山坡脚下直对布置的两建筑物之间的距离，与平坦地形相比，应增加10%～50%。

（4）在一个山沟中，一侧山高为30～60m，坡度10°～25°，另一侧山高30～80m，坡度25°～35°，沟宽40～100m，沟的纵坡1%～10%，沿沟纵深和沟的出口方向建筑物之间的距离，与平坦地形相比，应适当增加10%～40%。

16.3.34　爆破材料仓库的安全距离[1]

m

项　目	炸药库的容量/t				
	0.25	0.5	2.0	8.0	16.0
距有爆炸性的工厂	200	250	300	400	500
距民房、工厂、集镇、火车站	200	250	300	400	450
距铁路线	50	100	150	200	250
距公路干线	40	60	80	100	120

16.3.35　雷管仓库到炸药仓库的安全距离[1]

仓库内雷管数量/个	到炸药库距离/m	仓库内雷管数量/个	到炸药库距离/m
1000	2.0	75600	16.5
5000	4.5	100000	19.0
10000	6.0	150000	24.0
15000	7.5	200000	27.0
20000	8.5	300000	33.0
30000	10.0	400000	38.0
50000	13.5	500000	43.0

16.3.36　A_1级仓库之间的最小距离[1]

m

仓库类型	存药量/t						
	>30 ≤50	>20 ≤30	>10 ≤20	>5 ≤10	>2 ≤5	>1 ≤2	≤1
无土堤地面库、药堆	110	90	80	65	50	40	30
有土堤地面库	80	70	60	50	40	35	25

注：本表适用于黑索今、铵梯黑炸药、黑梯药柱和胶质炸药。

16.3.37　A_2级仓库之间的最小距离[1]

m

仓库类型	存药量/t						
	>100 ≤150	>50 ≤100	>30 ≤50	>20 ≤30	>10 ≤20	>5 ≤10	≤5
无土堤地面库、药堆	60	50	45	35	30	25	20
有土堤地面库	40	35	30	25	20	20	20

注：本表适用于梯恩梯、雷管、导爆索。其中雷管和导爆索按其装药量计算存药量。

16.3.38　A_3级仓库之间的最小距离[1]

m

仓库类型	存药量/t					
	>150 ≤200	>100 ≤150	>50 ≤100	>30 ≤50	>20 ≤30	≤20
无土堤地面库、药堆	50	45	38	32	26	20
有土堤地面库	35	30	27	24	20	20

注：本表适用于硝铵类炸药和黑火药。

16.3.39 建筑物的破坏等级与冲击波峰值超压[1]

破坏等级	等级名称	破坏情况	冲击波峰值超压 $\Delta P/10^4$Pa
一	基本无破坏	玻璃偶尔开裂或震落	0.196
二	玻璃破坏	玻璃部分或全部破坏	0.196～1.18
三	轻度破坏	玻璃破碎，门窗部分破坏，砖墙出现小于5mm的裂缝和稍有倾斜，瓦屋面局部掀起	1.18～3.43
四	中等破坏	门窗大部分破坏，砖墙有较大裂缝（5～50mm）和倾斜（10～100mm），钢盘混凝土屋盖裂缝，瓦屋面掀起，大部分破坏	3.43～5.19
五	严重破坏	门窗摧毁，砖墙严重开裂（50mm以上）和较大倾斜，甚至部分倒塌，钢盘混凝土屋盖严重开裂，瓦屋面塌下	5.19～7.45
六	房屋倒塌	砖墙倒塌，钢筋混凝土屋盖塌下	>7.45

16.3.40 煤气加压站、混合站与焦炉煤气抽气机室主厂房火灾危险性分类及建筑物的耐火等级[1]

名称	火灾危险性分类	耐火等级
发生炉煤气加压站主厂房①	乙	二级
煤气混合站主厂房②	乙	二级
焦炉煤气抽气机主厂房	甲	二级
直立连续式炭化炉煤气抽气机主厂房	甲	二级
转炉煤气抽气机室和加压站厂房	乙	二级
水煤气加压站厂房	甲	二级
煤气混合站管理室		二级
煤气加压站管理室		二级
焦炉煤气抽气机站管理室		二级

① 发生炉煤气加压机房按有爆炸危险的乙类生产厂房设计。

② 当混合煤气发热值大于12552kJ/Nm³（3000kcal/Nm³）爆炸下限小于10%时，煤气混合站按甲类生产厂房设计。

16.3.41 涂漆作业生产的火灾危险性分类[1]

涂料种类	火灾危险性分类
含各种有机溶剂涂料	甲
粉末涂料	乙
水性涂料、乳胶涂料	丙

16.3.42 与涂漆区相邻场所的爆炸危险区域等级划分[1]

涂漆区等级	用有门隔墙隔开的相邻场所的等级		附注
	一道有门隔墙	两道有门隔墙（通过走廊或套间）	
2级	3级	非爆炸危险性区域	两道隔墙门框间距离不应小于2m

16.3.43 铁合金生产中的易燃、易爆场所[1]

序号	名称	场所或装置	等级	备注
1	金属热法生产间	铝粒粘化室、收尘室、筛分间、成品室	G－2	
2	电极液压装置	油泵、油管、液压阀、液压缸、电磁阀等	H－1	
3	电炉、高炉，锰铁、铬铁、硅铁生产间	煤气净化回收系统、抽气机房、加压站	Q－2	煤气回收管道10mm以内有火灾危险
4	电炉变压器室	电炉变压器、油水冷却器、高压断路器及控制设备	H－1	
5	总降变电所（包括动力配电所）	110kV以下的电力变压器，电压、电流互感器、电缆等	H－1	
6	电磁站	500V以下的控制设备、硅整流互感器、电缆	H－3	
7	焦炭破碎加工间	对辊破碎机、振动筛、带式输送机等	H－3	
8	回转窑间	传动控制设备、管线及煤气管、控制阀等	H－3	
9	电炉出炉口	热池、牵引车及其管线、控制箱等	H－3	
10	电容器室	补偿电容器、高压熔断器、电压互感器等	H－3	电容器故障引起爆炸

16.3.44 热煤气发生炉厂房与生产车间的距离[1]

热煤气的产量/（$Nm^3 \cdot h^{-1}$）	至生产车间的距离	备注
≤6000	可与生产车间直接连接，但要用防火墙隔开	到其他车间的距离不小于13m
>6000	不小于13m	

16.3.45 多台水煤气发生炉之间的中心距离[1]

炉子直径/m	炉子煤气产量/（$Nm^3 \cdot h^{-1}$）	炉与炉的中心距/m
≤2.5	1000～3500	>7
≤3	5000～7000	>9
≤4	8000～18000	>10

16.3.46 空分车间吸风口的防火间距[2]

散发有害气体的建构筑物	有害气体在吸风口处的极限含量	间距/m
乙炔	$<0.5cm^3/m^3$	200
氧化氮	$<1cm^3/m^3$（以NO计）	150
碳氢化合物	$<10mL/m^3$（以C计）	200

（续表）

散发有害气体的建构筑物	有害气体在吸风口处的极限含量	间距/m
硫化氢（硫氧化碳）	$<20mL/m^3$（以S计）	200
氨	$<20mL/m^3$	100
二氧化碳	$<5cm^3/m^3$	100
臭氧	$<0.10m^3/m^3$	300
1.5×10^4V以上的架空线		100

参 考 文 献

[1] 罗云．工业安全卫生基本数据手册［M］．北京：中国商业出版社，1995.

[2] 马良，杨守生．石油化工生产防火防爆［M］．北京：中国石化出版社，2005.

[3] 王晶禹，王宝国，张树通．危险化学品储存［M］．北京：化学工业出版社，2005.

[4] 张应立，张莉．焊接安全与卫生技术［M］．北京：中国电力出版社，2003.

[5] 崔克清．危险化学品安全总论［M］．北京：化学工业出版社，2005.

[6] 朱兆华，郭振龙．焊工安全技术［M］．北京：化学工业出版社，2005.

[7] 赵留根，肖义庆，臧兰兰，等．GB 12158—2006 防止静电事故通用导则［S］．中华人民共和国国家质量监督检验检疫总局，中国国家标准化管理委员会，2006.

[8] 中国工程爆破协会．GB 6722—2003 爆破安全规程［S］．北京：国家质量监督检验检疫总局，2003.

17 焊接安全

17.1 各种焊接方法的代号

焊接方法名称	GB 5185—1985	GB 324—1964
涂料焊条电弧焊（手弧焊）	111	S
埋弧焊	12	Z
熔化极气保焊（MIG）	131	C
非熔化极气保焊（TIG）	135	A
原子氢焊	149	Y
气焊	3	Q
摩擦焊	42	M
冷压焊	48	L
电渣焊	72	D
电阻对焊	25	J
硬钎焊	91	H

17.2 各种焊接方法的有害因素[1]

焊接方法		有害因素						
		电弧辐射	高频电场	烟尘	有害气体	金属飞溅	射线	噪声
手工电弧焊	酸性焊条	①		②	①	①		
	低氢型焊条	①		③	①	②		
	高效率铁粉焊条	①		④	①	①		
电渣焊				①				
埋弧焊				②	①			
CO_2 气体保护焊	细丝	①		①	①	①		
	粗丝	②		②	①	②		
	管状焊丝	②		③	①	①		
钨极氩弧焊		②	②	①	②	①	①	
熔化极氩弧焊	焊铝及铝合金	③		②	③	①		
	焊不锈钢	②		①	②	①		
	焊黄铜	②		③	②	①		

注：①、②、③、④表示强度，其中①表示轻微，②表示中等，③表示强烈，④表示最强。

17.3 交流弧焊机常见故障及其排除方法[1]

故障现象	产生原因	排除方法
变压器过热	1. 变压器过热（载） 2. 变压器绕组短路	1. 减小使用电流 2. 消除短路处
导线接线处过热	接线处接触电阻过大或接线处螺丝太松	将接线松开，用砂纸或小刀将接触导电处清理出金属光泽然后拧紧螺丝
可动铁芯在焊接时发出嗡嗡的响声	可动铁芯的制动螺丝或弹簧太松	旋紧螺丝，调整弹簧
焊接电流不稳定	动铁芯在焊接时位置不稳定	将动铁芯调节手柄固定或将动铁芯固定
焊接电流过小	1. 焊接导线过长、电阻大、电压降大 2. 焊接导线盘成盘形，电感大 3. 电缆有接头或与工件接触不良	1. 减少导线长度或加大线径 2. 将导线放开，不成盘形 3. 使接头处接触良好
焊机输出电流反常，过大或过小	1. 电路中起感抗作用的绕组绝缘损坏时，引起电流过大 2. 铁芯磁回路中，由于绝缘损坏产生涡流引起电流变小	检查电路或磁路中的绝缘情况，排除故障

17.4 直流弧焊机常见故障及其排除方法[1]

故障现象	可能产生的原因	排除方法
电动机反转	三相电动机与电源网路接线错误	三相线中任意两线调换
电动机不启动并发出嗡嗡响声	1. 三相熔断器中某一相烧断 2. 电动机定子绕组断路	1. 更换新熔断器 2. 消除断路处
焊接过程中电流忽大、忽小	1. 电缆线与焊件接触不良 2. 电网电压不稳 3. 电流调节器可动部分松动 4. 电刷与铜头接触不好	1. 使电缆与焊件接触良好 2. 固定好电流调节器松动部分 3. 使电刷与铜头的接触良好
焊机过热	1. 焊机过载 2. 电枢绕组短路 3. 换向器短路 4. 换向器脏污	1. 减小焊接电流 2. 消除短路处 3. 清理换向器 4. 去除脏污
导线接触处过热	接线处接触电阻过大或接线处螺丝过松	将接线松开，用砂纸或小刀将接触导电处清理出金属光泽，然后旋紧螺丝

（续表）

故障现象	可能产生的原因	排除方法
电刷有火花，随后全部换向片发热	1. 电刷没磨好 2. 电刷盒的弹簧压力弱 3. 电刷在刷盒中跳动或摆动 4. 电刷架歪曲，超过容差范围或未旋紧 5. 电刷边直线不与换向器边对准	1. 研磨电刷，在更换新电刷时，不可同时换去大于换向器电刷总数的1/3 2. 调整好压力，必要时，可调换框架 3. 检查电刷在刷盒中的情况，电刷与刷盒夹中，间隙不超过0.3mm 4. 检修电刷架 5. 校正每组电刷，使与换向片排成一直线
换向器片大部分发黑	换向器振动	用千分表检查换向器，其摆动不应超过0.03mm
电刷下有火花，且个别换向片有炭迹	换向器分离（即个别换向片凸出或凹下）	如故障不显著，可用细浮石研磨，如研磨后无效，则应上车床车削
一组电刷中个别电刷跳火	1. 接触不良 2. 在无火花电刷的刷辫间接触不良，因此引起相邻电刷过载并跳火	1. 仔细观察接触表面并松开接线，清除污物 2. 更换不正常的电刷，排除故障

17.5 手工弧焊整流焊机的故障及排除方法[1]

故障现象	可能产生的原因	处理方法
机壳漏电	1. 电源接线误碰机壳 2. 变压器、电抗器、风扇及控制线路元件等碰机壳	消除碰处
空载电压过低	1. 电源电压过低 2. 变压器绕组短路	1. 调高电源电压 2. 消除短路处所
电流调节失灵	1. 控制绕组短路 2. 控制回路接触不良 3. 控制整流回路元件击穿	1. 消除短路处所 2. 使接触良好 3. 更换元件
焊接电流不稳	1. 主回路接触器抖动 2. 风压开关抖动 3. 控制回路接触不良，工作失常	1. 消除抖动 2. 消除抖动 3. 检修控制回路
工作中焊接电压突然降低	1. 主回路部分短路 2. 整流元件击穿、短路 3. 控制回路断路或电刷位置未调整好	1. 修复线路 2. 更换元件，检查保护线路 3. 检修调整控制回路
风扇电机不转	1. 熔断器熔断 2. 电动机引线或绕组断线 3. 开关接触不良	1. 更换熔断器 2. 接妥或修复 3. 使接触良好
电表无指示	1. 电表或相应接线短路 2. 主回路出故障 3. 饱和电抗器和交流绕组断线	1. 修复电表 2. 排除故障 3. 排除故障

17.6 硅整流式直流弧焊机常见故障及排除方法[3]

故 障 现 象	故 障 原 因	排 除 方 法
焊机空载电压太低	1. 网路电压过低 2. 变压器初级线圈匝间短路 3. 磁力起动器接触不良	1. 调整电压至额定值 2. 消除短路故障 3. 检修磁力起动器使其接触良好
焊接电流调节失灵	1. 控制线圈匝间短路 2. 焊接电流控制器接触不良 3. 控制整流回路元件损坏	1. 消除短路现象 2. 检修控制器，使之接触良好 3. 更换元件
焊接电流不稳定	1. 主回路交流接触器抖动 2. 风压开关抖动 3. 控制绕组接触不良	1. 消除抖动现象 2. 消除抖动现象 3. 使其接触良好
焊接过程中焊接电压突然降低	1. 主回路全部或部分产生短路 2. 整流元件击穿 3. 控制回路断路	1. 检修线路 2. 更换整流元件，检查保护线路 3. 检修控制回路
风扇电机不转	1. 熔断器熔断 2. 电动机引线或绕组断线 3. 开关接触不良	1. 更换熔断器 2. 检修或更换电动机 3. 检修或更换开关
电表无指示	1. 电表或相应接线短路 2. 主回路出故障 3. 饱和电抗器和交流绕组断线	1. 修复或更换电表 2. 排除故障 3. 检修
焊机外壳带电	1. 初级线圈或次级线圈碰机壳 2. 电源线误碰机壳 3. 焊接电缆误碰机壳	检修碰机壳的线路，消除碰机壳
导线接头处过热	接线柱上螺钉未旋紧	旋紧螺钉

17.7 某些焊接烟尘及有害物质的危害性与允许浓度[4]

物 质 名 称	危 害 性 质	允许浓度/（$mg \cdot m^{-3}$）
CO	一氧化碳中毒	30*
Mn 及其化合物（换算成 MnO_2）	锰中毒、锰尘肺	0.45*
Pb 烟	铅中毒	0.03
Pb 尘	铅中毒	0.05
ZnO	急性氧化锌中毒	5*
Cr 化合物	上呼吸道刺激症、接触性皮炎及湿疹、铬溃疡	0.15
灰尘	呼吸道和呼吸器官中毒	10

*短时间接触容许浓度。

17.8　埋弧自动焊机常见的故障及排除方法[1]

故　障	产生原因	排除方法
按焊丝"向上"、"向下"按钮时，焊丝送进方向不对或不送进	1. 控制电路的故障，如按钮接触不良、电动机供电回路中触点断路或损坏、辅助变压器故障、整流器损坏等 2. 电动机旋转方向接反 3. 发电机或电动机电刷接触不良	1. 检查、修复控制电路 2. 改换电动机输入接线 3. 调整电机电刷
按"启动"按钮时，线路工作正常，但引不起电弧	1. 弧焊电源未接通 2. 焊丝与工件接触不良	1. 检修接触器，接通弧焊电源 2. 清理焊丝与工件的接触点
按"启动"按钮后，焊丝一直向上反抽	MZ－1000：电弧反馈线未接或断开	接好反馈线
	MZ1－1000："启动"按钮故障，当按钮回复原位时，一个动断触点不闭合	修理或更换"启动"按钮
线路工作正常，而焊丝送进不均匀、电弧不稳	1. 焊丝送进压紧滚轮松动 2. 焊丝被卡住 3. 焊丝送进机构故障 4. 网路电压波动过大	1. 调整或更换送丝滚轮 2. 清理焊丝 3. 检修送丝机构 4. 焊机使用专用电源
按"启动"按钮后，焊接过程正常，但焊车突然停止行走	1. 焊车离合器已脱开 2. 焊车有阻挡物	1. 旋紧离合器 2. 排除阻挡物
焊丝没有与焊件接触，但焊接回路有电流	焊车与工件间绝缘损坏	检查绝缘部分，并修理
焊接过程中，焊丝周期性地与工件"粘住"或常常断弧	1. 电弧电压过低或焊接电流过小造成焊丝与工件周期性地"粘住" 2. 电弧电压太高或焊接电流太大，造成断弧	合理控制焊接参数
导电嘴端部熔化	电弧太长，焊丝伸出长度太短，焊接电流太大，焊车及送丝停止后电弧仍燃烧	合理控制焊接参数
焊接过程中，焊剂停送或送给量很小	焊剂已用完或焊剂斗的阀门堵塞	添加焊剂或清除堵塞物

17.9　电渣焊主要事故产生原因及预防措施[3]

序号	事故类别	产生原因	预防措施
1	高空坠落、物体打击事故	1. 在2m以上（含2m）高处进行焊接操作调试、吊装不慎滑跌 2. 在2m以上（含2m）高处作业时，登高的梯子、脚手架等断裂 3. 高处物体（工具、器材、吊装工件等）摆放不稳掉落击伤地面人员 4. 吊车及捆扎工件钢丝绳断裂 5. 运动的物体撞击人体等	1. 吊装物体工件时应仔细检查吊车性能，制动机构、钢丝绳、吊钩等 2. 操作人员及吊车司机坚持"十不吊"规定 3. 吊装时，操作人员不要站在吊装物下 4. 登高作业时应检查梯子、脚手架等登高工具是否完好可靠，梯子脚部要用防滑胶皮包扎 5. 在高处作业时，要系好安全带 6. 进入作业现场应戴安全帽 7. 遵章守纪，杜绝"三违"

（续表）

序号	事故类别	产生原因	预防措施
2	机械伤害事故	1. 滑动、旋转部位夹手、撞击人体 2. 工件、焊缝尖锐角刺、割、划伤人 3. 注意力不集中，手或衣物绞入转动部位 4. 装配工件时，不慎砸伤	1. 精心操作，正确穿戴劳动防护用品 2. 转动部位应注意，要用罩、栏、网隔离 3. 人工搬运大件物体要量力而行，不能勉强
3	有害气体中毒	焊接时焊剂中的 CaF_2 分解，产生较多的 HF 气体危害人体健康	1. 选用 CaF_2 含量低的焊剂 2. 设计的电渣焊工作区应有排除有害气体的措施 3. 设计的电渣焊结构应尽量避免使工人在狭窄的空间中操作，对于通风不良的结构应开排气孔 4. 进入半封闭的筒体、系统内进行操作时，时间不能过长，并应有人在外面接应
4	爆渣或漏渣引起的烧伤	焊接面附近有缩孔，焊接时熔穿，气体进入渣池，引起严重爆渣	焊前对焊件应严格检查有无缩孔等孔洞和裂纹等缺陷，要清除干净，焊补后方能进行电渣焊接
		起爆槽、引出板与工件之间间隙大，熔渣漏入间隙引起爆渣	提高装配质量
		水分进入渣池引起爆渣： 1. 供水系统故障，垃圾阻塞进出水管，或进出水管压扁引起水冷成形滑块熔穿 2. 焊丝、熔嘴板、板极将水冷成形滑块击穿，漏水 3. 耐火泥太湿 4. 焊剂潮湿 5. 水冷成形滑块漏水	1. 装配焊前仔细检查供水系统 2. 焊剂应烘干 3. 要正确穿戴防护用品
		电渣焊过程不稳	选择正确工艺参数，保持电渣焊过程稳定
		由于工件错口太大，或水冷成形滑块与工件不密合，而造成漏渣	工件应按工艺要求装配，水冷成形滑块都必须与工件密合
5	触电事故	电渣焊空载电压超过60V，两相之间电压可达100V以上，超过36V的安全电压，对操作人员会造成触电事故	1. 操作人员应避免在带电情况下触及电极，当需要在带电情况下触及电极时，应戴有干燥的皮手套，电渣焊时使用的扳手等应用黑胶布绝缘 2. 不允许操作人员在带电情况下，同时接触两相电极
6	变压器烧坏事故	电渣焊变压器绝缘不良，或由于内部短路，二次线与焊件短路，导电嘴、熔嘴板极与焊件短路造成电流过大，将变压器烧坏	1. 焊接前应先检查变压器冷却水畅通情况，焊接时严禁停水 2. 焊前应做好电气设备及电气线路的检查工作 3. 焊接操作时应防止导电嘴、熔嘴板极与工件短路，如有短路发生，应立即切断电源

17.10 碳弧气刨时有害成分的浓度[1]

作业条件	碳棒直径/mm	Cu/($mg \cdot m^{-3}$)	Fe_2O_3/($mg \cdot m^{-3}$)	Pb/($mg \cdot m^{-3}$)	Mn/($mg \cdot m^{-3}$)	O_3/10^{-6}	CO/10^{-6}	NO_2/10^{-6}	NO/10^{-6}
在排气罩下作业	4.8	0.49	11.9	0.04	0.36	—	30	0.5	1.0
	6.3	0.94	9.8	<0.01	0.70	—	20	0.7	1.0
	8.0	0.75	11.6	0.03	0.88	—	30	0.7	1.0
	9.5	0.81	15.0	0.07	0.76	—	25	0.5	3.5
在开阔空间作业	4.8	0.64	2.8	0.02	0.52	—	10	0.8	1.0
	6.3	0.23	3.0	<0.01	0.30	—	10	1.0	1.0
	8.0	0.62	3.3	0.05	—	—	10	0.7	1.0
	9.5	0.81	3.4	0.13	—	—	10	0.5	1.0
在半封闭空间作业	9.5	4.0	31.5	0.23	3.3	0.6	100	1.0	8

17.11 特殊环境焊接与切割作业中常见的事故类别[3]

序号	作业环境类别	常见事故类别
1	火、爆、毒、害、烫焊接与切割作业	火灾、爆炸、中毒、灼烫、物体打击、窒息等
2	受限空间场所焊接与切割作业	触电、中毒、窒息、灼烫、爆炸、中暑等
3	高处焊接与切割作业	坠落、物体打击、火灾、爆炸、触电等
4	水下爆接与切割作业	潜水事故、触电、灼烫、爆炸等
5	恶劣气象条件焊接与切割作业	触电、雷击、坠落、中暑、坍塌、物体打击、起重伤害等

17.12 焊接粉尘和有毒气体卫生标准（以极限浓度表示）

粉尘及有毒有害气体		容许浓度限值/($mg \cdot m^{-3}$)
烟雾（粉尘）	其他粉尘①	8（PC-TWA）
	金属镍与难熔性化合物	1（PC-TWA）
	锰	0.15（PC-TWA）(MnO_2)
	氰化氢	2（PC-TWA）
	铬	0.05（PC-TWA）
	铅	0.05（MAC）（铅烟）
	氧化锌	3（PC-TWA）
	镉	0.01
	丙烯醛②	0.3
	甲醛②	0.5
有毒气体	二氧化氮	5（PC-TWA）
	臭氧	0.3（MAC）
	一氧化碳	30（PC-STEL）

注：1. MAC 为最高允许浓度。

2. PC-TWA 为时间加权平均允许浓度。

3. PC-STEL 为短时间接触允许浓度。

① 其他粉尘指游离 SiO_2 含量在10%以下，不含有毒物质的矿物性和动物性粉尘。

② 焊接涂层钢板产生的烟雾成分。

17.13 电焊施焊点与设备物品的安全距离[1]

序号	内容	距离/m	备注
1	易燃易爆物品与焊接地点的距离	10	棉纱、木屑、油类、垃圾等
2	电弧气刨的防火距离	>10	要求比电焊、气割的防火距离要远
3	在地沟中刮风时进行电焊的距离	>10	如在地沟中焊、切汽车，地下铁道车辆、机车车辆检修
4	电焊时熔化金属最远飞散距离	>10	在地面操作，顺风时可能送到更远的距离
5	管道输送氧气的截止阀与施焊点的距离	5	小于者应用物体遮挡
6	管道输送乙炔的截止阀与施焊点的距离	5	小于者应用物体遮挡
7	在路上通过的电缆线、氧气、乙炔管等的高度	>4.5	
8	消防车通道的宽度	3	可在车间主要大门内设置一段
9	登高作业区下面，用绳旗围栏的禁区范围禁放易燃、易爆物品	10	在直径10m范围内，挂有禁止通行警告牌，下面不准人员停留，顺风时，可加大风向的半径
10	在易燃保温层的管道上或容器上焊接或切割时，焊切点周围必须拆除的保温层距离	1.5	并用铁板遮挡
11	铝热焊接钢轨使用氧气、乙炔、汽油容器时各物之间的存放距离	10	呈等腰三角形放置（包括液化石油气瓶）
12	汽油压力筒与焊接点的距离	10	
13	铝热焊接点与铝热焊剂筒临时存放的距离	>10	
14	喷灯与焊接点的距离	10	现场作业时存放

17.14 焊接烟尘的特性[1]

分类	微粒直径/μm	特性
灰尘	>10	在静止空气中，加速沉降，不扩散
粉尘（尘雾）	10~0.1	在静止空气中，等速沉降，不易扩散
蒸汽（尘烟）	0.1~0.001	在静止空气中，长期浮游，有相当强的扩散能力

17.15 焊接和切割时主要有害金属烟、粉尘[1]

粉尘名称	主要职业	反应类型	肺部疾病	观察情况
铝、氧化铝	焊接及火焰切割、冶炼、烟火	弥漫性纤维化、刺激	铝肺、矾土熔炼工肺、慢性非特异性肺病	
铬、氧化铬、铬盐	焊接及火焰切割、冶炼、电镀、颜料	刺激、免疫反应、癌症	溃疡，鼻中膈穿孔、支气管哮喘、慢性非特异性肺病鼻腔癌症	仅6^+铬化合物致癌（即碱性铬酸盐碱、氧化铬）

（续表）

粉尘名称	主要职业	反应类型	肺部疾病	观察情况
铁、氧化铁	焊接、火焰切割、抛光、冶炼、涂料工业	蓄积	铁尘肺	停止接触后，X射线阴影继续形成
铅、氧化铅	涂铅材料的火焰切割、冶炼、釉料、废铅加工	全身中毒作用		铅中毒（贫血、腹绞痛、多神经炎症状、脑病）可能发生对肺的局部作用
锰、氧化锰	使用含锰电极及焊接、冶炼、金属加工，开矿	刺激、全身中毒	锰性肺炎、慢性非特异性肺病	

17.16 不同焊接方法产生的氮氧化物浓度[1]

焊接方法	NO_2 浓度/（$mg \cdot m^{-3}$）		焊接方法	NO_2 浓度/（$mg \cdot m^{-3}$）
氩弧焊药芯焊丝 CO_2 气体保护焊	面罩外 4～22	面罩内 0.6～2.8	氧—乙炔气焊	（距火焰15.24cm） 16
手工电弧焊	面罩外 1.6～7.2	面罩内 0.7～3	CO_2 气体保护焊	呼吸带 1.49～2.22

17.17 常用电焊面罩的规格及用途[1]

名称	最大外形尺寸（长×宽×高）/（mm×mm×mm）	有效防护（长×宽×高）/（mm×mm×mm）	材料及用途
头戴面罩	300×300×200	300×230×130	用1.5mm厚的钢板纸制作，质量在800g以下，适用于各类电焊作业
手持面罩	420×230×130	300×230×130	用1.5mm厚的钢纸板制作，手持把柄采用绝缘材料，适用于各类电焊作业，尤其适用于狭窄空间内任何位置上的焊接
送风式面罩			采用微型电动风扇或气泵，将外部新鲜空气由头部吹到脸部，有驱逐烟尘侵袭的作用，适用于特种焊接
有机玻璃面罩	280×230×200		厚度为2～3mm，适用于装配清渣

17.18 焊接环形链的安全系数

使用情况	光卷筒或滑轮		链轮		捆绑物品	吊挂用（带小钩、小环等）
	手动	机动	手动	机动		
安全系数	3	6	4	8	6	5

17.19 焊接滤光片透过率性能要求[1]

遮光号	紫外线透过率/%		可见光透过率/%		红外线透过率/%	
	313nm	365nm	最 大	最 小	近红外 780~1300nm	中近红外 1300~2000nm
1.2	0.0003	50	100	74.4	37	37
1.4	0.0003	35	74.5	58.1	33	33
1.7	0.0003	22	58.1	43.2	26	26
2	0.0003	14	43.2	29.1	21	13
2.5	0.0003	6.40	29.1	17.8	15	9.6
3	0.0003	2.80	17.8	8.5	12	8.5
4	0.0003	0.95	8.5	3.2	6.4	5.4
5	0.0003	0.30	3.2	1.2	3.2	3.2
6	0.0003	0.10	1.2	0.44	1.7	1.9
7	0.0003	0.037	0.44	0.16	0.81	1.2
8	0.0003	0.013	0.16	0.061	0.43	0.68
9	0.0003	0.0045	0.061	0.023	0.20	0.39
10	0.0003	0.0016	0.023	0.0085	0.10	0.25
11	0.0006	0.0006	0.0085	0.0032	0.05	0.15
12	0.0002	0.0002	0.0032	0.0012	0.027	0.097
13	0.000076	0.000076	0.0012	0.00044	0.014	0.06
14	0.000027	0.000027	0.00044	0.00016	0.007	0.04
15	0.0000094	0.0000094	0.00016	0.000061	0.003	0.02
16	0.0000034	0.0000034	0.000061	0.000029	0.003	0.02

17.20 采用不同焊接方法时的护目镜选用[1]

护目镜号数		5	6	7	8	9	10	11	12	13	14	15
		焊接电流/A										
手工电弧焊		≤30	30	>30	80	100	200	7200	400	400	>400	>500
气体保护焊						≤100	100	200	≤300	300	500	>500
焊弧气刨							125	225	>225	≤350	350	>350
其他情况下的选用	按年龄选用	老人←——青年										
	按电焊条直径/mm	1.6	1.6	1.6~2.0	2.5	3.2	3.2~4.0	4.0~5.0	5.8		6.7	19

17.21 国产过滤式防尘口罩等级与使用条件[1]

级别	阻尘率/%	使用范围		级别	阻尘率/%	使用范围	
		粉尘含游离硅/%	作业环境粉尘浓度/($mg \cdot m^{-3}$)			粉尘含游离硅/%	作业环境粉尘浓度/($mg \cdot m^{-3}$)
1	≥99	>10	<200	2	≥95	<10	<200
		>10	<1000	3	≥90	<10	<100
2	≥95	>10	<40	4	≥85	<10	<70

17.22　过滤式防毒面具种类与使用条件[1]

种　类	主要组成构件	环境毒物浓度/%	用途举例
导管式防毒面具	全面罩，大型滤毒罐，导气管	<20	
	全面罩，中型滤毒罐，导气管	<1.0	
直接式防毒面具	全面罩，小型滤毒罐	0.5	
	半面罩，滤毒罐或小型滤毒罐	<0.1	低浓度环境使用

17.23　弧焊机的空载电压限值[2]

序　号	工作环境	空载电压
1	触电危险性大的环境①	直流113V峰值 交流68V峰值 有效值48V
2	触电危险性不大的环境	直流113V峰值 交流113V峰值 有效值80V
3	自动焊炬，对操作人员无触电危险②	直流141V峰值 交流141V峰值 有效值100V
4	特殊环境③	直流710V峰值 交流710V峰值 有效值500V

① 工作时活动自由度受到限制，焊工只能以强制姿态（如跪着、坐着、躺着）进行焊接的工作场所，以及潮湿和闷热的房间等。

② 焊炬不是用手操纵；在焊接停止时能自动切断空载电压；有最低为GB 4208—1984关于电气设备外壳防护等级的分类IP_2级的防护。

③ 焊接或切割回路断开时，能自动切断空载电压；有可能接触到的外喷嘴与工作或接地点之间的电压不得超过68V峰值；除焊炬头部外，应有最低为IP_2级的防护，以防意外接触带电部分。

17.24　水中电焊的触电状况[2]

触电状态	电压条件	人体电流/mA	电击程度	安全状况
因焊条漏电，海水中产生电位差而触电	电压80V，距焊条2m以内的电位差1V	0.7	人体无感觉	安全
因焊钳漏电，海水中产生电位差而触电	电压80V，距焊嘴2m以内的电位差0.4V	0.3	人体无感觉	安全
同时接触焊条漏电处和焊接工件时触电	电压80V 电压50V	53 33	有痛苦的电击，但肌肉能自由松开	无生命危险，应注意防止二次触电
仅接触焊条头部	电压80V 电压50V	53 33	有痛苦的电击，但肌肉能自由松开	无生命危险，应注意防止二次触电

（续表）

触电状态	电压条件	人体电流/mA	电击程度	安全状况
仅接触焊接工件	电压80V	0.7	人体无感觉	安全
手持带电的焊钳浮出水面	电压80V	40	有痛苦的电击，但肌肉能自由松开	无生命危险，应注意防止二次触电

17.25 不同焊接切割工作高度和工作压力下熔渣的飞散距离[2]

工作高度/m	工作时氧压力/kPa	熔渣落下距离/m	熔渣落下后跳出距离/m
2.2	245	3.4	5.0
	490	4.3	8.0
	686	4.9	10.5
20	490	10	15

17.26 中压乙炔管道采用无缝钢管时管壁最小厚度[2]

管外径/mm	≤22	28~32	38~45	57	73~76	89
最小壁厚/mm	2.0	2.5	3.0	3.5	4.0	4.5

17.27 高压乙炔管道采用无缝钢管时管壁最小厚度[2]

管外径/mm	≤10	12~16	18~20	22~25	28
最小壁厚/mm	2.0	2.5	3.0	3.5	4.0

17.28 乙炔瓶库与其他建筑物的防火间距[2]

乙炔实瓶贮量/个	其他建筑 耐火等级			民用建筑，屋外变、配电站
	一、二级	三级	四级	
≤1500	12	15	20	25
>1500	15	20	25	30

17.29 电石库的防火间距[2]

名称			防火间距/m ≤10t贮量	防火间距/m >10t贮量
明火、散发火花的地点			30	30
居住、公共建筑			25	30
其他建筑物	耐火等级	一、二级	12	15
		三级	15	20
		四级	20	25
室外变电站、配电站			30	30
其他甲类物器库房			20	20

注：1. 距人员密集的居住区和重要的公共建筑不宜小于50m。

2. 两座房（或电石库与厂房）相邻两面的外墙为非燃烧体且无门、窗、洞口和外露的燃烧体屋檐，其防火间距可按本表减少25%。

3. 电石库与相邻企业的建筑物的防火间距应按本表规定适当增加。

17.30 乙炔站与建、构筑物的防火间距[2]

m

名称		乙炔站耐火等级	
		一、二级	三级（原有）
其他建筑物耐火等级	一、二级	12	14
	三级	14	16
	四级	16	18
明火或散发火花地点		30	30
居住、公共建筑		25	25
室外变电站、配电站		30	30

注：1. 防火间距应按相邻厂房外墙的最近距离计算，如外墙有凸出的燃烧体，则应从其凸出的部分外缘算起。
2. 两座厂房相邻较高一面的外墙为防火墙，其防火间距不限。
3. 两座厂房相邻两面的外墙均为非燃烧体且无门、窗、洞口和外露燃烧体屋檐，其防火间距可按本表减少25%。
4. 距人员密集的居住区或重要的公共建筑不宜小于50m。

17.31 空分设备吸风口处空气内乙炔的允许极限含量[2]

设备	空分塔具有乙炔净化措施，且制氧流程内具有硅胶、铝胶吸附干燥装置	制氧流程内具有分子筛吸附净化装置
极限含量/（$mg \cdot m^{-3}$）	0.5	5

17.32 水槽式乙炔贮罐的防火间距[2]

名称			防火间距/m
明火或散发火花的地点，居住、公共建筑、易燃、可燃液体贮罐，易燃材料堆场，甲类物品库房			25
建筑物	耐火等级	一、二级	12
		三级	15
		四级	20
室外变电站、配电站			25

参考文献

[1] 张应立，张莉．焊接安全与卫生技术［M］．北京：中国电力出版社，2003.

[2] 罗云主编．工业安全卫生基本数据手册［M］．北京：中国商业出版社，1995.

[3] 朱兆华，郭振龙．焊工安全技术［M］．北京：化学工业出版社，2005.

[4] 苏志，李涛，梁友信，等．GBZ 2.1—2007 工作场所有害因素职业接触限值．化学有害因素［S］．北京：人民卫生出版社，2007.

18 特种设备安全

18.1 锅炉及压力容器安全

18.1.1 压力容器分类一览表[1]

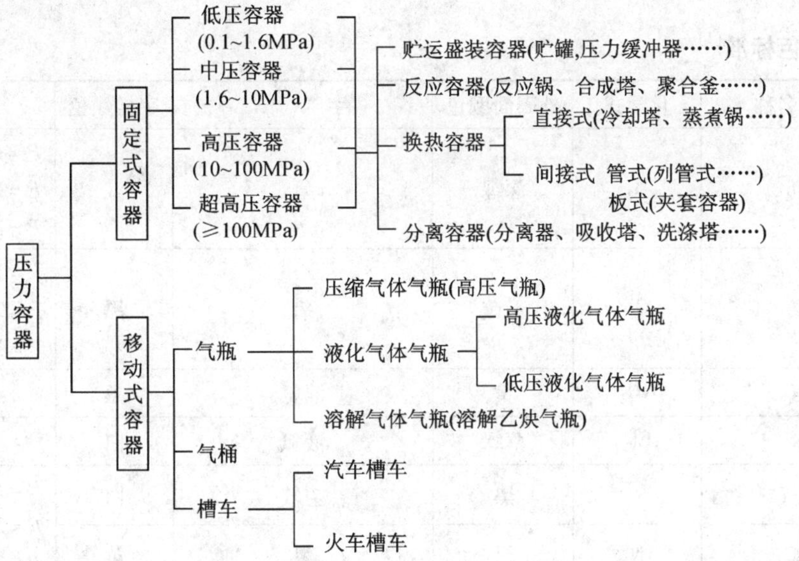

18.1.2 压力容器、锅炉和气瓶的安全系数[1]

名称		抗拉强度安全系数	屈服强度安全系数	持久强度安全系数	蠕变极限安全系数
符号		nb	ns	nd	nc
压力容器		≥3	≥1.6	≥1.5（1.25）	≥1
锅炉		2.5	1.5	1.5	
气瓶	无缝	≥2.5	≥1.67		
	有缝	≥3	≥1.9		

18.1.3 压力容器的安全附件[1]

名称	型式	作用
压力表	弹性元件、液柱式或活塞式、电量式	测量容器中介质压力的计量显示仪表
液面计	玻璃管式 平板玻璃式	又称水位表，指示液位的装置。锅炉不可缺少的安全装置
安全泄压装置	阀型安全泄压装置 熔化型泄压装置 断裂型泄压装置 组合型	防止超压，保证压力容器安全运行 超压时能把容器内气体迅速排出，还有报警作用

（续表）

名 称	型 式	作 用
安全阀	静重式 杠杆式 弹簧式	当容器内压力超过许用工作压力时，自动开启，排出气体，保证容器在正常压力下运动
其他泄压装置	防爆片	密封性好，反应动作快
	防爆片	用于超压可能性较小，而不易装安全阀的容器上
	溶塞	泄放面积不大，用于较小的容器上，多用于液化气体气瓶

18.1.4 气瓶漆色标准[1]

序号	气瓶名称	化学式	外表面颜色	字 样	字样颜色	色 环
1	氢	H_2	深绿	氢	红	$P=150$ 不加色环 $P=200$ 黄色环一道 $P=300$ 黄色环二道
2	氧	O_2	天蓝	氧	黑	$P=150$ 不加色环 $P=200$ 白色环一道 $P=300$ 白色环二道
3	氨	NH_3	黄	液氨	黑	
4	氯	Cl_2	草绿	液氯	白	
5	空气		黑	空气	白	$P=150$ 不加色环 $P=200$ 白色环一道 $P=300$ 白色环二道
6	氮	N	黑	氮	黄	
7	硫化氢	H_2S	白	液化硫化氢	红	
8	碳酰二氯	$COCl_2$	白	液化光气	黑	
9	二氧化碳	CO_2	铝白	液化二氧化碳	黑	$P=150$ 不加色环 $P=200$ 黑色环一道
10	二氯二氟甲烷	CF_2Cl_2	铝白	液化氟氯烷—12	黑	
11	三氟氯甲烷	CF_3Cl	铝白	液化氟氯烷—13	黑	$P=80$ 不加色环 $P=125$ 草绿色环一道
12	四氟甲烷	CF_4	铝白	氟氯烷—14	黑	
13	二氯氟甲烷	$CHFCl_2$	铝白	液化氟氯烷—21	黑	
14	二氟氯甲烷	CHF_2Cl	铝白	液化氟氯烷—22	黑	
15	三氟甲烷	CHF_3	铝白	液化氟氯烷—23	黑	
16	二氯四氟乙烷	CF_2Cl— CF_2Cl	铝白	液化氟氯烷—114	黑	
17	六氟乙烷	CF_3CF_3	铝白	液化氟氯烷—116	黑	$P=80$ 不加色环 $P=125$ 草绿色环一道
18	三氟乙烷	CH_3CF_3	铝白	液化氢氯烷—143	黑	
19	偏二氟乙烷	CH_3CHF_2	铝白	液化氢氯烷—152a	黑	

（续表）

序号	气瓶名称	化学式	外表面颜色	字样	字样颜色	色环
20	二氟溴氯甲烷	CF_2ClBr	铝白	液化氟氯烷—12B_1	黑	
21	三氟溴甲烷	CF_3Br	铝白	液化氟氯烷—13B_1	黑	$P=80$ 不加色环 $P=125$ 草绿色环一道
22	二氟氯乙烷	CH_3CF_2Cl	铝白	液化氟氯烷—142	红	
23	甲烷	CH_4	褐	甲烷	白	$P=150$ 不加色环 $P=200$ 黄色环一道 $P=300$ 黄色环二道
24	乙烷	C_2H_6	褐	液化乙烷	白	$P=150$ 不加色环 $P=200$ 黄色环一道 $P=300$ 黄色环二道
25	丙烷	C_3H_3	褐	液化丙烷	白	
26	环丙烷	CH_2—CH_2 CH_2	褐	液化环丙烷	白	
27	正丁烷	正$-_4CH_{10}$	褐	液化正丁烷	白	
28	异丁烷	异$-C_4H_{10}$	褐	液化异丁烷	白	
29	乙烷	C_2H_4	褐	液化乙烯	黄	$P=125$ 不加色环 $P=150$ 白色环一道 $P=200$ 白色环二道
30	丙烷	C_3H_6	褐	液化丙烯	黄	
31	丁烯－1	C_4H_8－〔1〕	褐	液化丁烯	黄	
32	异丁烯	异$-C_4H_8$	褐	液化异丁烯	黄	
33	丁二烯－1,3	C_4H_6 （－1.3）	褐	液化丁二烯	黄	
34	氩	Ar	灰	氩	绿	$P=150$ 不加色环 $P=200$ 白色环一道 $P=300$ 白色环二道
35	氦	He	灰	氦	绿	
36	氖	Ne	灰	氖	绿	
37	氪	Kr	灰	氪	绿	
38	氙	Xe	灰	液氙	绿	
39	三氟化硼	BF_3	灰	三氟化硼	黑	
40	溴化氢	HBr	灰	液化溴化氢	黑	
41	氟化氢	HF	灰	液化氟化氢	黑	
42	氯化氢	HCl	灰	液化氯化氢	黑	
43	氧化亚氮	N_2O	灰	液化氧化亚氮	黑	$P=125$ 不加色环 $P=150$ 草绿色环一道
44	四氧化二氮	N_2O_4	灰	液化四氧化二氮	黑	

（续表）

序号	气瓶名称	化学式	外表面颜色	字样	字样颜色	色环
45	二氧化硫	SO_2	灰	液化二氧化硫	黑	
46	六氟化硫	SF_6	灰	液化六氟化硫	黑	$P=80$ 不加色环 $P=125$ 草绿色环一道
47	六氟丙烯	C_3F_6	灰	液化全氯丙烯	黑	
48	煤气		灰	煤气	红	$P=150$ 不加色环 $P=200$ 黄色环一道 $P=300$ 黄色环二道
49	乙烯基甲醚	$CH_2=$ $CHOCH_3$	灰	液化乙烯基甲醚	红	

18.1.5 氧气瓶爆炸的原因[4]

原因	举例
瓶体质量差	瓶体材料差，瓶壁太薄或有夹层或严重腐蚀等。当瓶体受到撞击、破裂、可发生爆炸
气瓶接触油脂	一般工业用矿物油与30kgf/cm^2 以上氧气接触，能自燃，有可能造成爆炸
气瓶受热	气瓶靠近炉子，阳光直接曝晒，灌充氧气流速过大等，均能使瓶内气体发热，压力剧增，造成爆炸
气瓶剧烈振动	气瓶相互撞击，运输时振动，冲击，可使瓶内气体膨胀，发生爆炸
气体误灌	可燃气瓶内误装氧气，或氧气瓶误装可燃气体，例如氢气空瓶用来装氧，当焊炬一点火，瓶内氢氧混合气体高速燃烧，压力猛增，造成爆炸
放气过快	气体排出速度过快，产生静电火花造成爆炸
气体压力过低	乙炔压力高于氧气压力，会使乙炔流入氧气瓶，造成爆炸

注：1kgf/cm^2 =9.8×10^{4}Pa。

18.1.6 压缩气体在不同温度下的最高充装压力[1]

温度/℃	设计压力/MPa		
	14.7（150kgf/cm^2）	19.6（200kgf/cm^2）	29.4（300kgf/cm^2）
	最高充装压力/(kg·cm^{-2})		
5	125.2	167	247.5
10	127.4	170	255
15	129.7	173	259.4
20	132	176	264.0
25	134.2	179	268.4
30	136.4	182	273
35	138.7	185	277.4
40	141	188	282
45	143	191	286.4
50	145.5	194	291
55	147.7	197	295.4
60	150	200	300

注：1kgf/cm^2 =9.8×10^{4}Pa。

18.1.7 常用永久气体在不同充装温度下的最高充装压力[1]

气体名称	充装温度/℃	许用压力/MPa 15	16.5	18	24
		充装压力/MPa			
氧气	5	11.8	12.8	14.0	18.2
	10	12.0	13.2	14.3	18.7
	15	12.3	13.5	14.7	19.2
	20	12.6	13.8	15.1	19.8
	25	12.9	14.1	15.4	20.3
	30	13.2	14.5	15.8	20.8
	35	13.5	14.8	16.1	21.3
	40	13.7	15.1	16.5	21.8
	45	14.0	15.4	16.9	22.4
	50	14.3	15.7	17.2	22.9
空气	5	11.9	13.1	14.1	18.5
	10	12.2	13.4	14.4	19.0
	15	12.5	13.7	14.8	19.5
	20	12.7	14.0	15.2	20.0
	25	13.0	14.3	15.5	20.5
	30	13.3	14.6	15.8	21.0
	35	13.6	14.9	16.1	21.5
	40	13.9	15.2	16.4	22.0
	45	14.2	15.5	16.7	22.5
	50	14.4	15.8	17.0	23.0
氮气	5	11.9	13.1	14.1	18.6
	10	12.1	13.3	14.5	19.0
	15	12.4	13.6	14.8	19.5
	20	12.8	13.9	15.2	19.9
	25	13.0	14.3	15.5	20.5
	30	13.3	14.6	15.9	21.0
	35	13.6	14.9	16.2	21.5
	40	13.9	15.2	16.5	21.9
	45	14.2	15.6	16.9	22.4
	50	14.5	15.9	17.2	22.9
氢气	5	12.6	13.8	14.7	19.7
	10	12.9	14.1	15.0	20.1
	15	13.0	14.3	15.3	20.4
	20	13.2	14.6	15.6	20.8
	25	13.5	14.8	15.9	21.2
	30	13.7	15.1	16.2	21.6
	35	13.9	15.3	16.5	22.0
	40	14.1	15.5	16.8	22.4
	45	14.4	15.7	17.1	22.8
	50	14.6	16.0	17.4	23.2

（续表）

气体名称	充装温度/℃	许用压力/MPa			
		15	16.5	18	24
		充装压力/MPa			
甲烷	5	10.8	11.6	12.9	16.5
	10	11.1	12.2	13.3	17.2
	15	11.7	12.7	13.8	17.8
	20	12.0	13.2	14.2	18.5
	25	12.4	13.7	14.7	19.2
	30	12.7	14.1	15.2	19.9
	35	13.1	14.4	15.6	20.5
	40	13.5	14.8	16.0	21.2
	45	13.9	15.2	16.5	21.8
	50	14.2	15.6	17.0	22.5
一氧化碳	5	11.8	13.0	14.0	18.3
	10	12.1	13.3	14.3	18.9
	15	12.3	13.6	14.7	19.4
	20	12.6	13.9	15.0	19.9
	25	12.9	14.3	15.4	20.4
	30	13.2	14.5	15.7	20.8
	35	13.5	14.8	16.1	21.3
	40	13.8	15.1	16.4	21.8
	45	14.1	15.5	16.8	22.3
	50	14.4	15.8	17.2	22.8

18.1.8 高压液化气体在不同设计压力下的充装系数（不大于）[1]

kg/L

序号	气体名称	化学式	设计压力/(kgf·cm^{-2})			
			200	150	125	80
1	氙	Xe			1.23	
2	二氧化碳	CO_2	0.74	0.06		
3	氧化亚氮（笑气）	N_2O		0.62	0.52	
4	六氟化硫	SF_6			1.33	1.17
5	氯化氢	HCl			0.57	
6	乙烷	C_2H_6	0.37	0.34	0.31	
7	乙烯	C_2H_4	0.34	0.28	0.24	
8	三氟氯甲烷（F-13）	CF_3Cl			0.94	0.73
9	三氟甲烷（F-23）	CHF_3			0.76	
10	六氟乙烷（F-116）	C_2F_6			1.06	0.83
11	偏二氟乙烯	$C_2H_2F_2$			0.66	0.46
12	氟乙烯（乙烯基氟）	C_2H_3F			0.54	0.47
13	三氟溴甲烷（F-13B$_1$）	CF_3Br			1.45	1.33

注：$1kgf/cm^2 = 9.8\times10^4Pa$。

18.1.9 低压液化气体的充装系数（不大于表列值）[1]

kg/L

序 号	气 体 名 称	化 学 式	充 装 系 数
1	氨	NH_3	0.53
2	氯	Cl_2	1.25
3	溴化氢	HBr	1.19
4	硫化氢	H_2S	0.66
5	二氧化硫	SO_2	1.23
6	四氧化二氮	N_2O_4	1.30
7	碳酰二氯（光气）	$COCl_2$	1.25
8	氟化氢	HF	0.83
9	丙烷	C_3H_8	0.41
10	环丙烷	C_3H_6	0.53
11	正丁烷	正 - C_4H_{10}	0.51
12	异丁烷（2 - 甲基丙烷）	异 - C_4H_{10}	0.49
13	丙烯	C_3H_6	0.42
14	异丁烯（2 - 甲基丙烯）	异 - C_4H_8	0.53
15	1 - 丁烯	1 - C_4H_8	0.53
16	1,3 - 丁二烯	1,3 - C_4H_6	0.55
17	六氟丙烯（全氟丙烯）	C_3F_6	1.06
18	二氯二氟甲烷（F - 12）	CF_2Cl_2	1.14
19	二氯氟甲烷（F - 21）	$CHFCl_2$	1.25
20	二氟氯甲烷（F - 22）	CHF_2Cl	1.02
21	二氯四氟乙烷（F - 114）	$C_2F_4Cl_2$	1.31
22	二氟氯乙烷（F - 142）	$C_2H_3F_2Cl$	0.99
23	三氟乙烷（F - 143）	$C_2H_3F_3$	0.66
24	偏二氟乙烷（F - 152a）	$C_2H_4F_2$	0.79
25	二氟溴氯甲烷（F - 12B_1）	CF_2ClBr	1.62
26	三氟氯乙烯	C_2F_3Cl	1.10
27	氯甲烷（甲基氯）	CH_3Cl	0.81
28	氯乙烷（乙基氯）	C_2H_5Cl	0.80
29	氯乙烯（乙烯基氯）	C_2H_3Cl	0.82
30	溴甲烷（甲基溴）	CH_3Br	1.57
31	溴乙烯（乙烯基溴）	C_2H_3Br	1.37
32	甲胺	CH_3NH_2	0.60
33	二甲胺	$(CH_3)_2NH$	0.58
34	三甲胺	$(CH_3)_3N$	0.56
35	乙胺	$C_2H_5NH_2$	0.62
36	甲醚（二甲醚）	C_2H_6O	0.58
37	乙烯基甲醚（甲基乙烯基醚）	C_3H_6O	0.67
38	环氧乙烷（氧化乙烯）	C_2H_4O	0.79

18.1.10 常用绝热材料[1]

项 目	体积质量	导热系数，λ	比 热	其他特性
单 位	kg/m³	kcal/(m·h·℃)	kcal/(kg·℃)	—
碳 酸 镁 4MgCO₃， $Mg(OH)_2 \cdot 5H_2O$	400	0.060（20℃）	0.24	含湿量≤2.5%
	130	0.034（20℃）	0.24	

（续表）

项目		体积质量	导热系数，λ	比热	其他特性
单位		kg/m³	kcal/(m·h·℃)	kcal/(kg·℃)	—
玻璃棉		130	0.040（30℃）	0.20	直径 3～30μm
膨胀珠岩（珠光砂）		≤80	0.035（30℃）	0.16	含湿量≤0.5%
		150	0.034（20℃）	0.20	
矿渣棉	100号	≤100	0.038（30℃）	0.18	含湿量≤2%
	150号	≤150	0.040（30℃）	0.20	含湿量≤2%
	200号	≤200	0.045（30℃）	0.20	含湿量≤2%

18.1.11 防爆片的最高使用温度[1]

膜片材料	铝	黄铜	铜	低碳钢	不锈钢	蒙氏合金
最高使用温度/℃	100	150	200	380	400	430

18.1.12 安全阀参数[1]

型号	公称压力 p_g/(kgf·cm^{-2})	密封压力范围/(kgf·cm^{-2})	适用介质	适用温度（不大于）/℃	公称通径 D_g/mm
A25W－10T	10	4～10	空气	120	15～20
A27H－10K		1～10	空气、蒸气、水	200	10～40
A47H－16	16	1～16			40～100
A21H－16C			空气、氨气、水、氨液		10～25
A21W－16P			硝酸等		10～25
A41H－16C			空气、氨气、水、氨液、油类	300	32～80
A41W－16P			硝酸等	200	32～80
A47H－16C			空气、蒸气、水	350	40～80
A43H－16C			空气、蒸气		30～100
A40H－16C			油类、空气	450	50～150
A40Y－16I				550	50～150
A42H－16C		0.6～16		300	40～200
A42W－16P			硝酸等	200	40～200
A44H－16C		1～16	油类、蒸气	300	50～150
A48H－16C			空气、蒸气	350	50～150
A21H－40	40	16～40	空气、氨气、水、氨液	200	51～25
A21W－40P			硝酸等		15～25
A41H－40		13～40	空气、氨气、水、氨液、油类	300	32～80
A41W－40P		16～40	硝酸等	200	32～80

（续表）

型号	公称压力 p_g/（kgf·cm^{-2}）	密封压力范围/（kgf·cm^{-2}）	适用介质	适用温度（不大于）/℃	公称通径 D_g/mm
A47H－40	40	13～40	空气、蒸气	350	40～80
A43H－40					80～100
A40H－40		6～40	油类、空气	450	50～150
A40Y－40I				550	50～150
A42H－40		13～40	硝酸等	300	40～150
A42W－40P		16～40		200	40～150
A44H－40		13～40	油类、空气	300	50～150
A48H－40			空气、蒸气	350	50～150
A41H－100	100	32～100	空气、水、油类	300	32～50
A40H－100		16～80	油类、空气	450	50～100
A40Y－100I				550	50～100
A40Y－100P				600	50～100

注：1kgf/cm^2 = 9.8×10^{4}Pa。

18.1.13 安全阀公称直径与最小流通直径对照表[10]

公称直径 D_g	15	20	25	32	40	50	80	100	150	200
全启式阀径 d/mm	—	—	—	20	25	32	50	65	100	125
微启式阀径 d/mm	12	16	20	25	32	40	65	80	—	—

18.1.14 减压器常见故障及防止措施[1]

常见事故	故障原因及部位	防止措施及修理
减压器漏气	减压器连接部分漏气，螺纹配合松动或垫圈损坏	①拧紧螺丝 ②更换新的钢纸垫圈或加石棉绳
	安全阀漏气 活门垫料损坏或弹簧变形	①调整弹簧 ②更换活门垫料（青钢纸和石棉绳）
	减压器上盖薄膜损坏和未拧紧，造成漏气	①更换橡皮薄膜；②拧紧丝扣
减压器表针爬高（自流）	调节螺杆松开后，气体继续流出，低压表针继续上升。原因是： ①活门或门座上有污物 ②活门密封垫或活门座不平（有裂纹） ③回动弹簧损坏，压紧力不够	将活门螺丝松开，取出活门进行检查，按损坏情况处理： ①将活门污物去净； ②将活门不平处用细砂布磨平，如果有裂纹要更换新的； ③调整弹簧长度
打开氧气瓶时，高压表表针已表示有氧，但低压表不动作或动作不灵敏	调节螺杆已拧到底，但工作压力不升或升得很少，其原因是调压弹簧损坏或传动杆弯曲	拆开减压盖，更换调压弹簧和传动杆
	工作时氧气压力下降，或表针有剧烈的跳动，说明减压器内部冻结	用热水加热解冻后，把水分吹干
	低压表已升到工作压力，但使用时突然下降，说明氧气瓶阀门没完全打开	继续打开氧气阀门

18.1.15 减压阀参数[1]

型号	公称压力 p_g/(kgf·cm^{-2})	适用介质	适用温度(不大于)/℃	出口压力/(kgf·cm^{-2})	公称通径 D_g/mm
Y44T-10	10	蒸气、空气	180	0.5~4	20~50
Y43X-16	16	空气、水	70	0.5~10	25~300
Y43H-16		蒸气	200		20~300
Y43H-25	25		350	1~16	25~300
Y43X-25		空气、水	70		25~100
Y43X-25		水			25~200
Y43H-40	40	蒸气	400	1~25	25~200
Y42X-40		空气、水	70		25~80
Y43X-40		水			20~80
Y43H-64	64	蒸气	450	1~30	25~100
Y42X-64		空气、水	70		25~50

注：$1kgf/cm^2=9.8\times10^4Pa$。

18.1.16 常用的减压阀产品型号及规格[1]

名称	型号	p_g/(kgf·cm^{-2})	最高介质温度/℃	阀体材料	介质	公称直径范围/mm
波纹管式减压阀	Y44T-10	10	200	灰铸铁	空气、水、蒸汽	20~50
薄膜式减压阀	Y41SA-10Q	10	常温	球墨铸铁	水	150，200
薄膜式减压阀	Y42X-16C	16	50	铸钢	水、空气	300
弹簧薄膜式减压阀	Y42SD-25	25	70	铸钢	水、空气	25~80
弹簧薄膜式减压阀	Y42SD-40	40	70	铸钢	水、空气	25~50
活塞式减压阀	Y43H-10	10	200	灰铸铁	蒸汽、空气	40，50
活塞式减压阀	Y43H-16	16	300	灰铸铁	蒸汽、空气	65~100
活塞式减压阀	Y43H-16C	16	350	铸钢	蒸汽	125
活塞式减压阀	Y43H-16Q	16	300	球墨铸铁	蒸汽、空气	20~200
活塞式减压阀	Y43H-25	25	450	铸钢	蒸汽、空气	25~200

注：$1kgf/cm^2=9.8\times10^4Pa$。

18.1.17 用气设备燃烧器的煤气额定压力[1]

燃烧器种类	煤气种类		
	人工煤气或液化石油气混合气	天然气	液化石油气
低压燃烧器/mmH_2O	80或100	200或250	300或500
中压引射式燃烧器/(kgf·cm^{-2})	0.3	0.5	1.0

注：1. $1kgf/cm^2=9.8\times10^4Pa$。

2. $1mmH_2O=9.80665Pa$。

18.1.18 独立的氧气实瓶或氧气空瓶、实瓶库的气瓶最大贮量[1]

瓶库的建筑物耐火等级	气瓶的最大贮量/个	
	每座库房	每一防火墙隔间
一、二级	7200	2400
三级	4500	1500

18.1.19 不绝热锅筒筒体的最大允许壁厚[1]

工作条件	最大允许壁厚/mm
在烟温大于900℃的烟道或炉膛内	20
在烟温为600～900℃之间的烟道内	30

18.1.20 不绝热集箱的最大允许壁厚[1]

工作条件	最大允许厚度/mm	
	电站锅炉	工业锅炉
在烟温大于900℃的烟道或炉膛内	30	10
在烟温为600～900℃之间的烟道内	45	15

18.1.21 压力表的基本要求[11]

项目	要求
(1) 表盘刻度极限值	为工作压力1.5～3倍
表盘直径	不小于100mm
(2) 安装前检验1次，安装使用后	每半年至少检验1次
(3) 存水钢弯管内径	不应大于10mm，不应小于6mm
(4) 工作压力<2.5MPa（25kgf/cm²）的锅炉，表的精度	不应低于1.5级
工作压力>14MPa（140kgf/cm²）的锅炉，表的精度	应为1级

18.1.22 水位计的基本要求[11]

项目	要求
(1) 蒸发量≥2t/h锅炉	应装高低水位报警器
(2) 水位计距操作地面高于6m	应装低地位水位计
低地位水位计的连接管应单独接到锅筒上	连接管内径不应小于18mm
(3) 水位计的玻璃板（管）的最低可见边缘应比最低安全水位	低25mm
它的最高可见边缘比最高安全水位	高25mm
(4) 水位计的安全附件	有安全防护装置、放水旋塞和放水管
(5) 汽水连接管直径	不应小于18mm
(6) 水位旋塞内径和玻璃管内径	都不应小于18mm

18.1.23 锅炉安全阀开启压力[1]

Pa

锅炉工作压力	安全阀开启压力
$p<1300000$	$p+20000$
	$p+50000$
$p=1300000\sim3900000$	$1.04p$
	$1.06p$
$p>3900000$	$1.05p$
	$1.08p$

18.1.24 蒸汽锅炉安全阀开启压力[1]

10^5Pa

锅炉工作压力	安全阀开启压力
<13	工作压力+0.2
	工作压力+0.5
13~39	1.04倍工作压力
	1.06倍工作压力
>39	1.05倍工作压力
	1.08倍工作压力
省煤器	1.10倍装置地点工作压力

18.1.25 锅筒和过热器上安全阀安装规定[1]

锅炉工作压力/($kgf \cdot cm^{-2}$)	安全阀开启压力
<13	工作压力+0.2kgf/cm^2
	工作压力+0.5kgf/cm^2
13~39	1.04倍工作压力
	1.06倍工作压力
>39	1.05倍工作压力
	1.08倍工作压力

注：1. 锅炉上必须有一个安全阀，按表中较低的开启压力进行调整，对有过热器的锅炉，按较低压力进行调整的安全阀必须为过热器上的安全阀，以保证过热器上的安全阀先开启。

2. 表中的工作压力，对于冲量式安全阀系指冲量接出点的工作压力，对其他类似的安全阀系指安全阀装置地点的工作压力。

3. $1kgf/cm^2=9.8\times10^4$Pa。

18.1.26 电站锅炉安全阀类型[3]

分类方法	类型		说明
按作用原理	直接作用式		直接用机械载荷，如重锤、杠杆加重锤或弹簧来克服阀瓣下的介质压力的安全阀
	非直接作用式	先导式安全阀	由主阀和导阀组成，主阀依靠从导阀排除介质来驱动或控制的安全阀，该导阀本身应符合本标准要求的直接作用式安全阀
		带补充载荷式	在入口压力达到整定压力前始终保持有一增强密封的附加力，该附加力（补充载荷）可由外来的能源提供，而在安全阀达到整定压力时，应可靠地释放，即使该附加力未释放时，安全阀仍能在整定压力不超过规定压力3%的前提下达到额定排量（对整定压力和工作压力很接近，而密封要求高时，应用此类阀门）
		动力控制安全阀	一种由动力源（电动、气动、汽动或液动）控制其开启或关闭的阀门（大型锅炉的系统中有多只安全阀时，可以配有此类阀门并提前动作，以保护其他工作安全阀，避免其频繁起跳）
按开启高度	全启式安全阀		开启高度大于或等于1/4喉部直径
	微启式安全阀		开启高度在1/40～1/20流道直径的范围内
	中启式安全阀		开启高度介于微启式和全启式之间
	全量型安全阀		阀瓣内径为喉部直径的1.15倍以上；阀瓣开启时，阀座口流体通路面积必须是喉部面积的1.05倍以上；安全阀入口面积是喉部面积的1.7倍以上，开启高度大于1/4喉部直径
按有无背压平衡机构	背压平衡式		利用波纹管、活塞或膜片等平衡背压作用的元件，使阀门开启前背压对阀瓣上下两侧的作用相平衡
	常规式		不带背压平衡元件
按阀瓣加载方式	重锤或杠杆重锤式		利用重锤或重锤通过杠杆加载
	弹簧式		利用弹簧加载
	气室式		利用压缩空气加载
按动作特性	比例作用式		开启高度随“超过整定压力的增大成比例”变化（一般用于排放液体的安全阀）
	突跳动作式（两段作用式）		起初阀瓣随压力升高而成比例开启，在压力升高一个不大数值后，阀瓣既急速开启到规定的升高值（一般用于排放蒸汽的安全阀）

18.1.27 安全阀整定压力[3]

安装位置		整定压力	
汽包锅炉的汽包或过热器出口	额定蒸汽压力 $p<5.88$MPa	控制安全阀	1.04倍工作压力
		工作安全阀	1.06倍工作压力
	额定蒸汽压力 $p\geqslant5.88$MPa	控制安全阀	1.05倍工作压力
		工作安全阀	1.08倍工作压力

（续表）

安装位置	整定压力	
直流锅炉的过热器出口	控制安全阀	1.08倍工作压力
	工作安全阀	1.10倍工作压力
再热器		1.10倍工作压力
启动分离器		1.10倍工作压力

注：1. 各部件的工作压力指安全阀安装地点的工作压力（脉冲式安全阀为冲量接出地点的工作压力）。

2. 过热器出口安全阀的整定压力，应保证在该锅炉一次汽水系统所有的安全阀中，此安全阀最先动作。

18.1.28 最大允许泄漏率[2]

气泡数/min

安全阀类型	流通直径/mm	$PN<10\text{MPa}$	$PN\geqslant 10\text{MPa}$
一般安全阀	<20	40	60
	≥20	20	30
背压平衡安全阀	<20	50	75

18.2 起重搬运安全

18.2.1 起重机工作类型[1]

工作类型	工作忙闲程度		载荷变化程度	
	起重机年工作量/h	机构运转时间率/%	机构载荷变化范围	每小时工作循环数 n
轻 级	1000	15	经常起吊1/3 额定载荷	5
中 级	2000	25	经常起吊（1/3～1/2） 额定载荷	10
重 级	4000	40	经常起吊 额定载荷	20
特重级	7000	60	起吊额定载荷 机会较多	40

18.2.2 起重机使用的安全技术要求[5]

项 目	安全技术要求
使用前安全事项	① 司机必须是持操作合格证的司机。 ② 吊运额定负荷重物应先试吊，检查制动机构合格后，方准正式吊装。 ③ 自行式汽车起重机起吊前，支腿应垫实，起重机停妥后，斜度不得大于3°

（续表）

项 目	安全技术要求
吊装使用过程的安全事项	① 起吊重物时应尽量避免起重臂升降。 ② 如必须吊重物行驶时，应将起重臂转到与履带平行方向缓慢行驶，被吊重物离地不超过50cm，起吊重物应控制在不大于2/3允许起重量。 ③ 起吊吊索应保持垂直避免紧急刹车或冲击。 ④ 起重机停止使用时，不准悬挂重物。 ⑤ 司机不得利用极限位置限制器停车，有载荷时不得调整起升、变幅机构的制动器，除专门设计起重机外，主副二套起升机构不应同时开动。 ⑥ 工作中司机必须遵守“十不吊”。 ⑦ 起重机在坑沟、连坡处工作时，应与坑沟、边坡保持安全距离（一般为边坡深度的1.1～1.2倍）
维修、保养	① 工作结束后，在轨道上露天作业的起重机应锚定位。 ② 工作时，不得进行检修、保养，检修、保养时应切断主电源并挂上标志牌或加锁

注：“十不吊”为指挥信号不明或多人指挥不吊；超负荷不吊；工件捆扎不牢不吊；吊物上站人不吊；安全装置失灵不吊；物件埋在地下不吊；斜拉、斜吊不吊；物件锐角不垫软物不吊；物件下有人不吊；照明不足不吊。

18.2.3 几种起重机工作速度范围[6]

起重机类型		起升速度/（m·min^{-1}）		运行速度/（m·min^{-1}）	
		主起升	副起升	小 车	起重机
通用桥式起重机（吊钩式）	轻级	1～3	8～10	10～20	30～40
	中级	2～12	8～20	20～40	40～90
	重级	8～20	18～20	40～50	70～120
电磁桥式起重机		18～20	20～25	40～50	100～120

18.2.4 起重机对输电线的安全距离[1]

位 置	电 压/kV				
	<1	1～15	20～40	60～110	220
沿垂直方向	1.5	3	4	5	6
沿水平方向	1	1.5	2	4	6

18.2.5 起重机馈电裸滑线与周围设备的安全距离与偏差[1]

项 目	安全距离与偏差/mm
距地面高度	>3500
汽车通道高度	>6000
距一般管道	>1000
距氧气管道及设备	>1500
距易燃气体及液体管道	>1500
相邻滑线导电部分和对接地的净距	>30

（续表）

项目	安全距离与偏差/mm
滑线器距滑线末端距离	>200
固定装设的型钢滑线，其终端支架距滑线末端距离	≥800
滑线膨胀补偿装置的间隙	10～20
型钢滑线与起重机轨道的实际中心线平行度偏差	≤长度的1/1000，但最大偏差为10
滑线接触面之间的等距偏差	≤长度的1/1000，但最大偏差为10
悬吊滑线间的弛度偏差	≤20
型钢滑线与起重机轨道沿滑线全长平行度的最大偏差	≤10

18.2.6 起重机安全装置[5]

序号	安全装置名称	配置于起重机种类
1	超载限制器	各类起重机
2	升高限制器（含回转、变幅、落地高度）	各类起重机
3	水平行程限制器	桥式起重机、龙门起重机的大小车行程终端
4	缓冲和防冲撞装置	同轨道起重机之间、轨道终端、双层桥式起重机
5	联锁装置	各类起重司机室门、供司机检查进出的仓口
6	音响警笛	各类起重机
7	制动装置	各类起重机的行走、卷扬、变幅、回转
8	力矩限制器	汽车、履带、轮胎、铁路、塔式起重机
9	夹轨钳	露天桥式、龙门、塔式起重机
10	风级风速报警器	露天塔吊、高于30m的龙门吊

18.2.7 安全防护装置在各种起重机上设置的要求（一）[5]

<table>
<tr><th rowspan="3">序号</th><th rowspan="3">安全防护装置名称</th><th colspan="8">桥式类型起重机</th></tr>
<tr><th colspan="3">桥式起重机</th><th colspan="3">门式起重机</th><th colspan="2">装卸桥</th></tr>
<tr><th>要求程度</th><th colspan="2">要求范围</th><th>要求程度</th><th colspan="2">要求范围</th><th>要求程度</th><th>要求范围</th></tr>
<tr><td rowspan="2">1</td><td rowspan="2">超载限制器</td><td>应装</td><td>额定起重量大于20t的</td><td rowspan="2">维修专用起重机可除外</td><td>应装</td><td>额定起重量大于10t的</td><td rowspan="2">维修专用起重机可除外</td><td rowspan="2">应装</td><td rowspan="2"></td></tr>
<tr><td>宜装</td><td>动力驱动、额定起重量为3～20t的</td><td>宜装</td><td>动力驱动、额定起重量为3～10t的</td></tr>
</table>

（续表）

序号	安全防护装置名称	桥式类型起重机					
		桥式起重机		门式起重机		装卸桥	
		要求程度	要求范围	要求程度	要求范围	要求程度	要求范围
2	力矩限制器						
3	上升极限位置限制器	应装	动力驱动的	应装	动力驱动的	应装	
4	下降极限位置限制器		见 GB 6067—85 中 4.2.4 条		见 GB 6067—85 中 4.2.4 条		见 GB 6067—85 中 4.2.4 条
5	运行极限位置限制器	应装	动力驱动的并且在大车和小车运行的极限位置（单梁吊的小车可除外）	应装	动力驱动的并且在大车和小车运行的极限位置	应装	动力驱动的并且在大车和小车运行的极限位置
6	偏斜调整和显示装置			宜装	跨度等于或大于 40m 时	应装	跨度等于或大于 40m 时
7	幅度指示器						
8	联锁保护装置	应装	由建筑物登上起重机的门与大车运行机构之间，由司机室登上桥架的舱口门与小车运行机构之间；设在运动部分的司机室在进入司机室的通道口与小车运行机构之间			应装	设在运动部分的司机室在进入司机室的通道口与小车运行机构之间
9	水平仪						
10	防止吊臂后倾装置						
11	极限力矩限制装置						
12	缓冲器	应装	在大车、小车运行机构或轨道端部	应装	在大车、小车运行机构或轨道端部	应装	在大车、小车运行机构或轨道端部
13	夹轨钳和锚定装置或铁鞋	宜装	露天工作的	应装	露天工作的	应装	露天工作的
14	风速风级报警器						
15	支腿回缩锁定装置						
16	回转定位装置						

（续表）

序号	安全防护装置名称	桥式类型起重机					
		桥式起重机		门式起重机		装卸桥	
		要求程度	要求范围	要求程度	要求范围	要求程度	要求范围
17	登机信号按钮	宜装	具有司机室的			应装	司机室设于运动部分的
18	防倾翻安全钩	应装	单主梁起重机在主梁一侧落钩的小车架上	应装	单主梁龙门起重机在主梁一侧落钩的小车架上		
19	检修吊笼	应装	在司机室对面靠近滑线一端				
20	扫轨板和支承架	应装	动力驱动的大车运行机构上	应装	在大车运行机构	应装	在大车运行机构
21	轨道端部止挡	应装		应装		应装	
22	导电滑线防护板	应装	凡易发生触电的部位均装				
23	倒退报警装置						
24	暴露的活动零部件的防护罩	宜装	见 GB 6067—85 中 4.2.24 条	宜装	见 GB 6067—85 中 4.2.24 条	应装	见 GB 6067—85 中 4.2.24 条
25	电气设备的防雨罩	应装	露天工作的	应装	露天工作的	应装	

注：起重机上外露的，有伤人可能的活动零部件，如开式齿轮、联轴器、传动轴、链轮、链条、传动带、皮带轮等，均应装设防护罩。

18.2.8 安全防护装置在各种起重机上设置的要求（二）[5]

序号	安全防护装置名称	流动式起重机							
		汽车起重机		轮胎起重机		履带起重机		铁路起重机	
		要求程度	要求范围	要求程度	要求范围	要求程度	要求范围	要求程度	要求范围
1	超载限制器							应装	
2	力矩限制器	宜装	起重量小于16t的	宜装	起重量小于16t的	应装		宜装	
		应装	起重量等于或大于16t的	应装	起重量等于或大于16t的				
3	上升极限位置限制器	应装		应装		应装		应装	
4	下降极限位置限制器								

（续表）

序号	安全防护装置名称	流动式起重机							
		汽车起重机		轮胎起重机		履带起重机		铁路起重机	
		要求程度	要求范围	要求程度	要求范围	要求程度	要求范围	要求程度	要求范围
5	运行极限位置限制器								
6	偏斜调整和显示装置								
7	幅度指示器	应装		应装		应装		应装	
8	联锁保护装置								
9	水平仪	应装	起重量等于或大于16t的	应装	起重量等于或大于16t的				
10	防止吊臂后倾装置	应装		应装		应装		应装	
11	极限力矩限制装置								
12	缓冲器								
13	夹轨钳和锚定装置或铁鞋								
14	风速风级报警器								
15	支腿回缩锁定装置	应装		应装		应装		应装	
16	回转定位装置	应装		应装		应装		应装	
17	登机信号按钮								
18	防倾翻安全钩								
19	检修吊笼								
20	扫轨板和支承架								
21	轨道端部止挡								
22	导电滑线防护板								
23	倒退报警装置	应装		应装		应装			
24	暴露的活动零部件的防护罩	应装	见 GB 6067—87 中 4.2.24 条	应装	见 GB 6067—87 中 4.2.24 条	应装	见 GB 6067—87 中 4.2.24 条	应装	见 GB 6067—87 中 4.2.24 条
25	电气设备的防雨罩	应装		应装		应装		应装	

18.2.9 安全防护装置在各种起重机上设置的要求（三）[5]

序号	安全防护装置名称	塔式起重机		门座起重机		升降机		电葫芦	
		要求程度	要求范围	要求程度	要求范围	要求程度	要求范围	要求程度	要求范围
1	超载限制器	宜装	起重能力小于25tm的	应装		宜装		宜装	动力驱动的
2	力矩限制器	应装	起重能力等于或大于25tm的						

（续表）

序号	安全防护装置名称	塔式起重机		门座起重机		升降机		电葫芦	
		要求程度	要求范围	要求程度	要求范围	要求程度	要求范围	要求程度	要求范围
3	上升极限位置限制器	应装		应装				应装	
4	下降极限位置限制器		见GB 6067—85中4.2.24条		见GB 6067—85中4.2.24条				
5	运行极限位置限制器			应装	在吊臂幅度的极限位置	应装	在上、下极限位置		
6	偏斜调整和显示装置								
7	幅度指示器	应装		应装					
8	联锁保护装置	应装	在动臂变幅机构与吊臂的支持停止器之间			应装	在各卸料口的门与吊篮的升降机构之间		
9	水平仪								
10	防止吊臂后倾装置	应装	动臂变幅的						
11	极限力矩限制装置	应装	有可能自锁的旋转机构	应装	有可能自锁的旋转机构				
12	缓冲器			应装	在变幅机构	应装			
13	夹轨钳和锚定装置或“铁鞋”	应装		应装					
14	风速风级报警器	应装	臂架铰点高度大于50m时	应装	金属结构高度等于或大于30m时				
15	支腿回缩锁定装置								
16	回转定位装置								
17	登机信号按钮	宜装	司机室在上部并且设在运动部分的	宜装	司机室设于运动部分的				
18	防倾翻安全钩								
19	检修吊笼								
20	扫轨板和支承架	应装		应装					

（续表）

序号	安全防护装置名称	塔式起重机		门座起重机		升降机		电葫芦	
		要求程度	要求范围	要求程度	要求范围	要求程度	要求范围	要求程度	要求范围
21	轨道端部止挡	应装		应装			应装		
22	导电滑线防护板			应装	采用滑线导电结构的				
23	倒退报警装置								
24	暴露的活动零部件的防护罩	应装	见 GB 6067—85 中 4.2.24 条	应装	见 GB 6067—85 中 4.2.24 条				
25	电气设备的防雨罩	应装		应装		应装	露天工作的		

18.2.10 井架使用的安全要求[5]

项目	安全要求
使用前检查	① 钢井架制作应按“钢结构工程验收规范”要求，地锚按规定设置（如利用原建构筑物时，每个锚抗作用力不少于2.5T且经建设单位同意）。 ② 检查井架缆风配备：20m以上井架设二层缆风，每层4根6×19+1的直径为8～11mm钢丝绳；双悬臂井架以6根为宜，缆绳地面角应小于45°；井架和悬臂活动范围和高压线净距大于6m。 ③ 井架立杆底部应埋设地下1m（埋深困难则必须用条石或100～200号混凝土现浇基础），井架底部配重$Q \geqslant 1.9$倍的井架总量。 ④ 使用前组织专门人员检查井架，用额定起重量125%试吊，合格后方准使用；卷扬机至井架水平距离应不小于15m。 ⑤ 吊盘二侧井架间设导轨，且导轨垂直度，间距偏差小于±10mm
使用中检查	①吊重作业，重物上系ϕ25mm白棕绳的溜绳，防重物摆动。 ② 高井架全高安装应在20m及40m处进行垂直校正，全高偏移不大于50m。 ③ 拆装、检修人员应严格按“高空安全作业”规定施工
井架安全装置	①吊盘应设有可靠的安全装置（安全支杠、安全挂钩等），且设有吊盘钢丝绳断后的安全装置，以防“升天”的限位装置。 ② 设安全支承杆，供卸料时吊盘直接搁置在安全支承杆上

18.2.11 滑轮组的极限长度[5]

起重量/t	滑轮轮轴间距离 h/mm	滑轮组极限长度 L/mm	起重量/t	滑轮轮轴间距离 h/mm	滑轮组极限长度 L/mm
1	700	1400	25	1200	3500
5	900	2200	30	1200	3700
10	1100	2800	40	1200	3700
15	1200	2800	50	1200	3700
20	1200	3200			

18.2.12 齿轮齿厚的允许磨损度[7]

比较的基准		齿厚磨损占原齿厚的百分比/%	
用途		第一级啮合	其他级啮合
		磨损量	
闭式	起升机构和非平衡变幅机构	10	20
	其他机构	15	25
开式齿轮传动		30	

18.2.13 齿轮联轴器齿轮齿厚的磨损限度[7]

用途	齿厚的磨损占原齿厚的百分比/%
起升机构和非平衡变幅机构	15
其他机构	20

18.2.14 安全钳制停距离[6]

电梯额定速度/(m·s^{-1})	限速器最大动作速度/(m·s^{-1})	制停距离	
		S_{max}	S_{min}
1.5	1.98	840	330
1.75	2.26	1020	380
2.0	2.55	1220	460
2.5	3.15	1730	640
3.0	3.70	2320	840

18.2.15 制动器种类[5]

制动器名称	特点
交流短冲程瓦块式制动器	制动最迅速，但冲击、振动和噪声都大，零部件寿命短
液压推杆瓦块式制动器	制动平稳，但制动时间较长
重锤式长冲程电磁铁瓦块制动器	制动力矩不能调整，零件易损，很少使用
弹簧式长冲程电磁铁瓦块制动器	制动力矩可调，制动平稳
液压盘式制动器	制动时间短，制动平稳，较理想

18.2.16 制动器安全技术要求[5]

项目	安全技术要求
应设置制动器的部位	人力驱动起重机，其起升、变幅机构必设制动器或停止器，机动力驱动起重机，其起升、变幅、运行及旋转机构设制动器
吊运炽热金属或易燃、易爆等危险品，以及发生事故后可能造成重大危险或损失的起升机构	每套驱动装置都应设置2套制动器
起升及变幅机构的制动器工作方式	应是常闭式的（即切断动力时，制动器处于闭合状态）
每套制动器的安全系数	不应小于表18.2.17的规定

（续表）

项 目	安全技术要求
制动带摩擦垫片与制动轮实际接触面积	不应小于理论接触面积的70%
制动器热容量	应符合操作频度
制动器对制动带摩擦垫片的磨损	应有补偿能力
带动制动器的制动带摩擦垫片其背衬钢带的端部与固定部分的连接	应采用铰接，不得采用螺栓连接、铆接、焊接。
控制制动器的操纵部位，如踏板、操纵手柄等防滑	应有防滑措施

18.2.17 制动器的安全系数[8]

机 构	使 用 情 况	安全系数
起升机构	一般的	1.5
	重要的	1.75
	具有液压制动作用的液压传动	1.25
吊运炽热金属或危险品的起升机构	装有2套支持制动器时，对每一套制动器	1.25
	对于2套彼此有刚性联系的驱动装置，每套装置装有2套支持制动器，对每一套制动器	1.1
非平衡变幅机构		1.75
平衡变幅机构	在工作状态时	1.25
	在非工作状态时	1.15

18.2.18 钢丝绳安全系数[1]

起重机类型	性能和使用范围		最小安全系数 K_{min}
桅杆式起重机、自行式起重机及其他类型起重机和卷扬机	手传动		4.5
	机械传动	轻型	5
		中型	5.5
		重型	6
1t以下手动卷扬机			4
缆索式起重机	承担重量的钢丝绳		3.5
各种用途的钢丝绳	运输热金属、易燃易爆物		6
	捆绑设备		6
	缆风绳		3
	千斤绳（绳扣）		6~10

注：载人时的安全系数 $K \geqslant 10$。

18.2.19 钢丝绳最小安全系数 N[6]

钢丝绳用途			N
起升和变幅用	手动		4.0
	机动	轻级	5.0
		中级	5.5
		重级、特重级	6.0
抓斗用	双绳抓斗（双电动机分别驱动）		6.0
	双绳抓斗（单电动机集中驱动）		5.0
	抓斗滑轮		
拉紧用	经常用		3.5
	临时用		3.0
小车	曳引用（轨道水平）		4.0

18.2.20 钢丝绳选择系数 C 和安全系数 N[6]

机构工作级别	C 值			安全系数 N
	钢丝公称抗拉强度 $\sigma_t/(N \cdot mm^{-2})$			
	1550	1700	1850	
M1～M3	0.093	0.089	0.085	4
M4	0.099	0.095	0.091	4.5
M5	0.104	0.100	0.096	5
M6	0.114	0.109	0.106	6
M7	0.123	0.118	0.113	7
M8	0.140	0.134	0.128	9

18.2.21 机构用钢丝绳安全系数[8]

机构工作级别	M1，M2，M3	M4	M5	M6	M7	M8
安全系数	4	4.5	5	6	7	9

注：1. 对于吊危险物品的起升用钢丝绳，一般应用比设计工作级别高一级的工作级别的安全系数。对起升机构工作级别为M7、M8的某些冶金起重机，在保证一定寿命的前提下，允许用低的工作级别的安全系数，但是最低安全系数不得小于6。

2. 臂架伸缩用的钢丝绳，安全系数不得小于4。

18.2.22 其他用途钢丝绳安全系数[8]

用途	安全系数	用途	安全系数
支承动臂用	4	缆风绳	3.5
起重机械自身安装用	2.5	吊挂和捆绑用	6

18.2.23 钢丝绳报废断丝数[8]

安全系数	钢丝绳结构（GB 1102—74）			
	绳6W（19） 绳6×（19）		绳6×（37）	
	一个节距中的断丝数			
	交互捻	同向捻	交互捻	同向捻
<6	12	6	22	11
6～7	14	7	26	13
>7	16	8	30	15

注：1. 表中断丝数是指细钢丝，粗钢丝每根相当于1.7根细钢丝。

2. 一个节距，指每股钢丝绳缠绕一周的轴向距离。

18.2.24 钢丝绳更新标准[1]

钢丝绳原有安全系数	钢丝绳结构型式							
	6×19+1麻芯		6×31+1麻芯		6×61+1麻芯		18×19+1麻芯	
	在一个捻距（节距）内有下列断丝数时，钢丝绳应予更新							
	交捻	单捻	交捻	单捻	交捻	单捻	交捻	单捻
<6	12	6	22	11	36	18	36	18
6~7	14	7	26	13	38	19	38	19
>7	16	8	30	15	40	20	40	20

18.2.25 折减系数[8]

钢丝表面磨损量或锈蚀量/%	10	15	20	25	30~40	>40
折减系数/%	85	75	70	60	50	0

18.2.26 用绳卡连接时的安全要求[8]

钢丝绳直径/mm	7~16	19~27	28~37	38~45
绳卡数量/个	3	4	5	6
绳卡压板应在钢丝绳长头一边；绳卡间距不应小于钢丝绳直径的6倍				

18.2.27 起重机馈电裸滑线与周围设备的安全距离与偏差[8]

项　目	安全距离与偏差/mm
距地面高度	>3500
距汽车通道高度	>6000
距一般管道	>1000
距氧气管道及设备	>1500
距易燃气体及液体管道	>3000
相邻滑线导电部分和对接地的净距	>30
滑接器距滑线末端距离	>200
固定装设的型钢滑线，其终端支架距滑线末端的距离	≥800
滑线膨胀补偿装置的间隙	10~20
型钢滑线与起重机轨道的实际中心线平等度偏差	≤长度的1/1000，但最大偏差为10
滑线接触面之间的等距偏差	≤长度的1/1000，但最大偏差为10
型钢滑线与起重机轨道沿滑线全长平行度的最大偏差	≤10
悬吊滑线间的弛度偏差	≤20

18.2.28　塔式起重机钢丝绳绳端固接强度[1]

绳端固接形式	固接强度	说　明
锥形套	100%	浇铸铅、锌液
编插	75% ~95%	钢丝绳直径15mm以下90%；16 ~ 26mm85%；28 ~ 36mm80%；36mm以上75%
楔形套	65% ~70%	斜度1∶4绳头端要缚扎
绳卡	80% ~85%	正确安装80%
压制接头	100%	铝合金编插压制接头
压板	100%	

注："固接强度"是指钢丝绳端固定部位承受的拉力，相当于钢丝绳破断拉力的百分数。

18.2.29　液压缓冲器的缓冲速度及行程[6]

电梯额定速度/（$m \cdot s^{-1}$）	最大缓冲速度/（$m \cdot s^{-1}$）	最小缓冲行程 S/mm
1.5	1.725	150
1.75	2.010	205
2.0	2.300	268
2.5	2.857	418
3.0	3.450	603

注：$S = 0.067v^2$。

18.2.30　推动开关操动臂的极限速度[1]

极限速度	行程开关形式			
	杆形操动臂自动复位式	叉形操动臂非自动复位式	重锤式	旋转式
最高速度/（$m \cdot min^{-1}$）	200	100	80	不限
最低速度/（$m \cdot min^{-1}$）	5	3	1	交流4r/min 直流8r/min

18.2.31　卷扬机分类[5]

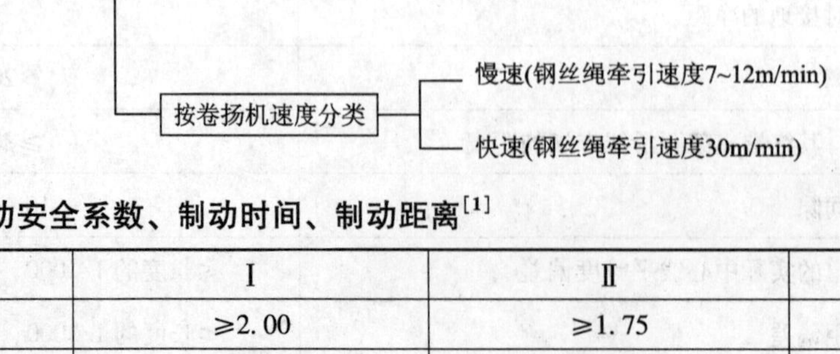

18.2.32　卷扬机制动安全系数、制动时间、制动距离[1]

工作类型	Ⅰ	Ⅱ	Ⅲ
制动安全系数 K	≥2.00	≥1.75	1.50
制动时间 t_x/min	≤1.50	≤1.20	≤1.00
制动距离 S_x/m	≤V_x/80	≤V_x/100	≤V_x/120

注：表中 V_x 为制动开始时钢丝绳速度。

18.2.33 千斤顶使用安全要求[5]

项　目	安全使用要求内容
使用前检查	① 检查其起重能力应大于载荷的重量。 ② 几台千斤顶联合使用，要求同步，且每台能力不小于计算负荷量1.2倍。 ③ 千斤顶最小高度应适合载荷底部或施力点的净高。 ④ 千斤顶起升高≥枕木厚度+枕木垛弹性变形（当枕木垛承重时）
使用	① 基础应稳定可靠（常用厚钢板或枕木）。 ② 顶部垫平整无油污的木板（铁板会打滑）。 ③ 不得超负荷顶升，不准加长手柄强迫液压千斤顶超载。 ④ 螺旋千斤顶升降套筒出现红色警告线，不得再顶升。 ⑤ 用液压千斤顶，中途停止作业，要用一半圆环衬垫，垫在大活塞顶端边缘与汽缸上口的间隙中间。 ⑥ 进行起落应另搭木垛保险，载荷和枕木间脱落距离应在3cm内。 ⑦ 液压千斤顶放低时，须微开油门即可缓慢下放不得突然下放。 ⑧ 对技术规格不明的千斤顶，起重高度不大于螺杆套筒（或活塞总高）的3/4
维修保养	① 气温-5～45℃时，在现场换10号机油；-5～35℃时，换2号锭子油或变压器油。 ② 不适用于有酸、碱或腐蚀性气体场所。 ③ 液压千斤顶不可日晒雨淋、应放干燥无尘处

18.2.34 电动葫芦分类[1]

性能及参数	钢丝绳式电动葫芦	环链式电动葫芦	板链式电动葫芦
工作平稳性	平稳	稍差	稍差
承载性挠性	良好	好	只能在一个平面弯折
起重量	一般0.1～10t，最大125t	0.1～20t	0.1～3t
起升高度	一般3～30m，最高60m	一般3～6m，最高20m	一般3～4m，最高10m
自重	较重	较轻	轻
起升速度	一般4～10m/min，也可为16，20，35，50m/min；慢速要求可选双连葫芦，速比为1:3～1:10	一般4～6m/min，根据需要可选0.5，0.8，2m/min等	一般4～6m/min，根据需要可选0.5，0.8，2m/min等
运行速度	常用20，30m/min（地面跟随操纵）或60m/min（司机室操纵）	常用20，30m/min（地面跟随操纵）或60m/min（司机室操纵）	常用20，30m/min（地面跟随操纵）或60m/min（司机室操纵）

18.2.35 电动葫芦的日常检查项目[1]

检查项目	考核标准
工作场地	在操作者步行范围内，无障碍物
运行轨道	由地面观察轨道上不应有异常现象
按钮开关（手电门）	上、下、左右动作灵敏、准确；同时按动一组按钮电动葫芦不动作
限位器	空载吊钩上升至极限位置，限位器应准时动作
吊钩装置	在水平360°内与垂直180°范围内能灵活转动，滑轮转动灵活，螺母防松装置无异常
制动器	应能吊起额定载荷，准确制动，溜钩距离不应超过规定值
钢丝绳	钢丝绳应润滑良好，不应打结，严格按报废标准进行更新

18.2.36 手动葫芦的检查项目[1]

检查种类 日常	检查种类 定期	检查零部件	检查项目	检查方法	检查标准
·	·	铭牌	有无铭牌	目测	有铭牌，标志清晰
·	·	机体	无负荷试验	无负荷运转（上升、下降）	① 上升时有棘爪的响声 ② 下降时制动器无异常
	·	吊钩	① 扭转变形	目测	不超过10°
	·	吊钩	② 垂直断面高度磨损	测量	不超过10%
·	·	吊钩	③ 钩口变形	目测、测量	开口度不超过15%
·	·	吊钩	④ 翘曲变表	目测	无明显翘曲
·	·	吊钩	⑤ 裂纹或其他有害缺陷	目测、探伤	无裂纹及其他有害缺陷

18.2.37 电动葫芦的月检项目及考核标准[1]

检查项目		考核标准	等级
运行轨道（工字钢）	运行范围内障碍物	在运行范围内与建筑物及其他设备最小间距≥100m	Ⅰ
运行轨道（工字钢）	止挡器及连接螺栓或焊缝	止挡器不准有变形、破损等缺陷，其连接螺栓不得有松动。采用焊接连接其焊缝不得有龟裂	Ⅰ
运行轨道（工字钢）	轨道固定连接螺栓	螺栓不得有松动	Ⅲ
运行轨道（工字钢）	轨道接头焊缝	焊缝不得有裂纹、龟裂等缺陷	Ⅲ
运行轨道（工字钢）	轨道的异常磨损	轨道与车轮踏面及轮缘接触处不得有局部异常变形及磨损	Ⅲ
按钮开关（手电门）	外观	外壳及绝缘物不得有损伤	Ⅰ
按钮开关（手电门）	悬挂、电缆	电缆上、下两端固定应牢固可靠，不得有破损、断线等缺陷，要保证绝缘	Ⅰ
按钮开关（手电门）	按钮联锁装置	上一下，左一右，各组联锁应可靠，同时按动一组按钮应保证电动葫芦不动作	Ⅰ
按钮开关	触点	触点不得有磨耗及损伤	Ⅲ
按钮开关	接线及接地连接螺钉	接线应牢固可靠，不得有松动	Ⅲ
磁接触器	动作状态	触点接触，打开动作灵敏，不得有粘连	Ⅰ
磁接触器	接线螺钉	不得有松动	Ⅲ
磁接触器	触点	不得有严重损伤及损耗	Ⅱ
起升限位器	动作状态	动作灵敏可靠；应调节到保证吊钩在上极限位置时与卷筒间距≥50mm	Ⅰ
起升限位器	触点	触点动作准确，灵敏，不得有损伤、磨耗	Ⅲ
起升限位器	接线螺钉	不得有松动	Ⅲ

（续表）

检查项目		考核标准	等级
制动器	起升机构的锥形制动环或制动片	锥形制动环磨损量不得大于设计厚度的50%，且不大于轴向调整量的最大值。制动片的磨损量不得大于原厚的50%	Ⅱ
	运行机构的平面制动环	磨损量不大于原厚的50%	Ⅲ
	制动环（片）外观	不得有裂纹、损伤	Ⅲ
吊钩装置	吊钩	目测不得有裂纹，异常磨损和钩口异常变形	Ⅰ
	轴承	应回转灵活，平滑，径向轴承与轴之间应无间隙	Ⅰ
	吊钩螺母	锁紧装置不得有松动	Ⅰ
	滑轮	滑轮槽不得有明显磨损，轮缘完整不得有损伤	Ⅰ
	外观	滑轮外壳不得有损伤，挡轴板，挡圈及销不得有松动	Ⅰ
平衡滑轮	工作状态	滑轮回转应平稳灵活	Ⅲ
	外观	滑轮不得有损伤，装配连接牢固	Ⅲ
车轮	墙板	连接螺栓不得有松动	Ⅲ
	车轮	踏面和轮缘不得有明显的磨损和伤痕	Ⅲ
钢丝绳	断丝情况	按钢丝绳报废标准更新	Ⅰ
	外观	外表面不得有扭结，灼伤及明显的松散、腐蚀等缺陷，并应有润滑油	Ⅰ
	绳端固定状况	钢丝绳各尾端固定应牢固可靠，不得有异常	Ⅰ
齿轮润滑状况		开式齿轮表面应定期加油脂闭式齿轮应定期加机油	Ⅱ
电缆	外观	电缆不得有外伤，异常的弯曲或扭转，老化等缺陷	Ⅱ
	装配状况	电缆与开关的连接不得有松动，吊线环不得脱离滑道，支承钢丝两端不得有松动	Ⅱ
集电器	工作状况	集电滑轮回转应灵活，不得有明显磨损	Ⅲ
	外观	连接螺栓不得有松动，绝缘体不得松动和破损，弹簧不得疲劳失去弹性	Ⅲ
滑线		滑线不得有严重锈蚀和油垢，支承安装应牢固，滑线不得有明显下挠	Ⅲ

18.2.38 电动葫芦年检项目及考核标准[1]

检查项目		考核标准
运行轨道（工字钢）	踏面清洁度	不得附着油污及大量灰尘
	倾斜度	≤1/1000
	接头	焊缝及轨道不得有龟裂，上下及两侧偏移≤0.5～1mm
	磨损状况	踏面磨损量≤原尺寸的10%，宽度磨损量≤原尺寸的0.5%
车轮	轮缘	轮缘厚度的磨损量应在原厚度的50%以下，轮缘与轨道侧向总间隙应小于车轮踏面宽度的50%
	踏面	按踏面直径测量磨损量应小于原尺寸的5%，踏面直径差应小于公称直径的1%，圆度差应小于0.8mm
	外观	不得有裂纹、损伤

（续表）

检查项目		考核标准
制动器		按月考核标准重复检查
钢丝绳		按月考核标准重复检查
齿轮	起升机构齿轮的磨损	第一级齿轮允许磨损量为原齿厚的10%；其他级齿轮为原齿厚的20%以下
	运行机构的齿轮磨损	第一级齿轮允许磨损量为原齿厚的15%；其他级齿轮为原齿厚的25%以下，开启齿轮为原齿厚的30%以下
	齿面缺陷检查	齿部不得有裂纹，断齿；齿面点蚀损坏不得大于啮合面的30%，且深度不得超过原齿厚的10%
吊钩	外观	表面不得有裂纹，危险断面及颈部，螺纹部分不得有塑性变形
	危险断面磨损量	应小于原尺寸的10%
	开口度	不得损过原尺寸的15%
	扭转变形	不得超过10°
滑轮		轮槽不均匀磨损不得大于3mm；轮槽壁厚磨损量不得大于原壁厚的20%；轮槽底部磨损不得大于钢丝绳直径的50%；外观不得有损害钢丝绳的缺陷
轴	齿轮轴的磨损	磨损量不得超过原轴颈的1%
	其他轴的磨损	磨损量不得超过原轴颈的2%
卷圆		不得有裂纹，筒壁磨损量不得大于原壁厚的20%
键		键与键槽连接不得有松弛及变形，异常磨损
花键		不得有异常磨损及变形
滚动轴承		不得有破损裂纹
油封		配合面不准有裂纹
电缆		按月考核标准重复检查
集电器，开关		按月考核标准重复检查
回路的对地绝缘电阻		≥0.5MΩ

18.2.39 链条的安全系数[1]

序号	链条的用途		安全系数
1	手动起重机的焊接链条	不用链轮的	3.0
		用链轮的	4.5
2	机动起重机供起重用焊接链条	不用链轮的	6
		用链轮的	8
3	带有小钩小环供吊挂用焊接链条		5
4	捆绑重物用的焊接链条		6
5	板式链条		5

18.3 电梯安全

18.3.1 电梯制造与安装中常用符号与单位[9]

名称（按本规范中出现的顺序）	符号	单位
额定速度	V	m/s
空轿厢质量与随行电缆和悬挂于轿厢的补偿装置的质量之总和	P	kg
额定载荷	Q	kg
曳引轮两边钢丝绳中较大曳引力与较小曳引力之比	$\frac{T_1}{T_2}$	①
与加速、减速和特定安装情况有关的系数	C_1	①
自由落体的标准加速度	g_n	m/s^2
轿厢的制动减速度	a	m/s^2
由于磨损导致曳引轮槽断面变化的系数	C_2	①
自然对数的底	e	①
钢丝绳在曳引轮槽中的摩擦系数	f	①
钢丝绳与绳轮之间的摩擦系数	μ	①
钢丝绳在曳引轮上的包角	α	rad
曳引轮下切绳槽与半圆绳槽的切角	β	rad
曳引轮V型槽的角度	r	rad
曳引绳直径	d	mm
曳引轮直径	D	mm
钢丝绳根数	n	①
钢丝绳在曳引轮槽中的比压	P	N/mm^2
轿厢以额定载荷停在最低层时，在曳引轮高度处的钢丝绳所承受的轿厢的静拉力	T	N
对应于轿厢额定速度的钢丝绳速度	V_c	m/s
安全钳动作时导轨中的弯曲应力	σ_k	N/mm^2
导轨截面积	A	mm^2
弯曲系数	ω	①
细长系数	λ	①
导轨支架间的最大距离	l_k	mm
回转半径	i	mm
距离1m处的辐射强度	W_1	W/cm^2
在距离等于被测门进口对角线1/2处测得的辐射强度	WZ	W/cm^2
辐射测量仪器的吸收系数	α	%
辐射测量的换算系数	F	①
被测门进口最小尺寸与最大尺寸之比	L	①
被测门进口对角线长度	Z	m
被试门部件的宽度	I	m
被试门无阻碍通过的宽度	E	m
被试门的门扇数	n_0	①
可允许的总质量	$(P+Q)_1$	kg
限速器的夹紧速度	V_1	m/s
一个安全钳钳块吸收的能量	K，K_1，K_2	J
自由下落高度	h	m
完全压缩缓冲器弹簧所必需的质量	C_r	kg
弹簧总压缩量	F_1	m

注：“①”为无测量单位。

18.3.2 电梯乘客数量确定[9]

乘客人数	轿厢最小有效面积/m^2	乘客人数	轿厢最小有效面积/m^2	乘客人数	轿厢最小有效面积/m^2	乘客人数	轿厢最小有效面积/m^2
1	0.28	6	1.17	11	1.87	16	2.57
2	0.49	7	1.31	12	2.01	17	2.71
3	0.60	8	1.45	13	2.15	18	2.85
4	0.79	9	1.59	14	2.29	19	2.99
5	0.98	10	1.73	15	2.43	20	3.13

注：超过20位乘客时对超出的每一乘客增加0.115m^2。

18.3.3 电梯井道的安全技术要求[4]

项 目	安全技术要求
井道尺寸允许偏差值	① 高度≤30m的井道：0～+25mm ② 高度≤60m的井道：0～+35mm ③ 高度≤90m的井道：0～+50mm
多台并列成排电梯的共用井道内部尺寸	① 共用井道总宽度等于单梯井道宽度之和，再加上单梯井道之间的分界宽度之和。每个分界宽度最小按200mm计 ② 共用井道各组成部分的深度与这些电梯单装时井道深度相同 ③ 底坑深度按群梯中速度最快的电梯确定 ④ 顶层高度按群梯中速度最快的电梯确定
最小层间距离/s	①当轿厢入口高度为2000mm时，S为2450mm ② 当轿厢入口高度为2100mm时，S为2550mm

18.3.4 额定载重量与轿厢最大有效面积之间的关系[11]

额定载重量/kg	轿厢最大有效面积/m^2	额定载重量/kg	轿厢最大有效面积/m^2
100①	0.37	900	2.20
180②	0.58	975	2.35
225	0.70	1000	2.40
300	0.90	1050	2.50
375	1.10	1125	2.65
400	1.17	1200	2.80
450	1.30	1250	2.90
525	1.45	1275	2.95
600	1.60	1350	3.10
630	1.66	1425	3.25
675	1.75	1500	3.40
750	1.90	1600	3.56
800	2.00	2000	4.20
825	2.05	2500③	5.00

注：① 一人电梯的最小值。

② 二人电梯的最小值。

③ 额定载重量超过2500kg时，每增加100kg，面积增加0.16m^2。对中间的载重量，其面积由线性插入法确定。

18.3.5 乘客电梯的开关门时间[11]

s

开门方式	开门宽度 B/mm			
	$B \leqslant 800$	$800 < B \leqslant 1000$	$1000 < B \leqslant 1100$	$1100 < B \leqslant 1300$
中分自动门	3.2	4.0	4.3	4.9
旁开自动门	3.7	4.3	4.9	5.9

18.3.6 电梯的噪声值[11]

dB (A)

项 目	机 房	运行中轿内	开关门过程
噪声值	平均	最大	
	≤80	≤55	≤65

注：1. 载货电梯仅考核机房噪声值。

2. 对于 $v=2.5$m/s 的乘客电梯，运行中轿内噪声最大值不应大于60dB（A）。

18.3.7 电梯整机性能检验项目[12]

缺陷分类			检验项目
类	组	项	
致命缺陷	A	1~7	3.3.9 安全设施
重缺陷	B	1	3.3.1 运行速度
		2	3.3.2 起、制动加、减速度
		3	3.3.3、3.3.4 平均加、减速度及开关门时间(其中任一项不合格则本项不合格)
		4	3.3.5 垂直振动加速度
		5	3.3.5 水平振动加速度
		6	3.3.6 机房噪声
		7	3.3.6 运行中轿厢内噪声
		8	3.3.8 平衡系数
		9	3.5.3 曳引机渗漏
		10	3.4 外观质量
	C	$1 \sim n$	3.3.6 开关门过程噪声
		$n+1 \sim 2n$	3.3.7 平层准确度

注：n 为层站数，C 组共计 $2n$ 项。

18.3.8 钢丝绳必须报废断丝数[12]

外层绳股承载钢丝数/n	钢丝绳结构 YB 2002—78	与疲劳有关的可见断丝数							
		机构工作级别				机构工作级别			
		M_1 及 M_2				M_3、M_4、M_5、M_6、M_7、M_8			
		交 捻		顺 捻		交 捻		顺 捻	
		长度范围				长度范围			
		$6d$	$30d$	$6d$	$30d$	$6d$	$30d$	$6d$	$30d$
101~120	6×（19）	5	10	2	5	10	19	5	10
141~160	8×（19）	6	13	3	6	13	26	6	13

18.3.9 曳引轮、滑轮和链轮的防护[12]

曳引轮、滑轮及链轮的位置			a	b	c
轿厢上	轿顶上		×	×	×
	轿底下			×	×
对重或平衡重上				×	×
机房内			×②	×	×①
滑轮间内				×	
井道内	顶层空间	轿厢上方	×	×	
		轿厢侧向		×	
	底坑与顶层空间之间			×	×①
	底坑		×	×	×
限速器及其张紧轮				×	×①

注：1. ×表示必须考虑此项危险。

2. a为人身伤害；b为钢丝绳或链条因松弛而脱离绳槽或链轮；c为异物进入绳与绳槽或链与链轮之间。

① 表明只在钢丝绳或链条进入曳引轮、滑轮或链轮的方向为水平或与水平线的上夹角不超过90°时，应防护此项危险。

② 最低限度应作防咬人防护。

18.3.10 电梯安全系数[12]

载荷情况	延伸率 A_5	安全系数
正常使用	$A_5 \geqslant 12\%$	2.25
	$8\% \leqslant A_5 < 12\%$	3.75
安全钳动作	$A_5 \geqslant 12\%$	1.8
	$8\% \leqslant A_5 < 12\%$	3.0

18.3.11 电梯故障排除[12]

元件		可排除的故障					条件	备注
		断路	短路	改变为更高值	改变为更低值	改变功能		
1 无源元件	1.1 定值电阻	否	(a)	否	(a)		(a) 对根据国家标准进行轴向连接，且由涂漆或封闭处理的电阻膜制成的薄膜电阻器和由漆包线或封闭保护的单层绕制的线绕电阻器	
	1.2 可变电阻	否	否	否	否			
	1.3 非线性电阻 如NTC,PTC,VDR,IDR	否	否	否	否			
	1.4 电容	否	否	否	否			
	1.5 电感元件 —线圈 —扼流圈	否	否		否			

（续表）

<table>
<tr><th rowspan="2" colspan="2">元　　件</th><th colspan="5">可 排 除 的 故 障</th><th rowspan="2">条　　件</th><th rowspan="2">备　注</th></tr>
<tr><th>断路</th><th>短路</th><th>改变为更高值</th><th>改变为更低值</th><th>改变功能</th></tr>
<tr><td rowspan="6">2 半导体</td><td>2.1 二极管、发光二极管</td><td>否</td><td>否</td><td></td><td></td><td>否</td><td></td><td>功能改变代表反向电流值的改变</td></tr>
<tr><td>2.2 稳压二极管</td><td>否</td><td>否</td><td></td><td>否</td><td>否</td><td></td><td>改变为低值代表稳压电压的改变，功能改变代表反向电流值的改变</td></tr>
<tr><td>2.3 三极管，晶闸管，可关断晶闸管</td><td>否</td><td>否</td><td></td><td></td><td>否</td><td></td><td>功能改变代表误触发或不触发</td></tr>
<tr><td>2.4 光耦合器</td><td>否</td><td>(a)</td><td></td><td></td><td>否</td><td>(a) 可以排除的条件是光耦合器符合 GB/T 15651 的要求，且绝缘电压至少符合（GB/T 16935.1—1997 表1）的要求
<table>
<tr><th rowspan="2">根据系统额定电压决定的相与地最高电压值（交流有效电压值或直流电压值）</th><th>安装后能承受的峰值电压优先数</th></tr>
<tr><th>类别Ⅲ</th></tr>
<tr><td>50</td><td>800</td></tr>
<tr><td>100</td><td>1500</td></tr>
<tr><td>150</td><td>2500</td></tr>
<tr><td>300</td><td>4000</td></tr>
<tr><td>600</td><td>6000</td></tr>
<tr><td>1000</td><td>8000</td></tr>
</table></td><td>断路是指发光二极管及光电晶体管两个基本元件之一断路。短路是指两者之间短路</td></tr>
<tr><td>2.5 混合电路</td><td>否</td><td>否</td><td>否</td><td>否</td><td>否</td><td></td><td></td></tr>
<tr><td>2.6 集成电路</td><td>否</td><td>否</td><td>否</td><td>否</td><td>否</td><td></td><td>功能改变成振荡，与门变成或门等</td></tr>
</table>

（续表）

元件		可排除的故障					条件	备注
		断路	短路	改变为更高值	改变为更低值	改变功能		
3 其他元件	3.1 连接件 端子 插接件	否	（a）				（a）连接件短路故障排除的条件是： 各最小数值根据 GB/T 16935.1—1997 上的表，满足下列条件： —污染等级是3； —材料类别是Ⅲ； —非均匀的场。 不使用表4上的“印制线路材料”栏。这些是在连接件上能找到的绝对最小值，而非间距尺寸或理论数值 当连接件的防护等级不低于 IP5X 时，爬电距离可以减小到电气间隙值，如：对 250V 的有效电压值为 3mm	
	3.2 氖灯泡	否	否					
	3.3 变压器	否	（a）	（b）	（b）		（a）（b） 当线圈和铁心之间的绝缘电压满足 GB 13028—1991 中 17.2 和 17.3 的要求，且带电体对地工作电压是表6上的最大可能电压	短路包括初级或次级线圈内部的短路，或初级与次级线圈之间的短路。数值改变代表线圈内部分短路导致的变压比改变
	3.4 熔丝		（a）				（a）如果熔丝规格正确且结构符合适用的国家标准，则故障可以排除	短路指的是熔断熔丝的短路
	3.5 继电器	否	（a） （b）				（a）如果满足 13.2.2.3（14.1.2.2.3）的要求，则触点间的短路以及触点与线圈间的短路可以排除； （b）触点烧熔不能排除。 然而，如果继电器结构上采用机械强制联锁触点，且根据 GB 14048.5 要求制造，则 13.2.1.3 的假设可以采用	

（续表）

元件		可排除的故障					条件	备注
		断路	短路	改变为更高值	改变为更低值	改变功能		
3 其他元件	3.6 印制电路板（PCB）	否	(a)				(a) 短路排除的条件： —PCB 总体技术条件符合 GB/T 16261 的要求； —基础的材料能符合标准 GB/T 4724 和（或）GB/T 4723 的要求； —PCB 的结构符合上述要求，而且各最小数值根据 GB/T 16935.1—1997 上的表，满足下列条件： —污染等级是 3； —材料类别是Ⅲ； —非均匀的场。 不使用表 4 上“印制线路材料”栏。 对 250V 的有效电压值爬电距离为 4mm、电气间隙为 3mm。 对于其他电压值请参考 GB/T 16935.1 如果 PCB 的防护等级不低于 IP5X，或材料有更高的质量，爬电距离可以减小到电气间隙要求，如：对 250V 的有效电压值为 3mm。对于至少有 3 层经预浸处理的聚酯胶片或其他绝缘薄片组成的多层板，短路故障可以排除（见 GB 4943）	
4 组装于印制电路板（PCB）上的元件的总成		否	(a)				(a) 短路故障可以排除的条件是元件自身的短路可以排除，而且不管是由于组装技术还是 PCB 板自身的原因，元件的组装方式不会使爬电距离和电气间隙减小到小于本表 3.1 和 3.6 列出的最小允许值	

18.4 其他特种设备安全

18.4.1 架空索道用钢丝绳允许的断面缩小值[9]

钢丝绳用途	钢丝绳结构	客运索道						货运索道					
		1		2		3		1		2		3	
		%	L	%	L	%	L	%	L	%	L	%	L
承载索	密封钢丝绳与半密封钢丝绳	10	180*d*	5	30*d*	—	—	15	200*d*	10	30*d*	—	—
承载索	股捻钢丝绳	20	180*d*	10	20*d*	—	—	20	200*d*	15	30*d*	—	—

（续表）

钢丝绳用途	钢丝绳结构	客运索道						货运索道					
		1		2		3		1		2		3	
		%	*L*	%	*L*	%	*L*	%	*L*	%	*L*	%	*L*
运动索	股捻钢丝绳	25	500*d*	10	40*d*	6	6*d*	30	500*d*	15	40*d*	—	—
拉紧索		—	—	8	40*d*	4	6*d*	—	—	12	40*d*	—	—

注：1. 表中1栏的数值适用于均匀损伤；2栏中的数值适用于因正常作业负荷所形成的局部损坏；3栏中的数值适用于因非正常影响而形成的有限的损坏。

2. 表中数值适用于同向捻钢丝绳，如系交互捻钢丝绳，则允许将表中的百分比值提高50%。

18.4.2 运输设备分类[5]

- 运输设备
  - 连续输送机：带式输送机、板式输送机、刮板输送机、埋刮板输送机、悬挂输送机、链式输送机、斗式输送机、摇架输送机、自动扶梯和自动人行道、架空索道、螺旋输送机、气力输送机、液力输送装置、振动输送机、输送辊道、悬挂输送装置。
  - 搬运车辆：牵引车、平台车、叉车、单斗装卸车、气垫输送装置。
  - 装卸机械：装载机、卸载机、翻斗车、堆取料机、抛料机。
  - 附属装置：储仓闸门、给料机称量装置、其他。

18.4.3 客运架空索道转向轮、卷筒、鞍座与钢丝绳的关系[1]

用途	钢丝绳类型	使用场合		钢丝绳直径的倍数	最外层钢丝直径倍数
承载索	密封式	锚固卷筒静止的承载索转向鞍座曲率半径		65	650②
		滚子链曲率半径		90①	900②
		导向轮		130①③	1300②
牵引索、平衡索和运载索	多股铰捻式	驱动轮、迂回轮、缠绕三层以下的卷筒		80～100④	800～1000
张紧索	密封式和多股铰捻式	迂回轮、导向轮	往复式	50①	850
			循环式	40①	700

（续表）

用　途	钢丝绳类型	使用场合	钢丝绳直径的倍数	最外层钢丝直径倍数
张紧索	多股绞捻式	用于静止转动时（如端部滚套）		
		迂回和转向	11 8	— —
		用于可旋转移动时		
		迂回和转向	20	—
		缠绕卷筒		—

注：① 抗拉安全系数较大时，可采用较小的比值。

② 外层丝高，当选用外层丝高为 3.5mm 时，应分别为 1000，1200 和 1800。

③ 如钢丝绳在较短时间内（每三年一次）要串绳一次，则该值可以降低。

④ 按钢丝绳上抱索器过渡到转向轮的受力情况而定，对于牵引索在驱动轮上的包角为 π 时选用 $80d$；包角 $>\pi$ 时或用固定式抱索器时的运载索应选用 $100d$。

18.4.4 客运架空索道用钢丝绳抗拉安全系数[10]

钢丝绳的种类	安全系数
承载索	3.5
线路上有客车制动器钢丝绳（牵引索、平衡索、制动索）	4.5
线路上没有客车制动器钢丝绳（牵引索、平衡索、制动索）	5.0
运载索	5.0
张紧索	5.5

注：当采用双牵引时，每根牵引索的安全系数要提高 20%。

18.4.5 连续运输机的安全技术要求[5]

项　目	安全技术要求
机械部分的定期检查	查制动器、棘爪、过载释放器、防事故装置和其他安全装置
链条、齿轮和蜗轮等各转动、活动部分的保护	有可开启的安全罩
高架输送带在装卸地点高度穿越低架输送带的措施	2～2.2m 每隔 30～40m 应设有跨越输送带的小桥或穿越输送带的地道，桥上应设有 1.05m 高的栏杆，桥板无间隙。牵引部分或负载部分外露的输送带侧面应有不少于 1m 宽供加油和检查用的通道
低于地面的输送带返回部分的安全措施	须用盖板盖严，或安装在地道中，地道宽度须比输送带的最大宽度宽 0.8m，地道中应设低压（12V）照明
输送机下面的安全防护	下面严禁站人。从下面穿过的人行通道，应有防护装置（网），在工作区内的架空运输机的下降部位上，应设防护装置或扶手栏杆。须采用抓住牵引钩的链条控制器

（续表）

项　　目	安全技术要求
在连续输送的流水线上 ①电气连锁控制 ②沿运输设备人行通道上的紧急停车按钮 ③音响报警信号	各台设备都应有，并可临时解除连锁，以便单台维修、试车 应安装，且每个紧急停车按钮的间距不应超过15m 应装有明显清晰的该装置。在设备起动前，通知在流水线上的人员急速离开
供人员上下、查视、检修的梯子和平台等处的防护	应装有0.9～1.05m高的护栏
当输送设备因过载而停车时的措施	出现此情况所有启动开关都应能断开并锁住，后将故障排除
几台输送机串联送料	必须依次开动，待系统运转正常后送料
其他注意事项	机器运行时，不得横跨输送带行走，或隔着输送机传递物件。输送机和输送带在停止时，禁止在上面行走或休息。检查内部机构、核正皮带等应停车后进行

参考文献

[1] 罗云．工业安全卫生基本数据手册［M］．北京：中国商业出版社，1995.

[2] 电力工业锅炉压力容器安全性能检验大纲，锅监委【1995】001号．

[3] 电站锅炉安全阀应用导则，DL/T 959—2005.

[4] 绳慧君．安全技术与劳动保护问答1500例［M］．北京：经济日报出版社，1993.

[5] 马吕金，严振华．工业生产安全技术概要与实用数据手册［M］．北京：电子工业出版社，1994.

[6] 孙桂林等．起重搬运安全技术［M］．北京：化学工业出版社，1993.

[7] 机械安全 机械电气设备 第32部分起重机械技术条件．GB 5226.2—2002.

[8] 起重机械安全规程，GB 6067—1985.

[9]《劳动安全国家标准汇编》选编组编，《劳动安全国家标准汇编》［M］．北京：中国标准出版社，1993.

[10] 苏毅勇，臧吉昌．中国职业安全卫生百科全书［M］．北京：中国劳动出版社，1991.

[11] 电梯制造与安装安全规范，GB 7588—2003.

[12] 电梯完好要求和检查评定方法，SJ/T 31047—94.

19 危险化学品安全

19.1 危险化学品安全基本知识

19.1.1 常用危险化学品按危险特性分类[9]

序号	类 别	特 征
1	爆炸品	在外界作用下（如受热、受压、撞击等），能发生剧烈的化学反应，瞬时产生大量的气体和热量，使周围压力急剧上升，发生爆炸，对周围环境造成破坏的物品，也包括无整体爆炸危险，但具有燃烧、抛射及较小爆炸危险的物品
2	压缩气体和液化气体	压缩、液化或加压溶解的气体，并应符合下述两种情况之一者： ① 临界温度低于50℃或在50℃时，其蒸气压力大于294kPa的压缩或液化气体； ② 温度在21.1℃时，气体的绝对压力大于275kPa或在54.4℃时，气体的绝对压力大于715kPa的压缩气体；或在37.8℃时，雷德蒸气压力大于275kPa的液化气体或加压溶解的气体
3	易燃液体	易燃的液体，液体混合物或含有固体物质的液体，但不包括由于其危险特性已列入其他类别的液体，其闭杯试验闪点等于或低于61℃
4	易燃固体、自燃物品和遇湿易燃物品	① 易燃固体系指燃点低，对热、撞击、摩擦敏感，易被外部火源点燃，燃烧迅速，并可能散发出有毒烟雾或有毒气体的固体，但不包括已列入爆炸品的物品 ② 自燃物品系指自燃点低，在空气中易发生氧化反应，放出热量，而自行燃烧的物品 ③ 遇湿易燃物品系指遇水或受潮时，发生剧烈化学反应，放出大量的易燃气体和热量的物品，有的不需明火，即能燃烧或爆炸
5	氧化剂和有机过氧化物	① 氧化剂系指处于高氧化态、具有强氧化性，易分解并放出氧和热量的物质，包括含有过氧基的无机物其本身不一定可燃，但能导致可燃物的燃烧，与松软的粉末状可燃物能组成爆炸性混合物，对热、震动或摩擦较敏感 ② 有机过氧化物系指分子组成中含有过氧基的有机物，其本身易燃易爆。极易分解，对热、震动或摩擦极为敏感
6	有毒品	指进入机体后，累积达一定的量，能与体液和器官组织发生生物化学作用或生物物理学作用，扰乱或破坏肌体的正常生理功能，引起某些器官和系统暂时性或持久性的病理改变，甚至危及生命的物品。经口摄取半数致死量：固体为LD50 = 500mg/kg，液体为LD50 = 2000mg/kg；经皮肤接触24h，半数致死量LD50 = 1000mg/kg；粉尘、烟雾及蒸汽吸入半数致死量LC50 = 10mg/L的固体或液体
7	放射性物品	指放射性比活度大于7.4×10^4Bq/kg的物品
8	腐蚀品	指能灼伤人体组织并对金属等物品造成损坏的固体或液体。与皮肤接触在4h内出现可见坏死现象，或温度在55℃时，对20号钢的表面均匀年腐蚀率超过6.25mm/a的固体或液体

19.1.2 中国关于危险物的分类[10]

危险物名称	编号	主要特性	注
第1类爆炸物质（品）	1.1 1.2 1.3 1.4 1.5	具有整体爆炸危险的物质和物品 无整体爆炸危险，但有抛射危险的物质和物品 具有燃烧危险和较小爆炸或较小抛射危险或两者兼有，但无整体爆炸危险的物质和物品 无重大危险的爆炸物质和物品。万一被点燃或引爆，危险作用大部分局限在包装件内部，而对包装件外部无重大危险 非常不敏感的爆炸物质	关于1.5项，联合国危险品运输专家委员会的建议（橘皮书）和中国的GB 14371—93称为“有整体爆炸危险的非常不敏感物质”。1991年后，联合国又增加了“1.6项无整体爆炸危险的极端不敏感物品”，此项危险仅限于单个物品的爆炸
第2类压缩气体和液化气体	2.1 2.2 2.3	易燃气体、不燃气体、有毒气体：它们可是压缩、液化或加压溶解的气体。临界温度<50℃，或者21.1℃的气体绝对压力>275kPa或54.4℃时>715kPa或37.8℃时雷德蒸气压>275kPa的液化气、加压溶解气	
第3类易燃液体	3.1 3.2 3.3	低闪点液体：闭口闪点<-18℃ 中闪点液体：-18℃<闭口闪点<23℃ 高闪点液体：23℃<闭口闪点<61℃	联合国的标准为：闭口闪点≤60.5℃或开口闪点≤65.6℃的可燃液体
第4类易燃固体、自燃物品和遇湿易燃物品	4.1 4.2 4.3	易燃固体：燃点低，对热、机械作用较敏感 自燃物品：燃点低，在空气中易被氧化、放热、燃烧 遇湿易燃物品：遇水或受潮后剧烈反应、放热、燃烧	有的也称禁水性物质
第5类氧化剂与有机过氧化物	5.1 5.2	氧化剂：处于高氧化态，具较强氧化性，易分解而放出氧和热 有机过氧化物：含—O—O—基团的有机物	
第6类毒害品与感染性物品	6.1 6.2	毒害品固体 LD 50≤500mg/kg 液体 LD 50≤2000mg/kg 粉尘、烟雾、蒸气 LC 50≤10mg/L 皮肤接触 24hLD 50≤1000mg/kg 感染性物品：含致病微生物、引起病态甚至死亡的物质	
第7类放射性物品	7	放射性比活度 $>7.4\times10^4$ Bq/kg	>0.002μCi
第8类腐蚀品	8.1 8.2 8.3	酸性腐蚀品、碱性腐蚀品、其他腐蚀品：与皮肤接触24h内可见坏死；55℃下对20钢表面腐蚀率>6.25mm/a	
第9类杂类	9.1 9.2 9.3	磁性物品：空运时，包装件表面任何一点距2.1m处磁场强度 $H\geq0.159$A/m 另行规定的物品：如具麻醉、毒害性物品 未包括在上述8类中的危险性物品	

19.1.3 毒害品分级表[1]

分级	经口摄取半数致死量 LD50/（mg·kg⁻¹）	经皮肤接触24小时半数致死量LD50/（mg·kg⁻¹）	粉尘、烟雾或蒸气吸入半数致死浓度LC50/（mg·L⁻¹）
一级毒害品（剧毒品）	≤50	≤200	≤2
二级毒害品（有毒品）	固体：50～500 液体：50～2000	200～1000	2～10

19.1.4 易燃货物品名表[1]

序号	品名
1	危险货物品名表规定之外的籽棉，棉花（皮棉），木棉，黄棉花，废棉，飞花，破籽花
2	危险货物品名表规定之外的各种麻类和麻屑
3	麻袋（包括废、破麻袋），各种破布，碎布，线屑，乱线，化学纤维
4	牧草，谷草，油草，蒲草，羊草，芦苇，荻苇，玉米棒（去掉玉米的），玉蜀黍秸，豆秸，秫秸，麦秸，蒲叶，烟秸，甘蔗渣，蒲棒，蒲棒绒，芒杆，亚麻草，烤烟叶，晒烟叶，棕叶以及其他草秸类
5	葵扇（芭蕉扇），蒲扇，草扇，棕扇，草帽辫，草席，草帘，草包，草袋，苇包，草绳，芦席，芦苇帘子，笤帚以及其他芦苇、草秸的制品
6	干树皮，干树枝，干树条，树枝（经脱叶加工），带叶的竹枝，薪柴（劈柴除外），松明子，腐朽木材（喷涂化学防腐剂的除外）
7	刨花，木屑，锯末
8	纸屑，废纸，纸浆，柏油纸，油毡纸
9	炭黑，煤粉
10	粮谷壳，花生壳，笋壳
11	羊毛，驼毛，马毛，羽毛，猪鬃以及其他禽兽毛绒
12	麻黄，甘草

注：1. 用敞、平、砂石车装运易燃货物时，应用篷布苫盖严密，在调车或编入列车时，应进行隔离。但对干树皮，干树枝，干树条和带叶的竹枝，由于干湿程度、带叶多少不同应否苫盖篷布由发站根据气温和运输距离在确保运输安全的原则下负责确定。

2. 腐朽木材喷防火涂料或采取其他防火措施后，可不苫盖篷布。

3. 本表未列的品名，是否也属于易燃货物，由发站经分局报铁路局确定。

4. 以易燃材料做包装、捆扎、填塞物，以竹席、芦席、棉被等苫盖的非易燃货物，以及用木箱、木桶、铁桶包装的易燃货物，均按普通货物运输。以敞车装运时，是否应苫盖篷布，由托运人根据货物的运输安全情况负责确定。

19.1.5 油品按储存分类[4]

规范名称	类别	油品闪点/℃	举例
建筑设计防火规范	甲	<28	汽油、丙酮、苯等
	乙	28～60	煤油、松节油、溶剂油、樟脑球等
	丙	≥60	沥青、蜡、润滑油、闪点大于60℃的柴油
石油库设计规范	甲	<28	原油、汽油等
	乙	28～60	喷气燃料、灯用煤油等
	丙A	60～120	轻柴油、重柴油、20号重油等
	丙B	>120	润滑油、100号重油

19.1.6 石油库容量分级[4]

等级	总容量/m^3	等级	总容量/m^3
一级	≥50000	三级	2500～10000
二级	10000～50000	四级	500～2500

19.1.7 易燃固体的分级[6]

级别	分类		举例
一级（甲）	燃点低，易燃烧，燃烧时较迅速和猛烈，并放出有毒气体	赤磷及含磷化合物	赤磷、三硫化磷、五硫化磷等
		硝基化合物	二硝基甲苯、二硝基萘、硝化棉等
		其他	闪光粉、氨基化钠、重氮氨基苯等
二级（乙）	燃点较高，燃烧较慢，燃烧产物的毒性也较小	硝基化合物	硝基芳烃、二硝基丙烷等
		易燃金属粉	铝粉、镁粉、锰粉等
		萘及其衍生物	萘、甲基萘等
		碱金属的氨基化合物	氨基化钾、氨基化钙等
		硝化棉制品	硝化纤维漆布、赛璐珞板等
		其他	硫磺、生松香、聚甲醛等

注：燃点在300℃以下的天然纤维（如棉、麻纸张、谷草等）列属丙类易燃固体。

19.1.8 剧毒品分为A、B两级[5]

级别	口服剧毒物品的半数致死量 LD 50/（$mg \cdot kg^{-1}$）	皮肤接触剧毒物品的半数致死量 LD 50/（$mg \cdot kg^{-1}$）	吸入剧毒物品粉尘、的半数致死的浓度 LD 50/（$mg \cdot L^{-1}$）	吸临剧毒物品液体的蒸气或气体的半数致死浓度 LD 50/（$ml \cdot m^{-3}$）
A	≤5	≤4	≤0.5	U≥10LC 50同时 LC 50≤1000
B	5～50	40～200	0.5～2	V≥10LC 50同时 LC 50≤3000（A级除外）

19.1.9 接触或混合后能引起燃烧的物质[7]

序号	能引起燃烧的物质	序号	能引起燃烧的物质
1	溴与磷、锌粉、镁粉	10	甲烷与氟化氢
2	浓硫酸、浓硝酸与木材、织物、松节油、乙醇等	11	铬酸酐遇甲醇、乙醇、丙酮、醋酸或某些有机物
3	铝粉与氯仿	12	重铬酸钠与甘油、硫酸
4	王水与有机物	13	三乙磷与氧及氯
5	高温金属磨屑与油性织物	14	对亚硝基苯酚与酸、碱
6	过氧化钠与醋酸、甲醇、丙酮、乙二醇等	15	高锰酸钾与硫酸、硫磺甘油、乙二醇或其他有机物
7	硝酸钠与亚硝酸钠	16	松节油与氯、浓硫酸、硝酸
8	氟气体与碘、硫、硼、磷、硅等	17	松脂酸钙与氧化剂及酸类
9	亚硝基酚遇酸及碱		

19.1.10 互相接触或混合会引起燃烧或爆炸的物质[7]

混合物名称	反应情况及结果
A. 酸类	
浓硫酸与木质物、棉织物	碳化、燃烧
浓硝酸与木质物、棉织物	碳化、燃烧
浓硝酸与乙醇、二硫化碳、松节油	急剧反应、爆炸
硝酸与镁粉、铝粉	急剧反应、爆炸
硝酸与赤磷	燃烧
硝酸与环戊二烯、噻吩	急剧反应、爆炸
硝酸与偶氮二异丁腈	燃烧
硫酸与钾、钠	急剧反应、爆燃
盐酸与钾、钠	急剧反应、爆燃
王水（浓硝酸1份；浓盐酸3份）与有机物	燃烧
高氯酸与乙醇	急剧反应、燃爆
铬酐（三氧化铬）与乙醇、甘油	燃烧
草酸与过氧化物	在潮湿空气中接触燃烧
高氯酸盐与乙醇	急剧反应、燃爆
硫酸酐中加入水滴	爆炸
B. 盐类	
高锰酸钾与甘油	燃烧
高锰酸锌与甘油	燃烧
高锰酸钾与乙二醇或其他有机物	燃烧
高锰酸钾与硫酸、硫磺	燃烧
亚硝酸钠与过硫酸铵、硝酸铵	放高热使易燃物燃烧
硝酸铵与锌粉加水	爆燃
硝酸铵与氯化亚锡	爆燃
高硫酸铵与铝粉加水	爆燃
氯酸钠（钾）与赤磷	放高热气体、急剧膨胀，进而燃烧爆炸
氯酸钾（钠）与硫黄、硫化磷	放高热气体、急剧膨胀，进而燃烧爆炸
高氯酸钠与硫酸	放高热、进而爆燃
重铬酸铵与甘油、硫酸	燃烧
次氯酸钙与有机物	形成爆炸性混合物、遇火爆炸
硫酸钾与醋酸钠	爆炸
C. 金属	
钾、钠、镁、锌（粉）与过氧化钠	在潮湿空气中接触燃烧
铝粉与氯仿	燃烧
银、铜与乙炔	生成乙炔铜与乙炔银、爆炸

（续表）

混合物名称	反应情况及结果
锌粉、镁粉与溴	燃烧
D. 非金属	
溴与磷	燃烧
氟气与碘、硫、硼、磷、硅	燃烧
氢与氟、臭氧、氧、氧化亚氮、氯	形成爆炸性混合物，遇火爆炸
氨与氯、碘	形成爆炸性混合物，遇火爆炸
氯与乙炔、甲烷	形成爆炸性混合物，在强阳光下爆炸
液氧或液态空气与可燃有机物	燃爆
E. 其他	
氯化铬酰与三氯化磷、五溴化磷	急剧反应、燃烧
氯化铬酰与氧氯化磷	急剧反应、燃烧
氯化铬酰与木屑、革套	碳化或燃烧
三氯化磷与木屑、革套	碳化或燃烧
五溴化磷与乙醇、甘油	急剧反应、燃烧
过氧化氢与丙酮	燃烧
对亚硝基苯酚与酸、碱	燃烧
联苯胺与漂白粉	形成爆炸性混合物，在135℃爆炸
氯化氮与松节油、橡胶、油脂、磷、氨、硒	燃爆
虫胶（40%）与乙醇（60%）	在140℃时燃爆

19.1.11 粉尘爆炸特性[4]

名称	云状粉尘自燃点/℃	粉尘最低引爆能量/mJ	爆炸下限/($mg\cdot L^{-1}$)	最大爆炸压力/($kgf\cdot cm^{-2}$)
铝（喷雾）	700	50	40	3.95
铝（烟雾）	645	20	35	6.06
铁（氢还原）	315	160	120	1.98
镁（喷雾）	600	240	30	3.87
镁（磨）	520	80	20	4.43
锌	680	900	50	0.899
铝-镁（5.0%~50%）	535	80	50	4.15
乙酸纤维	320	10	25	5.58
六次甲基四胺	410	10	15	4.35
甲基丙烯酸甲酯	440	15	20	3.87
碳酸树脂	460	10	25	4.15
邻苯二甲酸酐	650	15	15	3.33
聚乙烯塑料	450	80	25	5.63
聚苯乙烯	470	120	20	2.99
松香、虫胶	310	10	15	3.75
合成硬橡胶	320	30	30	4.01
硫磺	190	15	35	2.79
烟煤	610	40	35	3.13

注：$1kgf/cm^2=9.8\times10^4Pa$。

19.1.12 几种易燃固体的危险性[4]

物品名称	燃烧点/℃	自燃点/℃	分解温度/℃
硝化棉	180（爆发点）		40（开始分解）
赛璐珞	100	150~180	
赤磷	160左右	200~250	
发孔剂H			198~200遇酸分解
三硫化四磷		100	遇水分解
五硫化二磷	300		遇水分解
氨基化钠			遇水分解
重氮氨基苯	150（爆发点）		
1-重氮-2-萘酚-4-磺酸			100
对亚硝基苯酚			140
硫磺	207~255		
三聚甲醛	45（闪点）		
偶氮二异丁腈			103~104（放氮）
苯磺酰肼（发孔剂BCH）			70~100（放氮）
萘	80（闪点）		
樟脑	70	466	
对二氯苯	67（闪点）		
2，4-二亚硝基间苯二酚		11	
氨基化锂			遇水分解
氨基化钙			遇水分解

19.1.13 外部照射的最大允许剂量[4]

射线种类	每日最大允许剂量/R	射线种类	每日最大允许剂量/R
α、β、γ射线	0.05	热中子	0.01
α射线、快中子	0.005		

19.1.14 外照射γ射线不同剂量的工作时间限度表[4]

γ射线不同放射强度/（$mR \cdot h^{-1}$）	相对允许时间/h	γ射线不同放射强度/（$mR \cdot h^{-1}$）	相对允许时间/h
6.25	8	12.5	4
6.94	7	16.6	3
8.33	6	25	2
10	5		

注：每天工作时间接触γ射线，最大允许剂量为50mR。

19.1.15 常用气体气瓶的公称工作压力[4]

气体分类	公称工作压力/MPa	常用气体
永久气体 $T_c < -10$℃	30	空气、氧、氢、氮、氩、氖、甲烷、煤气、天然气、氟等
	20	
	15	空气、氧、氢、氮、氩、氖、甲烷、煤气、三氟化硼、四氟甲烷（R-14）、一氧化碳、一氧化氮、氘（重氢）、氪等
	20	二氧化碳、一氧化二氮（氧化亚氮）、乙烷、乙烯、硅烷、磷烷、乙硼烷等
	15	

（续表）

气体分类		公称工作压力/MPa	常用气体
液化气体 $T_c \geqslant -10℃$	高压液化气体 $-10℃ \leqslant T_c \leqslant 70℃$	12.5	氙、一氧化二氮（氧化亚氮）、六氟化硫、氧化氢、乙烷、乙烯、三氟氯甲烷（R-13）、三氟甲烷（R-23）、六氟乙烷（R-116）、偏二氟乙烯（R-1132a）、氟乙烯（R-1141）、三氟溴甲烷（R-13B1）等
		8	六氟化硫、三氟氯甲烷（R-13）、偏二氟乙烯（R-1132a）、六氟乙烷（R-116）、氟乙烯（R-1141）、三氟溴甲烷（R-13B1）等
	低压液化气体 $T_c > 70℃$	5	溴化氢、硫化氢、碳酰氯（光气）、硫酰氟等
		3	氨、二氟氯甲烷（R-22）、三氟乙烷（R-143a）
		2	氯、二氧化硫、环丙烷、六氟
		1	正丁烷、异丁烷、异丁烯、1-丁烯、丁二烯、一氟二氯甲烷（R-21）、四氟二氯乙烷（R-114）、二氟氯乙烷（R-142b）、二氟溴甲烷（R-12B1）、氯乙烷、氯乙烯、溴乙烯、甲胺、二甲胺、三甲胺、乙胺、乙烯基甲醚、环氧乙烷、八氟环丁烷（R-C318）、顺式-2-丁烯、反式-2-丁烯、三氯化硼（氯化硼）、甲硫醇（硫氢甲烷）、三氟氯乙烷（R-133a）等

注：T_c 为气体的临界温度。

19.1.16 警示词与化学品危险性类别的对应关系[3]

警示词	化学品危险性类别
危险	爆炸品　易燃气体　有毒气体　低闪点液体　一级自燃物品　一级遇湿易燃物品　一级氧化剂　有机过氧化物　剧毒品　一级酸性腐蚀品
警告	不燃气体　中闪点液体　一级易燃固体　二级自燃物品　二级遇湿易燃物品　二级氧化剂　有毒品　二级酸性腐蚀品　一级碱性腐蚀品
注意	高闪点液体　二级易燃固体　有害品　二级碱性腐蚀品　其他腐蚀品

19.1.17 各种射线常用的吸收屏蔽材料[6]

射线种类	吸收屏蔽材料
α射线	空气、铝箔
β射线	铝板、铁板、有机玻璃、木材、塑料
γ射线	铅层、铁层、铅橡皮、铅玻璃、混凝土、岩石、砖、土壤、水
中子流	水、石蜡、硼酸

19.1.18 烃的含氧衍生物的火灾危险性[5]

液体名称	分子式	闪点/℃	自燃点/℃	爆炸极限/%
乙醚	$C_2H_5OC_2H_5$	-45	180	1.85~48.6
乙醛	CH_3CHO	-40	185	4.0~57.0
丙酮	CH_3COCH_3	-20	575	2.0~13.0
乙酸乙酯	$CH_3COOC_2H_5$	-5	481	2.2~11.4
乙醇	C_2H_5OH	11	414	3.3~18.0
乙酸	CH_3COOH	40	534	4.0~17.0

19.1.19 粉尘的4个等级[5]

爆炸指数	爆炸危险等级	危险状况	举例
$K_{ST}=0$	St0	无燃爆性粉尘	平均粒径120μm的NH_4NO_3 平均粒径195μm的$NaNO_3$

（续表）

爆炸指数	爆炸危险等级	危险状况	举例
$K_{ST}=0\sim200$	St1	爆炸性弱的粉尘	平均粒径 19μm 的锌粉 平均粒径 20μm 的硫黄
$K_{ST}=200\sim300$	St2	爆炸性强的粉尘	平均粒径 21μm 的铝铁合（50/50） 平均粒径 33μm 的纤维素
$K_{ST}>300$	St3	爆炸性特别强烈的粉尘	平均粒径 29μm 的铝粉 平均粒径 <10μm 的蒽醌

19.1.20 典型混合危险物系及危险状态[5]

混合危险物系	燃烧状况	火焰高度	发烟状况
卤酸盐－酸－可燃物系统			
$NaClO_2-H_2SO_4$	混合立刻发火	0.2m	白烟
$NaClO_2-H_2SO_4$－砂糖	燃烧很剧烈	0.4m	大量白烟
$NaClO_2-H_2SO_4$－甲苯	与混合同时发火，大火焰	>3m	大量黑烟
$NaClO_2-H_2SO_4$－汽油	与混合同时发火，大火焰	>3m	大量黑烟
$NaClO_2-H_2SO_4$－乙醚（100g）	与混合同时发火，大火焰	>3m	白烟
$NaClO_2-H_2SO_4$－甲苯	混合时发火，大火焰	>3m	大量黑烟
$NaClO_2$－（98%）H_2SO_3－甲苯	混合时有爆炸声，大火焰	>3m	大量黑烟
$NaClO_2$－（60%）H_2SO_3－甲苯	混合 5s 后大火，大火焰	2.5m	大量黑烟
$NaClO_2$－（36%）HCl－甲苯	剧烈燃烧	1m	大量黑烟
$NaClO_2$－（85%）H_3PO_4－甲苯	混合 5s 后发火	1m	大量黑烟
$NaClO_4-H_2SO_4$－甲苯	不发火	-	—
$NaClO_3-H_2SO_4$－甲苯	混合后一瞬间有反应声，发火	1m	大量黑烟
$NaClO_2-H_2SO_4$－甲苯	混合时发火，大火焰	>3m	大量黑烟
$NaClO-H_2SO_4$－甲苯	不发火	—	白烟
$KClO_4-H_2SO_4$－甲苯	混合后瞬间有反应声，发火	1m	大量黑烟
$KClO_3-H_2SO_4$－甲苯	混合后瞬间发火	1m	大量黑烟
$KBrO_3-H_2SO_4$－甲苯	混合 2s 后有反应声，发火	1m	黑烟，褐色烟
$KClO_3-H_2SO_4$－甲苯	不发火	—	—
漂白粉－乙二醇	混合 5s 后发烟，28s 后发火	0.5m	白烟
漂白粉－HNO_3－甲苯	混合时发火	2m	大量黑烟
其他氧化剂－（酸）－可燃物系统			
CrO_3－乙醇	混合时发火，1s 后大火焰	>3m	白烟
$KMnO_4$－乙二醇	混合 5s 后发烟，7s 后发火	1m	白烟
$NaNO_3-H_3SO_4$－甲苯	不发火	—	—
$NaNO_2-H_2SO_4$－甲苯	混合 10s 后，只产生气体	—	NO_2 气体
$Na_2O_2-H_2SO_4$－甲苯	无烟，燃烧很好	1m	—
硝酸－可燃物系统			
HNO_3－乙醇	只发烟	—	红褐色烟
HNO_3－丙酮	只发烟	—	白烟、茶褐色烟
HNO_3－甲苯	只发烟	—	白烟
HNO_3－苯胺	产生强音和白烟后发火	0.5m	大量白烟

19.1.21 几种炸药失去爆炸性的湿度[5]

炸药名称	湿度/%	炸药名称	湿度/%
六硝基二苯胺	>75	梯恩梯	>30
苦味酸	>35	黑火药	>15
硝基棉	>32	硝铵炸药	>3

19.1.22 一些单体猛炸药的性能和用途[7]

序号	炸药名称	俗名及代号	外观	熔点/℃	爆发点/℃	密度/($g\cdot cm^{-3}$)	爆热/($kcal\cdot kg^{-1}$)	爆容($L\cdot kg^{-1}$)	爆速/($m\cdot s^{-1}$)	爆压/kPa	威力(TNT当量%)	猛度(TNT当量%)	用途说明
1	三硝基甲苯	梯恩梯 TNT	淡黄色结晶，工业品为黄褐色片状固体	80.2	280	1.64	1050	750	6950	196	100	100	标准炸药，可用于各种炮弹、炸弹及其他弹药，也可用于爆破
2	二硝基甲苯	底恩梯 DNT	柠檬黄色固体物质	70	—	1.52	—	—	6184	143	71	64	用于混合炸药的组分及无烟火药中
3	二硝基苯	底恩比 DNB	黄色固体物质	90	—	—	—	—	—	—	—	—	用作混合炸药的组分，其毒性较大
4	二硝基萘	底恩恩 DNN	灰黄色固体物质	138～140	—	—	—	—	—	—	—	—	爆炸力较小，用作混合炸药的组分
5	三硝基萘	梯恩恩 TNN	亮黄色固体物质	125～160	345～355	—	—	—	—	—	—	—	爆炸力较小，用作混合炸药的组分
6	三硝基苯酚	苦味酸 PA	黄色固体物质	122～123	300	1.71	1000	700	7350	220	101	107	是第一次世界大战的主要猛炸药，威力稍大于梯恩梯，但吸湿，与金属的相容性不好，后被淘汰
7	三硝基二甲苯	克西里儿 TXN	黄色固体物质	182	—	—	—	—	—	—	—	—	威力稍小于梯恩梯，用作混合炸药的组分
8	苦味酸铵	D炸药	桔黄色固体物质	265～271（分解）	—	1.55	800	—	6850	—	99	91	对冲击、摩擦钝感，可用作破甲弹装药

（续表）

序号	炸药名称	俗名及代号	外观	熔点/℃	爆发点/℃	密度/($g \cdot cm^{-3}$)	爆热/($kcal \cdot kg^{-1}$)	爆容($L \cdot kg^{-1}$)	爆速/($m \cdot s^{-1}$)	爆压/kPa	威力(TNT当量%)	猛度(TNT当量%)	用途说明
9	三硝基苯甲醚	—	黄色固体	67～68	290	—	—	—	—	—	—	—	性质与苦味酸相似，但不与金属起作用，可用作炸弹装药及混合炸药的组分
10	三硝基苯乙醚	—	黄色固体	78	295	—	—	—	—	—	—	—	性质与苦味酸相似，但不与金属起作用，可用作炸弹装药及混合炸药的组分
11	三硝基苯甲硝胺	特屈儿 CE	黄色固体	129～130	186	1.70	1160	760	7560	252	125	116	威力和感度都大于梯恩梯，用作传爆剂和混合炸药的组分
12	六硝基二苯胺	黑喜儿 HND	黄色固体	238	240～250	—	—	—	—	—	—	—	威力大于梯恩梯，安定性良好，用作传爆剂和鱼雷装药
13	硝基胍	NQ	白色结晶物质	230～231	—	1.70	721	1070	7650	250	104	95	爆温低，用作发射药的消焰剂，也用于混合炸药中
14	硝酸胍		白色晶体	215～216	—	—	—	—	—	—	—	—	威力颇小，用作混合炸药的组分
15	硝酸铵	AN	白色结晶	155～160	—	1.73	340	980	—	—	56	—	单独使用难于起爆，易吸湿，用于制造硝铵炸药
16	硝化淀粉	NS	白色粉末状物质	100（分解）	195	—	—	—	—	—	—	—	曾用于手榴弹、追击炮弹的装药及爆破

（续表）

序号	炸药名称	俗名及代号	外观	熔点/℃	爆发点/℃	密度/($g \cdot cm^{-3}$)	爆热/($kcal \cdot kg^{-1}$)	爆容($L \cdot kg^{-1}$)	爆速/($m \cdot s^{-1}$)	爆压/kPa	威力(TNT当量%)	猛度(TNT当量%)	用途说明
17	硝化纤维素	硝化棉NC	白色疏松固体物质	—	—	—	—	—	—	—	—	—	用于制造无烟火药
18	丙三醇三硝酸酯	硝化甘油NG	无色油状液体	8	180	1.59	1600	690	7580	225	140	—	对冲击震动极敏感，用于制造双基三基发射药及代拿迈特炸药
19	季戊四醇四硝酸脂	太安PETN	白色结晶固体	141	210	1.67	1385	790	8350	300	145	129	与RDX同为最猛烈之炸药，但感度较高，用作传爆剂，钝感后可装弹
20	乙烯二硝胺	海莱特EDNA	白色晶体	174~176	180	—	—	—	—	—	—	—	感度如梯恩梯，安定度如特屈儿，威力大于梯恩梯，用作混合炸药组分，但有酸性
21	环三亚甲基三硝胺	黑索今RDX	白色固体	202	230	1.80	1480	908	8754	347	150	135	为高威力炸药，但较梯恩梯敏感，是后起的标准军用炸药，用途很广
22	环四亚甲基四硝胺	奥克托今HMX	白色固体	282	—	1.90	1480	908	9100	380	145	—	是现用炸药中威力最大者，具有RDX的一切优点，比RDX的热安定性好，用途很广

19.1.23 民用黑火药分类

mm

品 号	代 号	名义尺寸	品 号	代 号	名义尺寸
1	MHY－1	2.24～0.80	3	MHY－3	0.80～0.40
2	MHY－2	1.18～0.56	4	MHY－4	<0.25

注：名义尺寸指能通过筛孔的基本尺寸。

19.1.24 硝酸铵类炸药燃烧的抑制剂和抑制效果[7]

炸药和抑制剂	p_{min}/kPa	v_b/（$g \cdot cm^{-2} \cdot s^{-1}$）	适用压力范围/kPa
AN80＋TNT20	15000	$1.45\times10^{-3}\times p^{1.10}$	15000～100000
AN80＋TNT20＋草酸铵 5	31000	$3.25\times10^{-7}\times p^{1.425}$	40000～100000
AN80＋TNT20＋草酸铵 10	36000	$1.10\times10^{-7}\times p^{1.51}$	36000～100000
AN80＋TNT20＋碳酸铵 10	26000	$7.36\times10^{-6}\times p^{1.14}$	35000～100000
AN80＋TNT20＋氟酸铵 10	50000	$v_b\to0$	50000～700000
		$9.83\times10^{-5}\times p^{0.87}$	70000～100000
AN84＋木粉 16	100	$5.23\times10^{-3}\times p^{0.53}$	1000～100000
AN84＋木粉 16＋氟化铵 10	20000	$4.14\times10^{-3}\times p^{0.74}$	10000～100000

19.1.25 抑制剂的抑制效果[7]

抑制剂		Z_b/%	抑制剂		Z_b/%
氟化钾	KF	0	碳酸钠	Na_2CO_3	0.7
磷酸钾	KH_2PO_4	20	氟化钙	CaF_2	0.8
氯化钾	KCl	0.4	氯化铵	NH_4Cl	1.0
硫酸钾	K_2SO_4	0.4	醋酸铅	$Pb(CH_3COO)_2$	1.0
硝酸钾	KNO_3	0.6	二氧化硅	SiO_2	1.0
氯化钠	NaCl	0.6	碳酸钙	$CaCO_3$	1.0

19.1.26 我国安全被筒炸药规格[7]

药芯规格		芯药组成/%				套筒规格/mm		被筒中氯化钠质量/g
药径/mm	药量/g	硝酸铵	梯恩梯	木粉	氯化钠	长度	直径	
32	150	71±1.5	10±0.5	4±0.5	15±1.0	164	42±0.5	70±4
38	200					219	42±0.5	94±4

19.1.27 硫矿和石油矿安全硝铵炸药[7]

组成和性能		1号石油安全炸药	2号石油安全炸药	3号石油抗水安全炸药	1号硫矿安全炸药	2号硫矿安全炸药
硝酸铵	%	48	52.5	52.5	52	44.5
梯恩梯	%	8	10.5	7	11.5	9
硝化甘油	%	4	5	8.75	5	5
胶棉	%			0.25		
木粉	%	2.5	2		1.5	1.5
氯化钾	%	37.5	30	30		
氯化铵	%				30	40
硬脂酸钙	%			1.5		

(续表)

组成和性能	1号石油安全炸药	2号石油安全炸药	3号石油抗水安全炸药	1号硫矿安全炸药	2号硫矿安全炸药
$\rho/(g\cdot cm^{-3})$	1.0~1.1	1.0~1.1	1.1~1.2	0.95~1.05	1.0~1.1
$K/\%$	-0.27	+0.1	-0.3	-0.8	-0.5
$Q/(kJ\cdot kg^{-1})$	2688	2880	2930	3010	2512
$T_e/℃$	1800	1950	1925	1360	1000
V_L/cm^3	200~210	230~250	220~240	200~220	150~170
h_{Le}/mm	9.5~10	11~13	13~14	10~11	8~9
S_D/cm	5~7	5~7	3~6	5~6	4~6
$v_D/(m\cdot s^{-1})$	2200~2500	2500~3000	2800~3200	2500~3000	2000~2300

19.2 危险化学品储存安全

19.2.1 储存火灾危险分类[4]

措施举例	甲	乙	丙	丁	戊
建筑耐火等级	一、二级	一、二级	一~三级	一~四级	一~四级
防爆泄压面积/($m^2\cdot m^{-3}$)	0.05~0.1	0.05~0.1	通常不需要	通常不需要	通常不需要
安全疏散距离(多层厂房)/m	不大于25	不大于50	不大于50	不大于50	不大于75
室外消防用水量(1500m^3库房一次灭火用量)/($L\cdot s^{-1}$)	15	15	15	10	10
通风	空气不应循环使用，排送风机防爆	空气不应循环使用，排送风机防爆	空气净化后可以循环使用	不作专门要求	不作专门要求
采暖	热水蒸气或热风采暖，不得用火炉	热水蒸气或热风采暖，不得用火炉	不作具体要求	不作具体要求	不作具体要求

19.2.2 混存火灾危险性与爆炸危险性物质的分类[7]

类别	物质名称	不得与本类物质混存的物质类别	储存本类物质的库房
1	炸药： 硝化甘油、代那卖特炸药、特屈儿、三硝基甲苯、胶棉、苦味酸、硝基胍、迭氮化钠、迭氮化钾等	2，3，4，5，6，7，8	耐火仓库建筑物中隔离的库房
2	有爆炸危险的物质： 二硝基氯苯、二硝基甲苯、二硝基萘、过氧化苯酰、硝酸酯(乙基硝酸酯)、硝酸铵、乙醚等	1，3，4，5，6，7，8	耐火仓库建筑物中隔离的库房
3	能与有机物形成爆炸混合物： 硝酸钾、硝酸钙、硝酸钠、高氯酸钾、氯酸钾、铬酸酐、过氧化钠、过氧化钾、过二硫酸钾、过二硫酸铵、30%过氧化氢	1，2，4，5，6，7，8	耐火仓库建筑中的隔离库房，过氧化氢应存放在黑暗的隔离库房

（续表）

类别	物质名称	不得与本类物质混存的物质类别	储存本类物质的库房
4	压缩气体及液化气体： ① 可燃及爆炸危险性气体：乙炔、氢、甲烷、氨、硫化氢、环氧乙烷、丁烯、丙烷	1，2，3，5，4③，6，7，8	专门的仓库或敞棚
	② 惰性气体和不燃气体：氩、氦、氖、氮、二氧化碳、亚硫酸酐等	1，2，3，5，6，7，8	普通仓库建筑中的隔离库房或敞棚
	③ 助燃气体：氧和压缩空气及液态空气	1，2，3，4①，5，6，7，8	
5	与空气或水接触时能自燃的物质： 金属钾、钠、钙、碳化钙、锌粉、铝粉、白磷、黄磷、硫黄粉、镍催化剂、过氧化钠、亚硝基苯酚、引火的金属粉末和化合物等	1，2，3，4，6，7，8	普通耐火仓库中隔离的单间库房，磷应单独存放于水中
6	易燃和可燃物质： ① 液体：汽油、苯、二硫化碳、丙酮、松节油、甲苯、二甲苯、醋酸戊酯、煤油、乙醇、甲醇、有机酸酯、有机油、水合肼	1，2，3，4，5，7，8	槽存和桶存的专门仓库
	② 固体物质：赛璐珞、红磷、萘等	1，2，3，4，5，7，8	隔离的耐火仓库
7	能引起燃烧的物质： 溴、硝酸、硫酸和氯基磺酸、高锰酸钾	1，2，3，4①，4③，6，8	隔离的耐火仓库
8	易燃物质： 棉花、硫磺、炭黑等	1，2，3，4，5，6，7	隔离的耐火仓库

19.2.3 火灾危险仓库等级和特征[4]

等级	特征
H－1	在生产过程中，储存闪点高于场所环境温度的可燃液体，在数量和配置上能够引起火灾危险的
H－2	不可能形成爆炸性混合物的悬浮状或堆积状的可燃粉尘或可燃纤维，但在数量和配置上能够引起火灾危险的
H－3	有固体状可燃物质，在数量和配置上能够引起火灾危险的

19.2.4 乙、丙类物品库房之间的防火间距[4]

耐火等级	与不同耐火等级库房的防火间距/m		
	一、二级	三级	四级
一、二级	10	12	14
三级	12	14	16
四级	14	16	18

注：1. 两座库房相邻，较高一面外墙为防火墙，且总建筑面积不超过有关规定（建筑防火规范）中第一座库房的面积规定时，其防火间距不限。

2. 高层库房之间以及高层库房与其他建筑之间的防火间距应按本表增加3.00m。

19.2.5 库房、储罐、堆场与其他建筑物的防火间距[4]

仓库等级	与其他建筑等级建筑物的防火间距		
	一、二级	三级	四、五级
一、二级	13	15	19
三级	15	19	21

19.2.6 危险化学品库房与其他建筑物的防火间距[4]

<table>
<tr><th colspan="2" rowspan="2">分区</th><th colspan="4">甲类库房防火间距/m</th><th colspan="3">乙类库房防火间距/m</th></tr>
<tr><th colspan="2">3、4项</th><th colspan="2">1、2、5、6项</th><th colspan="3">库房的耐火等级</th></tr>
<tr><td colspan="2">存储量/t</td><td>≤5</td><td>>5</td><td>≤10</td><td>>10</td><td>一、二级</td><td>三级</td><td>四级</td></tr>
<tr><td colspan="2">民用建筑、明火或火花散发地点</td><td>30</td><td>40</td><td>25</td><td>30</td><td colspan="3" rowspan="2">25</td></tr>
<tr><td colspan="2">室外变配电站</td><td>30</td><td>40</td><td>25</td><td>30</td></tr>
<tr><td rowspan="3">其他建筑</td><td>一、二级</td><td>15</td><td>20</td><td>12</td><td>15</td><td>10</td><td>12</td><td>14</td></tr>
<tr><td>三级</td><td>20</td><td>25</td><td>15</td><td>20</td><td>12</td><td>14</td><td>16</td></tr>
<tr><td>四级</td><td>25</td><td>30</td><td>20</td><td>25</td><td>14</td><td>16</td><td>18</td></tr>
</table>

注：1. 甲类物品库房之间的防火间距不应小于20m；但本表甲类第3、第4项物品储量不超过2t时，第1、第2、第5、第6项物品的储量不超过5t，可为12m。

2. 甲类库房与重要的公共建筑的防火间距不应小于50m。

3. 室外变配电站指电力系统为35kW、330kW，且每台变压器在5000V以上的室外变配电站，以及工业、企业的总降压变电站。

19.2.7 丙类易燃固体的露天、半露天堆场与建筑物的防火间距[4]

易燃固体名称	一个堆场的总储量/L	一、二级防火间距/m	三级防火间距/m	四级防火间距/m	室外变、配电站防火间距/m
棉、麻、毛纤维，百货	10~500	10	15	20	
	501~1000	15	20	25	
	1001~50000	20	25	30	
稻草、麦秸、芦苇等易燃材料	10~5000	15	20	25	50
	5001~100000	20	25	30	50
	100001~200000	25	30	40	50

注：1. 一个堆场的总储量如超过本表的规定，宜分设堆场，堆场之间的防火间距不应小于较大堆场与四级建筑的防火间距。

2. 不同性质物品之间的防火间距，不应小于本表相应储量堆场与四级建筑间距较大值。

3. 与甲类物品库房、生产厂房以及民用建筑的防火间距，应按本表规定增加25%，且不应小于25m。

4. 与明火或火花散发地点的防火间距，应按本表四级建筑的规定增加25%。

5. 与可燃液体储罐的防火间距，不应小于本表和表11-10中相应储量堆场与四周建筑间距的较大值。

19.2.8 易燃液体储罐、堆场与建筑物的防火间距[4]

液体火灾危险性类别	一个罐区或堆场的总储量/m^3	不同建筑物耐火等级的防火间距/m			室外变配电站防火间距/m
		一、二级	三级	四级	
甲、乙类	1~50	12	15	20	25
	51~200	15	20	25	30
	201~1000	20	25	30	40
	1001~5000	25	30	40	50

注：1. 计算一个储罐区的总储量时，以及确定丙类液体储罐与建筑物的防火间距时，均按 $1m^3$ 的甲、乙类液体等于 $5m^3$ 的丙类液体折算。

2. 甲、乙、丙类液体的固定顶储罐区、半露天堆场和乙、丙类液体堆场与甲类生产厂房，以及民用建筑物的防火间距，应按本表增加 25%，并不小于 25m。与明火或火花散发地点的防火间距，应按本表四级建筑的规定增加 25%。

3. 浮顶储罐或闪点大于 120℃ 的液体储罐与建筑物的防火间距，可按本表减少 25%。

4. 一个单位如有几个储罐区时，储罐区之间的防火间距不应小于本表相应储量储罐与四级建筑的较大值。

5. 防火间距应从建筑物最近的储罐外壁、堆垛外缘算起，但储罐防火堤外侧基脚线至建筑物的距离不应小于 10m。

6. 石油库的储罐与建、构筑物的防火间距，可按现行国家标准《石油库设计规范》的有关规定执行。

19.2.9 易燃、可燃液体储罐及其建、构筑物与铁路、道路的最小间距[4]

起 点	终 点	最小间距/m	
		易燃液体	可燃液体
桶装库、泵房、灌桶间和注卸油装置	国家铁路和其他企业专用铁路中心线	50	30
	本企业专用铁路和厂内铁路中心线	30	20
	国家公路和专用道路路面边缘	15	10
	厂内道路路面边缘	10	5
桶间和注卸油装置	储罐区装卸设备的铁路中心线	20	12
泵房和桶装库	储罐区装卸设备的铁路中心线	10	8
储罐区装卸设备、桶装库及闪点大于 120℃ 的桶装、罐装混合库	专为其服务的铁路	按铁路建筑界线	

19.2.10 建、构筑物至最近储罐罐壁的最小间距[4]

建、构筑物名称	至最近储罐罐壁的最小间距/m					
	易燃液体			可燃液体		
	地上	半地上	地下	地上	半地上	地下
国家铁路和其他企业的专用铁路中心线	50/50	22.5/37.5	15/25	30	22.5	15
本企业专用铁路和厂内铁路中心线	20/30	15/22.5	10/15	20	15	10
易燃、可燃液体储罐区的铁路中心线	20	15	10	12	9	6
国家公路和专用道路路面边缘	20/30	15/22.5	10/15	10	7.5	5
厂内道路路面边缘	10/15	7.5/11.5	5/7.5	5	4	2.5
易燃、可燃液体泵房及灌桶间	15	12	7.5	10	7.5	5
易燃、可燃液体桶装库	20	15	10	12	9	6
铁路装卸油设备	20	15	10	12	9	6
汽车槽车装卸场、桶装油装卸场及磅秤间	15	11.5	7.5	10	7.5	5
高压电力架空线	电杆高度的 1.5 倍					

注：表中有两个数值时，前一个数字适用于容量小于 $50m^3$ 的储罐，后一个数字适用于容量等于或大于 $50m^3$ 的储罐。

19.2.11 储存场所的防火、耐火结构[4]

类别			内容概要
防止火焰蔓延措施	防火结构	露天设置的危险品储罐的泵房	用于设置露天危险品储存所用的泵以及泵的附属电动机的建筑物或构筑物，其墙壁、立柱、地面应该一律采用不燃性材料建造
		危险品储存仓库	墙、立柱及地面应该用耐火结构，横梁应该采用不燃材料
		危险品室内储存库的储罐专用室	储罐专用室的墙、立柱、地面及横梁一律采用耐火结构
	防火门	危险品储存仓库	防火墙上不应开门窗洞，如果必须开设，应采用甲级防火门窗，其两侧的墙身截面厚度均不应小于12cm
		危险品储存库的泵房	防火墙上不应开门窗洞，如果必须开设，应采用甲级防火门窗，其两侧的墙身截面厚度均不应小于12cm
		危险品室内储存库的储罐专用室	储罐专用室不设窗户，出入口应设随时能够打开的自动闭锁防火门

19.2.12 可燃混合物不发生爆炸时的最高氧含量[4]

可燃物质	氧的最大安全含量/%		可燃物质	氧的最大安全含量/%	
	CO_2 作稀释剂	N_2 作稀释剂		CO_2 作稀释剂	N_2 作稀释剂
甲烷	14.6	12.1	丁二烯	13.9	10.4
乙烷	13.4	11.0	氢	5.9	5.0
丙烷	14.3	11.4	一氧化碳	5.9	5.6
丁烷	14.5	12.1	丙酮	15	13.5
戊烷	14.4	12.1	苯	13.9	11.2
己烷	14.5	11.9	煤粉	16	
汽油	14.4	11.6	麦粉	12	
乙烯	11.7	10.6	硬橡胶粉	13	
丙烯	14.1	11.5	硫	11	

19.2.13 危险化学品储存量及储存安排[4]

储存要求	储存类别			
	露天储存	隔离储存	隔开储存	分离储存
平均单位面积储存量/$(t \cdot m^{-3})$	1.0~1.5	0.5	0.7	0.7
单一储存区最大储存量/t	2000~2400	200~300	200~300	400~600
垛距限制/m	2	0.3~0.5	0.3~0.5	0.3~0.5
通道宽度/m	4~6	1~2	1~2	5
墙距宽度/m	2	0.3~0.5	0.3~0.5	0.3~0.5
与禁忌物品距离/m	10	不得同库储存	不得同库储存	7~10

19.2.14 易燃易爆危险化学品适宜储藏的温湿度条件[3]

类别	品名	温度/℃	相对湿度/%	备注
爆炸品	黑火药、化合物	≤32	≤80	
	水作稳定剂的	≥1	<80	
压缩气体和液化气体	易燃、不燃、有毒	≤30		
易燃液体	低闪点	≤29		
	中、高闪点	≤37		

（续表）

类 别	品 名	温度/℃	相对湿度/%	备 注
易燃固体	易燃固体	≤35		
	硝酸纤维素酯	≤25	≤80	
	安全火柴	≤35	≤80	
	红磷、硫化磷、铝粉	≤35	<80	
自燃物品	黄磷	>1		
	烃基金属化合物	≤30	≤80	
	含油制品	≤32	≤80	
遇湿易燃物品	遇湿易燃物品	≤32	≤75	
氧化剂和有机过氧化物	氧化剂和有机过氧化物	≤30	≤80	
	过氧化钠、过氧化镁、过氧化钙等	≤30	≤75	
	硝酸锌、硝酸钙、硝酸镁等	≤28	≤75	袋装
	硝酸铵、亚硝酸钠	≤30	≤75	袋装
	盐的水溶液	>1		
	结晶硝酸锰	<25		
	过氧化苯甲酰	2~25		含稳定剂
	过氧化丁酮等有机氧化剂	≤25		

19.2.15 腐蚀性物品温湿度条件[3]

类 别	主 要 品 种	适宜温度/℃	适宜相对湿度/%
酸性腐蚀品	发烟硫酸、亚硫酸	0~30	≤80
	硝酸、盐酸及氢卤酸、氟硅（硼）酸、氯化硫、磷酸等	≤30	≤80
	磺酰氯、氯化亚砜、氧氯化磷、氯磺酸、溴乙酰、三氯化磷等多卤化物	≤30	≤75
	发烟硝酸	≤25	≤80
	溴素、溴水	0~28	
	甲酸、乙酸、乙酸酐等有机酸类	≤32	≤80
碱性腐蚀品	氢氧化钾（钠）、硫化钾（钠）	≤30	≤80
其他腐蚀品	甲醛溶液	10~30	

19.2.16 A级建筑物距其他建（构）筑物最小允许距离[4]

m

建筑物危险等级	两个建筑物均无防护屏障	两个建筑物中反方有防护屏障	两个建筑物均有防护屏障
A_1	$2.4R_A$	$1.2R_A$	$0.72R_A$
A_2	$2.0R_A$	$1.0R_A$	$0.6R_A$
A_3	$1.6R_A$	$0.8R_A$	$0.48R_A$

19.2.17 有防护屏障的A级仓库距有防护屏障的各级仓库的最小允许距离[4]

危险等级	名称	不同单库计算药量条件下的最小允许距离/m									
		药量≤2t	2t<药量≤5t	5t<药量≤10t	10t<药量≤20t	20t<药量≤30t	30t<药量≤50t	50t<药量≤70t	70t<药量≤100t	100t<药量≤150t	150t<药量≤200t
A_1	黑索今、特屈儿、奥克托今、含黑索今的混合炸药及以上炸药的药柱（块）	35	40	50	60	70	80	90	100		
	太安及其药柱（块），胶质炸药	40	55	70	80	90	100				
A_2	梯恩梯及其药柱(块),梯萘炸药,铵梯炸药,苦味酸,硝基胍,大于37mm的榴弹,迫弹,装填炸药的穿甲弹,破甲弹,火箭弹,火箭弹战斗部,航空炸弹,地雷,爆破筒,战术导弹,反坦克导弹	35	35	40	50	60	70	80	90	100	
	扩(传)爆药	35	40	50	60	70	80	90	100		
	火帽,枪弹底火,雷管,带雷管的发火件,导爆索	40	55	70	80	90					
A_3	烟火药及其压制品	35	35	40	50	55	65	75	80	90	100
	黑火药及其制品	35	35	40	50	60	70	80	90	100	

19.2.18 有防护屏障的B级仓库距有防护屏障的各级仓库的最小允许距离[4]

名称	不同单库计算药量条件下的最小允许距离/m							
	药量≤5t	5t<药量≤10t	10t<药量≤30t	30t<药量≤50t	50t<药量≤70t	70t<药量≤100t	100t<药量≤150t	150t<药量≤200t
梯恩梯	35	40	50	60	70	80	90	100
特种炮弹，特种航弹，特种枪弹，特种手榴弹，信号弹	35	40	50	60	70	80	90	
37mm及小于37mm各种炮弹，手榴弹	35	40	50	60	70	80		
引信，发火件，曳光管，底火，拉火管，传火具，点火具，电爆管	35	40	50					

19.2.19 无防护屏障的C_2级仓库距无防护屏障的C_2级、D级仓库及有防护屏障的A级、B级仓库的最小允许距离[4]

名称	不同单库计算药量条件下的最小允许距离/m												
	药量≤10t	10t<药量≤20t	20t<药量≤30t	30t<药量≤40t	40t<药量≤50t	50t<药量≤75t	75t<药量≤100t	100t<药量≤150t	150t<药量≤200t	200t<药量≤250t	250t<药量≤300t	300t<药量≤350t	350t<药量≤400t
单基、双基、三基火药，双基推进剂，复合推进剂	50	60	70	80	90	100	110	125	140	155	170	185	200

（续表）

名　称	不同单库计算药量条件下的最小允许距离/m												
	药量≤10t	10t<药量≤20t	20t<药量≤30t	30t<药量≤40t	40t<药量≤50t	50t<药量≤75t	75t<药量≤100t	100t<药量≤150t	150t<药量≤200t	200t<药量≤250t	250t<药量≤300t	300t<药量≤350t	350t<药量≤400t
含水量不小于25%的硝化纤维素，装填发射药的药筒，装填发射药或推进剂的火箭发动机，不装填炸药的定装穿甲弹，装填发射药的发射药管或药包	50	60	70	80	90	100	110	125	140				
枪弹	40	50	60	70	80								

19.2.20 爆炸品总仓库区内单个爆炸品仓库的允许最大存放药量[4]

危险等级	名　称	允许最大存药量/t
A_1	黑索今、奥克托今、特屈儿、含黑索今的混合炸药及以上炸药的药柱（块）	100
	太安及其药柱（块）、胶质炸药	50
A_2	梯恩梯及其药柱（块）、梯萘炸药、苦味酸、硝基胍	150
	大于37mm的榴弹，迫弹，装填炸药的穿甲弹，火箭弹，火箭弹战斗部，战术导弹，破甲弹，碎甲弹，反坦克导弹，爆破筒，地雷，航空炸弹	150
	火帽，枪弹底火，雷管，带雷管的发火件，导爆索	30
	扩（传）爆管	100
A_3	黑火药及其制品	150
	烟火药及其制品	200
B	梯恩梯	200
	特种炮弹，特种航弹，特种手榴弹，信号弹	200
	引信，发火件，曳光管，底火，拉火管，传火具，电爆管	200
	特种枪弹	200
	手榴弹	150
	37mm及小于37mm的炮弹	100
C_2	含水量不小于5%的硝化纤维素，装填发射药的药筒，装填推进剂的火箭发动机，不装填炸药的穿甲弹，装填发射药的发射药包或药管，普通枪弹	200
	单基火药，双基火药，三基火药	400
D	二硝基萘	200
	导火索	100

19.2.21　车间转手库单库允许最大存药量[4]

生产分类	库房类别	允许最大存药量/t
黑火药，导火索，导爆索，发射药包，发射药管	A_1级炸药库	10
	A_2级火工品库	1
	A_2级成品库	10
	A_3级炸药库、成品库	20
	C_2级发射药库、成品库	40
	D级导火索库	20
枪弹，信号弹，手榴弹，37mm及小于37mm炮弹	A_1级炸药库、药柱库	20
	A_2级炸药库、药柱库	20
	A_2级火工品库	1
	A_3级炸药库及其制品库	20
	B级成品库	20
	B级引信库、火工品库	2
	C_2级发射药库、成品库	30
大于37mm的榴弹，迫弹，火箭弹，穿甲弹，战术导弹，破甲弹，碎甲弹，反坦克导弹，航空炸弹，特种炮弹，特种航弹，地雷，爆破筒	A_1级炸药库、药柱库	25
	A_2级炸药库、药柱库、成品库	30
	A_3级炸药库及其制品库	30
	B级成品库	30
	B级引信库、火工品库	3
	C_2级发射药库、成品库	50
起爆药，火工品，引信	A_1级起爆药库	0.5
	A_2级炸药库、药柱库	10
	A_2级火工品库	5
	A_3级炸药库及其制品库	10
	B级成品库	10
	B级起爆药（湿态）库	0.5

19.2.22　爆炸危险品储存量的安全距离表[4]

最大储存量/kg	安全距离/m	最大储存量/kg	安全距离/m	最大储存量/kg	安全距离/m
10	25	500	179	9000	760
30	44	700	212	10000	800
50	57	900	240	30000	1380
70	67	1000	253	50000	1790
90	76	3000	438	70000	2120
100	80	5000	566	90000	2400
300	138	7000	670	100000	2530

19.2.23　易燃易爆物品共同储存规则[4]

级别	物品名称	不准在一起储存的物品种类	附注
Ⅰ　爆炸物品	苦味酸、三硝基甲苯、火棉、硝化甘油、硝酸铵炸药、雷汞等	不准与任何其他种类的物品共同储存、必须单独隔离储存	起爆药与炸药必须隔离储存
Ⅱ　易燃液体和可燃液体	汽油、苯、二硫化碳、丙酮、乙醚、甲苯、酒精、乙酸、喷漆、煤油、松节油、樟脑油等	不准与其他种类的物品共同储存	如数量甚少，允许与固体易燃物品隔开后共同储存

（续表）

级 别	物 品 名 称	不准在一起储存的物品种类	附 注
Ⅲ 压缩气体和液化气体	1. 易燃气体： 乙炔、氢、氯化甲烷、硫化氢，氨等； 2. 惰性不燃烧气体： 氮，二氧化碳、二氧化硫，氟里昂等； 3. 助燃气体： 氧、压缩空气、氯等	除惰性不燃气体（$Ⅲ_3$）外，不准与其他种类的物品共同储存； 除气体（$Ⅲ_{1,3}$）、氧化剂（$Ⅵ_1$）和有毒物品（Ⅶ）外，不准与其他种类的物品共同储存； 除惰性不燃烧气体（$Ⅲ_2$）和有毒物品（Ⅶ）外，不准与其他种类的物品共同储存	氯兼有毒害性
Ⅳ 遇水或空气能自燃的物品	钾、钠、电石、磷化钙，锌粉、铝粉、黄磷等	不准与其他种类的物品共同储存	钾、钠须浸入石油中，黄磷须浸入水中储存，均须单独隔离储存
Ⅴ 易燃固体	赛璐珞、影片、赤磷、萘、樟脑、硫磺、火柴等	不准与其他种类的物品共同储存	赛璐珞、影片、火柴、均须单独隔离储存
Ⅵ 氧化剂	1. 能形成爆炸混合物的物品： 氯酸钾、氯酸钠、硝酸钾、硝酸钠、硝酸钡、次氯酸钙、亚硝酸钠、过氧化钡、过氧化钠、过氧化氢(30%)等； 2. 能引起燃烧的物品： 溴、硝酸、硫酸、铬酸、高锰酸钾、重铬酸钾等	除惰性气体（$Ⅲ_2$）外，不准与其他种类的物品共同储存 不准与其他种类的物品共同储存	过氧化剂；遇水有发热爆炸危险，应单独储存。过氧化氢应储在阴凉处与氧化剂（Ⅳ）也应隔离
Ⅶ 有毒物品	氯化苦、光气、五氧化二砷、氰化钾、氰化钠等	除惰性不燃烧气体和助燃气体（$Ⅲ_{2,3}$）外，不准与其他种类的物品共同储存	

注：化验室库房，储存各类易燃易爆物品的数量很少时，可以分类隔开后储存。

19.2.24 单一库房的最大储存量[4]

民用爆破器材名称	单一库房最大容量净重/t	民用爆破器材名称	单一库房最大容量净重/t
硝化甘油炸药（胶质炸药）	20	射孔弹	50
黑索今	50	起爆药柱、爆炸筒	50
太安	50	导爆索	15
黑梯恩梯	50	黑火药、无烟火	5
梯恩梯	150	导火药、点火绳、点火筒	40
硝铵类炸药（铵油、铵松油、铵沥蜡2号岩石、2号煤矿、水胶、乳化油浆状炸药等）	200	雷管、继爆管、高压油井管、导爆管起爆系统	6
		硝酸铵、硝酸钠	400

19.2.25 高压气瓶分类储存规定[5]

气体性质	气 体 名 称	不准共同储存的物品种类
可燃气体	氢气、甲烷、乙烯、丙烯、乙炔、液化石油气、丙烯、甲醚、液态烃、氯甲烷、一氧化碳	除惰性不燃气体（如氮气、二氧化碳、氖气、氩气）外，不准和其他种类的易燃易爆物品共同储存
助燃气体	氧气、压缩空气、氯气（兼有毒性）	除惰性不燃气体和有毒物品（如氯化苦、光气、五氧化二砷、氰化钾）外，不准和其他种类的易燃易爆物品共同储存
不燃气体	氮气、二氧化碳、氖气、氩气	除气体、有毒物品和氧化剂（如氯酸钾、钠、硝酸钾、钠、过氧化钠）外，不准和其他种类的物品共同储存

19.2.26 生产区或库区储存“以有燃烧危险为主的火药”的建筑物的外部安全距离表[7]

序号	相距地点	单库计算药量/t											
		≤10	>10，≤20	>20，≤30	>30，≤40	>40，≤50	>50，≤60	>60，≤80	>80，≤100	>100，≤150	>150，≤200	>200，≤300	>300，≤400
		外部距离/m											
1	本厂住宅区边缘，职工总数大于500人的工厂企业围墙	200	200	250	270	300	320	340	370	420	470	530	590
2	村庄和零散住户边缘，本厂生产区、靶场区的建筑物边缘，职工总数小于等于500人的工厂企业围墙，铁路中间站站界及建筑物边缘，220kV架空输电线路	200	200	210	230	240	260	280	310	350	390	440	490
3	铁路线，三级以上公路、通航的河流航道、不属于本厂的110kV架空输电线路	150	150	170	190	200	220	240	260	290	320	370	410
4	人口小于等于10万人的城市和村镇总体规划确定的规划区内各项建设用地边缘，不属于本厂的110kV区域变电站围墙	300	360	410	460	490	520	570	620	710	780	890	980
5	人口大于10万人的城市总体规划确定的规划区内各项建设用地边缘	600	720	820	910	980	1040	1140	1240	1410	1550	1770	1950

注：枪弹厂主要为燃烧危险的单基、双基火药，其建筑物距本厂住宅区边缘或职工总数大于500人工厂企业围墙的外部距离不应小于距村庄边缘的外部距离。

19.2.27 危险品生产区内生产或储存“经燃烧易转化成有爆炸危险的火药”的建筑物的外部安全距离[7]

序号	相距地点	单个建筑物内计算药量/t		
		≤20	≥20，≤40	≥40，≤60
		外部距离/m		
1	本厂住宅边缘，职工总数大于500人的工厂企业围墙	500	600	700
2	村庄边缘，职工人数为50～500人的工厂企业围墙，有摘挂作业的铁路中间站站界及建筑物边缘	450	540	630
3	零散住户边缘，本厂独立的机械加工生产区、危险品总仓库区、靶场区的建筑物的边缘，职工总数小于50人的工厂企业围墙、无摘挂作业的铁路中间站站界及建筑物边缘，220kV架空输电线路	300	350	450
4	国家铁路线，二级以上公路，通航的河流航道，不属于本厂的110kV架空输电线路	250	300	350
5	非本厂的工厂铁路支线，三级公路	180	210	250
6	人口小于等于10万人的城市和村镇总体规划确定的规划区内各项建设用地边缘，不属于本厂的110kV区域变电站围墙	750	900	1050
7	人口大于10万人的城市总体规划确定的规划区内各项建设用地边缘	1500	1800	2100

19.2.28 危险品生产区内生产、加工或储存炸药(以 TNT 当量计)的建筑物的外部安全距离表[7]

序号	相距地点	单个建筑物内计算药量/t																					
		≤1	>1,≤2	>2,≤3	>3,≤4	>4,≤5	>5,≤6	>6,≤8	>8,≤10	>10,≤12	>12,≤14	>14,≤16	>16,≤18	>18,≤20	>20,≤25	>25,≤30	>30,≤35	>35,≤40	>40,≤45	>45,≤50	>50,≤60	>60,≤70	>70,≤80
		外部距离/m																					
1	本厂住宅区边缘,职工总数大于500人的工厂企业围墙	300	350	400	450	480	520	570	620	660	700	730	760	790	860	910	960	1010	1060	1100	1170	1240	1300
2	村庄边缘,职工总数50~500人的工厂企业围墙,有摘挂作业的铁路中间站站界及建筑物边缘	260	310	360	400	430	460	510	560	590	630	660	690	720	770	820	870	910	950	990	1050	1110	110
3	零散住户边缘,本厂独立的机加生产区,危险品总仓库区、靶场区建筑物边缘,职工总数小于50人的工厂企业围墙,无摘挂作用的铁路中间站站界及建筑物边缘,220kV 架空输电线路	200	210	240	270	290	310	340	370	400	420	440	460	480	520	550	580	610	640	660	700	740	780
4	国家铁路线,二级以上公路,通航的河流航道,不属于本厂的110kV 架空输电线路	200	200	200	220	240	260	290	310	330	350	370	380	400	430	460	480	510	530	550	590	620	650
5	非本厂的工厂铁路支线,三级公路	120	120	140	160	170	180	200	220	230	250	260	270	280	300	320	340	360	370	390	410	440	460
6	人口小于等于10万人的城市和村镇总体规划确定的规划区内各项建设用地边缘,不属于本厂的110kV 区域变电站围墙	450	560	640	710	770	820	910	990	1050	1110	1170	1220	1260	1370	1460	1540	1620	1690	1760	1870	1980	2080
7	人口大于10万人城市总体规划确定的规划区内各项建设用地边缘	900	1110	1290	1420	1540	1650	1820	1980	2110	2230	2340	2440	2530	2740	2930	3090	3240	3380	3510	3750	2960	415

19.2.29 生产或储存Ⅰ、Ⅱ、Ⅲ类产品的建筑物的外部安全距离[7]

序号	产品类别	Ⅰ类①	Ⅱ类②	Ⅲ类③
	相距地点	外部距离/m		
1	本厂住宅边缘，职工总数大于等于50人的工厂企业围墙，村庄边缘，有摘挂作业的铁路中间站站界及建筑物边缘	850	600	450
2	本厂独立的机械加工区，职工总数小于50人的工厂企业围墙，零散住户边缘，无摘挂作业的铁路中间站站界建筑物边缘，不属于本厂的110kV架空输电线路	600	400	300
3	城市和村镇总体规划确定的规划用地边缘，不属于本厂的110kV区域变电站围墙	2000	1400	1000

注：弹类产品分类说明：

① 杀伤爆破航空炸弹、90～180mm火箭弹、杀伤爆破战术导弹；100～155mm的杀伤爆破榴弹；160mm杀伤爆破迫弹。

② 小于等于250kg、爆破燃烧航空炸弹；57～85mm杀伤爆破榴弹、82～120mm杀伤爆破迫弹、57mm火箭弹。

③ 小于57mm杀伤爆破榴弹、小于82mm迫弹、碎甲弹。

19.2.30 火化工生产工房危险等级[7]

危险等级	工房或工序名称
A_1	特屈儿的精制、干燥、筛装、包装；黑索今和太安的纯感、造粒、干燥、筛选、包装；制导爆索时的黑索今、太安准备
A_2	导爆索的盘索和包装；拉火管的晾干编批
A_3	黑火药三成分的混合、筛选、药饼压制、潮药包药、拆装打片、造粒、光药、除粉、选粒、混同、包装；制导火索时的黑火药准备；曳光剂预烘干燥；烟火剂干燥；黑火药制品制造（药包和发射管装药、压药柱）；发射管的蘸漆、检验和包装
B	黑药压制*；雷汞、二硝基重氮酚、三硝基间苯二酚铅、氮化铅、四氮烯的制造*和真空干燥*；曳光剂的混合*、筛选*、造粒*；烟火药的混药*、药柱压制；点火药、引火药、延期药、针刺药、击发药、拉火药的混合配制*；传爆药柱压制*；火工品装配用的黑索今、特屈儿、太安等或含有上述炸药的混合药的准备*；引火药头制造；制导火索、制导爆索*；各种底火、火帽、点火具、拉火管、曳光管、电爆管以及类似产品的装药*、装配*、装箱焊接*、包装*；试验站*
C_1	单基小品号（如2/1、3/1品号）无烟药粒干燥
C_2	各种枪弹装配；发射药筒装配；传火药盒制造
D	硫、碳二成分混合；硝酸钾干燥粉碎；黑火药的密度、粒度测定；氮化钠制造；各种氧化剂的干燥、破碎、筛选；导火索的烘干、盘索、包装、秒量试验；起爆药、烟火药的理化试验室**

*表示该工序在抗爆小室内或在装甲防护下进行的。

**定为D级时，设有单建的样品库。

19.2.31 火化工危险仓库等级[7]

危险等级	仓库名称
A_1	黑索今、特屈儿、太安炸药及其无壳药柱；干雷汞、干二硝基重氮酚、氮化铅、三硝基间苯二酚铅、四氮烯、针刺药、击发药、拉火药
A_2	苦味酸；枪弹底火、火帽、雷管、带雷管的发火件；导爆管、导爆索
A_3	黑火药粉、黑火药及其制品；烟火剂及其压制品
B	底火、传火具、拉火管、曳光管、电点火具、电爆管、发火件；水中雷汞、湿态二硝基重氮酚和三硝基间苯二酚铅
C_1	贮存在贮罐内的单基小品号无烟药
C_2	含水不少于25%的硝化纤维素；袋装或箱装单、双基无烟药；装填无烟药的发射药管或药包；硝化棉软片及其制品
D	导火索；硝酸铵、硝酸钾、氯酸钾、硝酸锶、硝酸钡、硝酸钠等氧化剂；氮化钠；磷

注：1. 各转手库、组批库、总仓库、返工品库、样品库，废品库均按上表执行。

2. 仓库危险品应单品种存放，受条件限制时，可分组存放（分组方法见《火药、炸药、弹药及火工品工厂设计安全规范》）。

19.2.32 火化工厂各级危险建筑物的外部距离[7]

m

序号	项目	危险品等级和存药量/t								
		A_1		A_2		A_3		C_1	C_2	D
		>2，≤5	≤2	>2，≤5	≤2	>2，≤5	≤2	≤20	≤10	
1	本厂住宅区边缘	650	450	500	350	450	300	500	250	
2	本厂独立的机加区、总仓库区、靶场区建筑物	400	250	300	200	250	200	300	200	≥100
3	县以上的公路、通航汽轮的河流航道、其他厂的铁路支线	300	250	250	200	250	200	250	200	

19.2.33 废火炸药、火工品的销毁量和安全距离[7]

废品名称	销毁方法	一次最大销毁量/kg	销毁场到场外建筑物的距离/m
无烟火药、硝化纤维素	烧毁	1000	200
梯恩梯	烧毁	500	200
黑索今	烧毁	200	200
太安	烧毁	100	200
胶质炸药	烧毁	100	200
起爆药	烧毁或炸毁	2	200
火工品	烧毁或炸毁	2	100

19.2.34 常用危险化学品储存混合性能互抵表[11]

化学危险物品分类		爆炸性物品				氧化剂				压缩气体和液化气体				自燃物品		遇水燃烧物品		易燃液体		易燃固体		毒害性物品				腐蚀性物品				放射性物品
																										酸性		碱性		
		点火器材	起爆器材	爆炸及爆炸性药品	其他爆炸品	一级无机	一级有机	二级无机	二级有机	剧毒	易燃	助燃	中燃	一级	二级	一级	二级	一级	二级	一级	二级	剧毒无机	剧毒有机	有毒无机	有毒有机	无机	有机	无机	有机	
爆炸性物品	点火器材	○																												
	起爆器材	○	○																											
	爆炸及爆炸性药品	○	×	○																										
	其他爆炸品	○	×	×	○																									
氧化剂	一级无机	×	×	×	×	①																								
	一级有机	×	×	×	×	×	○																							
	二级无机	×	×	×	×	○	×	②																						
	二级有机	×	×	×	×	×	○	×	○																					
压缩气体和液化气体	剧毒(有液氨和液氯)	×	×	×	×	×	×	×	×	○																				
	易燃	×	×	×	×	×	×	×	×	×	○																			
	助燃	×	×	×	×	×	×	分	×	○	×○																			
	不燃	×	×	×	×	分	消	分	分	○	○	○	○																	
自燃物品	一级	×	×	×	×	×	×	×	×	×	×	×	×	○																
	二级	×	×	×	×	×	×	×	×	×	×	×	×	×	○															
遇水燃烧物品	一级	×	×	×	×	×	×	×	×	×	×	×	×	×	×	○														
	二级	×	×	×	×	×	×	×	×	消	×	×	消	×	消	×	○													
易燃液体	一级	×	×	×	×	×	×	×	×	×	×	×	×	×	×	×	×	○												
	二级	×	×	×	×	×	×	×	×	×	×	×	×	×	×	×	×	○	○											

（续表）

化学危险物品分类		爆炸性物品				氧化剂				压缩气体和液化气体				自燃物品		遇水燃烧物品		易燃液体		易燃固体		毒害性物品				腐蚀性物品				放射性物品
																										酸性		碱性		
		点火器材	起爆器材	爆炸及爆炸性药品	其他爆炸品	一级无机	一级有机	二级无机	二级有机	剧毒	易燃	助燃	中燃	一级	二级	一级	二级	一级	二级	一级	二级	剧毒无机	剧毒有机	有毒无机	有毒有机	无机	有机	无机	有机	
易燃固体	一级	×	×	×	×	×	×	×	×	×	×	×	×	×	×	×	×	消	消	○										
	二级	×	×	×	×	×	×	×	×	×	×	×	×	×	×	×	×	消	消	○	○									
毒害性物品	剧毒无机	×	×	×	×	分	×	分	消	分	分	分	分	×	分	消	消	消	消	分	分	○								
	剧毒有机	×	×	×	×	×	×	×	×	×	×	×	×	×	×	×	×	×	×	分	分	○	○							
	有毒无机	×	×	×	×	分	×	分	分	分	分	分	分	×	分	消	消	消	消	×	×	○	○	○						
	有毒有机	×	×	×	×	×	×	×	×	×	×	×	×	×	×	×	×	分	分	消	消	○	○	○	○					
腐蚀性物品 酸性	无机	×	×	×	×	×	×	×	×	×	×	×	×	×	×	×	×	×	×	×	×	×	×	×	×	○				
	有机	×	×	×	×	×	×	×	×	×	×	×	×	×	×	×	×	消	消	×	×	×	×	×	×	×	○			
腐蚀性物品 碱性	无机	×	×	×	×	分	消	分	消	分	分	分	分	分	分	消	消	消	消	分	分	×	×	×	×	×	×	○		
	有机	×	×	×	×	×	×	×	×	×	×	×	×	×	×	×	×	消	消	消	消	×	×	×	×	×	×	○	○	
放射性物品		×	×	×	×	×	×	×	×	×	×	×	×	×	×	×	×	×	×	×	×	×	×	×	×	×	×	×	×	○

注：“○”符合表示可以混存；“×”符合表示不可以混存；

“分”指应按化学危险品的分类进行分区分类贮存。如果物品不多或仓位不够时，因其性能并不互相抵触，也可以混存；

“消”是指两种物品性能并不互相抵触，但消防施救方法不同，条件许可时最好分享。

1. 说明过氧化钠等过氧化物不宜和无机氧化剂混存。

2. 说明具有还原性的亚硝酸盐类，不宜和其他无机氧化剂混存。凡混存物品，货垛与货垛之间，必须留有1m以上的距离，并要求包装容器完整，不使两种物品发生接触。

19.2.35 焰火药化工原材料分类储存[4]

作用	原料名称
氧化剂	氯酸钾
	高氯酸钾、硝酸钾、硝酸钡、硝酸锶、氧化铅
可燃物	木炭
	硫、硫化锑、漆片、酚醛树脂
	铝粉、铁粉、钛粉、镁铝合金粉
着色剂	碱式碳酸铜、碳酸锶、草酸钠、氧化铜、氟硅酸钠
特殊效应物质	苯甲酸钠、苯二甲酸酸钾、成烟物
含氯有机物	六氟乙烷、聚氯乙烯
溶剂	汽油、香蕉水、酒精

19.2.36 典型的火炸药和弹药仓库的防雷等级[4]

库存危险品名称	危险区类别	防雷类别
黑索今、奥克托今、含黑索今或奥克托今的混合炸药	F0	一
TNT及其药柱（块）含TNT的混合炸药		一
太安及含太安的混合炸药、特屈儿		一
硝基胍、苦味酸、胶质炸药		一
装有1.1级推进剂的发动机		一
黑火药粉、黑火药粒、装黑火药的发射药药管、药包、抛射药包		一
中口径以上的主要炮弹（杀伤、爆破、杀伤爆破、穿甲、破甲、碎甲、子母弹、混凝土破障弹、破障弹等）、地雷、鱼雷、水雷、航空炸弹、火箭弹、导弹、特种炮弹、特种航弹、爆破筒	F1	一
火帽、枪弹底火、雷管、导爆索	F1	一
扩爆管	F1	一
烟火药及其制品	F0	一
地恩梯	F2	二
特种手榴弹、信号弹、枪弹、炮弹、航空炸弹	F1	一
小口径主要炮弹	F1	一
手榴弹	F1	一
引信、发火件、曳光灯、底火、拉火管传火具、点火具、电爆管	F1	一
单基、双基、三基火药	F0	一
装填1.3级推进剂的发动机、双基火药用的吸收药（含水少于20%）	F1	一
装发射药的药筒火药管、药包灯制品、可燃药筒、半可燃药筒、硝化棉软片制的传火药盒体、普通枪弹、不装填炸药的特种弹（穿甲、曳光等）	F1	一
二硝基萘	F2	二
硝化纤维素（含水不少于25%）	F2	二
高氯酸铵	F2	二
硝酸铵等氧化剂	F2	二
导火索	F2	二
覆土式仓库	F0	一
汽油库、乙醇库、丙酮库、乙醚库	Q0	一
甲苯库	Q0	二

19.2.37 部分火工烟火的各种工作间危险场所等级划分[4]

危险品名称	工作间名称	危险场所等级
导火索	黑火药制造的三成分混合、干燥、凉药、筛选、包装、导火索制造的黑火药粉准备	Ⅰ
	制索	Ⅱ
	黑火药制造的硫炭二成分混合，硝酸钾的干燥、粉碎，导火索盘索、干燥、包装、普检、秒量试验	Ⅲ
导爆索	黑索今的筛选、混合、干燥，制索	Ⅱ
	盘索、包装	Ⅲ
雷管	二硝基重氮酚制造、真空干燥	Ⅱ
	二硝基重氮酚烘房干燥、筛选	Ⅰ
	黑索今造粒、干燥、筛选、包装，雷管装药、压药、装配、检验、包装，延期药制造的混合、造粒、干燥、筛选、装药，引火药头制造	Ⅱ
非电导爆系统	奥克托今的粉碎、干燥、筛选、混合，导爆管系统装配、包装	Ⅱ
	导爆管制造	Ⅱ
试验站	雷管导爆系统试验站，非电导爆系统试验站，导火索试验间，炸药试验场的准备间	Ⅲ
仓库	黑火药仓库，起爆药仓库，延期药仓库，各种炸药仓库	Ⅰ
	雷管导爆系统仓库、导爆索导爆系统仓库、导火索导爆系统仓库，非电导爆系统仓库	Ⅱ
	硝酸铵仓库，硝酸钾仓库，硝酸钠仓库，氯酸钾仓库	Ⅲ

19.3 危险化学品包装与运输安全

19.3.1 包装件的放射性活度限值[1]

内容物性质	仪表或制成品		放射性物品包装件限值
	物品限值	包装件限值	
固态			
特殊形式	$10^{-2}A_1$	A_1	$10^{-3}A_1$
其他形式	$10^{-2}A_2$	A_2	$10^{-3}A_2$
液态	$10^{-3}A_2$	$10^{-1}A_2$	$10^{-4}A_2$
气态			
氚	$2\times10^{-2}A_2$	$2\times10^{-1}A_2$	$2\times10^{-2}A_2$
特殊形式	$10^{-3}A_1$	$10^{-2}A_1$	$10^{-3}A_1$
其他形式	$10^{-3}A_2$	$10^{-2}A_2$	$10^{-3}A_2$

19.3.2 包装件和运输工具外表面放射性污染最大限值[1]

污染表示	β、γ和低毒性α发射体 Bq/cm^2（$\mu Ci/cm^2$）	其他α发射体 Bq/cm^2（$\mu Ci/cm^2$）
包装件外表面或包装件外层辅助包装及运输工具表面	4（10^{-4}）	0.4（10^{-5}）

19.3.3 放射性包装件的运输等级[1]

运输等级（标志颜色）	包装件外表面任意一点的最大辐射水平（H）mSv/h（mrem/h）	运输指数（TI）
Ⅰ级（白色）	$H\leqslant0.005$（0.5）	$TI=0$［注］
Ⅱ级（黄色）	0.005（0.5）$<H\leqslant0.5$（50）	$0<TI\leqslant1$
Ⅲ级（黄色）	0.5（50）$<H\leqslant2$（200）	$1<TI\leqslant10$

注：对于 $TI\leqslant0.05$ 的包装件均认为 $TI=0$；其他情况 TI 都应取一位小数。

19.3.4 危险货物配装表[1]

危险货物的种类和品名				品名编号	配装号															
危险货物	爆炸品		导火索和点火绳	14007~14009，T14001	1	1														
危险货物	爆炸品		枪弹类、演习用纸壳手榴弹、抛射空降伞兵靶、民用火箭、礼花弹、响墩、火炬信号、烟花、爆竹、鞭炮、燃烧棒、手榴弹内管、音响手榴弹、火箭信号	12023，12039，12042，12047，13056，14049，14053，14055，T14002~T14005	2	△	2													
危险货物	压缩气体和液化气体		易燃气体	21001~21061，T21001~T21003	3	△	△	3												
危险货物	压缩气体和液化气体	不燃气体	氧、空气、一氧化二氮（氧及氧气空钢瓶不得与油脂在同一车内配装）	22001，22003，22017	4	△	△	△	4											
危险货物	压缩气体和液化气体	不燃气体	其他不燃气体	22005~22016，22018~22053，T22001，T22002	5					5										
危险货物	压缩气体和液化气体		有毒气体（液氯及液氨不得在同一车内配装）	23001~23052，T23001	6		×				6									
危险货物	易燃液体			31001~31053，T31001，T31002，32001~32200，T32001，T32002，33501~33648，T33001，T33002	7	△	×		×		×	7								
危险货物	易燃固体、自燃物品和遇湿易燃物品		易燃固体（发孔剂H不得与酸性腐蚀品及有毒或易燃酯类危险物品配装）	41001~41060，T41001，T41002，41501~41553	8		△		×		×		8							
危险货物	易燃固体、自燃物品和遇湿易燃物品	自燃物品	一级自燃物品	42001~42037，T42001~T42003	9	△	×	×	×		×	×	×	9						
危险货物	易燃固体、自燃物品和遇湿易燃物品	自燃物品	二级自燃物品	42501~42526	10		△	△	△		×	△			10					
危险货物	易燃固体、自燃物品和遇湿易燃物品		遇湿易燃物品（不得与含水液体货物在同一车内配装）	43001~43051，43501~43510	11		×	△	△		△			×		11				
危险货物	氧化剂和有机过氧化物	氧化剂	过氧化氢	51001，51501	12	△	△					×		△	△	×	12			
危险货物	氧化剂和有机过氧化物	氧化剂	亚硝酸盐、亚氯酸盐、次亚氯酸盐②⑤	51043，51046，51071~51074，51509，51525	13	△	△	△			×	×	△	△		△		13		
危险货物	氧化剂和有机过氧化物	氧化剂	其他氧化剂（配装号15所列品名除外）	51002~51042，51044，51045，51047~51067，51069，51070，51080，T51001~T51003，51502~51508，51510~51524，51526，51527	14	△	△	△			×	×	△	△		△		×	14	
危险货物	氧化剂和有机过氧化物		有机氧化剂（硝酸胍、高氯酸酯酐溶液、过氧化氢尿素、二氯异氰尿酸、三氯异氰尿酸、四硝基甲烷）有机过氧化物	51068，51075~51079，52001~52102，T52001，T52002	15	×	×	×			×	×	×	×		△	△	×	×	15

（续表）

危险货物的种类和品名				品名编号	配装号																						
危险货物	毒害品	氰化物		61001，61005	16												×				16						
危险货物	毒害品	其他毒害品⑥		61006～61034，61051～61139，61501～61520，61551～61908，T61501～T61516	17												△					17					
危险货物	腐蚀品	酸性腐蚀品	溴	81021	18	△	×	△				△		×	△	△				×	×	△	18				
危险货物	腐蚀品	酸性腐蚀品	发烟硝酸、硝酸、硝化酸混合物、废硝酸、废硝化混合酸、发烟硫酸、硫酸、含铬硫酸、废硫酸、淤渣硫酸、氯磺酸	81001～81004，81006～81009，81023	19	△	×	×	△	△	×	△	△	×	×	△	△	×	①	×	×	△	△	19			
危险货物	腐蚀品	酸性腐蚀品	其他酸性腐蚀品	81005，81010～81020，81022，81024～81067，81101～81135，81501～81531，81601～81647，T81501～T81503	20	△	△	△			△			△		△	△	△	△	△	×	△		△	20		
危险货物	腐蚀品	碱性腐蚀品（水合肼、氨水不得与氧化剂和有机过氧化物配装）其他腐蚀品		82001～82033，82501～82521，T82501～T82503，83001～83021，83051～83512，T83501，T83502	21											△								×		21	
普通货物	易燃货物				22		△	×			×						△			△			△	×			22
普通货物	饮食品、粮食、饲料、药品、药材类、食用油脂③④				23			△			×	△	△	×		×	△				×	×	×	×	×	△	23
普通货物	非食用油脂				24												△						×	×			24
普通货物	活动物③				25		△	×			×	△	△	×		×	×	△	△	△	×	×	×	×	×	×	25
普通货物	其他③④				26																						26
配装号						1	2	3	4	5	6	7	8	9	10	11	12	13	14	15	16	17	18	19	20	21	

注：1. 无配装符号表示可以配装。

2. △表示可以配装，堆放时至少隔离2m。

3. ×表示不可以配装。

4. 有“注1”、“注2”……注释时按注释规定办理。

① 除硝酸盐（如硝酸钠、硝酸钾或硝酸铵等）与硝酸、发烟硝酸可以配装外，其他情况皆不得配装。

② 氧化剂不得与松软的粉状可燃物（如煤粉、焦粉、炭黑、糖、淀粉、锯末等）配装。

③ 饮食品、粮食、饲料、药品、药材类、食用油脂及活动物不得与贴有6号、13号、14号、15号、16号包装标志的物品，及有恶臭能使货物污染异味的物品，以及畜禽产品中的生皮张、生毛皮（包括碎皮）、畜禽毛、骨、蹄、角、鬃等物品配装。

④ 饮食品、粮食、饲料、药材类、食用油脂与按普通货物条件运输的化工原料、化学试剂、香精、香料应隔离1m以上。

⑤ 漂白粉与过氧化氢、易燃物品、非食用油脂应隔离2m以上；与饮食品、粮食、饲料、药品、药材类、食用油脂、活动物不得配装。

⑥ 贴有7号包装标志的液态农药不得与氧化剂和有机过氧化物配装。

19.3.5 LSA 物质和 SCO 的工业包件要求[2]

放射性内装物	工业包件类型	
	独家使用	非独家使用
LSA－Ⅰ		
固体	IP－1 型	IP－1 型
液体	IP－1 型	IP－2 型
LSA－Ⅱ		
固体	IP－2 型	IP－2 型
液体和气体	IP－2 型	IP－3 型
LSA－Ⅲ	IP－2 型	IP－3 型
SCO－Ⅰ	IP－1 型	IP－1 型
SCO－Ⅱ	IP－2 型	IP－2 型

19.3.6 未列名的毒害品和未另作的毒害品的包装类别[5]

包装类别	吞咽毒性半数致死量/（mg·kg^{-1}）	接触皮肤毒性半数致死量/（mg·kg^{-1}）	吸入粉尘、毒性半数致死量/（1h）/（mg·kg^{-1}）
Ⅰ	≤5	≤40	≤0.5
Ⅱ	>5～50（5～50）	（40，200]	（0，2]
Ⅲ①固体	（50，500]	（200，1000]	（2，10]
液体	（50，200]	（200，1000]	（2，10]

① 虽然催泪气体物质的毒性数据相当于包装类Ⅲ的数值，但应当列入包装Ⅱ中。

19.3.7 根据毒性确定包装类别[5]

包装类别	口服毒性 LD50/（mg·kg^{-1}）	皮肤接触毒性 LD50/（mg·kg^{-1}）	吸入粉尘或烟雾毒性 LC50/（mg·kg^{-1}）
Ⅰ类	≤5	≤40	≤0.5
Ⅱ类	5～50	40～200	0.5～2
Ⅲ类①	固体 50～500 液体 50～2000	200～1000	2～10

① 催泪性气态物质即使毒性与Ⅲ类包装相当，也应放在Ⅱ类包装中。

19.3.8 各种危险品包装允许的最大容积与最大质量[5]

类　别	包装形式与型号	最大包装容积/L	最大包装质量/kg
桶　类	钢桶（1A）	450	400
	铝桶（1B）	450	400
	钢罐（3A）	60	120
	胶合板桶（1D）	250	400
	木琵琶桶（2C）	250	400
	硬质纤维板桶（1F）	250	400
	覆纸板桶（10）	450	400
	塑料桶（1H）	450	400
	塑料罐（3H）	60	120

19.3.9　危险品包装的尺寸[5]

序　号	尺　寸		序　号	尺　寸	
	长/mm	宽/mm		长/mm	宽/mm
1	50	50	3	150	150
2	100	100	4	250	250

注：1号适用于拴挂；2号、3号，4号适用于印刷或标打。

19.3.10　各类包装应检验的项目[2]

种　类	编　码	类　别	应检验项目			
			跌落	气密	液压	堆码
钢桶	1A1	非活动盖	+	+	+	+
	1A2	活动盖	+			+
铝桶	1B1	非活动盖	+	+	+	+
	1B2	活动盖	+			+
金属桶（不含钢和铝）	1N1	非活动盖	+	+	+	+
	1N2	活动盖	+			+
钢罐	3A1	非活动盖	+	+	+	+
	3A2	活动盖	+			+
铝罐	3B1	非活动盖	+	+	+	+
	3B2	活动盖	+			+
胶合板桶	1D		+			+
木琵琶桶	2C1	塞形	+	+	+	+
	2C2	活动盖	+			+
纤维板桶	1G		+			+
塑料桶和罐	1H1	桶，非活动盖	+	+	+	+
	1H2	桶，活动盖	+			+
	3H1	罐，非活动盖	+	+	+	+
	3H2	罐，活动盖	+			+
天然木箱	4C1	普通的	+			+
	4C2	箱壁防筛漏	+			+
胶合板箱	4D		+			+
再生木箱	4F		+			+
纤维箱	4G		+			+
塑料箱	4H1	发泡塑料箱	+			+
	4H2	密实塑料箱	+			+

（续表）

种 类	编 码	类 别	应检验项目			
			跌落	气密	液压	堆码
钢或铝箱	4A	钢箱	+			+
	4B	铝箱	+			+
纺织袋	5L1	不带内衬或涂层	+			
	5L2	防筛漏	+			
	5L3	防水	+			
塑料编织袋	5H1	不带内衬或涂层	+			
	5H2	防筛漏	+			
	5H3	防水	+			
塑料膜袋	5H4		+			
纸袋	5M1	多层	+			
	5M2	多层，防水的	+			
复合容器（塑料材料）	6HA1	塑料储器与外钢桶	+	+	+	+
	6HA2	塑料储器与外钢板条箱或钢箱	+			+
	6HB1	塑料储器与外铝桶	+	+	+	+
	6HB2	塑料储器与外铝板箱或铝箱	+			+
	6HC	塑料储器与外木板箱	+			+
	6HD1	塑料储器与外胶合板桶	+	+	+	+
	6HD2	塑料储器与外胶合板箱	+	+	+	+
	6HG1	塑料储器与外纤维板桶	+	+	+	+
	6HG2	塑料储器与外纤维板箱	+			+
	6HH1	塑料储器与外塑料桶	+			+
	6HH2	塑料储器与外硬塑料箱	+			+
复合容器（玻璃、陶瓷或粗陶瓷）	6PA1	储器与外钢桶	+			
	6PA2	储器与外钢板条箱或钢箱	+			
	6PB1	储器与外铝桶	+			
	6PB2	储器与外铝板条箱或铝箱	+			
	6PC	储器与外木箱	+			
	6PD1	储器与外胶合板桶	+			
	6PD2	储器与外有盖柳条篮	+			
	6PG1	储器与外纤维质桶	+			
	6PG2	储器与外纤维板箱	+			
	6PH1	储器与外泡沫塑料容器	+			
	6PH2	储器与外硬塑料容器	+			

注：表中“+”表示应检验的项目。

19.3.11 试验样品数量和跌落方向[2]

容器	试验样品数量	跌落方向
钢桶 铝桶 除钢桶或铝桶之外的金属桶 钢罐 铝罐 胶合板桶 木制琵琶桶 纤维板桶 塑料桶和罐 圆柱形复合容器	6个 （每次跌落用3个）	第一次跌落（用3个样品）：容器应以凸边斜着撞击在冲击板上。如果容器没有凸边，则撞击在周边接缝上或一棱边上 第二次跌落（用另外3个样品）：容器应以第一次跌落未试验过的最弱部位撞击在冲击板上，例如封闭装置，或者某些圆柱形桶，则撞在桶身的纵向焊缝上
天然木箱 胶合板箱 再生木箱 纤维板箱 塑料箱 钢或铝箱 箱形复合容器	5个 （每次跌落用1个）	第一次跌落：底部平跌 第二次跌落：顶部平跌 第三次跌落：长侧面平跌 第四次跌落：短侧面平跌 第五次跌落：棱角着地
袋-单层有缝边	3个 （每袋跌落3次）	第一次跌落：宽面平跌 第二次跌落：窄面平跌 第三次跌落：跌在袋的一端
袋-单层无缝边，或多层	3个（每袋跌落2次）	第一次跌落：宽面平跌 第二次跌落：跌在袋的一端

19.3.12 液压试验压力[2]

kPa

Ⅰ类包装	Ⅱ类包装	Ⅲ类包装
≥250	≥100	≥100

19.3.13 气密试验压力[2]

kPa

Ⅰ类包装	Ⅱ类包装	Ⅲ类包装
≥30	≥20	≥20

19.3.14 跌落高度[2]

m

Ⅰ类包装	Ⅱ类包装	Ⅲ类包装
1.8	1.2	0.8

19.3.15 运输特殊防护事项[1]

特别防护事项	货车上的表示	运输单据上的表示
禁止溜放或溜放时限速连挂的车辆（附件五）	在货车两侧插挂“禁止溜放”或“限速连挂”的货车表示牌	在货物运单右上角、票据封套、装载清单上用红色记明“禁止溜放”或“限速连挂”字样
车辆编组隔离表（附件六）规定编组需要隔离的货车	在货车表示牌上记明规定的三角标记，对无“禁止溜放”或“限速连挂”的货车应记在货车表示牌背面，并在货车两侧反插货车表示牌	在货物运单右上角、票据封套、装载清单上用红色记明规定的三角标记
危险货物品名表第11栏中规定停止制动作用的货车	在货车表示牌上记明“停止制动作用”字样	在货物运单右上角、票据封套、装载清单上用红色记明“停止制动作用”字样

19.3.16 零担车内装载包装件最大放射性活度值[1]

运输包装等级	物理状态	每一包装件最大放射性活度 GBq
一级	块状固体	A_1
	粉末、晶粒或液体	A_2
二级	块状固体	A_1
	粉末、晶粒或液体	A_2
三级	块状固体	A_1
	粉末、晶粒或液体	A_2

19.3.17 放射性物品与其他货物配装[1]

运输等级	Ⅰ级	Ⅱ级	Ⅲ级
感光材料以及活动物	不能配装	不能配装	不能配装
其他危险货物	不能配装	不能配装	不能配装
各种食品、粮食、饲料、药品、药材、食用油脂	0.5m	2m	不能配装
其他行李、包裹	不隔离	2m（客运除外）	不能配装
普通货物	不隔离	不隔离	1.5m

19.3.18 放射性物品最小安全距离表[1]

距包装件外表面最小安全距离/m		照射时间/h［d］							
		1	2	4	10	24［1］	48［2］	120［5］	240［10］
运输指数	0.2	0.5	0.5	0.5	0.5	1	1	2	3
	0.5	0.5	0.5	0.5	1	1	2	3	5
	1	0.5	0.5	1	1	2	3	5	7
	2	0.5	1	1	1.5	3	4	7	9
	4	1	1	1.5	3	4	6	9	
	8	1	1.5	2	4	6	8		
	10	1	2	3	4	7	9		

19.3.19 装卸放射性货物容许作业时间表[1]

包装件运输等级	包装件表面辐射水平		运输指数 *TI*	徒手作业时间	简单工具（距包装件表面约0.5m）	半机械化操作（距包装件表面1m）	机械化操作（距包装件表面1.5m）
	mSv/h	mrem/h					
Ⅰ级	≤0.005	≤0.5	—	8h	—	—	—
Ⅱ级	0.01	1	—	7h	8h	—	—
	0.05	5	0.05	1.5h	7h	—	—
	0.1	10	0.1	50min	6h	—	—
	0.2	20	0.3	20min	2h	8h	—
	0.3	30	0.6	15min	1.5h	7h	—
	0.4	40	0.8	10min	1h	6h	—
	0.5	50	1.0	7min	50min	5.5h	—
Ⅲ级	0.6	60	1.5	6min	45min	5h	7h
	0.8	80	2.0	5min	40min	4h	6h
	1.0	100	3.0	1min	35min	2.5h	5h
	1.2	120	4.0	3min	30min	2.0h	4h
	1.4	140	5.0	2min	24min	1.5h	3h
	1.8	180	7.0	1min	20min	1.0h	2h
	2.0	200	10.0	不容许	12min	30min	1h

注：表中“—”表示不加限制。

19.3.20 铁路危险货物运输包装性能试验要求和合格标准[1]

试验项目	试验方法和要求	胶合板桶、纤维板桶、硬纸板桶	钢桶（罐）、铝桶	钢塑复合桶（箱）	塑料桶（罐）	榫槽接缝木箱、普通木箱、半花格木箱、花格木箱、纤维板箱、胶合板箱、铁皮箱	瓦楞纸箱、钙塑瓦楞箱	麻袋、乳胶布袋、塑料编织袋、复合塑料编织袋、塑料袋、纸袋	耐酸坛、陶瓷坛、厚度3mm以上的大玻璃瓶
跌落试验	数量	6个，分两次试验，每次3个				5个，每次试验1个		3个，每个试验3次	
跌落试验	地面	符合规定的碰撞地面							
跌落试验	试验方法	第一次：桶（罐）的凸边呈斜角线撞击在地面上，如无凸边则以桶（罐）身与桶（罐）底接缝处撞击。第二次：第一次没有试验到的最薄弱地方。如纵向焊缝、封闭口等				第一次箱底平落，第二次箱顶平落，第三次长侧面平落，第四次短侧面平落，第五次对角跌落		第一次袋的平面平落，第二次袋的一侧平落，第三次袋的端部平落	
跌落试验	跌落高度	Ⅰ类包装：1.8m Ⅱ类包装：1.2m Ⅲ类包装：0.8m	① 如果用所装运的固体、液体或模拟物进行跌落试验，跌落高度为：Ⅰ类包装，1.8m；Ⅱ类包装，1.2m；Ⅲ类包装，0.8m ② 当以水代替所装运的液体进行试验时，如果所装物的相对密度（d）不超过1.2，跌落高度同上；如果所装物的相对密度（d）超过1.2，跌落高度为：Ⅰ类包装，$d\times1.5m$；Ⅱ类包装，$d\times1.0m$；Ⅲ类包装，$d\times0.67m$			Ⅰ类包装：1.8m Ⅱ类包装：1.2m Ⅲ类包装：0.8m			
跌落试验	合格标准	桶（罐）和内容器不得破损；内容物不得有任何撒漏和破损				外包装和内容器不得破损，内容物不得有任何撒漏		袋不应有任何破损或撒漏	
液压试验	数量	3个							3个
液压试验	试验方法		需经受5min恒压试验。桶（罐）不能用机械支撑		需经受30min恒压试验。桶（罐）不能用机械支撑				需经受5min恒压试验

（续表）

试验项目	试验方法和要求	胶合板桶、纤维板桶、硬纸板桶	钢桶（罐）、铝桶	钢塑复合桶（箱）	塑料桶（罐）	榫槽接缝木箱、普通木箱、半花格木箱、花格木箱、纤维板箱、胶合板箱、铁皮箱	瓦楞纸箱、钙塑瓦楞箱	麻袋、乳胶布袋、塑料编织袋、复合塑料编织袋、塑料袋、纸袋	耐酸坛、陶瓷坛、厚度3mm以上的大玻璃瓶
液压试验	压力		Ⅰ类包装：250kPa；Ⅱ、Ⅲ类包装：不小于所运物质在55℃时的蒸汽压的1.5倍减去100kPa，但最小试验压力为100kPa						Ⅰ类包装：250kPa； Ⅱ类包装：200kPa； Ⅲ类包装：200kPa
	合格标准		桶（罐）不应渗漏						坛、瓶不破裂
气密试验	数量		3个						
	试验方法		① 将桶（罐）浸入水中，对桶（罐）内充气加压，观察有无气泡产生 ② 在桶（罐）接缝处或其他易渗漏处涂上皂液或其他合适的液体后向桶（罐）内充气加压，观察有无气泡产生						
	气压		Ⅰ类包装：不小于50kPa；Ⅱ、Ⅲ类包装：不小于30kPa						
	合格标准		桶（罐）不应漏气						
堆码试验	数量	3个							
	试验方法	① 将坚硬载荷平板置于试验包装件的顶面，在平板上放置重物 ② 堆码高度：3m（含被试包装件）							
	时间	24h			28d（温度40℃条件下）	24h	钙塑瓦楞箱为28d（温度40℃条件下）瓦楞纸箱为24h		24h
	合格标准		桶（罐）不应有引起堆码不稳定的任何变形和破损						桶（罐）不应有引起堆码不稳定的任何变形和破损

19.3.21 铁路禁止溜放和限速连挂的车辆[1]

序号	种　类	禁止溜放（调动这些车辆时禁止溜放和由驼峰上解体）	限速连挂（溜放或由驼峰上解体调车，车辆连挂速度不得超过 2km）
1	爆炸品（爆炸品保险箱）	整体爆炸物品、抛射爆炸物品、燃烧爆炸物品	一般爆炸物品、不敏感爆炸物品
2	压缩气体和液化气体	罐车和钢质气瓶装载的易燃、有毒压缩气体及液化气体	①不燃气体；②钢质气瓶以外其他包装装载的压缩气体及液化气体
3	易燃液体	乙醚、二硫化碳、石油醚、苯、丙酮、甲醇、乙醇、甲苯	①除禁止溜放栏内规定以外的装入玻璃或陶瓷容器的易燃液体；②汽油
4	易燃固体、自燃物品和遇湿易燃物品	硝化纤维素、黄磷、硝化纤维胶片	三硝基苯酚（含水≥30%）、六硝基二苯铵（含水>75%）、三乙基铅、浸没在煤油或密封于石蜡中的金属钠、钾、铯、锂、铷、硼氢化物
5	氧化剂和有机过氧化物	过氧化氢、过氧化钠、过氧化钾、氯酸钠、氯酸钾、氯酸铵、硝酸胍、漂粉精和有机过氧化物	除禁止溜放栏内规定以外的装入玻璃容器的氧化剂和有机过氧化物
6	毒害品和感染性物品	玻璃瓶装的氯化苦、硫酸二甲酯、四乙基铅（包括溶液）、一级（剧毒）有机磷液态农药、一级（剧毒）有机锡类、磷酸三甲苯酯、硫化膦酰氯	①禁止溜放栏内的货物装入铁桶包装时；②装入玻璃或陶瓷容器的毒害品
7	放射性物品	二、三级运输包装或气体的放射性货物	
8	腐蚀品	罐车装载以及玻璃或陶瓷容器盛装的发烟硝酸、硝酸、发烟硝酸、硫酸、三氧化硫、氯磺酸、氯化亚砜、三氯化磷、五氯化磷、氧氯化磷、氢氟酸、氯化硫酰、高氯酸、氢溴酸、溴	除禁止溜放栏内规定以外的装入玻璃或陶瓷容器的腐蚀品

（续表）

序号	种　类	禁止溜放（调动这些车辆时禁止溜放和由驼峰上解体）	限速连挂（溜放或由驼峰上解体调车，车辆连挂速度不得超过2km）
9	活动物	鱼苗以外贸出口的禽、畜	车内装有禽畜（外贸出口除外）、蜜蜂、活鱼
10	超限、超长货物	二级以上超限货物、跨装的超长货物	
11	特种车辆	非工作机车、轨道起重机、机械冷藏车、大型的凹型和落下孔车、空客车及特种用途车（发电车、无线电车、轨道检查车、钢轨探伤车、电务试验车、通信车）、检衡车	
12	特种货物	按规定“禁止溜放”的军用危险货物和军用特种货物	
13	其他车辆	搭乘旅客的车辆、铁道部临时指定的货物车辆	乘有押运人员的货车，沿途零担车
14	贵重、精密货物	由发站和托运人共同确定的贵重的以及高级的精密机械、仪器仪表	电子管、收音机、电视机以及装有电子管的机械
15	易碎货物	易碎的历史文物、易碎的展览品、外贸出口的易碎工艺美术品、易碎的涉外物资（指各国驻华使、领馆公用或个人用物品、外交用品、国际礼品、展品、外侨及归国华侨的搬家货物）	鲜蛋类、生铁制品、陶瓷制品、缸砂制品、玻璃制品以及用玻璃、搪瓷、缸砂容器盛装的液体货物

注：1. 整装零担车和沿途零担车中装有“禁止溜放”的货物，应插挂“禁止溜放”表示牌。

2. 除顺号1、2、11、12、13“禁止溜放”外，其他“禁止溜放”的货物车辆可向空线溜放。

19.3.22 车辆编组隔离表[1]

货物种类（品名编号）		隔离对象								
		隔离标记	距牵引的蒸汽机车	距牵引的内燃、电力机车，推进运行或后部补机使用火炉的车辆及守车	距乘坐旅客的车辆	距装载雷管及导爆索车辆（11001，11002，11007，11008）△7	除雷管及导爆索以外的爆炸品△8	距敞车、平车装载的货物	距装载高出车帮易窜动的货物	备注
		最少隔离辆数								
压缩气体和液化气体	易燃气体（21001～21061，T21001～T21003） 不燃气体（22001～22053，T22001，T22002） 有毒气体（23001～23052，T23001）	△1	4	1	4	4	1	1		
低闪点液体（一级易燃液体）（31001～31053，T31001，T31002） 中闪点液体（一级易燃液体）（32001～32200，T32001，T32002） 一级易燃固体（41001～41060，T41001，T41002） 一级自燃物品（42001～42037，T42001～T42003） 一级氧化剂（51001～51080，T52001～T51003） 有机过氧化物（52001～52102，T52001，T52002） 一级毒害品（剧毒品）（61001～61034，61051～61139） 一级酸性腐蚀品（81001～81067，81101～81135） 一级碱性腐蚀品（82001～82033） 一级其他腐蚀品（83001～83021）		△2	1	1	1	2	2	1		运输原油时，与机车及使用火炉的车辆可不隔离

（续表）

货物种类（品名编号）		隔离标记	距牵引的蒸汽机车	距牵引的内燃、电力机车，推进运行或后部补机使用火炉的车辆及守车	距乘坐旅客的车辆	距装载雷管及导爆索车辆（11001，11002，11007，11008）△7	除雷管及导爆索以外的爆炸品△8	距敞车、平车装载的货物	距装载高出车帮易窜动的货物	备注
			最少隔离辆数							
放射性物品（矿石、矿砂除外）		△3	4	1	4	×	×	1	1	×标记表示不能编入同一列车
七○七	一级	△4	4	1	4	4	4	1	1	一级与二级编入同一列车时，相互隔离2辆以上，停放车站时相互隔离10m以上，严禁明火靠近
七○七	二级	△5	4	1	4	4	4	1	1	
敞、平车装载的易燃货物及敞车装载的散装硫磺		△6	4	1	1	2	2	–		装载未涂防火剂的腐朽木材的车辆，运行在规定的区段和季节须与牵引机车隔离10辆，如隔离有困难时，各铁路局与邻局协商规定隔离办法
爆炸品	雷管及导爆索（11001，11002，11007，11008）	△7	4	1	4		4	2	1	爆炸品保险箱可不隔离
爆炸品	除雷管及导爆索以外的爆炸品	△8	4	1	4	4		2	1	
活动物	禽、畜、鱼苗	△9	4		1					

注：1. 装载危险货物、易燃货物的沿途零担车可不隔离。

2. 小运转列车及调车隔离规定，由铁路局自行制定。

3. 有▲标记（装载蜜蜂的车辆）按有关文件规定办理。

4. 空罐车可不隔离。

19.3.23 免受盛装易裂变材料的包件要求限制的托运货物质量限值[2]

易裂变材料	与平均氢密度小于或等于水的物质相混合的易裂变材料质量/g	与平均氢密度大于水的物质相混合的易裂变材料质量/g
铀-235（X）	400	290
其他易裂变材料（Y）	250	180

19.3.24 危险化学品装卸搬运防火安全要求[8]

序号	危险化学品品名	装卸搬运防火安全要求
1	爆炸品	（1）操作前检查装卸搬运工具是否牢固，不牢固的应予更换或修理，工具上沾有或会被易燃物、有机物、酸、碱污染的也必须清洗后方可使用。 （2）不可用木炭车、电瓶车、铁轮车和其他铁制可发生火花的工具搬运操作，也不可穿有铁钉的鞋子作业。操作时应轻拿轻放，防止撞击、摩擦、摔碰、震动。重在40kg以上的包装，不宜肩扛、背负，应该二人抬或用胶轮车搬运，装卸时要有专人上肩下肩，并不得踩踏其包装。装车时，最上一层物件，至少要有半截在车帮以内，如车帮过低，需要用绳索将物件绑牢。货垛堆码必须稳固。发现物品包装破漏应及时移到安全地点整修，如有物品撒落地面，应及时用松软物或用水浸湿后清除。装卸搬运宜在白天进行，但应避免日晒，夏季宜在早晚作业但晚间作业应用防爆或封闭式的安全照明，雨雪冰冻时作业，应有防滑措施。 （3）工作完毕后应及时清扫现场，工具上如有物品粘附，应清除后方可储藏备用。 （4）装卸搬运有毒物品，应穿戴工作服、目镜、口罩、手套等防护用品，防止物品与皮肤接触，工作中不可饮食、吸烟，工作完毕后及时洗手、洗脸、漱口
2	氧化剂	（1）与序号1号之（1）相同。 （2）包装过重的物品可以在地面轻轻滚动，但在坚硬地面滚动时应铺垫木板，其注意事项与序号1之（2）相同。 （3）与序号1之（4）相同
3	压缩气体和液化气体	（1）操作前检查装卸搬运工具是否牢固，不牢固的应予更换或修理。 （2）钢瓶上应套有胶圈或草绳捆绑，并且作业时要轻拿轻放，防止摩擦或互相撞击。最好是用手车搬运，在车上用槽架或三角木卡牢，气间应向车辆后方摆放。车上用苫布盖好，以免日晒。 （3）装卸毒害性气体，应配备防毒面具，随身携带备用，并保持现场空气流通
4	自燃物品	（1）与序号1之（1）相同。 （2）操作时轻拿轻放，防止重摔。发现破漏包装应当及时整修，应备有稳定剂的物品，如稳定剂不足应立即加注，防止日晒，夏季作业宜在早晚进行，不可用可能发生火花的工具作业
5	遇湿易燃物品	（1）与序号1之（1）相同。 （2）一般不宜在雨雪、雾天作业，作业时应避开在铁桶两端操作，防止万一发生爆炸时伤及人体，发现胀桶现象应移至安全地点进行放气，其注意事项与序号4之（2）相同。 （3）与序号1之（4）相同
6	易燃液体	（1）与序号1之（1）相同。 （2）操作时轻拿轻放，防止摔碰、撞击、摩擦、不可用易发生火花的工具作业，铁桶包装物品不宜滚动，需要滚动时应铺垫木板，卸车下垛不宜用跳板迅速溜放，在车下、垛下垫旧轮胎或其他松软物、缓缓下放，标有不可倒置标志的物品切勿倒放。包装破漏者必须及时整修清理。 （3）操作时应穿戴工作服口罩、手套、目镜等防护用品，并保持现场空气流通

（续表）

序号	危险化学品品名	装卸搬运防火安全要求
7	易燃固体	（1）与序号1之（1）相同。 （2）操作时轻拿轻放，防止摔碰、撞击、摩擦、不可用易发生火花的工具操作，包装破损应及时修整。极易燃烧的粉末状物品撒落地面或粘附在包装外，应用松软物轻轻扫净，以防摩擦起火。 （3）与序号6之（3）相同，操作有毒性，刺激性物品时不可赤背作业
8	毒害品	（1）与序号1之（1）相同。 （2）操作时轻拿轻放，防止摔破包装，包装破漏的必须立即整理，液体物品不可倒放。 （3）根据毒品性质，分别戴相应的防毒面具、口罩、手套、穿工作服。操作前还应有专人进行检查穿戴是否合适。操作时保持现场空气流通。工作中不可饮食、吸烟，工作完毕后及时洗手、洗脸、漱口，最好进行淋浴。 （4）工作完毕要彻底清扫现场
9	腐蚀性物品	（1）与序号1之（1）相同。 （2）操作前周密检查箱底是否已被腐蚀，以防脱底发生危险。搬运时禁止肩扛背负或用双手揽抱，只能挑、抬或用车子搬运。搬运、堆码时不可倒置、倾倒、振荡、以免液体溅出发生危险。 （3）操作人员必须穿戴耐腐蚀的工作服、手套、长筒靴、口罩、目镜等防护用具，并按物品性质，在现场准备清水、苏打水或稀醋酸、食醋等，以备急救时应用
10	放射性物品	（1）装卸搬运时不得肩扛背负或揽抱，并尽量减少人和物品的接触，轻拿轻放，防止摔破包装。 （2）操作人员应穿戴防护服、口罩、目镜、手套。操作时间不可过长，最好轮换作业。工作完毕洗手、洗脸或洗澡后方可饮食。防护用品洗刷消毒后放在专门和箱柜保管，以免射线感染。 （3）工作完毕后要彻底清扫现场，废物挖坑深埋，工具要用水冲刷

19.4　危险化学品消防安全

19.4.1　各种灭火剂分类及适用范围

<table>
<tr><th colspan="3" rowspan="3">灭　火　剂</th><th colspan="5">火　灾　种　类</th></tr>
<tr><th rowspan="2">木材等一般火灾</th><th colspan="2">可燃液体火灾</th><th rowspan="2">带电设备火灾</th><th rowspan="2">金属火灾</th></tr>
<tr><th>非水溶性</th><th>水溶性</th></tr>
<tr><td rowspan="8">液体</td><td rowspan="2">水</td><td>直流</td><td>○</td><td>×</td><td>×</td><td>×</td><td>×</td></tr>
<tr><td>喷雾</td><td>○</td><td>△</td><td>○</td><td>○</td><td>△</td></tr>
<tr><td rowspan="6">水溶液</td><td>直流（加强化剂）</td><td>○</td><td>×</td><td>×</td><td>×</td><td>×</td></tr>
<tr><td>喷雾（加强化剂）</td><td>○</td><td>○</td><td>○</td><td>×</td><td>×</td></tr>
<tr><td>水加表面活性剂</td><td>○</td><td>△</td><td>△</td><td>×</td><td>×</td></tr>
<tr><td>水加增黏剂</td><td>○</td><td>×</td><td>×</td><td>×</td><td>×</td></tr>
<tr><td>水胶</td><td>○</td><td>×</td><td>×</td><td>×</td><td>×</td></tr>
<tr><td>酸碱灭火剂</td><td>○</td><td>×</td><td>×</td><td>×</td><td>×</td></tr>
</table>

（续表）

灭火剂			火灾种类				
			木材等一般火灾	可燃液体火灾		带电设备火灾	金属火灾
				非水溶性	水溶性		
液体	泡沫	化学泡沫	○	○	△	×	×
液体	泡沫	蛋白泡沫	○	○	×	×	×
液体	泡沫	氟蛋白泡沫	○	○	×	×	×
液体	泡沫	水成膜泡沫（轻水）	○	○	×	×	×
液体	泡沫	合成泡沫	○	○	×	×	×
液体	泡沫	抗溶性泡沫	○	△	○	×	×
液体	泡沫	高、中倍数泡沫	○	○	×	×	×
液体	特殊液体（7150 灭火剂）		×	×	×	×	○
液体	卤代烷	二氟二溴甲烷（1202）	△	○	○	○	×
液体	卤代烷	四氟二溴乙烷（2402）	△	○	○	○	×
气体	卤代烷	二氟一氯一溴甲烷（1211）	△	○	○	○	×
气体	卤代烷	三氟一溴甲烷（1301）	△	○	○	○	×
气体	不燃气体	二氧化碳	△	○	○	○	×
气体	不燃气体	氮气	△	○	○	○	×
固体	干粉	钠盐、钾盐、氨基干粉	△	○	○	○	×
固体	干粉	磷酸盐干粉	○	○	○	○	×
固体	干粉	金属火灾用干粉	×	×	×	×	○
固体	烟雾灭火剂		×	○	×	×	×

注：○表示适用，△表示尽量避免，×表示不适用。

19.4.2 灭火器的灭火级别

灭火器类型		灭火剂充装置		灭火级别		类型规格
		L	kg	A 类	B 类	
水（清水、酸碱）	手提式	7	—	5A	—	MSQ7 MS7
		9	—	8A	—	MSQ9 MS9
泡沫（化学泡沫）	手提式	6	—	5A	2B	MP6
		9	—	8A	4B	MP9
	推车式	40	—	13A	18B	MPT40
		65	—	21A	25B	MPT65
		90	—	27A	35B	MPT90

19.4.3 可燃气体储罐或储罐区的室外消火栓用水量[4]

名称		总储量或总容量/m^3	消防用水量/m^3
可燃气体储罐或储罐区	湿式	501～10000	20
		10001～50000	25
		>50000	30
	干式	≤10000	20
		10001～50000	30
		>50000	40

19.4.4 抗溶性泡沫和泡沫混合液的供给强度[4]

液体名称	供给强度	
	泡沫/（$L \cdot s^{-1} \cdot m^{-2}$）	混合液/（$L \cdot min^{-1} \cdot m^{-2}$）
甲醇、乙醇、异丙醇、乙酸乙酯，丙酮等	1.50	15
异丙醚	1.50	15
乙醚	3.50	35

19.4.5 需用泡沫管枪数量和泡沫混合液量[4]

罐区内最大罐直径/m	需配备 PC_8 型泡沫枪数/支	泡沫混合液量/（$L \cdot s^{-1}$）
<15	2	16
15～25	3	24
>25	4	32

19.4.6 易燃易爆性物品灭火方法[3]

类别	品名	灭火方法	备注
爆炸品	黑火药	雾状水	
	化合物	雾状水、水	
压缩气体和液化气体	压缩气体和液化气体	大量水	冷却钢瓶
易燃液体	中、低、高闪点	泡沫、干粉	
	甲醇、乙醇、丙醇	抗溶泡沫	
易燃固体	易燃固体	水、泡沫	
	发乳剂	水、干粉	禁用酸碱泡沫
	硫化磷	干粉	禁用水
自燃物品	自燃物品	水、泡沫	
	烃基金属化合物	干粉	禁用水
遇湿易燃物品	遇湿易燃物品	干粉	禁用水
	钠、钾	干粉	禁用水、二氧化碳、四氧化碳
氧化剂和有机过氧化物	氧化剂和有机过氧化物	雾状水	
	过氧化钠、过氧化钾、过氧化镁、过氧化钙等	干粉	禁用水

19.4.7 部分腐蚀品消防方法[3]

品名	灭火剂	禁用灭火剂	备注
发烟硝酸、硝酸	雾状水、砂土、二氧化碳	高压水	
发烟硫酸、硫酸	干砂、二氧化碳	水	
盐酸	雾状水、砂土、干粉	高压水	
磷酸 氢氟酸 氢溴酸 溴素 氢碘酸 氟硅酸 氟硼酸	雾状水、砂土、二氧化碳	高压水	
高氯酸 氯磺酸	干砂、二氧化碳		
氯化硫	干砂、二氧化碳、雾状水	高压水	
磺酰氯 氯化亚砜	干砂、干粉	水	
氯化铬酰 三氯化磷 三溴化磷	干粉、干砂、二氧化碳	水	
五氯化磷 五溴化磷	干砂、干粉	水	
四氯化硅 三氯化铝 四氯化钛 五氯化锑 五氧化磷	干砂、二氧化碳	水	
甲酸	雾状水、二氧化碳	高压水	
溴乙酰	干砂、干粉、泡沫	高压水	
苯磺酰氯	干砂、干粉、二氧化碳	水	
乙酸 乙酸酐	雾状水、砂土、二氧化碳、泡沫	高压水	
氯乙酸 三氯乙酸 丙烯酸	雾状水、砂土、泡沫、二氧化碳	高压水	
氢氧化钠 氢氧化钾 氢氧化锂	雾状水、砂土	高压水	
硫化钠 硫化钾 硫化钡	砂土、二氧化碳	水或酸、碱式灭火剂	
水合肼	雾状水、泡沫、干粉、二氧化碳		
氨水	水、砂土		
次氯酸钙	水、砂土、泡沫		
甲醛	水、泡沫、二氧化碳		

19.4.8 部分毒害品消防方法[3]

	品　名	灭火剂	禁用灭火剂	备注
无机剧毒品	砷酸、砷酸钠	水		
	砷酸盐、砷及其化合物、亚砷酸、亚砷酸盐	水、砂土		
	亚硒酸盐、亚硒酸酐、硒及其化合物	水、砂土		
	硒粉	砂土、干粉	水	
	氯化汞	水、砂土		
	氰化物、氰熔体、淬火盐	水、砂土	酸碱泡沫	
	氢氰酸溶液	二氧化碳、干粉、泡沫		
有机剧毒品	敌死通、氯化苦、氟磷酸异丙酯、1240乳剂、3911、1440	砂土、水		
	四乙基铅	干砂、泡沫		
	马钱子碱	水		
	硫酸二甲酯	干砂、泡沫、二氧化碳、雾状水		
	1605乳剂、1059乳剂	水、砂土	酸碱泡沫	
无机有毒品	氟化钠、氟化物、氟硅酸盐、氧化铝、氯化钡、氧化汞、汞及其化合物、碲及其化合物、碳酸铍、铍及其化合物	砂土、水		
有机有毒品	氰化二氯甲烷、其他含氰的化合物	二氧化碳、雾状水、砂土		
	苯的氯代物（多氯代物）	砂土、泡沫、二氧化碳、雾状水		
	氯酸酯类	泡沫、水、二氧化碳		
	烷烃（烯烃）的溴代物，其他醛、醇、酮、酯、苯等的溴化物	泡沫、砂土		
	各种有机物的钡盐、对硝基苯氯（溴）甲烷	砂土、泡沫、雾状水		
	胂的有机化合物、草酸、草酸盐类	砂土、水、泡沫、二氧化碳		
	草酸酯类、硫酸酯类、磷酸酯类	泡沫、水、二氧化碳		
	胺的化合物、苯胺的各种化合物，盐酸苯二胺（邻、间、对）	砂土、泡沫、雾状水		
	二氨基甲苯、乙萘胺、二硝基二苯胺、苯肼及其化合物、苯酚的有机化合物、硝基的苯酚钠盐、硝基苯酚、苯的氯化物	砂土、泡沫、雾状水、二氧化碳		

（续表）

	品　名	灭 火 剂	禁用灭火剂	备　注
有机有毒品	糠醛、硝基萘	泡沫、二氧化碳、雾状水、砂土		
	滴滴涕原粉、毒杀酚原粉、666 原粉	泡沫、砂土		
	氯丹、敌百虫、马拉松、烟雾剂、安妥、苯巴比妥钠盐、阿米妥尔及其钠盐、赛力散原粉、1－萘甲腈、炭疽芽孢苗、鸟来因、粗蒽、依米丁及其盐类、苦杏仁酸、戊巴比妥及其钠盐	水、砂土、泡沫		

19.4.9 常见危险化学品火灾适用的灭火剂[6]

类　别	代 表 物 质	灭 火 剂
易燃气体	液化石油气、天然气、煤气、氢气、氨、硫化氢	水、干粉、二氧化碳
易燃液体	甲醇、乙醇、甲醛、丙烯氰、烃	喷雾水、泡沫、干粉
金属火灾	钠、钾、氢化锂、铝粉、镁粉	G－1 粉、石墨粉、7150 等

19.4.10 常见气体的溶解情况[6]

气 体 种 类	水	碱性溶液	酸性溶液	产物毒性
液化石油气、天然气、煤气、氢气	不溶			
氯气、硫化氢	溶解	溶解		无毒或低毒
氨	溶解		溶解	无毒或低毒

19.4.11 对于不同高度的房间典型火灾探测器的选择[6]

房间高度 H/m	感烟探测器	感 温 探 测 器			火焰探测器
		1 级	2 级	3 级	
$12<H\leq 20$	不适合	不适合	不适合	不适合	适合
$8<H\leq 12$	适合	不适合	不适合	不适合	适合
$6<H\leq 8$	适合	适合	不适合	不适合	适合
$4<H\leq 6$	适合	适合	适合	不适合	适合
$H\leq 4$	适合	适合	适合	适合	适合

19.4.12 火灾烟气中气体毒性排序[5]

气　体　种　类		假定 LC50（对人）/（$mg\cdot m^{-3}$）	
符　号	中 文 名	5min	30min
CO_2	二氧化碳	>150000	>150000
C_2H_4O	乙醛	—	20000
$C_2H_4O_2$	醋酸	—	11000
NH_3	氨	20000	9000

（续表）

气体种类		假定LC50（对人）/（$mg \cdot m^{-3}$）	
符号	中文名	5min	30min
HCl	氯化氢	16000	3700
CO	一氧化碳	—	3000
HBr	溴化氢	—	3000
NO	一氧化氮	10000	2500
COS	硫化羰	—	2000
H_2S	硫化氢	—	2000
HF	氟化氢	10000	2000
C_3H_4N	氰化烯	—	2000
COF_2	氟化羰	—	750
NO_2	二氧化氮	5000	500
C_3H_5O	丙烯醛	750	300
CH_2O	甲醛	—	250
SO_2	二氧化硫	—	500
HCN	氰化氢	280	135
$C_9H_6O_2N_2$	酸酯	—	约100
$COCl_2$	氯化羰	50	90
C_4F_8	八氟化四碳	28	6

19.4.13 常见的化学灼伤急救处理方法[4]

灼伤物质的名称	急救处理方法
碱类：氢氧化钠、氢氧化钾、氨、碳酸钠、碳酸钾、氧化钙	立即用大量水冲洗，然后用2%乙酸溶液洗涤中和，也可用2%以上的硼酸水湿敷。氧化钙灼伤时，可用植物油洗涤
酸类：硫酸、盐酸、硝酸、高氯酸、磷酸、乙酸、甲酸、草酸、苦味酸	立即用大量水冲洗，再用5%以上碳酸氢钠水溶液洗涤中和，然后用净水冲洗
碱金属、氰化物、氢氰酸	用大量水冲洗后，再用0.1%高锰酸钾溶液冲洗，然后用5%硫化氨溶液冲洗
溴	用水冲洗后，再以10%硫代硫酸钠溶液洗涤，然后涂碳酸氢钠糊剂
铬酸	用水冲洗后，再以5%硫代硫酸钠溶液或1%硫酸钠溶液洗涤
氢氟酸	立即用大量水冲洗，直至伤口发红，再用5%碳酸氢钠水溶液洗涤，涂以甘油和氧化镁（2：1）的悬浮剂，或调上如意金黄散，然后用消毒纱布包扎
磷	如有磷颗粒附着在皮肤上，应将局部浸入水中，用刷子清除，不可将创面暴露在空气中或用油脂涂抹，再用1%～2%硫酸铜溶液冲洗数分钟，然后以5%碳酸氢钠洗涤残留的硫酸铜，最后用生理盐水湿敷，用绷带扎好

（续表）

灼伤物质的名称	急 救 处 理 方 法
苯酚	用大量水冲洗，或用4体积乙醇（7%）与1体积氯化铁$\left(\frac{1}{3}\text{mol/L}\right)$混合液洗涤，再用5%碳酸氢钠溶液湿敷
氯化锌、硝酸银	用水冲洗，再用5%碳酸氢钠溶液洗涤，涂油膏即磺胺粉
三氯化砷	用大量水冲洗，再用2.5%氯化铵溶液湿敷，然后涂上2%硫基丙醇软膏
焦油、沥青（热烫伤）	以棉花蘸乙醚或二甲苯，消除粘在皮肤上的焦油或沥青，然后涂羊毛脂

参 考 文 献

[1] 中国安全生产科学研究院．危险化学品法规选编［M］．北京：化学工业出版社，2005.

[2] 张广岩．危险化学品包装[M]. 北京：化学工业出版社，2005.

[3] 胡永宁，马玉国，付林．危险化学品经营[M]. 北京：化学工业出版社，2005.

[4] 王晶禹，王保国，张树通．危险化学品储存[M]. 北京：化学工业出版社，2005.

[5] 崔克清．危险化学品安全总论[M]. 北京：化学工业出版社，2005.

[6] 马良，杨守生．危险化学品消防[M]. 北京：化学工业出版社，2005.

[7] 罗云．工业安全卫生基本数据手册[M]. 北京：中国商业出版社，1995.

[8] 马良，杨守生．石油化工生产防火防爆[M]. 北京：中国石化出版社，2005.

[9] 肖仰蕙．GB 13690—1992 常用危险化学品的分类及标志［S］．国家技术监督局，1992.

[10] 吴维平，顾慧丽，褚家成，等．GB 6944—2005 危险货物分类和品名编号［S］．中华人民共和国国家质量监督检验检疫总局，中国国家标准化管理委员会，2005.

[11] 孟广浩，王秀芬，吴凤琴，等．GB 17914—1999 易燃、易爆性商品储藏养护技术条件［S］．国家质量技术监督局，1999.

第4篇 职业健康篇

本篇编写人员 王　孝　殷　勇　樊运晓　罗　云
程五一　李　鑫　李永霞　刘卫红
黄习兵　吕建国　裴晶晶　姚继军
岳永利

20 劳 动 环 境

20.1 工业企业卫生设计标准[1]

20.1.1 车间的卫生特征分级

卫生特征	1 级	2 级	3 级	4 级
有毒物质	极易经皮肤吸收引起中毒的剧毒物质（如有机磷、三硝基甲苯、四乙基铅等）	易经皮肤吸收或有恶臭的物质，或高毒物质（如丙烯腈、吡啶、苯酚等）	其他毒物	不接触有害物质或粉尘，不污染或轻度污染身体（如仪表、金属冷加工、机械加工等）
粉尘		严重污染全身或对皮肤有刺激的粉尘（如碳黑、玻璃棉等）	一般粉尘（棉尘）	
其他	处理传染性材料、动物原料（如皮毛等）	高温作业、井下作业	重作业	

20.1.2 淋浴器设计数量

车间卫生特征级别	1	2	3	4
每个淋浴器使用人数/人	3~4	5~8	9~12	13~24

20.1.3 盥洗水龙头设计数量

车间卫生特征级别	每个水龙头的使用人数/人
1，2	20~30
3，4	31~40

20.1.4 紧急救援站使用面积

职工人数/人	使用面积/m^2	职工人数/人	使用面积/m^2
<300	≯20	2001~3500	100~120
300~1000	30~60	3501~10000	120~150
1001~2000	60~100	>10000	≯200

20.2 高温作业分级[2]

接触高温作业时间/min	WBGT 指数/℃									
	25~26	27~28	29~30	31~32	33~34	35~36	37~38	39~40	41~42	≥43
≤120	Ⅰ	Ⅰ	Ⅰ	Ⅰ	Ⅱ	Ⅱ	Ⅱ	Ⅲ	Ⅲ	Ⅲ
121~240	Ⅰ	Ⅰ	Ⅱ	Ⅱ	Ⅲ	Ⅲ	Ⅳ	Ⅳ	—	—
241~360	Ⅱ	Ⅱ	Ⅲ	Ⅲ	Ⅳ	Ⅳ	—	—	—	—
≥361	Ⅲ	Ⅲ	Ⅳ	Ⅳ	—	—	—	—	—	—

20.3 低温作业分级[3]

低温作业时间率/%	温度范围/℃					
	≤5~0	<0~-5	<-5~-10	<-10~-15	<-15~-20	<-20
≤25	Ⅰ	Ⅰ	Ⅰ	Ⅱ	Ⅱ	Ⅲ
>25~50	Ⅰ	Ⅰ	Ⅱ	Ⅱ	Ⅲ	Ⅲ
>50~75	Ⅰ	Ⅱ	Ⅱ	Ⅲ	Ⅲ	Ⅳ
≥75	Ⅱ	Ⅱ	Ⅲ	Ⅲ	Ⅳ	Ⅳ

注：凡低温作业地点空气相对湿度平均等于或大于80%的工种应在本标准基础上提高一级。

20.4 冷水作业分级[4]

冷水作业时间率/%	冷水温度/℃					
	≤12~10	<10~8	<8~6	<6~4	<4~2	<2~0
≤25	Ⅰ	Ⅰ	Ⅰ	Ⅱ	Ⅱ	Ⅲ
>25~50	Ⅰ	Ⅰ	Ⅱ	Ⅱ	Ⅲ	Ⅲ
>50~75	Ⅰ	Ⅱ	Ⅱ	Ⅲ	Ⅲ	Ⅳ
>75	Ⅱ	Ⅱ	Ⅲ	Ⅲ	Ⅳ	Ⅳ

注：凡遇作业环境平均气温等于或小于5℃的作业，应在本标准的基础上相应提高一级。

20.5 钙镁磷肥厂卫生防护距离标准[5]

风速/（$m \cdot s^{-1}$）	距离/m
<2	1000
2~4	800
>4	600

注：钙镁磷肥厂的卫生防护距离按其所在地区近5年的平均风速规定。

20.6 普通过磷酸钙厂卫生防护距离标准[6]

所在地区近5年平均风速/（$m \cdot s^{-1}$）	距离/m
<2	800
2~4	600
>4	600

20.7 小型氮肥厂卫生防护距离标准[7]

m

万吨率	所在地区近5年平均风速/（$m \cdot s^{-1}$）		
	<2	2~4	>4
2.5	1200	800	600
≥2.5	1600	1000	800

20.8 水泥厂卫生防护距离标准[8]

m

年产水泥/×10^4t	所在地区近5年平均风速/（$m \cdot s^{-1}$）		
	<2	2~4	>4
≥50	600	500	400
<50	500	400	300

20.9 硫化碱厂卫生防护距离标准[9]

所在地区近5年平均风速/（$m \cdot s^{-1}$）	距 离/m
<2	600
2~4	500
>4	400

20.10 油漆厂卫生防护距离标准[10]

所在地区近5年平均风速/（$m \cdot s^{-1}$）	距 离/m
<2	700
2~4	600
>4	500

20.11 氯碱厂（电解法制碱）卫生防护距离标准[11]

m

生产规模/（$t \cdot a^{-1}$）	近5年平均风速/（$m \cdot s^{-1}$）		
	<2	2~4	>4
<10000	800	600	400
≥10000	1000	800	600

20.12 塑料厂卫生防护距离标准[12]

生产规模/（$t \cdot a^{-1}$）	距 离/m
≤1000	100

20.13 碳素厂卫生防护距离标准[13]

m

规模年产石墨电极/t	所在地区近5年平均风速/（$m \cdot s^{-1}$）		
	<2	2~4	<4
>10000	1000	800	600
<10000	800	600	500

20.14 内燃机厂卫生防护距离标准[14]

所在地区近5年平均风速/（$m \cdot s^{-1}$）	距离/m
<2	400
2~4	300
>4	200

20.15 汽车制造厂卫生防护距离标准[15]

所在地区近5年平均风速/（$m \cdot s^{-1}$）	距离/m
<2	500
2~4	400
>4	300

20.16 石灰厂卫生防护距离标准[16]

所在地近5年平均风速/（$m \cdot s^{-1}$）	距离/m
<2	300
2~4	200
>4	100

20.17 石棉制品厂卫生防护距离标准[17]

所在地近5年平均风速/（$m \cdot s^{-1}$）	距离/m
<2	300
2~4	300
>4	200

20.18 制胶厂卫生防护距离标准[18]

m

生产规模/（$t \cdot a^{-1}$）	所在地区近5年平均风速/（$m \cdot s^{-1}$）		
	<2	2~4	>4
≥1500	700	500	400
<1500	600	400	300

20.19 缫丝厂卫生防护距离标准[19]

m

缫丝规模/绪	近5年平均风速/（$m \cdot s^{-1}$）		
	<2	2~4	>4
≥5000	250	200	150
<5000	200	150	100

20.20 制革厂卫生防护距离标准[20]

m

生产规模/（10^4张·a^{-1}）	所在地近5年平均风速/（$m\cdot s^{-1}$）		
	<2	2~4	>4
≥20	600	500	400
<20	500	400	300

20.21 黄磷厂卫生防护距离标准[21]

所在地近5年平均风速/（$m\cdot s^{-1}$）	距　离/m
<2	1000
2~4	800
>4	600

注：黄磷厂与居住区的位置，应考虑风向频率及地形等因素的影响，尽量减少其对居住区大气环境的污染。

20.22 氯丁橡胶厂卫生防护距离标准[22]

所在地近5年平均风速/（$m\cdot s^{-1}$）	距　离/m
<2	2000
2~4	1600
>4	1200

注：氯丁橡胶厂与居住区的位置，应考虑风向频率及地形等因素的影响，尽量减少其对居住区大气环境的污染。

20.23 铜冶炼厂卫生防护距离标准[23]

所在地近5年平均风速/（$m\cdot s^{-1}$）	距　离/m
<2	1000
2~4	800
>4	600

注：铜冶炼厂（密闭鼓风炉型）与居住区的位置，应考虑风向频率及地形等因素的影响，尽量减少其对居住区大气环境的污染。

20.24 聚氯乙烯树脂厂卫生防护距离标准[24]

m

生产规模/（$t\cdot a^{-1}$）	近5年平均风速/（$m\cdot s^{-1}$）		
	<2	2~4	>4
<10000	1000	800	600
≥10000	1200	1000	800

注：聚氯乙烯树脂厂与居住区的位置，应考虑风向频率及地形等因素的影响，尽量减少其对居住区大气环境的污染。

20.25 焦化厂卫生防护距离标准[25]

所在地近5年平均风速/($m \cdot s^{-1}$)	距 离/m
<2	1400
2~4	1000
>4	800

注：焦化厂与居住区的位置，应考虑风向频率及地形等因素的影响，尽量减少其对居住区大气环境的污染。

20.26 硫酸厂卫生防护距离标准[26]

所在地近5年平均风速/($m \cdot s^{-1}$)	距 离/m
<2	600
2~4	600
>4	400

注：硫酸厂与居住区的位置，应考虑风向频率及地形等因素的影响，尽量减少其对居住区大气环境的污染。

参 考 文 献

[1] 中华人民共和国卫生部. GB Z1—2002 工业企业设计卫生标准 [S]. 北京：中国标准化出版社，2002.

[2] 中华人民共和国劳动部. GB/T 4200—1997 高温作业分级 [S]. 北京：中国标准化出版社，1997.

[3] 中华人民共和国劳动部. GB/T 14440—93 低温作业分级 [S]. 北京：中国标准化出版社，1993.

[4] 中华人民共和国劳动部. GB/T 14439—93，冷水作业分级 [S]. 北京：中国标准化出版社，1993.

[5] 中华人民共和国卫生部卫生监督司. GB 11664—89 钙镁磷肥厂卫生防护距离标准 [S]. 北京：中国标准化出版社，1989.

[6] 中华人民共和国卫生部卫生监督司. GB 11665—89 普通过磷酸钙厂卫生防护距离标准 [S]. 北京：中国标准化出版社，1989.

[7] 中华人民共和国卫生部卫生监督司. GB 11666—89 小型氮肥厂卫生防护距离标准 [S]. 北京：中国标准化出版社，1989.

[8] 中华人民共和国卫生部卫生监督司. GB 18068—2000 水泥厂卫生防护距离标准 [S]. 北京：中国标准化出版社，2000.

[9] 中华人民共和国卫生部卫生监督司. GB 18069—2000 硫化碱厂卫生防护距离标准 [S]. 北京：中国标准化出版社，2000.

[10] 中华人民共和国卫生部卫生监督司. GB 18070—2000 油漆厂卫生防护距离标准 [S]. 北京：中国标准化出版社，2000.

[11] 中华人民共和国卫生部卫生监督司. GB 18071—2000 氯碱厂卫生防护距离标准 [S]. 北京：中国标准化出版社，2000.

[12] 中华人民共和国卫生部卫生监督司. GB 18072—2000 塑料厂卫生防护距离标准 [S]. 北京：

中国标准化出版社，2000.
[13] 中华人民共和国卫生部卫生监督司．GB 18073—2000 炭素厂卫生防护距离标准［S］．北京：中国标准化出版社，2000.
[14] 中华人民共和国卫生部卫生监督司．GB 18074—2000 内燃机厂卫生防护距离标准［S］．北京：中国标准化出版社，2000.
[15] 中华人民共和国卫生部卫生监督司．GB 18075—2000 汽车制造厂卫生防护距离标准［S］．北京：中国标准化出版社，2000.
[16] 中华人民共和国卫生部卫生监督司．GB 18076—2000 石灰厂卫生防护距离标准［S］．北京：中国标准化出版社，2000.
[17] 中华人民共和国卫生部卫生监督司．GB 18077—2000 石棉制品厂卫生防护距离标准［S］．北京：中国标准化出版社，2000.
[18] 中华人民共和国卫生部卫生监督司．GB 18079—2000 制胶厂卫生防护距离标准［S］．北京：中国标准化出版社，2000.
[19] 中华人民共和国卫生部卫生监督司．GB 18080—2000 缫丝厂卫生防护距离标准［S］．北京：中国标准化出版社，2000.
[20] 中华人民共和国卫生部卫生监督司．GB 18082—2000 制革厂卫生防护距离标准［S］．北京：中国标准化出版社，2000.
[21] 中华人民共和国卫生部卫生监督司．GB 11655—89 黄磷厂卫生防护距离标准［S］．北京：中国标准化出版社，1989.
[22] 中华人民共和国卫生部卫生监督司．GB 11656—89 氯丁橡胶厂卫生防护距离标准［S］．北京：中国标准化出版社，1989.
[23] 中华人民共和国卫生部卫生监督司．GB 11657—89 铜冶炼厂卫生防护距离标准［S］．北京：中国标准化出版社，1989.
[24] 中华人民共和国卫生部卫生监督司．GB 11658—89 聚氯乙烯树脂厂卫生防护距离标准［S］．北京：中国标准化出版社，1989.
[25] 中华人民共和国卫生部卫生监督司．GB 11661—89 焦化厂卫生防护距离标准［S］．北京：中国标准化出版社，1989.
[26] 中华人民共和国卫生部卫生监督司．GB 11663—89 硫酸厂卫生防护距离标准［S］．北京：中国标准化出版社，1989.

21 工业粉尘及其防治技术

21.1 粉尘特性

21.1.1 矿岩中游离二氧化硅含量[3]

矿岩名称	游离二氧化硅/%	矿岩名称	游离二氧化硅/%
花岗岩	25.0～65.0	砂岩	33.0～76.0
云英岩	35.0～75.0	砂质石灰岩	15.0～37.0
伟晶花岗岩	21.5～40.0	普通石灰岩	0.2～3.0
石英闪长岩	20.0～47.0	膨润土	3.0～7.0
花岗闪长岩	14.0～24.0	黄铜矿	1.0～50.0
辉绿岩	2.0～3.0	黄铁矿	10.0～20.0
石英岩	57.0～92.0	铅锌矿	5.0～15.0
片麻岩	27.0～ 64.0	钨钼矿	70.0～90.0
角闪岩	12.0～36.0	赤铁矿	0.5～10.0
矽卡岩	30.0～50.0	锡矿（石英脉）	80.0～90.0
云母片岩	25.0～50.0	煤	～10.0

21.1.2 各种建筑石料中游离二氧化硅含量[1]

建筑石料名称	游离二氧化硅/%	建筑石料名称	游离二氧化硅/%
未经煅烧的石英砂	～92	中碳石墨	2～6
煅烧的石英砂	～81	高碳石墨	～0
开采云母矿矿坑粉尘	2～78	含成石墨	0.02
加工云母厚片车间粉尘	7～19	炭黑	0.6～1.8
加工云母薄片车间粉尘	0.9～3.5	铸钢型砂	>90
煤矿掘进巷道粉尘	30～50	铸铁型砂	40～70
煤矿开采巷道粉尘	<5	铸型“70号砂”	～2
水泥生料	>10	砂轮研磨车间粉尘	1～3
水泥熟料	1～9	石膏矿坑粉尘	～10
水泥成品	～2	锅炉灰尘	5～13
低碳石墨	19～25	烟道浮土	～13

21.1.3 金属矿山矿岩粉尘中游离二氧化硅含量[7]

矿岩名称	二氧化硅含量/%	矿岩名称	二氧化硅含量/%
花岗岩	65～75	千枚岩	30～50
云英岩	75～80	长英岩	50～60
石英岩	95以上	断层角闪岩	30～50
燧石石灰岩	50～60	燧石条带岩	50～65
石英砂岩	80～90	闪长岩	40～50
次生石英岩	90以上	花岗闪长岩	50～60
小白石英岩	80～90	黑云母花岗岩	50～60

（续表）

矿岩名称	二氧化硅含量/%	矿岩名称	二氧化硅含量/%
混合片麻岩	50~70	辉岩	30~40
石英脉（内有黑丝矿）	90~95	矽卡岩	15~20
钨钼矿	70~90	菱铁矿	0.5~30
锡矿（在石英脉中）	80~90	镜铁矿	1~10
辉钼矿	3~90	褐铁矿	1~5
钨锰铁矿	50~70	赤铁矿	0.5~10
石英斑岩	50~70	黄铁矿	10~20
磁铁矿	0.5~30	方铅矿	0.5~15
黄铜矿（并含磁铁矿）	1~50	铅锌矿	5~15
辉锑矿	5~10	闪锌矿	1~10
斑铜矿	5~10	矽化灰岩	20~30
辉铜矿	20~30	页岩（含矽石）	10~20
含铜铅锌多种矿物	20~30	砂岩	33~76

21.1.4　工业粉尘中游离二氧化硅的含量[3]

粉尘名称	含量/%	粉尘名称	含量/%
未经煅烧的石英砂	~92	中碳石墨	2~6
煅烧的石英砂	~81	高碳石墨	~0
开采云母矿矿坑粉尘	2~78	含成石墨	0.02
加工云母厚片车间粉尘	7~19	炭黑	0.6~1.8
加工云母薄片车间粉尘	0.9~3.5	铸钢型砂	>90
煤矿掘进巷道粉尘	30~50	铸铁型砂	40~70
煤矿开采巷道粉尘	<5	铸型“70号砂”	~2
水泥生料	>10	砂轮研磨车间粉尘	1~3
水泥熟料	1~9	石膏矿坑粉尘	~10
水泥成品	~2	锅炉灰尘	5~13
低碳石墨	19~25	烟道浮土	~13

21.1.5　铸造车间粉尘分散度[7]

工种	工作地点	质量分散度/%			
		<2μm	2~5μm	5~10μm	>10μm
铸钢	大件造型	20	45	24	11
	电弧炉炼钢	31	41	23	5
	落砂开箱	30	40	17	13
	清理中小件	38	48	12	2
	混碾旧砂	7	45	26	22
	混碾新砂	16	55	25	4
	碾轧耐火砖	25	61	13	1
	抛丸清理室内	67	15	15	3
	喷砂室内	56	38	4	2
铸铁	大件造型	25	57	16	2
	制芯	16	60	20	4
	清理铸件	52	30	12	6
	混碾旧砂	30	36	24	10
	混碾新砂	40	29	20	11
	滚筒破碎筛筛砂	10	46	30	14
	湿型落砂开箱	13	22	35	30
	干型落砂开箱	40	17	10	33
	悬挂砂轮打磨	29	54	6	11

21.1.6 井下粉尘分散度实测结果[3]

粉尘粒度	所占百分比/%	粉尘粒度	所占百分比/%
2.0μm以下	46.5~65	5.0~10.0μm	4~11.5
2.0~5.0μm	25.5~35	10μm以上	2.5~7

21.1.7 部分矿尘的真密度[3]

粉尘种类	真密度/($g\cdot cm^{-3}$)	粉尘种类	真密度/($g\cdot cm^{-3}$)
硅尘	2.63~2.70	铜矿尘	3.7~6.2
水泥	3.0~3.5	铅矿尘	6.4~7.6
滑石粉	2.75	锌矿尘	3.9~4.5
煤尘	2.1	石灰石	2.6~2.8
赤铁矿尘	4.2	烧结矿粉	3.8~4.2

21.1.8 几种粉尘的流动性指数[3]

粉尘名称	压缩度/%	安息角/(°)	刮铲角/(°)	均匀度	流动性指数
滑石粉	47.2	50	72	21	36
烟灰	46.4	46	82	1.41	46.5
玻璃球(53~210μm)	6.04	31	43	1.44	88
聚乙烯球	4.68	26	8	1.09	99

21.1.9 几种工业粉尘比电阻范围[3]

Ω·cm

粉尘(尘源)名称	比电阻	粉尘(尘源)名称	比电阻
电厂煤粉炉	$10^{11\sim13}$	垃圾焚烧炉	$10^{8\sim10}$
电厂重油炉	$10^{4\sim6}$	铸造站天炉	$10^{6\sim12}$
炼铁高炉	$10^{10\sim11}$	铜精炉	$10^{8\sim11}$
炼铁烧结	$10^{10\sim12}$	黄铜熔炉	$\sim10^{13}$
炼钢转炉	$10^{8\sim11}$	铅精炼炉	$10^{11\sim14}$
炼钢电炉	$10^{9\sim12}$	铅二次精炼	$10^{11\sim13}$
水泥密灰	$10^{11\sim13}$	铝二次精炼	$10^{11\sim12}$
水泥骨料干燥机	$10^{11\sim12}$	炭黑	10^{4}
纸浆黑液回收炉	10^{9}		

21.1.10 几种粉尘浸润性数据[3]

粉尘名称	10min浸润高度/mm	粉尘名称	10min浸润高度/mm
锅炉飞灰	113	标准砂	126
滑石粉	20	郑州火电厂粉煤灰	94
武钢平炉灰	6	衡场硅酸	50
马钢平炉灰	29	武钢烧结尘	71

21.1.11 几种工业粉尘的电阻[3]

粉尘种类	温度/℃	含水量/%	比电阻/（Ω·cm）	测定方法
铜焙烧炉烟尘	143	22	2×10^{9}	现场测定
	249	22	1×10^{8}	现场测定
铅烧结机烟尘	143	10	1×10^{12}	现场测定
	52	9	2×10^{10}	现场测定
	40	7.5	1×10^{6}	现场测定
含锌渣烟化炉烟尘	204	1.3	4×10^{9}	现场测定
	149	1.3	2×10^{10}	现场测定
炼铁烧结机尾粉尘	100		3.8×10^{11}	现场测定（D厂）
	100		8×10^{10}	实验室测定（E厂）
	60		1.3×10^{10}	实验室测定（F厂）
钢厂平炉烟尘	121		3×10^{11}	实验室测定（F厂）
	66		3×10^{9}	实验室测定（F厂）
炼铁高炉粉尘			$(2.2\sim3.4)\times10^{8}$	实验室测定（F厂）
水泥	66		7×10^{8}	实验室测定（F厂）
	121		7×10^{10}	实验室测定（F厂）
	177		2×10^{11}	实验室测定（F厂）
水泥窑粉尘	244	5	1×10^{10}	现场测定（B厂）
	171	5	2×10^{10}	现场测定（C厂）
电厂锅炉飞灰	121		1×10^{8}	现场测定（A厂）高硫煤
	182		5×10^{8}	现场测定（B厂）高碳飞灰
	149		8×10^{9}	现场测定（G厂）低硫煤（0.8%）
	149		5×10^{9}	现场测定（G厂）高硫煤（2.9%）
碱液回收锅炉芒硝粉尘	130		2×10^{11}	实验室测定（H厂）
铝电解槽粉尘	77	1~2	1×10^{9}	现场测定
氧化镁粉尘	180		3×10^{12}	现场测定
石膏回转窑粉尘	149	31	7×10^{9}	现场测定
白云石粉尘	150		4×10^{12}	现场测定
黏土粉尘	140		2×10^{12}	现场测定

21.1.12 几种矿尘的比电阻[3]

Ω·cm

粉尘种类	比电阻	备注	粉尘种类	比电阻	备注
贫氧化铁矿	3.89×10^{10}	未烘干	白云石砂	4×10^{12}	
中贫氧化铁矿	8.50×10^{10}	未烘干	石灰	5×10^{12}	
富氧化铁矿	7.20×10^{10}	未烘干	黏土	2×10^{12}	
镁砂	3×10^{13}		盐湖镁砂	3×10^{12}	

21.1.13 对于密度为1的尘粒在标准状态下达到其临界速度所需时间[3]

尘粒直径/μm	达到临界速度的时间/ms	尘粒直径/μm	达到临界速度的时间/ms
0.01	0.00002	10	0.94
0.1	0.00026	100	92
1.0	0.011		

21.1.14 在标准状态下密度为1的尘粒的张弛时间[3]

尘粒直径/μm	张弛时间/s	尘粒直径/μm	张弛时间/s
0.01	6.8×10^{-9}	10.0	3.1×10^{-4}
0.1	8.8×10^{-8}	100	3.1×10^{-2}
1.0	3.6×10^{-6}		

21.1.15 单位质量球形尘粒初速为1000cm/s其运动距离终止时间表[3]

尘粒直径/μm	R_{e0}	终止距离/cm $v_0=1000cm/s$	运动至95%终止距离所需时间/s
0.01	0.0066	6.8×10^{-6}	2.0×10^{-8}
0.1	0.066	8.8×10^{-5}	2.6×10^{-7}
1.0	0.66	3.6×10^{-3}	1.1×10^{-5}
10	6.6	0.23	8.5×10^{-4}
100	66	12.7	0.065

21.1.16 单位密度尘粒的吸附力、重力、气流力的比较[3]

尘粒直径/μm	力/dyn		
	吸附	重力	气流力（气流速1000cm/s）
0.1	10^{-3}	5×10^{-3}	2×10^{-5}
1.0	10^{-2}	5×10^{-10}	2×10^{-4}
10	10^{-1}	5×10^{-7}	2×10^{-3}
100	1	5×10^{-4}	2×10^{-2}

注：$1dyn=10^{-5}N$。

21.1.17 单位密度球形尘粒在20℃时有关扩散的性质[3]

粒径/μm	迁移率/（$cm\cdot s^{-1}\cdot dyn^{-1}$）	扩散系数/（$cm^2\cdot s^{-1}$）	平均热运动速度/（$cm\cdot s^{-1}$）
0.00037*	4.6×10^{12}	0.19	46
0.01	1.3×10^{19}	5.2×10^{-4}	440
0.1	1.7×10^{8}	6.7×10^{-6}	14
1.0	6.8×10^{6}	2.7×10^{-7}	0.44
10	6.0×10^{5}	2.4×10^{-8}	0.014

*约一个空气分子的直径。$1dyn=10^{-5}N$。

21.1.18 单位密度尘粒由一气溶胶浓度经过扩散和重力沉降到一个水平表面的累积沉降粒数[3]

粒径/μm	累积沉降		比值
	扩散/（$n\cdot cm^{-2}$）	沉降/（$n\cdot cm^{-2}$）	扩散/沉降
0.001	2.5	6.5×10^{-5}	3.8×10^{-4}
0.01	0.26	6.7×10^{-4}	390
0.1	2.9×10^{-2}	8.5×10^{-3}	3.4
1.0	5.9×10^{-3}	0.35	1.7×10^{-2}
10	1.7×10^{-3}	31	5.5×10^{-5}
100	5.5×10^{-4}	2500	2.2×10^{-7}

21.2 防尘技术

21.2.1 某些有色冶炼工艺粉尘发生量

冶炼过程	占原料重量百分数/%	烟尘中主要金属含量/%
铅和锡的鼓风炉熔炼	3~13	含铅或锡5~60
铅和锡的反射炉熔炼	3~10	含铅或锡5~10
铜、冰铜和镍冰铜的吹炼	3~7	含铜或镍25
黄铜的反射炉冶炼	1~6	含锌70
阳极泥的反射炉处理	5~20	含银5、含金0.02
锌和铜精矿的沸腾焙烧	40~50	—
氢氧化铝的回转窑处理	8~24	含三氧化二铝98
辉钼矿的多层炉焙烧	18	含三氧化钼5

21.2.2 某些钢铁生产工艺粉尘发生量

生产过程	粉尘发生量	
	烟气/($g \cdot m^{-3}$)	kg/吨产品
高炉	16~30	100
烧结	1~6	2~10~15
平炉(不吹氧)	0.2~1.5	0.8~4~10
平炉(吹氧)	0.3~6	4.6
电弧炉	0.3~1.3	2.2~19
吹氧转炉	11~18	10~30

21.2.3 水泥厂粉尘发生量

生产设备与生产方式	生产量/($t \cdot h^{-1} \cdot 台^{-1}$)	每吨产品平均粉尘发生量/($kg \cdot t^{-1}$)
旋窑干法生产	7~20	183.5
湿法生产	10.5~26.7	118.6
半干法生产	27.5	112.7
水泥磨	10.93~51	—
某水泥厂2^水 泥磨	15	1.7
烘干机(窑)	12.8~35.5	—
某水泥厂1号烘干机	19.8	—
包装机	35~108	—

21.2.4 煤矿各作业地点的矿尘浓度[3]

(1) 机采(或综采)工作面粉尘浓度一般为1000~3000mg/m³,低者可在100mg/m³以下,而高者可达5000mg/m³以上。

(2) 炮采工作面粉尘浓度一般为400~800mg/m³,高低相差也很大。

(3) 全煤巷掘进机作业工作面,粉尘浓度可达1000~3000mg/m³。

(4) 全岩巷道掘进湿式凿岩工作面,粉尘浓度一般为2~10mg/m³。

(5) 全岩巷道掘进干式凿岩工作面,粉尘浓度可达100~500mg/m³。

(6) 运输转载点的粉尘浓度一般为10~100mg/m³。

21.2.5 炼钢电弧炉烟尘粒径质量分布[3]

%

粒径/μm		<0.1	0.1~0.5	0.5~1.0	1~5	5~10	10~20	>20
熔化期	1	—	—	25	45	7	9	14
	2	—	2	27	48	7	5	11
吹氧期	1	50	25	15	10	—	—	—
	2	48	28	10	6	8	—	—

21.2.6 冲天炉烟气的起始含量[3]

g/m_N^3

类别	主要范围	变动范围
炉气	6~12	2~25
排烟	2~6	1~10

21.2.7 不同燃烧方式锅炉烟气含尘浓度

锅炉类型	手烧炉（自然引风）	手烧炉（机械引风）	往复炉排锅炉（机械引风）	链条炉排锅炉	抛煤机锅炉	煤粉炉	沸腾炉
含尘浓度/（g·Nm^{-3}）	<1.5	1.5~2.0	1.0~2.0	2.0~3.5	8~13.5	14~20	40~60
中位直径 d_{50}/μm	50	74	47	65	84	24	45~50

注：中位直径 d_{50}，系累计质量百分比为50%时的对应尘粒直径。

21.2.8 干式、湿式作业条件下各工序产尘量的比例

%

作业方式	打眼	爆破	其他工序
干式作业	80~85	10~15	5~10
湿式作业	40~50	35~45	10~20

21.2.9 不同掘进工作面矿尘浓度[3]

mg/m³

矿别	全岩巷			半煤岩巷			全煤巷		
	最低	最高	平均	最低	最高	平均	最低	最高	平均
A矿	3.06	4.22	3.61	4.52	6.79	5.65	20.00	47.00	33.50
B矿	3.42	4.5	3.96	5.83	7.00	6.42	13.75	16.25	15.00
C矿	4.52	7.22	5.87	13.33	20.83	17.08	30.30	41.21	35.78
D矿	6.16	13.00	9.58	20.50	24.50	22.50	36.15	57.06	46.61

21.2.10 有无防尘措施时粉尘浓度[3]

mg/m³

粉尘浓度	有防尘措施	无防尘措施
凿岩	3.8	342.5
装车	4.2	68.0
凿岩装车	6.4	82.2
爆破	13.6	308.4

21.2.11 井下作业地点有毒、有害气体浓度标准[3]

气体名称	最大允许浓度		
	按体积		按质量/（mg·m^{-3}）
	%	ppm	
一氧化碳（CO）	0.0024	24	30
氮氧化物（NO_x）（换算成二氧化氮）	0.00025	2.5	5
二氧化硫（SO_2）	0.0005	5	15
硫化氢（H_2S）	0.00066	6.6	10

注：1ppm = 1mL/m³。

21.2.12 矿山粉尘浓度规定

类别	最大粉尘允许浓度/（mg·m^{-3}）
粉尘中含有游离二氧化硅小于10%	10
粉尘中含有游离二氧化硅大于10%	2

21.2.13　硅尘的最低排尘风速（$\alpha=0.016$）[3]

粒径 d_c/μm	风速 v/（$cm \cdot s^{-1}$）	粒径 d_c/μm	风速 v/（$cm \cdot s^{-1}$）
1	0.2	10	20.0
2	0.8	15	45.0
3	1.8	20	80.0
4	3.2	30	180.0
5	5.0	40	320.0

21.2.14　各作业场所排尘风量参考表[3]

场　所	设备名称	设备数量	风流特征	排尘风量/（$m^3 \cdot s^{-1}$）
巷道型采场	轻型凿岩机	1	贯穿风流	1.0
		2	贯穿风流	2.0
		3	贯穿风流	3.0
硐室型采场	轻型凿岩机	1	贯穿风流	3.0
		2	贯穿风流	4.0
		3	贯穿风流	5.0
中深孔凿岩	重型凿岩机	1	独头通风	2.5~3.5
		2	独头通风	3.0~4.0
		1	独头通风	3.0~4.0
		2	独头通风	4.0~5.0
	中型凿岩机	1	贯穿风流	1.5
		2	贯穿风流	2.0
装运机出矿	风动电动装运机	1	独头通风	2.5~3.5
		1	独头通风	3.5~4.0
电耙出矿	大型电耙	1	贯穿风流	2.5
	中型电耙	1	贯穿风流	2.0
二次破碎				1.5~2.0
溜井放矿				1.5~2.0
喷锚支护			贯穿风流	3.0~4.0
			独头通风	4.0~5.0

注：1. 本表适用于高矽尘矿井，对游离二氧化矽低于10%者，可适当降低风量。

2. 采场断面小于12m^2按巷道型采场，大于20m^2按硐室型采场计算，介于其间取中间值。

3. 当采场有不同工序作业时，应按同时作业的各工序的设备排尘风量计算采场风量。

4. 应进行最低排尘风速值校验，硐室型采场可不用校验。

21.2.15　凿岩排尘风量建议值[3]

掘进巷道	设备及数量/台		建议风量/（$m^3 \cdot s^{-1}$）	巷道断面/m^2
平巷	轻型凿岩机	1	1	<6
	轻型凿岩机	2	2	5~8
	轻型凿岩机	3	3	7~10
	双机台车	1	2.5	6~8
天井	轻型凿岩机	1	1.2	4
	轻型凿岩机	2	2	>4

21.2.16 采用不同喷雾器降尘后各类粉尘含量[3]

喷雾器	下列各级粒度粉尘的平均含量/（mg·m^{-3}）							降尘效率/%
	<2μm	2~5μm	5~10μm	10~25μm	>25μm	<10μm	总量	
喷雾前	0.294	3.806	31.44	276.5	1173.5	35.3	1485	
单水喷雾器	0.204	3.316	21.84	69.55	280	25.45	475	68
风水喷雾器	0.026	0.301	2.566	22.75	50.66	2.893	61.1	95.8

21.2.17 湿式凿岩时各种条件下的产尘状况[3]

条件	在竖井中钻眼	在倾斜巷道中钻眼	在水平巷道中钻眼	钻深孔
炮眼口的平均排尘率/（mg·s^{-1}）	0.014	0.019	0.049	0.031~0.055
岩浆物化扩散作用的平均产尘率/（mg·s^{-1}）	11.6	2.6	0.5	0.6~2.7①
掌子面附近空间粉尘飞扬的总产尘率/（mg·s^{-1}）	14.4	4.1	3.1	5.8~11.6
掌子面空气含尘量变化范围/（mg·m^{-3}）	6.8~16.2	15.9~24.9	3.4②	2.9~5.2
岩浆雾化产生的粉尘浓度变化范围/（mg·m^{-3}）	4.6~10.6	6.6~13.5	0.6	1.5
岩浆雾化产生的粉尘浓度占掌子面总粉尘浓度的百分比/%	65	51	15	35

注：① 在垂直钻孔中岩浆雾化产尘率最大为1.9~2.7mg/s。

② 平巷中钻眼空气含尘量随岩石硬度增大而增长，此外是$f=12\sim14$的岩巷中的数据。

21.2.18 几种爆破法除尘的效果[3]

防尘措施	采样数量	粉尘浓度/（mg·m^{-3}）					除尘效率/%				
		总粉尘	<1μm粉尘	1~2μm粉尘	2~5μm粉尘	5~10μm粉尘	总粉尘	<1μm粉尘	1~2μm粉尘	2~5μm粉尘	5~10μm粉尘
无措施	59	445	19.1	61.6	133	231.8	—	—	—	—	—
喷水	57	220	17.2	33.4	93.5	75.9	50.7	9.9	45.3	29.7	67.2
炮泥	17	215	12.5	38.2	65.8	97.6	51.8	34.5	37.4	50.5	57.9
软膏泥堵塞	56	180	8.2	31.9	72.4	67.7	60.2	57.0	47.7	45.5	70.7

21.2.19 几种爆破法排除炮烟的效果[3]

排除措施	爆破次数	有毒气体含量（按炸药量计算）/（L·kg^{-1}）			排除效率/%		
		CO	NO_2	折合成CO	CO	NO_2	折合成CO
无措施	106	30	1.8	41.8	—	—	—
喷水	22	30	0.99	35.9	—	46.1	14.1
炮泥	49	27.6	0.98	35.6	8.1	45.1	14.9
软膏泥堵塞	50	13.8	1.73	25.3	54.1	4.1	40.5

21.2.20　各机械排风系统的分类与特点[3]

方式	类别	罩形	特点
全面	—	—	整个厂房全面排风
局部	直接吸引	密闭罩与通风柜	把产生有害物的局部地点完全密闭，使有害物的扩散被限制在一个很小的密闭空间
		外部排风罩	在有害物发生源附近（尽可能靠近）设置排风罩，依靠罩口外吸气气流的运动，将有害物吸入罩内
		接受罩	由生产过程本身产生或诱导的气流使有害物随气流一起进入罩内
		吹吸式通风罩与气幕	依靠空气射流和排风罩组成的推气流将有害物排走 将有害物发生源用气幕隔离，而后排走
	诱导	—	高温或有腐蚀性气体不经风机而利用插入风管内的喷口，喷出高速气流诱导排出

21.2.21　全面通风气流组织的比较[3]

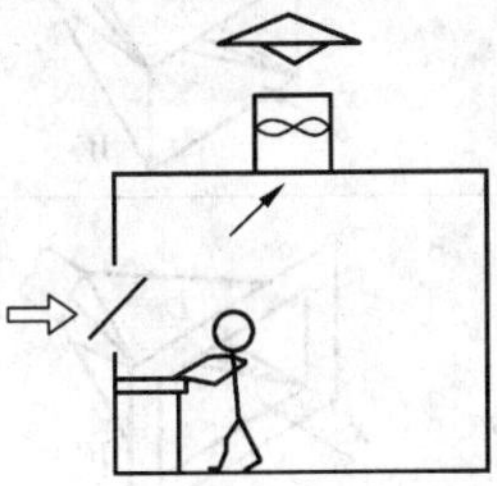
(a) 送风口位置不好

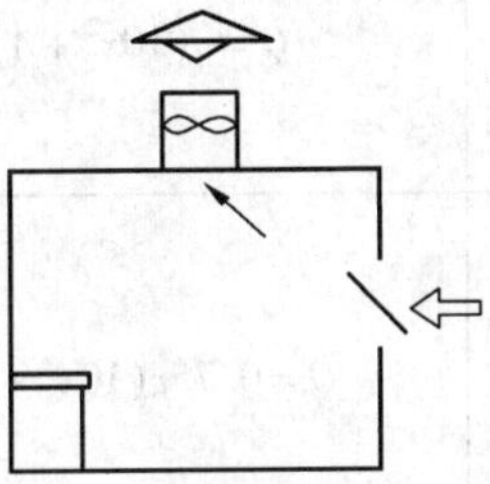
(b) 送风口位置一般

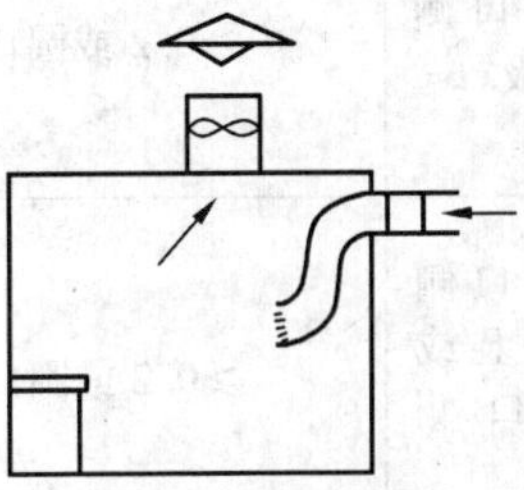
(c) 送风口位置较好

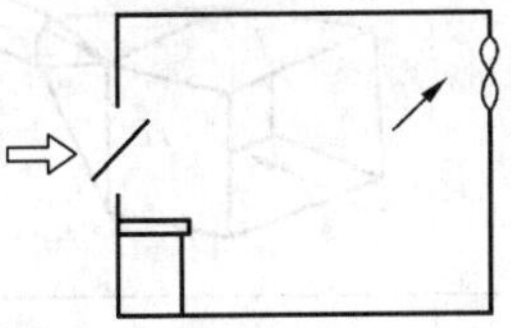
(d) 送风口位置不好

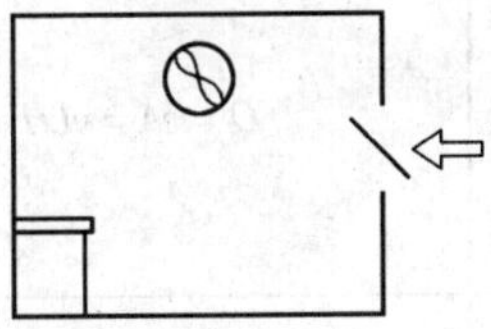
(e) 送风口位置一般
排风扇位置不好

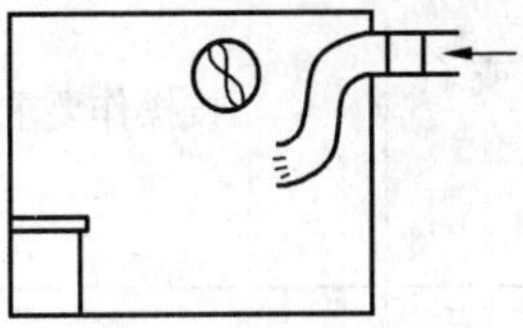
(f) 送风口位置较好

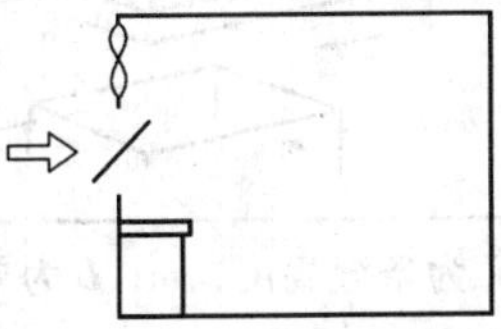
(g) 送风口位置不好

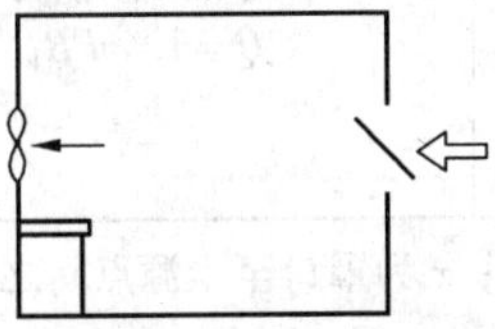
(h) 送风口位置一般

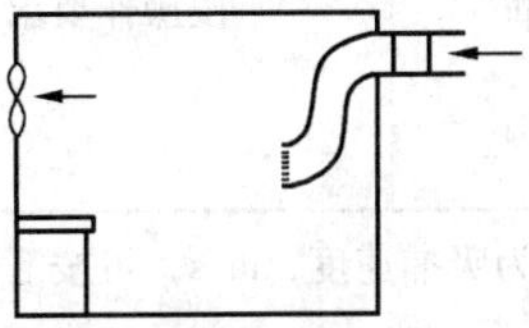
(i) 送风口位置较好

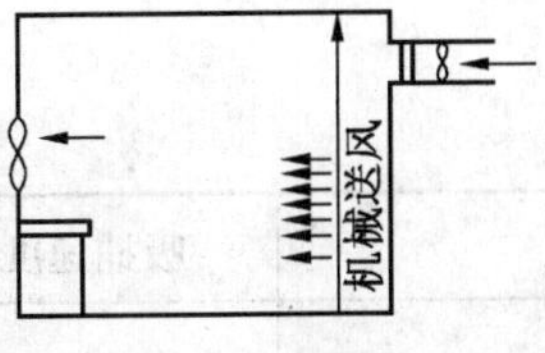

(j) 送风口位置好

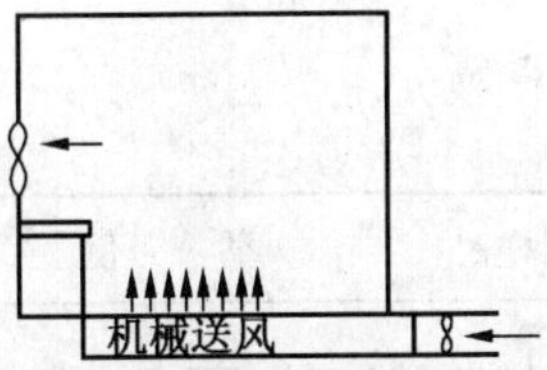

(k) 送风口位置好

(l) 送排风均好

排风扇位置

21.3　除尘设备

21.3.1　各种外部排风罩罩口形式及吸气量（Q）计算式

名　　称	罩口尺寸比 W/L	吸气量公式/($m^3 \cdot s^{-1}$)	罩 口 形 式
无边条缝侧吸罩	≤0.2	$Q=3.7vLx$	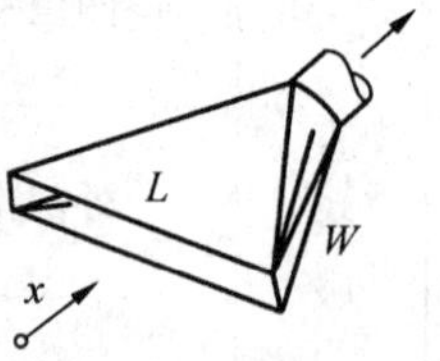
有边条缝侧吸罩	≤0.2	$Q=2.8vLx$	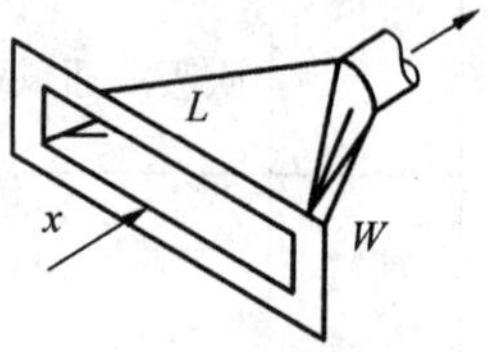
无边平口侧吸罩或底吸罩	≥0.2 或圆口	$Q=v(10x^2+A)$	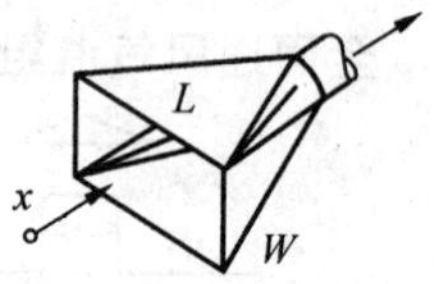
有边平口侧吸罩、台上或落地平口侧吸罩	≥0.2 或圆口	$Q=0.75v(10x^2+A)$	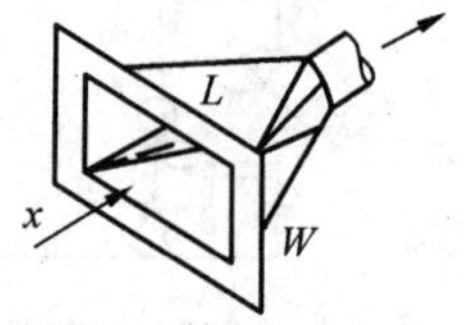
箱式罩或台面底吸罩	按操作要求	$Q=vA=vLH$	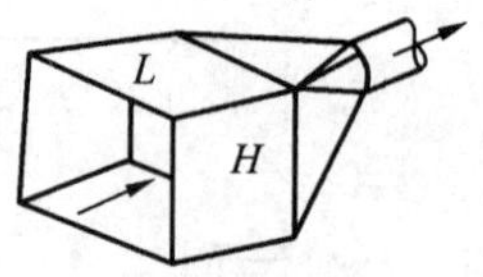
伞形吊罩	按操作要求	侧面无围挡时 $Q=1.4vPH_1$	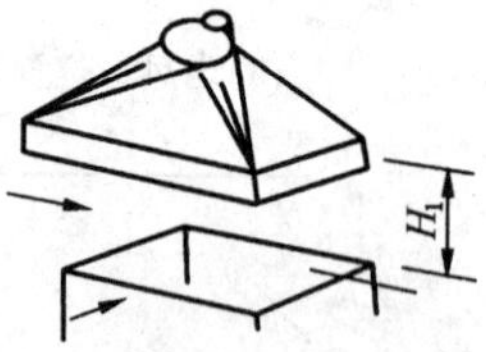

注：表中 v 为吸捕速度，m/s，可按下表选取；x 为罩口至尘源点间之距离，m；W 为条缝高度，m；L 为罩宽，m；H 为箱式罩高度，m；H_1 为工作台面至罩口距离，m；P 为工作台周长，m；A 为罩口面积，$A=WL$ 或 $A=\frac{1}{4}\pi d^2$，m^2；d 为圆口罩直径，m。

21.3.2　吸气罩吸捕速度*选择表

粉尘或污染物散发条件	举　　例	吸捕速度/（$m \cdot s^{-1}$）
以极小的速度进入静止的空气中	一些槽子的液面蒸发如脱油槽、酸洗槽等	0.25～0.5
低速进入较稳定的空气流中	低速运输转运如带式输送机、间断粉料装袋、装卸、焊接台、电镀槽	0.5～1.0

（续表）

粉尘或污染物散发条件	举 例	吸捕速度/(m·s^{-1})
以较高的速度进入较不稳定的空气流中	压砖机压砖、粉料快速装桶、粉料装车	1.0~2.5
以高速进入极不稳定的空气流中	砂轮机、喷砂	2.5~10

* 吸气罩在尘源点所造成的气流速度叫吸捕速度。

21.3.3 除尘器的性能比较[3]

除 尘 器		净化程度	最小捕集粒径/μm	初含尘浓度/(g·m^{-3})	阻力/Pa	除尘效率/%
重力沉降室		粗净化	50~100	>2	50~130	<50
惯性除尘器		粗净化	20~50	>2	300~800	50~70
旋风除尘器	中效	粗、中净化	20~40	>0.5	400~800	60~85
	高效	中净化	5~10	>0.5	1000~1500	80~90
湿式除尘器	水浴除尘器	粗净化	2	<2	200~500	85~95
	立式旋风水膜除尘器	各种净化	2	<2	500~800	90~98
	卧式旋风水膜除尘器	各种净化	2	<2	750~1250	98~99
	泡沫除尘器	各种净化	2	<2	800~300	80~95
	冲击除尘器	各种净化	2	<2	1000~1600	95~98
	文丘里洗涤器	细净化	<0.1	<15	5000~2000	90~98
袋式除尘器		细净化	<0.1	<15	800~1500	>99
电除尘器	湿式	细净化	<0.1	>30	125~200	90~98
	干式	细净化	<0.1	>30	125~200	90~98

21.3.4 百叶窗式惰性除尘器分级效率[3]

灰尘粒度/μm	5	10	15	20	25	30	40	50	60
效率/%	26	46	64	77	87	93	95.5	96	95.5

21.3.5 各种除尘器对不同粒径粉尘的效率[3]

除 尘 器	除尘效率/%			除 尘 器	除尘效率/%		
	50μm	5μm	1μm		50μm	5μm	1μm
惯性除尘器	95	26	3	高能文丘里洗涤器	100	>99	99
中效旋风除尘器	94	27	8	振打袋式除尘器	>99	>99	99
高效旋风除尘器	96	73	27	逆喷袋式除尘器	100	>99	99
冲击除尘器	98	85	38	干式电除尘器	>99	99	86
中能文丘里洗涤器	100	>99	97	湿式电除尘器	>99	98	92

21.3.6　旋风除尘器性能与各影响因素的关系[3]

因　素	减小压损	提高除尘效率
入口风速 v	小为好	最适宜范围 15～25m/s
相似放大或缩小	几乎无影响	小为好*
△出口管直径 d	大为好	小为好*
△圆筒直径 D	偏大稍好	小为好*
圆筒长度 L	长为好	要求有一适当数值
圆锥长度 H	长为好	稍长为好*
圆锥角 $2\tan^{-1}\left(\frac{D-d}{2H}\right)$	小为好	20°～30°为好
入口面积 A	偏小为好	几乎无影响
粉尘真密度 ρ_p	几乎无影响	大为好*
粉尘粒径 d_c	几乎无影响	大为好*
△气体温度 t	高为好	低为好
△气体黏度 μ	大为好	小为好
△内部障碍物或粗糙度	大为好	小为好
灰斗气密性	几乎无影响	对吸入式需要绝对气密
入口粉尘浓度 C_J	大为好	几乎无影响
气体密度 ρ	小为好	几乎无影响

*影响大。

△对压损和效率的影响相反。

21.3.7　旁路式旋风除尘器对不同物料的除尘效率[3]

粉尘种类	真比重/(g·cm⁻³)	粉尘粒度重量分散度/μm						除尘效率/%	
		0～5%	5%～10%	10%～20%	20%～40%	40%～60%	>60%	XLP/A 型	XLP/B 型
滑石粉	2.73	0.8	5.0	11.9	68.5	9.9	8.9	95.1	94.4
石英粉	2.66	10.4	14.0	19.6	22.4	14.0	19.6	93.6	94.2
白陶土	2.37	47.7	11.2	15.4	10.7	7.5	7.5	97.7	95.7
煤粉	2.08	2.0	2.0	7.8	50.1	23.4	14.7	86.3	86.3
铸砂	2.65	9.9	26.5	32.5	19.2	5.3	6.6	81.9	84.2
黏土	2.76	69.2	12.7	9.1	7.2	0.9	0.9	89.1	90.4
矿渣水泥	3.33	6.2	6.2	24.7	28.2	18.7	22.2		92.0
粉煤灰水泥	2.68	8.1	20.6	19.7	16.3	8.6	26.6	93.3	90.2
石灰石粉	2.72	1.7	1.7	1.7	53.2	24.8	20.3	85.8	87.5
水泥生料	2.73	1.6	2.7	30.4	45.0	12.9	7.4	91.5	90.4
熟石灰粉	2.60	3.4	3.4	39.2	42.5	5.7	9.2	—	73.0
烟草灰	2.03	9.6	9.6	5.1	28.0	29.5	28.3	99.0	99.1
炭黑	1.85	60μm 以下						—	92.8
洗衣粉	—						—	99.0	99.0
面粉	—						—	98.0	98.7
轮胎磨屑	—						—	99.7	99.7

21.3.8　几种滤料在不同过滤速度下的除尘效率[3]

滤　料	阻力为0~300Pa时的除尘效率/%			阻力为300~1200Pa时的除尘效率/%		
	0.5m/min	1.0m/min	1.5m/min	0.5m/min	1.0m/min	1.5m/min
斜纹玻璃布	98.5	77	67	99.8	93.3	85.4
薄缎纹玻璃布	89.5	71	57.5	95	80.3	68.7
厚缎纹玻璃布	98.0	75	65	99.8	90	82
平绸	98.7	76	66	99.8	90.5	84
单面绒棉布	99.9	99.8	99.8	99.96	99.9	99.8
呢料	99.9	99.8	99.8	99.9	99.8	99.2

21.3.9　袋式除尘器对各种粉尘的常用过滤风速[3]

粉尘种类	常用过滤风速/（$m \cdot min^{-1}$）			粉尘种类	常用过滤风速/（$m \cdot min^{-1}$）		
	振打式	脉冲式	反吹式		振打式	脉冲式	反吹式
氧化铝	0.8~0.9	2.4~3.0	0.5~0.6	皮革粉尘	1.1~1.2	3.7~4.6	
石棉	0.9~1.1	3.0~3.7		石灰	0.8~0.9	3.0~3.7	0.5~0.6
铝土矿	0.8~1.0	2.4~3.0		石灰石	0.8~1.0	2.4~3.0	
炭黑	0.5~0.6	1.5~1.8	0.3~0.4	云母	0.8~1.0	2.7~3.4	0.5~0.6
煤	0.8~0.9	2.4~3.0		颜料	0.8~0.9	2.1~3.4	0.6~0.7
可可粉、巧克力	0.9~1.0	3.7~4.6		纸	1.1~1.2	3.0~3.7	
黏土	0.8~1.0	2.7~3.0	0.5~0.6	塑料制品	0.8~0.9	2.1~2.7	
水泥	0.6~0.9	2.4~3.0	0.4~0.5	石英	0.9~1.0	2.7~3.4	
化妆品	0.5~0.6	3.0~3.7		岩石粉	0.9~1.1	2.7~3.0	
搪瓷玻璃料	0.8~0.9	2.7~3.0	0.5~0.6	砂	0.8~0.9	3.0~3.7	
饲料、谷物	1.1~4.3	4.2~4.6		锯末	1.1~1.2	3.7~4.6	
长石	0.7~0.9	2.7~3.0	0.5~0.6	硅石	0.7~0.9	2.1~2.7	0.4~0.5
肥料	0.9~1.1	2.4~2.7	0.5~0.6	板岩	1.1~1.2	3.7~4.3	
面粉	0.9~1.1	3.7~4.6		肥皂、洗涤剂	0.6~0.8	1.5~1.8	0.4~0.5
石墨	0.6~0.8	1.5~1.8	0.5~0.6	香料	0.8~1.0	3.0~3.7	
石膏	0.6~0.8	3.0~3.7	0.5~0.6	淀粉	0.9~1.1	2.4~2.7	
铁矿石	0.9~1.1	3.4~3.7		糖	0.6~0.8	2.1~3.0	
氧化铁	0.8~0.9	2.1~2.4	0.5~0.6	滑石粉	0.8~0.9	3.0~3.7	
硫酸铁	0.6~0.8	1.8~2.4	0.5~0.6	烟草	1.1~1.2	4.0~4.6	
氧化铅	0.6~0.8	1.8~2.4	0.4~0.6	氧化锌	0.6~0.8	1.5~1.8	0.4~0.5

注：表中所列数据是以各该物质的一般粒径、形状特性和低、中等含量为基准。

21.3.10　各类湿式除尘器的性能[3]

装置名称	气体流速/（$m \cdot s^{-1}$）	最大气体流量/（$m^3 \cdot min^{-1}$）	压力损失/Pa（mmH_2O）	需用水量/（$L \cdot s^{-1}$）	水压	最小捕集粒径/μm	备　注
喷淋塔	0.5~2	10000	49~490（5~50）	0.05~1	大	3~5	经济，可用于高压；逆流通流均可

（续表）

装置名称	气体流速/（$m \cdot s^{-1}$）	最大气体流量/（$m^3 \cdot min^{-1}$）	压力损失/Pa（mmH_2O）	需用水量/（$L \cdot s^{-1}$）	水压	最小捕集粒径/μm	备注
充填塔	1~2	300	980~2940（100~300）	1~10	小	1~2	限对逆流，有堵塞情况
离心洗涤器（旋风涤涂器）	1~2	5000	490~1470（50~150）	0.5~5	中	1	大气压下操作
回转式洗涤器	1~2	1000	1960~3920（200~400）	0.5~2	小	0.2	1000rpm 左右，马力大，安装面积小
水喷射式洗涤器	5~20	1000	0~1960（0~200）	5~50	大	0.5~1	运转费用大，安装面积小
冲激式洗涤器	10~30	1000	490~1470（50~150）	0.3~2	小	0.5~1	存在产生泡沫的问题，经济、简单
文氏管洗涤器	30~150	1500	2940~19600（300~2000）	0.3~2	中	0.1~0.3	运转费用大，性能最高，安装面积小

注：$1mmH_2O = 133.3224Pa$。

21.3.11 电除尘器基本设计参数及应用范围[3]

主要参数	符号	单位	一般范围
电场断面积	F	m^2	30~220
有效驱进速度	ω_e	cm/s	1.5~20
比收尘极板面积	$f\frac{A}{Q}$	$m^2/1000m^3/h$	5~40
电场内气流速度	v	m/s	0.5~2.5
通道长高比	L/H	m/m	0.5~1.5
比电晕功率（按气体量）	P_c/Q	W/（$1000m^3/h$）	30~300
比电晕功率（按收尘面积）	P_c/A	W/m^2	3.2~32
比电晕电流（按收尘面积）	I/A	mA/m^2	0.055~0.78
比电晕电流（按电晕线长度）	$I/\sum e$	mA/m	0.07~0.3
通道宽度（同极间距）	$2b$	mm	200~350
电场数	N_s	个	2~8
单位能耗（按气体量）	P/Q	MJ/（$1000m^3/h$）	0.18~3.6
每台整流机所供电的收尘面积	A_s	m^2	450~7200
粉尘在电除尘器中的停留时间	t	s	2~10
阻力	ΔP	Pa	100~300
电压	V	kV	40~70
温度	T	℃	<400

21.3.12 飞灰的设计电晕功率密度[3]

比电阻/(Ω·cm)	电晕功率密度/($W \cdot m^{-2}$)	比电阻/(Ω·cm)	电晕功率密度/($W \cdot m^{-2}$)
$10^{4\sim7}$	43.0	10^{11}	21.5
$10^{7\sim8}$	32.3	10^{12}	16.1
$10^{9\sim10}$	26.9	10^{13}	10.8

21.3.13 主要工业窑炉电除尘器的电场风速与有效驱进速度[3]

主要工业窑炉的电除尘器		电场风速 v/($m \cdot s^{-1}$)	有效驱进速度 ω_e/($cm \cdot s^{-1}$)
电厂锅炉飞灰		1.2~2.4	5.0~15
纸浆和造纸工业锅炉黑液回收		0.9~1.8	6.0~10
钢铁工业	烧结机	1.2~1.5	2.3~11.5
	高炉	2.7~3.6	9.7~11.3
	吹氧平炉	1.0~1.5	7.0~9.5
	碱性氧气顶吹转炉	1.0~1.5	7.0~9.0
	焦炉	0.6~1.2	6.7~16.1
水泥工业	湿法窑	0.9~1.2	8.0~11
	立波尔窑	0.8~1.0	6.5~1.0
	干法窑(增湿)	0.7~1.0	6.0~9.0
	干法窑(不增湿)	0.4~0.7	4.0~6.0
	烘干机	0.8~1.2	10~20
	磨机	0.7~0.9	7~10
硫酸雾		0.9~1.5	6.1~9.1
城市垃圾焚烧炉		1.1~1.4	4.0~12
接触分解过程			3.0~11.8
铝煅烧炉			8.2~12.4
铜焙烧炉			3.6~4.2
有色金属炉		0.6	7.3
冲天炉(灰口铁)			3.0~3.6

21.4 个体防尘用品

21.4.1 各型简易式防尘口罩的物理性能

型号	类别	阻尘率/%	阻力/mmH$_2$O		妨碍下方视野/(°)	重量/g	死腔/mL
			吸气	呼气			
夹具式:							
77型(京)			1.58		4	40	
支架式:							
湘劳-Ⅰ型(湘)			1.69		5	24	163
武安303型(沪)			1.22		5	33	160
SF-1型(沪)			0.33		3	16	
工卫69型(沪)			1.91		8	14	160
湘劳-Ⅲ甲型(湘)			0.6		3	16	
湘劳-Ⅲ乙型(湘)			0.83		3	18	
其他式:							
纱布8层			1.5			18	

注:1. 根据国家标准指定鉴定单位冶金部安全技术研究所1981年8—11月技术鉴定(纱布8层口罩除外,仅供参考)。
2. 气体流量:30L/min连续气流。
3. 1mmH$_2$O=9.80665Pa。

21.4.2 自吸式防尘口罩塑料部位性能指标(GB 2626—1981)

名称	要求
耐热性(按G13 1035—70规定)	无黏化、龟裂
耐寒性(将试验片收入-10℃±2℃的冷冻箱中5min取出)	无破损、龟裂

21.4.3 各型复式防尘口罩的物理性能

型号	类别	阻尘率/%	阻力/mmH$_2$O		妨碍下方视野/(°)	重量/g	死腔/mL
			吸气	呼气			
武安301型(京)	1	99.1	3.55	2.38	7	102	135
武安301型(沪)	2	96.3	3	3.21	4	104	115
武安302型(京)	1	99	4.5	1.66	4	127	120
武安302型(沪)	2	96.4	1.77	2.48	4	122	125
武安4型(湘)	2	98.3	2.38	1.71	6	112	100
301-A型(京)	1	99.1	4.3~5	1.01~2.56	8	113	150
301-B型(京)	1	99.3	3.3~4.3	0.72~1.34	8	120	150
305型(京)	2	98.8	2.64	1.78	7	110	150
上海803型(沪)	2	97.4	5	3.9	8	102	150
上海804型(沪)	2	95.4	3.38	5.34	6	130	150

注:1. 根据国家标准指定鉴定单位冶金部安全技术研究所1981年8—11月技术鉴定。
2. 气体流量:30L/min连续气流。
3. 1mmH$_2$O=9.80665Pa。

21.4.4 防尘呼吸器主要品种和结构

品种		主要构件	产品例
自吸过滤式防尘口罩	复式口罩	主体件、呼气阀、吸气阀、滤盒滤料、固定拉带	301型、305型、803型等
	简易口罩	滤料、支架，少部分有呼吸阀（分直接成型、支架型、夹具型三类）	303型、BL－1型、湘劳1型、北劳2型
送风过滤式防尘面具	口罩式	微电机、风泵、过滤器、口罩、导气管	YMK－3型
	面罩式	微电机、风泵、过滤器、面罩、导气管	
	头盔式	微电机、风泵、滤袋、头盔	AFM型、BWS型

21.4.5 国内外防尘口罩阻尘效率标准（GB 2626—1981）

国　名	试验材料	尘粒径/μm	流量/（L·min^{-1}）	阻尘率/%	粉尘浓度/（mg·m^{-3}）
美国	硅尘	0.4～0.6	32	99	50～60
苏联	硅尘	<1μm为50% 1～5μm为49.5% >5μm为0.5%	30	透过口罩后的粉尘浓度不超过允许标准	100
日本	硅尘	<2	30	特级 99.5 1级 95 2级 85	30±5
联邦德国	硅尘Ⅱa 石蜡雾Ⅱa	<10为100% <2为92% <1为90% 0.3～0.5最多	30	96（平均） 98	
法国	亚甲蓝	<1.5为99%	30	85	
英国	亚甲蓝	0.6（平均）	30	90（A型） 95（B型） 98（B型树脂羊毛）	
意大利	硅尘	<10为99.6% 0.5～2为75%	30	95	
比利时	硅尘	<5为100% <1为60%	42	95	
奥地利	硅尘	<10为100% <5为99% <2为90%	30	96（Ⅱa1） 98（Ⅱa2）	
中国	硅尘	<10为100% <5为95% <2为70%	30	1级>99 2级>95 3级>90 4级>85	45～75

21.4.6 自吸式防尘口罩橡胶部位性能指标（GB 2626—1981）

名称	标准
扯断力/（$kg \cdot cm^2$）	>150
扯断伸长率/%	>400
硬度/HRC	65.5
老化系数（70℃×72h）	主体>0.74 阀>0.80
呼气阀和吸气阀橡胶在（120±2）℃烘烤2h	不发黏

21.4.7 国内外防尘口罩呼吸阻力标准（GB 2626—1981）

国名	流量/（$L \cdot min^{-1}$）	最大吸气阻力/mmH_2O		最大呼气阻力/mmH_2O	备注
		初始阻力	最终阻力		
美国	85	12	15	15	一次抛弃防尘口罩
		30	20	20	每次更换滤料口罩
		18	25	15	重复用滤料口罩
		20	40	20	每次更换滤料防尘样尘
苏联	30	4	10	无阀3 有阀5	粉尘浓度100mg/m³，粒径<5μm尘粒占99.5%，连续5h
日本	30	特级8 1级6 2级6		6	
联邦德国	30	Ⅱa3 Ⅱc15	Ⅱa10	低于呼吸阻力	
英国	85	A型20 B型32		12.5	
法国	30	8.5		4	
意大利	30	8			
奥地利	30	8	9	6	
荷兰	30	8	10	4	
中国	30	1级<5.0 2级<4.0 3级<3.0 4级<2.0		<3.0	100min阻力上升小于起始阻力的两倍

注：$1mmH_2O=9.80665Pa$。

21.4.8 国产过滤式防尘口罩等级和使用条件

级　别	阻尘率/%	使用范围	
		粉尘含游离硅/%	作业场所粉尘浓度/（$mg \cdot m^{-3}$）
1	≥90	>10 <10	<200 <1000
2	≥95	>10 <10	<40 <200
3	≥90	<10	<100
4	≥85	<10	<70

参 考 文 献

[1]《采矿手册》编委会．采矿手册［M］．北京：冶金工业出版社，1991.

[2] 国家标准局．LD84—1995 生产性粉尘作业危害程度分级［S］．北京：中国标准出版社，1995.

[3] 中国劳动保护科学技术学会，工业防尘专业委员会．工业防尘手册［M］．北京：劳动人事出版社，1989.

[4] 孙一坚．工业通风［M］．北京：中国建筑出版社，1994.

[5] 中华人民共和国卫生部．GB11724—1989　车间空气中含50%～80%游离二氧化硅粉尘卫生标准［S］．北京：中国标准出版社，1989.

[6] 中华人民共和国卫生部．GB5748—1985　作业场所空气中粉尘测定方法［S］．北京：中国标准出版社，1989.

[7] 孙桂林，臧吉昌．安全工程手册［M］．北京：中国铁道出版社，1989.

22 工业防毒

22.1 有害物质容许浓度及毒物分级

22.1.1 工作场所空气中有毒物质容许浓度[1]

序号	中文名 CAS No.	英文名	最高容许浓度/（mg·m⁻³）	时间加权平均容许浓度/（mg·m⁻³）	短时间接触容许浓度/（mg·m⁻³）
1	安妥 86－88－4	Antu	—	0.3	0.9①
2	氨（7664－41－7）	Ammonia	—	20	30
3	2－氨基吡啶（皮）504－29－0	2－Aminopyridine（skin）	—	2	5①
4	氨基磺酸铵 7773－06－0	Ammonium sulfamate	—	6	15①
5	氨基氰 420－04－2	Cyanamide	—	2	5①
6	奥克托今 2691－41－0	Octogen	—	2	4
7	巴豆醛 4170－30－3	Crotonaldehyde	12	—	—
8	百菌清 1897－45－6	Chlorothalionile	1	—	—
9	倍硫磷（皮）55－38－9	Fenthion（skin）	—	0.2	0.3
10	苯（皮）71－43－2	Benzene（skin）	—	6	10
11	苯胺（皮）62－53－3	Aniline（skin）	—	3	7.5①
12	苯基醚（二苯醚）101－84－8	Phenylether	—	7	14
13	苯硫磷（皮）2104－64－5	EPN（skin）	—	0.5	1.5①
14	苯乙烯（皮）100－42－5	Styene（skin）	—	50	100
15	吡啶 110－86－1	Pyridine	—	4	10①
16	苄基氯 100－44－7	Benzyl chloride	5	—	—
17	丙醇 71－23－8	Propyl alcohol	—	200	300
18	丙酸 79－09－4	Propionic acid	—	30	60①
19	丙酮 67－64－1	Acetone	—	300	450
20	丙酮氰醇(按 CN 计)(皮) 75－86－5	Acetone cyanohydrin（skin）as CN	3	—	—
21	丙烯醇（皮）107－18－6	Allyl alcohol（skin）	—	2	3
22	丙烯腈（皮）107－13－1	Acrylonitrile（skin）	—	1	2
23	丙烯醛 107－02－8	Acrolein	0.3	—	—
24	丙烯酸（皮）79－10－7	Acrylic acid（skin）	—	6	15①

（续表）

序号	中文名 CAS No.	英文名	最高容许浓度/(mg·m^{-3})	时间加权平均容许浓度/(mg·m^{-3})	短时间接触容许浓度/(mg·m^{-3})
25	丙烯酸甲酯（皮）96－33－3	Methyl acrylate（skin）	—	20	40①
26	丙烯酸正丁酯 141－32－2	n－Butyl acrylate	—	25	50①
27	丙烯酰胺（皮）79－06－1	Acrylamide（skin）	—	0.3	0.9①
28	草酸 144－62－7	Oxalic acid	—	1	2
29	抽余油 60～220℃	Raffinate（60～220℃）	—	300	450①
30	臭氧 10028－15－6	Ozone	0.3	—	—
31	滴滴涕（DDT）50－29－3	Dichlorodiphenyltrichloroethane（DDT）	—	0.2	0.6①
32	敌百虫 52－68－6	Trichlorfon	—	0.5	1
33	敌草隆 330－54－1	Diuron	—	10	25①
34	碲化铋(按 Bi2Te3 计)1304－82－1	Bismuth telluride，asBi_2Te_3	—	5	12.5①
35	碘 7553－56－2	Iodine	1	—	—
36	碘仿 75－47－8	Iodoform	—	10	25①
37	碘甲烷（皮）74－88－4	Methyl iodide（skin）	—	10	25①
38	叠氮酸和叠氮化钠 7782－79－8；26628－22－8	Hydrazoic acid and sodium azide			
	叠氮酸蒸气	Hydrazoic acid vapor	0.2	—	—
	叠氮化钠	sodium azide	0.3	—	—
39	丁醇 71－36－3	Butyl alcohol	—	100	200①
40	1，3－丁二烯 106－99－0	1，3－Butadiene	—	5	12.5①
41	丁醛 123－72－8	Butyladehyde	—	5	10
42	丁酮 78－93－3	Methyl ethyl ketone	—	300	600
43	丁烯 25167－67－3	Butylene	—	100	200①
44	对苯二甲酸 100－21－0	Terephthalic acid	—	8	15
45	对硫磷（皮）56－38－2	Parathion（skin）	—	0.05	0.1
46	对特丁基甲苯 98－51－1	p－Tert－ butyltoluene	—	6	15①
47	对硝基苯胺（皮）100－01－6	p－Nitroaniline（skin）	—	3	7.5①
48	对硝基氯苯/二硝基氯苯（皮）100－00－5/25567－67－3	p－Nitrochlorobenzene/ Dinitrochlorobenzene（skin）	—	0.6	1.8①
49	多次甲基多苯基多异氰酸酯 57029－46－6	Polymetyhlene polyphenyl isocyanate（PMPPI）	—	0.3	0.5
50	二苯胺 122－39－4	Diphenylamine	—	10	25①
51	二苯基甲烷二异氰酸酯 101－68－8	Diphenylmethane diisocyanate	—	0.05	0.1
52	二丙二醇甲醚（皮）34590－94－8	Dipropylene glycolmethyl ether（skin）	—	600	900

（续表）

序号	中文名 CAS No.	英文名	最高容许浓度/（mg·m^{-3}）	时间加权平均容许浓度/（mg·m^{-3}）	短时间接触容许浓度/（mg·m^{-3}）
53	2－N－二丁氨基乙醇（皮）102－81－8	2－N－Dibutylaminoethanol (skin)	—	4	10①
54	二恶烷（皮）123－91－1	1,1,4－Dioxane(skin)	—	70	140①
55	二氟氯甲烷 75－45－6	Chlorodifluoromethane	—	3500	5250①
56	二甲胺 124－40－3	Dimethylamine	—	5	10
57	二甲苯（全部异构体）1330－20－7;95－47－6;108－38－3	Xylene(all isomers)	—	50	100
58	二甲苯胺（皮）121－69－7	Dimethylanilne(skin)	—	5	10
59	1,3－二甲基丁基醋酸酯（仲－乙酸己酯）108－84－9	1,3－Dimethybutyl acetate(sec－hexylacetate)	—	300	450①
60	二甲基二氯硅烷 75－78－5	Dimethyl dichlorosilane	2	—	—
61	二甲基甲酰胺（皮）68－12－2	Dimethylformamide(DMF)(skin)	—	20	40①
62	3,3－二甲基联苯酰（皮）119－93－7	3,3－Dimethylbenzidine(skin)	0.02	—	—
63	二甲基乙酰胺（皮）127－19－5	Dimethyl acetamide(skin)	—	20	40①
64	二聚环戊二烯 77－73－6	Dicyclopentadiene	—	25	50①
65	二硫化碳（皮）75－15－0	Carbon disulfide(skin)	—	5	10
66	1,1－二氯－1－硝基乙烷 594－72－9	1,1－Dichloro－1－nitroethane	—	12	24①
67	二氯苯	Dichlorobenzene			
	对二氯苯 106－46－7	p－Dichlorobenzene	—	30	60
	邻二氯苯 95－50－1	o－Dichlorobenzene	—	50	100
68	1,3－二氯丙醇（皮）96－23－1	1,3－Dichloropropanol(skin)	—	5	12.5①
69	1,2－二氯丙烷 78－87－5	1,2－Dichloropropane	—	350	500
70	1,3－二氯丙烯（皮）542－75－6	1,3－Dichloropropene(skin)	—	4	10①
71	二氯代乙炔 7572－29－4	Dichloroacetylene	0.4	—	—
72	二氯二氟甲烷 75－71－8	Dichlorodifluoromethane	—	5000	7500①
73	二氯甲烷 75－09－2	Dichloromerhane	—	200	300①
74	1,2－二氯乙烷 107－06－2	1,2－Dichloroethane	—	7	15
75	1,2－二氯乙烯 540－59－0	1,2－Dichloroethylene	—	800	1200①
76	二缩水甘油醚 2238－07－5	Diglycidyl ether	—	0.5	1.5①
77	二硝基苯（全部异构体）（皮）582－29－0;99－65－0;100－25－4	Dinitrobenzene (all isomers)(skin)	—	1	2.5①
78	二硝基甲苯（皮）25321－14－6	Dinitrotoluene(skin)	—	0.2	0.6①

（续表）

序号	中文名 CAS No.	英 文 名	最高容许浓度/(mg·m^{-3})	时间加权平均容许浓度/(mg·m^{-3})	短时间接触容许浓度/(mg·m^{-3})
79	4,6-二硝基邻苯甲酚(皮) 534-52-1	4,6-Dinitro-o-cresol(skin)	—	0.2	0.6①
80	二氧化氮 10102-44-0	Nitrogen dioxide	—	5	10
81	二氧化硫 7446-09-5	Sulfur dioxide	—	5	10
82	二氧化氯 10049-04-4	Chlorine dioxide	—	0.3	0.8
83	二氧化碳 124-38-9	Carbon dioxide	—	9000	18000
84	二氧化锡(按 Sn 计)1332-29-2	Tin dioxdie, as Sn	—	2	5①
85	2-二乙氨基乙醇(皮)100-37-8	2-Diethylaminoethanol(skin)	—	50	100①
86	二乙撑三胺(皮)111-40-0	Diethylene triamine(skin)	—	4	10①
87	二乙基甲酮 96-22-0	Diethyl ketone	—	700	900
88	二乙烯基苯 1321-74-0	Divinyl benzene	—	50	100①
89	二异丁基甲酮 108-83-8	Diisobutyl ketone	—	145	218①
90	二异氰酸甲苯酯(TDI)584-84-9	Toluene-2,4-diisocyanate(TDI)	—	0.1	0.2
91	二月桂酸二丁基锡(皮)77-58-7	Dibutyltin dilaurate(skin)	—	0.1	0.2
92	钒及其化合物(按 V 计)7440-62-6 五氧化二钒烟尘 钒铁合金尘	Vanadium and compounds, as V Vanadium pentoxide fume、dust Ferrovanadium alloy dust	 — —	 0.05 1	 0.15① 2.5①
93	呋喃 110-00-9	Furan	—	0.5	1.5①
94	氟化氢(按 F 计)7664-39-3	Hydrogen fluoride, as F	2	—	—
95	氟化物(不含氟化氢)(按 F 计)	Fluorides(except HF), as F	—	2	5①
96	锆及其化合物(按 Zr 计)7440-67-7	Zirconium and compounds, as Zr	—	5	10
97	镉及其化合物(按 Cd 计)7440-43-9	Cadmium and compounds, as Cd	—	0.01	0.02
98	汞(7439-97-6) 金属汞(蒸气) 有机汞化合物(皮)(按 Hg 计)	Mercury Element mercury(vapor) Mercury organic compounds(skin) as Hg	 — —	 0.02 0.01	 0.04 0.03
99	钴及其氧化物(按 Co 计)7440-48-4	Cobalt and oxides, as Co	—	0.05	0.1
100	光气 75-44-5	Phosgene	0.5	—	—
101	癸硼烷(皮)17702-41-9	Decaborane(skin)	—	0.25	0.75
102	过氧化苯甲酰 94-36-0	Benzoyl peroxide	—	5	12.5①
103	过氧化氢 7722-84-1	Hydrogen peroxide	—	1.5	3.75①
104	环己胺 108-91-8	Cyclohexylamine	—	10	20
105	环己醇(皮)108-93-0	Cyclohexanol(skin)	—	100	200①
106	环己酮(皮)108-94-1	Cyclohexanone(skin)	—	50	100①
107	环己烷 110-82-7	Cyclohexane	—	250	375①
108	环氧丙烷 75-56-9	Propylene Oxide	—	5	12.5①

(续表)

序号	中文名 CAS No.	英文名	最高容许浓度/(mg·m⁻³)	时间加权平均容许浓度/(mg·m⁻³)	短时间接触容许浓度/(mg·m⁻³)
109	环氧氯丙烯(皮)106-89-8	Epichlorohydrin(skin)	—	1	2
110	环氧乙烷 75-21-8	Ethylene oxide	—	2	5①
111	黄磷 7723-14-0	Yellow phosphorus	—	0.05	0.1
112	茴香胺(皮)	Anisidine(skin)			
	邻茴香胺(皮)(90-04-0)	o-Anisidine(skin)	—	0.5	1.5①
	对茴香胺(皮)(104-94-9)	p-Anisidine(skin)	—	0.5	1.5①
113	己二醇 107-41-5	Hexylene glycol	100	—	—
114	1,6-己二异氰酸酯 822-06-0	Hexamethylene diisocyanate	—	0.03	0.15①
115	己内酰胺 105-60-2	Caprolactam	—	5	12.5①
116	2-己酮(皮)591-78-6	2-Hexanone(skin)	—	20	40
117	甲醇(皮)67-56-1	Methanol(skin)	—	25	50
118	甲拌磷(皮)298-02-2	Thimet(skin)	0.01	—	—
119	甲苯(皮)108-88-3	Toluene(skin)	—	50	100
120	N-甲苯胺(皮)100-61-8	N-Methyl aniline(skin)	—	2	5①
121	甲酚(皮)1319-77-3	Cresol(skin)	—	10	25①
122	甲基丙烯腈(皮)126-98-7	Methylacrylonitrile(skin)	—	3	7.5①
123	甲基丙烯酸 79-41-4	Methacrylic acid	—	70	140①
124	甲基丙烯酸甲酯 80-62-6	Methyl methacrylate	—	100	200①
125	甲基丙烯酸缩水甘油酯 106-91-2	Glycidyl methacrylate	5	—	—
126	甲基肼(皮)60-34-4	Methyl hydrazine(skin)	0.08	—	—
127	甲基内吸磷(皮)8022-00-2	Methyl demeton(skin)	—	0.2	0.6①
128	18-甲基炔诺酮(炔诺孕酮)6533-00-2	18-Methyl norgestrel	—	0.5	2
129	甲硫醇 74-93-1	Methyl mercaptan	—	1	2.5①
130	甲醛 50-00-0	Formaldehyde	0.5	—	—
131	甲酸 64-18-6	Formic acid	—	10	20
132	甲氧基乙醇(皮)109-86-4	2-Methoxyethanol(skin)	—	15	30①
133	甲氧氯 72-43-5	Methoxychlor	—	10	25①
134	间苯二酚 108-46-3	Resorcinol	—	20	40①
135	焦炉逸散物(按苯溶物计)	Coke oven emissions, as benzene solube matter	—	0.1	0.3①
136	肼(皮)302-01-2	Hydrazine(skin)	—	0.06	0.13
137	久效磷(皮)6923-32-4	Monocrotophos(skin)	—	0.1	0.3①

（续表）

序号	中文名 CAS No.	英 文 名	最高容许浓度/(mg · m^{-3})	时间加权平均容许浓度/(mg · m^{-3})	短时间接触容许浓度/(mg · m^{-3})
138	糠醇 98 - 00 - 0	Furfuryl alcohol	—	40	60
139	糠醛(皮)98 - 01 - 1	Furfural(skin)	—	3	12.5①
140	考的松 53 - 06 - 5	Cortisone	—	1	2.5①
	苛性碱	Caustic alkali			
141	氢氧化钠 1310 - 73 - 2	Sodium hydroxide	2	—	—
	氢氧化钾 1310 - 58 - 3	Potassium hydroxide	2	—	—
142	枯草杆菌蛋白酶	Subtilisins	—	15ng/m^3	30ng/m^3
143	苦味酸 88 - 89 - 1	Picric acid	—	0.1	0.3①
144	乐果(皮)60 - 51 - 5	Rogor(skin)	—	1	2.5①
145	联苯 92 - 52 - 4	Biphenyl	—	1.5	3.75①
146	邻苯二甲酸二丁酯 84 - 74 - 2	Dibutyl phthalate	—	2.5	6.25①
147	邻苯二甲酸酐 85 - 44 - 9	Phthalic anhydride	1	—	—
148	邻氯苯乙烯 2038 - 87 - 47	o - Chlorostyrene	—	250	400
149	邻氯苄叉丙二腈(皮)2698 - 41 - 1	o - Chlorobenzylidene malononitrile(skin)	0.4	—	—
150	邻仲丁基苯酚(皮)89 - 72 - 5	o - sec - Butylphenol(skin)	—	30	60①
151	磷胺(皮)13171 - 21 - 6	Phosphamidon(skin)	—	0.02	0.06①
152	磷化氢 7803 - 51 - 2	Phosphine	0.3	—	—
153	磷酸 7664 - 38 - 2	Phosphoric acid	—	1	3
154	磷酸二丁基苯酯(皮)2528 - 36 - 1	Dibutyl phenyl phosphate(skin)	—	3.5	8.75①
155	硫化氢 7783 - 06 - 4	Hydrogen sulfide	10	—	—
156	硫酸钡(按 Ba 计)7727 - 06 - 0	Barium sulfate, as Ba	—	10	25①
157	硫酸二甲酯(皮)77 - 78 - 1	Dimethyl sulfate(skin)	—	0.5	1.5①
158	硫酸及三氧化硫 7664 - 93 - 9	Sulfuric acid and sulfur trioxide	—	1	2
159	硫酸氟 2699 - 79 - 8	Sulfuryl fluoride	—	20	40
160	六氟丙酮(皮)684 - 16 - 2	Hexafluoroacetone(skin)	—	0.5	1.5①
161	六氟丙烯 116 - 15 - 4	Hexafluoropropylene	—	4	10①
162	六氟化硫 2551 - 62 - 4	Sulfur hexafluoride	—	6000	9000①
163	六六六 608 - 73 - 1	Hexachlorocyclohexane	—	0.3	0.5
164	γ - 六六六 58 - 89 - 9	γ - Hexachlorocyclohexane	—	0.05	0.1
165	六氯丁二烯(皮)87 - 68 - 3	Hexachlorobutadine(skin)	—	0.2	0.6①
166	六氯环戊二烯 77 - 47 - 4	Hexachlorocyclopentadiene	—	0.1	0.3①
167	六氯萘(皮)1335 - 87 - 1	Hexachloronaphthalene(skin)	—	0.25	0.6①
168	六氯乙烷(皮)67 - 72 - 1	Hexachloroethane(skin)	—	10	25①

(续表)

序号	中文名 CAS No.	英文名	最高容许浓度/(mg·m^{-3})	时间加权平均容许浓度/(mg·m^{-3})	短时间接触容许浓度/(mg·m^{-3})
169	氯 7782－50－5	Chlorine	1	—	—
170	氯苯 108－90－7	Chlorobenzene	—	50	100①
171	氯丙酮(皮)78－95－5	Chloroacetone(skin)	4	—	—
172	氯丙烯 107－05－1	Allyl chloride	—	2	4
173	氯丁二烯(皮)126－99－8	Chloroprene(skin)	—	4	10①
174	氯化铵烟 12125－02－9	Ammonium chloride fume	—	10	20
175	氯化苦 76－06－2	Chloropicrin	1	—	—
176	氯化氢及盐酸 7647－01－0	Hydrogen chloride and chlorhydric acid	7.5	—	—
177	氯化氰 506－77－4	Cyanogen chloride	0.75	—	—
178	氯化锌烟 7646－85－7	Zinc chloride fume	—	1	2
179	氯甲甲醚 107－30－2	Chloromethyl methyl ether	0.005	—	—
180	氯甲烷 74－87－3	Methyl chloride	—	60	120
181	氯联苯(54%氯)(皮) 11097－69－1	Chlorodiphenyl(54% CI)(skin)	—	0.5	1.5①
182	氯萘(皮)90－13－1	Chloronaphthalene(skin)	—	0.5	1.5①
183	氯乙醇(皮)107－07－3	Ethylene chlorohydrin(skin)	2	—	—
184	氯乙醛 107－20－0	Chloroacetaldehyde	3	—	—
185	氯乙烯 75－01－4	Vinyl chloride	—	10	25①
186	α－氯乙酰苯 532－27－4	α－Chloroacetophenone	—	0.3	0.9①
187	氯乙酰氯(皮)79－04－9	Chloroacetyl chloride(skin)	—	0.2	—
188	马拉硫磷(皮)121－75－5	Malation(skin)	—	2	—
189	马来酸酐 108－31－6	Maleic anhydride	—	1	—
190	吗啉(皮)110－91－8	Morpholine(skin)	—	60	—
191	煤焦油沥青挥发物(按苯溶物计) 65996－93－2	Coal tar pitch volatiles, as Benzene solubie matters	—	0.2	—
192	锰及其无机化合物(按 MnO_2 计) 7439－96－5	Manganese and inorganic compounds, as MnO_2	—	0.15	—
193	钼及其化合物(Mo 计)7439－98－7 钼,不溶性化合物 可溶性化合物	Molybdeum and compounds, as Mo Molybdeum and insoluble compounds Soluble compounds	 — —	 6 4	 15① 10
194	内吸磷(皮)8065－48－3	Demeton(skin)	—	0.05	0.15①
195	萘 91－20－3	Naphthalene	—	50	75
196	2－萘酚 2814－77－9	2－Naphthol	—	0.25	0.5
197	萘烷 91－17－8	Decalin	—	60	120①

（续表）

序号	中文名 CAS No.	英文名	最高容许浓度/(mg·m⁻³)	时间加权平均容许浓度/(mg·m⁻³)	短时间接触容许浓度/(mg·m⁻³)
198	尿素 57－13－6	Urea	—	5	10
199	镍及其无机化合物(按 Ni 计)7440－02－0	Nickel and inorganic compounds, as Ni			
	金属镍与难溶性镍化合物	Nickel and isoluble compounds	—	1	2.5①
	可溶性镍化合物	Soluble compounds	—	0.5	1.5①
200	铍及其化合物(按 Be 计)7440－41－7	Beryllium and compounds, as Be	—	0.0005	0.001
201	偏二甲基肼(皮)57－14－7	Unsymmetric dimethylhydrazine(skin)	—	0.5	1.5①
202	铅及无机化合物(按 Pb 计)7439－92－1	Lead and inorganic Compounds, as pb			
	铅尘	Lead dust	—	0.05	0.15①
	铅烟	Lead fume	—	0.03	0.09①
203	氢化锂 7580－67－8	Lithium hydride	—	0.025	0.05
204	氢醌 123－31－9	Hydroquinone	—	1	2
205	氢氧化铯 21351－79－1	Cesium hydroxide	—	2	5①
206	氰氨化钙 156－62－7	Calcium cyanamide	—	1	3
207	氰化氢(按 CN 计)(皮)74－90－8	Hydrogen cyanide, as CN(skin)	1	—	—
208	氰化物(按 CN 计)(皮)460－19－5	Cyanides, as CN(skin)	1	—	—
209	氰戊菊酯(皮)51630－58－1	Fenvalerate(skin)	—	0.05	0.15①
210	全氟异丁烯 382－21－8	Perfluoroisobutylene	0.08	—	—
211	壬烷 1－84－2	Nonane	—	500	750①
212	溶剂汽油	Solvent gasolines	—	300	450①
213	n－乳酸正丁酯 138－22－7	n－Buty1 lactate	—	25	50①
214	三次甲基三硝基胺(黑索今)121－82－4	Cyclonite(RDX)	—	1.5	3.75①
215	三氟化氢 7790－91－2	Chlorine trifluoride	0.4	—	—
216	三氟化硼 7637－07－2	Boron trifluoride	3	—	—
217	三氟甲基次氟酸酯	Trifluoromethyl hypofluorite	0.2	—	—
218	三甲苯磷酸酯(皮)1330－78－5	Tricresyl phosphate(skin)	—	0.3	0.9①
219	1,2,3－三氯丙烷(皮)96－18－4	1,2,3－Trichloropropane(skin)	—	60	120①
220	三氯化磷 7719－12－2	Phosphorus trichlorde	—	1	2
221	三氯甲烷 67－66－3	Trichloromethane	—	20	40①
222	三氯硫磷 3982－91－0	Phosphorous thiochloride	0.5	—	—
223	三氯氢硅 10025－28－2	Trichlorosilane	3	—	—
224	三氯氧磷 10025－87－3	Phosphorus oxychloride	—	0.3	0.6

（续表）

序号	中文名 CAS No.	英 文 名	最高容许浓度/（$mg \cdot m^{-3}$）	时间加权平均容许浓度/（$mg \cdot m^{-3}$）	短时间接触容许浓度/（$mg \cdot m^{-3}$）
225	三氯乙醛 75－87－6	Trichloroacetaldehyde	3	—	—
226	1,1,1－三氯乙烷 71－55－6	1,1,1－trichloroethane	—	900	1350①
227	三氯乙烯 79－01－6	Trichloroethylene	—	30	60①
228	三硝基甲苯（皮）118－96－7	Trinitrotoluene（skin）	—	0.2	0.5
229	三氧化铬、铬酸盐、重铬酸盐（按Cr计）7440－47－3－1	Chromium trioxide、hromate、ichromate，as Cr	—	0.05	0.15①
230	三乙基氯化锡（皮）994－31－0	Triethytin chloride（skin）	—	0.05	0.1①
231	杀螟松（皮）122－14－5	Sumithion（skin）	—	1	2
232	砷化氢（胂）7784－42－1	Arsine	0.03	—	—
233	砷及其无机化合物（按As计 7440－38－2）	Arsenic and inoganic compounds, as AS	—	0.01	0.02
234	升汞（氯化汞）7487－94－7	Mercuric chloride	—	0.025	0.075①
235	石蜡烟（8002－74－2）	Paraffin wax fume	—	2	4
236	石油沥青烟（按苯溶物计）8052－42－4	Asphalt（petroleum）fume, as benzene soluble metter	—	5	12.5①
237	双（巯基乙酸）二辛基锡 26401－97－8	Bis（marcaptoacetate）dioctyltin	—	0.1	0.2
238	双丙酮醇 123－42－2	Diacetone alcohol	—	240	360①
239	双硫醒 97－77－8	Disulfiram	—	2	5①
240	双氯甲醚 542－88－1	Bis（chloromethyl）ether	0.005	—	—
241	四氯化碳（皮）56－23－5	Carbon tetrachloride（skin）	—	15	25
242	四氯乙烯 127－18－4	Tetrachloroethylene	—	200	300①
243	四氢呋喃 109－99－9	Tetrahydrofuran	—	300	450①
244	四氢化锗 7782－65－2	Germanium tetrahydride	—	0.6	—
245	四溴化碳 558－13－4	Carbon tetrabromide	—	1.5	—
246	四乙基铅（按Pb计）（皮）78－00－2	Tetraethy lead，as Pb（skin）	—	0.02	—
247	松节油 8006－64－2	Turpentine	V	300	—
248	铊及其可溶性化合物（按TI计）（皮）7440－28－0	Thalium and solubie compounds, asTI（skin）	—	0.05	—
249	钽及其氧化物（按Ta计）7440－25－7	Tantalum and oxide，as Ta	—	5	—
250	碳酸钠（纯碱）3313－92－6	Sodium carbonate	—	3	—
251	羰基氟 353－50－4	Carbonyl fluoride	—	5	—
252	羰基镍（按Ni计）13463－39－3	Nickel carbonyl，as Ni	0.002	—	—
253	锑及其化合物（按Sb计）7440－36－0	Antimony and compounds，as Sb	—	0.5	—

（续表）

序号	中文名 CAS No.	英 文 名	最高容许浓度/(mg·m⁻³)	时间加权平均容许浓度/(mg·m⁻³)	短时间接触容许浓度/(mg·m⁻³)
	铜(按 Cu 计) 7440－50－8	Copper, as Cu			
254	铜尘	Copper dust	—	1	2.5①
	铜烟	Copper fume	—	0.2	0.6①
255	钨及其不溶性化合物(按 W 计) 7440－33－7	Tungsten and insolubie compounds, as W	—	5	10
256	五氟氯乙烷 76－15－3	Chloropentafluoroethane	—	5000	7500①
257	五硫化二磷 1314－80－3	Phosphorus pentasulfide	—	1	3
258	五氯酚及其钠盐(皮) 87－86－5	Pentachlorophenol and sodium salts(skin)	—	0.3	0.9①
259	五羰基铁(按 Fe 计) 13463－40－6	Iron pentacarbonyl, as Fe	—	0.25	0.5
260	五氧化二磷 1314－56－3	Phosphorus pentoxide	1	—	—
261	戊醇 71－41－0	Amyl alcohol	—	100	200①
262	戊烷 109－66－0	Pentane	—	500	1000
263	硒化氢(按 Se 计) 7783－07－5	Hydrogen selenide, as Se	—	0.15	0.3
264	硒及其化合物(按 Se 计)(除六氟化硒、硒化氢外)7782－49－2	Selenium and compounds, as Se(except hexafluoride, hydrogen selenide)	—	0.1	0.3①
265	纤维素 9004－34－6	Cellulose	—	10	25①
266	硝化甘油(皮) 55－63－0	Nitroglycerine(skin)	1	—	—
267	硝基苯(皮) 98－95－3	Nitrobenzene(skin)	—	2	5①
268	1－硝基丙烷 2－108－03－2	1－Nitropropane	—	60	180①
269	2－硝基丙烷 79－46－9	2－Nitropropane	—	30	60①
270	硝基甲苯(全部异构体)(皮) 88－72－2;99－08－1;99－99－0	Nitrotoluene, (all isomers)(skin)	—	10	25①
271	硝基甲烷 75－52－5	Nitromethane	—	50	100①
272	硝基乙烷 79－24－3	Nitroethane	—	300	450①
273	辛烷 111－65－9	Octane	—	500	750①
274	溴 7726－95－6	Bromine	—	0.6	2
275	溴化氢 10035－10－6	Hydrogen bromide	10	—	—
276	溴甲烷(皮) 74－83－9	Methyl bromide(skin)	—	2	5①
277	溴氰菊酯 52918－63－5	Deltamethrin	—	0.03	0.09①
278	氧化钙 1305－78－8	Calcium oxide	—	2	5①
279	氧化乐果(皮) 1113－02－6	Omethoate(skin)	—	0.15	0.45①
280	氧化镁烟 1309－48－4	Megnesium oxide fume	—	10	25①

（续表）

序号	中文名 CAS No.	英文名	最高容许浓度/（mg·m⁻³）	时间加权平均容许浓度/（mg·m⁻³）	短时间接触容许浓度/（mg·m⁻³）
281	氧化锌 1314－13－2	zinc oxide	—	3	5
282	液化石油气 68476－85－7	Liqufied petroleum(L. P. G)	—	1000	1500
283	一甲胺(甲胺) 74－89－5	Monomethy lamine	—	5	10
284	一氧化氮 10102－43－9	Nitricoxide(Nitrogen monooxide)	—	15	30①
285	一氧化碳 630－08－0 非高原 高原 海拔 2000m～ 海拔 >3000m	Carbon monoxide not in high altitude area in high altitude area 2000m～ >3000m	 — 20 15	 20 — —	 30 — —
286	乙胺 75－04－7	Ethylamine	—	9	18
287	乙苯 100－41－4	Ethyl benzene	—	100	150
288	乙醇胺 141－43－5	Ethanolamine	—	8	15
289	乙二胺(皮) 107－15－3	Ethylenediamine(skin)	—	4	10
290	乙二醇 107－21－1	Ethylene glycol	—	20	40
291	乙二醇二硝酸酯(皮) 628－96－6	Ethylene glycol dinitrate(skin)	—	0.3	0.9①
292	乙酐 108－24－7	Acetic anhydride	—	16	32①
293	N－乙基吗啉(皮) 100－74－3	N－Ethylmorpholine(skin)	—	25	50①
294	乙基戊基甲酮 541－85－5	Ethyl amyl ketone	—	130	195①
295	乙腈 75－05－8	Acetonitrile	—	10	25①
296	乙硫醇 75－08－1	Ethyl mercaptan	—	1	2.5①
297	乙醚 60－29－7	Ethyl ether	—	300	500
298	乙硼烷 19287－45－7	Diborane	—	0.1	0.3①
299	乙醛 75－07－0	Acetaldehyde	45	—	—
300	乙酸乙酸(2－甲氧基乙基酯) 64－19－7	Acetic acid	—	10	20
301	乙酸乙酸(2－甲氧基乙基酯)(皮)110－49－6	2－Methoxyethyl acetate(skin)	—	20	40①
302	乙酸丙酯 109－60－4	Propyl acetate	—	200	300
303	乙酸丁酯 123－86－4	Butyl acetate	—	200	300
304	乙酸甲酯 79－20－9	Methyl acetate	—	100	200
305	乙酸戊酯(全部异构体) 628－63－7	Amyl acetate(all isomers)	—	100	200

(续表)

序号	中文名 CAS No.	英 文 名	最高容许浓度/(mg·m^{-3})	时间加权平均容许浓度/(mg·m^{-3})	短时间接触容许浓度/(mg·m^{-3})
306	乙酸乙烯酯 108-05-4	Vinyl acetate	—	10	15
307	乙酸乙酯 141-78-6	Ethyl acetate	—	200	300
308	乙烯酮 463-51-4	Ketene	—	0.8	2.5
309	乙酰甲胺磷(皮) 30560-19-1	Acephate(skin)	—	0.3	0.9①
310	乙酰水杨酸(阿司匹林)50-78-2	Acetylsalic ylicacid(aspirin)	—	5	12.5①
311	3-乙氧基乙醇(皮) 4-110-80-5	2-Ethoxyethanol(skin)	—	18	36
312	2-乙氧基乙基乙酸酯(皮) 111-15-9	2-Ethoxyethyl acetate(skin)	—	30	60①
313	钇及其化合物(按 Y 计) 7440-65-5	Yttrium and compounds(as Y)	—	1	2.5①
314	异丙铵 75-31-0	Isopropylamine	—	12	24
315	异丙醇 67-63-0	Isopropyl alcohol(IPA)	—	350	700
316	N-异丙基苯胺(皮) 768-52-5	N-Isopropylaniline(skin)	—	10	25①
317	异稻瘟净(皮) 26087-47-8	Kitazine o-p(skin)	—	2	5
318	异佛尔酮 78-59-1	Isophorone	30	—	—
319	异佛尔酮二异氰酸酯 4098-71-9	Isophorone diisocyante(IPDI)	—	0.05	0.1
320	异氰酸甲酯(皮) 624-83-9	Methyl isocyanate(skin)	—	0.05	0.08
321	异亚丙基丙酮 141-79-7	Mesityl oxide	—	60	100
322	铟及其化合物(按 In 计) 7440-74-6	Indium and compounds, as In	—	0.1	0.3
323	茚 95-13-6	Indene	—	50	100①
324	正丁胺(皮) 109-73-9	n-butylamine	15	—	—
325	正丁基硫醇 109-79-5	n-butyl mercaptan	—	2	5①
326	正丁基缩水甘油醚 2426-08-6	n-butyl glycidyl ether	—	60	120①
327	正庚烷 142-82-5	n-Heptane	—	500	1000
328	正己烷(皮) 110-54-3	n-Hexane(skin)	—	100	180
329	重氮甲烷 334-88-3	Diazomethane	—	0.35	0.7
330	酚(皮) 108-95-2	Phenol(skin)	—	10	25①

注：① 数值系根据“超限系数”推算的。

22.1.2 化学物质急性毒性分级表[2]

毒性分级	大鼠经口 LD50/(mg·kg^{-1})	6只大鼠吸入4h 死亡2~4只的浓度/(μL·L^{-1})	兔经皮时 LD50/(mg·kg^{-1})	对人的可能致死量	
				g/kg	总量/g (60kg体重)
剧毒	1或<1	<10	5或<5	<0.05	0.1
高毒	1~50	10~100	5~44	0.05~0.5	3
中等毒	50~500	100~1000	44~350	0.5~5	30
低毒	500~5000	1000~10000	350~2180	5~15	250
微毒	5000~15000	10000~100000	2180~22590	>15	>1000

22.1.3 部分物质的IDLH值表[4]

名　称	μL/L	mg/m^3	名　称	μL/L	mg/m^3
乙苯	2.000		二氯乙烷	4.000	
乙胺	4.000		二氯乙醇	1.000	
乙腈	4.000		1-2二氯丙烷	2.000	
乙酸	1.000		二氯甲烷	5.000	
乙醛	10.000		二甲基甲酰胺(DMF)	3.500	
乙醚	19.000		二异氰酸甲苯酯 TDI	10	
乙二胺	2.000		丁酮	3.000	
乙烯酮	25		丁二烯	20.000Ca①	
乙硫醇	2.500		丁烯醛	400	
乙醇胺	1.000		丁硫醇	2500	
乙酸乙酯	10.000		三乙胺	1.000	
乙酸甲酯	10.000		三氯乙烷	500	
乙酸正丁酯	8.000		三氯乙烯	1.000Ga	
乙酸仲丁酯	10.000		三硝基甲苯	NA	
乙酸叔丁酯	8.000		五氧化二矾		70
乙酸正戊酯	4.000		六六六（六氯环己烷）	1.000Ca	
乙酸仲戊酯	9.000		丙烷	20.000	
乙酸异戊酯	3.000		丙酮	20.000	
一乙醇胺	1.000		丙炔醛	5	
一氧化碳	1.500		丙烯腈	4.000Ca	
二乙胺	2.000		丙烯醛	5	
二甲苯	10.000		丙烯酰胺	NA②	
二甲胺	2.000		丙烯酸乙酯	2.000	
二苯醚	NA		丙烯酸甲酯	1.000	
二甲亚胺	Ca		丙二醇单乙基醚	6.000	
二氧化硫	100		正已烷	5.000	
二氧化氮	50		正丙醇	4.000	
二氧化碳	50.000		戊烷	5.000	
二硫化碳	500		石油醚（90~115℃）	10.000	
二氯乙烯	4.000		甲苯	2.000	
甲胺	100		环已酮	5.000	
甲酚	250		环已醇	3.500	
甲酸	100		环氧乙烷	800	
甲醇	25.000		环氧丙烷	2.000	

（续表）

名　称	μL/L	mg/m³	名　称	μL/L	mg/m³
甲醛	100Ca		环氧氯丙烷	100Ca	
甲硫醇	400		松节油	1.900	
甲酸乙酯	8.000		叔丁醇	8.000	
甲酸甲酯	5.000		庚酮	4.000	
甲基环已酮	2.500		草酸		500
甲基环已醇	10.000		氟（F_2）	25	
甲基溶纤剂	2.000		氟化物		50
甲基异氰酸酯	20		氢醌（对苯二酚）		200
甲基乙基甲酮	3.000		氢氟酸	20	
甲基正丁基甲酮	5.000		氢氰酸		60
甲基丙烯酸甲酯	4.000		臭氧	10	
甲基异丁基甲酮	3.000		氧化锌	NA	
甲基异丁烯甲酮	5.000		氨	500	
甲乙铅		40	萘	500	
四氯化碳	300		萘胺	Ca	
四甲基丁二腈	5		硫酸		80
四甲基秋兰姆		1.500	硫化氢	300	
对苯二酚		200	硝酸	100	
对苯二甲酸二甲酯		9.300	联苯		300
DMP			联氨	80Ca	
过氧化二苯甲酰		1.000	氰		50
异丁醇	8.000		氰化氢		60
异丙苯	8.000		氰化钠		50
异丙胺	4.000		氯	25	
异丙醇	20.000		氯仿	1.000Ca	
异丙醚	10.000		氯苯	2.400	
异佛尔酮	800		氯乙烯	Ca	
吡啶	3.600		氯乙烷	20.000	
邻苯二甲酸酐	10.000		氯乙醇	400	
苯	2.00Ca		氯丙烯	400Ca	
苯胺	100		3-氯丙烯	300	
苯酚	100		氯甲烷	10.000	
苯乙烯	5.000		溴乙烷	3500	
环已烷	10.000		醌	75	
羰基镍	0.001Ca		铬的不溶性盐类		500
磷	NA		锑及其化合物		80
磷酸	NA		铜的烟尘	NA	
磷酸丁酯		1300	钴的烟尘		20
磷酸三苯酯	NA		钡的可溶性化合物		250
糠醛	250		镍及可深性化合物	Ca	
2，4-滴		500	镁氧化物	NA	
液化石油气	19.000		汞及其无机化合物		28
锡的无机化合物		400	铀的可溶性化合物		20
锡的有机化合物		200	不溶性化合物		30
锰及其化合物		10.000	氢氧化钠		200
钼及其不溶性化合物	NA		过氧化氢	300	
铬的可溶性盐类		250	氯乙醛	250	

注：① 符号 Ca 表示 NIOSH 认为该物质应按“对人有潜在致癌可能”处理。

② 符号 NA 表示本物质无推荐资料。

22.1.4 56种常见毒物危害程度定级表[5]

毒物名称	急性危害指标		最高容许浓度	慢性危害指标			定级	特殊依据
	毒性	中毒状况		发病状况	中毒后果	致癌性		
汞及其无机化合物	2	2	1	1	1	4	1	
苯	2	3	4	1	1	1	1	
砷及其无机化合物	1	2	2	1	2	1	1	
氯乙烯（单体）	4	3	4	1	1	1	1	
铬酸盐及重铬酸盐	3	3	1	2	2	1	1	致癌
黄磷	1	2	1	1	1	4	1	
铍及其化合物	2	2	1	2	1	2	1	
锰及其无机化合物	4	4	2	1	1	4	1	
对流磷	1	1	1	3	3	4	1	急性
羰基镍	1	1	1	2	1	1	1	致癌
八氟异丁烯	1	1	1	3	1	1	1	急性
氰化物	1	2	2	4	4	4	1	急性
氯甲醚	2	1	1	3	1	1	1	致癌
铅及其无机化合物	2	2	1	2	1	4	Ⅱ	
光气	1	2	2	4	4	4	Ⅱ	
二硫化碳	3	3	3	2	2	4	Ⅱ	
氯丁二烯	2	2	2	1	2	2	Ⅱ	
三硝基甲苯	2	3	3	2	1	4	Ⅱ	
氯	2	2	3	2	2	4	Ⅱ	
丙烯腈	2	2	3	2	2	2	Ⅱ	
四氯化碳	3	4	4	3	2	2	Ⅱ	
硫化氢	2	2	3	3	3	4	Ⅱ	
甲醛	2	2	3	2	3	3	Ⅱ	
苯胺	2	2	3	2	2	4	Ⅱ	
氟化氢	2	2	3	2	2	4	Ⅱ	
硝基苯	2	2	3	2	3	4	Ⅱ	
一氧化碳	3	2	4	3	3	4	Ⅱ	急性
五氯酚	2	2	2	2	2	4	Ⅱ	
镉及其化合物	2	2	2	2	2	2	Ⅱ	
敌百虫	2	2	2	2	2	4	Ⅱ	
敌敌畏	2	2	2	3	3	4	Ⅱ	
氯丙烯	2	4	3	2	2	3	Ⅱ	
钒及其化合物	2	2	2	3	3	4	Ⅱ	

（续表）

毒物名称	急性危害指标		最高容许浓度	慢性危害指标			定级	特殊依据
	毒性	中毒状况		发病状况	中毒后果	致癌性		
硫酸二甲酯	1	1	2	4	2	2	Ⅱ	
溴甲烷	2	3	2	3	3	4	Ⅱ	
金属镍	3	4	2	3	2	4	Ⅱ	致癌
甲苯二异氰酸酯	1	2	2	3	2	4	Ⅱ	
环氧氯丙烷	2	4	2	4	3	2	Ⅱ	
砷化氢	1	2	2	3	2	4	Ⅱ	
苯乙烯	3	4	4	3	2	3	Ⅲ	
甲醇	3	3	4	3	2	4	Ⅲ	
硝酸	1	2	3	3	2	4	Ⅲ	
硫酸	3	3	3	3	2	4	Ⅲ	
盐酸	3	3	3	2	2	4	Ⅲ	
甲苯	3	3	4	3	3	4	Ⅲ	
二甲苯	3	3	4	3	3	4	Ⅲ	
三氯乙烯	3	3	4	3	3	3	Ⅲ	
二甲基甲酰胺	3	3	3	3	2	4	Ⅲ	
六氟丙烯	3	2	3	3	3	4	Ⅲ	
苯酚	3	4	3	2	3	3	Ⅲ	
氮氧化物	2	3	3	3	4	4	Ⅲ	
溶剂汽油	4	4	4	2	3	4	Ⅳ	
丙酮	4	4	4	4	4	4	Ⅳ	
氨	4	4	4	3	4	4	Ⅳ	
四氯乙烯	4	4	4	3	4	4	Ⅳ	
氢氧化钠	2	4	2	4	3	4	Ⅳ	

22.2 物质毒性危害

22.2.1 苯浓度对人体的影响表[6]

空气中的浓度		暴露时间/min	影响
μL/L	mg/L		
20000～19000	65～61	5～10	死亡
7500	25	30	生命有危险
3000	9.6	30	可忍耐
1500	4.8	60	严重症状
500	1.6	60	有症状
150～50	0.48～0.16	300	头痛
25	0.08	480	无症状

22.2.2　合成纤维生产中的毒物表[6]

合成纤维名称	原料及中间体	单　体	主要助剂
聚酰胺以锦纶-6为代表	苯、甲苯、苯酚、环已烷	锦纶-6的单体为己内酰胺	稳定剂：乙酸或乙二酸 载热体：联苯-联苯醚
聚酯以涤纶（聚苯二甲酸乙二酯）为代表	甲苯、二甲苯、苯酐或松节油、甲醇、乙炔、环氧乙烷、乙二醇	乙烯醇	催化剂：铂、三氧化二铝、乙酸钴、乙酸锰、乙酸锌 稳定剂：磷酸、磷乙三甲酯
聚乙烯醇缩甲醛（维纶）	乙炔、乙烯、乙酸、甲醛、甲醇、乙酸乙烯	乙烯醇	催化剂：三氯化钯，氯化铜或氯化钯 引发剂：偶氮二异丁腈、烧碱、硫酸、硫酸钠
聚丙烯腈（腈纶）	丙烯、氨、乙炔、氰氢酸	丙烯腈、甲基丙烯酸甲酯	引发剂：偶氮三异丁腈 溶剂：硫氰酸钠、二甲基亚砜或二甲基甲酰胺 退色剂：氯化亚锡
聚丙烯（丙纶）	丙烯	丙烯	催化剂：四氯化钛、二乙基氯化铝或三乙基铝 稳定剂：苯酮类化合物、水杨酸酯

注：聚氯乙烯（氯纶）见聚氯乙烯塑料。

22.2.3　氰化氢对人体的毒作用表[6]

浓度/（$mg \cdot m^{-3}$）	毒作用
5~20	部分工人出现头痛及眩晕
20~50	吸入几小时后感到头痛恶心、呕吐及心悸
50~60	能耐受0.5~1h
100~150	1h死亡
200	10min死亡
300	安静时能耐受2min，不发生眩晕
550	能耐受1min无严重后果
3600	戴防毒面具，30min无危险
7000~12000	戴防毒面具，5min有危险（经皮肤中毒）

22.2.4 塑料生产中常见毒物表[6]

塑料名称	原料及中间体	单 体	主要助剂
聚氯乙烯	石油气、乙烯、氯气、电石、乙炔、氯化氢	氯乙烯	催化剂：氯化汞 引发剂：偶氮二异丁腈 过氧化：碳酸二异丙酯 增塑剂：邻苯二甲酸二乙酯、邻苯二甲酸二丁酯 稳定剂：无机铅盐、二月桂酸二丁锡
聚乙烯	石油气	乙烯	催化剂：三乙铅、四氯化钛、硅酸铅、三氯化铬 溶剂：甲醇或乙醇
聚苯乙烯	苯、石油气	苯乙烯	催化剂：三氯化铝
酚、醛、塑料	苯酚、甲醛	苯酚、甲醛	催化剂：氨、氢氧化钠 固化剂：六次甲基四胺
脲醛塑料（氨基塑料）	尿素、甲醛或三聚氰胺	尿素，甲醛或三聚氰胺	固化剂：六次甲基四胺 润滑剂：硬酯散
环氧树脂	品种很多，典型代表为环氧氯丙烷加二酚基丙烷缩聚再加固化剂而成塑料	环氧氯丙烷、二酚基丙烷	溶剂：苯 固化剂：乙二胺、间二苯胺、顺丁烯二酸酐
聚甲基丙烯酸甲酯（有机玻璃）	丙酮、氰化氢、丙酮氰醇、甲醇或石油气、异丁烯氧化而制得单体	甲基丙烯酸甲酯	引发剂：过氧化二苯甲酰、偶氮二异丁腈 增塑剂：苯二甲酸二丁酯
聚氨酯	异氰酸酯、最常用者为甲苯二异氰酸酯（TDI）聚酯或聚醚	甲苯二异氰酸酯	稳定剂：二月桂酸二丁锡 固化剂：三乙烯二胺

22.2.5 合成橡胶生产中常见毒物表[6]

合成橡胶名称	原料及中间体	单 体	主要助剂
丁腈橡胶	乙炔、丙烯、氨、正丁烯、乙烯、乙醇	丁二烯、丙烯腈	乳化剂：二丁基萘磺酸钠 活化剂：二乙醇胺 引发剂：过硫酸钾 终止剂：对苯二酚
丁苯橡胶	正丁烷、正丁烯、乙烯、乙炔、乙醇、苯	丁二烯、苯乙烯	引发剂：过氧化氢 调节剂：叔十二碳硫醇 终止剂：二甲基二硫代氨基甲酸钠
顺丁橡胶	正丁烷、正丁烯、乙炔、乙醇	丁二烯	催化剂：二异丁基铅、三氟化硼、环烷酸镍
氯丁橡胶	乙炔、丁二烯、氯、氯化氢	氯丁二烯	乳化剂：十二烷基苯磺酸钠 调节剂：叔十二碳硫醇 断链剂：二硫化四乙基秋兰姆
异戊橡胶	丙烯、异丁烯、甲醛、异戊烯、异戊烷、乙炔、丙酮、松节油	异戊二烯	催化剂：三异丁基铅、四氯化钛、丁基锂 终止剂：异丙醇

22.2.6 常见化学危险品危害性一览表[7]

Ⅰ英文名称	Ⅱ中文名称	Ⅲ分子式	Ⅳ危险性及等级			Ⅴ美国规定 TLV 值/($mg \cdot m^{-3}$)	Ⅵ大于 TLV 后的影响	Ⅶ苏联规定的最高允许浓度/($mg \cdot m^{-3}$)	Ⅷ我国规定的最高允许浓度/($mg \cdot m^{-3}$)	Ⅸ高浓度下短时接触的相对危害						Ⅹ灭火剂	Ⅺ爆炸极限	
			健康	燃烧	反应性					眼睛接触	吸入	皮肤渗透	皮肤刺激	服入	其他		下限	上限
Acenaphthene	苊	$C_{12}H_{10}$								1x	1	1x	1x	2				
Acetaldehyde	乙醛	C_2H_4O	2	4	2	100(180)	1	5		3y	5	2	2z	2	6	1,2,3	4.1	5.5
Acetal diethylacetyl	乙缩醛	$C_6H_{14}O_2$	2	3	0					1	3	2		1	2	3	1.6	10.4
Acetamide	乙酰胺	C_2H_5NO								1x	1	1x	3y	1				
4-Acetamidostibene	4-乙酰胺芪														2			
Acetanilide	乙酰替苯胺									急性毒性很低						1,3		
Acetic acid	乙酸	$C_2H_4O_2$	2	2	1	10(25)	1	5		5	3y	3	3	2		1,2a,3	4.0	16.0
Acetic anhyride	乙酸酐	$C_4H_6O_3$	2	2	2	15(20)	1			5	4	2	2y	2		3	2.9	10.3
Acetone	丙酮	C_3H_6O	1	3	0	1000(2400)	2	200	400	2	3	1	1	1		1,2a,3	2.6	12.8
Acetanitrile	乙腈	C_2H_3N	2	3	1	40(70)	3	10		2	4z*	2	1	2	长期吸	2a,3	4.4	16.0
Acetophenone	苯乙酮	C_8H_8O	1	1	0			5		4	1	2	1	2	入死亡	1,2,3		
N-Acety1-2-amino-fluorene	N-乙酰基-2-氨基芴	$C_{15}H_{13}NO$													1			
Acetyl bromide	乙酰溴	C_2H_3BrO								强烈损害人体组织,吸入危险								
Acetyl chloride	乙酰氯	C_2H_3ClO	3	3	2					5x	5x	3x	4x	3x		3		
Acetylene	乙炔	C_2H_2	1	4	3										5	4	2.5	31
Acridlne	吖啶	$C_{13}H_9N$								4x*	1*	2x	3x	2	8			
Aerolein	丙烯醛	C_3H_4O	3	3	2	0.1,(0.25)	1		0.3	5	4*	4	5*	4	6	2a,3	2.8	31
Acrvlamide	丙烯酰胺	C_3H_5NO				(0.3)S,T	3	0.7		1y	3r*	3*	1y*	3*	3.6			
Acrilic acid	丙烯酸	$C_3H_4O_2$						5		4	1	3	4	2		1,2a		
Acrylonitrile	丙烯腈	C_3H_3N	4	3	2	20S,(45)S	3	0.5	2	2	4*	3*	1	4	3	2a,3	3.0	17

（续表）

Ⅰ英文名称	Ⅱ中文名称	Ⅲ分子式	Ⅳ危险性及等级			Ⅴ美国规定TLV值/(mg·m^{-3})	Ⅵ大于TLV后的影响	Ⅶ苏联规定的最高允许浓度/(mg·m^{-3})	Ⅷ我国规定的最高允许浓度/(mg·m^{-3})	Ⅸ高浓度下短时接触的相对危害						Ⅹ灭火剂	Ⅺ爆炸极限	
			健康	燃烧	反应性					眼睛接触	吸入	皮肤渗透	皮肤刺激	服入	其他		下限	上限
Adipic acid	己二酸	$C_6H_{10}O_4$								4x	1	2x	2y	2		1,2,3		
Adiponitrile	己二腈	$C_6H_6N_2$						20										
Aldrin	艾氏剂(氯甲桥萘)	$C_{12}H_6Cl_6$				(0.25)S	3	0.01										
Alizarin dyes	茜素(1,2-羟蒽醌)	$C_{14}H_8O_4$								3x	2x	3x	1x	3x				
Alkyl acryl nitrosoamines	烷基、芳基亚肖胺类														2			
Allene	丙二烯	C_3H_4									3x				4		极易燃	
Allyl acerSAate	乙酸烯丙酯	$C_5H_8O_2$								2	4y	3	1	3				
Allyl alfcohol	烯丙醇	C_3H_6O	3	3	1	2S,(3)S		2	2	2*	4y*	4	1	4	8	1,2a,3	2.5	18.0
Allylamine	烯丙胺	C_3H_7N	3	3	1										8	1,2a,3	2.2	22
Allyl glycidyl ether	烯丙基缩水甘油醚	$C_6H_{16}O_2$				C5,c(22)	1			强烈刺激眼睛								
Aluminum	铝	Al							4(粉尘)	2x	1x		1x					
Aluminum chloride anhydrous	氯化铝(无水)	$AlCl_3$								5*			3y	2	8			
Aluminum nitrate	硝酸铝	$Al(NO_3)_3 \cdot 9H_2O$								4y		1x	2y	2				
2-Amino-ethanol	2-氨基乙醇	C_2H_7NO	2	2	0	3(6)	3									1,2a,3		
2-Amino-fluorene	2-氨基芴														2			
1-Amino-2-naphthol	1-氨基-2-萘酚	$C_{10}H_9NO$													2			
2-Aminopyridine	2-氨基吡啶	$C_5H_6N_2$				0.6T,(2)T	3											
4-Aminostilbene	4-氨基芪														2			

（续表）

Ⅰ英文名称	Ⅱ中文名称	Ⅲ分子式	Ⅳ危险性及等级			Ⅴ美国规定TLV值/（mg·m^{-3}）	Ⅵ大于TLV后的影响	Ⅶ苏联规定的最高允许浓度/（mg·m^{-3}）	Ⅷ我国规定的最高允许浓度/（mg·m^{-3}）	Ⅸ高浓度下短时接触的相对危害						Ⅹ灭火剂	Ⅺ爆炸极限	
			健康	燃烧	反应性					眼睛接触	吸入	皮肤渗透	皮肤刺激	服入	其他		下限	上限
3-Aminotriazole	3-氨基三唑														2			
Ammonia	氨	NH_3	3	1	0	50(35)	1	20	30	4z	5z		3x			4	16	25
Ammonium bromide	溴化铵	NH_4Br								1x		1x	1x	1x				
Ammonium dichromate	重铬酸铵	$(NH_4)_2Cr_2O_7$														1	与有机物共热易爆	
Ammonium hydroxide	氢氧化铵，氨水	NH_4OH(28%)								4	5	3	3	3				
Ammonium nitrate	硝酸铵	NH_4NO_3	2	1	3					2x	1x	1x	1x	2x		1	有爆炸危险	
Ammonium persulfate	过硫酸铵	$(NH_4)_2S_2O_3$								1x	2x	2x	2x	3				
Ammonium Sulfamate	氨其磺酸铵	$N_2H_6SO_3$				(15)	3											
Ammonium thiocyanate	硫氰酸铵	NH_4SCN								有毒								
Ammonium Vanadate	钒酸铵	NH_4VO_3								1x	1x	1x	2x	3				
Aniline	苯胺	C_6H_7N	3	2	0	5S(19)S	3	0.1	5	3	4*	4z*	1	3	2	1,2,2a,3	1.3	
0-Anisaldehyde	邻甲氧基苯甲醛	$C_3H_8O_2$	2	1	0													
0-Anisidlne	邻甲氧基苯胺	C_7H_9NO				0.1S(0.5)S	3	1		4x	1x*	4z*	1x	2x	3			
P-Anisidine	对甲氧基苯胺	C_7H_9NO				0.1S(0.5S)	3	1										
Anthracene	蒽	$C_{14}H_{10}$				参考煤焦油挥发馏分				1x	1	1x	1x	1				
Anthramine	蒽胺	$C_{14}H_{11}N$													1			
Antimony	锑	Sb				(0.5)	3											
Antimony pentachloride	五氯化锑	$SbCl_5$				(0.5)	3	0.3										
Antimony trichlorid	三氯化锑	$SbCl_3$				(0.5)	3.1	0.3		遇潮湿即逸出氯化氢								

（续表）

Ⅰ英文名称	Ⅱ中文名称	Ⅲ分子式	Ⅳ危险性及等级			Ⅴ美国规定 TLV 值/（mg·m^{-3}）	Ⅵ大于 TLV 后的影响	Ⅶ苏联规定的最高允许浓度/（mg·m^{-3}）	Ⅷ我国规定的最高允许浓度/（mg·m^{-3}）	Ⅸ高浓度下短时接触的相对危害						Ⅹ灭火剂	Ⅺ爆炸极限	
			健康	燃烧	反应性					眼睛接触	吸入	皮肤渗透	皮肤刺激	服入	其他		下限	上限
Antimony trioxide	氧化锑	Sb_2O_3				(0.5)	3	1		1x	1x	1x	1	1	1			
Antu	安妥							0.3										
Arsenic	砷	As				(0.5)	3	0.3	0.3									
Arsenic acid	偏砷酸	$HAsO_3$				(0.5)	3											
Arsenic trioxicle	氧化砷	As_2O_3				(0.5)	3		0.3									
Arsine	砷化氢	AsH_3				0.05(0.2)	3	0.3	0.3	高毒性物质								
Auramine-Hcl	金胺盐酸盐	$C_{13}HN_3 \cdot HCl$													2			
Azinphos methyl	甲基谷硫磷							0.2										
2. 2-Azonaphthalene	2,2′-偶氮萘	$C_{20}H_{14}N_2$													2			
Azoxybene	氧化偶氮苯	$C_{12}H_{10}N_{20}$								1		3	2	3				
Barium	钡	Ba								3x	3x		3x					
Barium-soluble Compounds	可溶性钡盐					(0.5)	3											
Barium bydroxide	氢氧化钡	$Ba(OH)_2$				(0.5)	3			4x*		1x	4x	3x	8			
Baygon	残杀威	$8H_2O$						0.5										
Benzaldehye	苯甲醛	C_7H_6O	2	2	0											1,2,3		
Benzanthracene	苯并蒽														2			
Benzene	苯	C_6H_6	2	3	0	C25(80)S	3	5	40S	2	4*	2	2	2	3	2,3	1.4	8.0
Benzenesulfonic	苯磺酸	$C_6H_6SO_3$								4	1	3x	5	3				
Benzidine	联苯胺	$C_{12}H_{12}N_2$													1			
Benzoic acid	苯甲酸	$C_7H_6O_2$								2y	1	3	2y	2		1.3		

（续表）

Ⅰ英文名称	Ⅱ中文名称	Ⅲ分子式	Ⅳ危险性及等级			Ⅴ美国规定TLV值/($mg \cdot m^{-3}$)	Ⅵ大于TLV后的影响	Ⅶ苏联规定的最高允许浓度/($mg \cdot m^{-3}$)	Ⅷ我国规定的最高允许浓度/($mg \cdot m^{-3}$)	Ⅸ高浓度下短时接触的相对危害						Ⅹ灭火剂	Ⅺ爆炸极限	
			健康	燃烧	反应性					眼睛接触	吸入	皮肤渗透	皮肤刺激	服入	其他		下限	上限
Benzonitrile	苯甲腈	C_7H_5N								2x	3	3x	3	3				
Benzopyrene	苯并芘	$C_{20}H_{13}$													1			
P-Benzoquinone	对苯醌	$C_6H_4O_2$				0.1(0.4)	13	0.05		产生强烈刺激、红斑、皮炎等								
Benzoyl chloride	苯甲酰氯	C_7H_5OCl	2	2	1			5								1,2,3		
Benzoyl peroxide	过氧化苯甲酰	$C_{14}H_{10}O_4$	1	4	4	(5)T	3			5x*	4x*	2x	4x	3x	8	1,2,3	S	
Benzyl Acetate	乙酸苄酯	$C_9H_{10}O_2$	1	1	0											2a		
Benzyl alcohol	苄醇,苯甲醇	C_7H_8O	2	1	0					4	2	2	3	2		2a		
Benzyl benzoate	苯甲酸苄酯	$C_{14}H_{12}O_2$	1	1	0											1,2,3		
Beryllium	铍	Be	4	1	1	(0.002)	3.6	0.001		1x	5y*		1y*		3.1		F	
Biphenyl(Diphenyl)	联苯	$C_{12}H_{10}$	2	1	0	0.2(1)	1			2y	1	2	2y	2		1.2.3	0.6/232	5.8/311
2-Biphcnylamine	2-氨基联苯	$C_{12}H_{11}N$	2	1	0										1.2			
4-Biphenylamine	4-氨基联苯	$C_{12}H_{11}N$													1.2			
3,3′,4,4′-Biphenyl-tetramine	3,3′,4,4′-四氨基联苯	$C_{12}H_{14}N_4$																
Bis(2-Chloroethyl) ether	双-2-氯乙基醚	$C_4H_8Cl_2O$	2	2	0	C_5(30)S	1.3			2	4	3*	4	4	3	1,2,3		
Bis(2-ethoxyethyl) ether	双-2-乙氧乙基醚	$C_8H_{18}O_3$	1	2	0											2a		
Borix	四硼酸钠	$Na_2B_4O_7 10H_2O$								3x	2x	1x	3x	2				
Boric acio	硼酸	H_3BO_3						10		3x	2x	2x	1x	2				
Borneol	莰醇-[2];冰片	$C_{10}H_{18}O$	2	2	0											1,3		

（续表）

Ⅰ英文名称	Ⅱ中文名称	Ⅲ分子式	Ⅳ危险性及等级			Ⅴ美国规定TLV值/（mg·m^{-3}）	Ⅵ大于TLV后的影响	Ⅶ苏联规定的最高允许浓度/（mg·m^{-3}）	Ⅷ我国规定的最高允许浓度/（mg·m^{-3}）	Ⅸ高浓度下短时接触的相对危害						Ⅹ灭火剂	Ⅺ爆炸极限	
			健康	燃烧	反应性					眼睛接触	吸入	皮肤渗透	皮肤刺激	服入	其他		下限	上限
Boron	硼	B															F	
Boron Oxide	氧化硼	B_2O_3				(10)	4	5										
Boron tribromide	三溴化硼	BBr_3				1(10)												
Boron trichloride	三氯化硼	BCl_3													7.8			
Boron trifluoride	三氟化硼	BF_3				Cl(3)	3	1		5x	5x		4x		8			
Bromine	溴	Br_2	4	0	1	0.1(0.7)	1			5x	2x	1x	5x		7			
Bromine pentafluoride	五氟化溴	BrF_3				0.1(0.7)									7.8			
Bromine trifluoride	三氟化溴	BrF_3				1.(3)	3								7		h	
Bromobenzene	溴苯	C_6H_5Br	2	2	0			3		2x	2x		3x		6.4	1,2,3		
1-Bromobutane	溴丁烷	C_4H_9Br	2	3	0												2-6/212	6.6/212
Bromochloromethane	氯溴甲烷	CH_2BrCl				200(1050)	2											
P-Bromodiphenyl	对溴联苯	$C_{12}H_9Br$	2	1	0													
Bromoethane	溴乙烷	C_2H_5Br	2	3	0	200(880)	1.3	5									6.7	11.3
Bromomethane	溴甲烷	CH_3Br	3	1	0	Cl_5(60)S	3	1	1	1x	5x*		4x		3		10	16
Bromopentane	溴戊烷	$C_5H_{11}Br$	1	3	0													
3-Bromopropene	3-溴丙烯	C_3H_5Br	3	3	1											2a	4.4	7.3
O-Bromotoluene	邻溴甲苯	C_7H_7Br	2	2	0											1		
Bromotrifluoroethylene	溴代三氟化乙烯	C_2BrF_3													4			
Bromotrifluoromethane	溴代三氟甲烷	$CBrF_3$				1000(6100)	2											
Brucine	番本龟碱	$C_{23}H_{26}N_2O_4$								4x	4x	5x	3x	5x				

（续表）

Ⅰ英文名称	Ⅱ中文名称	Ⅲ分子式	Ⅳ危险性及等级			Ⅴ美国规定 TLV 值/（mg·m^{-3}）	Ⅵ大于 TLV 后的影响	Ⅶ苏联规定的最高允许浓度/（mg·m^{-3}）	Ⅷ我国规定的最高允许浓度/（mg·m^{-3}）	Ⅸ高浓度下短时接触的相对危害						Ⅹ灭火剂	Ⅺ爆炸极限	
			健康	燃烧	反应性					眼睛接触	吸入	皮肤渗透	皮肤刺激	服入	其他		下限	上限
1,3-Butadiene	丁二烯-[1,3]	C_4H_6	2	4	2	1000(2200)	2	100	100	2x	2y	1x	1x			4	2.0	11.5
Butane	丁烷	C_4H_{10}	1	4	0	500(1200)							3x		5	4	1.9	8.5
1,4-Butanediol	丁二醇 1,4	$C_4H_{10}O_2$														2a		
2,3-Butanedione	丁二酮-2,3	$C_4H_6O_2$														2a		
Putauethiol	丁硫醇	$C_4H_{10}S$	2	3	0	10(35)	3									2a		
2-Butanone	丁酮-2	C_4H_8O	1	3	0	200(590)	1	200		2	4	2	1	2		2a	1.7	11.4
1-Butene	丁烯-1	C_4H_8	1	1	0				100				3x		5	4	16	9.3
2-Butene	丁烯-2								100				3x		5	4	1.7	9.0
3-Buten-2-one	2-羰基丁烯-3	C_4H_6O	2	3	2					3x	3x	2x	1x	2x		2,3		
1,4-Butindiol	丁炔二醇-1,4	$C_4H_6O_2$							1									
2-Butoxyethanol-1	乙二醇正丁醚	$C_6H_{14}O_2$				50(240)S	3			5	1*	3	3y*	2	3	1,2a,3	1.1	12.7
2-(-2-Butoxyethoxy) ethanol	二乙二醇正丁醚	$C_8H_{18}O_3$	1	2	0					2	1	2	1	2		1,2a,3	0.85	
Butyl acetate	乙酸正丁酯	$C_6H_{12}O_2$	1	3	0	T150(710)	1,2	200	300	2	3	1	1	1		2,2a,3	1.4	7.6
Sec-Butyl acetate	丁酸另丁酯	$C_6H_{12}O_2$	1	3	0	T200(950)	1,2									2,2a,3	1.7	
tert-Butyl acetate	乙酸特丁酯	$C_6H_{12}O_2$				T200(950)	1,2											
Butyl alcohol	正丁醇	$C_4H_{10}O$	1	3	0	100(300)	2	10	200	3	1	2	1	2		1,2a,3	1.7	18
Sec-Butyl alcohol	另丁醇	$C_4H_{10}O$	1	3	0	150(450)	2			2	3	2x	1	2		1,2a,3	1.7/212	9.8/212
Tert-Butyl alcohol	特丁醇	$C_4H_{10}O$				100(300)	2									1,2a,3		
Butylamine	丁胺	$C_4H_{11}N$	3	3	0	C5(15)S	1	10		4	4*	3	4*	3	6	1,2a,3	1.7	9.8

（续表）

Ⅰ英文名称	Ⅱ中文名称	Ⅲ分子式	Ⅳ危险性及等级			Ⅴ美国规定 TLV 值/(mg·m^{-3})	Ⅵ大于 TLV 后的影响	Ⅶ苏联规定的最高允许浓度/(mg·m^{-3})	Ⅷ我国规定的最高允许浓度/(mg·m^{-3})	Ⅸ高浓度下短时接触的相对危害						Ⅹ灭火剂	Ⅺ爆炸极限	
			健康	燃烧	反应性					眼睛接触	吸入	皮肤渗透	皮肤刺激	服入	其他		下限	上限
Tert-Butylamine	特丁胺	$C_4H_{11}N$	3	4	0											2a	1.7/212	9.8/212
Butyl ether	丁醚	$C_8H_{18}O$	2	3	0					1	4	2	2	2		2a,3		
Butyl ethyl ether	乙丁醚	$C_6H_{14}O$	2	3	0					1	4	3	1	2		2a		
n-Butyl formate	甲酸正丁酯	$C_5H_{10}O_2$	3	2	0											2,2a,3	1.7	8
n-Butylglycidyl ether	缩水甘油正丁醚	$C_7H_{14}O_2$				50(270)	1			2	2*	2	1*	2	6			
tert-Butylhydroper-oxide	特丁基过氧化氢	$C_4H_{10}O_2$	1	4	4											2a,3	S	
n-Butyl Lithium	正丁基锂														7			
Butyl mercapatan	丁硫醇	$C_4H_{10}S$				0.5(1.5)												
Butyl methacrylate	甲基丙烯酸丁酯	$C_8H_{14}O_2$	2	2	0													
tert-Butylperoxy-benzoate	过苯甲酸行丁酯	$C_{11}H_{14}O_3$	1	3	4											3	S	
P-tert Butyl toluene	对-特丁基甲苯	$C_{11}H_{16}$				10(60)	3											
Butyl vinyl ether	丁基乙烯醚	$C_6H_{12}O$	2	3	2					1	4	2	2	2		2a		
1-Butyne	丁炔-[1]	C_4H_6													5		易燃	
Butyraldehyde	丁醛	C_4H_8O	2	3	1			5	10	4	1*	2	1*	2	6	3	1.9	
Butyric acid	丁酸	$C_4H_8O_2$	2	2	0			10		4	1	3	3	2		1,2a,3	2.0	10
Butyric anhydride	丁酸酐	$C_3H_{14}O_2$	3	2	1			1		4	3x	2	3	2		3		

（续表）

Ⅰ英文名称	Ⅱ中文名称	Ⅲ分子式	Ⅳ危险性及等级			Ⅴ美国规定TLV值/(mg·m^{-3})	Ⅵ大于TLV后的影响	Ⅶ苏联规定的最高允许浓度/(mg·m^{-3})	Ⅷ我国规定的最高允许浓度/(mg·m^{-3})	Ⅸ高浓度下短时接触的相对危害						Ⅹ灭火剂	Ⅺ爆炸极限	
			健康	燃烧	反应性					眼睛接触	吸入	皮肤渗透	皮肤刺激	服入	其他		下限	上限
r-Butyrolactone	r-丁内酯														6	2a		
Cadmium	镉	Cd								会引起中毒							F	
Cadmium dust. sol, salt.	镉微尘及可溶性镉盐					(0.2)	3											
Cadmium oxide fume	氧化镉烟雾					(0.1)	3	0.1	0.1									
Cadmium stearate	硬脂酸镉							0.1										
Calcium	钙	Ca	1	1W	2											5	易点燃	
Calcium Arsenate	砷酸钙	$Ca(AsO_4)_2$				(1)	3											
Calcium Carbide	碳化钙，电石	CaC_2	1	4W	2					4x	2x	1x	3x	2x			湿后出乙炔	
Calcium carbonate	碳酸钙	$CaCO_3$								2x	1x	1x	1x	1x				
Calcium chloride	氯化钙	$CaCl_2$								2x		1x	2x	2x				
Calcium hydroxide	氢氧化钙	$Ca(OH)_2$				(5)	1			4x*	3x*	1x	4y	2	8			
Calcium hypochlorite	次氯酸钙(漂白粉)	$Ca(ClO)_2$	2	1	2										8		遇酸逸氯	
Calcium oxide	氧化钙，石灰	CaO	1	0	1	(5)	1			4x*	3x*	1x	4x	2x	8		遇水放热	
Camphor	莰酮-[2]，樟脑	$C_{10}H_{16}O$	2	2	0	2(12)	3	3		4x	2x	2x	3x	2x				
Carbazole	9-氮杂质，咔唑	$C_{12}H_9N$								3y		2y	3y	1				
Carbofuran	虫螨威					(0.05)S												
Carbon black	炭黑	C				(3.5)												
Carbon disulfide	二硫化碳	CS_2	2	3	0	20(60)S	3	10S	10S	3x	5z*	3x	2x	3x	3	1.3	1.3	44

（续表）

Ⅰ英文名称	Ⅱ中文名称	Ⅲ分子式	Ⅳ危险性及等级			Ⅴ美国规定TLV值/（mg·m^{-3}）	Ⅵ大于TLV后的影响	Ⅶ苏联规定的最高允许浓度/（mg·m^{-3}）	Ⅷ我国规定的最高允许浓度/（mg·m^{-3}）	Ⅸ高浓度下短时接触的相对危害						Ⅹ灭火剂	Ⅺ爆炸极限	
			健康	燃烧	反应性					眼睛接触	吸入	皮肤渗透	皮肤刺激	服入	其他		下限	上限
Carbon monoxide	一氧化碳	CO	2	4	0	50(55)T	3	20	30		5z					4	12.5	74
Carbon tetrabromide	四溴化碳	CBr_4	3	0	1	0.1(1.4)				有较高毒性								
Carbon tetracbloride	四氯化碳	CCl_4				10(65)S	3	20	25	3x	5z*	2	2x	2	3		热介物强毒	
Carbon tetrafluoride	四氟化羰	CF_4								低毒性					5		不燃物	
Carbonyl fluoride	氟化羰，氧氟化碳	COF_2				1*	1.3			强烈刺激作用					6.8	5		
Carbonyl Sulfide	硫化羰，氧硫化碳	COS	3	4	1					会作用于中枢神经					5	4	12	29
Cellulose nitrate	硝化纤维，火棉		2	3	3					燃烧后放出有毒的气体								
Cerium	铈	Ce													5		易产生火花	
Cesium	铯	Cs								5x			5x		5		遇水爆炸	
Chloral	三氯乙醛，氯醛	C_2HCl_3O								吸入会引起肺部致命伤害								
Chlordane	氯丹	$C_{10}H_{10}Cl_6$				(0.5)S	3	0.5		1	3x	3x	2	3	3			
Chlorinated camphene	氯化莰烯	$C_{10}H_{10}Cl_8$				(0.5)S	3			1	1	2	3	1				
Chlorine	氯	Cl_2	3	0	1	Cl(3)T	1	1	1	5z	5z		3z		7.8			
Chlorine dioxids	二氧化氯	ClO_2				0.1(0.3)	1	0.1										

（续表）

Ⅰ英文名称	Ⅱ中文名称	Ⅲ分子式	Ⅳ危险性及等级			Ⅴ美国规定TLV值/($mg \cdot m^{-3}$)	Ⅵ大于TLV后的影响	Ⅶ苏联规定的最高允许浓度/($mg \cdot m^{-3}$)	Ⅷ我国规定的最高允许浓度/($mg \cdot m^{-3}$)	Ⅸ高浓度下短时接触的相对危害						Ⅹ灭火剂	Ⅺ爆炸极限	
			健康	燃烧	反应性					眼睛接触	吸入	皮肤渗透	皮肤刺激	服入	其他		下限	上限
Chlorine trifluoride	三氟化氯	ClF_3				C0.1(0.4)	3			高毒性,蒸汽引起眼灼伤或失明							Q	h
Chloroacetaldehyde	氯乙醛	C_2H_3ClO				Cl(3)	1											
Chloroacetamide	氯乙酰胺	C_2H_4ClNO								5x	4x	4x	4x	4x				
Chloroacetic acid	氯乙酸	$C_2H_3ClO_2$								4	4z	1	4y	4x				
Chloroacetonitrile	氯乙腈	C_2H_2ClN								2*	4*	4	1	3	8			
α-Chloroace-tophe-none	α-氯乙酰苯	C_8H_7ClO				0.05(0.3)	1			2*	4z*	4x	3	4x	8			
Chloroacetyl chloride	氯乙酰氯									5x*	4*	4x	5	4x	8			
Chlorobenzene	氯苯	C_6H_5Cl	2	3	0	75(350)	2	50	50	2x	3x*	2x*	2x	2x	3	2.3	1.3	7.1
Chlorobutane	氯丁烷		2	3	0					1	4*	1	2	2	3		1.8	10.1
Chlorodiethyl alumi-num	二乙基氯化铝	$C_4H_{10}AlCl$	2	3W	0					强腐蚀性,燃烧产物有毒						3	空气中发火	
1-Chloro-1, 1-diflu-oroethane	一氧二氟乙烷	$C_2H_3ClF_2$														4	9.0	14.8
Chlorodiflu-oeometh-ane	二氟氯甲烷	$CHClF_2$				1000				毒性很低							不燃	
1-Chloro-2,4-din-itrobenzene	2,4-二硝基氯苯		3	1	4				1	5		4	4*	2	6	1.3	2.0	22
Chlorodiphenyl	氯化联苯	$C_{12}H_7Cl_3$				(1)S	3	1	1	1x	4z*	3x*	4x*	3x	3.0			

（续表）

Ⅰ英文名称	Ⅱ中文名称	Ⅲ分子式	Ⅳ危险性及等级			Ⅴ美国规定 TLV 值/（mg·m⁻³）	Ⅵ大于 TLV 后的影响	Ⅶ苏联规定的最高允许浓度/（mg·m⁻³）	Ⅷ我国规定的最高允许浓度/（mg·m⁻³）	Ⅸ高浓度下短时接触的相对危害						Ⅹ灭火剂	Ⅺ爆炸极限	
			健康	燃烧	反应性					眼睛接触	吸入	皮肤渗透	皮肤刺激	服入	其他		下限	上限
1-Chlolor-2，3epoxy-propane	环氧氯丙烷	C_3H_5ClO				5(19)	3		1	2	4y*	3*	1	4				
Chloroethane	氯乙烷	C_2H_5Cl	2	4	1	1000(2600)	2	50		过多接触会引起中毒						3,4	3.8	15.4
2-Chloroethanol	氯乙醇	C_2H_5ClO	3	2	0	5(16)S	3	0.5S		3	4*	4*	1	4	3	2a	4.9	15.9
Chloroethylene	氯乙烯	C_2H_3Cl	2	4	1	C500(1300)	2.3		30	2x	3x	2x	2x	2x	3			
Chloroform	氯仿	$CHCl_3$				C50(240)	3			2x	3*	2x	1	2	3			
Chlorometbane	氯甲烷	CH_3Cl	2	4	0	C100(210)	3	5		1x	3x		1x				8.1	17.4
Chloromethyl ether	氯甲基醚	C_2H_5ClO						0.5		高度刺激					1			
3-Chloro-2-methyl propene	3-氯-2 甲基丙烯	C_4H_7Cl													1			
Chloronaphthalene	氯萘	$C_{10}H_7Cl$							0.5	1	1*	2*	3*	2	3,9,1			
1-Chloro-2-Ni-tro-benzene	邻氯硝基苯	$C_6H_4ClNO_2$	3	1	1				1S							1.3		
1-Chloro-3-Ni-tro-benzene	间氯硝基苯	$C_6H_4ClNO_2$	3	1	1				1S									
1-Chloro-4-Ni-tro-benzene	对氯硝基苯	$C_6H_4ClNO_2$				1(S)			1S									
1-Chloro-1-Nitro-propane	1-氯-1-硝基丙烷	$C_3H_6ClNO_2$		2	3	20(100)	1								1,2a,3			
Chloropentaf-luoro-ethane	五氟氯乙烷	C_2ClF_5				1000									5			

（续表）

Ⅰ英文名称	Ⅱ中文名称	Ⅲ分子式	Ⅳ危险性及等级			Ⅴ美国规定TLV值/(mg·m^{-3})	Ⅵ大于TLV后的影响	Ⅶ苏联规定的最高允许浓度/(mg·m^{-3})	Ⅷ我国规定的最高允许浓度/(mg·m^{-3})	Ⅸ高浓度下短时接触的相对危害						Ⅹ灭火剂	Ⅺ爆炸极限	
			健康	燃烧	反应性					眼睛接触	吸入	皮肤渗透	皮肤刺激	服入	其他		下限	上限
1-Chloropentane	1-氯戊烷	$C_5H_{11}Cl$	1	3	0													
Chloroprene	氯丁二烯	C_4H_5Cl				25(90)S	3	2	2	2x	4*	2x	2x*	2x	3	2a,4	4.0	20.0
1-Chloropropane	1-氯丙烷	C_3H_7Cl	2	3	0					4x*	3	2	2	3	3		2.6	11.1
3-Chloropropene	氯丙烯	C_6H_5Cl	3	3	1	1(3)	1			3	3*	3	3	3	3	3a	3.3	11.1
Chloropropeonic acid	氯丙酸	$C_3H_5ClO_2$		1	0											2a		
1-Chloropropylene	1-氯丙烯	C_5H_5Cl	3	4	2			5								2a,4	4.5	16
Chlorosulfonic acid	氯磺酸	$HClSO_3$	3	OW	2					5x		3x	5x	4x				
α-Chlorotoluene	α-氯甲苯，苄氯	C_7H_7Cl	2	2	0	1(5)	3	0.5							8		1.1	
Chlorotrifluoroe-thylene	三氟氯乙烯	C_2F_3Cl				20*					3y				3			
Chlorpromazine	氯丙嗪							5										
Cholanthrene	胆蒽														2			
Chromates	三氧化铬，铬酐	CrO_3	1	0	1	(0.1)	1.3		0.05	5x*	4y*	2x	4y	4x	8			
Chromic Salts, Soluble	可溶性铬盐					(0.5)	3	0.1	0.05									
Chromium	铬及不溶性盐	Cr				(1)	3			1x	3x	1x	1x	1x	1			
Citraconic anhydride	顺甲丁烯二酸酐	$C_5H_4O_2$								4y	1*	3	3*	2	6			
Citrie acid	柠檬酸	$C_6H_8O_2$					3.6			5y	2x	2x	2x	2x				
Coal tar pitch volatiles	煤焦油挥发组分					(0.2)T				3x	2x*	1x*	2x*	1x	3.1			
Cobalt	钴	Co				(0.1)	3	0.5										

（续表）

Ⅰ英文名称	Ⅱ中文名称	Ⅲ分子式	Ⅳ危险性及等级			Ⅴ美国规定TLV值/（mg·m^{-3}）	Ⅵ大于TLV后的影响	Ⅶ苏联规定的最高允许浓度/（mg·m^{-3}）	Ⅷ我国规定的最高允许浓度/（mg·m^{-3}）	Ⅸ高浓度下短时接触的相对危害						Ⅹ灭火剂	Ⅺ爆炸极限	
			健康	燃烧	反应性					眼睛接触	吸入	皮肤渗透	皮肤刺激	服入	其他		下限	上限
Cobalt nitrate	硝酸钴	$Co(NO_3)_2$ $6H_2O$	1	0	1					加热后分解并逸出氮氧化物							Q	
Collodion	火棉胶		1	4	0											3		
Copper	铜	Cu				（尘1.0）（烟0.1）	1			2x*		1x	2x*	2x				
Copper nitrate	硝酸铜	$Cu(NO_3)_2$ $6H_2O$	1	0	1					3		1x	2y*	3	10			
m-Cresol	间甲基酚	C_7H_8O	2	1	0	5(22)S	3			4	1	3	4	3		1,3	1.1/302	
O-Cresol	邻甲基酚	C_7H_8O	2	2	0	5(22)S	3									1,2,3	1.4/300	
P-Cresol	对甲基酚	C_7H_8O	2	1	0	5(22)S	3									1,3	1.1/302	
Crotoaldehyde	丁烯醛，巴豆醛	C_4H_6O	3	3	2	2(6)T	3	0.2		4	5	3	4z*	3	6	2a,3	2.1	15.5
Cruformate	育畜磷						5											
Cumene	异丙苯	C_9H_{12}	0	2	0	50(24S)ST	2.3			1	2	2	2	2		2,3	0.88	6.50
Cupric acetate	醋酸铜	$Cu(C_2H_3O_2)_2$								4y		1x	2y*	3	10			
Cuprous chloride	氯化亚铜	CuCl								会引起肠胃炎、肾炎与肝损伤								
Cuprous cyanide	氰化亚铜	Cu(CN)								毒性可通过口服或皮肤吸收								
Cyanamide	氰氨									强刺激与腐蚀								
Cyanide	氰化物	CN^-						5S										
Cyanogen	氰	C_2N_2				10	3											
Cyanogen bromide	溴化氰	CNBr				0.5*	3			高毒性								
Cyanogen chloride	氯化氰	CNCl				0.5*	3			极强毒性159mL/m^3，10min内使人致死								

(续表)

I 英文名称	II 中文名称	III 分子式	IV 危险性及等级			V 美国规定 TLV 值/(mg·m^{-3})	VI 大于 TLV 后的影响	VII 苏联规定的最高允许浓度/(mg·m^{-3})	VIII 我国规定的最高允许浓度/(mg·m^{-3})	IX 高浓度下短时接触的相对危害						X 灭火剂	XI 爆炸极限	
			健康	燃烧	反应性					眼睛接触	吸入	皮肤渗透	皮肤刺激	服入	其他		下限	上限
Cycloheptanone	环庚酮	$C_7H_{12}O$								抑制神经中枢有中等毒性								
Cyclohexane	环己烷	C_6H_{12}	1	3	0	300(1050)T	2	80	100							2,3	1.3	8
Cyclohexanol	环己醇	$C_6H_{12}O$	1	2	0	50(200)	2		50	3	1	2x	1	2		1,2,2a,3		
Cyclohexanone	环己酮	$C_6H_{10}O$	1	2	0	50(200)	2	10	50	2	2	2y	2	2		1,2a,3		
Cyclohexene	环己烯	C_6H_{10}	1	3	0	300(1050)	2											
Cyclohexylamine	环己胺	$C_6H_{13}N$						1										
Cyclopentadiene	环戊二烯	C_5H_6				75(200)	3			2x	3x	2x	1x	3x				
Cyclopentane	环戊烷	C_5H_{10}	1	3	0										4			
Cyclopentanone	环戊酮	C_5H_8O	2	3	0											2a		
Cyclopropane	环丙烷	H_3H_6	1	4	0	400*	2								4	4		
P-Cymene	对甲基异丙苯	$C_{10}H_{14}$	2	2	0					3x	2	2x	2x	2		1,2,3	0.7/212	5.0
Decaborane	癸硼烷	$B_{10}H_{14}$	3	2	1	0.05(0.3)S	3											
Decahydrona-phthalene	十氢萘,萘烷	$C_{10}H_{18}$	2	2	0			100		1	2	2	2	2		1,2,3	0.7/0.12	4.9/212
n-Decane	正癸烷	$C_{10}H_{22}$	0	2	0					1x	2x	3x	1x	1x		2,3	0.8	5.4
n-Decyl alcohol	正癸醇									2	1	2	3	2				
Demeton	内吸磷					0.01(0.1)S		0.02S	0.02S									
Deuterium	氘	D_2	0	4	0										5	4	5	75
N, N′-Dialkyl-3, 3′-Dimethoxyben-zidine	N,N′-二烷基-3,3′-二甲氧基														1			
Diazomethane	联苯胺重氮甲烷	CH_2N_2				0.2(0.4)T	3			高毒性与敏感性					2			

（续表）

Ⅰ英文名称	Ⅱ中文名称	Ⅲ分子式	Ⅳ危险性及等级			Ⅴ美国规定TLV值/（mg·m^{-3}）	Ⅵ大于TLV后的影响	Ⅶ苏联规定的最高允许浓度/（mg·m^{-3}）	Ⅷ我国规定的最高允许浓度/（mg·m^{-3}）	Ⅸ高浓度下短时接触的相对危害						Ⅹ灭火剂	Ⅺ爆炸极限	
			健康	燃烧	反应性					眼睛接触	吸入	皮肤渗透	皮肤刺激	服入	其他		下限	上限
1,2,5,6-Diben-zanthracene	1,2,5,6-二苯并蒽														2			
1, 2, 5, 6-Diben-zofluorene	1,2,5,6-二苯并芴														2			
1, 2, 3, 4-Diben-zo-phenanthrene	1,2,3,4-二苯并菲														2			
3, 4, 8, 9-Diben-zpyrene	3,4,8,9-二苯并芘														2			
Diborane	乙硼烷	B_2H_6	2	4W	3	0.1(0.1)	3						高毒性			4	0.9	98
Dibrommmodi-fluoromethane	二氟二溴甲烷	CBr_2F_2				100(860)	3										不燃烧	
1,2-Dibromoe-thane	1,2-二溴乙烷	$C_2H_4Br_2$				c25(190)S	3			2x	3x		4x		3			
1,2-Dibrommotetrafl-uoroethane	1,2-二溴四氟乙烷												低毒性				不燃烧	
Dibutylamine	二正丁胺	$C_8H_{19}N$	3	2	0					4	5	3	3	3		1,2a,3		
Dibutyldichlorotin	二丁基二氯化锡	$C_8H_{18}S_{n2}Cl_2$								5	2	3x	5	3x				
Dibutyl oxalate	草酸二丁酯	$C_{10}H_{18}O_4$														1,2,3		
Dibutyl phosphate	磷酸二丁酯	$C_8H_{19}PO_4$				1.(5)T	3											
Dibutyi phthalate	苯二甲酸二丁酯	$C_{16}H_{22}O_2$	0	1	0	(5)T	1	0.5		1	1y	1	1y	2		1,2,3		
Dichloroacetec aced	二氯乙酸	$C_2H_2O_2Cl_2$								5	1	3	5	2				

（续表）

I 英文名称	Ⅱ中文名称	Ⅲ分子式	Ⅳ危险性及等级			V美国规定TLV值/(mg·m^{-3})	Ⅵ大于TLV后的影响	Ⅶ苏联规定的最高允许浓度/(mg·m^{-3})	Ⅷ我国规定的最高允许浓度/(mg·m^{-3})	Ⅸ高浓度下短时接触的相对危害						X灭火剂	Ⅺ爆炸极限	
			健康	燃烧	反应性					眼睛接触	吸入	皮肤渗透	皮肤刺激	服入	其他		下限	上限
Dichloroacetyl chloride	二氯乙酰氯	C_2HOCl_3	3	2	1					5	4	3	5	2				
1, 3-Dichloro-2-butene	1,3-二氯丁烯-[2]	C_4H_6Cl	2	3	0			1										
O-Dichloroben-zene	邻二氯苯	$C_6H_4Cl_2$	2	2	0	50(300)c	3	20		3x	3x	2x	2x	2x	3	1,2,3	2.2	9.2
P-Dichlorobenzene	对二氯苯	$C_6H_4Cl_2$				75(450)	3											
3, 3′-Dichloro-benz-idinc	3,3′-二氯联苯胺	$C_{12}H_4Cl_2N$													2			
Dichlorodi-flu-oromethane	二氟二氯甲烷	CF_2Cl_2				1000(4950)	2			毒性很小							不燃烧	
1,1-Dichloro-etethane	1,1-二氯乙烷	$C_2H_4Cl_2$	2	3	0	80(320)	3	10	25	1x	3y*	2	1x	1	3			
1,2-Dichoro-ethane	1,2-二氯乙烷	$C_2H_4Cl_2$	2	3	0	50(200)	3	10	25						3.4		6.2	16
1,1-Dichloro-ethylene	1,1-二氯乙烯	$C_2H_2Cl_2$	2	4/P	2			50		2x	2y	2x	2x	2x	3		5.6	11.4
1, 2-Dichloro-ethyl-ene	1,2-二氯乙烯	$C_2H_2Cl_2$	2	3	2	200(790)	2	50		1x	3y	2x	1x	1x	3	2,3	9.7	12.8
Dichlorofluorom-eth-ane	一氟二氯甲烷	$CHCl_2F$				1000(4200)	2									4	弱燃烧力	
Dichloronethane	二氯甲烷	CH_2Cl_2	2	0	0	250(890)*	2			1	1		1					
3, 4-Dichloroni-tro-ben-zene	3,4-二氯硝基苯	$C_6H_3Cl_2NO_2$						1S	1S									
1, 2-Dichloroni-tro-ethane	1,2-二氯硝基乙烷	$C_2H_3Cl_2NO_2$				C10.(60)	3.1											

（续表）

Ⅰ英文名称	Ⅱ中文名称	Ⅲ分子式	Ⅳ危险性及等级			Ⅴ美国规定TLV值/(mg·m^{-3})	Ⅵ大于TLV后的影响	Ⅶ苏联规定的最高允许浓度/(mg·m^{-3})	Ⅷ我国规定的最高允许浓度/(mg·m^{-3})	Ⅸ高浓度下短时接触的相对危害						Ⅹ灭火剂	Ⅺ爆炸极限	
			健康	燃烧	反应性					眼睛接触	吸入	皮肤渗透	皮肤刺激	服入	其他		下限	上限
2, 4-Dichloro-phenoxyacetic acid. (2, 4-D)	2,4-二氯苯氧基乙酸	$C_8H_6Cl_3O_3$				(10)	3			4y		2y	2	2				
1,2-Dichloropro-pane	1,2-二氯丙烷	$C_3H_6Cl_2$	2	3	0	75(350)	3			1	3*	2	1	2	3	2,3	3.4	14.5
1,3-Dichloropro-pene	1,2-二氯丙烯	$C_3H_4Cl_2$									4x	3x	5x	5x				
1,2-Dichlorote traflu-oroethane	1,2-二氯四氟乙烷	$C_2F_4Cl_2$				1000(7000)	2			低毒性							不燃烧	
α,α-Dichlorotoluene	α,α-二氯甲苯	$C_7H_5Cl_2$								1	2x	3x	3	2	3			
Dichlorvos	敌敌畏					0.1(1)S		0.02S	0.02S									
Dieldrin	狄氏剂					(0.25)S		0.01S										
Diethylamine lamin-oehtanol	二乙胺	$C_4H_{11}N$	3	3	0	25(75)	1	30		5	4	3	2	3		2a,3	1.8	10.1
Diethylaminoe-thanol	二乙胺基乙醇	$C_6H_{17}N_2O$	3	2	0	10(50)S. T	1	5		4	1	3	2	2		1,2a,3		
Diethyl aniline	N,N-二乙苯胺	$C_{10}H_{15}N$	3	2	0											1,2a,3		
Diethyl carbonat	碳酸二乙酯	$C_5H_{10}O_3$		3	1	25(77)										2,3		
Diethylene glycol	二甘醇	$C_4H_{10}O_3$	1	1	0					1	1	2	1	1		1,2a,3	2.0	
Diethylenetria-mine	二乙撑三胺	$C_4H_{13}N_3$				1.(4)									7.8.9			
Diethyl malonate	丙二酸二乙酯	$C_7H_{12}O_4$	0	1	0											1,3		
Diethyl phthalate	酞酸二乙酯	$C_{12}H_{14}O_2$	0	1	0											1,2,3		
Diethyl sulfate	硫酸二乙酯	$C_4H_{10}O_4S$	3	1	1					3	2	3	4	3	2	2a,3		

（续表）

Ⅰ英文名称	Ⅱ中文名称	Ⅲ分子式	Ⅳ危险性及等级			Ⅴ美国规定TLV值/($mg\cdot m^{-3}$)	Ⅵ大于TLV后的影响	Ⅶ苏联规定的最高允许浓度/($mg\cdot m^{-3}$)	Ⅷ我国规定的最高允许浓度/($mg\cdot m^{-3}$)	Ⅸ高浓度下短时接触的相对危害						Ⅹ灭火剂	Ⅺ爆炸极限	
			健康	燃烧	反应性					眼睛接触	吸入	皮肤渗透	皮肤刺激	服入	其他		下限	上限
Diethylzine	二乙基锌	$C_4H_{10}Zn$	0	3W	3	(5)ZnO 尘											R. W	
1,1-Difluoroethane	1,1-二氟乙烷	$C_2H_4F_2$								1x	2y				5	4	3.7	18.0
1,1-Difluoroethylene	1,1-二氟乙烯	$C_2H_2F_2$								1x	1y	1x	1x	1x			5.5	21.3
Diglycidyl ether	二缩水甘油醚	$C_6H_{10}O_3$				C0.5(2.8)	3			3x		3x	4x		6			
Disopropylamine	二异丙胺	$C_6H_{15}N$	3	3	0	5(20)S	1			4	5	2y	2	3		1,2a,3		
3, 3′-Dimethoxybenzidine	3,3′-二甲氧基联苯胺	$C_{14}H_{16}N_2O_2$													2			
1,2-Dimethoxyethane	1,2-二甲氧基乙烷	$C_4H_{10}O_2$		2	0											2a		
Dimethoxymethane	二甲氧基甲烷	$C_3H_8O_2$	2	3	2	1000(3100)	3									2a,3		
N, N-Dimethylacetamide	N,N-二甲基乙酰胺	$C_4H_9N_o$				10(35)S	3			2	1	2	1	2			1.8	13.8
Dimethylamine	二甲胺	C_2H_7N	3	4	0	10(18)	3	1	10	4x	5x*		4x*		6	3.4	2.8	14.4
2-Dimethylaminofluorene	2-二甲胺基芴	$C_{16}H_{15}N$													2			
N,N-Dimethylaniline	N,N-二甲苯胺	$C_8H_{11}N$	3	2	0	5(25)S	3	0.2		2	1	3	2	2		1,2,2a,3		
2,3-Dimethylazobenzene	2,3-二甲偶氮苯														2			
N, N-Dimethyl-4-biphenylamine	N,N-二甲胺基联苯	$C_{14}H_{15}N$													2			

（续表）

Ⅰ英文名称	Ⅱ中文名称	Ⅲ分子式	Ⅳ危险性及等级			Ⅴ美国规定TLV值/（mg·m^{-3}）	Ⅵ大于TLV后的影响	Ⅶ苏联规定的最高允许浓度/（mg·m^{-3}）	Ⅷ我国规定的最高允许浓度/（mg·m^{-3}）	Ⅸ高浓度下短时服入						Ⅹ灭火剂	Ⅺ爆炸极限	
			健康	燃烧	反应性					眼睛接触	吸入	皮肤渗透	皮肤刺激	服入	其他		下限	上限
2,2-Dimethylbutane	2,2-二甲基丁烷		1	3	0		3										1.2	7.0
Dimethyl carbonate	二甲基碳酸酯	$C_3H_6O_3$		3	1											2a		
5,6-Dimethyl chrysene	5,6-二甲䓛	$C_{20}H_{16}$													2			
Dimethyl dichlorotin	二甲基二氯化锡	$C_2H_6Cl_2Sn$								4			4					
N,N-Dimethylior-mamide	N,N-二甲基甲酰胺	C_3H_7NO	1	2	0	10(30)S	3	10	10	2	2y	2y	2	2		1,2 2a,3	2.2/ 212	15.2/ 212
2,6-Dimethyl-4-hept-anone	2,6-二甲基庚酮-4	$C_9H_{18}O$	1	2	0	50(290)	2			1	1	1	2	2		1.3	0.8/ 212	6.2/ 212
1,1-Dimethylhy-drazine	偏二甲肼	C_2H_8N				0.5(1)S	3											
Dimethylnaphthalene	二甲基萘	$C_{12}H_{12}$								2x	1	2x	1x	2				
Dimethyl phthalate	酞酸二甲酯	$C_{10}H_{10}O_4$				(5)	2	0.1							8			
2,2-Dimethylpr-opane	2,2-二甲丙烷	C_5H_{12}		4	0										4.5	4	1.4	7.5
Dimethyl sulfate	硫酸二甲酯	$C_2H_6O_4S$	4	2	0	1(5)S	1.3			5z	5z	3x	5z	3	2	1,2,3		
2,4-Dinitroanilin	2,4-二硝基苯胺	$C_6H_5N_3O_4$	3	1	3										6	1,3		

（续表）

Ⅰ英文名称	Ⅱ中文名称	Ⅲ分子式	Ⅳ危险性及等级			Ⅴ美国规定TLV值/（mg·m^{-3}）	Ⅵ大于TLV后的影响	Ⅶ苏联规定的最高允许浓度/（mg·m^{-3}）	Ⅷ我国规定的最高允许浓度/（mg·m^{-3}）	Ⅸ高浓度下短时服入						Ⅹ灭火剂	Ⅺ爆炸极限	
			健康	燃烧	反应性					眼睛接触	吸入	皮肤渗透	皮肤刺激	服入	其他		下限	上限
m-Dinitrobenzene	间二硝基苯	$C_6H_4N_2O_4$				(1)S	3	1	1	蒸汽高毒性							F.S	
O-Dinitrobenzene	邻二硝基苯	$C_6H_4N_2O_4$	3	1	4	(1)S	3	1	1	蒸汽高毒性						1,3		
P-Dinitrobenzene	对二硝基苯	$C_6H_4N_2O_4$				(1)S	3	1	1	蒸汽高毒性								
Dinitro-o-cresol	二硝基邻甲酚	$C_7H_7N_2O_5$				(0.2)S	3	0.05		高毒性								
2,7-Dinitrofluorene	2,7-二硝基芴														2			
2,4-Dinitrophenol	2,4-二硝基酚	$C_6H_4N_2O_5$				(0.2)*		0.05										
1, 4-Dinitrosopi-perazine	1,4-二亚硝基哌嗪	$C_4H_8N_4O_2$													2			
2,4-Dinitrotoluene	2,4-二硝基甲苯	$C_7H_6N_2O_4$	3	1	3	(1.5)S	3	1S	1S	2y	1	2y	2y	2		1,3		
2,6-Dinitrotoluene	2,6-二硝基甲苯	$C_7H_6N_2O_4$	3	1	3	(1.5)S	3	1S	1S	2y	1	2y	2y	2		1,3		
Di-Sec-octyl phthalate	酞酸二辛酯	$C_{24}H_{28}O_4$	0	1	0	(5)	3			1	1	1	1	1		1,3		
P-Dioxane	1,4-二氧六环	$C_4H_8O_2$	2	3	1	50(180)S	3	10		2	3*	2	1y	2	3	1,2a	2.0	22
Diphenylamine	联苯胺	$C_{12}H_{11}N$	3	1	0	(10)				3x		3x	2x*	3x		1,3		
Diphenylmethane	二苯甲烷	$C_{13}H_{12}$	1	1	0											1,2,3		
Dipterex	敌百虫					0.5S			1S									
Diquat	杀草快							0.5										
Disyston	乙拌磷							0.1										
Dithane Mn	代森锰							0.5										

（续表）

Ⅰ英文名称	Ⅱ中文名称	Ⅲ分子式	Ⅳ危险性及等级			Ⅴ美国规定 TLV 值/(mg·m^{-3})	Ⅵ大于 TLV 后的影响	Ⅶ苏联规定的最高允许浓度/(mg·m^{-3})	Ⅷ我国规定的最高允许浓度/(mg·m^{-3})	Ⅸ高浓度下短时服入						Ⅹ灭火剂	Ⅺ爆炸极限	
			健康	燃烧	反应性					眼睛接触	吸入	皮肤渗透	皮肤刺激	服入	其他		下限	上限
Dithane Zn	代森特							0.5										
Dodecane	十二烷	$C_{12}H_{26}$	6	2	0											1,2,3	0.6	
Dodecyl sodium Sulfate	十二烷硫酸钠	$C_{12}H_{25}O_4SN_a$								4		2x	3x	2				
Endosulfan	硫丹					(0.1)S												
Endrin	异狄氏剂					(0.1)S												
1,2-Epoxy-3phenoxy-propane	1,2-环氧-3-苯氧基丙烷	$C_9H_{10}O_2$				10(62)	3			1	1	3	3	2				
Eptam	菌达灭							2										
Ersan	稻丰散							0.15										
Ethane	乙烷	C_2H_6	1	4	0		3	1			3x			5		4		
Ethanethiol	乙硫醇	C_2H_6	2	4	0	C0.5(1)											2.8	18.0
2-(2-Ethoxyetyoxy) cthanol	二甘醇单乙醚	$C_6H_{14}O_3$	1	1	0												1.2	
2-Ethoxy ethanol	乙二醇单乙醚	$C_2H_{10}O_2$				100(370)S	3			1	2		2			2a	1.7	15.6
2-Ethoxy ethanol acetate	乙二醇单乙醚醋酸酯	$C_6H_{12}O_3$				100(540)S	3										1.2	12.7
Ethyl acetaniline	乙替乙酰替苯胺	$C_{10}H_{13}NO$	0	2	0											1,2,3		
Ethyl acetate	乙酸乙酯	$C_4H_8O_2$	1	3	0	400(1400)	1	200	300	1	3	1	1	2		2a,3	2.2	11.5
Ethyl acetoacetate	乙酰乙酸乙酯	$C_6H_{10}O_3$	2	2	0					2	1	1	1	2		1,2a,3		
Ethyl acrylate	丙烯酸乙酯	$C_3H_8O_2$	2	3/P	2	25(100)S	1			3	3z*	3	1z*	3	6	2a	1.8	

（续表）

I 英文名称	II 中文名称	III 分子式	IV 危险性及等级			V 美国规定 TLV 值/（mg·m^{-3}）	VI 大于 TLV 后的影响	VII 苏联规定的最高允许浓度/（mg·m^{-3}）	VIII 我国规定的最高允许浓度/（mg·m^{-3}）	IX 高浓度下短时服入						X 灭火剂	XI 爆炸极限	
			健康	燃烧	反应性					眼睛接触	吸入	皮肤渗透	皮肤刺激	服入	其他		下限	上限
Ethyl alcohol	乙醇	C_5H_5O	0	3	0	1000(1900)	3.1	1000		2	1	1	1	1		1,2a,3	3.3	19
Ethyl amine(g)	乙胺（气）	C_2H_7N				10(18)T	1			4	3y	3	4z	3		1,2,4	3.5	14
Ethylamine(70% L)	乙胺（70%液）	C_2H_7N	3	4	0	10(18)T	1			4	3y	3	4z	3		1,2a,3	3.5	14
N-Ethylaniline	N-乙替苯胺	$C_3H_{11}N$	3	2	0					4y		2x	1	2		1,2,3		
Ethylbenzene	乙苯	C_8H_{10}	2	3	0	100(435)T	3			2	2	2	2	2		2,3	1.0	
Ethyl benzoate	苯甲酰乙酯	$C_9H_{10}O_2$	1	2	0					1	1	2x	2	2				
Ethylchloroacetate	氯乙酸乙酯	$C_4H_7ClO_2$	2	2	0					4*	4x*		4x		8			
Ethylchloroformate	氯甲酸乙酯	$C_3H_5ClO_2$		3	1											3		
Ethyl Crotonate	巴豆酸乙酯	$C_6H_{10}O_2$	2	3	0					2	1	2	1	2				
Ethylene	乙烯	C_2H_4	1	4	2	1000					3x					4	3.1	32
Ethylenediamine	乙（撑）二胺	$C_2H_8N_2$	3	2	0	10(25)	1	2		4	4y*	3	4*	2	6	1,2a,3		
Ethylene glycol	乙二醇	$C_2H_6O_3$	1	1	0					1	1	1	1	2		1,2a,3	3.7	
Ethylene fmine	乙烯亚胺	C_2H_5N	3	3	3	0.5(1)ST	3	0.02		3	5y*	5	4*	4	2	1,2a,3	3.6	46
Ethylene oxide	环氧乙烷	C_2H_4O	2	4	3	50(90)	1.3	1	5	5x	3*		5z*		6	1,2a,3.4	3	100
Ethhy fluoroacetate	氟乙酸乙酯	$C_4H_7FO_2$								毒性极强								
Ethyl Formate	甲酸乙脂	$C_3H_6O_2$	2	3	0	100(300)	1			2	4	1	1	2		2,2a,3	2.7	13.5
Ethyl Lactnre	乳酸乙酯	$C_5H_{10}O_3$	2	2	0					2	4	1	1	2		1,2a,3	1.5/212	
Ethyl malonate	丙二酸二乙酯	$C_7H_{12}O_4$	0	1	0													
N-Ethylmorpheline	N-乙基玛琳	$C_6H_{13}NO$	2	3	0	20(94)S.T	1.3			3	2	2x	1	2		1,2,2a,3		
Ethyl nitrite	亚硝酸乙酯	$C_2H_5NO_2$	2	4	4					分解后生成有毒气体							4.1	50

（续表）

Ⅰ英文名称	Ⅱ中文名称	Ⅲ分子式	Ⅳ危险性及等级			Ⅴ美国规定TLV值/（mg·m^{-3}）	Ⅵ大于TLV后的影响	Ⅶ苏联规定的最高允许浓度/（mg·m^{-3}）	Ⅷ我国规定的最高允许浓度/（mg·m^{-3}）	Ⅸ高浓度下短时服入						Ⅹ灭火剂	Ⅺ爆炸极限	
			健康	燃烧	反应性					眼睛接触	吸入	皮肤渗透	皮肤刺激	服入	其他		下限	上限
N-Fthyl-N-Nitroso-N-butyl amine	N-乙基-N-亚硝基-N-丁胺														2			
N-Ethyl-N-nitroso Vinylamine	N-乙基-N-亚硝基乙烯胺														2			
Ethyl Oxalate	草酸乙酯	$C_6H_{10}O_4$		2	0										1,3			
P-Ethylphenol	对乙基酚	$C_6H_{10}O$		1	0										2a			
Ferric chloride60%	三氯化铁60%	$FeCl_3$								2_ax			3x					
Ferrous ammonium Sulfate	硫酸亚铁铵	$(NH_4)_2Fe(SO_4)_2 \cdot 6H_2O$								2y	2y	1x	2y	2				
Ferrous chloride	氯化亚铁	$FeCl_2$								3x		1x	3x	2x				
Ferrous Sulfate	硫酸亚铁	$FeSO_4$								3x		1x	3x	2x				
Fluorides	氟离子	F^-				(2.5)	3		1									
Fluorine	氟	F_2	4	OW	3	1(2)	1			5z	5z		5z			4	6	
Fluoroethane	氟乙烷	C_2H_5F									1y							
Fluoroethylene	氟乙烯	C_2H_3F	2	4	1					低毒性							2.6±0.5	21.7±10
Formaldehyde	甲醛	CH_2O		4		C2(3)	1	0.6	3	4	3z*	4	4y*	3	6	1,4	7.0	73
Formalin	福尔马林	CH_2O(37%)	2	2	0	C5(6)	1			4	3*	4	4y*	3	6	1	7.0	73
Formamide	甲酰胺	CH_3NO				20(30)*		3		2	1	2x	1	2				
Formic acid	甲酸	CH_2O_2	3	2	0	5(9)T	1			4	4x	2x	4	2		1,2a,3		
Fumaric acid	富马酸	$C_4H_4O_4$								4y		2x	4x	2x				

（续表）

Ⅰ英文名称	Ⅱ中文名称	Ⅲ分子式	Ⅳ危险性及等级			Ⅴ美国规定TLV值/（mg·m⁻³）	Ⅵ大于TLV后的影响	Ⅶ苏联规定的最高允许浓度/（mg·m⁻³）	Ⅷ我国规定的最高允许浓度/（mg·m⁻³）	Ⅸ高浓度下短时服入						Ⅹ灭火剂	Ⅺ爆炸极限	
			健康	燃烧	反应性					眼睛接触	吸入	皮肤渗透	皮肤刺激	服入	其他		下限	上限
Furaldehyde	糠醛	$C_5H_4O_2$	1	2	1	5(20)S	1	10	10							1,2,2a,3	2.1	
Furan	呋喃	C_4H_4O	1	4	1			0.5										
Furfuryl alcohol	糠醇	$C_5H_6O_2$	1	2	1	5(20)	3									1,2a,3	1.8	16.3
Gasoline	汽油	$C_5H_{12}C_9H_{20}$	1	3	0			300	350	2x	3x*	3x*	1x*	2x*	3	2,3	1.4	7.6
Gerrnane	锗烷	CeH_4				0.2(0.6)				高毒性，腐蚀眼皮黏膜								
Glutaraldohyd	戊二醛	$C_5H_8O_2$								4	1	3	3y*	3	10			
Glutaric anhydride	戊二酸酐	$C_5H_6O_3$								4		3	2y	2				
Glycerol	甘油，丙三醇	$C_3H_8O_3$								1	1y	1	1y	1				
Glycidol	2,3-环氧丙醇-[1]，缩水甘油	$C_3H_6O_2$				50(150)	3											
Glycollic acid	乙醇酸	$C_2H_4O_3$								3	2x	2y	4x	2				
Glyoxal	乙二醛									2	2y*	2y	1*	2	10.6			
Hafnium	铪					(0.5)	3									5	F	
Heptachlo	七氯	$C_{10}H_5Cl_7$				(0.5)S	3	0.01										
Heptane	正庚烷	C_7H_{16}	1	3	0	500(2000)	2			1	2x	1x	1	1		2.3	1.2	6.7
2-Heptanone	庚酮-[2]	$C_7H_{14}O$	1	2	0	100(465)T	1			2x	1x	2x	1x	2x		2a		
3-Hoptanone	庚酮-[3]	$C_7H_{14}O$	1	2	0	50(230)T	1			2x	1x	2x	1x	2x				
n-Heptyl alcohol	正庚醇	$C_7H_{15}O$						10										
Hexachloro thane	六氯乙烷	C_2Cl_6				1(10)S	3											

（续表）

Ⅰ英文名称	Ⅱ中文名称	Ⅲ分子式	Ⅳ危险性及等级			Ⅴ美国规定 TLV 值/($mg \cdot m^{-3}$)	Ⅵ大于 TLV 后的影响	Ⅶ苏联规定的最高允许浓度/($mg \cdot m^{-3}$)	Ⅷ我国规定的最高允许浓度/($mg \cdot m^{-3}$)	Ⅸ高浓度下短时服人						Ⅹ灭火剂	Ⅺ爆炸极限	
			健康	燃烧	反应性					眼睛接触	吸入	皮肤渗透	皮肤刺激	服入	其他		下限	上限
Hexachlorona-phthalene	六氯萘	$C_{10}H_2Cl_6$				(0.2)S												
Hexafluoroethane	六氟乙烷	C_2F_6								低毒,但分解产物高毒性							不燃烧	
Hexamethylen ctetraamine	乌洛托品,六次甲基四胺	$C_6H_{12}N_4$								2y	1*	2y	1y*	1				
Hexane	正己烷	C_6H_{14}	1	3	0	500(1800)	2									2,3	1.1	7.5
1.6-Hexanediamine	己二胺[1,6]									对皮肤敏感								
Hexanoie acid	己酸	$C_6H_{12}O_2$	2	1	0	5				4	1	3	4	2				
2-Hexanone	己酮-[2]	$C_6H_{12}O$	2	3	0	100(410)	1									2a	1.2	8
1-Hexene	己烯-[1]	C_6H_{12}	1	3	0													
Sce-Hexylacetate	醋酸另己酯	$C_8H_{16}O_2$	1	2	0	50(300)	1			2x	1x	1x	2x	2x		2a,3		
Hexyl alcohol	己醇	$C_6H_{14}O$	1	2	0			10		4	1	2	2	2		1,2a,3		
Hexylamine	己胺	$C_6H_{15}N$	2	3	0					4	3	3	4	3		2a		
Hydrazine	肼	N_2H_4	2	3	0	1(1.3)S	3	0.1		4x	4x*	3x	3x	3x		2a		
Hydrazine · HCl	盐酸肼	$N_2H_4 \cdot HCl$								3x		3x	3x	3				
Hydrazoic acid	叠氮酸	HN_3				1*				高毒性							高爆炸性	
Hydracrylie acid (β-lactone)	羟基丙稀酸β内酯									剧毒性,已证实为致癌物2								
Hydrochloroic acid	盐酸,氢氯酸	HCl	3	0	0				15	4	5z	3x	5	3x				
Hydrccyanicacid	氢氰酸	HCN	4	4/P	2			0.3	0.3	4x	5x*	4x	2x	4x		1	6	41
Hydrofluoricacid	氢氟酸	HF								5z	5z	4x	5z	4x				

（续表）

Ⅰ英文名称	Ⅱ中文名称	Ⅲ分子式	Ⅳ危险性及等级			Ⅴ美国规定TLV值/(mg·m^{-3})	Ⅵ大于TLV后的影响	Ⅶ苏联规定的最高允许浓度/(mg·m^{-3})	Ⅷ我国规定的最高允许浓度/(mg·m^{-3})	Ⅸ高浓度下短时服入						Ⅹ灭火剂	Ⅺ爆炸极限	
			健康	燃烧	反应性					眼睛接触	吸入	皮肤渗透	皮肤刺激	服入	其他		下限	上限
Hydrogen	氢	H_2	0	4							3				5	4	4.0	75
Hydrogen bromide	溴化氢	HBr				3(10)	1			腐蚀眼，皮肤与黏膜								
Hydrogen chloride	氯化氢	HCl				C5(7)	1	5		4	5z	3x	5	3x				
Hydrogen cyanide	氰化氢	HCN	4	4/P	2	10(11)S	3	0.3	0.3	4x	5z*		2x			3	6	41
Hydrogen fluoride	氟化氢	HF	4	0	0	3(2)S	3	0.5	1	5z	5z		5z		7			
Hydrogen Iodine	碘化氢	HI								有毒，刺激并腐蚀眼黏膜								
Hydrogenperoxide	过氧化氢(90%)	H_2O_2 (90%)				1(1.4)	1			5x		4x	5x	4x			Q	
Hydrogenperoxide	双氧水(35,50%)	H_2O_2								5x		4x	5x	4x				
Hydrogen Selenide	硒化氢	H_2Se				0.05(0.2)	3			高毒性								
Hydrogen Sulfide	硫化氢	H_2S	3	4	0	10(15)	3	10	10		5x*					4	4.3	45
Hydroquinone	对苯二酚	$C_6H_6O_2$				(2)	3			4*	3x*	2y	2		10	1,3		
Hydroxylamine	羟胺	NH_2OH	1	3	3													
Hydroxylamine·HCl	盐酸羟胺	NH_2OH·HCl								4x	3x	2x	3x	3				
4-Hydroxy-4-Methyl-2-Pentanone	4-羟基-4甲基戊酮-[2]	$C_6H_{12}O_2$	1	2	0	50(240)	1.3			2	1	2	1	2		2a	1.8	6.9
2,2′-Iminodiethanol	二乙醇胺	$C_4H_{11}NO_2$	1	1	0					3	1	2	3	2		1,2a,3		
Iodic acid	碘酸	HIO_3								对皮肤及黏膜刺激								
Iodine	碘	I_2				C0.1(1)	1	1		5x	4x	3x	4x	4x				

（续表）

Ⅰ英文名称	Ⅱ中文名称	Ⅲ分子式	Ⅳ危险性及等级			Ⅴ美国规定TLV值/（mg·m^{-3}）	Ⅵ大于TLV后的影响	Ⅶ苏联规定的最高允许浓度/（mg·m^{-3}）	Ⅷ我国规定的最高允许浓度/（mg·m^{-3}）	Ⅸ高浓度下短时服入						Ⅹ灭火剂	Ⅺ爆炸极限	
			健康	燃烧	反应性					眼睛接触	吸入	皮肤渗透	皮肤刺激	服入	其他		下限	上限
Iodinepentafluoride	五氟化碘	IF_5				3*				高毒性及极强腐蚀						7		
Iodoethane	碘乙烷	C_2H_5I															易燃	
Iodomethane	碘甲烷	CH_3I				5(28)S.T.	3		1									
3-Iodopropene	3-碘丙烯	C_3H_3I													8			
Iron oxide fume	氧化铁烟雾	Fe_2O_3				(10)T	3											
Isoamyl acetate	乙酸异戊酯	$C_7H_{14}O_3$				100(525)T	1									2,3	1.0	7.5
Isoamyl alcohol	异戊醇	$C_5H_{12}O$				100(360)												
Isobutyl acetate	乙酸异丁酯	$C_6H_{12}O_2$	1	3	0	150(300)T	1			1	3	2	1	1		2,2a,3	1.3	7.5
Isobutyl alcohol	异丁醇	$C_4H_{10}O$	1	3	0	100(300)	1			3	2	2	1	2		1,2a,3	1.7	10.9
Isobutyraldehyde	异丁醛	C_4H_8O	2	3				5		2	3	2	1	2		2a,3	1.6	10.6
Isobutyric acid	异丁酸	$C_4H_8O_2$								4	1	3	4	3		2a		
Isoprene	异戊二烯	C_5H_8	2	4	1			40		3x	3x		2x			3,4		
Isopropenyl acetate	乙酸异丙烯酯	$C_5H_8O_2$	2	3						1	3	1	1	2		2a		
Isopropyl acetate	乙酸异丙酯	$C_5H_{16}O_2$	1	3	0	250(950)T	1			1	3	1	1	2		2,2a,3	1.8	7.8
Isopropyl alcohol	异丙醇	C_3H_8O	1	3	0	400(980)	2.1									1,2a,3	2.3	12.7
Isopropyl amine	异丙胺	C_3H_7N	3	4	0	5(12)	1	1		5	3	3	4	3		1,2a,3.4	2.0	10.4
Isopropyl benzoate	苯甲酸异丙酯	$C_{10}H_{12}O_2$	1	1						1	1	2	2	2				
Isopropyl ether	异丙醚	$C_6H_{14}O$	2	3	1	250(1050)	2			1	4	2	1	2		2,2a,3	1.4	21
Isopropyl glycidyl ether	缩水甘油异丙醚	$C_6H_{12}O_2$				50(240)	3											

（续表）

Ⅰ英文名称	Ⅱ中文名称	Ⅲ分子式	Ⅳ危险性及等级			Ⅴ美国规定TLV值/（$mg \cdot m^{-3}$）	Ⅵ大于TLV后的影响	Ⅶ苏联规定的最高允许浓度/（$mg \cdot m^{-3}$）	Ⅷ我国规定的最高允许浓度/（$mg \cdot m^{-3}$）	Ⅸ高浓度下短时服入						Ⅹ灭火剂	Ⅺ爆炸极限	
			健康	燃烧	反应性					眼睛接触	吸入	皮肤渗透	皮肤刺激	服入	其他		下限	上限
Kerosene. C_6-C_{16}	煤油	—	0	2	0			300		1	2y	3	1	1		2,3	0.7	5
Kelene	乙烯酮	C_2H_2O				0.5(0.9)	1.3			5x	5*				6.9			
Krypton	氪	Kr													5			
Lactonitrle	2-羟基丙腈	C_3H_5NO	剧毒							4*	5y	5	2	4				
Lanthanum	镧	La															D	
Lauric acid	月桂酸	$C_{12}H_{24}O_2$								2x		1x	2x	2x				
Lead	铅	Pb				(0.15)	3	0.01	烟0.03，尘0.05	1x	5x*	1x	1x	2x	3			
Lead acetate	乙酸铅	$C_4H_6O_4Pb$								2x	5x	1x	1x	2x	3			
Lead arsonate	砷酸铅	$PbHASO_4$				(0.15)	3			2y	5x*	1x	2x	2	3			
Lead Carbonate basic	碱式碳酸铅	$Pb(CO_3)_2$ $Pb(OH)_2$								2x	5x*	1x	1x	2x	3			
Lead nitrate	硝酸铅	$Pb(NO_3)_2$	1	0	1													
Lindane	高丙体六六六	$C_6H_6Cl_6$				(0.5)S	3	0.05		2x	4*	5*	3y	4x*	3			
Liquified petroleum gas	液化石油气	C_3, C_4 烃				1000(1800)	2											
Lithium	锂	Li	1	1/W	2					5x			4x			5		
Lithium Carbonate	碳酸锂	Li_2CO_3								4y*	3x*	2x	2y	3	8			
Lithium Hydride	氢化锂	LiH	1	4/W	2	(0.025)	3						刺激			5	R	
Lithium tetrahy-droalanate	氢化锂铝	$LiALH_4$	3	1/W	2						腐蚀性				7			
Lutetium	镥	Lu															D	

（续表）

I 英文名称	II 中文名称	III 分子式	IV 危险性及等级			V 美国规定 TLV 值/ (mg·m^{-3})	VI 大于 TLV 后的影响	VII 苏联规定的最高允许浓度/ (mg·m^{-3})	VIII 我国规定的最高允许浓度/ (mg·m^{-3})	IX 高浓度下短时服入						X 灭火剂	XI 爆炸极限	
			健康	燃烧	反应性					眼睛接触	吸入	皮肤渗透	皮肤刺激	服入	其他		下限	上限
Magnesium	镁	Mg	0	1/W	2					2x	1x		3x*			5	F	
Magnesium chloride	氯化镁	$MgCl_2$								2x		1x	2x	2				
Magnesium Nitrate	硝酸镁	$Mg(NO_3)_2$	1	0	1													
Magnesium Oxide fume	氧化镁烟雾	MgO				10	7			1x	1z*	1x	1x	2x				
Magnesium Perchlorate	高氯酸镁	$Mg(ClO_4)_2$	1	0	1												1	Q
Malathion	马拉松	$C_{10}H_{19}O_6PS_2$				(10)S	3	0.5S	2S	2x	3x	2y	2x	2x				
Malelc acid	马来酸	$C_4H_4O_4$								4	2y*	2y	4y*	2	6			
Maleic anhydride	马来酸酐	$C_4H_2O_3$	3	1	1	0.25(1)	3	1		5	1*	3y	4*	2x	6	1,2a,3	1.4	7.1
Manganese	锰	Mn				C(5)	3	0.3	0.2 (MnO_2 计)									
Manganese Sulfate	硫酸锰	$MnSO_4$							0.2(以 MnO_2 计)	2x	4x*	1x	2x	2x	3			
P-Mentha-1,8-diene	萜二烯-[1,8]			2	0												0.7	6.1
2-Mercaptoethanol	乙硫醇	C_2H_6OS	2	2		0.5(1)				3	2	3	2	3	1,2a,3			
Mercuric Chloride	氯化汞	$HgCl_2$				(0.05)	3	0.1	0.1	4	4z*	2y	4y	4y	3			
Mercury	汞	Hg				(0.05)	3	0.01	0.01	蒸汽有毒，盐是细胞毒剂								
Mercury Organic Compounds	有机汞化合物					0.001 (0.01)S	3	0.005S	0.005S									
Methacrylic acid	甲基丙烯酸	$C_4H_6O_2$	3	2	2			10		4x	1x	3x	4x	2x		2a		
Methane	甲烷	CH_4				1000					3x				5	4	5.0	15.0
Methanesulfonic acid	甲磺酸	CH_4O_3S								严重刺激皮肤								
Methanethiol	甲硫醇	CH_4S	2	4	0	10(20)	3			高浓度有麻醉性						2a,4	3.9	21.8

（续表）

Ⅰ英文名称	Ⅱ中文名称	Ⅲ分子式	Ⅳ危险性及等级			Ⅴ美国规定TLV值/（mg·m⁻³）	Ⅵ大于TLV后的影响	Ⅶ苏联规定的最高允许浓度/（mg·m⁻³）	Ⅷ我国规定的最高允许浓度/（mg·m⁻³）	Ⅸ高浓度下短时服入						Ⅹ灭火剂	Ⅺ爆炸极限	
			健康	燃烧	反应性					眼睛接触	吸入	皮肤渗透	皮肤刺激	服入	其他		下限	上限
Methanol	甲醇	CH_4O	1	3	0	200(260)	2.3	5	50	2	2	2	1	1*		2a,3	6.0	36
Methoxychlor	甲氧滴滴涕	$C_{16}H_{15}Cl_3O_2$				(15)	3											
2-Methoxyethanol	甲基溶纤素	$C_3H_3O_2$				25(80)S	3			2	2*	3	1y	2	3	1,3	2.3	24.5
O-Methoxyphenol	邻甲氧基酚	$C_7H_8O_2$								3x		2x	3x	2				
P-Methoxyphenol	对甲氧基酚	$C_7H_8O_2$								4	2x	2x	1	2				
3-(3-Methoxypropoxy)1-propanol	3-(3-甲氧丙氧基)-丙醇-1	$C_7H_{16}O_3$				100(600)S	3			1	1	1	1	2				
Methyl acetate	乙酸甲酯	$C_3H_6O_2$				200(610)	2.3	100	100	2	3	2x	1	2				
Methyl acrylate	丙烯酸甲酯	$C_4H_6O_2$	2	3	2	10(35)S	1	20		2	4*	3	1*	3	6		2.8	25
Methylacrylonitrile	甲基丙烯腈					1(3)												
Methyl amine	甲胺	CH_5N	3	4	0	10(12)T	1	1		5x	5x*		4x*		6	3,4	4.9	20.7
Methyl benzoate	苯二甲酸二甲酯	$C_8H_8O_7$	0	2	0					1	1	2x	2	2				
α-Methylbenzyl alcohol	α-甲基苯甲醇	$C_3H_{10}O$	1	1	0					2	1	3	2	.3		2a		
2-Methyl butene-[1]	2-甲基丁烯-[1]	C_5H_{10}		4	0													
2-Methyl butene-[2]	2-甲基丁烯-[2]	C_5H_{10}		3	0											2a		
3-Methyl butene-[1]	3-甲基丁烯-[1]	C_5H_{10}								高毒性与刺激性								
N-Methyl butylamine	N-甲基丁胺	$C_5H_{13}N$								4	4	3	4	3				

（续表）

Ⅰ英文名称	Ⅱ中文名称	Ⅲ分子式	Ⅳ危险性及等级			Ⅴ美国规定TLV值/（mg·m^{-3}）	Ⅵ大于TLV后的影响	Ⅶ苏联规定的最高允许浓度/（mg·m^{-3}）	Ⅷ我国规定的最高允许浓度/（mg·m^{-3}）	Ⅸ高浓度下短时服入						Ⅹ灭火剂	Ⅺ爆炸极限	
			健康	燃烧	反应性					眼睛接触	吸入	皮肤渗透	皮肤刺激	服入	其他		下限	上限
Methyl butyrate	丁酸甲酯	$C_5H_{10}O_2$		3	0			5S								2,2a,3		
Methyl cellosolve acetale	甲基溶纤素乙酸酯	$C_5H_{10}O_3$				25(120)S	3			1	2*	2	1	2	3	1,3	1.5	12.3
Methylchloroformate	氯甲酸甲酯	$C_2H_5ClO_2$								避免任何接触								
Methyl cyclohexane	甲基环己烷	C_7H_{14}		3	0	500(2000)	2	50								2,3	1.2	
2-Methyl cyclohexanol	2-甲基环己醇	$C_7H_{14}O$		2	0	100(470)	1									1,2,2a,3		
2-Methyl cyclohexanone	2-甲基环己酮	$C_7H_{12}O$		2	0	50(230)S	2									1,2,3		
Methyl demeton	甲基内吸硫					(0.5)S	3	0.1S	0.2S									
Methyl ether	甲醚	C_2H_6O		4	0					2x	4x	2x	1x	2x		3.4	3.4	18
Methyl ethyl ether	甲乙醚	C_2H_3O	2	4	1										4		2	10.1
Methyl formate	甲酸甲酯	$C_2H_4O_2$	2	4	0	100(250)	1			3x	4x	2x	2x	3x		2a,3,4	5.9	20
2-Methylfuran	2-甲基呋喃	C_5H_6O		3	1			1										
5-Methyl-3-heptanone	5-甲基庚酮[3]	$C_8H_{16}O$				25(130)	1											
Methylhydrazine	甲基肼	CH_6N_2				0.02 (0.35)S	3									2a		
Methyl isocyanate	异氰酸甲酯	C_2H_3NO				C0.2(0.05)S	T1,3	0.05		5	5y	3	4	4				
Methylisothiocyanate	异硫氰酸甲酯	C_2H_3NS						0.15		4x	4x	3x	4x	3				
2-Methyl Lactonitrile	2-甲基-2 羟基丙腈	C_4H_7NO	4	1	2			0.9		5y*	4	5	1	4		极毒	2a	
Methyl Mercaptan	甲硫醇	CH_4S				0.5(1)												

（续表）

Ⅰ英文名称	Ⅱ中文名称	Ⅲ分子式	Ⅳ危险性及等级			Ⅴ美国规定TLV值/（mg·m⁻³）	Ⅵ大于TLV后的影响	Ⅶ苏联规定的最高允许浓度/（mg·m⁻³）	Ⅷ我国规定的最高允许浓度/（mg·m⁻³）	Ⅸ高浓度下短时服入						Ⅹ灭火剂	Ⅺ爆炸极限	
			健康	燃烧	反应性					眼睛接触	吸入	皮肤渗透	皮肤刺激	服入	其他		下限	上限
Methyl Mathacrylate	甲基丙烯酸甲酯	$C_5H_8O_2$	2	3	2	100(400)	1										2.1	12.5
1-Methylnaphthalene	1-甲基萘	$C_{11}H_{10}$	2	2	0			20		3x	4y*	2	2*	2	光敏	3		
Methyl parathion	甲基对硫磷					(0.2)S	3	0.1	0.1									
4-Methyl-2-Pentanol	4-甲基戊醇-[2]	$C_6H_{14}O$	2	2	0	25(100)S	2.3									2a	1.0	5.5
4-Methyl-2-Pentanone	4-甲基戊酮-[2]	$C_6H_{12}O$	2	3	0											2a	1.4	7.5
4-Methyl-3-Penten-2-one	异丙叉丙酮	$C_6H_{10}O$	3	3	0	25(100)	2			2	3	1	1	2				
2-Methyl-Propane	2-甲基丙烷	C_4H_{10}	1	4	0					2	3x	2	1	3		2a,3	易燃	
2-Methyl-2-	2-甲基丙硫醇-	$C_4H_{10}S$		3	0						3x					4	1.8	8.4
Propane Thiol	[2]																易燃	
2-Methylpropene	2-甲基丙烯	C_4H_8	1	4	0										5	4	1.8	8.8
1-Methylpyrrole	1-甲基吡咯	C_5H_7N		3														
Methyl Salicylate	水杨酸甲酯	$C_8H_8O_3$	1	1	0					2	2x	3x	2x	3		1,2a,3		
α-Methylstyrene	α-甲基苯乙烯	C_9H_{10}	1	2	1	C100(480)	1										1.9	6.1
m-,P-Methyl styrene	间、对-甲基苯乙烯	C_9H_{10}				100(480)	1											
Methyl Sulfide	甲硫醚	C_2H_6S	4	4	0			50S								3	2.2	19.7
Methyl Sulfoxide	二甲基亚砜	C_2H_6OS	1	1	0					1	1	2x	1	1		2a	2.6	28.5

（续表）

Ⅰ英文名称	Ⅱ中文名称	Ⅲ分子式	Ⅳ危险性及等级			Ⅴ美国规定 TLV 值/($mg \cdot m^{-3}$)	Ⅵ大于 TLV 后的影响	Ⅶ苏联规定的最高允许浓度/($mg \cdot m^{-3}$)	Ⅷ我国规定的最高允许浓度/($mg \cdot m^{-3}$)	Ⅸ高浓度下短时服入						Ⅹ灭火剂	Ⅺ爆炸极限	
			健康	燃烧	反应性					眼睛接触	吸入	皮肤渗透	皮肤刺激	服入	其他		下限	上限
N-methyl-N-Nitro	N-甲基-N-硝基	$C_7H_5N_5O_3$				(1.5)S	3											
2,4,6-Trinitroaniline	2,4,6-三硝基苯胺																	
Methyl-P-toluene-Sulfonate	对甲苯磺酸甲酯	$C_8H_{10}O_3S$													9			
Methyl vinyl ether	甲基乙烯醚	C_3H_6O	2	4	2					1x	3x	2x	1x	2x				
Molybdenum	钼	Mo								1x	2x	1x	1x	1x				
Mo insoluble comps	钼不溶化合物					(15)	3	6	6									
Mo soluble comps	钼可溶化合物					(5)	3	4	4									
Morpholine	吗啉	C_4H_9NO	2	3	0	20(70)S	1.3	0.5		3	2	3	3	2		1,2a,3		
Naphtha(coal tar)	煤焦油		2	2	0	100(400)	2	100								2,3		
Naphthalene	萘	$C_{10}H_8$	2	2	0	10(50)	3	20	100	2y	1	2x	2y	2		1,3	0.9	5.9
1-Naphthol	1-萘酚	$C_{10}H_8O$								4	1	3	3y	2				
2-Naphthol	2-萘酚	$C_{10}H_8O$								4		3x	2y	2		1,3		
1-Naphthylamine	1-萘胺	$C_{10}H_9N$	2	1	0											1,3		
2-Naphthylamine	2-萘胺	$C_{10}H_9N$										不应有任何接触				1		
Natural Gas	天然气	CH_4	1	4	0						3x					4	3.8 -6.5	13 -17
Neon	氖,霓虹气	Ne													5			
ZNickel and sol. comps	镍及可溶化合物					1	3	0.5							致皮炎			
Nickel earbony	羰基镍	$Ni(CO)_4$				0.001(0.007)		0.0005	0.001			暴露在该环境下是致命的				F		

(续表)

Ⅰ英文名称	Ⅱ中文名称	Ⅲ分子式	Ⅳ危险性及等级			Ⅴ美国规定TLV值/(mg·m^{-3})	Ⅵ大于TLV后的影响	Ⅶ苏联规定的最高允许浓度/(mg·m^{-3})	Ⅷ我国规定的最高允许浓度/(mg·m^{-3})	Ⅸ高浓度下短时服入						Ⅹ灭火剂	Ⅺ爆炸极限	
			健康	燃烧	反应性					眼睛接触	吸入	皮肤渗透	皮肤刺激	服入	其他		下限	上限
Nickel Nitrate	硝酸镍	$Ni(NO_3)_2 \cdot 6H_2O$	1	0	1					2y		1x	3y	2				
Nickel Sulfate	硫酸镍	$NiSO_4$								2x		1x	3x	2x				
Nicotine	菸碱	$C_{10}H_{12}N_2$	4	1	0	0.075(0.5)S	3	0.1								2a,3	0.7	4.0
Nioblum	铌	Nb															D	
Nitric acid	硝酸	HNO_3	2	0	1	2(5)	1.3			4x	5x	3x	4x	4x				
Nitric oride	氧化氮	NO				25(30)	1.3			3x	5z*		3		3			
2,2′,2″-Nitrilotrieth-anol	三乙醇胺	$C_6H_{15}NO_3$								1y	1	2	2y	2				
m-Nitroaniline	间硝基苯胺	$C_6H_6N_2O_2$	3	1	1													
o-Nitroaniline	邻硝基苯胺	$C_6H_6N_2O_2$	3	1	1			0.5										
p-Nitroaniline	对硝基苯胺	$C_6H_6N_2O_2$	3	1	1	1(6)S	3	0.1		可通过皮肤迅速吸收						1,3	F	
Nitrohenzene	硝基苯	$C_6H_5NO_2$	3	2	0	1(5)S	3	3	5							1,2,3	1.8	
4-Nitrobipheny	4-硝基联苯	$C_{12}H_9NO_2$													1			
Nitroethane	硝基乙烷	$C_2H_5NO_2$	1	3	3	100(310)	1.2									2a,3	3.4	
2-Nitrofluorene	2-硝基芴	$C_{12}H_9NO_2$													2			
Nitrogen	氮	N_2									3x				5			
Nitrogen Dioxide	二氧化氮	NO_2				C5(9)	1.3	5	5	3x	5z		3x		3			
Nitrogen tetroxide	四氧化氮	N_2O_4	3	0	1					3x	5z		3x		3			
Nitrogen trifluoride	三氟化氮	NF_3				10(29)	3											

（续表）

Ⅰ英文名称	Ⅱ中文名称	Ⅲ分子式	Ⅳ危险性及等级			Ⅴ美国规定TLV值/(mg·m^{-3})	Ⅵ大于TLV后的影响	Ⅶ苏联规定的最高允许浓度/(mg·m^{-3})	Ⅷ我国规定的最高允许浓度/(mg·m^{-3})	Ⅸ高浓度下短时服入						Ⅹ灭火剂	Ⅺ爆炸极限	
			健康	燃烧	反应性					眼睛接触	吸入	皮肤渗透	皮肤刺激	服入	其他		下限	上限
Nitrogen trioxide	三氧化二氮	N_2O_3								高毒性								
Nitroglycerin	硝化甘油	$C_3H_5(NO_2)_3$				C0.2(2)S	3										S	
Nitro methane	硝基甲烷	CH_3NO_2	1	3	4	100(250)	1.3	30								2a,3		7.3
α-Nitronaphthalene	α-硝基萘	$C_{10}H_7NO_2$	1	1	0											1,3		
1-Nitro propane	1-硝基丙烷	$C_3H_7NO_2$	1	2	3	25(90)	3	30								2a,3	2.6	
2-Nitropropane	2-硝基丙烷	$C_3H_7NO_2$	1	2	3	25(90)	3	30								2a,3	2.6	
N-Nitroso-N-methyl-aniline	N-亚硝基-N-甲基苯胺	$C_7H_8N_2O$													1.2			
1-Nitrosopiperazine	1-亚硝基哌嗪														2			
Nitrosyl chloride	氯化亚硝酰	NOCl								5x	5x		5x					
m,o,p-Nitrotoluene	邻,间,对硝基甲苯	$C_7H_7NO_2$		1	3	5(30)S	3		5S							1,3		
cctachloronaphtha-lene	八氯萘	$C_{10}H_8Cl_8$				(0.1)S	3											
n-octane	正辛烷	C_8H_{18}	0	3	0	400(1900)	2			3x	2x	1x	1x	1x		2.3	1.0	4.66
Octyl alcohol	辛醇	$C_8H_{18}O$	1	2	0			10		2	1	2	2	2		1,2,3		
Oil cedarleaf	松叶油									3x	2x	2x	2x	2x				
Oil coconut	椰子油		0	1	0											1,2,3		
Oil,mineral oil mist	矿油雾		0	1	0	(5)	4									1,3		
Oil olive	橄榄油		0	1	0											1,2,3		
Oil peanut	花生油		0	1	0											1,2,3		

（续表）

Ⅰ英文名称	Ⅱ中文名称	Ⅲ分子式	Ⅳ危险性及等级			Ⅴ美国规定 TLV 值/(mg·m^{-3})	Ⅵ大于 TLV 后的影响	Ⅶ苏联规定的最高允许浓度/(mg·m^{-3})	Ⅷ我国规定的最高允许浓度/(mg·m^{-3})	Ⅸ高浓度下短时服入						Ⅹ灭火剂	Ⅺ爆炸极限	
			健康	燃烧	反应性					眼睛接触	吸入	皮肤渗透	皮肤刺激	服入	其他		下限	上限
Oil Soybean	豆油		0	1	0					1x		1x	1x	1x		1,2,3		
Oleic acid	油酸	$C_{18}H_{34}O_2$	0	1	0					1	1	1x	1	1		1,2,3		
Osmium	锇									粉末状于空气中逸出有毒的 OsO_4								
Osmium tetroxide	四氧化锇	OsO_4				0.002	1.3			极毒极刺激，严重伤害眼								
Oxalic acid	草酸	$C_2H_2O_4$				(1)T	3			3x		2x	3x	3				
Oxalyl chloride	草酰氯	$C_2Cl_2O_2$								吸入危险					7			
Oxygen difluoride	二氟化氧	OF_2				0.05(0.1)												
Ozone	臭氧	O_3				0.1(0.2)	3	0.1		>1700mL/m^{3}暴露数分钟能致命							Q	
Paraffin	石腊									1	1y	1x	1	1		1,3		
Paraldehyde	三聚乙醛	$C_6H_{12}O_3$	2	3	1					4	2	2	2	2		2a,3	1.3	
Paraformaldehyde	聚甲醛							5										
Paraquat	百草枯					(0.5)S												
Parathion	对硫磷(1605)	$C_{10}H_{14}NO_5PS$				(0.1)S		0.05S	0.05S								0.42	
Pentaborane	戊硼烷					0.005(0.01)	3											
Pentachloronaphthalene	五氯萘	$C_{10}H_3Cl_5$				(0.5)S	3			1x	3z*	3x*	3x*		3			
Pentachlorophenol	五氯酚	C_6HCl_5O				(0.5)S	3	0.1	0.3	2x			3x*	3	3			
Pentane	戊烷	C_5H_{12}	1	4	0	500(1500)	2			高浓度下会引起麻醉						2,3,4	1.4	8.0
1,5-Pentanediol	戊二醇-[1,5]	$C_5H_{12}O_2$	1	1	0					1	1	1	1	2		2a		
2,4-Pentanedione	戊二酮-[2,4]	$C_5H_5O_2$	2	2	0					2	3*	2	1z*	3	9	2a		

（续表）

Ⅰ英文名称	Ⅱ中文名称	Ⅲ分子式	Ⅳ危险性及等级			Ⅴ美国规定 TLV 值/（mg · m^{-3}）	Ⅵ大于 TLV 后的影响	Ⅶ苏联规定的最高允许浓度/（mg · m^{-3}）	Ⅷ我国规定的最高允许浓度/（mg · m^{-3}）	Ⅸ高浓度下短时服入						Ⅹ灭火剂	Ⅺ爆炸极限	
			健康	燃烧	反应性					眼睛接触	吸入	皮肤渗透	皮肤刺激	服入	其他		下限	上限
2-Pentanol	戊醇-[2]	$C_5H_{12}O$	1	2	0	100(360)	2									2,2a,3	1.2	9.0
3-Pentanol	戊醇-[3]	$C_5H_{12}O$	1	2	0	100(360)	2			2	2	2	1	2		2a	1.2	9.0
2-Pentanone	戊酮-[2]	$C_5H_{10}O$				200(700)	1			2	3	2	1	2			1.55	8.15
3-Pentanone	戊酮 -[3]	$C_5H_{10}O$	1	3	0					2	3	1	1	2		2a		
Pentyl acetate	醋酸戊酯	$C_7H_{14}O_2$	1	3	0	100(525)	1	100	100	1	3	1	2	2			1.1	7.5
sec-Pentyl acetate	醋酸另戊酯	$C_7H_{14}O_2$	1	3	0	125(650)T	1									2,2a,3	1.12	7.5
Pentyl clcohol	正戊醇	$C_5H_{12}O$	1	3	0	100(360)	2	10	100	4	1	2	1	2		2a	1.2	10.0
tert-Pentyl alcohol	特戊醇	$C_5H_{12}O$				100(360)	2										1.2	9.0
Pentyl amine	正戊胺	$C_5H_{13}N$	3	3	0											2a		
Pentyl ether	正戊醚	$C_{10}H_{22}O$	1	2	0											1,2a,3		
Peracetic acid	过醋酸	$C_2H_4O_3$	3	2	4					刺激，暴露极限 10mL/m^3							S	
Perchloric acid	过氯酸(70%)	$HClO_4$	3	0	3					5x	4x	2x	4x	4x			Q	
Perchloryl fluoride	过氯酰氟	ClO_3F				3(14)	1			避免吸入，吞入及皮肤接触								
Petroleum ether	石油醚 60～70℃		1	4	0	500(1800)	2								4		1	8
Phenanthrene	菲	$C_{14}H_{10}$								2y	1	2y	2y	2		1,2,3		
Phenol	苯酚	C_6H_6O	3	2	0	5(19)S	3	5S	5S	4	1	3	4y	2		1,2a,3		
Phenyl acetate	醋酸苯酯	$C_8H_8O_2$	1	2	0					1	1	2	1	2		1,2a,3		
Phenyl acetonitrile	苯乙腈	C_8H_5N						0.1										
P-Phenylenediamine	对苯二胺	$C_6H_8N_2$				(0.1)S	1											
Phenyl ether	苯醚	$C_{12}H_{10}O$				1(7)T	1			1x	1x		2x					

（续表）

Ⅰ英文名称	Ⅱ中文名称	Ⅲ分子式	Ⅳ危险性及等级			Ⅴ美国规定TLV值/（mg·m^{-3}）	Ⅵ大于TLV后的影响	Ⅶ苏联规定的最高允许浓度/（mg·m^{-3}）	Ⅷ我国规定的最高允许浓度/（mg·m^{-3}）	Ⅸ高浓度下短时服入						Ⅹ灭火剂	Ⅺ爆炸极限	
			健康	燃烧	反应性					眼睛接触	吸入	皮肤渗透	皮肤刺激	服入	其他		下限	上限
Phenylhydrazine	苯肼	$C_6H_8N_2$	3	2	0	5(22)S	3			4x			4x		6.7.8	1,2a,3		
Phenyl naphthylamine	苯基萘胺	$C_{16}H_{13}N$								2x		2x	3*	2	6			
O-Phenyl-phenol	邻苯基苯酚	$C_{12}H_{10}O$		1	0											1,2a,3		
Phorate(Thimet)	甲拌磷					(0.05)S	3	0.05S	0.01S									
Phosalone	伏杀磷							0.5S										
Phosdrin	速灭磷（磷君）					0.01(0.1)	3											
Phosgene	光气	CCl_2O				0.1(0.4)	3	0.5	0.5	高毒性								
Phosphine	磷化氢	PH_3				0.3(0.4)	3	0.1	0.3	高毒性							>1	
Phosphoric acid	磷酸	H_3PO_4				(1)	1			4		2x	4	3x				
Phosphorus, red	红磷	P_4	0	1	1					5x	5z*	4x*	5x	4x	3	1		
Phosphorus, yellow	黄磷	P_4	3	3	1	(0.1)	3	0.03	0.03	5x	5z*	4x*	5x	4x	3	1	R	
Phosphorus Pentachlor	五氯化磷	PCl_5				(1)	1			5x	4x	3x	4x	3x				
Phosphorus Pentafluoride	五氟化磷	PF_5													8			
Phosphorus pentasulfide	五硫化磷	P_2S_5	3	1/W	2	(1)	1			与水反应生成H_2S						3	F	
Phosphorus pentoxide	五氧化二磷	P_2O_5							1						7.8			

（续表）

Ⅰ英文名称	Ⅱ中文名称	Ⅲ分子式	Ⅳ危险性及等级			Ⅴ美国规定 TLV 值/(mg·m^{-3})	Ⅵ大于 TLV 后的影响	Ⅶ苏联规定的最高允许浓度/(mg·m^{-3})	Ⅷ我国规定的最高允许浓度/(mg·m^{-3})	Ⅸ高浓度下短时服入						Ⅹ灭火剂	Ⅺ爆炸极限	
			健康	燃烧	反应性					眼睛接触	吸入	皮肤渗透	皮肤刺激	服入	其他		下限	上限
Phoophorus tribromide	三溴化磷	PBr_3								中毒					7			
Phosphorus triohloride	三氯化磷	PCl_3	3	0/W	2	0.5(3)	1											
Phthalic anhydride	邻苯二甲酸酐	$C_8H_4O_3$	2	1	0	2(12)	1	1		4y		2x	3x*	2x	6	1,3	1.7	10.5
Pichoram(Tordon)	毒莠定					(10)	3											
2-Picoline	2-甲基吡啶	C_6H_7N	2	2	0			5		4	3	3	2	2		3		
4-Picoline	4-甲基吡啶	C_6H_7N						5		4	3	3	3	2				
Pieric acid	苦味酸	$C_6H_3N_3O_7$	2	4	4	(0.1)S	3			中毒与刺激						1	高爆炸性	
Pimelic acid	庚二酸	$C_7H_{12}O_4$								4		2	2y	2				
2-Pinene	α-蒎烯	$C_{10}H_{16}$	1	3	0					刺激皮肤与黏膜					9	2,3		
Piperidine	哌啶	$C_5H_{11}N$	2	3	3			0.2*S		4	3	3	4	3		2a		
Piperylene	戊二烯-[1,3]	C_5H_8								4x	2x	2x	2x	2x				
Platinum Salts	可溶性铂盐	Pt 盐				(0.002)	3											
Polonium	钋	Po								发射α粒子，吸入有致肺癌可能								
Potassium	钾	K	3	1/W	2											5	W	
Potassium acetate	醋酸钾	$KC_2H_3O_2$								1y		2	1y	2				
Potassium Carbonate	碳酸钾	K_2CO_3								3*		1x	2y	2	8			
Potassium Chlorate	氯酸钾	$KClO_3$	1	0	2												Q	

（续表）

Ⅰ英文名称	Ⅱ中文名称	Ⅲ分子式	Ⅳ危险性及等级			Ⅴ美国规定TLV值/(mg·m^{-3})	Ⅵ大于TLV后的影响	Ⅶ苏联规定的最高允许浓度/(mg·m^{-3})	Ⅷ我国规定的最高允许浓度/(mg·m^{-3})	Ⅸ高浓度下短时服入						Ⅹ灭火剂	Ⅺ爆炸极限	
			健康	燃烧	反应性					眼睛接触	吸入	皮肤渗透	皮肤刺激	服入	其他		下限	上限
Potassium dichromate	重铬酸钾	$K_2Cr_2O_7$								腐蚀性毒物								
Potassium fluoride	氟化钾	KF													8			
Potassium hydroxide	氢氧化钾	KOH	3	0	1					5		1x	5	2				
Potassium Nitrate	硝酸钾	KNO_3	1	0	2													
Potassium Permanganaie	高锰酸钾	$KMnO_4$	0	0	1					3		1x	3y	2			Q	
Petassium Peroxide	过氧化钾	K_2O_2	3	0/W	2					有毒							W	
Potassium Persulfate	过硫酸钾	$K_2S_2O_7$	1	0	1					3x		1x	2x	2x				
Potassium Sulfide	硫化钾	K_2S	2	1	0					水或酸存在下形成H_2S							F	
Praseodymium	镨	Pr															D	
Prometryne	扑草净							5S										
Propane	丙烷	C_3H_8	1	4	0	1000(1800)	2				3x				5	4	2.2	9.5
1,2-Propanodiamine	丙二胺	$C_3H_{10}N_2$	2	3	0					4	1*	3	4*	2	6	1,2a,3		
1,2-Propanediol	丙二醇	$C_3H_8O_2$	0	1	0					1	1	1	1	1		1,2a,3	2.6	12.5
Propanil	敌稗							0.1										
Propazine	扑灭津							5S										
Propene	丙烯	C_3H_6	1	4	1										4.5		2.4	10.3

（续表）

Ⅰ英文名称	Ⅱ中文名称	Ⅲ分子式	Ⅳ危险性及等级			Ⅴ美国规定TLV值/（mg·m^{-3}）	Ⅵ大于TLV后的影响	Ⅶ苏联规定的最高允许浓度/（mg·m^{-3}）	Ⅷ我国规定的最高允许浓度/（mg·m^{-3}）	Ⅸ高浓度下短时服人						Ⅹ灭火剂	Ⅺ爆炸极限	
			健康	燃烧	反应性					眼睛接触	吸入	皮肤渗透	皮肤刺激	服入	其他		下限	上限
Propionaldehyde	丙醛	C_3H_6O	2	3	1			5		2	4*	2	1*	2	6	2a	2.9	17
Propionic acid	丙酸	$C_3H_6O_2$	2	2	0					4	1	3	4	2		2a		
Propionic anhydride	丙酸酐	$C_6H_{15}O_3$	2	2	1					4	2	2	3	2				
Propionitrile	丙腈	C_3H_5N								2	4	3	1	4				
Propionyl chloride	丙酰氯	C_3H_5ClO	3	3	1													
Propyl acetate	醋酸丙酯	$C_5H_{10}O_2$	1	3	0	200(840)	2	200	300	1	3	1	1	2		2a	2.0	8
Propyl alcohol	丙醇	C_2H_8O	1	3	0	200(500)	2	10	200	2	2	2	1	2		2a	2.5	13.5
Propylamine	丙胺	C_3H_9N	3	3	0			5		4	5	3	4	3		2a	2.0	10.4
Propylbenzene	丙苯	C_9H_{12}		3	0													
Propylene disulfate	硫酸丙烯														2			
Propylene oxide	氧化丙烯	C_3H_6O	2	4	2	100(240)	3	1		2	5*	3	1*	2	6	2a,3,4	2.1	21.5
Propyl formate	甲酸丙酯	$C_4H_8O_2$	2	3												2,2a,3		
n-propyl nitrate	正硝基丙烷	$C_3H_7NO_3$	2	3	3	25(110)	3									1,2,2a,3	2	100
Propyne	丙炔	C_3H_4	2	4	2	1000(1650)	2								5	4	1.7	
Pyrethrum	除虫菊酯					(5)												
Pyridine	吡啶	C_5H_5N	2	3	0	5(15)	3	5	4	3	3	3x	2	2		1,3	1.8	12.4
Pyrogallol	联苯三酚	$C_6H_6O_3$										有毒			9			
Pyrrolidine	四氢吡咯	C_4H_9N	2	3	1											1,2a,3		
Quinaldine	2-甲基喹啉	$C_{10}H_9N$								4	3	3	1	2				
8-Quinolinol	8-羟基喹啉	C_9H_7NO													2			

（续表）

Ⅰ英文名称	Ⅱ中文名称	Ⅲ分子式	Ⅳ危险性及等级			Ⅴ美国规定TLV值/(mg·m^{-3})	Ⅵ大于TLV后的影响	Ⅶ苏联规定的最高允许浓度/(mg·m^{-3})	Ⅷ我国规定的最高允许浓度/(mg·m^{-3})	Ⅸ高浓度下短时服入						Ⅹ灭火剂	Ⅺ爆炸极限	
			健康	燃烧	反应性					眼睛接触	吸入	皮肤渗透	皮肤刺激	服入	其他		下限	上限
Quinoline	喹啉	C_9H_7N	2	1	0					4	1	3	2			3		
Radium	镭	Ra												3	1			
Resorcinol	间苯二酚	$C_6H_6O_2$														1.3	1.4	
Rhodium Salts	铑盐(可溶)	Rh盐				(0.001)T										5		
Roger	乐果							0.5S	1S									
Ronnel	皮蝇磷					(10)	3											
Salicylic acid	水杨酸	$C_7H_6O_3$								3x		2x	2x	2				
Selenium	硒	Se											有毒					
Selenium Compounds	硒化合物					(0.2)	3		0.1									
Selenium hexafluoride	六氟化硒	$SelF_6$				0.05(0.4)	3											
Sevin	西维因							5S									R	
Silane	硅烷	SiH_4																
Silican	石英，硅石	SiO_2				(10)			2	2y	4z*	1x	1	1	3.1			
Silica gel	硅胶									1x	2x	1x	1x	1x				
Silicon tetrafluoride	四氟化硅	SiF_4				高毒性				5x	2y		2x					
Silver, Sol. comps.	银，可溶化合物	Ag，Ag化合物				(0.01)	3											
Silver Nitrate	硝酸银	$AgNO_3$	1	0	1					5x*		2x	4x*	4x	10			

（续表）

Ⅰ英文名称	Ⅱ中文名称	Ⅲ分子式	Ⅳ危险性及等级			Ⅴ美国规定TLV值/(mg·m^{-3})	Ⅵ大于TLV后的影响	Ⅶ苏联规定的最高允许浓度/(mg·m^{-3})	Ⅷ我国规定的最高允许浓度/(mg·m^{-3})	Ⅸ高浓度下短时服入						Ⅹ灭火剂	Ⅺ爆炸极限	
			健康	燃烧	反应性					眼睛接触	吸入	皮肤渗透	皮肤刺激	服入	其他		下限	上限
Sodium	钠	Na	3	1/W	2					5x			4x			5	W	R
Sodium acetate	醋酸钠	$NaC_2H_3O_2$								2x		1x	1x	2x				
Sodium amide	氨基钠	$NaNH_2$															W	
Sodium Azide	叠氮化钠	NaN_3										对动物高毒性					P	
Sodium benzoate	苯甲酸钠	$C_7H_5O_2Na$								2y		3	2y	2				
Sadium bicarbonate	碳酸氢钠	$NaHCO_3$								2x		1x	1x	2x				
Sodium bisulfate	硫酸氢钠	$NaHSO_4$								4y		1x	3x	3x				
Sodium Carbonate	碳酸钠	Na_2CO_3								3x		1x	2x	2x				
Sodium chlorate	氯酸钠	Na_2ClO_3	1	0	2					3x		2x	2x	3x			Q	
Sodium chlorite	亚氯酸钠	$NaClO_2$	1	1	2											1		
Sodium chromate	铬酸钠	Na_2CrO_4								3x		2x	1x	3x				
Sodium cyanide	氰化钠	NaCN	2	0	0					4x		3x	3x	4				
Sodium fluoride	氟化钠	NaF								3x		2x	2x	3				
Sodium fluoroac-etate	氟乙酸钠	$C_2H_2O_2FNa$				(0.05)S	3					剧毒						
Sodium formate	甲酸钠	CHO_2Na								3x		1x	2x	2x				
Sodium Hydride	氢化钠	NaH													8		W	
Sodium Hydroxide	氢氧化钠	NaOH	3	0	1	(2)	1	0.5	0.5	5*		1x	5	3x	8			
Sodium Iodide	碘化钠	NaI								3x		2x	2x	3x				
Sodium Nitrate	硝酸钠	$NaNO_3$	1	0	2					2x		1x	1x	2x		1		
Sodium Nitrite	亚硝酸钠	$NaNO_2$								2x		1x	1x	3				

（续表）

Ⅰ英文名称	Ⅱ中文名称	Ⅲ分子式	Ⅳ危险性及等级			Ⅴ美国规定TLV值/(mg·m^{-3})	Ⅵ大于TLV后的影响	Ⅶ苏联规定的最高允许浓度/(mg·m^{-3})	Ⅷ我国规定的最高允许浓度/(mg·m^{-3})	Ⅸ高浓度下短时服入						Ⅹ灭火剂	Ⅺ爆炸极限	
			健康	燃烧	反应性					眼睛接触	吸入	皮肤渗透	皮肤刺激	服入	其他		下限	上限
Sodium Perchlorate	过氯酸钠	$NaClO_4$	2	0	2												Q	
Sodium Peroxide	过氧化钠	Na_2O_2	3	0/W	2					摄入有毒，避免吸入							Q	W
Sodium Phosphate	磷酸氢二钠	$Na_2HPO_4 \cdot 7H_2O$								1y*		1x	2y	1	8	5		
Sodiam-Potassium	钠钾合金	NaK	3	3/W	2										7		W	R
Sodium propionate	丙酸钠	$NaC_3H_5O_2$								2y		2y	2y	2				
Sodium Silicate	硅酸钠	$Na_2O(SiO_2)_{3\text{-}5}$								4x		1x	3x	2x				
Sodium Sulfide	硫化钠	Na_2S	2	1	0					遇水或酸逸出H_2S气								
Sodium Sulfite	亚硫酸钠	Na_2SO_3								4x		1x	3x	3x				
Sodium thiocynate	硫氰化钠	NaSCN						50		2x		2x	1x	2x				
Sodium thiosulfate	硫代硫酸钠	$Na_2S_2O_3$								2x		1x	1x	2x				
Stannic chloride	四氯化锡	$SnCl_4$				(2)	3			4x		1x	4x	4x				
Stearic acid	硬脂酸	$C_{18}H_{36}O_2$	1	1	0					2x		1x	2x	2x		1,3		
Stibine	锑化氢	SbH_3				0.1(0.5)	3			高毒性							可燃	
Stoddard Solvent	汽油类干洗剂					500(2900)	2									2,3	0.8	5
Strontium	锶	Sr								化合物有低至中等毒性								
Strontium Carbonate	碳酸锶	$SrCO_3$								2x		1x	2x	1				

（续表）

Ⅰ英文名称	Ⅱ中文名称	Ⅲ分子式	Ⅳ危险性及等级			Ⅴ美国规定TLV值/(mg·m^{-3})	Ⅵ大于TLV后的影响	Ⅶ苏联规定的最高允许浓度/(mg·m^{-3})	Ⅷ我国规定的最高允许浓度/(mg·m^{-3})	Ⅸ高浓度下短时服入						Ⅹ灭火剂	Ⅺ爆炸极限	
			健康	燃烧	反应性					眼睛接触	吸入	皮肤渗透	皮肤刺激	服入	其他		下限	上限
Strychnine	马钱子碱	$C_{21}H_{22}N_2O_2$				(0.15)	3											
Styrene	苯乙烯	C_8H_8	2	3	2	C100(420)	1.2	5	40	2	2	2x	2	2		2,3	1.1	6.1
Succinic acid	丁二酸	$C_4H_6O_4$								4	2	2	3y	2				
Succinic anhydride	丁二酸酐	$C_4H_4O_3$								4		2y	3y	2x				
Succinonitiile	丁二腈	$C_4H_4N_2$														2a		
Sulfur	硫	S_8	2	1	0					1x	1x	1x	1x	1x		1,3		
Sulfur Chloride	氯化硫	S_2Cl_2	2	1	0	1(6)	1	1								3		
Sulfur dichloride	二氯化硫	SCl_2				1												
Sulfur dioxide	二氧化硫	SO_2	3	0	0	5(13)	1		15	4x	4z		4x					
Sulfur hexafluoride	六氟化硫	SF_6				1000(8000)	4	10							5			
Sulfuric acid	硫酸	H_2SO_4	3	0/W	1	(1)	1		2	4*		2x	4	4y	7.8			
Sulfuric acid fuming	发烟硫酸	$H_2SO_4+SO_3$	3	0/W	1	(1)	1		2	4		2x	4	4y	7.8			
Sulfur tetrafluoride	四氟化硫	SF_4				0.1(0.4)	1.3			高毒性								
Sulfuryl fluoride	氟硫酰	SO_2F_2				5(20)	3											
Sumithion	杀螟松							0.1S										
Tannin	鞣酸	$C_{76}H_{52}O_6$														1		
Tantalum	钽	Ta				(5)	3											
Tellurium	碲	Te				(0.1)	3	0.01										

（续表）

Ⅰ英文名称	Ⅱ中文名称	Ⅲ分子式	Ⅳ危险性及等级			Ⅴ美国规定TLV值/（mg·m^{-3}）	Ⅵ大于TLV后的影响	Ⅶ苏联规定的最高允许浓度/（mg·m^{-3}）	Ⅷ我国规定的最高允许浓度/（mg·m^{-3}）	Ⅸ高浓度下短时服入						Ⅹ灭火剂	Ⅺ爆炸极限	
			健康	燃烧	反应性					眼睛接触	吸入	皮肤渗透	皮肤刺激	服入	其他		下限	上限
Tellurium hexafluoride	六氟化碲	TeF_6				0.02(0.2)T	3											
m-Triphenyl	间三联苯	$C_{18}H_{14}$		1	0	1(9)	1									1,3		
o-Tripheryl	邻三联苯	$C_{18}H_{14}$		1	0	1(9)	1									1,3		
p-Triphenyl	对三联苯	$C_{18}H_{14}$				1(9)	1											
p-Triphenyl-4-amine	对三联苯-4-胺														2			
1,1,2,2-Tetrabromoethane	1,1,2,2-四溴乙烷	$C_2H_2Br_4$	3	0	1	1(14)	3	1		分解后逸出较高毒性的气体								
1,2,4,5-Tetrachlorobenzene	1,2,4,5-四氯苯	$C_6H_2Cl_4$		1	0											1,3		
1,1,2,2-Tetrachloroethane	1,1,2,2-四氯乙烷	$C_2H_2Cl_4$				5(35)S	3	5										
Tetrachloroethylene	四氯乙烯	C_2Cl_4				100(670)	2	10		2x		3	1	2x				
Tetradecane	正十四烷	$C_{14}H_{20}$		1	0										1,2,3	0.5		
Tetraethylene Pentamine	四乙撑五胺	$C_8H_{23}N_5$	2	1	0					3	3x	3	4*	2	6	1,3		
Tetraethyllead	四乙基铅	$C_8H_{20}Pb$	3	2	3	(0.1)S	3	0.005	0.005									
Tetrahydrofuran	四氢呋喃	C_4H_8O	2	3	1	200(590)	1.3	100		2x	4x	2x	1x	2x		1,2a,3	2	11.8
Tetrahydronaphthalcne	四氢萘	$C_{10}H_{12}$	1	2	0			100	100	1	1	2	2	2	1,2,3		0.8	5.0
1-Tetralone	萘满酮	$C_{10}H_{10}O$								2	1	1	2	3				

（续表）

Ⅰ英文名称	Ⅱ中文名称	Ⅲ分子式	Ⅳ危险性及等级			Ⅴ美国规定TLV值/（mg·m^{-3}）	Ⅵ大于TLV后的影响	Ⅶ苏联规定的最高允许浓度/（mg·m^{-3}）	Ⅷ我国规定的最高允许浓度/（mg·m^{-3}）	Ⅸ高浓度下短时服入						Ⅹ灭火剂	Ⅺ爆炸极限	
			健康	燃烧	反应性					眼睛接触	吸入	皮肤渗透	皮肤刺激	服入	其他		下限	上限
N,N,N′,N′Tetramethylethylenediamine	N,N,N′,N′-甲基乙撑二胺	$C_6H_{12}N_2$								4	3	3	4	2				
Tetramethyllead	四甲基铅	$C_4H_{12}Pb$				(0.15)S.T.	3											
Tetramethylsilanc	四甲基硅	$C_4H_{12}Si$								5x	3y		4x	2				
Tetranitromethane	四硝基甲烷	$C(NO_2)_4$				1(8)	3	0.3										
Thallium	铊	Tl								高毒性								
Thallium Sol. comps	铊可溶盐					(0.1)S	3	0.01										
Thioacetamide	硫代乙酰胺	C_2H_5NS								3x		3x	2x	3	2			
2,2′-Thiodiethanol	硫二甘醇	$C_4H_{16}O_2S$	1	1	0					1*	1*	2	1x	2		2a		
Thionyl chloride	亚硫酰氯	$SOCl_2$								加热分解产物，水解产物刺激								
Thionyl fluoride	亚硫酰氟	SOF_2														8(强)		
Thiophcne	噻吩	C_4H_4S						20		2x	3x	2x	1x	2x				
Thiourea	硫脲	CH_4N_2S								3x		4x	2y	4				
Thiram	福美双					(5)	3											
Thorium	钍	Th						0.05								5	F	
Thorium nitrate	硝酸钍	$Th(NO_3)_4 \cdot 4H_2O$	1	0	1					于火焰中分解出有毒氮氧化物							Q	
Thulium	铥	Tm															D	
Tin-inorganic Comps	锡无机化物					(2)	3											

（续表）

Ⅰ英文名称	Ⅱ中文名称	Ⅲ分子式	Ⅳ危险性及等级			Ⅴ美国规定TLV值/(mg·m^{-3})	Ⅵ大于TLV后的影响	Ⅶ苏联规定的最高允许浓度/(mg·m^{-3})	Ⅷ我国规定的最高允许浓度/(mg·m^{-3})	Ⅸ高浓度下短时服入						Ⅹ灭火剂	Ⅺ爆炸极限	
			健康	燃烧	反应性					眼睛接触	吸入	皮肤渗透	皮肤刺激	服入	其他		下限	上限
Tin-organic Comps	锡有机化物					(0.1)	3											
Titanium	钛	Ti														5	氮中可燃	
Titaniumdioxide	二氧化钛	TiO_2				(10)	4											
Titanium tetrachloride	四氯化钛	$TiCl_4$		W				1		5x	5x	2x	4x	3x				
Toluene	甲苯	C_7H_8	2	3	0	100(375)	1	50	100	4	3	2	2	2		2,3	1.2	7.4
α-Toluenethiol	苄硫醇	C_7H_8S				1(S)	1											
m-Toluidine	间甲苯胺	C_7H_9N							5	4x	1x*	2x	1x	3x	3			
o-Toluidine	邻甲苯胺	C_7H_9N	3	2	0	5(22)S	3	3	5	4	1*	2	1	3	3	1,2,3		
p-Toluidine	对甲苯胺	C_7H_9N	3	2	0				5							1,2,3		
o-Tolylphosphate	磷酸三苄酯	$C_{21}H_{21}O_4P$	2	1	0	(0.1)	3			1x	3x	3x	1x	4z	4	1,2,3		
Tribromomethane	三溴甲烷	$CHBr_3$				0.5(5)S,T	3	5										
Tributylamine	三丁胺	$C_{12}H_{27}N$	2	2	0					4x	4x	3x	3x	3x		1,2,3		
Trichloroacetic acid	三氯乙酸	$C_2HCl_3O_2$					1											
Trichloroacetonitrile	三氯乙腈	C_2Cl_3N								5	5y	3	4	3				
1, 2, 4-Trichlorobenzene	1,2,4-三氯苯	$C_6H_3Cl_3$	2	1	0			10		1	2		2			1,2,3		
1, 1, 1-Trichloroethane	1,1,1-三氯乙烷	$C_2H_3Cl_3$				350(1900)	2			1x	3x	2x	1x	2				
1, 1, 2-Trichloroethane	1,1,2-三氯乙烷	$C_2H_3Cl_3$				10(45)S,T	2.3			1	3x*	2	1	2	3			

（续表）

Ⅰ英文名称	Ⅱ中文名称	Ⅲ分子式	Ⅳ危险性及等级			Ⅴ美国规定 TLV 值/（mg·m^{-3}）	Ⅵ大于 TLV 后的影响	Ⅶ苏联规定的最高允许浓度/（mg·m^{-3}）	Ⅷ我国规定的最高允许浓度/（mg·m^{-3}）	Ⅸ高浓度下短时服入						Ⅹ灭火剂	Ⅺ爆炸极限	
			健康	燃烧	反应性					眼睛接触	吸入	皮肤渗透	皮肤刺激	服入	其他		下限	上限
Trichloroethylene	三氯乙烯	C_2HCl_3				100(535)S	2.3	10	30	2	3*	1	3	2	3		12.5	90
Trichlorofluomethane	三氯氟甲烷	CCl_3F				1000(5600)	2				2y							
Trichlcremethanethiol	三氯甲硫醇	$CHCl_3S$				0.1(0.8)	1											
Trichloronaphthalene	三氯萘	$C_{10}H_5Cl_3$				5(S)	3	1										
Trichlorenitriomethane	三氯硝基甲烷	CCl_3NO_2				0.1(0.7)	1.3	1	1	5x*	5*		4x		8			
1,2,3Trichloro-propane	1,2,3-三氯丙烷	$C_2H_5Cl_3$	3	2	0	50(300)	1			2	3y*	3	1	3	3			
Triethylamine	三乙胺	$C_6H_{15}N$	3	2	0	25(100)	1	10		4	4y	3	1	3		2,2a,3	1.2	8.0
Triethylene glycol	三甘醇	$C_6H_{14}O_4$	1	1	0					1	1x	1	1	1		1,2a,3	0.9	9.2
Trifluoroacetic acid	三氟乙酸	$C_2HF_3O_2$					1	2										
Trimethylamine	三甲胺	C_2H_9N	3	4	0			5		4x	4x		4x			4	2.0	11.6
3,5,5-Trimethyl-2-Cyclohexen-1-one	3,5,5-三甲基环乙烯-[2]-酮-[1]	$C_9H_{14}O$	2	1	0	25(140)	1,3			2	2*	3	1	2	3	1,3	0.8	3.8
2,2,4-Trimethylpen-tane	2,4,4-三甲基戊烷	C_3H_{18}		3	0					皮肤刺激						3	1,1	6.0
2,4,4-Trimethyl-1-Pentene	2,4,4-三甲基戊烯-[1]	C_8H_{16}		3	0													
Trinitrobenzene	三硝基苯	$C_6H_3(NO_2)_3$	2	4	4				1						8		高爆炸性	
2,4,6-Trinitro Tolu-ene	2,4,6-三硝基甲苯	$C_7H_5N_3O_6$	2	4	4	0.2(1.5)S	3	1	1								S	29

（续表）

Ⅰ英文名称	Ⅱ中文名称	Ⅲ分子式	Ⅳ危险性及等级			Ⅴ美国规定TLV值/(mg·m^{-3})	Ⅵ大于TLV后的影响	Ⅶ苏联规定的最高允许浓度/(mg·m^{-3})	Ⅷ我国规定的最高允许浓度/(mg·m^{-3})	Ⅸ高浓度下短时服入						Ⅹ灭火剂	Ⅺ爆炸极限	
			健康	燃烧	反应性					眼睛接触	吸入	皮肤渗透	皮肤刺激	服入	其他		下限	上限
Trioxane	三氧杂环已烷	$C_3H_6O_3$	2	2	0					3		2x	2y	2		2,2a,3	3.6	
Triphenyl phosphate	磷酸三苯酯	$C_{18}H_{15}O_4P$	2	1	0	(3)	3			1x	1x	2x	1x	1x		1,3		
Triphenyl phosphine	三苯基磷	$C_{18}H_{15}P$								2y	1	2	2y	3				
Tripropylamine	三丙胺	$C_9H_{21}N$	2	2	0.													
Turpentine	松节油		1	3	0	100(560)	1.2	300	300	1	2x	2x	2	2		2,3	0.8	
Uranium	铀	U				(0.2)	3								5		F	
Uranium Comps	铀化合物					(0.2)	3	0.015 (可溶)										
Urea	尿素	CH_4N_2O						0.075 (不溶)		2x	1x	1x	1x	2				
Valeric acid	戊酸									4	1	3	4	2				
Vanadium oxide	五氧化二钒	V_2O_5				C(0.5)尘灰 (0.05)烟	1	0.5 0.1 (雾)	0.5 0.1 (雾)	3x	3z*	3x	2x	3	3			
Vanadium chloride	氯化钒	VCl								4	1	4	2y	3				
Vinyl acetate	醋酸乙烯酯	$C_4H_6O_2$				10(30)		10		1	3y	2y	1	2				
Vinyl other	乙烯醚	C_4H_6O	2	3	2													
Warfarin	杀鼠灵	$C_{19}H_{16}O_4$				(0.1)	3										1.8	36.5
xenon	氙	Xe													5			
Xylene	二甲苯	C_8H_{10}	2	3	0	100(435)T	1	50	100	1	2	2	3	1		2,3	1~1.1	6-7
2,6-Xylenol	2,6-二甲酚	$C_8H_{16}O$								4	1	3x	4	3				
3,5-Xylidine	3,5-二甲苯胺	$C_8H_{11}N$	3	1	0	5(25)S	3	3		3x	4x*	4y	2x	4x	3	1,2,3		

（续表）

Ⅰ英文名称	Ⅱ中文名称	Ⅲ分子式	Ⅳ危险性及等级			Ⅴ美国规定TLV值/($mg\cdot m^{-3}$)	Ⅵ大于TLV后的影响	Ⅶ苏联规定的最高允许浓度/($mg\cdot m^{-3}$)	Ⅷ我国规定的最高允许浓度/($mg\cdot m^{-3}$)	Ⅸ高浓度下短时服入						Ⅹ灭火剂	Ⅺ爆炸极限	
			健康	燃烧	反应性					眼睛接触	吸入	皮肤渗透	皮肤刺激	服入	其他		下限	上限
Yttrium	钇	Y				(1)	3										D	
Zine	锌	Zn	0	1	1											5	尘灰空气中可点燃	
Zinc acetate	醋酸锌	$Zn(C_2H_3O_2)_2$								2x		2y	2y	2				
Zinc chloride	氯化锌	$ZnCl_2$	2	0	2	(1)T	1			5x		2x	4x	3x				
Zinc oxide	氧化锌	ZnO								2x	3z*	1x	1x	2x				
Zinc stearate	硬酯酸锌	$Zn(C_{18}H_{35}O_2)_2$				(5)		6	5							1,3		
Zirconium	锆	Zr	1	4	1			6	5							5		
Zirconium Comps.	锆化合物					(5)	3		5									

22.3 防毒技术

22.3.1 各种吸附剂防护性能的比较[7]

吸附剂名称	试样体积/L	试样质量/g	汞浓度/(mg·L^{-1})	防护时间/min
$CuSO_4 \cdot 5H_2O$ 和 KI 溶液浸渍的活性炭	30	20.6	0.099	9863
Cl_2 处理的活性炭	30	15.8	0.099	6369
I_2 处理的活性炭	30	15.7	0.099	5421
多硫化钠溶液浸渍的活性炭	30	16.8	0.099	3310
软锰矿	30	51.9	0.099	460
$Na_2S \cdot 9H_2O$ 溶液液浸渍的活性炭	30	16.8	0.099	22

注：通过吸附层断面的风速 $V=0.5m/s$，流量为4L/min，防护时间即保护作用时间。

22.3.2 不同粒度的活性炭对汞蒸气吸附量的影响[7]

序号	活性炭颗粒		试样		每一试样吸附的 Cl_2 量		汞浓度/(mg·L^{-1})	防护时间/min	吸附量 kg 汞/m^3 活性炭
	直径 ϕ/mm	长度 L/mm	体积/mL	质量/g	g	%			
1	3.5~4.5	6~9	1220	82.5	7.2	8.73	0.075	4677	17.2
2	2~3	2.8~7	60	26.8	2.945	10.98	0.075	9099	45.5
3	1.2~2.5	1~4	60	28.5	2.5	8.88	0.075	9379	46.9

注：通过活性炭断面的风速 $W=0.3m/s$。

22.3.3 几种常见气体在水中溶解度[6]

气体	单位	温度/℃							
		0	10	20	30	40	50	60	80
H_2	α①	0.0215	0.0195	0.0182	0.0170	0.0164	0.0161	0.0160	0.0160
O_2	α	0.0489	0.0429	0.0310	0.0261	0.0231	0.0209	0.0195	0.0176
Cl_2	λ②	4.61	3.148	2.299	1.799	1.438	1.225	1.023	0.683
Br_2	α	60.5	35.1	21.3	13.8	9.4	6.5	4.9	3.0
N_2O	α		0.878	0.629					
NO	α	0.0738	0.0571	0.0471	0.0400	0.0351	0.0315	0.0295	0.027
NH_3	q③	87.5	67.9	52.6	40.3	30.7	22.9		15.4
HBr	λ	612	582				469		
HCl	λ	507	474	442	412	386	362	339	
H_2S	α	4.670	3.399	2.582	2.037	1.660	1.392	1.190	0.917
SO_2	λ	79.79	56.65	39.37	27.16	18.77			
CO	α	0.0354	0.0282	0.0232	0.0200	0.0177	0.0161	0.0149	0.0143
CO_2	α	1.713	1.194	0.878	0.665	0.530	0.436	0.359	
CH_4	α	0.0556	0.0418	0.0331	0.0276	0.0237	0.0213	0.0195	0.0177
C_2H_6	α	0.0987	0.0656	0.0472	0.0362	0.0291	0.0246	0.0218	0.0183

（续表）

气体	单位	温度／℃							
		0	10	20	30	40	50	60	80
C_2H_4	α	0.226	0.162	0.122	0.098				
C_2H_2	α	1.73	1.31	1.03	0.84				

注：① α 系指吸收系数，当气体分压为760mmHg时，单位体积的液体所吸收的气体体积数（折合成760mmHg和0℃来计算）。

② λ 意义和 α 相似只不过是当总压（而非分压）等于760mmHg时。

③ q是指在所给的温度下，当气体总压力（气体分压与吸收温度下液体的饱和蒸汽压之和）为760mmHg时，100g纯溶剂所吸收的气体克数。

1mmHg＝133.3224Pa。

22.3.4 若干有机物质为炭吸附的吸附热值[6]

有机物质	分子式	吸附热	
		kcal/公斤分子	kcal/kg
氯乙烷	C_2H_5Cl	12000	186.0
二硫化碳	CS_2	12500	164.5
甲醇	CH_3OH	13100	409.4
溴乙烷	C_2H_5Br	13900	127.6
碘乙烷	C_2H_5I	14000	89.8
氯仿	$CHCl_3$	14500	121.3
甲酸乙酯	$HCOOC_2H_5$	14500	195.9
苯	C_6H_6	14700	188.5
乙醇	C_2H_5OH	15000	326.1
四氯化碳	CCl_4	15300	99.4
乙醚	$(C_2H_5)_2O$	15500	209.5
甲烷	CH_4	4500	281.3
氯甲烷	CH_3Cl	9200	182.2
汽油	—	12000	150.0
二氯甲烷	CH_2Cl_2	12400	145.9
氯代异丙烷	$CH_3CHClCH_3$	13100	166.9
2－氯－2－甲基丙烷	$(CH_3)_3CCl$	13600	147.0
2－氯丁烷	$CH_3CHClC_2H_5$	14400	155.7
氯代正丙烷	$CH_3(CH_2)_2Cl$	14600	186.0
氯代正丁烷	$CH_3(CH_2)_3Cl$	15600	168.6
丙醇	$CH_3(CH_2)_2OH$	16400	273.3

22.3.5　氨在水中的溶解度[7]

每100份重 H_2O 中 NH_3 的重量	NH_3 的分压/（$P\times10^3Pa$）							
	0℃	10℃	20℃	25℃	30℃	40℃	50℃	60℃
100	126.26							
90	104.66							
80	84.79	131.59						
70	66.67	103.99						
60	50.66	79.99	125.99					
50	36.66	58.53	91.46					
40	25.33	40.13	62.66	—	95.86			
30	15.87	25.33	39.73	—	60.53	92.26		
25	11.93	19.20	30.26	—	46.93	71.19	109.99	
20	8.53	13.80	22.13	—	34.66	52.66	74.46	111.19
15	5.69	9.35	15.20	—	23.87	36.40	54.00	77.73
10	3.35	5.57	9.28	—	14.67	22.27	32.93	48.13
7.5	2.36	3.99	6.67	—	10.63	16.00	23.87	34.80
5	1.49	2.55	4.23	—	6.80	10.20	15.33	22.00
4	—	2.15	3.32	—	5.35	8.11	12.15	17.23
3	—	1.51	2.43	3.13	3.95	6.00	8.95	12.57
2.5	—	—	2.00	2.59	3.25	(5.01)*	(7.43)	10.27
2	—	—	1.60	2.04	2.57	(4.00)	(5.93)	8.13
1.6	—	—	—	1.60	2.04	(3.21)	(4.73)	6.49
1.2	—	—	—	1.21	1.53	(2.44)	(3.56)	4.84
1.0	—	—	—	0.99	—	(2.05)	(2.96)	4.00
0.5	—	—	—	0.45				

*有括号者系由插入法算得的数据。

22.3.6　二氧化硫在水中的溶解度数值[7]

$\frac{g_{SO_2}}{100g_{H_2O}}$	SO_2 的分压/（$P\times10^3Pa$）							
	0℃	7℃	10℃	15℃	20℃	30℃	40℃	50℃
20	86.13	87.60						
15	63.20	84.93	96.79					
10	41.03	55.60	63.20	75.59	93.06			
7.5	30.40	40.93	46.53	55.86	68.93	91.73		
5	19.73	—	30.13	36.00	41.80	60.26	88.66	

（续表）

$\frac{g_{SO_2}}{100g_{H_2O}}$	SO_2 的分压/（$P\times10^3Pa$）							
	0℃	7℃	10℃	15℃	20℃	30℃	40℃	50℃
2.5	9.20	12.27	14.00	16.93	21.47	28.80	12.93	61.06
1.5	5.07	6.80	7.87	9.47	12.27	16.67	24.80	35.46
1.0	3.11	4.13	4.93	5.87	7.87	10.53	16.13	22.93
0.7	2.03	2.75	3.15	3.73	5.20	6.93	11.60	15.47
0.5	1.32	1.80	2.08	2.57	3.47	4.80	7.60	10.93
0.3	0.68	0.92	1.05	1.33	1.88	2.63	—	—
0.2	0.37	0.40	0.61	0.76	1.13	1.57	—	4.13
0.15	0.25	0.35	0.41	0.51	0.77	1.08	1.72	2.67
0.10	0.16	0.20	0.23	0.29	0.43	0.63	1.00	1.60
0.05	0.03	0.09	0.10	0.11	0.16	0.23	0.37	0.63
0.02	0.03	0.04	0.04	0.04	0.07	0.08	0.11	0.17

22.3.7 氯化氢在水中的溶解度数值[7]

每100份重量 H_2O 中 HCl 重	HCl 的分压/Pa						
	0℃	10℃	20℃	30℃	50℃	80℃	110℃
78.6	6.80×10^4	1.12×10^5					
66.7	1.73×10^4	3.11×10^4	5.32×10^4	8.36×10^4			
56.3	3.87×10^3	7.52×10^3	1.42×10^4	2.51×10^4	7.13×10^4		
47.0	7.60×10^2	1.57×10^3	3.13×10^3	5.93×10^3	1.88×10^4	8.31×10^4	
38.9	1.33×10^2	3.03×10^2	6.53×10^2	1.32×10^3	4.76×10^3	2.51×10^4	1.01×10^5
31.6	2.33×10^1	5.73×10^1	1.33×10^2	2.89×10^2	1.19×10^3	7.25×10^3	3.37×10^4
25.0	4.21	1.12×10^1	2.73×10^1	6.10×10^1	2.95×10^2	2.08×10^3	1.11×10^4
19.05	7.47×10^{-1}	2.13	5.71	1.11×10^1	7.33×10^1	6.21×10^2	3.73×10^3
13.64	1.32×10^{-1}	4.07×10^{-1}	1.17	3.12	1.31×10^1	1.79×10^2	1.24×10^3
8.70	1.57×10^{-2}	7.77×10^{-2}	2.37×10^{-1}	6.87×10^{-1}	4.59	5.20×10^1	4.13×10^2
4.17	2.40×10^{-3}	9.20×10^{-3}	3.20×10^{-2}	1.03×10^{-1}	8.53×10^{-1}	1.27×10^1	1.21×10^2
2.04	—	1.56×10^{-3}	5.87×10^{-3}	2.01×10^{-2}	1.87×10^{-1}	3.27	3.73×10^1

22.4 防毒用品

22.4.1 防毒用品分类[8]

品类					主要组成部件	使用范围
呼吸道防毒用品	过滤式	全面罩式	头罩式防毒面具		头罩、导气管、滤毒罐	毒气体积浓度：大型罐低于2%，中型罐低于1%①
			面罩式防毒面具	导管式	面罩、同气管、滤毒罐	毒气体积浓度、大型罐低于2%，中型罐低于1%②
				直接式	面罩、小型滤毒罐	毒气体积浓度低于0.5%
		半面罩式	双罐式防毒口罩		口罩、滤毒盒	毒气体积浓度低于0.1%
			单罐式防毒口罩		口罩、滤毒盒	毒气体积浓度低于0.1%
			简易式防毒口罩		滤毒板、口罩支架	毒气体积浓度低于0.1%
	隔离式	自给式	供氧(气)式	氧气呼吸器	面罩、导气管、氧气瓶呼吸器	毒气浓度过高，毒性不明或缺氧的可移动性作业
				空气呼吸器	面罩、导气管、压缩空气瓶呼吸器	毒气浓度过高，毒性不明或缺氧的可移动性作业
			生氧式	生氧面具	面罩、导气管、生氧呼吸器	毒气浓度过高，毒性不明或缺氧的可移动性作业
				自救器	面罩、导气管、生氧呼吸器	毒气浓度高，毒性不明或缺氧短暂时间内出现事故时自救用
		送风式	电动式	送风头（面）罩	头（面）罩、长导气管、送风机	毒气浓度较高或缺氧的固定性作业
			人工式	送风头（面）罩	头（面）罩、长导气管、人工压气	毒气浓度较高，或缺氧的固定性作业
		自吸式	头（口）罩接长导气管		头罩或口鼻罩带呼气阀、长导气管	同上条件，导管限长<10m，内径20mm
皮肤防毒用品	服装		连式防毒衣			毒物对身体皮肤有强刺激性
			分式防毒服			毒物对身体皮肤有强刺激性
			戴面罩防毒服			毒物对身体皮肤有强刺激性
			防毒手套			毒物对手部有强刺激毒害作用
			防沥青面罩			防沥青及其他毒物喷溅面部兼防沥青烟气
	护肤膏		亲水性防护膏			保护皮肤
			疏水性防护膏			保护皮肤
			遮光性防护膏			保护皮肤
			皮肤防护膏			保护皮肤
			滋润性防护膏			保护皮肤

注：大型罐对氨防御能力可低于3%（中型罐2%），对氢氰酸、磷化氢、砷化氢、光气、氯化氰应低于1%，对汞应低于0.001%。

22.4.2 国产过滤式防毒面具种类和使用条件[6]

种 类		主 要 构 件	使用环境毒物浓度/%	用 途
导管式防毒面具		全面罩，大型滤毒罐，导气管	<2.0	正常作业或非常情况下用
		全面罩，中型滤毒罐，导气管	<1.0	
直接式防毒面具		全面罩，小型滤毒罐	<0.5	
		半面罩，滤毒盒(或小型滤毒罐)	<0.1	低浓度情况下用

注：半面罩系指能遮盖住口、鼻的橡胶（或塑料）主体件；全面罩系指能遮盖住眼、鼻、口的橡胶主体件。

22.4.3 防毒面具的规格（GB 2890—82）

种 类	规 格	使用环境中毒气体积浓度不高于
导管式防毒面具	全面罩，大型滤毒罐	2%（氨3%）
	全面罩，中型滤毒罐	1%（氨2%）
直接式防毒面具	全面罩，小型滤毒罐	0.5%
	全面罩，半面罩，滤毒盒	0.1%

注：1. 对于大中型滤毒罐防御氰酸（HCN）、氯化氰（CNCl）、磷化氢（PH_3）、砷化氢（AsH_3）、光气（$COCl_2$）时，毒气体积浓度低于1%。

2. 对于各种型号的滤毒罐及滤毒盒防御汞（Hg）定汽时，毒气体积浓度应低于0.001%。

22.4.4 防毒面具的性能指标

项 目		全面罩		半面罩
		单眼式	双眼式	
漏气系数小于/%		0.005	0.005	5
实际有害空间小于/mL		230	230	170
视野	总视野大于/%	75	70	
	双目视野大于/%	60	28	75
	下方视野大于/（°）	40	35	35

注：全面罩内设有口鼻罩时其实际有害空间应小于170mL。

22.4.5 防毒面罩的阻力值规定

mm

全面罩			半面罩	
吸气阻力小于		呼气阀阻力小于	吸气阻力小于	呼气阀阻力小于
不带导气管	带导气管			
3.0（29.4）	4.0（39.2）	10.0（98.0）	2.0（19.6）	5.0（49.0）

22.4.6 滤毒罐对空气流的阻力规定

mm

	滤毒罐阻力小于			滤毒盒阻力小于
	大	中	小	
带滤烟层	18.0（176）	20.0（196）	14.0（137）	12.0（118）
不带滤烟层	18.0（176）	18.0（176）	12.0（118）	8.0（78）

22.4.7　带滤烟层滤毒罐的烟雾透过系数规定

滤毒罐透过系数小于			滤毒盒透过系数
大	中	小	小于
0.01	0.01	1	5

22.4.8　防毒面具的滤毒罐分类

种类		重量小于/g
滤毒罐	大	900~1400以下
	中	300~900以下
	小	200~300以下
滤毒盒		200以下

22.4.9　国产面罩性能数据表

品名	罩型	型号	漏泄率/%	实际有害空间/cm^3	视野			面罩呼气阻力	
					下方	双目	总	Pa	mmH-O
59型	全	0	<0.0001	302	38	11	62.4	69.9	7.1
		1	0.00048	277	33	12	67	62.7	6.4
		2	<0.00012	272~332	35~49	14~17	66~69.6	58.8~85.3	6.0~8.7
		3	0.00138	298	50	23	67	77.4	7.9
		4	<0.0001	325	55	26.3	73.6	64.7	6.6
64型	全	1	<0.0001	211	37	27	46	62.7	6.4
		2		208	41	29	38	58.8	6.0
		3		198	46	46	44	77.4	7.9
69型	全	1	0.00024~0.0001	214	42	28	79	75.5	7.7
		2小		217	36	29	79		
		2中		189	43	32	84		
		3		182	43	32	79		
		4大		162	48	46	81		
		4中		183	39	46	82		
		5		187	46	46	78		
72型	全	1	0.0046	175	25	19	73	49.0	5.0
		2	0.00092~0.0015	198	47~51	29~30	85~92	33.3~63.7	3.4~6.5
		3	0.0018~0.0022	145~272	63	40~46	95	38.2~70.6	3.9~7.2
CM-201	全	1	0.00186	91.7	40	28.9	87.1	40.18	4.1
		2	0.001	88	40	32	93		
101型	半	1	0.187	155	60	77		32.3	3.3
102型	半	1	0.16	163	57	75		12.7	1.3
上海工防单罐型	半	1	1.12	135	67	70		32.3	3.3
上海工防双罐型	半	1	1.111	205	67	85			
新华牌	半	1	0.3	170	50	80		43.1	4.4
仙鹤牌	半	1	0.79	199	64	85		29.4	3.0

注：漏泄率系油雾法测定值。

22.4.10 滤毒罐的防毒性能（GB 2890—82）

滤毒罐编号	标色	防毒类型	防护对象（举例）	试验毒剂	有无滤烟层	大型滤毒罐		中型滤毒罐		小型滤毒罐	
						试验气浓度/（$mg \cdot L^{-1}$）（体积浓度%）	防毒时间不少于/min	试验气浓度/（$mg \cdot L^{-1}$）（体积浓度%）	防毒时间不少于/min	试验气浓度/（$mg \cdot L^{-1}$）（体积浓度%）	防毒时间不少于/min
IL	草绿+白道	综合防毒	氢氰酸、氯化氰、砷化氢、光气、双光气、氯化苦、苯、溴甲烷、二氯甲烷路易氏气、芥子气、毒烟、毒雾等	氢氰酸（HCN）	有	11.2（1.0）	80	5.6（0.5）（氯化氰 3mg/L）	40（40）	3.4（0.3）	20
1	绿	综合防毒	同上，不防烟雾	氢氰酸（HCN）	无	11.2（1.0）	100	5.6（0.5）（氯化氰 3mg/L）	70（55）	3.4（0.3）	30
2L	橘红	综合防毒（防CO）	一氧化碳，各种有机毒气、氢氰酸及其衍生物，毒烟、毒雾等	氢氰酸（HCN）	有	5.6（0.5）	120	3.4（0.3）	40		
				一氧化碳（CO）		5.8（0.5）	150	5.8（0.5）	80	5.8（0.5）	20
3L	褐+白道	防有机气体	有机气体与蒸汽；苯、氯气、丙酮、醇类、苯胺类、二硫化碳、四氯化碳、氯仿、溴甲烷、氯甲烷、硝机烷、氯化苦、毒烟、毒雾等	苯（C_6H_6）	有	32.5（1.0）	120	16.2（0.5）	100		
				氯（Cl_6）		29.5（1.0）	60	14.8（0.5）	40		
3	褐	防有机气体	同上，不防烟雾	苯（C_6H_6）	无	32.5（1.0）	150	16.2（0.5）	130	9.7（0.3）	70
				氯（Cl_6）		29.5（1.0）	80	14.8（0.5）	55	8.8（0.3）	20

（续表）

滤毒罐编号	标色	防毒类型	防护对象（举例）	试验毒剂	有无滤烟层	大型滤毒罐 试验气浓度/(mg·L^{-1})（体积浓度%）	大型滤毒罐 防毒时间不少于/min	中型滤毒罐 试验气浓度/(mg·L^{-1})（体积浓度%）	中型滤毒罐 防毒时间不少于/min	小型滤毒罐 试验气浓度/(mg·L^{-1})（体积浓度%）	小型滤毒罐 防毒时间不少于/min
4L	灰+白道	防氨硫化氢	氨，硫化氢、毒烟，毒雾	氨(NH_2)	有	7.1（1.0）	50	3.6（0.5）	45		
				硫化氢(C_2S)		14.1（1.0）	55	7.1（0.5）	70		
4	灰	防氨硫化氢	同上，不防烟雾	氨(NH_2)	无	7.1（1.0）	60	3.6（0.5）	60	2.1（0.3）	25
				硫化氢(H_2S)		14.1（1.0）	70	7.1（0.5）	95	4.2（0.3）	25
5	白	防一氧化碳	一氧化碳	一氧化碳(CO)	无	5.8（0.5）	200	5.8（0.5）	110	5.8（0.5）	30
6	黑+黄道	防汞蒸气	汞蒸气	汞(Hg)	无			0.01（0.00012）	4800	0.01（0.00012）	3000
7L	黄+白道	防酸性气体	酸性气体和蒸汽；二氧化硫、氯气、硫化氢、氮的氧化物、光气、磷和含氯有机农药、毒烟、毒雾等	二氧化氮(NO_2)	有	19.1(1.0)	30				
				二氧化硫(SO_2)		26.6(1.0)	30	13.3(0.5)	25		
7	黄	防酸性气体	酸性气体和蒸汽；二氧化硫、氯气、硫化氢、氮的氧化物、光气、磷和含氯有机农药、毒烟、毒雾等，不防毒雾	二氧化硫(SO_2)	无	26.6（1.0）	35	13.3（0.5）	32	8.0（0.3）	20

注：1. 试验气条件：浓度允许偏差±10%（换算至标准浓度）；温度17～18℃；相对湿度（50±3）%；流量（30±0.3）L/min连续氯流（2号、5号滤毒罐用（30±0.3）L/min脉冲氯流）。

2. 6号罐在生产厂可不作防毒时间检验。

3. 中型1号罐允许用氯化氢检验，指标列于［ ］内。

4. 带滤烟层时在罐号后注“L”。

22.4.11 59型头罩选配表[8]

头顶颏下弧圈加耳屏额弧/cm	选配规格/号
<93	0
93~95	1
95~99	2
99~103	3
>103	4

22.4.12 72型头罩选配表[8]

头顶颏下弧圈加耳屏额弧/cm	选配规格/号
<94	1
94~99	2
>99	3

22.4.13 连式防毒衣规格[8]

cm

尺寸	衣长	胸围	袖长	裤脚口
大号	154	130	62	53
中号	151	125	60	52

22.4.14 分式防毒衣规格[8]

cm

尺寸	衣长	胸围	袖长	裤长	腰围
大号	64	133	62	108	125
中号	60	128	60	105	120

22.4.15 国产化学氧呼吸器规格[9]

项　目	AEG-40型 隔离式自救器	HSG型 化学生氧面具	SM-1型 化学生氧面具
生氧剂及重量/g	超氧化钠500	超氧化钠380±20、600±20	超氧化钠1200
使用时间/min	40	30　　50	120
结构型式	鼻夹往复式	全面罩往复式	全面罩（半面罩）循环式
重量/kg	2	3	4.5
尺寸或容积	3L	320mm×115mm×300mm	

22.4.16 国产密闭循环式氧气呼吸器规格[9]

项　目	YH-2型	YH-4型
氧气瓶压力兆帕/（$kg \cdot cm^{-2}$）	19.6（200）	19.6（200）
贮氧量	200	400
定量供氧/（$L \cdot min^{-1}$）	1.1~1.3	1.1~1.3
使用时间/h	2	4
成品净重/kg	7.6	11.5
外形尺寸/mm	355×340×190	410×360×120

22.4.17 氧气呼吸器规格[6]

项目	AHG-2型呼吸器	AHG-4型呼吸器
氧瓶压力/MPa	20	20
贮氧量/L	200	400
定量供氧/($L \cdot min^{-1}$)	1.1~1.3	1.1~1.3
使用时间/h	2	4
重量/kg	7.6	11.5
外形尺寸/mm	350×340×190	410×360×120

22.4.18 空气呼吸器规格[6]

项目	HZK-7型
气瓶压力/MPa	20
贮气量/L	1400
最长使用时间/min	46
重量/kg	12±0.5

22.4.19 过滤式自救器规格[6]

项目	MZ-1	MZ-2
试验用一氧化碳浓度/%	1	1
环境温度/℃	25	25
相对湿度/%	90	90
呼吸量/($L \cdot min^{-1}$)	30	30
使用时间/min	40	40
防烟效率/%		>90

22.4.20 隔绝式自救器规格[6]

项目	AZG-40型	AZG-80型
生氧剂重量/g	超氧化钠500	超氧化钠420
使用时间/min	40	40
型式	往复式	循环式
重量/kg	2	1.7
外形尺寸/mm	170×90×220	150×85×155
吸气温度/℃	<50	<40

22.4.21 自救器的类型和防护特点[7]

种类	型号	防护的有害气体	防护特点	工作期限	适用条件
过滤式	ZL-40 MZ-1 MZ-2 （CO过滤式）	CO	人员呼吸仍是外界的气体和 O_2；过滤吸入气体中的CO转成 CO_2	一次性；中等以下体力劳动可用40min；静坐2.5～3h；行走时速5km/h，可走3～3.5km	火灾、爆炸事故，其空气中 O_2 不低于17%，CO_2 不高于2%
隔绝式	AZG-40A （化学氧自救器）	不限	人员呼吸与外界的隔绝；它自身生氧供呼吸	一次性；中等以下体力劳动可用40min；静坐2.5～3h；行走时速5km/h，可走3～3.5km	煤与瓦斯突出的矿井，空气中 O_2 不低于18%
	AYG-45 （压缩自救器）	不限	由高压氧气瓶供氧，呼吸与外界隔绝	重复使用；一次性；中等以下体力劳动可用40min；静坐2.5～3h；行走时速5km/h，可走3～3.5km	同AZG-40A

参 考 文 献

[1] 中华人民共和国卫生部．GB Z2—2002 工作场所有害因素职业接触限制［S］．北京：中国标准化出版社，2002.
[2] 中华人民共和国劳动部．GB 12331—90 有毒作业分级［S］．北京：中国标准化出版社，1990.
[3] 中华人民共和国劳动人事部劳动保护局．GB 5044—85 职业性接触毒物危害程度分级［S］．北京：中国标准出版社，1985.
[4] 罗云，张国顺，孙树涵．工业安全卫生基本数据手册［M］．北京：中国商业出版社，1997.
[5] 中华人民共和国化学工业部．GB 13690—92 常见危险化学品分类［S］．北京：中国标准化出版社，1992.
[6] 徐幼云，耿维民，张利伯．环境卫生工作手册［M］．北京：人民卫生出版社，1983.
[7] 王英敏．矿井通风与安全［M］．北京：冶金工业出版社，1979.
[8] 杨丽芬．环保工作者实用手册［M］．北京：冶金工业出版社，1984.
[9] 孙桂林，臧吉昌．安全工程手册［M］．北京：中国铁道出版社，1989.

23 噪 声 控 制

23.1 噪声特性

23.1.1 常见声音的A声级[9]

声级/dB（A）	环境（声源）	人耳主观感觉
10~20	静夜、郊区农村、消声室内	很静
20~30	图书馆、很安静的房间、耳语	静
40~60	普通室内谈话	一般
60~70	较安静的街道、普通对话	较吵闹
80	城市街道、公共汽车内	吵闹
90	繁华街道、重型汽车、泵房	很吵闹
100~110	船舶机房、空压机	难受
110~120	高压风机房、球磨机	痛苦
120~130	罗茨风机房内、风铲	很痛苦
130~140	喷气飞机、大炮	难以忍受
160以上	火箭发射、导弹	对人危害

23.1.2 典型声压级与人耳感觉[9]

声压/Mb	声压级/dB	对人体影响	人耳主观感觉	环　境
0.0002	0	安全	刚好听到	
0.002	20		安静	轻声耳语、很安静房间
0.02	40		一般环境	普通谈话、较安静的街道
0.2	60		较吵闹	普通对话、收音机
2	80		吵闹	城市街道、汽车内、大声讲话
20	100	长期听觉受损	很吵闹	纺织车间
200	120	听觉较快受损	痛苦	锅炉车间、球磨机旁
2000	140	其他生理损伤	很痛苦	喷气式飞机起飞
20000	160		造成听觉损伤	耳边步枪发射、飞机发动机
200000	180			
2000000	200			导弹发射

23.1.3 频带声压级与频带响度指数的转换[9]

频带级	频带响度指数									响度	响度级
dB	31.5	63	125	250	500	1000	2000	4000	8000	sone	phon
20						0.18	0.30	0.45	0.61	0.25	20
21						0.22	0.35	0.50	0.67	0.27	21
22					0.07	0.26	0.40	0.55	0.73	0.29	22
23					0.12	0.30	0.45	0.61	0.80	0.31	23
24					0.16	0.35	0.50	0.67	0.87	0.33	24
25					0.21	0.40	0.55	0.73	0.94	0.35	25
26					0.26	0.45	0.61	0.80	1.02	0.38	26
27					0.31	0.50	0.67	0.87	1.10	0.41	27
28				0.07	0.37	0.55	0.73	0.94	1.18	0.44	28
29				0.12	0.43	0.61	0.80	1.02	1.27	0.47	29
30				0.16	0.49	0.67	0.87	1.10	1.35	0.50	30
31				0.21	0.55	0.73	0.94	1.18	1.44	0.54	31
32				0.26	0.61	0.80	1.02	1.27	1.54	0.57	32
33				0.31	0.67	0.87	1.10	1.35	1.64	0.62	33
34			0.07	0.37	0.73	0.94	1.18	1.44	1.75	0.66	34
35			0.12	0.43	0.80	1.02	1.27	1.54	1.87	0.71	35
36			0.16	0.49	0.87	1.10	1.35	1.64	1.96	0.76	36
37			0.21	0.55	0.94	1.18	1.44	1.75	2.11	0.81	37
38			0.26	0.62	1.02	1.27	1.54	1.87	2.24	0.87	38
39			0.31	0.69	1.10	1.35	1.64	1.99	2.38	0.93	39
40		0.07	0.37	0.77	1.18	1.44	1.75	2.11	2.53	1.00	40
41		0.12	0.43	0.85	1.27	1.54	1.87	2.24	2.68	1.07	41
42		0.16	0.49	0.94	1.35	1.64	1.99	2.38	2.84	1.15	42
43		0.21	0.55	1.04	1.44	1.75	2.11	2.53	3.0	1.23	43
44		0.26	0.62	1.13	1.54	1.87	2.24	2.68	3.2	1.32	44
45		0.31	0.69	1.23	1.64	1.99	2.38	2.84	3.4	1.41	45
46	0.07	0.37	0.77	1.33	1.75	2.11	2.53	3.0	3.6	1.52	46
47	0.12	0.43	0.85	1.44	1.87	2.24	2.68	3.2	3.8	1.62	47
48	0.16	0.49	0.94	1.56	1.99	2.38	2.84	3.4	4.1	1.74	48
49	0.21	0.55	1.04	1.69	2.11	2.53	3.00	3.6	4.3	1.87	49
50	0.26	0.62	1.13	1.88	3.24	2.68	3.2	3.8	4.6	2.00	50
51	0.31	0.99	1.23	1.96	2.38	2.84	3.4	4.1	4.9	2.14	51
52	0.37	0.77	1.33	2.11	2.53	3.0	3.6	4.3	5.2	2.30	52
53	0.43	0.85	1.44	2.24	2.68	3.2	3.8	4.6	5.5	2.46	53
54	0.49	0.94	1.56	2.38	2.84	3.4	4.1	4.9	5.8	2.04	54
55	0.55	1.04	1.69	2.53	3.0	3.6	4.3	5.2	6.2	2.83	55
56	0.62	1.13	1.82	2.68	3.2	3.8	4.6	5.5	6.6	3.03	56
57	0.69	1.23	1.96	3.84	3.4	4.1	4.9	5.8	7.0	3.25	57
58	0.77	1.33	2.11	3.0	3.6	4.3	5.2	6.2	7.4	3.48	58
59	0.85	1.44	2.27	3.2	3.3	4.6	5.5	6.6	7.8	3.73	59

（续表）

频带级	频带响度指数									响度	响度级
dB	31.5	63	125	250	500	1000	2000	4000	8000	sone	phon
60	0.94	1.56	2.44	3.4	4.1	4.9	5.8	7.0	8.3	4.00	60
61	1.04	1.69	2.62	3.6	4.3	5.2	6.2	7.4	8.8	4.29	61
62	1.13	1.82	3.81	3.8	4.6	5.5	6.6	7.8	9.3	4.59	62
63	1.23	1.96	3.0	4.1	4.9	5.8	7.0	8.3	9.9	4.92	63
64	1.33	2.11	3.2	4.3	5.2	6.2	7.4	8.8	10.5	5.28	64
65	1.44	2.27	3.5	4.6	5.5	6.6	7.8	9.3	11.1	5.66	65
66	1.56	2.44	3.7	4.9	5.8	7.0	8.3	9.9	11.8	6.06	66
67	1.69	2.62	4.0	5.2	6.2	7.4	8.8	10.5	12.6	6.50	67
68	1.82	2.81	4.3	5.5	6.6	7.8	9.3	11.1	13.5	6.96	68
69	1.96	3.0	4.7	5.8	7.0	8.3	9.9	11.8	14.4	7.46	69
70	2.11	3.2	5.0	6.2	7.4	8.8	10.5	12.6	15.2	8.00	70
71	2.27	3.5	5.4	6.6	7.8	9.3	11.1	13.5	16.4	8.6	71
72	2.44	3.7	5.8	7.0	8.3	9.9	11.8	14.4	17.5	9.2	72
73	2.62	4.0	6.2	7.4	8.8	10.5	12.6	15.3	18.7	9.8	73
74	2.81	4.3	6.6	7.8	9.3	11.1	13.5	16.4	20.0	0.6	74
75	3.0	4.7	7.0	8.3	9.9	11.8	14.4	17.5	21.4	1.3	75
76	3.2	5.0	7.4	8.8	10.5	12.6	15.3	18.7	23.0	2.1	76
77	3.5	5.4	7.8	9.3	11.1	13.5	16.4	20.0	24.7	3.0	77
78	3.7	5.8	8.3	9.9	11.8	14.4	17.5	21.4	26.5	3.9	78
79	4.0	6.2	8.8	10.5	12.6	15.3	18.7	23.0	28.5	4.9	79
80	4.3	6.7	9.3	11.1	13.5	16.4	20.0	24.7	30.5	16.0	80
81	4.7	7.2	9.9	11.8	14.4	17.5	21.4	26.5	32.9	17.1	81
82	5.0	7.7	10.5	12.6	15.3	18.7	23.0	28.5	35.3	18.4	82
83	5.4	8.2	11.1	13.5	16.4	20.0	24.7	36.5	38	19.7	83
84	5.8	8.8	11.8	14.4	17.5	21.4	26.5	32.9	41	21.1	84
85	6.2	9.4	12.6	15.3	18.7	23.0	28.5	35.3	44	22.6	85
86	6.7	10.1	13.5	16.4	20.0	24.7	30.5	38	48	24.3	86
87	7.2	10.9	14.4	17.5	21.4	26.5	32.9	41	52	26.0	87
88	7.7	11.7	15.3	18.7	23.0	28.5	35.3	44	56	27.9	88
89	8.2	12.6	16.4	20.0	24.7	20.5	38	48	61	29.9	89
90	8.8	13.6	17.5	21.4	26.5	22.9	41	52	66	32.0	90
91	9.4	14.8	18.7	23.0	28.5	35.3	44	56	71	34.3	91
92	10.1	16.0	20.0	24.7	30.5	38	48	61	77	36.8	92
93	10.9	17.3	21.4	26.5	32.9	41	52	66	83	39.4	93
94	11.7	18.7	23.0	28.5	35.3	44	56	71	90	42.2	94
95	12.6	20.0	24.7	30.5	38	48	61	77	97	45.3	95
96	13.6	21.4	26.5	32.9	41	52	66	83	105	48.5	96
97	14.8	23.0	28.5	35.3	44	56	71	90	113	52.0	97
98	16.0	24.7	30.5	38	48	61	77	97	121	55.7	98
99	17.3	26.5	32.9	41	52	66	83	105	130	59.7	99
100	18.7	28.5	35.3	44	56	71	90	113	139	64.0	100

（续表）

频带级	频带响度指数									响度	响度级
dB	31.5	63	125	250	500	1000	2000	4000	8000	sone	phon
101	20.3	30.5	38	48	61	77	97	131	149	68.6	101
102	22.1	32.9	41	52	66	83	105	130	160	73.5	102
103	24.0	35.3	44	56	71	90	113	139	171	78.8	103
104	26.1	38	48	61	77	97	121	149	184	84.4	104
105	28.5	41	52	66	83	105	130	160	197	90.5	105
106	31.0	44	56	71	90	113	139	171	211	97	106
107	33.9	48	61	77	97	121	149	184	226	104	107
108	36.9	52	66	83	105	130	160	197	242	111	108
109	40.3	56	71	90	113	139	171	211	260	119	109
110	44	61	77	97	121	149	184	226	278	128	110
111	49	66	83	105	130	160	197	242	298	137	111
112	54	71	90	113	139	171	211	260	320	147	112
113	59	77	97	121	149	184	226	278	343	158	113
114	65	83	105	130	160	197	242	298	367	169	114
115	71	90	113	139	171	211	260	320		181	115
116	77	97	121	149	184	226	278	343		194	116
117	83	105	130	160	197	242	298	367		208	117
118	90	113	139	171	211	260	320			223	118
119	97	121	149	184	226	278	343			239	119
120	105	130	160	197	242	298	367			256	120
121	113	139	171	211	260	320				274	121
122	121	149	184	226	278	343				294	122
123	130	160	197	242	298	367				315	123
124	139	171	211	260	320					338	124
125	149	184	226	278	343					362	125

23.1.4 ISO 噪声致聋危险性估算

等效连续A声级/dB（A）	致聋危险性	噪声暴露年数									
		0	5	10	15	20	25	30	35	40	45
<80	危险/%	0	0	0	0	0	0	0	0	0	0
	听力损伤者/%	1	2	3	5	7	10	14	21	33	50
85	危险/%	0	1	3	5	6	7	8	9	10	7
	听力损伤者/%	1	3	6	10	13	17	22	30	43	57
90	危险/%	0	4	10	14	16	16	18	20	21	15
	听力损伤者/%	1	6	13	19	23	26	32	41	54	65
95	危险/%	0	7	17	24	28	29	31	32	29	23
	听力损伤者/%	1	9	20	29	35	39	45	53	62	73
100	危险/%	0	12	29	37	42	43	44	44	41	33
	听力损伤者/%	1	14	32	42	49	53	58	65	74	83

（续表）

等效连续A声d级/dB（A）	致聋危险性	噪声暴露年数									
		0	5	10	15	20	25	30	35	40	45
105	危险/%	0	18	42	53	58	60	62	61	54	41
	听力损伤者/%	1	20	45	58	65	70	76	82	87	91
110	危险/%	0	26	55	71	78	78	77	72	62	45
	听力损伤者/%	1	28	58	76	85	88	91	93	95	95
115	危险/%	0	36	71	83	87	84	81	75	64	47
	听力损伤者/%	1	38	74	88	94	94	95	96	97	97

23.2 噪声控制标准

23.2.1 城市区域环境噪声标准 L_{eq}[9]

dB（A）

适用区域	白昼	夜间
特殊住宅区	45	35
居民、文教区	50	40
一类混合区	55	45
二类混合区、商业中心区	60	50
工业集中区	65	55
交通干线道路两侧	70	55

23.2.2 现有企业暂时允许的噪声标准[10]

每工作日接触噪声时间/h	允许噪声/dB（A）	每工作日接触噪声时间/h	允许噪声/dB（A）
8	90	2	96
4	93	1	99
最高不得超过115			

23.2.3 新建、扩建、改建企业的噪声标准[10]

每工作日接触噪声时间/h	允许噪声/dB（A）	每工作日接触噪声时间/h	允许噪声/dB（A）
8	85	2	91
4	88	1	94
最高不得超过115			

23.2.4 海洋船舶各舱室噪声级的最大限制值[6]

部位		限制值（L_{PA}）
机舱区	有人值班机舱主机操纵处	90
	有控制室的或无人的机舱	110
	机舱控制室	75
	工作间	85

（续表）

部位			限制值（L_{PA}）
驾驶区	驾驶室		65
	桥楼两翼		70
	海图室		65
	报务室		60
起居区	卧室		60
	医务室、病房		60
	办公室、休息室、接待室等舱室		65
	厨房	机械设备和专用风机不工作	70
		机械设备和专用风机正常工作	80

23.2.5 内河船舶噪声级限值的规定[7]

类别	划分说明		备注
	船长（两柱间长）/m	航行时间/h	
Ⅰ	≥75	>24	
Ⅱ	≥75	12～24	
	30～75	>12	
Ⅲ	<30		只考虑船长
		<12	只考虑航行时间

23.2.6 工业企业厂界噪声标准[4]

等效声级 L_{eq}[dB(A)]

类别	昼间	夜间	类别	昼间	夜间
Ⅰ	55	45	Ⅲ	65	55
Ⅱ	60	50	Ⅳ	70	55

注：各类标准适用范围的划定：

Ⅰ类标准适用于以居住、文教机关为主的区域。

Ⅱ类标准适用于居住、商业、工业混杂区及商业中心区。

Ⅲ类标准适用于工业区。

Ⅳ类标准适用于交通干线道路两侧区域。

23.2.7 内河船舶不同舱室噪声级的最大限制值[7]

部位		限制值（L_{PA}）		
		Ⅰ	Ⅱ	Ⅲ
机舱区	有人值班机舱主机操纵处		90*	
	有控制室的或无人的机舱		110*	
	机舱控制室	75	78	
	工作间		90	

（续表）

部位		限制值（L_{PA}）		
		Ⅰ	Ⅱ	Ⅲ
驾驶区	驾驶室	65	70	70
	报务室	65	70	—
起居区	卧室**	60	65	70
	医务室	60	65	—
	办公室、休息室等舱室	65	70	75
	厨房	80	85	85

注：海洋、内河船舶内：

* 机舱内任一测点的噪声级不得大于110dB。

** 客舱参照执行。

23.2.8 建筑施工场界噪声标准[5]

等效声级 L_{eq} dB（A）

施工阶段	主要噪声源	噪声限值	
		昼间	夜间
土石方	推土机、挖掘机、装载机等	75	55
打桩	各种打桩机等	85	禁止施工
结构	混凝土搅拌机、振捣棒、电锯等	70	55
装修	吊车、升降机等	65	55

23.2.9 气导听力零级标准[2,3]

频率/Hz	125	250	500	1000	1500	2000	3000	4000	6000	8000	10000
声压级/dB	47.0	25.0	12.0	7.5	7.5	7.0	8.0	8.5	8.0	9.0	18.0

23.2.10 ISOR 389 听力零级标准

频率/Hz	声压级/dB				
	法	德	英	美	前苏联
125	44.5	47.5	47	45.5	55
250	27.5	28.5	28	24.5	33
500	11.5	14.5	11.5	11	14.5
1000	5.5	8	5.5	6.5	8.5
1500	4.5	7.5	6.5	6.5	8.5
2000	4.5	8	9	8.5	9
3000	6	6	8	7.5	10.5
4000	8	5.5	9.5	9	11.5
6000	17	8	8	8	18.5
8000	14.5	14.5	10	9.5	9.5

23.2.11 ISO 不同时间的环境噪声标准修正值

时　间	修正值/dB（A）
白天	0
晚上	−5
深夜	−10 ~ −15

注：以住宅区室外噪声标准 35 ~ 45dB（A）为基础。

23.2.12 ISO 不同地区的环境噪声标准修正值

地　区	修正值/dB（A）	地　区	修正值/dB（A）
乡村住宅、医院疗养区	0	工商业和交通混合区	+15
郊区住宅、小马路	+5	城市中心	+20
市区	+10	工业地区	+25

注：以住宅区室外噪声标准 35 ~ 45dB（A）为基础。

23.2.13 ISO 室内噪声标准修正值

窗户条件	修正值/dB（A）
开　窗	−10
关一扇窗	−15
不开窗	−20

注：以住宅区室外噪声标准 35 ~ 45dB（A）为基础。

23.2.14 ISO 非住宅区室内噪声标准

场　所	标准/dB（A）	场　所	标准/dB（A）
办公室、商店、小餐厅、会议室	35	大型打字机室	55
大餐厅、有打字机的办公室、体育馆	45	车间（根据不同用途）	45 ~ 75

23.2.15 ISO 听力保护噪声标准

连续噪声暴露时间/h	8	4	2	1	$\frac{1}{2}$	$\frac{1}{4}$	$\frac{1}{8}$	最高限
允许 A 声级/dB（A）	85 ~ 90	88 ~ 93	91 ~ 96	94 ~ 99	97 ~ 102	100 ~ 105	103 ~ 108	115

23.3 噪声控制技术

23.3.1 组合结构吸声系数表[2,3]

结构名称	厚离/cm	视密度/(kg·m^{-3})	各频率下的吸声系数 125Hz	250Hz	500Hz	1000Hz	2000Hz	4000Hz	备注
超细玻璃棉									
复面 d5，ξ2%	15	25	0.85	0.70	0.60	0.41	0.25	0.20	驻波管法
b1 穿孔钢板									
复面 d5，ξ5%	15	25	0.60	0.65	0.60	0.55	0.40	0.30	
b1 穿孔钢板									
复面 d9，ξ10%	6	30	0.38	0.63	0.60	0.56	0.54	0.44	
b1 穿孔钢板									
复面 d9，ξ20%	6	30	0.13	0.63	0.60	0.66	0.69	0.67	
b1 穿孔钢板									
沥青矿棉毡后									驻波管法
留腔 2.5cm	3	200	0.19	0.47	0.68	0.68	0.78	0.92	
留腔 4cm	3	200	0.36	0.64	0.74	0.70	0.75	0.87	
留腔 6.5cm	3	200	0.36	0.66	0.66	0.64	0.78	0.90	
聚胺乙烯泡沫塑料 2cm，后放玻璃棉 4cm			0.13	0.55	0.88	0.68	0.70	0.90	驻波管法
同上，留腔 6cm			0.60	0.90	0.76	0.65	0.77	0.90	
草纸板，留腔 5cm，木龙骨间距 45×45cm	2		0.15	0.49	0.40	0.38	0.50	0.65	混响室法
同上，但留腔 10cm	2		0.50	0.48	0.35	0.32	0.50	0.60	
三夹板，木龙骨间距 45×45cm，留腔 5cm	0.3		0.21	0.73	0.21	0.19	0.08	0.12	混响室法
同上，但留腔 10cm	0.3		0.60	0.38	0.18	0.05	0.05	0.08	
五夹板，木龙骨间距 45×45cm，留腔 5cm	0.5		0.10	0.52	0.16	0.05	0.10	0.12	混响室法
同上，但留腔 10cm	0.5		0.42	0.30	0.15	0.05	0.10	0.16	
木丝板，木龙骨间距 45×45cm，留腔 5cm	3		0.05	0.30	0.80	0.63	0.70	0.90	混响室法
同上，但留腔 10cm	3		0.10	0.36	0.62	0.53	0.71	0.90	
穿孔五夹板，d5 中—中 25，留腔 5cm	0.5		0.01	0.25	0.55	0.30	0.16	0.19	混响室法
同上，但腔内填矿渣棉	0.5		0.23	0.69	0.86	0.47	0.26	0.27	
穿孔五夹板，d5 中—中 25，留腔 10cm	0.5		0.10	0.45	0.48	0.18	0.19	0.25	
同上，但腔内填矿渣棉	0.5		0.20	0.95	0.61	0.32	0.23	0.55	

23.3.2 常用建筑材料吸声系数值[2]

材料	吸声系数/Hz 125	250	500	1000	2000	4000
抹灰实心砖墙	0.01	0.01	0.02	0.02	0.03	0.03
抹灰空心砖墙	0.02	0.02	0.02	0.03	0.04	0.04
混凝土、抹油漆	0.01	0.01	0.02	0.02	0.02	0.03

（续表）

材料	吸声系数/Hz					
	125	250	500	1000	2000	4000
混凝土、油漆	0.01	0.01	0.01	0.02	0.02	0.02
木地板（下面是实的）	0.04	0.04	0.03	0.03	0.03	0.02
实心地板上铺5mm厚橡皮	0.04	0.04	0.08	0.02	0.03	0.10
玻璃窗	0.35	0.25	0.18	0.12	0.07	0.04
贴墙的布幕	0.04	0.07	0.13	0.22	0.32	0.35
绉起一半的帷幕	0.07	0.31	0.49	0.75	0.70	0.60
8mm胶合板，在5cm木楞上	0.28	0.22	0.17	0.09	0.10	0.11

23.3.3 玻璃纤维布的相对声阻率[2]

10寸内孔数		纤维束直径/丝		透声孔尺寸/丝		相对声阻率	说明
横向	纵向	横向	纵向	横向	纵向	μ_0	
45	50	22	22	35	28	0.050	布面较薄较稀松
60	50	22	22	20	28	0.068	
70	50	20	25	16	25	0.082	
50	50	30	30	20	20	0.10	较适中
45	40	42	35	15	28	0.12	
35	35	42	35	30	38	0.078	
30	40	50	50	33	9	0.26	布面较厚较密实
35	40	50	55	25	8	0.32	

23.3.4 玻璃丝、玻璃棉、矿渣棉及其制品吸声系数表[2]

材料名称	厚度/cm	视密度/(kg·m^{-3})	各频率下的吸声系数						产地
			125Hz	250Hz	500Hz	1000Hz	2000Hz	4000Hz	
熟玻璃丝	5	80	0.06	0.08	0.18	0.44	0.72	0.82	天津
	5	100	0.07	0.10	0.25	0.65	0.77	0.94	
	5	130	0.10	0.12	0.31	0.76	0.85	0.99	
	9	70	0.12	0.30	0.72	0.95	0.91	0.97	
	9	100	0.18	0.44	0.89	0.98	0.98	0.99	
	2	200	0.10	0.14	0.18	0.48	0.98	0.94	北京
	4	200	0.13	0.20	0.53	0.98	0.84	0.80	
	6	200	0.25	0.33	0.82	0.99	0.89	0.82	
	9	200	0.30	0.54	0.94	0.89	0.86	0.84	
生玻璃丝	5	80	0.07	0.11	0.27	0.65	0.82	0.82	天津
	5	130	0.12	0.21	0.54	0.95	0.94	0.94	
超细玻璃棉	5	20	0.10	0.35	0.85	0.85	0.86	0.86	上海
	10	20	0.25	0.60	0.85	0.81	0.87	0.85	
	15	20	0.50	0.80	0.85	0.85	0.86	0.80	
	5	12	0.06	0.16	0.68	0.98	0.93	0.90	南通
	5	17	0.06	0.19	0.71	0.98	0.61	0.90	
	5	24	0.10	0.30	0.85	0.85	0.85	0.85	

（续表）

材料名称	厚度/cm	视密度/(kg·m^{-3})	各频率下的吸声系数						产地
			125Hz	250Hz	500Hz	1000Hz	2000Hz	4000Hz	
酚醛玻璃纤维板（去掉表面硬皮层）	2	100	0.05	0.08	0.22	0.42	0.78	0.90	上海
	4	100	0.08	0.21	0.55	0.93	0.99	0.95	
	6	100	0.15	0.37	0.75	0.95	0.99	0.95	
	8	100	0.25	0.55	0.80	0.92	0.98	0.95	
矿渣棉	6	240	0.25	0.55	0.78	0.75	0.87	0.91	北京
	8	240	0.35	0.65	0.65	0.75	0.88	0.92	
	8	300	0.35	0.43	0.55	0.67	0.78	0.92	
	8	150	0.30	0.64	0.73	0.78	0.93	0.94	
	7	200	0.32	0.63	0.76	0.83	0.90	0.92	
沥青矿棉毡	1.5	200	0.08	0.09	0.18	0.40	0.79	0.82	太原
	3	200	0.10	0.18	0.50	0.68	0.81	0.89	
	4	200	0.16	0.38	0.61	0.70	0.81	0.90	
	6	200	0.19	0.51	0.67	0.70	0.85	0.86	

23.3.5 纤维材料及其制品吸声系数表[2]

材料名称	厚度/cm	视密度/(kg·m^{-3})	各频率下的吸声系数						产地
			125Hz	250Hz	500Hz	1000Hz	2000Hz	4000Hz	
工业毛毡	1	370	0.04	0.07	0.21	0.50	0.52	0.57	北京
	3	370	0.10	0.28	0.55	0.60	0.60	0.59	
	5	370	0.11	0.30	0.50	0.50	0.50	0.52	
	7	370	0.18	0.35	0.43	0.50	0.53	0.54	
海草	1	100	0.10	0.10	0.14	0.25	0.77	0.86	
	3	100	0.10	0.14	0.17	0.65	0.80	0.98	
	5	100	0.10	0.19	0.50	0.94	0.85	0.86	
粗大麻	3	90	0.07	0.09	0.15	0.35	0.66	0.62	
细大麻	3	90	0.08	0.10	0.17	0.37	0.70	0.72	
石棉屑	2.5	210	0.06	0.35	0.50	0.46	0.52	0.65	
木屑	2.5	160	0.03	0.09	0.26	0.60	0.70	0.70	
棉絮	2.5	10	0.03	0.07	0.15	0.30	0.62	0.60	
甘蔗板	1.3	190	0.99	0.13	0.21	0.40	0.35	0.40	上海
	2	190	0.09	0.14	0.21	0.25	0.37	0.40	
木丝板	2		0.15	0.15	0.16	0.34	0.78	0.52	北京
	4		0.19	0.20	0.48	0.79	0.42	0.70	
	8		0.25	0.53	0.82	0.63	0.84	0.59	
麻纤维板	1.3	260	0.07	0.09	0.14	0.18	0.27	0.30	上海
	2	260	0.09	0.11	0.16	0.22	0.28	0.30	
向日葵秆芯板	2.2	150	0.07	0.09	0.22	0.42	0.55	0.56	上海
	2.2	320	0.12	0.13	0.15	0.34	0.52	0.53	
纸板、软木屑板	1.0	250	0.11	0.12	0.13	0.23	0.22	0.23	上海
	2.5	260	0.05	0.11	0.25	0.63	0.70	0.70	

23.3.6 金属网的相对声阻率[2]

10 寸内的孔数	线径/丝	透声孔尺寸/丝	相对声阻率 μ_0
30	33	52	0.014
50	22	29	0.014
100	11.5	14	0.022
120	9.2	12	0.033
200	5.7	7	0.060

23.3.7 泡沫塑料吸声系数表[2]

材料名称	厚度/cm	视密度/(kg·m^{-3})	各频率下的吸声系数						产地
			125Hz	250Hz	500Hz	1000Hz	2000Hz	4000Hz	
聚胺酯泡沫塑料	3	56	0.07	0.16	0.41	0.87	0.75	0.72	天津
	4	56	0.09	0.25	0.65	0.95	0.73	0.79	
	5	56	0.11	0.31	0.91	0.75	0.86	0.81	
	3	71	0.11	0.21	0.71	0.65	0.64	0.65	
	4	71	0.17	0.30	0.76	0.56	0.67	0.65	
	5	71	0.20	0.32	0.70	0.62	0.68	0.65	
	2.5	40①	0.04	0.07	0.11	0.16	0.31	0.83	北京
	3	40②	0.06	0.12	0.23	0.46	0.86	0.82	
	5	40③	0.06	0.13	0.31	0.65	0.70	0.82	
	4	40	0.10	0.19	0.36	0.70	0.75	0.80	上海
	6	45	0.11	0.25	0.52	0.87	0.79	0.81	
	8	45	0.20	0.40	0.95	0.90	0.98	0.85	
氨基甲酸泡沫塑料	2.5	25	0.05	0.07	0.26	0.81	0.69	0.81	天津
	5	36	0.21	0.31	0.86	0.71	0.86	0.82	
聚醚乙烯泡沫塑料	1	26	0.04	0.04	0.06	0.08	0.18	0.29	北京
	3	26	0.04	0.11	0.38	0.89	0.75	0.86	
脲醛米波罗	3	20	0.10	0.17	0.45	0.67	0.65	0.85	长春
	5	20	0.22	0.29	0.40	0.68	0.95	0.94	
酚醛泡沫塑料	1	28	0.05	0.10	0.26	0.55	0.52	0.62	太原
	2	16	0.08	0.15	0.30	0.52	0.56	0.60	
硬质聚氯乙烯泡沫塑料	2.5	10	0.04	0.04	0.17	0.56	0.28	0.58	光面
	2.5	10	0.04	0.05	0.11	0.27	0.52	0.67	凹凸面
	4.5	40	0.02	0.05	0.12	0.07	0.15	0.10	光面

注：① 细孔。
② 小孔。
③ 大孔。

23.3.8　建筑材料（砖、土等）吸声系数表[2]

材料名称	厚度/cm	视密度/（kg·m⁻³）	各频率下的吸声系数						产地
			125Hz	250Hz	500Hz	1000Hz	2000Hz	4000Hz	
加气微孔砖	3.5	370	0.08	0.22	0.38	0.45	0.65	0.66	北京
	5.5	620	0.20	0.40	0.60	0.52	0.65	0.62	
	5.5	830	0.15	0.40	0.57	0.48	0.59	0.60	
	5.5	1100	0.13	0.20	0.22	0.50	0.29	0.29	
石英砂吸声砖	6.5	1500	0.08	0.24	0.78	0.43	0.40	0.40	长春
泡沫玻璃	4	1260	0.11	0.32	0.52	0.44	0.52	0.33	
	4	1290	0.11	0.21	0.31	0.32	0.42	0.32	
	4	1870	0.11	0.22	0.32	0.34	0.43	0.32	
泡沫玻璃砖	5.5	340	0.03	0.08	0.42	0.37	0.22	0.33	长春
加气混凝土	5	500	0.07	0.13	0.10	0.17	0.31	0.33	北京
	5①	500	0.11	0.17	0.48	0.33	0.47	0.35	
	5②	500	0.10	0.10	0.10	0.48	0.20	0.30	
水泥膨胀珍珠岩板	5	350	0.16	0.46	0.64	0.48	0.56	0.56	北京 上海
	8	350	0.34	0.47	0.40	0.37	0.48	0.55	
泡沫混凝土	4.4	210	0.09	0.31	0.52	0.43	0.50	0.50	沈阳
	2.4	290	0.06	0.19	0.55	0.84	0.52	0.50	
	4.2	300	0.11	0.25	0.45	0.45	0.57	0.53	
	4.1	340	0.13	0.26	0.51	0.53	0.55	0.54	
石棉蛭石板 蛭石板	3.4	420	0.22	0.30	0.39	0.41	0.50	0.50	北京
	3.8	240	0.12	0.14	0.35	0.39	0.55	0.54	

注：① 穿孔 d5。
　　② 穿孔 d3。

23.3.9 双层微孔板吸声系数表[3]

规格		d0.8，b0.8，ξ前2.5% ξ后1%			d0.8 b0.8 ξ前2% ξ后1%	d0.8 b0.8 ξ前3% ξ后1%	d0.8 b0.8 ξ前5% ξ后3%	d0.8 b0.8 ξ前2.5% ξ后2%	d0.8 b0.8 ξ前2% ξ后1%		d0.8 b0.8 ξ前2% ξ后1%
内外腔深/cm		前3 后7	前5 后5	前4 后16	前8 后12	前8 后12	前2 后1	前1 后3	前10 后10	前5 后5	前8 后12
频率/Hz	100	0.25	0.14	0.47	0.44	0.37			0.24	0.19	0.41
	125	0.26	0.18	0.58	0.48	0.40			0.29	0.25	0.41
	160	0.43	0.29	0.77	0.75	0.62			0.32	0.31	0.46
	200	0.60	0.50	0.95	0.86	0.81			0.64	0.50	0.83
	250	0.71	0.69	0.99	0.97	0.92			0.79	0.79	0.91
	320	0.86	0.88	0.93	0.99	0.99			0.72	0.79	0.69
	400	0.83	0.97	0.78	0.97	0.99			0.67	0.62	0.58
	500	0.92	0.97	0.54	0.93	0.95			0.70	0.67	0.61
	630	0.70	0.74	0.51	0.93	0.90				0.60	0.54
	800	0.53	0.74	0.75	0.96	0.88	0.27	0.88		0.57	0.60
	1000	0.65	0.99	0.86	0.64	0.66	0.55	0.88		0.68	0.61
	1250	0.94	0.70	0.42	0.41	0.50	0.61	0.52		0.63	0.60
	1600	0.65	0.38		0.30	0.25	0.71	0.40		0.53	0.45
	2000	0.35	0.24		0.15	0.13	0.59	0.45		0.46	0.31
	2500						0.70	0.95		0.38	0.47
	3200						0.95	0.69		0.36	0.32
	4000						0.45	0.34		0.38	0.30
	5000						0.22	0.33		0.26	0.23
备注		驻波管法							混响室法		

23.3.10 窗的隔声量[9]

序号	构造/mm	隔声量/dB						
		125	250	500	1000	2000	4000	平均
1	单层玻璃窗：玻璃厚3~6	20.7	20	23.5	26.4	22.9	—	22
2	单层固定窗：玻璃厚6，四周用橡皮密封	17	27	30	34	38	32	29.7
3	单层固定窗：玻璃厚15，四周用腻子密封	25	28	32	37	40	50	35.3
4	双层固定窗	20	17	22	35	41	38	28.8
5	有一层倾斜玻璃的双层窗	37	45	42	43	47	56	45
6	3层固定窗	28	31	29	41	47	40	35.3

23.3.11 单层微穿孔板吸声系数表[2]

规格		d0.8，b0.8，1%				d0.8，b0.8，2%				d0.8，b0.8,1%	d0.8，b0.8，2%	
腔深/cm		5	10	15	25	3	5	10	20	20	15	20
频率/Hz	100	0.06	0.24	0.35	0.63	0.07	0.05	0.12	0.40	0.26	0.12	0.12
	125	0.05	0.24	0.37	0.72	0.08	0.05	0.10	0.40	0.28	0.18	0.19
	160	0.05	0.33	0.54	0.92	0.09	0.05	0.14	0.50	0.35	0.19	0.26
	200	0.11	0.58	0.77	0.97	0.10	0.07	0.33	0.72	0.51	0.30	0.30
	250	0.29	0.71	0.85	0.99	0.11	0.17	0.46	0.83	0.67	0.43	0.50
	320	0.36	0.82	0.92	0.97	0.12	0.17	0.63	0.95	0.77	0.96	0.55
	400	0.61	0.98	0.97	0.76	0.17	0.36	0.77	0.80	0.71	0.81	0.54
	500	0.87	0.96	0.87	0.38	0.15	0.60	0.92	0.54	0.52	0.57	0.45
	630	0.99	0.84	0.65	0.10	0.25	0.76	0.80	0.27	0.34	0.52	0.41
	800	0.82	0.46	0.30	0.99	0.44	0.89	0.53	0.07	0.31	0.36	0.27
	1000	0.78	0.40	0.20	0.40	0.58	0.78	0.31	0.77	0.42	0.32	0.35
	1250	0.44	0.14	0.26	0.09	0.81	0.57	0.23	0.40	0.37	0.29	0.39
	1600	0.20	0.07	0.32	0.17	0.65	0.36	0.08	0.13	0.28	0.40	0.36
	2000	0.12	0.29	0.15	0.12	0.40	0.22	0.40	0.28	0.40	0.33	0.36
	2500									0.35	0.38	0.01
	3200									0.27	0.35	0.33
	4000									0.30	0.34	0.19
	5000									0.25	0.32	0.36
备注		驻波管法								混响室法		

23.3.12 一些墙体的隔声量（TL）[9]

类别	序号	重量/（kg·m^{-2}）	隔声量/dB						
			125	250	500	1000	2000	4000	平均值
1/4 砖墙	1	118	41	44	45	40	46	47	43
	2	160	30	30	30	34	41	40	32
	3	258	25	28	33	47	50	47	38
	4	168	19	25	32	43	43	46	33
1/2 砖墙	5	225	33	37	38	46	52	53	45
	6	280	—	52	47	57	54	—	50

（续表）

类别	序号	重量/（$kg \cdot m^{-2}$）	隔声量/dB						
			125	250	500	1000	2000	4000	平均值
1砖墙	7	457	44	44	45	53	57	56	49
	8	500	45	45	40	53	54	54	48
	9	444	37	43	53	63	73	83	58
	10	800	50	51	58	71	78	80	64
空斗（心）墙	11	374	21	22	31	33	42	46	31
	12	183	19	22	29	35	44	44	31
	13	197	23	33	30	38	42	39	34
石膏矿渣砌块	14	217	18	23	29	40	45	44	31
空心石膏板	15	95	34	35	36	41	47	—	34
同上	16	110	35	36	38	45	51	—	41
双层钢筋混凝土	17	200	38	45	47	58	63	62	52
双面板条抹灰	18	70	21	22	35	44	49	48	35
加气混凝土砌块	19	88	21	30	30	40	49	56	39
双层加气混凝土	20	125	35	39	46	47	62	69	49
12+12石膏板	21	25	27	29	35	43	42	44	36
12·12+12·12石膏板	22	45	35	35	43	51	58	51	44
有空气层、石膏板、矿棉	23	40	35	41	50	50	53	51	47

参 考 文 献

[1]《采矿手册》编委会．采矿手册［M］．北京：冶金工业出版社，1991.
[2] 徐世勤，王樯．工业噪声与振动控制［M］．北京：冶金工业出版社，1999.
[3] 肖洪亮．噪声污染控制［M］．武汉：武汉工业大学出版社，1998.
[4] 国家环境保护局．GB 12348—1990 工业企业厂界噪声标准［S］．北京：中国标准出版社，1990.
[5] 国家技术监督局．GB 12523—1990 建筑施工场界噪声限值［S］．北京：中国标准出版社，1990.
[6] 国家标准局．GB 5979—1986 海洋船舶声级规定［S］．北京：中国标准出版社，1986.
[7] 国家质量技术监督局．GB 5980—1986 内河船舶噪声级规定［S］．北京：中国标准出版

社，1986.
[8] 国家标准局. GB 5983—1986 种子浇洗机试验方法［S］. 北京：中国标准出版社，1986.
[9] 李耀中. 噪声控制技术［M］. 北京：化学工业出版社，2004.
[10] 卫生部，劳动部. 工业企业噪声卫生标准，1980.

24 辐 射 防 护

24.1 尿铀浓度与空气、口罩污染水平[2]

工作场所	每班工作时间/h	监测人次	空气铀浓度/（μg·m^{-3}）	尿铀浓度/（μg·L^{-1}）	口罩含铀量/（μg·个$^{-1}$）
压缩机拆装现场	2.8	93	37	0.45	89
压缩机检修现场	2.7	79	6.2	0.44	14.0

24.2 不同事故阶段采取防护措施的剂量

24.2.1 适于早期防护措施的剂量范围

措施	剂量（mSv 或 mGy）	
	全身	肺①、甲状腺和其他主要受照的单个器官
隐蔽	5～50②	50～500
服稳定性碘	—	50～500③
撤离	50～500	500～5000

注：① 在肺受到高剂量α粒子照射的情况下，数值用吸收剂量（mGy）与相对生物效应（RBE）的乘积。为便于计算，建议 RBE 取 10。

② 或有效剂量当量。

③ 仅用于甲状腺。

24.2.2 中期阶段采取防护措施的剂量①

措施	第一年内的剂量当量（mSv）	
	全身	主要受照的单个器官
控制食物和水	5～50②	50～500
避迁	50～500	未预定

注：① 对孕妇和特殊亚群的防护问题应特别关注。

② 或有效剂量当量。

24.3 表面放射性物质污染控制水平[1]

Bq/cm²

表面类型		α放射性物质		β放射性物质
		极毒性	其他	
工作台 设备 墙壁 地面	控制区 监督区	4	4×10	4×10
	非限制区	4×10^{-1}	4	4
工作服 手套 工作鞋	控制区 监督区	4×10^{-1}	4×10^{-1}	4
	非限制区	4×10^{-2}	4×10^{-2}	4×10^{-1}
手、皮肤、内衣、工作袜		4×10^{-2}	4×10^{-2}	4×10^{-1}

注：1. 表中所列数值系指表面上固定污染和松散污染的总数。

2. 手、皮肤、内衣、工作袜污染时，应及时清洗，尽可能清洗到本底水平。其他表面污染水平超过表中所列数值时，应采取去污措施。

3. 设备、墙壁、地面经采取适当的去污措施后，仍超过表中所列数值时，可视为固定性污染，经辐射防护部门检查同意，可适当提高控制水平，但不得超过表中所列数值的5倍。

4. β粒子最大能量小于0.3MeV的β放射性物质的表面污染控制水平，可为表中所列数值的5倍。

5. ^{227}Ac、^{210}Pb、^{228}Ra等β放射性物质，按α放射性物质的表面污染控制水平执行。

6. 氚和氚化水的表面污染控制水平，可为表中所列数值的10倍。

7. 表面污染水平可按一定面积上的平均值计算：皮肤和工作服取100cm²，设备取300cm²，地面取1000cm²。

24.4 可按豁免货包运输的放射性活度限值[4]

内容物性质	仪表或物件		物质货包限值*
	物品限值	货包限值*	
固体			
特殊形式	$10^{-2}A_1$	A_1	$10^{-3}A_1$
其他形式	$10^{-2}A_2$	A_2	$10^{-3}A_2$
液态	$10^{-3}A_2$	$10^{-1}A_2$	$10^{-4}A_2$
气态			
氚	$2\times10^{-2}A_2$	$2\times10^{-1}A_2$	$2\times10^{-2}A_2$
特殊形式	$10^{-3}A_1$	$10^{-2}A_1$	$10^{-3}A_1$
其他形式	$10^{-3}A_2$	$10^{-2}A_2$	$10^{-3}A_2$

*液态氚的浓度限值此处不适用。

24.5 货包和运输工具表面放射性物质非固定污染限值[1]

货包类型	活染限值/（$Bq\cdot cm^{-2}$）（$\mu Ci\cdot cm^{-2}$）	
	β，γ和低毒性α发射体	其他α发射体
豁免货包外表面，载有豁免货包的外包装、集装箱和运输工具的内、外表面	4×10^{-1}（10^{-5}）	4×10^{-2}（10^{-5}）
除豁免货包外的各货包外表面，不载有豁免货包的外包装和集装箱的内、外表面	4（10^{-4}）	4×10^{-1}（10^{-5}）

注：1. 表中限值允许在表面的任意部位的任何一个300cm²的面积上求平均，小于300cm²者按实际污染面积平均。

2. 低毒性的α发射体指的是：天然铀、贫化铀、天然钍、^{235}U、^{238}U、^{232}Th，在矿石和物理或化学浓缩物中的^{228}Th、^{230}Th，以及半衰期小于10天的放射性核素。

24.6 几种防护手套对 β 辐射的减弱[2]

名　　称	厚度/ $(mg \cdot cm^{-2})$	对 β 辐射的减弱倍数						
		^{147}Pm	^{45}Ca	^{204}Tl	$^{90}Sr+^{90}Y$	^{32}P	混合裂变产物	天然铀
医用手套（毛面）	21.3	68	19	2.3	1.7	1.34	2.6	1.1
乳胶工作手套	42.5		51	3.4	2.5	1.68	3.2	1.5
红色耐酸手套	62.5			5.9	3.2	2.1	3.7	1.9
黑色工业耐酸碱手套	169			281	7.1	5.1	7.15	

24.7 几种屏蔽材料的半厚度值[3]

γ 射线能量 MeV	屏　蔽　材　料/cm			
	水	水泥	钢	铝
0.5	7.4	3.7	1.1	0.41
0.6	8.0	3.9	1.2	0.49
0.7	8.6	4.2	1.3	0.59
0.8	9.2	4.5	1.4	0.70
0.9	9.7	4.7	1.4	0.80
1.0	10.3	5.0	1.5	0.90
1.1	10.6	5.2	1.6	0.97
1.2	11.0	5.5	1.6	1.03
1.3	11.5	5.7	1.7	1.10
1.4	11.9	6.0	1.8	1.20
1.5	12.3	6.3	1.9	1.20

24.8 放射性货包距感光材料放置地点和人员经常停留处的最小容许距离[3]

运输指数	照　射　时　间/h（昼夜）							
	1	2	4	10	24（1）	48（2）	120（5）	240（10）
	距 货 包 表 面 的 距 离/m							
0.2	0.5	0.5	0.5	0.5	1	1	2	3
0.5	0.5	0.5	0.5	1	1	2	3	5
1	0.5	0.5	1	1	2	3	5	7
2	0.5	1	1	1.5	3	4	7	9
4	1	1	1.5	3	4	6	9	13
8	1	1.5	2	4	6	8	13	18
10	1	2	3	4	7	9	14	20
20	1.5	3	4	6	9	13	20	30
30	2	3	5	7	11	16	25	35
40	3	4	5	8	13	18	30	40
50	3	4	6	9	14	20	32	45

参考文献

[1] 国家环境保护局. GB 8703—88 辐射防护规定 [S]. 北京：中国标准出版社，1988.
[2] 李德平，等. 辐射防护手册 [M]. 北京：原子能出版社，1990.
[3] 刘学成. 放射性物质的防护与运输安全 [M]. 北京：中国铁道出版社，1990.
[4] 国家质量监督检验检疫总局. GB 18871—2002 电离辐射防护与辐射源安全基本标准 [S]. 北京：中国标准出版社，2002.
[5] 国家质量监督检验检疫总局. GB 11806—2004 放射性物质安全运输规程 [S]. 北京：中国标准出版社.

25 个 体 防 护

25.1 防电用品

25.1.1 绝缘用品的机械性能[12]

品　　名	扯断强度/(kgf·cm^{-2})	伸长率/%	硬度/(邵氏度)	磨耗(cm^3/1.61km)
12kV 绝缘手套	>160	>600	35±5	
5kV 绝缘手套	>160	>600	35±5	
20kV 绝缘靴 面	>140	>450	50～65	<2
20kV 绝缘靴 底	>130	>350	50～65	<2
6kV 绝缘靴 面	>180	>500	50±4	<1
6kV 绝缘靴 底	>160	>460	58±8	<1
5kV 绝缘鞋底	>150	>450	58±8	<1
绝缘胶板	>65	>350	55～70	

注：1kgf=9.80665N。

25.1.2 绝缘用品定期复验防电性能[12]

品　　名	复验周期/月	复试电压/VAC	持续时间/(min·不击穿$^{-1}$)	泄漏电流/mA
12kV 绝缘手套	6	8	1	≤9
5kV 绝缘手套	6	2.5	1	≤2.5
20kV 绝缘靴	6	15	2	≤7.5
6kV 绝缘靴	3	4	1	≤4
5kV 绝缘鞋	1	3.5	1	≤3.5
4mm 绝缘胶板	6	15	2	
6mm 绝缘胶板	6	20	2	
8mm 绝缘胶板	6	25	2	
10mm 绝缘胶板	6	30	2	
12mm 绝缘胶板	6	35	2	

25.1.3 皮安全鞋的强度要求[4]

类　别	静压力试验/kgf	冲击试验		试验后的间隙高度/mm
		重量/kg	落下高度/mm	
重型	1400	23	450	15 以上
普通型	1100	23	300	15 以上
轻型	450	23	120	15 以上

注：1kgf=9.80665N。

25.1.4 带电作业屏蔽服性能试验时的试验电压标准[5,6]

屏蔽服工作电压/kV	35	110	220	330	500
试验电压/kV	22	70	140	210	318

25.2 防高温和强光用品

25.2.1 从事红外线作业选用遮光色号参考表[12]

遮光号	热源种类	其他	热源平均温度/℃
1.2	高炉 加热炉 烧结机	使用红外线的工作、或在雪地、沙漠、道路等有反射光的作业	1050
1.4			1070
1.7			1090
2.0			1110
2.5			1140
3	转炉 平炉	使用弧光灯、水银弧光灯的工作	1210
4			1290
5			1390
6	电炉		1500
7			1650
8			1800
9			2000
10			2150

注：气焊作业可根据弧光亮度大小，选择3号~8号遮光号。电焊作业（电流在75A以下）可根据亮度大小选择5号~10号遮光号。

25.2.2 白帆布工作服的隔热效能[12]

距离热源/m		各次测定辐射强度/（cal·cm^{-2}·min^{-1}）						测定时室内温度/℃	测定时采用的热源/℃	隔辐射热效能/%
		1次	2次	3次	4次	5次	平均值			
0.5	A	11.5	11.5	12	11.5	11	11.5	26	940	78
	B	2.5	2.5	2.5	2.5	2.5	2.5			
1	A	3	3	3	3	3	3	26	940	80
	B	0.5	0.5	0.5	0.5	0.5	0.5			
1.5	A	1.5	1.5	1.5	1.5	1.5	1.5	27	940	83
	B	0.25	0.25	0.25	0.25	0.25	0.25			
2	A	0.5	0.5	0.5	0.5	0.5	0.5	27	940	100
	B	0	0	0	0	0	0			

注：1. 没有工作服时辐射热的强度。

2. 有工作服时辐射热的强度。

3. 计算公式：隔辐射热效能 $=\frac{A-B}{A}\times 100\%$。

4. 1cal = 4.1868J。

25.2.3 ISO 防护眼镜的透过率标准[12]

编号	紫外波段		可见光		红外波段平均透过率值	
	313nm	365nm	最 大	最 小	780~1300nm	1300~2000nm
1.2	0.0003	50	100	74.4	37	37
1.4	0.0003	35	74.4	58.1	33	33
1.7	0.0003	22	58.1	43.2	26	26
2.0	0.0003	14	43.2	29.1	21	13
2.5	0.0003	6.4	29.1	17.8	15	9.6
3	0.0003	2.8	17.8	8.5	12	8.5
4	0.0003	0.95	8.5	3.2	6.4	5.4
5	0.0003	0.30	3.2	1.2	3.2	3.2
6	0.0003	0.10	1.2	0.44	1.7	1.9
7	0.0003	0.037	0.44	0.16	0.81	1.2
8	0.0003	0.013	0.16	0.061	0.43	0.68
9	0.0003	0.0045	0.061	0.023	0.20	0.39
10	0.0003	0.0016	0.023	0.0085	0.10	0.25
11	—	0.0006	0.0085	0.0032	0.05	0.15
12	—	0.0002	0.0032	0.0012	0.027	0.096
13	—	0.000076	0.0012	0.00044	0.014	0.06
14	—	0.000027	0.00044	0.00016	0.007	0.04
15	—	0.0000094	0.00016	0.000061	0.003	0.02

25.2.4 铝膜隔热布的隔热效能[12]

项　目	测 试 条 件	测 试 结 果
反射率	CD-10 分光光度计，以硫酸钡白作标准	全反射 80% 左右，漫反射 58% 左右
防辐射热	距热源 20cm 处，单荷辐射热 $2cal/cm^2 \cdot min$	95.19%
耐高温	200℃ ×30min 烘箱内鼓风焙烘	表面无变化
耐老化	70℃ ×72h	无变化
耐水压	760mmHg（密封式）	无水滴

注：1. 1cal = 4.1868J。

2. 1mmHg = 133.3224Pa。

25.2.5 焊工防护眼镜遮光片选用表[1]

焊接切割种类	镜 片 遮 光 号				
	焊 接 电 流/A				
	≤30	30~75	75~200	200~400	
电弧焊	5~6	7~8	8~10	11~12	
碳弧气刨			10~11	12~14	
焊接辅助工					3~4

25.2.6 护目镜各遮光号的适用范围[2]

遮光号	弧光焊接作业	高温辐射作业	其他作业
1.2 1.4 1.7 2 2.5	接受侧光或散射光	高炉 加热炉 烧结炉 转炉	长期在野外、沙滩、海岸工作的人员、登山及滑雪运动员、交通警察、紫外线及红外线理疗医务人员
3 4	焊接辅助工	平炉或锻造等	
5 6	<30A 的电弧作业		
7 8	30~75A 的电弧作业		弧光灯或水银弧光灯
9 10 11	>75~200A 的电弧作业	电炉	
12 13	>200~400A 的电弧作业		
14 15 16	≥600A 的电弧作业		

25.3 防酸碱用品

25.3.1 各种合成纤维的耐酸性能[12]

性能	涤纶	维纶	氯纶	锦纶	丙纶	腈纶
耐酸性	耐酸性较好，仅在浓硫酸中溶解，在35%盐酸、70%硫酸、60%硝酸中无甚影响	浓酸中易膨胀分解，10%盐酸、30%硫酸无甚影响	优良	浓酸中易溶解与分解，在7%盐酸，20%硫酸、10%硝酸中无影响	除氯璜酸、浓硝酸外，耐酸性优良	耐酸性良好，在35%盐酸、60%硫酸、45%硝酸中无甚影响
耐碱性	耐弱碱液，10%苛性钠、28%氨水中无甚影响，浓碱液中温度增高，纤维脆损	50%苛性钠中变黄但对强力无影响	50%苛性钠及浓氨水中强力不下降	50%苛性钠、28%氨水中强力无影响	优良	50%苛性钠溶液，28%氨水中强度几乎不下降

25.3.2 橡胶耐酸碱靴物理机械性能[12]

项目	靴面					大底				
	浸渍前	浸渍后室温下36h			热老化70℃×72h	浸渍前	浸渍后室温下36h			热老化70℃×72h
		70%硫酸	50%硫酸	36%盐酸			70%硫酸	50%硫酸	36%盐酸	
耐酸系数不小于		0.682	0.96	1.06	1.006		0.585	0.893	1.072	0.88
硬度/邵氏	60	60	60	60	61	64	64	64	64	66
300%定伸长率/(kgf·cm^{-2})	81	86	81	78	89	92	89	94	92	103
抗张强度/(kgf·cm^{-2})	212	165	208	222	218	191	138	179	204	183
伸长率/%	508	454	497	516	498	513	417	490	517	470
变形/%	33	27	31	30	32	45	34	37	44	36
附着力/(kgf·cm^{-2})	1052									

注：1kgf/cm^2 = 0.0980665MPa。

25.3.3 耐酸碱皮鞋性能指标[7]

部位	指标名称		规定
面革	扯断强度/(N·mm^{-2}) 扯断伸长率（在扯断强度为10N/mm^{2}时）/% 撕裂强度/(N·mm^{-1}) 耐折牢度/次		≥17 20～40 ≥60 2000无裂纹，松面掉浆等现象，允许有死折
大底	扯断强度/MPa 扯断伸长率/% 硬度/（邵尔）		≥9.8 ≥300 55～70
大底	经酸碱处理与未扯断强度降低/% 经处理结果比较扯断伸长率变化/%		≤15 ≤20
大底	经酸碱处理与未经处理结果比较	重量变化/% 硬度/(邵尔)，增加	≤2 ≤10
成鞋	透水性能试验 耐磨/mm 剥离强度/(N·cm^{-1})		不透水 ≤12 ≤60

25.3.4 耐酸碱胶靴性能指标[7]

指标名称	胶面	大底
扯断强度/MPa	≥10.78	≥9.8
扯断伸长率/%	≥350	≥300
磨耗减量/(cm^3·1.61km^{-1})		1.2
黏着力/(kN·m^{-1})	≥0.70	
硬度/（邵尔）	50～65	55～70
扯断强度降低/%	≤15	≤15
扯断伸长率变化/%	≤20	≤20
重量变化/%	≤2	≤2
硬度/（邵尔）增加	≤10	≤10

25.3.5 耐酸碱塑料模压鞋性能指标[8]

指标名称	塑料面	大底
扯断强度/MPa	≥11.76	≥10.78
扯断伸长率/%	≥320	≥300
磨耗/（cm^3·$1.61km^{-1}$）		≤0.25
硬度/（邵尔）	60~75	65~75
扯断强度降低/%	≤15	≤15
扯断伸长率变化/%	≤20	≤20
重量变化/%	≤2	≤2
硬度/（邵尔）增加	≤10	≤10

25.4 防机械外伤和脏污用品

25.4.1 护肘和护膝规格[12]

mm

规格	护肘			护膝		
	一号	二号	三号	一号	二号	三号
整体长	220	210	200	295	285	275
上口宽	130	118	106	165	150	135
下口宽	130	118	106	145	130	115

25.4.2 防角膜异物伤眼镜规格[12]

cm

项目	大号	中号	小号
镜片	56×38	54×36	52×34
挡板镜脚	150	145	140
框架卷边	56	54	52

25.4.3 作业条件与手套的形状及其材料[1]

作业条件	手套形状	制作材料
一般作业	5指 3指 2指	合成纤维（维尼纶、尼龙）、皮革和翻毛皮革
焊接作业	2指	皮革和翻毛皮革
高温作业	3指 2指	石棉 含铝石棉
化学药品作业	5指	天然橡胶、合成橡胶
电气作业	5指	乙烯树脂、天然橡胶

25.5 防水用品

25.5.1 防水胶料的物理机械性能[12]

项目	指标		
	单面胶布	双面胶布	夹胶胶布
扯断力/($kgf \cdot cm^{-2}$)	120	120	120
扯断伸长率/%	450	450	450
老化系数(70℃×72h)	0.8	0.8	0.8

注：$1kgf/cm^2 = 0.0980665MPa$。

25.5.2 胶面胶鞋的物理机械性能[12]

项目	靴面	大底
扯断力($kgf \cdot cm^{-2}$)不小于	160	140
伸长率/%	500	450
硬度(邵氏)	50~65	55~70
附着力(kgf/cm)不小于	0.3	
磨耗减量(cm^3/1.61km)不大于		1

注：$1kgf/cm^2 = 0.980665MPa$。

25.5.3 抗油拒水防护服安全卫生性能要求[9]

测定项目	指标要求
抗油	≥130分；并能抗机、柴油倾覆渗漏
拒水	=5级
洗涤30次	剩余抗油≥80分；剩余拒水≥1级，背面无渗水
织物牢度	经纬断裂功之和，夏季≥2450N·cm；冬季≥3430N·cm
透气	夏季≥$6 \times 10^{-2} m^3/(m^2 \cdot s)$；冬季≤$2.3 \times 10^{-2} m^3/(m^2 \cdot s)$
透湿	夏季≥$4000g/(m^2 \cdot d)$；冬季≥$2300g/(m^2 \cdot d)$
硬挺度	在-18℃时，≤7.5cm
接触卫生	整理剂直接贴敷人体皮肤，24h，无任何红斑、水肿 整理剂，小鼠及豚鼠经口急毒试验，半数致死量：≥10000mg/kg体重

25.5.4 防水胶布的外观质量[12]

缺陷名称	一级品	二级品
活折皱	每匹不超过2处，总长度不超过200mm(指经向)	缺陷超出一级品的规定
杂质、砂粒	大于0.3mm以上者不允许有	缺陷超出一级品的规定
胶粒、胶块	每匹不超过6处，每处面积不大于$4mm^2$	缺陷超出一级品的规定
线头	每匹不超过1处，最大长度不超过200mm	缺陷超出一级品的规定
单边卷边	允许宽度不大于5mm	缺陷超出一级品的规定
拼布不齐	齐边允许宽度不大于7mm	缺陷超出一级品的规定
布边缺陷(粘胶缺陷)	允许两边同时存在，但每边宽度不得超过7mm	缺陷超出一级品的规定

（续表）

缺陷名称	一　级　品	二　级　品
隔离剂印痕	允许有轻微均匀	缺陷超出一级品的规定
布面透胶	允许有轻微均匀	缺陷超出一级品的规定
布纹印痕	允许有轻微均匀	缺陷超出一级品的规定
颜色不均	允许有轻微不一致	缺陷超出一级品的规定
气道	允许有轻微平整	允许经向同时出现两条
污渍	不允许有	缺陷超出一级品规定
接头印痕	允许有	允许有

25.6 防坠落用品

25.6.1 维纶纤维的物理性能[12]

项　目	指　标				
断裂强度/(g·袋$^{-1}$)	干3.0~4.0	湿2.1~3.2	强力丝	干6.0~9.0	湿5.0~7.9
伸长率/%	干17~22	湿17~25	强力丝	干9~22	湿10~26
回弹率3%延伸时/%	70~90				
比重	1.26~1.3				
吸湿率（20℃65%相对湿度%）	3.5~4.5				
耐热性（软化点℃）	220~230				
耐日光	长期暴晒强度稍有下降				

25.6.2 锦纶绳在几种条件下的破断拉力[1]

条　件	破断拉力/N（kg）	条　件	破断拉力/N（kg）
正常温度下受静拉力	16915N（1726）	自然老化（1498h）	14210N（1450）
摩擦万次后受静拉力	16660N（1700）	高温120℃（30min）	13377N（1365）
潮湿浸水后受静拉力	16562N（1690）	低温-21℃（1680h）	16827N（1717）
霉烂后受静拉力	14544N（1484）		

注：锦纶绳的规格：80支/2×2；结构（根数）；78×4×4；绳直径：13mm；长度：0.5m。

25.6.3 安全绳冲击力[1]

名称	规格	绳径/mm	冲击物重量/kg	冲击力/N（kg）			
				冲距0.5m	冲距2m	冲距3m	冲距4m
钢丝绳		6	80	7840（800）	22148（2260）	25480（2600）	—
		8	120	10976（1120）	26264（2680）	29890（3050）	—
		8	140	14269（1456）	30576（3120）	—	—
合股棉绳	12支 240×4×4	16	80	3822（390）	5684（580）	6370（650）	—
		16	120	5988（600）	7556（771）	7938（810）	—
		18	80	3430（350）	4802（490）	6076（620）	—
		18	120	5067（517）	6370（650）	7223（737）	8036（820）
锦纶绳	80支/2×2 78×4×4	13	120	5586（570）	6468（660）	7350（750）	—

25.6.4 安全带破坏负荷[10]

名称	破坏负荷 N	破坏负荷 kgf	名称		破坏负荷 N	破坏负荷 kgf
腰带	14709	1500	围杆绳	ϕ13mm	14709	1500
护腰带	9806	1000		ϕ16mm	23534.4	2400
护胸带	7844.8	800	安全钩（小）		11767.2	1200
前胸连接带	5883.6	600	自锁钩		9805	100
胯带	5883.6	600	胸带卡子		5883.6	600
吊绳 ϕ16mm	23534.4	2400	攀登钩		5883.6	600
三角环	11767.2	1200	钉子扣		5883.6	600
8 字环	11767.2	1200	调节环		9806	1000
围杆带	14709	1500	安全钩（大）		9806	1000
背带	9806	1000	转动钩		11767.2	1200
吊带	5883.6	600	腰带卡子		7844.8	800
攀登钩带	7844.8	800	半圆环		11767.2	1200
腿带	5883.6	600	圆环		11767.2	1200
支全绳	14709	1500	品字环		11767.2	1200

注：1kgf = 9.80665N。

25.6.5 几种常用化纤主要性能比较表

性能		锦纶	维纶	乙纶	丙纶	涤纶
平均强度/($g \cdot C^{-1}$)	干	6.3	4.8	5	6	5
	湿	5.6	3.7	5	6	5
断裂伸长度/%		28	23	23	19	23
耐磨性（优劣次序）		1	3	4	2	5
耐热性/℃	软化点	180 ~ 200	200 ~ 220	120	160	230 ~ 240
	熔融点	212 ~ 220	220 ~ 230	135	167	250 ~ 265
耐光性（优劣次序）		2	1	3	4	比无光维纶好
比重/($g \cdot cm^{-2}$)		1.14	1.30	0.92	0.91	1.38
耐化学品性		耐碱，不耐强酸，溶于蚁酸，碳酸和间甲苯粉	能耐一般酸混溶于蚁酸，碳酸间甲苯酚和过氧化氢	优	优	耐酸及一般有机溶剂，不耐强碱，溶于间苯酚和部分酚类化合物
耐燃性	近焰	熔缩	熔融收缩	熔卷离	熔快卷离	溶缩
	在焰中	熔燃滴落并起泡	燃 烧	熔并燃	熔难灼燃	熔燃滴落并起泡
	离焰后	不直接续燃	续 燃	速 燃	缓续燃冒黑烟	能续燃有少量烟
弹性模量/($kgf \cdot mm^{-2}$)		150 ~ 300	250 ~ 400		170 ~ 400	200 ~ 700

注：1kgf = 9.80665N。

25.6.6 电工安全带的规格[12]

mm

型号	Ⅰ型	Ⅱ型
腰带	1250×40×4	1250×40×3
围腰带	510×55×4	600×77×4
围杆带	2200×40×4	2200×40×4

25.6.7 国内几个标准安全网的主要技术数据

标准代号标准名称	料材	结构规格	网目尺寸/cm	网绳		筋绳		系绳		边绳		冲击试验				结果判断
				φ/mm	断裂强力/kgf	φ/mm	断裂强度/kgf	φ/mm	断裂强度/kgf	φ/mm	断裂强度/kgf	砂包重量/kgf	砂包数量/只	冲击高力/m		
湘QCS. SG 6—83《安全网》	维纶 锦纶	任意	8×8	4.5 3.5	>100	9.0 7.0	>300	9.0 7.0	>300	9.0 7.0	>300	80	2	6	两砂包相距2m	安全网系四角系绳完整无，其他系绳允许少量断裂：网下垂伸长应大于1m
辽大Q1135—83《涤纶安全网》	涤纶	3×7筋绳规格3×6m	8×8	4.0	200	8.5	650	8.5	650	8.0	570	160	1	6	网中心	网心破坏面积应不大于57600mm
上海地区《维纶安全网质量检验暂行标准》	维纶	5×9筋绳规格3×6m	8×8	4.0	140	8	450	8	450	10.0	600	120	2	4.5	两砂包相距1.5m	安全网中心（2×4m）范围内网绳不准破断，12根筋绳中允许断1～2根（两根相距应大于1.5m）
沪QGW 302—82*《安全网》	维纶 乙纶 丙纶	有筋网，规格4×5m 3×6m 2×5m	25×25	8.0 8.0 8.0	620 750 790	10.0 10.0 10.0	960 1170 1220	10.0 10.0 10.0	960 1170 1220	10.0 10.0 10.0	960 1170 1220					编结采用传统穿花法，绳索强度及安全网外观符合要求，及安全网就算合格

注：*本表列举的数字是专指防护人的安全网。

1kgf=9.80665N。

25.7 防冲击用品

25.7.1 胶布矿工帽外观质量[12]

缺陷名称	一等品	二等品
外表皱纹杂质	不允许	允许少量不明显的
帽内线状凹痕 深度/mm 宽度/mm 总长度/mm	不大于1 不大于1.5 不大于5	不大于1 不大于2 不大于15
外面线状凹痕 深度/mm 宽度/mm 总长度/mm	0.5~1 不大于1 不大于5	0.5~1 不大于1.2 不大于10
外表气泡 直径/mm 高度/mm 允许数量/处 气泡间隔距离/mm	3~5 不大于2 不多于2 大于10	不大于10 不大于4 不多于3 大于8
帽边加工	必须整齐	基本整齐
帽边胶压进数 缺胶布 内 缺胶布 外	不允许 不允许 不允许	不允许 每平方厘米不超过两处 不允许
变形	无明显的	允许稍有变形
胶布压环 内/mm 外/mm	不允许 不允许	不允许 长小于20
插灯座铆钉松动 插灯座高低不平/mm	不允许 不大于2	不允许 不大于3
外表胶布搭接处裂开/mm	不允许	小于1，不超过两处
外表因缺胶或压力不足而造成粗糙不平现象总面积/cm^2	不大于5 无明显的	不大于10 允许稍有变形
成品柔软总面积/%	不大于5	不大于10
帽内因缺胶或压力不足造成缺陷允许修补范围/cm^2	不大于2，两处或5~7，1处	5~7，两处
补后成隔成气泡或脱离	不允许	不允许

25.7.2 安全帽的使用场所及测试项目[3]

类别	编号	使用场所	测试项目
Y 一般作业		一般	三顶安全帽分别经高温、低温、淋水，三项处理后作冲击试验，选择对帽子材质最不利的上述条件之一，作穿刺试验
T 特殊作业	1	有火源	冲击、穿刺同Y，阻燃性
	2	井下、隧道、地下工程、采伐	冲击、穿刺同Y，侧向刚性
	3	井下瓦斯矿	两顶安全帽分别经35℃和0℃处理后作冲击试验 经35℃处理作穿刺试验 侧向钢性、抗静电性 阻燃性
	4	带电低温	冲击、穿刺试验同Y，电绝缘性 两顶安全帽经-20℃处理后，分别作冲击、穿刺试验

25.7.3 胶面防砸安全靴性能要求[11]

25.7.3.1 耐压力性能，抗冲击性能

级别	耐压力试验/kN	抗冲击试验		试验后的间隔高度/mm	
		冲击锤/kg	落下高度/mm	包头内	鞋头内
普通型	10	23	300	≥22	≥15
轻型	4.4	23	120	≥22	≥15

25.7.3.2 外底和靴面的厚度

指标项目	外底		靴面	
	着地部	不着地部	靴面前部	靴筒部
厚度/mm ≥	8.0	2.8	1.3	1.1

25.7.3.3 成鞋的物理机械性能

项目	靴面	外底	项目	靴面	外底
拉伸强度/MPa ≥	13.0	9.8	黏附强度/($kN \cdot m^{-1}$) ≥	0.60	—
扯断伸长率/% ≥	450	350	屈挠万次不裂	—	5
磨耗量/cm^3 ≤	—	1.0			

参考文献

[1] 嵇敬文．安全技术手册［M］．北京：水利电气出版社，1989.
[2]《工作安全技术手册》编委会．工业安全技术手册［M］．上海：上海科技出版社，1989.
[3] 林明请．安全知识手册［M］．北京：电子工业出版社，1987.
[4] 冶金部安全技术研究所．GB 4014—1983 中华人民共和国国家标准　皮安全鞋［S］．北京：中国标准出版社，1983.
[5] 水利电力部武汉高压研究所．GB 6568.2—1986 中华人民共和国国家标准　带电作业用屏蔽服［S］．北京：中国标准出版社，1983.
[6] 水利电力部武汉高压研究所．GB6568.2—2000 中华人民共和国国家标准带电作业用屏蔽服装实验方法［S］．北京：中国标准出版社，2000.
[7] GB 12018—1989 中华人民共和国国家标准　耐酸碱皮鞋［S］．北京：中国标准出版社，1989.
[8] GB 12020—1989 中华人民共和国国家标准　耐酸碱塑料模压靴［S］．北京：中国标准出版社，1989.
[9] 中国人民解放军总后勤部军需装备研究所，华北石油管理局．GB 12799—1991 中华人民共和国国家标准　抗油拒水防护服安全卫生性能要求［S］．北京：中国标准出版社，1991.
[10] 北京市劳动保护科学研究所．GB 6095—1985 中华人民共和国国家标准　安全带［S］．北京：中国标准出版社，1985.
[11] GB 1054—1986 中华人民共和国国家标准　胶面防砸安全靴［S］．北京：中国标准出版社，1986.
[12]《劳动保护用品知识》编写组．劳动保护用品知识［M］．北京：劳动出版社，1982.

26 厂矿“三废”

26.1 污水排放标准

26.1.1 污水综合排放标准[1]

本标准将排放的污染物按其性质及控制方式分为两类：

第一类污染物，不分行业和污水排放方式，也不分受纳水体的功能类别，一律在车间或车间处理设施排放口采样，其最高允许排放浓度必须达到本标准要求。

第二类污染物，在排污单位排放口采样，其最高允许排放浓度必须达到本标准要求。

26.1.1.1 第一类污染物最高允许排放浓度

mg/L

序号	污染物	最高允许排放浓度	序号	污染物	最高允许排放浓度
1	总汞	0.05	8	总镍	1.0
2	烷基汞	不得检出	9	苯并（a）芘	0.00003
3	总镉	0.1	10	总铍	0.005
4	总铬	1.5	11	总银	0.5
5	六价铬	0.5	12	总α放射性	1Bq/L
6	总砷	0.5	13	总β放射性	10Bq/L
7	总铅	1.0			

26.1.1.2 第二类污染物最高允许排放浓度（1997年12月31日之前建设的单位）

mg/L

序号	污染物	适用范围	一级标准	二级标准	三级标准
1	pH	一切排污单位	6~9	6~9	6~9
2	色度（稀释倍数）	染料工业	50	180	—
		其他排污单位	50	80	—
3	悬浮物（SS）	采矿、选矿、选煤工业	100	300	—
		脉金选矿	100	500	—
		边远地区砂金选矿	100	800	—
		城镇二级污水处理厂	20	30	—
		其他排污单位	70	200	400
4	五日生化需氧量（BOD_5）	甘蔗制糖、苎麻脱胶、湿法纤维板工业	30	100	600
		甜菜制糖、酒精、味精、皮革、化纤浆粕工业	30	150	600
		城镇二级污水处理厂	20	30	—
		其他排污单位	30	60	300

（续表） mg/L

序号	污染物	适用范围	一级标准	二级标准	三级标准
5	化学需氧量（COD）	甜菜制糖、焦化、合成脂肪酸、湿法纤维板、染料、洗毛、有机磷农药工业	100	200	1000
		味精、酒精、医药原料药、生物制药、苎麻脱胶、皮革、化纤浆粕工业	100	300	1000
		石油化工工业（包括石油炼制）	100	150	500
		城镇二级污水处理厂	60	120	—
		其他排污单位	100	150	500
6	石油类	一切排污单位	10	10	30
7	动植物油	一切排污单位	20	20	100
8	挥发酚	一切排污单位	0.5	0.5	2.0
9	总氰化合物	电影洗片（铁氰化合物）	0.5	5.0	5.0
		其他排污单位	0.5	0.5	1.0
10	硫化物	一切排污单位	1.0	1.0	2.0
11	氨氮	医药原料药、染料、石油化工工业	15	50	—
		其他排污单位	15	25	—
12	氟化物	黄磷工业	10	20	20
		低氟地区（水体含氟量<0.5mg/L）	10	20	30
		其他排污单位	10	10	20
13	磷酸盐（以P计）	一切排污单位	0.5	1.0	—
14	甲醛	一切排污单位	1.0	2.0	5.0
15	苯胺类	一切排污单位	1.0	2.0	5.0
16	硝基苯类	一切排污单位	2.0	3.0	5.0
17	阴离子表面活性剂（LAS）	合成洗涤剂工业	5.0	15	20
		其他排污单位	5.0	10	20
18	总铜	一切排污单位	0.5	1.0	2.0
19	总锌	一切排污单位	2.0	5.0	5.0
20	总锰	合成脂肪酸工业	2.0	5.0	5.0
		其他排污单位	2.0	2.0	5.0
21	彩色显影剂	电影洗片	2.0	3.0	5.0
22	显影剂及氧化物总量	电影洗片	3.0	6.0	6.0
23	元素磷	一切排污单位	0.1	0.3	0.3
24	有机磷农药（以P计）	一切排污单位	不得检出	0.5	0.5

（续表） mg/L

序号	污染物	适用范围	一级标准	二级标准	三级标准
25	粪大肠菌群数	医院*、兽医院及医疗机构含病原体污水	500 个/L	1000 个/L	5000 个/L
		传染病、结核病医院污水	100 个/L	500 个/L	1000 个/L
26	总余氯（采用氯化消毒的医院污水）	医院*、兽医院及医疗机构含病原体污水	<0.5**	>3（接触时间≥1h）	>2（接触时间≥1h）
		传染病、结核病医院污水	<0.5**	>6.5（接触时间≥1.5h）	>5（接触时间≥1.5h）

*指 50 个床位以上的医院。

**加氯消毒后须进行脱氯处理，达到本标准。

26.1.1.3 部分行业最高允许排水量（1997 年 12 月 31 日之前建设的单位）

序号	行业类别			最高允许排水量或最低允许排水重复利用率
1	矿山工业	有色金属系统选矿		水重复利用率 75%
		其他矿山工业采矿、选矿、选煤等		水重复利用率 90%（选煤）
		脉金选矿	重选	16.0 m^3/t（矿石）
			浮选	9.0 m^3/t（矿石）
			氰化	8.0 m^3/t（矿石）
			碳浆	8.0 m^3/t（矿石）
2	焦化企业（煤气厂）			1.2 m^3/t（焦炭）
3	有色金属冶炼及金属加工			水重复利用率 80%
4	石油炼制工业（不包括直排水炼油厂） 加工深度分类： A. 燃料型炼油 B. 燃料 + 润滑油型炼油厂 C. 燃料 + 润滑油型 + 炼油化工型炼油厂；（包括加工高含硫原油页岩油和石油添加剂生产基地的炼油厂）			A $>500\times10^4$t，1.0 m^3/t（原油） 250 ~ 500×10^4t，1.2 m^3/t（原油） $<250\times10^4$t，1.5 m^3/t（原油）
				B $>500\times10^4$t，1.5 m^3/t（原油） 250 ~ 500×10^4t，2.0 m^3/t（原油） $<250\times10^4$t，2.0 m^3/t（原油）
				C $>500\times10^4$t，2.0 m^3/t（原油） 250 ~ 500×10^4t，2.5 m^3/t（原油） $<250\times10^4$t，2.5 m^3/t（原油）
5	合成洗涤剂工业	氯化法生产烷基苯		200.0 m^3/t（烷基苯）
		裂解法生产烷基苯		70.0 m^3/t（烷基苯）
		烷基苯生产合成洗涤剂		10.0 m^3/t（产品）
6	合成脂肪酸工业			200.0 m^3/t（产品）
7	湿法生产纤维板工业			30.0 m^3/t（板）
8	制糖工业	甘蔗制糖		10.0 m^3/t（甘蔗）
		甜菜制糖		4.0 m^3/t（甜菜）
9	皮革工业	猪盐湿皮		60.0 m^3/t（原皮）
		牛干皮		100.0 m^3/t（原皮）
		羊干皮		150.0 m^3/t（原皮）

（续表）

序号	行业类别			最高允许排水量或最低允许排水重复利用率
10	发酵酿造工业	酒精工业	以玉米为原料	150.0m³/t（酒精）
			以薯类为原料	100m³/t（酒精）
			以糖蜜为原料	80.0m³/t（酒）
		味精工业		600.0m³/t（味精）
		啤酒工业（排水量不包括麦芽水部分		16.0m³/t（啤酒）
11	铬盐工业			5.0m³/t（产品）
12	硫酸工业（水洗法）			15.0m³/t（硫酸）
13	苎麻脱胶工业			500m³/t（原麻）或750m³/t（精干麻）
14	化纤浆粕			本色：150m³/t（浆）漂白：240m³/t（浆）
15	粘胶纤维工业（单纯纤维）	短纤维(棉型中长纤维、毛型中长纤维)		300m³/t（纤维）
		长纤维		800m³/t（纤维）
16	铁路货车洗刷			5.0m³/辆
17	电影洗片			5m³/1000m（35mm的胶片）
18	石油沥青工业			冷却池的水循环利用率95%

26.1.1.4 第二类污染物最高允许排放浓度（1998年1月1日后建设的单位）

mg/L

序号	污染物	适用范围	一级标准	二级标准	三级标准
1	pH	一切排污单位	6~9	6~9	6~9
2	色度（稀释倍数）	一切排污单位	50	80	—
3	悬浮物（SS）	采矿、选矿、选煤工业	70	300	—
		脉金选矿	70	400	—
		边远地区砂金选矿	70	800	—
		城镇二级污水处理厂	20	30	—
		其他排污单位	70	150	400
4	五日生化需氧量（BOD_5）	甘蔗制糖、苎麻脱胶、湿法纤维板、染料、洗毛工业	20	60	600
		甜菜制糖、酒精、味精、皮革、化纤浆粕工业	20	100	600
		城镇二级污水处理厂	20	30	—
		其他排污单位	20	30	300
5	化学需氧量（COD）	甜菜制糖、合成脂肪酸、湿法纤维板、染料、洗毛、有机磷农药工业	100	200	1000
		味精、酒精、医药原料药、生物制药、苎麻脱胶、皮革、化纤浆粕工业	100	300	1000
		石油化工工业（包括石油炼制）	60	120	—
		城镇二级污水处理厂	60	120	500
		其他排污单位	100	150	500

（续表） mg/L

序号	污染物	适用范围	一级标准	二级标准	三级标准
6	石油类	一切排污单位	5	10	20
7	动植物油	一切排污单位	10	15	100
8	挥发酚	一切排污单位	0.5	0.5	2.0
9	总氰化合物	一切排污单位	0.5	0.5	1.0
10	硫化物	一切排污单位	1.0	1.0	1.0
11	氨氮	医药原料药、染料、石油化工工业	15	50	—
		其他排污单位	15	25	—
12	氟化物	黄磷工业	10	15	20
		低氟地区（水体含氟量<0.5mg/L）	10	20	30
		其他排污单位	10	10	20
13	磷酸盐（以P计）	一切排污单位	0.5	1.0	—
14	甲醛	一切排污单位	1.0	2.0	5.0
15	苯胺类	一切排污单位	1.0	2.0	5.0
16	硝基苯类	一切排污单位	2.0	3.0	5.0
17	阴离子表面活性剂（LAS）	一切排污单位	5.0	10	20
18	总铜	一切排污单位	0.5	1.0	2.0
19	总锌	一切排污单位	2.0	5.0	5.0
20	总锰	合成脂肪酸工业	2.0	5.0	5.0
		其他排污单位	2.0	2.0	5.0
21	彩色显影剂	电影洗片	1.0	2.0	3.0
22	显影剂及氧化物总量	电影洗片	3.0	3.0	6.0
23	元素磷	一切排污单位	0.1	0.1	0.3
24	有机磷农药（以P计）	一切排污单位	不得检出	0.5	0.5
25	乐果	一切排污单位	不得检出	1.0	2.0
26	对硫磷	一切排污单位	不得检出	1.0	2.0
27	甲基对硫磷	一切排污单位	不得检出	1.0	2.0
28	马拉硫磷	一切排污单位	不得检出	5.0	10
29	五氯酚及五氯酚钠（以五氯酚计）	一切排污单位	5.0	8.0	10
30	可吸附有机卤化物（AOX）（以Cl计）	一切排污单位	1.0	5.0	8.0
31	三氯甲烷	一切排污单位	0.3	0.6	1.0
32	四氯化碳	一切排污单位	0.03	0.06	0.5
33	三氯乙烯	一切排污单位	0.3	0.6	1.0

（续表） mg/L

序号	污染物	适用范围	一级标准	二级标准	三级标准
34	四氯乙烯	一切排污单位	0.1	0.2	0.5
35	苯	一切排污单位	0.1	0.2	0.5
36	甲苯	一切排污单位	0.1	0.2	0.5
37	乙苯	一切排污单位	0.4	0.6	1.0
38	邻-二甲苯	一切排污单位	0.4	0.6	1.0
39	对-二甲苯	一切排污单位	0.4	0.6	1.0
40	间-二甲苯	一切排污单位	0.4	0.6	1.0
41	氯苯	一切排污单位	0.2	0.4	1.0
42	邻-二氯苯	一切排污单位	0.4	0.6	1.0
43	对-二氯苯	一切排污单位	0.4	0.6	1.0
44	对-硝基氯苯	一切排污单位	0.5	1.0	5.0
45	2，4-二硝基氯苯	一切排污单位	0.5	1.0	5.0
46	苯酚	一切排污单位	0.3	0.4	1.0
47	间-甲酚	一切排污单位	0.1	0.2	0.5
48	2，4-二氯酚	一切排污单位	0.6	0.8	1.0
49	2，4，6-三氯酚	一切排污单位	0.6	0.8	1.0
50	邻苯二甲酸二丁酯	一切排污单位	0.2	0.4	2.0
51	邻苯二甲酸二辛脂	一切排污单位	0.3	0.6	2.0
52	丙烯腈	一切排污单位	2.0	5.0	5.0
53	总硒	一切排污单位	0.1	0.2	0.5
54	粪大肠菌群数	医院*、兽医院及医疗机构含病原体污水	500个/L	1000个/L	5000个/L
		传染病、结核病医院污水	100个/L	500个/L	1000个/L
55	总余氯（采用氯化消毒的医院污水）	医院*、兽医院及医疗机构含病原体污水	<0.5**	>3（接触时间≥1h）	>2（接触时间≥1h）
		传染病、结核病医院污水	<0.5**	>6.5（接触时间≥1.5h）	>5（接触时间≥1.5h）
56	总有机碳（TOC）	合成脂肪酸工业	20	40	—
		苎麻脱胶工业	20	60	—
		其他排污单位	20	30	—

注：其他排污单位：指除在该控制项目中所列行业以外的一切排污单位。

*指50个床位以上的医院。

**加氯消毒后须进行脱氯处理，达到本标准。

26.1.1.5 部分行业最高允许排水量（1998年1月1日后建设的单位）

序号	行业类别			最高允许排水量或最低允许排水重复利用率
1	矿山工业	有色金属系统选矿		水重复利用率75%
		其他矿山工业采矿、选矿、选煤等		水重复利用率90%（选煤）
		脉金选矿	重选	$16.0m^3/t$（矿石）
			浮选	$9.0m^3/t$（矿石）
			氰化	$8.0m^3/t$（矿石）
			碳浆	$8.0m^3/t$（矿石）
2	焦化企业（煤气厂）			$1.2m^3/t$（焦炭）
3	有色金属冶炼及金属加工			水重复利用率80%
4	石油炼制工业（不包括直排水炼油厂） 加工深度分类： A. 燃料型炼油厂 B. 燃料+润滑油型炼油厂 C. 燃料+润滑油型+炼油化工型炼油厂（包括加工高含硫原油页岩油和石油添加剂生产基地的炼油厂）		A	$>500\times10^4t$，$1.0m^3/t$（原油） $250\sim500\times10^4t$，$1.2m^3/t$（原油） $<250\times10^4t$，$1.5m^3/t$（原油）
			B	$>500\times10^4t$，$1.5m^3/t$（原油） $250\sim500\times10^4t$，$2.0m^3/t$（原油） $<250\times10^4t$，$2.0m^3/t$（原油）
			C	$>500\times10^4t$，$2.0m^3/t$（原油） $250\sim500\times10^4t$，$2.5m^3/t$（原油） $<250\times10^4t$，$2.5m^3/t$（原油）
5	合成洗涤剂工业	氯化法生产烷基苯		$200.0m^3/t$（烷基苯）
		裂解法生产烷基苯		$70.0m^3/t$（烷基苯）
		烷基苯生产合成洗涤剂		$10.0m^3/t$（产品）
6	合成脂肪酸工业			$200.0m^3/t$（产品）
7	湿法生产纤维板工业			$30.0m^3/t$（板）
8	制糖工业	甘蔗制糖		$10.0m^3/t$
		甜菜制糖		$4.0m^3/t$
9	皮革工业	猪盐湿皮		$60.0m^3/t$
		牛干皮		$100.0m^3/t$
		羊干皮		$150.0m^3/t$
10	发酵、酿造工业	酒精工业	以玉米为原料	$100.0m^3/t$
			以薯类为原料	$80.0m^3/t$
			以糖蜜为原料	$70.0m^3/t$
		味精工业		$600.0m^3/t$
		啤酒行业（排水量不包括麦芽水部分）		$16.0m^3/t$

（续表）

序号	行业类别		最高允许排水量或最低允许排水重复利用率
11	铬盐工业		5.0m^3/t（产品）
12	硫酸工业（水洗法）		15.0m^3/t（硫酸）
13	苎麻脱胶工业		500m^3/t（原麻） 750m^3/t（精干麻）
14	粘胶纤维工业（单纯纤维）	短纤维（棉型中长纤维、毛型中长纤维）	300m^3/t（纤维）
		长纤维	800m^3/t（纤维）
15	化纤浆粕		本色：150m^3/t（浆） 漂白：240m^3/t（浆）
16	制药工业医药原料药	青霉素	4700m^3/t（氰霉素）
		链霉素	1450m^3/t（链霉素）
		土霉素	1300m^3/t（土霉素）
		四环素	1900m^3/t（四环素）
		洁霉素	9200m^3/t（洁霉素）
		金霉素	3000m^3/t（金霉素）
		庆大霉素	20400m^3/t（庆大霉素）
		维生素C	1200m^3/t（维生素C）
		氯霉素	2700m^3/t（氯霉素）
		新诺明	2000m^3/t（新诺明）
		维生素B1	3400m^3/t（维生素B1）
		安乃近	180m^3/t（安乃近）
		非那西汀	750m^3/t（非那西汀）
		呋喃唑酮	2400m^3/t（呋喃唑酮）
		咖啡因	1200m^3/t（咖啡因）
17	有机磷农药工业	乐果**	700m^3/t（产品）
		甲基对硫磷（水相法）**	300m^3/t（产品）
		对硫磷（P_2S_5法）**	500m^3/t（产品）
		对硫磷（$PSCL_3$法）**	550m^3/t（产品）
		敌敌畏（敌百虫碱解法）	200m^3/t（产品）
		敌百虫	40m^3/t(产品)(不包括三氯乙醛生产废水)
		马拉硫磷	700m^3/t（产品）
18	除草剂工业	除草醚	5m^3/t（产品）
		五氯酚钠	2m^3/t（产品）
		五氯酚	4m^3/t（产品）
		2甲4氯	14m^3/t（产品）
		2，4-D	4m^3/t（产品）
		丁草胺	4.5m^3/t（产品）
		绿麦隆（以Fe粉还原）	2m^3/t（产品）
		绿麦隆（以Na_2S还原）	3m^3/t（产品）

（续表）

序号	行业类别	最高允许排水量或最低允许排水重复利用率
19	火力发电工业	$3.5m^3/(MW·h)$
20	铁路货车洗刷	$5.0m^3$/辆
21	电影洗片	$5m^3/1000m$（35mm 胶片）
22	石油沥青工业	冷却池的水循环利用率 95%

*产品按 100% 浓度计。

**不包括 P_2S_5、$PSCl_3$、PCl_3 原料生产废水。

26.1.2 船舶污染物排放标准[3]

26.1.2.1 船舶含油污水量高容许排放浓度

排放区域	排放浓度/($mg·L^{-1}$)	排放区域	排放浓度/($mg·L^{-1}$)
内河	不大于 15	距最近陆地 12n mile 以外海域	不大于 100
距最近陆地 12n mile 以内海域	不大于 15		

26.1.2.2 船舶生活污水最高容许排放浓度

mg/L

项目	内河	沿海	
		距最近陆地 4n mile 以内	距最近陆地 4～12n mile
生化需氧量	不大于 50	不大于 50	
悬浮物	不大于 150	不大于 150	无明显悬浮物固体
大肠菌群	不大于 250 个/100mL	不大于 250 个/100mL	不大于 1000 个/100mL

26.1.2.3 船舶垃圾排放规定

排放物	内河	沿海
塑料制品	禁止投入水域	禁止投入水域
飘浮物	禁止投入水域	距最近陆地 25n mile 以内，禁止投入水域
食品废弃物及其他垃圾	禁止投入水域	未经粉碎的禁止在距最近陆地 12n mile 以内投弃入海。经过粉碎颗粒直径小于 25mm 时，可允许在距最近陆地 3n mile 之外投弃入海

26.1.3 海洋石油开发工业含有污水排放标准[4]

mg/L

项目	级别	月平均值	一次容许值
石油类	一级	30	45
石油类	二级	50	75

26.1.4 磷肥工业水污染物排放标准[5]

26.1.4.1 生产规模划分

规　模	大型/($10^4t\cdot a^{-1}$)	中型/($10^4t\cdot a^{-1}$)	小型/($10^4t\cdot a^{-1}$)
过磷酸钙	≥50	≥20	<20
钙镁磷肥	≥50	≥20	<20
磷铵	≥24	≥12	<12
重过磷酸钙	≥40	≥20	<20

26.1.4.2 过磷酸钙、钙镁磷肥企业水污染物最高允许排放限值

时间段			Ⅰ时段（1998年1月1日之前）				Ⅱ时段（1998年1月1日起）			
类别	规模	级别	污染物最高允许排放浓度/($mg\cdot L^{-1}$)		pH	排水量/($m^3\cdot t^{-1}$)产品	污染物最高允许排放浓度/($mg\cdot L^{-1}$)		pH	排水量/($m^3\cdot t^{-1}$)产品
			氟化物①(以F计)	悬浮物			氟化物①(以F计)	悬浮物		
过磷酸钙(普钙)	大型	一级	15	100	6~9	0.45	15	80	6~9	0.3
		二级	25	200			20	150		
		三级	40	400			40	300		
	中型	一级	15	100	6~9	0.6	15	80	6~9	0.45
		二级	25	200			20	150		
		三级	40	400			40	300		
	小型	一级	15	100	6~9	0.9	15	80	6~9	0.6
		二级	25	250			20	150		
		三级	40	400			40	300		
钙镁磷肥	大型	一级	15	100	6~9	1.0	15	80	6~9	0.4
		二级	35	200			30	150		
		三级	40	400			40	300		
	中型	一级	15	100	6~9	1.5	15	80	6~9	0.75
		二级	35	200			30	150		
		三级	40	400			40	300		
	小型	一级	15	100	6~9	2.0	15	80	6~9	1.0
		二级	35	250			30	150		
		三级	40	400			40	300		

注：① 排入GB 3838中Ⅲ类水域（水体保护区除外）GB 3097中三类海域的废水，执行一级标准。

26.1.4.3 混合污水过磷酸钙、钙镁磷肥污染物最高允许排放限值

时间段			Ⅰ时段（1998年1月1日之前）					Ⅱ时段（1998年1月1日至1996年6月30日之前）					Ⅲ时段（1997年7月1日起）				
类别	规模	级别	污染物最高允许排放浓度/（mg·L^{-1}）			pH	排水量/（m^3·t^{-1}）产品	污染物最高允许排放浓度/（mg·L^{-1}）			pH	排水量/（m^3·t^{-1}）产品	污染物最高允许排放浓度/（mg·L^{-1}）			pH	排水量/（m^3·t^{-1}）产品
			氟化物①（以F计）	磷酸盐①（以P计）	悬浮物			氟化物①（以F计）	磷酸盐①（以P计）	悬浮物			氟化物①（以F计）	磷酸盐①（以P计）	悬浮物		
磷铵和重过磷酸钙	大型	一级	15	50	100			15	35	80			10	20	30		
		二级	25	70	200	6~9	1.0	20	50	100	6~9	0.5	15	35	50	6~9	0.3
		三级	40	100	400			40	70	300			30	50	200		
	中型	一级	15	50	100			15	35	80			10	20	30		
		二级	25	70	200	6~9	2.0	20	50	100	6~9	0.75	15	35	50	6~9	0.4
		三级	40	100	400			40	70	300			30	50	200		
	小型	一级	15	50	100			15	35	80			10	20	30		
		二级	30	70	200	6~9	3.0	20	50	150	6~9	1.0	15	35	50	6~9	0.6
		三级	40	100	400			40	70	300			30	50	200		
硝酸磷肥		一级	15	50	100			15	35	80			10	20	30		
		二级	25	70	200	6~9	1.0	20	50	100	6~9	1.0	15	35	50	6~9	1.0
		三级	40	100	400			40	70	300			30	50	200		

① 暂时采用《水和废水监测分析方法》第三版（1989）。

26.1.5.4 测定方法

序号	项目	方法	方法来源
1	pH值	玻璃电极法	GB 6920
2	悬浮物	重量法	GB 11901
3	氟化物	氟试剂分光光度法 离子选择电极法	GB 7483 GB 7484
4	磷酸盐	钼蓝比色法	①

① 暂时采用《水和废水监测分析方法》第三版（1989）。

26.1.5 烧碱、聚氯乙烯工业水污染物排放标准[6]

26.1.5.1 烧碱企业水污染物最高允许排放限值（1989年1月1日前建设的企业）

生产方法	级别	最高允许排放浓度/（mg·L^{-1}）				吨产品排水量/（m^3·t^{-1}）	pH值
		汞	石棉	活性氯	悬浮物		
水银电解法	一级	0.05	—	10	100		
	二级	0.05	—	10	150	2	
	三级	0.05	—	10	300		

（续表）

生产方法	级　别	最高允许排放浓度/（mg·L^{-1}）				吨产品排水量/（m^3·t^{-1}）	pH 值
		汞	石棉	活性氯	悬浮物		
隔膜电解法	一级	—	50	35	100		
	二级	—	70	35	200	7	6~9
	三级	—	70	35	300		
离子交换膜电解法	一级	—	—	10	100		
	二级	—	—	10	200	2	
	三级	—	—	10	300		

26.1.5.2　聚氯乙烯企业水污染物最高允许排放限值（1989 年 1 月 1 日前建设的企业）

生产方法		级别	最高允许排放浓度/（mg·L^{-1}）						吨产品排水量/（m^3·t^{-1}）	pH 值
			总汞	氯乙烯	化学需氧量（COD_{Cr}）	生化需氧量（BOD_5）	悬浮物	硫化物		
电石法	电石废水	一级	—	—	—	—	100	1		
		二级	—	—	—	—	250	2	8	
		三级	—	—	—	—	400	2		
	聚氯乙烯废水	一级	0.05	—	150	60	100	—		
		二级	0.05	—	200	80	250	—	5	6~9
		三级	0.05	—	500	300	400	—		
乙烯氧氯化法	聚氯乙烯废水	一级	—	5	100	30	100	—		
		二级	—	10	150	60	200	—	7	
		三级	—	10	500	300	400	—		

26.1.5.3　烧碱企业水污染物最高允许排放限值（1989 年 1 月 1 日至 1996 年 6 月 30 日建设的企业）

生产方法	级别	最高允许排放浓度/（mg·L^{-1}）				吨产品排水量/（m^3·t^{-1}）	pH 值
		汞	石棉	活性氯	悬浮物		
水银电解法	一级	0.005	—	5	70		
	二级	0.005	—	5	150	1.5	
	三级	0.005	—	5	300		
隔膜电解法	一级	—	50	35	70		
	二级	—	50	35	150	7	6~9
	三级	—	70	35	300		
离子交换膜电解法	一级	—	—	5	70		
	二级	—	—	5	150	1.5	
	三级	—	—	5	300		

26.1.5.4 聚氯乙烯企业水污染物最高允许排放限值（1989 年 1 月 1 日至 1996 年 6 月 30 日建设的企业）

生产方法		级别	最高允许排放浓度/（$mg \cdot L^{-1}$）						吨产品排水量/（$m^3 \cdot t^{-1}$）	pH 值
			总汞	氯乙烯	化学需氧量（COD_{Cr}）	生化需氧量（BOD_5）	悬浮物	硫化物		
电石法	电石废水	一级	—	—	—	—	70	1		
		二级	—	—	—	—	200	1	8	
		三级	—	—	—	—	400	2		
	聚氯乙烯废水	一级	0.03	2	100	60	70	—		
		二级	0.03	5	150	80	200	—	4	6~9
		三级	0.03	5	500	250	400	—		
乙烯氧氯化法	聚氯乙烯废水	一级	—	2	80	30	70	—		
		二级	—	2	100	60	150	—	5	
		三级	—	5	500	250	350	—		

26.1.5.5 烧碱企业水污染物最高允许排放限值（1996 年 7 月 1 日起建设的企业）

生产方法	级 别	最高允许排放浓度/（$mg \cdot L^{-1}$）			吨产品排水量/（$m^3 \cdot t^{-1}$）	pH 值
		石棉	活性氯	悬浮物		
隔膜电解法	一级	50	20	70		
	二级	50	20	150	5	
	三级	70	20	300		6~9
离子交换膜电解法	一级	—	2	70		
	二级	—	2	100	1.5	
	三级	—	2	300		

26.1.5.6 聚氯乙烯企业水污染物最高允许排放限值（1996 年 7 月 1 日前建设的企业）

生产方法		级别	最高允许排放浓度/（$mg \cdot L^{-1}$）						吨产品排水量/（$m^3 \cdot t^{-1}$）	pH 值
			总汞	氯乙烯	化学需氧量（COD_{Cr}）	生化需氧量（BOD_5）	悬浮物	硫化物		
电石法	电石废水	一级	—	—	—	—	70	1		
		二级	—	—	—	—	200	1	5	
		三级	—	—	—	—	400	2		
	聚氯乙烯废水	一级	0.005	2	100	30	70	—		
		二级	0.005	2	150	60	150	—	4	6~9
		三级	0.005	2	500	250	250	—		
乙烯氧氯化法	聚氯乙烯废水	一级	—	2	80	30	70	—		
		二级	—	2	100	60	150	—	5	
		三级	—	2	500	250	250	—		

26.1.6 船舶工业污染物排放标准[7]

26.1.6.1 镀件的镀液带出量和镀液污染物排出量最高容许值

编号	镀种	镀件特征	电镀液最高允许带出量/(mg·m⁻³)		电镀液污染物	最高允许排出量/(mg·m⁻³)	
			第一级	第二级	污染物名称	第一级	第二级
1	镀铬	一般的	4.30×10^{-5}	0.028	Cr^{6+}	56	3.46×10^{3}
	a. 硬铬	复杂的	6.15×10^{-5}	0.08	Cr^{6+}	80	10.4×10^{3}
	b. 装饰铬	一般的	1.53×10^{-5}	0.02	Cr^{6+}	20	2.6×10^{3}
2	镀铬	船用大件	12.5×10^{-5}	0.03	Zn^{2+}	30	0.72×10^{3}
	a. 胺盐镀锌	一般的	10.0×10^{-5}	0.024	Zn^{2+}	24	0.57×10^{3}
	b. 酸性镀锌	船用大件	6.12×10^{-5}	0.03	Zn^{2+}	30	1.47×10^{3}
	c. 氰化镀锌	一般的	4.90×10^{-5}	0.024	Zn^{2+}	24	1.17×10^{3}
		一般的	6.67×10^{-5}	0.024	Zn^{2+}	24	0.86×10^{3}
3	镀铜	一般的	4.33×10^{-5}	0.026	Cu^{2+}	13	0.78×10^{3}
	a. 焦磷酸盐镀铜	一般的	5.20×10^{-5}	0.026	Cu^{2+}	13	0.65×10^{3}
	b. 酸性镀铜						
4	镀镍 硫酸镍镀镍	一般的	2.22×10^{-5}	0.014	Ni^{2+}	14	0.82×10^{3}
5	氰化镀镉	船用大件	6.82×10^{-5}	0.06	Cd^{2+}	30	2.64×10^{3}
		船用大件	3.75×10^{-5}	0.06	CN^{-}	30	4.80×10^{3}
		一般的	1.59×10^{-5}	0.014	Cd^{2+}	7	0.62×10^{3}
		一般的	0.88×10^{-5}	0.014	CN^{-}	7	1.12×10^{3}

注：船舶工业污染物排放标准分为两级：

第一级：是指新建、扩建、改建企业，自本标准实施之日起立即执行的标准；

第二级：是指现有企业，自本标准实施之日起立即执行的标准。

26.1.6.2 电镀镀件漂洗水最高容许耗水量 $1/m^2$ 镀件

编号	镀种	镀件特征	最高容许耗水量	
			第一级	第二级
1	镀铬	一般的	16	68
	a. 硬铬	复杂的	22	97
	b. 装饰铬	一般的	6	24
2	镀锌	船用大件	5	16
	a. 胺盐镀锌	一般的	4	13
	b. 酸性镀锌	船用大件	4	22
	c. 氰化镀锌	一般的	4	18
		一般的	4	15
3	镀铜	一般的	6	21
	a. 焦磷酸盐镀铜	一般的	5	20
	b. 酸性镀铜			

（续表）

编号	镀种	镀件特征	最高容许耗水量	
			第一级	第二级
4	镀镍 硫酸镍镀镍	一般的	3	12
5	氰化镀镉 a. 氰化镀镉 b. 氰化镀镉	船用机大件一般的 船用机大件一般的	15* 3* 18** 4**	60* 14* 80** 19**

* Cd^{2+}漂洗水。

** CN^-漂洗水。

26.1.6.3 船舶工业电镀废水排放标准

编号	项目	第一、二级排放标准	
		任何一日最大值	连续30日平均值
1	pH	6~9	6~9
2	六价铬（以Cr^{6+}计）/（$mg \cdot L^{-1}$）	0.5	0.3~0.5
3	三价铬（以Cr^{3}计）/（$mg \cdot L^{-1}$）	1.2	0.5
4	锌及其化合物（以Zn^{2}计）/（$mg \cdot L^{-1}$）	7.5	5.0
5	铜及其化合物（以Cu^{2}计）/（$mg \cdot L^{-1}$）	1.5	1.0
6	镍及其化合物（以Ni^{2}计）/（$mg \cdot L^{-1}$）	1.5	1.0
7	镉及其化合物（以Cd^{2+}计）/（$mg \cdot L^{-1}$）	0.15	0.1
8	氰化物（以CN^-计）/（$mg \cdot L^{-1}$）	1.5	1.0

注：离子交换法处理废水时采用0.3，化学法、电解法及其他方法处理废水时采用0.5。

26.2 废气排放标准

26.2.1 大气污染物综合排放标准[8]

26.2.1.1 现有污染源大气污染物排放限值

序号	污染物	最高允许排放浓度/（$mg \cdot m^{-3}$）	最高允许排放速率/（$kg \cdot h^{-1}$）				无组织排放监控浓度限值	
			排气筒高度/m	一级	二级	三级	监控点	浓度/（$mg \cdot m^{-3}$）
1	二氧化硫	1200（硫、二氧化硫、硫酸和其他含硫化合物生产）	15	1.6	3.0	4.1	无组织排放源上风向设参照点，下风向设监控点①	0.50（监控点与参照点浓度差值）
			20	2.6	5.1	7.7		
			30	8.8	17	26		
			40	15	30	45		
		700（硫、二氧化硫、硫酸和其他含硫化合物使用）	50	23	45	69		
			60	33	64	98		
			70	47	91	140		
			80	63	120	190		
			90	82	160	240		
			100	100	200	310		

（续表）

序号	污染物	最高允许排放浓度/（$mg \cdot m^{-3}$）	最高允许排放速率/（$kg \cdot h^{-1}$）				无组织排放监控浓度限值	
			排气筒高度/m	一级	二级	三级	监控点	浓度/（$mg \cdot m^{-3}$）
2	氮氧化物	1700（硝酸、氮肥和火炸药生产）	15	0.47	0.91	1.4	无组织排放源上风向设参照点，下风向设监控点	0.15（监控点与参照点浓度差值）
			20	0.77	1.5	2.3		
			30	2.6	5.1	7.7		
			40	4.6	8.9	14		
		420（硝酸使用和其他）	50	7.0	14	21		
			60	9.9	19	29		
			70	14	27	41		
			80	19	37	56		
			90	24	47	72		
			100	31	61	92		
3	颗粒物	22（碳黑尘、染料尘）	15	禁排	0.60	0.87	周界外浓度最高点②	肉眼不可见
			20		1.0	1.5		
			30		4.0	5.9		
			40		6.8	10		
		80③（玻璃棉尘、石英粉尘、矿渣棉尘）	15		2.2	3.1	无组织排放源上风向设参照点，下风向设监控点	2.0（监控点与参照点浓度差值）
			20		3.7	5.3		
			30		14	21		
			40		25	37		
		150（其他）	15	2.1	4.1	5.9	无组织排放源上风向设参照点，下风向设监控点	5.0（监控点与参照点浓度差值）
			20	3.5	6.9	10		
			30	14	27	40		
			40	24	46	69		
			50	36	70	110		
			60	51	100	150		
4	氯化氢	150	15		0.30	0.46	周界外浓度最高点	0.25
			20		0.51	0.77		
			30		1.7	2.6		
			40		3.0	4.5		
			50		4.5	6.9		
			60		6.4	9.8		
			70		9.1	14		
			80		12	19		
5	铬酸雾	0.080	15	禁排	0.009	0.014	周界外浓度最高点	0.0075
			20		0.015	0.023		
			30		0.051	0.078		
			40		0.089	0.13		
			50		0.14	0.21		
			60		0.19	0.29		
6	硫酸雾	1000（火炸药厂）	15	禁排	1.8	2.8	周界外浓度最高点	1.5
			20		3.1	4.6		
			30		10	16		
		70（其他）	40		18	27		
			50		27	41		
			60		39	59		
			70		55	83		
			80		74	110		

（续表）

序号	污染物	最高允许排放浓度/（$mg \cdot m^{-3}$）	最高允许排放速率/（$kg \cdot h^{-1}$）				无组织排放监控浓度限值	
			排气筒高度/m	一级	二级	三级	监控点	浓度/（$mg \cdot m^{-3}$）
7	氟化物	100（普钙工业）	15	禁排	0.12	0.18	无组织排放源上风向设参照点，下风向设监控点	20μg/m^3（监控点与参照点浓度差值）
			20		0.20	0.31		
			30		0.69	1.0		
		11（其他）	40		1.2	1.8		
			50		1.8	2.7		
			60		2.6	3.9		
			70		3.6	5.5		
			80		4.9	7.5		
8	氯气[4]	85	25	禁排	0.60	0.90	周界外浓度最高点	0.50
			30		1.0	1.5		
			40		3.4	5.2		
			50		5.9	9.0		
			60		9.1	14		
			70		13	20		
			80		18	28		
9	铅及其化合物	0.90	15	禁排	0.005	0.007	周界外浓度最高点	0.0075
			20		0.007	0.011		
			30		0.031	0.048		
			40		0.055	0.083		
			50		0.085	0.13		
			60		0.12	0.18		
			70		0.17	0.26		
			80		0.23	0.35		
			90		0.31	0.47		
			100		0.39	0.60		
10	汞及其化合物	0.015	15	禁排	1.8×10^{-3}	2.8×10^{-3}	周界外浓度最高点	0.0015
			20		3.1×10^{-3}	4.6×10^{-3}		
			30		10×10^{-3}	16×10^{-3}		
			40		18×10^{-3}	27×10^{-3}		
			50		27×10^{-3}	41×10^{-3}		
			60		39×10^{-3}	59×10^{-3}		
11	镉及其化合物	1.0	15	禁排	0.060	0.90	周界外浓度最高点	0.050
			20		0.10	0.15		
			30		0.34	0.52		
			40		0.59	0.90		
			50		0.91	1.4		
			60		1.3	2.0		
			70		1.8	2.8		
			80		2.5	3.7		

（续表）

序号	污染物	最高允许排放浓度/（mg·m⁻³）	最高允许排放速率/（kg·h⁻¹）				无组织排放监控浓度限值	
			排气筒高度/m	一级	二级	三级	监控点	浓度/（mg·m⁻³）
12	铍及其化合物	0.015	15	禁排	1.3×10^{-3}	2.0×10^{-3}	周界外浓度最高点	0.0010
			20		2.2×10^{-3}	3.3×10^{-3}		
			30		7.3×10^{-3}	11×10^{-3}		
			40		13×10^{-3}	19×10^{-3}		
			50		19×10^{-3}	29×10^{-3}		
			60		27×10^{-3}	41×10^{-3}		
			70		39×10^{-3}	58×10^{-3}		
			80		52×10^{-3}	79×10^{-3}		
13	镍及其化合物	5.0	15	禁排	0.18	0.28	周界外浓度最高点	0.050
			20		0.31	0.46		
			30		1.0	1.6		
			40		1.8	2.7		
			50		2.7	4.1		
			60		3.9	5.9		
			70		5.5	8.2		
			80		7.4	11		
14	锡及其化合物	10	15	禁排	0.36	0.55	周界外浓度最高点	0.30
			20		0.61	0.93		
			30		2.1	3.1		
			40		3.5	5.4		
			50		5.4	8.2		
			60		7.7	12		
			70		11	17		
			80		15	22		
15	苯	17	15	禁排	0.60	0.90	周界外浓度最高点	0.50
			20		1.0	1.5		
			30		3.3	5.2		
			40		6.0	9.0		
16	甲苯	60	15	禁排	3.6	5.5	周界外浓度最高点	3.0
			20		6.1	9.3		
			30		21	31		
			40		36	54		
17	二甲苯	90	15	禁排	1.2	1.8	周界外浓度最高点	1.5
			20		2.0	3.1		
			30		6.9	10		
			40		12	18		

（续表）

序号	污染物	最高允许排放浓度/（mg·m⁻³）	最高允许排放速率/（kg·h⁻¹）				无组织排放监控浓度限值	
			排气筒高度/m	一级	二级	三级	监控点	浓度/（mg·m⁻³）
18	酚类	115	15	禁排	0.12	0.18	周界外浓度最高点	0.10
			20		0.20	0.31		
			30		0.68	1.0		
			40		1.2	1.8		
			50		1.8	2.7		
			60		2.6	3.9		
19	甲醛	30	15	禁排	0.30	0.46	周界外浓度最高点	0.25
			20		0.51	0.77		
			30		1.7	2.6		
			40		3.0	4.5		
			50		4.5	6.9		
			60		6.4	9.8		
20	乙醛	150	15	禁排	0.060	0.090	周界外浓度最高点	0.050
			20		0.10	0.15		
			30		0.34	0.52		
			40		0.59	0.90		
			50		0.91	1.4		
			60		1.3	2.0		
21	丙烯腈	26	15	禁排	0.91	1.4	周界外浓度最高点	0.75
			20		1.5	2.3		
			30		5.1	7.8		
			40		8.9	13		
			50		14	21		
			60		19	29		
22	丙烯醛	20	15	禁排	0.61	0.92	周界外浓度最高点	0.50
			20		1.0	1.5		
			30		3.4	5.2		
			40		5.9	9.0		
			50		9.1	14		
			60		13	20		
23	氰化氢[⑤]	2.3	25	禁排	0.18	0.28	周界外浓度最高点	0.030
			30		0.31	0.46		
			40		1.0	1.6		
			50		1.8	2.7		
			60		2.7	4.1		
			70		3.9	5.9		
			80		5.5	8.3		

（续表）

序号	污染物	最高允许排放浓度/（mg·m^{-3}）	最高允许排放速率/（kg·h^{-1}）				无组织排放监控浓度限值	
			排气筒高度/m	一级	二级	三级	监控点	浓度/（mg·m^{-3}）
24	甲醇	220	15	禁排	6.1	9.2	周界外浓度最高点	15
			20		10	15		
			30		34	52		
			40		59	90		
			50		91	140		
			60		130	200		
25	苯胺类	25	15	禁排	0.61	0.92	周界外浓度最高点	0.50
			20		1.0	1.5		
			30		3.4	5.2		
			40		5.9	9.0		
			50		9.1	14		
			60		13	20		
26	氯苯类	85	15	禁排	0.67	0.92	周界外浓度最高点	0.50
			20		1.0	1.5		
			30		2.9	4.4		
			40		5.0	7.6		
			50		7.7	12		
			60		11	17		
			70		15	23		
			80		21	32		
			90		27	41		
			100		34	52		
27	硝基苯类	20	15	禁排	0.060	0.090	周界外浓度最高点	0.050
			20		0.10	0.15		
			30		0.34	0.52		
			40		0.59	0.90		
			50		0.91	1.4		
			60		1.3	2.0		
28	氯乙烯	65	15	禁排	0.91	1.4	周界外浓度最高点	0.75
			20		1.5	2.3		
			30		5.0	7.8		
			40		8.9	13		
			50		14	21		
			60		19	29		
29	苯并a芘	0.50×10^{-3}（沥青、碳素制品生产和加工）	15	禁排	0.06×10^{-3}	0.09×10^{-3}	周界外浓度最高点	0.01μg/m^3
			20		0.10×10^{-3}	0.15×10^{-3}		
			30		0.34×10^{-3}	0.51×10^{-3}		
			40		0.59×10^{-3}	0.89×10^{-3}		
			50		0.90×10^{-3}	1.4×10^{-3}		
			60		1.3×10^{-3}	2.0×10^{-3}		

（续表）

序号	污染物	最高允许排放浓度/（mg·m⁻³）	最高允许排放速率/（kg·h⁻¹）				无组织排放监控浓度限值	
			排气筒高度/m	一级	二级	三级	监控点	浓度/（mg·m⁻³）
30	光气[⑥]	5.0	25 30 40 50	禁排	0.12 0.20 0.69 1.2	0.18 0.31 1.0 1.8	周界外浓度最高点	0.10
31	沥青烟	280（吹制沥青） 80（熔炼、浸涂） 150（建筑搅拌）	15 20 30 40 50 60 70 80	0.11 0.19 0.82 1.4 2.2 3.0 4.5 6.2	0.22 0.36 1.6 2.8 4.3 5.9 8.7 12	0.34 0.55 2.4 4.2 6.6 9.0 13 18	生产设备不利有明显的无组织排放存在	
32	石棉尘	2根（纤维）/cm³或20mg/m³	15 20 30 40 50	禁排	0.65 1.1 4.2 7.2 11	0.98 1.7 6.4 11 17	生产设备不利有明显的无组织排放存在	
33	非甲烷总烃	150（使用溶剂汽油或其他混合烃类物质）	15 20 30 40	6.3 10 35 61	12 20 63 120	18 30 100 170	周界外浓度最高点	5.0

① 一般就于无组织排放源上风向2~50m范围内设参照点，排放源下风向2~50m范围内设监控点。

② 周界外浓度最高点一般就设于排放源下风向的单位周界外10m范围内。如预计无组织排放的最大落地浓度越出10m范围，可将监控点移至该预计浓度最高点。

③ 均指含游离二氧化硅10%以上的各种尘。

④ 排放氯气的排气筒不得低于25m。

⑤ 排放氰化氢的排气筒不得低于25m。

⑥ 排放光的排气气筒不得低于25m。

26.2.1.2 新污染源大气污染物排放限值

序号	污染物	最高允许排放浓度/（mg·m⁻³）	最高允许排放速率/（kg·h⁻¹）			无组织排放监控浓度限值	
			排气筒高度/m	二级	三级	监控点	浓度/（mg·m⁻³）
1	二氧化硫	960（硫、二氧化硫、硫酸和其他含硫化合物生产） 550（硫、二氧化硫、硫酸和其他含硫化合物使用）	15 20 30 40 50 60 70 80 90 100	2.6 4.3 15 25 39 55 77 110 130 170	3.5 6.6 22 38 58 83 120 160 200 270	周界外浓度最高点[②]	0.40

（续表）

序号	污染物	最高允许排放浓度/（mg·m⁻³）	最高允许排放速率/（kg·h⁻¹）			无组织排放监控浓度限值	
			排气筒高度/m	二级	三级	监控点	浓度/（mg·m⁻³）
2	氮氧化物	1400（硝酸、氮肥和火炸药生产）	15	0.77	1.2	周界外浓度最高点	0.12
			20	1.3	2.0		
			30	4.4	6.6		
			40	7.5	11		
		240（硝酸使用和其他）	50	12	18		
			60	16	25		
			70	23	35		
			80	31	47		
			90	40	61		
			100	52	78		
3	颗粒物	18（碳黑尘、染料尘）	15	0.51	0.74	周界外浓度最高点	肉眼不可见
			20	0.85	1.3		
			30	3.4	5.0		
			40	5.8	8.5		
		60[①]（玻璃棉尘、石英粉尘、矿渣棉尘）	15	1.9	2.6	周界外浓度最高点	1.0
			20	3.1	4.5		
			30	12	18		
			40	21	31		
		120（其他）	15	3.5	5.0	周界外浓度最高点	1.0
			20	5.9	8.5		
			30	23	34		
			40	39	59		
			50	60	94		
			60	85	130		
4	氯化氢	100	15	0.26	0.39	周界外浓度最高点	0.20
			20	0.43	0.65		
			30	1.4	2.2		
			40	2.6	3.8		
			50	3.8	5.9		
			60	5.4	8.3		
			70	7.7	12		
			80	10	16		
5	铬酸雾	0.070	15	0.008	0.012	周界外浓度最高点	0.0060
			20	0.013	0.020		
			30	0.043	0.066		
			40	0.076	0.12		
			50	0.12	0.18		
			60	0.16	0.25		

（续表）

序号	污染物	最高允许排放浓度/（mg·m^{-3}）	最高允许排放速率/（kg·h^{-1}）			无组织排放监控浓度限值	
			排气筒高度/m	二级	三级	监控点	浓度/（mg·m^{-3}）
6	硫酸雾	430（火炸药厂） 45（其他）	15 20 30 40 50 60 70 80	1.5 2.6 8.8 15 23 33 46 63	2.4 3.9 13 23 35 50 70 95	周界外浓度最高点	1.2
7	氟化物	90（普钙工业） 9.0（其他）	15 20 30 40 50 60 70 80	0.10 0.17 0.59 1.0 1.5 2.2 3.1 4.2	0.15 0.26 0.88 1.5 2.3 3.3 4.7 6.3	周界外浓度最高点	20μg/m^3
8	氯气③	65	25 30 40 50 60 70 80	0.52 0.87 2.9 5.0 7.7 11 15	0.78 1.3 4.4 7.6 12 17 23	周界外浓度最高点	0.40
9	铅及其化合物	0.70	15 20 30 40 50 60 70 80 90 100	0.004 0.006 0.027 0.047 0.072 0.10 0.15 0.20 0.26 0.33	0.006 0.009 0.041 0.071 0.11 0.15 0.22 0.30 0.40 0.51	周界外浓度最高点	0.0060
10	汞及其化合物	0.012	15 20 30 40 50 60	1.5×10^{-3} 2.6×10^{-3} 7.8×10^{-3} 15×10^{-3} 23×10^{-3} 33×10^{-3}	2.4×10^{-3} 3.9×10^{-3} 13×10^{-3} 23×10^{-3} 35×10^{-3} 50×10^{-3}	周界外浓度最高点	0.0012

（续表）

序号	污染物	最高允许排放浓度/（$mg \cdot m^{-3}$）	最高允许排放速率/（$kg \cdot h^{-1}$）			无组织排放监控浓度限值	
			排气筒高度/m	二级	三级	监控点	浓度/（$mg \cdot m^{-3}$）
11	镉及其化合物	0.85	15 20 30 40 50 60 70 80	0.050 0.090 0.29 0.50 0.77 1.1 1.5 2.1	0.080 0.13 0.44 0.77 1.2 1.7 2.3 3.2	周界外浓度最高点	0.040
12	铍及其化合物	0.012	15 20 30 40 50 60 70 80	1.1×10^{-3} 1.8×10^{-3} 6.2×10^{-3} 11×10^{-3} 16×10^{-3} 23×10^{-3} 33×10^{-3} 44×10^{-3}	1.7×10^{-3} 2.8×10^{-3} 9.4×10^{-3} 16×10^{-3} 25×10^{-3} 35×10^{-3} 50×10^{-3} 67×10^{-3}	周界外浓度最高点	0.0008
13	镍及其化合物	4.3	15 20 30 40 50 60 70 80	0.15 0.26 0.88 1.5 2.3 3.3 4.6 6.3	0.24 0.34 1.3 2.3 3.5 5.0 7.0 10	周界外浓度最高点	0.040
14	锡及其化合物	8.5	15 20 30 40 50 60 70 80	0.31 0.52 1.8 3.0 4.6 6.6 9.3 13	0.47 0.79 2.7 4.6 7.0 10 14 19	周界外浓度最高点	0.24
15	苯	12	15 20 30 40	0.50 0.90 2.9 5.6	0.80 1.3 4.4 7.6	周界外浓度最高点	0.40

（续表）

序号	污染物	最高允许排放浓度/（mg·m⁻³）	最高允许排放速率/（kg·h⁻¹）			无组织排放监控浓度限值	
			排气筒高度/m	二级	三级	监控点	浓度/（mg·m⁻³）
16	甲苯	40	15 20 30 40	3.1 5.2 18 30	4.7 7.9 27 46	周界外浓度最高点	2.4
17	二甲苯	70	15 20 30 40	1.0 1.7 5.9 10	1.5 2.6 8.8 15	周界外浓度最高点	1.2
18	酚类	100	15 20 30 40 50 60	0.10 0.17 0.58 1.0 1.5 2.2	0.15 0.26 0.88 1.5 2.3 3.3	周界外浓度最高点	0.080
19	甲醛	25	15 20 30 40 50 60	0.26 0.43 1.4 2.6 3.8 5.4	0.39 0.65 2.2 3.8 5.9 8.3	周界外浓度最高点	0.20
20	乙醛	125	15 20 30 40 50 60	0.050 0.090 0.29 0.50 0.77 1.1	0.080 0.13 0.44 0.77 1.2 1.6	周界外浓度最高点	0.040
21	丙烯腈	22	15 20 30 40 50 60	0.77 1.3 4.4 7.5 12 16	1.2 2.0 6.6 11 18 25	周界外浓度最高点	0.60
22	丙烯醛	16	15 20 30 40 50 60	0.52 0.87 2.9 5.0 7.7 11	0.78 1.3 4.4 7.6 12 17	周界外浓度最高点	0.40

（续表）

序号	污染物	最高允许排放浓度/（$mg \cdot m^{-3}$）	最高允许排放速率/（$kg \cdot h^{-1}$）			无组织排放监控浓度限值	
			排气筒高度/m	二级	三级	监控点	浓度/（$mg \cdot m^{-3}$）
23	氰化氢④	1.9	25	0.15	0.24	周界外浓度最高点	0.024
			30	0.26	0.39		
			40	0.88	1.3		
			50	1.5	2.3		
			60	2.3	3.5		
			70	3.3	5.0		
			80	4.6	7.0		
24	甲醇	190	15	5.1	7.8	周界外浓度最高点	12
			20	8.6	13		
			30	29	44		
			40	50	70		
			50	77	120		
			60	100	170		
25	苯胺类	20	15	0.52	0.78	周界外浓度最高点	0.40
			20	0.87	1.3		
			30	2.9	4.4		
			40	5.0	7.6		
			50	7.7	12		
			60	11	17		
26	氯苯类	60	15	0.52	0.78	周界外浓度最高点	0.40
			20	0.87	1.3		
			30	2.5	3.8		
			40	4.3	6.5		
			50	6.6	9.9		
			60	9.3	14		
			70	13	20		
			80	18	27		
			90	23	35		
			100	29	44		
27	硝基苯类	16	15	0.050	0.080	周界外浓度最高点	0.040
			20	0.090	0.13		
			30	0.29	0.44		
			40	0.50	0.77		
			50	0.77	1.2		
			60	1.1	1.7		
28	氯乙烯	36	15	0.77	1.2	周界外浓度最高点	0.60
			20	1.3	2.0		
			30	4.4	6.6		
			40	7.5	11		
			50	12	18		
			60	16	25		

（续表）

序号	污染物	最高允许排放浓度/（$mg \cdot m^{-3}$）	最高允许排放速率/（$kg \cdot h^{-1}$）			无组织排放监控浓度限值	
			排气筒高度/m	二级	三级	监控点	浓度/（$mg \cdot m^{-3}$）
29	苯并a芘	0.30×10^{-3}（沥青及碳素制品生产和加工）	15	0.05×10^{-3}	0.08×10^{-3}	周界外浓度最高点	0.008μg/m³
			20	0.085×10^{-3}	0.13×10^{-3}		
			30	0.29×10^{-3}	0.43×10^{-3}		
			40	0.50×10^{-3}	0.76×10^{-3}		
			50	0.77×10^{-3}	1.2×10^{-3}		
			60	1.1×10^{-3}	1.7×10^{-3}		
30	光气⑤	3.0	25	0.10	0.15	周界外浓度最高点	0.080
			30	0.17	0.26		
			40	0.59	0.88		
			50	1.0	1.5		
31	沥青烟	140（吹制沥青）	15	0.18	0.27	生产设备不得有明显的无组织排放存在	
			20	0.30	0.45		
		40（熔炼、浸涂）	30	1.3	2.0		
			40	2.3	3.5		
			50	3.6	5.4		
		75（建筑搅拌）	60	5.6	7.5		
			70	7.4	11		
			80	10	15		
32	石棉尘	1根纤维/cm³或10mg/m³	15	0.55	0.83	生产设备不得有明显的无组织排放存在	
			20	0.93	1.4		
			30	3.6	5.4		
			40	6.2	9.3		
			50	9.4	14		
33	非甲烷总烃	120（使用溶剂汽油或其他混合烃类物质）	15	10	16	周界外浓度最高点	4.0
			20	17	27		
			30	53	83		
			40	100	150		

① 周界外浓度最高点一般应设置于无组织排放源下风向的单位周界外10m范围内，若预计无组织排放的最大落地浓度点越出10m范围，可将监控点移至该预计浓度最高点。

② 均指含游离二氧化硅超过10%以上的各种尘。

③ 排放氯气的排气筒不得低于25m。

④ 排放氰化氢的排气筒不得低于25m。

⑤ 排放光气的排气筒不得低于25m。

26.2.2 工业炉窑大气污染物排放标准[9]

26.2.2.1 各种工业炉窑、烟尘及生产粉尘最高允许排放浓度、烟气黑度限值（1997年1月1日前安装的）

序号	炉窑类别		标准级别	排放限值	
				烟（粉）尘浓度/（mg·m^{-3}）	烟气黑度（林格曼级）
1	熔炼炉	高炉及高炉出铁场	一	100	
			二	150	
			三	200	
		炼钢炉及混铁炉（车）	一	100	
			二	150	
			三	200	
		铁合金熔炼炉	一	100	
			二	150	
			三	250	
		有色金属熔炼炉	一	100	
			二	200	
			三	300	
2	熔化炉	冲天炉、化铁炉	一	100	1
			二	200	1
			三	300	1
		金属熔化炉	一	100	1
			二	200	1
			三	300	1
		非金属熔化、冶炼炉	一	100	1
			二	250	1
			三	400	1
3	铁矿煤结炉	烧结机（驱动装置、机尾）	一	100	
			二	150	
			三	200	
		球团竖炉带式球团	一	100	
			二	150	
			三	250	
4	加热炉	金属压延、锻造加热炉	一	100	1
			二	300	1
			三	350	1
		非金属加热炉	一	100	1
			二	300	1
			三	350	1

（续表）

序号	炉窑类别		标准级别	排放限值	
				烟（粉）尘浓度/（mg·m^{-3}）	烟气黑度（林格曼级）
5	热处理炉	金属热处理炉	一	100	1
			二	300	1
			三	350	1
		非金属热处理炉	一	100	1
			二	300	1
			三	350	1
6	干燥炉、窑		一	100	1
			二	250	1
			三	350	1
7	非金属焙（锻）烧炉窑（耐火材料窑）		一	100	1
			二	300	1
			三	400	2
8	石灰窑		一	100	1
			二	250	1
			三	400	1
9	陶瓷搪瓷砖瓦窑	隧道窑	一	100	1
			二	250	1
			三	400	1
		其他窑	一	100	1
			二	300	1
			三	500	2
10	其他炉窑		一	150	1
			二	300	1
			三	400	1

26.2.2.2 新建、改建、扩建的各种工业炉窑，其烟尘及生产性粉尘最高允许排放浓度、烟气黑度限值（1997年1月1日起通过环境影响报告书批准的）

序号	炉窑类别		标准级别	排放限值	
				烟（粉）尘浓度/（mg·m^{-3}）	烟气黑度（林格曼级）
1	熔炼炉	高炉及高炉出铁场	一	禁排	
			二	100	
			三	150	
		炼钢炉及混铁炉（车）	一	禁排	
			二	100	
			三	150	

（续表）

序号	炉窑类别		标准级别	排放限值	
				烟（粉）尘浓度/（$mg \cdot m^{-3}$）	烟气黑度（林格曼级）
1	熔炼炉	铁合金熔炼炉	一	禁排	
			二	100	
			三	200	
		有色金属熔炼炉	一	禁排	
			二	100	
			三	200	
2	熔化炉	冲天炉、化铁炉	一	禁排	
			二	150	1
			三	200	1
		金属熔化炉	一	禁排	
			二	150	1
			三	200	1
		非金属熔化、冶炼炉	一	禁排	
			二	200	1
			三	300	1
3	铁矿烧结炉	烧结机、（驱动装置、机尾）	一	禁排	
			二	100	
			三	150	
		球团竖炉带式球团	一	禁排	
			二	100	
			三	150	
4	加热炉	金属压延、锻造加热炉	一	禁排	
			二	200	1
			三	300	1
		非金属加热炉	一	50	1
			二	200	1
			三	300	1
5	热处理炉	金属热处理炉	一	禁排	
			二	200	1
			三	300	1
		非金属热处理炉	一	禁排	
			二	200	1
			三	300	1
6	干燥炉、窑		一	禁排	
			二	200	1
			三	300	1
7	非金属焙（锻）烧炉窑（耐火材料窑）		一	禁排	
			二	200	1
			三	300	2
8	石灰窑		一	禁排	
			二	200	1
			三	350	1

（续表）

序号	炉窑类别		标准级别	排放限值	
				烟（粉）尘浓度/（mg·m^{-3}）	烟气黑度（林格曼级）
9	陶瓷搪瓷砖瓦窑	隧道窑	一	禁排	
			二	200	1
			三	300	1
		其他窑	一	禁排	
			二	200	1
			三	400	2
10	其他炉窑		一	禁排	
			二	200	1
			三	300	1

26.2.2.3 各种工业炉窑（不分其安装时间）无组织排放烟（粉）尘最高允许浓度

设置方式	炉窑类别	无组织排放烟（粉）尘最高允许浓度/（mg·m^{-3}）
有车间厂房	熔炼炉、铁矿烧结炉	25
	其他炉窑	5
露天（或有顶无围墙）	各种工业炉窑	5

26.2.2.4 各种工业炉窑的有害污染物最高允许排放浓度

序号	炉窑类别		标准级别	排放限值	
				烟（粉）尘浓度/（mg·m^{-3}）	烟气黑度（林格曼级）
1	二氧化硫	有色金属冶炼	一	850	禁排
			二	1430	850
			三	4300	1430
		钢铁烧结冶炼	一	1430	禁排
			二	2860	2000
			三	4300	2860
		燃煤（油）炉窑	一	1200	禁排
			二	1430	850
			三	1800	1200
2	氟及其化合物（以F计）		一	6	禁排
			二	15	6
			三	50	15
3	铅	金属熔炼	一	5	禁排
			二	30	10
			三	45	35
		其他	一	0.5	禁排
			二	0.10	0.10
			三	0.20	0.10

（续表）

序号	炉窑类别		标准级别	排放限值	
				烟（粉）尘浓度/（mg·m^{-3}）	烟气黑度（林格曼级）
4	汞	金属熔炼	一	0.05	禁排
			二	3.0	1.0
			三	5.0	3.0
		其他	一	0.008	禁排
			二	0.010	0.010
			三	0.020	0.010
5	铍及其化合物（以Be计）		一	0.010	禁排
			二	0.015	0.010
			三	0.015	0.015
6	沥青油烟		一	10	5*
			二	80	50
			三	150	100

*仅限于市政、建筑施工临时用沥青加热炉。

26.2.3 锅炉大气污染物排放标准[10]

26.2.3.1 锅炉烟尘最高允许排放浓度和烟气黑度限值

锅炉类别		适用区域	烟尘排放浓度/（mg·m^{-3}）		烟气黑度（林格曼黑度，级）
			Ⅰ时段	Ⅱ时段	
燃煤锅炉	自然通风锅炉［<0.7MW（1t/h）］	一类区	100	80	1
		二、三类区	150	120	
	其他锅炉	一类区	100	80	1
		二类区	250	200	
		三类区	350	250	
燃油锅炉	轻柴油、煤油	一类区	80	80	1
		二、三类区	100	100	
	其他燃料油	一类区	100	80*	1
		二、三类区	200	150	
燃气锅炉		全部区域	50	50	1

*禁止新建以重油、渣油为燃料的锅炉。

26.2.3.2 锅炉二氧化硫和氮氧化物最高允许排放浓度

锅炉类别		适用区域	SO_2排放浓度/（mg·m^{-3}）		NOx排放浓度/（mg·m^{-3}）	
			Ⅰ时段	Ⅱ时段	Ⅰ时段	Ⅱ时段
燃煤锅炉		全部区域	1200	900	—	—
燃油锅炉	轻柴油、煤油	全部区域	700	500	—	400
	其他燃料油	全部区域	1200	900*	—	400*
燃气锅炉		全部区域	100	100	—	400

*一类区内禁止新建以重油、渣油为燃料的锅炉。

26.2.3.3 燃煤锅炉烟尘初始排放浓度和烟气黑度限值

锅炉类别		燃煤收到基灰分/%	烟尘初始排放浓度/($mg \cdot m^{-3}$)		烟气黑度（林格曼黑度，级）
			Ⅰ时段	Ⅱ时段	
层燃锅炉	自然通风锅炉 [<0.7MW (1t/h)]	—	150	120	1
	其他锅炉 [≤2.8MW (4t/h)]	Aar≤25%	1800	1600	1
		Aar>25%	2000	1800	
	其他锅炉 [≤2.8MW (4t/h)]	Aar≤25%	2000	1800	1
		Aar>25%	2200	2000	
沸腾锅炉	循环流化床锅炉	—	15000	15000	1
	其他沸腾锅炉	—	20000	18000	
抛煤机锅炉		—	5000	5000	1

26.2.4 火电厂大气污染物排放标准[11]

各时段火力发电锅炉烟尘最高允许排放浓度和烟气黑度执行下表规定的限值。

26.2.4.1 火力发电锅炉烟尘最高允许排放浓度和烟气黑度限值

	烟尘最高允许排放浓度/($mg \cdot m^{-3}$)					烟气黑度（林格曼黑度，级）
时段	第1时段		第2时段		第3时段	
实施时间	2005年1月1日	2010年1月1日	2005年1月1日	2010年1月1日	2004年1月1日	2004年1月1日
燃煤锅炉	300① 600②	200	200① 500②	50 100③ 200④	50 100③ 200④	1.0
燃油锅炉	200	100	100	50	50	

① 县级及县级以上城市建成区及规划区内的火力发电锅炉执行该限值。

② 县级及县级以上城市建成区及规划区以外的火力发电锅炉执行该限值。

③ 在本标准实施前，环境影响报告书已批复的脱硫机组，以及位于西部非两控区的燃用特低硫煤（入炉燃煤收到基硫分小于0.5%）的坑口电厂锅炉执行该限值。

④ 以煤矸石等为主要燃料(入炉燃料收到基低位发热量小于等于12550kJ/kg)的资源综合利用火力发电锅炉执行该限值。

26.2.4.2 火力发电锅炉二氧化硫最高允许排放浓度

mg/m^3

时段	第1时段		第2时段		第3时段
实施时间	2005年1月1日	2010年1月1日	2005年1月1日	2010年1月1日	2004年1月1日
燃煤锅炉及燃油锅炉	2100①	1200①	2100 1200②	400 1200②	400 800③ 1200④

① 该限值为全厂第1时段火力发电锅炉平均值。

② 在本标准实施前，环境影响报告书已批复的脱硫机组，以及位于西部非两控区的燃用特低硫煤（入炉燃煤收到基硫分小于0.5%）的坑口电厂锅炉执行该限值。

③ 以煤矸石等为主要燃料(入炉燃料收到基低位发热量小于等于12550kJ/kg)的资源综合利用火力发电锅炉执行该限值。

④ 位于西部非两控区内的燃用特低硫煤（入炉燃煤收到基硫分小于0.5%）的坑口电厂锅炉执行该限值。

26.2.4.3 火力发电锅炉及燃气轮机组氮氧化物最高允许排放浓度

mg/m³

时段		第1时段	第2时段	第3时段
实施时间		2005年1月1日	2005年1月1日	2004年1月1日
燃煤锅炉	$V_{daf}<10\%$	1500	1300	1100
	$10\%\leqslant V_{daf}\leqslant 20\%$	1100	650	650
	$V_{daf}>20\%$			450
燃油锅炉		650	400	200
燃气轮机组	燃油			150
	燃气			80

26.3 固体废物排放

26.3.1 含铬废渣排放标准[12]

项目	第一级	第二级
废渣中水溶性六价铬	5	8

26.3.2 恶臭污染物厂界标准值[13]

序号	控制项目	一级	二级		三级	
			新扩改建	现有	新扩改建	现有
1	氨/(mg·m⁻³)	1.0	1.5	2.0	4.0	5.0
2	三甲胺/(mg·m⁻³)	0.05	0.08	0.15	0.45	0.80
3	硫化氢/(mg·m⁻³)	0.03	0.06	0.10	0.32	0.60
4	甲硫醇/(mg·m⁻³)	0.004	0.007	0.010	0.020	0.035
5	甲硫醚/(mg·m⁻³)	0.03	0.07	0.15	0.55	1.10
6	二甲二硫/(mg·m⁻³)	0.03	0.06	0.13	0.42	0.71
7	二硫化碳/(mg·m⁻³)	2.0	3.0	5.0	8.0	10
8	苯乙烯/(mg·m⁻³)	3.0	5.0	7.0	14	19
9	臭气浓度/无量纲	10	20	30	60	70

26.3.3 恶臭污染物排放标准值[13]

序号	控制项目	排气筒高度/m	排放量/(kg·h⁻¹)
1	硫化氢	15	0.33
		20	0.58
		25	0.90
		30	1.3
		35	1.8
		40	2.3
		60	5.2
		80	9.3
		100	14
		120	21

（续表）

序　　号	控 制 项 目	排气筒高度/m	排放量/$(kg \cdot h^{-1})$
2	甲硫醇	15	0.04
		20	0.08
		25	0.12
		30	0.17
		35	0.24
		40	0.31
		60	0.69
3	甲硫醚	15	0.33
		20	0.58
		25	0.90
		30	1.3
		35	1.8
		40	2.3
		60	5.2
4	二甲二硫醚	15	0.43
		20	0.77
		25	1.2
		30	1.7
		35	2.4
		40	3.1
		60	7.0
5	二硫化碳	15	1.5
		20	2.7
		25	4.2
		30	6.1
		35	8.3
		40	11
		60	24
		80	43
		100	68
		120	97
6	氨	15	4.9
		20	8.7
		25	14
		30	20
		35	27
		40	35
		60	75
7	三甲胺	15	0.54
		20	0.97
		25	1.5
		30	2.2
		35	3.0
		40	3.9
		60	8.7
		80	15
		100	24
		120	35

（续表）

序　号	控制项目	排气筒高度/m	排放量/$(kg \cdot h^{-1})$
8	苯乙烯	15	6.5
		20	12
		25	18
		30	26
		35	35
		40	46
		60	104
9	臭气浓度	排气筒高度/m	标准值/无量纲
		15	2000
		25	6000
		35	15000
		40	20000
		50	40000
		≥60	60000

参 考 文 献

[1] 国家环境保护局. GB 8978—1996 污水综合排放标准［S］. 北京：中国标准化出版社，1996.

[2] 国家环境保护局. GB 3544—1992 造纸工业水污染物排放标准［S］. 北京：中国标准化出版社，1992.

[3] 中华人民共和国交通部. GB 3552—1983 船舶污染物排放标准［S］. 北京：中国标准化出版社，1993.

[4] 中华人民共和国城乡建设环境保护部. GB 4914—1985 海洋石油开发工业含油污水排放标准［S］. 北京：中国标准化出版社，1985.

[5] 国家环境保护局. GB 15580—1995 磷肥工业水污染物排放标准［S］. 北京：中国标准化出版社，1995.

[6] 国家环境保护局. GB 15581—1995 烧碱、聚氯乙烯工业水污染物排放标准［S］. 北京：中国标准化出版社，1995.

[7] 中华人民共和国城乡建设保护部. GB 4286—1984 船舶工业污染物排放标准［S］. 北京：中国标准出版社，1984.

[8] 国家环境保护局. GB 16297—1996 大气污染物综合排放标准［S］. 北京：中国标准出版社，1996.

[9] 国家环境保护局. GB 9078—1996 工业炉窑大气污染物排放标准［S］. 北京：中国标准出版社，1996.

[10] 国家环境保护局. GB 13271—2001 锅炉大气污染物排放标准［S］. 北京：中国标准化出版社，2001.

[11] 国家环境保护局. GB 13223—2003 火电厂大气污染物排放标准［S］. 北京：中国标准化出版社，2003.

[12] 国家环境保护局. GB 14470—2002 兵器工业水污染物排放标准［S］. 北京：中国标准化出版社，2002.

[13] 国家环境保护局. GB 14554—1993 恶臭污染物排放标准[S]. 北京:中国标准化出版社,1993.

27 职业病残管理

27.1 职业病目录[1]

27.1.1 尘肺

①硅肺；②煤工尘肺；③石墨尘肺；④炭黑尘肺；⑤石棉肺；⑥滑石尘肺；⑦水泥尘肺；⑧云母尘肺；⑨陶工尘肺；⑩铝尘肺；⑪电焊工尘肺；⑫铸工尘肺；⑬根据《尘肺病诊断标准》和《尘肺病理诊断标准》可以诊断的其他尘肺。

27.1.2 职业性放射性疾病

①外照射急性放射病；②外照射亚急性放射病；③外照射慢性放射病；④内照射放射病；⑤放射性皮肤疾病；⑥放射性肿瘤；⑦放射性骨损伤；⑧放射性甲状腺疾病；⑨放射性性腺疾病；⑩放射复合伤；⑪根据《职业性放射性疾病诊断标准（总则）》可以诊断的其他放射性损伤。

27.1.3 职业中毒

①铅及其化合物中毒（不包括四乙基铅）；②汞及其化合物中毒；③锰及其化合物中毒；④镉及其化合物中毒；⑤铍病；⑥铊及其化合物中毒；⑦钡及其化合物中毒；⑧磷及其化合物中毒；⑨砷及其化合物中毒；⑩铀中毒；⑪砷化氢中毒；⑫氯气中毒；⑬二氧化硫中毒；⑭光气中毒；⑮氨中毒；⑯偏二甲基肼中毒；⑰氮氧化合物中毒；⑱一氧化碳中毒；⑲二硫化碳中毒；⑳硫化氢中毒；㉑磷化氢、磷化锌、磷化铝中毒；㉒工业性氟病；㉓氰及腈类化合物中毒；㉔四乙基铅中毒；㉕有机锡中毒；㉖羰基镍中毒；㉗苯中毒；㉘甲苯中毒；㉙二甲苯中毒；㉚正己烷中毒；㉛汽油中毒；㉜一甲胺中毒；㉝有机氟聚合物单体及其热裂解物中毒；㉞二氯乙烷中毒；㉟四氯化碳中毒；㊱氯乙烯中毒；㊲三氯乙烯中毒；㊳氯丙烯中毒；㊴氯丁二烯中毒；㊵苯的氨基及硝基化合物（不包含三硝基甲苯）中毒；㊶三硝基甲苯中毒；㊷甲醇中毒；㊸酚中毒；㊹五氯酚（钠）中毒；㊺甲醛中毒；㊻硫酸二甲酯中毒；㊼丙烯酰胺中毒；㊽二甲基甲酰胺中毒；㊾有机磷农药中毒；㊿氨基甲酸酯类农药中毒；51杀虫脒中毒；52溴甲烷中毒；53拟除虫菊酯类农药中毒；54根据《职业性中毒性肝病诊断标准》可以诊断的职业性中毒性肝病；55根据《职业性急性化学物中毒诊断标准（总则）》可以诊断的其他职业性急性中毒。

27.1.4 物理因素所致职业病

①中暑；②减压病；③高原病；④航空病；⑤手臂振动病。

27.1.5 生物因素所致职业病

①炭疽；②森林脑炎；③布氏杆菌病。

27.1.6 职业性皮肤病

①接触性皮炎；②光敏性皮炎；③电光性皮炎；④黑变病；⑤痤疮；⑥溃疡；⑦化学性皮肤灼伤；⑧根据《职业性皮肤病诊断标准（总则）》可以诊断的其他职业性皮肤病。

27.1.7 职业性眼病

①化学性眼部灼伤；②电光性眼炎；③职业性白内障（含放射性白内障、三硝基甲苯白内障）。

27.1.8 职业性耳鼻喉口腔疾病

①噪声聋；②铬鼻病；③牙酸蚀病。

27.1.9　职业性肿瘤

①石棉所致肺癌、间皮瘤；②联苯胺所致膀胱癌；③苯所致白血病；④氯甲醚所致肺癌；⑤砷所致肺癌、皮肤癌；⑥氯乙烯所致肝血管瘤；⑦焦炉工人肺癌；⑧铬酸盐制造业工人肺癌。

27.1.10　其他职业病

①金属烟热；②职业性哮喘；③职业性变态反应性肺泡炎；④棉尘病；⑤煤矿井下工人滑囊炎。

27.2　职工工伤职业病致残程度分级表[2]

级别	级别划分依据
一级	器官缺失或功能完全丧失，其他器官不能代偿，存在特殊医疗依赖或完全或大部分护理依赖
二级	器官严重缺损或畸形，有严重功能障碍或并发症，存在特殊医疗依赖或大部分护理依赖
三级	器官严重缺损或畸形，有严重功能障碍或并发症，存在特殊医疗依赖或部分护理依赖
四级	器官严重缺损或畸形，有严重功能障碍或并发症，存在特殊医疗依赖或部分护理依赖
五级	器官大部缺损或明显畸形，有较重功能障碍或并发症，存在一般医疗依赖，无护理依赖
六级	器官大部缺损或明显畸形，有中等功能障碍或并发症，存在一般医疗依赖，无护理依赖
七级	器官大部分缺损或畸形，有轻度功能障碍或并发症，存在一般医疗依赖，无护理依赖
八级	器官部分缺损，形态异常，轻度功能障碍，存在一般医疗依赖，无护理依赖
九级	器官部分缺损，形态异常，轻度功能障碍，无医疗依赖或存在一般医疗依赖，无护理依赖
十级	器官部分缺损，形态异常，无功能障碍，无医疗依赖或存在一般医疗依赖，无护理依赖

27.3　职工工伤与职业病致残程度鉴定基准[2]

27.3.1　一级

（1）极重度智能损伤。

（2）四肢瘫肌力≤3级或三肢瘫肌力≤2级。

（3）颈4以上截瘫，肌力≤2级。

（4）重度运动障碍（非肢体瘫）。

（5）面部重度毁容，同时伴有二级伤残之一者。

（6）全身重度瘢痕形成，占体表面积≥90%，伴有脊柱及四肢大关节活动功能基本丧失。

（7）对肘关节以上缺失或功能完全丧失。

（8）双下肢高位缺失及一上肢高位缺失。

（9）双下肢及一上肢严重瘢痕畸形，活动功能丧失。

（10）双眼无光感或仅有光感但光定位不准者。

（11）肺功能重度损伤和呼吸困难Ⅳ级，需终生依赖机械通气。

（12）双肺或心肺联合移植术。

（13）小肠切除≥90%。

（14）肝切除后原位肝移植。

（15）胆道损伤原位肝移植。

(16) 全胰切除。

(17) 双侧肾切除或孤肾切除术后，用透析维持或同种肾移植术后肾功能不全尿毒症期。

(18) 尘肺Ⅲ期伴肺功能重度损伤及/或重度低氧血症［PO_2 <5.3kPa (40mmHg)］。

(19) 其他职业性肺部疾患，伴肺功能重度损伤及/或重度低氧血症［PO_2 < 5.3kPa (40mmHg)］。

(20) 放射性肺炎后，两叶以上肺纤维化伴重度低氧血症［PO_2 <5.3kPa (40mmHg)］。

(21) 职业性肺癌伴肺功能重度损伤。

(22) 职业性肝血管肉瘤，重度肝功能损害。

(23) 肝硬化伴食道静脉破裂出血，肝功能重度损害。

(24) 肾功能不全尿毒症期，内生肌酐清除率持续 <10mL/min，或血浆肌酐水平持续 >707μm。

27.3.2 二级

(1) 重度智能损伤。

(2) 三肢瘫肌力 3 级。

(3) 偏瘫肌力≤2 级。

(4) 截瘫肌力≤2 级。

(5) 双手全肌瘫肌力≤3 级。

(6) 完全感觉性或混合性失语。

(7) 全身重度瘢痕形成，占体表面积≥80%，伴有四肢大关节中 3 个以上活动功能受限。

(8) 全面部瘢痕或植皮伴有重度毁容。

(9) 双侧前臂缺失或双手功能完全丧失。

(10) 双下肢高位缺失。

(11) 双下肢瘢痕畸形，功能完全丧失。

(12) 双膝双踝僵直于非功能位。

(13) 双膝以上缺失。

(14) 双膝、踝关节功能完全丧失。

(15) 同侧上、下肢瘢痕畸形，功能完全丧失。

(16) 四肢大关节（肩、髋、膝、肘）中 4 个以上关节功能完全丧失者。

(17) 一眼有或无光感，另眼矫正视力≤0.02 或视野≤8%（或半径≤5°）。

(18) 无吞咽功能，完全依赖胃管进食。

(19) 双侧上颌骨完全缺损。

(20) 双侧下颌骨完全缺损。

(21) 一侧上颌骨及对侧下颌骨完全缺损，并伴有颜面软组织缺损 >30cm^2。

(22) 一侧全肺切除并胸廓成形术，呼吸困难Ⅲ级。

(23) 心功能不全三级。

(24) 食管闭锁或损伤后无法进行食管重建术，依赖胃造瘘或空肠造瘘进食。

(25) 小肠切除 3/4，合并短肠综合征。

(26) 肝切除 3/4，并肝功能重度损害。

(27) 肝外伤后发生门脉高压三联症或发生 Budd - chiari 综合征。

(28) 胆道损伤致肝功能重度损害。

(29) 胰次全切除，胰腺移植术后。

(30) 孤肾部分切除后，肾功能不全失代偿期。

(31) 肺功能重度损伤及/或重度低氧血症。

（32）尘肺Ⅲ期伴肺功能中度损伤及/或中度低氧血症。

（33）尘肺Ⅱ期伴肺功能重度损伤及/或重度低氧血症［PO_2 <5.3kPa（40mmHg）］。

（34）尘肺Ⅲ期伴活动性肺结核。

（35）职业性肺癌或胸膜间皮瘤。

（36）职业性急性白血病。

（37）急性重型再生障碍性贫血。

（38）慢性重度中毒性肝病。

（39）肝血管肉瘤。

（40）肾功能不全尿毒症期，内生肌酐清除率<25mL/min 或血浆肌酐水平持续>450μmol/L（5mg/dL）。

（41）职业性膀胱癌。

（42）放射性肿瘤。

27.3.3 三级

（1）精神病性症状表现为危险或冲动行为者。

（2）精神病性症状致使缺乏生活自理能力者。

（3）重度癫痫。

（4）偏瘫肌力 3 级。

（5）截瘫肌力 3 级。

（6）双足全肌瘫肌力≤2 级。

（7）中度运动障碍（非肢体瘫）。

（8）完全性失用、失写、失读、失认等具有两项及两项以上者。

（9）全身重度瘢痕形成，占体表面积≥70%，伴有四肢大关节中两个以上活动功能受限。

（10）面部瘢痕或植皮≥2/3 并有中度毁容。

（11）一手缺失，另一手拇指缺失。

（12）双手拇、食指缺失或功能完全丧失。

（13）一侧肘上缺失。

（14）一手功能完全丧失，另一手拇指对掌功能丧失。

（15）双髋、双膝关节中，有一个关节缺失或无功能及另一关节伸屈活动达不到0°~90°者。

（16）一侧髋、膝关节畸形，功能完全丧失。

（17）非同侧腕上、踝上缺失。

（18）非同侧上、下肢瘢痕畸形，功能完全丧失。

（19）一眼有或无光感，另眼矫正视力≤0.05 或视野≤16%（半径≤10°）。

（20）双眼矫正视力<0.05 或视野≤16%（半径≤10°）。

（21）一侧眼球摘除或眶内容剜出，另眼矫正视力<0.1 或视野≤24%（或半径≤15°）。

（22）呼吸完全依赖气管套管或造口。

（23）静止状态下或仅轻微活动即有呼吸困难（喉源性）。

（24）同侧上、下颌骨完全缺损。

（25）一侧上颌骨完全缺损，伴颜面部软组织缺损>30cm^2。

（26）一侧下颌骨完全缺损，伴颜面部软组织缺损>30cm^2。

（27）舌缺损>全舌的 2/3。

（28）一侧全肺切除并胸廓成形术。

（29）一侧胸廓成形术，肋骨切除 6 根以上。

(30) 一侧全肺切除并隆凸切除成形术。
(31) 一侧全肺切除并血管代用品重建大血管术。
(32) Ⅲ度房室传导阻滞。
(33) 肝切除2/3，并肝功能中度损害。
(34) 胰次全切除，胰岛素依赖。
(35) 一侧肾切除，对侧肾功能不全失代偿期。
(36) 双侧输尿管狭窄，肾功能不全失代偿期。
(37) 永久性输尿管腹壁造瘘。
(38) 膀胱全切除。
(39) 尘肺Ⅲ期。
(40) 尘肺Ⅱ期伴肺功能中度损伤及（或）中度低氧血症。
(41) 尘肺Ⅱ期合并活动性肺结核。
(42) 放射性肺炎后两叶肺纤维化，伴肺功能中度损伤及（或）中度低氧血症。
(43) 粒细胞缺乏症。
(44) 再生障碍性贫血。
(45) 职业性慢性白血病。
(46) 中毒性血液病，骨髓增生异常综合征。
(47) 中毒性血液病，严重出血或血小板含量≤2×10^{10}/L。
(48) 砷性皮肤癌。
(49) 放射性皮肤癌。

27.3.4 四级

(1) 中度智能损伤。
(2) 精神病性症状致使缺乏社交能力者。
(3) 单肢瘫肌力≤2级。
(4) 双手部分肌瘫肌力≤2级。
(5) 一手全肌瘫肌力≤2级。
(6) 脑脊液漏伴有颅底骨缺损不能修复或反复手术失败。
(7) 面部中度毁容。
(8) 全身瘢痕面积≥60%，四肢大关节中1个关节活动功能受限。
(9) 面部瘢痕或植皮≥1/2并有轻度毁容。
(10) 双拇指完全缺失或无功能。
(11) 一侧手功能完全丧失，另一手部分功能丧失。
(12) 一侧膝以下缺失，另一侧前足缺失。
(13) 一侧膝以上缺失。
(14) 一侧踝以下缺失，另一足畸形行走困难。
(15) 双膝以下缺失或无功能。
(16) 一眼有或无光感，另眼矫正视力<0.2或视野≤32%（或半径≤20°）。
(17) 一眼矫正视力<0.05，另眼矫正视力≤0.1。
(18) 双眼矫正视力<0.1或视野≤32%（或半径≤20°）。
(19) 双耳听力损失≥91dB。
(20) 牙关紧闭或因食管狭窄只能进流食。
(21) 一侧上颌骨缺损1/2，伴颜面部软组织缺损>20cm²。

(22) 下颌骨缺损长6cm以上的区段，伴口腔、颜面软组织缺损 >20cm²。
(23) 双侧颞下颌关节骨性强直，完全不能张口。
(24) 面颊部洞穿性缺损 >20cm²。
(25) 双侧完全性面瘫。
(26) 一侧全肺切除术。
(27) 双侧肺叶切除术。
(28) 肺叶切除后并胸廓成形术后。
(29) 肺叶切除并隆凸切除成形术后。
(30) 一侧肺移植术。
(31) 心瓣膜置换术后。
(32) 心功能不全二级。
(33) 食管重建术后吻合口狭窄，仅能进流食者。
(34) 全胃切除。
(35) 胰头、十二指肠切除。
(36) 小肠切除3/4。
(37) 小肠切除2/3，包括回盲部切除。
(38) 全结肠、直肠、肛门切除，回肠造瘘。
(39) 外伤后肛门排便重度障碍或失禁。
(40) 肝切除2/3。
(41) 肝切除1/2，肝功能轻度损害。
(42) 胆道损伤致肝功能中度损害。
(43) 甲状腺功能重度损害。
(44) 肾修补术后，肾功能不全失代偿期。
(45) 输尿管修补术后，肾功能不全失代偿期。
(46) 永久性膀胱造瘘。
(47) 重度排尿障碍。
(48) 神经原性膀胱，残余尿≥50mL。
(49) 尿道狭窄，需定期行扩张术。
(50) 双侧肾上腺缺损。
(51) 未育妇女双侧卵巢切除。
(52) 尘肺Ⅱ期。
(53) 尘肺Ⅰ期伴肺功能中度损伤或中度低氧血症。
(54) 尘肺Ⅰ期伴活动性肺结核。
(55) 病态窦房结综合征（需安装起搏器者）。
(56) 肾上腺皮质功能明显减退。
(57) 免疫功能明显减退。

27.3.5 五级

(1) 癫痫中度。
(2) 四肢瘫肌力4级。
(3) 单肢瘫肌力3级。
(4) 双手部分肌瘫肌力3级。
(5) 一手全肌瘫肌力3级。

(6) 双足全肌瘫肌力 3 级。
(7) 完全运动性失语。
(8) 完全性失用、失写、失读、失认等具有一项者。
(9) 不完全性失用、失写、失读、失认等具有多项者。
(10) 全身瘢痕占体表面积≥50%，并有关节活动功能受限。
(11) 面部瘢痕或植皮≥1/3 并有毁容标准之一项。
(12) 脊柱骨折后遗 30°以上侧弯或后凸畸形，伴严重根性神经痛（以电生理检查为依据）。
(13) 一侧前臂缺失。
(14) 一手功能完全丧失。
(15) 肩、肘、腕关节之一功能完全丧失。
(16) 一手拇指缺失，另一手除拇指外三指缺失。
(17) 一手拇指无功能，另一手除拇指外三指功能丧失。
(18) 双前足缺失或双前足瘢痕畸形，功能完全丧失。
(19) 双跟骨足底软组织缺损瘢痕形成，反复破溃。
(20) 一髋（或一膝）功能完全丧失。
(21) 一侧膝以下缺失。
(22) 第Ⅲ对脑神经麻痹。
(23) 双眼外伤性青光眼术后，需用药物维持眼压者。
(24) 一眼有或无光感；另眼矫正视力≤0.3 或视野≤40%（或半径≤25°）。
(25) 一眼矫正视力<0.05，另眼矫正视力≤0.2~0.25。
(26) 一眼矫正视力<0.1，另眼矫正视力等于 0.1。
(27) 双眼视野≤40%（或半径≤25°）。
(28) 一侧眼球摘除者。
(29) 双耳听力损失≥81dB。
(30) 一般活动及轻工作时有呼吸困难。
(31) 吞咽困难，仅能进半流食。
(32) 双侧喉返神经损伤，喉保护功能丧失致饮食呛咳、误吸。
(33) 一侧上颌骨缺损>1/4，但<1/2，伴软组织缺损>10cm^2，但<20cm^2。
(34) 下颌骨缺损长 4cm 以上的区段，伴口腔、颜面软组织缺损>10cm^2。
(35) 舌缺损>1/3，但<2/3。
(36) 一侧完全面瘫，另一侧不完全面瘫。
(37) 双肺叶切除术。
(38) 肺叶切除术并血管代用品重建大血管术。
(39) 隆凸切除成形术。
(40) 食管重建术后吻合口狭窄，仅能进半流食者。
(41) 食管气管（或支气管）瘘。
(42) 食管胸膜瘘。
(43) 胃切除 3/4。
(44) 十二指肠憩室化。
(45) 小肠切除 2/3，包括回肠大部。
(46) 直肠、肛门切除，结肠部分切除，结肠造瘘。
(47) 肝切除 1/2。

（48）胰切除2/3。

（49）甲状腺功能重度损害。

（50）一侧肾切除，对侧肾功能不全代偿期。

（51）一侧输尿管狭窄，肾功能不全代偿期。

（52）尿道瘘不能修复者。

（53）两侧睾丸、副睾丸缺损。

（54）生殖功能重度损伤。

（55）双侧输精管缺损，不能修复。

（56）阴茎全缺损。

（57）未育妇女子宫切除或部分切除。

（58）已育妇女双侧卵巢切除。

（59）未育妇女双侧输卵管切除。

（60）阴道闭锁。

（61）会阴部瘢痕挛缩伴有阴道或尿道或肛门狭窄。

（62）未育妇女双侧乳腺切除。

（63）肺功能中度损伤。

（64）中度低氧血症。

（65）莫氏Ⅱ型Ⅱ度房室传导阻滞。

（66）病态窦房结综合征（不需安起搏器者）。

（67）中毒性血液病，血小板减少（$\leqslant 4\times10^{10}/L$）并有出血倾向。

（68）中毒性血液病，白细胞含量持续$<3\times10^{9}/L$（$<3000/mm^{3}$）或粒细胞含量$<1.5\times10^{9}/L$（$1500/mm^{3}$）。

（69）慢性中度中毒性肝病。

（70）肾功能不全失代偿期，内生肌酐清除率持续$<50mL/min$或血浆肌酐水平持续$>177\mu mol/L$（$>2mg/dL$）。

（71）放射性损伤致睾丸萎缩。

（72）慢性重度磷中毒。

（73）重度手臂振动病。

27.3.6 六级

（1）轻度智能损伤。

（2）精神病性症状影响职业劳动能力者。

（3）三肢瘫肌力4级。

（4）截瘫双下肢肌力4级伴轻度排尿障碍。

（5）双手全肌瘫肌力4级。

（6）双足部分肌瘫肌力≤2级。

（7）单足全肌瘫肌力≤2级。

（8）轻度运动障碍（非肢体瘫）。

（9）不完全性失语。

（10）面部重度异物色素沉着或脱失。

（11）面部瘢痕或植皮≥1/3。

（12）全身瘢痕面积≥40%。

（13）撕脱伤后头皮缺失1/5以上。

(14) 脊柱骨折后遗小于30°畸形伴根性神经痛（神经电生理检查不正常）。
(15) 单纯一拇指完全缺失，或连同另一手非拇指二指缺失。
(16) 一拇指功能完全丧失，另一手除拇指外有二指功能完全丧失。
(17) 一手三指（含拇指）缺失。
(18) 除拇指外其余四指缺失或功能完全丧失。
(19) 一侧踝以下缺失。
(20) 一侧踝关节畸形，功能完全丧失。
(21) 下肢骨折成角畸形 >15°，并有肢体短缩4cm以上。
(22) 一前足缺失，另一足仅残留拇趾。
(23) 一前足缺失，另一足除拇趾外2~5趾畸形，功能丧失。
(24) 一足功能丧失，另一足部分功能丧失。
(25) 一髋或一膝关节伸屈活动达不到0°~90°者。
(26) 单侧跟骨足底软组织缺损瘢痕形成，反复破溃。
(27) 一眼有或无光感，另一眼矫正视力≥0.4。
(28) 一眼矫正视力≤0.05，另一眼矫正视力≥0.3。
(29) 一眼矫正视力≤0.1，另一眼矫正视力≥0.2。
(30) 双眼矫正视力≤0.2或视野≤48%（或半径≤30°）。
(31) 第Ⅳ或第Ⅵ对脑神经麻痹，或眼外肌损伤致复视的。
(32) 双耳听力损失≥71dB。
(33) 双侧前庭功能丧失，睁眼行走困难，不能并足站立。
(34) 单侧或双侧颞下颌关节强直，张口困难Ⅲ度。
(35) 一侧上颌骨缺损1/4，伴口腔、颜面软组织缺损 >$10cm^2$。
(36) 面部软组织缺损 >$20cm^2$，伴发涎瘘。
(37) 舌缺损 >1/3，但 <1/2。
(38) 双侧颧骨并颧弓骨折，伴有开口困难Ⅱ度以上及颜面部畸形经手术复位者。
(39) 双侧下颌骨髁状突颈部骨折，伴有开口困难Ⅱ度以上及咬合关系改变，经手术治疗者。
(40) 一侧完全性面瘫。
(41) 肺叶切除并肺段或楔形切除术。
(42) 肺叶切除并支气管成形术后。
(43) 支气管（或气管）胸膜瘘。
(44) 冠状动脉旁路移植术。
(45) 血管代用品重建大血管。
(46) 胃切除2/3。
(47) 小肠切除1/2，包括回盲部。
(48) 肛门外伤后排便轻度障碍或失禁。
(49) 肝切除1/3。
(50) 胆道损伤致肝功能轻度损伤。
(51) 腹壁缺损面积≥腹壁的1/4。
(52) 胰切除1/2。
(53) 青年脾切除。
(54) 甲状腺功能中度损害。
(55) 甲状旁腺功能中度损害。

(56) 肾损伤性高血压。

(57) 膀胱部分切除合并轻度排尿障碍。

(58) 两侧睾丸创伤后萎缩，血睾酮低于正常值。

(59) 生殖功能轻度损伤。

(60) 阴茎部分缺损。

(61) 已育妇女双侧乳腺切除。

(62) 女性双侧乳房完全缺损或严重瘢痕畸形。

(63) 尘肺Ⅰ期伴肺功能轻度损伤及（或）轻度低氧血症。

(64) 放射性肺炎后肺纤维化（<两叶），伴肺功能轻度损伤及（或）轻度低氧血症。

(65) 其他职业性肺部疾患，伴肺功能轻度损伤。

(66) 白血病完全缓解。

(67) 中毒性肾病，持续性低分子蛋白尿伴白蛋白尿。

(68) 中毒性肾病，肾小管浓缩功能减退。

(69) 肾上腺皮质功能轻度减退。

(70) 放射性损伤致甲状腺功能低下。

(71) 减压性骨坏死Ⅲ期。

(72) 中度手臂振动病。

(73) 工业性氟病Ⅲ期。

27.3.7 七级

(1) 偏瘫肌力4级。

(2) 截瘫肌力4级。

(3) 单手部分肌瘫肌力3级。

(4) 双足部分肌瘫肌力3级。

(5) 单足全肌瘫肌力3级。

(6) 中毒性周围神经病重度感觉障碍。

(7) 不完全性失用、失写、失读和失认等具有一项者。

(8) 符合重度毁容标准之二项者。

(9) 烧伤后颅骨全层缺损≥$30cm^2$，或在硬脑膜上植皮面积≥$10cm^2$。

(10) 颈部瘢痕挛缩，影响颈部活动。

(11) 全身瘢痕面积≥30%。

(12) 面部瘢痕、异物或植皮伴色素改变占面部的10%以上。

(13) 女性两侧乳房部分缺损。

(14) 骨盆骨折后遗产道狭窄（未育者）。

(15) 骨盆骨折严重移位，症状明显者。

(16) 一拇指指间关节离断。

(17) 一拇指指间关节畸形，功能完全丧失。

(18) 一手除拇指外，其他2~3指（含食指）近侧指间关节离断。

(19) 一手除拇指外，其他2~3指（含食指）近侧指间关节功能丧失。

(20) 肩、肘、腕关节之一损伤后活动度未达功能位者。

(21) 一足1~5趾缺失。

(22) 一足除拇趾外，其他四趾瘢痕畸形，功能完全丧失。

(23) 一前足缺失。

(24) 四肢大关节人工关节术后，基本能生活自理。
(25) 四肢大关节创伤性关节炎，长期反复积液。
(26) 下肢伤后短缩 >2cm，但 <3cm 者。
(27) 膝关节韧带损伤术后关节不稳定，伸屈功能正常者。
(28) 一眼有或无光感，另一眼矫正视力≥0.8。
(29) 一眼有或无光感，另一眼各种客观检查正常。
(30) 一眼矫正视力≤0.05，另一眼矫正视力≥0.6。
(31) 一眼矫正视力≤0.1，另一眼矫正视力≥0.4。
(32) 双眼矫正视力≤0.3 或视野≤64%（或半径≤40°）。
(33) 单眼外伤性青光眼术后，需用药物维持眼压者。
(34) 双耳听力损失≥56dB。
(35) 咽成形术后，咽下运动不正常。
(36) 牙槽骨损伤长度≥8cm，牙齿脱落 10 个及以上。
(37) 一侧颧骨并颧弓骨折。
(38) 一侧下颌骨髁状突颈部骨折。
(39) 双侧颧骨并颧弓骨折，无功能障碍者。
(40) 单侧颧骨并颧弓骨折，伴有开口困难Ⅱ度以上及颜面部畸形经手术复位者。
(41) 双侧不完全性面瘫。
(42) 肺叶切除术。
(43) 限局性脓胸行部分胸廓成形术。
(44) 气管部分切除术。
(45) 肺功能轻度损伤。
(46) 食管重建术后伴返流性食管炎。
(47) 食管外伤或成形术后咽下运动不正常。
(48) 胃切除 1/2。
(49) 小肠切除 1/2。
(50) 结肠大部分切除。
(51) 肝切除 1/4。
(52) 胆道损伤，胆肠吻合术后。
(53) 成人脾切除。
(54) 胰切除 1/3。
(55) 一侧肾切除。
(56) 膀胱部分切除。
(57) 轻度排尿障碍。
(58) 已育妇女子宫切除或部分切除。
(59) 未育妇女单侧卵巢切除。
(60) 已育妇女双侧输卵管切除。
(61) 阴道狭窄。
(62) 未育妇女单侧乳腺切除。
(63) 尘肺Ⅰ期，肺功能正常。
(64) 放射性肺炎后肺纤维化（<两叶），肺功能正常。
(65) 轻度低氧血症。

（66）心功能不全一级。
（67）再生障碍性贫血完全缓解。
（68）白细胞减少症，［含量持续 $<4\times10^9$/L（4000/mm^3）］。
（69）中性粒细胞减少症，［含量持续 $<2\times10^9$/L（2000/mm^3）］。
（70）慢性轻度中毒性肝病；
（71）肾功能不全代偿期，内生肌酐清除率<70mL/min。
（72）三度牙酸蚀病。

27.3.8 八级

（1）人格改变。
（2）单肢体瘫肌力4级。
（3）单手全肌瘫肌力4级。
（4）双手部分肌瘫肌力4级。
（5）双足部分肌瘫肌力4级。
（6）单足部分肌瘫肌力≤3级。
（7）脑叶切除术后无功能障碍。
（8）符合重度毁容标准之一项者。
（9）面部烧伤植皮≥1/5。
（10）面部轻度异物沉着或色素脱失。
（11）双侧耳廓部分或一侧耳廓大部分缺损。
（12）全身瘢痕面积≥20%。
（13）女性一侧乳房缺损或严重瘢痕畸形。
（14）一侧或双侧眼睑明显缺损。
（15）脊椎压缩骨折，椎体前缘总体高度减少1/2以上者。
（16）一手除拇、食指外，有两指近侧指间关节离断。
（17）一手除拇、食指外，有两指近侧指间关节无功能。
（18）一足拇趾缺失，另一足非拇趾一趾缺失。
（19）一足拇趾畸形，功能完全丧失，另一足非拇趾一趾畸形。
（20）一足除拇趾外，其他三趾缺失。
（21）因开放骨折感染形成慢性骨髓炎，反复发作者。
（22）四肢大关节创伤性关节炎，无积液。
（23）急性放射皮肤损伤Ⅳ度及慢性放射性皮肤损伤手术治疗后影响肢体功能。
（24）放射性皮肤溃疡经久不愈者。
（25）一眼矫正视力≤0.2，另一眼矫正视力≥0.5。
（26）双眼矫正视力等于0.4。
（27）双眼视野≤80%（或半径≤50°）。
（28）一侧或双侧睑外翻或睑闭合不全者。
（29）上睑下垂盖及瞳孔1/3者。
（30）眼球粘连影响眼球转动者。
（31）外伤性青光眼行抗青光眼手术后眼压控制正常者。
（32）双耳听力损失≥41dB或一耳≥91dB。
（33）体力劳动时有呼吸困难。
（34）发声及言语困难。

(35) 牙槽骨损伤长度≥6cm，牙齿脱落8个及以上。
(36) 舌缺损<舌的1/3。
(37) 双侧鼻腔或鼻咽部闭锁。
(38) 双侧颞下颌关节强直，张口困难Ⅱ度。
(39) 上、下颌骨骨折，经牵引、固定治疗后有功能障碍者。
(40) 双侧颧骨并颧弓骨折，无开口困难，颜面部凹陷畸形不明显，不需手术复位。
(41) 肺段切除术。
(42) 支气管成形术。
(43) 双侧多根多处肋骨骨折致胸廓畸形。
(44) 膈肌破裂修补术后，伴膈神经麻痹。
(45) 心脏、大血管修补术。
(46) 心脏异物滞留或异物摘除术。
(47) 食管重建术后，进食正常者。
(48) 胃部分切除。
(49) 十二指肠带蒂肠片修补术。
(50) 小肠部分切除。
(51) 结肠部分切除。
(52) 肝部分切除。
(53) 胆道修补术。
(54) 腹壁缺损面积<腹壁的1/4。
(55) 脾部分切除。
(56) 胰部分切除。
(57) 甲状腺功能轻度损害。
(58) 甲状旁腺功能轻度损害。
(59) 输尿管修补术。
(60) 尿道修补术。
(61) 一侧睾丸、副睾丸切除。
(62) 一侧输精管缺损，不能修复。
(63) 性功能障碍。
(64) 一侧肾上腺缺损。
(65) 已育妇女单侧卵巢切除。
(66) 已育妇女单侧输卵管切除。
(67) 已育妇女单侧乳腺切除。
(68) 其他职业性肺疾患，肺功能正常。
(69) 中毒性肾病，持续低分子蛋白尿。
(70) 慢性中度磷中毒。
(71) 工业性氟病Ⅱ期。
(72) 减压性骨坏死Ⅱ期。
(73) 轻度手臂振动病。
(74) 二度牙酸蚀。

27.3.9 九级

(1) 癫痫轻度。

(2) 中毒性周围神经病轻度感觉障碍。
(3) 脑挫裂伤无功能障碍。
(4) 开颅手术后无功能障碍者。
(5) 颅内异物无功能障碍。
(6) 颈部外伤致颈总、颈内动脉狭窄，支架置入或血管搭桥手术后无功能障碍。
(7) 符合中度毁容标准之二项或轻度毁容者。
(8) 发际边缘瘢痕性秃发或其他部位秃发，需戴假发者。
(9) 颈部瘢痕畸形，不影响活动。
(10) 全身瘢痕占体表面积≥5%。
(11) 面部有≥8cm²或3处以上≥1cm²的瘢痕。
(12) 两个以上横突骨折后遗腰痛。
(13) 3个节段脊柱内固定术。
(14) 脊椎压缩前缘高度<1/2者。
(15) 椎间盘切除术后无功能障碍。
(16) 一拇指末节部分1/2缺失。
(17) 一手食指2~3节缺失。
(18) 一拇指指间关节功能丧失。
(19) 一足拇趾末节缺失。
(20) 除拇趾外其他二趾缺失或瘢痕畸形，功能不全。
(21) 跖骨或跗骨骨折影响足弓者。
(22) 患肢外伤后一年仍持续存在下肢中度以上凹陷性水肿者。
(23) 骨折内固定术后，无功能障碍者。
(24) 外伤后膝关节半月板切除、髌骨切除、膝关节交叉韧带修补术后无功能障碍。
(25) 第Ⅴ对脑神经眼支麻痹。
(26) 眶壁骨折致眼球内陷、两眼球突出度相差>2mm或错位变形影响外观者。
(27) 一眼矫正视力≤0.3，另一眼矫正视力>0.6。
(28) 双眼矫正视力等于0.5。
(29) 泪器损伤，手术无法改进溢泪者。
(30) 双耳听力损失≥31dB或一耳损失≥71dB。
(31) 发声及言语不畅。
(32) 铬鼻病有医疗依赖。
(33) 牙槽骨损伤长度>4cm，牙脱落4个及以上。
(34) 上、下颌骨骨折，经牵引、固定治疗后无功能障碍者。
(35) 肺修补术。
(36) 肺内异物滞留或异物摘除术。
(37) 膈肌修补术。
(38) 限局性脓胸行胸膜剥脱术。
(39) 食管修补术。
(40) 胃修补术后。
(41) 十二指肠修补术。
(42) 小肠修补术后。
(43) 结肠修补术后。

（44）肝修补术后。
（45）胆囊切除。
（46）开腹探查术后。
（47）脾修补术后。
（48）胰修补术后。
（49）肾修补术后。
（50）膀胱修补术后。
（51）子宫修补术后。
（52）一侧卵巢部分切除。
（53）阴道修补或成形术后。
（54）乳腺成形术后。

27.3.10　十级

（1）符合中度毁容标准之一项者。
（2）面部有瘢痕，植皮，异物色素沉着或脱失 $>2cm^2$。
（3）全身瘢痕面积 <5%，但 ≥1%。
（4）外伤后受伤节段脊柱骨性关节炎伴腰痛，年龄在 50 岁以下者。
（5）椎间盘突出症未做手术者。
（6）一手指除拇指外，任何一指远侧指间关节离断或功能丧失。
（7）指端植皮术后（增生性瘢痕 $1cm^2$ 以上）。
（8）手背植皮面积 $>50cm^2$，并有明显瘢痕。
（9）手掌、足掌植皮面积 >30% 者。
（10）除拇指外，余 3～4 指末节缺失。
（11）除拇趾外，任何一趾末节缺失。
（12）足背植皮面积 $>100cm^2$。
（13）膝关节半月板损伤、膝关节交叉韧带损伤未做手术者。
（14）身体各部位骨折愈合后无功能障碍。
（15）一手或两手慢性放射性皮肤损伤Ⅱ度及Ⅱ度以上者。
（16）一眼矫正视力 ≤0.5，另一眼矫正视力 ≥0.8。
（17）双眼矫正视力 ≤0.8。
（18）一侧或双侧睑外翻或睑闭合不全行成形手术后矫正者。
（19）上睑下垂盖及瞳孔 1/3 行成形手术后矫正者。
（20）眼球粘连影响眼球转动行成形手术后矫正者。
（21）职业性及外伤性白内障术后人工晶状体眼，矫正视力正常者。
（22）职业性及外伤性白内障，矫正视力正常者。
（23）晶状体部分脱位。
（24）眶内异物未取出者。
（25）眼球内异物未取出者。
（26）外伤性瞳孔放大。
（27）角巩膜穿通伤治愈者。
（28）双耳听力损失 ≥26dB，或一耳 ≥56dB。
（29）双侧前庭功能丧失，闭眼不能并足站立。
（30）铬鼻病（无症状者）。

（31）嗅觉丧失。

（32）牙齿除智齿以外，切牙脱落1个以上或其他牙脱落两个以上。

（33）一侧颞下颌关节强直，张口困难Ⅰ度。

（34）鼻窦或面颊部有异物未取出。

（35）单侧鼻腔或鼻孔闭锁。

（36）鼻中隔穿孔。

（37）一侧不完全性面瘫。

（38）血、气胸行单纯闭式引流术后，胸膜粘连增厚。

（39）开胸探查术后。

（40）肝外伤保守治疗后。

（41）胰损伤保守治疗后。

（42）脾损伤保守治疗后。

（43）肾损伤保守治疗后。

（44）膀胱外伤保守治疗后。

（45）卵巢修补术后。

（46）输卵管修补术后。

（47）乳腺修补术后。

（48）免疫功能轻度减退。

（49）慢性轻度磷中毒。

（50）工业性氟病Ⅰ期。

（51）煤矿井下工人滑囊炎。

（52）减压性骨坏死Ⅰ期。

（53）一度牙酸蚀病。

（54）职业性皮肤病久治不愈。

27.4 职业性接触性皮炎的常见致病物[3]

以刺激作用为主的致病物	脱水剂	强酸、强碱等
	氧化剂	铬酸及其盐类、游离碘、溴、次氯酸盐、过硫酸盐、硝酸盐等
	蛋白沉淀物	鞣酸、重金属盐等
	角质溶解剂	水杨酸、雷锁辛、焦倍酚等
	去油剂	酒精、醚、氯仿、三氯乙烯等
	其他	农药、除草剂、杀虫剂、肥皂、合成清洁剂、助焊剂、脱毛剂、润滑油等
以变态反应为主的致病物	金属及其盐类	六价铬酸盐、镍盐、钴盐、汞盐等
	树脂	大漆、环氧树脂、酚醛树脂、脲醛树脂、三聚氰胺甲醛树脂等
	染料	偶氮染料、苯胺染料、分散染料等
	橡胶组分	巯基苯骈噻唑类、氨基甲酸类、萘胺类、秋兰姆类、二苯胍、对苯二酚及其衍生物等
	植物	槚如坚果壳油、某些花和植物的浸出的液等
	清洁剂	肥皂添加剂、合成清洁剂等
	香料	肉桂醛、氢化香茅醛等
	其他	甲醛、二硝基氯化苯、二硝基氟化苯、胺类固化剂、松香、松节油、照相显影剂等

27.5 职工健康检查项目及周期

危害因素或作业	上岗前检查项目	在岗期间检查项目	体检周期/a	职业禁忌证
氨气	常规项目：内科常规检查（是指血压测定，心、肺、腹部检查，甲状腺、咽喉检查），握力，肌张力，腱反射，三颤（指眼睑振颤、舌颤、双手振颤），血常规，尿常规，肝功能，心电图，肝、脾B超，胸部X射线摄片	内科常规检查，血、尿常规，心电图，胸部X线摄片，肝功能*，肝脾B超*，肺功能测定*	1	1. 明显的呼吸系统病 2. 明显的肝、肾疾病 3. 明显的心血管疾病
氮氧化物	常规项目：内科常规检查（是指血压测定，心、肺、腹部检查，甲状腺、咽喉检查），握力，肌张力，腱反射，三颤（指眼睑振颤、舌颤、双手振颤），血常规，尿常规，肝功能，心电图，肝、脾B超，胸部X射线摄片	内科常规检查，握力，肌张力，腱反射，血、尿常规，心电图，胸部X线摄片，肝功能*，肝脾B超*，肺功能测定*	1	1. 明显的呼吸系统疾病 2. 明显的心血管疾病
一氧化碳	常规项目：内科常规检查（是指血压测定，心、肺、腹部检查，甲状腺、咽喉检查），握力，肌张力，腱反射，三颤（指眼睑振颤、舌颤、双手振颤），血常规，尿常规，肝功能，心电图，肝、脾B超，胸部X射线摄片	内科常规检查，握力，肌张力，腱反射，血、尿常规，血碳氧血红蛋白，心电图，肝功能*，肝、脾B超*	1	1. 各种中枢神经和周围神经器质性疾病 2. 器质性心血管疾病
氟化物	常规项目：内科常规检查（是指血压测定，心、肺、腹部检查，甲状腺、咽喉检查），握力，肌张力，腱反射，三颤（指眼睑振颤、舌颤、双手振颤），血常规，尿常规，肝功能，心电图，肝、脾B超，胸部X射线摄片腰椎及骨盆X线摄片	内科常规检查，牙齿检查，血、尿常规，尿氟定量，骨密度测定，腰椎及骨盆X线摄片。心电图*，肝功能*，肝、脾B超*	1	1. 骨关节疾病 2. 慢性呼吸系统疾病 3. 地方性氟病 4. 明显的心血管、肝、肾疾病
苯	常规项目：内科常规检查（是指血压测定，心、肺、腹部检查，甲状腺、咽喉检查），握力，肌张力，腱反射，三颤（指眼睑振颤、舌颤、双手振颤），血常规，尿常规，肝功能，心电图，肝、脾B超，胸部X射线摄片（血常规中必须包括血小板），皮肤检查	内科常规检查、皮肤检查，血常规，心电图，肝功能*，肝、脾B超*，骨髓穿刺检查*	1	1. 上岗前体检时，血液检查结果低于正常参考值 2. 各种血液疾病 3. 严重全身性血液病 4. 月经过多或功能性子宫出血

（续表）

危害因素或作业	上岗前检查项目	在岗期间检查项目	体检周期/a	职业禁忌证
甲苯、二甲苯	常规项目：内科常规检查（是指血压测定，心、肺、腹部检查，甲状腺、咽喉检查），握力，肌张力，腱反射，三颤（指眼睑振颤、舌颤、双手振颤），血常规，尿常规，肝功能，心电图，肝、脾B超，胸部X射线摄片（血常规中必须包括血小板）	内科常规检查，皮肤检查*，血常规，心电图*，肝功能，肝、脾B超*，骨髓穿刺检查*	1	1. 神经系统器质性疾病 2. 明显的神经衰弱综合征 3. 肝脏疾病
粉尘	内科常规检查，血、尿常规，心电图，肝功能，高仟伏胸部X线摄片，肺功能	内科常规检查，血、尿常规，心电图，肝功能，高仟伏胸部X线摄片，肺功能	2	1. 活动性结核 2. 慢性呼吸系统疾病 3. 明显影响肺功能的疾病
噪声	内科常规检查，耳鼻检查，血、尿常规，心电图，纯音听力测试	内科常规检查，耳鼻检查，血、尿常规，心电图，纯音听力测试	1	1. 各种病因引起的永久性感音神经性听力损失（500～1000、2000Hz 中的任一频率的纯音气导听阈）大于25dB 2. 各种能引起内耳听觉神经系统功能障碍的疾病
高处作业	内科常规检查，肱二头肌，肱三头肌，膝反射，三颤，肌力，视力，色觉，血常规，尿常规，心电图，脑电图*，头、颈、四肢骨关节，运动功能	内科常规检查，肱二头肌，肱三头肌，膝反射，三颤检查，肌力，视力，色觉，血常规，尿常规，心电图，脑电图*，头、颈、四肢骨关节，运动功能	需要时或作业前	1. 心血管系统疾病 2. 癫痫或晕厥史 3. 肢体肌肉骨骼疾病
一般员工	常规项目		4	

注：1. 检查项目中有*号的为根据职业危害严重程度和劳动者健康损害状况选检项目，其他为必检项目。
2. 离岗时检查项目按照在岗期间检查项目实行。

参考文献

[1] 中华人民共和国卫生部，劳动部．职业病范围和职业病患者处理办法规定（[87] 卫防字第82号）．

[2] 中华人民共和国劳动和社会保障部．GB/T 16180—2006 劳动能力鉴定职业工伤与职业病致残程度鉴定标准 [S]．北京：中国标准化出版社，2006.

[3] 中华人民共和国卫生部．GB 7806—1987 职业病接触性皮炎诊断标准及处理原则 [S]．北京：中国标准化出版社，1987.

[4] 路安华，崔政斌．企业安全工作公文写作指南 [M]．北京：化学工业出版社，2005.

第5篇 行业安全篇

本篇编写人员 姚继军 张 晶 程五一 罗 云
刘 超 陶建文 张德全 张 力
陈元高 李清钜 解增武 黄 敏
许绛垣 姜 华 王 孝 郭振中

28 煤 矿 安 全

28.1 煤矿救护

28.1.1 矿山救护大队最低技术装备标准[1]

类别	装备名称	要求	单位	数量	备注
车辆	装备车		辆	2	
	化验车	能安设和操作化验设备	辆	1	面包车
	指挥车	120km/h	辆	2~3	
通讯	录音电话		部	2	
	灾区移动电话		套	1	
	移动电话		部	5	
	寻呼机		部		每人1部
设备	惰气灭火装置	$500m^3/min$	套	1	
	高倍数泡沫灭火机	BGP400型	套	1~2	
	惰泡发射机		套	1	
	高扬程灭火泵		台	2	
仪器	气体分析仪		套	1	
	便携式爆炸三角形测定仪		台	1	
信息	计算机		台	1	
	传真机		台	1	
	复印机		台	1	
	摄像机		台	1	
	录像机		台	1	

28.1.2 矿山救护中队最低技术装备标准[1]

类别	装备名称	要求	单位	数量	备注
车辆	矿山救护车	100km/h	辆	2~3	
	指挥车	120km/h	辆	1	
	装备车		辆	1	
通讯	程控电话		部	1	
	灾区电话		套	4	
	移动电话		部	4	
	寻呼机				每人1部
仪器	呼吸器		台	9	4h，正压氧
	呼吸器		台	9	2h，正压氧
	自动苏生器		台	6	
	红外线测温仪		台	2	
	氧气呼吸器校检仪		台	6	

（续表）

类别	装备名称	要求	单位	数量	备注
装备	氧气充填泵 高倍数泡沫灭火机 防爆工具 液压起重器 工业冰箱	BGP400 型或 BGP200 型	台 台 套 台 台	2 1 5 5 1	

28.1.3 矿山救护队员个人最低技术装备标准[1]

装备名称	要求	单位	数量
4h 呼吸器	推广使用正压呼吸器	台	1
自救器	压缩氧	台	1
企业消防服装	按公安消防服装标准执行	套/年	1
战斗服	带反光标志	套/年	1
劳动保护用品	按规定执行	套	1

28.1.4 救护队员进入高温灾区的最长时间值[1]

温度/℃	40	45	50	55	60
进入时间/min	25	20	15	10	5

28.1.5 矿山井下个人 CO 自救器规格[2]

防护时间/min	40	60	90	120
整机质量/kg（不含保护罩）	≤1.1		≤1.2	
过滤器质量/kg	≤0.75		≤0.80	
外形体积/cm^3	<1700			

28.2 煤矿通风和瓦斯、粉尘防治

28.2.1 矿井有害气体最高允许浓度[1]

名称	最高允许浓度/%	名称	最高允许浓度/%
一氧化碳 CO	0.0024	硫化氢 H_2S	0.00066
氧化氮（换算成二氧化氮 NO_2）	0.00025	氨 NH_3	0.004
二氧化硫 SO_2	0.0005		

28.2.2 氧气浓度减少对人体的危害[1]

空气中氧气浓度/%	人体的反应	空气中氧气浓度/%	人体的反应
17	休息时无影响，工作时会引起喘息、呼吸困难	10~12	失去理智，时间稍长即有生命危险
15	呼吸急促，脉搏跳动加快，判断和意识能力减弱	6~9	失去知觉，几分钟内心脏尚能跳动，若不急救就会死亡

28.2.3 人体对二氧化碳浓度的反应[1]

二氧化碳浓度/%	人体的反应	二氧化碳浓度/%	人体的反应
1	呼吸次数和深度略有增加	10	头晕，呈昏迷状态
3	呼吸次数增加2倍，很快产生疲劳现象	10~20	呼吸微弱，失去知觉
5	呼吸次数增加3倍，呼吸困难、憋气和耳鸣	20~25	窒息死亡
7	发生严重喘息，极度虚弱无力，强烈头疼		

28.2.4 井巷中的允许风流速度[2]

井巷名称	允许风速/($m \cdot s^{-1}$)		井巷名称	允许风速/($m \cdot s^{-1}$)	
	最低	最高		最低	最高
无提升设备的风井和风硐		15	架线电机车巷道	1.0	8
专为升降物料的井筒		12	运输机巷，采区进、回风巷	0.25	6
风桥		10	采煤工作面、掘进中的煤巷和半煤岩巷	0.25	4
升降人员和物料的井筒		8	掘进中的岩巷	0.15	4
主要进、回风巷		8	其他通风人行巷道	0.15	

28.2.5 作业场所空气中粉尘浓度标准[1]

粉尘中游离 SiO_2 含量/%	最高允许浓度/($mg \cdot m^{-3}$)		粉尘中游离 SiO_2 含量/%	最高允许浓度/($mg \cdot m^{-3}$)	
	总粉尘	呼吸性粉尘		总粉尘	呼吸性粉尘
<10	10	3.5	50~<80	2	0.5
10~<50	2	1	≥80	2	0.3

28.2.6 甲烷传感器的报警浓度、断电浓度、复电浓度和断电范围[1]

甲烷传感器设置地点	报警浓度	断电浓度	复电浓度	断电范围
低瓦斯和高瓦斯矿井的采煤工作面	≥1.0% CH_4	≥1.5% CH_4	<1.0% CH_4	工作面及其回风巷内全部非本质安全型电气设备
煤（岩）与瓦斯突出矿井的采煤工作面	≥1.0% CH_4	≥1.5% CH_4	<1.0% CH_4	工作面及其进、回风巷内全部非本质安全型电气设备
高瓦斯和煤（岩）与瓦斯突出矿井的采煤工作面回风巷	≥1.0% CH_4	≥1.0% CH_4	<1.0% CH_4	工作面及其回风巷内全部非本质安全型电气设备
《煤矿安全规程》第一百三十六条所规定的装有矿井安全监控系统的采煤工作面回风巷	≥1.5% CH_4	≥1.5% CH_4	<1.5% CH_4	工作面及其回风巷内全部非本质安全型电气设备
专用排瓦斯巷	≥2.5% CH_4	≥2.5% CH_4	<2.5% CH_4	工作面内全部非本质安全型电气设备
煤（岩）与瓦斯突出矿井采煤工作面进风巷	≥0.5% CH_4	≥0.5% CH_4	<0.5% CH_4	进风巷内全部非本质安全型电气设备
采用串联通风的被串采煤工作面进风巷	≥0.5% CH_4	≥0.5% CH_4	<0.5% CH_4	被串采煤工作面及其进回风巷内全部非本质安全型电气设备
采煤机	≥1.0% CH_4	≥1.5% CH_4	<1.0% CH_4	采煤机电源

（续表）

甲烷传感器设置地点	报警浓度	断电浓度	复电浓度	断电范围
低瓦斯、高瓦斯、煤（岩）与瓦斯突出矿井的煤巷、半煤岩巷和有瓦斯涌出的岩巷掘进工作面	≥1.0% CH_4	≥1.5% CH_4	<1.0% CH_4	掘进巷道内全部非本质安全型电气设备
高瓦斯、煤（岩）与瓦斯突出矿井的煤巷、半煤岩巷和有瓦斯涌出的岩巷掘进工作面回风流中	≥1.0% CH_4	≥1.0% CH_4	<1.0% CH_4	掘进巷道内全部非本质安全型电气设备
采用串联通风的被串掘进工作面局部通风机前	≥0.5% CH_4	≥0.5% CH_4	<0.5% CH_4	被串掘进巷道内全部非本质安全型电气设备
掘进机	≥1.0% CH_4	≥1.5% CH_4	<1.0% CH_4	掘进机电源
回风流中机电设备硐室的进风侧	≥0.5% CH_4	≥0.5% CH_4	<0.5% CH_4	机电设备硐室内全部非本质安全型电气设备
高瓦斯矿井进风的主要运输巷道内使用架线电机车时的装煤点和瓦斯涌出巷道的下风流处	≥0.5% CH_4			
在煤（岩）与瓦斯突出矿井和瓦斯喷出区域中，进风的主要运输巷道内使用的矿用防爆特殊型蓄电池电机车	≥0.5% CH_4	≥0.5% CH_4	<0.5% CH_4	机车电源
在煤（岩）与瓦斯突出矿井和瓦斯喷出区域中，主要回风巷内使用的矿用防爆特殊型蓄电池电机车	≥0.5% CH_4	≥0.7% CH_4	<0.7% CH_4	机车电源
兼作回风井的装有带式输送机的井筒	≥0.5% CH_4	≥0.7% CH_4	<0.7% CH_4	井筒内全部非本质安全型电气设备
瓦斯抽放泵站室内	≥0.5% CH_4			
利用瓦斯时的瓦斯抽放泵站输出管路中	≤30% CH_4			
不利用瓦斯、采用干式抽放瓦斯设备的瓦斯抽放泵站输出管路中	≤25% CH_4			
井下临时抽放瓦斯泵站下风侧栅栏外	≥1.0% CH_4	≥1.0% CH_4	<1.0% CH_4	抽放瓦斯泵

28.2.7 煤矿巷道净断面安全要求[2]

作业场所	主要运输巷和主要风巷（自轨面期）	电机车运输巷架空线的悬挂高度				采区（包括盘区）内的上山、下山和平巷的净高	综合机械化采煤工作面运输巷	高档普采工作面运输、回风巷	采区内的焰煤眼和小眼等
		在行人的巷道内、车场内以及人行道与运输巷道交叉处	在不行人的巷道内	井底车场内，从井底到乘车场	在地面或工业场地内，不同其他道路交叉的地方				
净高/m	不低于2	2	1.9	2.2	不小于2.2	不低于2，薄煤层内不低于1.8			矿务局统一规定
净断面/m^2							不小于10	不小于6	矿务局统一规定

28.2.8 煤矿井下粉尘浓度标准[2]

粉尘中游离 SiO_2 含量/%	最高容许浓度/($mg \cdot m^{-3}$)		粉尘中游离 SiO_2 含量/%	最高容许浓度/($mg \cdot m^{-3}$)	
	总粉尘	呼吸性粉尘		总粉尘	呼吸性粉尘
<5	20.0	6.0	25 ~ <50	4.0	1.5
5 ~ <10	10.0	3.5	>50	2.0	1.0
10 ~ <25	6.0	2.5	<10 的水泥粉尘	6.0	

28.2.9 煤矿通风机漏风率要求[2]

分类	外漏风率
无提升设备	不得超过 5%
有提升设备	不得超过 15%

28.2.10 湿式凿岩时各种条件下的产尘状况[2]

产尘状况	在竖井中钻眼	在倾斜巷道中钻眼	在水平巷道中钻眼	钻深孔
炮眼口的平均排尘率/($mg \cdot s^{-1}$)	0.014	0.019	0.049	0.031 ~ 0.055
岩浆物化扩散作用的平均产尘率/($mg \cdot s^{-1}$)	11.6	2.6	0.5	0.6 ~ 2.7①
掌子面附近空间粉尘飞扬的总产尘率/($mg \cdot s^{-1}$)	14.4	4.1	3.1	5.8 ~ 11.6
掌子面空气含尘量变化范围/($mg \cdot m^{-3}$)	6.8 ~ 16.2	15.9 ~ 24.9	3.4②	2.9 ~ 5.2
岩浆雾化产生的粉尘浓度变化范围/($mg \cdot m^{-3}$)	4.6 ~ 10.6	6.6 ~ 13.5	0.6	1.5
岩浆雾化产生的粉尘浓度占掌子面总粉尘浓度的百分比/%	65	51	15	35

① 在垂直钻孔中岩浆雾化产尘率最大为 1.9 ~ 2.7mg/s。
② 平巷中钻眼空气含尘量随岩石硬度增大而增长，此外是 $f = 12 \sim 14$ 的岩巷中的数据。

28.2.11 各产尘点喷雾洒水器数量[2]

产尘地点	放矿闸门	耙道溜口	手推车卸矿口	翻车机卸矿口	自卸矿车卸矿口	装运机卸矿口
喷嘴个数	1 ~ 2	2 ~ 4	2 ~ 4	4 ~ 6	4 ~ 6	4 ~ 6

28.2.12 几种爆破法除尘的效果[2]

防尘措施	采样数量	粉尘浓度/($mg \cdot m^{-3}$)					除尘效率/%				
		总粉尘	<1μm 粉尘	1 ~ 2μm 粉尘	2 ~ 5μm 粉尘	5 ~ 10μm 粉尘	总粉尘	<1μm 粉尘	1 ~ 2μm 粉尘	2 ~ 5μm 粉尘	5 ~ 10μm 粉尘
无措施	59	445	19.1	61.6	133	231.8	—	—	—	—	—
喷水	57	220	17.2	33.4	93.5	75.9	50.7	9.9	45.3	29.7	67.2
水炮泥	17	215	12.5	38.2	65.8	97.6	51.8	34.5	37.4	50.5	57.9
软膏泥堵塞	56	180	8.2	31.9	72.4	67.7	60.2	57.0	47.7	45.5	70.7

28.2.13 各作业场所排尘风量[1]

场所	设备名称	设备数量	风流特征	排尘风量/$(m^3 \cdot s^{-1})$
巷道型采场	轻型凿岩机	1	贯穿风流	1.0
		2	贯穿风流	2.0
		3	贯穿风流	3.0
硐室型采场	轻型凿岩机	1	贯穿风流	3.0
		2	贯穿风流	4.0
		3	贯穿风流	5.0
中深孔凿岩	重型凿岩机	1	贯穿风流	2.5~3.5
		2	贯穿风流	3.0~4.0
		1	独头通风	3.0~4.0
		2	独头通风	4.0~5.0
	中型凿岩机	1	贯穿风流	1.5
		2	贯穿风流	2.0
装运机出矿	风动电动装运机	1	贯穿风流	2.5~3.5
		1	独头通风	3.5~4.0
电耙出矿	大型电耙	1	贯穿风流	2.5
	中型电耙	1	贯穿风流	2.0
二次破碎				1.5~2.0
溜井放矿				1.5~2.0
喷锚支护			贯穿风流	3.0~4.0
			独头通风	4.0~5.0

注：1. 本表适用于高硅尘矿井，对游离二氧化硅低于10%者，可适当降低风量。
2. 采场断面小于$12m^2$按巷道型采场计算，大于$20m^2$按硐室型采场计算，介于其间取中间值。
3. 当采场有不同工序作业时，应按同时作业的各工序的设备排尘风量计算采场风量。
4. 应进行最低排尘风速值校验，硐室型采场可不用校验。

28.2.14 不同密度矿尘层流运动的极限粒径[2]

矿尘密度/$(kg \cdot m^{-3})$	极限粒径/μm	矿尘密度/$(kg \cdot m^{-3})$	极限粒径/μm
1000	79	3000	55
2000	63	4000~5000	50

28.2.15 硅尘在静止空气中沉降速度[2]

粒径/μm	沉降速度/$(cm \cdot s^{-1})$	沉降速度/$(m \cdot h^{-1})$	粒径/μm	沉降速度/$(cm \cdot s^{-1})$	沉降速度/$(m \cdot h^{-1})$
50	19.7	716.4	5	0.197	7.16
10	0.786	28.29	1	0.00786	0.283

28.2.16 硅尘的最低排尘风速（$\alpha=0.016$）[2]

粒径 d_c/μm	风速 v/(cm·s^{-1})	粒径 d_c/μm	风速 v/(cm·s^{-1})
1	0.2	10	20.0
2	0.8	15	45.0
3	1.8	20	80.0
4	3.2	30	180.0
5	5.0	40	320.0

28.2.17 井下作业地点有毒、有害气体浓度标准[2]

气 体 名 称	最 大 允 许 浓 度		
	按体积计		按质量计 (mg·m^{-3})
	%	ppm	
一氧化碳（CO）	0.0024	24	30
氮氧化物（NO_x）（换算成二氧化氮）	0.00025	2.5	5
二氧化硫（SO_2）	0.0005	5	15
硫化氢（H_2S）	0.00066	6.6	10

28.3 井下爆破安全

28.3.1 地面临时爆炸材料库贮存量[1]

炸 药	电 雷 管
≤所供应单位10d需要量	≤所供应单位10d需要量

28.3.2 保管地点的外部安全距离[1]

m

被 保 护 对 象	3t 炸 药		1万发电雷管
	单 位	至药堆边缘	雷管箱之间
零散住户（≤10户，<50人）	m	≤180	≤25
村庄	m	≤300	
县以上公路	m	≤200	
国家铁路线	m	≤280	
高压电线 35kV	m	≤120	
110kV	m	≤200	
县以下公路	m	≤180	
人口<10万的城镇	m	≤600	
人口>10万的城镇	m	≤1200	

28.3.3 地面爆炸材料临时保管点最大贮存量[1]

炸 药	电 雷 管
≥3t	≥1万发

28.3.4 井口外专用房或硐室爆破材料贮存量[1]

炸　药	电　雷　管
≥1天使用量，≥500kg	≥1天使用量

28.3.5 井口外爆炸材料硐库的外部安全距离[1]

被保护对象	单位	炸药500kg无防护土堤	炸药500kg有防护土堤
地面绞车房、井口房、35kV变电所、锅炉房等	m	≤250	≤50
地面矿办室、食堂等	m	≤200	≤50

28.3.6 井下爆炸材料库的外部安全距离[1]

被保护对象	单　位	硐室式	壁槽式
井筒、井底车场、主要运输巷道、主要硐室、主要风门	m	≤100	≤60
行人巷道	m	≤35	≤20
地面或上下巷道	m	≤30	≤15

28.3.7 井下爆炸材料库最大贮存量[2]

库硐别	炸　药	电　雷　管	库硐别	炸　药	电　雷　管
全库	≤该矿3天需要量	≤该矿10天需要量	每个壁槽	≤400kg	≤该矿2天需要量
每个硐室	≤2t	≤该矿10天需要量	发放硐室	≤3箱	

28.3.8 我国煤矿炸药的分级、种类和使用范围[2]

炸药等级	部分炸药品种名称	使　用　范　围
一级煤矿许用炸药	1号煤矿炸药 1号抗水煤矿炸药	低瓦斯矿井岩石掘进工作面
二级煤矿许用炸药	2号煤矿炸药 2号抗水煤矿炸药	低瓦斯矿井煤层采掘工作面、半煤岩掘进工作面
三级煤矿许用炸药	3号煤矿炸药 3号抗水煤矿炸药	高瓦斯矿井、低瓦斯矿井的高瓦斯区域，有煤与瓦斯突出危险工作面
四级煤矿许用炸药	被筒炸药	一般用于特殊爆破，如处理溜煤眼堵塞等。低、高瓦斯矿井（包括煤与瓦斯突出矿井）

28.3.9 煤矿常用炸药[2]

组成	性能与爆炸参数计算值	炸药名称			
		一级煤矿*许用炸药	二级煤矿许用炸药	一级煤矿许用抗水炸药	二级煤矿许用抗水炸药
组成/%	硝酸铵	71 ±1.5	67 ±1.5	72 ±1.5	67 ±1.5
	梯恩梯	10 ±0.5	10 ±0.5	10 ±0.5	10 ±0.5
	木粉	4 ±0.5	3 ±0.5	2 ±0.5	2.6 ±0.5
	食盐	15 ±1.0	20 ±1.0	15 ±1.0	20 ±0.5
	沥青			0.4 ±0.1	0.2 ±0.05
	石蜡			0.4 ±0.1	0.2 ±0.05
性能	水分/%	≤0.3	≤0.3	≤0.3	≤0.1
	密度/(g·cm^{-3})	0.95 ~ 1.10	0.9 ~ 1.10	0.95 ~ 1.10	0.95 ~ 1.10
	猛度/mm	10	10	10	10
	爆力/mL	250	240	250	240
	殉爆距离（浸水前）/cm	≥5	≥4	≥4	≥4
	殉爆距离（浸水后）/cm			≥3	≥2
	爆速/(m·s^{-1})	3600	3262	3600	3397
爆炸计算参数值	氧平衡/%	1.28	1.68	1.48	1.12
	比容/(L·kg^{-1})	782	735	783	734
	爆热/(kcal·kg^{-1})	794	731	793	751
	爆温/℃	2230	2056	2244	2098
	爆压/(kgf·cm^{-2})	33061	27145	33061	29438

注：1. * 列入部标的炸药。

2. 殉爆距离测定浸水深度 1m，浸水时间 1h。

3. 另有被筒炸药，以一级煤矿炸药为药芯，外包食盐被筒，被筒盐量为药量的 47%。

28.3.10 矿山室外动力线路通过爆破材料库的要求[2]

动力线路分类	敷设要求
35kV	严禁穿越危险品生产区和危险品库区
1 ~ 10kV	严禁跨越 A、B、D 级建筑物，距 A、B 级建筑物不应小于电杆挡距的 2/3，且不应小于 35m，D 级建筑物不应小于杆高的 1.5 倍
380/220V	不应跨越 A、B、D 级建筑物。距 A、B 级建筑物不应小于杆高的 1.5 倍。距生产黑火药的 A 级建筑物不宜小于 50m

28.3.11 煤矿爆破材料运输安全要求[2]

速　度	硝化甘油类炸药或电雷管	其他类爆破材料	任何爆破材料
罐笼升降速度	不得超过2m/s	不得超过4m/s	
吊桶升降速度			不得超过1m/s

28.3.12 拒爆产生的原因、预防与处理[2]

产生原因	预防措施	处理方法
1. 雷管受潮或有其他缺陷，使其起爆能力下降；炸药因保管不当或超过有效期，发生硬化或变质 2. 爆破网路连线不合理或漏连 3. 爆破电源发生故障，输出功率降低 4. 粉状混合炸药装药时药卷被捣实，使其密度超过最优值 5. 药卷与眼壁间存在沟槽（间隙）效应 6. 药卷间有岩粉阻隔	1. 禁止使用不合格的爆破器材；不同类型、不同厂家的雷管不得混用 2. 连线后检查整个线路，查看有否连错或漏连；进行爆破网路准爆电流的计算；起爆前用专用爆破电桥测量电爆网路的电阻，实测的总电阻值与计算值不应相差±10% 3. 检查爆破电源并对电源的起爆能力进行计算 4. 对硝酸铵类炸药在装药时避免药卷捣得过实，以免密度过高 5. 主要存在于爆速较低的炸药。对于硝酸铵类炸药应避免不耦合系数处在1.1～3.7的范围内；装药前在药卷表面涂一层黄油或黄泥 6. 装药前认真扫眼，避免两药卷间隔有岩屑	1. 由于连线不良造成的拒爆，可以重新连线爆破 2. 由于其他原因造成的拒爆，则应在距拒爆至少0.3m处另打和拒爆炮眼平行的新炮眼，重新装药爆破 3. 禁止将炮眼残底（无论有无残余炸药）继续打眼加深；严禁用镐刨，或从炮眼中取出原放置的引药或从引药中拉出雷管，或用打眼的方法往外掏，或用压风吹这些炮眼 4. 处理拒爆的炮眼爆破后，爆破员必须详细检查炸落的岩石，收集未炸的爆破材料 5. 在拒爆未处理完之前，禁止在该地点进行与处理拒爆无关的工作

28.3.13 杂散电流的来源、量测和预防[2]

杂散电流的主要来源	杂散电流的量测	杂散电流的预防
1. 架线电机车的电气牵引网路电流经金属物（除轨道外）或大地返回直流变电所的电流 2. 动力或照明交流电路的漏电 3. 大地自然电流 4. 雷电和电磁辐射的感应电流	1. 由于杂散电流可引起电雷管爆炸，具有很大危害，故一般需测定流过电雷管的杂散电流值 2. 杂散电流值在正常生产，即交、直流电全部供电条件下，电流幅度变化比较急剧，而变化周期约为1min；当直流电停电以后，电流幅度变化比较平稳，变化周期为10～20s。为使量测数据具有代表性，测量时间可取0.5～2min 3. 量测仪器可采用ZS－1型杂散电流测定仪和B－1型爆破电表。其工作原理是，通过测量流入与电雷管电阻相等的一个有效电阻上所产生的电压降，然后用电流值表示出来	1. 正确安装电气设备的接地装置，防止架线电机车牵引网路漏电 2. 确保电爆网路的质量，爆破导线不准有裸露接头；防止损伤导线的绝缘包皮；雷管脚线或已与雷管连接的导线两端，在接入起爆电源前，均需扭接成短路以防杂散电流流入 3. 采用紫铜桥丝低电阻电雷管或无桥丝电雷管，但必须相应的采用高能发爆器作为起爆电源 4. 采用非电起爆系统，如导爆管、导爆索和导火索等。但煤矿井下必须遵守《煤矿安全规程》的规定

28.3.14 浮游煤尘的爆炸条件[2]

爆炸物	浓度界限/($g\cdot m^{-3}$)			爆炸最强的浓度/($g\cdot m^{-3}$)	引火温度①/℃	最低点燃能量/mJ
	下限		上限			
煤尘	褐煤	45～55	1500～2000	300～400	700～800	2.8
	烟煤	110～335				

① 指干燥状态下粒径在0.075mm以下的煤尘。

28.3.15 煤尘爆炸后的产物及其特征[2]

产 物	特 征
皮渣	煤尘爆炸后产生皮渣与黏块附在支柱上，如右图。根据皮渣与黏块在支柱上的位置及产状，可以判断煤尘爆炸的程度与地点： 1. 爆炸以慢速传播时，皮渣与黏块在支柱的两侧，爆风来的方面堆积较密 2. 当速度很大时，皮渣与黏块在支柱的迎风侧 3. 当速度极大时，皮渣与黏块在支柱的背风侧，而在迎风侧有火烧的痕迹 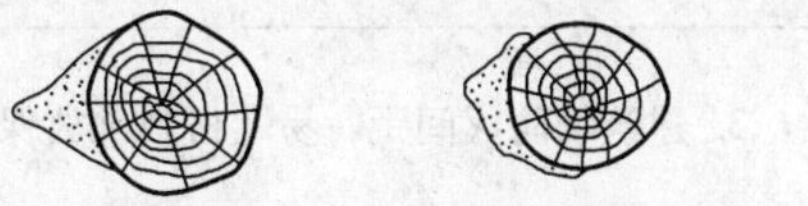 (a) 煤尘的黏块 (b) 已烧焦的煤尘的皮渣
有害气体	煤尘爆炸后，产生2% ~3% 的一氧化碳，有时甚至使井下空气中的一氧化碳含量高达8% 左右，故煤尘爆炸后，常常发生大量人员中毒死亡
高温	煤尘爆炸后的瞬时温度可达2300 ~2500℃
爆炸风速	煤尘爆炸造成的风速可达1120m/s，而冲击波的速度可达2340m/s
爆炸压力	理论上一次爆炸压力为7500kPa，在实验室内用4.4L容器作出的试验结果见28.3.16 煤尘爆炸压力随距起爆点距离的增长而增加，当遇到障碍物时，其压力也增高，见28.3.17

28.3.16 爆压与煤尘浓度关系[2]

煤尘量/g	煤尘浓度/$(g \cdot m^{-3})$	爆压/$(kgf \cdot cm^{-2})$	煤尘量/g	煤尘浓度/$(g \cdot m^{-3})$	爆压/$(kgf \cdot cm^{-2})$
0.45	102.2	0.75	4.05	919.8	4.30
0.90	204.4	1.20	4.95	1124.2	4.65
1.80	408.8	2.25	5.85	1328.6	4.65
2.70	613.2	3.25	6.75	1533.0	4.65
3.60	817.6	4.00			

注：$1kgf/cm^2 = 10^5 Pa$。

28.3.17 爆压与起爆点距离的关系[2]

距起爆点距离/m	爆 炸 压 力/$(kgf \cdot cm^{-2})$	
	有障碍物	无障碍物
91.5	1.61	0.32
120.0	5.83	0.46
137.2	10.69	1.12

注：$1kgf/cm^2 = 10^5 Pa$。

28.4 井下防火安全

28.4.1 建井期间工业场地发生火灾的原因与预防[2]

发 生 的 原 因	预 防 方 法
1. 临时的建筑多用木、竹、苇、秫秸、草、塑料、油毡等可燃性材料修建，在干旱多风季节极易发生火灾	1. 尽量采用不燃性材料修建和尽可能利用永久性建筑物

（续表）

发生的原因	预防方法
2. 永久建筑物施工时，一般多用竹、木脚手架，木制门、窗、房屋桁架等，模板的加工、装配与堆放往往也在工地，易燃材料比较集中	2. 尽量采用金属脚手架或改变施工工艺，减少竹、木脚手架用量
3. 建筑物防火间距，易燃材料堆放保管不符合规定	3. 严格遵守防火间距（见28.4.2）及易燃、易爆品存放规定
4. 消防设施不完备，防火管理不严	4. 设置消防系统（按设计或据施工需要设置消防水池、消防栓、消防泵等），储备消防器材，加强防火管理
5. 明火作业多，如电焊、火焊、喷灯，铆锻车间，熔融沥青等火源管理不善或冬季取暖用火炉疏忽大意	5. 明火作业场所要有消防设施和安全作业规程
6. 油类、化学易燃、易爆物资运输、保管、使用违反规定	6. 按国家有关部门的规定管理，防止引燃、引爆
7. 供电、配电设备与缆线维护管理不好或过负荷运行	7. 严格遵守《电业安全工作规程》、《煤矿安全规程》等有关规章制度
8. 基建工程煤和含炭矸石的堆放不符合要求，引起自燃	8. 按规定存放，并制订防止煤和矸石自燃措施
9. 雷击起火	9. 按规定设置避雷装置

28.4.2　建井工地建筑物防火间距[2]

建筑物类别	正在施工中的永久性建筑物和构筑物	办公室、福利建筑、工人宿舍	储存非燃烧材料的仓库或露天堆栈	储存易燃材料的仓库（电石、油类等）	锻、铸、铆焊、锅炉房、厨房等固定用火厂房	木料堆（板材、方材、圆木、半成品）	废料堆、草料、草帘、芦席、苇箔等	矿井井口房	矸石山、煤堆、炉灰场
正在施工中的永久性建筑物和构筑物		20	15	20	25	20	30		
办公室、福利建筑及工人宿舍	20	5	6	20	15	15	30		
储存非燃烧材料的仓库或露天堆栈	15	6	6	15	15	10	20		
储存易燃材料的仓库（电石、油类等）	20	20	15	20	25	20	30		
锻、铸、铆焊、锅炉房、厨房等固定用火厂房	25	15	15	25		25	30		
木料堆（板材、方材、圆木、半成品）	20	15	10	20	25		30	80	50
废料堆、草料、草帘、芦席、苇箔等	30	30	20	30	30	30		80	
矿井井口房						80	80		80
矸石山、煤堆、炉灰场						50		80	

28.4.3　煤层最短发火期的确定[2]

煤层自燃的确定	煤层最短发火期的确定
煤层中出现下列情况之一者，即定为自然发火煤层： 1. 煤炭自燃引起明火 2. 煤炭自燃发生烟雾 3. 煤炭自燃发生煤油味 4. 采空区测得的一氧化碳浓度超过矿井实际统计的临界指标	1. 巷道中煤层自燃期按煤揭露时起至发生自燃时的时间计算，一般以月为单位 2. 回采工作面中煤层自燃期应按掘进开切眼之日起至发生自燃时止的时间计算，一般以月为单位

28.5 煤矿电气、机械安全

28.5.1 钢丝绳安全系数最低值[1]

用途分类			安全系数* 的最低值
单绳缠绕式提升装置	专为升降人员		9
	升降人员和物料	升降人员时	9
		混合提升时**	9
		升降物料时	7.5
	专为升降物料		6.5
摩擦轮式提升装置	专为升降人员		$9.2-0.0005H$***
	升降人员和物料	升降人员时	$9.2-0.0005H$
		混合提升时	$9.2-0.0005H$
		升降物料时	$8.2-0.0005H$
	专为升降物料		$7.2-0.0005H$
倾斜钢丝绳牵引带式输送机	运人		$6.5-0.001L$**** 但不得小于6
	运物		$5-0.001L$ 但不得小于4
倾斜无极绳绞车	运人		$6.5-0.001L$ 但不得小于6
	运物		$5-0.001L$ 但不得小于3.5
架空乘人装置			6
悬挂安全梯用的钢丝绳			6
罐道绳、防撞绳、起重用的钢丝绳			6
悬挂吊盘、水泵、排水管、抓岩机等用的钢丝绳			6
悬挂风筒、风管、供水管、注浆管、输料管、电缆用的钢丝绳			5
拉紧装置用的钢丝绳			5
防坠器的制动绳和缓冲绳（按动载荷计算）			3

* 钢丝绳的安全系数，等于实测的合格钢丝绳拉断力的总和与其所承受的最大静拉力（包括绳端载荷和钢丝绳自重所引起的静拉力）之比；

** 混合提升指多层罐笼同一次在不同层内提升人员和物料；

*** H 为钢丝绳悬挂长度，m；

**** L 为由驱动轮到尾部绳轮的长度，m。

28.5.2 井下电气设备选用规定[1]

类别 \ 使用场所	煤（岩）与瓦斯（二氧化碳）突出矿井和瓦斯喷出区域	瓦斯矿井：井底车场、总进风巷和主要进风巷（低瓦斯矿井）	瓦斯矿井：井底车场、总进风巷和主要进风巷（* 高瓦斯矿井）	瓦斯矿井：翻车机硐室	瓦斯矿井：采区进风巷	瓦斯矿井：总回风巷、主要回风巷、采区回风巷、工作面和工作面进回风巷
1. 高低压电机和电气设备	** 矿用防爆型（矿用增安型除外）	矿用一般型	矿用一般型	矿用防爆型	矿用防爆型	矿用防爆型（矿用增安型除外）
2. 照明灯具	*** 矿用防爆型（矿用增安型除外）	矿用一般型	矿用防爆型	矿用防爆型	矿用防爆型	矿用防爆型（矿用增安型除外）

（续表）

使用场所 / 类别	煤（岩）与瓦斯（二氧化碳）突出矿井和瓦斯喷出区域	瓦斯矿井				
		井底车场、总进风巷和主要进风巷		翻车机硐室	采区进风巷	总回风巷、主要回风巷、采区回风巷、工作面和工作面进回风巷
		低瓦斯矿井	*高瓦斯矿井			
3. 通信、自动化装置和仪表、仪器	矿用防爆型（矿用增安型除外）	矿用一般型	矿用防爆型	矿用防爆型	矿用防爆型	矿用防爆型（矿用增安型除外）

* 使用架线电机车运输的巷道中及沿该巷道的机电设备硐室内可以采用矿用一般型电气设备（包括照明灯具、通信、自动化装备和仪表、仪器）；

** 煤（岩）与瓦斯突出矿井的井底车场的主泵房内，可使用矿用增安型电动机；

*** 允许使用经安全检测鉴定，并取得煤矿矿用产品安全标志的矿灯。

28.5.3 极限安全火花电流值[1]

电网额定电压/V		127	220	380	660
安全火花电流/A	在线电压下	0.24	0.14	0.08	0.05
	在相电压下	0.41	0.24	0.14	0.08

28.5.4 漏电保护基本参数[1]

额定电压/V	单相漏电动作电阻值/kΩ	三相漏电动作电阻值/kΩ	经 1kΩ 电阻单相接地动作时间/ms	网路电容为 0.22～1.0μF/相补偿效率，η%
380	3.5	10.5	≤100	≥60
660	11	33	≤80	
1140	20	60	≤50	

28.5.5 井下照明照度参考值[1]

序号	地点	最低照度/lx	测量照度地点
1	井底车场及附近	10	底板水平面
2	井底车场翻车机室	10	底板上 0.8m 水平面
3	机电硐室、调度室、机车库、爆炸材料库	10	底板上 0.8m 水平面
4	信号站	75	信号盘上的垂直面
5	保健站	20	底板水平面
6	候车室	5	底板水平面
7	使用机车的巷道、兼作人行道的运输巷道、上下山绞车道以及升降物料和人行交替的绞车道	2	底板水平面
8	主要巷道的交叉点（不包括四周巷道）和采区车场	10	底板水平面
9	专用人行道	1	底板水平面
10	采掘工作面	5	工作面的垂直面和底板水平面
11	建井期中的井筒	5 10	距工作面不小于 5m 的井壁垂直面、工作面的水平面
12	井筒吊盘	5	盘面工作面

28.5.6 防爆电气设备类型标志新旧对照表[1]

GB 3836—93、GB 3836—2000		GB 3836—83		GB 1336—77	
类 型	标志	类 型	标志	类 型	标志
隔爆型	d	隔爆型	d	矿用隔爆型	KB
增安型	e	增安型	e	矿用安全型	KA
本质安全型	i	本质安全型	i	矿用安全火花型	KH
正压型	p	正压型	p	矿用防爆通风充气型	KF
充油型	o	充油型	o	矿用防爆充油型	KC
充砂型	q	充砂型	q	矿用防爆特殊型	KT
浇封型	m	无火花型	n		
无火花型	n	特殊型	s		
气密型	h				
特殊型	s				

28.5.7 电气设备和电缆的检查、调整规定[1]

检查、调整项目	检查周期	备 注
使用中的防爆电气设备的防爆性能检查	每月1次	每日应由分片负责电工检查1次外部
配电系统继电保护装置检查整定	每6个月1次	负荷变化时应及时整定
高压电缆的泄漏和耐压试验	每年1次	
主要电气设备绝缘电阻的检查	每6个月不少于1次	
固定敷设电缆的绝缘和外部检查	每季1次	每周应由专责电工检查1次外部和悬挂情况
移动式电气设备的橡套电缆绝缘检查	每月1次	每班由当班司机或专责电工检查1次外皮有无破损
接地电网接地电阻值测定	每季1次	
新安装的电气设备绝缘电阻和接地电阻的测定		投入运行以前

28.5.8 矿（机）车轨道强度[2]

数 值	新建或改扩建矿井		生 产 矿 井 中
	运行8t及以上机车	运行3t及以上矿车	
钢轨强度/$(kg \cdot m^{-1})$	30	30	原有不低于24的钢轨准许继续使用

28.5.9 提升装置安全系数[1]

用 途	专用升降人员或升降人员和物料的提升容器	专为升降物料的提升容器的连接装置	斜井人车的连接装置	矿车的车梁、碰头和连接插销	无级绳运输的连接装置	吊桶的连接装置	凿井用风管、水管、注浆管的悬挂装置	在倾斜井巷中使用的单轨吊、长轨车和齿轨车的连接装置	
								运人时	运物时
安全系数（不小于）	≥13	≥10	≥13	≥10	≥8	≥13	≥8	≥13	≥10

28.5.10 环链及吊桶提梁安全系数[1]

分 类	按材料屈服强度计算	以模拟使用状态拉断力计算
安全系数	≥2.5	≥13

28.5.11 煤矿防爆电气设备类型[1]

序号	类 型	标志煤矿用	基 本 要 求
1	隔爆型电气设备	d	具有隔爆外壳的电气设备，该外壳既能承受其内部爆炸性气体混合物引爆产生的爆炸压力，又能防止爆炸产物穿出隔爆间隙点燃外壳周围的爆炸性混合物
2	增安型电气设备	c	在正常运行条件下不会产生电弧、火花或可能点燃爆炸性混合物的高温的设备结构上，采取措施提高安全程度，以避免在正常和认可的过载条件下出现这些现象的电气设备
3	本质安全型电气设备	i	全部电路均为本质安全电路的电气设备。所谓本质安全电路，是指在规定的试验条件下，正常工作或规定的故障状态下产生的电火花和热效应均不能点燃规定的爆炸性混合物的电路
4	正压型电气设备	p	具有正压外壳的电气设备。即向外壳内充入正压惰性气体或新鲜空气以阻止外壳外部的爆炸性混合物进入壳内
5	充油型电气设备	o	可能产生火花、电弧或危险温度的带电部件浸在油中，使其不引起油面上爆炸性混合物爆炸的电气设备
6	充砂型电气设备	q	外壳内部充填砂粒材料，在规定的使用条件下，外壳内产生的电弧传播的火焰、外壳壁或砂粒材料表面的过热温度，均不能引燃该型设备周围的爆炸性混合物
7	特殊型电气设备	s	凡在结构上不属于上述基本防爆类型及其类型组合的电气设备，经充分试验又确实证明其具有防止引爆设备周围爆炸性气体混合物的能力，这样设备叫特殊型设备。经检验合格后，报国家标准局备案

28.5.12 井下配电电压和电气设备额定电压等级[2]

参数 \ 设备分类		井下各级配电电压各种电气设备	照明手持式电气设备	电话信号装置	井底车场总进风巷主要进风巷（照明系统）	远距离控制线路	采区机械设备
额定电压	高压	≤1000V					
	低压	≤1140V					
额定电压			≤127V			≤36V	
额定供电电压				≤127V	采用220V		超过1140V时，报部批准

28.5.13 部分矿山工作点噪声产生的原因及防治方法[2]

工作点	产生噪声的原因	主 要 防 治 方 法
采矿场	潜孔钻机、凿岩机、挖掘机等的机体对矿岩的冲撞 压气的风管和风带跑风	采用带消声器的设备 专人检修风管和风带 用耳塞、耳罩、头盔等个人保护

（续表）

工作点	产生噪声的原因	主要防治方法
通风机房	空气动力性噪声，包括风流产生旋涡和叶轮回转声 机械性噪声，机壳和其他部件的振动声 电动机电磁噪声	消除噪声来源或在声源中减弱噪声，在抽出式通风系统中，出风口水平巷道中装设吸气隔板；压入式系统中，进、出巷道中，设消声隔板 隔离噪声，将机壳用隔音材料密封起来 吸收噪声，将主机安装在周围装有吸音材料的单独房间，室内可设操作工人用的隔音间
空压机房	机体与电动机运行中产生噪声 流体噪声 管道吸气噪声 排气放空噪声 机组支架传递振动噪声	在吸、排气管道上装消声器 吸气管应支撑在大质量固定基础上 压气放空时噪声大，需在放空排气管末端装设多孔板吸声消声器，排气口要求高出地面或地沟敷设 机座与基础连接处加弹簧或橡胶布减振器 室内可设操作工人用的隔音间 机房外围应绿化，种植长青灌木树，有良好的吸音效果

28.5.14 斜坡提升钢丝绳安全系数[2]

提升类别	升降人员	人矿两用		提升矿物
		人员	矿物	
安全系数	≥9	≥9	≥7.5	≥6.5

28.5.15 竖井提升钢丝绳安全系数[2]

专为升降人员		$m \geqslant 9.2-0.0005H_0$
专为升降矿物		$m \geqslant 7.2-0.0005H_0$
升降人员和矿物	人员	$m \geqslant 9.2-0.0005H_0$
	矿物	$m \geqslant 8.2-0.0005H_0$

注：H_0 为竖井提升高度。

28.5.16 煤矿安全帽灯参数要求[2]

参数		型号				
		KS8	KS9	KS10	KS11	KS12
额定电压/V		4	4	4	4	4
额定容量/Ah		8	9	10	11	12
点灯时间/h		≥11	≥11	≥11	≥11	≥11
灯泡（主光源）	额定电压/V	4	4	4	4	4
	额定电流/A	0.7	0.8	0.9	1.0	1.05
	光通量/lm	≥26	≥30	≥34	≥38	≥40
最大照度（距1m处）/lx	点灯开始	≥600	≥700	≥800	≥1000	≥1200
	点灯11h	≥300	≥400	≥500	≥600	≥700
蓄电池寿命/次		≥500	≥500	≥500	≥500	≥500

28.6 煤矿露天采矿安全

28.6.1 失控车安全设施之间距离[6]

m

当量下坡/%	安全设施入口处最大允许速度或极限速度/(km·h^{-1})			
	30	40	50	60
1	196	472	826	1259
3	65	157	275	420
5	39	94	165	252
7	28	67	118	180
9	22	52	92	140
11	18	43	75	114

28.6.2 推荐的避难车道最小宽度[6]

汽车载重/t	<20	>20~35	>35~68	>68~154
最小宽度/m	4	4.5	5.5	7~8

28.6.3 避难车道入口的最大允许平曲线[6]

超高度/m	入口车速/(km·h^{-1})							
	25		30		40		50	
	角度/(°)	半径/m	角度/(°)	半径/m	角度/(°)	半径/m	角度/(°)	半径/m
0.02	13	70	9	100	5	180	3	290
0.04	15	60	11	80	6	150	4	220
0.06	17	50	13	70	7	130	5	180

28.6.4 钢丝绳芯输送带的静安全系数[2]

工作条件	接头型式	
	采用一级或二级接头型式的输送机	采用三级接头型式的输送机
有利	7.0	7.4
一般	8.0	8.4
不利	9.5	10.0

28.6.5 特殊情况架空线下与堆放物料的安全距离[2]

m

线路通过区域	电压等级/kV		
	<1	1~10	35
采场和排土场	6	6.5	7
人难以通行和地面运输必须通行的地点	5	5.5	6
台阶坡面	3	4.5	5
配电线和接触网的平面交叉点	2	2	3
铁路与配电线路的平面交叉点	7.5	7.5	7.5

参考文献

[1]《煤矿安全规程》读本编委会.《煤矿安全规程》读本[M].北京：煤炭工业出版社，2007.

[2] 罗云.工业安全卫生基本数据手册[M].北京：中国商业出版社，1995.

[3] 姜文忠，秦玉金，闫斌移，薛军峰.AQ 1018—2006 矿井瓦斯涌出量预测方法[S].国家安全生产监督管理总局.2006.

[4] 傅淑玲，李双会，兴自中.MT 718—1997 矿用隔爆兼本质安全型安全栅[S].中华人民共和国煤炭工业部，1997.

[5] 于俊卯，崔月珍，牛红霞，黄嘉琳，郭明.JB 8913—1999 矿用人车安全要求[S].国家机械工业局，1999.

[6] 庞奇志，李文勇，王红汉，初元民，沈传平，李晓飞，张其中，曲欣，孙家寿，张傲时，方和平.GB 18152—2000 选矿安全规程[S].国家质量技术监督局，2000.

29　非煤矿山安全

29.1　化学矿山安全规程

29.1.1　电力设备的检查、维修和调整主要检查制度[1]

顺序	检查项目	时间	备注
1	井下继电保护自动装置的检查整定	每季一次	负荷变化时应及时整定
2	主要电力设备绝缘电阻测定	每季一次	
3	井下总接地网和局部接电极电阻值测定	半年一次	每周由专责电工检查一次
4	固定敷设电缆的绝缘和外部检查	每季一次	每班由当班司机检查一次
5	移动式电力设备和橡套电缆绝缘检查	每月一次	
6	高压电缆的耐压试验	每年一次	
7	新安装和长期没有运行的电力设备，在合闸前必须测量绝缘电阻和接地电阻	投入运行前	

29.1.2　井下所有作业地点的空气中含尘量[1]

有害物质名称	最高允许浓度/（$mg \cdot m^{-3}$）
粉尘中含游离二氧化硅＜10%的粉尘	10
粉尘中含游离二氧化硅＞10%的粉尘	2
粉尘中的铀（天然铀）	0.02

29.1.3　各种井巷中风流的最高速度[1]

井巷名称	最高风速/（$m \cdot s^{-1}$）	井巷名称	最高风速/（$m \cdot s^{-1}$）
专用风井、风硐	15	主要进风道、回风道、修理井筒时	8
专用提升物料的井筒	12	运输巷道、采区进风道	6
风桥	10	采矿场、采准巷道	4
提升人员和物料、设梯子间的井筒	8		

29.1.4　选矿厂各生产车间人工照明的照度要求[1]

照明点	最小照度/lx
中间矿仓上的房间、梯子、通廊	10
储矿仓上面的房间、固定筛、干磨机、带式输送机、砂泵	15
振动筛、破碎机、磨矿机、分级机、洗矿机、带式输送机传动装置、药剂存放处	20
跳汰机、摇床	25
磁选机	30
浮选机、真空泵、鼓风机	35
实验室、化验室	50

29.1.5 电气安全用具的检查和试验标准[1]

名称		工作电压/kV	试验标准						试验周期/a
			耐压/kV		耐压时间/min		泄漏电流/mA		
			出厂	使用	出厂	使用	出厂	使用	
绝缘杆和绝缘夹钳		35及以下	线电压的3倍 但不得低于40		5				1~2
绝缘手套		各种电压	12	8	1		12	9	0.5
绝缘靴		各种电压	20	15	2	1	10	7.5	0.5
绝缘鞋		1及以下	5	3.5	1		2		0.5
绝缘毡和绝缘垫		1及以下 1及以上	5 15		以2~3cm/s的 速度拉过		5 15		2
绝缘站台		各种电压	40		2				3
高压验电器	本体手把	35及以下	25		1				0.5
		10及以下	40		5				0.5
		10及以上	105						5.5

29.1.6 单个炸药转手库最大允许储存量[1]

序号	炸药名称	最大允许储存量/t
1	梯恩梯	5
2	硝铵类炸药、铵油、铵松蜡、铵沥蜡炸药、水胶炸药（以硝酸甲铵为敏化剂）、含梯恩梯（或黑索金）的浆状炸药、乳化炸药	20
3	多孔粒状铵油炸药、不含梯恩梯（或黑索今）的浆状炸药	10

29.1.7 爆破器材单个仓库的最大允许储存量[1]

序号	爆破器材名称	最大允许储存量/t
1	黑索金	50
2	铵梯黑炸药、黑梯炸药	50
3	胶质炸药	20
4	梯恩梯	150
5	苦味酸	50
6	雷管、非电导爆系统	6（按产品中总装药量计算）
7	导爆索	15（按产品中总装药量计算）
8	硝铵类炸药、铵油、铵松蜡、铵沥蜡炸药、水胶炸药、乳化炸药、浆状炸药	200
9	导火索	40（按产品中总装药量计算）
10	黑火药	5

29.1.8　爆破器材的允许共存范围[1]

爆破器材名称	黑索金	梯恩梯	硝铵类炸药	胶质炸药	水胶炸药	浆状炸药	乳化炸药	苦味酸	黑火药	二硝基重氮酚	导爆索	电雷管	火雷管	导火索	非电导爆系统
黑索金	+	+	+	-	+	+	-	+	-	-	+	-	-	+	-
梯恩梯	+	+	+	-	+	+	-	+	-	-	+	-	-	+	-
硝铵类炸药	+	+	+	-	+	+	-	-	-	-	+	-	-	+	-
胶质炸药	-	-	-	+	-	-	-	-	-	-	-	-	-	-	-
水胶炸药	+	+	+	-	+	+	-	-	-	-	+	-	-	+	-
浆状炸药	+	+	+	-	+	+	-	-	-	-	+	-	-	+	-
乳化炸药	-	-	-	-	-	-	+	-	-	-	-	-	-	-	-
苦味酸	+	+	-	-	-	-	-	+	-	-	+	-	-	+	-
黑火药	-	-	-	-	-	-	-	-	+	-	-	-	-	+	-
二硝基重氮酚	-	-	-	-	-	-	-	-	-	+	-	-	-	-	-
导爆索	+	+	+	-	-	+	-	+	-	-	+	-	-	+	-
电雷管	-	-	-	-	-	-	-	-	-	-	-	+	+	-	-
火雷管	-	-	-	-	-	-	-	-	-	-	-	+	+	-	+
导火索	+	+	+	-	+	+	-	+	+	-	+	-	-	+	-
非电导爆系统	-	-	-	-	-	-	-	-	-	-	-	-	+	-	+

注：+允许共存；-不允许共存。

29.2　金属非金属矿山安全规程

29.2.1　采掘作业地点气象条件规定[2]

干球温度/℃	相对湿度/%	风速/(m·s^{-1})	备　注
≤28	不规定	0.5～1.0	上限
≤26	不规定	0.3～0.5	至适
≤18	不规定	≤0.3	增加工作服保暖量

29.2.2　井巷断面平均最高风速规定[2]

井　巷　名　称	最高风速/(m·s^{-1})	井　巷　名　称	最高风速/(m·s^{-1})
专用风井，专用总进、回风道	15	提升人员和物料的井筒，中段主要进、回风道，修理中的井筒，主要斜坡道	8
专用物料提升井	12	运输巷道，采区进风道	6
风桥	10	采场	4

29.2.3　允许噪声暴露[2]

日接触噪声时间/h	卫生限值/dB（A）	日接触噪声时间/h	卫生限值/dB（A）
8	85	1/2	97
4	88	1/4	100
2	91	1/8	103
1	94		

29.2.4 工作地点脉冲噪声声级的卫生限值[2]

工作日接触脉冲次数	卫生峰值/dB
100	140
1000	130
10000	120

29.2.5 导线罕山坡峭壁、岩石的最小安全净距[3]

m

线路经过地区	线路电压/kV		
	35	3~10	3以下
步行可以到达的山坡	5.0	4.5	3.0
步行不能到达的山坡、峭壁及岩石	3.0	1.5	1.0

29.3 建材矿山安全规程

29.3.1 井下作业地点空气中（不采用内燃机设备的矿井）有毒有害气体的浓度[4]

名称	符号	最高允许浓度	
		体积/%	质量浓度/($mg \cdot m^{-3}$)
一氧化碳	CO	0.0024	30
氮氧化物（换算成二氧化氮）	NO_2	0.00025	5
二氧化硫	SO_2	0.0005	15
硫化氢	H_2S	0.00066	10

29.3.2 井巷最高风速[4]

井巷名称	最高风速/($m \cdot s^{-1}$)
专用风井、风硐	15
专用物料提升井	12
风桥	10
提升人员和物料的井筒、主要进风道、回风道、修理中的井筒	8
运输巷道、采区进风道	6
采矿场、采准巷道	4

29.3.3 电气设备的检查、维修和调整规程[4]

检查项目	周期	检查项目	周期
井下自动保护装置的检查调整	每季一次	井下总接地网和局部接地网电阻测定	每年一次
主要电气设备绝缘电阻测定	每年一次	高压电缆的耐压试验	每年一次
固定敷设电缆的绝缘和外部检查	每半年一次	新安装或长期停电的电气设备、绝缘电阻和接地电阻的测定	投入运行前
移动式电气设备和橡套电缆的检查	每月一次		

29.3.4 职工作业地点空气中粉尘浓度[4]

粉尘种类	最高允许浓度/($mg \cdot m^{-3}$)	粉尘种类	最高允许浓度/($mg \cdot m^{-3}$)
含有10%以上游离二氧化硅的粉尘	2	含有10%以下游离二氧化硅的水泥粉尘	6
石棉粉尘及含有10%以上石棉的粉尘	2	含有10%以下游离二氧化硅的其他粉尘（不含有毒物质）	10
含有10%以下游离二氧化硅的滑石粉尘	4		

注：排入大气的含尘气体的粉尘浓度必须达到各种工业粉尘排放控制指标后方可排放。

参考文献

[1] 化学工业部．化学矿山安全规程，1990.
[2] 李晓飞，项宏海，彭怀生，等．GB 16423—2006 金属非金属矿山安全规程［S］．中华人民共和国国家质量监督检验检疫总局，中国国家标准化管理委员会，2006.
[3] 项宏海，黄礼富，徐志宏，等．AQ 2005—2005 金属非金属矿山排土场安全生产规则［S］．国家安全生产监督管理总局，2005.
[4] 国家建筑材料工程局．建筑矿山安全规程，1983.

30 冶 金 安 全

30.1 冶金工厂一氧化碳含量及允许工作时间[1]

CO含量/(mg·m^{-3})	连续工作时间	CO含量/(mg·m^{-3})	连续工作时间
30	国家规定卫生标准	100	不超过0.5h
50	不超过1h	200	不超过15~20min

30.2 工作场所空气中粉尘容许浓度[2]

序号	名称	时间加权平均容许浓度/(mg·m^{-3})	短时间接触容许浓度/(mg·m^{-3})	序号	名称	时间加权平均容许浓度/(mg·m^{-3})	短时间接触容许浓度/(mg·m^{-3})
1	白云石粉尘，总尘	8	10	3	电焊烟尘（总尘）	4	6
2	白云石粉尘，呼尘	4	8	4	煤尘（游离SiO_2含量<10%），总尘	4	6

30.3 冶金厂区建筑物距铁路中心最小距离[1]

建构筑物情况	铁路中心线至建构筑物边缘最小距离/m	建构筑物情况	铁路中心线至建构筑物边缘最小距离/m
在铁路方向无出入口	3.0	普通调车作业通过的车间、仓库大门边缘	2.6
在铁路方向有出入口	6.0	冶金车调车作业通过的车间、仓库大门边缘	2.8
在铁路方向有出入口且与铁路线之间设有栅栏	5.0		

30.4 冶金厂区建筑物距道路边缘最小距离[1]

建构筑物情况	道路边缘至建构筑物边缘最小距离/m
在道路方向无出入口	1.5
在道路方向有出入口但无汽车引道	3.0
在道路方向有出入口且有汽车引道	6.0

30.5 冶金工厂火灾危险性分类及建筑物的耐火等级[2]

名称	火灾危险性分类	耐火等级
发生炉煤气加压站主厂房①	乙	二级
煤气混合站主厂房②	乙	二级
焦炉煤气抽气机主厂房	甲	二级
直立连续式炭化炉煤气抽气机主厂房	甲	二级
转炉煤气抽气机室和加压站厂房	乙	二级
水煤气加压站厂房	甲	二级
煤气混合站管理室		二级
煤气加压站管理室		二级
焦炉煤气抽气机站管理室		二级

① 发生炉煤气加压机房按有爆炸危险的乙类生产厂房设计。

② 当混合煤气发热值大于12552kJ/m³（300kcal/m³，标准状态）、爆炸下限小于10%时，煤气混合站按甲类生产厂房设计。

30.6 热风炉净煤气支管的煤气压力[2]

炉容/m³	300	750	≥1500
煤气压力/kPa	≥3.43	≥4.90	≥6.00

30.7 多台水煤气发生炉之间的中心距离[2]

炉子直径/m	炉子煤气产量（标准状态）/($m^3 \cdot h^{-1}$)	炉与炉的中心距/m
≤2.5	1000~3500	>7
≤3	5000~7000	>9
≤4	8000~18000	>10

30.8 热煤气发生炉厂房与生产车间的距离[2]

热煤气的产量（标准状态）/($m^3 \cdot h^{-1}$)	至生产车间的距离	备注
≤6000	可与用户车间直接连接，但要用防火墙隔开	至其他车间的距离不小于13m
>6000	不小于13m	

30.9 冶金主要火灾危险性分类[1]

类别	原料与仓库	加热	轧制	热处理	涂层与镀层	精整酸洗清理	成品处理与打印、捆装	动力设施	其他
甲	危险品库 氢气瓶库	天然气调压站 煤气二次脱硫、升压设施		氢气发生站 氢气储气柜 氢气退火区 气体渗碳炉	镀锌、锡、铬等配制间 复合板车间 硅钢片涂层工段 涂胶机组	使用防腐衬胶的连续酸洗间	成品防腐处理工段成品喷漆间	乙炔发生站与管道设施	化验室（危险品） 计算机房
乙	地下油库 氧气瓶库 电石库	煤气及管道设施 煤粉车间煤气混合站 重油喷油泵房	焊管高频室金属制品抛光工段 火焰清理机、切割机的煤气、氧气设施 油膜轴承间	硝酸盐回火炉盐酸盐浴炉铅浴炉氮气站及管道设施 油质淬火	镀层机组 脱脂机组 磷化机组 钝化机组 活化炉 烘干炉	氢氟酸等配制间	成品涂油间油封包装工段	主电室、主变电所、变压器室、配电室、主电缆沟、电缆夹层、氧气站、氧气管道设施 煤气发生炉及净化工段、加压机、鼓动风机、地下液压站、润滑站	
丙	重油罐区 酸罐区和装卸区煤场	汽化冷却及锅炉设施 烧煤贮藏、转运、破碎筛分工段 电热加热设施	叠轧薄板车间 沥青油熬制间 拉丝机组轧辊车间熔焊、堆焊，硅钢片氩弧焊冷轧油乳化液配制间、泵房	氩气站		剥皮、抛丸、风铲、砂轮清理管加工合金钢材加工线 酸洗车间 碱洗车间 再生酸工段 硫酸亚铁间		液压站及蓄势罐（地上） 润滑站（地上）空压机房	
丁	中间仓库 成品库 热坯库	均热炉 加热炉	一般热轧车间 冷拔机组超过5m/s的冷轧机	一般热处理		热矫直机冷床 热剪、锯	热捆扎、打印 热卷取机		
戊	冷坯料库		一般冷轧车间			冷矫直 冷剪、锯 冷加工	冷捆扎 冷卷取		

30.10 轧钢主要建构筑物防火最小安全间距[1]

		甲、乙类					丙类			丁、戊类		铁路中心线	
		氢气站、乙炔站	氢气罐区(柜)	危险品库	主电室	变电所	酸洗车间、酸碱罐区	油罐区	煤场	热轧	冷轧	厂外	厂内
甲、乙类	氢气站 乙炔站		12	15	30	25	20	15	15	30	20	30	20
	氢气罐区（柜）	12		25	30	25	30	30	15	25	20	25	20
	危险品库	15	25		30	30	20	15	15	30	30	40	30
	主电室	30	30	30			30	30	50				
	变电所	25	25	30			30	25	50	20	15		
丙类	酸洗车间、酸碱罐区	20	30	20	30	30		15					
	油罐区	15	30	15	30	25	15		15	25	20	30	20
	煤场	15	15	15	50	50		15		15	12		
丁、戊类	热轧	30	30	30		20		25	15	14	12		
	冷轧	20	20	30		15		20	12	12	12		
行政福利设施		25(重要建筑50)	25(50)	25(50)	30	20	30	20	15	14	12	6	6

30.11 使用煤气生产区危险区域划分[1]

第一类	第二类	第三类
1. 带煤气抽堵盲板、换流量孔、处理开闭器 2. 煤气设备漏煤气处理 3. 煤气管道排水口、放水口 4. 烟道内部 5. 煤气爆发试验	1. 烟道、渣道检修 2. 变更瓣等修理 3. 停、送煤气处理 4. 加热炉、罩式炉、辊底式炉煤气开闭口 5. 开关叶型插板 6. 煤气仪表附近	1. 加热炉、罩式炉、辊底式炉炉顶及其周围，加热设备计器室 2. 均热炉看火口、出渣口、渣道洞口 3. 加热炉、热处理炉烧嘴、煤气阀 4. 煤气设备附近

注：第一类区域，必须持有煤气工作证，戴上氧气呼吸器方准工作；第二类区域，必须持有煤气工作证，有监护人员在场，并准备好备用的氧气呼吸器方准工作；第三类区域允许工作，但需有人定期巡视检查。在有煤气危险的区域作业或巡视，必须两人以上，严禁单人行动。

30.12 冶金车间空气中有害物质浓度标准[1]

有害物质	最高容许浓度/($mg \cdot m^{-3}$)	有害物质	最高容许浓度/($mg \cdot m^{-3}$)
一氧化碳	30	环乙酮 $CO(CH_2)_4CH_2$	0.00005
铅烟	0.03	醋酸丁酯 $CH_3COO(CH_2)_2CH_3$	0.00015
铅尘	0.05	锰（换算成 MnO_2）	0.2
沥青烟	0.2	铬（换算成 Cr_2O_3）	0.02
苛性碱	0.5	氧化锌	5
硫酸及三氧化硫	2	氧化镉	0.1
氯乙烯 CH_2CHCl	30	氧化铁粉尘	10

30.13 轧钢厂通风、降温、隔热和除尘规定[1]

车间	工作场所	通风、降温和除尘	
		最小换气次数/(次·h^{-1})	措施类别
1	2	3	4
加热	均热炉		自然通风、天窗
	均热炉操作平台		局部送风
	出渣口		局部送风
	均热操作室		空调、隔热
	钳式吊司机室		空调、隔热
	加热炉操作室		空调、隔热
	加热炉装料区、翻钢拨钢区、出料口		局部送风、隔热
	加热炉烧煤的煤转运、破碎、筛选		除尘
轧制	热轧区操作室		空调、隔热
	热轧区操作台（敞开式）		局部送风
	初轧机与开坯机前后		抽风排气或除尘
	中厚板轧机前后		抽风排气
	火焰清理机		除尘
	热连轧精轧机组		除尘
	冷轧板机超过5m/s		抽风排气
	中小型轧机人工翻钢喂钢操作点		局部送风
	热轧管机		除尘
	管子吹刷区		除尘
	管子加工区管端加厚		抽风排气
	轧辊车间熔焊、堆焊、油质淬火	3	除尘、机械通风
	轧辊车间其他热加工		局部送风
	拉丝机		除尘
	热剪、锯及切头、尾清除		局部送风
	复合板车间	9	除尘、机械通风
	硅钢片厂涂层工段	9	机械通风、除尘
	焊管厂高频室	9	机械通风
	叠轧薄板轧机		除尘
	薄板轧机沥青熬油		除尘
酸洗与涂镀	酸洗车间	3	机械通风
	酸、碱洗槽		槽边抽风
	酸碱装卸料操作点		局部送风
	酸洗车间操作室		空调
	热镀锌锅		除尘
	各电镀槽电解清洗		抽风排气
	镀锌厂、镀锡厂涂层工段	9	机械通风、除尘
	各配制间	9	机械通风
	涂油间	9	机械通风
精整与清理	风铲、砂轮清理		除尘
	抛丸机		除尘
	火焰枪		除尘
	精整区吹灰		除尘
	废边清除区		局部送风
	冷床		抽风排气
	热钢坯检查区、划线区、剪切区		局部送风
	热材收集操作点		局部送风
	精整区操作室		空调
热处理	氢气站	3	机械通风
	氢气瓶站	3	机械通风
	氮气站	3	机械通风
	热处理炉操作点		局部送风
	压力淬火		抽风排气
	油质淬火		抽风排气
	铅浴		抽风排气
	盐浴		抽风排气
动力等设施	主电室	11～19	机械通风
	主电室各控制室		空调
	电磁站	10	机械通风
	配电室	10	机械通风
	重油库	9	机械通风
	液压油库	9	机械通风
	润滑油库	9	机械通风
	液压站	9	机械通风
	稀油站	9	机械通风
成品处理与包装	人工打印		局部送风
	成品防腐处理	3	机械通风
	涂油间	9	机械通风
	喷漆间	9	机械通风
	油封包装	3	机械通风

30.14 冶金现有企业噪声标准[1]

每工作日接触噪声时间/h	允许噪声/dB（A）	每工作日接触噪声时间/h	允许噪声/dB（A）
8	90	2	96
4	93	1	99

30.15　非噪声工作地点噪声声级的卫生限值[2]

地点名称	卫生限值/dB（A）	工效限值/dB（A）
噪声车间办公室	75	不得超过55
非噪声车间办公室	60	
会议室	60	
计算机室、精密加工室	70	

30.16　全身振动强度卫生限值[2]

工作日接触时间/h	卫生限值	
	dB（A）	m/s^2
8	116	0.62
4	120.8	1.1
2.5	123	1.4
1.0	127.6	2.4
0.5	131.1	3.6

30.17　工作地点微波辐射强度卫生限值[2]

波型		平均功率密度/（$\mu W \cdot cm^{-2}$）	日总计量/（$\mu W \cdot cm^{-2}$）
连续波		50	400
脉冲波	固定辐射	25	200
	非固定辐射	500	4000

30.18　高频辐射强度卫生限值[2]

波形	日接触时间/h	功率密度	
		mW/cm^2	V/m
连续波	8	0.05	14
	4	0.10	19
脉冲波	8	0.025	10
	4	0.05	14

30.19　局部振动强度卫生限值[2]

日接振时间/h	卫生限值/（$m \cdot s^{-2}$）
2～4	6
～2	8
～1	12

30.20 辅助用室垂直或水平振动强度卫生限值[2]

接触时间/($h \cdot d^{-1}$)	卫生限值		工效限值	
	dB (A)	m/s^2	dB (A)	m/s^2
8	110	0.31	100	0.098
4	114.8	0.53	104.8	0.17
2.5	117	0.71	107	0.23
1	121.6	1.12	111.6	0.37
0.5	125.1	1.8	115.1	0.57

参 考 文 献

[1] 罗云等. 工业安全卫生基本数据手册 [M]. 北京: 中国商业出版社, 1997.
[2] 国家安全生产监督管理总局政策法规司 [M]. 北京: 煤炭工业出版社, 2006.

31 建筑安全

31.1 建筑施工安全

31.1.1 建筑行业有职业危害的工种[1]

有害因素分类	主要危害	次要危害	危害的主要工作
粉尘	硅尘	岩石尘、黄泥沙尘、噪声、振动、三硝基甲苯	石工，碎石机工，碎砖工，掘进工，风钻工，爆破工，出碴工
		高温	筑炉工
		高温、锰、磷、铅、三氧化硫等	型砂工，喷砂工，清砂工，浇铸工，玻璃打磨等
	石棉尘	矿渣棉、玻纤尘	安装保温工，石棉瓦拆除工
	水泥尘	振动、噪声、苯、甲苯、二甲苯、环氧树脂	混凝土搅拌机司机，砂浆搅拌司机，水泥上料工，搬运工，料库工，建材、建筑科研所试验工，各公司材料试验工
	金属尘	噪声、金刚砂尘	砂轮磨锯工，金属打磨工，金属除锈工，钢窗校直工，钢模版校平工
	木屑尘	噪声及其他粉尘	制材工，平刨机工，压刨机工，平光机工，开榫机工，凿眼机工
	其他粉尘	噪声	生石灰过筛工，河沙运料、上料工
铅	铅尘、铅烟、铅蒸气	硫酸、环氧树脂、乙二胺甲苯	充电工，铅焊工，溶铅、制铅板、除铅锈、锅炉管端退火工，白铁工，通风工，电缆头制作工，印刷工，铸字工，管道灌铅工，油漆工，喷漆工
四乙铅	四乙铅	汽油	驾驶员，汽车修理工，油库工
苯、甲苯、二甲苯		环氧树脂、乙二胺、铅	油漆工，喷漆工，环氧树脂涂刷工，油库工，冷沥青涂刷工，浸漆工，烤漆工，塑料件制作和焊接工
高分子化合物	聚氯乙烯	铅及化合物、环氧树脂乙二胺	粘接，塑料，制管，焊接，玻纤瓦，热补胎
锰	锰尘、锰烟	红外线、紫外线	电焊工，气焊工，对焊工，点焊工，自动保护焊、惰性气体保护焊、冶炼
铬氰化合物	六价铬、锌、酸、碱、铅	六价铬、锌、酸、碱、铅	电镀工，镀锌工
氨			制冷安装，冻结法施工，熏图
汞	汞及其化合物		仪表安装工，仪表监测工
二氧化硫			硫酸酸洗工，电镀工，冲电工，钢筋等除锈工，冶炼工

（续表）

有害因素分类	主要危害	次要危害	危害的主要工作
氮氧化合物	二氧化氮	硝酸	密闭管道、环罐、气柜内电焊烟雾，爆破、硝酸试验工
一氧化碳	CO	CO_2	煤气管道修理工，冬季施工暖棚、冶炼、铸造
辐射	非电离辐射	紫外线、红外线、可见光、激光、射频辐射	电焊工，气焊工，不锈钢焊接工，电焊配合工，木材烘干工，医院同位素工作人员
	电离辐射	X 射线、Y 射线、α 射线、超声波	金属和非金属探伤试验工，氩弧焊工，放射科工作人员
噪声		振动、粉尘	离心制管机，混凝土振动棒，混凝土平板振动器，电锤，气锤，铆枪，打桩机，打夯机，风钻，风铲，发电机，空压机，碎石机，砂轮机，推土机，剪板机，带锯，圆锯，平刨，压刨，模板校平工，钢窗校平工
振动	全身振动	噪声	电、气锻工，桩工，打桩机司机，推土机司机，汽车司机，小翻斗车司机，吊车司机，打夯机司机，挖掘机司机，铲运机司机，离心制管工
	局部振动	噪声	风钻工，风铲工，电钻工，混凝土振动棒，混凝土平板振动器，手提式砂轮机，钢模校平工，钢窗校平工，铆枪

31.1.2 杉木脚手板安全荷重[1]

脚手板规格/cm^2	跨距/m	集中荷重/N（kg）	平均荷重/m（$kg \cdot m^{-1}$）
5×15	1.5	1147（117）	1529（156）
	2	842.4（87.8）	842.4（87.8）
	2.5	686（70）	549（56）
	3	573.3（58.5）	382.2（39）
5×20	1.5	1524（155.5）	2029（207）
	2	1143.7（116.7）	1143.7（116.7）
	2.5	911.4（93）	735（75）
	3	764.4（78）	507.0（51.8）
5×25	1.5	1911（195）	2568（260）
	2	1431（146）	1431（146）
	2.5	1147（117）	911.4（93）
	3	955.5（97.5）	627（65）

31.1.3 爆破震动安全允许标准[2]

序号	保护对象类别	安全允许振速/（$cm \cdot s^{-1}$）		
		<10Hz	10~50Hz	50~100Hz
1	土窑洞、土坯房、毛石房屋[a]	0.5~1.0	0.7~1.2	1.1~1.5
2	一般砖房、非抗震的大型砌块建筑物[a]	2.0~2.5	2.3~2.8	2.7~3.0
3	钢筋混凝土结构房屋[a]	3.0~4.0	3.5~4.5	4.2~5.0
4	一般古建筑与古迹[b]	0.1~0.3	0.2~0.4	0.3~0.5
5	水工隧道[c]	7~15		

（续表）

序号	保护对象类别	安全允许振速/(cm·s⁻¹)		
		<10Hz	10~50Hz	50~100Hz
6	交通隧道[c]	10~20		
7	矿山巷道[c]	15~30		
8	水电站及发电厂中心控制室设备	0.5		
9	新浇大体积混凝土[d]： 龄期：初凝~3d 龄期：3d~7d 龄期：7d~28d	 2.0~3.0 3.0~7.0 7.0~12		

注：1. 表列频率为主振频率，系指最大振幅所对应波的频率。
2. 频率范围可根据类似工程或现场实测波形选取。选取频率时亦可参考下列数据：硐室爆破<20Hz；深孔爆破10~60Hz；浅孔爆破40~100Hz。
a 选取建筑物安全允许振速时，应综合考虑建筑物的重要性、建筑质量、新旧程度、自振频率、地基条件等因素。
b 省级以上（含省级）重点保护古建筑与古迹的安全允许振速，应经专家论证选取，并报相应文物管理部门批准。
c 选取隧道、巷道安全允许振速时，应综合考虑构筑物的重要性、围岩状况、断面大小、深埋大小、爆源方向、地震振动频率等因素。
d 新浇大体积混凝土的安全允许振速，可按本表给出的上限值选取。

31.1.4 基坑侧壁安全等级及重要性系数[3]

安全等级	破坏后果	γ_0
一级	支护结构破坏、土体失稳或过大变形对基坑周边环境及地下结构施工影响很严重	1.10
二级	支护结构破坏、土体失稳或过大变形对基坑周边环境及地下结构施工影响一般	1.00
三级	支护结构破坏、土体失稳或过大变形对基坑周边环境及地下结构施工影响不严重	0.90

31.1.5 用绳卡连接时的安全要求[2]

钢丝绳直径/mm	7~16	19~27	28~37	38~45
绳卡数量/个	3	4	5	6

注：绳卡压板应在钢丝绳长头一边；绳卡间距不应小于钢丝绳直径的6倍。

31.1.6 脚手架连墙件布置最大间距[3]

脚手架高度/m		竖向间距	水平间距	每根连墙件覆盖面积/m²
双排	≤50	$3h$	$3l_a$	≤40
	>50	$2h$	$3l_a$	≤27
单排	≤24	$3h$	$3l_a$	≤40

注：h—步距；l_a—纵距。

31.1.7 安全器制动距离[2]

升降机额定提升速度 v/(m·s⁻¹)	安全器制动距离/m	升降机额定提升速度 v/(m·s⁻¹)	安全器制动距离/m
$v \leq 0.65$	0.15~1.40	$1.00 < v \leq 1.33$	0.35~1.80
$0.65 < v \leq 1.00$	0.25~1.60	$v > 1.33$	0.55~2.00

31.1.8 制动器的安全系数[2]

机 构	使 用 情 况	安全系数
起升机构	一般的	1.5
	重要的	1.75
	具有液压制动作用的液压传动	1.25
吊运炽热金属或危险品的起升机构	装有2套支持制动器时，对每一套制动器	1.25
	对于2套彼此有刚性联系的驱动装置，每套装置装有2套支持制动器时，对每一套制动器	1.1
非平衡变幅机构		1.75
平衡变幅机构	在工作状态时	1.25
	在非工作状态时	1.15

31.1.9 防坠安全器制动距离[2]

施工升降机额定提升速度 v/($m \cdot s^{-1}$)	防坠安全器制动距离/m	施工升降机额定提升速度 v/($m \cdot s^{-1}$)	防坠安全器制动距离/m
$v \leqslant 0.65$	0.15～1.40	$1.00 < v \leqslant 1.33$	0.35～1.80
$0.65 < v \leqslant 1.00$	0.25～1.60	$v > 1.33$	0.55～2.00

31.1.10 起重机馈电裸滑线与周围设备的安全距离与偏差[2]

项 目	安全距离与偏差/mm	项 目	安全距离与偏差/mm
距地面高度	>3500	固定装设的型钢滑线，其终端支架距滑线末端距离	≤800
距汽车通道高度	>6000	滑线膨胀补偿装置的间隙	10～20
距一般管道	>1000	型钢滑线与起重机轨道的实际中心线平行度偏差	≤长度的1/1000，但最大偏差为10
距氧气管道及设备	>1500	滑线接触面之间的等距偏差	≤长度的1/1000，但最大偏差为10
距易燃气体及液体管道	>3000	型钢滑线与起重机轨道沿滑线全长平行度的最大偏差	≤10
相邻滑线导电部分和对接地的净距	>30	悬吊滑线间的弛度偏差	≤20
滑接器距滑线末端距离	>200		

31.1.11 在建工程（含脚手架）的周边与架空线路的边线之间的最小安全操作距离[3]

外电线路电压等级/kV	<1	1～10	35～110	220	330～500
最小安全操作距离/m	4.0	6.0	8.0	10	15

注：上、下脚手架的斜道不宜设在有外电线路的一侧。

31.1.12 架空输电线路下作业的安全操作距离[1]

输电线路电压/kV	1以下	1~20	35~110	154	220
最小安全操作距离/m	4	6	8	10	15

31.1.13 起重机与架空输电导线的安全距离[1]

m

输电导线电压/kV	1以下	1~15	20~40	60~110	220
允许沿输电导线垂直方向最近距离	1.5	3	4	5	6
允许沿输电导线水平方向最近距离	1	1.5	2	4	6

31.1.14 高压线路至接地物体或地面的安全距离[1]

外电线路的额定电压/kV		1~3	6	10	35	60	110	220j	330j	500j
外电线路的边线至接地物体或地面的安全距离/cm	屋内	7.5	10	12.5	30	55	95	180	260	380
	屋外	20	20	20	40	60	100	180	260	380

注：220j，330j，500j系指中性点直接接地系统。

31.1.15 架空输电线场合塔机与输电线的安全距离[2]

安全距离/m	电压/kV				
	<1	1~15	20~40	60~110	220
沿垂直方向	1.5	3.0	4.0	5.0	6.0
沿水平方向	1.0	1.5	2.0	4.0	6.0

31.2 建筑设计安全

31.2.1 建筑物构件的燃烧性能和耐火极限[3]

h

构件名称		耐火等级			
		一级	二级	三级	四级
墙	防火墙	非燃烧体 4.00	非燃烧体 4.00	非燃烧体 4.00	非燃烧体 4.00
	承重墙、楼梯间、电梯井的墙	非燃烧体 3.00	非燃烧体 2.50	非燃烧体 2.50	难燃烧体 0.50
	非承重外墙、疏散走道两侧的隔墙	非燃烧体 1.00	非燃烧体 1.00	非燃烧体 0.50	难燃烧体 0.25
	房间隔墙	非燃烧体 0.75	非燃烧体 0.50	难燃烧体 0.50	难燃烧体 0.25
柱	支撑多层的柱	非燃烧体 3.00	非燃烧体 2.50	非燃烧体 2.50	难燃烧体 0.50
	支撑单层的柱	非燃烧体 2.50	非燃烧体 2.00	非燃烧体 2.00	燃烧体

（续表）

构件名称	耐火等级			
	一级	二级	三级	四级
梁	非燃烧体 2.00	非燃烧体 1.50	非燃烧体 1.00	难燃烧体 0.50
楼板	非燃烧体 1.50	非燃烧体 1.00	非燃烧体 0.50	难燃烧体 0.25
屋顶承重构件	非燃烧体 1.50	非燃烧体 0.50	燃烧体	燃烧体
疏散楼梯	非燃烧体 1.50	非燃烧体 1.00	非燃烧体 1.00	燃烧体
吊顶（包括吊顶搁栅）	非燃烧体 0.25	难燃烧体 0.25	难燃烧体 0.15	燃烧体

注：1. 以木柱承重且以非燃烧材料作为墙体的建筑物，其耐火等级应按四级确定。

2. 高层工业建筑的预制钢筋混凝土装配式结构，其节缝隙点或金属承重构件节点的外露部位，应做防火保护层，其耐火极限不应低于本表相应构件的规定。

3. 二级耐火等级的建筑物吊顶，如采用非燃烧体时，其耐火极限不限。

4. 在二级耐火等级的建筑中，面积不超过 $100m^2$ 的房间隔墙，如执行本表的规定有困难时，可采用耐火极限不低于0.3h的非燃烧体。

5. 一、二级耐火等级民用建筑疏散走道两侧的隔墙，按本表规定执行有困难时，可采用0.75h非燃烧体。

31.2.2 电缆之间、电缆与管道、道路、建筑物之间平行和交叉时的最小距离[3]

项目	最小距离/m	
	平行	交叉
电力电缆之间及其与控制电缆之间	0.10	0.50
控制电缆间	—	0.50
热管道（管沟）及热力设备	2.00	0.50
油管道（管沟）	1.00	0.50
可燃气体及易燃液体管道（沟道）	1.00	0.50
其他管道（沟道）	0.50	0.50
铁路路轨	3.00	1.00
公路	1.50	1.00
城市街道路面	1.00	0.70
电杆基础（边线）	1.00	—
建筑物基础（边线）	0.60	—
排水沟	1.00	0.50

31.2.3 变电所、配电所与重腐蚀场所的最小距离[3]

m

	Ⅰ类腐蚀环境	Ⅱ类腐蚀环境
露天变电所、配电所	50	80
室内变电所、配电所	30	50

注：Ⅰ类腐蚀环境和Ⅱ类腐蚀环境的确定应符合国家现行标准规范的规定。

31.2.4 建筑构件的燃烧性能和耐火极限[3]

序号	构件名称	结构厚度或截面最小尺寸/cm	耐火极限/h	燃烧性能
一	承重墙			
1	普通黏土砖、硅酸盐砖，混凝土、钢筋混凝土实心墙	12.0 18.0 24.0 37.0	2.50 3.50 5.50 10.50	非燃烧体 非燃烧体 非燃烧体 非燃烧体
2	加气混凝土砌块墙	10.0	2.00	非燃烧体
3	轻质混凝土砌块、天然石料的墙	12.0 24.0 37.0	1.50 3.50 5.50	非燃烧体 非燃烧体 非燃烧体
二	非承重墙			
1	普通黏土砖墙 （1）不包括双面抹灰 （2）不包括双面抹灰 （3）包括双面抹灰 （4）包括双面抹灰	 6.0 12.0 18.0 24.0	 1.50 3.00 5.00 8.00	 非燃烧体 非燃烧体 非燃烧体 非燃烧体
2	黏土空心砖墙 （1）七孔砖墙（不包括墙中空12cm） （2）双面抹灰七孔黏土砖墙（不包括墙中空12cm）	 12.0 14.0	 8.00 9.00	 非燃烧体 非燃烧体
3	粉煤灰硅酸盐砌块墙	20.0	4.00	非燃烧体
4	轻质混凝土墙 （1）加气混凝土砌块墙 （2）钢筋加气混凝土垂直墙板墙 （3）粉煤灰加气混凝土砌块墙 （4）加气混凝土砌块墙 （5）充气混凝土砌块墙	 7.5 15.0 10.0 10.0 20.0 15.0	 2.50 3.00 3.40 6.00 8.00 7.50	 非燃烧体 非燃烧体 非燃烧体 非燃烧体 非燃烧体 非燃烧体
5	木龙骨两面钉下列材料的隔墙 （1）钢丝网（板）抹灰，其构造、厚度（cm）为 1.5+5(空)+1.5 （2）石膏板，其构造厚度为 1.2+5(空)+1.2 （3）板条抹灰，其构造厚度为 1.5+5(空)+1.5 （4）水泥刨花板，其构造厚度为 1.5+5(空)+1.5 （5）板条抹隔热灰浆，其构造厚度为 2+5(空)+2 （6）苇箔抹灰，其构造厚度为 1.5+7+1.5	 — — — — — —	 0.85 0.30 0.85 0.30 1.25 0.85	 难燃烧体 难燃烧体 难燃烧体 难燃烧体 难燃烧体 难燃烧体

（续表）

序号	构 件 名 称	结构厚度或截面最小尺寸/cm	耐火极限/h	燃烧性能
6	轻质复合隔墙 （1）菱苦土板夹纸蜂窝隔墙，其构造厚度（cm）为 0.25+5(纸蜂窝)+2.5 （2）水泥刨花复合板隔墙，总厚度8cm（内空层6cm） （3）水泥刨花板龙骨水泥板隔墙，其构造厚度为 1.2+8.6(空)+1.2 （4）钢龙骨水泥刨花板隔墙，其构造厚度为 1.2+7.6(空)+1.2 （5）钢龙骨石棉水泥板隔墙，其构造厚度为 1.2+7.5(空)+0.6 （6）石棉水泥龙骨石棉水泥板隔墙，其构造厚度为 0.5+8(空)+6	— — — — — —	0.33 0.75 0.50 0.45 0.30 0.45	难燃烧体 难燃烧体 难燃烧体 难燃烧体 难燃烧体 非燃烧体
7	石膏板隔墙 （1）钢龙骨纸面石膏板，其构造厚度（cm）为 1.2+4.6(空)+1.2 2×1.2+7(空)+3×1.2 2×1.2(填矿棉)+2×1.2	—	0.33 1.25 1.20	非燃烧体 非燃烧体 非燃烧体
8	碳化石灰圆孔空心条板隔墙	9.0	1.75	非燃烧体
9	菱苦土珍珠岩圆孔空心条板隔墙	8.0	1.30	非燃烧体
10	钢筋混凝土大板墙（200号混凝土）	6.0 12.0	1.00 2.60	非燃烧体 非燃烧体
三	柱			
1	钢筋混凝土柱	18×24 20×20 24×24 30×30 20×40 20×50 30×50 37×37	1.20 1.40 2.00 3.00 2.70 3.00 3.50 5.00	非燃烧体 非燃烧体 非燃烧体 非燃烧体 非燃烧体 非燃烧体 非燃烧体 非燃烧体
2	普通黏土柱	37×37	5.00	非燃烧体
3	钢筋混凝土圆柱	直径30 直径45	3.00 4.00	非燃烧体 非燃烧体
4	无保护层的钢柱	—	0.25	非燃烧体
5	有保护层的钢柱 （1）金属网抹50号砂浆保护 （2）用加气混凝土作保护层 （3）用200号混凝土作保护层 （4）用普通黏土砖作保护层 （5）用陶粒混凝土作保护层	2.5 5.0 4.0 5.0 7.0 8.0 2.5 5.0 10.0 12.0 8.0	0.80 1.35 1.00 1.40 2.00 2.33 0.80 2.00 2.85 2.85 3.00	非燃烧体 非燃烧体 非燃烧体 非燃烧体 非燃烧体 非燃烧体 非燃烧体 非燃烧体 非燃烧体 非燃烧体 非燃烧体

（续表）

序号	构件名称	结构厚度或截面最小尺寸/cm	耐火极限/h	燃烧性能
四	梁			
1	简支的钢筋混凝土梁			
	（1）非预应力钢筋，保护层厚度（cm）为			
	1.0	—	1.20	非燃烧体
	2.0	—	1.75	非燃烧体
	2.5	—	2.00	非燃烧体
	3.0	—	2.30	非燃烧体
	4.0	—	2.90	非燃烧体
	5.0	—	3.50	非燃烧体
	（2）预应力钢筋或高强度钢丝，保护层厚度（cm）为			
	2.5	—	1.00	非燃烧体
	3.0	—	1.20	非燃烧体
	4.0	—	1.50	非燃烧体
	5.0	—	2.00	非燃烧体
	（3）有保护层的钢梁，保护层厚度：			
	用LG防火隔热涂料，保护层厚度1.5cm	—	1.50	非燃烧体
	用LY防火隔热涂料，保护层厚度2cm	—	2.30	非燃烧体
五	板和屋顶承重构件			
1	简支的钢筋混凝土圆孔空心楼板：			
	（1）非预应力钢筋，保护层厚度（cm）为			
	1.0	—	0.90	非燃烧体
	2.0	—	1.25	非燃烧体
	3.0	—	1.50	非燃烧体
	（2）预应力钢筋混凝土圆孔楼板，保护层厚度（cm）为			
	1.0	—	0.40	非燃烧体
	2.0	—	0.70	非燃烧体
	3.0	—	0.85	非燃烧体
2	四边简支的钢筋混凝土楼板，保护层厚度（cm）为			
	1.0	7.0	1.40	非燃烧体
	1.5	8.0	1.45	非燃烧体
	2.0	8.0	1.50	非燃烧体
	3.0	9.0	1.85	非燃烧体
3	现浇的整体式梁板，保护层厚度（cm）为			
	1.0	8.0	1.40	非燃烧体
	1.5	8.0	1.45	非燃烧体
	2.0	8.0	1.50	非燃烧体
	1.0	9.0	1.75	非燃烧体
	2.0	9.0	1.85	非燃烧体
	1.0	10.0	2.00	非燃烧体
	1.5	10.0	2.00	非燃烧体
	2.0	10.0	2.10	非燃烧体
	3.0	10.0	2.15	非燃烧体
	1.0	11.0	2.25	非燃烧体
	1.5	11.0	2.30	非燃烧体
	2.0	11.0	2.30	非燃烧体
	3.0	11.0	2.40	非燃烧体
	1.0	12.0	2.50	非燃烧体
	2.0	12.0	2.65	非燃烧体

（续表）

序号	构 件 名 称	结构厚度或截面最小尺寸/cm	耐火极限/h	燃烧性能
4	钢梁、钢屋架			
	（1）无保护层的钢梁、屋架		0.25	非燃烧体
	（2）钢丝网抹灰粉刷的钢梁，保护层厚度（cm）为			
	1.0	—	0.50	非燃烧体
	2.0	—	1.00	非燃烧体
	3.0	—	1.25	非燃烧体
5	屋面板			
	（1）钢筋加气混凝土屋面板，保护层厚度1cm	—	1.25	非燃烧体
	（2）钢筋充气混凝土屋面板，保护层厚度1cm	—	1.60	非燃烧体
	（3）钢筋混凝土方孔屋面板，保护层厚度1cm	—	1.20	非燃烧体
	（4）预应力钢筋混凝土槽形屋面板，保护层厚度1cm		0.50	非燃烧体
	（5）预应力钢筋混凝土槽瓦，保护层厚度1cm		0.50	非燃烧体
	（6）轻型纤维石膏板屋面板		0.60	非燃烧体
六	吊顶			
1	木吊顶格栅			
	（1）钢丝网抹灰（厚1.5cm）		0.25	难燃烧体
	（2）板条抹灰（厚1.5cm）		0.25	难燃烧体
	（3）钢丝网抹灰（1∶4水泥石棉浆，厚2cm）		0.50	难燃烧体
	（4）板条抹灰（1∶4水泥石棉灰浆，厚2cm）		0.50	难燃烧体
	（5）钉氧化镁锯末复合板（厚1.3cm）		0.25	难燃烧体
	（6）钉石膏装饰板（厚1cm）		0.25	难燃烧体
	（7）钉平面石膏板（厚1.2cm）		0.30	难燃烧体
	（8）钉纸面石膏板（厚0.95cm）		0.25	难燃烧体
	（9）钉双层石膏板（各厚0.8cm）		0.45	难燃烧体
	（10）钉珍珠岩复合石膏板（穿孔板和吸音板各厚1.5cm）	—	0.30	难燃烧体
	（11）钉矿棉吸音板（厚2cm）	—	0.15	难燃烧体
	（12）钉硬质木屑板（厚1cm）	—	0.20	难燃烧体
2	钢吊顶格栅			
	（1）钢丝网（板）抹灰（厚1.5cm）	—	0.25	非燃烧体
	（2）钉石棉板（厚1cm）	—	0.85	非燃烧体
	（3）钉双层石膏板（厚1cm）	—	0.30	非燃烧体
	（4）挂石棉型硅酸钙板（厚1cm）	—	0.30	非燃烧体
	（5）挂薄钢板（内填陶磁棉复合板），其构造厚度为0.05+3.9（陶磁棉）+0.05	—	0.40	非燃烧体
七	防火门			
1	木板内填充非燃烧材料的门			
	（1）门扇内填充岩棉	4.1	0.60	难燃烧体
	（2）门扇内填充硅酸铝纤维	4.1	0.60	难燃烧体
	（3）门扇内填充硅酸铝纤维	4.7	0.90	难燃烧体
	（4）门扇内填充矿棉板	4.7	0.90	难燃烧体
	（5）门扇内填充无机轻体板	4.7	0.90	难燃烧体

31.2.5 安全疏散距离[3]

名称	房门至外部出口或封闭楼梯间的最大距离/m					
	位于两个外部出口或楼梯间之间的房间			位于袋形走道两侧或尽端的房间		
	耐火等级			耐火等级		
	一、二级	三级	四级	一、二级	三级	四级
托儿所、幼儿园	25	20	—	20	15	—
医院、疗养院	35	30	—	20	15	—
学校	35	30	—	22	20	—
其他民用建筑	40	35	25	22	20	15

注：1. 敞开式外廊建筑的房间门至外部出口或楼梯间的最大距离可按本表增加5.00m。
2. 设有自动喷水灭火系统的建筑物，其安全疏散距离可按本表规定增加25%。

31.2.6 疏散宽度指标（≤2500人）[3]

宽度指标（m/百人） / 疏散部位 \ 观众厅座位数（个） / 耐火等级		≤2500	≤1200
		一、二级	三级
门和走道	平坡地面	0.65	0.85
	阶梯地面	0.75	1.00
楼梯		0.75	1.00

注：有等场需要的入场门，不应作为观众厅的疏散门。

31.2.7 疏散宽度指标（3000~20000人）[3]

宽度指标（m/百人） / 疏散部位 \ 观众厅座位数（个） / 耐火等级		3000~5000	5001~10000	10001~20000
		一、二级	一、二级	一、二级
门和走道	平坡地面	0.43	0.37	0.32
	阶梯地面	0.50	0.43	0.37
楼梯		0.50	0.43	0.37

注：表中较大座位数档次按规定指标计算出来的疏散总宽度，不应小于相邻较小座位数档次按其最多座位数计算出来的疏散总宽度。

31.2.8 高层建筑与小型甲、乙、丙类液体储罐、可燃气体储罐和化学易燃物品库房的防火间距[1]

名称	储量	防火间距/m	
		高层建筑	裙房
小型甲、乙类液体储罐	$<30m^3$	35	30
	$30\sim60m^3$	40	35
小型丙类液体储罐	$<150m^3$	35	30
	$150\sim200m^3$	40	35

（续表）

名　称	储　量	防火间距/m	
		高层建筑	裙　房
可燃气体储罐	$<100m^3$	30	25
	$100\sim500m^3$	35	30
化学易燃物品库房	$<1t$	30	25
	$1\sim5t$	35	30

注：1. 储罐的防火间距应从距建筑物最近的储罐外壁算起。

2. 当甲、乙、丙类液体储罐直埋时，本表的防火间距可减少 50%。

31.2.9　高层建筑与厂（库）房、煤气调压站等的防火间距[1]

m

名　称			一　类		二　类	
			高层建筑	裙房	高层建筑	裙房
丙类厂（库）房	耐火等级	一、二级	20	15	15	13
		三、四级	25	20	20	15
丁、戊类厂（库）房	耐火等级	一、二级	15	10	13	10
		三、四级	18	12	15	10
煤气调压站	进口压力/MPa	0.005～<0.15	20	15	15	13
		0.15～<0.30	25	20	20	15
煤气调压箱	进口压力/MPa	0.005～<0.15	15	13	13	6
		0.15～<0.30	20	15	15	13
液化石油气气化站、混气站	总储量/m^3	<30	45	40	40	35
		30～50	50	45	45	40
城市液化石油气供应站瓶库		<15	30	25	25	20
		<10	25	20	20	15

31.2.10　架空线路与邻近线路或固定物的距离[3]

<table>
<tr><td>项　目</td><td colspan="7">距　离　类　别</td></tr>
<tr><td rowspan="2">最小净空距离/m</td><td colspan="2">架空线路的过引线、接下线与邻线</td><td colspan="2">架空线与架空线电杆外缘</td><td colspan="3">架空线与摆动最大时树梢</td></tr>
<tr><td colspan="2">0.13</td><td colspan="2">0.05</td><td colspan="3">0.50</td></tr>
<tr><td rowspan="3">最小垂直距离/m</td><td rowspan="2">架空线同杆架设下方的通信、广播线路</td><td colspan="3">架空线最大弧垂与地面</td><td rowspan="2">架空线最大弧垂与暂设工程顶端</td><td colspan="2">架空线与邻近电力线路交叉</td></tr>
<tr><td>施工现场</td><td>机动车道</td><td>铁路轨道</td><td>1kV 以下</td><td>1～10kV</td></tr>
<tr><td>1.0</td><td>4.0</td><td>6.0</td><td>7.5</td><td>2.5</td><td>1.2</td><td>2.5</td></tr>
<tr><td rowspan="2">最小水平距离/m</td><td colspan="2">架空线电杆与路基边缘</td><td colspan="2">架空线电杆与铁路轨道边缘</td><td colspan="3">架空线边线与建筑物凸出部分</td></tr>
<tr><td colspan="2">1.0</td><td colspan="2">杆高（m）+3.0</td><td colspan="3">1.0</td></tr>
</table>

31.2.11 高层建筑消火栓给水系统的用水量[1]

高层建筑类别	建筑高度/m	消火栓用水量/(L·s⁻¹)		每根竖管最小流量/(L·s⁻¹)	每支水枪最小流量/(L·s⁻¹)
		室外	室内		
普通住宅	<50	15	10	10	5
	>50	15	20	10	5
高级住宅 医院 二类建筑的商业楼、展览楼、综合楼、财贸金融楼、电信楼、商住楼、图书馆、书库 省级以下的邮政楼、防灾指挥调度楼、广播电视楼、电力调度楼 建筑高度不超过50m的教学楼和普通的旅馆、办公楼、科研楼、档案楼等	<50	20	20	10	5
	>50	20	30	15	5
高级旅馆 建筑高度超过50m或每层建筑面积超过1000m²的商业楼、展览楼、综合楼、财贸金融楼、电信楼 建筑高度超过50m或每层建筑面积超过1500m²的商住楼 中央和省级（含计划单列市）广播电视楼 网局级和省级（含计划单列市）电力调度楼 省级（含计划单列市）邮政楼、防灾指挥调度楼 藏书超过100万册的图书馆、书库 重要的办公楼、科研楼、档案楼 建筑高度超过50m的教学楼和普通的旅馆、办公楼、科研楼、档案楼等	<50	30	30	15	5
	>50	30	40	15	5

31.2.12 工业与民用建（构）筑物的防雷措施[1]

措施		类别					
		工业第一类		工业第二类	工业第三类	民用第一类	民用第二类
防直击雷	接闪器	装设独立避雷针	当难于装设独立避雷针时，可将避雷针或网格不大于6m×6m的避雷网直接装在建（构）筑物上	装设避雷网或避雷针。避雷网应沿易受雷击的部位敷设成不大于6m×10m的网格。所有避雷针应用避雷带相互连接	在易受雷击的部位装设避雷带或避雷针	装设避雷网或避雷带。应沿易受雷击的部位敷设。网格要求不大于6m×10m。避雷带间、屋面上任何一点距避雷带均不应大于5m。当有三条及以上平行避雷带时，每隔不大于24m处，应将平行避雷带相互连接	同工业第三类
	引下线		引下线不应少于两根，其间距不应大于18m，沿建（构）筑物外墙均匀布置	引下线不应少于两根，其间距不宜大于24m	引下线不宜少于两根，其间距不宜大于40m。周长和高度均不超过40m的建（构）筑物，可只设一根引下线	引下线不应少于两根，其间距不宜大于24m	同工业第三类

（续表）

措施		类别：工业第一类		工业第二类	工业第三类	民用第一类	民用第二类
防直击雷	接地装置	独立避雷针应有独立的接地装置，其冲击接地电阻不宜大于10Ω	围绕建（构）筑物敷设成闭合回路，其接地电阻不应大于10Ω，并应和电气设备接地装置及所有进入建（构）筑物的金属管道相连，并可兼作防雷电感应之用	防直击雷和防雷电感应共用接地装置，其冲击接地电阻不宜大于10Ω，并应和电气设备接地装置以及埋地金属管道相连	其冲击接地电阻不宜大于30Ω并应与电气设备接地装置及埋地金属管道相连	宜围绕建筑敷设，其冲击接地电阻不应大于10Ω	主要公共建筑防雷接地的冲击电阻不大于10Ω
防直击雷	防反击	独立避雷针至被保护建（构）筑物及与其有联系的金属物之间的距离： ① 地上部分： $S_{K1} \geqslant 0.3R_{ch} + 0.1h_x$ ② 地下部分： $S_{d1} \geqslant 0.3R_{ch}$ 式中 S_{K1}—空气中距离，m S_{d1}—地中距离，m R_{ch}—冲击接地电阻，Ω h_1—被保护建（构）筑物高度，m S_{K1}及S_{d1}不应小于3m	建（构）筑物应装设均压环，环间垂直距离不应大于12m，所有引下线、建筑物内的金属结构和金属设备均应连在环上。可利用电气设备接地干线环路作为均压环。 如树木高于建筑物且不在避雷针保护范围以内时，建筑物和树木的净距不应小于5m	为防止雷电流经引下线时产生的高电位对附近金属物的反击，金属物至引下线的距离应符合： $S_{K2} \geqslant 0.5l_x$ l_x—引下线计算点到地面的长度，m		防雷接地装置宜与电气设备接地装置及埋地金属管道相连，如不相连则： ① 两者间的距离应符合：$S_{d2} \geqslant 0.2R_{Ch}$ ② 防雷装置的引下线与金属物之间的距离应符合：$S_{k3} \geqslant 0.2R_{Ch} + 0.05l_x$ 式中 S_{d2}—地中距离，m S_{k3}—空气中距离，m S_{d2}不应小于2m	防雷接地宜与电气设备接地及埋地金属管相连，如不相连时，两者间的距离不宜小于2m
防雷电感应	防静电感应	建（构）筑物内的金属物和突出屋面的金属物，均应接到防雷电感应的接地装置上。金属屋面应每隔24m用引下线接地一处。现场浇制的或由预制构件组成的钢筋混凝土屋面，其钢筋宜绑扎或焊接成闭合回路，并每隔24m用引下线接地一处		建筑物内的主要金属物应与接地装置相连			
防雷电感应	防电磁感应	平行敷设的长金属物，其净距小于100mm时，应每交隔30m用金属线跨接，交叉净距小于100mm时，其叉处应跨接。当管道连接处不能保持良好的金属接触时，在连接处应用金属线跨接，防雷电感应的接地电阻不应大于10Ω，并应和电气设备接地装置共用。屋内接地干线与防雷电感应接地装置的连接，不应少于两处		平行敷设的长金属物其净距小于100mm时，应每隔30m用金属线跨接；交叉净距小于100mm时，其交叉处应跨接			

（续表）

措施	类别				
	工业第一类	工业第二类	工业第三类	民用第一类	民用第二类
防雷电波侵入	低压线路宜全长采用电缆直接埋地敷设，在进户端应将电缆的金属外皮接到防雷电感应的接地装置上。架空线用不小于50m铠装电缆埋地引入时，换线处应装设阀型避雷器。避雷器、电缆金属外皮和绝缘子铁脚等应连在一起接地，其冲击接地电阻不应大于10Ω。架空金属管道，在进入建（构）筑物处，应与防雷电感应的装置相连。在靠近建（构）筑物100m的管道，应每隔约25m接地一处，其冲击接地电阻不应大于20Ω。埋地或地沟内的金属管道，在进入建（构）筑物处也应与防雷电感应的接地装置相连	低压架空线采用一段电缆埋地引入时，与工业第一类相同 爆炸危险性较小或年平均雷暴日在30d以下时，可采用低压架空线直接引入建（构）筑物内的方式，但应符合下列要求： 1. 在进户处分设阀型避雷器或2～3mm的空气间隙，并与绝缘子铁脚连在一起接到防雷接地装置上，其总冲击接地电阻不应大于5Ω 2. 进户端的三基电杆绝缘子铁脚也应接地，靠近建（构）筑物的电杆，其冲击接地电阻不应大于10Ω，其余两基电杆不应大于20Ω 架空和直接埋地的金属管道，在进户处应与接地装置相连，架空金属管道在距建（构）筑物约25m处还应接地一处，其冲击接地电阻不应大于10Ω	在进户处应将绝缘子铁脚接到防雷及电气设备的接地装置上。进入建筑物的架空金属管道在进户处宜和上述接地装置相连	当低压线路采用电缆直接埋地引入时，在进户端应将电缆金属外皮与接地装置相连 当架空线采用一段电缆埋地引入时，与工业第一类相同 由架空线直接引入时，在进户处应加装避雷器，并将其和绝缘子铁脚连在一起接到电气设备的接地装置上，靠近建（构）筑物的两基电杆上的绝缘子铁脚还应接地，其冲击接地电阻不大于30Ω 进入建筑物的架空金属管道，应在进户处与接地装置相连	在进户处应将绝缘子铁脚接到防雷及电气设备的接地装置上。进入建筑物的架空金属管道在进户处宜和上述接地装置相连

31.2.13　多层砌体房屋抗震总高度和层数限值[1]

砌体类别	最小墙厚/m	烈度							
		6		7		8		9	
		高度/m	层数	高度/m	层数	高度/m	层数	高度/m	层数
黏土砖	0.24	24	八	21	七	18	六	12	四
混凝土小砌块	0.19	21	七	18	六	15	五		
混凝土中砌块	0.20	18	六	15	五	9	三	不宜采用	
粉煤灰中砌块	0.24	18	六	15	五	9	三		

注：房屋的总高度指室外地面到檐口的高度，半地下室可从地下室室内地面算起，全地下室可从室外地面算起。

31.2.14　混凝土中砌块房屋芯柱抗震设置部位[1]

烈度	设 置 部 位
6，7	外墙四角，楼梯间四角，山墙与内纵墙交接处，隔开间横墙（轴线）与外纵墙交接处，大房间内外墙交接处
8	外墙四角，楼梯间四角，横墙（轴线）与纵墙交接处，横墙门洞两侧，大房间内外墙交接处

31.2.15　多层砌体房屋抗震横墙最大间距[1]

m

楼、屋 盖 类 别	黏土砖房屋				中砌块房屋			小砌块房屋		
	6 度	7 度	8 度	9 度	6 度	7 度	8 度	6 度	7 度	8 度
现浇和装配整体式钢筋混凝土	18	18	15	11	13	13	10	15	15	11
装配式钢筋混凝土	15	15	11	7	10	10	7	11	11	7
木	11	11	7	4	不宜采用					

31.2.16　现浇钢筋混凝土结构的抗震等级[1]

结 构 类 型		烈 度								
		6		7		8			9	
框架结构	房屋高度/m	≤25	>25	≤35	>35	≤35		>35	≤25	
	框架	四	三	三	二	二	二	一	一	
框架与抗震墙结构	房屋高度/m	≤50	>50	≤60	>60	<50	50~80	>80	≤25	>25
	框架	四	三	三	二	三	二	一	二	
	抗震墙	三		二		二	一		一	
抗震墙结构	房屋高度/m	≤60	>60	≤80	>80	<35	35~80	>80	≤25	>25
	一般抗震墙	四	三	三	二	三	二	一	二	一
	有框支层的落地抗震墙底部加强部位	三	二	二		二	一	不宜采用	不应采用	
	框支层框架	三	二	二	一	二	一			

注：1. 一般抗震墙尚包括有框支层结构的不落地抗震墙和落地抗震墙的上部。

2. 8 度时丙类建筑且房屋高度不超过 12m、规则的一般民用框架结构（体育馆、影剧院等除外）和类似的工业框架结构，抗震等级可采用三级。

31.2.17　危险建筑物的破坏等级与防护土堤的关系[1]

建筑物的破坏等级	冲击波峰值超压/10^4Pa	相应的对比距离 $R = R\sqrt[3]{W}$		防护土堤的作用（对比距离差值的百分数）/%
		爆点有土堤	爆点无土堤	
一级	0.196	—	—	—
二级	0.196~1.18	>9.41	<10.55	10.8
三级	1.18~3.43	5.85~9.41	6.1~10.55	4.1~10.8
四级	3.43~5.19	4.50~5.85	4.6~6.1	2.2~4.1
五级	5.19~7.45	3.70~4.50	3.63~4.6	0.54~2.2
六级	>7.45	<3.70	<3.68	>0.51

31.2.18 不同类型建（构）筑物的安全振速[1]

建（构）筑物类型	安全振速/(cm·s^{-1})	建（构）筑物类型	安全振速/(cm·s^{-1})
土窑洞、土坯房、毛石房屋	1.0	围岩不稳定有良好支护的巷道	10
一般砖房、非抗震大型砌块建筑物	2~8	围岩中等稳定有良好支护的巷道	20
钢筋混凝土框架房屋	5	围岩稳定无支护的巷道	30
水工隧洞	15		

参考文献

[1] 中国建筑科学研究院，中国地震局工程力学研究所．GB 50011—2001 建筑抗震设计规范［S］．北京：中国标准出版社，2002.

[2] 中国建筑工程总公司，安全生产办公室．建筑施工安全标准汇编安全作业规程卷［M］．北京：中国标准出版社，2006.

[3] 全国危险化学品管理标准化技术委员会，石油化学工业职业健康安全管理标准汇编［M］．北京：中国标准出版社，2007.

32 石油天然气安全

32.1 石油天然气基本特性

32.1.1 石油产品的燃烧速度[1]

油品名称	燃烧速度/(mm·min^{-1})	燃烧时液面温度/℃	火焰蔓延速度/(cm·s^{-1})
汽油	4.8	80	45
煤油	4.0	321～326	36
柴油	3.3	354～366	—
重油	1.7	>300	—
原油	2.0	300	—

32.1.2 石油和天然气的燃烧温度[1]

物质	燃烧温度/℃	物质	燃烧温度/℃
汽油	1200	原油	1100
煤油	700～1030	天然气	2020
重油	1000	石油气	2120

32.1.3 油品与原油在空气中的闪点与自燃点[1]

油品	闪点/℃	自燃点/℃	物质	闪点/℃	自燃点/℃
汽油	<28	510～530	蜡油	>120	300～320
煤油	28～45	380～425	渣油	>120	230～240
轻柴油	45～120	350～380	原油（大庆）	28	—
重柴油	>120	300～330			

32.1.4 烃类和燃料在空气中的燃烧极限[1]

可燃物质	分子式	相对分子质量	燃烧极限体积分数/%		着火危险度
			下限	上限	
正己烷	C_6H_{14}	86.1	1.2	7.5	5.2
正庚烷	C_7H_{16}	100.1	1.2	6.7	4.6
正辛烷	C_8H_{18}	114.1	1.0	—	—
正壬烷	C_9H_{20}	128.1	0.8	—	—
正癸烷	$C_{10}H_{22}$	142.1	0.8	5.4	5.8
环己烷	C_6H_{12}	82.1	1.3	8.0	5.1
甲醇	CH_3OH	32.0	7.3	36.0	3.9
乙醇	C_2H_5OH	46.1	4.3	19.0	3.4
苯	C_6H_6	78.1	1.4	7.2	4.1
甲苯	C_7H_8	92.1	1.4	6.7	3.8
二甲苯	C_8H_{10}	106.1	1.0	6.0	5.0

（续表）

可燃物质	分子式	相对分子质量	燃烧极限体积分数/%		着火危险度
			下　限	上　限	
乙　醚	$(C_2H_5)_2O$	74.1	1.9	48.0	24.2
丙　酮	$(CH_3)_2CO$	58.1	3.0	11.0	2.7
天然气			6.5	17.0	1.6
煤　气			5.3	32.0	5.0
水煤气			7.0	72.0	9.3
轻质汽油			1.1	—	—
汽　油			1.4	7.6	4.4
粗汽油			0.8	5.0	5.3
煤　油			0.7	5.0	6.1

32.1.5　甲烷在不同原始压力时的爆炸极限[1]

原始压力/MPa	下　限/%	上　限/%	原始压力/MPa	下　限/%	上　限/%
0.1	5.6	14.3	5	5.4	29.4
1	5.9	17.2	12.5	5.7	45.7

32.1.6　几种可燃气体的密度和标准状况下的扩散系数[1]

气体名称	扩散系数/ $(cm^2 \cdot s^{-1})$	相对密度	气体名称	扩散系数/ $(cm^2 \cdot s^{-1})$	相对密度
氢	0.634	0.07	乙烯	0.130	0.79
乙炔	0.194	0.91	甲醚	0.118	1.58
甲烷	0.196	0.55	液化石油气（丙烷）	0.121	1.56
氨	0.198	0.59			

32.1.7　可燃气体和蒸气在空气中的最小点火能量[1]

物质名称	最小点火能量/mJ	物质名称	最小点火能量/mJ	物质名称	最小点火能量/mJ
饱和烃：		环氧丙烷	0.19	酯类：	
乙烷	0.285	环丙烷	0.24	醋酸甲酯	0.40
丙烷	0.305	环戊烷	0.54	醋酸乙烯酯	0.70
甲烷	0.47	环己烷	1.38	醋酸乙酯	1.42
戊烷	0.51	二氢吡喃	0.365	醚类：	
异丁烷	0.52	四氢吡喃	0.54	甲醚	0.33
异戊烷	0.70	环戊二烯	0.67	二甲氧基甲烷	0.42
庚烷	0.70	环己烯	0.525	乙醚	0.49
三甲基丁烷	1.0	卤代烃：		异丙醚	1.14
异辛烷	1.35	丙基氯	1.08	胺类：	
二甲基丙烷	1.57	丁基氯	1.24	三乙胺	0.75
二甲基戊烷	1.64	异丙基氯	1.55	异丙胺	2.0
不饱和烃：		丙基溴	1000不着火	乙胺	2.4
乙炔	0.019	醇类：		乙撑亚胺	0.48
乙烯基乙炔	0.082	甲醇	0.215	芳香类：	
乙烯	0.096	异丙基硫醇	0.53	呋喃	0.225

（续表）

物质名称	最小点火能量/mJ	物质名称	最小点火能量/mJ	物质名称	最小点火能量/mJ
丙炔	0.152	异丙醇	0.65	噻吩	0.39
丁二烯	0.175	醛类：		苯	0.55
丙烯	0.282	丙烯醛	0.137	无机物	
2-戊烯		丙醛	0.325	二硫化碳	0.015
1-庚烯	0.51	乙醛	0.376	氢	0.017
二异丁烯	0.56	酮类：		硫化氢	0.068
环状物：	0.96	丁酮	0.68	氨	1000 不着火
环氧乙烷	0.087	丙酮	1.15		

32.1.8　几种石油气体的爆炸压力及爆炸威力指数[1]

气　体	气体体积分数/%	最大爆炸压力/MPa	压力上升最大速度/（$MPa\cdot s^{-1}$）	爆炸威力指数/（$MPa^2\cdot s^{-1}$）
氢	35	0.71	77.3	54.9
乙烷	7	0.69	17.6	12.1
乙烯	16	0.84	59.8	50.2
乙炔	13	1.05	84.4	88.6
丙烷	5	0.67	17.6	11.8
丁烷	5	0.68	11.7	7.9
己烷	8	0.65	12.0	7.8

32.1.9　石油产品的危险等级[1]

	闪点/℃	火灾危险级	油　品
易燃液体	<28 28～45	一级 二级	航空汽油、车用汽油、航空煤油
可燃液体	46～120 >120	三级 四级	轻柴油、通用柴油、燃料油、润滑油、沥青

32.1.10　石油天然气火灾危险性分类[2]

类　别		特　征
甲	A	37.8℃时蒸气压力>200kPa 的液态烃
	B	1. 闪点<28℃的液体（甲 A 类和液化天然气除外） 2. 爆炸下限<10%（体积分数）的气体
乙	A	1. 闪点≥28℃至<45℃的液体 2. 爆炸下限≥10% 的气体
	B	闪点≥45℃至<60℃的液体
丙	A	闪点≥60℃至≤120℃的液体
	B	闪点>120℃的液体

32.1.11 消防冷却水供给范围和供给强度[2]

油罐形式			供给范围	供给强度	
				ϕ16mm 水枪	ϕ19mm 水枪
移动、半固定式冷却	着火罐	固定顶罐	罐周全长	0.6L/(s·m)	0.8L/(s·m)
		浮顶罐	罐周全长	0.45L/(s·m)	0.6L/(s·m)
	相邻罐	不保温罐	罐周半长	0.35L/(s·m)	0.5L/(s·m)
		保温罐	罐周半长	0.2L/(s·m)	
固定式冷却	着火罐	固定顶罐	罐壁表面	2.5L/(min·m²)	
		浮顶罐	罐壁表面	2.0L/(min·m²)	
	相邻罐		罐壁表面积的1/2	2.0L/(min·m²)	

注：ϕ16mm 水枪保护范围为 8~10m，ϕ19mm 水枪保护范围为 9~11m。

32.1.12 石油产品火灾危险性按闪点分类[2]

类别		闪点/℃	举例
甲		<28	石脑油、苯类、轻质溶剂油、汽油类油品等
乙		28~<60	喷气燃料、灯用煤油、轻柴油等油品
丙	A	60~120	重柴油、重油类油品
	B	>120	100号、115号重油，润滑油等油品

32.1.13 液化烃、可燃液体的火灾危险性分类[2]

类别		名称	特征
甲	A	液化烃	15℃时的蒸汽压力>0.1MPa的烃类液体及其他类似的液体
	B	可燃液体	$甲_A$类以外，闪点<28℃
乙	A		闪点≥28℃至≤45℃
	B		闪点>45℃至<60℃
丙	A		闪点≥60℃至≤120℃
	B		闪点>120℃

32.1.14 可燃气体的火灾危险性分类[2]

类别	可燃气体与空气混合物的爆炸下限（体积分数）
甲	<10%
乙	≥10%

32.1.15 储油罐消防冷却水的供水范围和供水强度[2]

储罐型式			供水范围	供水强度		附注
				Φ16mm 水枪	Φ19mm 水枪	
移动式水枪冷却	着火罐	固定顶罐	罐周全长	0.6L/(s·m)	0.8L/(s·m)	
		浮顶罐、内浮顶罐	罐周全长	0.45L/(s·m)	0.6L/(s·m)	浮盖用易熔材料制作的内浮顶罐按固定顶罐计算
	邻近罐	不保温	罐周半长	0.35L/(s·m)	0.7L/(s·m)	
		保温		0.2L/(s·m)		
固定式冷却	着火罐	固定顶罐	罐壁表面积	2.5L/(min·m^2)		
		浮顶罐、内浮顶罐	罐壁表面积	2.0L/(min·m^2)		浮盖用易熔材料制作的内浮顶罐按固定顶罐计算
	邻近罐		罐壁表面积的1/2	2.0L/(min·m^2)		按实际冷却面积计算，但不得小于罐壁表面积的1/2

注：浅盘式内浮顶罐按固定顶罐计算。

32.2 化工建筑防火

32.2.1 设备、建筑物平面布置的防火间距[2]

m

项目		液化烃和可燃液体类别	可燃气体类别	控制室、变配电室、化验室、办公室、生活间	明火设备	介质温度低于自燃点的工艺设备								介质温度等于或高于自燃点的工艺设备	
						可燃气体压缩机或压缩机房		装置储罐			其他工艺设备或其房间			内隔热衬里反应设备	其他工艺设备或其房间
		液化烃和可燃液体类别		—	—	—	—	甲$_A$	甲$_B$、乙$_A$	乙$_B$、丙$_A$	甲$_A$	甲$_B$、乙$_A$	乙$_B$、丙$_A$	—	—
			可燃气体类别	—		甲	乙	—	甲	乙	—	甲	乙	—	—
控制室、变配电室、化验室、办公室、生活间		—	—	—											
明火设备		—	—	15	—										
介质温度低于自燃点的工艺设备①	可燃气体压缩机或压缩机房②	—	甲	15	22.5	—									
		—	乙	9	9	—	—								
	装置储罐③	甲$_A$	—	22.5	22.5	15	9	—	—	—					
		甲$_B$、乙$_A$	甲	15	15	9	7.5	—	—	—					
		乙$_B$、丙$_A$	乙	9	9	7.5	7.5	—	—	—					
	其他工艺设备或其房间	甲$_A$	—	15	22.5	9	7.5	9	9	7.5	—	—	—		
		甲$_B$、乙$_A$	甲	15	15	9	—	9	9	7.5	—	—	—		
		乙$_B$、丙$_A$	乙	9	9	7.5	—	7.5	7.5	—	—	—	—		

（续表）　　m

项目 \ 液化烃和可燃液体类别 \ 可燃气体类别 \ 液化烃和可燃液体类别 \ 项目				控制室、变配电室、化验室、办公室、生活间	明火设备	介质温度低于自燃点的工艺设备								介质温度等于或高于自燃点的工艺设备	
						可燃气体压缩机或压缩机房		装置储罐			其他工艺设备或其房间			内隔热衬里反应设备	其他工艺设备或其房间
				—	—	—	—	甲$_A$	甲$_B$、乙$_A$	乙$_B$、丙$_A$	甲$_A$	甲$_B$、乙$_A$	乙$_B$、丙$_A$	—	—
				—		甲	乙	—	甲	乙	—	甲	乙	—	—
介质温度等于或高于自燃点的工艺设备	内隔热衬里反应设备	—	—	15	4.5	9	7.5	22.5	15	9	9	7.5	4.5	—	
	其他工艺设备或其房间	—	—	15	4.5	9	4.5	15	9	9	7.5	4.5	—	7.5	—

① 查不到自燃点时，可取250℃。

② 单机驱动功率小于150kW的可燃气体压缩机，可按介质温度低于自燃点的“其他工艺设备”确定其防火间距。

③ 装置储罐的最大容积，应符合《石油化学工业职业健康安全管理汇编》规定。

32.2.2　装置间的防火间距[2]

m

火灾危险类别	甲$_A$类	甲$_B$、乙$_A$类	乙$_B$、丙类
甲$_A$类	25		
甲$_B$、乙$_A$类	20	20	
乙$_B$、丙类	15	15	10

注：表中数字为装置相邻面工艺设备或建（构）筑物的净距，工艺装置与工艺装置的明火加热炉相邻布置时，其防火间距应按与明火的防火间距确定。

32.2.3　装置内部的防火间距[2]

m

名　称		明火或散发火花的设备或场所	仪表控制间、10kV及以下的变配电室、化验室、办公室	可燃气体压缩机或其厂房	中间储罐		
					甲$_A$类	甲$_B$、乙$_A$类	乙$_B$、丙类
仪表控制间、10kV及以下的变配电室、化验室、办公室		15					
可燃气体压缩机或其厂房		15	15				
其他工艺设备及厂房	甲$_A$类	22.5	15	9	9	9	7.5
	甲$_B$、乙$_A$类	15	15	9	9	9	7.5
	乙$_B$、丙类	9	9	7.5	7.5	7.5	

（续表） m

名称		明火或散发火花的设备或场所	仪表控制间、10kV及以下的变配电室、化验室、办公室	可燃气体压缩机或其厂房	中间储罐		
					甲$_A$类	甲$_B$、乙$_A$类	乙$_B$、丙类
中间储罐	甲$_A$类	22.5	22.5	15			
	甲$_B$、乙$_A$类	15	15	9			
	乙$_B$、丙类	9	9	7.5			

注：1. 由燃气轮机或天然气发动机直接拖动的天然气压缩机对明火或散发火花的设备或场所、仪表控制间等的防火间距按本表可燃气体压缩机或其厂房确定；对其他工艺设备及厂房、中间储罐的防火间距按本表明火或散发火花的设备或场所确定。

2. 加热炉与分离器组成的合一设备、三甘醇火焰加热再生釜、溶液脱硫的直接火焰加热重沸器等带有直接火焰加热的设备，应按明火或散发火花的设备或场所确定防火间距。

3. 克劳斯硫黄回收工艺的燃烧炉、再热炉、在线燃烧器等正压燃烧炉，其防火间距按其他工艺设备和厂房确定。

4. 表中的中间储罐的总容量：全压力式天然气凝液、液化石油气储罐应小于或等于100m^3；甲$_B$、乙类液体储罐应小于或等于1000m^3。当单个全压力式天然气凝液、液化石油气储罐小于50m^3，甲$_B$、乙类液体储罐小于100m^{3}时，可按其他工艺设备对待。

5. 含可燃液体的水池、隔油池等，可按本表其他工艺设备对待。

6. 缓冲罐与泵，零位罐与泵，除油池与污油提升泵，塔与塔底泵、回流泵，压缩机与其直接相关的附属设备，泵与密封漏油回收容器的防火间距可不受本表限制。

32.2.4 库房、储罐、堆场与铁路、道路的防火间距[2]

m

名称	铁路、道路				
	厂外铁路线中心线	厂内铁路线中心线	厂外道路路边	厂内道路路边	
				主要	次要
液化石油气储罐	45	35	25	15	10
甲类物品库房	40	30	20	10	5
甲、乙类液体储罐	35	25	20	15	10
丙类液体储罐、易燃材料堆场	30	20	15	10	5
可燃、助燃气体储罐	25	20	15	10	5

注：1. 厂内铁路装卸线与设有装卸站台的甲类物品库房的防火间距，可不受本表规定的限制。

2. 未列入本表的堆场、储罐、库房与铁路、道路的防火间距，可根据储存物品的火灾危险性适当减少。

32.2.5 一、二、三、四级油气站场总平面布置防火间距[2]

m

名称		地上油罐单罐容量/m^3 甲$_B$、乙类固定顶 >10000	≤10000	≤1000	≤500或卧式罐	浮顶或丙类固定顶 ≥50000	<50000	≤10000	≤1000	≤500或卧式罐	全压力式天然气凝液、液化石油气储罐单罐容量/m^3 >1000	≤1000	≤400	≤100	≤50	全冷冻式液化石油气储罐	天然气储罐总容量/m^3 ≤10000	≤50000	甲、乙类厂房和密闭工艺装置(设备)	有明火的密闭工艺设备及加热炉	有明火或散发火花地点(含锅炉房)	敞口容器和除油池/m^3 ≤30	>30	全厂性重要设施	液化石油气灌装站	火车装卸鹤管	汽车装卸鹤管	码头装卸油臂及泊位	辅助生产厂房及辅助生产设施	10kV及以下户外变压器
全压力式天然气凝液、液化石油气储罐单罐容量/m^3	>1000	60	50	40	30	*	45	37	30	22																				
	≤1000	55	45	35	25		41	34	26	19																				
	≤400	50	40	30	25		37	30	22	19																				
	≤100	40	30	25	20		30	22	19	15																				
	≤50	35	25	20	20		26	19	15	15																				
全冷冻式液化石油气储罐		30	30	30	30	*	30	30	30	30	30	30	30	30	30															
天然气储罐总容量/m^3	≤10000	30	25	20	15	35	30	25	20	15	55	50	45	40	35	40														
	≤50000	35	30	25	20	40	35	30	25	20	65	60	55	50	45	50														
甲、乙类厂房和密闭工艺装置(设备)		25	20	15	15/12	25	20	15	15/12		60	50	45	40	35	60	25	30												
有明火的密闭工艺设备及加热炉		40	35	30	25	35	30	26	22	19	85	75	65	55	45	60	30	35	20											
有明火或散发火花地点(含锅炉房)		45	40	35	30	40	35	30	26	22	100	80	70	60	50	60	30	35	25/20	20										
敞口容器和除油池/m^3	≤30	28	24	20	16	24	20	18	16	12	44	40	36	32	30	40	25	30	—	25	25									
	>30	35	30	25	20	30	26	22	20	15	55	50	45	40	35	40	25	30	20	30	35									
全厂性重要设施		40	35	30	25	35	30	26	22	20	85	75	65	55	45	70	30	35	25	25	—	25	30							
液化石油气灌装站		35	30	25	20	30	26	22	20	15	50	40	30	25	20	45	20	25	25	30	30	25	30	50						
火车装卸鹤管		30	25	20	15	30	25	20	15	15	45	40	35	30	25	50	20	25	20	30	30	20	25	30	30					
汽车装卸鹤管		25	20	15	15	25	22	20	15	12	40	35	30	25	20	45	15	20	25/15	20	20	20	20	25	25	20				
码头装卸油臂及泊位		50	40	35	30	45	40	35	30	25	55	50	45	40	35	55	25	30	35	35	35	30	40	40	30	25	20			
辅助生产厂房及辅助生产设施		30	25	20	15	30	26	22	18	15	60	50	40	30	25	60	30	30	15	15	—	20	20	—	30	25	15	30		
10kV及以下户外变压器		30	25	20	15	30	26	22	18	15	65	60	50	40	40	60	30	35	15	15	—	25	25	—	35	30	20	30	—	
仓库	硫磺及其他甲、乙类物品	35	30	25	20	40	35	30	25	20	60	50	40	30	30	60	20	25	20	25	30	25	25	25	35	30	20	30	20	25
	丙类物品	30	25	20	15	35	30	25	20	15	50	40	30	25	25	50	20	25	15	20	25	15	20	20	30	20	15	20	15	20
可能携带可燃液体的高架火炬		90	90	90	90	90	90	90	90	90	90	90	90	90	90	90	90	90	90	60	60	90	90	90	90	90	90	90	90	90

注：1. 两个丙类液体生产设施之间的防火间距，可按甲、乙类生产设施的防火间距减少25%。
2. 油田采出水处理设施内除油罐（沉降罐）、污油罐可按小于或等于500m^3的甲$_B$、乙类固定顶地上油罐的防火间距减少25%，污油泵（或泵房）的防火间距可按甲、乙类厂房和密闭工艺装置（设备）减少25%。
3. 缓冲罐与泵，零位罐与泵，除油池与污油提升泵，塔与塔底泵、回流泵，压缩机与其直接相关的附属设备，泵与密封漏油回收容器的防火间距不限。
4. 全厂性重要设施系指集中控制室、马达控制中心、消防泵房和消防器材间、35kV及以上的变电所、自备电站、化验室、总机房和厂部办公室，空压站和空分装置。
5. 辅助生产厂房及辅助生产设施系指维修间、车间办公室、工具间、换热站、供注水泵房、深井泵房、排涝泵房、仪表控制间、应急发电设施、阴极保护间、循环水泵房、给水处理与污水处理等使用非防爆电气设备的厂房和设施。
6. 天然气储罐总容量按标准体积计算。大于50000m^3时，防火间距应按本表增加25%。
7. 可能携带可燃液体的高架火炬与相关设施的防火间距不得折减。
8. 表中数字分子表示甲$_A$类，分母表示甲$_B$、乙类厂房和密闭工艺装置（设备）防火间距。
9. 液化石油气灌装站系指进行液化石油气灌瓶、加压及其有关的附属生产设施；灌装站内部防火间距应按石油天然气工程设计防火规范GB 50183—2004执行；灌装站防火间距起算点，按灌装站内相邻面的设备、容器、建（构）筑物外缘算起。
10. 事故存液池的防火间距，可按敞口容器和除油池的规定执行。
11. 表中"—"表示设施之间的防火间距应符合现行国家标准《建筑设计防火规范》的规定或设施间距只需满足安装、操作及维修要求；表中"*"表示本规范未涉及的内容。

32.2.6 汽车加油机、地下油罐与建筑物、铁路、道路的防火间距[2]

名　　称			防火间距/m
民用建筑、明火或散发火花的地点			25
独立的加油机管理室距地下油罐			5
靠地下油罐一面墙上无门窗的独立加油机管理室距地下油罐			不限
独立的加油机管理室距加油机			不限
其他建筑（本规范另规定较大间距者除外）	耐火等级	一、二级	10
		三　级	12
		四　级	14
厂外铁路线（中心线）			30
厂内铁路线（中心线）			20
道路（路边）			5

注：1. 汽车加油站的油罐应采用地下卧式油罐，并宜直接埋设。甲类液体总储量不应超过 $60m^3$，单罐容量不应超过 $20m^3$，当总储量超过时，其与建筑物的防火间距应按《国家核电厂安全导则》第 4.4.2 条的规定执行。

2. 储罐上应设有直径不小于 38mm 并带有阻火器的放散管，其高度距地面不应小于 4m，且高出管理室屋面不小于 50cm。

3. 汽车加油机、地下油罐与民用建筑之间如设有高度不低于 2.2m 的非燃烧体实体围墙隔开，其防火间距可适当减少。

32.2.7 室外变、配电站与建筑物、堆场、储罐的防火间距[2]

m

建筑物、堆场、储罐名称			变压器总油量/t 5~10	变压器总油量/t >10~50	变压器总油量/t >50
民用建筑	耐火等级	一、二级	15	20	25
		三　级	20	25	30
		四　级	25	30	35
丙、丁、戊类厂房及库房	耐火等级	一、二级	12	15	20
		三　级	15	20	25
		四　级	20	25	30
甲、乙类厂房			25		
甲、乙类库房	储量不超过 10t 的甲类 1、2、5、6 项物品和乙类物品		25		
	储量不超过 5t 的甲类 3、4 项物品和储量超过 10t 的甲类 1、2、5、6 项物品		30		
	储量超过 5t 的甲类 3、4 项物品		40		
稻草、麦秸、芦苇等易燃材料堆场			50		
甲、乙类液体储罐	总储量/m^3	1~50	25		
		51~200	30		
		201~1 000	40		
		1 001~5 000	50		
丙类液体储罐	总储量/m^3	5~250	25		
		251~1 000	30		
		1 001~5 000	40		
		5 001~25 000	50		

32.2.8 石油化工企业总平面布置的防火间距

m

项目	工艺装置（设备、生产厂房、库房）			全厂性重要设施	明火及散发火花地点	地上可燃液体储罐								液化烃储罐				可燃气体储罐＞1000 m^3～50000 m^3	液化烃及甲B、乙类液体			灌装站		类物品库（棚）或堆场	罐区甲、乙类泵或泵房（包括加铅、添加剂设施及其专用变配电室）	水处理厂（无盖隔油池）	铁路走行线（中心线）、原料及产品运输道路（路面边）	附注
						甲B、乙类固定顶				浮顶或丙类固定顶				全压力式储存			全冷冻式储存		码头装卸油区	汽车装卸站	铁路装卸设施、槽车洗罐站	液化烃	甲B、乙类液体及可燃与助燃气体					
	甲	乙	丙			＞5000 m^3	＞1000 m^3～5000 m^3	＞500 m^3～1000 m^3	≤500 m^3 或卧式罐	＞5000 m^3	＞1000 m^3～5000 m^3	＞500 m^3～1000 m^3	≤500 m^3 或卧式罐	＞1000 m^3	＞100 m^3～1000 m^3	≤100 m^3												
工艺装置（设备、生产厂房、库房） 甲	30/25	—	—																									② ③ ④
工艺装置（设备、生产厂房、库房） 乙	25/30	20/15	—																									
工艺装置（设备、生产厂房、库房） 丙	20/15	15/10	10																									
全厂性重要设施	35	30	25																									⑤
明火及散发火花地点	30	25	20																									
地上可燃液体储罐 甲B、乙类固定顶 ＞5000 m^3	50	40	35	50	40	见 GB 50160—1992 表5.2.7																						① ④
地上可燃液体储罐 甲B、乙类固定顶 ＞1000 m^3～5000 m^3	40	35	30	40	35																							
地上可燃液体储罐 甲B、乙类固定顶 ＞500 m^3～1000 m^3	30	25	20	35	30																							
地上可燃液体储罐 甲B、乙类固定顶 ≤500 m^3 或卧式罐	25	20	15	30	25																							
地上可燃液体储罐 浮顶或丙类固定顶 ＞5000 m^3	35	30	25	35	30																							
地上可燃液体储罐 浮顶或丙类固定顶 ＞1000 m^3～5000 m^3	30	25	20	30	25																							
地上可燃液体储罐 浮顶或丙类固定顶 ＞500 m^3～1000 m^3	25	20	15	25	20																							
地上可燃液体储罐 浮顶或丙类固定顶 ≤500 m^3 或卧式罐	20	15	10	20	15																							
液化烃储罐 全压力式储存 ＞1000 m^3	60	55	50	70	60	50	40	35	30	40	35	30	25	见 GB 50160—1992 表5.3.3														
液化烃储罐 全压力式储存 ＞100 m^3～1000 m^3	50	45	40	60	50	45	35	30	25	35	25	20	15															
液化烃储罐 全压力式储存 ≤100 m^3	40	35	30	45	40	40	30	25	20	30	20	15	10															
液化烃储罐 全冷冻式储存	60	55	50	70	60	30	30	30	30	30	30	30	30	30	30	30												
可燃气体储罐＞1000 m^3～50000 m^3	25	20	15	30	30	30	25	20	15	20	15	10	8	40	30	25	40											④⑥

（续表）

项目		工艺装置（设备、生产厂房、库房）甲	工艺装置 乙	工艺装置 丙	全厂性重要设施	明火及散发火花地点	地上可燃液体储罐 甲$_B$、乙类固定顶 >5000m^3	甲$_B$、乙类固定顶 >1000m^3~5000m^3	甲$_B$、乙类固定顶 >500m^3~1000m^3	甲$_B$、乙类固定顶 ≤500m^{3}或卧式罐	浮顶或丙类固定顶 >5000m^3	浮顶或丙类固定顶 >1000m^3~5000m^3	浮顶或丙类固定顶 >500m^3~1000m^3	浮顶或丙类固定顶 ≤500m^{3}或卧式罐	液化烃储罐 全压力式储存 >1000m^3	全压力式储存 >100m^3~1000m^3	全压力式储存 ≤100m^3	全冷冻式储存	可燃气体储罐>1000m^3~50000m^3	液化烃及甲$_B$、乙类液体 码头装卸油区	汽车装卸站	铁路装卸设施、槽车洗罐站	灌装站 液化烃	灌装站 甲$_B$、乙类液体及可燃与助燃气体	类物品库（棚）或堆场	罐区甲、乙类泵或泵房（包括加铅、添加剂设施及其专用变配电室）	水处理厂（无盖隔油池）	铁路走行线（中心线）、原料及产品运输道路（路面边）	附注
液化烃及甲$_B$、乙类液体	码头装卸油区	35	30	25	40	35	50	40	35	30	40	35	30	25	55	45	40	55	25	—									④⑦
	汽车装卸站	25	20	15	30	25	25	20	15	10	20	15	12	10	45	35	30	45	15	20	—								
	铁路装卸设施、槽车洗罐站	30	25	20	35	30	25	20	15	10	20	15	12	10	50	40	35	50	20	25	15	10							
灌装站	液化烃	30	25	20	35	30	35	30	25	20	25	20	17	15	45	40	35	45	20	30	20	25	—						
	甲$_B$、乙类液体及可燃与助燃气体	25	20	15	30	25	30	25	20	15	20	15	12	10	40	35	30	40	15	25	15	20	—	—					
甲类物品库（棚）或堆场		30	25	20	35	30	35	30	25	20	25	20	15	10	60	50	40	60	20	35	25	30	30	25	—				④⑧
罐区甲、乙类泵或泵房（包括加铅、添加剂设施及其专用变配电室）		20	15	10	20	15	20	15	12	10	15	12	10	8	35	30	25	35	15	15	10	12	25	20	20	—			④⑨
污水处理场（无盖隔油池）		30	25	20	35	30	30	25	20	20	25	20	20	20	40	35	30	40	25	40	25	30	30	25	30	20	—		④⑩
铁路走行线（中心线）、原料及产品运输道路（路面边）		15	10	10	—	—	20	15	12	10	15	12	10	10	25	20	15	25	10	10	10	15 (10)	10	10	10	10	10	—	⑪
可能携带可燃液体的高架火炬		90	90	90	90	60	90	90	90	90	90	90	90	90	90	90	90	90	90	90	90	90	90	90	90	60	90	50	⑫
厂围墙（中心线）		10	8	6	—	—	10	10	10	10	10	10	10	10	10	10	10	10	10	10	6	8	10	10	10	8	10	—	

注：① 罐组与其他设施的防火间距按相邻最大罐容积确定。

② 防火间距应按相邻设备、建筑物的火灾危险性类别确定，分子适用于石油化工装置，分母适用于炼油装置。

③ 当一个装置的成品直接进入另一个装置时，两个装置的防火间距可减小，但不应小于 15m，丙类之间不应小于 10m。联合装置视同一个装置，其设备、建筑物的防火间距应按石油化工企业设计防火规范有关规定执行。工艺装置或装置内单元的火灾危险性分类举例见 GB 50160—1992 附录。

④ 工艺装置或可能散发可燃气体的设施与工艺装置的明火加热炉相邻布置时，其防火间距应按与明火的防火间距确定。

⑤ 独立的分变电所、车间办公室等，可减少 25%（火炬除外）。

⑥ 单罐容积等于或小于 1000m^3，可减少 25%；大于 50000m^3，应增加 25%（火炬除外）。

⑦ 丙类液体，可减少 25%（火炬除外）。

⑧ 本项包括可燃气体、助燃气体的实瓶库。乙、丙类物品库（棚）和堆场可减少 25%；丙类可燃固体堆场可减少 50%（火炬除外）。

⑨ 罐组的专用泵（或泵房）均应布置在防火堤外，其与罐组的防火间距：甲$_A$类不应小于 15m；甲$_B$、乙类不应小于 12m；浮项、丙类不应小于 10m（对小于或等于 500m^3 的储罐不应小于 8m）。

⑩ 事故存液池的防火距离，可按污水处理场（无盖隔油池）的规定执行。污水处理场内污油罐的防火距离可减少 25%；污水处理场内污油泵（或泵房）的防火距离可减少 50%（火炬除外）；其他设备或构筑物防火距离不限。

⑪ 铁路走行线和原料及产品运输道路应布置在火灾爆炸危险区域之外。括号内数字适用于原料及产品运输道路。

⑫ 高架火炬的防火距离见 GB 50160—1992 第 3.2.11 条文字部分。

32.2.9　供氢站平面布置的防火间距[1]

名称		最小防火间距/m
其他建筑物耐火等级	一、二级	12
	三级	14
	四级	16
甲类物品库房		20
屋外变、配电站		25
民用建筑		25
重要公共建筑		50
明火或散发火花地点		30
水槽式可燃气体贮罐/m^3	≤500	12
	501～10000	15
	>10000	20
水槽式氧气贮罐/m^3	≤1000	10
	>1000	12
易燃液体贮罐/m^3	1～50	15
	51～200	19
	201～1000	25
	1001～5000	31
可燃液体贮罐/m^3	按5m^3可燃液体等于1m^3易燃液体折算	
炭和焦炭/t	100～5000	6
	>5000	8
厂外铁路（中心线）		30
厂内铁路（中心线）		20
厂外道路（路边）		15
厂内主要道路（路边）		10
厂内次要道路（路边）		5

注：1. 建筑物之间的防火间距按相邻外墙的最近距离计算，如外墙有凸出的燃烧物件，则应从其凸出部分外缘算起；贮罐、变压器的防火间距应从距建筑物最近的外壁算起。

2. 供氢站与其他建筑物相邻面的外墙均为非燃烧体，且无门、窗、洞及无外露的燃烧体屋檐，其防火间距可按本表减少25%。

3. 固定容积可燃气体贮罐，应按其水容量(m^3)和工作压力(kgf/cm^3)的乘积，按本表水槽式贮罐的要求执行。

4. 供氢站与架空电力线的防火间距，不应小于电杆高度的15倍。

32.2.10 炼油厂总平面布置防火间距[1]

m

单元名称	工艺装置① 甲类	工艺装置① 乙、丙类	全厂性重要设施	有明火或散发火花的辅助设施	隔②油池	铁路油品装卸栈台③ 甲、乙类	铁路油品装卸栈台③ 丙类	油码头装卸鹤管	汽车装油站	全厂性油泵房(包括加铅设施和二硫化碳添加室)	化学药剂设施	全厂材料设备仓库	火④炬	铁⑤路走行线	产品运输道路	二硫化碳仓库	液⑥化石油气储罐	液化石油气灌瓶站	油灌⑦ 甲、乙类浮顶	油灌⑦ 地下丙类地上、固定顶	油灌⑦ 地下甲乙类地上、固定顶
序号	1	2	3	4	5	6	7	8	9	10	11	12	13	14	15	16	17	18	19	20
1 甲类	20	20	35	30	45				25	20	20	30		20	20	35				
2 乙、丙类		10	30	20	45			50	15	10	15	25	100	12	10	30			30	40
3 全厂性重要设施			建规	建规	45	30	20		25	20	25	建规		—	—	40	70	50		
4 有明火或散发火花的辅助设施				建规	35			40	20	15	20	建规	70	—	—				20	30
5 隔油泥					—	40	30	50	30	25	30	40	100	25	20	50	45	40	30	40
6 铁路油品装卸栈台 甲、乙类						10	10	40	15	12	15	20	70	15	15	35	40	30	20	30
7 铁路油品装卸栈台 丙类							7	30	10	9	10	15		12	12	30	30	25	15	25
8 ……油码头装卸鹤管								—	20	15	20	30	100	25	20	40	60	40	40	50
9 ……汽车装油站									—	10	15	20				25	45	35	15	20
10 ……全厂性油泵房(包括加铅设施和二硫化碳添加室)										建规	10	15	70	12	10	25	30	25	10	15
11 …………化学药剂设施											—	20				25	30	30	15	20
12 ………………全厂材料设备仓库												建规		—	—	30	40	30	20	30
13 ……………………火炬													—	50	50	100	100	100	100	100
14 ……………………………铁路走行线														—	—	20	30	25	15	20
15 ………………………………产品运输道路															—	20	30	25	15	20
16 ……………………………………二硫化碳仓库																建规	40	30	30	40
17 ……………………………………液化石油气储罐																	6	35	30	40
18 ………………………………………液化石油气灌瓶站																		—	25	35

① 相邻工艺装置设备之间的防火间距，尚应符合工艺装置内部设备、机械、建筑物平面布置的防火间距的有关要求。工艺装置内非敞开式氢气压缩机房距全厂性重要设施、油罐和机修、食堂等人员集中的建筑物，不应小于50m，距其他单元不应小于30m。

② 密闭式隔油池的防火间距可按规定减少25%。

③ 洗槽站和液化石油气铁路装车栈台的防火间距，应按本表序号6的规定执行。

④ 火炬系指可能落火雨者。对于点火设备可靠、不落火雨的火距，其防火间距不限。但火炬的布置尚应确保其他单元的人员和设备处在辐射危险区之外，而且火炬的火焰尖端距其他设备不应小于20m。

⑤ 铁路走行线与布置在工艺装置、化学药剂设施或仓库等边缘的铁路装卸线之间的防火间距不限。本表序号14的防火间距适用于内燃机车，如为蒸汽机车，应增加25%。

⑥ 卧式油罐的防火间距应按固定顶油罐的规定减少25%。单罐容量大于5000m^{3}的甲、乙类固定顶油罐应按本表序号20的规定增加25%。润滑油罐与工艺装置之间的防火间距可减少至20m。水槽式可燃气体贮罐的防火间距，应按本表序号17的规定减少50%（火炬不减）。水槽式可燃气体贮罐之间及其与液化石油气贮罐之间的防火间距，不应小于相邻较大罐的半径。油罐之间、油罐组之间和液化石油气贮罐之间的防火间距，分别按相应规定。液化石油气贮罐与其独立泵房之间的防火间距，不应小于15m。

⑦ 本表所列防火间距，不适用于工艺装置（包括联合装置）内部或其他单元内部的平面布置。

⑧ 本表符号“—”表示防火间距不限；“建规”系指按《建筑设计防火规范》（TJ 16—74）的有关规定执行。

32.2.11 装卸油品码头至其他相邻码头或建筑物、构筑物的安全距离[1]

装卸油品码头位置	油品类别	安全距离
沿海、河口	甲、乙	300
	丙	200
内河其他码头或建筑物、构筑物的下游	甲、乙	150
	丙	100
内河其他码头或建筑物、构筑物的上游	甲、乙	300
	丙	200
内河大型船队锚地、固定停泊场、城市水源取水口的上游	甲、乙、丙	1000

注：1. 装卸油品码头与其他相邻码头的距离，系指相邻两码头所停靠设计船型首尾间的净距。

2. 受潮流影响产生往复流的河段属河口范围。

3. 停靠小于500吨油船的码头，距离可减少50%。

32.2.12 石油库内建筑物、构筑物的爆炸和火灾危险场所级别[1]

序号	建筑物、构筑物	油品	爆炸和火灾危险场所级别
1	油泵房、阀室	易燃油品	Q－2
		可燃油品	H－1
2	油泵棚、露天油泵站	易燃油品	Q－3
		可燃油品	H－1
3	灌油间	易燃油品	Q－1
		可燃油品	H－1
4	桶装油品库房	易燃油品	Q－2
		可燃油品	H－1
5	桶装油品敞棚、场地	易燃油品	Q－3
		可燃油品	H－1
6	油灌区	易燃油品	见注2
		可燃油品	H－1
7	铁路装卸油品设施和装卸油品码头	易燃油品	见注3
		可燃油品	H－1
8	人工洞石油库油灌区的主巷道、支巷道、上引道、油泵房、油罐操作间、油罐室等	易燃油品	Q－2
		可燃油品	H－1
9	化验室、修洗桶间、润滑油再生间		H－1

注：1. 当同一场所内有易燃或可燃两种油品时，应按易燃油品确定其级别。

2. 储存易燃油品以及闪点低于或等于环境温度的可燃油品的油罐、罐外3m范围以内的空间和防火堤内高度等于堤高的空间，应划为Q－2级，呼吸阀、量油孔外3m范围以内的空间应划为Q－1级。

3. 装运易燃油品以及闪点低于或等于环境温度的可燃油品的铁路油罐车、汽车油罐车和油船，在注入口以外水平15m、垂直7.5m范围内的空间应划为Q－1级。

4. 在爆炸危险场所内，通风不良的死角、沟坑等凹洼处，应划为Q－1级。

32.2.13 油气井与周围建（构）筑物、设施的防火间距[1]

m

<table>
<tr><th colspan="2">名　称</th><th>自喷油、气井，单井拉油井</th><th>机械采油井</th></tr>
<tr><td colspan="2">一、二、三、四级厂、站、库储罐及甲、乙类容器</td><td>40</td><td>20</td></tr>
<tr><td colspan="2">100 人以上的居民区、村镇、公共福利设施</td><td>45</td><td>25</td></tr>
<tr><td colspan="2">相邻厂矿企业</td><td>40</td><td>20</td></tr>
<tr><td rowspan="2">铁路</td><td>国家线</td><td>40</td><td>20</td></tr>
<tr><td>企业专用线</td><td>30</td><td>15</td></tr>
<tr><td colspan="2">公路</td><td>15</td><td>10</td></tr>
<tr><td rowspan="2">架空通信线</td><td>国家Ⅰ、Ⅱ级</td><td>40</td><td>20</td></tr>
<tr><td>其他通信线</td><td>15</td><td>10</td></tr>
<tr><td colspan="2">35kV 及以上独立变电所</td><td>40</td><td>20</td></tr>
<tr><td rowspan="2">架空电力线</td><td>35kV 以下</td><td colspan="2" rowspan="2">1.5 倍杆高</td></tr>
<tr><td>35kV 及以上</td></tr>
</table>

注：当气井关井压力超过 25MPa 时，与 100 人以上的居民区、村镇、公共福利设施和相邻厂矿企业的防火间距，应按本表规定的数值增加 50%。

32.2.14 甲、乙类油气厂、站、库外部区域布置防火间距[1]

m

<table>
<tr><th colspan="2" rowspan="2">名　称</th><th rowspan="2">100 人以上的居民区、村镇、公共福利设施</th><th rowspan="2">相邻厂矿企业</th><th colspan="2">铁　路</th><th rowspan="2">公路</th><th colspan="2">架空通信线</th><th rowspan="2">35kV 及以上独立变电所</th><th colspan="2">架空电力线</th></tr>
<tr><th>国家线</th><th>企业专用线</th><th>国家Ⅰ、Ⅱ级</th><th>其他通信线</th><th>35kV 以下</th><th>35kV 及以上</th></tr>
<tr><td rowspan="5">原油厂、站、库</td><td>一级</td><td>100</td><td>70</td><td>50</td><td>40</td><td>25</td><td rowspan="3">40</td><td rowspan="5">1.5 倍杆高</td><td>60</td><td colspan="2" rowspan="5">1.5 倍杆高</td></tr>
<tr><td>二级</td><td>80</td><td>60</td><td>45</td><td>35</td><td>20</td><td>50</td></tr>
<tr><td>三级</td><td>60</td><td>50</td><td>40</td><td>30</td><td>15</td><td>40</td></tr>
<tr><td>四级</td><td>40</td><td>40</td><td>35</td><td>25</td><td>15</td><td rowspan="2">1.5 倍杆高</td><td>40</td></tr>
<tr><td>五级</td><td>30</td><td>30</td><td>30</td><td>20</td><td>10</td><td>30</td></tr>
<tr><td rowspan="5">液化石油气、天然气凝液厂、站、库</td><td>一级</td><td>120</td><td>120</td><td>60</td><td>55</td><td>30</td><td rowspan="5">40</td><td rowspan="5">1.5 倍杆高</td><td>80</td><td rowspan="5">1.5 倍杆高</td><td rowspan="3">40</td></tr>
<tr><td>二级</td><td>100</td><td>100</td><td>60</td><td>50</td><td>30</td><td>80</td></tr>
<tr><td>三级</td><td>80</td><td>80</td><td>50</td><td>45</td><td>25</td><td>70</td></tr>
<tr><td>四级</td><td>60</td><td>60</td><td>50</td><td>40</td><td>25</td><td>60</td><td rowspan="2">1.5 倍杆高</td></tr>
<tr><td>五级</td><td>50</td><td>50</td><td>40</td><td>35</td><td>20</td><td>50</td></tr>
<tr><td colspan="2">火炬</td><td>120</td><td>120</td><td>80</td><td>80</td><td>60</td><td>80</td><td>60</td><td>120</td><td>80</td><td>80</td></tr>
</table>

注：1. 防火间距的起算点应按《石油天然气工程设计防火规范》附录二执行。但油气厂、站、库与相邻厂矿企业一栏的防火间距系指厂、站、库内的甲、乙类储罐外壁与区域相关设施的防火间距；丙类设备、容器、厂房与区域相关设施的防火间距可按本表减少 25%。

2. 表中 35kV 及以上独立变电所，系指 35kV 及以上变电所单台变压器容量在 10000kVA 及以上的变电所，小于 10000kVA 的 35kV 变电所防火间距可按本表减少 25%。

3. 当火炬按本表防火间距布置有困难时，其有效防火间距应经计算确定。放空管按表中火炬间距减少 50%。

4. 35kV 及以上的架空线路，防火间距除应满足 1.5 倍杆塔高度要求外，且应不小于 30m。

32.2.15 乙、丙、丁、戊类物品库房的防火间距[1]

m

耐火等级	耐火等级		
	一、二级	三级	四级
一、二级	10	12	14
三级	12	14	16
四级	14	16	18

注：1. 两座库房相邻较高一面外墙为防火墙，且总占地面积不超过一座库房面积规定时，其防火间距不限。
2. 高层库房之间以及高层库房与其他建筑之间的防火间距应按本表增加3m。

32.2.16 液体储罐与泵房、装卸鹤管的防火间距[1]

m

储罐名称		泵房	铁路装卸鹤管	汽车装卸鹤管
甲、乙类液体	拱顶罐	15	20	15
	浮顶罐	15	15	15
丙类液体		10	12	10

注：1. 总储量不超过1000m^3的甲、乙类液体储罐和总储量不超过5000m^3的丙类液体储罐的防火间距，可按本表的规定减少25%。石油库区内油罐与泵房，装卸鹤管的防火间距，可按《石油库设计规范》执行。
2. 泵房、装卸鹤管与储罐防火堤外侧基脚线的距离不应小于5m。
3. 厂内铁路线与装卸鹤管的防火间距，对甲、乙类液体不应小于20m，对于丙类液体不应小于10m。
4. 泵房与鹤管的距离不应小于8m。

32.2.17 建筑物与贮罐、易燃物品库房的防火间距[1]

m

名称和贮量		高层民用建筑	
		主体建筑	相连的附属建筑
易燃液体贮罐	<20m^3	35	30
	20~40m^3	40	35
可燃液体贮罐	<100m^3	35	30
	100~200m^3	40	35
可燃气体贮罐	<100m^3	30	25
	100~500m^3	35	30
化学易燃物品库房	<1t	30	25
	1~5t	35	30

注：贮罐的防火间距应从距建筑物最近的贮罐外壁算起。

32.3 石油钻井作业安全

32.3.1 石油钻井钻鼠洞作业安全规程[8]

作业程序	钻台各岗操作及配合								
	司钻			副司钻			内钳工		
	操作设备工具	配合动作	安全注意事项	操作设备工具	配合动作	安全注意事项	操作设备工具	配合动作	安全注意事项
挂水龙头，接方钻杆	钻机	下放游车，在井口人员配合下挂上水龙头提环，提离钻台面。指挥井口人员接方钻杆	检查螺纹	—	指挥吊车将方钻杆吊至大门，配合其他井口人员连接方钻杆	—	链钳	扶正水龙头与方钻杆对扣，用链钳固定方钻杆，配合井口人员转动水龙头连接方钻杆	—
接涡轮、试运转	钻机	用游车将涡轮吊至井口，下放方钻杆对扣。上、紧扣后，提涡轮至转盘内，刹车。开泵，停泵。观察涡轮是否运转	防涡轮倒转；气动绞车不准超载荷运行	猫头	用绷绳绷住涡轮尾部，缓慢送至井口，拉猫头绳上、紧扣	防方钻杆倒扣	旋绳吊钳	扶正涡轮入井，绕上扣旋绳，对扣后，扶上扣旋绳到位上扣，操作内钳紧扣。观察涡轮是否运转	—
接钻头	钻机	提出涡轮，连接钻头。在井口人员配合下，将涡轮放至待钻鼠洞位置	钻头螺纹按规定扭矩上紧	猫头	拉旋绳上扣，拉猫头绳紧扣。配合井口人员将涡轮拉至待钻鼠洞位置	防猫头绳缠乱	旋绳	扶正涡轮对扣，锁转盘止动销，绕上扣旋绳，上紧扣。配合井口人员将涡轮拉至待钻鼠洞位置	防猫头绳缠乱
钻鼠洞	钻机、钻井泵	开泵、均匀送钻，钻至预计深度，停泵。提出涡轮置于转盘面	防方钻杆倒钻	猫头	拉防倒转绳稳住涡轮	防涡轮倒转	防倒转绳	扶防倒转绳圈，调整防倒转绳圈高度	防止防倒转绳挤压手，防涡轮倒转
下鼠洞管	—	目视钻台及猫头，指挥下鼠洞管	—	猫头或气动绞车	吊鼠洞管至鼠洞，下入鼠洞管	—	—	扶正鼠洞管入鼠洞	下鼠洞管时退至安全位置

（续表）

作业程序	钻台各岗操作及配合								
	外钳工			井架工			场地工		
	操作设备工具	配合动作	安全注意事项	操作设备工具	配合动作	安全注意事项	操作设备工具	配合动作	安全注意事项
挂水龙头，接方钻杆	链钳	均匀涂上密封脂，扶正水龙头，用绳套托住水龙头保护接头，配合对扣，上扣	—	气动绞车	启动气动绞车，吊水龙头保护接头与方钻杆对扣，配合上扣	—	绳套	用钢丝绳套，拴住方钻杆，挂上吊车吊钩，指挥起吊	防钢丝绳套滑脱
接涡轮，试运转	吊钳	扶正涡轮入井，扶正方钻杆对扣。操作外钳紧扣，观察涡轮是否运转	—	—	准备防倒转绳	—	—	准备防倒转绳	—
接钻头	吊钳	操作吊钳紧扣，配合井口人员将涡轮推至待钻鼠洞位置	—	—	绕防倒转绳，配合井口人员将涡轮推至待钻鼠洞位置	—	—	协助绕防倒转绳。配合井口人员将涡轮推至待钻鼠洞位置	—
钻鼠洞	防倒转绳	扶防倒转绳圈，调整防倒转绳圈高度	防止防倒转绳挤压手，防涡轮倒转	—	拉防倒转绳稳住涡轮	不猛松防倒转绳	—	配合扶防倒转绳圈，调整绳圈高度	—
下鼠洞管	—	扶正鼠洞管入鼠洞	下鼠洞管时退至安全位置	—	扶正鼠洞管入鼠洞	下鼠洞管时退至安全位置	—	扶正鼠洞管入鼠洞	下鼠洞管时退至安全位置

32.3.2 石油钻井接钻头作业安全规程[8]

作业程序	钻台各岗操作及配合								
	司钻			副司钻			内钳工		
	操作设备工具	配合动作	安全注意事项	操作设备工具	配合动作	安全注意事项	操作设备工具	配合动作	安全注意事项
吊钻头装卸器入转盘	—	指挥井口人员起吊钻头装卸器	吊钩挂牢后发出起吊指令	—	面对起吊物、启动气绞车，将钻头装卸器吊入转盘	吊钩绳索未挂牢不起吊	绳套	用绳套或挂钩套住装卸器扶正，将其吊入转盘	防落物入井
吊钻头入装卸器	—	指挥井口人员起吊钻头	吊钩挂牢后发出起吊指令	—	吊钩挂上后，将钻头吊至井口，放入装卸器	平稳放入	—	戴上钻头提升护丝，钻头吊起后，扶正送至井口，放入装卸器	—
对扣上扣紧扣	钻机	提钻具至井口，缓慢下放对扣，目视井口及猫头操作	紧扣符合要求，防错扣	猫头	拉旋绳上扣，待扣好外钳，拉猫头绳紧扣	紧扣时外钳处于安全位置；防猫头绳缠乱	旋绳	扶正钻具对扣，关转盘止动销，绕旋绳，排列整齐，配合上扣	防旋绳压手
提钻头出装卸器	钻机	合低速离合器手柄，提钻头出转盘	防挂出钻头装卸器	气动绞车	启动气动绞车，将钻头装卸器吊离井口	—	—	扶正钻具，钻头提出转盘面后，开转盘止动销	防装卸器挂出伤人
钻头入井	钻机	平稳下放钻具，送钻头入井，下钻。钻铤立柱上端距井口 5cm 处减速，0.5m 处刹车	防钻头顿、碰井口	—	开立管阀门，关反循环阀门	开、关到位	卡瓦、安全卡瓦	扶正钻具入井，准备工具，司钻减速刹车后，与外钳工配合卡住卡瓦及安全卡瓦	安全卡瓦应卡牢，位置合适

（续表）

作业程序	钻台各岗操作及配合								
	外钳工			井架工			场地工		
	操作设备工具	配合动作	安全注意事项	操作设备工具	配合动作	安全注意事项	操作设备工具	配合动作	安全注意事项
吊钻头装卸器入转盘	—	用气动绞车吊钩挂上装卸器，扶住吊钩将其吊入转盘	防落物入井	—	上二层台，检查绳索、钩子及保险带，准备下钻	拴好保险带	—	—	—
吊钻头入装卸器	—	挂上吊钩，钻头吊起后，扶正送至井口，放入装卸器	—	—	—	—	—	—	—
对扣上扣紧扣	吊钳	涂密封脂，扶正钻铤对扣。协助内钳工绕旋绳。操作吊钳紧扣	操作外钳姿势正确	—	观察提升短节是否倒扣	发现倒扣、大绳打扭发出紧急信号	—	—	—
提钻头出装卸器	—	司钻提出钻头后，用气动绞车吊钩挂上装卸器	防装卸器挂出伤人	—	—	—	—	配合钻台操作	—
钻头入井	卡瓦、安全卡瓦	扶正钻具入井，与内钳工配合卡住卡瓦和安全卡瓦	盖好井口，卡瓦与安全卡瓦应卡牢	—	准备钻铤立柱	目视游车过指梁，防挂操作台	—	配合钻台操作	—

32.3.3 石油钻井下钻铤作业安全规程[8]

作业程序	钻台各岗操作及配合								
	司钻			副司钻			内钳工		
	操作设备工具	配合动作	安全注意事项	操作设备工具	配合动作	安全注意事项	操作设备工具	配合动作	安全注意事项
起空吊卡至二层台	钻机	卸掉提升短节后，将其起出，放至转盘面，目视滚筒及游车，起空吊卡至二层台	防滚筒钢丝绳缠乱，注意井架工的信号	旋绳、猫头绳	理顺旋绳及猫头绳	绳无断股、扭结	旋绳	提升短节起出后，将其推离井口，放至转盘面，绕上扣旋绳	检查钻铤螺纹及台肩有无损伤
提钻铤出钻杆盒，对扣	钻机	井架工扣好吊卡，发出提升信号后，提立柱至井口，缓慢下放对扣	起升高度应适宜，防止碰螺纹	猫头绳	待立柱提起，用猫头绳将其送至井口	—	—	送放钻铤立柱至井口，扶正钻铤对扣	防止立柱摆动
上扣紧扣	钻机	目视井口、猫头，观察上、紧扣	防止猫头绳缠乱	猫头	待旋绳扶到位，拉旋绳上扣，吊钳扣上推紧后，拉猫头绳紧扣	井口人员操作姿势不正确不拉；防止猫头绳缠乱	—	扶旋绳到位，配合副司钻上扣。扣上内钳，配合紧扣	扶旋绳扣吊钳姿势正确
卸安全卡瓦，上提钻铤	钻机	卸掉安全卡瓦后，上提钻具，配合内、外钳工取卡瓦	平稳操作；上提高度适宜	—	整理绳索	—	卡瓦、安全卡瓦	卸掉安全卡瓦，上提钻具时，配合外钳工提出卡瓦	防落物入井
下钻铤入井	钻机	下钻具入井。目视指重表及井口。至钻铤立柱第二单根入井后减速，钻铤接头端正面距转盘面0.5m处刹车。协助内、外钳工坐卡瓦	刹车高度适宜	—	准备操作猫头	—	卡瓦、安全卡瓦	配合外钳工卡钻铤卡瓦。在外钳工配合下卡牢安全卡瓦	卡瓦、安全卡瓦应卡牢，位置适宜

（续表）

作业程序	钻台各岗操作及配合								
	外钳工			井架工			场地工		
	操作设备工具	配合动作	安全注意事项	操作设备工具	配合动作	安全注意事项	操作设备工具	配合动作	安全注意事项
起空吊卡至二层台	吊卡	配合司钻将提升短节放至转盘面，涂上密封脂	密封脂涂均匀；防涂油刷落入钻具水眼内	信号棒	目视游车过二层台，发出停车信号	信号准确	—	协助井口操作	—
提钻铤出钻杆盒，对扣	—	送放钻铤立柱至井口，扶正钻铤对扣	不遮挡司钻视线	—	吊卡到位后，推出钻铤，拉吊环，扣上吊卡，发出提升信号。拉钻铤兜绳，配合对扣	锁吊卡保险锁，防钻铤立柱摆动	—	协助扶正钻铤对扣	—
上扣紧扣	—	扶旋绳到位，上扣。退绳后，扣外钳配合副司钻紧扣	扶旋绳扣吊钳姿势应正确	—	观察提升短节是否倒扣	发现倒扣大绳打扭，即时发出信号	—	—	—
卸安全卡瓦，上提钻铤	卡瓦、安全卡瓦	配合内钳工卸安全卡瓦，上提钻具时，提卡瓦出转盘	防落物入井	—	松开兜绳	—	—	—	—
下钻铤入井	卡瓦、安全卡瓦	准备钻铤卡瓦。刹车后，卡钻铤卡瓦。配合内钳工卡牢安全卡瓦	卡瓦、安全卡瓦应卡牢，位置适宜	—	目视游车过操作台，准备下一个立柱	—	—	协助井口操作	—

32.3.4 石油钻井下钻杆作业安全规程[8]

作业程序	钻台各岗操作及配合								
	司钻			副司钻			内钳工		
	操作设备工具	配合动作	安全注意事项	操作设备工具	配合动作	安全注意事项	操作设备工具	配合动作	安全注意事项
起空吊卡至二层台	钻机	合低速，提空吊卡离开井口；换高速，目视滚筒及游车，起空吊卡至二层平台	防吊卡挂钻杆接头；防游车碰挂指梁及操作台	—	—	—	旋绳、吊卡	配合司钻挂上空吊卡，扶住吊环，待空吊卡起过钻具接头，涂密封脂，绕旋绳	防油刷落入钻具水眼；防吊卡挂钻杆接头
提立柱至井口	钻机	井架工扣好吊卡发出起车信号后，提立柱至井口	平稳上提	—	准备绳索	—	—	扶送立柱至井口	防立柱摆动伤人
对扣上扣紧扣	钻机	缓慢下放立柱对扣，观察上、紧扣	防顿钻具接头；防错扣、磨扣	猫头	拉旋绳上扣，拉猫头绳紧扣	井口人员站立位置不当不拉；防猫头绳缠乱	吊钳、旋绳	扶正立柱对扣，扶旋绳到位上扣，扣内钳紧扣	扶肈绳扣大钳姿势正确，适时松旋绳
下钻杆立柱	钻机	提钻具离开井口吊卡，刹车。取出井口吊卡后，下钻。目视指重表、滚筒及井口，立柱上端距井口 3 ~ 5m 处时，逐渐减速、慢放	不猛提钻具，注意悬重的变化	—	整理绳索	—	吊卡	起钻具后，配合外钳工拉开吊卡	—
坐吊卡、取吊环，挂空吊卡	钻机	平稳待吊卡于转盘面，配合内、外钳工挂空吊卡	下放吊环位置适宜	—	准备操作猫头	—	吊环、吊卡	扶住吊环，吊卡至转盘面后，取出吊卡保险销。拉出吊环，挂空吊卡，插入保险锁	防吊卡挂钻杆台肩；动作协调

（续表）

作业程序	钻台各岗操作及配合								
	外钳工			井架工			场地工		
	操作设备工具	配合动作	安全注意事项	操作设备工具	配合动作	安全注意事项	操作设备工具	配合动作	安全注意事项
起空吊卡至二层台	吊环、吊卡	配合司钻挂空吊卡，扶住吊环起过钻具接头	防吊卡挂钻杆接头，穿好吊卡保险销	信号棒、兜绳	目视游车过二层台，发出停车信号，拉出钻杆立柱	防钻具立柱倒出；及时发出信号	—	替换内、外钳工操作	—
提立柱至井口	—	扶送立柱至井口	防立柱摆动伤人	—	松开钻杆兜绳，拉吊环、扣吊卡，发出起车信号	锁吊卡保险销	—	替换内、外钳工操作	—
对扣上扣紧扣	吊钳、旋绳	扶正立柱对扣、扶旋绳上扣后，操作外钳紧扣	扶旋绳、操作大钳姿势正确	—	拉兜绳配合对扣	—	—	替换内、外钳工操作	—
下钻杆立柱	吊卡	起钻具后，打开吊卡活门	防吊卡活门伤人	—	松立柱兜绳，目视游车过二层台	—	—	替换内、外钳工操作	—
坐吊卡、取吊环，挂空吊卡	吊环、吊钳	扶住吊环、吊卡至转盘面后，取出吊卡保险销。拉出吊环，挂空吊卡，插入保险销	防吊卡挂钻杆台肩；动作协调；不遮挡司钻视线	—	准备下一个钻杆立柱	—	—	替换内、外钳工操作	—

32.3.5 石油钻井接方钻杆作业安全规程[8]

作业程序	钻台各岗操作及配合								
	司钻			副司钻			内钳工		
	操作设备工具	配合动作	安全注意事项	操作设备工具	配合动作	安全注意事项	操作设备工具	配合动作	安全注意事项
取吊环	钻机	平稳坐吊卡于转盘面，待拉出吊环，将其提过钻杆接头，刹车	平稳起车	钻井泵	倒泵房阀组，准备钻进	阀组开关到位	吊卡	解下自身一侧吊卡保险销，拉出吊环	协调配合，用力一致
挂水龙头	钻机	待大钩对准水龙头提环，立即起车挂上水龙头	平稳起车	钻井泵	检查泵房阀组开关是否正常	—	吊环	拉吊环，使大钩对准水龙头提环	用力一致
提方钻杆出鼠洞、对扣	钻机	锁好大钩后，提方钻杆出鼠洞至井口。内、外钳工扶正方钻杆后，下放对扣	防游车、方钻杆摆动	—	—	—	旋绳	绕旋绳，扶正方钻杆对扣	—
上扣紧扣	钻机	目视井口、猫头，观察上、紧扣	防猫头绳缠乱	—	—	—	旋绳、吊钳	扶旋绳到位，配合上、紧扣	扶旋绳、扣吊钳姿势正确；防压伤手
上提钻具取吊卡	钻机	将钻具提离吊卡，刹车	—	钻井泵	—	—	吊环	配合外钳工拉开井口吊卡	—

（续表）

作业程序	钻台各岗操作及配合								
	外钳工			井架工			场地工		
	操作设备工具	配合动作	安全注意事项	操作设备工具	配合动作	安全注意事项	操作设备工具	配合动作	安全注意事项
取吊环	吊卡	解下自身一侧吊卡保险销，拉出吊环	协调配合，用力一致	游动滑车	待游车停稳，打开大钩，使开口对准水龙头提环，关住定位销	—	—	协助井口人员挂水龙头	—
挂水龙头	吊环	拉吊环，使大钩对准水龙头提环	用力一致	—	拉大钩对准水龙头提环	用力一致	吊环	协助井口人员挂水龙头	用力一致
提方钻杆出鼠洞、对扣	—	涂密封脂，扶正方钻杆对扣	不遮挡司钻视线	绳套	用绳套拉住方钻杆，缓慢送至井口	防碰方钻杆接头螺纹	—	拉绳套，慢送方钻杆至井口	防碰撞方钻杆螺纹
上扣紧扣	吊钳、悬绳	扶旋绳到位。扣外钳于立柱上，配合紧扣	扶旋绳、扣吊钳姿势正确；防压伤手	猫头、悬绳	拉旋绳上扣，拉猫头绳紧扣	—	—	检查振动筛，搅拌器开关	—
上提钻具取吊卡	吊卡	配合内钳工推开井口吊卡	—	—	—	—	—	准备启动振动筛及涡轮搅拌器	—

32.3.6 石油钻井接单根作业安全规程[8]

作业程序	钻台各岗操作及配合								
	司钻			副司钻			内钳工		
	操作设备工具	配合动作	安全注意事项	操作设备工具	配合动作	安全注意事项	操作设备工具	配合动作	安全注意事项
上提方钻杆	转盘、钻机	停止送钻，恢复悬重，停转盘。合低速，提出方钻杆，刹车。待扣好吊卡，平稳下放钻具，坐吊卡，停泵	注意悬重变化，防遇卡	—	准备绳索	—	吊卡	提出方补心，钻具接头出转盘面后，扣上吊卡	防落物入井
松扣卸扣	钻机	目视井口和猫头，松扣后，启动转盘卸扣	平稳启动转盘卸扣，复杂情况或取心应采用旋绳卸扣	猫头	吊钳扣好后，拉猫头绳松扣	防猫头绳缠乱；井口人员应处于安全位置	吊钳	操作内钳扣住方钻杆接头，配合松扣、卸扣	操作姿势位置正确
提方钻杆至小鼠洞对扣紧扣	钻机	将方钻杆提离井口至小鼠洞对扣，目视小鼠洞处及猫头，观察上、紧扣	防错扣；防猫头绳缠乱	猫头	拉旋绳平稳上扣。拉外钳猫头绳紧扣	防猫头绳缠乱；防错扣	吊钳	扶方钻杆至小鼠洞对扣，扣上内钳，协助上扣、紧扣	对扣时不遮挡司钻视线；紧扣时应处于安全位置
提单根至井口，对扣，上、紧扣	钻机	提单根至井口，平稳下放对扣，目视猫头及井口，观察上扣、紧扣	防碰撞钻杆螺纹，防错扣，防猫头绳缠乱	猫头	拉旋绳上扣，拉外钳猫头绳紧扣	防猫头绳缠乱	吊钳	方钻杆提至井口处，扶正对扣，扶旋绳到位上扣，操作内钳配合紧扣	扶旋绳，扣吊钳姿势正确
开泵，下放钻具	钻机	平稳提钻具离开井口吊卡、刹车。发出开泵信号，间歇合泵。目视立管压力表。当钻井液返出，压力正常后，增至规定泵压	防憋泵；注意悬重变化	—	理顺绳索	—	吊卡	钻具提离井口吊卡后，与外钳工配合拉开井口吊卡	—

(续表)

作业程序	钻台各岗操作及配合								
	外钳工			井架工			场地工		
	操作设备工具	配合动作	安全注意事项	操作设备工具	配合动作	安全注意事项	操作设备工具	配合动作	安全注意事项
上提方钻杆	吊卡	提出方补心。钻具接头出转盘面后，扣上吊卡	防落物入井	—	—	—	—	—	—
松扣卸扣	吊钳	操作外钳扣住方钻杆接头，松扣后，推开外钳	操作姿势、位置正确	—	—	—	—	—	—
提方钻杆至小鼠洞对扣紧扣	吊钳	将方钻杆拉至小鼠洞对扣，扶旋绳到位，配合上扣，扣外钳紧扣	紧扣时应处于安全位置	—	—	—	—	—	—
提单根至井口，对扣，上、紧扣	吊钳	用钻杆钩拉住单根，送至井口，扶正对扣。上扣后，扣外钳紧扣	操作吊钳姿势正确；防落物入井	—	—	—	—	—	—
开泵，下放钻具	吊卡	钻具提离井口吊卡后，打开吊卡活门，与内钳工配合推出井口吊卡	—	—	—	—	振动筛	启动振动筛除砂	防止跑失钻井液

32.3.7 石油钻井卸方钻杆作业安全规程[8]

作业程序	钻台各岗操作及配合								
	司钻			副司钻			内钳工		
	操作设备工具	配合动作	安全注意事项	操作设备工具	配合动作	安全注意事项	操作设备工具	配合动作	安全注意事项
提出方钻杆	钻机	停转盘，低速提出方钻杆，刹车。吊卡扣好后，平稳下放钻具、坐吊卡、停泵	转盘停稳方能上提钻具,防遇卡，悬重适宜	—	准备操作猫头	—	吊卡	上提方钻杆时，顺势提出方补心，将钻杆补心放入转盘。停车后，协助外钳工扣吊卡	防落物入井
松扣卸扣	钻机	目视猫头及井口，松扣后，平稳启动转盘卸扣	注意操作人员安全	猫头	井口操作人员吊钳扣好后，拉外钳猫头绳松扣	防外钳猫头绳缠乱；井口人员不安全不拉	吊钳	用内钳扣住方钻杆接头，推紧。配合松扣、卸扣	操作姿势正确
方钻入鼠洞	钻机	将方钻杆提离钻杆内螺纹接头。待方钻杆拉至大鼠洞对正后，缓慢放入，打开大钩后，下放游车退出水龙头提环	防吊环摆动伤人	猫头	待井口操作人员将方钻杆套上绳套后，拉猫头绳，将其拉至大鼠洞口，方钻杆放入后，松猫头绳	防猫头绳缠乱；猫头绳须穿过挡柱	—	将方钻杆栓上钢丝绳套，扶方钻杆对正大鼠洞	不能站于方钻杆移动的正反方向

（续表）

作业程序	钻台各岗操作及配合								
	外钳工			井架工			场地工		
	操作设备工具	配合动作	安全注意事项	操作设备工具	配合动作	安全注意事项	操作设备工具	配合动作	安全注意事项
提出方钻杆	吊卡	上提方钻杆时，顺势提出方补心。打开吊卡活门，正对井口钻杆。停车后，扣好吊卡	防落物入井	—	—	—	振动筛	停振动筛，停搅拌器	—
松扣卸扣	吊钳	用外钳扣住钻杆内螺纹接头，推紧。松扣后，推开外钳	操作姿势正确	—	上二层台准备工作	—	—	—	—
方钻入鼠洞	—	配合内钳工套好钢丝绳套，扶方钻杆对正大鼠洞，打开大钩，使游车退出水龙头提环	防绳断、方钻杆摆动伤人	—	检查二层台工具、绳索	—	—	—	—

32.3.8 石油钻井起钻杆作业安全规程[8]

作业程序	钻台各岗操作及配合								
	司钻			副司钻			内钳工		
	操作设备工具	配合动作	安全注意事项	操作设备工具	配合动作	安全注意事项	操作设备工具	配合动作	安全注意事项
挂井口吊卡	钻机	目视井口，下放游车，使吊环对准井口吊卡，配合内、外钳工挂上井口吊卡	不得使用转盘调整吊卡方向	阀门	关立管阀门，开反循环阀门，作灌注钻井液准备	阀门开关正确	吊卡、吊环	与外钳工配合推吊环挂空吊卡，插入保险销	用力一致
起钻杆立柱	钻机	提伸大钩弹簧，目视指重表，井口，起出立柱，刹车。待扣上吊卡，平稳下放立柱坐于吊卡上	防挂单吊环；每起出3～5柱将井内钻井液灌满	—	准备操作猫头	—	—	站立转盘一侧，目视井口，检查起出井内钻杆。刹车后，与外钳工配合扣井口吊卡	发现钻杆损坏，示意司钻停车检查
松扣卸扣	钻机	目视猫头及井口操作，立柱松扣后，间歇启动转盘卸扣	井下不正常或取心时不宜用转盘卸扣	猫头	吊卡扣好后，拉外钳猫头绳松扣	井口人员站立位置不合适不拉猫头绳	吊钳	操作内钳扣住立柱接头，推紧。配合松、卸扣	防碰伤手指；转盘卸扣时站立位置合适
提立柱入钻杆盒	钻机	提立柱出钻杆内螺纹，在内、外钳工配合下，平稳下放立柱入钻杆盒。当二层台吊卡离开母接头，刹车。观察井架工开吊卡	防游车压立柱，防立柱摆动伤人	—	整理绳索	—	—	推钻杆立柱，将其推入钻杆盒，排列整齐	头不能伸进立柱间
坐空吊卡于转盘面	钻机	平稳下放游车，调整吊卡方向，坐空吊卡于转盘面	操作平稳	—	整理绳索	—	吊环、吊卡	空吊卡下放至距井口接头2m处，双手拉吊环，空吊卡坐于转盘面后，取出保险销，拉出吊环	防吊卡碰钻杆接头

（续表）

作业程序	钻台各岗操作及配合								
	外钳工			井架工			场地工		
	操作设备工具	配合动作	安全注意事项	操作设备工具	配合动作	安全注意事项	操作设备工具	配合动作	安全注意事项
挂井口吊卡	吊环、吊卡	与内钳工配合推吊环挂空吊卡、插入保险销，打开大钩定位销	用力一致	—	带好保险带，系好手工具	—	—	—	—
起钻杆立柱	吊卡	打开吊卡活门，使开口对准井口钻杆，站立于转盘一侧，目视出井站杆。刹车后，扣上井口吊卡	发现钻杆损坏，示意司钻停车检查	钻杆兜绳，信号棒	待立柱起至二层台适当位置，绕好兜绳，发出停车信号	信号准确	—	替换井口操作	—
松扣卸扣	吊钳	操作外钳扣在钻具内螺纹接头，推紧。松扣后，打开外钳	防碰伤手指，待猫头绳松完后方能打开吊钳	—	—	—	—	替换井口操作	—
提立柱入钻杆盒	钻杆钩子	拉钻杆立柱进钻杆盒，排列整齐，按出井顺序编号	编号准确清楚；钻杆排列整齐；防立柱顿伤脚	兜绳	拉兜绳，使立柱靠近操作台，迅速固定兜绳，吊卡下行至合适位置，打开吊卡活门，拉立柱入指梁	防立柱倒出	—	替换井口操作	—
坐空吊卡于转盘面	吊环、吊卡	空吊卡下放至距井口接头2m处，双手推吊环，吊卡坐于转盘面后，取出保险销，推出吊环	防吊卡碰钻杆接头	信号棒	目视游车过二层台，推立柱进指梁，排整齐	防游车碰撞操作台	—	替换井口操作	—

32.3.9 石油钻井起钻铤作业安全规程[8]

作业程序	钻台各岗操作及配合								
	司钻			副司钻			内钳工		
	操作设备工具	配合动作	安全注意事项	操作设备工具	配合动作	安全注意事项	操作设备工具	配合动作	安全注意事项
接提升短节	钻机	放游车至井口、扣上提升短节，将其提起对扣	平稳提放提升短节	猫头	拉旋绳上扣，拉外钳猫头绳紧扣	提升短节扣，用吊钳上紧	绳套	配合吊提升短节至井口，扶正上扣	防落物入井
起钻铤立柱	钻机	缓慢上提，拉伸大钩弹簧，刹车。取出安全卡瓦后，起钻铤立柱至二层台，刹车	平稳起车	—	整理绳索	—	卡瓦、安全卡瓦	取出安全卡瓦，起车时配合外钳工取出钻铤卡瓦	防落物入井
坐卡瓦、卡安全卡瓦，卸扣	钻机转盘	配合井口人员坐卡瓦，待卡好安全卡瓦，立柱松扣后，间歇启动转盘卸扣	平稳起动转盘	猫头	拉外钳猫头绳松扣	绳索需穿过挡绳器	卡瓦、安全卡瓦及吊钳	在钻铤立柱上端距转盘面0.5m处，卡好卡瓦、安全卡瓦。操作内钳配合松扣、卸扣	防吊钳伤手，卸扣时不能站于旋转面内
提钻铤立柱入钻杆盒	钻机	提立钻铤立柱，在井口人员配合下，将钻铤立柱放入钻杆盒	平稳上提	猫头	拉钻铤立柱入钻杆盒	—	—	推钻铤立柱进钻杆盒	防挤压伤害
放空吊卡至井口	钻机	待井架工发出信号，刹车。目视二层台吊卡打开及立柱进指梁后，下放空吊卡至井口	防挂指梁	—	整理绳索	—	—	准备起钻工具	—

（续表）

作业程序	钻台各岗操作及配合								
	外钳工			井架工			场地工		
	操作设备工具	配合动作	安全注意事项	操作设备工具	配合动作	安全注意事项	操作设备工具	配合动作	安全注意事项
接提升短节	吊钳	配合吊提升短节，扶正上扣，操作外钳配合紧扣	防落物入井	—	—	系好保险带，防坠落	气(电)动绞车	启动气（电）动绞车，吊提升短节至井口对扣	—
起钻铤立柱	安全卡瓦、卡瓦	配合内钳工卸安全卡瓦，起车时取出钻铤卡瓦	防落物入井	信号棒、兜绳	发出停车信号，绕兜绳	信号准确	—	协助井口人员操作	—
坐卡瓦、卡安全卡瓦，卸扣	卡瓦、安全卡瓦及吊钳	在钻铤立柱上端距转盘面0.5m处，卡好钻铤卡瓦，配合卡好安全卡瓦，操作外钳松扣后，推开吊钳	防吊钳伤手，卸扣时不能站于旋转面内	兜绳	绕上兜绳	—	—	协助井口人员操作	—
提钻铤立柱入钻杆盒	—	用绳索套住钻铤立柱	防挤压伤害	—	井口人员拉钻铤立柱时，适时拉兜绳，使钻铤立柱靠近操作台	防坠落	—	协助井口人员操作	—
放空吊卡至井口	—	准备起钻工具	—	—	吊卡下行至适当位置，发出停车信号，打开吊卡，拉钻铤立柱进入指梁、捆牢。目视游车过二层台	防钻铤立柱倒出；防坠落	—	协助井口人员操作	—

32.3.10　石油钻井卸钻头作业安全规程[8]

作业程序	钻台各岗操作及配合								
	司钻			副司钻			内钳工		
	操作设备工具	配合动作	安全注意事项	操作设备工具	配合动作	安全注意事项	操作设备工具	配合动作	安全注意事项
吊钻头装卸器入转盘	钻机	指挥井口人员吊钻头装卸器	将井内钻井液灌满	—	准备绳索	—	—	用绳套套住装卸器提环，待外钳工将吊钩挂上绳套，扶住装卸器，将其吊入转盘内	防落物入井
钻头入装卸器	钻机	下放钻具，使钻头进入装卸器，刹车	防顿坏装卸器	—	—	—	—	扶正钻铤，钻头进入装卸器后，示意刹车，关转盘止动销	—
松扣卸扣	钻机	目视井口及猫头，松扣后，启动转盘卸扣	启动转盘平稳	猫头	拉内钳猫头绳松扣	注意井口人员位置是否安全	吊钳	扣内钳于钻铤上，推紧。松扣后，打开转盘止动销，配合司钻卸扣	卸扣时不能站于旋转面；转盘停稳方可松吊钳
吊出钻头	钻机	指挥井口人员吊钻头	—	气动绞车	待挂上吊钩后，启动气动绞车，吊出钻头	—	—	上钻头提升护丝，配合副司钻吊出钻头	—

（续表）

作业程序	钻台各岗操作及配合								
	外钳工			井架工			场地工		
	操作设备工具	配合动作	安全注意事项	操作设备工具	配合动作	安全注意事项	操作设备工具	配合动作	安全注意事项
吊钻头装卸器入转盘	—	用气动绞车吊钩挂上装卸器，手扶住吊钩，将钻头装卸器吊入转盘内	防落物	—	—	—	气动绞车	待井口人员挂上吊钩，启动气动绞车，将钻头装卸器吊入转盘内	—
钻头入装卸器	—	扶正钻铤，钻头进入装卸器后，示意刹车	—	—	—	—	—	—	—
松扣卸扣	—	—	—	—	—	—	—	—	—
吊出钻头	—	挂吊钩，配合副司钻吊出钻头	—	—	准备下钻立柱	—	—	—	—

32.3.11 石油钻井作业安全规程[8]

作业程序	钻台各岗操作及配合								
	司钻			副司钻			内钳工		
	操作设备工具	配合动作	安全注意事项	操作设备工具	配合动作	安全注意事项	操作设备工具	配合动作	安全注意事项
开泵	钻机、钻井泵	发出开泵信号，联系泵房，副司钻示意开泵后，间歇合泵，环空返出钻井液正常后，增至规定泵压	观察压力表，防止憋泵	钻井泵	发出泵组正常信号或手势	阀组开关不正确或高压阀处有人不发开泵信号	—	观察钻井液返出情况，发出信号	—
下方钻杆进转盘	钻机	目视指重表，压力表及井口，缓慢下放方钻杆至能卡住方补心处	防遇阻；防憋泵	钻井泵	检查泵组上水、润滑、冷却状况	若上水、润滑、冷却不良，通知司钻停泵	方补心	提方补心放入转盘，整理工具，冲洗钻台	防方补心挤、压伤手
钻进	钻机、转盘	启动转盘，目视指重表、泵压表，跑活牙轮，钻进，按规定参数均匀送钻	精力集中，不溜钻，不顿钻	钻井泵	检查泵组上水、润滑、冷却状况	若上水、润滑、冷却不良，通知司钻停泵	—	站至大门一侧，待钻杆吊上钻台，扶住钻杆，配合井架工将其放入小鼠洞	防钻杆坠落伤人

(续表)

作业程序	钻台各岗操作及配合								
	外钳工			井架工			场地工		
	操作设备工具	配合动作	安全注意事项	操作设备工具	配合动作	安全注意事项	操作设备工具	配合动作	安全注意事项
开泵	—	—	—	—	—	—	振动筛	启动振动筛	防钻井液跑失
下方钻杆进转盘	方补心	提方补心放入转盘，整理工具，冲洗钻台	防方补心挤、压伤手	—	整理冲洗钻台	—	振动筛	观察钻井液返出情况	—
钻进	吊卡	指挥井架工吊钻杆上钻台，卸掉护丝，扶正，放入小鼠洞，扣好吊卡	防钻杆坠落伤人；防钻杆在吊动过程中挂碰	气动绞车	操作气动绞车，吊钻杆入小鼠洞	气动绞车钢丝绳在井架内处于正常位置	振动筛	清洗单根螺纹，戴提升护丝及护丝，将其撬至井场跑道上	—

32.3.12 石油钻井下套、油管作业安全规程[8]

作业程序	钻台各岗操作及配合								
	司钻			副司钻			内钳工		
	操作设备工具	配合动作	安全注意事项	操作设备工具	配合动作	安全注意事项	操作设备工具	配合动作	安全注意事项
吊套、油管上钻台	钻机	目视大门及猫头，套管或油管吊至大门时，下放游车，配合内、外钳工扣吊卡	—	—	准备操作猫头	—	吊卡	游车下放时，扣上吊卡，指挥起吊	—
上提套、油管对扣	钻机	目视井口，上提套、油管单根至井口，下放对扣	—	—	整理绳索	—	—	绕上扣旋绳，套、油管至井口时，扶正对扣	—
引扣上扣紧扣	钻机	目视井口和猫头，指挥引扣、上扣、紧扣	—	猫头	井口人员引扣后，拉猫头绳上、紧扣	防猫头绳缠乱，不留余扣	管钳、链钳、吊钳	操作管钳或链钳引扣，扶旋绳到位、上扣，若是套管，应操作内钳配合紧扣	不留余扣
上提套、油管、取吊卡	钻机	合低速提起套、油管后，刹车	—	—	整理绳索	—	吊卡	套、油管提起后，打开井口吊卡活门，配合取出井口吊卡	不能遮挡司钻视线
下套、油管入井	钻机	目视指重表及井口，下套、油管入井，平稳坐于转盘面	阻止遇阻	—	准备猫头操作	—	吊卡	套、油管坐于转盘面后，取出吊环保险销，拉吊环挂空吊卡	—

（续表）

作业程序	钻台各岗操作及配合								
	外钳工			井架工			场地工		
	操作设备工具	配合动作	安全注意事项	操作设备工具	配合动作	安全注意事项	操作设备工具	配合动作	安全注意事项
吊套、油管上钻台	吊卡	游车下放时，配合扣上吊卡	—	气动绞车	启动气动绞车，吊套、油管至钻台大门处	防挂大门人字架	—	按入井顺序撬套、油管单根至跑道上，套绳套，挂牢吊钩，指挥起吊	
上提套、油管对扣	—	拉防摆绳，送套、油管至井口卸掉护丝，扶正对扣	护丝置于安全位置	—	配合扶正套、油管对扣	—	—	按入井顺序撬套、油管单根至跑道上，套绳套，挂牢吊钩，指挥起吊	
引扣上扣紧扣	管钳、链钳、吊钳	操作管钳或链钳引扣，扶旋绳到位，上扣，若是套管，应操作外钳配合紧扣	不留余扣	—	协助外钳工紧扣	—	—	按入井顺序撬套、油管单根至跑道上，套绳套，挂牢吊钩，指挥起吊	检查绳套是否符合安全要求，防套、油管滑脱
上提套、油管、取吊卡	吊卡	套、油管提起后，配合内钳工取出井口吊卡	不能遮挡司钻视线	—	准备套管扶正器，装于设计位置	—	—	按入井顺序撬套、油管单根至跑道上，套绳套，挂牢吊钩，指挥起吊	
下套、油管入井	—	套、油管坐于转盘面后，取出吊环保险销，推吊环挂空吊卡	—	—	—	—	—	按入井顺序撬套、油管单根至跑道上，套绳套，挂牢吊钩，指挥起吊	

32.3.13 石油钻井完井试油作业安全规程[8]

作业程序	钻台各岗操作及配合								
	司钻			副司钻			内钳工		
	操作设备工具	配合动作	安全注意事项	操作设备工具	配合动作	安全注意事项	操作设备工具	配合动作	安全注意事项
拆装井口	钻机	组织钻台人员拆装井口，起吊井口装置时，目视指挥人员手势、耳听信号、平稳上提或下放游车	看清指挥手势，判断信号准确	猫头	目视井口指挥人员手势，平稳操作猫头，用高悬猫头绳或绷绳吊、绷井口装置	看清指挥手势，判断信号准确	—	套好井口装置，发出信号、配合其他人员拆装井口	信号准确；起吊井口装置应拴牢
下油管	钻机	目视指重表、井口、大门，提油管单根至井口，连接好后下至预定位置	—	猫头	站于大门处，指挥提升或下放	—	管钳	扶正油管对扣、引扣、上扣、紧扣	—
装采油树	钻机	目视井口指挥人员手势，平稳起吊采油树至井口，缓慢下放就位	—	—	检查弯头、法兰及防喷管线固定情况	—	—	套好绳套，发出信号，采油树吊至井口后，扶正就位，平整固定采油树	—
替喷	钻机	替入清水或原油，顶出钻井液，替喷，组织人员检查连接处有无刺漏	—	—	检查井口及连接部位有无刺漏	—	—	开采油树针形阀排液、放喷	—

（续表）

作业程序	钻台各岗操作及配合								
	外钳工			井架工			场地工		
	操作设备工具	配合动作	安全注意事项	操作设备工具	配合动作	安全注意事项	操作设备工具	配合动作	安全注意事项
拆装井口	—	挂牢吊钩、发出信号、配合其他人员拆装井口	—	—	指挥起吊或下放井口装置，配合拆装井口	吊物下有人不能指挥起吊	—	清洗保养井口装置	—
下油管	管钳	卸护丝，扶正油管对扣、引扣、上扣、紧扣	—	气动绞车	吊油管单根上钻台	—	—	撬油管至跑道中部、拴好绳套。指挥起吊（每一次1～3根）	注意入井顺序
装采油树	—	将绳套挂上吊钩，采油树吊至井口后，平整固定采油树	—	猫头	目视井口指挥人员手势、绷住采油树缓慢送至井口	—	—	配合安装采油树	—
替喷	—	配合开关阀门	—	—	准备棉纱、竹竿、火种（喷出物为气体时点火）	—	—	—	—

32.3.14 钻井井控设备安装调试规程[8]

作业程序	钻台各岗操作及配合								
	司钻			副司钻			内钳工		
	操作设备工具	配合动作	安全注意事项	操作设备工具	配合动作	安全注意事项	操作设备工具	配合动作	安全注意事项
装钻进井口装置	钻机	组织全班人员组装钻进井口装置，目视井口指挥人员手势，平稳起吊井口装置到位	看清指挥手势，判断信号准确	猫头	目视指挥人员手势，用绷绳绷住井口装置，平稳送至井口	动作协调	—	套好井口装置，待井口装置吊至井口，扶正到位，配合其他人员安装井口	—
接井口装置控制管线	—	组织全班人员接液控管线	—	电动泵、气动泵	检查储能器油箱及氮气压力，清洗油泵上、排水滤子，起动电动泵、气动泵，试运转	—	—	配合接液控管线	—
接防喷管线	—	组织全班人员接液控管线，按规定固定牢	钢网到位、螺丝紧平、管线畅通	—	抬防喷管线就位，配合安装，按规定固定牢	—	—	抬防喷管线就位，配合安装，按规定固定牢	—
试压	钻机	目视井口、大门，吊钻杆单根至井口，接试压塞，放入井内座，关封井器，按规定试压	—	猫头	拉猫头，上紧试压塞。试压时检查井口	—	针形阀	扶正单根连接试压塞，配合紧扣，扶正下入井内，试压后，开针形阀泄压	—

（续表）

作业程序	钻台各岗操作及配合								
	外钳工			井架工			场地工		
	操作设备工具	配合动作	安全注意事项	操作设备工具	配合动作	安全注意事项	操作设备工具	配合动作	安全注意事项
装钻进井口装置	—	挂好吊物绳钩，发出信号，待井口装置吊至井口，扶正到位，配合其他人安装井口	—	—	指挥起吊，配合其他人员安装井口	吊物下有人不能起吊，手势正确	—	清洗保养井口装置，配合其他人员安装井口	—
接井口装置控制管线	—	配合接液控管线	—	—	配合接液控管线	—	—	配合接液控管线	—
接防喷管线	—	抬防喷管线就位，配合安装，按规定固定牢	—	—	抬防喷管线就位，配合安装，按规定固定牢	—	—	抬防喷管线就位，配合安装，按规定固定牢	—
试压	—	扶正单根连接试压塞，操作外钳紧扣，扶正下入井内	—	气动绞车	启动气动绞车吊单根入鼠洞，吊试压塞上钻台，试压时检查井口	—	—	戴好单根护丝，套好试压塞，挂上吊钩，指挥起吊	—

32.3.15 钻进溢流控制规程[8]

作业程序	钻台各岗操作及配合								
	司钻			副司钻			内钳工		
	操作设备工具	配合动作	安全注意事项	操作设备工具	配合动作	安全注意事项	操作设备工具	配合动作	安全注意事项
发出信号、提出方钻杆	钻机	长鸣汽笛，停转盘，停泵。目视指重表，起出方钻杆保护接头	动作迅速	远程控制台	迅速赶至远程控制台	检查储能器压力及电源	—	迅速上钻台，协助司钻关井。负责传达司钻指令	传达指令应清楚、准确
关封井器	封井器	面对司钻井控台，关封井器。若喷势大，关井顺序为：关多效能→关半封闸板→开多效能；一般溢流，只关半封闸板	关井正确	远程控制台	若钻台关井失灵，立即操作远程控制台关井	观察储能器、管汇压力表变化	—	通知井架工关节流阀，观察立管压力	—
收集资料汇报	封井器	组织人员检查封井器及法兰连接部位，向队长或技术干部汇报井喷情况	收集资料准确	—	检查井口装置及控制系统	—	专用扳手	必要时，用专用扳手关方钻杆下旋塞	—

（续表）

作业程序	钻台各岗操作及配合								
	外钳工			井架工			场地工		
	操作设备工具	配合动作	安全注意事项	操作设备工具	配合动作	安全注意事项	操作设备工具	配合动作	安全注意事项
发出信号、提出方钻杆	—	迅速到放喷阀门（1号、5号）处待令	—	节流阀	迅速赶到节流阀处，开节流阀2～3圈	—	—	立即截断电源。若在夜间，应关钻台、井架、机房及循环系统照明灯，开探照灯	—
关封井器	—	长期关井时，协助井架工关封井器手动锁紧装置	—	—	关节流阀，观察套压变化，长期关井时，按指令组织外钳工、内钳工关封井器手动锁紧装置	—	—	每10min记录一次立管压力和套管压力	—
收集资料汇报	—	准备开、关阀门	—	—	协助检查井口装置及井控阀门、连接法兰等	—	—	继续观察，记录立压、套压	—

32.3.16 起下钻杆溢流控制规程[8]

作业程序	钻台各岗操作及配合								
	司钻			副司钻			内钳工		
	操作设备工具	配合动作	安全注意事项	操作设备工具	配合动作	安全注意事项	操作设备工具	配合动作	安全注意事项
发出信号停止起下钻杆作业	钻机	鸣汽笛，发出长声信号。迅速下放钻具，坐吊卡于转盘面，指挥内、外钳工抢装回压阀	平稳坐吊卡，防顿钻	节流阀	赶至节流阀处，开节流阀2~3圈	阀门开关方向应正确	回压阀	配合外钳工抢装回压阀	回压阀应选择正确
关封井器、关井	司钻控制台	关封井器，若喷势大，关井顺序为：开液控阀→关多效能→关半封闸板→开多效能；一般溢流只关半封闸板	开关正确	远程控制台	赶至远程控制台，钻台操作失灵时，操作远程控制台关井	观察储能器、管汇压力表变化	—	通知井架工关节流阀，准备挂水龙头，观察立管压力	—
接方钻杆、收集资料、汇报	钻机	与井口人员配合，挂水龙头、接方钻杆。收集资料，向队长或技术干部汇报	收集资料准确	—	关井后，检查井口装置及井控系统	—	—	配合司钻挂水龙头，接方钻杆	防吊环伤人

（续表）

作业程序	钻台各岗操作及配合								
	外钳工			井架工			场地工		
	操作设备工具	配合动作	安全注意事项	操作设备工具	配合动作	安全注意事项	操作设备工具	配合动作	安全注意事项
发出信号停止起下钻杆作业	回压阀	配合内钳工抢装回压阀	回压阀选择正确	—	听见汽笛长鸣，迅速下二层台	游车上行不得下二层台	—	若夜间，迅速开探照灯，关井架、钻台、机泵房等处照明灯	—
关封井器、开关	—	拉开大钩定位销，旋转定位，拉开大钩，准备挂水龙头	—	—	关封井器后，缓慢关闭节流阀，关井。长期关井时，组织外钳工、场地工关手动锁紧装置	—	—	若井架工未到已关封井器时，关节流阀。每10min记录一次立、套管压力。长期关井时，协助井架工、外钳工关手动锁紧装置	—
接方钻杆、收集资料、汇报	—	配合司钻挂水龙头，接方钻杆	防吊环伤人	—	检查井口装置，控制阀门以内管线及法兰。随时准备开节流阀泄压	—	—	收集资料，每10min记录一次立、套管压力	—

32.3.17 起下钻铤溢流控制规程[8]

作业程序	钻台各岗操作及配合								
	司钻			副司钻			内钳工		
	操作设备工具	配合动作	安全注意事项	操作设备工具	配合动作	安全注意事项	操作设备工具	配合动作	安全注意事项
发出信号	钻机	鸣汽笛，发出长声信号，停止起下钻铤作业。抢接防喷钻杆及回压阀	—	回压阀	配合内、外钳工抢接防喷钻杆及回压阀	—	回压阀	配合司钻、副司钻、外钳工等抢接防喷钻杆及回压阀	配合协调、动作快、不慌乱
关封井器、关井	司钻控制台	提起钻具，坐吊卡于转盘面，刹车。关封井器闸板	—	远程控制台	下放钻具时，赶至远程控制台处，若钻台控制台失灵，立即操作远程控制台手柄关井	—	卡瓦、安全卡瓦	上提钻具时，提出钻铤卡瓦，卸掉安全卡瓦	—
接方钻杆、收集资料、汇报	钻机	组织钻台人员挂水龙头，接方钻杆。收集资料，向队长或技术干部汇报	—	—	检查井口装置，井口系统及连接部位	—	—	配合司钻、外钳工挂水龙头，接方钻杆，并保持钻台与各岗联系，观察立管压力，随时告诉场地工，根据需要关闭方钻杆下旋塞	联络应及时准确

（续表）

作业程序	钻台各岗操作及配合								
	外钳工			井架工			场地工		
	操作设备工具	配合动作	安全注意事项	操作设备工具	配合动作	安全注意事项	操作设备工具	配合动作	安全注意事项
发出信号	回压阀	配合司钻、副司钻、内钳工抢接防喷钻杆及回压阀	配合协调、动作快、不慌乱	节流阀	迅速下二层台，配合抢接防喷钻杆及回压阀	配合协调、动作快、不慌乱	—	若夜间，开探照灯，关井架、钻台、机泵房等处照明灯	—
关封井器、关井	卡瓦、安全卡瓦	上提钻具时，协助内钳工提出卡瓦，卸掉安全卡瓦	—	节流阀	开节流阀2～3圈，关封井器后，扳动节流阀手轮，关井	—	—	关井后，每10min记录一次立、套管压力	—
接方钻杆、收集资料、汇报	—	配合挂水龙头，接方钻杆。随即赶至1号、5号放喷阀门处待令。长期关井时，协助井架工关手动锁紧装置	—	—	协助检查井口装置及可控闸门以内管线。根据需要组织内钳、场地工关手动锁紧装置。需泄压时，开节流阀泄压	检查井口及可控闸门以内连接处有无刺漏	—	每10min记录一次立、套管压力。长期关井时，配合井架工关手动锁紧装置	—

32.3.18 空井溢流控制规程[8]

作业程序	钻台各岗操作及配合								
	司钻			副司钻			内钳工		
	操作设备工具	配合动作	安全注意事项	操作设备工具	配合动作	安全注意事项	操作设备工具	配合动作	安全注意事项
发出信号	钻机	长鸣汽笛，若需抢下钻具，负责操作刹把	—	—	立即赶至远程控制台。如抢下钻具时，负责操作猫头	—	—	传达司钻指令，若需抢下钻具时，负责内钳操作	—
关井	封井器	节流阀打开后，关封井器（其顺序为：关多效能→关全封闸板→开多效能）	注意开关顺序	远程控制台	若钻台关井失灵，操作远程台关井（其顺序为：关多效能→关全封闸板→开多效能）	注意开关顺序	—	随时将各岗情况向司钻汇报	—
汇报情况	—	迅速向队长或钻井技术干部报告溢流经过和关井情况	—	—	检查井口装置及井控系统	—	—	需长期关井时，关手动锁紧装置	—

（续表）

作业程序	钻台各岗操作及配合								
	外钳工			井架工			场地工		
	操作设备工具	配合动作	安全注意事项	操作设备工具	配合动作	安全注意事项	操作设备工具	配合动作	安全注意事项
发出信号	—	赶至1号、5号放喷阀门处，若需抢下钻具，负责外钳操作	—	节流阀	赶至节流阀处，开节流阀2~3圈	—	—	若夜间，开探照灯，关钻台、机泵房、井架等处电源	—
关井	—	在放喷阀门处待令	—	节流阀	全闭闸板关闭后，缓慢关节流阀	—	—	迅速赶至4号闸门处，每10min记录一次套压，并将压力变化情况告诉内钳工	—
汇报情况	—	需长期关井时，配合关手动锁紧装置	—	—	协助副司钻检查井口装置，可控阀门以内管线及法兰，关手动锁紧装置	—	—	需长期关井时，配合关手动锁紧装置	—

32.4 天然气开发安全

32.4.1 油气田生产的火灾危险性分类[1]

生产类别	火灾危险性的特征
甲	使用或产生下列物质的生产 1. 闪点<28℃的液体 2. 爆炸下限<10%（体积百分比）的气体
乙	使用或产生下列物质的生产 1. 28℃<闪点<60℃的液体 2. 爆炸下限>10%（体积百分比）的气体 3. 不属于甲类的化学易燃危险固体，能与空气形成爆炸性混合物的浮游状态粉尘
丙	使用或产生闪点>60℃的液体
丁	具有下列情况的生产 1. 对非燃烧物质进行加工，并在高温或在熔化状态下经常产生辐射热、火花或火焰的生产 2. 利用气体、液体、固体作为燃料或将气体、液体进行燃烧作其他用的各种生产
戊	常温下使用或加工非燃烧物质的生产

注：本表采用现行国家标准《建筑设计防火规范》规定的部分内容。

32. 4. 2 油气田内部埋地天然气集输管道与建（构）筑物的防火间距[1]

m

公称压力/MPa	管径/mm	100 人以上居民区、村镇、公共福利设施、工矿企业、重要水工建筑、物资仓库	非燃烧材料堆场、库房，建筑面积 $500m^2$ 以下的非居住建筑物	铁路	公路		与管线平行的 35kV 及以上架空电力线路和 I 级架空通信线路	与管线平行的 10kV 架空电力线路	与管线平行的非同沟埋地电缆、通信电缆和其他埋地管线（技术上可以同沟的除外）
					国家干线	矿区公路			
$PN<1.6$	$DN<200$ $200<DN<400$ $DN>400$	15 30 40	5	5	5	3	10	8	5
$1.6<PN<4.0$	$DN<200$ $200<DN<400$ $DN>400$	20 40 60	8	10	8	5	15	10	8
$PN>4.0$	$DN<200$ $200<DN<400$ $DN>400$	25 50 75	10	15	10	8	20	15	10

注：1. 天然气与凝析油混输管道可按天然气管道执行；液化石油气和天然气凝液管道均按天然气管道对待。

2. 当受线路走向或特殊条件的限制、防火间距无法满足时，天然气管道可埋设在矿区公路路肩内。当管道压力在 1. 6MPa 以下时，设计系数应取 0. 6；当压力在 1. 6MPa 以上时，设计系数应取 0. 5。

3. 当受环境条件限制，管道局部管段或埋在路肩内的局部管段与不同人数的居民区、村镇及公共福利设施、工矿企业、重要水工建（构）筑物、物资仓库（不包括易燃易爆仓库）的防火间距不能达到本表的规定要求时，可按照现行国家标准《输气管道工程设计规范》的规定采取降低设计系数，增加管线壁厚的措施。

32.4.3 油气田外部输气管道规范采取的地区等级划分标准[1]

居民（建筑物）密度指数	地区等级	居民（建筑物）密度指数	地区等级
≤15	一	≥100	三
<100	二	四层及以上楼房普遍集中、交通频繁、地下设施较多的地区	四

32.4.4 六种爆炸灾害的预防对策[1]

编号	爆炸类型	爆炸的预防对策
1	着火破坏型	（1）用惰性气体置换 （2）把混合气体控制在爆炸范围之外 （3）管理着火源 （4）防止产生过敏物质
2	泄漏着火型	（1）防止危险物质泄漏 （2）防止各类误操作 （3）安装检测泄漏物的报警仪 （4）管理着火源
3	自然起火型	（1）掌握物质自然发火性 （2）了解物质绝热特性 （3）严格控制温度 （4）分散、冷却、焚烧 （5）防止混触危险
4	反应失控型	（1）研究发热反应特性 （2）控制投料比例和速度，反应速度的测试管理 （3）确保冷却，搅拌，正常操作 （4）反应失控开始时的正确处理
5	热转移型	（1）作业台面的干燥 （2）阻止侵入水 （3）高温废物的处理 （4）加水和粉碎设备的设计 （5）深冷液化气体的处理
6	平衡破坏型	（1）保持容器强度 （2）防止因外荷载的破坏 （3）防止因火灾加热邻近贮罐 （4）防止反应失控内压上升

32.4.5 石油工程生产设施及装置爆炸危险区域级别及范围[1]

序号	生产设施/装置名称	爆炸危险区域级别	爆炸危险区域范围	备注
1	自喷井井口	2区	取样口、清蜡防喷管填料盒外0.9m以内的空间为2区，采油树中心沿地坪向外3m及垂直向上0.6m以内的空间为2区	爆炸危险区域范围图见《石油设施电器装置场所分类》(SY/T0025—95)例图
2	机械采油井井口	2区	取样口、清蜡防喷管填料盒外0.9m以内的空间为2区，采油树中心沿地坪向外3m及垂直向上0.6m以内的空间为2区	
3	采油生产井井口房	1区、2区	门外，窗外水平3m的空间为2区，室内为1区	
4	原油管道的管件（法兰、阀）及仪表	2区	法兰外沿地坪向外3m及垂直向上0.6m以内的空间为2区，高度超过0.6m时以法兰外0.9m以内的空间为2区	
5	原油过滤器、原油清管装置	1区、2区	快开盲板外0.9m以内的空间为1区，快开盲板外1.5m及壁外沿地坪向外3m及垂直向上0.6m以内的空间为2区	
6	排气阀、安全阀	2区	阀口外3m以内的空间为2区	
7	取样阀、排污阀	2区	阀口外0.9m以内的空间为2区	
8	油气工艺设备（分离器、塔、冷换设备）	2区	设备外壁及其附件以外3m以内的空间为2区	
9	原油泵	2区	泵壁外3m以内的空间为2区	
10	埋地污油罐	1区、2区	管口外、孔口外0.9m以内的空间为1区，管口外、孔口外1.5m及孔口外沿地坪向外3m及垂直向上0.6m以内的空间为2区	
11	地面卧式原油罐	1区、2区	孔口外3m、呼吸阀口外1.5m以内的空间为1区，孔口外5m、呼吸阀口外3m、罐壁外3m以内的空间为2区	
12	地面立式原油罐	1区、2区	孔口外3m、呼吸阀口外1.5m以内的空间为1区，孔口外5m、呼吸阀口外3m及罐壁外3m以内及防火堤内的空间为2区	
13	浮顶原油罐	1区、2区	浮顶上和罐内壁空间为1区，罐顶上3m、罐壁外3m以内及防火堤内空间为2区	
14	铁路槽车原油装卸栈桥	1区、2区	装卸口外3m以内空间为1区，装卸口外7.5m以内空间为2区	
15	汽车罐车原油灌装台	1区、2区	灌油口外3m以内空间为1区，灌油口外7.5m以内空间为2区	
16	汽车罐车原油卸油台	1区、2区	卸油口外3m以内空间为1区，卸油口外7.5m、罐车入孔口及卸油阀口外1.5m、卸油阀口沿地坪向外3m及垂直向上0.6m以内空间为2区	

（续表）

序号	生产设施装置名称	爆炸危险区域级别	爆炸危险区域范围	备注
17	通风良好[1]的原油计量标定间、计量间、阀组间[2]仪表间[3]污油泵房	2区	室内为2区，门、窗外水平3m及地坪向上至屋顶以内空间为2区	爆炸危险区域范围图见《石油设施电器装置场所分类》（SY/T0025—95）例图
18	通风良好的原油泵房	2区	室内为2区，泵工作压力等于或小于2.5MPa时，门窗外水平3m及地坪向上至屋顶以内空间为2区；泵工作压力大于2.5MPa时，门窗外沿地坪向外7.5m，垂直向上0.6m以内空间为2区	
19	通风良好的动力液泵检修房	2区	室内为2区	
20	敞开式油池、污油池、敞开式污水隔油池	1区、2区	池壁内空间为1区，池顶开敞面上，池壁外3m以内空间为2区	
21	封闭式的油气管沟	1区	管沟内气体空间为1区	
22	开敞式的油气管沟	2区	沟内气体空间及开敞面上1m、沟壁沿地坪向外3m及垂直向上0.6m以内空间为2区	
23	天然气生产井井口	2区	采气树中心外3m或角式节流阀和压力表外3m以内的空间为2区	
24	非开敞式的天然气生产井井口房	1区、2区	室内为1区，门外3m以内空间为2区	
25	半开敞的（四周有墙、无房顶）天然气生产井井口房	2区	墙内空间为2区，开敞面上3m（垂直和水平）至地坪以内空间为2区	
26	天然气管道的管件（法兰、阀）和仪表	2区	壁外3m至地坪以内的空间为2区	
27	天然气过滤器、清管装置	2区	壁外3m至地坪以内的空间为2区	
28	天然气安全泄放管	1区、2区	放空管口外1.5m以内的空间为1区，放空管口外3m以内的空间为2区	
29	集中设置的天然气加工装置及集输站场的分离器、溶剂罐、塔、冷换设备	2区	设备壁外及其附件（人孔、液面计、安全阀）以内的空间为2区	
30	天然气压缩机	2区	当压缩机工作压力等于或小于2.5MPa时，机壁外3m以内空间为2区；当压缩机工作压力大于2.5MPa时，机壁外7.5m以内的空间为2区	
31	天然气气柜	1区、2区	钟罩壁环形空间为1区，钟罩顶上3m以内及气柜壁外3m以内的空间为2区	
32	通风良好的天然气压缩机厂房	2区	压缩机工作压力等于或小于2.5MPa时，屋檐外3m以内的空间为2区，压缩机工作压力大于2.5MPa时，屋檐外7.5m以内的空间为2区	

（续表）

序号	生产设施装置名称	爆炸危险区域级别	爆炸危险区域范围	备注
33	通风良好的防冻剂（甲醇、二甘醇或乙二醇）注入泵房	2区	室内为2区，门窗外水平3m及地坪向上至屋顶以内空间为2区	爆炸危险区域范围图见《石油设施电器装置场所分类》（SY/T0025—95）例图
34	天然气加工装置的联合框架	2区	框架内为2区，框架以外3m（垂直和水平）以内的空间为2区	
35	通风良好的天然气流量计间、阀组间、仪表间③	2区	室内为2区，屋檐外3m（垂直和水平）以内的空间为2区	
36	液化石油气、轻油加工装置的分离器、容器、塔器、冷换设备	2区	设备壁外沿地坪水平方向15m，垂直向上3m以内的空间为2区，设备壁外水平方向7.5m、垂直向上3m以内的空间为2区，设备排气口以半径3m的空间为2区	
37	轻油泵、液化石油气泵	2区	泵壁外水平方向7.5m、垂直向上7.5m以内的空间为2区	
38	轻油罐、液化石油气罐	2区	罐壁外及其附件（安全阀、液面计）3m（垂直和水平）以内和防护堤内的空间为2区	
39	通风良好的轻油泵房、液化石油气泵房	2区	室内为2区，门、窗外水平7.5m及地坪向上至屋顶上3m以内的空间为2区	
40	通风良好的轻油流量计间、阀组间、仪表间③	2区	门、窗外水平3m及地坪向上至屋顶以内的空间为2区，室内为2区	
41	通风良好的液化石油气灌瓶间、液化石油气瓶库	2区	室内为2区，门、窗外水平7.5m及地坪向上至屋顶上3m以内的空间为2区，门、窗外沿地坪向外15m及垂直向上0.6m以内的空间为2区	
42	敞开的液化石油气灌瓶间（或灌瓶棚）、液化石油气瓶库（或灌棚）	2区	室内（或棚内）为2区，敞开面向外水平方向7.5m及地坪至屋顶（或棚顶）上3m以内的空间为2区	
43	液化石油气加工装置的联合框架	2区	框架以内的空间为2区，框架壁外7.5m、从地坪至框架顶上3m以内的空间为2区，排气口外3m的空间为2区	
44	用天然气隔氧的污水处理罐、水罐	1区、2区	罐上安全阀口外0.9m（垂直和水平）以内的空间为1区，安全阀口外2.4m（垂直和水平）以内空间为2区	
45	污泥浓缩池、回收水池、沉降池	1区、2区	池壁内气体空间为1区，池顶开敞面上1m、池壁外1m以内的空间为2区	
46	污水处理罐的罐前阀组间	2区	室内为2区	
47	水污油泵房	2区	室内为2区，门窗外水平3m及地坪向上至屋顶以内的空间为2区	

① 通风良好系指室内采用不同通风方式时应达到下列各条要求，表中各处均一样。
对原油计量间（阀组间、仪表间）、污油泵房、原油泵房、动力液泵检修房、含水污油泵房、防冻剂注入泵房、天然气流量计间（阀组间、仪表间）、轻油流量计间（阀组间、仪表间）室内要求采用自然通风，并按每分钟每平方米的地板面积不小于0.3m^3 的通风速率计算通风量。
对天然气压缩机房、轻油泵房、液化石油气泵房、液化石油气灌瓶间、液化石油气瓶、库、室内采用机械通风，并按每分钟每平方米的地板面积不小于0.5m^3 的通风速率计算通风量。
② 阀组间包括动力液分配间、脱水器操作间、缓冲罐操作间、清管球收发室。
③ 仪表间系指有可燃气体或易燃液体引入室内的仪表间。

32.4.6 爆炸性气体混合物的最大试验安全间隙（MESG）或最小点燃电流（MIC）分级[1]

级 别	最大试验安全间隙（MESG）/mm	最小点燃电流比（MICR）
I_A	≥0.9	>0.8
I_B	0.5<MESG<0.9	0.45≤MICR≤0.8
I_C	≤0.5	<0.45

注：1. 分级的级别应符合现行国家标准《爆炸性环境用防爆电气设备通用要求》。

2. 最小点燃电流比（MICR）为各种易燃物质按照它们最小点燃电流值与实验室的甲烷的最小电流值之比。

32.4.7 爆炸性气体环境灯具类防爆结构的选型[1]

电气设备	爆炸危险区域			
	1区		2区	
	隔爆型 d	增安型 e	隔爆型 d	增安型 e
固定式灯	○	×	○	○
移动式灯	△		○	
携带式电池灯	○		○	
指示灯类	○	×	○	○
镇流器	○	△	○	○

注：○为适用；△为慎用；×为不适用。

32.4.8 爆炸性气体环境信号、报警装置等电气设备防爆结构的选型[1]

电气设备	爆炸危险区域								
	0区	1区				2区			
	本质安全型 ia	本质安全型 ia，ib	隔爆型 d	正压型 p	增安型 e	本质安全型 ia	隔爆型 d	正压型 p	增安型 e
信号、报警装置	○	○	○	○	×	○	○	○	○
插接装置			○				○		
接线箱（盒）			○		△		○		○
电气测量表计			○	○	×		○	○	○

注：○为适用；△为慎用；×为不适用。

32.4.9 油气田消防站规模、消防车辆、通信设备配置[1]

消防站级		一级	二级	三级	加强消防站
车辆配备数/辆		6~7	4~5	3	8~9
消防车种类	重型泡沫消防车	√			√
	重型泡沫液灌车	√			√
	重型水罐消防车	√			√
	泡沫干粉联用消防车		√		
	高举喷射消防车	√			√
	登高平台消防车				√
	中型泡沫消防车		√	√	

（续表）

消防站级		一级		二级		三级		加强消防站	
消防车种类	中型干粉消防车	√		√		√		√	
	中型水罐消防车			√		√			
	泵浦消防车	√							
	火场照明车							√	
	轻型消防通信指挥车	√		√				√	
有线通信设备	火警受理台（调度机）/台	√	1					√	1
	火警专用电话	√	1	√	1	√	1	√	1
	普通电话	√	2	√	2	√	1	√	3
无线通信设备	基地台	√	1	√	1	√	1	√	1
	车载台	√	1	√	1	√	1	√	1
	对讲机（便携、袖珍）	√	每车一对	√	每车一对	√	每车一对	√	每车一对

注：表中“√”表示可选配的设备。

32.4.10 油气田消防冷却水供给强度和连续供给时间[1]

冷却形式	冷却强度/($L\cdot min^{-1}\cdot m^{-2}$)				连续供给时间/h		
	着火罐		相邻罐		固定顶罐		浮顶罐
					储罐直径/m		
	固定顶罐	浮顶罐	罐壁无保温	罐壁有保温	>20	<20	
固定式	2.5	2.0	1.5	1.0	6	4	4
半固定式或移动式	3.0	2.0	2.0	1.0			

32.4.11 泡沫管枪数量、供给泡沫时间、混合液量[1]

规范类别	保护储罐最大直径/m	最少泡沫管枪数/支	连续供泡沫时间/min	所需泡沫混合液量/L
NFPA11—1983	<19.5	1（每支189L/min）	10	1890
	19.5~36	2（每支189L/min）	20	7500
	>36	3（每支189L/min）	30	17010
ISO/DIS7076—1990	<10	1（每支200L/min）	10	2000
	10~20	1（每支200L/min）	10	2000
	20~30	2（每支200L/min）	20	8000
	30~40	2（每支200L/min）	30	12000
	>40	3（每支200L/min）	30	18000
《建筑设计防火规范》	<15	2（每支480L/min）	30	28800
	15~25	3（每支480L/min）	30	43200
	>25	4（每支480L/min）	30	57600
《低倍数泡沫灭火系统设计规范》（GB 50151—1992）	<23	1（每支480L/min）	10	4800
	23~33	2（每支480L/min）	20	19200
	>33	3（每支480L/min）	30	43200

32.4.12 火灾种类和灭火器的选型规定[1]

火灾种类	各类火灾的指定物质	各类火灾燃烧的物质举例	应选用的灭火器类型
A类	含碳固体可燃物	木材、棉、毛、麻、纸张等	水型泡沫、磷酸铵盐干粉、卤代烷型
B类	甲、乙、丙类液体	汽油、煤油、柴油、甲醇、乙醚等	干粉、泡沫（但极性溶剂B类火灾禁用）、卤代烷、二氧化碳型
C类	可燃气体	煤气、天然气、甲烷、丙烷、乙炔、氢气等	干粉、卤代烷、二氧化碳型
D类	可燃金属	钾、钠、锆、锂、镁、铝镁合金等	由设计单位和当地公安消防监督部门协商解决
带电火灾	带电物体		磷酸铵盐干粉、卤代烷型

32.4.13 扑救非水溶性的甲、乙、丙类液体火灾泡沫混合液供给强度和连续供给时间[1]

液体类别	供给强度/$(L\cdot min^{-1}\cdot m^{-2})$		连续供给时间/min
	固定式、半固定式	移动式	
甲、乙类	6.0	8.0	40
丙类	6.0	8.0	30

32.4.14 扑救水溶性的甲、乙、丙类液体火灾泡沫混合液供给强度和连续供给时间[1]

液体类别	供给强度/$(L\cdot min^{-1}\cdot m^{-2})$ 固定式、半固定式	连续供给时间/min
丙酮、丁醇	12	30
甲醇、乙醇、丁酮、丙烯腈、醋酸乙酯	12	25

注：本表未列出的水溶性液体，其泡沫混合液供给强度和连续供给时间由试验确定。

32.4.15 外浮顶储罐泡沫混合液供给强度、泡沫产生器保护周长和连续供给时间[1]

泡沫产生器		供给强度/$(L\cdot min^{-1}\cdot m^{-2})$	保护周长/m	连续供给时间/min
型号	混合液流量/$(L\cdot min^{-1})$			
PC_4	240	12.5	18	30
PC_8	480	12.5	36	30

32.5 石油天然气储运安全

32.5.1 储气罐或罐区与建筑物、储罐、堆场的防火间距[2]

m

名称	总容积/m^3			
	≤1000	1001~10000	10001~50000	>50000
明火或散发火花的地点，民用建筑，甲、乙、丙类液体储罐，易燃材料堆场、甲类物品库房	25	30	35	40

（续表） m

名称			总容积/m³			
			≤1000	1001~10000	10001~50000	>50000
其他建筑	耐火等级	一、二级	12	15	20	25
		三级	15	20	25	30
		四级	20	25	30	35

注：1. 固定容积的可燃气体储罐与建筑物、堆场的防火间距应按本表的规定执行。总容积按其水容量（m^3）和工作压力（绝对压力，$1kgf/cm^2=9.8\times10^4Pa$）的乘积计算。

2. 干式可燃气体储罐与建筑物、堆场的防火间距应按本表增加25%。

3. 容积不超过$20m^3$的可燃气体储罐与所属厂房的防火间距不限。

32.5.2 储存物品的火灾危险性分类[2]

储存物品类别	火灾危险性的特征
甲	1. 闪点<28℃的液体 2. 爆炸下限<10%的气体，以及受到水或空气中水蒸气的作用，能产生爆炸下限<10%气体的固体物质 3. 常温下能自行分解或在空气中氧化即能导致迅速自燃或爆炸的物质 4. 常温下受到水或空气中水蒸气的作用能产生可燃气体并引起燃烧或爆炸的物质 5. 遇酸、受热、撞击、摩擦以及遇有机物或硫黄等易燃的无机物，极易引起燃烧或爆炸的强氧化剂 6. 受撞击、摩擦或与氧化剂、有机物接触时能引起燃烧或爆炸的物质
乙	1. 28℃≤闪点<60℃的液体 2. 爆炸下限≥10%的气体 3. 不属于甲类的氧化剂 4. 不属于甲类的化学易燃危险固体 5. 助燃气体 6. 常温下与空气接触能缓慢氧化，积热不散引起自燃的物品
丙	1. 闪点≥60℃的液体 2. 可燃固体
丁	难燃烧物品
戊	非燃烧物品

注：难燃物品、非燃物品的可燃包装重量超过物品本身重量1/4时，其火灾危险性应为丙类。

32.5.3 液体储罐成组布置的限量[2]

储罐名称	单罐最大储量/m³	一级最大储量/m³
甲、乙类液体	200	1000
丙类液体	500	3000

32.5.4 湿式氧气储罐或罐区与建筑物、储罐、堆场的防火间距[2]

m

名称			总容积/m³		
			≤1000	1001~50000	>50000
民用建筑，甲、乙、丙类液体储罐，易燃材料堆场，甲类物品库房			25	30	35
其他建筑	耐火等级	一、二级	10	12	14
		三级	12	14	16
		四级	14	16	18

32.5.5 储罐、堆场与建筑物的防火间距[2]

m

名　称	一个罐区或堆场的总储量/m^3	耐火等级		
		一、二级	三级	四级
甲、乙类液体	1~50	12	15	20
	51~200	15	20	25
	201~1000	20	25	30
	1001~5000	25	30	40
丙类液体	5~250	12	15	20
	251~1000	15	20	25
	1001~5000	20	25	30
	5001~25000	25	30	40

注：1. 防火间距应从建筑物最近的储罐外壁、堆垛外缘算起。但储罐防火堤外侧基脚线至建筑物的距离不应小于10m。

2. 甲、乙、丙类液体的固定顶储罐区、半露天堆场和乙、丙类液体堆场与甲类厂（库）房以及民用建筑的防火间距，应按本表的规定增加25%。但甲、乙类液体储罐区、半露天堆场和乙、丙类液体堆场与上述建筑物的防火间距不应小于25m，与明火或散发火花地点的防火间距，应按本表四级建筑的规定增加25%。

3. 浮顶储罐或闪点大于120℃的液体储罐与建筑物的防火间距，可按本表的规定减少25%。

4. 一个单位如有几个储罐区时，储罐区之间的防火间距不应小于本表相应储量储罐与四级建筑的较大值。

5. 石油库的储罐与建筑物、构筑物的防火间距可按《石油库设计规范》的有关规定执行。

32.5.6 罐组内相邻可燃液体地上储罐的防火间距[2]

液体类别	固定顶罐		浮顶罐、内浮顶罐	卧　罐
	≤1000m^3	>1000m^3		
甲$_B$、乙类	$0.6D$（固定式消防冷却） $0.75D$（移动式消防冷却）	$0.6D$	$0.4D$	0.8m
丙$_A$类	$0.4D$，但不宜大于15m		—	
丙$_B$类	2m	5m	—	

注：1. 表中D为相邻较大罐的直径，单罐容积大于1000m^3的储罐取直径或高度的较大值。

2. 储存不同类别液体的或不同型式的相邻储罐的防火间距，应采用本表规定的较大值。

3. 高架罐的防火间距，不应小于0.6m。

4. 现有浅盘式内浮顶罐的防火间距同固定顶罐。

32.5.7 储罐组内储罐之间的防火间距[2]

介质类别	全压力式储罐		全冷冻式储罐
	球罐	卧　罐	
天然气凝液或液化石油气	$1.0D$	$1.0D$且不宜大于1.5m。 两排卧罐的间距，不应小于3m	
液化石油气			$0.5D$

注：1. D为相邻较大罐直径。

2. 不同型式储罐之间的防火距离，应采用较大值。

32.5.8　装置储罐与装置的防火间距[2]

m

储罐类别 装置类别	液化烃	可燃液体		可燃气体
	甲$_A$	甲$_B$、乙	丙	甲、乙
甲	30	25	20	15
乙	25	20	15	
丙	20	15	15	

32.5.9　液体装卸鹤管与建筑物的防火间距[2]

m

名　　称	建筑物的耐火等级		
	一、二级	三　级	四　级
甲、乙类液体装卸鹤管	14	16	18
丙类液体装卸鹤管	10	12	14

32.5.10　埋地集输管道与架空输电线路安全距离[2]

名　　称	3kV 以下	3～10kV	35～66kV	110kV	220kV
开阔地区	最高杆（塔）高				
路径受限制地区/m	1.5	2.0	4.0	4.0	5.0

注：1. 表中距离为边导线至管道任何部分的水平距离。
2. 对路径受限制地区的最小水平距离的要求，应计及架空电力线路导线的最大风偏。

32.5.11　鹤管与相邻生产设施之间的防火距离[2]

m

生产设施	装卸油泵房	生产厂房及密闭工艺设备		
		液化石油气	甲$_B$、乙类	丙　类
甲$_B$、乙类油品装卸鹤管	8	25	15	10

32.5.12　有关规范规定的防火间距[2]

m

项　　目	规范名称			
	气田设计防火规定	炼油设计防火规定（炼油篇）	炼油设计防火规定（石油化工篇）	德国规范 DVGW G430 1964
明火或散发火花的地点	40	35	25	非本企业建筑、住宅为25
易燃、可燃液体贮罐	容积≤1000m^3 时，为20 容积100～5000m^3 时为25	顶距为15 固定顶距为20	顶距为15 固定顶距为20	距木材仓库和其他可能突然发生火灾的易燃品仓库为50

（续表）　　m

项目	规范名称			
	气田设计防火规定	炼油设计防火规定（炼油篇）	炼油设计防火规定（石油化工篇）	德国规范 DVGW G430 1964
液化石油气贮罐	容积 ≤ 200m³ 时，为30 容积 201 ~ 500m³ 时，为35	相邻较大距的半径	40	
压缩机室	4	35	30	
全厂性重要设施	40	35	30	
备注	当贮罐容积 ≤ 10000m³ 时，减 25%；当贮罐容积 > 50000m³ 时加 25%		当贮罐容积 ≤ 10000m³ 时减 25%；当贮罐容积 > 50000m³ 时，加 25%	与本企业建筑物的距离应考虑施工运行的需要自行确定

32.5.13 地上和半地下 LNG 储罐从拦蓄区到建筑物和用地线的距离[2]

储罐水容量		从拦蓄区或储罐排水系统边缘到建筑物和用地线的最小距离		储罐间的最小距离	
m³	gal	m	ft	m	ft
3.8 ~ 7.6	1000 ~ 2000	4.6	15	1.5	5
7.6 ~ 56.8	2001 ~ 15000	7.6	25	1.5	5
56.8 ~ 114	15001 ~ 30000	15	50	1.5	5
114 ~ 265	30001 ~ 70000	23	75	相邻罐径之和的 1/4 [至少 1.5m（5ft）]	
> 265	> 70000	0.7 倍罐径，至少 30m（100ft）			

32.5.14 甲、乙类液体常压储罐之间的防火间距[1]

储罐形式	间距
固定顶储罐	0.6D
浮顶储罐	0.4D

注：1. 表中 D 为相邻储罐中较大储罐的直径，当计算出的防火间距大于 20m 时，可按 20m 确定。

2. 单罐容量小于或等于 200m³，且总容量不大于 1000m³ 时，储罐防火间距可根据生产操作要求确定。

32.5.15 液化气灌装站内储罐与有关设施的间距[1]

m

设施名称	单罐容量/m³				
	< 50	< 100	< 400	< 1000	> 1000
压缩机房、灌瓶间、倒残液间	20	25	30	40	50
汽车槽车装卸接头	20	25	30	30	35
仪表控制间、10kV 及以下变配电间	20	25	30	40	45

注：液化石油气储罐与其泵房的防火间距不应小于 15m，露天及半露天设置的泵不受此限制。

32.5.16 桶装油料的安全容量[1]

m³

油　名	夏、秋季	春、冬季
车用汽油	138	140
工业汽油	140	142
120 号溶剂汽油	136	138
200 号溶剂汽油	140	142
煤油	158	158
0 号轻柴油	160	160
-10 号轻柴油	162	162
重柴油	175	175
农用柴油	175	175
润滑油	170	170

32.5.17 酸、碱及液氨的储存天数[1]

介质名称	运输方式	储存天数/d
酸、碱	铁路运输	15~25
	水　运	20~30
	公路运输	10~15
液　氨	管线输送	7~10
	铁路运输	10~20
	公路运输	10~15

注：储罐容量尚应满足一次装（卸）量的要求。

32.5.18 油气厂、站、库分级[1]

等　级	储存总容量/m³	
	原油储罐	液化石油气、天然气凝液储罐
一	>50000	>5000
二	10001~50000	2501~5000
三	2501~10000	1001~2500
四	201~2500	201~1000
五	<200	<200

32.5.19 石油和天然气工程设计防火规范名词解释[1]

名　词	解　释
明火地点	室内外有外露火焰或赤热表面的固定地点
散发火花地点	有飞火的烟囱或室外砂轮、电焊、气焊（割）、非防爆的电气开关等固定地点
主要道路	站场内主要出入口道路

（续表）

名词	解释
次要道路	站场内各区、装卸油场、仓库之间的道路
站场	油气生产站场的简称。包括油气生产过程中的各种“站”和“场”，如油气井场、计量站、接转站、集气站、配气站、压气站、集中处理站、火车与汽车装卸油场等
集中控制室	系指一、二、三、四级油气厂、站、库和联合装置的中心仪表控制室
仪表控制间	系指五级油气站场和装置的仪表控制间或联合装置的分散在各单体（装置）仪表控制间
储罐组	用同一个防火堤围起来的一组储罐
储罐区	由一个或若干个储罐组构成的区域
固定式消防冷却给水系统	由消防水池（罐）、消防水泵、消防给水管网及储罐上设置的固定冷却水喷淋装置组成的消防冷却给水系统
半固定式消防冷却给水系统	储罐区设置消防给水管网和消火栓；火灾时由消防车或消防泵加压，通过水龙带、水枪对储罐进行冷却
移动式消防冷却给水系统	储罐区不设消防冷却给水设施；火灾时消防车由其他水源取水，通过水龙带、水枪对储罐进行冷却
固定式泡沫灭火系统	由泡沫液罐、泡沫消防泵、比例混合器、泡沫混合液管道及储罐上设置的固定空气泡沫产生器组成的泡沫灭火系统
半固定式泡沫灭火系统	储罐上设置固定的空气泡沫产生器；灭火时由泡沫消防车或机动泵通过水龙带供给泡沫混合液的泡沫灭火系统
移动式泡沫灭火系统	灭火时由泡沫消防车通过水龙带，由移动式泡沫产生装置向油罐供应泡沫的灭火系统

32.5.20 液化石油气贮罐之间的防火间距[1]

名称	地上球形罐	地上卧罐	半地下及地下卧罐
液化碳三、碳四	0.5D	D	0.5D
液化乙烯	D	D	0.5D

注：1. D为两相邻贮罐中较大罐的直径（m）；

2. 地上卧式贮罐成排布置时，排与排之间的防火间距，不应小于其中最长卧罐长度之半，且不小于6m。

32.5.21 可燃气体贮罐之间防火间距[1]

名称	防火间距
固定容积贮罐	0.65D
水槽式贮罐	0.5D

注：1. D为两相邻贮罐中较大罐的直径（m）；

2. 不同形式贮罐之间的防火间距，应按较大者确定。

32.5.22 油罐之间的防火距离[1]

<table>
<tr><th colspan="2" rowspan="2">油品类别</th><th colspan="3">固定顶油罐</th><th rowspan="2">浮顶油罐内浮顶油罐</th><th rowspan="2">卧式油罐</th></tr>
<tr><th>地上式</th><th>半地下式</th><th>地下式</th></tr>
<tr><td colspan="2" rowspan="2">甲、乙类</td><td>1000m^3 以上的罐：0.6D 且不宜大于20m</td><td rowspan="2">0.5D
且不宜大于
20m</td><td rowspan="2">0.4D
且不宜大于
15m</td><td rowspan="2">0.4D
且不宜大于
20m</td><td rowspan="4">0.8m</td></tr>
<tr><td>1000m^3 及以下的罐，当消防采用固定冷却方式时：0.6D
采用移动冷却方式时：0.75D</td></tr>
<tr><td rowspan="2">丙类</td><td>A</td><td>0.4D 且不宜大于15m</td><td colspan="2" rowspan="2">不限</td><td rowspan="2">—</td></tr>
<tr><td>B</td><td>大于1000m^3 的罐：5m
不大于1000m^3 的罐：2m</td></tr>
</table>

注：1. 表中D为相邻油罐中较大油罐的直径。对于矩形油罐，D为长宽两边之和的一半。

2. 储存不同油品的油罐、不同型式的油罐之间的防火距离，应采用较大值。

3. 高架罐的间距，不应小于0.6m。

32.5.23 厂区、氧气站及车间架空氧气管道与其他架空管线之间的最小净距[1]

序号	管线名称	水平净距/m	交叉净距/m
1	给水管、排水管	0.25	0.1
2	热力管	0.25	0.1
3	不燃气体管	0.25	0.1
4	煤气管、燃油管	0.5	0.25
5	滑触线	1.5	0.5
6	裸导线	1.0	0.5
7	绝缘导线和电缆	0.5	0.3
8	穿有导线的电线管	0.5	0.1
9	插接式母线、悬挂式干线	1.5	0.5
10	非防爆型开关、插座、配电箱等	1.5	1.5

注：1. 氧气管道与同一使用目的的燃气管道平行敷设时，其最小水平净距，可减少到0.25m。

2. 电气设备与氧气的引出口，不能满足上述距离时，允许二者安装在同一柱子的相对侧面，如为空腹柱子时，应在柱子上装设非燃烧体隔板，局部隔开。

32.5.24 火场供水战斗车数[3]

辆

装置名称	中型装置	大型装置
炼油厂露天生产装置	8	10
石油化工厂露天生产装置	9	12
合成氨、氯碱、联碱装置	6	8

32.5.25 火场供水战斗车总数[3]

油罐容量/t	着火罐灭火用车/辆	着火罐冷却用车/辆	邻近罐冷却用车/辆	流散液体火焰用车/辆	机动备用/辆	总数/辆
≤1000	2	2	1	1	1	7
2000	2	3	1.5	2	1	9.5
3000	3	3	1.5	2	1	9.5
5000	5	4	2	2	1	14

注：此表内的数值，是按一个最近的油罐起火，且罐区内各油罐的直径均相同时，所估算的火场供水战斗车辆的总数。若罐区内油罐的直径不相同，则应按不同直径（容量）的油罐进行估算。

32.5.26 贮罐与一般民用建筑、重要的公共建筑或道路之间的防火间距[1]

m

名　称	总　容　积/m^3	
	<10	10~30
一般民用建筑	12	18
重要的公共建筑	25	25
道　路	10	10

32.5.27 汽车库与易燃、可燃液体、气体贮罐的防火间距[1]

m

总贮量/m^3		停车库、修车库耐火等级		停车场
		一、二级	三　级	
易燃液体贮罐	1~50	12	15	12
	51~200	15	20	12
	201~1000	20	25	20
	1001~5000	25	30	25
可燃液体贮罐	5~250	12	15	12
	251~1000	15	20	15
	1001~5000	20	25	20
	5001~25000	25	30	25
水槽式可燃气体贮罐	<500	12	15	12
	501~10000	15	20	15
	>10000	20	25	20
燃化石油气贮罐	1~31	18	20	18
	31~200	20	25	20
	201~500	25	30	25
	>500	30	40	30

注：1. 防火间距应从距建筑物最近的贮罐外壁算起，但设有防火堤的贮罐，其防火堤外侧基脚线距建筑物的距离不应小于10m。

2. 小于1m^3 的易燃液体贮罐或5m^3 的可燃液体贮罐可贴邻停车库、修车库设置，但应用防火墙隔开。

3. 计算一个易燃、可燃液体贮罐区的总贮量时，1m^3 的易燃液体按5m^3 的可燃液体折算。

4. 汽车库与加油站的防火间距，应按现行《建筑设计防火规范》的有关规定执行。

32.5.28 用气设备燃烧器的煤气额定压力[1]

燃烧器种类	煤气种类		
	人工煤气或液化石油气混合气	天然气	液化石油气
低压燃烧器（mmH_2O）	80 或 100	200 或 250	300 或 500
中压引射式燃烧器（kg/cm^2）	0.3	0.5	1.0

32.5.29 乙炔瓶库与其他建筑物的防火间距[1]

乙炔实瓶贮量/个	其他建筑耐火等级			民用建筑，屋外变、配电站
	一、二级	三级	四级	
<1500	12	15	20	25
>1500	15	20	25	30

32.5.30 石油库的等级划分[1]

等级	总容量/m^3	等级	总容量/m^3
一级	≥50000	三级	2500~10000 以下
二级	10000~50000 以下	四级	500~2500 以下

注：表中总容量系指石油库储油罐的公称容量和桶装油品设计存放容量之总和。不包括零位罐、高架罐、放空罐以及石油库自用油品储罐的容量。

32.5.31 石油库储存油品的火灾危险性分类[1]

类别		油品闪点/℃	举例
甲		28 以下	原油、汽油
乙		28 至 60	喷气燃料、灯用煤油、-35 号轻柴油
丙	A	60 至 120	轻柴油、重柴油、20 号重油
	B	120 以上	润滑油、100 号重油

32.5.32 石油库内生产性建筑物和构筑物的耐火等级[1]

序号	建筑物和构筑物名称	油品类别	耐火等级
1	油泵房（棚）、阀室（棚）、灌油间、铁路装卸油品暖库	甲、乙	二级
		丙	三级
2	桶装油品库房及敞棚	甲	二级
		乙、丙	三级
3	化验室、计量室、仪表间、变配电间、修洗桶间、汽车油罐车库、润滑油再生间、柴油发电机间、空气压缩机间、铁路装卸油品栈桥、高架罐支座（架）		二级
4	机修间、器材库、水泵房		三级

32.5.33 厂区架空氧气管道与建筑物、构筑物的最小水平净距[1]

序号	建筑物、构筑物名称		水平净距/m
1	一、二级耐火等级建筑物（不包括爆炸危险的厂房）		允许沿外墙
2	三、四级耐火等级建筑物		3.0
3	有爆炸危险的厂房		4.0
4	铁路钢轨外侧边缘		3.0
5	道路路面边缘、排水沟边缘或路堤坡脚		1.0
6	架空导线外侧边缘	1kV 以下	1.5
		1～10kV	2.0
		35～110kV	4.0
7	熔化金属地点和明火地点		10.0

注：表中第6项在开敞地区时，最小水平净距，均不应小于最高电杆的高度。

32.5.34 厂区架空氧气管道与铁路、道路和架空导线之间的最小交叉净距[1]

序号	铁路、道路和导线名称	交叉净距/m
1	非电气化铁路钢轨面	5.5
2	电气化铁路钢轨面	6.55
3	道路路面	4.5
4	人行道路面	2.2
5	架空导线（导线在氧气管道上面通过时） 1kV 以下：管道上有人通过 管道上无人通过 1～10kV 35～110kV	 2.5 1.5 3.0 4.0

32.5.35 厂区埋地氧气管道与建筑物、构筑物等的最小水平净距[1]

序号	建筑物、构筑物等名称	水平净距/m
1	有地下室的建筑物基础边和通行沟道的边缘： 氧气压力 <16kgf/cm² 氧气压力 >16kgf/cm²	 3.0 5.0
2	无地下室的建筑物基础边缘： 氧气压力 <16kgf/cm² 氧气压力 >16kgf/cm²	 1.5 2.5
3	铁路钢轨外侧边缘	3.0
4	铁路、道路的边沟或单独的雨水明渠边缘	1.0
5	道路路面边缘	1.0
6	照明、通信电杆中心	1.0
7	架空管架基础边缘	1.5
8	围墙篱栅基础边缘	1.0
9	乔木中心	1.5
10	灌木中心	1.0

注：1. 本表第1、2项水平净距是指埋地管道与同标高或其以上的基础最外侧的最小水平净距。

2. $1kgf/cm^2 = 10^5Pa$。

32.5.36 厂区埋地乙炔管道与其他埋地管线之间的最小净距[1]

序号	管线名称		水平净距/m	交叉净距/m
1	给水管、排水管		1.5	0.25
2	热力管或不通行地沟边缘		1.5	0.25
3	氧气管		1.5	0.25
4	煤气管	煤气压力 <1.5kgf/cm²	1.0	0.25
		煤气压力 1.5~3.0kgf/cm²	1.5	0.25
		煤气压力 3.0~8.0kgf/cm²	2.0	0.25
5	不燃气体管		1.5	0.25
6	电力或电信电缆		1.0	0.5
7	排水明渠		1.0	0.5

注：$1kgf/cm^2 = 10^5Pa$。

32.5.37 厂区架空乙炔管道与建筑物、构筑物的最小水平净距[1]

序号	建筑物、构筑物名称		水平净距/m
1	一、二级耐火等级建筑物（不包括有爆炸危险和丁、戊类的生产厂房）		2.0
2	三、四级耐火等级建筑物		3.0
3	有爆炸危险的厂房		4.0
4	铁路钢轨外侧边缘		3.0
5	道路路面边缘、排水沟边缘或路堤坡脚		1.0
6	架空导线外侧边缘	1kV 以下	1.5
		1~10kV	2.0
		35~110kV	4.0
7	熔化金属地点和明火地点		10.0

注：表中序号 6 在开敞地区时，最小水平净距均不应小于最高电杆的高度。

32.5.38 空分设备吸风口与乙炔站及电石渣堆之间的最小水平间距[1]

m

乙炔发生器型式	乙炔站安装容量/标准 m³/h	制氧工艺种类	
		空分塔具有乙炔净化措施，且制氧流程内具有硅胶、铝胶吸附干燥装置	制氧流程内具有分子筛吸附净化装置
水入电石式	<10	100	50
	>10 至 <30	200	
	>30	300	
电石入水式	<30	100	50
	>30 至 <90	200	
	>90	300	

注：水平间距应按吸风口与乙炔站或电石渣堆相邻面外壁或边缘的最近距离计算。

32.5.39 厂区、乙炔站及车间架空乙炔管道与其他架空管线之间的最小净距[1]

序号	管线名称	平行净距/m	交叉净距/m
1	给水管、排水管	0.25	0.25
2	热力管（蒸汽压力不超过 13×10^5Pa）	0.25	0.25
3	不燃气体管	0.25	0.25
4	燃气管、燃油管和氧气管	0.50	0.25
5	滑触线	3.00	0.50
6	裸导线	2.0	0.50
7	绝缘导线和电缆	1.0	0.50
8	穿有导线的电线管	1.0	0.25
9	插接式母线，悬挂式干线	3.0	1.0
10	非防爆型开关、插座、配电箱等	3.0	3.0

注：1. 乙炔管道与同一使用目的的氧气管道平行敷设时，其最小平行净距，可减少到0.25m。

2. 电气设备与乙炔的岗位水封引出口不能保持上述距离时，允许二者安装在同一柱子的相对侧面，如为空腹柱子时，应在柱子上装设非燃烧体隔板局部隔开。

3. 乙炔管道在电气设备上面通过时，上表序号10的最小净距可减少到1.5m。

4. 在滑触线下面采取防火花措施时，上表序号5的最小平行净距可减少到1.5m。

32.5.40 厂区埋地乙炔管道与建筑物、构筑物的最小水平净距[1]

序号	建筑物、构筑物名称	水平净距/m
1	有地下室的建筑物基础边和通行沟道的边缘	3.0
2	无地下室的建筑物基础边缘	2.0
3	铁路钢轨外侧边缘	3.0
4	铁路、道路的边沟或单独的雨水明渠边缘	1.0
5	道路路面边缘	1.0
6	照明、通讯电杆中心	1.0
7	架空管架基础边缘	1.5
8	围墙篱栅基础边缘	1.0
9	乔木中心	1.5
10	灌木中心	1.0

注：本表第1、2项水平净距是指埋地管道与同标高或其以上的基础最外侧的最小水平净距。

32.5.41 石油库与周围居住区、工矿企业交通线等的安全距离[1]

m

序号	名称	石油库等级		
		一级	二级	三、四级
1	居住区及公共建筑物	100	90	80
2	工矿企业	80	70	60
3	国家铁路线	80	70	60
4	工业企业铁路线	35	30	25
5	公路	25	20	15
6	国家一、二级架空通信线路	40	40	40
7	架空电力线路和不属于国家一、二级的架空通信线路	1.5倍杆高	1.5倍杆高	1.5倍杆高
8	爆破作业场地（如采石场）	300	300	300

注：1. 序号1~7的距离，应从石油库的油罐区或装卸区算起，有防火堤的油罐区应从防火堤中心线算起，无防火堤的地下油罐应从油罐壁算起。装卸区应从建筑物或构筑物算起。序号8的距离应从石油库围墙算起。

2. 对于三、四级石油库，当单罐容量不大于1000m³时，序号1、2的距离可减少25%；当石油库仅存丙类油品时，序号1、2、5的距离可减少25%。

3. 居住区包括石油库的生活区。四级石油库的生活区可建在石油库行政管理区内，并不受本表距离的限制。

4. 对于电压35kV以上的电力线路，序号7的距离除应满足本表要求外，且不应小于30m。

5. 铁路部门的附属石油库与国家铁路线的距离，应按铁路机车走行线的规定执行。

32.5.42 地下管线之间的垂直净距[1]

m

名称	给水管	排水管	热力管（沟）	煤气管	压缩空气管	乙炔管	氧气管	电力电缆（电压在35kV以下）	电缆沟	电信电缆	
										直埋电缆	电缆管道
给水管	—	0.15	0.15	0.15	0.15	0.25	0.25	0.50	0.15	0.50	0.15
排水管	0.15	—	0.15	0.15	0.15	0.25	0.25	0.50	0.15	0.50	0.15
热力管（沟）	0.15	0.15	—	0.15	0.15	0.25	0.25	0.50	0.50	0.50	0.25
煤气管	0.15	0.15	0.15	—	0.15	0.25	0.25	0.50	0.15	0.50	0.15
压缩空气管	0.15	0.15	0.15	0.15	—	0.25	0.25	0.50	0.15	0.50	0.15

（续表） m

名称		给水管	排水管	热力管（沟）	煤气管	压缩空气管	乙炔管	氧气管	电力电缆（电压在35kV以下）	电缆沟	电信电缆	
											直埋电缆	电缆管道
乙炔管		0.25	0.25	0.25	0.25	0.25	—	0.25	0.50	0.25	0.50	0.15
氧气管		0.25	0.25	0.25	0.25	0.25	0.25	—	0.50	0.25	0.50	0.15
电力电缆（电压在35kV以下）		0.50	0.50	0.50	0.50	0.50	0.50	0.50	—	0.15	0.50	0.50
电缆沟		0.15	0.15	0.50	0.15	0.15	0.25	0.25	0.15	—	0.50	0.50
电信电缆	直埋电缆	0.50	0.50	0.50	0.50	0.50	0.50	0.50	0.50	0.50	—	—
	电缆管道	0.15	0.15	0.25	0.15	0.15	0.15	0.15	0.50	0.50	—	—

注：1. 表列净距除注明者外，均指下面管道或管沟外顶与上面管道或管沟基础之间的净距。
2. 本栏0.15m为生产给水管道与污水排水管道交叉时的垂直净距。生活给水管道与污水排水管道交叉时的垂直净距规定按国家现行的《室外给水设计规范》执行。
3. 含有酸、碱性的污水排水管道与其他管道（耐腐蚀管道除外）交叉，其净距不应小于0.5m。当不能满足该间距要求时，需设套管。
4. 电信电缆管道与煤气管、乙炔管、氧气管在交叉处，上述管道如有接口时，电缆管道应加包封。
5. 表列中“—”表示间距未作规定，可根据具体情况确定。

32.5.43 小型管架与建筑物、构筑物之间最小水平净距[1]

建筑物、构筑物名称	最小水平净距/m	建筑物、构筑物名称	最小水平净距/m
建筑物有门窗的墙壁外边或突出部分外边	3.0	人行道外沿	0.5
建筑物无门窗的墙壁外边或突出部分外边	1.5	厂区围墙	1.0
铁路（钢轨外侧）	按建筑限界或3.0	照明、电线杆柱中心	1.0
道路	1.0		

注：1. 表中距离除注明者外，管架从最外边线算起；道路：城市型道路自路面侧石内沿算起，公路型道路自排水边沟外沿算起。
2. 管廊宽度小于3.0m者为小型管架。

32.5.44 地下管线之间的水平净距[1]

m

管线名称		给水管	排水管	热力管（沟）	煤气管压力 p/(kgf·cm^{-2})				压缩空气管	乙炔管	氧气管	电力电缆（电压在35kV以下）	电缆沟	电信电缆	
					$p≤0.05$	$0.05<p≤1.5$	$1.5<p≤3.0$	$3.0<p≤8.0$						直埋电缆	电缆管道
给水管		—	1.5②	1.5	1.0	1.0	1.5	2.0	1.0	1.5	1.5	1.0	1.5	注②	注②
排水管		1.5②	—	1.5	1.0	1.0	1.5	2.0	1.5	1.5	1.5	1.0	1.5	1.0	1.0
热力管（沟）		1.5	1.5	—	1.0	1.0	1.5	2.0	1.0	1.5	1.5	2.0	2.0	1.0	1.0
煤气管压力 p/(kgf·cm^{-2})	$p≤0.05$	1.0	1.0	1.0	—	—	—	—	1.0	1.0	1.0	1.0	1.0	1.0	1.0
	$0.05<p≤1.5$	1.0	1.0	1.0	—	—	—	—	1.0	1.0	1.0	1.0	1.0	1.0	1.0
	$1.50<p≤3.0$	1.5	1.5	1.5	—	—	—	—	1.5	1.5	1.5	1.0	1.5	1.0	1.0
	$3.0<p≤8.0$	2.0	2.0	2.0	—	—	—	—	2.0	2.0	2.0	1.0	2.0	1.0	2.0
压缩空气管		1.0	1.5	1.5	1.0	1.0	1.5	2.0	—	1.5	1.5	1.0	1.0	1.0	1.0
乙炔管		1.5	1.5	1.5	1.0	1.0	1.5	2.0	1.5	—	1.5	1.0	1.5	1.0	1.0
氧气管		1.5	1.5	1.5	1.0	1.0	1.5	2.0	1.5	1.5	—	1.0	1.5	1.0	1.0
电力电缆（电压在35kV以下）		1.0	1.0	2.0	1.0	1.0	1.0	1.0	1.0	1.0	1.0	—	0.5	0.5	0.5
电缆沟		1.5	1.5	2.0	1.0	1.0	1.5	2.0	1.0	1.5	1.5	0.5	—	0.5	0.5
电信电缆	直埋电缆	注②	1.0	1.0	1.0	1.0	1.0	1.0	1.0	1.0	1.0	0.5	0.5	—	—
	电缆管道	注②	1.0	1.0	1.0	1.0	1.0	2.0	1.0	1.0	1.0	0.5	0.5	—	—

1. 表列净距均自管壁、沟壁或防护设施的外缘或最外一根电缆算起。
2. 当热水管道（沟）与电力电缆间距不能保持2.0m净距时，应采取隔热措施，以防电缆过热。
3. 凡符合现行国家规范《乙炔站设计规范》、《氧气站设计规范》及《压缩空气站设计规范》使用范围的乙炔管、氧气管及压缩空气管的间距按该规范执行。
4. 局部地段电力电缆穿管保护或加隔板后与给水管道、排水管道、压缩空气管道的水平净距可减少到0.5m，与穿管电信电缆的水平净距可减少到0.1m。
5. 表列中“—”表示间距未作规定，可根据具体情况确定。

① 本栏1.5m为生产给水管道与污水排水管道平行敷设时的水平净距。生活给水管道与污水排水管道的间距规定。按国家现行的《室外给水设计规范》的有关规定执行。

② 电信电缆与给水管道的水平净距：当给水管道的管径为75～150mm时，为0.5m；管径为200～400mm时，为1.0m；管径为400mm以上时，为1.5m。

32.6 石油天然气工业环境安全

32.6.1 化工设计中几种常见有害物质排放标准①[1]

序号	物质名称	排放标准		备注
		排放筒高度/m	排放量/($kg \cdot h^{-1}$)	
1	二氧化硫	45	66	
		60	110	
		80	190	
		100	280	
2	硫化氢	40	3.8	
		60	7.6	
		80	13	
		100	19	
		120	27	
3	氟化物（换算成F）	30	1.8	
		50	4.1	
4	氮氧化物（换算成NO_2）	40	37	
		60	86	
		80	160	
		100	230	
5	氯	30	5.1	
		50	12	
6	氯化氢	30	2.5	
		50	5.9	
7	一氧化碳	30	160	
		60	620	
		100	1700	

① 国家标准《工业三废排放试行标准》中的规定。

32.6.2 石油化工车间换气次数[1]

序号	物质名称	换气次数/(次$\cdot h^{-1}$)					
		设备间		泵房		压缩机室	
		正常	事故附加	正常	事故附加	正常	事故附加
1	氨	5		6	7	6	7
2	氢、甲烷、乙烷、丙烷、丁烷、乙烯	6		8		8	
3	乙醇、异丙醇、丙烯、丁烯、丁二烯、醋酸乙酯、醋酸丙酯、丙烯酸甲酯、乙醚	6		12		8	

（续表）

序号	物质名称	换气次数/(次·h^{-1})					
		设备间		泵房		压缩机室	
		正常	事故附加	正常	事故附加	正常	事故附加
4	氯、二氯乙烷、二氯乙烯、氯化苯、氯甲烷、氯乙烷、甲醇、甲醚	10		15			
5	氯乙烯	12	8	12	8	12	8
6	苯、甲苯、氯丙苯、苯乙烯、环己烷、环己酮、环己醇	8		12			
7	联苯	12		15			
8	苯酚、丙酮	8	5	12			
9	乙炔、乙醛、二氧化氮	8				10	
10	液化石油气、一氧化碳	10		10		10	
11	氟	20					
12	氟化氢、氰化氢	15		20			
13	丙烯腈	8		15	12		
14	硫酸、盐酸、硝酸、硫化氢	6		8			
15	汞	20					
16	四乙基铅	40					
17	四乙基铅（作添加剂用）	16		20			
18	33号添加剂	12					
19	原油、汽油、煤油			8			
20	热沥青	6		6			

32.6.3　正压室换气次数[1]

室内正压值/Pa	换气次数/（次·h^{-1}）		
	无外窗的房间	有外窗、密封性较好的房间	有外窗、密封性较差的房间
20	2.5	3.0	3.5
30	3.0	3.5	4.5
40	3.5	4.5	5.5
50	4.0	5.5	6.5
60	5.0	6.5	8.0

32.6.4　工作区内油蒸气最高允许浓度[1]

物质名称	最高允许浓度/（mg·m^{-3}）	物质名称	最高允许浓度/（mg·m^{-3}）
煤油	300（以碳计算）	溶剂油	300（以碳计算）
航空汽油及车用汽油	300（以碳计算）	四乙基铅	0.0005

32.6.5　辅助车间通风换气次数[1]

房间名称	主要有害物	换气次数/(次·h^{-1})	
		正常	事故附加
加氯间、贮氯库	氯气	12~15	
配氨间	氨气	6	
蓄电池室（开口式）	酸雾、氢气	15~18	
蓄电池室（闭口式）		5	
主配电装置室（油开关）			15
油断路器室			10
配酸间、酸库及酸计量间	酸雾	6	
化学药品库		5	
毒品库、X光室、暗室		5	
化学分析室、化学试验室（需要机械通风时）		5	
辛烷值试验室、罐车清洗厂房		7	

32.6.6　放射性核素日最大操作量[1]

放射性核素毒性组别	日最大操作量	
	开放性放射源/Bq(μci)	封闭性放射源/Bq(μci)
极毒组（Ⅰ）	4×10^3（0.1）	4×10^4（1.0）
高毒组（Ⅱ）	4×10^4（1.0）	4×10^5（10）
中毒组（Ⅲ）	4×15^5（10）	4×10^6（100）
低毒组（Ⅳ）	4×10^6（100）	4×10^7（1000）

注：各组别的开放性放射源的日最大操作量应按操作性质将上表的值乘以下列修正系数：干式发尘操作，0.01；产生少量气体、气溶胶的操作，0.1；一般湿式操作，1；很简单的湿式操作，10；在工作场所贮存，100。

32.6.7　职业性放射性工作人员的最大年容许和年限制剂量当量[1]

受照部位		职业性放射性工作人员的年最大容许剂量当量①/Sv	放射性工作场所相邻及附近地区工作人员和居民的年限制剂量当量/Sv
器官分类	名称		
第一类	全身、性腺、红骨髓、眼晶体	0.05	0.005
第二类	皮肤、骨、甲状腺	0.25	0.03②
第三类	手、前臂、足、踝	0.75	0.075
第四类	其他器官	0.15	0.015

注：1. 16岁以下人员甲状腺的限制剂量当量为0.015Sv/a。

① 表内所列数值均指内、外照射的总剂量当量，不包括天然本底照射和医疗照射。

32.6.8　放射性物质表面污染限值[1]

污染表面	α放射物质/(Bq·cm^{-2})	β放射物质/(Bq·cm^{-2})
手、皮肤、内衣、工作袜	3.7×10^{-2}	3.7×10^{-1}
工作服、手套、工作鞋	3.7×10^{-1}	3.7×10^{0}
设备、地面、墙壁	3.7×10^{0}	3.7×10^{1}

32.6.9 各类运源车的内外剂量当量率限值[1]

测量位置	专用和兼用运源车剂量当量率/($\mu Sv \cdot h^{-1}$)($mrem \cdot h^{-1}$)
驾驶员坐椅	20（2）
车厢外表面	2000（200）
车厢外2m处	100（10）

注：对驾驶员提供经常的个人剂量监测的情况下，可以适当放宽。

32.6.10 测井用源罐载源时表面与1m处剂量当量率限值[1]

放射源	活度/GBq(Ci)	剂量当量率/($mSv \cdot h^{-1}$)($mrem \cdot h^{-1}$)	
		表面	1m处
$^{241}Am-Be$	>200（5） ≤200（5）	2（200） 1（100）	0.1（10） 0.05（5）
^{137}Cs	>20（0.5） ≤20（0.5）	2（200） 1（100）	0.1（10） 0.05（5）

32.6.11 抗油拒水防护服各项性能的指标要求[1]

测定项目	指标要求
抗油	≥130分；并能抗机、柴油倾覆渗漏
拒水	=5级
洗涤30次	剩余抗油≥80分；剩余拒水≥1级，背面无渗水
织物牢度	经纬断裂功之和　夏季≥2450N·cm；冬季≥3430N·cm
透气	夏季≥$6\times10^{-2}m^3/(m^2\cdot s)$；冬季≤$2.3\times10^{-2}m^3/(m^2\cdot s)$
透湿	夏季≥$4000g/(m^2\cdot d)$；冬季≥$2300g/(m^2\cdot d)$
硬挺度	在-18℃时，≤7.5cm
接触卫生	整理剂直接贴敷人体皮肤，24h，无任何红斑、红肿 整理剂，小鼠及豚鼠经口急毒试验，半数致死量：≥10000mg/kg体重

32.6.12 炼油厂与居住区之间的卫生防护距离[1]

炼油厂类别		所在地区近五年平均风速/($m\cdot s^{-1}$)		
年加工原油量/10^4t	原油含硫量/%	<2.0	2.0~4.0	>4.0
≥250	≥0.5	1500	1300	1000
≥250	<0.5	1300	1000	800
<250	≥0.5	1300	1000	800
<250	<0.5	1000	800	800

32.6.13 独立设置装置与居住区之间的卫生防护距离[1]

装置名称及类别		所在地区近五年平均风速/($m\cdot s^{-1}$)		
		<2.0	2.0~4.0	>4.0
沥青装置		600	500	400
添加剂装置		1000	800	600
丙烯腈装置		400	300	300
罐区及装卸油设施		1000	800	600
污水处理装置				
年加工原油量/10^4t	原油含硫量/%			
≥250	≥0.5	1300	1000	800
≥250	<0.5	1000	800	800
<250	≥0.5	1000	800	800
<250	<0.5	800	800	600

参考文献

[1] 罗云，等．工业安全卫生基本数据手册 [M]．北京：中国商业出版社，1997.

[2] 全国危险化学品管理标准化技术委员会．石油化学工业职业健康安全管理标准汇编 [M]．北京：中国标准出版社，2007.

[3] 中国石油化工总公司安全监察部．石油化学安全卫生监督指南 [M]．北京：中国劳动出版社，1994.

33 烟花爆竹安全

33.1 烟花爆竹工厂安全

33.1.1 生产厂房危险等级分类[1]

危险品名称	生产工序	危险等级
黑火药	三成分混合，造粒，干燥，凉药，筛选，包装	A_3
	硫、碳二成分混合，硝酸钾干燥，粉碎和筛选、硫、碳粉碎和筛选	C
烟火药	含氯酸盐或高氯酸盐的烟火药、摩擦类药剂、爆炸音剂、笛音剂等的混合或配制、造粒、干燥、凉药	A_2
	不含氯酸盐或高氯酸盐的烟火药的混合或配制、造粒、干燥、凉药	A_3
	称原料，氧化剂粉碎和筛选	C
爆竹	含氯酸盐或高氯酸盐的爆竹药的混合或配制、装药	A_2
	已装药的钻孔，切引，不含氯酸盐或高氯酸盐的爆竹药的混合或配制、装药、机械压药	A_3
	称原料，不含氯酸盐或高氯酸盐的爆竹药的筑药、插引、挤引、结鞭、包装	C
烟花	筒子并装药装珠，上引药，干燥	A_2
	筒子单发装药，筑药、机械压药，已装药的钻孔，切引	A_3
	蘸药，按引，组装，包装	C
礼花弹	称量，装药装珠，晒球，干燥	A_2
	上发射药，上引线	A_3
	油球，打皮，皮色，包装	C
引火线	含氯酸盐的引药的混合、干燥、凉药、制引、浆引、凉干、包装	A_2
	黑药的三成分混合、干燥、凉药、制引、浆引、凉干、包装	A_3
	硫、碳二成分混合，硝酸钾干燥、粉碎和筛选，硫、碳粉碎和筛选，氯酸钾粉碎和筛选	C

注：1. 表中未列品种、加工工序，其危险等级可对照本表确定。

2. 晒场的危险等级，应与各危险品干燥的危险等级相同。

33.1.2 仓库危险等级分类[1]

贮存的危险品名称	危险等级
引火线，含氯酸盐或高氯酸盐的烟火药、爆竹药，爆炸音剂、笛音剂	A_2
黑火药，不含氯酸盐或高氯酸盐的烟火药、爆竹药，大爆竹，单个产品装药在40g及以上的烟花或礼花弹，已装药的半成品，黑药引火线	A_3
中、小爆竹，单个产品装药在40g以下的烟花或礼花弹	C

33.1.3　危险品生产区A级建筑物的外部距离[1]

m

项目	计算药量/kg								
	≤20	>20 ≤25	>25 ≤30	>30 ≤40	>40 ≤50	>50 ≤80	>80 ≤100	>100 ≤300	>300 ≤500
本厂住宅区边缘，村庄边缘，学校，职工人数在50人及以上的工厂企业围墙，有摘挂作业的铁路车站站界及建筑物边缘，区域变电站边缘，220kV架空输电线路	70	75	80	90	95	115	120	175	205
10户或50人以下零散住户，50人以下的工厂企业围墙，本厂独立的总仓库区建筑物边缘，无摘挂作业铁路中间站界及建筑物边缘，110kV架空输电线路	65	65	65	65	65	75	80	115	135
国家铁路线、二级及以上公路、通航的河流航道边缘，35kV架空输电线路	65	65	65	65	65	65	70	100	115
城镇规划边缘	130	135	145	160	170	210	220	315	370

33.1.4　危险品生产区C级建筑物的外部距离[1]

m

项目	计算药量/kg					
	≤500	>500 ≤600	>600 ≤700	>700 ≤800	>800 ≤900	>900 ≤1000
本厂住宅区边缘，村庄边缘，学校，职工人数在50人及以上的工厂企业围墙，有摘挂作业的铁路车站站界及建筑物边缘，区域变电站边缘，220kV架空输电线路	40	42	44	46	48	50
10户或50人以下零散住户，50人以下的工厂企业围墙，本厂独立的总仓库区建筑物边缘，无摘挂作业铁路中间站界及建筑物边缘，110kV架空输电线路	35	35	35	35	35	35
国家铁路线	40	40	40	40	40	40
二级及以上公路、通航的河流航道边缘，35kV架空输电线路	35	35	35	35	35	35
城镇规划边缘	65	70	75	80	85	90

33.1.5　燃烧试验场的外部距离[1]

m

项目	燃放试验场类别				
	小试验	地面烟花	升空烟花	大火箭类或直径≤10cm礼花弹	直径>10cm礼花弹
危险品生产区及危险品仓库、易燃易爆液体库	50	100	200	500	1000
居住住宅	30	50	100	300	500

33.1.6 危险品仓库区A级仓库的外部距离[1]

m

项目	计算药量/kg											
	≤500	>500 ≤1000	>1000 ≤2000	>2000 ≤3000	>3000 ≤4000	>4000 ≤5000	>5000 ≤6000	>6000 ≤7000	>7000 ≤8000	>8000 ≤9000	>9000 ≤10000	>10000 ≤20000
本厂住宅区边缘，村庄边缘，学校，职工人数在50人及以上的工厂企业围墙，有摘挂作业的铁路车站站界及建筑物边缘，区域变电站边缘，220kV架空输电线路	175	220	280	320	350	380	400	420	440	460	475	600
10户或50人以下零散住户,50人以下的工厂企业围墙,本厂危险品生产区建筑物边缘,无摘挂作业铁路中间站界及建筑物边缘,110kV架空输电线路	115	145	185	210	230	250	260	275	290	300	310	390
国家铁路线、二级及以上公路、通航的河流航道边缘，35kV架空输电线路	100	125	155	180	195	210	220	235	245	255	265	330
城镇规划边缘	315	400	505	580	630	685	720	760	800	830	855	1080

33.1.7 危险品仓库区C级仓库的外部距离[1]

m

项目	计算药量/kg									
	≤2000	>2000 ≤3000	>3000 ≤4000	>4000 ≤5000	>5000 ≤6000	>6000 ≤7000	>7000 ≤8000	>8000 ≤9000	>9000 ≤10000	>10000 ≤20000
本厂住宅区边缘，村庄边缘，学校，职工人数在50人及以上的工厂企业围墙，有摘挂作业的铁路车站站界及建筑物边缘，区域变电站边缘，220kV架空输电线路	65	75	80	85	90	95	100	105	110	140
10户或50人以下零散住户，50人以下的工厂企业围墙，本厂危险品生产区建筑物边缘，无摘挂作业铁路中间站界及建筑物边缘，110kV架空输电线路	40	45	48	50	55	57	60	65	78	85
国家铁路线	50	50	50	50	50	50	50	53	55	70
二级及以上公路、通航的河流航道边缘，35kV架空输电线路	35	38	40	43	45	48	50	53	55	70
城镇规划边缘	110	120	130	140	150	160	170	180	190	250

33.1.8 A2级建筑物与邻近建筑物的内部距离[1]

m

计算药量/kg	无屏障	单有屏障	双有屏障	计算药量/kg	无屏障	单有屏障	双有屏障
1	14	7	7	80	32	16	10
5	14	7	7	100	36	18	12
10	16	8	7	200	44	22	13
20	20	10	7	300	50	25	15
30	24	12	7	400	55	28	18
40	28	14	8	500	60	30	20
60	30	15	9				

33.1.9 A3级建筑物与邻近建筑物的内部距离[1]

m

计算药量/kg	无屏障	单有屏障	双有屏障	计算药量/kg	无屏障	单有屏障	双有屏障
1	14	7	7	80	26	13	8
5	14	7	7	100	30	15	10
10	14	7	7	200	35	18	12
20	16	8	7	300	40	20	13
30	19	10	7	400	45	23	14
40	22	11	7	500	50	25	15
60	24	12	7				

33.1.10 C级建筑物与邻近建筑物的内部距离[1]

m

计算药量/kg	内部距离	计算药量/kg	内部距离
200	12	800	18
400	14	1000	20
600	16		

33.1.11 A2级仓库与邻近危险品仓库的内部距离[1]

m

单库计算药量/kg	单有屏障	双有屏障	单库计算药量/kg	单有屏障	双有屏障
≤500	25	15	>5000≤7000	55	33
>500≤1000	30	20	>7000≤9000	58	35
>1000≤3000	40	25	>9000≤10000	60	40
>3000≤5000	50	30			

33.1.12 A3级仓库与邻近危险品仓库的内部距离[1]

m

单库计算药量/kg	单有屏障	双有屏障	单库计算药量/kg	单有屏障	双有屏障
≤500	20	15	>5000≤7000	45	27
>500≤1000	25	15	>7000≤9000	50	30
>1000≤3000	35	20	>9000≤10000	55	35
>3000≤5000	40	25	>10000≤20000	60	40

33.1.13 C级仓库与邻近危险品仓库的内部距离[1]

m

单库计算药量/kg	内部距离	单库计算药量/kg	内部距离
≤1000	16	>5000≤10000	30
>1000≤3000	20	>10000≤15000	35
>3000≤5000	25	>15000≤20000	40

33.1.14 A2 级仓库与库区值班室的内部距离[1]

m

计算药量/kg	值班室无防护屏障	值班室有防护屏障	计算药量/kg	值班室无防护屏障	值班室有防护屏障
≤500	55	40	>1000≤5000	120	85
>500≤1000	70	50	>5000≤10000	150	100

33.1.15 A3 级仓库与库区值班室的内部距离[1]

m

计算药量/kg	值班室无防护屏障	值班室有防护屏障	计算药量/kg	值班室无防护屏障	值班室有防护屏障
≤500	45	35	>5000≤10000	120	85
>500≤1000	55	40	>10000≤20000	150	100
>1000≤5000	100	70			

33.1.16 工作间和仓库的危险场所类别[1]

名称	危险等级	工作间和仓库名称	危险场所类别	防雷等级
黑火药	A_3	三成分混合，造粒，干燥，凉药，筛选，包装	Ⅰ	二
	C	硫、碳二成分混合，硝酸钾干燥、粉碎和筛选、硫、碳粉碎和筛选	Ⅲ	三
烟火药	A_2	含氯酸盐或高氯酸盐的烟火药、摩擦类药剂、爆炸音剂、笛音剂等的混合或配制、造粒、干燥、凉药	Ⅰ	一
	A_3	不含氯酸盐或高氯酸盐的烟火药的混合或配制、造粒、干燥、凉药		
	C	称原料、氯酸钾和过氯酸钾粉碎、筛选	Ⅲ	三
爆竹	A_2	含氯酸盐或高氯酸盐的爆竹药的混合或配制、装药	Ⅰ	一
	A_3	不含氯酸盐或高氯酸盐的爆竹药的混合、装药	Ⅰ	
		已装药的钻孔、切引、机械压药	Ⅱ	二
	C	称原料，不含氯酸盐或高氯酸盐的爆竹药的筑药，插引，挤引，结鞭，包装	Ⅲ	三
烟花	A_2	筒子并装药装珠，上引线，干燥	Ⅰ	一
	A_3	筒子单发装药，筑药，机械压药，钻孔，切引	Ⅱ	二
	C	蘸药，按引，组装，包装	Ⅲ	三
礼花弹	A_2	称量，装药，装珠，晒球，干燥	Ⅰ	一
	A_3	上发射药，上引线	Ⅱ	二
	C	油球，打皮，皮色，包装	Ⅲ	三
引火线	A_2	含氯酸盐的引药的混合、干燥、凉药、制引、浆引、凉干、包装	Ⅰ	一
	A_3	黑药的三成分混合、干燥、凉药、制引、浆引、凉干、包装		
	C	硫、碳二成分混合，硝酸钾干燥、粉碎和筛选，硫、碳粉碎和筛选	Ⅲ	三
	C	氯酸钾粉碎和筛选	Ⅱ	二
仓库	A_2	引火线，含氯酸盐或高氯酸盐的烟花药、爆竹药、爆炸音剂、笛音剂	Ⅰ	一
	A_3	黑火药，不含氯酸盐或高氯酸盐的烟火药、爆竹药、大爆竹，单个产品装药在40g以上的烟花或礼花弹，已装药的半成品，黑药引火线		
	C	中、小爆竹，单个产品装药在40g以下的烟花或礼花弹	Ⅱ	二

33.1.17 与爆炸危险场所毗邻的场所的危险类别[1]

危险场所类别	用有门的密封墙隔开的相邻场所类别	
	一道隔墙	二道隔墙
Ⅰ	Ⅱ	非危险场所
Ⅱ	Ⅲ	非危险场所
Ⅲ	非危险场所	非危险场所

注：本表不适用于与危险场所毗邻的配电室及变电所。

33.1.18 电气设备外壳的允许表面温度[2]

℃

场所内危险品种类	有过负荷可能的设备	无过负荷可能的设备
黑火药、烟火药	140	160

33.2 烟花爆竹制作安全

33.2.1 装、筑产品时药物领料配置方法与限量[3]

序号	名称	氧化剂	还原剂	配制方法	限量/kg	
					装药	筑药
1	黑火药	硝酸盐	木炭、硫黄	干法	5	3
2	含氯酸盐的黑火药	硝酸盐 氯酸盐	木炭、硫黄、铝粉等	干法	1	
3	爆炸音剂	氯酸钾	硫黄、铝粉等	干法	0.5	
4	含高氯酸盐的烟火药	高氯酸钾	木炭、铝粉、铝镁合金粉、钛粉等	干法	1.5	
5	笛音剂	高氯酸钾	苯甲酸氢钾、苯二甲酸氢钾等	干法	1.5	0.25
6	烟幕剂	氯酸盐 高氯酸盐	成烟物	干法	3	

33.2.2 每人每次装球限量[3]

球径/cm	$\phi<7.4$	$7.4<\phi<15$	$15<\phi<25$	$\phi>25$
每人每次装填数/个	10	3	2	1

33.2.3 每人每次组装量[2]

药量/kg	1	≤2	≤3	≥5
每人每次组装量/个	4	3	2	1

33.2.4 烘房中堆码高度[3]

名称	堆码高度	距离地面高度	与热源距离	搬移和翻动物体时温度/℃
成品，半成品	≤120	≥20	>30	≤30

33.2.5 燃放实验场地要求[4]

名　称	大火箭类	地面烟花	$\phi > 10$cm 礼花弹	高空烟花	小型试验
与生产区及仓库距离	500	100	1000	200	>50

33.2.6 烟火药、半成品、成品堆垛高度[3]

名　称	成品与半成品	烟火药	成箱成品	货架离地面
高度	≤1.5	≤1	≤2.5	>0.3

33.3 烟火药安全

33.3.1 烟火药的原材料和产品的贮存条件[3]

名　称	性　质	贮　存　条　件
氯酸钾 高氯酸钾	强氧化剂	专库贮存，不得与有机物、易燃、易爆物、硫、磷、酸类等共同存放
硫黄	二级易燃物	与氧化剂应严格分开，并防止受潮
铝粉 铝镁合金粉	高能可燃物	装在密封金属桶内，与氧化剂、酸、碱隔离存放，通风防潮
金属钛粉 （海绵钛粉）	高能可燃物	防止受热，与易燃物、氧化剂、酸类隔离贮存
萘	可燃有机物	与氧化剂隔离存放
氟硅酸钠	无机有毒物	密封盛装，应干燥防潮，严禁与金属易燃物存放，与苯酸钠、碳酸锶分开存放
草酸钠	有机有毒物	密封盛装，存放于通风阴凉处
硝酸	强酸 强氧化剂	装于密封耐酸容器内，存放于阴凉干燥通风处，应与松节油、苦味酸盐、雷酸盐、氯酸盐、金属粉末、可燃物分开存放
木炭	易燃物	单独存入阴凉干燥的仓库，新制的木炭在炭化后6～8d以内不得入库贮存
黑火药 烟火药	易燃易爆物	贮入阴凉、干燥仓库
礼花弹 烟花爆竹	易燃易爆物	应贮入单独通风仓库
引线	易燃易爆物	应贮入单独通风仓库

33.3.2 烟火药原材料和烟花爆竹产品的相应灭火物质[3]

类别	燃烧物质	灭火物质	类别	燃烧物质	灭火物质
氧化剂	高氯酸钾 高氯酸铵 氯酸钾 氯酸钡	水、砂土和泡沫	可燃物	硫黄	砂土
				铝、铝镁合金粉和含此类药物的烟火药	干粉 砂土
	硝酸钾 硝酸钡 硝酸锶 硝酸钠	水	着色剂	碳酸锶 氟铝酸钠	水
				碳酸铜	水、泡沫
				草酸钠	水、砂土
可燃物	木炭 硫化锑 树脂 虫胶 聚氯乙烯	水	其他	花炮成品、半成品 无镁、铝的烟火药	水

33.3.3 产品分级与药量[3]

产品分级	产品分类	药量
A级	喷花类	
	吐珠类	
	升空类	
	组合烟花类	
	礼花弹类	
	旋转类	
	架子烟花	
B级	喷花类	≤500g
	吐珠类	≤80g（≤4g/发）
	升空类	≤30g
	组合烟花类	≤3000g（内筒型单筒内径<68mm）
	爆竹类	≤8g/个（黑火药）
		≤2g/个（其他）
	小礼花类	≤50g
	旋转类	≤60g（有轴）
		≤30g（无轴）
	旋转升空类	≤20g
C级	喷花类	≤200g
	吐珠类	≤20g（≤2g/发）
	升空类	≤10g
	组合烟花类	≤1500g（内筒型单筒内径<40mm）
	爆竹类	≤2.0g/个（黑火药）
		≤0.5g/个（其他）
	小礼花类	≤20g
	旋转类	≤30g（有轴）
		≤15g（无轴）
	旋转升空类	≤5g
	线香类	≤25g
	造型玩具类	≤15g
D级	喷花类	≤2g
	摩擦类	≤20mg（拉炮类）
		≤200mg（擦火药头类）
		≤400mg（擦地炮类）
	烟雾类	≤200g
	旋转类	≤1g
	线香类	≤5g
	造型玩具类	≤3g

注：以上所有产品指单个产品质量。

33.3.4 各类产品的烧成率[3]

产品类别	烧成率/%
喷花类	≥93
旋转类	≥96（有轴） ≥93（无轴）
升空类	≥96（A级） ≥93（B级） ≥90（C级）
旋转升空类	≥93
吐珠类	≥90
线香类	≥96
小礼花类	≥96（珠花类） ≥93（伞类）
烟雾类	≥96
造型玩具类	≥90
礼花弹类	≥96（伞类≥93）
组合烟花	≥96（伞类≥93）
架子烟花	≥93
爆竹	≥90（B级） ≥85（C级）

33.4 礼花弹使用安全

33.4.1 礼花弹发射炮筒技术参数[5]

规格	内径/mm	纸筒壁厚/mm	玻璃钢筒壁厚/mm	金属材料筒壁厚/mm	内筒高度/mm	纸筒、玻璃钢筒底厚/mm	金属材料筒底厚/mm	压强/MPa
3号	76 +4	≥5.0	≥3.0	≥2.0	428 ±20	≥28	≥4.0	≥0.4
4号	101 +4	≥6.0	≥3.5	≥2.0	524 ±20	≥30	≥4.0	≥0.4
5号	127 +4	—	≥3.5	≥2.0	767 ±20	≥37	≥4.0	≥0.6
6号	152 +6	—	≥4.0	≥3.0	859 ±30	≥43	≥6.0	≥0.6
7号	177 +6	—	≥4.0	≥3.0	956 ±30	≥46	≥6.0	≥0.8
8号	203 +6	—	≥5.0	≥3.0	1049 ±50	≥50	≥6.0	≥0.8
10号	254 +8	—	≥6.0	≥5.0	1141 ±50	≥69	≥10.0	≥1.0
12号	304 +8	—	≥7.0	≥5.0	1242 ±70	≥73	≥10.0	≥1.2
14号	356 +8	—	≥9.0	≥5.0	1300 ±70	≥75	≥12.0	≥1.4
16号	406 +10	—	≥10.0	≥7.0	1400 ±70	≥78	≥14.0	≥1.6

33.4.2 礼花弹型号要求[6]

m

项目	型号								
	3	4	5	6	7	8	10	12	16
发射筒内径	76.2	101.6	127	152.4	177.8	203.2	254	304.8	406.4
弹径	72	97	122	147	172	196	246	296	395
弹径允许误差	+1 -3	+1 -3	+1 -3	+1 -4	+1 -4	+1 -4	+1 -4	+1 -4	+1 -4
引线长度	650	750	1000	1100	1200	1400	1500	1600	1800
引线允许误差	±50	±50	±50	±50	±50	±50	±50	±50	±50

33.4.3 礼花弹发射筒基本参数[5]

规格		外径/mm	内径/mm	长度/mm
76mm (3″)	纸筒	96	76	500
	钢筒	82		500
	铝合金筒	79		450
	玻璃钢筒	82		450
102mm (4″)	纸筒	122	102	600
	钢筒	108		600
	铝合金筒	106		600
	玻璃钢筒	108.8		550

（续表）

规格		外径/mm	内径/mm	长度/mm
127mm（5″）	钢 筒	133	127	700
	铝合金筒	131		750
	玻璃钢筒	134.5		800
152mm（6″）	钢 筒	158	152	800
	铝合金筒	157		900
	玻璃钢筒	160.2		900
178mm（7″）	钢 筒	184	178	900
	铝合金筒	183		1050
	玻璃钢筒	187.2		1000
203mm（8″）	钢 筒	210	203	1000
	铝合金筒	209		1200
	玻璃钢筒	214		1100
254mm（10″）	钢 筒	264	254	1100
	铝合金筒	262		1500
	玻璃钢筒	266		1200
305mm（12″）	钢 筒	315	305	1200
	铝合金筒	315		1800
	玻璃钢筒	318		1300

33.4.4 礼花弹基本安全参数[6]

项 目	规格							
	76mm（3″）	102mm（4″）	127mm（5″）	152mm（6″）	178mm（7″）	203mm（8″）	254mm（10″）	305mm（12″）
升空高度/m	90~100	110~120	130~140	150~160	170~180	190~200	210~230	240~260
覆盖半径/m	25~30	35~40	45~55	55~65	65~75	75~85	85~95	95~105

33.4.5 礼花弹安全范围确定参数[6]

焰火晚会等级	最小安全距离/m
C级	>100
B级	>200
A级	>280

注：最小安全距离是指燃放点边缘与观众的最小水平距离。

33.4.6 礼花弹最低爆炸高度要求[6]

项 目	型号								
	3	4	5	6	7	8	10	12	16
最低爆炸高度/m	50	60	80	100	140	160	200	250	280

参考文献

[1] 郑志良，李后生，魏新熙，蒋君平，王爱凤，华瑞龙．GB 50161—1992 烟花爆竹工厂设计安全规范［S］．中华人民共和国建设部，1993.

[2] 黎越常，陈仲伟，胡祥钰．GB 11652—1989 烟花爆竹劳动安全技术规程［S］．国家技术监督局，1989.

[3] 黄荼香，黎仲畦，熊晓苏，刘劲彪，刘东辉，邱志雄，黄明章，易怀泉，罗建社，江木根．GB 10631—2004 烟花爆竹 安全与质量［S］．中华人民共和国国家质量监督检验检疫总局；中国国家标准化管理委员会，2004.

[4] 李锦凤，黄明章，陈宏君，黄建均，闫正斌，亓希国．GA 183—2005 焰火晚会烟花爆竹燃放安全规程［S］．中华人民共和国公安部，2005.

[5] 黄若岩，熊晓甦，符向理，陈先年，周大根．GB 20208—2006 烟花爆竹 礼花弹发射炮筒［S］．中华人民共和国国家质量监督检验检疫总局；中国国家标准化管理委员会，2006.

[6] 黎仲畦，黄荼香，卢荣秋，刘益中，黎升旭，欧代红，黄明章，江木根．GB 19594—2004 烟花爆竹 礼花弹［S］．中华人民共和国国家质量监督检验检疫总局；中国国家标准化管理委员会，2004.

34 核工业安全

34.1 核燃料安全

34.1.1 ICRP建议的氡年摄入量限值（ALI），年照射量限值（ALE）和导出空气浓度（DAC）[1]

核素	限值及DAC	单位	^{222}Rn	$^{220}Rn+^{216}Po$
Rn	ALE	Bq·h/m^3	3×10^8	5×10^8
	ALI	Bq	3.6×10^8	6×10^8
	DAC①	Bq/m^3	1.5×10^5	2.5×10^5
核素	限值DAC	单位	^{222}Rn子体	^{220}Rn子体
氡子体	ALIα潜能	J	0.02	0.06
	平衡当量Rn放射性	Bq	3.6×10^6	8.0×10^5
	ALEα潜能	Jh/m^3 (WLM)	0.017 (4.8)	0.05 (14)
	平衡当量Rn放射性	Bqh/m^3	3.0×10^6	6.6×10^{-5}
	DACα潜能	J/m^3 (WL)	8.3×10^{-6} (0.4)	3.5×10^{-5} (1.2)
	平衡当量Rn放射性	Bq/m^3	1500	330

注：① 假定每年2000h工作，平均呼吸率为1.2m^3/h。

34.1.2 某些防氡材料性能表[1]

材料名称	配方及主要特征	防氡效果	施工方法
喷射混凝土	厚0.5~1.5cm，水砂比1：2，水玻璃3%~5%，NaC 5%~15%，$FeCl_2$ 1.75%~2.0%	$\eta=1.3\sim2.0$	喷涂
水玻璃石灰制剂	水玻璃1.0份，石膏2份，石灰2.5份，水泥1.5份，水3.0份KC 12%		喷涂
黄泥制剂	胶泥70%，盐20%，变压器油10%		涂抹
水泥砂浆	水泥：砂子（1：1~1：4）	1：1时，$\eta_0=65.4\%\sim85.3\%$ 1：4时，$\eta_0=34.7\%\sim49.3\%$	喷涂
人造橡胶乳剂	人造橡胶20%~50%，10% KCl适量	漏风量<0.03m^3/h	喷涂
氯乙烯偏氯乙烯共聚乳液	100份乳液加5%聚乙烯醇6.5份，10%磷酸三钠10份	η_0（63.9~75.7）%	喷涂
氢化环氧物	Hydropoxy 300，黏度5000mP	$\eta_0=80\%$	喷涂
氢化环氧物	Hydropoxy 156，黏度200mP	$\eta_0=94\%$	喷涂
聚氯乙烯偏氯乙	黏度100mP，水分50%	$\eta_0=89\%$	喷涂
烯乳液XD4624 二氯丁二烯乳胶	厚0.2cm，$D=0.37\times10^{-7}cm^2/s$	$\eta=1.9$	喷涂

注：η—防氡效果系数。

η_0—降低百分比。

34.1.3 尿铀浓度与空气、口罩污染水平[1]

工作场所	每班工作时间/h	监测人次	空气铀浓度/($\mu g \cdot m^{-3}$)	尿铀浓度/($\mu g \cdot L^{-1}$)	口罩含铀量/($\mu g \cdot 个^{-1}$)
压缩机拆装现场	2.8	93	37	0.45	89
压缩机检修现场	2.7	79	6.2	0.44	14.0

34.1.4 几种类型反应堆乏燃料的特性[1]

堆型		重水堆	石墨气冷堆	轻水堆	快中子堆
燃料		天然铀棒	铀金属棒	UO_2 元件束（含^{235}U5%）	UO_2+PuO_2 元件束
平均燃耗/($MWd \cdot t^{-1}$)		400	4000	33000	80000（堆芯）
*元件比活度/($TBq \cdot kg^{-1}$) ($Ci \cdot kg^{-1}$)		4.07 (110)	51.8 (1400)	166.5 (4500)	666 (18000)
含裂变产物总量/($g \cdot t^{-1}$)		400	4160	35000	85000
含锕系元素量/($g \cdot t^{-1}$)	Np	1.2	22	760	180
	Pu	400	2600	9100	194000
	Am			150	2320
	Cm			35	80
	U	999200	992500	~955000	719000
锕系元素总量		999600	995000	965000	915000

*冷却150d。

34.1.5 ^{235}U混合裂变产物的γ辐射总释能率[1]

10^{10}Mev/($s \cdot kW$)

冷却时间	辐照时间/d			
	120	180	360	1080
0	8.58×10^3	8.64×10^3	8.80×10^3	8.81×10^3
1d	1.44×10^3	1.50×10^3	1.56×10^3	1.58×10^3
5d	8.79×10^2	9.38×10^2	9.99×10^2	1.02×10^3
10d	6.59×10^2	7.15×10^2	7.73×10^2	7.91×10^2
30d	3.36×10^2	3.83×10^2	4.31×10^2	4.46×10^2
45d	2.44×10^2	2.84×10^2	3.25×10^2	3.40×10^2
60d	1.91×10^2	2.25×10^2	2.61×10^2	2.75×10^2
90d	1.32×10^2	1.57×10^2	1.84×10^2	1.96×10^2
120d	9.66×10^1	1.15×10^2	1.36×10^2	1.47×10^2
150d	7.16×10^1	8.57×10^1	1.01×10^2	1.11×10^2
180d	5.32×10^1	6.37×10^1	7.58×10^1	8.47×10^1
220d	3.59×10^1	4.31×10^1	5.19×10^1	6.00×10^1
1a	9.25×10^0	1.15×10^1	1.51×10^1	2.17×10^1
2.5a	1.15	1.68	3.21	8.25
5a	7.94×10^{-1}	1.19	2.37	6.72
10a	6.66×10^{-1}	9.97×10^{-1}	2.01	5.81

34.2 核动力工程安全

34.2.1 主要堆型的反应性要求[1]

反应性当量		堆型			
		沸水堆	压水堆	高温气冷堆	液态金属快中子增殖堆
清洁堆芯的剩余反应性 ρ_{ex}	在20℃下	0.25	0.293	0.128	0.050
	在运行温度下		0.248		0.037
	在平衡氙及钐毒下		0.181	0.073	
控制反应性总当量 $\Delta\rho$		0.29	0.32	0.26	0.074
控制棒当量		0.17	0.07	0.16	0.074
可燃毒物当量		0.12	0.08	0.10	
化学补偿当量			0.17		
停堆余量 ρ_{sm}	冷态清洁堆	0.04	0.03	0.082	0.024
	热态平衡氙与钐毒		0.14	0.137	0.037

34.2.2 超功率—超温安全保护极限[1]

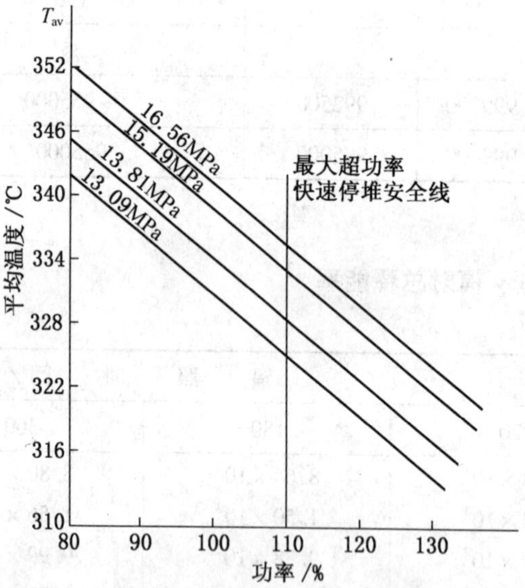

34.2.3 压水堆应急堆芯冷却系统典型的释放量[1]

子系统名称	动作压力(PSID)*/MPa	单元总数	假定有效数目	设计堆芯淹没率/(cm·s^{-1})
上充泵	6.86~18.9	2	1	0.254
高压注射泵	10.3	2	1	0.254
安全注射箱	1.37~5.2	2	1	25.4
		或3	2	
		或4	3	
低压注射泵	0.82~0.43	2	1	2.54

*堆容器和安全壳之间的压力差。

34.2.4 沸水堆应急堆芯冷却系统释放量[1]

功能	装设数目	容量/%	每个系统设计流量/($m^3 \cdot min^{-1}$)	压力(PSID)*/MPa	压力范围(PSID)/MPa
高压堆芯喷淋系统 HPCS	1	100	5.9 21	7.8 1.37	7.8
自动泄压阀	6	20	363t/h	7.8	7.8
低压堆芯喷淋系统 LPCS	1	100	21	0.82	1.82~0
低压注射系统 LPCI	3	$33\frac{1}{3}$	22.6	0.137	1.55~0

*堆容器和安全壳之间的压力差。

34.2.5 失水事故的分类及发生概率[1]

	大破口		中破口	小破口
破口尺寸/cm^2	>1000	400~1000	80~400	<80
破口尺寸/%	>25	10~25	1~10	<2
发生的平均概率	10^{-4}/a	3×10^{-4}/a	8×10^{-4}/a	3×10^{-3}/a

34.2.6 操作失误概率值[1]

错误率	动作
1×10^{-4}	选择键控开关，而不是非键控开关（不包括操作人员把位置弄错而又确信键控开关选得对）的判断错误
1×10^{-3}	选择形状或位置不同的开关或开关对，假定没有判断错误，例如，操作人员开动一只粗柄开关而不是小开关
3×10^{-3}	一般操作人误。例如，由于看错标牌而选错开关
1×10^{-2}	一般疏忽人误，当被疏忽的项目状态在控制室没有显示器时
3×10^{-3}	疏忽错误，被疏忽的项目夹杂在过程之中，而不是像上面那样发生在过程结束时
5×10^{-2}	经过自检的运算错误，但没有在另外的纸上重新演算
$1/X$	操作人员伸手抓错开关（或开关对），选择了样子特别相似的开关（或开关对）。其中 X 为与期望的开关相似的开关数目，适用范围 $X=5$ 或 6，随着项目 X 的增加，错误率可能下降，因为操作人员可能有更多的寻找时间，在 5 或 6 项时，他没料到会出错，因此有更大的可能性没有仔细地寻找
1×10^{-1}	操作人员伸手抓错了电动阀的开关（或开关对），没注意到电动阀的指示灯早已处在所需状态，而在已经选错了开关的情况下，就改变电动阀的状态
~1.0	除了错误开关的状态未处所需状态以外，其他同上
~1.0	如果操作人员未能正确操纵两只紧耦合阀或按程序步骤操作开关对中的一只，他也不能正确地操作另一只阀门
1×10^{-1}	班长或检查员未能判明操作人员的最初错误
1×10^{-1}	各类交接班的工作人员，除了检查表或书面要求检查的以外，而对硬件设备的状况检查失误

（续表）

错误率	动作
5×10^{-1}	班长在一般的巡回检查中，假定没有检查表可用时，不会发现不符合要求的阀门状态等
0.2～0.3	迅速产生危险动作的高度精神紧张状态引起的一般错误率
$2(n-1)x$	假定时间非常紧迫，为补救在紧急情况下产生的错误，而再一次进行尝试的错误率，其中 x 为动作的最初错误率，在前一次错误的尝试后，每再尝试一次，错误率增加一倍，当尝试次数 n 趋于极限时，错误率将达到1.0或直到时间用尽，这种极限情况代表了变得完全混乱或无效的个别情况
～1.0	操作人员在精神极其紧迫情况（例如大破口事故）开始后的头60s内未能正确采取行动
0.9	在极其紧迫情况开始之后，经过头5min，操作人员未能正确地行动
0.1	在极其紧迫情况开始之后，经过头30min，操作人员未能正确地行动
1×10^{-2}	在紧迫情况下，经过头几个小时，操作人员未能正确地行动

注：1. 表中这些基础（基本）数据是根据与所评任务有关的各个因素作了修正的。

2. 估计的错误率是在时间十分紧迫和精神压力很大的情况下得出的。

34.2.7 对核设施事故可能具有潜在重要性的放射性核素[2]

对反应堆事故有重要意义的核素	对乏燃料后处理厂有重要意义的核素	对反应堆事故有重要意义的核素	对乏燃料后处理厂有重要意义的核素
$^{85m}K_r$	^{89}Sr	^{133}I	$^{241}P_u$
$^{87}K_r$	$^{90}S_r$	^{135}I	$^{241}A_m$
$^{88}K_r$	^{131}I	$^{133}X_e$	$^{242}C_m$
$^{89}S_r$	$^{103}R_u$	$^{135}X_e$	$^{244}C_m$
$^{90}S_r$	$^{106}R_u$	$^{134}C_s$	
$^{95}Z_r$	$^{134}C_s$	$^{137}C_s$	
$^{103}R_u$	$^{137}C_s$	$^{140}B_a$	
$^{106}R_u$	$^{144}C_e$	$^{140}L_a$	
$^{132}T_e$	$^{238}P_u$	$^{144}C_e$	
^{131}I	$^{239}P_u$	$^{239}N_p$	
^{132}I	$^{240}P_u$		

34.2.8 ICRP 建议计量限值[1]

项目	剂量限值/($mSv\cdot a^{-1}$)	
	放射性工作人员	公众
有效剂量	20 （可在规定的5a内平均，但任何一年不得超过50mSv）	1 （在特殊情况下允许5a平均）
当量剂量		
眼晶体	150	15
皮肤	500	50
手和脚	500	—

34.2.9 核电厂主要检修操作的集体剂量当量[1]

序号	操作	沸水堆 剂量当量/(人·mSv)(人·rem)			沸水堆 统计		压水堆 剂量当量/(人·mSv)(人·rem)			压水堆 统计	
		最小	最大	平均	次数	厂数	最小	最大	平均	次数	厂数
1	打开和盖上堆容器	12(1.2)	160(16)	55(5.5)	36	8	28(2.8)	510(51)	170(17)	36	12
1a	打开堆容器	6(0.6)	70(7.0)	19(1.9)	26	7	9(0.9)	190(19)	80(8)	27	6
1b	盖上堆容器	5(0.5)	120(12)	33(3.3)	31	7	19(1.9)	190(19)	102(10.2)	27	6
2	燃料操作	20(2)	140(14)	64(6.4)	19	8	5(0.5)	140(14)	40(4)	31	10
1+2	整个装卸料过程	40(4)	300(30)	130(13)	19	8					
3	阀门维修	2(2.0)	290(29)	41(4.1)	47	10	4(0.4)	336(33.6)	91(9.1)	25	9
4	控制棒驱动机构维修	6(0.6)	320(32)	75(7.5)	49	10	4(0.4)	177(17.7)	45(4.5)	26	5
4a	维修一个控制棒驱动机构	3(0.3)	15(1.5)	8(0.8)	25	7	2(0.2)	11(1.1)	6(0.6)	10	3
5	泵维修	11(1.1)	275(27.5)	87(8.7)	43	8	7(0.7)	203(20.3)	66(6.6)	47	13
6	循环泵的拆除和安装	510(51)	880(88)	580(58)	11	6	570(57)	820(82)	670(67)	8	3
7	燃料池及净化系统维修	3(0.3)	310(31)	54(5.4)	39	7	4(0.4)	110(11)	26(2.6)	17	6
8	堆芯仪表维修	8(0.8)	240(24)	71(7.1)	15	7	7(0.7)	138(13.8)	60(6)	21	8
9	在役检查	33(3.3)	1060(106)	230(23)	47	22	20(2)	1150(115)	280(28)	95	31
10	固、液体废物处理	2(0.2)	350(35)	110(11)	22	8	10(1)	310(31)	98(9.8)	24	6
11	燃料检查	9(0.9)	96(9.6)	66(6.6)	6	3	27(2.7)	43(4.3)	31(3.1)	5	2
12	透平维修	6(0.6)	110(11)	33(3.3)	20	12					
13	更换一个补给水分配器	440(44)	1290(129)	904(90.4)	12	4					
14	蒸汽喷射器维修	5(0.5)	120(12)	57(5.7)	7	5					
15	蒸汽发生器维修						28(2.8)	2000(200)	530(53)	56	16
16	稳压器维修						30(3)	250(25)	122(12.2)	8	5

34.2.10 压水堆事故释放类描述[1]

释放类	事故描述
PWR1	熔化燃料跟在压力壳内底部残存的水接触，发生蒸汽爆炸产生堆芯熔毁。安全壳喷淋和热量去除系统假定失效，蒸汽爆炸毁坏堆压力壳的上部和导致安全壳这一屏障的破坏，大量放射性可能在10min时间以喷团的形式从安全壳中释入大气环境
PWR2	堆芯冷却系统失效，堆芯熔化同时安全壳喷淋和热量去除系统失效。由于过压使安全壳屏障破坏。可能在大约30min内以喷团的方式向环境释放大量放射性
PWR3	由于安全壳热量去除系统失效，导致安全壳过压破坏。在堆芯熔化开始之前，放射性去除系统能局部工作
PWR4	在失水事故以后，堆芯冷却系统和安全壳喷淋注入系统失效。安全壳系统不能很好隔离，但安全壳再循环喷淋和热量去除系统能去除安全壳大气中的热量

（续表）

释放类	事　故　描　述
PWR5	与PWR4类似。堆芯冷却系统失效，但安全壳喷淋注入系统能运行，进一步减少安全壳的温度和压力。安全壳未能很好隔离，造成很大的泄漏率
PWR6	由于堆芯冷却系统失效造成堆芯熔化。安全壳喷淋不运行，但安全壳屏障完好直到熔化堆芯熔穿安全壳混凝土底部，放射性物质进入地下，一部分经地面释放到大气中
PWR7	与PWR6类似，但安全壳喷淋投入运行减少安全壳内的压力和温度
PWR8	类似设计基准事故（大管道破裂），但安全壳未能在需要时很好隔离。其他工程安全设施假定运行正常，堆芯没有熔化
PWR9	类似设计基准事故（大管道破裂），仅仅在燃料芯块之间的间隙中的放射性释入安全壳，堆芯不熔化，假定按最低限度需要的工程安全设施满意地投入运行，去除堆芯和安全壳中的热量

34.2.11　压水堆假想事故释放类型汇总[1]

释放类型	发生概率/(1·堆$^{-1}$·a^{-1})	事故发生到开始释放的时间/h	释放持续时间/h	预计堆芯熔化到释放的时间/h	释放高度/m	释热率(英热单位/h)	释放量占堆芯总量的份额							
							Xe-Kr	有机I	I	Cs-Rb	Te-Sb	Ba-Sr	Ru③	La④
PWR1	9×10^{-7}①	2.5	0.5	1.0	25	20和520②	0.9	6×10^{-3}	0.7	0.4	0.4	0.05	0.4	3×10^{-3}
PWR2	8×10^{-6}	2.5	0.5	1.0	0	170	0.9	7×10^{-3}	0.7	0.5	0.3	0.06	0.02	4×10^{-3}
PWR3	4×10^{-6}	5.0	1.5	2.0	0	6	0.8	6×10^{-3}	0.2	0.2	0.3	0.02	0.03	3×10^{-3}
PWR4	5×10^{-7}	2.0	3.0	2.0	0	1	0.6	2×10^{-3}	0.09	0.04	0.03	5×10^{-3}	3×10^{-3}	4×10^{-4}
PWR5	7×10^{-7}	2.0	4.0	1.0	0	0.3	0.3	2×10^{-3}	0.03	9×10^{-3}	5×10^{-3}	1×10^{-3}	6×10^{-4}	7×10^{-5}
PWR6	6×10^{-6}	12.0	10.0	1.0	0	无	0.3	2×10^{-3}	8×10^{-4}	8×10^{-4}	1×10^{-3}	9×10^{-5}	7×10^{-5}	1×10^{-5}
PWR7	4×10^{-5}	10.0	10.0	1.0	0	无	6×10^{-3}	2×10^{-5}	2×10^{-5}	1×10^{-5}	2×10^{-5}	1×10^{-6}	1×10^{-6}	2×10^{-7}
PWR8	4×10^{-5}	0.5	0.5	无	0	无	2×10^{-3}	5×10^{-6}	1×10^{-4}	5×10^{-4}	1×10^{-6}	1×10^{-8}	0	0
PWR9	4×10^{-4}	0.5	0.5	无	0	无	3×10^{-6}	7×10^{-9}	1×10^{-7}	6×10^{-7}	1×10^{-9}	1×10^{11}	0	0

① 释放类型PWR1分成两种不同的能量释放类型PWR1A和PWR1B；PWR1A概率为每堆年4×10^{-7}，释热率为5.86×10^{3}kW（20×10^{6}英热单位/h）；PWR1B概率为每堆年5×10^{-7}，释热率为1.52×10^{5}kW（520×10^{6}英热单位/h）。

② 1英热单位/h＝2.93×10^{-4}kW。

③ 包括Mo，Rh，Tc，Co，Ru。

④ 包括Nd，Y，Ce，Pr，La，Nb，Am，Cm，Pu，Np，Zr。

34.2.12　国际核事件分级表[1]

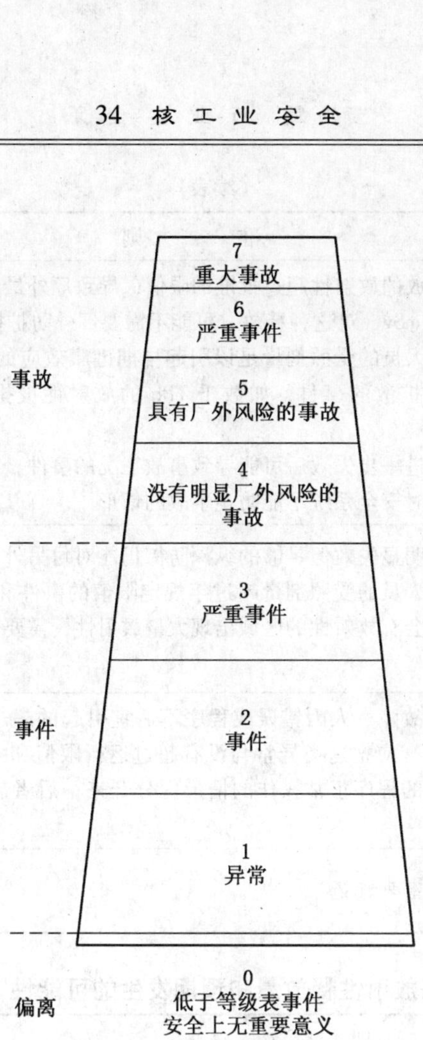

国际核事件分级表

级别	说明	准　　则	实　例
事故7级	重大事故	大量的放射性物质从大型核设施（如动力堆堆芯）释放到外部环境。这些放射性物质一般包括短寿命和长寿命的放射性裂变产物（其放射性当量相当于数万 TBq 甚至更高的 ^{131}I 的放射性），这种释放通常会导致急性健康效应，和在较大范围内（可能波及其他国家）发生缓发健康效应，并带来长期的环境后果	1986 年原苏联 Chernobyl 核电厂事故
6级	严重事故	放射性当量相当于数千至数万 TBq ^{131}I 的放射性物质向外部环境释放，这种释放很可能导致全面实施当地应急计划以限制严重的健康效应	1957 年原苏联 Kyshtym 后处理厂事故
5级	具有厂外风险的事故	放射性当量相于数百至数千 TBq ^{131}I 的放射性物质向外部环境释放，这种释放可能会导致部分实施当地应急计划以减少健康效应发生的可能性 核设施受到严重损坏，这可能包括动力堆堆芯的大部分受到严重破坏，重大的临界事故或严重的火灾或爆炸引起的大量放射性物质释放到核设施内部	1957 年英国 Wind—Scale 反应堆事故 1979 年美国 Three Mile Island 核电厂事故
4级	没有明显厂外风险的事故	放射性物质向外部环境释放，导致厂外受照人员的个人受照剂量约为若干 mSv。对于这种释放，除了可能采取控制当地食品外，一般不需要采取其他厂外防护行动。 核设施受到明显损坏，这可能包括那些会导致重大厂内恢复的核电厂损坏事故，如动力堆堆芯部分熔化和与此相当的非反应堆设施的事件 一个或多个工作人员受到可能会导致早期死亡的过量照射	1973 年英国 Windscale 后处理厂事故 1980 年法国 Saint-Laurent 核电厂事故

（续表）

级别	说明	准则	实例
3级	严重事件	向外部释放的放射性超过批准的限值，导致厂外最大个人受照剂量为十分之几mSv，对这种释放，可能不需要厂外防护措施 导致工作人员的受照剂量足以引起早期健康效应的事件和/或导致污染物严重扩散的事件，如数千TBq的放射性被排放到次级安全壳内 安全系统进一步失效后可能导致事故工况的事件，或者在一定的初因事件发生时安全系统不能防止事故的情形	1989年西班牙Vandellos核电厂事件
2级	事件	安全措施明显失效但足够的纵深防御仍能对付另外的失效的事件 导致工作人员的受照剂量超过年规定限值的事件和/或在设施内设计上预期不会有放射性的区域出现大量放射性，需要采取纠正措施的事件	
1级	异常	由于设备故障、人因错误或程序不适宜引起的超过批准运行范围的异常事件（应把这类异常与没有超过运行限值和条件的情形以及那些按合适的程序正常操作的情形区分开来，后者属低于等级表事件）	
低于等级表0级	偏离	安全上无重要意义	

34.2.13　轻水核电厂各应急状态放射性释放量和预期发生的可能性[1]

应急等级	放射性释放量/Bq		预期发生概率
	放射学上相当的^{131}I量	放射学上相当的^{133}Xe量	
应急待命	很少（不要求场外响应或监测）		每堆年1~2次
厂房应急	很少~3.7×10^{11}	很少~3.7×10^{14}	每10~100堆年一次
场区应急	3.7×10^{11}~3.7×10^{13}	3.7×10^{14}~3.7×10^{16}	每100~5000堆年一次
场外应急	$>3.7\times10^{13}$	$>3.7\times10^{16}$	约每5000堆年一次

34.2.14　不同事故阶段的可能照射途径及相应的防护措施[2]

可能的照射途径	事故阶段	防护措施
1. 来自核设施的外照射	早期（1~4） 中期（3~7） 晚期（5~7）	隐蔽、撤离、控制通道
2. 来自烟羽的外照射		隐蔽、撤离、控制通道
3. 吸入烟羽的放射性物质		隐蔽、服稳定性碘、撤离、控制通道
4. 皮肤和衣服受污染		隐蔽、撤离、人员去污
5. 来自地面沉积物的外照射		撤离、避迁、地面和房屋设备去污
6. 吸入再悬浮的放射性物质		避迁、地面和房屋设备去污
7. 摄入受污染的食物和水		控制食物和水，使用未污染的饲料喂养牲口、家畜

注：使用储存饲料喂养家畜对任何事故阶段都是适用的。

34.2.15 不同事故阶段采取防护措施的剂量[1]

1. 适于早期防护措施的剂量范围

	剂量/mSv 或 mGY	
措施	全身	肺①、甲状腺和其他主要受照的单个器官
隐蔽	5 ~ 50②	50 ~ 500
服稳定性碘	—	50 ~ 500③
撤离	50 ~ 500	500 ~ 5000

① 在肺受到高剂量 α 粒子照射的情况下，数值用吸收剂量（mGy）与相对生物效应（RBE）的乘积。为便于计算，建议 RBE 取 10。

② 或有效剂量当量。

③ 仅用于甲状腺。

2. 中期阶段采取防护措施的剂量①

	第一年内的剂量当量/mSv	
措施	全 身	主要受照的单个器官
控制食物和水	5 ~ 50②	50 ~ 500
避迁	50 ~ 500	未预定

① 对孕妇和特殊亚群的防护问题应特别关注。

② 或有效剂量当量。

34.2.16 IAEA 干预水平指南值[1]

防护措施	与干预水平①比较的量	有效剂量/mSv	甲状腺当量剂量/mSv
隐蔽	在头 24h 的外照射剂量加待积摄入剂量	约几到几十	
稳定碘服用	在头 24h 摄入的待积剂量		约几十到几百
撤离	在头 24h 的外照射剂量加待积摄入剂量	约 10 到几百	
避迁②	一年的外照射剂量加摄入待积剂量	约几到几百③	
食物④控制	在一年中的摄入待积剂量	约 1 到几十	

注：这些定量值仅仅有指导意义。对于所关注的具体事故情况，在没有首先很好分析这些值的适用性时，不应该采用这范围的值。

① 原则上，这是与干预水平比较的采取防护措施后避免的剂量。在实际上这常常可能是与预期剂量相等。

② 与其他防护措施相比有较宽的范围。这是为反映这项措施对事故规模有较大的灵活性。

③ 在某些情况下，这个准则也可以用剂量率表示。在这种情况下，剂量的指南值范围是 1 到几十 μSv/h。

④ 这分别应用于下列食物：奶制品，肉，蔬菜，谷物，水果，饮水和饮料。

34.2.17 我国现行的导出干预水平[1]

（1）相应于隐蔽和撤离的导出干预水平：沉积于皮肤的核素引起的皮肤 β 照射。

DIL 和测定量	照射途径	相关的防护措施	事故阶段
空气中核素的时间积分浓度/($Bq \cdot s \cdot m^{-3}$)	沉积于皮肤和衣服上的核素引起的皮肤 β 照射	撤离，隐蔽	早期
导出干预水平（对所关心的特殊情况和特定环境应予以重新估算）			

（续表）

放射性核素	空气中核素的时间积分浓度/(Bq·s·m^{-3})	
	撤离	隐蔽
^{89}Sr	4×10^{10}	4×10^{9}
^{90}Sr	4×10^{10}	4×10^{9}
^{95}Zr	5×10^{10}	5×10^{9}
^{95}Nb	1.5×10^{11}	1.5×10^{10}
^{103}Ru	6×10^{10}	6×10^{9}
^{106}Ru	4×10^{10}	4×10^{9}
^{132}Te	3×10^{10}	3×10^{9}
^{131}I	1×10^{10}	1×10^{9}
^{132}I	4×10^{10}	4×10^{9}
^{133}I	1.5×10^{10}	1.5×10^{9}
^{135}I	2×10^{10}	2×10^{9}
^{134}Cs	6×10^{10}	6×10^{9}
^{137}Cs	3×10^{10}	3×10^{9}
^{145}Ba	4×10^{10}	4×10^{9}
^{140}La	4×10^{10}	4×10^{9}
^{144}Ce	2.5×10^{10}	2.5×10^{9}
^{239}Np	5×10^{10}	5×10^{9}
^{241}Pu	8×10^{16}	8×10^{15}

（2）相应于隐蔽、撤离发放稳定碘的导出干预水平：来自烟云的吸入。

DIL和测定量	照射途径	相关的防护措施	事故阶段
空气中核素的时间积分浓度/(Bq·s·m^{-3})	烟云的吸入	撤离、隐蔽、发放稳定碘	早期

导出干预水平（普遍适用）

放射性核素	空气中核素的时间积分浓度/(Bq·s·m^{-3})		
	撤离	隐蔽	发放稳定碘
^{89}Sr	7×10^{10}	7×10^{9}	—
^{90}Sr	3×10^{9}	3×10^{8}	—
^{95}Zr	2.5×10^{10}	2.5×10^{9}	—
^{103}Ru	6×10^{10}	6×10^{9}	—
^{106}Ru	1×10^{9}	1×10^{8}	—
^{132}Tc	2×10^{10}	2×10^{9}	2×10^{9}
^{131}I	4×10^{9}	4×10^{8}	4×10^{8}
^{132}I	7×10^{11}	7×10^{10}	7×10^{10}
^{133}I	2.5×10^{10}	2.5×10^{9}	2.5×10^{9}
^{135}I	1.5×10^{11}	1.5×10^{10}	1.5×10^{10}
^{134}Cs	1.5×10^{10}	1.5×10^{9}	—

(续表)

放射性核素	空气中核素的时间积分浓度/$(Bq \cdot s \cdot m^{-3})$		
	撤　离	隐　蔽	发放稳定碘
^{137}Cs	2.5×10^{10}	2.5×10^{9}	—
^{140}Ba	1.5×10^{11}	1.5×10^{10}	—
^{144}Ce	1.5×10^{9}	1.5×10^{8}	—
^{239}Np	2×10^{11}	2×10^{10}	—
^{238}Pu	2.5×10^{6}	2.5×10^{5}	—
^{239}Pu	2.5×10^{6}	2.5×10^{5}	—
^{240}Pu	2.5×10^{6}	2.5×10^{5}	—
^{241}Pu	1.5×10^{8}	1.5×10^{7}	—
^{241}Am	1.5×10^{6}	1.5×10^{5}	—
^{242}Cm	3×10^{7}	3×10^{6}	—
^{244}Cm	3×10^{6}	3×10^{5}	—

(3) 相应于撤离的导出干预水平（以核素沉积水平表示）：沉积于地面的核素引起的短期γ外照射。

DIL 和测定量	照射途径	相关的防护措施	事故阶段
沉积于地面的核素水平/$(Bq \cdot m^{-2})$	沉积于地面的核素引起的短期γ外照射	撤离	早期

导出干预水平（普遍适用）

放射性核素	沉积于地面的核素浓度/$(Bq \cdot m^{-2})$	放射性核素	沉积于地面的核素浓度/$(Bq \cdot m^{-2})$
	撤　离		撤　离
^{95}Zr	$1.5 \times 10^{8} \div SF_{\gamma}$	^{140}Ba	$7 \times 10^{7} \div SF_{\gamma}$
^{95}Nb	$1.5 \times 10^{8} \div SF_{\gamma}$	^{144}Ce	$2 \times 10^{9} \div SF_{\gamma}$
^{103}Ru	$2 \times 10^{8} \div SF_{\gamma}$	^{239}Np	$1 \times 10^{9} \div SF_{\gamma}$
^{106}Ru	$5 \times 10^{8} \div SF_{\gamma}$	^{238}Pu	$5 \times 10^{11} \div SF_{\gamma}$
^{132}Te	$8 \times 10^{7} \div SF_{\gamma}$	^{239}Pu	$8 \times 10^{11} \div SF_{\gamma}$
^{131}I	$3 \times 10^{8} \div SF_{\gamma}$	^{240}Pu	$5 \times 10^{11} \div SF_{\gamma}$
^{132}I	$2.5 \times 10^{9} \div SF_{\gamma}$	^{241}Pu	$2.5 \times 10^{13} \div SF_{\gamma}$
^{133}I	$9 \times 10^{8} \div SF_{\gamma}$	^{241}Am	$4 \times 10^{9} \div SF_{\gamma}$
^{135}I	$1 \times 10^{9} \div SF_{\gamma}$	^{242}Cm	$4 \times 10^{11} \div SF_{\gamma}$
^{134}Cs	$7 \times 10^{7} \div SF_{\gamma}$	^{244}Cm	$2.5 \times 10^{11} \div SF_{\gamma}$
^{137}Cs	$2 \times 10^{8} \div SF_{\gamma}$		

(4) 相应于撤离的导出干预水平（以初始γ外照射剂量率表示）：沉积于地面的核素引起的短期γ外照射。

DIL 和测定量	照射途径	相关的防护措施	事故阶段
地面上 1m 高度处初始γ外照射剂量率/$(Sv \cdot s^{-1})$	沉积于地面的核素引起的短期γ外照射	撤离	早期

导出干预水平（普遍适用）

（续表）

放射性核素	地面上1m高度处初始γ外照射剂量率/$(Sv\cdot s^{-1})$ 撤离	放射性核素	地面上1m高度处初始γ外照射剂量率/$(Sv\cdot s^{-1})$ 撤离
^{95}Zr	$8\times10^{-8}\div SF_{\gamma}$	^{140}Ba	$1\times10^{-8}\div SF_{\gamma}$
^{95}Nb	$9\times10^{-8}\div SF_{\gamma}$	^{144}Ce	$4\times10^{-8}\div SF_{\gamma}$
^{103}Ru	$9\times10^{-8}\div SF_{\gamma}$	^{239}Np	$2\times10^{-7}\div SF_{\gamma}$
^{106}Ru	$8\times10^{-8}\div SF_{\gamma}$	^{238}Pu	$8\times10^{-8}\div SF_{\gamma}$
^{132}Te	$2\times10^{-8}\div SF_{\gamma}$	^{239}Pu	$8\times10^{-8}\div SF_{\gamma}$
^{131}I	$1\times10^{-7}\div SF_{\gamma}$	^{240}Pu	$8\times10^{-8}\div SF_{\gamma}$
^{132}I	$4\times10^{-6}\div SF_{\gamma}$	^{241}Pu	$5\times10^{-8}\div SF_{\gamma}$
^{133}I	$5\times10^{-7}\div SF_{\gamma}$	^{241}Am	$8\times10^{-8}\div SF_{\gamma}$
^{135}I	$1\times10^{-6}\div SF_{\gamma}$	^{242}Cm	$8\times10^{-8}\div SF_{\gamma}$
^{134}Cs	$8\times10^{-8}\div SF_{\gamma}$	^{244}Cm	$8\times10^{-8}\div SF_{\gamma}$
^{137}Cs	$8\times10^{-8}\div SF_{\gamma}$		

（5）相应于隐蔽和撤离的导出干预水平：来自烟羽的皮肤β照射。

DIL和测定量	照射途径	相关的防护措施	事故阶段
空气中核素的时间积分浓度/$(Bq\cdot s\cdot m^{-3})$	烟羽照射的皮肤β剂量	撤离，隐蔽	早期

导出干预水平（普遍适用）

放射性核素	空气中核素的时间积分浓度/$(Bq\cdot s\cdot m^{-3})$ 撤离	空气中核素的时间积分浓度/$(Bq\cdot s\cdot m^{-3})$ 隐蔽
^{85}Kr	1.5×10^{14}	1.5×10^{13}
^{85}mKr	1.5×10^{14}	1.5×10^{13}
^{87}Kr	7×10^{12}	7×10^{11}
^{88}Kr	4×10^{13}	4×10^{12}
^{133}Xe	6×10^{14}	6×10^{13}
^{135}Xe	9×10^{13}	9×10^{12}

（6）相应于撤离的导出干预水平：来自地面再悬浮核素的吸入。

DIL和测定量	照射途径	相关的防护措施	事故阶段
沉积于地面的核素水平/$(Bq\cdot m^{-2})$	来自地面再悬浮核素的短期吸入	撤离	早期

导出干预水平（对于所关心的特殊情况和特定环境应予以重新估算）

放射性核素	沉积于地面的核素浓度/$(Bq\cdot m^{-2})$ 撤离	放射性核素	沉积于地面的核素浓度/$(Bq\cdot m^{-2})$ 撤离
^{90}Sr	5×10^{9}	^{241}Pu	2.5×10^{8}
^{238}Pu	4×10^{6}	^{241}Am	2.5×10^{6}
^{232}Pu	4×10^{6}	^{242}Cm	5×10^{7}
^{240}Pu	4×10^{6}	^{244}Cm	5×10^{6}

(7) 相应避迁的导出干预水平（以核素沉积水平表示）：沉积于地面的核素引起的γ外照射。

DIL 和测定量	照射途径	相关的防护措施	事故阶段
沉积于地面的核素水平/($Bq \cdot m^{-2}$)	沉积于地面的核素造成γ外照射	避迁	中期

导出干预水平（普遍适用）

放射性核素	沉积于地面的核素浓度/($Bq \cdot m^{-2}$)	放射性核素	沉积于地面的核素浓度/($Bq \cdot m^{-2}$)
	避　迁		避　迁
^{95}Zr	$6 \times 10^6 \div SF_\gamma$	^{137}Cs	$4 \times 10^6 \div SF_\gamma$
^{95}Nb	$2 \times 10^7 \div SF_\gamma$	^{140}Ba	$1.5 \times 10^7 \div SF_\gamma$
^{103}Ru	$2.5 \times 10^7 \div SF_\gamma$	^{144}Ce	$6 \times 10^7 \div SF_\gamma$
^{106}Ru	$1.5 \times 10^7 \div SF_\gamma$	^{239}Np	$9 \times 10^8 \div SF_\gamma$
^{132}Te	$6 \times 10^7 \div SF_\gamma$	^{238}Pu	$1 \times 10^{10} \div SF_\gamma$
^{131}I	$1.5 \times 10^8 \div SF_\gamma$	^{240}Pu	$1.5 \times 10^{10} \div SF_\gamma$
^{132}I	$2.5 \times 10^9 \div SF_\gamma$	^{241}Pu	$9 \times 10^{10} \div SF_\gamma$
^{133}I	$8 \times 10^8 \div SF_\gamma$	^{241}Am	$9 \times 10^7 \div SF_\gamma$
^{135}I	$1 \times 10^9 \div SF_\gamma$	^{242}Cm	$1.5 \times 10^{10} \div SF_\gamma$
^{134}Cs	$1.5 \times 10^6 \div SF_\gamma$	^{244}Cm	$6 \times 10^9 \div SF_\gamma$

(8) 相应避迁的导出干预水平（以初始γ外照射剂量率表示）：沉积于地面的核素引起的γ外照射。

DIL 和测定量	照射途径	相关的防护措施	事故阶段
地面上 1m 高度处初始γ外照射剂量率/($Sv \cdot s^{-1}$)	沉积于地面的核素造成的γ外照射	避迁	中期

导出干预水平（普遍适用）

放射性核素	地面上 1m 高度处初始γ外照射剂量率/($Sv \cdot s^{-1}$)	放射性核素	地面上 1m 高度处初始γ外照射剂量率/($Sv \cdot s^{-1}$)
	避　迁		避　迁
^{95}Zr	$3 \times 10^{-9} \div SF_\gamma$	^{140}Ba	$3 \times 10^{-9} \div SF_\gamma$
^{95}Nb	$1 \times 10^{-8} \div SF_\gamma$	^{144}Ce	$1.5 \times 10^{-9} \div SF_\gamma$
^{103}Ru	$1 \times 10^{-8} \div SF_\gamma$	^{239}Np	$1.5 \times 10^{-7} \div SF_\gamma$
^{106}Ru	$2.5 \times 10^{-9} \div SF_\gamma$	^{238}Pu	$2 \times 10^{-9} \div SF_\gamma$
^{132}Te	$1.5 \times 10^{-8} \div SF_\gamma$	^{239}Pu	$2 \times 10^{-9} \div SF_\gamma$
^{131}I	$5 \times 10^{-8} \div SF_\gamma$	^{240}Pu	$1.5 \times 10^{-9} \div SF_\gamma$
^{132}I	$4 \times 10^{-6} \div SF_\gamma$	^{241}Pu	$2 \times 10^{-10} \div SF_\gamma$
^{133}I	$4 \times 10^{-7} \div SF_\gamma$	^{241}Am	$1.5 \times 10^{-9} \div SF_\gamma$
^{135}I	$1 \times 10^{-6} \div SF_\gamma$	^{242}Cm	$3 \times 10^{-9} \div SF_\gamma$
^{134}Cs	$2 \times 10^{-9} \div SF_\gamma$	^{244}Cm	$2 \times 10^{-9} \div SF_\gamma$
^{137}Cs	$1.5 \times 10^{-9} \div SF_\gamma$		

(9) 相应于避迁的导出干预水平：来自地面的再悬浮核素的吸入。

DIL 和测定量	照射途径	相关的防护措施	事故阶段
沉积于地面的核素水平/($Bq \cdot m^{-2}$)	来自地面再悬浮核素的吸入	避迁	中期

导出干预水平（对于所关心的特殊情况和特定环境应予以重新估算）

（续表）

放射性核素	沉积于地面的核素浓度/($Bq \cdot m^{-2}$) 避迁
^{90}Sr	3×10^8
^{238}Pu	2×10^5
^{239}Pu	2×10^5
^{240}Pu	2×10^5
^{241}Pu	1.5×10^7
^{241}Am	1.5×10^5
^{242}Cm	3×10^6
^{244}Cm	2.5×10^5

34.3　放射性同位素与辐射应用安全

34.3.1　开放型放射源工作场所的分级[1]

级　别	日等效最大操作量/Bq
甲	$>4 \times 10^9$
乙	$2 \times 10^7 \sim 4 \times 10^9$
丙	$4 \times 10^4 \sim 2 \times 10^7$

34.3.2　表面放射性物质污染控制水平[1]

Bq/cm^2

表面类型		α放射性物质		β放射性物质
		极毒性	其他	
工作台、设备、墙壁、地面	控制区 监督区	4	4×10	4×10
	非限制区	4×10^{-1}	4	4
工作服、手套、工作鞋	控制区 监督区	4×10^{-1}	4×10^{-1}	4
	非限制区	4×10^{-2}	4×10^{-2}	4×10^{-1}
手、皮肤、内衣、工作袜		4×10^{-2}	4×10^{-2}	4×10^{-1}

注：1. 表中所列数值系指表面上固定污染和松散污染的总数。

2. 手、皮肤、内衣、工作袜污染时，应及时清洗，尽可能清洗到本底水平。其他表面污染水平超过表中所列数值时，应采取去污措施。

3. 设备、墙壁、地面经采取适当的去污措施后，仍超过表中所列数值时，可视为固定性污染，经辐射防护部门检查同意，可适当提高控制水平，但不得超过表中所列数值的5倍。

4. β粒子最大能量小于0.3MeV的β放射性物质的表面污染控制水平，可为表中所列数值的5倍。

5. ^{227}Ac，^{210}Pb，^{228}Ra 等β放射性物质，按α放射性物质的表面污染控制水平执行。

6. 氚和氚化水的表面污染控制水平，可为表中所列数值的10倍。

7. 表面污染水平可按一定面积上的平均值计算：皮肤和工作服取 $100cm^2$，设备取 $300cm^2$，地面取 $1000cm^2$。

34.3.3 货包和运输工具表面放射性物质非固定污染限值[1]

货包类型	活染限值/($Bq \cdot cm^{-2}$)($\mu Ci \cdot cm^{-2}$)	
	β、γ和低毒性α发射体	其他α发射体
豁免货包外表面，载有豁免货包的外包装、集装箱和运输工具的内、外表面	4×10^{-1} (10^{-5})	4×10^{-2} (10^{-5})
除豁免货包外的各货包外表面，不载有豁免货包的外包装和集装箱的内、外表面	4 (10^{-4})	4×10^{-1} (10^{-5})

注：1. 表中限值允许在表面的任意部位的任何一个 $300cm^2$ 的面积上求平均。小于 $300cm^2$ 者按实际污染面积平均。

2. 低毒性的α发射体指的是：天然铀、贫化铀、天然钍、^{235}U、^{238}U、^{232}Th，在矿石和物理或化学浓缩物中的 ^{228}Th、^{230}Th，以及半衰期小于10d的放射性核素。

34.3.4 放射性货包距感光材料放置地点和人员经常停留处的最小容许距离[1]

运输指数	照射时间/h（昼夜）							
	1	2	4	10	24 (1)	48 (2)	120 (5)	240 (10)
	距货包表面的距离/m							
0.2	0.5	0.5	0.5	0.5	1	1	2	3
0.5	0.5	0.5	0.5	1	1	2	3	5
1	0.5	0.5	1	1	2	3	5	7
2	0.5	1	1	1.5	3	4	7	9
4	1	1	1.5	3	4	6	9	13
8	1	1.5	2	4	6	8	13	18
10	1	2	3	4	7	9	14	20
20	1.5	3	4	6	9	13	20	30
30	2	3	5	7	11	16	25	35
40	3	4	5	8	13	18	30	40
50	3	4	6	9	14	20	32	45

34.3.5 几种屏蔽材料的半厚度值[1]

γ射线能量/MeV	屏蔽材料/cm			
	水	水泥	钢	铝
0.5	7.4	3.7	1.1	0.41
0.6	8.0	3.9	1.2	0.49
0.7	8.6	4.2	1.3	0.59
0.8	9.2	4.5	1.4	0.70
0.9	9.7	4.7	1.4	0.80
1.0	10.3	5.0	1.5	0.90
1.1	10.6	5.2	1.6	0.97
1.2	11.0	5.5	1.6	1.03
1.3	11.5	5.7	1.7	1.10
1.4	11.9	6.0	1.8	1.20
1.5	12.3	6.3	1.9	1.20

34.3.6 计算不同材料的铅当量厚度的换算系数[1]

材料	放射性同位素							
	^{203}Hg	^{51}Cs ^{131}I ^{198}Au	^{137}Cs ^{192}Ir	^{65}Zn ^{89}Rb	^{22}Na ^{59}Fe ^{60}Co	^{42}K ^{5}Mn ^{124}Sb	^{226}Ra	^{24}Na
铁	4.5	4	2.7	2.2	2.1	2	1.9	1.9
重晶石混凝土	13	10	8	5.7	5	4.8	4.7	4.7
普通混凝土	18.5	14.5	10	8.1	7.3	6.7	6.5	6.8

34.3.7 几种防护手套对β辐射的减弱[1]

名称	厚度/（$mg \cdot cm^{-2}$）	对β辐射的减弱倍数						
		^{147}Pm	^{45}Ca	^{204}Tl	$^{90}Sr+^{90}Y$	^{32}P	混合裂变产物	天然铀
医用手套（毛面）	21.3	68	19	2.3	1.7	1.34	2.6	1.1
乳胶工作手套	42.5		51	3.4	2.5	1.68	3.2	1.5
红色耐酸手套	62.5			5.9	3.2	2.1	3.7	1.9
黑色工业耐酸碱手套	169			281	7.1	5.1	7.15	

34.3.8 各类辐射工作场所的监测周期[9]

次/月

监测项目＼工作场所	机掘坑道	手掘坑道	碎样间	分析室	X光辐射场所	镭标准源库	矿石模型制作室	备注
氡、氡子体	2/1	1/1	1/6	1/6		1/12	2/1	
粉尘	2/1	1/1	2/1				2/1	倒样1/6
γ、X外照射	2/1	1/1	1/1		1/1	1/12	2/1	
废水	1/1							
空气中长寿命α辐射体浓度	1/3		1/3				1/3	
风速、风量	1/1	1/1	1/6	1/6				

34.3.9 辐射环境常规项目、频率、核素和位置[9]

项目	采样频率/（$次 \cdot a^{-1}$）	监测核素	采样位置
废气	12	氡、氡子体、总α	排放口
大气	4	氡、氡子体、总α	主导风向下风侧居民区
废渣石	2	比活度、氡析出率、γ照射剂量率	废渣石堆放场
废水	12	天然铀、钍、镭-226、钋-210、铅-210	排放口
其他水体	4	天然铀、钍、镭-226、钋-210、铅-210	排放口下游
生物	1	天然铀、钍、镭-226、总α	废水流经区
土壤	1	天然铀、钍、镭-226	废水流经区
底质	1	天然铀、钍、镭-226	排放口下游

34.4 核工业电气设备安全

34.4.1 非危险区域的最小分隔距离[8]

敞开结构对敞开结构	水平方向为2.5cm，垂直方向为7.5cm
封闭结构对封闭结构	水平方向为2.5cm，垂直方向为2.5cm
封闭结构对敞开结构	水平方向为2.5cm，垂直方向为7.5cm①

① 如果封闭结构在敞开结构之下，垂直分隔距离可以减少到2.5cm。

34.4.2 低危险区的最小分隔距离[8]

	区域内仅有控制和仪表电缆（和非危险区的要求一样）时	区域内含有截面在$70mm^2$及以下的低压动力电缆时	区域内含有中压动力电缆及截面在$70mm^2$以上的低压动力电缆时
敞开结构对敞开结构	水平方向为2.5cm，垂直方向为7.5cm	水平方向为15cm，垂直方向为0.3m	水平方向为0.9m，垂直方向为1.5m
封闭结构对封闭结构	水平方向为2.5cm，垂直方向为2.5cm	水平方向为2.5cm，垂直方向为2.5cm	水平方向为2.5cm，垂直方向为2.5cm
封闭结构对敞开结构	水平方向为2.5cm，垂直方向为7.5cm①	水平方向为15cm，垂直方向为0.3m①②	水平方向为0.9m，垂直方向为1.5m①②

① 如果封闭结构在敞开结构之下，垂直分隔距离可以减少到2.5cm。

② 如果在敞开结构中，回路仅限于控制和仪表回路，最小分隔距离可以减少到水平方向2.5cm，垂直方向7.5cm。

34.4.3 核电厂安全重要部件的身体防护要考虑的各种危害实例[10]

危　害	事　　件
飞射物	外部飞射物：大风、气旋、飓风、龙卷风、台风、爆炸、地震、飞机坠毁 内部飞射物：爆炸、机器超速、地震、管道甩动或喷射冲击
超压和超温	管道断裂、爆炸、安全阀释放、火灾、龙卷风和各种风暴以及采暖、通风、空调（HVAC）等设备故障
火灾	可燃物爆炸、易燃物着火、雷击、电气故障
辐射	失水事故、堆芯破损事故、废物处置或运输事故、乏燃料贮存或处理事故
蒸汽和湿气	管道断裂、安全阀释放、爆炸、喷雾或灭火喷洒系统启动、洪水
化学侵蚀	管道断裂、化学喷淋启动、化学爆炸、气瓶泄漏、电气故障
水淹	地震、洪水、由于飓风或台风引起的大暴雨、波浪爬高、管道断裂、海啸或湖震、喷雾或灭火喷洒系统启动
杂物堵塞	沙暴、雪暴、管子断裂、地震、爆炸、冷冻气温、喷雾或灭火喷洒系统启动、火灾、龙卷风或偶尔的生物事件
管道甩动	管道断裂
流体喷射	管道断裂

34.4.4 核仪器安全特低电压限值[6,7]

V

环境状况	正常条件下的电压限值			单一故障条件下的电压限值		
	交流有效值	交流峰值	直 流	交流有效值	交流峰值	直 流
潮湿环境	16	22.6	35	33	46.7	70
干燥环境	33	46.7	70	55	78	140

注：潮湿环境见 GB/T 8993 关于高相对湿度的严酷等级。

干燥条件见 4.2.2 的正常大气条件。

34.4.5 设备的防电击分类[7]

	0 类	Ⅰ 类	Ⅱ 类	Ⅲ 类
主要特征	无保护接地和附加绝缘	保护接地	附加绝缘不需要保护接地	由安全特低电压供电
安全措施	使用环境与地绝缘	保护接地导体与固定布线中的地线连接	双重绝缘或加强绝缘	

34.4.6 电源电路的电气间隙和爬电距离[7]

相线-中线交流电压（有效值）或直流电压 U/V	电气间隙/mm	污染等级1		污 染 等 级 2				污 染 等 级 3		
		印制线路板	所有材料组别	印制线路板	材料组别			材料组别		
					Ⅰ	Ⅱ	Ⅲ	Ⅰ	Ⅱ	Ⅲ
		相比漏电起痕指数 CTI≥								
		100	100	100	600	400	100	600	400	100
		爬电距离/mm								
$50<U\leqslant100$	0.1	0.1	0.25	0.16	0.71	1.0	1.4	1.8	2.0	2.2
$100<U\leqslant150$	0.5	0.5	0.5	0.5	0.8	1.1	1.6	2.0	2.2	2.5
$150<U\leqslant300$	1.5	1.5	1.5	1.5	1.5	2.1	3.0	3.8	4.1	4.7
$300<U\leqslant600$	3.0	3.0	3.0	3.0	3.0	4.3	6.0	7.5	8.3	9.4

34.4.7 可触及电流限值[7]

mA

工作状态	100Hz 以下交流有效值	非正弦或混合频率的峰值	直 流	高频下可能的电灼伤有效值
正常工作	0.5	0.7	2	70
单一故障	3.5	5	15	500

参 考 文 献

[1] 罗云．工业安全卫生基本数据手册［M］．北京：中国商业出版社，1995.

[2] 朱祝年，张京长．GB 13284—1998 核电厂安全系统准则［S］．国家质量技术监督局，1998.

[3] 潘自强，叶常青，张延生，吴德强，郑钧正，金家齐，夏益华，禚凤官. GB 18871—2002 电离辐射防护与辐射源安全基本标准 [S]. 中华人民共和国国家质量监督检验检疫总局，2002.
[4] 赵善德，彭经文. GB 13624—1992 核电厂安全参数显示系统的功能设计准则 [S]. 国家技术监督局，1992.
[5] 陆曙东，陆佩芳，顾申杰. GB/T 12788—2000 核电厂安全级电力系统准则 [S]. 国家质量技术监督局，2000.
[6] 冯玉萍，顾申杰. GB/T 13286—2001 核电厂安全级电气设备和电路独立性准则 [S]. 中华人民共和国国家质量监督检验检疫总局，2001.
[7] 熊正隆. GB/T 19661.1—2005 核仪器及系统安全要求 [S]. 中华人民共和国国家质量监督检验检疫总局；中国国家标准化管理委员会，2005.
[8] 彭经文，杨岐. GB 5204—1994 核电厂安全系统定期试验与监测 [S]. 国家技术监督局，1994.
[9] 肖定生，李士模，李石岭. GB/T 13285—1999 核电厂安全重要系统和部件实体防护 [S]. 国家质量技术监督局，1999.

第6篇　公共安全篇

本篇编写人员　罗　云　李清钜　高亚青　李永霞
岳仁田　张　晶　李　实　罗　波
解增武　申玉红　白玉兰　邱明月
邱　成　白福利

35 道路交通安全

35.1 机动车安全

35.1.1 汽车上坡持续制动距离[1]

持续制动距离/m \ 车速/(km·h⁻¹)		10	20	30	40	50	60
坡度	1°	0.76	3.0	6.8	12.1	19.0	27.3
	3°	0.71	2.85	6.4	11.4	17.0	25.7
	5°	0.67	2.68	6.0	10.7	16.8	24.1
	7°	0.63	2.53	5.7	10.1	15.8	22.8
	9°	0.60	2.39	5.4	9.6	14.9	21.5
	11°	0.57	2.27	5.1	9.1	14.2	20.4

35.1.2 汽车平路制动距离[1]

汽车行驶速度/(km·h⁻¹)	各种不同路面制动距离/m						
	结冰路	浮雪路	泥土路 有水石板路	碎石路 有水沥青路	石板路 潮湿沥青路	沥青路 潮湿水泥路	水泥路 粗糙沥青路
	$\varphi=0.1$	$\varphi=0.2$	$\varphi=0.3$	$\varphi=0.4$	$\varphi=0.5$	$\varphi=0.6$	$\varphi=0.7$
10	3.94	1.97	1.31	0.98	0.78	0.66	0.56
15	8.85	4.43	2.95	2.21	1.77	1.48	1.26
20	15.74	7.87	5.25	3.94	3.15	2.62	2.25
25	24.6	12.3	8.2	6.15	4.92	4.1	3.51
30	35.42	17.71	11.81	8.85	7.08	5.9	5.06
35	48.21	24.1	16.07	12.05	9.6	8.03	6.89
40	62.97	31.48	21	15.74	12.59	10.49	9
45	79.7	39.85	26.56	19.92	15.94	13.28	11.38
50	98.39	49.19	32.8	24.6	19.68	16.4	14.06
60	141.68	70.84	47.23	35.42	38.34	23.61	20.24
70	192.84	96.42	64.28	48.21	38.57	32.14	27.55
80	251.88	125.93	83.96	62.79	50.4	42	36
90	318.77	159.39	106.36	79.69	63.75	53.1	45.54
100	393.55	196.77	131.18	98.39	78.71	65.6	56.22

35.1.3 汽车制动系统协调时间[1]

汽 车 类 型	制动系统协调时间/s
总质量<4.5t	≤0.33
4.5t≤总质量≤12t	≤0.45
总质量>12t	≤0.56

35.1.4 汽车安全带抗拉强度最低限值[2]

类 别	抗 拉 强 度 /N
腰 带	26700
肩 带	17700
腰肩连续带	22300

35.1.5 安全带伸长率最高限值[2]

类 别	伸长率/%
腰 带	20
肩 带	40
腰肩连续带	30

35.1.6 安全带单位长度的功和功比值最低限值[2]

类 别	功/J	功比/%
腰 带	539	50
肩 带	1080	60
腰肩连续带	784	55

注：1J=1N·m

35.1.7 双层客车乘客门最少数量[2]

乘客数/人	乘客门数量/个		
	Ⅰ 级	Ⅱ 级	Ⅲ 级
23~45	1	1	1
46~70	2	1	1
>70~100	2	2	1
>100	4	3	1

35.1.8 双层客车安全出口最小总数[2]

每层容纳的乘客和车组成员数/人	安全出口的最小总数/个	每层容纳的乘客和车组成员数/人	安全出口的最小总数/个
1~8	2	46~60	6
9~16	3	61~75	7
17~30	4	76~90	8
31~45	5	>90	9

35.1.9 机动车驾驶员身体条件测试指标和要求[2]

测试指标	要求
身高/m	驾驶大型客车、大型货车、无轨电车者≥1.55
视力	两眼视力（允许矫正）各≥4.9（按 GB 11533），相当于小数视力 0.7
听力	两耳低频纯音气导听阈＜25dB（按 GB 16152）
辨色力	无红绿色盲
血压	收缩压＜140mmHg，舒张压＜90mmHg（按 WHO 报告《高血压控制》）。
肺功能	主要是指肺通气功能。以肺活量和用力肺活量为测定指标，仅用于高原地区的检测。肺功能按 GB/T 16180 1E 常级执行。
速度估计	初考驾驶员为 500～2400ms；在职驾驶员为 800～2500ms
复杂反应判断误反应次数	初考驾驶员≤8 次；在职驾驶员≤5 次
操纵机能误操作次数	初考驾驶员≤130 次；在职驾驶员≤110 次
夜视力	≤35s
动视力	≥0.2
深视力	初考驾驶员为 −25～+25mm；在职驾驶员为 −22～+22mm
其他	无妨碍安全驾驶的疾病及生理缺陷

注：1mmHg = 133.322Pa

35.1.10 机动车最高时速[1]

道路		城市街道		公路	
		设有中心双实线、中心分隔带、机动车道与非机动车道分隔设施的道路	其他道路	设有中心双实线、中心分隔带、机动车道与非机动车道分隔设施的道路	其他道路
最高时速/($km \cdot h^{-1}$)	小型客车	70	60	80	70
	大型客车货运汽车	60	50	70	60
	二轮和三轮摩托车	50		60	
	拖拉机轻便摩托车	30		30	

35.1.11 轮胎与路面的摩擦系数[2]

路面		轮胎的类型		
类型	状态	高压	低压	越野
沥青式混凝土路面	干燥	0.5～0.7	0.7～0.8	0.7～0.8
	潮湿	0.35～0.45	0.45～0.55	0.5～0.6
	有泥浆	0.25～0.45	0.25～0.4	0.25～0.45
卵石路面	干燥	0.4～0.5	0.5～0.55	0.6～0.7
碎石路面	干燥	0.5～0.6	0.6～0.7	0.6～0.7
	潮湿	0.3～0.4	0.4～0.5	0.4～0.55

（续表）

路面		轮胎的类型		
土路面	干燥	0.4～0.5	0.5～0.6	0.5～0.6
	潮湿	0.2～0.4	0.3～0.45	0.35～0.5
	泥泞	0.15～0.25	0.15～0.25	0.2～0.3
沙质荒地路面	干燥	0.2～0.3	0.25～0.4	0.2～0.3
	湿润	0.35～0.4	0.4～0.5	0.4～0.5
粘土荒地路面	干燥	0.4～0.5	0.45～0.55	0.4～0.5
	湿润	0.2～0.4	0.25～0.4	0.3～0.45
	泥浆	0.15～0.2	0.15～0.25	0.15～0.25
结冰路面	松软	0.2～0.3	0.2～0.4	0.2～0.4
	压实	0.15～0.2	0.2～0.25	0.3～0.5
积雪路面	0℃以下	0.08～0.15	0.1～0.2	0.05～0.1

35.2 公路交通安全

35.2.1 公路紧急停车带[5]

紧急停车带间距/m	平原、微丘 300
	山岭、重丘 500
紧急停车带宽度（包括硬路肩）/m	3
紧急停车带有效长度/m	≥30

注：高速公路、一级公路右侧硬路宽 <2.25m 时，应设紧急停车带。

35.2.2 公路减速车道长度[5]

设计车速 $V/(\mathrm{km \cdot h^{-1}})$	120	100	80	60	50
驶出速度 $V_1/(\mathrm{km \cdot h^{-1}})$	70	65	60	50	40
二次速度 $V_2/(\mathrm{km \cdot h^{-1}})$	20	20	20	20	20
减速度 $\alpha/(\mathrm{m \cdot s^{-2}})$	1.5	1.5	1.5	1.5	1.5
不包括斜线部分的减速车道长度 L'/m	110	100	90	60	35
计算值/m	(70)	(99)	(83)	(54)	(31)
斜线长度 l_1''减速车道长度/m	70	60	50	45	40
$l_1 = l_1' + l_1''$	180	160	140	105	75

35.2.3 公路加速车道长度[5]

设计车速 $V/(\mathrm{km \cdot h^{-1}})$	120	100	80	60	50
驶入速度 $V_5/(\mathrm{km \cdot h^{-1}})$	70	65	60	50	40
二次速度 $V_4/(\mathrm{km \cdot h^{-1}})$	30	30	30	30	30
加速度 $\beta/(\mathrm{m \cdot s^{-2}})$	1.0	1.0	1.0	1.0	1.0

（续表）

不包括斜线的加速车道长度 l'_5/m	150	130	110	70	30
斜线长度 l''_5/m	70	60	50	45	40
加速车道长度 l_5/m	220	190	160	115	70
计算值/m	(220)	(179)	(139)	(78)	(32)

35.2.4 公路二次加减速车道长[5]

设计车速/(km·h^{-1})	120	100	80	60	50
二次减速车道长/m	50	40	40	40	30
二次加速车道长/m	60	30	30	30	28

35.2.5 不同车速下的最小侧向安全间距和车轮至路边的最小距离[1]

两车车速相同/(km·h^{-1})	侧向最小安全间距/m	车轮至路边最小距离/m	两车车速相同/(km·h^{-1})	侧向最小安全间距/m	车轮至路边最小距离/m
20	0.50	0.5	70	0.79	1.0
30	0.57	0.6	80	0.84	1.1
40	0.64	0.7	90	0.89	1.2
50	0.69	0.8	100	0.94	1.3
60	0.74	0.9			

35.2.6 高速公路、一级公路停车视距及货车停车视距[5]

设计速度/(km·h^{-1})	120	100	80	60
停车视距/m	210	160	110	75
货车停车视距/m	245	180	125	85

35.2.7 二、三、四级公路停车、会车、超车视距[5]

设计速度/(km·h^{-1})	80	60	40	30	20
停车视距/m	110	75	40	30	20
会车视距/m	220	150	80	60	40
超车视距/m	550	350	200	150	100

35.2.8 二、三、四级公路停车视距及货车停车视距[5]

设计速度/(km·h^{-1})	80	60	40	30	20
停车视距/m	110	75	40	30	20
货车停车视距/m	125	85	50	35	20

35.2.9 公路平面交叉最小间距[5]

公路等级	一级公路			二级公路	
公路功能	干线公路		集散公路	干线公路	集散公路
	一般值	最小值			
间距/m	2000	1000	500	500	300

35.2.10 公路隧道照明停车视距表[6]

纵坡/%		-4	-3	-2	-1	0	1	2	3	4
$U_t/(\mathrm{km\cdot h^{-1}})$	100	179	173	168	163	158	154	149	145	142
	80	112	110	106	103	100	98	95	93	90
	60	62	60	58	57	56	55	54	53	52
	40	29	28	27	27	26	26	25	25	25

35.2.11 施工警告灯号[3]

种类	闪光灯号（黄色）	定光灯号（红色）
镜面数	单面或双面	—
闪烁频率/（次·$\mathrm{min^{-1}}$）	55~75	定光
发光强度/cd	20~40	5~10
适用地点	施工区段或危险地点的起点以前	用于导向车辆行驶

35.2.12 隧道照明标准[1]

公路等级	照明条件	洞内照明度/（流明·$\mathrm{m^{-2}}$）		洞外缓和段长/m
		中段标准量	进口段最大量	
高速公路、一级公路	夜晚	20~25	15~20	80
	白天	30~40	80~100	
二、三级公路	夜晚	10~25	8~10	60
	白天	15~25	40~80	
四级公路	夜晚	5~8	5~8	40
	白天	10~20	20~30	

35.2.13 司机最小了望视距[3]

路段旅客列车设计行车速度/($\mathrm{km\cdot h^{-1}}$)	火车司机最小了望视距/m	汽车驾驶者侧向最小了望视距/m	路段旅客列车设计行车速度/($\mathrm{km\cdot h^{-1}}$)	火车司机最小了望视距/m	汽车驾驶者侧向最小了望视距/m
140	1200	470	100	850	340
120	900	400	80	850	270

35.2.14 漫水桥及过水桥面通车规定[5]

水流速度/（$\mathrm{m\cdot s^{-1}}$）	最大允许通车漫水深度/m
<1.5	0.4~0.5
1.5~2.0	0.4
>2.0	0.2~0.3

35.3 厂内道路安全

35.3.1 厂内道路路面宽度[4]

企业类别			Ⅰ类企业	Ⅱ类企业	Ⅲ类企业
路面宽度/m	主干道	大型厂矿	12.0~9.0	9.0~7.0	7.0~6.0
		中型厂矿	9.0~7.0	7.0~6.0	7.0~6.0
		小型厂矿	7.0~6.0	7.0~6.0	6.0~4.5
	次干道	大型厂矿	9.0~7.0	7.0~6.0	7.0~4.5
		中型厂矿	7.0~6.0	7.0~4.5	6.0~4.5
		小型厂矿	7.0~4.5	6.0~4.5	6.0~3.5
	支道	大、中、小型厂矿	4.5~3.0		

35.3.2 厂内道路视距[4]

视距类别	视距/m
停车视距	15
会车视距	30
交叉口停车视距	20

35.3.3 厂内道路边缘至相邻建（构）筑物的最小净距[4]

相邻建（构）筑物名称		最小净距/m
建筑物外墙	当建筑物面向道路一侧无出入口时	1.5
	当建筑物面向道路一侧有出入口但不通行汽车时	3.0
管线支架		1.0
管线支架		1.0

35.3.4 厂内道路最小转弯半径[4]

车辆种类	最小转弯半径/m	车辆种类	最小转弯半径/m
行驶单辆汽车	9	15~25t 平板挂车	15
汽车带一辆托车	12	40~60t 平板挂车	18

35.3.5 厂内道路的最大纵坡[4]

道路分类	主干道		次干道、辅助道、车间引道
	平原微丘区	山岭重丘区	
最大纵坡/%	6	8	8

参考文献

[1] 罗云．工业安全卫生基本数据手册［M］．北京：中国商业出版社，1995.
[2] 胡智庆，臧吉昌．道路交通安全指南［M］．北京：金盾出版社，1992.
[3] 劳动安全国家标准汇编选编组．劳动安全国家标准汇编：（1）［M］．北京：中国标准出版社，1993.

[4] 中华人民共和国交通部. GBJ22—1987 厂矿道路设计规范 [S]. 北京：中国计划出版社，1987.
[5] 杨盛福. JTG B01—2003 公路工程技术标准 [S]. 北京：中国标准出版社，2003.
[6] 蒋树屏. JTJ 026. 1—1999 公路隧道通风照明设计规范 [S]. 北京：中华人民共和国交通部，1999.

36 水运交通安全

36.1 船舶安全

36.1.1 船舶海损事故分级标准[1]

级别		30000总吨以上或10000马力以上的船舶	5000以上至30000总吨或5000以上至10000马力的船舶	1000以上至5000总吨或1000以上至5000马力的船舶	200以上至1000总吨或200以上至1000马力的船舶	20以上至200总吨或40以上至200马力的船舶	20总吨及以下或40马力及以下的船舶
事故等级	重大事故	1. 死亡3人及以上 2. 船舶沉没、全损或无修复价值 3. 直接经济损失100万元以上	1. 死亡3人及以上 2. 船舶沉没、全损或无修复价值 3. 直接经济损失70万元以上	1. 死亡3人及以上 2. 船舶沉没、全损或无修复价值 3. 直接经济损失50万元以上	1. 死亡3人及以上 2. 船舶沉没、全损或无修复价值 3. 直接经济损失20万元以上	1. 死亡3人及以上 2. 船舶沉没、全损或无修复价值 3. 直接经济损失2万元以上	1. 死亡3人及以上 2. 船舶沉没、全损或无修复价值 3. 直接经济损失1万元以上
	大事故	1. 死亡1~2人 2. 直接经济损失50~100万元	1. 死亡1~2人 2. 直接经济损失10~70万元	1. 死亡1~2人 2. 直接经济损失5~50万元	1. 死亡1~2人 2. 直接经济损失2~20万元	1. 死亡1~2人 2. 直接经济损失0.5~2万元	1. 死亡1~2人 2. 直接经济损失0.5~1万元
	一般事故	1. 人员有重伤 2. 直接经济损失5~50万元	1. 人员有重伤 2. 直接经济损失1~10万元	1. 人员有重伤 2. 直接经济损失0.5~5万元	1. 人员有重伤 2. 直接经济损失0.1~2万元	1. 人员有重伤 2. 直接经济损失500~5000元	1. 人员有重伤 2. 直接经济损失300~5000元
	小事故	1. 人员有轻伤 2. 直接经济损失5万元以下	1. 人员有轻伤 2. 直接经济损失1万元以下	1. 人员有轻伤 2. 直接经济损失5000元以下	1. 人员有轻伤 2. 直接经济损失1000元以下	1. 人员有轻伤 2. 直接经济损失500元以下	1. 人员有轻伤 2. 直接经济损失300元以下

注：1马力=735.498W。

36.1.2 船舶消防泵数目[2]

分类	载　重	要求数目/台	分类	载　重	要求数目/台
客船	4000t 及以上	至少3台	货船	1000t 及以上	至少2台
客船	4000t 以下	至少2台	货船	1000t 以下	至少2台，其中之一为独立驱动

36.1.3 船舶备用喷水器喷头配备数量

分　类	备　用　数　量
小于300只喷水器喷头	6只备用喷水器喷头
300～1000只喷水器喷头	12只备用喷水器喷头
大于1000只喷水器喷头	24只备用喷水器喷头

36.1.4 货船（包括油船及拖轮）的消防用品配备[2]

存放地点			起居、公共及服务处所	燃油锅炉及燃油装置所在处所	柴油机所在处所	露天甲板上	其他处所
数量	手提式灭火机		(1) 每层甲板至少2个 (2) 每厨房内至少1个	(1) 每一生火处至少1个 (2) 每一燃油装置处至少2个 (3) 每一喷油嘴加设1个，但总数不必超过5个	主、副柴油机制动功率每735kW至少1个，但不得少于2个，也不必超过6个	—	各船用物料室（储藏）1个
数量	卤化物灭火机						(1) 无线电仓室1个 (2) 配电板处1个 (3) 驾驶室、舵机房及其他电器设备处所根据需要
数量	大型泡沫灭火机			65升泡沫灭火机2个	65升泡沫灭火机1个		
数量	砂　箱		每厨房1个	每一生火处所1个		2个	
数量	消防员备品	≥500 <5000 总　吨	—	—	—	—	1套
数量	消防员备品	≥5000 总　吨	—	—	—	—	2套

（续表）

存放地点			起居、公共及服务处所	燃油锅炉及燃油装置所在处所	柴油机所在处所	露天甲板上	其他处所
数量	成套消防工具	<2000总吨		—	—	1套	
		≥2000 <4000	1套	—	—	1套	
		≥4000 <10000	1套	—	—	2套	
		≥10000总吨	2套	—	—	2套	
	带绳消防水桶	<500总吨	—	—	—	2只	
		≥500 <2000	—	—	—	4只	
		≥2000 <10000	—	—	—	6只	
		≥10000总吨	—	—	—	8只	
	手提防爆灯	<4000总吨	1只	—	—	—	
		≥4000 <10000	2只	—	—	—	
		≥10000总吨	3只	—	—	—	

36.1.5 客船消防用品配备[2]

存放地点		起居、公共及服务处所	燃油锅炉仓及燃油装置所在处所	柴油机所在处所	露天甲板	其他处所
数量	手提式灭火机	（1）每一主竖区或水密仓壁内至少2个 （2）仓壁甲板以上每层旅客处至少2个 （3）每一厨房内1个	（1）每一生火处所至少2个 （2）每一燃油装置处所至少2个 （3）每一喷油嘴加设1个，但总数不超过5个	主、副柴油机制动功率每735kW至少设1个，但不得少于2个，也不必超过6个		各船用物料储藏室1个

（续表）

存放地点			起居、公共及服务处所	燃油锅炉仓及燃油装置所在处所	柴油机所在处所	露天甲板	其他处所
数量	卤化物灭火机						（1）无线电室1个 （2）配电板处1个 （3）驾驶台、舵机房及其他电器设备处所根据需要
	大型泡沫灭火机			65L泡沫灭火机2个	65L泡沫灭火机1个		
	砂箱		每厨房内1个	每一生火处1个		2个	
	成套消防工具	<2000总吨				1套	
		≥2000 <4000	1套			1套	
		≥4000 <10000	1套			2套	
		≥10000总吨	2套			2套	
	消防员备品	<10000总吨				2套	
		≥10000 <20000				3套	
		≥20000总吨				4套	
	手提防爆灯	<4000总吨	1只				
		≥4000 <10000	2只				
		≥10000总吨	3只				

36.1.6 其他船舶灭火系统配备[2]

处所		公共处所、起居处所及服务处所	燃油锅炉仓、燃油设置处所、主辅柴油机的机仓	推进电机的机仓	其他机器处所及可能发生火灾的处所
船舶种类	总功率≥1000马力的拖轮及渔船	水	(1) 水 (2) 下列固定灭火系统之一: ①卤化烃 ②CO_2 ③水雾	(1) 水 (2) 下列固定灭火系统之一: ①卤化烃 ②CO_2	水
	总功率<1000马力的拖轮及渔船	水	水	水	水
	专业船舶：科学调查船	按吨位相当的客轮办理			
	专业船舶：破冰、救护船	按总功率相当的拖轮办理			
	专业船舶：挖泥、起重及其他专业船舶	按总吨位相当的干货船办理			

注：1马力=735.498W。

36.1.7 海船基本号灯配备[1]

船长/m			≥50		<50 ≥20		<20 ≥12		<12 ≥7		划桨船<7m的及任何船舶
船舶种类			机动船	非机动船	机动船	非机动船	机动船	非机动船	机动船	非机动船	
能见距离/n mile	桅灯	6	2								一个白光电筒或一盏白灯
		5			1①						
		3					1				
		2							1⑤		
	左舷灯	3	1	1							
		2			1	1	1③	1④			
		1							1③	1④	
	右舷灯	3	1	1							
		2			1	1	1③	1④			
		1							1③	1④	
	尾灯	3	1	1							
		2			1	1	1	1④	1⑤	1④	
	白环照灯(作锚灯用)	3	2	2							
		2			1②	1②	1	1	1	1	
	红环照灯(作失控灯用)	3	2	2							
		2			2	2	2	2			

① 可以配备两盏桅灯。
② 可以配备两盏白环照灯，作前后锚灯用。
③ 除拖带和顶推船外，可用一盏双色灯代替左舷灯与右舷灯。
④ 可用一盏符合要求的三色灯代替舷灯与尾灯。
⑤ 可用一盏白环照灯代替桅灯与尾灯。

36.1.8 海船烟火信号配备[1]

序号	名称	单位	船长/m				
			≥100	<100 ≥50	<50 ≥20	<20 ≥12	<12
1	船用红光降落伞信号	支	12	12	6	4	2
2	船用声响火箭信号②	支	12	6	4	—	—
3	船用红星火箭信号②	支	6	6	—	—	—
4	船用红光火焰信号①	支	—	—	6	6	6
5	船用橙色烟雾信号②	支	—	—	2	2	2
6	船用白光火焰信号②	支	6	6	6	6	6
7	船用海水染色信号②	支	—	—	6	4	2

① 油船应以等量的船用红星火箭代替红光火焰信号。

② 建议配备

36.1.9 海船声响信号器具配备[1]

船长/m		≥200	<200 ≥100	<100 ≥75	<75 ≥20	<20 ≥12	<20
器具数量/个	超型号笛	1					能发出有效声号的声响器具1具
	大型号笛		1	1			
	中型号笛				1		
	小型号笛					1	
	大型号钟	1	1	1	1		
	小型号钟					1	
	号锣	1	1				

36.1.10 海船号笛拉手或按钮配备[1]

船长/m	≥150	<150 ≥100	<100 ≥50	<50
拉手或按钮数/个	4	3	2	1

36.1.11 油船应设置救生设备的乘员数对船上总人数百分比[1]

航区	应设置救生设备的乘员数对船上总人数的百分比		
	每舷救生艇	全船甲型救生筏	全船乙型救生筏
国际及Ⅰ类	100	50	—
Ⅱ类	100	—	50
Ⅲ类及港区	50	—	50

注：此表也包括散装液化气体船，散装危险化学品船。

36.1.12 客船救生设备乘员数对船上总人数的百分比[1]

航区	应设置救生设备乘员数对船上总人数的百分比				
	每舷救生艇	每舷可吊气胀式救生筏	全船甲型气胀式救生筏	全船乙型气胀式救生筏	全船救生浮具
国际及Ⅰ类	37.5	12.5	25	3	—
短程国际	37.5	12.5	10	5	—
Ⅱ类	20	15	—	40	—
Ⅲ类	35		—	40	—
港80区	—		—	—	20

注：Ⅲ类航区每舷至少一艘救生艇，其乘员定额数计入救生设备乘员定额数。

36.1.13 货船救生设备的乘员数对船上总人数的百分比[1]

航区	总质量/t	应设置救生设备乘员数对船上总人数的百分比			
		每舷救生艇	每舷可吊式气胀式救生筏	全船甲型气胀式救生筏	全船乙型气胀式救生筏
国际及Ⅰ类	≥1600	100	—	50	—
	<1600	100①		50	—
Ⅱ类①	≥500	—	—	100	50
Ⅲ类		—	—	60	50
港区		—	—	—	100

① 每舷至少1艘救生艇，其乘员定额数计入救生设备乘员定额数。

36.1.14 救生艇属具[1]

序号	属具名称	单位	国际及Ⅰ类		Ⅱ、Ⅲ类航区		基本要求
			划桨艇	机动艇	划桨艇	机动艇	
1	桨	套 （支）	1 —	— （4）	1 —	— （4）	可浮于水，"一套"系指艇长在≤8m者为6支，8m以上者为8支
2	桨架	套 （支）	$1\frac{1}{2}$ —	— （6）	$1\frac{1}{2}$ —	— （6）	
3	代舵桨	支	1	—	1	—	可浮于水，桨叶应涂白漆
4	备用桨	支	2	—	2	—	可浮于水
5	舵桨绳套	个	1	—	1	—	
6	带钩艇篙	支	1	2	1	2	
7	水瓢	只	1	1	1	1	
8	水桶	只	2	2	2	2	不锈，容量不小于9L

（续表）

序号	属具名称	单位	国际及Ⅰ类		Ⅱ、Ⅲ类航区		基本要求
			划桨艇	机动艇	划桨艇	机动艇	
9	太平斧	把	2	2	2	2	短柄、单面、斧口锋利置于艇首、尾
10	舵及舵柄	套	1	1	1	1	
11	海锚	只	1	1	1	1	配破断力不小于5kN (500kgf) 长度不小于3倍艇长的海锚索与海锚回收索各一根
12	桅帆索具	套	1	—	—	—	帆应为橙黄色，索具应为镀锌钢丝
13	布油袋	只	1	1	1	1	应易于将油散布水面，并附连在海锚上内装植物油或鱼油4.5L

36.1.15 救生圈配备[1]

船舶用途	船长 L/m	救生圈总数/只	其中		
			带自亮浮灯者/只	带烟雾信号者/只	带救生索者/只
客船	$45>L\geqslant20$	4	2	每舷至少1个	每舷至少1个
	$60>L\geqslant45$	8	6		
	$120>L\geqslant60$	12	6		
	$180>L\geqslant120$	18	9		
	$245>L\geqslant180$	24	12		
	$L\geqslant245$	30	15		
除客船以外的其他船舶	$45>L\geqslant20$	2	1	每舷至少1个	每舷至少1个
	$75>L\geqslant45$	6	3		
	$100>L\geqslant75$	8	4		
	$150>L\geqslant100$	10	5		
	$200>L\geqslant150$	12	6		
	$L\geqslant200$	14	7		

36.2 航道交通安全

36.2.1 油码头装卸油类火灾危险性分级[3]

类别	闪点/℃
甲	<28
乙	≥28～60
丙	≥60

36.2.2　海面能见度等级、距离对应关系[5]

等　级	距离/m（NM&n. m.）	距离/m	等　级	距离/m（NM&n. m.）	距离/m
0	<0.03	<50	5	1.00~2.00	2000~4000
1	0.03~0.10	50~200	6	2.00~5.00	4000~10000
2	0.10~0.25	200~500	7	5.00~11.00	10000~20000
3	0.25~0.50	500~1000	8	11.00~27.00	20000~50000
4	0.50~1.00	1000~2000	9	>27.00	>50000

36.2.3　海区水上助航标志的灯质及用途[5]

序号	灯光节奏与周期	适用标志及光色
1	单闪，周期4s 明0.5s（0.3s*），暗3.5s（3.7s*）	左侧标，红光； 右侧标，绿光 *用于次要航道
2	联闪2次，周期6s 明0.5s，暗1s，明0.5s，暗4s	
3	联闪3次，周期10s 明0.5s，暗1s，明0.5s，暗1s，明0.5s，暗6.5s	
4	联闪2次，周期5s 明0.5s，暗1s，明0.5s，暗3s	孤立危险物标，白光
5	等明暗，周期4s 明2s，暗2s	安全水域标，白光
6	长闪，周期10s 明2s，暗8s	
7	混合联闪2次加1次，周期6s 明0.5s，暗0.5s，明0.5s，暗1s，明0.5s，暗3s	推荐航道左侧标，红光； 推荐航道右侧标，绿光
8	混合联闪2次加1次，周期9s 明0.5s，暗0.5s，明0.5s，暗1.5s，明0.5s，暗5.5s	
9	混合联闪2次加1次，周期12s 明1s，暗1s，明1s，暗2s，明1s，暗6s	
10	连续快闪	左侧标，红光； 右侧标，绿光； 北方位标，白光
11	连续甚快闪	北方位标，白光
12	联快闪3次，周期10s 快闪明3次后暗7.5s	东方位标，白光
13	联甚快闪3次，周期5s 甚快闪明3次后暗3.75s	
14	联快闪6次加1长闪，周期15s 快闪明6次后暗0.5s，明2s，暗5s	南方位标，白光
15	联甚快闪6次加1长闪，周期10s 甚快闪明6次后暗0.25s，明2s，暗5s	

（续表）

序号	灯光节奏与周期	适用标志及光色
16	联快闪9次，周期15s 快闪明9次后暗6.5s	西方位标，白光
17	联甚快闪9次，周期10s 甚快闪明9次后暗5.75s	
18	莫尔斯信号 短明（点）0.5s，两次明之间暗的持续时间与点相等，长明（划）的持续时间为点的3倍	安全水域标，白光；专用标，黄光

36.2.4 孤立危险物标的特征[4]

特征	孤立危险物标
颜色	黑色，中间有一条或数条红色宽横带
形状	装有顶标的柱形或杆形
顶标	上下垂直的两个黑色球形
灯质	白光，联闪2次，周期5s

36.2.5 安全水域标的特征[5]

特征	安全水域标
颜色	红白相间竖条
形状	球形，或装有顶标的柱形或杆形
顶标	单个红色球形
灯质	白光，等明暗，周期4s
	白光，长闪，周期10s
	白光，莫尔斯信号“A”，周期6s

参考文献

[1] 罗云．工业安全卫生基本数据手册［M］．北京：中国商业出版社，1995.

[2] 劳动安全国家标准汇编选编组．劳动安全国家标准汇编：（1）［M］．北京：中国标准出版社，1993.

[3] 熊才启．GB 16994—1997 油码头安全技术基本要求［S］．北京：交通部标准计量研究所，1997.

[4] 刘光全．JT/T 557—2004 港口装卸区域照明照度及测量方法［S］．北京：交通部科教司，2004.

[5] 张国维．GB 4696—1999 中国海区水上助航标志［S］．北京：交通部海事局．

37 铁路运输安全

37.1 列车安全

37.1.1 地铁安全设施配备[3]

列车部位	要求
整体要求	应有列车自动防护系统与自动驾驶系统 应设置鸣笛装置 车辆内部应有各种警告标志 应具有在特殊情况下紧急疏散乘客的能力
司机台	应设置紧急停车操作装置和警惕按钮
司机室	应设置客室侧门开闭状态显示和车载信号显示装置 前端应装设可进行远近变换的前照灯 应配置适合于电气装置与油脂类的灭火器具
客室	应配置适合于电气装置与油脂类的灭火器具
尾端	外壁应设有可视距离足够的红色防护灯

37.1.2 机车辐射噪声限值[4]

机车类别	辐射噪声限值/dB
电力机车	90
内燃机车	95
蒸汽机车	100

37.1.3 客车车内容许噪声限值[4]

车种	容许噪声值（不大于）/dB	车种	容许噪声值（不大于）/dB
软席卧车(空调、非空调)	65	行李车(空调)乘务员室	68
硬席卧车(空调、非空调)	68	行李车(非空调)乘务员室	70
软席座车(空调、非空调)	68	行李车　办公室	75
硬席座车(空调)	68	邮政车(空调)乘务员室	68
硬席座车(非空调)	70	邮政车(非空调)乘务员室	70
硬席座车(市郊车)	75	邮政车　办公室	75
餐车(空调)餐厅	68	发电车　控制室	80
餐车(非空调)餐厅	70	发电车(非空调)乘务员室	70
餐车　厨房	75		

37.1.4 铁道客车车室最低照明限值[5]

照明电源和光源			单车供电		集中供电	
			荧光灯	白炽灯	荧光灯	白炽灯
平均照度	新造客车	硬座、软座、餐车	100	80	150	120
		硬卧、软卧	100	80	100	80
	照明均匀度		1：1.3			

37.1.5 列车运行与调车作业限速[1]

序号	列车运行与调车作业		限制速度/km
1	厂内正线运行		40
2	在空线上调车作业	牵引运行	30
		推进运行	20
3	在栈桥、矿槽上作业		10
4	调动液体金属车	重车	10
		空车	15
5	调动重铸锭及摆好的空模车		10
6	调动装载爆炸品、压缩气体、超限货物车辆		15
7	出入厂房、仓库、站修线和高站修在炉下作业		5
8	在轨道衡上（不包括电子轨道衡）推送车辆		3
9	接近被连挂的车辆		3
10	在尽头线路上取送车		3

注：天气恶劣时，应降低速度。

37.1.6 使用自动制动机的旅客列车闸瓦压力[1]

坡度/‰	列车在区间内运行的最大速度/($km\cdot h^{-1}$)												
	60	65	70	75	80	85	90	95	100	105	110	115	120
	每百吨列车重量所需闸瓦的压力吨数（包括机车及煤水车的重量及其制动机）												
0	11	14	16	20	24	28	32	38	44	51	58	66	76
1	12	14	17	21	25	29	33	38	45	52	59	68	77
2	12	15	18	22	26	30	34	40	46	53	60	69	78
3	13	15	19	23	27	31	35	41	47	54	62	71	79
4	13	15	19	23	27	32	36	42	48	55	63	73	80
5	14	16	20	24	28	32	36	42	48	56	64	74	82
6	15	17	21	25	29	33	37	43	49	57	65	75	
7	15	17	21	25	29	34	38	44	50	58	66	76	
8	16	18	22	26	30	35	39	45	51	59	67	77	
9	16	19	22	26	30	36	40	46	52	60	68	78	
10	17	20	23	27	31	36	40	46	53	61	69		
11	18	21	24	28	32	37	41	47	54	62	70		
12	18	22	25	29	33	38	42	48	55	63	71		
13	19	22	26	30	34	39	43	49	56	64	72		

（续表）

坡度/‰	列车在区间内运行的最大速度/(km·h⁻¹)												
	60	65	70	75	80	85	90	95	100	105	110	115	120
	每百吨列车重量所需闸瓦的压力吨数（包括机车及煤水车的重量及其制动机）												
14	20	23	26	30	35	40	44	50	57	65	73		
15	20	23	27	31	35	40	45	51	58	66	74		
16	21	24	28	32	36	41	45	52	59	67	76		
17	22	24	28	32	37	42	46	53	60	68	77		
18	23	25	29	33	38	43	47	54	61	69	78		
19	24	25	30	34	39	44	48	55	62	70	79		
20	24	26	30	34	39	45	49	56	63	71	80		

注：1. 每百吨列车重量的闸瓦压力，最小不得低于52t。

2. 对于超过20‰的坡道，每百吨列车重量的闸瓦压力，由铁路局根据实际试验以命令规定。

37.1.7 使用自动制动机的货物列车及混合列车闸瓦压力[1]

坡度/‰	列车在区间内运行的最大速度/(km·h⁻¹)													
	25	30	35	40	45	50	55	60	65	70	75	80	85	90
	每百吨列车重量所需闸瓦的压力吨数（机车及煤水车的重量及其制机动除外）													
0	4	4	4	5	6	8	11	14	17	21	26	32	39	46
1	4	4	5	5	6	8	12	15	18	23	28	34	41	48
2	4	4	5	6	7	9	13	16	19	24	29	36	43	50
3	4	4	5	6	8	10	13	17	20	25	30	38	45	53
4	4	5	6	7	9	11	14	17	21	26	32	39	46	55
5	4	5	6	8	10	12	15	18	22	27	33	40	47	57
6	5	6	7	8	10	12	16	19	23	28	34	42	49	
7	5	6	7	9	11	13	17	20	24	29	35	44	52	
8	6	7	8	9	11	14	17	20	25	31	37	46	55	
9	6	7	8	10	12	14	18	21	26	32	39	48	57	
10	6	7	9	10	12	15	19	23	28	33	40	49	59	
11	7	8	9	10	13	16	20	24	28	34	42	51		
12	7	8	10	11	14	17	21	25	29	35	44	53		
13	8	9	11	12	15	18	22	26	30	36	45	57		
14	8	9	12	13	16	19	22	27	32	38	47	59		
15	9	10	12	15	17	20	24	29	34	40				
16	9	11	13	16	18	21	25	30	36	42				
17	10	11	14	17	19	22	27	32	38	44				
18	10	12	15	17	20	23	28	33	39	46				
19	11	12	16	18	21	24	29	34	41	48				
20	11	13	16	19	22	25	30	35	43	50				

注：1. 每百吨列车重量的闸瓦压力最小不得低于26t。

2. 对于超过20‰的坡道，每百吨列车重量的闸瓦压力，由铁路局根据实际试验以命令规定。

37.1.8 列车就地制动的手制动机数量[1]

坡道/‰	0	1	2	3	4	5	6	7
每100t列车重量（机车及煤水车除外）所需手制动机轴数	1.2	1.2	1.2	1.2	1.2	1.2	1.2	1.5
坡道/‰	8	9	10	12	14	16	18	20
每100t列车重量（机车及煤水车除外）所需手制动机轴数	1.8	2.1	2.4	3.0	3.6	4.2	4.8	5.4

注：超过20‰的坡度，每100t列车重量所需手制动机轴数由铁路局规定。

37.2 列车运输安全

37.2.1 铁路运输事故等级[7]

事故等级	指标（满足以下任一指标即可）		
	人员伤亡	直接经济损失	列车脱轨辆数及中断铁路行车时间
特别重大事故	造成30人以上死亡，或者100人以上重伤（包括急性工业中毒）	1亿元以上	繁忙干线客运列车脱轨18辆以上并中断铁路行车48h以上的； 繁忙干线货运列车脱轨60辆以上并中断铁路行车48h以上的；
重大故事	10人以上30人以下死亡，或者50人以上100人以下重伤（包括急性工业中毒）	5000万元以上1亿元以下	客运列车脱轨18辆以上的； 货运列车脱轨60辆以上的； 客运列车脱轨2辆以上18辆以下，并中断繁忙干线铁路行车24h以上或者中断其他线路铁路行车48h以上的；
较大事故	造成3人以上10人以下死亡，或者10人以上50人以下重伤（包括急性工业中毒）	1000万元以上5000万元以下	客运列车脱轨2辆以上18辆以下的； 货运列车脱轨6辆以上60辆以下的； 中断繁忙干线铁路行车6h以上的； 中断其他线路铁路行车10h以上的；
一般事故	造成3人以下死亡，或者10人以下重伤（包括急性工业中毒）	1000万元以下	

注：除以上规定外，国务院铁路主管部门可以对一般事故的其他情形作出补充规定。

本表所称的“以上”包括本数，所称的“以下”不包括本数。

37.2.2 铁路机车乘务员驾驶适性评价标准[2]

检查项目	评价标准
深视力	−25mm～+25mm
夜视力	≤35s
复杂反应判断	≤5次
动视力	≥0.2
速度估计	选拔时500ms、2400ms；现职驾驶员800ms、2500ms

37.2.3　铁路常用主动网结构配置及防护功能[2]

型　号	网　型	结构配置	主要防护功能
GAR1	钢丝绳网	边沿（或上沿）钢丝绳锚杆＋支撑绳＋缝合绳	围护作用，限制落石运动范围，部分抑制崩塌的发生
GAR2	钢丝绳网	系统钢丝绳锚杆＋支撑绳＋缝合绳，孔口凹坑＋张拉	坡面加固，抑制崩塌和风化剥落、溜坍的发生，限制局部或少量落石运动范围
GPS1	钢丝绳网＋钢丝格栅	边沿（或上沿）钢丝绳锚杆＋支撑绳＋缝合绳	围护作用，限制落石运动范围，部分抑制崩塌的发生（有小块落石时选用）
GPS2	钢丝绳网＋钢丝格栅	系统钢丝绳锚杆＋支撑绳＋缝合绳，孔口凹坑＋张拉	坡面加固，抑制崩塌和风化剥落、溜坍的发生，限制局部或少量落石运动范围（有小块危石或土质边坡时选用）
GER1	钢丝格栅	边沿（或上沿）钢丝绳锚杆＋支撑绳＋缝合绳（用铁丝缝合）	围护作用，限制落石运动范围，部分抑制崩塌的发生，但落石块体较小且寿命要求较短时选用，以碎落防护为主
GER2	钢丝格栅	系统钢丝绳网锚杆＋支撑绳＋缝合绳，孔口凹坑＋张拉（用铁丝缝合）	坡面加固，抑制崩塌和风化剥落、溜坍的发生，限制局部或少量落石运动范围，但危石块体较小且寿命要求较短时采用
GTC－65A	高强度钢丝格栅	预应力钢筋锚杆＋孔口凹坑＋缝合绳（根据需要选用边界支撑绳和钢丝绳锚杆）	坡面加固，抑制崩塌和风化剥落、溜坍的发生，限制局部或少量落石运动范围，能满足可达100年的更长的防腐寿命要求，但其加固能力仅为其70%～80%，不适合于体积大于$1m^3$大块孤危石加固
GTC－65B	高强度钢丝格栅	边沿（或上沿）钢丝绳锚杆＋支撑绳＋缝合绳	围护作用，限制落石运动范围，部分抑制崩塌的发生，能满足可达100年的更长的防腐寿命要求，但不适合于体积大于$1m^3$大块落石防护

37.2.4　铁路常用被动网结构配置及防护功能[2]

型　号	网　型	结构配置	主要防护功能
RX－025	DO/08/250	钢柱＋支撑绳＋拉锚系统＋缝合绳＋减压环	拦截撞击能250kJ以内的落石
RX－050	DO/08/200	钢柱＋支撑绳＋拉锚系统＋缝合绳＋减压环	拦截撞击能500kJ以内的落石
RX－075	DO/08/150	钢柱＋支撑绳＋拉锚系统＋缝合绳＋减压环	拦截撞击能750kJ以内的落石
RXⅠ－025	R5/3/300	钢柱＋支撑绳＋拉锚系统＋缝合绳	拦截撞击能250kJ以内的落石
RXⅠ－050	R7/3/300	钢柱＋支撑绳＋拉锚系统＋缝合绳	拦截撞击能500kJ以内的落石
RXⅠ－075	R7/3/300	钢柱＋支撑绳＋拉锚系统＋缝合绳＋减压环	拦截撞击能750kJ以内的落石
RXⅠ－100	R9/3/300	钢柱＋支撑绳＋拉锚系统＋缝合绳＋减压环	拦截撞击能1000kJ以内的落石

（续表）

型 号	网 型	结构配置	主要防护功能
RXⅠ-150	R12/3/300	钢柱+支撑绳+拉锚系统+缝合绳+减压环	拦截撞击能1500kJ以内的落石
RXⅠ-200	R19/3/300	钢柱+支撑绳+拉锚系统+缝合绳+减压环	拦截撞击能2000kJ以内的落石
AX-015	DO/08/250	钢柱+支撑绳+拉锚系统+缝合绳+减压环	拦截撞击能150kJ以内的落石
AX-030	DO/08/200	钢柱+支撑绳+拉锚系统+缝合绳+减压环	拦截撞击能300kJ以内的落石
AXⅠ-015	R5/3/300	钢柱+支撑绳+拉锚系统+缝合绳	拦截撞击能150kJ以内的落石
AXⅠ-030	R7/3/300	钢柱+支撑绳+拉锚系统+缝合绳+减压环	拦截撞击能300kJ以内的落石
CX-030	DO/08/200	钢柱+支撑绳+拉锚系统+缝合绳+减压环	拦截撞击能300kJ以内的落石
CX-050	DO/08/150	钢柱+支撑绳+拉锚系统+缝合绳+减压环	拦截撞击能500kJ以内的落石
CXⅠ-030	R7/3/300	钢柱+支撑绳+拉锚系统+缝合绳	拦截撞击能300kJ以内的落石
CXⅠ-050	R7/3/300	钢柱+支撑绳+拉锚系统+缝合绳+减压环	拦截撞击能500kJ以内的落石

注：上表型号中后边数字代表被动防护网的能量吸收能力。如“050”表示系统最大能量吸收能力为500kJ，“150”表示系统最大能量吸收能力为1500kJ，以此类推。

37.2.5 内燃机车牵引运营隧道内空气污染物指标[2]

监测指标	容许体积浓度/($mg \cdot m^{-3}$)		
	日平均	15min时间加权	机械通风停止时
氮氧化物（换算成NO_2）	10	20	10
一氧化碳	30	100	30

37.2.6 电力机车牵引运营隧道内空气污染物指标[2]

监测指标	容许体积浓度/($mg \cdot m^{-3}$)	
	最高	机械通风停止时
臭氧	0.3	0.3

37.2.7 机车车辆调乘人员对道口的视距[1]

列车限速/($km \cdot h^{-1}$)	机动车驾驶员对道口的侧向视距/m		机车车辆调乘人员对道口的视距/m
	厂内道口	厂外、城市及公路道口	
40	160	200	400
35	140	175	300
30	120	150	230
25	100	125	170
20	80	100	120
15	60	75	90
10	40	50	60

注：厂外、城市及公路道口，列车限速超过40km/h时，可按计算确定视距。

37.2.8 铁路货运危险货物配备[1]

货物的种类和名称			代号	配装顺号																									
危险货物	爆炸品	点火器材	11001 ~ 11002	1	1																								
		起爆器材	12001 ~ 12002	2	×	2																							
		炸药及爆炸性药品①	13001 ~ 13037	3	×	×	3																						
		其他爆炸品	14001 ~ 14013	4	△	×	×	4																					
	氧化剂	一级 无机②	21001 ~ 21033	5	△	△	△	△	5																				
		一级 有机	22001 ~ 22024	6	×	×	×	×	×	6																			
		二级 无机②	23001 ~ 23029	7	△	△	△	△	②	×	7																		
		二级 有机	24001 ~ 24007	8	△	△	△	△	×		△	8																	
	压缩气体和液化气体	剧毒（液氯与液氨不能在一车内配装）	31001 ~ 31016	9		×	×	×	×	×			9																
		易燃	32001 ~ 32027	10	△	×	×	△	×	×	△	△		10															
		助燃	33001 ~ 33003	11	△	×	×	△		△				△	11														
		不燃	34001 ~ 34013	12		×	×									12													
	自燃物品	一级	41001 ~ 41008	13	△	×	×	×	×	×	△	×	×	×	×		13												
		二级	42001 ~ 42008	14		×	×	△	×	×			×	△	△			14											
	遇水燃烧物品		51001 ~ 51020 52001 ~ 52008	15		×	×	×	×	×	△	△	△	△	△		×		15										
	易燃液体		61001 ~ 61185 62001 ~ 62065	16	△	×	×	×	×	×	△	△	×		×		×	△		16									
	易燃固体		71001 ~ 71025 72001 ~ 72032	17		×	×	△	×	×	△	△	×		×		×				17								
	毒害品		81001 ~ 81037　43001 ~ 83032 82001 ~ 82020　84001 ~ 84296	18		△	△		△		△											18							
	腐蚀物品	酸性腐蚀物品 溴	91030	19	△	×	×	×	△	×		×		△			×	△	△	△		⑦	19						
		酸性腐蚀物品 过氧化氢	91038	20	△	×	×	△		△		△					△	△	×	△		⑦		20					
		酸性腐蚀物品 硝酸、发烟硝酸、硫酸、发烟硫酸、氯磺酸	91001、91002、91012、 91006、91007	21	△	×	×	×	③	×	③	×	×	×	△	△	×	×	△	△	△	⑦	△	△	21				
		酸性腐蚀物品 其他酸性腐蚀物品	91003 ~ 91005　91008 ~ 91011 91013 ~ 91029　91031 ~ 91037 91039　92001 ~ 92018 93001 ~ 93018　94001 ~ 94026	22	△	×	×	△	△	△	△	△	△	△			△		△			⑦		△	△	22			
		碱性及其他腐蚀物品 生石灰、漂白粉	95006、97002	23		△	△	△	②		②									△				△	×	△	23		
		碱性及其他腐蚀物品 其他	95001 ~ 95005　95007 ~ 95011 96001 ~ 96012　97001 97003 ~ 97016　98001 ~ 98024	24															△						×			24	
普通货物	易燃货物			25		×	×	△	④	×	④	△	×	×									△	△	×		△		25
	饮食品、粮食、饲料、药品、药材类、食用油脂			26		×	×		④		④		×	△	⑤		×		×	⑧	⑧	×	×	△	×	×	×	⑧	26
	非食用油脂			27		×	×		△	△					⑤								×	△	×		△		27
	活动物			28		×	×	△	×	×	△	△	×	×			×		×	⑧	⑧	×	×	×	×	×	×	×	28
	其他⑨⑩			29					④		④								⑥										29
配装顺号					1	2	3	4	5	6	7	8	9	10	11	12	13	14	15	16	17	18	19	20	21	22	23	24	

注：

一、配装符号：

1. 无配装符号表示可以配装。
2. △表示可以配装，但在车辆内堆放时至少隔离2m以上。
3. ×表示不可以配装。
4. 注释有“①”“②”……等配装符号时，符合注释条件的，按注释规定条件办理；不符合注释条件的，相互间不得配装。

二、注释：

① 表示不同名称的炸药及爆炸性药品，相互间不得配装。

② 漂白粉及无机氧化剂的亚硝酸盐（如亚硝酸钠、亚硝酸钾、亚硝酸铵、亚硝酸钡、亚硝酸钙），亚氯酸盐（如亚氯酸钠），次亚氯酸盐（如漂粉精）不得与其他氧化剂配装。

③ 硝酸盐（如硝酸钠、销酸钾、硝酸铵等）与硝酸、发烟硝酸可以配装，但不得与硫酸、发烟硫酸、氯磺酸配装；其他无机氧化剂与硝酸、发烟硝酸、硫酸、发烟硫酸、氯磺酸均不得配装。

④ 氧化剂不得与松软的粉状可燃物（如煤粉、焦粉、炭黑糖、淀粉、锯末等）配装。

⑤ 氧及按普通货物运输的氧空钢瓶不得与油脂配装。

⑥ 遇水燃烧物品不得与含水的液体货物配装。

⑦ 无机剧毒品及无机有毒品中的氰化物（如氰化钠、氰熔体等）不得与酸性腐蚀物品配装外，其他无机剧毒品与酸性腐蚀物品均按“△”符号办理。

⑧ 与饮食品、粮食、饲料、药品、药材类、食用油脂及活动物按“△”符号办理。但不得与贴第九号包装标志及有恶臭易使食品污染熏味的物品配装。

⑨ 不属危险货物的化工原料、化学试剂、非食用药剂、香精和香料以及按普通货物条件运输的放射性物品应与食品隔离0.5m以上。

⑩ 畜禽产品中的生皮张和生毛皮（包括碎皮）、畜禽毛、骨、蹄、鬃等物品与饮食品、谷物、饲料、药品、药材类、食用油脂等不能配装。

37.2.9　铁道最小曲率半径和最大限速[1]

铁路等级	最小曲线半径/m		最大限制坡度/%	
	一般地段	困难地段	一般地段	困难地段
Ⅰ	1000	400	6	12
Ⅱ	800	400	12	
Ⅲ	600	350	15	

注：各级铁路加力牵引坡度可用至20‰。

37.2.10　铁路正线轨道类型[1]

<table>
<tr><th>条件</th><th colspan="3">项　　目</th><th>单位</th><th>特重型</th><th>重型</th><th>次重型</th><th>中型</th><th>轻型</th></tr>
<tr><td rowspan="2">运营条件</td><td colspan="3">年通过总重密度</td><td>Mt・km/km</td><td>>60</td><td>60~30</td><td>30~15</td><td>15~8</td><td><8</td></tr>
<tr><td colspan="3">最高行车速度</td><td>km/km</td><td>≥120</td><td>≥120</td><td>120</td><td>100</td><td>80</td></tr>
<tr><td rowspan="6">轨道结构</td><td colspan="3">钢轨</td><td>kg/m</td><td>≥70</td><td>60</td><td>50</td><td>43</td><td>43~38</td></tr>
<tr><td rowspan="2">轨枕根数</td><td colspan="2">预应力混凝土枕</td><td>根/km</td><td>1840~1760</td><td>1760</td><td>1760~1680</td><td>1680~1600</td><td>1600~1520</td></tr>
<tr><td colspan="2">木枕</td><td>根/km</td><td>1840</td><td>1840</td><td>1840~1760</td><td>1760~1600</td><td>1600</td></tr>
<tr><td rowspan="3">道床厚度</td><td rowspan="2">非渗水土路基</td><td>面层</td><td rowspan="2">cm</td><td>30</td><td>30</td><td>25</td><td>20</td><td>20</td></tr>
<tr><td>垫层</td><td>20</td><td>20</td><td>20</td><td>20</td><td>15</td></tr>
<tr><td colspan="2">岩石、渗水土路基</td><td>cm</td><td>35</td><td>35</td><td>30</td><td>30</td><td>25</td></tr>
</table>

注：1. 计算年通过总重，应包括净载、机车和车辆的质量，并将旅客列车的质量计算在内。单线应按往复总重计算，双线应按每一条线的通过总重计算。

2. 重型及以上轨道宜采用预应力混凝土轨枕。

3. 非渗水土宜采用双层道床。

37.2.11　站内两相相邻铁道线中心线间的距离[1]

<table>
<tr><th>顺序</th><th colspan="2">名　　称</th><th>线间最小距离/mm</th></tr>
<tr><td>1</td><td colspan="2">复线区间</td><td>4000</td></tr>
<tr><td>2</td><td colspan="2">三线及四线区间的第二线至第三线</td><td>5300</td></tr>
<tr><td>3</td><td colspan="2">站内正线、到发线和与其相邻线</td><td>5000</td></tr>
<tr><td rowspan="2">4</td><td rowspan="2">相邻两股道均需通行超限货物列车</td><td>线间装有高柱信号机</td><td>5300</td></tr>
<tr><td>线间装有水鹤</td><td>5500</td></tr>
<tr><td rowspan="2">5</td><td rowspan="2">相邻两股道只有一股通行超限货物列车</td><td>线间装有高柱信号机</td><td>5000</td></tr>
<tr><td>线间装有水鹤</td><td>5200</td></tr>
<tr><td>6</td><td colspan="2">换装线</td><td>3600</td></tr>
<tr><td>7</td><td colspan="2">较大编组站的站修线与相邻一股道</td><td>8000</td></tr>
<tr><td>8</td><td colspan="2">其他站线</td><td>4600</td></tr>
</table>

37.2.12 新建和改建铁路车站，在直线地端上，主要建筑物和设备至线路中心的距离[1]

<table>
<tr><th>序号</th><th colspan="2">建筑物和设备名称</th><th>高出轨面的距离/mm</th><th>至线路中心线的距离/mm</th></tr>
<tr><td rowspan="3">1</td><td rowspan="3">跨线桥柱、天桥柱和接触网、电力照明等杆柱边缘</td><td>位于正线或站线一侧（下面两种情况除外）</td><td>1100及以上</td><td>不小于2440</td></tr>
<tr><td>位于站场最外站线的外侧</td><td>1100及以上</td><td>不小于3000</td></tr>
<tr><td>位于牵出线或梯线有调车人员上、下车作业一侧</td><td>1100及以上</td><td>不小于3500</td></tr>
<tr><td rowspan="2">2</td><td rowspan="2">信号机和水鹤边缘</td><td>位于正线或通行超限货物列车的站线一侧</td><td>1100及以上</td><td>不小于2440</td></tr>
<tr><td>位于不通行超限货物列车的站线一侧</td><td>1100及以上</td><td>不小于2150</td></tr>
<tr><td>3</td><td colspan="2">普通货物站台边缘</td><td>1100</td><td rowspan="4">1750</td></tr>
<tr><td rowspan="3">4</td><td rowspan="3">旅客站台边缘</td><td>高站台</td><td>1100</td></tr>
<tr><td>普通旅客站台</td><td>500</td></tr>
<tr><td>位于正线或通行超限货物列车的站线一侧的旅客站台</td><td>300</td></tr>
<tr><td>5</td><td colspan="2">车库门、转车盘、洗车架和专用煤水线、洗罐线、加冰线、机车走行线上的建筑物边缘</td><td>1120及以上</td><td>不小于2000</td></tr>
</table>

注：1. 车站改建确有困难，高柱信号机边缘至正线中心线的距离可保留2100mm，至发线中心线的距离可保留1950mm。

2. 起吊机械固定杆柱或走行部分附属设备边缘至货物装卸线中心线的距离不应小于2440mm。

3. 扳道房屋外缘轮廓突出部分至线路中心线的距离不应小于3500mm。

4. 围墙至线路中心线的距离不应小于3500mm；但位于线路经常无调车人员上、下车作业一侧或改造既有设备时不可小于3000mm。

37.2.13 厂内直线地段铁路中心线至建、构筑物间距[6]

项　　目	最小距离/m
距墙壁外边缘或建筑物凸出部分：	
建筑物在线路方面无出口时	3.00
建筑物在线路方面有出口时	6.00
建筑物在线路方面有出口，但中间栏有平行栅栏时	5.00
一般货物站台边缘（高出轨面≤1.1m时）	1.75
工厂大门边缘（有调车作业通过时）	3.20
道路边缘	3.75

37.2.14 厂内铁路与管线水平净距[6]

管线名称	最小水平净距/m
地上煤气管、天然气管、氧气管	3.8
电力电杆（穿越电力架空线路时）	5

注：铁路和电力架空线路平行，导线最大风偏时，导线至超限物限界的距离不应小于1.5m。

37.2.15 厂内铁路与管线垂直净距[6]

架空管线名称	最小垂直净距/m	架空管线名称	最小垂直净距/m
一般管道	5.5	154~220kV 电线	8.5
可燃气体管道	6	339kV 电线	9.5
110kV 以下电线	7.5		

37.2.16 厂内铁路最小曲线半径[6]

线路名称	最小曲线半径/m		线路名称	最小曲线半径/m	
	一般条件	困难条件		一般条件	困难条件
厂内正线	300	200	装卸线	500	300
联络线	300	180	其他线	200	180

37.2.17 厂内铁路线路最大纵向坡度[6]

线路名称		最大纵坡/‰	
		一般条件	困难条件
厂内正线和联络线	蒸汽机车	15	20
	内燃与电力机车	20	25
装卸线		0	1.5
液体槽车、液体金属和熔渣罐车停放线		0	0

参考文献

[1] 罗云. 工业安全卫生基本数据手册 [M]. 北京：中国商业出版社，1995.

[2] 劳动安全国家标准汇编选编组. 劳动安全国家标准汇编 [M]. 北京：中国标准出版社，1993.

[3] 马沂文. GB/T7928—2003 地铁车辆通用技术条件 [S]. 北京：建设部标准定额研究所，2003.

[4] 国家技术监督局. GB/T12816—2006 地铁客车噪声的评定 [S]. 北京：国家技术监督局，2006.

[5] 国家技术监督局. GB/T12815—2006 地铁客车照明设计基本参数 [S]. 北京：国家技术监督局，2006.

[6] 中华人民共和国交通部. GBJ22—1987 厂矿道路设计规范 [S]. 北京：中国计划出版社，1987.

[7] 国务院. 铁路交通事故应急救援和调查处理条例，2007.

38 民用航空安全

38.1 民用机场安全

38.1.1 机场大气环境质量标准[6]

项 目	取值时间	标准值/（$mg \cdot m^{-3}$）	项 目	取值时间	标准值/（$mg \cdot m^{-3}$）
总悬浮微粒	日平均	<0.30	氮氧化物	日平均	<0.10
	任何一次	<1.00		任何一次	<0.15
飘尘	日平均	<0.15	一氧化碳	日平均	<4.00
二氧化硫	年平均	<0.06		任何一次	<10.00
	日平均	<0.15	光化学氧化剂（O_3）	1h平均	<0.12
	任何一次	<0.50	碳氢化合物（非甲烷类）	3h平均	<0.125

38.1.2 机场环境噪声标准[6]

适用区域	噪声值标准/dB		适用区域	噪声值标准/dB	
	WECPNL①	NEF②		WECPNL①	NEF②
居住、文教区	<70	<20	机场服务设施、工业区	<85	<39
商业、少量交通、居住混合区	<75	<29			

① WECPNL为一昼夜的计权等效连续感觉噪声级。

② NEF为噪声暴露预测值，主要供新建、扩建、改建机场规划用地作依据。

38.1.3 机场环境电磁波容许辐射浓度[6]

频率范围/MHz	单 位	容许场强	
		一类区①	二类区②
0.1~30	V/m	<10	25
30~300	V/m	<5	<12
300~30000	$\mu W/cm^2$	<10	<40
混合波	V/m	按主要波段场强；若各波段场强分散，则按复合场强确定	

① 一类区域：居民、文教区。

② 二类区域：工厂、机关、机场公共设施等区。

38.1.4 机场周围空气质量标准[6]

污染物	平均时间*	第一位标准/（$\mu g \cdot m^{-3}$）	第二位标准/（$\mu g \cdot m^{-3}$）
微粒物质	年**	75	60
	24h	260	150
二氧化硫	年***	80（0.03×10^{-6}）	
	24h	365（0.14×10^{-6}）	

（续表）

污染物	平均时间*	第一位标准/($\mu g \cdot m^{-3}$)	第二位标准/($\mu g \cdot m^{-3}$)
	3h		1300（0.5×10^{-6}）
一氧化碳	8h	10（9×10^{-6}）	10
	1h	40（35×10^{-6}）	40
二氧化碳	年***	100（0.05×10^{-6}）	100
光化学的氧化剂	1h	160（0.08×10^{-6}）	160
碳氧化合物（非甲烷类）	3h	160（0.24×10^{-6}）	160

*除了年的标准外，所有标准规定每年不超过一次。

**等比中项。

***等差中项。

38.1.5 机场消火栓设置规定[1]

位置	规定
机坪	（1）消火栓的保护半径不大于150m，间距为120m （2）每个取水点设1~2个消火栓 （3）消火栓出水口压力不小于0.1MPa （4）每处取水点可供两部消防车同时取水，一部车取水上满6T水箱的时间不大于2min
跑道	（1）每处消火栓设2个或2个以上口径不小于DN100的取水口 （2）在跑道中间1/3地段，消火栓间距宜为200m，在跑道其余地段及机坪外侧的消火栓间距不大于120m （3）消火栓位置宜设在距跑道中心线45~50m的地方 （4）消火栓井体、井盖的强度设计应满足本场最大机型起降的载荷要求
飞行区	宜单独设消防泵站

38.1.6 机场跑道尺寸标准[2]

	ICAO				FAA									
					进近类型A.B.专用				进近类型C.D.E.运输					
	1	2	3	4	目视及非精密		精密		Ⅰ	Ⅱ	Ⅲ	Ⅳ	Ⅴ、	Ⅵ
					Ⅰ	Ⅱ	Ⅰ	Ⅱ						
宽度，英尺														
道面①	60~75	75~100	100~150	150	60	75	75	100	100	100	100	150	150	200
安全地带②	200	270	500	500	120	150	300	300	500	500	500	500	500	500
道肩③									10	10	20	25	35	40
坡度%														
道面，纵坡														
最大纵坡	2.0	2.0	1.5	1.25	2.0	2.0	2.0	2.0	1.5	1.5	1.5	1.5	1.5	1.5
最大有效坡度	2.0	2.0	1.0	1.0	2.0	2.0	2.0	2.0	1.0	1.0	1.0	1.0	1.0	1.0
最大变坡	2.0	2.0	1.5	1.5	2.0	2.0	2.0	2.0	1.5	1.5	1.5	1.5	1.5	1.5
每100英尺的变坡曲线率	0.4	0.4	0.2	0.1	0.33	0.33	0.33	0.33	0.1	0.1	0.1	0.1	0.1	0.1
道面，横坡														
最大坡度④					2.0	2.0	2.0	2.0	1.5	1.5	1.5	1.5	1.5	
安全地带														
最大纵坡	2.0	2.0	1.75	1.5	2.0	2.0	2.0	2.0	1.5	1.5	1.5	1.5	1.5	1.5
最大横坡	3.0	3.0	2.5	2.5	5.0	5.0	5.0	5.0	3.0	3.0	3.0	3.0	3.0	3.0

① 对精密仪表至少100英尺。

② 精密和非精密进近要求对代码1和2为500英尺，对代码3和4为1000英尺。

③ 对代字D和E，道面和道肩至少应为200英尺。

④ 对代字A和B为2.0，对代字C、D和E为1.5。

38.1.7 机场滑行道尺寸标准[2]

	ICAO					FAA									
						进近类型 A.B. 专用				进近类型 C.D.E. 运输					
						目视及非精密		精密							
	A	B	C	D	E	Ⅰ	Ⅱ	Ⅰ	Ⅱ	Ⅰ	Ⅱ	Ⅲ	Ⅳ	Ⅴ	Ⅵ
宽度，英尺															
道面	25	35	50①	60②	75	25	35	25	35	25	35	50③	75	75	100
安全地带	45	65	95	140	155	50	80	50	80	49	79	118	171	197	262
道肩			16	33	38					10	10	20	25	35	40
坡度/%															
道面，纵坡															
最大坡度	3.0	3.0	1.5	1.5	1.5	2.0	2.0	2.0	2.0	1.5	1.5	1.5	1.5	1.5	1.5
最大有效坡度															
最大变坡										3.0	3.0	3.0	3.0	3.0	3.0
每100英尺的变坡曲线率	1.2	1.2	1.0	1.0	1.0					1.0	1.0	1.0	1.0	1.0	1.0
道面，横坡															
最大坡度	2.0	2.0	1.5	1.5	1.5	2.0	2.0	2.0	2.0	1.5	1.5	1.5	1.5	1.5	1.5
安全地带															
最大纵坡						2.0	2.0	2.0	2.0						
最大横坡	3.0	3.0	2.5	2.5	2.5	5.0	5.0	5.0	5.0	3.0	3.0	3.0	3.0	3.0	3.0

① 如主轮距等于60英尺或更大，采用宽度60英尺。

② 如主起落架外缘大于30英尺，用75英尺。

③ 如主轮距至少为60英尺，用60英尺。

38.1.8 滑行道灯光间距[2]

	最大纵向间距			最大纵向间距	
	跑道视距 RVR 1000英尺及以上	跑道视距 RVR* 小于1000英尺		跑道视距 RVR 1000英尺及以上	跑道视距 RVR* 小于1000英尺
曲线			切线		
弯道中线的半径/英尺			滑行道长度/英尺		
125~399	25	12.5	达350	25	
400~1199	50	25	351~450	50	
1200~直线	100	50	451~500	75	
很长半径的出口	50	50	500或以上	100	

38.1.9 跑道视距最小值和决断高度[2]

仪表着落系统类别	最低的最小值		仪表着落系统类别	最低的最小值	
	跑道视距/英尺	决断高度/英尺		跑道视距/英尺	决断高度/英尺
非精密	2400	250	精密，类别Ⅲa	700	0
精密，类别Ⅰ	1800	200	精密，类别Ⅲb	150	0
精密，类别Ⅱ	1200	100	精密，类别Ⅲc	0	0

38.2 飞机飞行安全

38.2.1 公共航空运输服务事故等级[5]

分　　类	条件（符合任一即可）
一般事故	（1）造成人员重伤（2）直接经济损失20万元（含）至100万元人民币
重大事故	（1）死亡人数9人（含）以下（2）直接经济损失100万元（含）至500万元人民币
特别重大事故	（1）死亡人数10人（含）以上（2）直接经济损失500万元（含）人民币以上

38.2.2 飞行事故等级分类[4]

分　　类	条件（符合任一即可）
一般航空地面事故	（1）造成人员重伤（2）直接经济损失30万元（含）至100万元人民币
重大航空地面事故	（1）死亡人数3人（含）以下（2）直接经济损失100万元（含）至500万元人民币
特别重大航空地面事故	（1）死亡人数4人（含）以上（2）直接经济损失500万元（含）人民币以上

38.2.3 飞机污水排放标准[6]

项　　目	标　准	项　　目	标　准
大肠菌群/(个·L^{-1})	<1000	生化需氧量(BOD5)/(mg·L^{-1})	<80
肠道致病菌/(个·L^{-1})	不得检出	化学需氧量(CODCr)/(mg·L^{-1})	<200
肠道寄生虫卵杀灭率/%	>95%	悬浮物/(mg·L^{-1})	<250

38.2.4 在VFR和IFR条件下到达飞机间的最小水平间隔准则[3]

领先飞机类型	VFR，后随飞机类型			IFR，后随飞机类型		
	重	轻	小	重	轻	小
重型	2.7	3.6	4.5	4.0	5.0	6.0
轻型	1.9	1.9	2.7	3.0	3.0	4.0
小型	1.9	1.9	1.9	3.0	3.0	3.0

参考文献

[1] 劳动安全国家标准汇编选编组．劳动安全国家标准汇编:(1)[M]．北京：中国标准出版社，1993.
[2] 简捷．GB/T17836—1999 通用航空机场设备设施［S］．北京：中国民用航空总局，1999.
[3] 姜忠信．MH2003—2000 飞行校验总则［S］．北京：中国民用航空总局航空安全技术中心，2000.
[4] 国家技术监督局．GB14648—1993．民用航空器飞行事故等级［S］．北京：国家技术监督局，1993.
[5] 吴安山．GB18432—2001 民用航空、地面事故等级［S］．北京：中国民用航空总局航空安全办公室，2001.
[6] 国家技术监督局．GB16298—1996 民用机场环境卫生标准［S］．北京：国家技术监督局，1996.

39 公共场所安全

39.1 公共安全综合

39.1.1 灾害等级划分标准[1]

类别	国家级		省市级		市、县级		
	损失占国内GDP比值	重伤和死亡率/%	损失占省市GDP比值	重伤和死亡率/%	损失占市县GDP比值	重伤和死亡率	
						人口百万级/%	人口十万级/%
巨灾	$>2\times10^{-3}$	$>8\times10^{-4}$	$>1\times10^{-2}$	$>5\times10^{-3}$	>0.2	$>3\times10^{-2}$	>1
重灾	$10^{-4}\sim10^{-3}$	$>3\times10^{-4}$	$5\times10^{-3}\sim10^{-2}$	$>5\times10^{-4}$	0.1~0.2	5×10^{-3}	0.1~1
中灾	$10^{-5}\sim10^{-4}$	$>1\times10^{-4}$	$5\times10^{-4}\sim5\times10^{-3}$	$>1\times10^{-4}$	0.05~0.1	$>1\times10^{-3}$	0.01~1
轻灾	$<10^{-4}$	$<1\times10^{-4}$	$<5\times10^{-4}$	$<1\times10^{-4}$	<0.05	$<1\times10^{-3}$	<0.01

39.1.2 火灾等级划分标准[1]

火灾等级	死亡人数	重伤人数	死亡重伤总人数	受灾人数	直接经济损失
特大火灾	≥10人	≥20人	≥20人	≥50人	≥100万元
重大火灾	≥3人	≥10人	≥10人	≥30人	≥30万元
一般火灾	<3人	<10人	<10人	<10人	<30万元

39.1.3 火灾等级出动力量标准[1]

序号	火灾等级	四级（蓝色）	三级（黄色）	二级（橙色）	一级（红色）
	出动车辆数/辆	3~9	6~18	12~20	20以上
1	普通建筑	3水-1枪	6水-1枪	12水-2枪	24水-2枪
2	高层建筑	6水-1枪-	8水-1枪-1登	12水-2枪-2	16水-2枪-2登
3	地下空间	4水-2泡-1枪-1照	5水-3泡-2枪-2照	8水-4泡-2枪-1照	12水-4泡-2枪-1照
4	油类火灾	4水-2泡-1枪	4水-4泡-1枪	6水-6泡-2枪	9水-7泡-2枪
5	气体火灾	6水-1枪	8水-1枪	12水-2枪	16水-2枪
6	露天堆垛	4水-1枪-1高	6水-2枪-1高	10水-2枪-2高-1运	14水-2枪-2高-2运
7	交通工具火灾	3水-2泡-1枪	4水-4泡-2枪-1照	6水-6泡-2枪-2照	8水-8泡-2枪-2照
8	一般性火灾	1水	—	—	—

39.1.4 其他灾害等级出动力量标准[1]

序号	灾害事故等级 出动车辆数	一级（蓝色方案） 1~3辆	二级（黄色方案） 6~9辆	三级（红色方案） 12辆以上
1	交通事故	1水-1枪	4水-2枪	8水-4枪
2	倒塌事故及市政公用设施故障	1水-1枪	4水-2枪	8水-4枪
3	化学危险品泄漏	1水-1枪-1化	2水-2枪-1化	8水-4枪-2化
4	爆炸事故	—	3水-2枪	8水-4枪
5	自然灾害	—	3水	12水
6	恐怖事件	—	—	12水-4枪

39.1.5 居住区大气中有害物质的最高容许浓度[1]

编号	物质名称	最高容许浓度/$(mg \cdot m^{-3})$	
		一次	日平均
1	一氧化碳	3.00	1.00
2	乙醛	0.01	
3	二甲苯	0.30	
4	二氧化硫	0.50	0.15
5	二氧化碳	0.04	
6	五氧化二硫	0.15	0.05
7	丙烯腈		0.05
8	丙烯醛	0.10	
9	丙酮	0.80	
10	甲基对硫磷（甲基E605）	0.01	
11	甲醇	3.00	1.00
12	甲醛	0.05	
13	汞		0.0003
14	吡啶	0.08	
15	苯	2.40	0.80
16	苯乙烯	0.01	
17	苯胺	0.10	0.03
18	环氧氯丙烷	0.20	
19	氟化物（换算成F）	0.02	0.007

编号	物质名称	最高容许浓度/$(mg \cdot m^{-3})$	
		一次	日平均
20	氨	0.20	
21	氧化氮（换算成NO_2）	0.15	
22	砷化物（换算成As）		0.003
23	敌百虫	0.10	
24	酚	0.02	
25	硫化氢	0.01	
26	硫酸	0.30	0.10
27	硝基苯	0.01	
28	铅及其无机化合物（换算成Pb）		0.0007
29	氯	0.10	0.03
30	氯丁二烯	0.10	
31	氯化氢	0.05	0.015
32	铬（六价）	0.0015	
33	锰及其化合物（换算成MnO_2）		0.01
34	飘尘	0.50	0.15

注：1. 一次最高容许浓度，指任何一次测定结果的最大容许值。

2. 日平均最高容许浓度，指任何一日的平均浓度的最大容许值。

3. 本表所列各项有害物质的检验方法，应按现行的《大气监测检验方法》执行。

4. 灰尘自然沉降量，可在当地清洁区实测数值的基础上增加3~5t/km^2/月。

39.1.6 一些有装饰的公共场所室内空气中甲醛含量[1]

mg/m^3

	N	X	合格率/%		N	X	合格率/%
宾馆客房	20	0.12	50	桑拿浴室	18	0.33	22.4
歌舞厅	48	0.23	29.2	室外空气	9	0.03	100

39.2 城市建筑物安全

39.2.1 建筑物的可燃物及本身的可燃性[5]

类别	可 燃 性 描 述	$P/(F_k \cdot M^{-1})$	
		范 围	中 值
1	含有一定数量的易燃易爆的化学危险品	0.94~1.00	0.97
2	含有一般的易燃物料（服装、纸张、煤气等）	0.84~1.94	0.89
3	木结构房屋	0.75~0.84	0.80
4	砖石结构木制门窗，常用家具用品	0.60~0.75	0.68
5	钢混结构，常用家具用品	0.40~0.60	0.50

39.2.2 冲击波超压对建筑物的破坏[5]

超压值/kPa	破 坏 程 度
1.5~2.0	房屋玻璃破坏
>3.5	轻度（门窗受损，墙壁开裂，屋顶局部损坏，但经简单修理，仍可居住）
10~20	建筑物局部破坏；汽车、土方机械玻璃破坏，车身、驾驶室轻度撞陷
>17	中度（墙壁严重开裂，承重结构损坏并弯曲，屋顶及内墙损坏；设备损坏）
20~30	建筑物轻度破坏，墙裂缝
>35	严重（承重结构严重受损，部分结构倒塌，建筑物无法修复，设备严重损坏）
40~50	建筑物中度破坏，墙大裂缝
60~70	建筑物严重破坏，部分倒塌，钢筋混凝土破坏；汽车驾驶室严重撞陷破坏
>70	砖墙塌陷
>83	彻底毁坏
100~200	钢筋混凝土建筑物破坏，防震钢筋混凝土破坏
200~300	钢架桥破坏

39.2.3 建筑物的室外消火栓用水量[5]

建筑物体积/m^3				≤1500	1501~3000	3001~5000	5001~20000	20001~50000	>50000
耐火等级	一、二级	厂房	甲、乙	10	15	20	25	30	35
			丙	10	15	20	25	30	40
			丁、戊	10	10	10	15	15	20
		库房	甲、乙	15	15	25	25	—	—
			丙	15	15	25	25	35	45
			丁、戊	10	10	10	15	15	20
		民用建筑		10	15	15	20	25	30
	三级	厂房或库房	乙、丙	15	20	30	40	45	—
			丁、戊	10	10	15	20	25	35
		民用建筑		10	15	20	25	30	—
	四级	丁、戊类厂房或库房		10	15	20	25	—	—
		民用建筑		10	15	20	25	—	—

注：1. 室外消火栓用水量应按消防需水量最大的一座建筑物或一个防火分区计算。成组布置的建筑物应按消防需水量较大的相邻两座计算。

2. 火车站、码头和机场的中转库房，其室外消火栓用水量应按相应耐火等级的丙类物品库房确定。

3. 国家级文物保护单位的重点砖木、木结构的建筑物室外消防用水量，按三级耐火等级民用建筑物消防用水量确定。

39.2.4 室内消火栓用水量[5]

建筑物名称	高度、层数、体积或座位数	消火栓用水量（$L \cdot s^{-1}$）	同时使用水枪数量/支	每支水枪最小流量（$L \cdot s^{-1}$）	每根竖管最小流量（$L \cdot s^{-1}$）
厂房	高度≤24m、体积≤10000m^3	5	2	2.5	5
	高度≤24m、体积>10000m^3	10	2	5	10
	高度>24~50m	25	5	5	15
	高度>50m	30	6	5	15
科研楼、试验楼	高度≤24m、体积≤10000m^3	10	2	5	10
	高度≤24m、体积>10000m^3	15	3	5	10
库房	高度≤24m、体积≤5000m^3	5	1	5	5
	高度≤24m、体积>5000m^3	10	2	5	10
	高度>24~50m	30	6	5	15
	高度>50m	40	8	5	15
车站、码头、机场建筑物和展览馆等	5001~25000m^3	10	2	5	10
	25001~50000m^3	15	3	5	10
	>50000m^3	20	4	5	15
商店、病房楼、教学楼等	5001~10000m^3	5	2	2.5	5
	10001~25000m^3	10	2	5	10
	>25000m^3	15	3	5	10
剧院、电影院、俱乐部、礼堂、体育馆等	801~1200个	10	2	5	10
	1201~5000个	15	3	5	10
	5001~10000个	20	4	5	15
	>10000个	30	6	5	15
住宅	7~9层	5	2	2.5	5
其他建筑	≥6层或体积≥10000m^3	15	3	3	10
国家级文物保护单位的重点砖木。木结构的古建筑	≤10000m^3	20	4	5	10
	>10000m^3	25	5	5	15

39.2.5 灭火设备设置规定[4]

应设置闭式自动喷水灭火设备的部位	(1) 等于或大于50000纱锭的棉纺厂的开包、清花车间；等于或大于5000锭的麻纺厂的分级、梳麻车间；服装、针织高层厂房；面积超过1500m^2的木器厂房；火柴厂的烤梗、筛选部位；泡沫塑料厂的预发、成型、切片、压花部位 (2) 每座占地面积超过1000m^2的棉、毛、丝、化纤、毛皮及其制品库房；每座占地面积超过600m^2的火柴库房；建筑面积超过500m^2的可燃物品的地下库房；可燃、难燃物品的高架库房和高层库房（冷库、高层卷烟成品库房除外）；省级以上或藏书量超过100万册图书馆的书库 (3) 超过1500个座位的剧院观众厅、舞台上部（屋顶采用金属构件时）、化妆室、道具室、储藏室、贵宾室；超过2000个座位的会堂或礼堂的观众厅、舞台上部、储藏室、贵宾室；超过3000个座位的体育馆、观众厅的吊顶上部、贵宾室、器材间、运动员休息室 (4) 省级邮政楼的邮袋库 (5) 每层面积超过3000m^2或建筑面积超过9000m^2的百货商场、展览大厅 (6) 设有空气调节系统的旅馆和综合办公楼内的走道、办公室、餐厅、商店、库房和无楼层服务员的客房 (7) 飞机发动机试验台的准备部位 (8) 国家级文物保护单位的重点砖木或木结构建筑
应设自动喷水灭火系统的建筑或部分	(1) 设置在地下、半地下 (2) 设置在建筑的首层、二层和三层，且建筑面积超过300m^2 (3) 设置在建筑的地上四层及四层以上 (4) 建筑面积大于500m^2的地下商店
应设雨淋喷水灭火设备的部分	(1) 火柴厂的氯酸钾压碾厂房，建筑面积超过100m^2生产、使用硝化棉、喷漆棉、火胶棉、赛璐珞胶片、硝化纤维的厂房 (2) 建筑面积超过60m^2或储存量超过2t的硝化棉、喷漆棉、火胶棉、赛璐珞胶片、硝化纤维库房 (3) 日装瓶数量超过3000瓶的液化石油气储配站的灌瓶间、实瓶库 (4) 超过1500个座位的剧院和超过2000个座位的会堂舞台的葡萄架下部 (5) 建筑面积超过400m^2的演播室，建筑面积超过500m^2的电影摄影棚 (6) 乒乓球厂的轧坯、切片、磨球、分球检验部位
应设水幕设备的建筑或部位	(1) 超过1500个座位的剧院和超过2000个座位的会堂、礼堂的舞台口，以及与舞台相连的侧台、后台的门窗洞口 (2) 应设防火墙等防火分隔物而无法设置的开口部位 (3) 防火卷帘或防火幕的上部
应设置水喷雾灭火系统的部位	(1) 单台容量在40MW及以上的厂矿企业可燃油油浸电力变压器、单台容量在90MW及以上可燃油油浸电厂电力变压器或单台容量在125MW及以上的独立变电所可燃油油浸电力变压器 (2) 飞机发动机试车台的试车部位 注：①当设置在缺水或严寒地区时，应采用其他灭火系统； ②当设置在室（洞）内时，亦可采用二氧化碳等气体灭火系统。
应设置气体灭火系统的部位	(1) 省级或超过100万人口城市广播电视发射塔楼内的微波机房、分米波机房、米波机房、变配电室和不间断电源（UPS）室 (2) 国际电信局、大区中心、省中心和一万路以上的地区中心的长途程控交换机房、控制室和信令转接点室 (3) 2万线以上的市话汇接局和6万门以上的市话端局程控交换机房、控制室和信令转接点室 (4) 中央及省级治安、防灾和网局级及以上的电力等调度指挥中心的通信机房和控制室 (5) 主机房的建筑面积不小于140m^2的电子计算机房中的主机房和基本工作间的已记录磁（纸）介质库 (6) 其他特殊重要设备室

（续表）

应设置二氧化碳等气体灭火系统，但不得采用卤代烷1211、1301灭火系统的部位	（1）省级或藏书量超过100万册的图书馆的特藏库 （2）中央和省级的档案馆中的珍藏库和非纸质档案库 （3）大、中型博物馆中的珍品库房 （4）一级纸绢质文物的陈列室 （5）中央和省级广播电视中心内，建筑面积不小于 $120m^2$ 的音像制品库房
宜设蒸汽灭火系统的部位	（1）使用蒸汽的甲、乙类厂房和操作温度等于或超过本身自燃点的丙类液体厂房 （2）单台锅炉蒸发量超过2t/h的燃油、燃气锅炉房 （3）火柴厂的火柴生产联合机部位 （4）有条件并适用蒸汽灭火系统设置的场所

39.2.6　火灾自动报警装置设置规定[4]

建筑物应设火灾自动报警装置的部位	（1）大中型电子计算机房，特殊贵重的机器、仪表、仪器设备室、贵重物品库房，每座占地面积超过 $1000m^2$ 的棉、毛、丝、麻、化纤及其织物库房，设有卤代烷、二氧化碳等固定灭火装置的其他房间，广播、电信楼的重要机房，火灾危险性大的重要实验室 （2）图书、文物珍藏库、每座藏书超过100万册的书库，重要的档案、资料库，占地面积超过 $500m^2$ 或总建筑面积超过 $1000m^2$ 的卷烟库房 （3）超过3000个座位的体育馆观众厅，有可燃物的吊顶内及其电信设备室，每层建筑面积超过 $3000m^2$ 的百货楼、展览楼和高级旅馆等 注：设有火灾自动报警装置的建筑，应在适当部位增设手动报警装置
应设火灾自动报警装置的娱乐场所	（1）设置在地下、半地下 （2）设置在建筑的地上四层及四层以上
应设火灾自动报警装置的商店	建筑面积大于 $500m^2$

39.3　重大危险源安全

39.3.1　突发化学中毒时间严重程度分级[2]

分　级	中毒人数	死亡人数	污染程度及波及范围
一般性事故	≤10人	≤3人	局限在企业厂区范围内，通常只造成企业职工急性职业中毒
重大灾害性事故	11～100人	4～30人	可能已扩散到厂外，不仅造成企业职工中毒，还可造成社区民众中毒
特大灾害性事故	>100人	>30人	污染严重，范围扩大到社区，甚至跨越行政辖区造成企业职工和社区民众中毒

39.3.2　依据我国现行急性毒性分级确定毒物临界量[2]

毒性分级	小鼠一次经口 LD50/$(mg \cdot kg^{-1})$	小鼠吸入染毒 LC50 2h/$(mg \cdot m^{-3})$	兔经皮 LD50/$(mg \cdot kg^{-1})$	生产场所临界量/t	贮存区临界量/t
剧毒	<10	<50	<10	0.4	1
高毒	11～100	51～500	11～50	2	5

（续表）

毒性分级	小鼠一次经口 LD50/($mg \cdot kg^{-1}$)	小鼠吸入染毒 LC50 2h/($mg \cdot m^{-3}$)	兔经皮 LD50/($mg \cdot kg^{-1}$)	生产场所临界量/t	贮存区临界量/t
中毒	101～1000	501～5000	51～500	8	20
低毒	1001～10000	5001～50000	501～5000	20	50
微毒	>10000	>50000	>5000	40	100

39.3.3 依据空气中化学毒物的危害级别确定毒物临界量[2]

危害级别	有毒化合物最高允许浓度/($mg \cdot m^{-3}$)	吸入中毒的可能性系数(C20/LC50)	急性毒作用区间（Z_{ac}）	慢性毒作用区间（Z_{ch}）	生产场所临界量/t	贮存区临界量/t
一级极度危害	<0.1	>300	<6	>10	2	5
二级高度危害	0.1～1.0	300～30	6～18	10～5	8	20
三级中度危害	1.0～10.0	30～3	18～54	5～2.5	20	50
四极轻微危害	>10.0	<3	>54	<2.5	40	100

注：1. LD50（mg/kg）：半致死量。

2. LC50（mg/m^3）：半致死浓度。

3. C20/LC50：吸入中毒可能性系数，C20为20℃条件下化学毒物的饱和蒸汽浓度。

4. $Z_{ac}=LC50/L_{imac}$　L_{imac}为急性阈浓度。

5. $Z_{ch}=L_{imc}/L_{imch}$　L imch为慢性阈浓度。

6. 毒物临界量值按下列公式计算：$w=\rho(\alpha_1 w_1+\alpha_2 w_2)$。

式中：w_1—按我国毒性分级确定毒物临界量值，t；w_2—按空气化学毒物的危害级别确定毒物临界量值，t；α_1，α_2—各自的权重，$\alpha_1+\alpha_2=1$；ρ—临界量修正系数（对有毒气体密度大于空气时，容易在地面附近聚集，增加了中毒的可能性，对液体，挥发性大，密度比水轻时，增加了中毒的可能性，对于无味、无刺激性的气体中毒可能性大）。

39.3.4 有毒物质名称及临界值[2]

序号	物质名称	临界量/t	
		生产场所	储存区
1	氨	40	100
2	氯	10	25
3	碳酰氯	0.3	0.75
4	一氧化碳	2	5
5	二氧化硫	40	100
6	三氧化硫	30	75
7	硫化氢	2	5
8	基硫	2	5
9	氯化氢	2	5
10	氟化氢	20	50
11	砷化氢	0.4	1
12	硒化氢	0.4	1
13	磷化氢	0.4	1
14	锑化氢	0.4	1
15	六氟化碲	0.4	1

（续表）

序号	物质名称	临界量/t	
		生产场所	储存区
16	六氟化氢	0.4	1
17	氯化氰	8	20
18	氰化氢	8	20
19	二硫化碳	8	20
20	乙撑亚胺	40	100
21	氮氧化物	20	50
22	氟	8	20
23	二氟化氧	0.4	1
24	三氟化氧	8	20
25	三氟化硼	8	20
26	氧氯化磷	8	20
27	三氯化磷	8	20
28	二氧化硫	0.4	1
29	溴	40	100
30	硫酸（二）甲酯	20	50
31	氯甲酸甲酯	8	20
32	八氟异丁烯	0.30	0.75
33	氯乙烯	20	50
34	2-氯-1，3-丁二烯	20	50
35	六氟丙烯	20	50
36	三氯乙烯	20	50
37	3-氯丙烯	20	50
38	甲苯-2，4-二异氰酸酯	40	100
39	异氰酸甲酯	0.30	0.75
40	丙烯腈	40	100
41	乙腈	40	100
42	丙酮氰醇	40	100
43	2-丙烯-1-醇	40	100
44	丙烯醛	40	100
45	3-氨基丙烯	40	100
46	苯	20	50
47	甲基苯	40	100
48	二甲苯	40	100
49	甲醛	20	50
50	烷基铅类	20	50
51	羟基镍	0.4	1
52	乙硼烷	0.4	1
53	戊硼烷	0.4	1
54	3-氯-1，2-环氧丙烷	20	50
55	四氯化碳	20	50
56	氯甲烷	20	50
57	溴甲烷	20	50
58	氯甲基甲醚	20	50
59	一甲胺	20	50
60	二甲胺	20	50
61	N，N-二甲基甲酰胺	20	50

39.3.5 储存物品的火灾危险性分类[3]

储存物品类别	火灾危险性的特征
甲	1. 闪点<28℃的液体 2. 爆炸下降<10%的气体，以及受到水或空气中水蒸气的作用，能产生爆炸下限<10%气体的固体物质 3. 常温下能自行分解或在空气中氧化即能导致迅速自燃或爆炸的物质 4. 常温下受到水或空气中水蒸气的作用能产生可燃气体并引起燃烧或爆炸的物质 5. 遇酸、受热、撞击、摩擦以及遇有机物或硫黄等易燃的无机物，极易引起燃烧或爆炸的强氧化剂 6. 受撞击、摩擦或与氧化剂、有机物接触时能引起燃烧或爆炸的物质
乙	1. 闪点≥28℃至<60℃的液体 2. 爆炸下限≥10%的气体 3. 不属于甲类的氧化剂 4. 不属于甲类的化学易燃危险固体 5. 助燃气体 6. 常温下与空气接触能缓慢氧化，积热不散引起自燃的物品
丙	1. 闪点≥60℃的液体 2. 可燃固体
丁	难燃烧物品
戊	非燃烧物品

39.3.6 甲、乙类物品库房[1]

贮存物品名称	每栋库房总面积/m^2	防火墙间面积/m^2	贮存物品名称	每栋库房总面积/m^2	防火墙间面积/m^2
甲醇、乙醚等液体	120	120	乙醚等醚类	44	44
甲苯、丙酮等液体	240	120	金属钾、钠等	50	50
亚硫酸铁等	16	16	火柴等	820	410

39.3.7 丙类物品库房[1]

贮存物品名称	耐火等级	层数	每座库房占地面积/m^2	每个防火隔间面积/m^2	备　注
纺织品、针织品	一、二级	4	1980	890	
纺织品、针织品	一、二级	3	3370	756~1260	用防火墙分隔
日用百货	一、二级	2	1440	720	
植物油	一、二级	2	1240	620	桶装植物油
化纤、棉布等	一、二级	5	1020	1020	
糖、色酒	一、二级	1	980	980	低浓度色酒
棉花	三级	1	750	750	
香烟	三级	1	780	780	
棉花	三级	1	1200	600	中转仓库
棉花	三级	1	1000	500	
棉花	二级	1	1000	1000	
纸张	三级	1	1000	500	
毛织品	二级	2	1000	500	

39.3.8 国内液化石油气贮罐防火间距[1]

规范名称及内容		油田建设设计防火规定厂、站的甲乙类生产区	炼油化工企业设计防火规定（炼油篇）	炼油化工企业设计防火规定（油化工篇）
防火间距/m	居住区、村镇、重要公共建筑	100	120	100
	相邻企业	70	85	生产性质相同企业91 生产性质不同企业112
	备注	自生产区厂界算起		从贮罐外壁算起

39.4 公共聚集场所安全

39.4.1 公共场所危险等级划分标准[1]

严重危险级	火灾危险性大。可燃物多，起火后蔓延迅速，扑救困难的场所，容易造成重大财产损失的场所
中危险级	火灾危险性较大。可燃物较多，起火后蔓延较迅速，扑救较难的场所
轻危险级	火灾危险性较小。可燃物较少，起火后蔓延较慢，扑救较易的场所

39.4.2 剧院、电影院、礼堂疏散宽度指标[5]

观众厅座位数/个			≤2500	≤1200
			一、二级	三级
宽度指标/(m·百人$^{-1}$)	门和走道	平坡地面	0.65	0.85
		阶梯地面	0.75	1.00
	楼梯		0.75	1.00

注：有等场需要的入场门，不应作为观众厅的疏散门。

39.4.3 体育馆疏散宽度指标[5]

观众厅座位数/个			3000～5000	5001～10000	10001～20000
耐火等级			一、二级	一、二级	一、二级
宽度指标/(m·百人$^{-1}$)	门和走道	平坡地面	0.43	0.37	0.32
		阶梯地面	0.50	0.43	0.37
	楼梯		0.50	0.43	0.37

注：表中较大座位数档次按规定指标计算出来的疏散总宽度，不应小于相邻较小座位数档次按其最多座位数计算出来的疏散总宽度。

39.4.4 学校、商店、办公楼、候车室、歌舞娱乐放映游艺场所楼梯门和走道的宽度指标[5]

层数	耐火等级 /（m·百人$^{-1}$）		
	一、二级	三级	四级
一、二层	0.65	0.75	1.00
三层	0.75	1.00	—
≥四层	1.00	1.25	—

注：1. 每层疏散楼梯的总宽度应按本表规定计算。当每层人数不等时，其总宽度可分层计算，下层楼梯的总宽度按其上层人数最多一层的人数计算。
2. 每层疏散门和走道的总宽度应按本表规定计算。
3. 底层外门的总宽度应按该层和该层以上人数最多的一层人数计算，不供楼上人员疏散的外门，可按本层人数计算。
4. 录像厅、放映厅的疏散人数应根据该场所的建筑面积按 1.0 人/m^2 计算；其他歌舞娱乐放映游艺场所的疏散人数应根据该场所建筑面积按 0.5 人/m^2 计算。

39.4.5 体育馆观众厅安全出口的设计情况[5]

名称	观众厅人数/人	出口数目/个	出口总宽度/m	每个出口的平均设计宽度/m
首都体育馆	18000	22	58.6	2.66
上海体育馆	18000	24	66.0	2.75
辽宁体育馆	12000	24	54.4	2.27
南京体育馆	10000	24	46.0	1.91
北京工人体育馆	15000	32	70.8	2.21
河北体育馆	10000	20	46.0	2.30
山东体育馆	8600	16	30.8	1.93
福建体育馆	6200	14	27.8	1.99
内蒙古体育馆	5300	10	27.0	2.70
河南体育馆	4900	8	17.6	2.20
广东韶关体育馆	5000	5	12.5	2.50
景德镇体育馆	3500	6	12.0	2.00

39.4.6 灭火器配置场所火灾种类[4]

A类	固体物质火灾	D类	金属火灾
B类	液体火灾或可溶化固体物质火灾	E类	物体带电燃烧火灾
C类	气体火灾		

39.4.7 灭火器类型选择[4]

A类火灾场所	水型灭火器、磷酸铵盐干粉灭火器、泡沫灭火器或卤代烷灭火器
B类火灾场所	泡沫灭火器、氨酸氢钠干粉灭火器、磷酸铵盐干粉灭火器、二氧化碳灭火器、卤代烷灭火器、灭B类火灾的水型灭火器
C类火灾场所	磷酸铵盐干粉灭火器、氨酸氢钠干粉灭火器、二氧化碳灭火器、卤代烷灭火器
D类火灾场所	扑灭金属火灾的专用灭火器
E类火灾场所	氨酸氢钠干粉灭火器、磷酸铵盐干粉灭火器、二氧化碳灭火器、卤代烷灭火器，但不得选用装有金属喇叭喷筒的二氧化碳灭火器

39.4.8 A类火灾场所的灭火器最大保护距离[4]

m

灭火器型式	手提式灭火器	推车式灭火器
严重危险级	15	30
中危险级	20	40
轻危险级	25	50

39.4.9 B、C类火灾场所的灭火器最大保护距离[4]

m

灭火器型式	手提式灭火器	推车式灭火器
严重危险级	9	18
中危险级	12	24
轻危险级	15	30

39.4.10 A类火灾场所灭火器的最低配置基准[4]

危险等级	严重危险级	中危险级	轻危险级
单具灭火器最小配置灭火级别	3A	2A	1A
单位灭火级别最大保护面积（$m^2 \cdot A^{-1}$）	50	75	100

39.4.11 B、C类火灾场所灭火器的最低配置基准[4]

危险等级	严重危险级	中危险级	轻危险级
单具灭火器最小配置灭火级别	89B	55B	21B
单位灭火级别最大保护面积（$m^2 \cdot B^{-1}$）	0.5	1.0	1.5

39.5 重要基础设施安全

39.5.1 电力线路架空避雷线接地电阻值[6]

土壤电阻率/（Ω·m）	接地电阻/Ω	土壤电阻率/（Ω·m）	接地电阻/Ω
100及以下	<10	1000~2000	<25
100~500	<15	2000以上	<30
500~1000	<20		

39.5.2 10kV及其以下架空配电线路绝缘子及其金具的机械强度安全系数[7]

类型	安全系数		类型	安全系数	
	运行工况	断线工况		运行工况	断线工况
悬式绝缘子	2.7	1.8	瓷横担绝缘子	3	2
针式绝缘子	2.5	1.5	有机复合绝缘子	3	2
蝴蝶式绝缘子	2.5	1.5	金具	2.5	1.5

39.5.3 10kV及其以下架空配电线路导线与地面或水面的最小距离[7]

m

线路经过地区		线路电压/kV	
		1~10	1kV以下
最小距离/m	居民区	6.5	6
	非居民区	5.5	5
	不能通航也不能浮运的河、湖（至冬季冰面）	5	5
	不通通航也不能浮运的河、湖（至50年一遇洪水位）	3	3
	交通困难地区	4.5（3）	4（3）

注：括号内为绝缘线数值。

39.5.4 10kV及其以下架空配电线路导线设计的最小安全系数[7]

绝缘导线种类	一般地区	重要地区
铝绞线、钢芯铝绞线、铝合金线	2.5	3.0
铜绞线	2.0	2.5

39.5.5 10kV及其以下架空配电线路电杆的接地电阻[7]

土壤电阻率/（Ω·m）	工频接地电阻/Ω	土壤电阻率/（Ω·m）	工频接地电阻/Ω
100及以下	10	1000～2000	25
100～500	15	2000以上	30
500～1000	20	—	—

注：如土壤电阻率较高，接地电阻很难降到30Ω，可采用6～8根总长不超过500m的放射型接地体或连续伸长接地体，其接地电阻不限制。

39.5.6 10kV及其以下架空配电线路导线与山坡、峭壁、岩石之间的最小距离[7]

m

线路经过地区		线路电压	
		1～10kV	1kV以下
最小距离/m	步行可以到达的山坡	4.5	3.0
	步行不能到达的山坡、峭壁和岩石	1.5	1.0

39.5.7 10kV及其以下架空配电线路导线与街道行到树之间的最小距离[7]

m

最大弧垂情况的垂直距离		最大风偏情况的水平距离	
1～10kV	1kV以下	1～10kV	1kV以下
1.5（0.8）	1.0（0.2）	2.0（1.0）	1.0（0.5）

注：括号内为绝缘导线数值。

39.5.8 10kV及其以下架空配电线路与弱电线路的交叉角[7]

弱电线路等级	一级	二级	三级
交叉角	≥45°	≥30°	不限制

39.5.9 燃气管道与交流接地体的安全距离[8]

<table>
<tr><td rowspan="3">接地形式</td><td colspan="4">电力等级/kV</td></tr>
<tr><td>10</td><td>35</td><td>110</td><td>220</td></tr>
<tr><td colspan="4">安全距离/m</td></tr>
<tr><td>临时接地点</td><td>0.5</td><td>1.0</td><td>3.0</td><td>5.0</td></tr>
<tr><td>铁塔或电杆接地</td><td>1.0</td><td>3.0</td><td>5.0</td><td>10.0</td></tr>
<tr><td>电站或变电接地体</td><td>2.5</td><td>10.0</td><td>15.0</td><td>30.0</td></tr>
</table>

39.5.10 城镇燃气输送压力分级[8]

<table>
<tr><td colspan="2">名称</td><td>压力/MPa</td></tr>
<tr><td rowspan="2">高压燃气管道</td><td>A</td><td>$0.8 < P \leq 1.6$</td></tr>
<tr><td>B</td><td>$0.4 < P \leq 0.8$</td></tr>
<tr><td rowspan="2">中压燃气管道</td><td>A</td><td>$0.2 < P \leq 0.4$</td></tr>
<tr><td>B</td><td>$0.005 < P \leq 0.2$</td></tr>
<tr><td colspan="2">低压燃气管道</td><td>$P \leq 0.005$</td></tr>
</table>

39.5.11 地下燃气管道与构筑物或相邻管道之间的水平净距[8]

m

<table>
<tr><td colspan="2" rowspan="3">项目</td><td colspan="5">地下燃气管道</td><td colspan="2" rowspan="3">项目</td><td colspan="5">地下燃气管道</td></tr>
<tr><td rowspan="2">低压</td><td colspan="2">中压</td><td colspan="2">高压</td><td rowspan="2">低压</td><td colspan="2">中压</td><td colspan="2">高压</td></tr>
<tr><td>B</td><td>A</td><td>B</td><td>A</td><td>B</td><td>A</td><td>B</td><td>A</td></tr>
<tr><td colspan="2">建筑物的基础</td><td>0.7</td><td>1.5</td><td>2.0</td><td>4.0</td><td>5.0</td><td rowspan="2">热力管</td><td>直埋</td><td>1.0</td><td>1.0</td><td>1.0</td><td>1.5</td><td>2.0</td></tr>
<tr><td colspan="2">给水管</td><td>0.5</td><td>0.5</td><td>0.5</td><td>1.0</td><td>1.5</td><td>在管沟内</td><td>1.0</td><td>1.5</td><td>1.5</td><td>2.0</td><td>4.0</td></tr>
<tr><td colspan="2">排水管</td><td>1.0</td><td>1.2</td><td>1.2</td><td>1.5</td><td>2.0</td><td rowspan="2">电杆(塔)的基础</td><td>≤35kV</td><td>1.0</td><td>1.0</td><td>1.0</td><td>1.0</td><td>1.0</td></tr>
<tr><td colspan="2">电力电缆</td><td>0.5</td><td>0.5</td><td>0.5</td><td>1.0</td><td>1.5</td><td>>35kV</td><td>5.0</td><td>5.0</td><td>5.0</td><td>5.0</td><td>5.0</td></tr>
<tr><td rowspan="2">通讯电缆</td><td>直埋</td><td>0.5</td><td>0.5</td><td>0.5</td><td>1.0</td><td>1.5</td><td colspan="2">通讯照明电杆（至电杆中心）</td><td>1.0</td><td>1.0</td><td>1.0</td><td>1.0</td><td>1.0</td></tr>
<tr><td>在导管内</td><td>1.0</td><td>1.0</td><td>1.0</td><td>1.0</td><td>1.5</td><td colspan="2">铁路钢轨</td><td>5.0</td><td>5.0</td><td>5.0</td><td>5.0</td><td>5.0</td></tr>
<tr><td rowspan="2">其他燃气管道</td><td>$D_k \leq 300$mm</td><td>0.4</td><td>0.4</td><td>0.4</td><td>0.4</td><td>0.4</td><td colspan="2">有轨电车钢轨</td><td>2.0</td><td>2.0</td><td>2.0</td><td>2.0</td><td>2.0</td></tr>
<tr><td>$D_k > 300$mm</td><td>0.5</td><td>0.5</td><td>0.5</td><td>0.5</td><td>0.5</td><td colspan="2">街树（至树中心）</td><td>1.2</td><td>1.2</td><td>1.2</td><td>1.2</td><td>1.2</td></tr>
</table>

39.5.12 地下燃气管道与建构筑物或相邻管道之间的垂直净距[8]

m

<table>
<tr><td colspan="2">项目</td><td>地下燃气管道
（当有套管时，以套管计）</td><td colspan="2">项目</td><td>地下燃气管道
（当有套管时，以套管计）</td></tr>
<tr><td colspan="2">给水管、排水管或其他燃气管道</td><td>0.15</td><td>电缆</td><td>在导管内</td><td>0.15</td></tr>
<tr><td colspan="2">热力管的管沟底（或顶）</td><td>0.15</td><td colspan="2">铁路轨底</td><td>1.20</td></tr>
<tr><td>电缆</td><td>直埋</td><td>0.50</td><td colspan="2">有轨电车轨底</td><td>1.00</td></tr>
</table>

39.5.13 架空配电线路与铁路、公路、河流、管道、索道及各种架空线路交叉或接近的基本要求[7]

项目		铁路			公路		电车道	河流			
		标准轨距	窄轨	电气化线路	高速公路，一级公路	二、三、四级公路	有轨及无轨	通航		不通航	
导线最小截面		铝线及铝合金线 $50mm^2$									
导线在跨越档内的接头		不应接头	—	—	不应接头	—	不应接头	不应接头		—	
导线支持方式		双固定		—	双固定	单固定	双固定	双固定		单固定	
最小垂直距离/m	线路电压	至轨顶		接触线或承力索	至路面		至承力索或接触线 至路面	至常年高水位	至最高航行水位的最高船桅顶	至最高洪水位	冬季至冰面
	1~10kV	7.5	6.0	平原地区配电线路入地	7.0		3.0/9.0	6	1.5	3.0	5.0
	1kV 以下	7.5	6.0	平原地区配电线路入地	6.0		3.0/9.0	6	1.0	3.0	5.0
最小水平距离/m	线路电压	电杆外缘至轨道中心			电杆中心至路面边缘		电杆中心至路面边缘 电杆外缘至轨道中心	与拉纤小路平等的线路，边导线至斜坡上缘			
	1~10kV	交叉：5.0 平行：杆高+3.0		平行杆高+3.0	0.5		0.5/3.0	最高电杆高度			
	1kV 以下						0.5/3.0				
备注				山区入地困难时，应协商，并签订协议	公路分级及城市道路的分级，参照公路的规定			最高洪水位时，有抗洪抢险船只航行的河流，垂直距离应协商确定			

注1. 1kV 以下配电线路与二、三级弱电线路，与公路交叉时，导线支持方式不限制。
2. 架空配电线路与弱电线路交叉时，交叉档弱电线路的木质电杆应有防雷措施。
3. 1~10kV 电力接户线与工业企业内自用的同电压等级的架空线路交叉时，接户线宜架设在上方。
4. 不能通航河流指不能通航也不能浮运的河流。
5. 对路径受限制地区的最小水平距离的要求，应计及架空电力线路导线的最大风偏。
6. 公路等级应符合 JTJ001 的规定。
7. ( ) 内数值为绝缘导线线路。

弱电线路		电力线路/kV						特殊管道	一般管道、索道	人行天桥
一、二级	三级	1以下	1~10	35~110	154~220	330	500			
铜线为$16mm^2$										
不应接头	—	交叉不应接头	交叉不应接头	—	—	—	—	不应接头		—
双固定	单固定	单固定	双固定	—	—	—	—	双固定		—
至被跨越线		至导线						电力线在下面		—
								电力线在下面	电力线在下面至电力线上的保护设施	
2.0		2	2	3	4	5	8.5	3.0	2.0/2.0	5（4）
1.0		1	2	3	4	5	8.5	1.5/1.5		4（3）
在路径受限制地区，两线路边导线间		在路径受限制地区，两线路边导线间						在路径受限制地区，至管道、索道任何部分		导线边线至人行天桥边缘
2.0		2.5	2.5	5.0	7.0	9.0	13.0	2.0		4.0
1.0								1.5		2.0
①两平行线路在开阔地区的水平距离不应小于电杆高度；②弱电线路分级见附录C		两平行线路开阔地区的水平距离不应小于电杆高度						①特殊管道指架设在地面上的输送易燃、易爆物的管道；②交叉点不应选在管道检查井（孔）处，与管道、索道平行、交叉时，管道、索道应接地		

39.5.14 地下燃气管道与交流电力线接地体的净距[8]

电压等级/kV	10	35	110	220
铁塔或电杆接地体净距/m	1	3	5	10
电站或变电所接地体	5	10	15	30

39.5.15 地下液态液化石油气管道与建构筑物和相邻管道等之间的水平净距[8]

m

项目		管道级别			项目		管道级别		
		Ⅰ级	Ⅱ级	Ⅲ级			Ⅰ级	Ⅱ级	Ⅲ级
特殊建、构筑物（危险品库、军事设施等）		200			其他燃料管道		2	2	2
居民区、村镇、重要公共建筑		75	50	30	公路路边	高速、Ⅰ、Ⅱ级	10	10	10
一般建、构筑物		25	15	10		Ⅲ、Ⅳ级	5	5	5
给水管		2	2	2	国家铁路（中心线）	干线	25	25	25
排水管		2	2	2		支线	10	10	10
暖气管、热力管等管沟外壁		2	2	2	架空	电力线（中心线）	1倍杆高，且不小于10		
埋地电缆	电力	10	10	10		通讯线（中心线）	2	2	2
	通讯	2	2	2	树木		2	2	2

注：执行本表有困难时，采取有效的安全措施后，其间距可适当减少。

39.5.16 地下液态液化石油气管道与建构筑物和相邻管道等之间的垂直净距[8]

项目	垂直净距/m	项目	垂直净距/m
给水管、排水管	0.20	其他燃料管道	0.20
暖气管、热力管（管沟）	0.20	铁路（轨底）	1.2
直埋电缆	0.50	公路（路面）	0.80
铠装电缆	0.20		

39.5.17 液化石油气供应基地的全压力式储罐与基地外建构筑物的防火间距[8]

	总容积/m^3		≤50	51~200	201~500	501~1000	1001~2500	2501~5000	>5000
	单罐容积/m^3		≤20	≤50	≤100	≤200	≤400	≤1000	—
间距/m	居住区、村镇、学校、影剧院、体育馆等人员集中的地区（最外侧建、构筑物外墙）		60	70	90	120	150	180	200
	工业区（最外侧建、构筑物外墙）		50	60	70	90	120	150	180
	铁路（中心线）	国家线	60	70		80		100	
		企业专用线	25	30		35		40	

（续表）

	总容积/m^3		≤50	51～200	201～500	501～1000	1001～2500	2501～5000	>5000
	单罐容积/m^3		≤20	≤50	≤100	≤200	≤400	≤1000	—
间距/m	公路（路肩）	高速、Ⅰ、Ⅱ级	20	25					30
		Ⅲ、Ⅳ级	15	20					25
	架空电力线路（中心线）		1.5 倍杆高		1.5 倍杆高，但 35kV 及以上架空电力线应大于 40m				
	Ⅰ、Ⅱ级通讯线路（中心线）		30		40				

注：1. 防火间距应按本表总容积和单罐容积较大者确定。

2. 居住区系指 1000 人或 300 户以上居民区。

3. 地下贮罐防火间距可按本表减少 50%。

4. 地下贮罐单罐容积应小于或等于 50m^3，总容积应小于或等于 400m^3。

5. 与本表以外的其他建、构筑物的防火间距应按现行的国家标准《建筑设计防火规范》GBJ 16 执行。

6. 间距的计算应以贮罐的最外侧为准。

39.5.18 液化石油气供应基地的全冷冻式储罐与基地外建构筑物的防火间距[8]

名称	居住区、村镇、学校、影剧院、体育馆等人员集中的地区（最外侧建、构筑物的外墙）	工业区（最外侧建、构筑物外墙）	铁路（中心线）		公路（路肩）		架空电力线路（中心线）	Ⅰ、Ⅱ级通讯线路（中心线）
			国家线	企业专用线	高速、Ⅰ、Ⅱ级	Ⅲ、Ⅳ级		
间距/m（单罐容积>5000m^3）	200	180	100	40	30	25	1.5 倍杆高但 35kV 及以上架空电力线应大于 40m	40

注：1. 本表所指贮罐为设有防液堤的全冷冻式液化石油气贮罐。

2. 居住区系指 1000 人或 300 户以上的居民区。

39.5.19 液化石油气全冷冻式储罐与基地外建构筑物、堆场的防火间距[8]

名称	明火、散发火花地点和民用建筑	甲、乙类液体贮罐、甲类物品库房、易燃材料堆场	丙类液体贮罐可燃气体贮罐	助燃气体贮罐可燃材料堆场	其他建筑		
					耐火等级		
					一、二级	三级	四级
间距/m（单罐容积>5000m^3）	120	95	85	75	50	65	75

注：1. 本表所指贮罐为设有防液堤的全冷冻式液化石油气贮罐，当单罐容积小于或等于 5000m^3 时，应按现行国家标准《建筑设计防火规范》GBJ 16 执行。

2. 民用建筑系指零星民用建筑。

39.5.20 液化石油气供应基地的全压力式储罐与明火、散发火花地点和基地内建构筑物的防火间距[8]

	总容积/m^3	≤5	51～200	201～500	501～1000	1001～2500	2501～5000	>5000
	单罐容积/m^3	≤20	≤50	≤100	≤200	≤400	≤1000	—
间距/m	明火、散发火花地点	45	50	55	60	70	80	120
	民用建筑（最外侧建、构筑物外墙）	40	45	50	55	65	75	100

（续表）

	总容积/m^3		≤5	51~200	201~500	501~1000	1001~2500	2501~5000	>5000
	单罐容积/m^3		≤20	≤50	≤100	≤200	≤400	≤1000	—
间距/m	罐瓶间、瓶库、压缩机室、汽车槽车库（外墙）		18	20	25	30	40	50	
	空压机室、变配电室、仪表间、汽车库、机修间、新瓶库、门卫、值班室（外墙）		18	20	25	30	40	50	
	汽车槽车装卸台（柱）（装卸口）		18	20	25		30		40
	基地内铁路槽车装卸线（中心线）		20						30
	消防泵房、消防水池（外墙）		40				50		60
	基地内道路（路肩）	主要	10	15					20
		次要	5	10					15
	基地围墙		10	15					20

注：1. 防火间距应按本表总容积和单罐容积较大者确定。

2. 地下贮罐的防火间距可按本表减少50%。

3. 地下贮罐单罐容积应小于或等于50m^3，总容积应小于或等于400m^3。

4. 与本表以外的其他建、构筑物的防火间距应按现行的国家标准《建筑设计防火规范》GBJ16执行。

39.5.21 灌瓶间和瓶库与明火、散发火花地点和站内建构筑物的防火间距[8]

m

总存瓶量/个		≤10	10~30	>30
明火、散发火花地点、民用建筑		25	30	40
站内铁路装卸线（中心线）		20	25	30
汽车装卸台（柱）（装卸口）		15	20	30
压缩机室、仪表间、汽车槽车库、空压机室、配电室		12	15	18
变电室、锅炉房、机修电气焊间、汽车库		25	30	40
新瓶库、真空泵房、备件库等非明火建筑		12	15	18
消防水池、消防泵房		25	30	
站外道路（路肩）		15		
站内道路（路肩）	主要	10		
	次要	5		
站区围墙		10	15	

注：1. 瓶库与灌瓶间之间的距离不限。

2. 计算月平均日灌瓶量小于500瓶的灌瓶站其压缩机室和仪表间与灌装间可合建成一幢建筑物，但其间应采用无门窗、洞口的防火墙隔开，同时，仪表间与灌瓶间、压缩机室门、窗开口之间的距离不应小于6m。

3. 当计算月平均日灌瓶量小于200瓶时，汽车槽车装卸柱可附设在灌瓶间山墙的一侧，山墙必须是无门窗洞口的防火墙。

39.5.22 气化站和混气站的液化石油气储量与明火散发火花地点和建构筑物的防火间距[8]

总容积/m^3			≤10	11~30
间距/m	明火、散发火花地点、重要公共建筑		35	40
	站外民用建筑		30	35
	站内生活、办公用房		15	20
	气化间、混气间、调压室、配电室、仪表间、值班间等非明火建筑		12	15
	明火气化间、供气化器用的燃气热水炉间		12	18
	站内道路（路肩）	主要	10	10
		次要	5	5

注：1. 当贮罐总容积超过30m^3或单罐容积超过10m^3时，与建、构筑物的防火间距应按GB 50028—1993城镇燃气设计规范第6.3.7条和6.3.8条的规定执行。

2. 与本表之外的其他建、构筑物的防火间距应符合现行的国家标准《建筑设计防火规范》GBJ16的规定。

3. 地下贮罐的防火间距可按本表规定减少50%。

4. 供气化器用燃气热水间的门不得面向贮罐。

5. 采用气瓶组向气化器供应液化石油气时，瓶组间与建、构筑物的防火间距应按GB50028—1993城镇燃气设计规范第6.6.8条执行。其瓶组间与气化间的间距不限。

39.5.23 瓶装供应站的瓶库与站外建构筑物的防火间距[8]

m

总存瓶容积/m^3	≤10	>10	总存瓶容积/m^3	≤10	>10
明火、散发火花地点	30	35	主要道路	10	10
民用建筑	10	15	次要道路	5	5
重要公共建筑	20	25			

注：总存瓶容积应按实瓶个数与单瓶几何容积的乘积计算。

39.5.24 独立瓶组间与建构筑物的防火间距[8]

m

瓶组间的总容积/m^3	<2	2~4	瓶组间的总容积/m^3	<2	2~4
明火、散发火花地点	25	30	重要公共建筑	15	20
民用建筑	8	10	道路	5	5

39.5.25 燃气管道和电气设备、相邻管道之间的净距[8]

管道和设备		与燃气管道的净距/cm	
		平行敷设	交叉敷设
电气设备	明装的绝缘电线或电缆	25	10①
	暗装的或放在管子中的绝缘电线	5（从所作的槽或管子的边缘算起）	1
	电压小于1000V的裸露电线的导电部分	100	100
	配电盘或配电箱	30	不允许

（续表）

管道和设备		与燃气管道的净距/cm	
		平行敷设	交叉敷设
相邻管道		应保证燃气管道和相邻管道的安装、安全维护和修理	2

① 当明装电线与燃气管道交叉净距小于10cm时，电线应加绝缘套管。绝缘套管的两端应各伸出燃气管道10cm。

39.5.26 煤气净化车间主要生产场所分类[8]

分类	生产场所名称
甲	初冷器、鼓风机室上下层、电捕焦油器、硫铵饱和器和终冷、洗氨、洗苯、脱硫和终脱萘等煤气区、粗苯生产区、吡啶生产区和溶剂脱酚生产区
乙	冷凝泵房、氨水泵房、蒸氨区、脱硫再生区、硫磺仓库
丙	化验室和鼓风冷凝、焦油罐区

39.5.27 煤气净化车间主要生产场所火灾及爆炸危险分类等级[8]

生产场所名称	等级		生产场所名称	等级		生产场所名称	等级	
	室内	室外		室内	室外		室内	室外
初冷器		2区	氨水泵房		2区	再生塔		2区
焦油氨水分离装置及贮槽		21区	浓氨水槽		1区	硫磺仓库	11区	
鼓风机	1区		粗苯洗涤泵房	2区		煤气放散装置		2区
电捕焦油器		2区	粗苯蒸馏装置		2区	干法脱硫箱	1区	2区
硫铵饱和器		2区	粗苯产品泵房	1区		脱硫剂再生装置		10区
吡啶回收装置及贮槽	1区	2区	粗苯油水分离器		2区	化验室	21区	
洗萘、终冷、洗氨、洗苯和脱硫等塔		2区	粗苯贮槽		2区	萃取脱酚萃取塔等		2区
终冷洗萘油贮槽		21区	洗油贮槽		21区	萃取脱酚泵房	1区	
蒸氨装置		2区	脱硫塔		2区			

39.5.28 架空煤气管道与建筑物、铁路、道路、其他管线交叉时的最小水平净距[8]

序号	建筑物或构筑物名称	最小水平净距/m	
		一般情况	特殊情况
1	房屋建筑	5	3
2	铁路（距最近边轨外侧）	3	2
3	道路（距路肩）	1.5	0.5
4	架空电力线路外侧边缘 1kV以下 1~20kV 35~110kV	 1.5 3 4	

（续表）

序号	建筑物或构筑物名称	最小水平净距/m	
		一般情况	特殊情况
5	电缆管或沟	1	
6	其他地下平行敷设的管道	1.5	
7	熔化金属，熔渣出口及其他火源	10	可适当缩短，但应采取隔热保护措施
8	煤气管道	0.6	0.3

注：1. 架空电力线路与煤气管道的水平距离，应考虑导线的最大风偏。
2. 安装在煤气管道上的栏杆、走台、操作平台等任何凸出结构，均作为煤气管道的一部分。
3. 架空煤气管道与地下管、沟的水平净距，系指煤气管道支柱基础与地下管道或地沟的外壁之间的距离。

39.5.29 架空煤气管道与建筑物、铁路、道路、其他管线交叉时的最小垂直净距[8]

序号	建筑物和管线名称	最小垂直净距/m	
		管道下	管道上
1	厂区铁路轨顶面	5.5	
2	厂区道路路面	5	
3	人行道路面	2.2	
4	架空电力线路 电压1kV以下 电压1～20kV 电压35～110kV	 1.5 3 不允许架设	 3 3.5 4
5	架空索道（至小车底最低部分）		3
6	电车道的架空线	1.5	
7	与其他管道 管径＜300mm 管径＞300mm	 同管道直径但不小于0.1 0.3	 同管道直径但不小于0.1 0.3

参考文献

［1］劳动安全国家标准汇编选编组．劳动安全国家标准汇编［M］．北京：中国标准出版社，1993.

［2］苏毅勇．中国职业安全卫生百科全书［M］．北京：中国劳动出版社，1991.

［3］马昌今，严振华．工业生产安全技术概要与实用数据手册［M］．北京：电子工业出版社，1994.

［4］胡传平．GB 50140—2005 建筑灭火器配置设计规范［S］．北京：公安部消防局，2005.

［5］经建生．GB 50016—2006 建筑设计防火规范［S］．北京：中国计划出版社，2006.

［6］薛岩．DL/T 966—2005 送电线路带电作业技术导则［S］．北京：国家发展与改革委员会，2005.

［7］李世森．DL/T 5220—2005 10kV 及以下架空配电线路设计技术规程［S］．北京：国家发展与改革委员会，2005.

［8］金石坚．GB 50028—2006 城镇燃气设计规范［S］．北京：建设部，2006.

40　自然灾害防治

40.1　自然灾害综合

40.1.1　自然灾害等级划分标准[2]

类别	国家级		省市级		市、县级		
	损失占国内GDP比值	重伤和死亡率/%	损失占省市GDP比值	重伤和死亡率/%	损失占市县GDP比值	重伤和死亡率	
						人口百万级/%	人口十万级/%
巨灾	$>2\times10^{-3}$	$>8\times10^{-4}$	$>1\times10^{-2}$	$>5\times10^{-3}$	>0.2	$>3\times10^{-2}$	>1
重灾	$10^{-4}\sim10^{-3}$	$>3\times10^{-4}$	$5\times10^{-3}\sim10^{-2}$	$>5\times10^{-4}$	0.1~0.2	$>5\times10^{-3}$	0.1~1
中灾	$10^{-5}\sim10^{-4}$	$>1\times10^{-4}$	$5\times10^{-4}\sim5\times10^{-3}$	$>1\times10^{-4}$	0.05~0.1	$>1\times10^{-3}$	0.01~0.1
轻灾	$<10^{-4}$	$<1\times10^{-4}$	$<5\times10^{-4}$	$<1\times10^{-4}$	<0.05	$<1\times10^{-3}$	<0.01

40.1.2　全国农业旱情与旱灾评估分区及编码[4]

一级区		二级区	编码
东北区	包括黑龙江、吉林、辽宁及内蒙古东部	灌溉农业区	Ⅰ-1
		雨养农业区	Ⅰ-2
		草原牧业区	Ⅰ-3
西北区	包括陕西、宁夏、甘肃、青海、新疆及内蒙古的中西部	灌溉农业区	Ⅱ-1
		雨养农业区	Ⅱ-2
		草原牧业区	Ⅱ-3
黄淮海区	包括北京、天津、河北、山东、河南、山西以及江苏和安徽的淮河以北地区	灌溉农业区	Ⅲ-1
		雨养农业区	Ⅲ-2
		草原牧业区	Ⅲ-3
长江中下游区	包括湖北、湖南、江西、浙江、上海以及江苏和安徽的淮河以南地区	灌溉农业区	Ⅳ-1
		雨养农业区	Ⅳ-2
西南区	包括四川、重庆、云南、贵州、西藏	灌溉农业区	Ⅴ-1
		雨养农业区	Ⅴ-2
		草原牧业区	Ⅴ-3
华南区	包括广东、广西、福建、海南	灌溉农业区	Ⅵ-1
		雨养农业区	Ⅵ-2

40.1.3 牧业干旱等级划分[7]

干旱等级		轻度干旱	中度干旱	严重干旱	特大干旱
降水量距平百分比	草甸草原 $\overline{P}>400\text{mm}$	$-30>D_p\geqslant-50$	$-50>D_p\geqslant-65$	$-65>D_p\geqslant-80$	$D_p<-80$
	典型草原 $\overline{P}=250\sim400\text{mm}$	$-35>D_p\geqslant-50$	$-50>D_p\geqslant-65$	$-65>D_p\geqslant-80$	$D_p<-80$

40.1.4 农业旱灾等级划分表[7]

旱灾等级	轻度旱灾	中度旱灾	严重旱灾	特大旱灾
综合减产成数/%	$10<C\leqslant20$	$20<C\leqslant30$	$30<C\leqslant40$	$C>40$

40.1.5 城市干旱等级划分标准[2]

城市干旱判别指标	干旱等级			
	特大干旱	严重干旱	中度干旱	轻度干旱
城市干旱缺水率/%	$P_g>30$	$20<P_g\leqslant30$	$10<P_g\leqslant20$	$5<P_g\leqslant10$

40.1.6 城市干旱预警等级划分标准[2]

城市干旱预警指标	预警等级			
	Ⅰ级预警（特大干旱）	Ⅱ级预警（严重干旱）	Ⅲ级预警（中度干旱）	Ⅳ级预警（轻度干旱）
城市供水预期缺水率/%	$P_y>30$	$20<P_y\leqslant30$	$10<P_y\leqslant20$	$5<P_y\leqslant10$

40.1.7 土壤墒情旱情等级划分[7]

干旱等级	轻度干旱	中度干旱	严重干旱	特大干旱
土壤墒情/%	$60>W\geqslant55$	$55>W\geqslant45$	$45>W\geqslant40$	$W<40$

40.1.8 降水距平百分比旱情等级划分[7]

季节	计算时段	轻度干旱	中度干旱	严重干旱	特大干旱
夏季（6~8月）	1个月	$-20>D_p\geqslant-40$	$-40>D_p\geqslant-60$	$-60>D_p\geqslant-80$	$D_p<-80$
春秋季（3~5月、9~11月）	2个月	$-30>D_p\geqslant-50$	$-50>D_p\geqslant-65$	$-65>D_p\geqslant-75$	$D_p<-75$
冬季（12~2月）	3个月	$-25>D_p\geqslant-35$	$-35>D_p\geqslant-45$	$-45>D_p\geqslant-55$	$D_p<-55$

40.1.9 连续无雨日数旱情等级划分[7]

d

评估时段	区号	轻度干旱	中度干旱	严重干旱	特大干旱
春季（3~5月）秋季（9~11月）	Ⅰ-2	15~30	31~50	51~75	>75
	Ⅱ-2	15~30	31~50	51~75	>75
	Ⅲ-2	15~25	26~45	46~70	>70
	Ⅳ-2	10~20	21~45	46~60	>60
	Ⅴ-2	10~20	21~45	46~60	>60
	Ⅵ-2	10~20	21~45	46~60	>60
夏季（6~8月）	Ⅰ-2	10~20	21~35	36~50	>50
	Ⅱ-2	10~20	21~35	36~50	>50
	Ⅲ-2	10~20	21~30	31~45	>45
	Ⅳ-2	5~10	11~20	21~30	>30
	Ⅴ-2	5~10	11~20	21~30	>30
	Ⅵ-2	5~10	11~20	21~30	>30
冬季（12~2月）	Ⅰ-2	—	—	—	—
	Ⅱ-2	20~30	31~60	61~90	>90
	Ⅲ-2	15~30	31~50	51~80	>80
	Ⅳ-2	15~25	26~45	46~70	>70
	Ⅴ-2	15~25	26~45	46~70	>70
	Ⅵ-2	15~25	26~45	46~70	>70

40.1.10 缺水率旱情等级划分[7]

干旱等级	轻度干旱	中度干旱	严重干旱	特大干旱
缺水率/%	$-5>D_p\geqslant-20$	$-20>D_p\geqslant-35$	$-35>D_p\geqslant-50$	$D_p<-50$

40.1.11 断水天数旱情等级划分[7]

干旱等级			轻度干旱	中度干旱	严重干旱	特大干旱
断水天数/d	南方	春秋季	7~10	11~15	16~25	>25
		夏季	5~7	8~12	13~20	>20
	北方		5~9	10~14	15~22	>22

40.2 地质灾害

40.2.1 我国地震烈度[1]

烈度	地面上人的感觉	房屋震害程度		其他震害现象	水平向地面运动	
		震害现象	平均震害指数		峰值加速度/（$m\cdot s^{-2}$）	峰值速度/（$m\cdot s^{-1}$）
Ⅰ	无感					
Ⅱ	室内个别静止中人有感觉					
Ⅲ	室内少数静止中人有感觉	门、窗轻微作响		悬挂物微动		

（续表）

烈度	地面上人的感觉	房屋震害程度		其他震害现象	水平向地面运动	
		震害现象	平均震害指数		峰值加速度/（m·s^{-2}）	峰值速度/（m·s^{-2}）
Ⅳ	室内多数人、室外少数人有感觉，少数人梦中惊醒	门、窗作响		悬挂物明显摆动，器皿作响		
Ⅴ	室内普遍，室外多数人有感觉，多数人梦中惊醒	门窗、屋顶、屋架颤动作响，灰土掉落，抹灰出现微细裂缝，有檐瓦掉落，个别屋顶烟囱掉砖		不稳定器物摇动或颤倒	0.31（0.22～0.44）	0.03（0.02～0.04）
Ⅵ	多数人站立不稳，少数人逃到户外	损坏—墙体出现裂缝檐瓦掉落，少数屋顶烟囱裂缝、掉落	0～0.10	河岸和松软土出现裂缝、饱和砂层出现喷砂冒水；有的独立砖烟囱轻度裂缝	0.63（0.45～0.89）	0.06（0.05～0.09）
Ⅶ	大多数人惊逃户外，骑自行车和行驶中的汽车驾乘人员有感觉	局部轻度破坏—局部破坏，开裂，小修或不需要修理可继续使用	0.11～0.3	河岸出现塌方；饱和砂层常见喷砂冒水，松软土地上地裂缝较多；大多数独立砖烟囱中等破坏	1.25（0.90～1.77）	0.13（0.10～0.18）
Ⅷ	多数人摇晃颠簸，行走困难	中等破坏—结构破坏，需要修复才能使用	0.31～0.5	干硬土上亦出现裂缝；大多数独立砖烟囱严重破坏；树梢折断；房屋破坏导致人员伤亡	2.50（1.78～3.53）	0.25（0.19～0.35）
Ⅸ	行动的人摔倒	严重破坏—结构严重破坏，局部倒塌，修复困难	0.51～0.7	干硬土上出现地方有裂缝，基岩可能出现裂缝、错动；滑坡塌方常见；独立砖烟囱倒塌	5.00（3.54～7.07）	0.50（0.36～0.71）
Ⅹ	骑自行车的人会摔倒，处不稳状态的人会摔离原地，有抛起感	大多数倒塌	0.71～0.9	山崩和地震断裂出现；基岩上拱桥破坏；大多数独立砖烟囱从根部破坏或倒毁	10.00（7.08～14.14）	1.00（0.72～1.41）
Ⅺ		普遍倒塌	0.91～1.0	地震断裂延续很长；大量山崩滑坡		
Ⅻ				地面剧烈变化，山河改观		

40.2.2　地质灾害灾度等级划分[1]

灾度等级	死亡人数	直接经济损失/万元
特大灾害	>100	>1000
大灾害	100~10	1000~100
中灾害	10~1	100~10
小灾害	0	<10

注：灾度的两项指标不在一个级次时，按从高原则确定灾度等级。

40.2.3　地质灾害风险等级划分[3]

风险等级	高度风险	中度风险	轻度风险	微度风险（零风险）
年均死亡/人	>10	10~1	0	0
直接经济损失/(万元·年$^{-1}$)	>100	100~10	10~1	<1

40.2.4　地震等级和发生频率以及特有的破坏效应[3]

里氏震级	每年的数量	修正的烈度	居住区震动的特有效应
<3.4	800000	Ⅰ	只能被仪器记录到
3.5~4.2	30000	Ⅱ，Ⅲ	室内的一些人有感觉
4.3~4.8	4800	Ⅳ	大多数人有感觉，窗户响动
4.9~5.4	1400	Ⅴ	每个人均有感觉，盘子跌破，门晃动
5.5~6.1	500	Ⅵ，Ⅶ	建筑物轻微破坏，墙面破裂，瓦块掉落
6.2~6.9	100	Ⅷ，Ⅸ	建筑物破坏较重，烟筒倒塌，房屋脱离基础
7.0~7.3	15	Ⅹ	严重破坏，桥梁塌落，许多高大建筑物倒塌
7.4~7.9	4	Ⅺ	大毁灭，绝大多数建筑物倒塌
>8.0	5~10年一次	Ⅻ	完全破坏，可见地面波动，物体被抛向空中

40.2.5　中国地震灾害灾度等级划分[3]

经济损失/元		*e* 10^7	*d* 10^8	*c* 10^9	*b* 10^{10}	*a* 无上限
人员伤亡	*E*　1~9人	*E*，*e*				
	D　10~99人		*D*，*d*			
	C　100~999人			*C*，*c*		
	B　1000~9999人				*B*，*b*	
	A　≥10000人					*A*，*a*

注：据《中国重大自然灾害及减灾对策》（总论）。

40.2.6　城市等级与泥石流防治工程设计标准[2]

等级	Ⅰ	Ⅱ	Ⅲ	Ⅳ
重要程度	特别重要的城市	重要城市	中等城市	一般城市
城市人口	150万人以上	50~150万人	20~50万人	20万人以下
泥石流防治工程设计标准	重现期100年以上	重现期50~100年	重现期20~50年	重现期20年

40.2.7 我国主要城市防震设防烈度[2]

城　　市	设防烈度/度	设计基本地震加速度值/g	设计地震分组
北京（除昌平、门头沟外的11个市辖区）	8	0.20	1
天津（除汉沽、大港外的12个市辖区）	7	0.15	1
上海（除金山外的15个市辖区）	7	0.10	1
重庆（14个市辖区）	6	0.05	1
石家庄（6个市辖区）	7	0.10	1
太原（6个市辖区）	8	0.20	1
呼和浩特（4个市辖区）	8	0.20	1
沈阳（9个市辖区）	7	0.10	1
长春（6个市辖区）	7	0.10	1
哈尔滨（7个市辖区）	6	0.05	1
南京（11个市辖区）	7	0.10	1
杭州（6个市辖区）	6	0.05	1
合肥（4个市辖区）	7	0.10	1
福州（除马尾外的4个市辖区）	7	0.10	1
南昌（5个市辖区）	6	0.05	1
济南（5个市辖区）	6	0.05	2
郑州（6个市辖区）	7	0.15	1
武汉（13个市辖区）	6	0.05	1
长沙（5个市辖区）	6	0.05	1
广州（除花都外的9个市辖区）	7	0.10	1
南宁（6个市辖区）	6	0.05	1
海口（3个市辖区）	8	0.30	1
成都（除龙泉驿，青白江的5个市辖区）	7	0.10	1
贵阳（除白云外的5个市辖区）	6	0.05	1
昆明（除东川外的4个市辖区）	8	0.20	2
拉萨	8	0.20	2
西安（8个市辖区）	8	0.20	1
兰州（5个市辖区）	8	0.20	2
西宁（4个市辖区）	7	0.10	2
银川（3个市辖区）	8	0.20	1
乌鲁木齐（7个市辖区）	8	0.20	1
台北	8	0.30	2
香港	7	0.15	1
澳门	7	0.10	1

40.2.8 泥石流强度分级

级别	Ⅰ	Ⅱ	Ⅲ
规模	严重（大型）	中等（中型）	轻微（小型）
形成区特征	大型滑坡，坍塌堵塞沟道，坡陡，沟道比降大于4	沟坡上中小型滑坡较多，局部淤塞沟底，堆积物厚	沟岸有零星滑塌
泥石流性质	黏性，重度大于18kN/m^3	稀性或黏性，重度16～18kN/m^3	稀性或黏性，重度14～16kN/m^3
可能出现最大流量	>200m^3/s	50～200m^3/s	<50m^3/s
破坏作用	以冲击和淤埋为主，危害严重，破坏强烈，可淤埋整个村镇或者部分区域，治理困难	有冲有淤，以淤为主，破坏作用大，可冲毁，淤埋部分房屋，桥涵，治理较容易	以冲刷和淹没为主，破坏作用较小，治理容易

40.2.9 崩塌分类[5]

分类	Ⅰ 类	Ⅱ 类	Ⅲ 类
特点	山高坡陡，岩层软硬相间，风化严重，岩体结构面发育、松弛且组合关系复杂，形成大量破碎带和分离体，山体不稳定，可能崩塌的落石方量大于5000m^3，破坏力大，难以处理	介于Ⅰ、Ⅲ类之间	山体较平缓，岩层单一，风化程度轻微；岩体结构面密闭且不甚发育或组合关系简单；无破碎带和危险切割面，山体稳定，斜坡仅有个别危石，可能崩塌的落石方量小于500m^3，破坏力小，易于处理

40.3 气象灾害

40.3.1 大气稳定度级别划分[6]

地面风速/($m \cdot s^{-1}$)	晴天太阳辐射			阴天或夜晚	有云的夜晚	
	强	中	弱		云量≥0.5	云量<0.5
<2	A	A～B	B	D		
2～3	A～B	B	C	D	E	F
3～5	B	B～C	C	D	D	E
5～6	C	C～D	D	D	D	D
>6	C	D	D	D	D	D

40.3.2 几种气象灾害对比[6]

种类	概念	成因	分布	灾害表现	防御措施
台风	强烈发展的热带气旋	气旋的强烈发展	热带、副热带海面	强风、特大暴雨、风暴潮	加强监测、预报、防灾、减灾
暴雨洪涝	24时降水量在500mm以上	充沛水汽强烈上升降水时长	全球范围程度不等	洪涝、农田被淹、财物受损	监测、预报工程措施与非工程措施结合

（续表）

种类	概　念	成　因	分　布	灾害表现	防御措施
干旱	空气干燥，土壤缺水现象	长期无雨或异常偏少	全球范围程度不等	粮食减产、饮水困难、社会经济不稳	农牧林结合，农田水利建设，改善生态环境
寒潮	大范围剧烈降温，伴有风、雨、雪等	强冷空气迅速入侵造成	我国冬半年大部分地区	农作物受冻、建筑物毁坏、破坏牧场	提前发布寒潮消息或警报

40.3.3 风暴潮灾害等级[6]

等　级	特大潮灾	严重潮灾	较大潮灾	轻度潮灾
参考灾情	死亡千人以上或经济损失数亿元	死亡数百人或经济损失0.2～1.0亿元左右	死亡数十人或经济损失千万元左右	无死亡或死亡仅数人或经济损失数百万元以下
超警戒水位参考值	≥2m	≥1m	≥0.5m	

40.3.4 城市等级和防洪标准[2]

等级	Ⅰ	Ⅱ	Ⅲ	Ⅳ
重要性	特别重要的城市	重要的城市	中等城市	一般城市
非农业人口	150万人以上	50万～150万人	20万～50万人	20万人以下
防洪标准（重现期）	200年以上	100～200年	500～100年	20～50年

40.3.5 沙尘暴灾害类型[7]

灾害类型	灾害的表现形式	典　型　事　例
大风	以大风形式摧毁建筑物及公用设施、树木和植被，伤害人畜等	1993年6月23日和田地区受黑风沙暴袭击，因灾死亡3人，吹倒葡萄长廊197km，直接经济损失5976万元
风流沙	沙打、沙割、沙埋、土地沙化	1950年4月19日至5月1日，吐鲁番风沙造成1人死亡，4000余亩农田受灾，35道坎儿井、水渠被填塞或倒塌
风蚀	过后轻则带走大量的表层沃土，重则“挖地三尺”，把作物苗刮走	1982年5月9～10日阿克苏沙井子风沙，棉花、瓜菜3.4万亩受灾
大气尘埃	会影响果树授粉和牲畜采食，对航空、交通人体健康也有较大的影响	1998年4月18日，新疆出现历史上罕见的特强大风、沙尘暴天气过程，巴里坤、伊吾两县，顿时天昏地暗、日月无光，伸手不见五指，持续长达半小时之久，造成多起交通事故

注：1亩＝666.67m^2

40.3.6 台风的界定[6]

名　称	热带低气压	热带风暴	强热带风暴	台风
中心附近最大风力/级	6～7	8～9	10～11	>12

40.3.7　暴雨的界定[6]

名　称	暴雨	大暴雨	特大暴雨
24h雨量/mm	50～99.9	100～249.9	≥250

40.3.8　干旱的界定[6]

等　级	连续无雨天数
小旱	春季达16～30d、夏季16～25d、秋冬季31～50d
中旱	春季达31～45d、夏季26～35d、秋冬季51～70d
大旱	春季达46～60d、夏季36～45d、秋冬季71～90d
特大旱	春季在61d以上、夏季在46d以上、秋冬季在91d以上

参　考　文　献

[1] 李树祯．地质灾害评估［M］．北京：地质出版社，1995.
[2] 焦双健，魏巍．城市防灾学［M］．北京：化学工业出版社，2006.
[3] 潘懋，李铁锋．灾害地质学［M］．北京：北京大学出版社，2002.
[4] 马宗晋等．灾害与社会［M］．北京：地震出版社，1990.
[5] 梁鸿光．减灾必读［M］．北京：地震出版社，1990.
[6] 吕景胜．灾害管理［M］．北京：地震出版社，1992.
[7] 新疆减灾四十年编委会．新疆减灾四十年［M］．北京：地震出版社，1993.